E. F. Engelhardt

SMART HOME MANIFEST

Hausautomation und Heimvernetzung für Maker

Über den Autor:
E. F. Engelhardt, Jahrgang 1975, hat bereits über 40 Computerbücher veröffentlicht – und keines dieser Bücher ist wie andere Computerbücher: Der Autor beginnt direkt mit Praxis, ohne langatmige Technikerläuterungen. Engelhardt zeichnet sich dadurch aus, dass er alle seine Projekte selbst entwickelt.

E. F. Engelhardt

SMART HOME MANIFEST

Hausautomation und Heimvernetzung für Maker

800 SEITEN

ARDUINO™, ESP8266 UND RASPBERRY PI

50+ PROJEKTE

FRANZIS

Bibliografische Information der Deutschen Bibliothek

Die Deutsche Bibliothek verzeichnet diese Publikation in der Deutschen Nationalbibliografie;
detaillierte Daten sind im Internet über http://dnb.ddb.de abrufbar.

Alle Angaben in diesem Buch wurden vom Autor mit größter Sorgfalt erarbeitet bzw. zusammengestellt und unter Einschaltung wirksamer Kontrollmaßnahmen reproduziert. Trotzdem sind Fehler nicht ganz auszuschließen. Der Verlag und der Autor sehen sich deshalb gezwungen, darauf hinzuweisen, dass sie weder eine Garantie noch die juristische Verantwortung oder irgendeine Haftung für Folgen, die auf fehlerhafte Angaben zurückgehen, übernehmen können. Für die Mitteilung etwaiger Fehler sind Verlag und Autor jederzeit dankbar. Internetadressen oder Versionsnummern stellen den bei Redaktionsschluss verfügbaren Informationsstand dar. Verlag und Autor übernehmen keinerlei Verantwortung oder Haftung für Veränderungen, die sich aus nicht von ihnen zu vertretenden Umständen ergeben. Evtl. beigefügte oder zum Download angebotene Dateien und Informationen dienen ausschließlich der nicht gewerblichen Nutzung. Eine gewerbliche Nutzung ist nur mit Zustimmung des Lizenzinhabers möglich.

© 2018 Franzis Verlag GmbH, 85540 Haar bei München

Alle Rechte vorbehalten, auch die der fotomechanischen Wiedergabe und der Speicherung in elektronischen Medien. Das Erstellen und Verbreiten von Kopien auf Papier, auf Datenträgern oder im Internet, insbesondere als PDF, ist nur mit ausdrücklicher Genehmigung des Verlags gestattet und wird widrigenfalls strafrechtlich verfolgt.

Die meisten Produktbezeichnungen von Hard- und Software sowie Firmennamen und Firmenlogos, die in diesem Werk genannt werden, sind in der Regel gleichzeitig auch eingetragene Warenzeichen und sollten als solche betrachtet werden. Der Verlag folgt bei den Produktbezeichnungen im Wesentlichen den Schreibweisen der Hersteller.

Autor: E. F. Engelhardt
Programmleitung und Lektorat: Benjamin Hartlmaier
Satz: DTP-Satz A. Kugge, München
art & design: www.ideehoch2.de
Druck: M.P. Media-Print Informationstechnologie GmbH, 33100 Paderborn
Printed in Germany

ISBN 978-3-645-60588-5

Vorwort

Vom Internet der Dinge oder neudeutsch Internet of Things (IoT) liest und hört man überall. Ist das wirklich etwas Neues oder wieder einmal »alter Wein in neuen Schläuchen«?

Bei IoT haben physische Dinge, z. B. ein Kühlschrank oder eine Waschmaschine, einen LAN- oder WLAN-Anschluss und damit die Möglichkeit, eine Verbindung ins Internet herzustellen. Mit IPv6 werden die IP-Adressen so schnell nicht ausgehen, und die prognostizierten 20 Milliarden Geräte im Jahr 2020 können auch alle ins Netz. Die Geräte können selbstständig miteinander interagieren. Das selbstständige Interagieren muss man natürlich programmieren oder ist vom jeweiligen Hersteller in einem Mikrocontroller vorprogrammiert. Möglich ist inzwischen sehr viel, das Einschalten der Lampen bei Dämmerung wird dabei zur Fingerübung. Meist wird das Smartphone als Fernbedienung und Informationszentrale für die vielen heimischen Helferlein genutzt – wenn Sie es verlieren, verlieren Sie nicht nur Ihre Daten, sondern auch den Schlüssel zu Ihrem Heim. Wie Sie sehen, sind Smart Home und IoT untrennbar miteinander verbunden. Aus diesem Grund wurde in diesem Buch das Smart Home als großes Anwendungsbeispiel für IoT gewählt.

Bei der Einrichtung eines Smart Home geht es darum, die Geräte der unterschiedlichen Hersteller unter einen Hut zu bekommen. Genau hier setzt dieses Buch an. Ob Alarm- oder Bewegungsmelder, Waschmaschine oder Fingerabdruckscanner, der Autor hat sehr viele Geräte in seinem Haus verbaut, vernetzt, programmiert und nebenbei die aufkommenden Schwierigkeiten gelöst und für Sie anschaulich dokumentiert. Wer keine fertigen Bausteine nutzen will, kann auf Arduino™, ESP8266 oder den Raspberry Pi setzen. Mit viel Quellcode lernen Sie, wie Sie selbst ein IoT-Smart-Home aufbauen und damit meist mehr Möglichkeiten haben als mit fertigen Geräten.

Technik-Liebhabern kann es nie genug vernetzte Technik im Haus sein. Aber wo viel Technik eingesetzt wird, entstehen auch Sicherheitslücken. Wollen Sie etwa die Webcam-Bilder aus dem Spielzimmer Ihrer Kinder im Internet sehen? Eher nicht. Deshalb ist Sicherheit auch ein großes Thema in diesem Buch. Je mehr Geräte ins Internet »telefonieren« können, umso mehr Informationen fließen nach draußen. Hier sollten Sie vorsorgen und Herr Ihrer Daten bleiben und nicht direkt alle Daten in die Cloud eines Herstellers legen. Nehmen Sie sich die Zeit für eine ordentliche Installation, dokumentieren Sie Ihre Planung, dann haben Sie auch länger Freude am Internet der Dinge.

Zurück zur Anfangsfrage: Alles neu ist es nicht, aber inzwischen funktioniert die Integration der Geräte in die heimische Gerätelandschaft sehr gut, lässt sich gut bedienen und ist außerdem bezahlbar. Ob Sie lieber basteln oder ein fertiges Gerät kaufen, den Anschluss ans Internet schaffen Sie ohne große Hürden. In diesem Buch sind viele Projekte realisiert, die alle im Heim des Autors laufen. Auch wenn Sie keine Waschmaschine mit Smartphone-Anschluss wollen, die vorgestellten Lösungen bringen Sie sicher auf viele neue Ideen. Schreiben Sie uns doch, wie Ihr Internet der Dinge aussieht und wie smart Ihr Heim inzwischen ist.

Wir wünschen Ihnen viel Spaß mit dem Buch!

Autor und Verlag

Sie haben Anregungen, Fragen, Lob oder Kritik zu diesem Buch? Sie erreichen den

Autor per E-Mail unter *ef.engelhardt@gmx.de*.

Inhaltsverzeichnis

1 Smart-Home-Bausteine 17
    1.1   LAN/WLAN-Router: der Datenverteiler 18
            TCP/IP-Protokoll als gemeinsamer Nenner 18
            Über die Vergabe der IP-Adressen 20
            IP-Adressen im Internet übermitteln 20
            Aus dem Internet ist nur der Router sichtbar 21
            Dynamische DNS-Lösung für Internetzugriffe konfigurieren 22
            Portfreigabe für den direkten Zugriff 27
    1.2   MQTT und IoT 29
            Installation von Mosquitto 30
            Betrieb von Mosquitto 32
            Mosquitto-Schnellcheck ohne MQTT-Client 33
            Arduino als MQTT-Client 34
            Pretzelboard als Temperatursensor 34
            Arduino UNO als MQTT-Client 38
            Raspberry Pi als MQTT-Client 43
            Raspberry Pi als MQTT-Publisher 45

2 Mehr Sicherheit für Hausautomation und IoT 49
    2.1   IoT-Gefahren durch versehentliche oder mutwillige Manipulation 49
            Ruhiger schlafen – mechanische Redundanz ohne Schlüssel 50
    2.2   Mehr Sicherheit für das Smart Home und IoT-Devices 51
            Physical Web mit Bluetooth-Low-Energy- oder WLAN-IoT-Geräten 52
            Sicher surfen – Internetgeräte und Webbrowser absichern 52
            Webbrowserlücken finden 53
            E-Mail – Phishing, Spam und ominöse Dateianhänge verhindern 55
    2.3   IoT-Geräte im Smartphone-Umfeld 56
            Eigene E-Mail-Adresse/Wegwerfadresse für IoT-Geräte 57
            Facebook, Twitter & Co. – Vorsicht bei Social-Media-Archivdateien 57
    2.4   Intranet der Dinge – Einsatz von Funknetzen in der Hausautomation 59
            IoT-Geräte im Netz finden und schützen 60
            MAC-Adresse finden mit arp 61
            IP-Pfadfinder tracert 62
            Mehr Sicherheit und Übersicht: eigenes WLAN-Netzwerk für
            IoT-Geräte 63

		Schnellübersicht zur sicheren WLAN-Routerkonfiguration	64
	2.5	Licht, Steckdosen oder Heizung steuern	68
		Benutzerkonten vor unbefugten Zugriffen absichern	69
		Basisschutz für den Raspberry Pi	69

3 Smart-Home-Zentrale im Eigenbau ... 71

	3.1	Raspberry Pi: Standards und Anschlüsse	72
		Durchblick im FS20- und HomeMatic-Protokoll	74
		Angepasstes Funkmodul für den GPIO-Einsatz	75
		USB-Adapter als Alternative für den Raspberry Pi	76
	3.2	Kameramodul für Raspberry Pi 1, 2, 3	79
		Kameramodul anschließen	79
		Betriebssystem und Firmware auffrischen	80
		Camera Module in Betrieb nehmen	81
		Fotografieren mit Kommandozeilenbefehl	82
		LED abschalten und heimlich fotografieren	83
		Programmierung der Raspberry-Pi-Kamera	83
		Infrarotfotografie mit dem Pi-NoIR-Modul	85
	3.3	GPIO-Schnittstelle: Pinbelegung und Zugriff	86
		Aufklärung über die GPIO-Pinbelegung	87
		Direkter GPIO-Zugriff mit WiringPi	88
		WiringPi-Bibliothek und Pinzuordnung	90
	3.4	FHEM: die zentrale Anlaufstelle	92
		FHEM-Startdatei für die COC-Erweiterung anpassen	94
		Laufenden Apache-Prozess restarten	95
		Anpassen der FHEM-Konfigurationsdatei	95
		Initialer Start von FHEM	98
		Mehr Sicherheit für FHEM: HTTPS aktivieren	100
		FHEM mit Zugriffskennwort absichern	102
		Funkkomponenten in Betrieb nehmen	103
	3.5	ownCloud: Datenwolke ohne Limit	108
		Raspberry Pi für ownCloud vorbereiten	109
		ownCloud installieren und konfigurieren	115
		Mehr Sicherheit: Benutzerkonto absichern	117

4 Alarm und Bewegungsmelder ... 119

	4.1	Raspberry-Pi-SMS meldet Netzwerkausfall	120
		Bluetooth und Gnokii in Betrieb nehmen	120
		SMS über die Kommandozeile senden	125
		Raspberry Pi mit SMS-Nachrichten steuern	128

4.2	Bewegungsmelder mit dem PIR-Modul	129
	Shell-Skript für den Bewegungsmelder	132
	PIR-Skript als Daemon im Dauereinsatz	133
	WiringPi-API mit Python bekannt machen	135
4.3	Briefkastenalarm mit Benachrichtigung	136
	Reed-Schalter und Sensoren im Einsatz	137
	Shell-Skript für den Schaltereinsatz	138
4.4	Paparazzi Pi zeigt Neues aus dem Vogelhaus	140
	Funktionsweise der USB-Webcam prüfen	141
	Piri-Skript als Vorlage nutzen und aufbohren	142
	Ohne Strom nix los: Akkupack auswählen	144
	Vogelhausmontage: kleben und knipsen	145
4.5	Smarte Rauchmelder – Smartphone als Feuerwehr	146
	Nest-Rauchmelder einrichten per App	147
	Rauchmelderüberwachung mit dem Smartphone	147
4.6	Rauch- und CO-Alarmbenachrichtigung mit PHP	150
	Zugriff auf den Rauchmelder mit der Google-Nest-API	151
	PHP-Curl nachrüsten	151
	Google-Cloud-Rauchmelderdaten mit PHP auslesen	152
	Rauchmelder – Alarm mit E-Mail-Benachrichtigung	154
	Regelmäßige Überprüfung per Cronjob	158
4.7	Low-Cost-Bewegungsmelder im Eigenbau	161
	Arduino Nano mit ESP8266-WLAN-Modul	163
	Pretzelboard: Arduino Nano und ESP8266	164
	Bewegungsmelder über WLAN – Arduino-Sketch im Detail	168
	Raspberry Pi als Webserverschnittstelle	174
	Alarmfunktionen und E-Mail-Benachrichtigung	180

5	**Arduino und Raspberry Pi als Türwächter**	**185**
5.1	An- und Abwesenheitserkennung mit dem Smartphone	186
	Bluetooth und WLAN – Erkennung mit Tücken	186
5.2	Wo bin ich? – Geofencing in der Hausautomation	188
	Geofency/Geofancy im Einsatz	188
5.3	Türklingelbenachrichtigung mit Foto	193
	FS20-KSE-Funkmodul in die Türklingel einbauen	193
	Die Funkmodulkonfiguration ist schnell erledigt	194
	Neuer E-Mail-Account nur für die Klingel	196
	fswebcam: Shell-Fotografie mit der Klingel	199
	Skript für den E-Mail-Versand über FHEM	200
	FHEM und Raspberry Pi verheiraten	201

6 DoorBird in der Hausautomation ... 203
6.1 Klingelpreller ade! – Einbau, Montage und Anschluss ... 205
DoorBird-App besorgen und installieren ... 207
Grundkonfiguration per DoorBird-App ... 209
App und Klingel über WLAN-Verbindung koppeln ... 212
LAN/WLAN & LTE – DoorBird im Praxiseinsatz ... 217
6.2 HTTP-Zugriff auf die DoorBird-Funktionen ... 218
Livestream der DoorBird-Türstation ... 221
Bildarchiv des DoorBird anzapfen ... 222
Türöffner- und Lichtschalterfunktion mit Relais ... 223
Automatische Benachrichtigung einschalten ... 224
6.3 DoorBird-Modding mit dem Raspberry Pi ... 224
Netzwerk für den Dauerbetrieb einrichten ... 225
Raspberry Pi: Webserver einrichten ... 227
Klingelbenachrichtigung per E-Mail-Nachricht ... 232

7 Bild-/Videoüberwachung zu Hause ... 243
7.1 Netatmo – Welcome to the Cam-Jungle ... 244
7.2 Willkommen – Inbetriebnahme mit dem Smartphone ... 245
7.3 Wenig Speicherplatz? – Speicherkarte tauschen ... 250
7.4 Willkommen zu Hause – Gesichtserkennung mit der Welcome-Kamera ... 252
7.5 Welcome Python – Indoor-Kamera mit dem Raspberry Pi auswerten ... 253
Python-Klasse für Welcome-Kamera ... 253
Methodenaufruf über welcome.py ... 257

8 Haustür öffnen ohne Schlüssel ... 259
8.1 Elektronisches Schloss: Lösungen für die Haus- oder Wohnungstür ... 260
Motorschloss im Türblatt ... 260
Elektronischer Schließzylinder ... 261
Alte und neue Welt verbinden ... 265
8.2 Smart Schreiner: Mehrfachverriegelung montieren ... 265
Mehrfachverriegelung und Motorschloss einbauen ... 266
8.3 Das Hirn der Haustür: Steuereinheit anschließen ... 271
Schlüssel immer dabei: Fingerscanner anschließen ... 276
Motorschloss mit Steuereinheit verbinden ... 279
Inbetriebnahme der ekey-Steuereinheit ... 280
8.4 Inbetriebnahme der Steuereinheit ... 284
Ersteinrichtung der ekey-Steuereinheit ... 284
Fingerscanner in Betrieb nehmen ... 285

Inhaltsverzeichnis

	Eingebautes Logging der Vorgänge nutzen	288
8.5	Gut informiert: Logging und Fingerscannerüberwachung mit dem UDP-Konverter	289
	home-Protokoll: Aufbau des UDP-Datenpakets	292
8.6	Fingerscannerüberwachung mit dem Raspberry Pi	294
	Portscanner mit nmap	294
	Datentransport mit netcat	295
	UDP-Datenpaket mit Python lesen	296
	UDP-Datenpaket mit Python auswerten und speichern	297
8.7	Fingerscannerüberwachung mit dem Arduino	301
	Ethernet-Shield in Betrieb nehmen	302
	UDP-Pakete mit dem Arduino parsen	302
	Logging und Auswertungen – Logdatei im Eigenbau	307
8.8	Raspberry Pi im Verteilerkasten	313
	Grundinstallation und Konfiguration	314
	Image auswählen und auf Micro-SD-Karte installieren	315
	Spätere Inbetriebnahme: root oder pi?	317
	Drahtlos kommunizieren via WLAN-Bluetooth-Dongle	318
	Kein DHCP-Server: statischer Zugriff nötig	319
	Gegen das Vergessen – WLAN-Adapter-Schlafmodus abschalten	321
	Windows-Zugriff auf den Raspberry Pi mit Samba	322
8.9	Tür-Motorschlosssteuerung mit dem Raspberry Pi	327
	Apache und PHP installieren und aktualisieren	328
	PHP-Installation prüfen und Apache in Betrieb nehmen	328
	Sicherer Zugriff: .htaccess und .htpasswd erzeugen	330
	Türrelais über GPIO-Pin schalten	332
	GPIO-Steuerung über PHP und JavaScript	335
	Nicht lange suchen – Türschalter im Telefonbuch speichern	337
8.10	Mobilfunkanschluss für die Haustür	339
	Neue Firmware: gefahrlos und schnell	339
8.11	GPRS/GSM-Modul am Raspberry Pi	346
	Steuerung des Mobilfunkmodems mit Python	347
	Mobilfunkmodem mit minicom-Konsole steuern	351
	SMS-Empfang und Versand mit minicom-Konsole	354
	AT-Kommandos mit Python einsetzen	362
	SMS-Versand mit Python	363
8.12	Türöffnung per SMS am Raspberry Pi	368
	Haustür öffnen per SMS	368
	SMS-Empfang und Textanalyse	369
	Automatische Türöffnung per SMS-Nachricht	373

8.13 Haus-/Wohnungstür mit dem Arduino steuern 379
      Bauteile für die Arduino-Mobilfunksteuerung der Haustür 381
      Arduino mit LCD-Bildschirm an I^{2}C-Schnittstelle.. 382
      SIM900-Mobilfunkmodem mit dem Arduino verbinden............................. 384
      Mobilfunklogik im Arduino-Sketch 386
      SMS-Versand mit dem Arduino... 389
      SMS-Empfang mit dem Arduino... 394
8.14 Netzwerk-Shield für UDP, Mail, NTP und Logging 398
      Grundkonfiguration des Netzwerk-Shields.. 399
      Datum und Uhrzeit auf LCD ausgeben 401
      Micro-SD-Kartenanschluss des Ethernet-Shields nutzen............................ 402
      E-Mail-Benachrichtigung mit dem Arduino... 405
      Arduino als Gateway: SMS-Nachricht als E-Mail weiterleiten 410
      Logdatei per E-Mail-Anhang versenden... 412

9 Energiekosten fest im Griff 415

9.1 Unter Strom: Smart Home im Eigenbau 415
     Drehstromzähler einbauen und anschließen 418
     1-Wire-Geräte am Raspberry Pi anschließen.. 419
     1-Wire-Bus und 1-Wire-USB-Connector prüfen 421
     OWFS kompilieren und installieren 424
     Zählermodul am Raspberry Pi in Betrieb nehmen 431
     FHEM-Konfiguration für den Stromzähler 433
9.2 Kampf der Stand-by-Verschwendung... 436
     Vorteile von steuerbaren Steckdosen.. 436
     Markenprodukt oder China-Ware?... 437
9.3 IP-Steckdosen made in Germany 438
     Für Profis: Rutenbeck TCR IP 4... 439
     TCR IP 4 in Betrieb nehmen 439
     Mit Trick 17 durch die HTTP-Hintertür 442
     Rutenbeck-Steckdose per Shell-Skript steuern... 443
     Hacking Rutenbeck: Schalten via HTTP-Adresse 444
9.4 Billigsteckdosen mit dem Pi koppeln 446
     Taugliche Funksteckdosen mit Fernbedienung 447
     Funksteckdosen via GPIO mit Raspberry Pi koppeln 448
     China-Chip: Schaltung entschlüsselt.. 448
     Mit dem Lötkolben ran an den IC-Baustein 451
     Steckdosen schalten mit der Shell.. 455
     Steckdosen schalten mit Python... 457
     Billigsteckdosen und FHEM koppeln.. 458

		DIP-Schalter-Codierung entschlüsselt	458
		DIP-Schalter und FHEM verknüpfen	459
	9.5	Praktische Gimmicks der TC-IP-1-Dosen	461
		Waschmaschine und Trockner überwachen	463
	9.6	Energiemonitor mit JeeLink-Arduino	464
		Raspberry Pi für Arduino-IDE vorbereiten	466
		JeeLink-Adapter über Arduino-IDE flashen	466
		Arduino-JeeLink-Adapter und FHEM updaten	473

10 Temperatur, Klima und Heizung ... 479

	10.1	Heizkosten senken mit dem Raspberry Pi	479
		Temperaturmessung Marke Eigenbau	480
		Temperatursensor in Betrieb nehmen	483
		Funktionsprüfung des Temperatursensors	484
		Kernelmodule automatisch laden	486
		Heizungsverbrauch messen und dokumentieren	487
	10.2	Heizkörperthermostate kontra Schimmelbefall	490
		Neue Funkheizkörpermodule montieren	492
		Steuereinheit mit den Thermostaten verheiraten	494
		Kopplung mit Fenstern und Türen	495
		Heizungsreglereinheit mit Raspberry Pi koppeln	495
		Temperatursteuerung in Haus und Wohnung	497
	10.3	Körperwaage als Thermometer für die Heizung	499
		App für Smart Body Analyzer installieren	502
		Withings Smart Body Analyzer steuert die Heizung	508
	10.4	Pi als elektronischer Wetterfrosch	510
		Wetterstationen für den Pi-Teameinsatz	511
		Inbetriebnahme einer USB-Wetterstation	512
		Logging-Intervall einrichten	515
		Datentransport zum Raspberry Pi	515
		Rohdaten ins pywws-Format konvertieren	517
		Template für die aktuelle Wettervorhersage	520
	10.5	Sonne, Regen, Wind – Netatmo-Wetterstation	526
		Netatmo-Wetterstation am Computer vorbereiten	527
		iPhone- und Android-App im Einsatz	534
		Heizungssteuerung, Lüftung & Co.: Python-Schnittstelle im Eigenbau	536
		Python-API besorgen und einrichten	540
		Netatmo-Wetterstation im Zusammenspiel mit FHEM	543
	10.6	Grüner Daumen mit dem Smartphone	544
		Einstecken, installieren, gießen: Flower-Power im Smart Home	544

	Pflanzenüberwachung mit dem Raspberry Pi	548
	JSON- und Requests-Bibliothek nachrüsten	549
	Mehr Sicherheit mit SSL	550

11 LED-Lampen und Lichteffekte ... 555

11.1	LED-Lichtspielhaus: Hue-Bridge und -Lampen	555
	Philips Hue: Lampensteuerung mit Apple	556
	Unterschiedliche Hue-Lampen zusammenschalten	558
	Hue-Lampen und iPhone: Zwangshochzeit per App	561
11.2	Made in Dresden: lange Leitung für Hue-Stripes	566
	Abisolieren und stecken: LED-Streifen anschließen	567
	Schalteinheit FLS PP mit Hue-System koppeln	568
11.3	Hue-Lampen ohne App steuern	570
	Schalter mit Hue-System verbinden	570
	Hue-Steuerung mit Python selbst gebaut	572
11.4	FHEM mit Hue-Lampen nachrüsten	582
	Perl CPAN auf dem Raspberry Pi installieren	584
	Hue-Lampen in FHEM einrichten	587
11.5	Hue-Alternative: WLAN-Lampen aus China	590
	WLAN-Lampen und Wi-Fi-Bridge einrichten	592
	Wi-Fi-Lampen mit dem Smartphone steuern	594
	Wi-Fi-Lampen mit dem Raspberry Pi steuern	597
11.6	Playbulb – Licht und Gesang aus der Lampenfassung	604
	Farbe oder nicht – eine Frage des Geldbeutels	605
	Bluetooth-Kopplung auf Umwegen	606
11.7	Lampensteuerung und Lichteffekte auf Knopfdruck	608
	Bauteileliste für das WLAN-Schalterprojekt	608
	Schaltung und GPIO-Pins verheiraten	614
	Hürden und Stolperfallen bei der Inbetriebnahme	628

12 Unterhaltungs- und Haushaltselektronik steuern ... 631

12.1	iOS und HomeKit – Siri macht Strom	632
	Was bin ich? – Siri gibt Antwort	632
	Steckdosen mit Siri schalten	634
	iPhone: Kontakt für Gerät erstellen und konfigurieren	635
	HomeKit – Strippenzieher im Hintergrund	637
12.2	Steckdosen mit Python über UDP steuern	649
	UDP-Steuerung mit Python	656
	Energiemessung und mehr: TC IP 1 WLAN und FHEM	657
12.3	Weinkühlschrank mit dem Raspberry Pi	659

	I²C-Protokoll – neue Spielregeln 661
	SHT21: nötige Vorbereitungen treffen 666
	I²C-Bus: Schnittstelle wecken und checken 669
	Feuchte- und Temperaturmessung für optimale Lagerung 670
	Temperatur- und Feuchtigkeitsalarm per SMS 672
12.4	Garage und Türen mit dem Smartphone öffnen 673
	Handy, Tablet & Co.: Bluetooth als Aktor 674
	To be or not to be Admin: root-Werkzeuge für Benutzer 677
	Shell-Skript für die Bluetooth-Erkennung erstellen 679
12.5	Computer und NAS-Festplatten steuern 681
	Sicheres Log-in ohne Passwort: SSH-Keys im Einsatz 681
	NAS-Server: Netzwerkfestplatten konfigurieren 682
	Raspberry Pi per Windows-Desktopverknüpfung schalten 684
	Manchmal knifflig: SSH-Parameter finden 685
	Windows-Computer per Shell-Kommando schalten 686
	Shutdown-Skript erstellen 688
	Shell-Skript und FHEM verbinden 690
12.6	Scanner und Drucker ganz ausschalten 692
	Drucker vorbereiten: CUPS installieren 692
	CUPS-Backend anpassen 693
	Skript zum Schalten der Steckdose 695
	FHEM-Konfiguration der FS20-Druckersteckdose 697
12.7	Funken und steuern – Smartphone als Fernbedienung 700
	VU+ DUO² – die TV-Box für Tüftler 702
	FRITZ!Box-Festnetz mit Kabel-/SAT-TV-Box koppeln 712
	Eine für alle: Logitech Harmony im Wohnzimmer 718
12.8	Hausgeräte im Smart Home mit Miele@mobile 748
	Miele-Gerät mit Kommunikationsmodul nachrüsten 749
	Miele-Geräte mit dem Heimnetzwerk verbinden 749
	Grundinstallation des Miele-Gateways 751
	Waschmaschine mit Miele-Gateway koppeln 754
	Android oder Apple iOS – Miele@mobile-App im Einsatz 756
	Waschmaschinen-TV im Wohnzimmer 761
12.9	Einfache Haushaltsgeräteüberwachung mit dem Arduino 770
	Gyrosensoren – Begriffe und Unterschiede 770
	Inbetriebnahme des MPU-6050 772
	Experimente mit dem MPU-6050-Gyrosensor 773
	ESP8266 und Gyroskop im Zusammenspiel 775
	PHP-Schnittstelle für Waschmaschinen-Logging und mehr 780

A	Anhang	783
	A.1 Konsolen-Basics: Wichtige Befehle im Überblick	783
	A.1.1 Zugriff auf Dateien und Verzeichnisse regeln	784
	A.2 Basisausstattung für den Python-Einsatz	785
	A.2.1 Python-Bibliothek RPi.GPIO für GPIO-Zugriff installieren	786
	C Abkürzungen	788

Stichwortverzeichnis 789

Smart-Home-Bausteine

Die Schnittstelle zwischen dem Internet und dem Heimnetz ist das heimische Internetzugangsgerät, in der Regel der LAN/WLAN-Router - eine wichtige Tatsache, vor allem wenn Sie im Bereich Messen, Steuern, Regeln bei der Hausautomation von unterwegs mit dem Smartphone Ihre Gerätschaften zu Hause kontrollieren möchten. Hier stehen natürlich verschiedene Lösungsansätze zur Auswahl: entweder direkt das betreffende Gerät mit seiner eigenen App steuern und kontrollieren oder eine Mastermind-Lösung anstreben - eine Hausautomation-Kommandozentrale, die sich um die Vorortgerätschaften kümmert und über eine gemeinsame App die jeweiligen Schnittstellen zur Verfügung stellt. Dafür ist dann ein weiteres Gerät nötig, das in der Regel neben dem LAN/WLAN-Router dauerhaft online und damit an sieben Tagen 24 Stunden im Einsatz ist. Heute ist das Thema Netzwerkeinrichtung zu Hause eigentlich keine große Sache mehr - knifflig wird es erst, wenn unterschiedliche Computer vernetzt und mit gewöhnlichen Haushaltsgeräten und verschiedenen Technologien gekoppelt werden sollen. In dem Fall muss man selbst ein wenig Hand anlegen, damit es klappt. Anschließend können Sie mit dem Smartphone über eine App die gekoppelten Geräte - etwa Heizung, Lichtschalter, Waschmaschine, Rauchmelder, Klingelanlage und was noch alles in einem Haushalt an Gerätschaften benötigt wird - bequem steuern und kontrollieren.

1.1 LAN/WLAN-Router: der Datenverteiler

Um die Verteilung der Daten in Ihrem Heimnetzwerk kümmert sich in der Regel ein Router, der den Datenverkehr gezielt steuert und die Netzbelastung in Grenzen hält. Der Router wickelt sozusagen alle Aufträge ab, die von den Clients an ein anderes Netz geschickt werden. Ob es sich beim adressierten Netz um ein weiteres Unternehmensnetz handelt oder um das Internet, spielt keine Rolle.

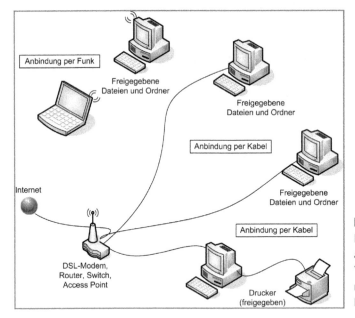

Bild 1.1: Beispiel eines Netzwerks, bestehend aus Kabel- und WLAN-Verbindungen mit Datei- und Druckerfreigaben.

Wie auch immer in Ihrem Netzwerk Daten übertragen werden und welches Betriebssystem Sie auch einsetzen – an TCP/IP, der Internetprotokollfamilie, kommen Sie nicht vorbei. Jetzt brauchen Sie sich aber nicht mit so diffizilen Dingen wie Protokollschichten, Headern oder dergleichen herumzuschlagen, für Sie genügen die Basics der Adressierung. Außerdem müssen Sie wissen, dass TCP/IP festlegt, wie Daten im Internet und im Netzwerk übermittelt werden. Bei einer Netzwerkverbindung oder einer Internetverbindung wird keine direkte Verbindung zwischen zwei Punkten hergestellt, wie das beispielsweise beim Telefonieren der Fall ist.

TCP/IP-Protokoll als gemeinsamer Nenner

Die Daten werden vielmehr in kleine Pakete zerlegt und auf den Weg zum Ziel geschickt. Wo sie hinmüssen, steht in der Adresse. Am Ziel werden die Pakete wieder in der richtigen Reihenfolge zusammengesetzt. Auch das wird über TCP/IP gesteuert, denn Reihenfolge und Anzahl der Pakete werden ebenfalls übermittelt. Dazu kommen noch ein paar Prüfgeschichten und sonstige Informationen – das muss Sie aber nicht interessieren. Damit ein Rechner über TCP/IP angesprochen werden kann, muss seine Adresse, die sogenannte IP-Adresse, bekannt sein. Die Adressierung ist bei TCP/IP in ihrer Struktur festgelegt. Auf der Basis von Version IPv4 können bis zu 4.294.967.296 Geräte in ein Netzwerk integriert werden. IPv4 nutzt 32-Bit-Adressen, die Weiterentwicklung IPv6 hingegen setzt auf 128-Bit-Adressen.

Eine TCP/IP-Adresse ist immer gleich aufgebaut: Sie setzt sich zusammen aus einem Netzwerkteil und einem Hostteil (Adressenteil). In der Regel ist die 32-Bit-Adresse in einen 24-Bit-Netzwerkteil und einen 8-Bit-Hostteil aufgeteilt. Der Hostteil wird im LAN (im lokalen Netzwerk) zugeteilt, während der Netzwerkteil von der IANA (*Internet Assigned Numbers Authority*) vergeben wird, die über die offiziellen IP-Adressen wacht.

Für die Konfiguration des Hostteils sind in einem sogenannten Class-C-Netzwerk – das ist ein typisches privates Netz – 254 Geräteadressen für angeschlossene Clients verfügbar. Die Endadresse `255` ist für den Broadcast (zu Deutsch: Rundruf, also Übertragung an alle) reserviert, während die Adresse `0` für das Netzwerk selbst reserviert ist.

Für die Aufteilung des Netzwerk- und Hostteils ist die Netzmaske zuständig: Im Fall eines Class-C-Netzwerks gibt die Adresse `255.255.255.0` eine sogenannte Trennlinie zwischen beiden Teilen an. Die binäre `1` steht für den Netzwerkteil, und die `0` steht für den Adressteil.

So entspricht die Netzwerkmaske

`255.255.255.0`

binär:

`11111111.11111111.11111111.0000000`

Die ersten 24 Bit (die Einsen) sind der Netzwerkanteil.

Sie müssen sich aber gar nicht mit der Adressvergabe herumschlagen, denn der heimische Rechner ist immer mit den nachfolgenden Daten ansprechbar. Einige Klassen von Netzwerkadressen sind für spezielle Zwecke reserviert. Man kann an ihnen ablesen, mit welchem Netzwerk man es zu tun hat. Beispielsweise ist eine IP-Adresse beginnend mit `192.x.x.x` oder `10.x.x.x` ein internes Netzwerk, in Ihrem Fall ein Heimnetzwerk.

Adressbereich	Netzwerk
192.168.0.0	Heimnetz, bis zu 254 Clients
172.16.0.0	Unternehmensnetz, bis zu 65.000 Clients
10.0.0.0	Unternehmensnetz, bis zu 16 Mio. Clients

Sobald aus einem heimischen Rechner ein Netz aus mehreren Computern wird, beginnt die IP-Adresse mit `192.168.0`. Auf dieser Basis können in das Netz bis zu 254 Geräte eingebunden werden, indem die letzte Zahl von 0 bis 254 hochgezählt wird. Allerdings hat kaum jemand zu Hause so viele Geräte im Einsatz, es wird bei überschaubaren Adressbereichen bleiben.

Über die Vergabe der IP-Adressen

Gewöhnen Sie sich für die Vergabe der IP-Adressen entweder die automatische Zuweisung via DHCP oder eine statische Zuweisung mit festen Adressen an. Wenn Sie mit festen Adressen arbeiten, sollten Sie gegebenenfalls nur ausgewählte, leicht merkbare IP-Adressen verwenden, also `192.168.0.1` für den Router, `192.168.10` für den zentralen Rechner und für weitere die Endnummern `20`, `30` etc. Wer generell Schwierigkeiten hat, sich die Nummern zu merken, kann die Computer beispielsweise nach Alter nummerieren – in der Regel weiß man genau, welchen Computer man zuerst gekauft hat.

Der Vollständigkeit halber sei hier auch das sogenannte Gateway erwähnt. Innerhalb des Heimnetzwerks können sämtliche Geräte direkt miteinander kommunizieren und Daten austauschen. Soll hingegen eine Verbindung zu einem Gerät aufgebaut werden, das sich nicht innerhalb des adressierbaren Adressbereichs befindet, müssen die Heimnetze miteinander verbunden werden. Diese Aufgabe übernimmt das Gateway bzw. der Router, der quasi sämtliche verfügbaren Netzwerke kennt und die Pakete bzw. Anforderungen entsprechend weiterleitet und empfängt. Im Internet sind daher einige Router in Betrieb, da es technisch nahezu unmöglich ist, dass ein einzelner Router alle verfügbaren Netze kennt und direkt adressiert.

In der Regel hat der LAN/WLAN-Router auch einen DHCP-Server eingebaut, der für die Vergabe der IP-Adressen im Heimnetz zuständig ist. Sind Daten für eine IP-Adresse außerhalb des Heimnetzes bestimmt, werden sie automatisch an das konfigurierte Standard-Gateway, also den Router, weitergeleitet. Verbindet sich der heimische LAN/WLAN-Router mit dem Internet, versteckt er das private Netz hinter der öffentlichen IP-Adresse, die der LAN/WLAN-Router beim Verbindungsaufbau vom Internetprovider erhalten hat. Dieser Mechanismus der Adressumsetzung, NAT (*Network Address Translation*) genannt, sorgt dafür, dass die Datenpakete vom Heimnetz in das Internet (und wieder zurück) gelangen.

IP-Adressen im Internet übermitteln

Alle Server im Internet sind ebenfalls über eine IP-Adresse ansprechbar, aber das könnte sich keiner merken. Wer weiß schon, dass sich hinter `217.64.171.171` `www.franzis.de` verbirgt? Deshalb gibt es im Internet zentrale Server, deren einzige Aufgabe darin besteht, für die von Ihnen eingegebene Internetadresse (URL) den richtigen Zahlencode bereitzustellen.

Nichts anderes passiert nämlich bei der Eingabe der URL: Der Rechner übermittelt seine Anfrage im Klartext an den sogenannten *Domain Name Server* (DNS). Ein DNS-Server führt eine Liste mit Domainnamen und den IP-Adressen, die jedem Namen zugeordnet sind.

Wenn ein Computer die IP-Adresse zu einem bestimmten Namen benötigt, sendet er eine Nachricht an den DNS-Server. Dieser sucht die IP-Adresse heraus und sendet sie an den PC zurück. Kann der DNS-Server die IP-Adresse lokal nicht ausfindig machen, fragt er einfach andere DNS-Server im Internet, bis die IP-Adresse gefunden ist. Damit die Daten, die Sie angefordert haben – und im Internet wird jede Seite aus übermittelten Daten aufgebaut –, auch wieder zu Ihnen bzw. zu Ihrem Rechner zurückgelangen, braucht der Server Ihre IP-Adresse. Nun wird nicht jedem Internetteilnehmer kurzerhand eine IP-Adresse verliehen – dafür gibt es einfach nicht genug Adressen. Stattdessen hat jeder Provider einen Pool mit IP-Adressen, die jeweils nach Bedarf vergeben werden.

Diese Technik ist quasi nichts anderes als die eines DHCP-Servers (*Dynamic Host Configuration Protocol*). Damit bekommen alle an ein Netzwerk angeschlossenen Computer, egal ob WLAN oder nicht, automatisch die TCP/IP-Konfiguration zugewiesen. Zusammen mit Ihrer Anfrage bei einer URL wird also Ihre eigene dynamische Adresse übermittelt, damit Sie auch eine Antwort bekommen.

Aus dem Internet ist nur der Router sichtbar

Wenn Sie Ihr Netzwerk mit einem Router für den Internetzugang ausstatten, übernimmt Ihr Router künftig einen Teil der Aufgaben rund um die Adressierung. Das macht Ihnen das Leben nicht nur etwas leichter, sondern vor allem viel sicherer, denn nach außen tritt lediglich der Router in Erscheinung, Ihren PC bekommt das Internet nicht so leicht zu sehen. Das beginnt schon damit, dass von außen nicht mehr die zugewiesene Adresse des Rechners zu sehen und zu verwenden ist, sondern die des Routers. Alle Anfragen stellt der Router, alle Antworten nimmt er entgegen und leitet sie netzwerktechnisch betrachtet als Switch innerhalb des heimischen Netzes an den passenden Rechner weiter.

Für den Router gibt es also intern den Nummernkreis `192.168.X.X` und nach außen alle anderen. Der einzelne Rechner ist nicht mehr direkt ansprechbar, sondern die Adresse ist immer die des Routers. Das ist ein erster Schritt in Richtung mehr Sicherheit im Internet, denn nun kann nicht mehr direkt auf möglicherweise offene Ports Ihres Rechners oder eines anderen im Netz zugegriffen werden. Noch mehr Sicherheit bietet eine im Router aktivierte Firewall, deren Ziel es ist, nur zulässige und ungefährliche Pakete durchzulassen und bestimmte Pakete kurzerhand abzulehnen. Sie nehmen ja an der Haustür auch nicht jede Nachnahme an.

Dynamische DNS-Lösung für Internetzugriffe konfigurieren

Möchten Sie Ihre Heimnetzsteuerzentrale auch über das Internet erreichen, etwa weil Sie vom Büro aus die Heiztemperatur im heimischen Wohnzimmer regeln möchten, benötigen Sie für Ihren LAN/WLAN-Router zu Hause eine dynamische DNS-Lösung. Mithilfe einer dynamischen IP-Adresse machen Sie den LAN/WLAN-Router im Internet bekannt. Jedes Mal, wenn Sie sich in das Internet einloggen, bekommt Ihr LAN/WLAN-Router automatisch vom Provider eine IP-Adresse zugeteilt. TCP und IP sind die wichtigsten Protokolle, die für die Kommunikation zwischen Rechnern möglich sind. Es gibt jedoch weitere Protokolle und Techniken wie beispielsweise SSH, mit denen Sie beim Lesen dieses Buchs in Berührung kommen. TCP/IP kommt in einem Netzwerk zum Einsatz, und jeder Computer, der in einem Netzwerk TCP/IP nutzen möchte, braucht eine IP-Adresse. Diese IP-Adresse lautet bei jeder Einwahl anders – sie stammt aus einem IP-Adressenpool, den der Provider reserviert hat.

DNS: Namen statt Zahlen

Der Vorteil von DNS ist, dass Sie den Computer auch über seinen Namen ansprechen können. Es ist einfacher, statt einer IP-Adresse wie `http://192.168.123.1` die Adresse `http://IHRDOMAINNAME.DNSSERVICEANBIETER.NET` einzutippen, denn Namen lassen sich leichter merken als Zahlen bzw. IP-Adressen.

```
pi@fhemraspian: ~
pi@fhemraspian ~ $ ping -c5 www.franzis.de
PING www.franzis.de (78.46.40.101) 56(84) bytes of data.
64 bytes from static.78-46-40-101.clients.your-server.de (78.46.40.101): icmp_req=1 ttl=57 time=28.9 ms
64 bytes from static.78-46-40-101.clients.your-server.de (78.46.40.101): icmp_req=2 ttl=57 time=28.3 ms
64 bytes from static.78-46-40-101.clients.your-server.de (78.46.40.101): icmp_req=3 ttl=57 time=27.2 ms
64 bytes from static.78-46-40-101.clients.your-server.de (78.46.40.101): icmp_req=4 ttl=57 time=28.0 ms
64 bytes from static.78-46-40-101.clients.your-server.de (78.46.40.101): icmp_req=5 ttl=57 time=27.2 ms

--- www.franzis.de ping statistics ---
5 packets transmitted, 5 received, 0% packet loss, time 4005ms
rtt min/avg/max/mdev = 27.246/27.964/28.998/0.663 ms
pi@fhemraspian ~ $
```

Bild 1.2: Mit dem Befehl `ping DNS-Name` finden Sie die IP-Adresse eines DNS-Namens heraus. In diesem Beispiel lautet die IP-Adresse für `www.franzis.de`: `78.46.40.101`.

Geben Sie beispielsweise *http://IHRDOMAINNAME.DNSSERVICEANBIETER.NET* in die Adressleiste des Webbrowsers ein, erkennt dieser am *http*-Kürzel, dass er das HTTP-Protokoll verwenden muss. Der doppelte Schrägstrich // bedeutet, dass es sich um eine absolute URL handelt. Mit der URL *IHRDOMAINNAME.DNSSERVICEANBIETER.NET* wird ein Kontakt zu dem DNS-Server Ihres ISP (Internet **S**ervice **P**rovider) hergestellt. Damit wird dieser DNS-Name in eine IP-Adresse umgewandelt.

Für dynamisches DNS gibt es verschiedene Anbieter, die eine solche Funktionalität kostenlos zur Verfügung stellen. Die bekanntesten Anbieter sind in der folgenden

Tabelle aufgeführt. Die Vorgehensweise bei der Anmeldung ist im Prinzip immer die gleiche, für welche Sie sich entscheiden, bleibt Ihnen überlassen.

Anbieter (kostenlos)	
no-ip.com	www.no-ip.com
DNSExit	www.dnsexit.com/
AVM (nur für Fritzboxen mit FRITZ!OS ab Version 5.20)	https://www.myfritz.net/login.xhtml
FreeDNS	freedns.afraid.org
Securepoint spdyn	www.spdyn.de

Egal für welchen Anbieter Sie sich entscheiden, die Prozedur des Registrierens und Einrichtens sowie die Konfiguration des Clients bleiben Ihnen nicht erspart. Im nächsten Schritt richten Sie den DSL-WLAN-Router so ein, dass Sie aus dem Internet Zugriff auf den Raspberry Pi bekommen – am besten über einen Port, der nur Ihnen bekannt ist.

DynDNS Domain bei spdyn.de einrichten

Made in Germany – wer in Sachen dynamisches DNS zum Nulltarif einen deutschen Anbieter auswählt, macht nicht viel verkehrt. Generell ist das Vorgehen bei sämtlichen Anbietern dasselbe: Erst nach dem Registriervorgang und der Bestätigung des E-Mail-Kontos haben Sie die Möglichkeit, einen kostenlosen dynamischen DNS-Anschluss zu reservieren.

Nach der Registrierung bei dem Lüneburger Anbieter Securepoint (spdyn.de) fügen Sie dem angelegten Profil bei *Hosts* von Benutzer einen IPv4-Host hinzu und richten auf dem Raspberry Pi den spdns-Dynamic-DNS-Update-Client ein. Alternativ konfigurieren Sie den heimischen Router so um, dass er den Securepoint-DNS-Service kennt.

1 Smart-Home-Bausteine

Bild 1.3: Zunächst tragen Sie den persönlichen Hostnamen ein und wählen im zweiten Schritt im Dropdown-Menü die gewünschte Domäne aus.

spdns Dynamic DNS mit der FRITZ!BOX

In diesem Abschnitt wird exemplarisch die weit verbreitete FRITZ!BOX verwendet, doch auch die Router-Konkurrenz im DSL/Kabel/Glasfasermarkt bietet die Einrichtung eines Anbieters für die dynamische DNS-Adresse ein. Bei der FRITZ!BOX finden Sie die DynDNS-Einstellungen im Menü *Erweiterte Einstellungen -> Internet -> Freigaben -> Dynamic DNS*. Da nur die bekanntesten Anbieter von AVM in dem Einrichtungsassistenten gelistet werden, wählen Sie für die Verwendung des Securepoint Dynamic DNS Service als Dynamic-DNS-Anbieter den Eintrag *Benutzerdefiniert* aus und tragen dort nachstehenden URL als Update-URL ein:

```
update.spdyn.de/nic/update?hostname=<domain>&myip=<ipaddr>
```

Beachten Sie, dass in diesem Beispiel die spitzen Klammern keine Platzhalter darstellen – geben Sie die Zeile einfach eins zu eins in den FRITZ!BOX-Dialog ein. Unterstützt die FRITZ!BOX das DynDNS-Update auch über SSL, dann verwenden Sie dort stattdessen die nachstehende Update-URL:

```
https://update.spdyn.de/nic/update?hostname=<domain>&myip=<ipaddr>
```

Viele Internetanbieter bieten zusätzlich zu einer IPv6-Hostadresse eine IPv4-Host-Adresse an und früher war es üblich, ausschließlich Adressen aus dem IPv4-Hostadressenbereich zu verwenden. Kabelanbieter wie Kabel Deutschland / Vodafone stellen aus Kompatibilitätsgründen den Internetanschluss sowohl mit einer IPv6-Adresse als auch mit einer IPv4-Hostadresse im Parallelbetrieb zur Verfügung. In Sachen dynamisches DNS bedeutet dies, dass die FRITZ!BOX neben dem IPv4-Host auch den IPv6-Host aktualisieren kann. Soll dies über spdyn.de erfolgen, dann verwenden Sie für beide Adressen idealerweise denselben Hostnamen und tragen im Feld *Update-URL* die nachfolgenden Zeilen ein:

```
https://update.spdyn.de/nic/update?hostname=<domain>&myip=<ipaddr>
https://update.spdyn.de/nic/update?hostname=<domain>&myip=<ip6addr>
```

Dieses Feld *Update-URL* ist im Menü *Erweiterte Einstellungen* -> *Internet* -> *Freigaben* -> *Dynamic DNS* zu finden.

Bild 1.4: Füllen Sie das Feld *Domainname* mit dem persönlichen spdyn-Hostnamen, das Feld *Benutzername* mit der Bezeichnung des spdyn-Accounts samt dazugehörigem Kennwort. Nach Klick auf die Schaltfläche *Übernehmen* kümmert sich die FRITZ!BOX um die automatische Aktualisierung der WAN-IP-Adresse für das dynamische DNS.

Soll stattdessen der Raspberry Pi die Aktualisierung der WAN-IP-Adresse für die dynamische DNS-Adresse übernehmen – beispielsweise, weil der eingesetzte Router keine diesbezüglichen Einstellungen für dynamisches DNS bietet – dann gehen Sie wie im nächsten Abschnitt beschrieben vor.

DNS-Update-Client für den Raspberry Pi

Das nachfolgende Verfahren lässt sich auch mit alternativen DynDNS-Anbietern anwenden – in diesem Beispiel wird der spdns-Dynamic-DNS-Update-Client für den oben angelegten spdyn.de-Account installiert und konfiguriert. Er steht kostenfrei auf spdns.de zur Verfügung und lässt sich bequem per `wget`-Kommando in das Home-Verzeichnis des Benutzers `pi` laden, vorausgesetzt der Raspberry Pi ist mit dem Internet verbunden.

```
cd ~
wget http://my5cent.spdns.de/wp-
content/uploads/2014/12/spdnsUpdater_bin.tar.gz
```

Nach dem Download entpacken Sie die Archivdatei per `tar`-Kommando:

```
tar -zxvf spdnsUpdater_bin.tar.gz
```

Die Archivdatei besteht aus zwei Dateien. Die Konfiguartionsdatei wird mit `sudo`-Berechtigungen in das `/etc`-Verzeichnis verschoben, die Binärdatei für das eigentliche Update wird in ein eigenes Verzeichnis – hier `updater` – verschoben, die nötigen Berechtigungen werden angepasst und die Eigentümerschaft gesetzt. Zu guter Letzt bearbeiten Sie mizt dem nano-Editor die Konfigurationsdatei `spdnsu.conf` im `/etc`-Verzeichnis und tragen dort den dynamischen Host und den Benutzernamen samt dazugehörigem Kennwort ein.

```
sudo mv spdnsu.conf /etc/
sudo mkdir -p updater
sudo mv spdnsu updater/
sudo chmod u+x updater/spdnsu
sudo chown -R pi:pi /home/pi/updater/
sudo nano /etc/spdnsu.conf
```

Nach dem Speichern der Konfigurationsdatei können Sie den Updater manuell ausführen und testen ob er auch die WAN-IP-Adresse des genutzten Internetanschlusses zurückliefert:

```
./updater/spdnsu
```

Die WAN-IP-Adresse des genutzten Internetanschlusses wird in diesem Beispiel in die Datei */tmp/spdnsuIP.cnf* geschrieben, deren Inhalt sich per `cat`-Kommando auf der Kommandozeile anzeigen lässt.

```
cat /tmp/spdnsuIP.cnf
```

```
pi@raspi3cam:~ $ cd ~
pi@raspi3cam:~ $ wget http://my5cent.spdns.de/wp-content/uploads/2014/12/spdnsUpdater_bin.tar.gz
--2017-07-04 23:24:49--  http://my5cent.spdns.de/wp-content/uploads/2014/12/spdnsUpdater_bin.tar.gz
Auflösen des Hostnamen »my5cent.spdns.de (my5cent.spdns.de)«... 78.53.15.99
Verbindungsaufbau zu my5cent.spdns.de (my5cent.spdns.de)|78.53.15.99|:80... verbunden.
HTTP-Anforderung gesendet, warte auf Antwort... 200 OK
Länge: 7950 (7,8K) [application/octet-stream]
In »spdnsUpdater_bin.tar.gz« speichern.

spdnsUpdater_bin.tar.gz    100%[===================================>]   7,76K  --.-KB/s   in 0,05s

2016-07-04 23:24:49 (149 KB/s) - »spdnsUpdater_bin.tar.gz« gespeichert [7950/7950]

pi@raspi3cam:~ $ tar -zxvf spdnsUpdater_bin.tar.gz
spdnsu.conf
spdnsu
pi@raspi3cam:~ $ sudo mv spdnsu.conf /etc/
pi@raspi3cam:~ $ sudo mkdir -p updater
pi@raspi3cam:~ $ sudo mv spdnsu updater/
pi@raspi3cam:~ $ sudo chmod u+x updater/spdnsu
pi@raspi3cam:~ $ sudo chown -R pi:pi /home/pi/updater/
pi@raspi3cam:~ $ sudo nano /etc/spdnsu.conf
pi@raspi3cam:~ $ ./updater/spdnsu
pi@raspi3cam:~ $ cat /tmp/spdnsuIP.cnf
currentIP=178.16.138.49
pi@raspi3cam:~ $
```

Bild 1.5: Wird der Updater nach der Konfiguration manuell gestartet, wird die aktuelle IP-Adresse der WAN-Verbindung in die Datei */tmp/spdnsuIP.cnf* geschrieben.

Wer diese Aktualisierung automatisch vom Raspberry Pi erledigen lassen möchte, der nutzt dort die *crontab*-Datei. Dafür starten Sie diese im Bearbeitungsmodus

```
sudo crontab -e
```

und tragen dort die nachstehende Zeile ein:

```
*/10 * * * * /home/pi/updater/spdnsu
```

Speichern Sie die Datei und beenden Sie den Nano-Editor – nach einem Neustart des Raspberry Pi sollten Sie testen, ob alles wie gewünscht funktioniert, damit der Raspberry Pi die aktuelle WAN-Adresse automatisch an den DynDNS-Anbieter übermittelt.

Portfreigabe für den direkten Zugriff

Die TCP- und UDP-Ports (*User Datagram Protocol*) sorgen für die Kommunikation auf Netzwerk- bzw. Anwendungsebene. Grundsätzlich gilt auch hier: Weniger ist mehr. Je weniger Ports geöffnet und Dienste verfügbar sind, desto weniger Angriffsfläche bietet der LAN/WLAN-Router nach außen. So können Sie die Nutzung bestimmter Internetdienste wie das Surfen im WWW (HTTP), das *File Transfer Protocol* (FTP) und viele weitere für alle oder einige Benutzer in Ihrem Netzwerk blockieren.

Doch Vorsicht: Wird der Router zu sicher eingestellt, leidet die Funktionalität, weil bestimmte Programme nicht mehr richtig funktionieren. Wer beispielsweise einen Webserver (HTTP-Protokoll mit Port 80) hinter einem Router betreiben möchte, der muss den LAN/WLAN-Router so einstellen, dass die Anfragen aus dem Internet auch bis zum heimischen Webserver kommen können. Erst dann kann dieser reagieren und die Anfragen beantworten. Welchen Port Sie öffnen, hängt von dem eingesetzten Serverprogramm und vor allem von Ihren persönlichen Ansprüchen und Sicherheitsbedürfnissen ab.

Der LAN/WLAN-Router kann so eingestellt werden, dass bestimmte Ports am Router zwar offen sind, die Daten, die dort ankommen, aber nur an einen bestimmten Rechner bzw. eine bestimmte IP-Adresse weitergeleitet werden. Diese Technik läuft unter Portweiterleitung bzw. Port-Triggering. Die Porteinstellungen des WLAN-Routers nehmen Sie über die Weboberfläche vor, im Fall einer FRITZ!Box ist das der Dialog *Internet/Portfreigabe*.

Achten Sie darauf, dass bei der Konfiguration einer Portfreigabe die Zieladresse immer gleich bleibt. Es ist möglicherweise besser, für den Zielrechner im heimischen Netz eine feste IP-Adresse einzurichten. Verwenden Sie im Zweifelsfall statt einer DHCP-Adresse für den Computer eine statische IP-Adresse. Mithilfe der Portfreigabe lassen sich Dienste und verwendete Ports explizit bestimmten Rechnern im Heimnetz, in diesem Fall dem Raspberry Pi, zuordnen.

1 Smart-Home-Bausteine

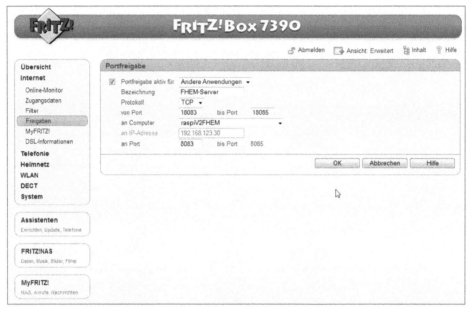

Bild 1.6: Per Klick auf die Schaltfläche *Freigaben* richten Sie eine neue Verbindung von außen mit dem Raspberry Pi im Netzwerk ein. In diesem Fall ist die Weboberfläche von außen über die Ports 18083 bis 18085 erreichbar, während im Heimnetz die Standardports 8083 bis 8085 genutzt werden.

Bild 1.7: Die *Dienstetabelle* listet bei Routern aus dem Hause Netgear alle Dienste auf, die aktuell gesperrt sind. Sie können dieser Tabelle Dienste hinzufügen oder welche daraus löschen.

Abhängig vom LAN/WLAN-Routermodell, ist auch der umgekehrte Fall möglich, und es lassen sich bestimmte Dienste und Ports für bestimmte Rechner blockieren. Bei Netgear-Modellen ist dafür der Schalter *Dienste sperren/Block Services* zuständig, mit dem Sie den Internetzugang bestimmter Benutzer in Ihrem lokalen Netzwerk basierend auf deren IP-Adressen sperren können.

1.2 MQTT und IoT

Das Protokoll *Message Queue Telemetry Transport* (MQTT) ist beim Einsatz von IoT-Geräten ein oft genutztes Benachrichtigungsprotokoll, das in eigenen Heimautomations- und IoT-Projekten zum Einsatz kommen kann. Dafür wird ein sogenannter MQTT-Broker als Server zum Zweck des Datensammelns benötigt, der dafür auch rund um die Uhr als Service zum Sammeln und Verteilen der Informationen im Heimnetz zur Verfügung stehen muss. Damit sind generell mindestens drei Geräte für den Aufbau einer MQTT-Architektur nötig:

- MQTT-Broker (Datenzentrale)
- IoT-Sensor
- MQTT-Client

Die Daten, wie beispielsweise die Messwerte eines Sensors, werden zuvor in einer im MQTT-Broker definierten Datenstruktur regelmäßig automatisiert abgelegt. Über einen Client, egal ob Smartphone, Computer oder ein anderes IoT-/Hausautomationsgerät, der die Datenstruktur des eigenen MQTT-Brokers kennt, können diese Werte und Einträge ebenfalls regelmäßig und automatisiert ausgelesen werden. Auf diesen – oft lästigen – Umweg wird im Rahmen der verschiedenen Projekte in diesem Buch verzichtet. Stattdessen wird der direkte Weg zum Kommunikationspartner – wie beispielsweise zum Raspberry Pi, der die Auslieferung der Daten und die Kommunikation mit dem »Endkunden« erledigt – gewählt. Wer hingegen mehrere gleichartige Sensoren – beispielsweise in jedem Raum jeweils einen Luftdrucksensor, einen Temperatursensor und einen Bewegungsmelder – im Einsatz hat, der kann über den zentralen MQTT-Datenverteiler Aufwand sparen.

In diesem Projekt ist nach der Grundinstallation des MQTT-Brokers wie beispielsweise des kostenlosen Mosquitto (`http://mosquitto.org/download/`) und der Konfiguration der Umgebung auch jeweils die Einrichtung eines MQTT-Clients für die Datenablage sowie für das Auslesen der Daten nötig. Für Arduino-Boards steht dafür ein vielversprechender Ansatz auf GitHub (`https://github.com/256dpi/arduino-mqtt`) zur Verfügung, mit dem sich ein Arduino-Mikrocontroller als MQTT-Client und als Datenquelle für den MQTT-Server nutzen lässt. Die spätere Verwendung und Anbindung an einen Raspberry Pi stellt mit Python keine größere Hürde dar – hier reicht nach der Installation des `paho.mqtt.client`-Pakets die Definition `import paho.mqtt.client as paho` im Code aus, um ein entsprechendes Objekt wie `client = paho.Client()` zu erzeugen. Anschließend lassen sich die Basismethoden der API per Python verwenden.

Installation von Mosquitto

Bevor es an die Installation von Mosquitto geht, können Sie prüfen, welche MQTT-Protokollversion im Repository zur Verfügung steht. Bei Fertig-Sensoren kann es nämlich vorkommen, dass die verwendete MQTT-Protokollversion nicht mit jener auf dem MQTT-Broker zusammenpasst – dies lässt sich vor der Installation per `apt-get` überprüfen. Mit dem nachstehenden Kommando durchsuchen Sie den `apt-cache` nach Paketen, die mit der Bezeichnung Mosquitto verknüpft sind:

```
sudo apt-cache search mosquitto
```

In diesem Fall werden sowohl der Subscriber- als auch der Publisher-MQTT-Client mit einer Eigenbaulösung implementiert, sodass die Standardversion per `apt-get install` über die Kommandozeile installiert werden kann. Eine ältere bzw. angepasste Mosquitto-Version bzw. ihr Quellcode zum Selbstübersetzen ist auf den Projektseiten (http://mosquitto.org/download/) erhältlich.

```
pi@raspi3cam:~ $ sudo apt-cache search mosquitto
libmosquittopp-dev - MQTT version 3.1 client C++ library, development files
mosquitto - MQTT version 3.1/3.1.1 compatible message broker
mosquitto-dbg - debugging symbols for mosquitto binaries
python-mosquitto - MQTT version 3.1 Python client library
python3-mosquitto - MQTT version 3.1 Python 3 client library
libmosquitto-dev - MQTT version 3.1/3.1.1 client library, development files
libmosquitto1 - MQTT version 3.1/3.1.1 client library
libmosquitto1-dbg - debugging symbols for libmosquitto binaries
libmosquittopp1 - MQTT version 3.1/3.1.1 client C++ library
libmosquittopp1-dbg - debugging symbols for libmosquittopp binaries
mosquitto-clients - Mosquitto command line MQTT clients
pi@raspi3cam:~ $
```

Bild 1.8: Neben dem eigentlichen Mosquitto-Server sind über `apt-get` auch verschiedene MQTT-Clients in unterschiedlichen Versionen verfügbar.

Generell sind die Unterschiede bei der Installation zwischen Ubuntu-Linux, Raspbian Wheezy und Jessie sehr gering. Zunächst holen Sie sich die Schlüsselinformationen auf den Computer und fügen sie dem lokalen System hinzu.

```
wget http://repo.mosquitto.org/debian/mosquitto-repo.gpg.key
sudo apt-key add mosquitto-repo.gpg.key
```

Dann folgt die Update-Information – dies erledigen Sie ebenfalls auf der Kommandozeile:

```
sudo apt-get update
```

Beim Raspberry-Pi-Einsatz verwenden Sie für das aktuelle Raspbian Jessie die passende `list`-Datei für das Repository.

```
cd /etc/apt/sources.list.d/
sudo wget http://repo.mosquitto.org/debian/mosquitto-jessie.list
```

Analog gehen Sie vor, wenn noch die alte Wheezy-Welt auf dem Raspberry Pi zum Einsatz kommt – etwa bei Raspberry-Pi-Modellen der ersten Generation:

```
cd /etc/apt/sources.list.d/
sudo wget http://repo.mosquitto.org/debian/mosquitto-wheezy.list
```

Ist die Repository-Liste ergänzt, laden Sie sie und bringen die Update-Information abermals auf den neuesten Stand:

```
sudo apt-get update
```

Nach dem Update können Sie nun endlich den Mosquitto-Server auf dem Computer installieren. Es empfiehlt sich, zusätzlich die Clientwerkzeuge zu installieren, damit bei Bedarf auch lokal auf dem Server des MQTT-Brokers individuell Daten direkt auf der Konsole abgefragt werden können.

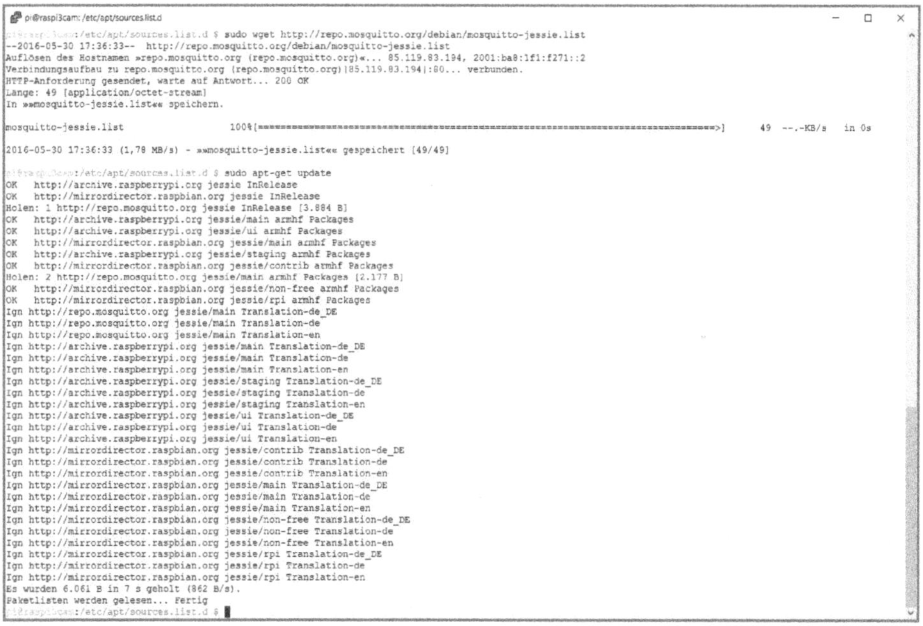

Bild 1.9: Bevor Sie Mosquitto installieren, bringen Sie mit `apt-get update` das System auf den aktuellen Stand.

Mosquitto steht unter anderem für Betriebssysteme aus dem Debian-Umfeld zur Verfügung. Neben dem Raspberry Pi gehört auch die Ubuntu-Familie dazu – dort verwenden Sie das nachstehende Kommando zur Mosquitto-Installation:

```
sudo apt-get install mosquitto mosquitto-clients
```

Soll ein Raspberry Pi als Mosquitto-Server im Heimnetz fungieren, ist das folgende Installationskommando zu verwenden:

```
sudo apt-get install mosquitto mosquitto-clients python-mosquitto
```

Ist im Heimnetz bereits ein Mosquitto-Server im Einsatz, reicht auf den Computern im Heimnetz ein einfacher MQTT-Client – das Serverpaket braucht nicht installiert zu werden. Um auf dem Raspberry Pi einen einfachen Mosquitto-Client zu installieren, verwenden Sie dieses Kommando:

```
sudo apt-get install mosquitto-clients python-mosquitto
```

Zu guter Letzt benötigen die Programmiersprachen und Tools auf dem Raspberry Pi die passenden Schnittstellen in Form der MQTT-Bibliotheken:

```
sudo apt-get upgrade
sudo apt-get install python-pip
```

bzw. bei Python 3:

```
sudo apt-get install python3-pip
```

Nach der Installation wird der MQTT-Server automatisch geladen und gestartet. Über die IP-Adresse des Raspberry Pi ist der MQTT-Server nun im Heimnetz verfügbar, nach der Basisinstallation wird automatisch auch der Standard-TCP-Port 1883 für das MQTT-Protokoll verwendet.

Betrieb von Mosquitto

Sind neben dem Server auch der Mosquitto-Client sowie die Python-Unterstützung installiert, prüfen Sie im ersten Schritt nach der Installation, ob Mosquitto gestartet wurde.

```
ps -A | grep mosquitto
```

Generell startet Mosquitto nach jedem Einschalten des Computers automatisch. Wie andere Dienste lässt sich auch Mosquitto mit dem `service`-Kommando von Hand beenden, (neu) starten, und der Status kann abgefragt werden.

```
sudo service mosquitto restart
sudo service mosquitto stop
sudo service mosquitto start
```

Der komplette Systemstatus kann lokal auf dem MQTT-Server mit dem Kommandozeilenbefehl

```
mosquitto_sub -v -t '$SYS/#'
```

ausgegeben werden. Die Mosquitto-Konfiguration lässt sich auch bequem ohne MQTT-Client lokal testen – dafür benötigen Sie zwei Kommandozeilenfenster.

Mosquitto-Schnellcheck ohne MQTT-Client

Sind Sie mit dem Raspberry Pi, der als MQTT-Server fungiert, per SSH-Client verbunden, erstellen Sie einfach eine zweite, neue Verbindung zum MQTT-Server und melden sich dort jeweils mit dem Benutzer **pi** an. Arbeiten Sie lokal auf dem Raspberry-Pi-System – etwa auf der GUI –, öffnen Sie das LXTerminal zweimal, damit in einem Fenster die MQTT-Hinweise angezeigt werden, die vom zweiten Fenster aus per Befehl initiiert werden.

Arbeiten Sie lokal, reicht die Angabe des **localhost** oder der IP-Adresse **127.0.0.1** aus – im Heimnetz verwenden Sie stattdessen die IP-Adresse des Raspberry Pi, der als MQTT-Broker/-Server fungiert.

In diesem Beispiel wird per **mosquitto_sub** das Topic **ubuSensor** erzeugt, und anschließend lauschen der Mosquitto-Server unter der Localhost-Adresse **127.0.0.1** auf die dazugehörigen Meldungen:

```
mosquitto_sub -h 127.0.0.1 -t ubuSensor/#
```

Das zweite SSH-Fenster zum Raspberry-Pi-Client wird benötigt, um über die Kommandozeile den Raspberry-Pi-Mosquitto-Server mit der IP-Adresse – in diesem Beispiel der IP **192.168.123.45** – mit Nachrichten/Kommandos zu versorgen. Sendet der Raspberry-Pi-Mosquitto-Client nun die Kommandos

```
mosquitto_pub -h 192.168.123.45 -t ubuSensor/DoorOpen -m "true"
mosquitto_pub -h 192.168.123.45 -t ubuSensor/DoorOpen -m "false"
```

sollte im zweiten Konsolenfenster des Raspberry-Pi-Mosquitto-Servers mit der IP **192.168.123.45** zunächst **true**, dann **false** ausgegeben werden. Das wäre beispielsweise der Status der Türöffnung, falls dort ein entsprechend eingerichteter Sensor angebracht ist, der nur die beiden Zustände mitteilen kann.

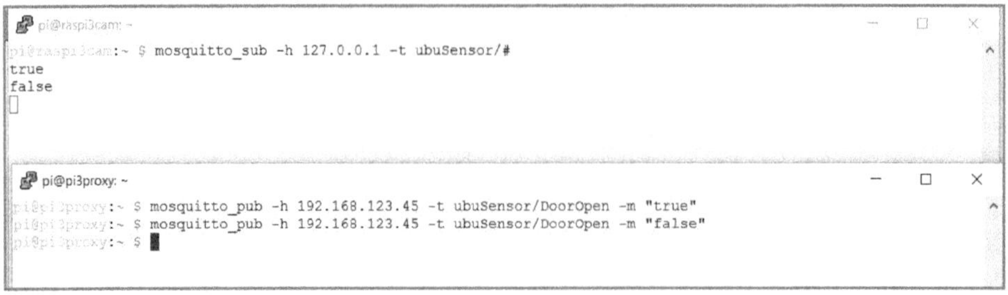

```
pi@raspi3cam:~ $ mosquitto_sub -h 127.0.0.1 -t ubuSensor/#
true
false

pi@pi3proxy:~ $ mosquitto_pub -h 192.168.123.45 -t ubuSensor/DoorOpen -m "true"
pi@pi3proxy:~ $ mosquitto_pub -h 192.168.123.45 -t ubuSensor/DoorOpen -m "false"
pi@pi3proxy:~ $
```

Bild 1.10: Neben den einfachen Zuständen wie true/false kann über MQTT auch komplexeres Datenmaterial einfach und bequem zum heimischen MQTT-Server übertragen werden.

Damit funktioniert die Mosquitto-Server-Lösung und kann als Datensammler für die MQTT-Pakete im Heimnetz für Raspberry-Pi-Clients, Arduino- und Pretzelboard-IoT-Lösungen sowie eigene Sensoren verwendet werden.

Arduino als MQTT-Client

Aufgrund der Technologie und der Bauweise eignen sich die kleinen Arduino-Mikrocontroller aller Art nahezu perfekt für die IoT-Welt, denn sie bringen zum einen diverse Schnittstellen und Anschlussmöglichkeiten für Aktoren und Sensoren mit und benötigen zum anderen vergleichsweise wenig Strom. Sogar mit Akkus bzw. Batterien lassen sie sich betreiben. Generell ist für den MQTT-Einsatz natürlich eine Verbindung zum MQTT-Broker nötig, damit Messwerte, Status, Informationen und Ähnliches turnusmäßig dort abgeliefert werden können. Demzufolge ist ein Netzwerkanschluss wie beispielsweise über Wi-Fi oder eine kabelgebundene Ethernet-Verbindung für den Einsatz eines Arduino und kompatible MQTT-Clients zwingend notwendig.

Pretzelboard als Temperatursensor

Zunächst ist es dem MQTT-Broker egal, welche Daten von wem in welchem Format zu Verfügung gestellt werden. Wichtig ist, dass der bzw. die möglichen Empfänger in Form von MQTT-Abonnenten diese Daten nicht nur lesen, sondern auch entsprechend interpretieren können. Demzufolge sollten die Attribute entsprechende Bezeichnungen haben, damit Sie auch den Überblick über die Aktoren, Sensoren und MTTQ-Clients im Heimnetz behalten. Setzen Sie beispielsweise einen Arduino oder kompatible Boards zur Temperaturmessung ein, ist die eigentliche Schaltung in wenigen Augenblicken auf dem Steckboard umgesetzt.

1.2 MQTT und IoT

DS18B20 - Pin	Arduino -Pin	Bemerkung
GND / 1	GND	Masse
DQ / 2	D2	Datenpin
VDD / 3	VCC / 5V	Spannung

In diesem Beispiel werden der günstige Dallas DS18B20 zum Stückpreis von ca. 2,20 Euro, ein 4,7-kΩ-Widerstand sowie die nötigen Pin-Kabel eingesetzt, die Strom, Masse und Datensignal übertragen. Der Temperatursensor DS18B20 von Dallas eignet sich für Messungen im Bereich von –55 °C bis +125 °C und reicht somit für den normalen Hausgebrauch im Rahmen dieses Projekts aus.

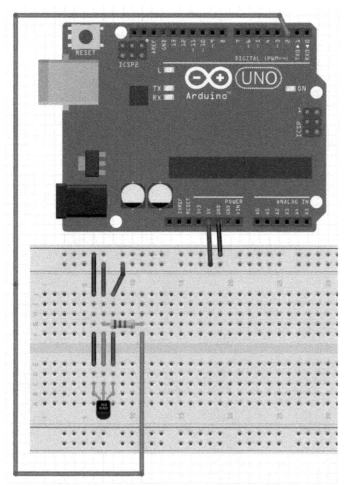

Bild 1.11: Egal ob Pretzelboard oder Arduino-Original: Der DS18B20 kommt mit einer Spannung von 3,0 bis 5,5 V aus. Damit nutzen Sie den VDD-Anschluss für die 5 V des Arduino und die Masse zum GND-Pin des Arduino.

Der Datenpin wird mit dem 5-V-Anschluss sowie einer Seite des 4,7-kΩ-Widerstands verbunden, das Gegenstück des Widerstands wird über das Steckboard mit dem Datenpin (D2) des Arduino verbunden.

Bild 1.12: Testaufbau: Auf dem Steckboard ist der DS18B20 schnell mit dem Arduino verbunden.

»Steht« die Schaltung, prüfen Sie, ob die für den 1-Wire-Betrieb nötigen Bibliotheken in der Arduino-IDE zur Verfügung stehen.

Bezeichnung	Bezugsquelle
OneWire Library	www.pjrc.com/teensy/arduino_libraries/OneWire.zip
DallasTemperature Library	http://download.milesburton.com/Arduino/MaximTemperature/DallasTemperature_372Beta.zip

Zum Einsatz kommen im nachfolgenden Sketch die OneWire Library sowie die DallasTemperature Library, die beide nach dem Download über den in der Arduino-IDE integrierten ZIP-Installer hinzugefügt werden können.

```
#include <OneWire.h>
#include <DallasTemperature.h>
#define ONE_WIRE_BUS 2
//
// arduino_pretzelboard_temperatur.ino
//
OneWire oneTempWire(ONE_WIRE_BUS);
DallasTemperature sensors(&oneTempWire);

void setup(){
delay(1000);
Serial.begin(19200);
Serial.print("[Pretzelboard] :");
Serial.println(" Pin D2 - Temperature Sensor DS18B20");
```

```
delay(1000);
sensors.begin();
}

void loop() {
Serial.println();
Serial.print("[Pretzelboard] Hole Temperatur...");
sensors.requestTemperatures();
Serial.println("...OK");
Serial.print("Sensor = ");
Serial.print(sensors.getTempCByIndex(0));
Serial.println(" Grad C");
delay(2000);
}
```

Nach der Installation werden sie wie gewohnt per `include`-Direktive am Anfang des Sketches eingebunden. Der Pin-Anschluss D2 wird im Sketch der Konstanten `ONE_WIRE_BUS` zugewiesen, die ihrerseits für den Konstruktor der `OneWire`-Klasse nötig ist. Die `DallasTemperature`-Klasse wiederum zeigt auf das definierte `OneWire`-Objekt und stellt über die Funktion `requestTemperatures` schließlich die gemessene Temperatur bereit.

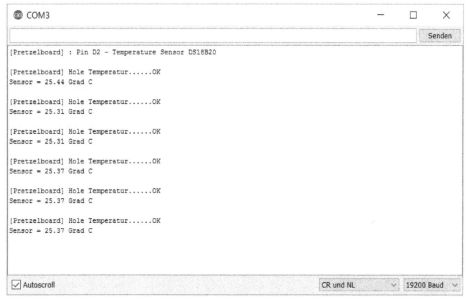

Bild 1.13: Nach dem Kompilieren des Sketches und dem Hochladen des Kompilats in den Speicher liefert der Sensor die Temperatur wie gewünscht auf der seriellen Konsole ab.

Im nächsten Schritt nehmen Sie Verbindung zum heimischen Netzwerk auf. Dafür kommt ein Arduino Uno zum Einsatz, der sich mit wenigen Handgriffen durch ein Ethernet-Shield erweitern lässt. Die Schaltung für den Temperatursensor sowie die verwendeten Pins auf dem Arduino bleiben unverändert.

Arduino UNO als MQTT-Client

Der obige Sketch für das Auslesen der Temperatur dient in diesem Projekt als Basis und wird zusätzlich mit einer MQTT-Client-Library bestückt. Dieser MQTT-Client ist als ZIP-Paket über http://knolleary.net/arduino-client-for-mqtt erhältlich – er kann aber auch über den in der Arduino-IDE eingebauten Library Installer per Suchbegriff mqtt gesucht und anschließend installiert werden. Wie auch immer, auch in diesem Fall muss die neue Library über die include-Direktive im Sketch eingebunden werden, damit die mqtt-Funktionen genutzt werden können.

```
#include <SPI.h>
#include <Ethernet.h>
#include <OneWire.h>
#include <DallasTemperature.h>
#include <PubSubClient.h> // http://knolleary.net/arduino-client-for-mqtt/
```

Wie im obigen Pretzelboard-Beispiel ist der Temperatursensor an Pin D2 angeschlossen. Für den Netzwerkzugriff legen Sie schließlich noch die MAC-Adresse des Ethernet-Shields im Sketch fest. Für optionale »Beschriftungen« und Variablenbezeichnungen wurde die MAC-Adresse auch gleich in einer lesbare Übersetzung in der Variablen macstr angelegt.

```
#define ONE_WIRE_BUS 2
byte MAC_ADDRESS[] = { 0xDA, 0xEA, 0xBA, 0xFA, 0xFE, 0xED };
char macstr[] = "DAEABAFAFEED";
EthernetClient ethClient;
```

Zwingend nötig ist die Angabe der IP-Adresse des MQTT-Servers im Heimnetz in der localserver-Variablen des Typs byte, deren Adressanteile mit Kommata getrennt werden:

```
byte localserver[] = { 192, 168, 123, 45 };
```

Der vorhandene Arduino-Sketch dient als MQTT-Client zur Kommunikation mit dem Server, die über den TCP Port 1883 stattfindet. Die Funktion callback im Konstruktor ist nötig für die Ausgabe der Nachrichten, falls der MQTT-Server Nachrichten und Bestätigungen zurückmeldet.

```
PubSubClient mqttClient(localserver, 1883, callback, ethClient);
OneWire oneWire(ONE_WIRE_BUS);
DallasTemperature TempSensors(&oneWire);
```

Nach der Bindung des Temperatursensors an den OneWire-Bus werden der MQTT-Name des Arduino-Clients sowie der Topic-Name – also der Ast im MQTT-Baum, in den die Informationen eingehängt werden sollen – definiert.

```
String clientName = String("d:dahoam:arduino:") + macstr;
String topicName = String("iot/event/status/fmt/json");
```

Anschließend werden die Temperaturvariable und die Variable für die String-Konvertierung definiert.

```
float tempC = 0.0;
char tempBuffer[100];
```

Im `setup()`-Block werden sämtliche Geräte einmalig initialisiert und in Betrieb genommen.

```
void setup(){
// Initialisierung der seriellen Schnittstelle
// zur Ausgabe der empfangenen Nachrichten
Serial.begin(19200);
// Initialisierung des Ethernets
if (Ethernet.begin(MAC_ADDRESS) == 0) {
   Serial.println("[MQTT] Failed with DHCP");
   return;
}
TempSensors.begin();
}
```

Im wiederkehrenden `loop`-Block wird die Temperatur ausgelesen und bei einer Abweichung über die `if`-Abfrage neu gesetzt.

```
void loop(){
 char clientStr[34];
 clientName.toCharArray(clientStr,34);
 char topicStr[26];
 topicName.toCharArray(topicStr,26);
TempSensors.requestTemperatures();
 if (tempC != TempSensors.getTempCByIndex(0) ) {
 tempC = TempSensors.getTempCByIndex(0);}

 if (!mqttClient.connected()) {
    Serial.print("Trying to connect to: ");
    Serial.println(clientStr);
    mqttClient.connect(clientStr);
 }
```

Falls die Daten vom `mqttClient` als JSON-String übermittelt werden, ist eine alternative Möglichkeit das Auslagern der dafür nötigen Arbeiten in die Funktion `buildJson`.

```
if (mqttClient.connected() ) {
  String json = buildJson();
  char jsonStr[200];
  json.toCharArray(jsonStr,200);
  boolean pubresult = mqttClient.publish(topicStr,jsonStr);
  Serial.print("attempt to send ");
  Serial.println(jsonStr);
  Serial.print("to ");
  Serial.println(topicStr);
  if (pubresult){
    Serial.print("[");
    Serial.print (clientName);
    Serial.println ("] successfully sent");
  }
  else {
    Serial.print("[");
    Serial.print(clientName);
    Serial.println("] unsuccessfully sent");
  }
}
```

Über die Rückmeldung an das Flag `pubresult` (erfolgreich/nicht erfolgreich) wird eine Bildschirmmeldung ausgegeben, die mitteilt, ob die MQTT-Nachricht übermittelt worden ist oder nicht.

```
delay(10000);
```

Schließlich ist die bereits angesprochene Callback-Funktion von MQTT zu erstellen. Die Funktion wird automatisch aufgerufen, falls der MQTT-Server eine Rückmeldung zum Client schickt – beispielsweise ein CONNACK. Dafür werden zunächst die nötigen Variablen und Hilfsvariablen für die String-Konvertierung definiert, die Ende-Markierung '\0' wird gesetzt, und die Nachricht wird in ein String-Objekt für die Ausgabe auf der seriellen Konsole konvertiert.

```
void callback(char* topic, byte* payload, unsigned int length) {
  int i = 0;
  char message_buff[100];
 Serial.println("Message arrived: topic: " + String(topic));
 Serial.println("Length: " + String(length,DEC));
  for(i=0; i<length; i++) {
   message_buff[i] = payload[i];
  }
  message_buff[i] = '\0';
// Konvertierung der Nachricht in einen String
  String msgString = String(message_buff);
  Serial.println("Payload: " + msgString);
}
```

Das Zusammenbauen des JSON-Strings erfolgt zeichenweise. Nach der Initialisierung wird Schritt für Schritt der Inhalt zusammengebaut – für den Wert der Temperatur ist eine Typumwandlung über die `dtostrf`-Funktion nötig.

```
String buildJson() {

  String data = "{";
  data+="\n";
  data+= "\"d\": {";
  data+="\n";
  data+="\"iotName\": \"Arduino DS18B20\",";
  data+="\n";
  data+="\"temperature (C)\": ";
  data+=dtostrf(tempC, 1, 2, tempBuffer);
  data+="\n";
  data+="}";
  return data;
}
```

Nach dem Speichern des Sketches in der Arduino-IDE wird es Zeit, diesen in Betrieb zu nehmen. Passen Sie den Sketch an, speichern Sie ihn und laden Sie ihn auf den Arduino hoch. Ist der Mosquitto-Server im Heimnetz aktiv, können Sie auf der Konsole des Raspberry Pi prüfen, ob auch Temperaturmeldungen vom Arduino eintreffen. Die einfachste Möglichkeit ist die Überwachung des entsprechenden Topics – in diesem Beispiel wurde über die Variable `topicName` im Sketch der Pfad `iot/event/status/fmt/json` festgelegt.

Mit dem Kommando:

```
mosquitto_sub -h 127.0.0.1 -t iot/event/status/#
```

horchen Sie den Mosquitto-Server nach Nachrichten ab. Schlägt der Arduino-Sensor an, sollte er einen JSON-String publizieren, der anschließend auf der Konsole des MQTT-Servers im definierten Format erscheinen sollte.

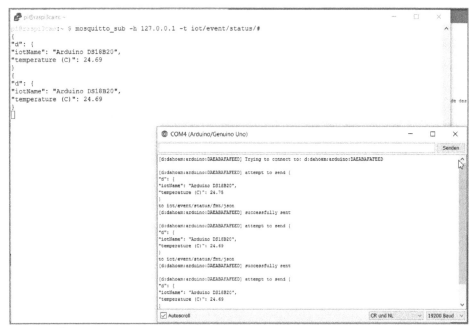

Bild 1.14: Übertragung erfolgreich: Der ebenfalls auf der seriellen Konsole der Arduino-IDE angezeigte Temperaturwert wird über das MQTT-Protokoll zum verknüpften MQTT-Broker im Heimnetz geschickt, dort in Empfang genommen und in der Konsole ausgegeben.

Wer den Beispielsketch in der Praxis einsetzt, wird merken, dass der Arduino sozusagen bei jeder kleinsten Temperaturänderung bereits ein Update und somit auch eine MQTT-Ausgabe produziert. Das ist in der Praxis jedoch kaum notwendig. Aus diesem Grund ist es sinnvoll nur dann, eine Benachrichtigung anzutriggern, wenn die Temperaturabweichung einen vorher festgelegten Grenzwert überschreitet. In diesem Beispiel wurde dieser auf eine Abweichung von 2 °C festgelegt. Die Anpassung im Code ist minimal, die Zeile

```
if (tempC != TempSensors.getTempCByIndex(0) ) {
```

wurde um eine Differenzwertberechnung ergänzt, die den absoluten Wert der Temperaturabweichung bestimmt.

```
if (tempC != TempSensors.getTempCByIndex(0) && ( abs(tempC - 
TempSensors.getTempCByIndex(0)) > thresholdC ) ) {
```

Die Abweichung von 2 °C ist über die Konstante `thresholdC` am Anfang des Sketches festgelegt. Wie auch immer Sie den Wert für die gewünschte Abweichung wählen, der Arduino-Publisher ist nun aktiv und übermittelt die Daten zum MQTT-Broker. Abgesehen vom Arduino lässt sich der MQTT-Broker noch mit weiteren Geräten als

Publisher und Subscriber koppeln, und im nächsten Projekt kommt dafür ein weiterer Raspberry Pi samt angeschlossenem Sensor zum Einsatz.

Raspberry Pi als MQTT-Client

Um die Verwendung und die Funktionsweise des MQTT-Benachrichtigungsprotokolls im IoT-Umfeld zu Hause zu demonstrieren, kommt in diesem Projekt nun neben dem Raspberry-Pi-MQTT-Server und dem Arduino-Client ein weiterer Raspberry Pi als MQTT-Client zum Einsatz. Für die Python-Anbindung nutzt dieser die Paho-Library, die sich per `pip`-Routine auf den Raspberry Pi nachinstallieren lässt:

```
sudo pip install paho-mqtt
```

Es wird davon ausgegangen, dass bereits ein MQTT-Broker installiert wurde – hier ein Raspberry Pi mit der IP-Adresse `192.168.123.45` – und somit im Heimnetz zur Verfügung steht. In diesem Projekt übermittelt ein Arduino als »Publisher« seine Temperaturdaten an den Server, der als MQTT-Broker fungiert. Diese Daten des Arduino werden in dem nachstehenden Projekt über den MQTT-Broker von einem weiteren Raspberry Pi, der als sogenannter »Subscriber« im Heimnetz fungiert, per Python abgefragt und ausgelesen. Ist der Quellcode der Datei `pi_readmqtt.py` aus dem Verzeichnis `\mqtt` über die Kommandozeile des Raspberry Pi gestartet, können Sie die Daten vom lokalen MQTT-Broker lesen und abonnieren – in diesem Fall stellt ein Arduino per MQTT die Temperaturdaten zur Verfügung.

```
# -*- coding: utf-8 -*-
#!/usr/bin/python
# --------------------------------------------------------------------
# E.F.Engelhardt, Franzis Verlag, 2016
# --------------------------------------------------------------------
# pi_readmqtt.py
# --------------------------------------------------------------------
import paho.mqtt.client as mqtt
# ----------------------------------------------------------
# mqtt-Konfig
localserver = "192.168.123.45"
topic = "iot/#"
```

Generell wird die `callback`-Funktion benötigt, damit der MQTT-Client die `CONNACK`-Rückmeldungen des MQTT-Servers empfangen kann – damit bestätigt der Server den Eingang der übermittelten Daten.

```
def on_connect(client, userdata, rc):
    print("Connected with "+localserver +"\n\nresult code : "+str(rc))
```

In dieser `on_connect`-Funktion wird über das `subscribe`-Kommando das gewünschte Topic abonniert. Bei einem etwaigen Verbindungsabbruch wegen eines Netzwerkfehlers etc. wird die Verbindung bei einer erfolgreichen Netzwerkverbindung automatisch wieder aufgenommen – die MQTT-Technik ist also fehlertolerant.

```
    print("subscribe : " +topic)
    client.subscribe(topic)
# ------------------------------------------------------
```

Über die `on_message`-Funktion wird die Rückmeldung des MQTT-Servers auf der Konsole ausgegeben.

```
def on_message(client, userdata, msg):
    print "Topic: ", msg.topic+'\nMessage: '+str(msg.payload)
# ------------------------------------------------------
def start_mqtt():
    client = mqtt.Client()
    client.on_connect = on_connect
    client.on_message = on_message
    client.connect(localserver, 1883, 60)
    client.loop_forever()
# ------------------------------------------------------
start_mqtt()
# ---------------------- EOF ---------------------------
```

Mit dem Kommando `sudo python pi_readmqtt.py` starten Sie auf der Konsole das Programm, um das gewünschten Topic aus dem MQTT-Broker zu fischen.

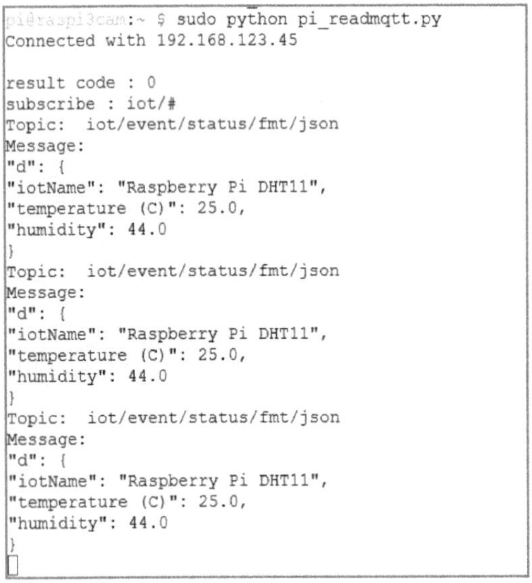

```
pi@raspi3cam:~ $ sudo python pi_readmqtt.py
Connected with 192.168.123.45

result code : 0
subscribe : iot/#
Topic:  iot/event/status/fmt/json
Message:
"d": {
"iotName": "Raspberry Pi DHT11",
"temperature (C)": 25.0,
"humidity": 44.0
}
Topic:  iot/event/status/fmt/json
Message:
"d": {
"iotName": "Raspberry Pi DHT11",
"temperature (C)": 25.0,
"humidity": 44.0
}
Topic:  iot/event/status/fmt/json
Message:
"d": {
"iotName": "Raspberry Pi DHT11",
"temperature (C)": 25.0,
"humidity": 44.0
}
```

Bild 1.15: Verbindung per Raspberry Pi erfolgreich: Der MQTT-Server übermittelt die Daten des gewünschten Topics.

Im nächsten Schritt verwenden Sie den Client-Raspberry als IoT-Datenlieferant für den MQTT-Broker.

Raspberry Pi als MQTT-Publisher

In diesem Projekt wurde der Billigsensor DH11 aus Fernost eingesetzt, der unter der Bezeichnung `DHT11 (KY-015)` als Bestandteil des 37-teiligen Sensorpakets `37 in 1 Sensor Modul Kit` auf den gängigen Internetplattformen erhältlich ist. Um diesen Temperatur- und Feuchtigkeitssensor mit dem Raspberry Pi zu koppeln, benötigen Sie anders als bei den Einzelbauteilen keine passende Schaltung, da dieses Modell bereits einen 10-kΩ-Pull-up-Widerstand auf der Miniplatine mitbringt. Im Fall eines Einzelbauteils verwenden Sie zusätzlich ein Steckboard und einen 10-kΩ-Widerstand, der die Datenleitung mit dem Spannungspin verbindet. Der Temperatur-/Luftfeuchtigkeitssensor DHT11 deckt einen Temperaturbereich von 0 bis 50 °C mit einer Abweichung von +/-2 °C sowie eine relative Feuchte von 20 bis 95 % (+/-5 %) ab. Die nötige Spannungsversorgung von 3 bis 5,5 V ist für den Arduino- und Raspberry-Pi-Einsatz prädestiniert. Beim Anschluss an der GPIO-Pinleiste des Raspberry Pi werden drei Pins gemäß der nachstehenden Tabelle benötigt.

DHT11 (KY-015) - Pin	RPi-Pin	Bemerkung
Se / 1	7 / GPIO4	Datenpin
Mitte / 2	2 / 5V	Spannung
- / 3	9 / GND	Masse

Ist der Raspberry Pi mit dem DHT11-Sensormodul verbunden, benötigen Sie für den einfachen Python-Zugriff eine passende Python-Library, um die Basisfunktionen wie das Auslesen der Messwerte aus den Registern nicht mühsam zusammenfrickeln zu müssen. Idealerweise existiert für den DHT11 und den DHT22 (baugleich) bereits ein Zwillingsprodukt von Adafruit, für das eine passende Python-Library kostenfrei zum Download zur Verfügung steht. Um diese auf dem Raspberry Pi zu installieren, nehmen Sie nachfolgende Anweisungen in der Konsole vor – am Ende des Tages lässt sich die Adafruit-Python-Library dann für den DHT11-Sensor verwenden:

```
sudo apt-get update
sudo apt-get install build-essential python-dev git
mkdir -p dht11
cd  dht11
git clone https://github.com/adafruit/Adafruit_Python_DHT.git
cd Adafruit_Python_DHT
sudo python setup.py install
```

Sind die Voraussetzungen für den Python-Einsatz geschaffen, lesen Sie die Daten des DHT11 regelmäßig aus und publizieren sie per JSON-Datensatz auf dem MQTT-Broker im Heimnetz.

Daten des Temperatur- und Feuchtigkeitssensors mit MQTT publizieren

Das Datenkabel des Sensors wird mit dem GPIO4-Pin der GPIO-Leiste des Raspberry Pi verbunden, und dieser Pin wird auch für die Verwendung der Adafruit_DHT-Bibliothek im Python-Code benötigt. Generell ist der Aufbau des Python-Codes zum Publizieren der MQTT-Daten nahezu identisch mit dem Code des Subscribers, also dem Auslesen von Daten von MQTT-Brokern, was dem einfachen MQTT-Protokoll geschuldet ist. Das muss kein Nachteil sein, denn es hält auch den Entwicklungsaufwand in Grenzen. In diesem Fall wird eine weitere Funktion mit der Bezeichnung `buildJson` benötigt, die ihrerseits den JSON-Datensatz zusammenbaut und die beiden Variablen für die Temperatur sowie die Luftfeuchtigkeit über die `Adafruit_DHT.read_retry`-Funktion befüllt.

```python
#!/usr/bin/python
# -*- coding: utf-8 -*-
import re, os, time
import paho.mqtt.client as mqtt
import Adafruit_DHT
#
GPIOpin = 4
#
localserver = "192.168.123.45"
topic = "iot/event/status/fmt/json"
#
def on_connect(client, userdata, flags, rc):
   print("Connected with "+localserver +"\n\nresult code : "+str(rc))
# --------------------------------------------------------
def start_mqtt():
   # client = mqtt.Client()
   client.on_connect = on_connect
   client.connect(localserver, 1883, 60)
   print "Verbindung zu "+localserver+" erfolgt..."
# --------------------------------------------------------
def buildJson():
  humidity, temperature = Adafruit_DHT.read_retry( Adafruit_DHT.DHT11, GPIOpin )
  if (humidity is not None and temperature is not None):
#    print "Temp={0:f}*C  Humidity={1:f}%".format(temperature, humidity)
     tempDHT = str(temperature)
     humiDHT = str(humidity)
  else:
     tempDHT = "0"
```

```
    humiDHT = "0"
  data= ""
  "{".join(data)
  data+="\n"
  data+= "\"d\": {"
  data+="\n"
  data+="\"iotName\": \"Raspberry Pi DHT11\","
  data+="\n"
  data+="\"temperature (C)\": "
  data+=tempDHT
  data+=","
  data+="\n"
  data+="\"humidity\": "
  data+=humiDHT
  data+="\n"
  data+="}"
  return data
# ----------------------------------------------------
# schreibe daten in mqtt-json
client = mqtt.Client()
start_mqtt()
while True:
  # read sensor data
  print buildJson()
  client.publish(topic, buildJson())
  time.sleep(10)
```

Passen Sie in dem Codebeispiel `pi_publishmqtt_dht11.py` die Variablen `localserver` und `topic` an Ihre Heimnetz- und MQTT-Serverumgebung an und starten Sie den Raspberry-Pi-Publisher auf der Kommandozeile. Nach wenigen Augenblicken sollte der MQTT-Broker im Heimnetz anschlagen und den übermittelten JSON-Datensatz auf der Konsole anzeigen.

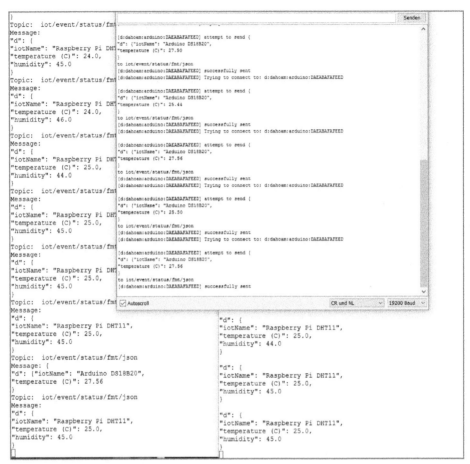

Bild 1.16: Links sehen Sie das Konsolenfenster des MQTT-Brokers, das die Messwerte des Arduino (mittig) und des Raspberry Pi mit dem DHT11-Sensor übersichtlich per JSON-Ausgabe darstellt.

Das eigentliche Publizieren erfolgt schließlich über die definierte `while True`-»Dauerschleife«, die den JSON-Datensatz zum definierten Topic zum MQTT-Broker überträgt. Für den schnellen Austausch von »kleinen« Informationen und Zuständen ist das MQTT-Protokoll eine praktische Ergänzung und eine tolle Sache – bei vielen Aktoren und Sensoren stellt es jedoch auch einen großen Aufwand dar, der sich im Heimnetz am Ende des Tages lohnen sollte.

Mehr Sicherheit für Hausautomation und IoT

Obwohl das Internet schon seit einiger Zeit im Bewusstsein vieler fest verankert ist, gibt es den Begriff IoT (*Internet of Things*, Internet der Dinge) noch nicht so lange. Ein Gerät der Kategorie »Internet der Dinge« kann ein angeschlossener Arduino-Mikrocontroller an der Waschmaschine sein, ebenso ein Wettersensor, der über einen Raspberry Pi mit dem Smartphone die Wetterdaten austauscht, aber auch ein simples Smartphone mit Internetzugang fällt im Prinzip unter diesen Begriff. IoT ist also ein Oberbegriff für Geräte zu Hause – und unabhängig davon, ob sich diese auch für die Hausautomation bzw. das Smart Home einsetzen lassen: In diesem Buch kommen vorwiegend solche Geräte zum Einsatz, die interagieren, aber auch selbstständig Aktionen antriggern und Daten abrufen oder zur Verfügung stellen.

2.1 IoT-Gefahren durch versehentliche oder mutwillige Manipulation

Tatort Haus- oder Wohnungstür: Früher wie heute kommen Lausbuben beim Spielen auf dumme Ideen, die manchmal nicht ohne Folgen bleiben. Beispielsweise steckt in dem Wort Streichhölzer bereits das Wort Streich, und früher wurde so manches

Streichholz in den Schließzylinder gesteckt, um das Einführen des passenden Schlüssels zu verhindern. Bei modernen Schließzylindern ist dies oft nicht mehr möglich, doch heute kann es schon ein Spritzer Sekundenkleber sein, der die Kernstifte im Schließzylinder fixiert und somit das Öffnen/Schließen per Schlüssel unmöglich macht.

Wie auch immer – es muss kein Kinderstreich sein! Ein Jacken- oder Handtaschendiebstahl oder gar das Vergessen des Schlüsselbunds reicht aus, um vor verschlossenen Türen zu stehen – die Konsequenz ist mehr als ärgerlich: Wer sich schon einmal ausgesperrt und infolgedessen eine horrende Rechnung für das Öffnen der Tür entrichtet hat, macht sich spätestens jetzt Gedanken um sichere Alternativen mit geringerer Manipulationsgefahr, um beispielsweise die eigene Haus- oder Wohnungstür öffnen zu können. Die wichtigste Antwort dazu vorab: Egal welche Zugangslösung zum Einsatz kommt, einen 100%igen Schutz vor Kinderstreichen, versehentlicher oder mutwilliger Sachbeschädigung, vor Strom- oder Netzwerkausfall gibt es nicht, doch mit den geeigneten Maßnahmen lassen sich diese Risiken minimieren – vor allem mit Redundanz: Die Empfehlung lautet, sich nicht nur allein auf eine Schließmethode zu verlassen – neben dem mechanischen Schloss sorgt beispielsweise ein zusätzliches Motorschloss für eine Alternative, falls der beschriebene Streichholzstreich oder eine Sachbeschädigung das Drehen des Schließzylinders per Schlüssel verhindert. Auch wenn Sie beispielsweise für die Steuerung des verbauten Motorschlosses eine Funk-/Transponderlösung wie beispielsweise eine NFC/RFID-Lösung, ein Nummerntastenfeld für eine Zugangs-PIN oder einen Fingerscanner im Einsatz haben, können Kinderstreiche und Sachbeschädigung für Ärger sorgen. Eine weitere Gefahr für elektrische Komponenten ist immer auch ein wetterbedingter Kurzschluss oder ein Stromausfall. Wie immer bei solchen Themen gilt es abzuwägen, wie hoch beispielsweise die Wahrscheinlichkeit ist, dass das Jackett samt persönlichen Dingen und Schlüssel in einem Restaurant oder aus dem Auto gestohlen wird und dummerweise zeitgleich ein Stromausfall zu Hause die Nutzung des Motorschlosses verhindert und darüber hinaus kein Mitbewohner zu Hause ist. Dies ist natürlich theoretisch möglich, doch relativ unwahrscheinlich. Dass der eine oder der andere Fall eintritt, dafür treffen Sie passende Vorbereitungen, um entsprechend reagieren zu können.

Ruhiger schlafen – mechanische Redundanz ohne Schlüssel

Wer am liebsten ohne echten Schlüssel unterwegs sein möchte, hinterlegt dennoch einen Zweit- oder Drittschlüssel bei vertrauenswürdigen Nachbarn, bei Familienmitgliedern in der Nähe, im Büro oder gar im Bankschließfach. Für Ihre Haus-/Wohnungstür nutzen Sie im Idealfall – wie auch in diesem Buch – den Standardschließzylinder für die Haustür. Zusätzlich kommt ein Motorschloss in der Tür zum Einsatz, das parallel mit dem mechanischen Schließzylinder zusammenarbeitet. Damit ist es möglich, die Tür sowohl wie gewohnt mit dem Schlüssel als auch über einen elektrischen Impuls über das Motorschloss zu öffnen. Wie dieser elektrische Impuls ausgelöst wird – beispielsweise über eine Funk-/Transponderlösung (NFC/RFID), über Bluetooth,

WLAN, Nummerntastenfeld mit Zugangs-PIN, Fingerscanner oder einen gewöhnlichen Schalter etc. –, ist später noch festzulegen.

Für so einen sicherheitsrelevanten und kritischen Bereich wie die Haus- bzw. Wohnungstür wird gerade bei steuernden und überwachenden IoT-Geräten und Komponenten ein hohes Maß an Verfügbarkeit gefordert. Dies erreichen Sie beispielsweise durch eine redundante Auslegung der kleinen Steuerrechner aus dem Raspberry-Pi-Umfeld: In dem Praxisbeispiel lässt sich das Motorschloss sowohl über ein angeschlossenes Mobilfunkmodul als auch über einen rund um die Uhr verfügbaren Raspberry Pi über ein eigenes, abgesichertes WLAN erreichen. Auf den Raspberry Pi kann man sich verlassen, muss es aber nicht – parallel ist ein Arduino Mega2560 mit einem angeschlossenen Mobilfunk- und Netzwerkanschluss aktiv, der ebenfalls im Dauerbetrieb seinen Dienst verrichtet. Außerdem nutzen Sie für die Haus- und Wohnungstür den gewohnten Standardschließzylinder für die Haustür weiter. Zusätzlich wird ein Motorschloss in der Tür verbaut, das parallel mit dem mechanischen Schließzylinder zusammenarbeitet. Damit ist es möglich, die Tür sowohl wie gewohnt mit dem Schlüssel als auch über einen elektrischen Impuls über das Motorschloss zu öffnen. Jede der genannten Öffnungs- und Schaltmöglichkeiten hat ihre Vor- und Nachteile – Sie sollten aber nicht den Fehler machen, die beiden Kabel der Motorschlosssteuerung nach außen, also vor die Tür, zu führen, um sie mit einer billigen China-Lösung, die selbst nur einen unsicheren potenzialfreien Relaisanschluss liefert, zu koppeln. In diesem Fall bräuchte ein potenzieller Angreifer das Motorschloss nur kurzzeitig mit der passenden Spannung zu versorgen, um einen Schaltimpuls zu senden. Deshalb sollte sich die Logik für die Motorschlosssteuerung im Idealfall innerhalb der eigenen vier Wände befinden – die Kommunikation nach außen erfolgt wiederum von der Steuereinheit zu einem Identifikationsmodul, beispielsweise einem Fingerscanner an der Haus- oder Wohnungstür.

2.2 Mehr Sicherheit für das Smart Home und IoT-Devices

IoT-Geräte und »Fertigprodukte« für die Hausautomation haben in der Praxis eine Schwäche: Funktionieren sie still und leise und tun wie vorgesehen ihren Dienst, geraten sie schnell in Vergessenheit. Fällt dann einmal die Spannungsversorgung aus oder sind die Akkus/Batterien des Geräts leer, ist das meist kein Problem: neue Akkus oder Batterien – und fertig. Umgekehrt kann dieses Szenario beispielsweise bei einem batteriebetriebenen Schließzylinder jedoch weitreichende Folgen haben, falls sich die Haus- oder Wohnungstür nicht mehr öffnen lässt.

Generell zählt auch hier: Weniger ist mehr – schalten Sie bei den IoT-Devices nur die Dienste und Services ein, die auch wirklich benötigt werden – was nützt ein motorisiertes Türschloss, wenn eine WLAN-Schnittstelle zur Steuerung der Tür offen ist wie ein Scheunentor? Manche Geräte bieten gar Schnittstellen zu den sozialen Netzwerken an – je mehr »Funktionen«, desto mehr Misstrauen sollten Sie bei solchen Produkten mitbringen. Der Klassiker ist hier noch einmal die WLAN-Außenkamera, bei der sich die Netzwerkkonfiguration in Form des WLAN-Keys für den Zugriff auf das Heimnetz bzw. Internet auf der SD-Karte befindet – für IT-Affine ist es kein Problem, diese Karte kurzzeitig zu stibitzen, zu kopieren und zu einem späteren Zeitpunkt zu analysieren.

Physical Web mit Bluetooth-Low-Energy- oder WLAN-IoT-Geräten

Kleine IoT-Lösungen wie BLE- (*Bluetooth Low Energy*) oder WLAN-Geräte auf Arduino/ESP8266-Basis gelten aufgrund ihres geringen Stromverbrauchs als ideal für die Kontrolle und Überwachung von einfachen Haushaltsgeräten. Somit ist es beispielsweise möglich, eine URL der Form `http://<IP-ADRESSE>/dev=waschmaschine& status=ON` im Heimnetz zu verschicken. Die IP-Adresse samt Parametern zeigt natürlich nicht auf das eigentliche BLE-Gerät, sondern auf den im Heimnetz befindlichen Webserver, der die entsprechenden Services zur Verfügung stellt. Damit lernt selbst eine alternde Waschmaschine die Sprache des Webs.

> **Folgendes Szenario ist denkbar:**
> BLE-Statusabfrage der Umgebung.
> BLE-Device bei der Waschmaschine liefert aktuelle URL.
> URL-Abfrage auf Webserver.
> Weitere Aktionen basierend auf der Webserverkonfiguration und dem hinterlegten Workflow.

Viele IoT-Geräte benötigen relativ wenig Energie, sodass sie nur im Akku-/Batteriebetrieb funktionieren. Das Protokoll muss also klein und schlank sein, um auch den Aufwand sowie die Übertragungsleistung gering zu halten. Somit ist der Versand von Statusmeldungen oder Zustandsänderungen sinnvoll – da die Geräte relativ klein und kompakt sind, können sie je Montageort schnell gestohlen werden. Deshalb sollten sich darauf keine sicherheitsrelevanten Dinge wie WLAN-Schlüssel, Passwörter etc. im Klartext befinden, die die Sicherheit des IoT-Netzes zu Hause beeinträchtigen könnten – fehlt aufgrund von Diebstahl ein solches Gerät, ist der WLAN-Schlüssel zentral umgehend zu ändern.

Sicher surfen – Internetgeräte und Webbrowser absichern

Die Mehrzahl der IT-Einbrüche und Datendiebstähle erfolgt über bekannte Wege: Unsichere Webbrowser und schlecht bis gar nicht gewartete Netzwerkkomponenten und Computersysteme sind das Einfallstor für Viren, Spyware und Trojaner in einen Computer. Auch eine Vielzahl von Programmen, die beispielsweise zum Datenaustausch (Filesharing) eingesetzt werden, bringen Spionageprogramme mit, vor allem dann, wenn sie von irgendwelchen Freewarewebseiten heruntergeladen werden, die per Suchmaschine schnell in das Blickfeld geraten. Sicher möchten Sie keine Surfgewohnheiten oder Lieblingsseiten verraten, von anderen Daten mal abgesehen. Doch nicht nur Leichtsinn spielt eine Rolle, sondern auch gemeine und gut versteckte Sicherheitslücken bei Webbrowsern und Betriebssystemen sind mit aktuellen Versionen an der Tagesordnung. Lange Zeit war beispielsweise das Einblenden von Werbe-Pop-ups und überlappenden Fenstern trotz Browser mit aktivierter Pop-up-Blockierfunktion ein typisches Ärgernis. Generell lässt sich zusammenfassen: Je aktueller der Webbrowser und das Betriebssystem sind, desto geringer ist die Gefahr, Opfer manipulierter Webseiten zu werden.

> **Schutz vor manipulierten Webseiten verbessern:**
> Betriebssysteme und Browser aktuell halten.
> Am Computer aktuelle Virensignaturen und Virenscanner installieren.
> Leistungsfähigen Pop-up-Blocker und Anti-Tracking-Tools wie UBlock Origin und Ghostery installieren, falls nicht vom Browser unterstützt.
> Browsererweiterungen prüfen und: Weniger ist mehr!
> Java, ActiveX, JavaScript-Lücken in Webbrowser schließen.
> Egal ob AVM FRITZ!Box, Netgear, DLINK & Co. – die Benutzeroberfläche des LAN/WLAN-Routers bereits bei der Ersteinrichtung durch ein sicheres Kennwort schützen.
> LAN/WLAN-Router sicher konfigurieren (Datei-/Druckerfreigabe, Firewall/NAT, Kindersicherung, Ports nach innen/außen).
> Um Gefahren des Cross-Site-Scriptings zu minimieren, keinesfalls im Internet surfen, während die Benutzeroberfläche des LAN/WLAN-Routers geöffnet ist.
> Sind die Konfigurationsarbeiten am LAN/WLAN-Router erledigt und die nötigen Einstellungen getroffen, melden Sie sich stets über die Abmeldeschaltfläche ab, bevor Sie andere/weitere Webseiten im Webbrowser öffnen.

Werden sämtliche genannten Punkte beachtet, sind Sie auf der relativ sicheren Seite. Trotzdem verhindern zusätzliche Tools und Programme nicht alle Probleme – in der Regel hilft ein wenig Misstrauen, um auch diesen Ärger zu minimieren. So schauen Sie beispielsweise bei verdächtigen und unbekannten E-Mails nicht den Absendernamen, sondern die Absender-E-Mail-Adresse an. Passt diese überhaupt nicht zum Absender, handelt es sich mindestens um Spam und im gefährlichsten Fall um einen Virus oder einen Trojaner.

Webbrowserlücken finden

Egal welchen Browser Sie verwenden, jeder hat seine Tücken und Vor- und Nachteile. In den letzten Jahren erfreute sich der kostenlose Browser Firefox zunehmender Beliebtheit und konnte dem ehemaligen Platzhirsch Internet Explorer Paroli bieten. Alternative Browser wie Google Chrome oder eben der Mozilla Firefox sind im Vergleich zum Internet Explorer (bis Windows 10) die bessere Wahl, da beispielsweise der Internet Explorer mit dem Betriebssystem Windows enger verzahnt ist und durch Attacken auf den Internet Explorer auch gleichzeitig die Sicherheit des Betriebssystems auf dem Spiel stehen kann. Unter Windows 10 steht der Internet-Explorer-Nachfolger Edge bereit. Da sich sowohl der Internet Explorer als auch sein Nachfolger Edge nicht mit sinnvollen Datenschutz-Plug-ins ausstatten lassen wie die beiden Altmeister Firefox und Chrome, sollten Sie bis auf Weiteres bei Firefox und Chrome bleiben. Auch wenn mit der zunehmenden Beliebtheit von Firefox Fehler und Sicherheitslücken bekannt werden, so werden diese relativ schnell durch die Open-Source-Gemeinde behoben. Firefox und Chrome lassen sich parallel zum Internet Explorer bzw. Edge auf Windows 10 installieren und stören diesen nicht – wenn man von der Windows-Abfrage nach dem Standardbrowser absieht. Wer will, kann die beiden Alternativen einfach testen und bei Nichtgefallen unkompliziert wieder deinstallieren. Wer allerdings einmal die Vorteile von Chrome oder Firefox kennengelernt hat, möchte darauf sicherlich nicht mehr verzichten. Doch nicht nur der Browser, sondern auch Browserfunktionen wie JavaScript, Java, ActiveX, Cookies, XPI-Erweiterungen und andere sorgen nicht nur für Komfort und schönere Webseiten, sondern auch für bestimmte Sicherheitslücken. Hier gilt es abzuwägen, ob man zugunsten der Sicherheit die eine oder andere Funktion ausgeschaltet lässt oder ob man mit verschiedenen Sicherheitslücken leben kann.

Bild 2.1: Gefahr: Cookies, JavaScript und Java sind heutzutage ein Muss, damit verschiedene Webauftritte überhaupt angeschaut werden können. Leider ist mit diesen Techniken auch das Ausführen von sogenannten aktiven Inhalten möglich, was ein Sicherheitsproblem darstellen kann.

Auf der c't-Browsercheck-Seite werden diese Sicherheitslücken demonstriert, und dort lässt sich der Webbrowser auch auf diese Lücken testen, und die Sicherheitslücken werden anschaulich ausgehebelt. Die Macher der Seite geben außerdem Hilfestellungen und Tipps dazu, welche Lücken sich beispielsweise durch die Installation aktueller Browseraktualisierungen beseitigen oder durch das Abschalten der zugehörigen Optionen oder Erweiterungen vermeiden lassen. Neben der Cookie-Konfiguration gibt es weitere sicherheitsrelevante Einstellungen in Ihrem Webbrowser. Hier entscheiden Sie, ob die Sicherheitseinstellungen zugunsten des Komforts und Ihrer Bequemlichkeit, aber auch manchmal einer besseren Funktionalität gelockert werden sollen oder nicht. Aktive Inhalte sind normalerweise ein Sicherheitsproblem, da hier Dateien ausgeführt werden, die auf der Festplatte Unheil anrichten können. Gerade der Internet Explorer war von jeher bei aktiven Inhalten anfällig für Angriffe – erst recht, wenn das darunterliegende Windows nicht auf dem aktuellen Stand gehalten wurde. Diese aktiven Inhalte werden von JavaScript, Java, ActiveX oder VBScript gesteuert und sorgen auf einer statischen Webseite für Bewegung, erzeugen ein Menü/Inhaltsverzeichnis und vieles mehr. Deshalb sollten Sie gerade bei älteren Windows-Betriebssystemen den Internet Explorer aktualisieren – oft steht der Nachfolger Edge oder besser ein alternativer Webbrowser wie Firefox bereit, damit die Sicherheitsrisiken eingeschränkt werden.

E-Mail – Phishing, Spam und ominöse Dateianhänge verhindern

Für die Registrierung und Anmeldung an die jeweiligen Cloud-Dienste ist bei Geräteherstellern wie Netatmo, Google, Parrot & Co. eine E-Mail-Adresse samt Benutzerkonto nötig. Wer in Sachen Datenschutz und E-Mail-Identitäten auf Nummer sicher gehen möchte, nutzt keine personifizierte E-Mail-Adresse und konfiguriert sein E-Mail-Postfach so, dass E-Mail-Nachrichten nur von festgelegten E-Mail-Adressen empfangen werden.

> **Mehr Datenschutz im IoT-Umfeld**
>
> Verwenden Sie ausschließlich anerkannte Standardwerkzeuge und Protokolle für die Datenübertragung.
>
> Setzen Sie bei datenschutzrelevanten Daten ein oder mehrere Verschlüsselungsverfahren ein.
>
> Verwenden Sie für den E-Mail-Empfang von IoT-Devices und Herstellern eigens angelegte E-Mail-Adressen.
>
> Analog legen Sie im Idealfall eine oder mehrere E-Mail-Adressen für den E-Mail-Versand ein.
>
> Beim Empfang von Nachrichten der IoT-Devices lässt sich beispielsweise das *Betreff*-Feld für ein Schlüsselwort nutzen, um Nachrichten zu filtern.

Bild 2.2: Dienste wie Guerillamail (*https://www.guerrilamail.com/de/*) bieten einen temporären E-Mail-Zugang an, der für Adressensammler- und Werbeaktionen genutzt werden kann.

Wer persönliche Daten wie beispielsweise den Vor- und Nachnamen oder gar seine vollständige Postadresse preisgibt, sollte in der heutigen Zeit gute Gründe dafür haben, und deshalb begnügen wir uns in diesem Projekt mit Pseudonamen und erfundenen Postadressen. Jenseits von Cloud-basierten Diensten mit »festem« Benutzerkonto existiert noch die Möglichkeit von sogenannten »Einweg-E-Mail-Adressen«, deren Einsatz sich vorwiegend für Downloads oder temporäre Zugänge eignet, um seine eigene, »echte« E-Mail-Adresse den Adressensammlern vorzuenthalten.

2.3   IoT-Geräte im Smartphone-Umfeld

Einige IoT-Geräte sind zwar für die Hausautomation Marke Eigenbau sehr gut verwendbar, sie wurden jedoch ursprünglich vom Hersteller für einen anderen, eigenen Zweck produziert und konfiguriert. Die meisten Geräte sind für das Zusammenspiel mit einer Smartphone-App und somit mit einem externen Server in der Cloud gekoppelt. Dorthin verbindet sich die Basisstation aus Ihrem Heimnetz regelmäßig und überträgt Daten, prüft gegebenenfalls selbstständig auf neue Firmwareversionen, lädt sie herunter und installiert sie oftmals ohne Nachfrage. Dazu gehören beispielsweise Geräte von Parrot, Netatmo oder Google/Nest, deren Produkte auf Cloud-basierter Datenhaltung aufsetzen.

> **Mehr Datenschutz für IoT-Cloud-Apps/IoT-Devices**
> Standortlokalisierung über die App deaktivieren.
> Persönliche Daten in der App und die Konfigurationsseite der Cloud so weit wie möglich anonymisieren.
> Häkchen für *Deaktivieren Kontaktaufnahme* setzen, (oftmals für E-Mail-Nachrichten von Marketing- und Vertriebsinformationen missbraucht). Manche Devices und Apps bieten für eine angebliche Verbesserung des Produkts eine anonyme Datenübertragung für Analysezwecke beim Hersteller an. Dies ist oft standardmäßig eingeschaltet. Ein echter Nutzen für den Benutzer ist fraglich, aus diesem Grund sollte diese Option generell abgeschaltet sein.

Auch wenn Sie das Gerät direkt anzapfen, ist doch meist die eingebaute Kopplung zur Cloud nach wie vor aktiv und gerät möglicherweise irgendwann in Vergessenheit. Aus diesem Grund konfigurieren Sie die Datenschutzeinstellungen für das IoT-Gerät mithilfe der Smartphone-App oder der Konfigurationswebseite auf dem Cloud-Server des Herstellers entsprechend Ihren persönlichen Datenschutzansprüchen.

Eigene E-Mail-Adresse/Wegwerfadresse für IoT-Geräte

Soll ein IoT-Gerät im bzw. aus dem Heimnetz über einen bestimmten Status, aufgetretene Aktionen oder den Versand von Sensorwerten informieren, ist es empfehlenswert, für alles jeweils eine eigene E-Mail-Adresse einzurichten, die ausschließlich für den vorgesehenen Zweck zu verwenden ist. Kommt eine E-Mail Adresse ausschließlich für den Versand von Nachrichten zum Einsatz, lassen sich basierend darauf auch E-Mail-Nachrichten über einen Black- oder Whitelist-Filter im E-Mail-Client filtern und sortieren. Damit ist beispielsweise das bequeme Suchen nach Schlüsselwörtern in E-Mails oder im Betreff möglich – und je nach Smartphone bzw. installiertem mobilem Betriebssystem ist schließlich eine passende Benachrichtigung auf dem Smartphone möglich.

Facebook, Twitter & Co. – Vorsicht bei Social-Media-Archivdateien

Meist kommt auf dem Smartphone, mit dem Sie die heimischen Geräte steuern und überwachen, neben dem E-Mail-Client und der SMS-Nachrichten-App auch die eine oder andere App zum Einsatz, mit der Sie über sogenannte Social-Media-Plattformen wie Facebook, Twitter, Instagram & Co. Kontakt zur Außenwelt halten. Empfehlenswert ist auch hier der gesunde Menschenverstand – prüfen Sie Ihre Freunde und Kontakte, denn wer allzu vertrauensselig auf Links zu eingebetteten Dateien in irgendwelchen Postings bei Facebook und Twitter klickt, hat im Endeffekt mit den gleichen Folgen zu tun wie beim E-Mail-Empfang. Auch hier können allerhand Mechanismen um Software, Malware und Trojaner etc. für Ärger sorgen.

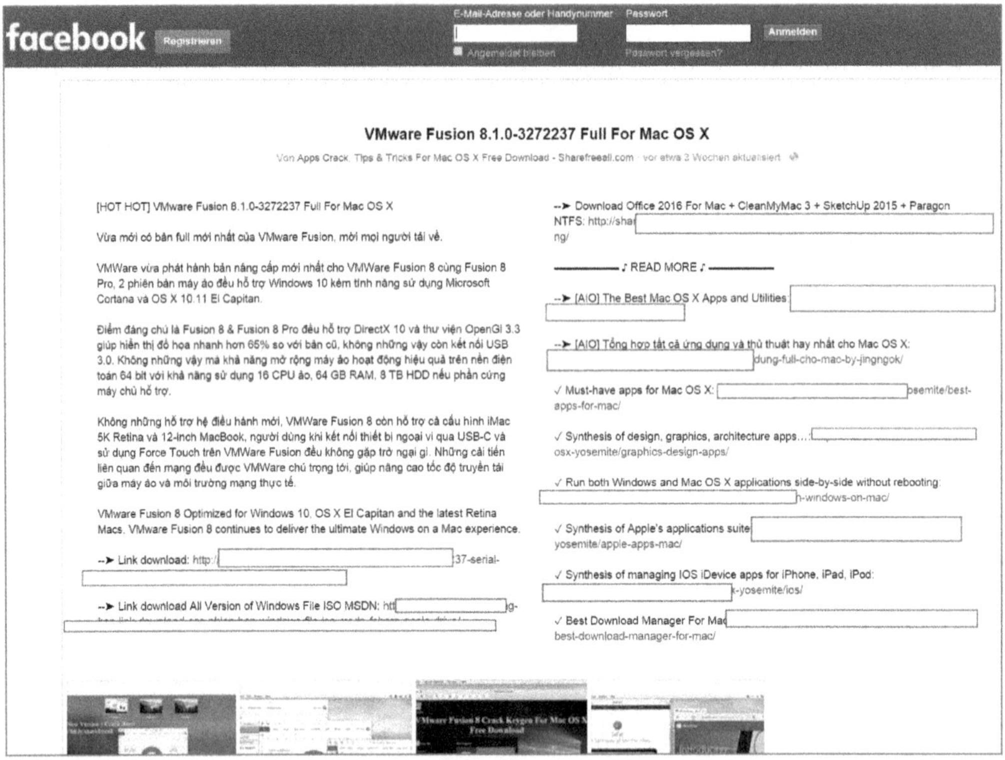

Bild 2.3: Egal ob Sie mit Smartphone, Tablet oder Computer im Internet unterwegs sind – es ist allerhöchste Vorsicht bei Links in Facebook-Postings geboten. Sie laden gegebenenfalls unbemerkt weiteren Schadcode auf das Gerät nach und nutzen Sicherheitslücken aus.

Neben dem Computer, dem Tablet oder dem Smartphone, mit dem Sie mit der Smart-Home-Welt und den IoT-Geräten kommunizieren, können auf dem IoT-Gerät selbst oder auf dem Weg dorthin, nämlich bei der Verbindung, Sicherheitslücken und somit Angriffsflächen entstehen – bis hin zu möglicherweise ungewollten Manipulationen oder anderen Nebeneffekten. Im nächsten Abschnitt lesen Sie, wie sich teils mit einfachen Mitteln »dumme« IoT-Geräte für den Einsatz im Heimnetz absichern lassen.

2.4 Intranet der Dinge – Einsatz von Funknetzen in der Hausautomation

Technologien wie WLAN oder Bluetooth sind seit mehreren Jahren etabliert und in vielen Haushalten im Einsatz. Für die meisten Nutzer spielen der Komfort und die Bequemlichkeit beim Koppeln unterschiedlicher Geräte eine große Rolle – doch vielen sind die Sicherheitsrisiken bei einem Funknetz im Allgemeinen und bei WLAN bzw. Bluetooth im Speziellen nicht bewusst. Die Abkürzung ISM steht für *Industrial Scientific and Medical* (Hochfrequenzanwendungen in Industrie, Wissenschaft und Medizin), die dazugehörigen ISM-Frequenzen sind international zur Nutzung durch Hochfrequenzgeräte zugewiesen und werden in Deutschland durch die Bundesnetzagentur verwaltet. Folgende Tabelle listet drahtlose Schnittstellen beim Einsatz in der Hausautomation bzw. im Internet of Things (IoT) auf.

Funkprotokoll	Geräte	ISM-Band
BidCos	FS20/HomeMatic, Lichtschalter, Heizungsthermostat etc.	868 MHz
ZigBee	Hue-Lichtsystem	868 MHz/2,4 GHz
ZWave	Fibaro-Smart-Home-System	868 MHz
EnOcean	Lichtschalter	868 MHz
Bluetooth	Smartphone, Türschloss, Computer	2,4 GHz
BLE	Smartphone, Smartwatch	2,4 GHz
WLAN	WLAN-Router	2,4 GHz/5 GHz
DECT	Schnurlostelefon	1,9 GHz

Generell gilt in Sachen Funknetze: Weniger ist mehr. Denn weniger unterschiedliche Funkstandards in der heimischen IoT-Heimautomation bedeuten weniger unterschiedliche Geräte und somit weniger Integrationsaufwand sowie weniger Pflege und Wartung. Je nach Einsatzzweck und Hersteller sind natürlich offene Standards und Open-Source-Produkte den Insellösungen vorzuziehen. Bei der drahtlosen Verbindung von Geräten haben bauliche Voraussetzungen einen großen Anteil, denn was nützen beispielsweise die besten Tür- und Fenstersensoren, wenn das Funksignal nicht an der zentralen Steuereinheit ankommt? Gerade bei dicken Wänden und verwinkelten Räumen oder über mehrere Geschosse hinweg haben Bluetooth-Lösungen oftmals Probleme – hier ist das WLAN flexibler, da sich auch die Reichweite mit standardisierten und sicheren Techniken wie beispielsweise WLAN-Repeatern verbessern und erhöhen lässt.

2 Mehr Sicherheit für Hausautomation und IoT

Bild 2.4: Gerade in Ballungszentren sind in der näheren Umgebung eine Menge WLAN-Netze zu finden, und bei ähnlichen Bezeichnungen ist das eigene schwer zu finden.

Doch nicht jedes interessante IoT- und Smart-Home-Device bietet eine WLAN-Schnittstelle – dann lässt sich jedoch oftmals mit einem kleinen Arduino/Pretzelboard oder einem ESP8266-Board recht günstig nachhelfen. Egal ob die Funkverbindung über Bluetooth, BLE oder WLAN etc. hergestellt wird, ob eine WLAN-Schnittstelle nachgerüstet oder bereits vorhanden ist – generell sollten Geräte mit einer drahtlosen Verbindung so gut wie möglich geschützt sein.

IoT-Geräte im Netz finden und schützen

Die Sicherheit des Gesamtnetzes bzw. der IoT- und Smart-Home-Installation ist nur dann gewährleistet, wenn auch die einzelnen IoT-Geräte so sicher wie möglich konfiguriert und programmiert sind. Gerade günstige China-Lösungen sind recht wenig flexibel, und deshalb sollten Sie die Geräte falls möglich mit unterschiedlichen

2.4 Intranet der Dinge – Einsatz von Funknetzen in der Hausautomation

Benutzer-Kennwort-Kombinationen ausstatten. Wird dann mal ein Gerät gestohlen oder der Zugang bzw. das Passwort des Geräts geknackt, sind die anderen Geräte wahrscheinlich noch sicher. Kommt systemweit ein- und derselbe Benutzername einschließlich Kennwort zum Einsatz, müssen sämtliche IoT- und Netzwerkgeräte neu konfiguriert oder gar neu installiert werden. Um herauszufinden, welche Geräte aktuell in Ihrer Umgebung und im Heimnetz vorhanden sind, benötigen Sie verschiedene Hilfsmittel – nutzen Sie neben der administrativen Webseite des WLAN-Routers auch verschiedene Bordmittel wie tracert, ping oder arp, um das heimische Netzwerk nach bekannten und unbekannten IoT- und Computergeräten zu durchforsten.

MAC-Adresse finden mit arp

Egal ob Computer oder IoT-Gerät mit LAN/WLAN-Schnittstelle: Bei der automatischen IP-Adressvergabe bei DHCP ist die MAC-Adresse der Eckpfeiler. Gerade wenn der WLAN-Zugriff auf Basis der MAC-Adresse beschränkt oder einem WLAN-Segment zugeordnet werden soll, lässt sich mit dem arp-Kommando die Zuordnung der IP-Adresse zur entsprechenden MAC-Adresse herausfinden. ARP (*Address Resolution Protocol*) löst IP-Adressen in Hardwareadressen (MAC-Adressen) auf. Jedes Netzwerkdevice hat angeblich weltweit eine eindeutige MAC-Adresse, mit der es im Netzwerk identifiziert werden kann.

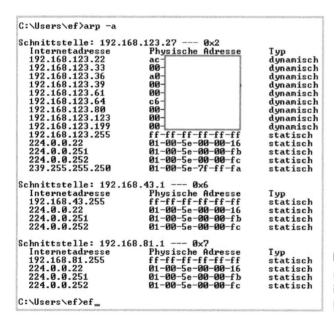

Bild 2.5:
Mit arp spüren Sie sämtliche im Netz angeschlossenen Rechner auf.

Damit eine MAC-Adresse eines Rechners im TCP/IP-Netzwerk überhaupt gefunden werden kann, wird zunächst im lokalen ARP-Cache überprüft, ob die MAC-Adresse bereits aus einer früheren Auflösung bekannt ist. Falls nicht, erfolgt ein Rundumschlag – eine ARP-Rundsendung mit der gesuchten IP-Adresse. Erreicht diese Suchmeldung den gesuchten Computer, sendet dieser seine Hardware-MAC-Adresse zurück. Anschließend wird die Rückmeldung im ARP-Cache für spätere Adressauflösungen gespeichert. Unter Windows lässt sich der ARP-Cache auf der Kommandozeile mit dem Befehl `arp.exe` manuell verwalten.

IP-Pfadfinder tracert

Wie kommt man zum Rechner X, und über welche Rechner wird der Zielrechner erreicht? Diese Art von Pfadfinderaufgaben übernimmt das IP-Werkzeug `tracert`. Für den Systemadministrator gehört der Befehl `tracert` zu den beliebtesten TCP/IP-Diagnoseprogrammen für die Erkennung und Beseitigung von Problemen. Gerade bei Netzwerkproblemen bei hoher Netzlast oder sehr langsamen Antwortzeiten des Zielrechners bringt ein `tracert` ADRESSE die Lösung. Für ADRESSE können Sie entweder den DNS-Namen oder eine IP-Adresse angeben. `tracert` gibt den Weg zurück, den ein Datenpaket im Netzwerk zurücklegt, damit der angegebene Rechner erreicht werden kann.

```
C:\>tracert www.franzis.de
Routenverfolgung zu www.franzis.de [80.237.218.241]  über maximal 30 Abschnitte:

  1    <1 ms    <1 ms    <1 ms  fritz.fon.box [192.168.123.199]
  2     9 ms    10 ms    10 ms  ppp-62-245-210-1.mnet-online.de [62.245.210.1]
  3     9 ms    10 ms    10 ms  eth1-3.rs2.muc2.m-online.net [82.135.16.145]
  4    10 ms    10 ms    10 ms  eth1-6.rs1.muc3.m-online.net [82.135.16.198]
  5    11 ms    10 ms    11 ms  ge-1-0-0.rt7.muc3.m-online.net [62.245.197.53]
  6    11 ms    11 ms    10 ms  ge-1-3-0.rt-inxs.m-online.net [82.135.16.154]
  7    10 ms    10 ms    11 ms  fe2-0.er0.cwmuc.de.easynet.net [194.59.190.8]
  8    11 ms    11 ms    11 ms  ge4-0-0-34.br1.cwmuc.de.easynet.net [194.64.253.122]
  9    18 ms    18 ms    18 ms  so0-0-0-0.br1.ixfra.de.easynet.net [212.224.4.1]
 10    19 ms    19 ms    19 ms  195.180.3.134
 11    22 ms    21 ms    22 ms  so-0-1-0.cr2.Koeln2.pironet-ndh.net [195.94.75.17]
 12    21 ms    20 ms    21 ms  ge-0-2-0.her.pironet-ndh.net [195.94.75.58]
 13    20 ms    20 ms    20 ms  ge-0-1-0.j2.cgn.hosteurope.de [80.237.129.34]
 14    22 ms    20 ms    21 ms  80.237.250.22
 15    21 ms    21 ms    20 ms  ds80-237-218-225.dedicated.hosteurope.de [80.237.218.225]
 16    21 ms    22 ms    21 ms  www.franzis.de [80.237.218.241]

Ablaufverfolgung beendet.
C:\>
```

Bild 2.6: `tracert` zeigt nicht nur Schritt für Schritt den Weg zum Zielrechner, sondern misst auch die dafür benötigte Zeit.

2.4 Intranet der Dinge – Einsatz von Funknetzen in der Hausautomation

Sie können entweder die volle IP-Adresse oder einen DNS-Namen für `tracert` verwenden. Für Sicherheitsbewusste ist `tracert` ein wertvolles Hilfsmittel, um herauszufinden, ob die IP-Anfragen auch ordnungsgemäß geroutet werden. Alternativ können Sie das Werkzeug `pathping` verwenden, das ähnlich wie `tracert` die entsprechenden Wege zum Zielserver anzeigt.

```
C:\>pathping www.franzis.de

Routenverfolgung zu www.franzis.de [80.237.218.241]
über maximal 30 Abschnitte:
  0  kistexp [192.168.123.174]
  1  fritz.fon.box [192.168.123.199]
  2  ppp-62-245-210-1.mnet-online.de [62.245.210.1]
  3  eth1-3.rs2.muc2.m-online.net [82.135.16.145]
  4  eth1-6.rs1.muc3.m-online.net [82.135.16.198]
  5  ge-1-0-0.rt7.muc3.m-online.net [62.245.197.53]
  6  ge-1-3-0.rt-inxs.m-online.net [82.135.16.154]
  7  fe2-0.er0.cwmuc.de.easynet.net [194.59.190.8]
  8  ge4-0-0-34.br1.cwmuc.de.easynet.net [194.64.253.122]
  9  so0-0-0-0.br1.ixfra.de.easynet.net [212.224.4.1]
 10  195.180.3.134
 11  so-0-1-0.cr2.Koeln2.pironet-ndh.net [195.94.75.17]
 12  ge-0-2-0.her.pironet-ndh.net [195.94.75.58]
 13  ge-0-1-0.j2.cgn.hosteurope.de [80.237.129.34]
 14  80.237.250.22
 15  ds80-237-218-225.dedicated.hosteurope.de [80.237.218.225]
 16  www.franzis.de [80.237.218.241]

Berechnung der Statistiken dauert ca. 400 Sekunden...
```

Bild 2.7: Das Werkzeug `pathping` ist ein wenig übersichtlicher als `tracert` – es lässt sich jedoch auch etwas länger Zeit, bis die Ergebnisse zur Verfügung stehen.

Liefert `pathping` oder `tracert` beispielsweise eine unbekannte IP-Adresse unmittelbar nach der Heimnetzadresse (hier `192.168.123.199`) in Abschnitt 2 zurück, hat ein bösartiges Programm oder eine solche Webseite die IP-Konfiguration des Rechners verändert. So überprüfen Sie in diesem Beispiel die IP-Adresse `62.245.210.1` – sie gehört zu dem lokalen Internetprovider M-Net in München und ist daher als vertrauenswürdig einzustufen.

Mehr Sicherheit und Übersicht: eigenes WLAN-Netzwerk für IoT-Geräte

Kommen im Haushalt mehrere WLAN-Geräte zum Einsatz, kann es je nach Menge der Geräte schnell zu Unklarheiten und sogar zu Verwechslungen kommen, sofern die Gerätebezeichnungen selbst noch mit kryptischen Bezeichnungen ausgeliefert werden. Damit fällt es manchmal doppelt schwer, sie in den Tiefen der Konfigurationseinstellungen des LAN/WLAN-Routers zu finden und sicher zu identifizieren. Manchmal werden solche Geräte auch mit einem Kürzel samt angehängter MAC-Adresse im entsprechenden Gerätedialog des LAN/WLAN-Routers angezeigt.

> **Wie finden Sie die IP-Adresse/MAC-Adresse des IoT- oder Netzwerkgeräts heraus?**
> Auf dem Gerät unter *Einstellungen/Netzwerkeinstellungen* prüfen Sie, welche IP-Adresse vom DHCP-Server vergeben wurde.
> Unter *Einstellungen/Netzwerkeinstellungen* notieren Sie sich die MAC-Adresse und gleichen sie mit der MAC-Adresse im LAN/WLAN-Router ab.
> Manchmal ist der Ein-/Ausschalttrick des Rätsels Lösung: Navigieren Sie zunächst zum Gerätedialog des LAN/WLAN-Routers und merken Sie sich die aktuell vorhandenen Geräte. Schalten Sie dann das »neue« Gerät ein und warten Sie einen kleinen Moment, ob es nach dem Aktualisieren der Statusseite in der Geräteübersicht des LAN/WLAN-Routers auftaucht.

Sind sämtliche bekannten Geräte eingeschaltet und im LAN/WLAN-Router eingerichtet, bieten manche LAN/WLAN-Modelle eine MAC-Adressfilterung. Ist diese aktiviert, werden nur noch Geräte mit einer IP-Adresse im Heimnetz versorgt, deren MAC-Adresse im LAN/WLAN eingerichtet und bekannt ist. In der Praxis sorgt diese vermeintliche Sicherheitslösung jedoch oft für Probleme – stattdessen ist es besser, für sämtliche Geräte im IoT- und Hausautomationsumfeld ein eigenes WLAN in einem eigenen IP-Kreis einzurichten und zu betreiben. Der WLAN-Router für die IoT-Geräte wird schließlich am zentralen LAN/WLAN-Router mit Firewall und Kindersicherungsfunktion konfiguriert. Mit diesem Trick ist es möglich, mit einem Klick sämtliche IoT- und Hausautomationsgeräte zu überwachen und zu steuern.

Schnellübersicht zur sicheren WLAN-Routerkonfiguration

Aus naheliegenden Sicherheitsgründen und aus Schutz vor unerwünschten »Mitsurfern« sowie Datenklau sollten Sie unbedingt sämtliche Sicherheitsmechanismen nutzen, die ein WLAN-Router bietet. Dafür ist dieser im Rahmen seiner Möglichkeiten sicher zu konfigurieren. Für diejenigen, die eine generelle Checkliste praktisch finden: Hier finden Sie sämtliche sicherheitsrelevanten Einstellungen für WLAN-Router im Schnellüberblick.

Sicherheitsmerkmal	Beschreibung
WLAN-Routerfirmware regelmäßig checken	Kein Produkt ist perfekt, und Sicherheitslücken kommen bei jedem Hersteller vor. Bessere Hersteller bieten regelmäßig eine neue Firmware, um Sicherheitslöcher zu stopfen und dem LAN/WLAN-Router gegebenenfalls neue Funktionalitäten einzuhauchen. Grundsätzlich sollten Sie auf der Herstellerwebseite regelmäßig Ausschau halten nach aktuellen Firmwareversionen und Patches. Manchmal informiert der LAN/WLAN-Router auch selbst über neue Firmwareversionen, manche bieten sogar eine automatische Installation derselben an. Um die Möglichkeit zu haben, die Einstellungen des LAN/WLAN-Routers vor einem Firmware-Update zu sichern, ist eine Information über das Vorhandensein einer neuen Version völlig ausreichend.
MAC-Adresse einrichten	Standardmäßig wird jedem drahtlosen Gerät, das mit einer korrekten SSID, der passenden Verschlüsselung und dem richtigen Netzwerkschlüssel kommt, Zugang zum drahtlosen Netzwerk gewährt. Jeder WLAN-Router bietet jedoch eine MAC-Adressfilterung, auf deren Basis Geräte, basierend auf ihren MAC-Adressen, eine Verbindung zum WLAN-Router aufbauen dürfen oder eben nicht. Sämtliche drahtlosen Clients müssen zusätzlich über die korrekten SSID- und WEP- bzw. WPA2-Einstellungen verfügen, um die WLAN-Verbindung aufbauen zu können.
DHCP ausschalten und feste IP-Adressen zuweisen	Der WLAN-Router ist in der Regel standardmäßig als DHCP-Server (*Dynamic Host Configuration Protocol*) konfiguriert, wodurch die TCP/IP-Konfiguration aller an den WLAN-Router gebundenen Geräte festgelegt ist. Ist DHCP abgeschaltet, verwenden Sie alternativ auf allen Geräten statische IP-Adressen im selben Subnetz. Damit ist die Hürde für einen möglichen Angreifer, da er eine verwendete IP-Adresse herausfinden muss, schon etwas höher. Der Nachteil: Bei vielen schnurlosen Geräten ist der Konfigurationsaufwand enorm.

Sicherheitsmerkmal	Beschreibung
WEP-/WPA-PSK-/WPA2-Verschlüsselung nutzen	Das A und O: Nutzen Sie die sicherste Verschlüsselung (derzeit WPA2) über das Funknetz, auch wenn es etwas Zusatzaufwand bei der Installation bedeutet. Allerdings müssen alle Geräte in einem Netz diesen Standard unterstützen.
Router bei Nichtgebrauch ausschalten	Nicht nur gut für die Umwelt und den Geldbeutel, sondern auch für die Sicherheit des Heimnetzes. Gehen Sie zu Bett oder außer Haus, schalten Sie den WLAN-Router aus. Wenn Sie den WLAN-Router auch als Telefonanlage (FRITZ!Box) nutzen, sollten Sie auf die Abschaltung verzichten.
Passwörter und Key regelmäßig ändern	Jede Verschlüsselung ist früher oder später knackbar. Deshalb ändern Sie regelmäßig Passwörter sowie WEP-Schlüssel sowohl im Router als auch an den Geräten. Generell sollten Sie auf das mit Hausmittelchen knackbare WEP-Verfahren verzichten und die bessere WPA2-Verschlüsselung verwenden.
Router-Standardpasswort ändern	Besonders wichtig: Kennt ein Angreifer das Passwort des WLAN-Routers, kann er machen, was er will. Deswegen sollten Sie umgehend nach der Konfiguration das WLAN-Routerpasswort in eine persönliche Zahlen-Buchstaben-Kombination ändern.
Protokollierung aktivieren und Protokolle auswerten	Zum Nachschauen – zwar lästig und zeitraubend, aber unheimlich hilfreich bei der Suche nach Fehlern und Problemlösungen. Hier spüren Sie Rechner im Netzwerk auf, die mit fremder MAC-Adresse unterwegs sind.
Nicht benötigte Dienste und Webseiten deaktivieren	Weniger ist mehr: Je mehr Dienste und Ports nach außen – also im Internet – zur Verfügung stehen, desto größer ist die Angriffsfläche. Aktivieren Sie also nur Dienste wie HTTPS, FTP, Mail etc., die Sie wirklich benötigen.

Sicherheitsmerkmal	Beschreibung
Firewall und Portsecurity aktivieren	Ohne aktivierte Firewall am WLAN-Router sollte kein Gerät ins Internet gehen bzw. Daten daraus empfangen. Zu groß ist die Gefahr, Opfer eines Angriffs zu werden. Jeder vernünftige DSL-WLAN-Router bringt eine mit; aktivieren Sie sie aber auch!
Wireless-Zugriffsliste einrichten	Standardmäßig wird jedem drahtlosen WLAN-Gerät, das mit einem korrekten *Service Set Identifier* (SSID), dem passenden Verschlüsselungsstandard sowie dem richtigen (WPA2-)Schlüssel konfiguriert ist, Zugang zum drahtlosen Netzwerk gewährt. Erhöhte Sicherheit können Sie erzielen, indem Sie den Zugang zum drahtlosen Netzwerk auf Grundlage der MAC-Adressen auf bestimmte Geräte beschränken. Klicken Sie im Menü *Wireless-Konfiguration* auf *Zugriffsliste konfigurieren*, um das Menü *Wireless-Zugriffsliste* anzuzeigen.
SSID-Rundumsendung ausschalten (SSID-Broadcast deaktivieren)	Wenn diese Option aktiviert ist, schaltet der Wireless-Router die Übertragung des Netzwerknamens (SSID, *Service Set Identifier*) ab. Mit entsprechenden Wardriving-Scannern wird das WLAN-Netz trotzdem gefunden, es ist demnach also nur eine kleine Hürde.
Ping am Internetport ausschalten	Soll der WLAN-Router auf einen Ping aus dem Internet reagieren, deaktivieren Sie, falls vorhanden, diese Option. Dies sollte ausschließlich zu Diagnosezwecken verwendet und danach wieder deaktiviert werden, damit der WLAN-Router diesbezüglich keine Rückmeldungen mehr schickt.
Sichere LAN-IP-Adresse verwenden	Für die IP-Adresse des WLAN-Routers nutzen Sie eine IP-Adresse aus dem privaten Netzwerkbereich 192.168.X.X. Beim Einsatz einer öffentlichen IP-Adresse kann es sonst Probleme bei der Netzwerkverbindung geben.

Sicherheitsmerkmal	Beschreibung
Remote-Zugriff ausschalten	Die LAN/WLAN-Router-Fernsteuerung ist meist nur in Unternehmen etc. sinnvoll. Auch wenn es mittlerweile recht praktische Lösungen wie MyFRITZ! vom Hersteller AVM gibt, gilt für Sicherheitsbewusste: Der LAN/WLAN-Router kommt zu Hause zum Einsatz und sollte auch dort konfiguriert werden. Deshalb, falls vorhanden und nicht zwingend nötig, ausschalten!
SSID ändern	Ein guter SSID-Name besteht aus einer zufälligen Reihenfolge von Zahlen und Buchstaben, Groß- und Kleinbuchstaben gemischt. Damit stellen Sie sicher, dass Sie auch das WLAN-Netz suchen und finden, das beabsichtigt war.
Passenden Wireless-Modus wählen	Das Zufallsprinzip sorgt für Sicherheit: Abhängig von der genutzten WLAN-Karte können Sie den Router so konfigurieren, dass er nur ein ganz bestimmtes Übertragungsprotokoll nutzt, das natürlich zu Ihren WLAN-Netzwerkkarten passt. So können Sie abhängig vom Routermodell beispielsweise den WLAN-Zugriff auf 802.11g-konforme WLAN-Geräte beschränken.

Ist der LAN/WLAN-Router konfiguriert, können Sie die einzelnen IoT-Geräte, Computer etc. mit dem WLAN über die heimische SSID samt festgelegtem WPA2-Key verbinden.

2.5 Licht, Steckdosen oder Heizung steuern

Ist die Steuereinheit der Hausautomation, beispielsweise ein Raspberry Pi, per dynamisches DNS von außen über das Internet erreichbar – idealerweise mit einer eigenen, schwer zu erratenden Portnummer –, können Sie die Steuerzentrale und auch Selbstbaulösungen wie eine Relaisschaltung für Licht, Heizung & Co. über die GPIO-Schnittstelle nicht nur über einen Webbrowser, sondern auch über das Smartphone erreichen. Sehr einfach und komfortabel ist das im Fall der Made-in-Germany-Steckdosen aus dem Hause Rutenbeck: Bauen Sie sich den Ein- und Ausschaltlink in Form eines passenden HTTP/HTTPS-Aufrufs so zusammen, dass er bequem über das Smartphone genutzt werden kann. Doch bevor es endlich so weit ist, an dieser Stelle ein Sicherheitshinweis dazu:

> **Mögliches Sicherheitsproblem**
> Hängt der LAN/WLAN-Router ständig im Internet und ist der eigene lokale Anschluss somit ständig über dynamisches DNS erreichbar, sollten Sie die verfügbaren Dienste so weit wie möglich einschränken. Dazu müssen Sie die Firewall-/Porteinstellungen Ihres LAN/WLAN-Routers konfigurieren. Egal wie sicher dieser konfiguriert ist – theoretisch und somit auch praktisch ist es möglich, dass unbefugte Dritte von außen eine vom Internet aus steuerbare Steckdose bzw. Schaltung erreichen. Demzufolge sollten Sie mit solchen Steckdosen ausschließlich Verbraucher verbinden, die bei missbräuchlichem Schalten keinen Schaden anrichten können.

Der Sicherheitshinweis zählt natürlich nicht nur für den Zugriff über einen Webbrowser, sondern auch für die Sprachsteuerung. Denn theoretisch ist es natürlich denkbar, dass Sie Ihr Smartphone verlieren und der Finder sämtliche Kontakte in Ihrem Telefonbuch anruft – in der Praxis wird ein Dieb das eher nicht tun. Sind jeweils ein Ein- und ein Ausschaltbefehl als Adressbuchkontakte hinterlegt, könnte der Smartphone-Dieb beispielsweise das Licht per Telefonanruf ein- und ausschalten. Wie Sie lokale Verbraucher daheim – Licht, Steckdosen etc. – mit einem Anruf schalten und sogar per Sprachsteuerung über das Smartphone steuern können, wird anhand der Profisteckdosenlösung TC IP 1 aus dem Hause Rutenbeck demonstriert.

Benutzerkonten vor unbefugten Zugriffen absichern

Spätestens wenn der Raspberry Pi über das Internet erreichbar ist, ist es auch Zeit, ihn bzw. die entsprechenden Userkonten abzusichern, um möglichen Einbrechern wenig Zerstörungsspielraum zu geben. Gerade wenn unterschiedliche Geräte verschiedenster Hersteller in einem Heimnetz zusammenkommen, ist es empfehlenswert, die jeweiligen IoT- und Hausautomationsgeräte mit unterschiedlichen Benutzer-Kennwort-Kombinationen einzurichten und zu betreiben. Dies ist zunächst ein größerer Aufwand, denn wer möchte sich schon eine Menge unterschiedlicher Kennungen und Passwörter merken? Dennoch: Ist ein Gerät beispielsweise aufgrund einer Sicherheitslücke infiltriert, ist es mindestens mit einer neuen User-Passwort-Kombination zu versehen, seine Firmware ist zu aktualisieren etc., und dennoch sind die anderen IoT- und Hausautomationsgeräte noch sicher, und die komplette Sicherheitsarchitektur tritt nicht offen zutage.

Basisschutz für den Raspberry Pi

Grundsätzlich sollten Sie das Standardbenutzerkonto `pi` bereits angepasst und das Standardkennwort `raspberry` auf ein sicheres Kennwort Ihrer Wahl geändert haben. Dies erledigen Sie mit dem Kommando:

```
sudo passwd pi
```

Sie geben das neue Kennwort ein und bestätigen es im zweiten Schritt. Mit der Benutzerkennung `pi` können Sie sich auch die administrativen `root`-Rechte mittels `sudo`-Kommando holen.

Wer für das `root`-Konto auf dem Raspberry Pi ebenfalls ein persönliches Konto setzen möchte, erledigt dies mit den Befehlen:

```
sudo -i
passwd
```

Hier tragen Sie zunächst das neue Kennwort und anschließend die Kennwortbestätigung ein, um das `root`-Konto mit einem persönlichen Kennwort abzusichern.

Smart-Home-Zentrale im Eigenbau

Hausautomation oder Smart Home – ganz egal welchen Begriff Sie dafür verwenden, mit diesem Buch liegen Sie richtig, wenn Sie mit dem Raspberry Pi, einem Intel NUC, dem Cubietruck, einem NAS oder einer virtuellen Maschine im Heimnetz Schlagwörter wie Bequemlichkeit, Wohnkomfort, Stromüberwachung, Schutz vor Schimmelbefall und Feuchtigkeit, Temperaturregelung, Energie und Geldsparen in Verbindung bringen möchten. Smart Home, das schlaue Haus im Eigenbau – mit dem Raspberry Pi lassen sich grundsätzlich alle Anwendungsszenarien zum Steuern, Regeln und Messen erfassen. Jede der beschriebenen Do-it-yourself-(DIY-)Lösungen zur Realisierung des gewünschten Anwendungszwecks kostet nur einen Bruchteil vergleichbarer kommerzieller Produkte, sofern überhaupt welche verfügbar sind.

Bemerkt beispielsweise die Smart-Home-Steuerzentrale Raspberry Pi über einen Sensor einen Schaden, etwa mittels eines Feuchtigkeitssensors einen Wasserrohrbruch im Keller, sendet sie umgehend per SMS eine Schadensmeldung. Ein weiteres Beispiel: Klingelt ein Gast an der Haustür, kann eine entsprechende Benachrichtigung beispielsweise per E-Mail an das Smartphone gesendet werden. Auch Stromverbrauch und Heizung lassen sich optimieren. Grundsätzlich können mit etwas Elektronik und einem Raspberry Pi der Energieverbrauch im Alltag und damit die Kosten erheblich gesenkt werden – wenn Sie zumindest wissen, von welcher Seite Sie den Lötkolben anfassen müssen. Eine Voraussetzung ist, dass Sie über den Verbrauch in den entsprechenden Räumen bzw. den Gesamtverbrauch im Detail informiert sind. Mit dem

Raspberry Pi und ein paar Sensoren vom Typ DS18B20 in einer Schaltung baut sich die individuelle und preiswerte Temperaturüberwachungslösung fast von selbst.

Doch manchmal ist es allein mit der Temperaturüberwachung nicht getan. Ein sinnvoller Anwendungszweck ist etwa eine elektronische Heizungssteuerung, die, abhängig davon, ob Sie zu Hause sind oder nicht, ob Sie Urlaub haben oder ob Wochenende ist, genau die gewünschte Wohlfühltemperatur zur Verfügung stellt. Das persönliche Smart Home gewinnt seine speziellen Eigenschaften durch die zentrale Steuerung über den Raspberry Pi – egal ob Sie eine kabelgebundene Lösung über 1-Wire, TCP/IP oder per Funkadapter mittels CUL/COC & Co. oder einen Mix daraus einsetzen. Die Ansteuerung der verschiedenen Funksysteme im ISM-Band erfolgt über einen 868-MHz-Funksender, der per USB an den Raspberry Pi angeschlossen wird. Die Anbindung weiterer Aktoren ist auch über 1-Wire-Adapter, die GPIO-Anschlüsse, WLAN, Bluetooth und Ethernet möglich.

Eines noch: Wenn Sie sich für eine flexible und leistungsfähige Smart-Home-Lösung in Eigenregie und somit im Eigenbau entscheiden, müssen Sie sich selbst helfen können – außerdem sind die wenigsten Projekte für Anfänger geeignet. Zwar lassen sich zum Beispiel TCP/IP-Steckdosenlösungen von Rutenbeck auch von Laien in Betrieb nehmen, den Mehrwert in Sachen Smart Home und Automatisierung übernimmt jedoch die Steuerzentrale in Form eines Raspberry Pi.

Sind solche kabelgebundenen Lösungen in einer einheitlichen Oberfläche wie dem Open-Source-Projekt FHEM (*Freundliche Hausautomatisierung und Energie-Messung*) gebündelt, zählt auch hier: Hilfe zur Selbsthilfe. Gerade Linux, Perl und FHEM haben ihre Ecken, Kanten und tückischen Fallstricke für Anfänger. Teils gibt es gut dokumentierte Anleitungen für den Einstieg, doch häufig fehlen wichtige Teile der Dokumentation, um die Lösung in Betrieb nehmen zu können. Damit das Ganze nicht nur ein nettes Spielzeug für Nerds und Skript-Kiddies bleibt, sondern auch technisch anspruchsvolle Lösungen für die Steuerung von Geräten zu Hause möglich sind, finden Sie in diesem Buch allerhand Möglichkeiten, Ihr Smart Home – die Hausautomatisierung – ganz individuell einzurichten.

3.1 Raspberry Pi: Standards und Anschlüsse

Grundsätzlich benötigen Sie einen passenden Adapter, der das eingesetzte Funkprotokoll wie beispielsweise LON, BACnet, KNX, EnOcean, FS20 oder HomeMatic unterstützt. Bei den Platzhirschen FS20 oder HomeMatic stehen beispielsweise mit dem FHZ1000-Modul (FS20) oder dem LAN-Adapter (HomeMatic) quasi Herstellerschnittstellen auch für den Raspberry Pi über USB zur Verfügung. Diese sind etwas teurer als die Alternativen, die es von Drittanbietern gibt, wie etwa *busware.de* mit dem CUL-Stick (hier der CC1101) oder dem COC-Modul, die beide in der Lage sind, Steuersignale von Protokollen im 868-MHz-Frequenzbereich zu empfangen und zu senden.

Bild 3.1: Doppelt gesteckt hält besser: Wer FS20 und HomeMatic gleichzeitig in einer Smart-Home-Umgebung betreiben möchte, benötigt zwei unterschiedlich konfigurierte CUL-Module.

Damit ist die Alternative grundsätzlich fähig, sowohl mit FS20- als auch mit HomeMatic-Geräten im Funknetz zu kommunizieren – diese Standards sind jedoch nicht kompatibel. Möchten Sie beide in einem Funknetz betreiben, benötigen Sie zwei entsprechende 868-MHz-Transceiver-Dongles – einen für FS20, den anderen für HomeMatic.

Gerät	Abkürzung für ...	CPU-Typ	RAM	Speicher
CUL	CC1101 USB Light	V1: at90usb162 V2: at90usb162 V3: atmega32U4	V1: 0.5 KB V2: 0.5 KB V3: 2.5 KB	V1: 16 KB V2: 16 KB V3: 32 KB
CUN	CC1101 USB Network	at90usb64	2.0 KB	64 KB
CUNO	CC1101 USB Network & OneWire	atmega644p	2.0 KB	64 KB
CUR	CC1101 USB Remote	CUR V1: at90usb128 CUR V2: at90usb64	CUR V1: 4.0 KB CUR V2: 2.0 KB	V1: 128 KB V2: 64 KB
COC	CC1101 OneWire Card	atmega644	2.0 KB	64 KB

So ist die eigentliche Funkübertragung das eine, das unterstützte Protokoll das andere. Sprechen Sender und Empfänger die gleiche Sprache – nutzen sie also das gleiche Protokoll –, ist der Austausch von Informationen und Daten möglich. Die Gegenstellen mit Funkanschluss – also die zu steuernden Komponenten wie Sensoren, Aktoren und Empfänger – kommen mit einem eigenen Protokoll zur Datenübertragung. In diesem Buch stellen wir die beiden wichtigsten vor, jedoch ist die grundsätzliche Herangehensweise bei anderen Protokollen und Geräten in etwa die gleiche.

Durchblick im FS20- und HomeMatic-Protokoll

Sowohl das FS20- als auch das HomeMatic-Protokoll funken im 868-MHz-Bereich, kommen vom selben Hersteller (EQ3, *www.eq-3.de*) und werden durch zahlreiche Vertriebspartner, wie ELV und Fachhandelsketten wie Conrad Electronic, vermarktet. EQ3 ist ein Tochterunternehmen von ELV und erweitert stetig das Produktprogramm im Einsteigersegment FS20, sodass es hier auch die meisten unterstützten Devices gibt. Aufgrund der vergleichsweise günstigen Komponenten ist es bei vielen Anwendern beliebt. HomeMatic-Komponenten sind bei gleicher grundsätzlicher Funktion in Sachen Anschaffungskosten höher angesiedelt.

Die Datenpakete werden mit den Funkprotokollen FHT und HMS übertragen. Während FHT-Geräte bei der Heizungssteuerung zum Einsatz kommen, sind HMS-Geräte eher für Sicherheits- und Überwachungsaufgaben geeignet.

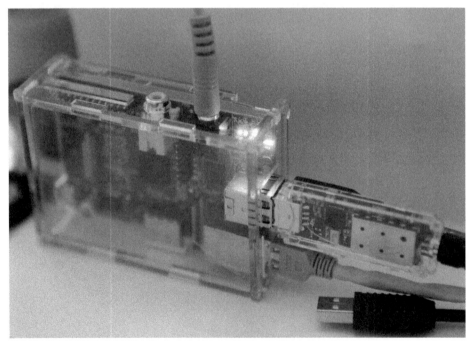

Bild 3.2: Raspberry Pi mit USB-CUL-Modul: Bei der Konfiguration müssen Sie sich für ein zu verwendendes Protokoll, FS20 oder HomeMatic, entscheiden.

Der große Nachteil der FS20-Technik ist die Kommunikation ohne Bestätigung. Wird beispielsweise ein Signal von der Steuereinheit zum Schalter geschickt, erhält diese keine direkte Rückmeldung, ob der Schaltbefehl erfolgreich ausgeführt wurde oder nicht. Dies ist bei HomeMatic-Geräten anders: Hier sorgt eine verschlüsselte Kommunikation dafür, dass die Sendeeinheit eine Bestätigung des Schaltvorgangs erhält.

Ob Sie diese Sicherheit wirklich benötigen, steht auf einem anderen Blatt, und auch die etwas bessere Verarbeitung der HomeMatic-Komponenten lässt sich EQ-3 bzw. der Versender ELV gern bezahlen. Die Einrichtung der Komponenten beim Raspberry Pi ist jedoch nahezu identisch.

Angepasstes Funkmodul für den GPIO-Einsatz

Für die Modelle des Raspberry Pi 1 und 2 gibt es eigens ein passendes Funkmodul, das auf die GPIO-Pins gesteckt werden kann. Leider passt es auf Anhieb nur auf die »alten« Boards mit Raspberry Pi 1 Revision 1 (256 MByte). Der Nachfolger mit 512 MByte passt zunächst nicht, da hier eine Steckverbindung auf dem Raspberry Pi um Zehntelmillimeter im Weg zu stehen scheint. Behelfen Sie sich mit einem Hebelwerkzeug oder einer Zange, in diesem Beispiel mit der Zange eines Leatherman-Tools, um den Plastikschutz des DSI-Anschlusses zu entfernen.

Bild 3.3: Die GPIO-Reihe, ganz rechts unten der USB-Stromanschluss des Raspberry Pi: Der schwarze Schutzdeckel des DSI-Anschlusses (für TFT-Touchscreens) wurde bereits gelockert und leicht angehoben. Ist er komplett abgezogen, lässt sich das COC-Erweiterungsboard problemlos auf Raspberry Pi Revision 1 mit 512 MByte RAM aufsetzen.

Ist die hardwareseitige Voraussetzung erfüllt und das Erweiterungsboard mit einem spürbaren Klick auf der GPIO-Pfostenleiste eingerastet, können Sie den Raspberry Pi wieder in Betrieb nehmen, also Stromversorgung und Netzwerkkabel anschließen und die Antenne am Antennenausgang des COC-Moduls anbringen. Hier sind diejenigen mit einem Bastelgehäuse leicht im Vorteil, die die Seitenwand für die Antenne einfach nicht verwenden und somit den Raspberry Pi trotzdem in ein Gehäuse packen können.

Bild 3.4: Kein Schönheitspreis, aber zweckmäßig: In diesem Fall wurde einfach das Seitenteil des Gehäuses nicht genutzt, um den Raspberry Pi samt COC-Erweiterung und verbauter Antenne in ein Gehäuse zu zwängen.

Alternativ nutzen Sie eine Bohrmaschine und bohren mit einem Holzbohrer an der entsprechenden Stelle vorsichtig eine passende Öffnung für die Antenne des COC-Moduls, um das Gehäuse weiter in Betrieb nehmen zu können. Damit ist die Raspberry-Pi-Hardware nun einsatzbereit, um die Konfiguration der Software und der Treiber vorzunehmen.

Grundsätzlich entfernen Sie – oder besser kommentieren Sie – in der Datei /etc/inittab sämtliche Zeilen aus, die auf einen Eintrag mit der Bezeichnung ttyAMA0 verweisen. Auch in der Kernel-Bootdatei /boot/cmdline.txt entfernen Sie die Einträge console=ttyAMA0,115200 und kgdboc=ttyAMA0,115200. Sicherheitsbewusste speichern zuvor die Datei mit dem Kommando

```
sudo cp /boot/cmdline.txt /boot/cmdline.txt.original
```

und starten nach der Änderung den Raspberry Pi neu. Wer anstelle eines COC die USB-Stick-Variante CUL im Einsatz hat, kann diese nicht nur an der FRITZ!Box oder an einem Linux-Computer, sondern auch am USB-Anschluss des Raspberry Pi betreiben.

USB-Adapter als Alternative für den Raspberry Pi

Setzen Sie statt eines COC-Moduls einen USB-Adapter (CUL, CC1101 USB Light) für den Raspberry Pi ein, ist die Hardwareinstallation schnell erledigt: Hier brauchen Sie nur die Antenne an den USB-Stick zu schrauben und in den USB-Anschluss des Raspberry Pi zu stecken. Falls der Standort des Raspberry Pi nicht so ideal ist und die Antenne an einen sinnvolleren Ort platziert werden soll, ist gegebenenfalls eine USB-Verlängerung zweckmäßig.

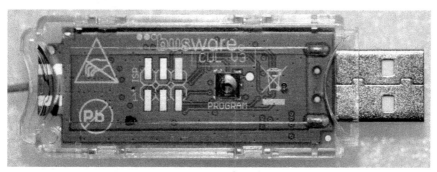

Bild 3.5: Zum Verwechseln ähnlich: Ein CUL-Stick von *busware.de* sieht ähnlich wie ein USB-Speicherkartenadapter aus.

Ist das neue Gerät einmal an den USB-Anschluss des Raspberry Pi gesteckt, prüfen Sie per `lsusb` und `dmesg`, ob es ordnungsgemäß erkannt wurde oder nicht.

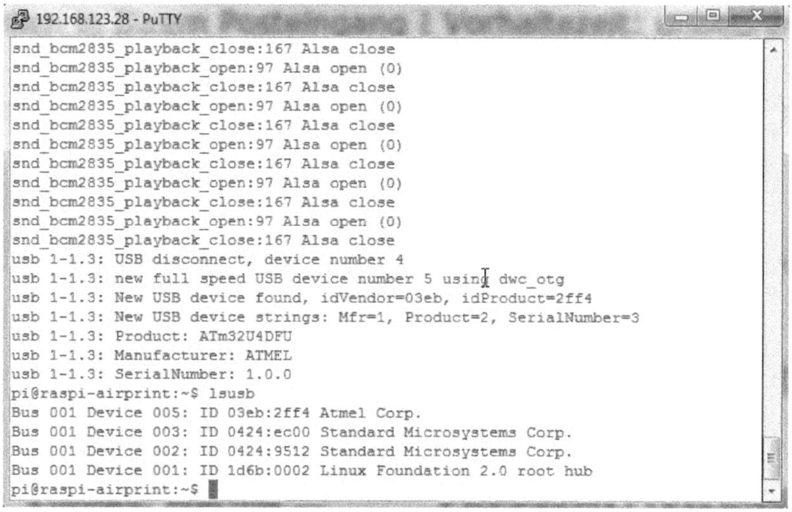

```
snd_bcm2835_playback_close:167 Alsa close
snd_bcm2835_playback_open:97 Alsa open (0)
snd_bcm2835_playback_close:167 Alsa close
snd_bcm2835_playback_open:97 Alsa open (0)
snd_bcm2835_playback_close:167 Alsa close
snd_bcm2835_playback_open:97 Alsa open (0)
snd_bcm2835_playback_close:167 Alsa close
snd_bcm2835_playback_open:97 Alsa open (0)
snd_bcm2835_playback_close:167 Alsa close
snd_bcm2835_playback_open:97 Alsa open (0)
snd_bcm2835_playback_close:167 Alsa close
usb 1-1.3: USB disconnect, device number 4
usb 1-1.3: new full speed USB device number 5 using dwc_otg
usb 1-1.3: New USB device found, idVendor=03eb, idProduct=2ff4
usb 1-1.3: New USB device strings: Mfr=1, Product=2, SerialNumber=3
usb 1-1.3: Product: ATm32U4DFU
usb 1-1.3: Manufacturer: ATMEL
usb 1-1.3: SerialNumber: 1.0.0
pi@raspi-airprint:~$ lsusb
Bus 001 Device 005: ID 03eb:2ff4 Atmel Corp.
Bus 001 Device 003: ID 0424:ec00 Standard Microsystems Corp.
Bus 001 Device 002: ID 0424:9512 Standard Microsystems Corp.
Bus 001 Device 001: ID 1d6b:0002 Linux Foundation 2.0 root hub
pi@raspi-airprint:~$
```

Bild 3.6: ATMEL mit Geräte-ID `03eb:2ff4`. Das USB-CUL wird auf Anhieb per `lsusb` auf dem USB-Bus erkannt.

Eine ausführliche, geordnete Übersicht erhalten Sie mit dem Kommando:

```
sudo lsusb -v | grep -E '\<(Bus|iProduct|bDeviceClass|bDeviceProtocol)'
2>/dev/null
```

Für Funksteckdosen, Schalter, Aktoren (Wandler) und Sensoren existieren zig unterschiedliche Standards auf dem Markt. Das COC bzw. CUL deckt die wichtigsten mit 433 MHz und 868 MHz ab. Hier müssen Sie sich bei der späteren FHEM-Konfiguration bei jedem Device für einen Funkstandard entscheiden. Haben Sie mehrere unterschiedliche Technologien zu Hause im Einsatz, benötigen Sie für jeden Standard den passenden Controller.

```
[39446.520161] usb 1-1.3: new full-speed USB device number 5 using dwc_otg
[39446.623418] usb 1-1.3: New USB device found, idVendor=03eb, idProduct=204b
[39446.623448] usb 1-1.3: New USB device strings: Mfr=1, Product=2, SerialNumber=0
[39446.623465] usb 1-1.3: Product: CUL868
[39446.623476] usb 1-1.3: Manufacturer: busware.de
[39446.708665] cdc_acm 1-1.3:1.0: ttyACM0: USB ACM device
[39446.713003] usbcore: registered new interface driver cdc_acm
[39446.713033] cdc_acm: USB Abstract Control Model driver for USB modems and ISDN adapters
pi@fhemraspian /usr/share/fhem/FHEM $ ls /dev/ttyA
ttyACM0   ttyAMA0
pi@fhemraspian /usr/share/fhem/FHEM $ ls /dev/ttyA
ttyACM0   ttyAMA0
pi@fhemraspian /usr/share/fhem/FHEM $ ls /dev/ttyAMA0
/dev/ttyAMA0
pi@fhemraspian /usr/share/fhem/FHEM $ ^C
pi@fhemraspian /usr/share/fhem/FHEM $
```

Bild 3.7: Der **dmesg**-Befehl sorgt für Klärung: Das ATMEL-Device wurde ordnungsgemäß vom Raspberry Pi erkannt und beim USB-Strang eingehängt. Der Eintrag **ttyAMA0** bei **dmesg** gibt den ersten Hinweis darauf, dass das COC im Verzeichnisbaum unter **/dev/ttyAMA0** eingehängt wurde und sich später in **fhem.cfg** für das COC nutzen lässt.

In diesem Fall haben wir uns auf das FS20-System sowie den verbreiteten HomeMatic-Standard beschränkt: Das am GPIO-Port angeschlossene COC kümmert sich um die FS20-Technologie in dem Funknetz, das per USB angeschlossene CUL versorgt die HomeMatic-Komponenten in einem zweiten Funknetz. Wie Sie diese Funkschnittstellen mit FHEM in Betrieb nehmen, lesen Sie im Abschnitt »Anpassen der FHEM-Konfigurationsdatei« auf Seite 95.

```
2013.01.02 01:04:08 3: Opening COC device /dev/ttyAMA0
2013.01.02 01:04:08 3: Setting COC baudrate to 38400
2013.01.02 01:04:08 3: COC device opened
2013.01.02 01:04:08 3: COC: Possible commands: mCFiAZOGMRTVWXefltux
2013.01.02 01:04:08 3: Opening CUL_0 device /dev/ttyACM0
2013.01.02 01:04:08 3: Setting CUL_0 baudrate to 9600
2013.01.02 01:04:08 3: CUL_0 device opened
2013.01.02 01:04:08 3: CUL_0: Possible commands: BCFiAZEGMRTVWXefmltux
2013.01.02 01:04:08 3: Switched CUL_0 rfmode to HomeMatic
2013.01.02 01:04:08 3: telnetPort: port 7072 opened
2013.01.02 01:04:09 1: Including /var/log/fhem/fhem.save
2013.01.02 01:04:09 4: /fhem?save=Save+fhem.cfg&saveName=fhem.cfg&cmd=style+save+fhem.cf
```

Bild 3.8: Das Logfile von FHEM klärt auf: Beide Adapter in einer FHEM-Konfiguration sind in Betrieb.

Um keinen überflüssigen Funksmog im Wohnbereich zu erzeugen, ist es sinnvoll, die Anzahl der Funkstandards so gering wie möglich zu halten – nicht zuletzt wegen des erhöhten Integrationsaufwands. Mit FHEM lassen sich verschiedene Technologien zusammenführen und auf einer einheitlichen Basis gemeinsam betreiben. Je nach verwendeter Funktechnologie ist die FHEM-Konfiguration entsprechend anzupassen. Oft ist es notwendig, ein zweites CUL oder zusätzlich die Platine COC für den Raspberry Pi in Betrieb zu nehmen.

3.2 Kameramodul für Raspberry Pi 1, 2, 3

Obwohl zeitgleich mit der damaligen Veröffentlichung des Raspberry Pi vorgestellt, ist die Raspberry-Pi-Kamera erst seit Mai 2013 bestellbar, verbunden mit langen Wartezeiten. Liegt die HD-fähige Raspberry-Pi-Kamera endlich im Briefkasten und ist ausgepackt, kann über die Kompaktheit und das mit wenigen Gramm geringe Gewicht des Kameramoduls nur gestaunt werden: In der Größe ist die Platine etwa mit einer SD-Karte vergleichbar, die Bauhöhe des Linsenobjektivs samt Platine entspricht mit 9 mm drei aufeinanderliegenden Euro-Münzen. Die erste Revision des Mini-Raspberry Pi Zero besitzt keine CSI-Schnittstelle und kann im Gegensatz zum Nachfolger Zero Rev. 2 somit kein Kameramodul aufnehmen.

Kameramodul anschließen

Für den Anschluss an den Raspberry Pi ist an der Platine des Kameramoduls ein rund 15 cm langes Flachbandkabel angebracht, das für den CSI-Anschluss auf dem Raspberry Pi vorgesehen ist.

Bild 3.9: Das im Juni 2013 ausgelieferte Raspberry-Pi-Kameramodul trägt die Revision V1.3[1] und ist ungefähr so groß wie eine SD-Karte.

Die technischen Werte des Kamerasensors der Raspberry-Pi-Kamera sind in etwa mit denen eines Smartphones vergleichbar, mit dem 5-Megapixel-Sensor sind zudem Videos im HD-Format 1080p oder 720p sowie im betagten VGA-Format 640 × 480 möglich.

---

[1] 2016 wurde Version 2 der Raspberry-Pi-Kamera veröffentlicht, die Größe ist unverändert, die Kamera bietet aber eine Auflösung von 8 Megapixeln.

Bild 3.10: Beim Einbau in den CSI-Pfosten zeigen die Anschlüsse des Flachbandkabels in Richtung HDMI-Anschluss auf der Raspberry-Pi-Platine.

Nach dem Einstecken des Flachbandkabels installieren Sie die notwendige Software und nehmen die Kamera in Betrieb.

Betriebssystem und Firmware auffrischen

Ist die Kamera mit dem Raspberry Pi verbunden, müssen das Betriebssystem und die Firmware des Raspberry Pi auf den aktuellen Stand gebracht werden, sofern das noch nicht geschehen ist. Für das weitverbreitete Raspbian nutzen Sie folgende Kommandos – nicht nur, um das Betriebssystem aufzufrischen, sondern auch, um die Kamera in Betrieb zu nehmen.

```
sudo -s
apt-get update
apt-get upgrade -y
apt-get install git-core -y
wget https://raw.github.com/Hexxeh/rpi-update/master/rpi-update -O
/usr/bin/rpi-update
chmod +x /usr/bin/rpi-update
rpi-update
```

Das Auffrischen des Betriebssystems kann abhängig von der Anzahl der bereits installierten Pakete sowie der zur Verfügung stehenden Internetbandbreite eine Weile dauern. Zu guter Letzt wird die Firmware auf den aktuellen Stand gebracht.

Sind die installierten Pakete sowie die Firmware für den Raspberry Pi aktualisiert und die notwendigen Treiber für die Kamera installiert, prüfen Sie das nach dem Neustart per Kommando

```
reboot
```

Anschließend prüfen Sie auch den Versionsstand des Raspberry Pi:

```
uname -a
```

Im nächsten Schritt richten Sie die Kamera mit dem bewährten Konfigurationswerkzeug `raspi-config` ein.

Camera Module in Betrieb nehmen

Erst mit dem Einspielen des Raspbian-Updates steht auch im Konfigurationswerkzeug `raspi-config` ein neuer Menüpunkt `Enable Camera` zum Einschalten einer angeschlossenen Kamera zur Verfügung.

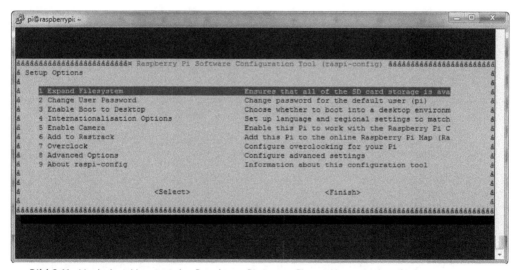

Bild 3.11: Nach dem Neustart des Raspberry Pi starten Sie per Kommandozeile das Konfigurationswerkzeug `raspi-config`.

Navigieren Sie mit den Pfeiltasten zum Punkt `Enable Camera` und drücken Sie die Enter-Taste. Anschließend erscheint ein Dialog, in dem Sie die Auswahl per `Enable` nochmals bestätigen. Analog gehen Sie vor, wenn Sie die Kamera später wieder abschalten wollen – in diesem Fall wählen Sie dann aber den Eintrag `Disable` aus.

Im nächsten Schritt legen Sie im Menü bei **Advanced Options** und dem Untermenü **Memory Split** fest, wie viel Grafikspeicher für die GPU zur Verfügung stehen soll. Hier lautet die Empfehlung, je nach Raspberry Pi die Hälfte des vorhandenen Arbeitsspeichers für die GPU zu nutzen. In diesem Beispiel – im Einsatz ist ein mit 256 MByte ausgestatteter Raspberry Pi, Modell A – bekommt die GPU demnach mit dem Wert `128` entsprechend viel RAM-Speicher zugeordnet.

Das Einrichten der Kamera ist damit abgeschlossen. `raspi-config` möchte nun einen Neustart initiieren, damit beispielsweise die Speicherzuordnung für die GPU aktiv wird. Bestätigen Sie den Neustart mittels Auswahl von <OK>. Anschließend kann die Kamera umgehend genutzt werden.

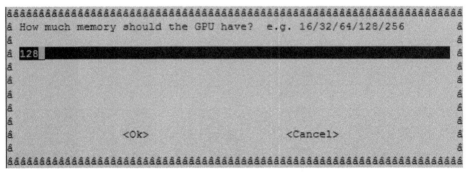

Bild 3.12: Nach der Zuordnung der Speichermenge von 128 MByte für die GPU navigieren Sie per Tab -Taste zu <Ok> und schließen den Vorgang ab.

Fotografieren mit Kommandozeilenbefehl

Nach dem Neustart des Raspberry Pi stehen neben der Kamera über das Betriebssystem Raspbian neue Tools in der Kommandozeile zur Verfügung, die zusätzliche Tools wie `fswebcam` überflüssig machen sollen. Sie können `raspistill` zur Aufnahme einzelner Fotoaufnahmen nutzen, während das Werkzeug `raspivid` für die Aufnahme von Videos vorgesehen ist.

In Sachen Dateiausgabe unterstützt `raspistill` die gängigsten Formate wie JPEG, BMP, GIF und PNG, das Tool `raspivid` nimmt in H.264-Codierung auf. Zusätzlich können mit `raspistill` in der Kommandozeile Parameter wie Belichtungsmodi, Farbeffekte und Kontrasteinstellungen verändert werden. Das Tool bietet umfangreiche Möglichkeiten, beim Fotografieren und Verarbeiten der Aufnahmen diverse Parameter zu setzen. So lässt sich beispielsweise mit der Option -t die Verzögerung in Millisekunden einstellen, falls am Raspberry Pi ein Bildschirm angeschlossen ist, um eine Vorschau des Kamerabilds anzuzeigen:

```
raspistill -t 500 -o aufnahme.jpg
```

Wenn die Kamera beispielsweise an einem Türspion eingesetzt wird und seitenverkehrte Aufnahmen erzeugt, können Sie die Ansicht des Bilds mit der Option `-hf` anpassen:

```
raspistill -hf -o aufnahme.jpg
```

Über die zahlreichen weiteren Optionen und Parameter des `raspistill`-Werkzeugs informiert die Hilfeseite, die Sie mit der einfachen Eingabe von `raspistill| less` auf der Konsole aufrufen. Mit den Pfeiltasten navigieren Sie in den Hilfeseiten, mit der [Q]-Taste (*Quit*) verlassen Sie die Hilfe. Viel Spaß beim Fotografieren mit dem Raspberry Pi.

LED abschalten und heimlich fotografieren

Wie die meisten Kameras bietet auch das Raspberry-Pi-Kameramodul eine optische Benachrichtigung in Form einer LED, die standardmäßig beim Anfertigen einer Aufnahme leuchtet. Es kann jedoch Einsatzzwecke geben, in denen diese rote LED besser abgeschaltet werden sollte, etwa beim heimlichen Fotografieren durch den Türspion bei einem Klingelsignal oder in einem Vogelhaus, in dem das Motiv natürlich nicht bemerken soll, dass es fotografiert wird. Um die angesprochene LED auf dem Raspberry-Pi-Kameraboard abzuschalten, reicht ein zusätzlicher Eintrag in der `config.txt`-Datei des Raspberry Pi aus:

```
disable_camera_led=1
```

Um die `config.txt` bearbeiten zu können, benötigen Sie neben `root`-Berechtigungen auch einen Editor – hier kommt `nano` zum Einsatz. Mit dem Kommando

```
sudo nano /boot/config.txt
```

öffnen Sie die Datei. Nutzen Sie dann die Pfeiltasten, um zum Dateiende zu gelangen. Dort tragen Sie nun den obigen Eintrag `disable_camera_led=1` ein und drücken anschließend die Tastenkombination [Strg]+[X], um den `nano`-Editor zu beenden. Dies bestätigen Sie mit Drücken der [Y]-Taste, gefolgt von [Enter]. Nun sollte beim Anfertigen einer Aufnahme beispielsweise durch `raspistill` die optische Benachrichtigung ausgeschaltet sein. Die Änderung wird erst nach einem Neustart des Raspberry Pi aktiv.

Programmierung der Raspberry-Pi-Kamera

Wie auf dem Raspberry Pi üblich, können die mit dem Computer verbundenen Geräte und angeschlossenen Gadgets über die Kommandozeile mit den Standardwerkzeugen des Betriebssystems angesprochen und genutzt werden. Das gilt gleichermaßen für eine am USB-Anschluss angeschlossene Webcam wie auch für eine im CSI-Anschluss angesteckte Raspberry-Pi-Kamera, die sich wie der Raspberry Pi standardmäßig ohne Gehäuse im einfachen Platinenlook zeigt und mithilfe des 15-poligen Flachbandkabels mit dem Raspberry Pi verbunden ist.

Ist die Kamera ordnungsgemäß am Betriebssystem angemeldet, können Sie prinzipiell jede Skript- und Programmiersprache nutzen. Gerade für Einsteiger empfiehlt es sich, zunächst möglichst auf Bewährtes zurückzugreifen und verfügbare Bibliotheken und APIs für die eigenen Programme und Skripte zu verwenden. So stehen für nahezu sämtliche Anwendungszwecke solche Bibliotheken und APIs zur Verfügung. Manche Perlen müssen Sie wirklich suchen, denn bei der Vielzahl an Möglichkeiten – Repository-Verwaltung der Marktführer GitHub und SourceForge, aber auch zig unterschiedliche Foren und Blogs – geht manchmal der Überblick etwas verloren.

Auf der sicheren Seite sind Sie, wenn Sie sich zunächst auf GitHub und SourceForge umsehen, von dort die eine oder andere API auf den Raspberry Pi herunterladen und einfach mal ausprobieren, ob Sie mit dem, was der Entwickler für die Open-Source-Gemeinde zur Verfügung gestellt hat, überhaupt etwas anfangen können. Für die Raspberry-Pi-Kamera gibt es Module und Erweiterungen wie Sand am Meer, aber – weniger ist mehr:

Die meisten APIs sind redundant oder teilweise auch schlicht und ergreifend nutzlos, da mittlerweile bereits verbesserte Versionen wie `raspistill` und `raspivid` zur Verfügung stehen. Es gibt aber dennoch gerade für Entwickler Praktisches zu entdecken, das nicht nur in Sachen Codeoptimierung und Lesbarkeit, sondern auch beim Programmieraufwand als solchem wertvolle Hilfe leisten kann. Für die Raspberry-Pi-Kamera lohnt sich für den Python-Entwickler beispielsweise das `picam`-Modul, das auf GitHub (*https://github.com/ashtons/picam*) zur Verfügung steht.

```
mkdir picam
cd picam
wget https://github.com/ashtons/picam/archive/master.zip
mv master.zip picam-master.zip
unzip picam-master.zip
cd picam-master/
sudo python setup.py install
```

Das `python setup.py install`-Kommando sorgt dafür, dass das Python-Modul auf dem lokalen Computer zur Verfügung steht und bei der Entwicklung eines Python-Programms einfach per `import modulname` eingebunden werden kann, um die Funktionen dieses Moduls nutzen zu können. Im konkreten Fall reicht hier die Zeile

```
import picam
```

aus, um das `picam`-Modul in das eigene Python-Skript einzubinden. Um per Python-Aufruf eine Aufnahme anzufertigen, ist folgender Code ausreichend:

```
#!/bin/python
import picam
pic = picam.takePhoto()
pic.save('/home/pi/picam/bild.jpg')
```

Speichern Sie die Datei und führen Sie sie aus.

Erscheinen Fehlermeldungen wie beispielsweise `ImportError: No module named PIL`, ist das in der Regel auf fehlende Pakete auf dem Raspberry Pi zurückzuführen.

Im obigen Fall ist die Installation von PIL mit dem Kommando

```
sudo apt-get install python-imaging-tk
```

notwendig, um das Skript erfolgreich zu starten. Augenscheinlich ist der Aufwand etwas höher, um eine gewöhnliche Aufnahme zu erzeugen, der Vorteil der `picam`-Library liegt aber vor allem darin, bei automatisierten Aufnahmen die Kamera optimal mit bestimmten Parametern automatisch steuern und konfigurieren zu können, bevor der Auslösevorgang stattfindet.

```
picam.config.imageFX = picam.MMAL_PARAM_IMAGEFX_WATERCOLOUR
picam.config.exposure = picam.MMAL_PARAM_EXPOSUREMODE_AUTO
picam.config.meterMode = picam.MMAL_PARAM_EXPOSUREMETERINGMODE_AVERAGE
picam.config.awbMode = picam.MMAL_PARAM_AWBMODE_SHADE
picam.config.ISO = 0 #auto
picam.config.ISO = 400
picam.config.ISO = 800
picam.config.sharpness = 0              # -100 bis 100
picam.config.contrast = 0               # -100 bis 100
picam.config.brightness = 50            # 0 bis 100
picam.config.saturation = 0             # -100 bis 100
picam.config.videoStabilisation = 0     # 0 or 1 (false oder true)
picam.config.exposureCompensation = 0   # -10 to +10 ?
picam.config.rotation = 90              # 0-359
picam.config.hflip = 1                  # 0 or 1
picam.config.vflip = 0                  # 0 or 1
picam.config.shutterSpeed = 20000       # 0 = auto, otherwise the shutter
speed in ms
```

So lassen sich im Python-Skript Parameter wie ISO-Werte, Schärfe, Kontrast, Helligkeit und vieles mehr einstellen – binden Sie beispielsweise Sensoren und LEDs (Helligkeitssensoren, IR-LEDs etc.) mit in die Programmlogik ein, lassen sich wunderbare Automatismen schaffen.

Infrarotfotografie mit dem Pi-NoIR-Modul

Das Pi-NoIR-Infrarotkameramodul ist eine Variante des Raspberry-Pi-Kameramoduls für sichtbares Licht, bei dem im Gegensatz zur normalen Raspberry-Pi-Kamera kein IR-Infrarotfilter auf dem Sensor vorhanden ist. Beide Raspberry-Pi-Kameramodule besitzen den gleichen Bildsensor mit einer Auflösung von 5 Megapixeln. Durch das Weglassen des Filters für sichtbares Licht kann die NoIR-Kamera nun Infrarotstrahlung fotografieren und filmen.

Bild 3.13: Graustufenmodelle im Vergleich: links die Aufnahme mit dem normalen Kameramodul und externer Belichtung, rechts die Aufnahme bei schlechten Lichtverhältnissen mit dem NoIR-Kameramodul.

Bei Tageslicht und normalen Lichtverhältnissen nehmen sich die beiden Module nichts: Der Anwendungsbereich für das Raspberry-Pi-NoIR-Modul umfasst demnach die Alarmanlage zu Hause und die Objektüberwachung, aber auch die automatisierte Beobachtung von Tieren mithilfe eines Bewegungsmelders und Ähnliches.

3.3 GPIO-Schnittstelle: Pinbelegung und Zugriff

Neben der USB- und Netzwerkschnittstelle lädt vor allem die sogenannte GPIO-Schnittstelle (*General Purpose Input/Output*) des Raspberry Pi zum Basteln und Ausprobieren ein. So bringen Sie nicht nur innerhalb kurzer Zeit eine LED auf einem Steckboard zum Leuchten, sondern realisieren auch ganze Schaltungen und Fernbedienungen mit dem Raspberry Pi.

Entweder Sie setzen auf Lösungen der Marke Eigenbau oder auf die durchaus hilfreiche Unterstützung in Form von zusätzlich zu erwerbenden Steckboards wie dem PiFace-Board (ca. 34 Euro inklusive Versand) oder dem umfangreich bestückten Erweiterungsboard Gertboard (ca. 42 Euro inklusive Versand), das nach seinem Schöpfer Gert van Loo benannt ist. Dieses Platine ist über den britischen Elektronikdistributor Farnell element14 (*http://uk.farnell.com*) jetzt auch komplett erhältlich. Damit lassen sich Motoren und Roboter steuern, Türen öffnen, Geräte und Licht ein- und ausschalten und vieles mehr.

3.3 GPIO-Schnittstelle: Pinbelegung und Zugriff

Im Rahmen der Heimautomation ist solch ein Erweiterungsboard meist zu sperrig, somit ist eine Lösung über 1-Wire oder den Eigenbau die bessere Alternative. Grundvoraussetzung ist der Zugriff per Software auf die Schnittstelle bzw. die Funktionen der einzelnen GPIO-Pins. Dafür stehen zahlreiche Möglichkeiten zur Verfügung, die in den nachfolgenden Projekten anhand praktischer Beispiele erklärt werden.

Aufklärung über die GPIO-Pinbelegung

Abhängig von der Raspberry-Pi-Version sind die GPIO-Pinbezeichnungen leicht unterschiedlich. Um nach Kauf und Lieferung zu kontrollieren, welche Version des Raspberry Pi geliefert wurde, nutzen Sie die Kommandozeile. Mit dem Befehl

```
cat /proc/cpuinfo
```

lassen Sie sich die Hardwareinformationen – in diesem Beispiel die CPU-Prozessorinformationen – ausgeben. In der tabellarischen Ausgabe suchen Sie nach dem Eintrag **Revision** – hier steht für Code 1 das Modell A.

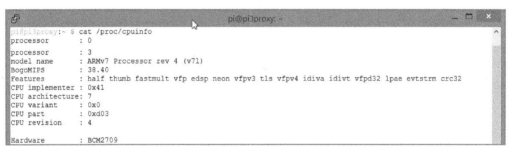

Bild 3.14: Für den Raspberry Pi 3 wird Code 0004 verwendet, zu sehen in der Zeile CPU revision.

Für die Nummerierung der Pins auf der Platine ist es egal, welche Revision der Raspberry Pi hat – die Zählrichtung ausgehend von Pin 1 ist immer die gleiche.

3 Smart-Home-Zentrale im Eigenbau

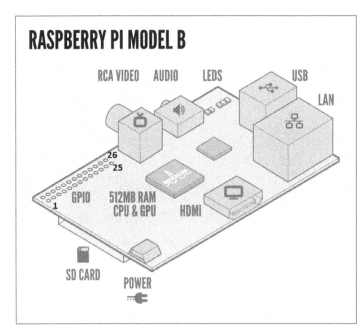

Bild 3.15:
Der grundsätzliche Aufbau des Raspberry Pi und der GPIO-Pinleiste. (Grafik: raspberrypi.org)

In Sachen C-Programmierung und Shell-Zugriff lohnt es sich, die kostenlose WiringPi-API näher zu betrachten. Ähnlich wie die oben genannte Python-Bibliothek bietet sie einfacheren Zugriff auf die GPIO-Pins des Raspberry Pi.

Direkter GPIO-Zugriff mit WiringPi

Warum das Rad neu erfinden, wenn es an nahezu jeder Ecke einen Reifenhändler gibt? Gerade beim Erstellen von Shell-Skripten in C oder Python ist der Umgang mit den GPIO-Anschlüssen relativ einfach gelöst. Für mehr Möglichkeiten beim Programmieren und vor allem mehr Übersicht sorgt die Auslagerung von Funktionen in eine API-Schnittstelle (*Advanced Programming Interface*). Im Rahmen dieses Buchs greifen wir auf die äußerst praktische WiringPi-API des Entwicklers Gordon Drogon (*https://projects.drogon.net/raspberry-pi/wiringpi/download-and-install/*) zurück.

Doch bevor Sie diese API installieren, achten Sie darauf, das System auf dem Raspberry Pi auf den aktuellen Stand zu bringen. Wie gewohnt, nutzen Sie dafür das entsprechende **update**- bzw. **upgrade**-Programm von Raspbian:

```
sudo apt-get update
sudo apt-get upgrade
```

Haben Sie die GIT-Versionsverwaltung auf dem Raspberry Pi installiert, klonen Sie das WiringPi-Paket auf Ihren Computer.

3.3 GPIO-Schnittstelle: Pinbelegung und Zugriff

Dies erledigen Sie mit dem Kommando

```
git clone git://git.drogon.net/wiringPi
```

Sollten Sie die GIT-Versionsverwaltung noch nicht installiert haben, holen Sie das entweder per Kommando

```
sudo apt-get install git-core
```

nach oder laden WiringPi traditionell per **wget**-Befehl auf den Raspberry Pi:

```
wget http://project-downloads.drogon.net/files/wiringPi.tgz
tar xfz wiringPi.tgz
cd wiringPi/wiringPi
make
sudo make install
cd ../gpio
make
sudo make install
```

Bild 3.16: Traditionell: WiringPi erhalten Sie nach wie vor auch im **tgz**-Paket, das Sie allerdings zunächst per **tar**-Befehl entpacken und per **make**-Befehl kompilieren müssen.

Im Fall der GIT-Versionsverwaltung ist der Quellcode bereits per Klon im aktuellen Verzeichnis – wechseln Sie per cd-Kommando dorthin:

```
cd wiringPi
git pull origin
```

Mit dem letzten Befehl stellen Sie sicher, dass Sie auch die aktuellste Version verwenden, anschließend erstellen bzw. installieren Sie die WiringPi-API auf dem Raspberry Pi.

WiringPi-Bibliothek und Pinzuordnung

Egal ob Raspberry Pi 1 Modell A, A+, B, B+ bzw. Pi 3/Pi 2/P1 Modell B oder der kleine Zero/ Zero Rev.2: Alle kommen mit einer 26- oder 40-Pin-Leiste, die kompatibel zueinander sind, sodass entwickelte Schaltungen auch an neueren Modellen ohne größeren Aufwand betrieben werden können. Etwas sperrig ist beim Umgang mit der WiringPi-Bibliothek eine erneute Zuordnung der GPIO-Pinbezeichnung für die Nutzung mit WiringPi. Dies sorgt auf den ersten Blick für Verwirrung, doch in der Praxis und beim Programmieren müssen Sie sich zunächst nicht mehr um die unterschiedlichen Raspberry-Pi-Revisionen kümmern, falls Sie einen GPIO direkt ansprechen möchten. So reicht es beispielsweise aus, mit dem Befehl

```
gpio mode 8 out
gpio write 8 1
```

Pin Nummer 3 auf der Raspberry-Pi-Platine bei Revision 1 mit GPIO0 anzusprechen, während er bei Revision 2 des Modells B mit GPIO2 anzusprechen wäre.

ALT-FUNC-TION	WIRING PI-PIN	PI 1 MODELL A+/B+ PI 2 MODELL B/ ZERO/PI 3 MODELL B	RASP-BERRY PI 1 A/B REV. 2	RASP-BERRY PI 1 MODELL B REV. 1	Pin	GPIO-SOCKEL P1 (Pi 1 A/B/B2, 26 PINS) J8 (Pi 1 A+/ Pi 1 B+, Zero, Pi 2, Pi3 jeweils 40 Pins)	Pin	PI 1 MODELL B REV. 1	PI 1 MODELL A/B REV. 2	PI 1 MODELL A+/B+/ PI 2 MODELL B/ ZERO/ PI 3 MODELL B	WIRING PI-PIN	ALT-FUNC-TION
-	-	3,3 V	3,3 V	3,3 V	1	• •	2	5 V	5 V	5 V	-	5 V
I2C0_SDA	8	GPIO2	GPIO2	GPIO0	3	• •	4	NOTUSE	5 V	5 V	-	5 V
I2C0_SCL	9	GPIO3	GPIO3	GPIO1	5	• •	6	GND	GND	GND	-	-
	7	GPIO4	GPIO4	GPIO4	7	• •	8	GPIO14	GPIO14	GPIO14	15	UART0_TXD
GND	-	NOTUSE	NOTUSE	NOTUSE	9	• •	10	GPIO15	GPIO15	GPIO15	16	UART0_RXD
UART-RTS	0	GPIO17	GPIO17	GPIO17	11	• •	12	GPIO18	GPIO18	GPIO18	1	PWM

ALT-FUNCTION	WIRING PI-PIN	PI 1 MODELL A+/B+ PI 2 MODELL B/ZERO/PI 3 MODELL B	RASPBERRY PI 1 A/B REV. 2	RASPBERRY PI 1 MODELL B REV. 1	Pin	GPIO-SOCKEL P1 (Pi 1 A/B/B2, 26 PINS) J8 (Pi 1 A+/ Pi 1 B+, Zero, Pi 2, Pi3 jeweils 40 Pins)		Pin	PI 1 MODELL B REV. 1	PI 1 MODELL A/B REV. 2	PI 1 MODELL A+/B+/ PI 2 MODELL B/ZERO/PI 3 MODELL B	WIRING PI-PIN	ALT-FUNCTION
PCM_DIN	2	GPIO27	GPIO27	GPIO21	13	•	•	14	NOTUSE	NOTUSE	NOTUSE	-	GND
	3	GPIO22	GPIO22	GPIO22	15	•	•	16	GPIO23	GPIO23	GPIO23	4	
3,3 V	-	3,3 V	3,3 V	NOTUSE	17	•	•	18	GPIO24	GPIO24	GPIO24	5	
SPIO_MOSI	12	GPIO10	GPIO10	GPIO10	19	•	•	20	NOTUSE	NOTUSE	NOTUSE	-	GND
SPIO_MISO	13	GPIO9	GPIO9	GPIO9	21	•	•	22	GPIO25	GPIO25	GPIO25	6	
SPIO_SCLK	14	GPIO11	GPIO11	GPIO11	23	•	•	24	GPIO8	GPIO8	GPIO8	10	SPIO_CE0_N
GND		NOTUSE	NOTUSE	NOTUSE	25	•	•	26	GPIO7	GPIO7	GPIO7	11	SPIO_CE1_N
SDA_0	30	ID_SD	-	-	27	•	•	28	-	-	ID_SC	31	SCLO
	21	GPIO5	-	-	29	•	•	30	-	-	GND		GND
	22	GPIO6	-	-	31	•	•	32	-	-	GPIO12	26	
	23	GPIO13	-	-	33	•	•	34	-	-	GND	-	GND
	24	GPIO19	-	-	35	•	•	36	-	-	GPIO16	27	
	25	GPIO26	-	-	37	•	•	38	-	-	GPIO20	28	
GND		GND	-	-	39	•	•	40	-	-	GPIO21	29	

Ohne WiringPi-Bibliothek wären Sie zunächst gezwungen, zu prüfen, mit welchem Raspberry Pi Sie es überhaupt zu tun haben, um dann im zweiten Schritt eine angepasste Funktion mit der Nutzung des entsprechenden GPIO-Anschlusses zu bauen. Diesen Aufwand können Sie sich beim Programmieren mit Verwendung der WiringPi-API sparen. Wenden Sie obige Übersicht in Sachen Pinzuordnung an, sehen Sie, dass beispielsweise der Anschluss GPIO24 in der Tabelle dem WiringPi-Pin Nummer 5 entspricht. Bei der Nutzung der WiringPi-API geben Sie zunächst an, ob der zu nutzende Pin als Aus- oder als Eingang genutzt werden soll. Anschließend folgt die Schaltung des Pins per write-Parameter:

```
gpio mode 5 out
gpio write 5 1
gpio write 5 0
```

Zunächst wird der Ausgangsmode aktiviert. Danach wird der Stromkreis mit dem entsprechenden GPIO-Pin geschlossen und schließlich mit dem Setzen des Werts 0 wieder geöffnet.

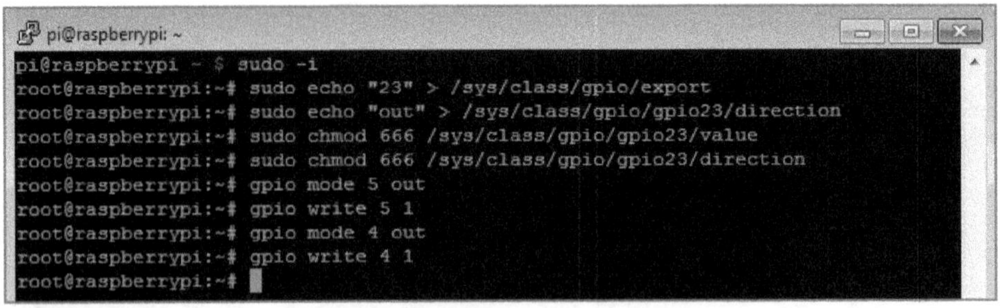

```
pi@raspberrypi - $ sudo -i
root@raspberrypi:~# sudo echo "23" > /sys/class/gpio/export
root@raspberrypi:~# sudo echo "out" > /sys/class/gpio/gpio23/direction
root@raspberrypi:~# sudo chmod 666 /sys/class/gpio/gpio23/value
root@raspberrypi:~# sudo chmod 666 /sys/class/gpio/gpio23/direction
root@raspberrypi:~# gpio mode 5 out
root@raspberrypi:~# gpio write 5 1
root@raspberrypi:~# gpio mode 4 out
root@raspberrypi:~# gpio write 4 1
root@raspberrypi:~#
```

Bild 3.17: Viel Tipparbeit beim Schalten mehrerer GPIO-Pins: Hier weichen Sie besser auf ein Shell-Skript aus.

Sollen mehrere WiringPi-Pins auf einmal geschaltet werden, zum Beispiel bei einer LED-Lichterkette, wechseln Sie einfach die WiringPi-Pinnummer.

```
gpio mode 4 out
gpio write 4 1
gpio write 4 0
```

Der Aufruf funktioniert, eine etwaige LED an GPIO23 leuchtet und wird per `write 4 0` wieder abgeschaltet. Dennoch gibt es etwas zu bemäkeln: Das mag ja als Lösung für zwei Pins erträglich sein, bei mehr als zwei Pins ist es jedoch sinnvoller, in der Shell mit einer `for`-Schleife zu arbeiten. Das ist nicht nur schneller und spart Tipparbeit, sondern ist auch übersichtlicher:

```
for i in 0 4 5 ; do gpio mode $i out; done
for i in 0 4 5 ; do gpio write $i 1; done
for i in 0 4 5 ; do gpio write $i 0; done
```

Für die bestimmte Abfolge und Steuerung der Anschlüsse lagern Sie die Logik in ein Shell-Skript aus. Hier haben Sie nicht nur die volle Kontrolle und Übersicht, sondern sparen sich auch jede Menge Tipparbeit, gerade wenn Sie mit vielen GPIO-Anschlüssen auf dem Raspberry Pi experimentieren. Doch grundsätzlich zeigt der Umgang mit den Steuerbefehlen auf der Konsole, dass die Schaltung erfolgreich bestückt wurde und funktioniert: Im Beispiel sind nun beide LEDs einfach per Kommandozeile mit der WiringPi-API steuerbar.

3.4 FHEM: die zentrale Anlaufstelle

Egal ob Sie ein CUL oder COC am Raspberry Pi betreiben, das CUL an einem Windows- oder Linux-Computer nutzen oder einen alternativen USB-CCU- oder PC-Adapter als Funkelektronik-Equipment verwenden: Für die Steuerung und Konfiguration benötigen Sie ein entsprechendes Programm auf dem Computer. Denn erst die passende Softwarelösung auf dem Raspberry Pi vereint sämtliche Funkstandards und alle eingesetzten

3.4 FHEM: die zentrale Anlaufstelle

Technologien in Sachen Heimautomation und dient somit als Zentrale für den Betrieb und die Steuerung des selbst gestrickten Regelwerks. So führt der Raspberry Pi selbstständig beim Eintritt bestimmter Ereignisse definierte Aktionen aus.

Das alles und noch viel mehr versucht FHEM (*www.fhem.de*) zu regeln, um die unterschiedlichen Standards der Geräte unter ein Dach zu bringen. Das Projekt FHEM (*Freundliche Hausautomation und Energie-Messung*) ist aus einem früheren Projekt von Rudolf Koenig hervorgegangen, in dem die Steuerzentrale FHT1000 für FS20-Komponenten erweitert wurde. Zunächst gestaltet sich die Einarbeitung in Sachen FHEM etwas zäh, doch das gut organisierte Wiki (*www.fhemwiki.de*) sowie der unermüdliche ehrenamtliche Einsatz der FHEM-Entwickler und die Hilfsbereitschaft in der Usergruppe (*groups.google.de/group/fhem-users*) erleichtern den Einstieg enorm.

Dieses Buch möchte einen ersten Einstieg in FHEM vermitteln und stellt die Grundlagen der Inbetriebnahme vor. Für die schier endlosen Möglichkeiten von FHEM auf der einen Seite sowie die unterschiedlichsten Ansprüche, Wünsche und vorhandenen Gerätschaften auf der Userseite liefert das Wiki der Entwickler dann aber die aktuellsten Informationen.

Grundsätzlich benötigen Sie beim Einsatz von FHEM etwas Geduld und Sitzfleisch sowie ein Verständnis für Skriptsprachen, um manche Dinge und Abläufe besser verstehen zu können. Wer sich tiefer mit der Materie auseinandersetzen möchte, für den sind Perl- und Shell-Kenntnisse nahezu Pflicht, ist doch FHEM in der Skriptsprache Perl geschrieben. Um nun FHEM zu installieren, laden Sie zunächst die aktuellste Version (hier Version 5.7 auf den Raspberry Pi:

```
cd ~/
sudo -i
wget http://fhem.de/fhem-5.7.deb
```

Um das heruntergeladene Paket zu installieren, nutzen Sie den **dpkg**-Installer. Gegebenenfalls muss er zuvor installiert werden, dies holen Sie per Befehl nach:

```
apt-get install dpkg
```

Installieren Sie nun FHEM. Um ein per **apt-get** installiertes Paket zu deinstallieren, nehmen Sie das Kommando

```
apt-get purge <Paketname>
```

Nicht benötigte Abhängigkeiten und Pakete lösen Sie mit dem Befehl

```
apt-get autoremove
```

auf, sodass beispielsweise bei Kapazitätsproblemen auf der Speicherkarte des Raspberry Pi wieder Platz geschaffen werden kann. Bei einem Upgrade löschen Sie zunächst das alte Paket mit dem Kommando

```
sudo dpkg -P fhem
```

In diesem Buch wird das FHEM-Paket in der Version 5.7 genutzt. Nahezu jedes Jahr erscheint ein Minor Release. Steht auf der Website *www.fhem.de* ein neueres Paket zur Verfügung, ändern Sie die Versionsnummer entsprechend bzw. passen die Angabe der Datei an. Anschließend starten Sie die Installation mit:

```
dpkg - i fhem-5.7.deb
```

Die Erstinstallation auf dem Raspberry Pi scheitert in der Regel zunächst, da noch Pakete für FHEM fehlen.

Die fehlenden Pakete ziehen Sie mit dem Kommando

```
sudo apt-get install libdevice-serialport-perl
```

nach.

```
sudo service apache2 restart
```

Ist FHEM nun installiert, starten Sie den Apache-Webserver neu.

FHEM-Startdatei für die COC-Erweiterung anpassen

Im nächsten Schritt passen Sie noch die Startdatei /etc/init.d/fhem an, falls Sie die COC-Erweiterung – und nur dann! – mit dem Raspberry Pi einsetzen. Dieser Schritt ist beim Einsatz eines USB-CUL nicht nötig.

```
nano /etc/init.d/fhem
```

In diesem Beispiel werden die für das Erweiterungsboard benötigten GPIO-Pins auf dem Raspberry Pi aktiviert, was hier mit dem Eintragen der entsprechenden GPIO-Nummern 17 und 18 in der `export`-Datei erfolgt.

Dadurch wird beispielsweise den beiden GPIO-Pins `gpio17` und `gpio18` mitgeteilt, dass sie womöglich bald genutzt werden. Anschließend wird über die Definition nach Ein- oder Ausgang jeweils die Richtung per `echo`-Kommando gesetzt.

```
'start')
echo "resetting 868MHz extension..."
if test ! -d /sys/class/gpio/gpio17; then echo 17 > /sys/class/gpio/export; fi
if test ! -d /sys/class/gpio/gpio18; then echo 18 > /sys/class/gpio/export; fi
echo out > /sys/class/gpio/gpio17/direction
echo out > /sys/class/gpio/gpio18/direction
echo 1 > /sys/class/gpio/gpio18/value
echo 0 > /sys/class/gpio/gpio17/value
sleep 1
echo 1 > /sys/class/gpio/gpio17/value
sleep 1
        echo "Starting fhem..."
```

```
        perl fhem.pl fhem.cfg
        RETVAL=$?
        ;;
'stop')
```

Der beschriebene Code wird in der Datei `etc-init.d-fhem-coc-extension.txt` bereitgestellt und kann einfach zwischen `'start')` und `'stop')` im Startskript `/etc/init.d/fhem` eingefügt werden.

Fertiges Image verfügbar

Wer auf die manuellen Nacharbeiten in Sachen COC-Installation keine Lust hat, kann sich von Busware auch ein angepasstes, bereits konfiguriertes Raspbian-Image herunterladen und verwenden. Dieses steht unter *http://files.busware.de/RPi/raspbian-fhem.zip* zum Download bereit und muss unter Windows wie gewohnt über ein Imaging-Werkzeug oder unter Linux mit `dd if= raspbian-fhem.img of=/dev/sd<bezeichnung>` auf die eingelegte SD-Karte übertragen werden.

Laufenden Apache-Prozess restarten

Befindet sich bereits eine Apache-Installation auf dem Raspberry Pi, die parallel beispielsweise auch zum Beispiel von einer CUPS-Installation genutzt wird, dann stimmen eventuell die Berechtigungen nicht ganz. Erscheint hier die Fehlermeldung `action 'start' failed. bad group name www-data`, dann fügen Sie die Gruppe `www-data` hinzu und starten den Apache neu.

```
sudo groupadd -f -g33 www-data
sudo /etc/init.d/apache2 restart
```

Alternativ zum Befehl `/etc/init.d/apache2 restart` können Sie auch das Kommando

```
sudo apache2ctl restart
```

nutzen, um den laufenden Apache-Prozess zu beenden und neu zu starten.

Anpassen der FHEM-Konfigurationsdatei

Im nächsten Schritt passen Sie die FHEM-Konfigurationsdatei `fhem.cfg`, die sich im `/etc`-Verzeichnis befindet, an. Grundsätzlich funktioniert FHEM auch prächtig ohne die nachstehende Funkunterstützung über die genannten CUL-/COC-/CUN-Module. Für den Einsatz in FHEM müssen die Funkmodule in der Konfigurationsdatei eingetragen sein. Zunächst legen Sie noch eine Definition für das COC-Modul fest. Ist ein zusätzlicher USB-CUL-Stick im Einsatz, muss er ebenfalls eingetragen sein. Öffnen Sie die FHEM-Konfigurationsdatei mit dem Kommando

```
nano /etc/fhem.cfg
```

und fügen Sie dort im Fall des COC-Moduls für den Raspberry Pi den Eintrag

```
define COC CUL /dev/ttyAMA0@38400 1234
```

ein. Achten Sie beim Einsatz mehrerer CUNs/COCs/CULs (oder RFR-CULs) darauf, dass die FHT-IDs (hier 1234) unterschiedlich sein müssen, um Konflikte in Sachen Zuordnung zu vermeiden. Setzen Sie stattdessen oder zusätzlich das USB-Pendant, das CUL, mit FHEM ein, sind die folgenden Einträge richtig:

```
# COC-Erweiterung von Busware
define COC CUL /dev/ttyAMA0@38400 1234
# USB-CUL von Busware
define CUL_0 CUL /dev/ttyACM0@9600 0000
```

Hier wird für den USB-Stick der Name CUL_0 verwendet, der beliebig gewählt werden kann. Wichtig ist nur, dass Sie auch diesen Namen in FHEM durchgängig nutzen.

Protokoll	Gerät	Kommando
FS20	FHZ, USB	define FHZ FHZ /dev/USB0
FS20	COC	define COC CUL /dev/ttyAMA0@38400 1234
HomeMatic	COC	define COC CUL /dev/ttyAMA0@38400 1234 attr COC rfmode HomeMatic
FS20	CUL	define CUL CUL /dev/ttyACM0@9600 1234
HomeMatic	CUL	define CUL CUL /dev/ttyACM0@9600 1234 attr CUL rfmode HomeMatic
EnOcean 315/868 MHz *	TCM 310	define EUL TCM 310 /dev/ttyACM0@57600
EnOcean 315/868 MHz	TCM 120 USB	define BscBor TCM 120 /dev/ttyUSB0@9600
EnOcean 315/868 MHz	TCM 310 USB	define BscSmartConnect TCM 310 /dev/ttyUSB0@57600

*Das BSC EnOcean Smart Connect mit TCM 310 entspricht dem EUL-USB-Stick von *busware.de*.

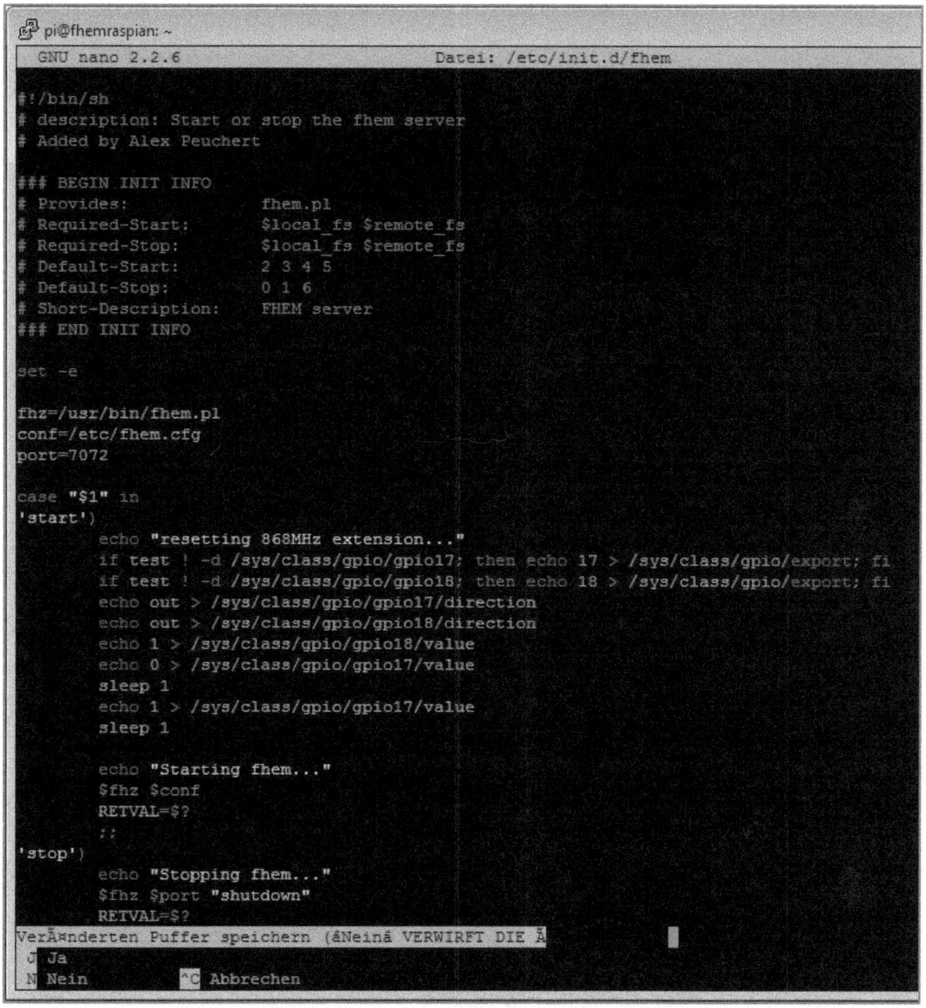

```
pi@fhemraspian: ~
  GNU nano 2.2.6                          Datei: /etc/init.d/fhem

#!/bin/sh
# description: Start or stop the fhem server
# Added by Alex Peuchert

### BEGIN INIT INFO
# Provides:          fhem.pl
# Required-Start:    $local_fs $remote_fs
# Required-Stop:     $local_fs $remote_fs
# Default-Start:     2 3 4 5
# Default-Stop:      0 1 6
# Short-Description: FHEM server
### END INIT INFO

set -e

fhz=/usr/bin/fhem.pl
conf=/etc/fhem.cfg
port=7072

case "$1" in
'start')
        echo "resetting 868MHz extension..."
        if test ! -d /sys/class/gpio/gpio17; then echo 17 > /sys/class/gpio/export; fi
        if test ! -d /sys/class/gpio/gpio18; then echo 18 > /sys/class/gpio/export; fi
        echo out > /sys/class/gpio/gpio17/direction
        echo out > /sys/class/gpio/gpio18/direction
        echo 1 > /sys/class/gpio/gpio18/value
        echo 0 > /sys/class/gpio/gpio17/value
        sleep 1
        echo 1 > /sys/class/gpio/gpio17/value
        sleep 1

        echo "Starting fhem..."
        $fhz $conf
        RETVAL=$?
        ;;
'stop')
        echo "Stopping fhem..."
        $fhz $port "shutdown"
        RETVAL=$?
Veränderten Puffer speichern (â Neinâ VERWIRFT DIE Ä
  Ja
  Nein            ^C Abbrechen
```

Bild 3.18: Startvariablen für die GPIO-Ports legen Sie im Bereich zwischen `'start')` und `'stop')` im FHEM-Startskript `/etc/init.d/fhem` fest.

Für den Einsatz von HomeMatic-Komponenten muss das jeweilige Modul noch per Attribut konfiguriert werden:

`attr CUL_0 rfmode HomeMatic`

Die Änderungen stellen sich wie folgt in der Konfigurationsdatei dar:

3 Smart-Home-Zentrale im Eigenbau

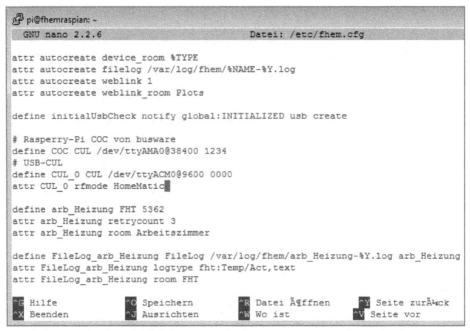

Bild 3.19: Für jedes Gerät ist hier der Hauscode als 1234 bzw. 0000 definiert. Für den HomeMatic-Einsatz wurde bei dem USB-CUL-Modul per Attribut der `rfmode HomeMatic` gesetzt.

Das war's prinzipiell mit der Funkmoduleinrichtung bei FHEM. Nun speichern Sie die Konfigurationsdatei und starten FHEM mit dem Kommando:

```
sudo /etc/init.d/fhem start
```

Ist FHEM bereits gestartet, stoppen Sie den Dienst zuvor mit dem Befehl

```
sudo /etc/init.d/fhem stop
```

um anschließend beim Neustart die geänderte Konfigurationsdatei einzulesen und das installierte Funkmodul zu initialisieren. Anschließend ist FHEM über die Weboberfläche konfigurierbar.

Initialer Start von FHEM

Jetzt tragen Sie in der Adresszeile des Browsers die Adresse

```
http://<ipadresse Raspberry Pi>:8083/fhem
```

ein. Die IP-Adresse ist die, unter der der Raspberry Pi im Heimnetz erreichbar ist. In diesem Beispiel geben Sie `192.168.123.28` ein, gefolgt von der Portnummer sowie dem Verzeichnis `/fhem`:

```
192.168.123.28:8083/fhem
```

Auf der Konsole erreichen Sie den Raspberry Pi über Telnet mit dem Befehl:

```
telnet 192.168.123.28 7072
```

In diesem Fall ist dem Raspberry Pi die Adresse `192.168.123.28` zugeordnet. Falls Sie die IP-Adresse nicht kennen, schauen Sie entweder in der Geräteübersicht im Konfigurationsmenü des LAN/WLAN-Routers nach oder halten auf der Raspberry-Pi-Konsole per `ifconfig`-Kommando Ausschau nach der IPv4-Adresse des Ethernet- oder WLAN-Anschlusses.

Bild 3.20: Ohne Angabe der Portnummer erhalten Sie eine Fehlermeldung.

Bei jedem Anwendungszweck ist die Benutzeroberfläche von FHEM unterschiedlich aufgebaut: Greifen Sie mit einem gewöhnlichen Webbrowser über den Computer zu, ist Port 8083 der richtige. Für den Zugriff über ein Smartphone nutzen Sie stattdessen die Portadresse 8084 (`http://<ipadresse Raspberry Pi>:8084/fhem`), und für ein Tablet, wie beispielsweise ein iPad, ist die Portnummer 8085 (`http://<ipadresse Raspberry Pi>::8085/fhem`) vorgesehen.

Wer möchte, kann diese Ports auch an seine persönlichen Bedürfnisse anpassen und über die FHEM-Konfigurationsdatei (`/etc/fhem.cfg`) ändern. Nach dem Neustart (`sudo /etc/init.d/fhem stop` und `sudo /etc/init.d/fhem start`) oder der Eingabe von `shutdown restart` am Befehlsprompt von FHEM werden die Änderungen umgehend aktiv – merken Sie sich also die geänderten Portnummern.

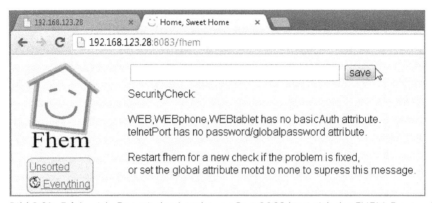

Bild 3.21: Erfolgreich: Erst mit der Angabe von Port 8083 lässt sich das FHEM-Frontend auf dem Computer anzeigen.

FHEM regelmäßig aktualisieren

Um FHEM auf den aktuellen Stand zu bringen, geben Sie in die Befehlszeile der Weboberfläche das Kommando update ein und drücken die ⎡Enter⎤-Taste oder klicken auf den Save-Button. Bei alten Versionen (vor FHEM-Version 5.3) heißt das Kommando fhemupdate. Anschließend werden die installierten FHEM-Komponenten durchlaufen, auf ihre Aktualität geprüft, und es werden neuere Dateien geladen und installiert. Die alte Konfiguration wird in eine FHEM-<DATUM>-<UHRZEIT>.tar.gz-Datei im Verzeichnis /usr/share/fhem/backup/ gesichert. Die Änderungen sind erst aktiv nach einem Neustart von FHEM (sudo /etc/init.d/fhem stop und sudo /etc/init.d/fhem start).

Neu ist auch ein optionaler Benachrichtigungs- und Rückkanal zu den FHEM-Entwicklern. Grundsätzlich freuen sich diese über die anonymen Rückmeldungen zur FHEM-Konfiguration, zu den Gerätetypen etc. Sie sollten die Gemeinde unterstützen, indem Sie in die Übertragung der entsprechenden Daten einwilligen. Anschließend sorgt das Bestätigen per confirm-Kommando (zum Beispiel notice view update-20130127-001) für die Bereitstellung der Update-Funktion.

Mehr Sicherheit für FHEM: HTTPS aktivieren

Sollten Sie daran denken, irgendwann einmal auch über das Internet – also von außen – auf das Heimnetz und damit auf die FHEM-Oberfläche zuzugreifen, ist gegenüber dem unsicheren HTTP-Protokoll das sicherere HTTPS-Protokoll die bessere Wahl. Gerade wenn der Zugriff auf die Konfigurationsseite per Authentifizierung abgesichert werden soll, ist HTTPS umso wichtiger, da hier das Kennwort verschlüsselt übertragen wird. Um HTTPS allgemein auf dem Raspberry Pi und bei der Apache-Webserverkonfiguration nachzurüsten, benötigen Sie zunächst folgende Kommandos auf der Konsole:

```
sudo apt-get install perl-io-socket-ssl
sudo apt-get install libio-socket-ssl-perl
```

3.4 FHEM: die zentrale Anlaufstelle

Ist `openssl` installiert, prüfen Sie, ob das Verzeichnis `/usr/share/fhem/certs/` existiert. Wenn nicht, legen Sie es per `mkdir`-Befehl an. Nun legen Sie mithilfe von OpenSSL zwei `x509`-Zertifikatsdateien an – `server-key.pem` und `server-cert.pem` –, was Sie im Terminal mit folgendem Befehl erledigen:

```
openssl req -new -x509 -nodes -out server-cert.pem -days 3650 -keyout
server-key.pem
```

Das Erstellen der beiden Dateien ist in wenigen Minuten abgeschlossen.

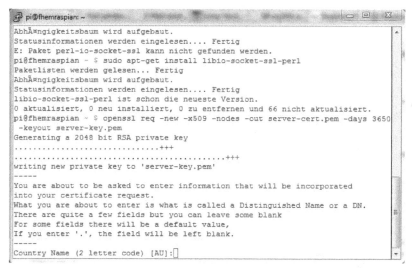

Bild 3.22: Schritt für Schritt tragen Sie die Daten für das HTTPS-Zertifikat ein. In der Regel können Sie die Standardeinstellungen beibehalten.

Im nächsten Schritt passen Sie die Konfigurationsdatei (`/etc/fhem.cfg`) an. Das können Sie entweder im `nano`-Editor über die Konsole tun, oder Sie nutzen die geöffnete FHEM-Webseite, von der Sie indirekt auch Zugriff auf die `fhem.cfg` haben. Hier klicken Sie auf den Link *Edit files* und wählen im Bereich `config file` die `fhem.cfg`-Datei aus. Dort können Sie für jeden Gerätetyp bzw. für jeden Port auswählen, ob Sie HTTPS nutzen wollen oder nicht:

```
attr WEB HTTPS 1
```

Für Smartphone und Tablet entsprechend:

```
attr WEBphone HTTPS 1
attr WEBtablet HTTPS 1
attr touchpad HTTPS 1
Nach dem Neustart von FHEM erfolgt der Zugriff über https mit dem
vorangestellten https-Protokoll: https://<IP-Adresse Raspberry Pi>:8083/fhem
```

In diesem Beispiel ist der Raspberry Pi bzw. FHEM nun über die Adresse `https://192.168.123.28:8083/fhem` erreichbar.

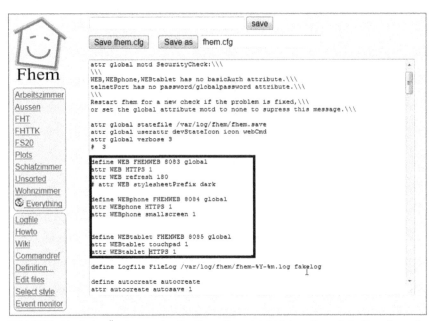

Bild 3.23: Nach der Änderung der Konfigurationsdatei klicken Sie auf die *Save fhem.cfg*-Schaltfläche. Möchten Sie die Bearbeitung ohne Änderung abbrechen, klicken Sie links in der Menüleiste auf einen beliebigen Link.

Beachten Sie nach der Umstellung: Der vorige HTTP-Zugriff ist abgeschaltet, und eine automatische Weiterleitung von HTTP auf HTTPS existiert hier nicht. Nach dem Einrichten der Komponenten sollten Sie zudem auch den Telnet-Zugang von FHEM schließen. Solange der Raspberry Pi jedoch noch nicht über das Internet erreichbar ist, können Sie Telnet weiterhin im Heimnetz nutzen.

FHEM mit Zugriffskennwort absichern

Gerade wenn der Raspberry Pi und somit auch FHEM über das Internet erreichbar sind, sollte neben HTTPS auch der Benutzer/Kennwort-Dialog in FHEM eingeschaltet sein. Für den Kennwortschutz in FHEM benötigen Sie zunächst den zu verwendenden Benutzernamen und das Kennwort in der sogenannten `base64`-Codierung. Dafür nutzen Sie auf der Konsole den Befehl:

```
echo -n pi:raspberry | base64
```

3.4 FHEM: die zentrale Anlaufstelle

Für den Beispielnutzer `pi` und das dazugehörige Kennwort `raspberry` ist das Ergebnis `cGk6cmFzcGJlcnJ5` nun in der FHEM-Konfigurationsdatei einzutragen. Nutzen Sie hier Ihre persönlichen Einstellungen für den FHEM-Zugang – es muss nicht zwingend der »echte« Benutzer `pi` sein. Für den »Standardzugang« über WEB fügen Sie die beiden folgenden Attribute in die Datei `/etc/fhem.cfg` ein:

```
attr WEB basicAuth cGk6cmFzcGJlcnJ5
attr WEB basicAuthMsg "Bitte Username/Kennwort eingeben"
```

für den Smartphone-Port die Attribute:

```
attr WEBphone basicAuth cGk6cmFzcGJlcnJ5
attr WEBphone basicAuthMsg "Bitte Username/Kennwort eingeben"
```

und anschließend für den Tablet-Zugriff die Attribute:

```
attr WEBtablet basicAuth cGk6cmFzcGJlcnJ5
attr WEBtablet basicAuthMsg "Bitte Username/Kennwort eingeben"
```

Nach dem Stoppen über `/etc/init.d/fhem stop` und Starten des FHEM-Diensts mit `sudo /etc/init.d/fhem start` wird die Änderung umgehend aktiv.

Nach der Eingabe von Nutzername und Passwort erscheint wie gewohnt die Steuerung bzw. Konfigurationsoberfläche von FHEM. Im nächsten Schritt nehmen Sie die vorhandenen Geräte sowie Aktoren und Sensoren über FHEM in Betrieb.

Funkkomponenten in Betrieb nehmen

In der grauen Theorie ist grundsätzlich jedes Gerät mit einem Funkmodul auch über CUL oder COC des Raspberry Pi erreichbar und konfigurierbar. In der Praxis jedoch hängt es von der spezifischen Konfiguration ab, ob und wie sich die unterschiedlichen Geräte mit dem Raspberry Pi verheiraten lassen. Gerade beim Einsatz von FS20-basierenden Komponenten achten Sie darauf, einen individuellen Hauscode bzw. Sicherheitscode festzulegen, um vor allem nicht versehentlich einmal fremde Geräte in der Umgebung zu steuern, falls diese ebenfalls aus dem FS20-Stall kommen.

Eine weitere mögliche Fehlerquelle ist der etwas schwammige Hauscodebegriff in der Dokumentation, in diversen einschlägigen Internetforen und in vielen Blogs. Achten Sie genau darauf, ob es sich um den Hauscode in der FS20-Notation handelt oder ob einfach der FHT-Code bzw. die FHT-ID gemeint ist, die ausschließlich für das Pairing mit FHT-Komponenten gedacht ist.

Solange Sie kein zweites CUL als Router, sprich als RFR-CUL (*Radio Frequency Router*), benötigen, um die Funkabdeckung in Ihrem Haushalt zu erhöhen, geben Sie hier einfach einen Wert vor (zum Beispiel `1234`) und nutzen diesen durchgängig. Wichtig ist dabei nur, dass er nicht auf `0000` gesetzt wird, denn sonst würden FHT-Geräte nicht berücksichtigt werden.

In FS20-Notation ist der Hauscode systemweit festgelegt und auf allen Geräten, die in einem gemeinsamen Funknetz funktionieren sollen, einheitlich. Der FS20-Hauscode ist achtstellig in Vierersystemnotation, was hier bedeutet, dass nur Ganzzahlen von 1 bis 4 erlaubt sind. In FHEM hingegen wird das Hexadezimalsystem genutzt. Möchten Sie auf leichte Weise zwischen den beiden Systemen umrechnen, vereinfacht die nachstehende Tabelle die Zuordnung:

1x quad/hex	2x quad/hex	3x quad/hex	4x quad/hex
11 = 0x0	21 = 0x4	31 = 0x8	41 = 0xC
12 = 0x1	22 = 0x5	32 = 0x9	41 = 0xC
13 = 0x2	23 = 0x6	33 = 0xA	41 = 0xC
14 = 0x3	24 = 0x7	34 = 0xB	44 = 0xF

Die Tabelle zeigt, dass ein Hauscode in FS20-Notation immer achtstellig ist und jede Stelle einen Wert zwischen 1 und 4 annehmen kann. So entspricht beispielsweise der FHEM-Hexcode c04b dem FS20-Hauscode 41 11 21 34 (c -> 41, 0 -> 11, 4 -> 21, b -> 34). Somit haben Sie eine erste gemeinsame Grundlage für die Komponenten in Ihrem Funknetz – den Hauscode.

In der Regel sollten Sie diesen auch einheitlich nutzen, doch es gibt FS20-Geräte, deren Hauscode sich hier nicht konfigurieren lässt, weil sie keine Konfigurationsmöglichkeit bieten, wie beispielsweise ein Tür-/Fensterkontakt. Der funktioniert über FHEM aber trotzdem. Sprechen Sie ihn einfach mit dem vorab festgelegten Haus-/Gerätecode an. Bei Sensoren wie beispielsweise Bewegungsmeldern, einem Schalter oder der FS20-Klingelsignalerkennung wird jeder Taste neben dem Hauscode auch ein sogenannter Tastencode zugewiesen, damit FHEM weiß, von welchem Gerät die Anforderung kommt.

Grundsätzlich ist es egal, mit welchem Gerät Sie beginnen, denn es muss ohnehin explizit an Ihre Anforderungen und die übrigen Komponenten angepasst werden. Deswegen ist es für den Einstieg sehr empfehlenswert, die bereits nach der FHEM-Standardinstallation aktivierte `autocreate`-Funktion in der `fhem.cfg` eingeschaltet zu lassen. In diesem Fall scannt das COC/CUL die Umgebung automatisch nach unbekannten Funkdiagrammen und fügt sie der FHEM-Konfiguration hinzu.

3.4 FHEM: die zentrale Anlaufstelle

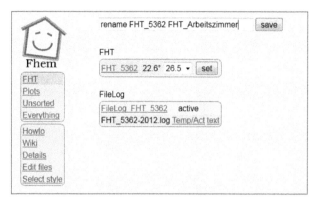

Bild 3.24: Nach der automatischen Erkennung wird das FHT mit der geräteeigenen FHT-ID in FHEM geführt. Gerade beim Einsatz mehrerer Module ist es sinnvoll, die Geräte von Anfang an mit aussagekräftigen Bezeichnungen zu versehen. Dies erledigen Sie im Befehlsfenster von FHEM mit dem `rename`-Kommando.

Grundsätzlich passiert beim Koppeln der Geräte mit dem Raspberry Pi – also dem Pairing beispielsweise einer FS20-Funksteckdose mit dem COC mit FHEM im Hintergrund – eine Menge. Es gibt auch nicht allzu viel Dokumentation darüber. Nehmen Sie aber die genannte FS20-Funksteckdose in Betrieb und schalten sie mit dem Einschaltknopf ein paar Mal ein und aus, bemerkt die in FHEM aktivierte `autocreate`-Funktion, dass ein neues Gerät verfügbar ist, und trägt es automatisch in die `fhem.cfg`-Datei ein.

Das funktioniert relativ zuverlässig. Auch beim Einsatz einer FHT-Heizungssteuerung, die bereits montiert ist (siehe »Heizungsreglereinheit mit Raspberry Pi koppeln«, ab Seite 495), sorgt die `autocreate`-Funktion dafür, dass in FHEM das nötige Device automatisch erstellt wird.

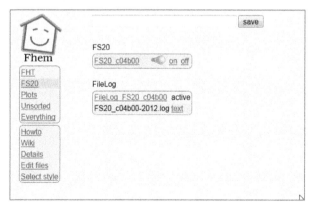

Bild 3.25: Ertappt: Nach dem Einstecken und einem Schaltbefehl wird die Funksteckdose – hier mit der Bezeichnung `FS20_c04b00` – von FHEM automatisch erkannt und in der Geräteübersicht gelistet. Über die Aktivitäten des Geräts wird automatisch für jedes neue Gerät eine Logdatei angelegt, die gerade anfangs in Sachen Fehlersuche sehr hilfreich ist.

Für mehr Übersicht sorgt über das `room`-Attribut die Zuordnung der Geräte zu dem entsprechenden Aufstellungsort. So können Sie etwa alle Steckdosen in einem Raum zusammenfassen. Standardmäßig wird beispielsweise eine FS20-Funksteckdose automatisch einem virtuellen Raum mit der Bezeichnung `fs20` zugeordnet.

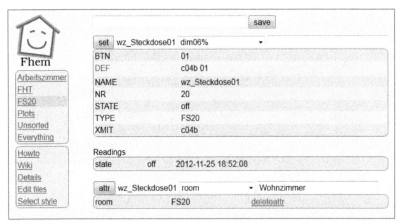

Bild 3.26: Zunächst löschen Sie das alte room-Attribut fs20 für das jeweilige Gerät und erstellen anschließend ein neues mit der gewünschten Bezeichnung – im Beispiel Wohnzimmer.

Haben Sie mehrere Geräte im Einsatz, sollten Sie von Anfang an mit aussagekräftigen Bezeichnungen arbeiten.

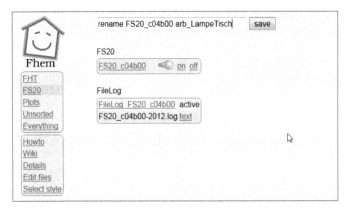

Bild 3.27: Nicht nur für Perfektionisten sorgt die eindeutige Bezeichnung der Geräte innerhalb von FHEM für mehr Übersicht.

So können Sie mit einem Raumkürzel kombiniert mit der (Schalt-)Bezeichnung arbeiten, zum Beispiel mit wz für Wohnzimmer, sz für Schlafzimmer, arb für Arbeitszimmer etc. In diesem Beispiel dient die Steckdose für das Schalten einer Lampe im Arbeitszimmer. Die Umbenennung erfolgt im Befehlsfenster von FHEM mit dem rename-Kommando:

```
rename FS20_c04b arb_LampeTisch
rename FHT_5362 arb_Heizung
```

Im letzten Befehl wurde das erkannte Heizungsmodul umbenannt. Nach einem Refresh der FHEM-Konfigurationsseite werden die geänderten Bezeichnungen angezeigt.

3.4 FHEM: die zentrale Anlaufstelle

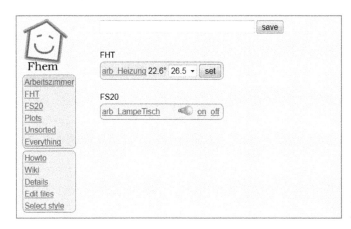

Bild 3.28: Nun sind die Schaltfunktionen der beiden Geräte in einem gemeinsamen Raum *Arbeitszimmer* vereint.

Anschließend sind die Geräte in der FHEM-Konfigurationsdatei `fhem.cfg` gelistet. In der Regel geschieht dies je nach Gerätetyp dank der `autocreate`-Funktion bei der erstmaligen Übertragung eines Funksignals automatisch, doch es kann vorkommen, dass Sie es selbst manuell vornehmen müssen.

Geben Sie den Typ des Hardwaresystems an, also ob es sich um FS20, HomeMatic etc. handelt. Ist das geschehen, können Sie alle FHEM-Funktionen unabhängig von der dahinterliegenden Technik (FS20, HomeMatic etc.) mit dem identischen Befehlssatz ansprechen. Eine Übersicht finden Sie bei Ihrer FHEM-Installation unter dem Link *http://<IP-Adresse-Raspberry Pi>/fhem/docs/commandref.html*. So schalten Sie beispielsweise die oben genannte Steckdose mit folgendem Befehl ein:

```
set arb_LampeTisch on
```

Und mit diesem Befehl schalten Sie sie wieder aus:

```
set arb_LampeTisch off
```

Egal welches Gerät Sie mit FHEM verheiraten möchten, die Herangehensweise ist im Prinzip immer gleich: Zunächst prüfen Sie, ob FHEM im `autocreate`-Modus ist. Lässt sich bei diesem neuen Gerät ein Code bzw. der FS20-Hauscode per Schalter oder Ähnliches einstellen, passen Sie ihn an Ihren Hauscode an. Anschließend sorgen Sie für die Übertragung eines Funksignals des neuen Geräts, und FHEM sortiert das Gerät automatisch in der Geräteübersicht ein.

In diesem Buch finden Sie dazu weitere Beispiele: Bei der Integration einer Heizungssteuerung mit einem autarken System wie Stellradantrieb, Tür-/Fensterkontakt und Sendeeinheit gehen Sie prinzipiell identisch vor. Auch das Einbinden des FS20-KSE-Moduls (Klingelsignalerkennung) läuft grundsätzlich nach dem bekannten Schema.

3.5 ownCloud: Datenwolke ohne Limit

Über Speicherdienste wie Dropbox, Mediacenter, Google Drive oder Microsoft SkyDrive machen Sie grundsätzlich die gewünschten Daten aus dem Heimnetz für den Zugriff von außen verfügbar. Doch diese Cloud-Speicher sind in der Regel kontingentiert und kosten je nach benötigten Speicherplatz zusätzliches Geld. Doch das größere Manko ist der Datenschutz: Letztlich können Sie nicht immer mit absoluter Gewissheit davon ausgehen, dass die beim Anbieter gespeicherten Daten bzw. der dafür genutzte Account auch wirklich Ihrem Sicherheitsanspruch genügen.

Bild 3.29: Ärgernis Speicherplatzmangel: Reicht bei teuren Smartphones der Speicher nicht mehr aus, heißt es Daten auslagern. Speicherfresser wie Urlaubsbilder sichern Sie dann besser in den eigenen Onlinespeicher, falls Sie von unterwegs darauf Zugriff haben möchten.

Wer Aufwand und etwas Installation nicht scheut, baut sich mithilfe eines Raspberry Pi und der kostenlosen Open-Source-Software ownCloud (*www.owncloud.org*) einen eigenen Datenspeicher – die perfekte Alternative für Breitbandanschlüsse zu Hause.

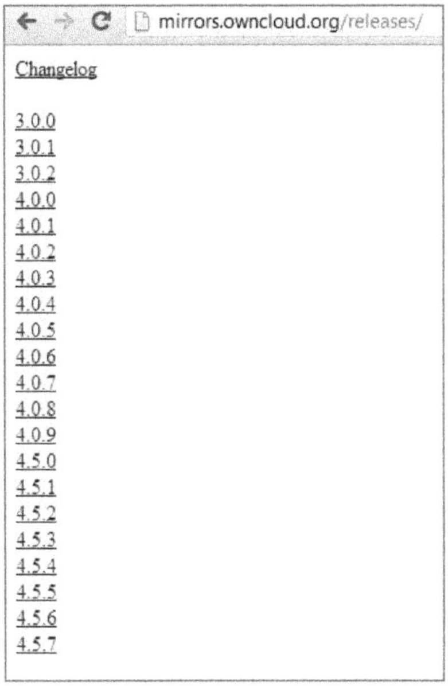

Bild 3.30: Zunächst suchen Sie die aktuellste Version von ownCloud und laden sie auf den Raspberry Pi (*http://mirrors.owncloud.org/releases/*).

Sie haben nicht nur die vollständige Kontrolle über die Daten, sondern vor allem keinerlei Beschränkungen in der Kapazität. Sie können am Raspberry Pi über den USB-Anschluss beliebig große USB-Festplatten betreiben, vorausgesetzt, die externe Stromversorgung ist sichergestellt. Mit einer alten USB-Festplatte mit beispielsweise 100 GByte haben Sie schon ein Vielfaches an Kapazität gegenüber den kommerziellen Anbietern zur Verfügung.

Raspberry Pi für ownCloud vorbereiten

Gerade für den Einsatz einer Cloud reicht die Kapazität der internen SD-Karte des Raspberry Pi in der Regel nicht aus. Wer Daten der angeschlossenen Systeme wie Wetterstation, Strommesswerte und dergleichen loggen will oder aber ownCloud sinnvoll einsetzen möchte, braucht mehr Platz auf dem Raspberry Pi. In diesem Beispiel wird daher eine ältere, 2,5 Zoll und 120 GByte große Notebook-Festplatte eingesetzt. Der Anschluss erfolgt über einen USB-Hub mit eigener Stromversorgung an den USB-Anschluss des Raspberry Pi. Bevor Sie ownCloud auf dem Raspberry Pi installieren, schließen Sie die externe USB-Festplatte an den USB-Anschluss an und vergewissern sich, dass die Festplatte ordnungsgemäß erkannt und initialisiert wird.

```
 mc [root@raspberryPiBread]:/etc
[153059.876648] smsc95xx 1-1.1:1.0: eth0: link down
[153062.055074] smsc95xx 1-1.1:1.0: eth0: link up, 100Mbps, full-duplex, lpa 0xCDE1
[153072.318339] smsc95xx 1-1.1:1.0: eth0: link down
[153110.370264] smsc95xx 1-1.1:1.0: eth0: link up, 100Mbps, full-duplex, lpa 0xCDE1
[155249.666655] smsc95xx 1-1.1:1.0: eth0: link down
[155251.813072] smsc95xx 1-1.1:1.0: eth0: link up, 100Mbps, full-duplex, lpa 0xCDE1
[155262.108216] smsc95xx 1-1.1:1.0: eth0: link down
[155298.383394] smsc95xx 1-1.1:1.0: eth0: link up, 100Mbps, full-duplex, lpa 0xCDE1
[155298.853210] smsc95xx 1-1.1:1.0: eth0: link down
[155300.391676] smsc95xx 1-1.1:1.0: eth0: link up, 100Mbps, full-duplex, lpa 0xCDE1
[431985.443392] smsc95xx 1-1.1:1.0: eth0: link down
[431987.589937] smsc95xx 1-1.1:1.0: eth0: link up, 100Mbps, full-duplex, lpa 0xCDE1
[431997.884195] smsc95xx 1-1.1:1.0: eth0: link down
[432034.252898] smsc95xx 1-1.1:1.0: eth0: link up, 100Mbps, full-duplex, lpa 0xCDE1
[432034.786843] smsc95xx 1-1.1:1.0: eth0: link down
[432036.325184] smsc95xx 1-1.1:1.0: eth0: link up, 100Mbps, full-duplex, lpa 0xCDE1
[501637.217028] usb 1-1.3: new high-speed USB device number 6 using dwc_otg
[501637.317567] usb 1-1.3: New USB device found, idVendor=13fd, idProduct=160e
[501637.317597] usb 1-1.3: New USB device strings: Mfr=0, Product=0, SerialNumber=0
root@raspberryPiBread:~#
```

Bild 3.31: Über den `dmesg`-Befehl finden Sie heraus, ob die angeschlossene Festplatte auch ordnungsgemäß vom Raspberry Pi erkannt worden ist oder nicht.

Grundsätzlich benötigen Sie für die Einrichtung und Konfiguration von ownCloud sowie die Installation der externen Festplatte vollständige `root`-Rechte:

```
sudo -i
```

Benötigen Sie in Sachen Geräte und USB-Anschluss eine etwas übersichtlichere Darstellung, nutzen Sie statt `dmesg` das Kommando:

```
lsusb -v | grep -E '\<(Bus|iProduct|bDeviceClass|bDeviceProtocol)'
2>/dev/null
```

Im nächsten Schritt prüfen Sie, ob der USB-Speicher auch ordnungsgemäß von `fdisk` erkannt wird. Mit dem Kommando

```
fdisk -l
```

listen Sie sämtliche erkannten Speichergeräte samt ihrem Mountpoint auf.

3.5 ownCloud: Datenwolke ohne Limit

```
 mc [root@ownRaspi]:/etc/udev/rules.d
[ 7923.213555] scsi1 : usb-storage 1-1.3.2:1.0
[ 7924.211333] scsi 1:0:0:0: Direct-Access     WD        1200BEV External 1.04 PQ: 0 ANSI: 4
[ 7924.216240] sd 1:0:0:0: [sda] 234441648 512-byte logical blocks: (120 GB/111 GiB)
[ 7924.217248] sd 1:0:0:0: [sda] Write Protect is off
[ 7924.217284] sd 1:0:0:0: [sda] Mode Sense: 21 00 00 00
[ 7924.218397] sd 1:0:0:0: [sda] No Caching mode page present
[ 7924.218430] sd 1:0:0:0: [sda] Assuming drive cache: write through
[ 7924.223490] sd 1:0:0:0: [sda] No Caching mode page present
[ 7924.223524] sd 1:0:0:0: [sda] Assuming drive cache: write through
[ 7924.271710]  sda: sda1
[ 7924.276615] sd 1:0:0:0: [sda] No Caching mode page present
[ 7924.276650] sd 1:0:0:0: [sda] Assuming drive cache: write through
[ 7924.276670] sd 1:0:0:0: [sda] Attached SCSI disk
root@ownRaspi:~# ls /dev/sd*
/dev/sda  /dev/sda1
root@ownRaspi:~# fdisk -l

Disk /dev/mmcblk0: 64.0 GB, 63953698816 bytes
4 heads, 16 sectors/track, 1951712 cylinders, total 124909568 sectors
Units = sectors of 1 * 512 = 512 bytes
Sector size (logical/physical): 512 bytes / 512 bytes
I/O size (minimum/optimal): 512 bytes / 512 bytes
Disk identifier: 0x000f06a6

        Device Boot      Start         End      Blocks   Id  System
/dev/mmcblk0p1            8192      122879       57344    c  W95 FAT32 (LBA)
/dev/mmcblk0p2          122880    124909567    62393344   83  Linux

Disk /dev/sda: 120.0 GB, 120034123776 bytes
255 heads, 63 sectors/track, 14593 cylinders, total 234441648 sectors
Units = sectors of 1 * 512 = 512 bytes
Sector size (logical/physical): 512 bytes / 512 bytes
I/O size (minimum/optimal): 512 bytes / 512 bytes
Disk identifier: 0xafc1c12f

   Device Boot      Start         End      Blocks   Id  System
/dev/sda1            2048    234438655   117218304    7  HPFS/NTFS/exFAT
root@ownRaspi:~#
```

Bild 3.32: Mittels `fdisk -l` lassen sich die erkannten Festplatten- bzw. USB-/Flashspeicher anzeigen. In diesem Fall wurde die eingesteckte Festplatte an /dev/sda1 eingebunden.

Im nächsten Schritt wird die angeschlossene USB-Festplatte formatiert. Dabei verlieren Sie alle auf der USB-Festplatte vorhandenen Daten. Sollen diese Daten bestehen bleiben, müssen Sie sie vorher auf einen anderen Datenträger sichern. In diesem Beispiel wurde die eingesteckte USB-Festplatte auf den Pfad /dev/sda1 vom Raspberry Pi eingebunden. In dem Fall sorgt das Kommando

```
mkfs.ext3 /dev/sda1
```

dafür, dass die externe Festplatte mit dem ext3-Dateisystem formatiert wird. Alternativ können Sie natürlich auch das Windows-freundliche FAT32-Dateisystem nutzen. Dies ist interessant, wenn Sie die Festplatte direkt an den USB-Anschluss des Windows-Computers anschließen möchten. Hier nutzen Sie zum Formatieren den Befehl:

```
mkfs.vfat -F 32 /dev/sda1
```

In diesem Beispiel wird darauf verzichtet und das `ext3`-Dateisystem verwendet. Im nächsten Schritt legen Sie einen fixen Mountpoint für den Raspberry Pi an. Dafür benötigen Sie ein Verzeichnis, das hier der Einfachheit halber mit `usbhdd` bezeichnet wird. Mit dem Kommando

```
mkdir -p /media/usbhdd
mount /dev/sda1 /media/usbhdd
```

legen Sie das Verzeichnis an und mounten anschließend die formatierte USB-Festplatte in dieses Verzeichnis. Damit nach einem Neustart des Raspberry Pi die USB-Festplatte auch wieder automatisch zur Verfügung steht, sollten Sie sie mit in die Systemdatei `fstab` aufnehmen. Die zweite Anforderung ist, dass die Platte auch dann immer richtig gemountet ist, egal welchen USB-Anschluss Sie verwenden – und hier kommt die sogenannte UUID ins Spiel. Diese erhalten Sie mit dem Kommando:

```
blkid | grep /dev/sda1
```

Im nächsten Schritt öffnen Sie via `nano`-Editor die Systemdatei `fstab`:

```
nano /etc/fstab
```

und fügen dort am Ende der Datei folgende Zeile ein:

```
UUID=123456789-1234-1234-1234-123456789012    /media/usbhdd    ext3
defaults    0    2
```

Ersetzen Sie die Beispiel-UUID `123456789-1234-1234-1234-123456789012` durch die UUID Ihrer Festplatte. Die Änderungen werden erst nach einem Neueinlesen der Systemdatei `/etc/fstab` aktiv. Ohne Neustart funktioniert das mit dem Kommando:

```
mount -a
```

Dennoch sollten Sie per `reboot`-Kommando den Raspberry Pi neu starten, um die Funktion zu testen. Auch nach einem Neustart sollte die USB-Festplatte nun unter dem gewählten Namen erreichbar sein. Haben Sie die USB-Festplatte in Betrieb genommen, installieren Sie die für ownCloud notwendigen Dienste und Pakete auf dem Raspberry Pi nach. Zunächst laden Sie die aktuelle Version von ownCloud auf den Raspberry Pi. Wenn eine aktuellere Version erscheint, ist die Versionsnummer entsprechend anzupassen, damit der nachstehende `wget`-Befehl auch funktioniert.

```
cd ~
wget http://download.owncloud.org/community/owncloud-5.0.5.tar.bz2
```

Bevor Sie per `apt-get` die notwendigen Pakete samt deren Abhängigkeiten installieren, legen Sie für den Webserverzugriff eine eigene Gruppe an:

```
groupadd -f -g33 www-data
```

Nicht zwingend notwendig, doch manchmal praktisch ist es, neben der Webservergruppe www-data auch einen dazugehörigen User einzurichten. Wer nicht den Standardnutzer pi verwenden möchte, legt dafür kurzerhand mit dem Kommando

```
usermod -a -G www-data www-data
```

einen gleichnamigen Benutzer der Gruppe www-data an, um anschließend per

```
sudo chown -R www-data:www-data /var/www
```

den Besitz des Verzeichnisses /var/www zu übernehmen. Dann installieren Sie mit apgt-get die für den ownCloud-Server notwendigen abhängigen Pakete auf den Raspberry Pi:

```
apt-get install apache2 php5 sqlite libapache2-mod-php5 curl libcurl3
libcurl3-dev php5-gd php5-sqlite php5-curl php5-common php5-intl php-pear
php-apc mc php-xml-parser
```

Alle Pakete, die bereits auf dem Raspberry Pi installiert sind, werden in diesem Schritt aktualisiert. Wie bereits aus dem obigen Installationsaufruf hervorgeht, benötigt ownCloud für einen reibungslosen Betrieb einen Webserver, der mit PHP5 (Version ab 5.3) sowie den Paketen php5-json, php-xml, php-mbstring, php5-zip, php5-gd und weiteren optionalen Abhängigkeiten wie php5-sqlite (ab Version 3), curl, libcurl3, libcurl3-dev, php5-curl installiert sein sollte. Um in Sachen Aktualität auf Nummer sicher zu gehen, führen Sie hier ein gewohntes

```
apt-get update && apgt-get upgrade
```

aus. Grundsätzlich ist das Apache-Modul mod_webdav nicht zwingend notwendig, falls Sie die praktische WebDAV-Unterstützung von ownCloud nutzen möchten, da ownCloud diese selbst mitbringt.

Erscheint beim Start des Apache-Webservers auf der Konsole die Meldung, dass der FQDN (*Fully Qualified Domain Name*) nicht aufgelöst werden kann, nehmen Sie in der Datei /etc/apache2/httpd.conf noch folgende Änderung vor:

```
nano /etc/apache2/httpd.conf
```

Prüfen Sie, ob die Datei leer ist oder nicht. Nach der Apache-Neuinstallation ist sie nämlich ohne Inhalt. Hier tragen Sie einfach

```
ServerName localhost
```

ein, speichern mit [Strg]+[S] und bestätigen mit [Y]- und [Enter]-Taste die Änderung an der Datei.

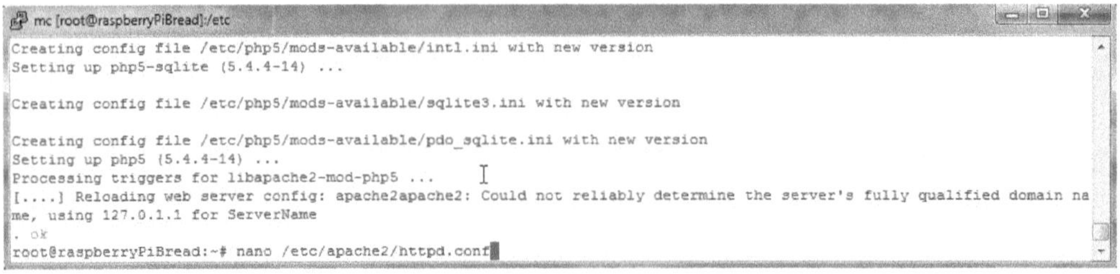

```
mc [root@raspberryPiBread]:/etc
Creating config file /etc/php5/mods-available/intl.ini with new version
Setting up php5-sqlite (5.4.4-14) ...

Creating config file /etc/php5/mods-available/sqlite3.ini with new version

Creating config file /etc/php5/mods-available/pdo_sqlite.ini with new version
Setting up php5 (5.4.4-14) ...
Processing triggers for libapache2-mod-php5 ...
[....] Reloading web server config: apache2apache2: Could not reliably determine the server's fully qualified domain na
me, using 127.0.1.1 for ServerName
. ok
root@raspberryPiBread:~# nano /etc/apache2/httpd.conf
```

Bild 3.33: Erst mit dem neuen Eintrag `ServerName localhost` in der Datei /etc/apache2/httpd.conf eliminieren Sie diese Fehlermeldung.

Im nächsten Schritt ändern Sie die Berechtigungen für `AllowOverride` auf dem Apache über die Konfigurationsdatei `000-default.conf`.

`nano /etc/apache2/sites-enabled/000-default.conf`

Stellen Sie den Wert bei `AllowOverride` von `None` auf `All` um und aktivieren Sie vorsichtshalber noch die Module `rewrite` und `headers` auf dem Apache-Webserver.

`a2enmod rewrite && a2enmod headers`

Falls diese bereits eingeschaltet sind, ist das auch kein Beinbruch, dann erscheint die Meldung `Module rewrite already enabled`. Für den PHP-Betrieb mit ownCloud benötigen Sie noch einen kleinen Eingriff in der `php.ini`-Datei, um die zulässige Dateigröße für den ownCloud-Betrieb anzupassen. Standardmäßig ist sie auf 2 MByte festgelegt.

`nano /etc/php5/apache2/php.ini`

Anschließend suchen Sie per Tastenkombination [Strg]+[W] nach den Einträgen `upload_max_filesize` und `post_max_size` und ändern dort die Werte von 2M bzw. 8M in beiden Fällen auf 4G, um die maximal zulässige Dateigröße auf 4 GByte zu erhöhen. Läuft auf dem Raspberry Pi bereits ein Apache-Webserver, starten Sie diesen anschließend neu:

`/etc/init.d/apache2 restart`

Alternativ zum Befehl `/etc/init.d/apache2 restart` können Sie auch das Kommando

`apache2ctl restart`

nutzen, um den laufenden Apache-Prozess zu beenden und neu zu starten.

ownCloud installieren und konfigurieren

Im nächsten Schritt entpacken Sie die heruntergeladene Datei zunächst in das Home-Verzeichnis des Users `root` und kopieren anschließend den Inhalt rekursiv in das Stammverzeichnis /var/www des Apache-Webservers. Passen Sie das Stammverzeichnis des Webservers bezüglich der Berechtigungen für den Zugriff von Gruppe/Benutzer www-data noch an. Im nächsten Schritt legen Sie auf der USB-Festplatte für die Daten von ownCloud ein eigenes Verzeichnis an (hier /media/usbhdd/owncloud/data) und setzen abermals die passenden Berechtigungen für die Gruppe bzw. den Benutzer www-data.

```
cd ~
tar -xjf owncloud-8.2.0.tar.bz2
cp -r owncloud /var/www
chown -R www-data:www-data /var/www
mkdir -p /media/usbhdd/owncloud/data
chown -R www-data:www-data /media/usbhdd/owncloud/data
/etc/init.d/apache2 restart
```

Im folgenden Schritt nutzen Sie auf dem Computer den Webbrowser, um ownCloud einzurichten. Um auf die Konfigurationsseite zu gelangen, reicht die IP-Adresse des Raspberry Pi in der Adresszeile des Webbrowsers aus. Erscheint hier die Fehlermeldung

```
Can't write into config directory 'config'
You can usually fix this by giving the webserver user write access to the
config directory in owncloud
```

führt eine erneute Eingabe des Befehls:

```
chown -R www-data:www-data /var/www
/etc/init.d/apache2 restart
```

zum Ziel.

3 Smart-Home-Zentrale im Eigenbau

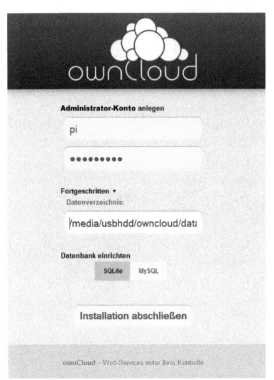

Bild 3.34: Grundinstallation erfolgreich: Über die Weboberfläche konfigurieren Sie ownCloud nach Ihren Wünschen. Zunächst legen Sie einen Administrator fest und tragen das gewünschte Kennwort dafür ein, um anschließend den Speicherpfad (per Klick auf *Fortgeschritten*) einzutragen. Per Klick auf *Installation abschließen* ist die Installation von ownCloud zunächst erledigt.

Das festgelegte Administratorkonto von ownCloud muss kein Systembenutzer auf dem Raspberry Pi sein. Hier können Sie später noch weitere, auch nicht administrative Konten anlegen. Das können Sie nach dem Log-in im linken unteren Bereich über das Zahnradsymbol im Administratormenü erledigen. Naturgemäß ist die ownCloud anfangs noch komplett leer. Um etwas hochzuladen, klicken Sie auf den Pfeil oben links.

Die eingerichtete ownCloud-Installation lässt sich nun im Heimnetz von jedem Computer aus per Webbrowser über die IP-Adresse des Raspberry Pi verwenden, egal ob es sich dabei um einen Windows-, Mac- oder Linux-Computer oder ein Smartphone handelt. Für die mobile Fraktion, also den Zugriff via Android- und iOS-Smartphone sowie Tablet, stehen in den entsprechenden App-Stores die passenden ownCloud-Clients zur Verfügung. Doch im Gegensatz zu ownCloud sind diese Apps leider nicht kostenlos.

3.5 ownCloud: Datenwolke ohne Limit

Bild 3.35: Es lassen sich auch mehrere Dateien auf einmal auswählen und blockweise hochladen.

In Sachen Heimautomation haben Sie nun die Möglichkeit, die gewünschten Daten – beispielsweise Logdateien, Bilder der Überwachungskamera, Wetterinformationen und dergleichen mehr – in den entsprechenden Unterverzeichnissen auf der externen Festplatte unterzubringen, was dem Speicherbedarf auf der SD-Karte des Raspberry Pi entgegenkommt.

Mit einer installierten bzw. eingerichteten dynamischen DNS-Adresse sowie der passenden Portweiterleitung im LAN/WLAN-Router ist der Zugriff auch aus dem Internet auf die Cloud Marke Eigenbau problemlos möglich. In diesem Fall sollten Sie aus Sicherheitsgründen jedoch statt des HTTP-Protokolls das sicherere HTTPS-Protokoll verwenden und die Apache-Konfiguration entsprechend ändern.

Mehr Sicherheit: Benutzerkonto absichern

Spätestens jetzt, da die ownCloud-Installation des Raspberry Pi über das Internet erreichbar ist, ist es höchste Zeit, den Computer bzw. die entsprechenden Userkonten abzusichern, um möglichen Einbrechern wenig Zerstörungsspielraum zu geben. Grundsätzlich sollten Sie das Standardbenutzerkonto `pi` bereits angepasst und das Standardkennwort `raspberry` auf ein sicheres Kennwort Ihrer Wahl geändert haben. Dies erledigen Sie bekanntlich mit dem Kommando:

```
sudo passwd pi
```

Sie geben das neue Kennwort ein und bestätigen es im zweiten Schritt. Mit der Benutzerkennung `pi` können Sie sich auch die administrativen `root`-Rechte mittels `sudo-`

Kommando holen. Wer für das `root`-Konto auf dem Raspberry Pi ebenfalls ein persönliches Konto setzen möchte, erledigt das mit den Befehlen:

```
sudo -i
passwd
```

Hier tragen Sie zunächst das neue Kennwort und anschließend die Kennwortbestätigung ein, um das `root`-Konto mit einem persönlichen Kennwort abzusichern.

Alarm und Bewegungsmelder

Der Raspberry Pi nutzt einen ressourcenschonenden ARM-Prozessor, der auch in NAS-Systemen, Routern, Smartphones und Tablets zum Einsatz kommt und vor allem den Vorteil hat, wenig Strom zu verbrauchen. Gerade deshalb ist der Raspberry Pi auch für den Dauerbetrieb im Rahmen der Hausautomation so gut geeignet. Dank der verfügbaren Schnittstellen lässt sich alles Erdenkliche mit dem Raspberry Pi messen, steuern und regeln.

Nutzen Sie Sensoren, um Anwendungsszenarien aus dem Alltag technisch abzubilden. Dank des USB-Anschlusses lassen sich außerdem beispielsweise Bluetooth- oder WLAN-Schnittstellen nachrüsten, mit denen Sie in Sachen Kontakt zur Außenwelt noch flexibler sind. So haben Sie damit zum Beispiel die Möglichkeit, selbst bei einem Internet-/Netzwerkausfall zu Hause auf wichtige, vorab definierte Funktionen des Raspberry Pi zuzugreifen.

> **Projekte koppeln und erweitern**
> Nutzen Sie die interessante 1-Wire-Technik, um mit dem Raspberry Pi die Temperaturen in Ihren Räumen kontinuierlich zu überwachen und davon abhängig die Heizung zu steuern. Sämtliche Projekte lassen sich auf Wunsch koppeln und erweitern. Ziel ist es – wie die weiteren Abschnitte in diesem Buch zeigen werden –, elektronische Komponenten im Alltag zusammenzuführen, angefangen bei der Haustürklingel und dem Smartphone bis hin zur Steckdose.

4.1 Raspberry-Pi-SMS meldet Netzwerkausfall

Fällt der Internetzugang zu Hause aus, ist auch die Benachrichtigung über den Status der Geräte und Ereignisse per E-Mail oder Webseite nach außen nicht mehr möglich. Mit einem alten Telefon und dem Raspberry Pi lässt sich dieses Problem umschiffen, indem Sie kurzerhand für die Notfallbenachrichtigung in Ihrem Heimnetz und Ihrer Smart-Home-Umgebung ein SMS-Gateway konfigurieren. Damit lassen sich über den Raspberry Pi bequem per Kommandozeile SMS-Nachrichten versenden und empfangen.

Die in diesem Abschnitt vorgestellte Methode basiert auf dem aus dem Linux-Umfeld bekannten Gnokii, das eigentlich für die Synchronisation der Smartphone-Daten mit dem Computer gedacht ist. Es lässt sich jedoch auch für andere Dinge nutzen, wie zum Beispiel für die gewünschte Schnittstelle nach außen über SMS/GSM. Grundsätzlich benötigen Sie kein neues oder modernes Handy. Haben Sie noch ein altes, ausgemustertes Gerät in der Schublade liegen, prüfen Sie, ob es noch funktioniert. Wer statt eines Smartphones oder Handys lieber ein eigens angeschafftes Mobilfunkmodul auf SIM900-Basis verwenden möchte, kommt natürlich auch zum Ziel – hier ist das Beispielprojekt »Mobilfunkanschluss für die Haustür« in Kapitel 8.10 eine wertvolle Hilfe.

Die Unterstützung von Gnokii ist auf den ersten Blick etwas Nokia-lastig (*http://wiki.gnokii.org/index.php/Config*). Das einzusetzende Handy bringt jedoch eine Bluetooth-Schnittstelle mit, und haben Sie einen Bluetooth-Mini-USB-Adapter am Raspberry Pi im Einsatz, lassen sich auch andere Hersteller zur Zusammenarbeit mit Gnokii überreden. In diesem Beispiel wird als Referenz das betagte Handy Sony Ericsson K800i (*http://wiki.gnokii.org/index.php/SonyK800iConfig*) als SMS-Gateway für den Raspberry Pi eingerichtet. Dafür wird die vorhandene Bluetooth-Schnittstelle des Telefons genutzt. Zudem sollten Sie sich eine passende SIM-Karte besorgen, die in der Lage ist, SMS zu versenden. Sie brauchen auch ausreichend Guthaben auf der Karte und die dazugehörige PIN, die jedoch deaktiviert sein sollte, falls das Telefon seinerseits mal neu gestartet werden muss.

Bluetooth und Gnokii in Betrieb nehmen

Nun zum ersten Test: Haben Sie die Bluetooth-Schnittstelle auf dem Raspberry Pi in Betrieb genommen, aktivieren Sie auf dem Telefon die Bluetooth-Sichtbarkeit. Dies ist bei jedem Gerät etwas unterschiedlich gelöst. In der Regel wird die Sichtbarkeit auch mit dem Einschalten der Bluetooth-Funktion aktiviert. Nutzen Sie dann in der Kommandozeile des Raspberry Pi den Befehl

```
hcitool scan
```

um die nähere Umgebung auf verfügbare und nicht geschützte Bluetooth-Geräte hin zu prüfen.

4.1 Raspberry-Pi-SMS meldet Netzwerkausfall

```
Processing triggers for menu ...
pi@raspberrypi ~ $ hcitool scan
Scanning ...
    00:            :18         K800i
pi@raspberrypi ~ $
```

Bild 4.1: K800i gefunden: Ist die Bluetooth-Sichtbarkeit des Telefons aktiviert, meldet sich das Bluetooth-Gerät umgehend mit seiner Bluetooth-ID sowie dem Gerätenamen zurück.

Nun ist die Voraussetzung geschaffen, Gnokii in Betrieb zu nehmen. Jetzt installieren Sie das Paket mit dem Kommando

```
sudo apt-get install gnokii
```

auf dem Raspberry Pi. Wer Gnokii lieber auf der grafischen Benutzeroberfläche des Raspberry Pi verwenden möchte, schreibt stattdessen:

```
sudo apt-get install xgnokii
```

In diesem Fall werden die notwendigen Basispakete für die Kommandozeile per Paketabhängigkeiten mit installiert.

```
pi@raspberrypi: ~
Processing triggers for python-support ...
pi@raspberrypi ~ $ /etc/init.d/bluetooth status
[ ok ] bluetooth is running.
pi@raspberrypi ~ $ sudo apt-get install xgnokii
Reading package lists... Done
Building dependency tree
Reading state information... Done
The following packages were automatically installed and are no longer required:
  libblas3gf liblapack3gf
Use 'apt-get autoremove' to remove them.
The following extra packages will be installed:
  gnokii-common libgnokii6 libical0
The following NEW packages will be installed:
  gnokii-common libgnokii6 libical0 xgnokii
0 upgraded, 4 newly installed, 0 to remove and 0 not upgraded.
Need to get 767 kB of archives.
After this operation, 1,922 kB of additional disk space will be used.
Do you want to continue [Y/n]?
Get:1 http://mirrordirector.raspbian.org/raspbian/ wheezy/main gnokii-common all 0.6.30+dfsg-1 [188 kB]
Get:2 http://mirrordirector.raspbian.org/raspbian/ wheezy/main libical0 armhf 0.48-2 [196 kB]
Get:3 http://mirrordirector.raspbian.org/raspbian/ wheezy/main libgnokii6 armhf 0.6.30+dfsg-1 [241 kB]
Get:4 http://mirrordirector.raspbian.org/raspbian/ wheezy/main xgnokii armhf 0.6.30+dfsg-1 [141 kB]
Fetched 767 kB in 1s (592 kB/s)
Selecting previously unselected package gnokii-common.
(Reading database ... 70309 files and directories currently installed.)
Unpacking gnokii-common (from .../gnokii-common_0.6.30+dfsg-1_all.deb) ...
Selecting previously unselected package libical0.
Unpacking libical0 (from .../libical0_0.48-2_armhf.deb) ...
Selecting previously unselected package libgnokii6.
Unpacking libgnokii6 (from .../libgnokii6_0.6.30+dfsg-1_armhf.deb) ...
Selecting previously unselected package xgnokii.
Unpacking xgnokii (from .../xgnokii_0.6.30+dfsg-1_armhf.deb) ...
Processing triggers for desktop-file-utils ...
Processing triggers for menu ...
Processing triggers for man-db ...
Setting up gnokii-common (0.6.30+dfsg-1) ...
Setting up libical0 (0.48-2) ...
Setting up libgnokii6 (0.6.30+dfsg-1) ...
Setting up xgnokii (0.6.30+dfsg-1) ...
Processing triggers for menu ...
pi@raspberrypi ~ $
```

Bild 4.2: Ist Bluetooth installiert und betriebsbereit, installieren Sie Gnokii wie gewohnt über die Konsole.

Nach der Installation geht es ans Konfigurieren, doch wer aus Gewohnheit umgehend im /etc-Verzeichnis Ausschau hält, wird auf Anhieb keine Konfigurationsdatei zu Gnokii finden. Zunächst hilft die Suche über das gewöhnliche find-Kommando:

```
sudo find / -name 'gnokii' -type d
ls /etc/xdg/gnokii
```

Das Suchergebnis offenbart, dass das Programm im Verzeichnis /etc/xdg/gnokii zu finden ist. Dort finden Sie die Beispieldatei config, die Sie vom Verzeichnis /etc/xdg/gnokii in das Home-Verzeichnis des Users pi kopieren:

```
cp /etc/xdg/gnokii/config .
```

In diesem Fall wird gemäß Anleitung im Wiki der Gnokii-Installation (*http://wiki.gnokii.org/index.php/Bluetooth*) anschließend die Beispieldatei umbenannt:

```
# This is a sample ~/.gnokiirc file.  Copy it into your
# home directory and name it .gnokiirc.
# See http://wiki.gnokii.org/index.php/Config for working examples.
```

Ist die Datei in das Home-Verzeichnis kopiert, benennen Sie sie in .gnokiirc um.

```
mv config .gnokiirc
```

Aus dieser Konfigurationsdatei holt sich Gnokii die Parameter des zu nutzenden Telefons. Bei port tragen Sie die über hcitool scan ermittelte Bluetooth-Adresse ein und stellen bei connection die Verbindung auf bluetooth um. Laut Wiki von Gnokii sind für das Sony Ericsson K800i folgende Parameter in die Datei einzutragen:

```
config : Linux, Bluetooth Verbindung
port = 00:19:63:E1:AE:18
# Mit der Bluetooth-Adresse des Telefons ersetzen
model = AT
connection = bluetooth
rfcomm_channel = 2
```

Holen Sie die passenden Parameter für Ihr Telefon aus dem Gnokii-Wiki (*http://wiki.gnokii.org/index.php*) und tragen Sie sie in die Konfigurationsdatei ein. Mit dem Kommando

```
sudo nano .gnokiirc
```

öffnen Sie die Datei und geben die Parameter ein. Wenn Sie die Beispieldatei verwenden, achten Sie auch darauf, andere gleichlautende Attribute mit einem vorangestellten Rautensymbol (#) auszukommentieren, damit sie beim Start von Gnokii nicht doppelt und möglicherweise fehlerhaft ausgelesen werden.

```
 pi@raspberrypi: ~
  GNU nano 2.2.6                              File: .gnokiirc

# port = /dev/cuaa0
#
# With Linux-IrDA you will want to use
# port = /dev/ircomm0
# or similiar.
#
# Use this setting also for the Bluetooth connection:
# port = aa:bb:cc:dd:ee:ff
# when using it with AT driver set it to:
# port = /dev/rfcomm0
# or similiar.
#
# config : Linux, Bluetooth Verbindung
port = 00:            :18  # Mit der Bluetooth Adresse des Telefons ersetzen
model = AT
connection = bluetooth
rfcomm_channel = 2

# For the Linux USB cables you will need one of the following settings (or
# similiar)
# port = /dev/ttyUSB0
# port = /dev/tts/USB0
# port = /dev/ttyACM0
# the last one will work only with AT driver. The correct setting should be
# given in the dmesg output.
#
# If you use connection type dku2libusb use it to denote which use endpoint
# you'd wish to use. It is useful when you have more than one phone connected
# to your computer using DKU2 cable. Numbering goes from 1 upwards.
# Default is 1.
# port = 1

# Set model to the model number of your phone. For the
# Symbian phones use:
# model = symbian
# For other non-Nokia phones and when you want to use AT

^G Get Help     ^O WriteOut     ^R Read File    ^Y Prev Page
^X Exit         ^J Justify      ^W Where Is     ^V Next Page
```

Bild 4.3: Übertragen Sie die Konfigurationseinstellungen für das Telefon in die Gnokii-Konfiguration.

Die Konfigurationsdatei muss für alle lokalen User, die später Gnokii auch einsetzen dürfen, in das Home-Verzeichnis kopiert werden. Grundsätzlich ist das auf dem Raspberry Pi der User pi. Wollen Sie also mit FHEM auch SMS verschicken, muss die Konfigurationsdatei im Home-Verzeichnis des Benutzers fhem abgelegt werden. Doch zuvor prüfen Sie, ob die eben angepasste Konfigurationsdatei überhaupt funktioniert. Mit dem Kommando

```
gnokii --identify
```

testen Sie, ob das Telefon überhaupt vom Raspberry Pi bzw. von Gnokii erkannt wird.

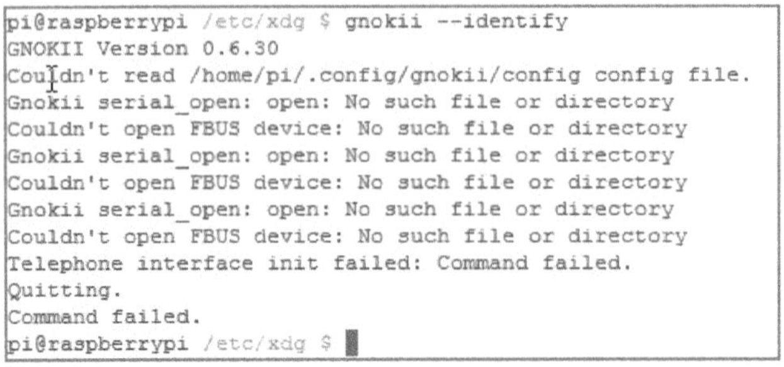

4 Alarm und Bewegungsmelder

```
pi@raspberrypi /etc/xdg $ gnokii --identify
GNOKII Version 0.6.30
Couldn't read /home/pi/.config/gnokii/config config file.
Gnokii serial_open: open: No such file or directory
Couldn't open FBUS device: No such file or directory
Gnokii serial_open: open: No such file or directory
Couldn't open FBUS device: No such file or directory
Gnokii serial_open: open: No such file or directory
Couldn't open FBUS device: No such file or directory
Telephone interface init failed: Command failed.
Quitting.
Command failed.
pi@raspberrypi /etc/xdg $
```

Bild 4.4: Gnokii läuft zwar, jedoch noch nicht fehlerfrei: Hier fehlt offensichtlich ein Verzeichnis für die Konfigurationsdatei.

In diesem Beispiel moniert Gnokii mit der Fehlermeldung `Couldn't read /home/pi/.config/gnokii/config config file` ein fehlendes Verzeichnis für die Konfigurationsdatei – auch entgegen den Wiki-Einträgen heißt die Konfigurationsdatei hier doch wieder `config` und nicht `.gnokiirc`. Die kurze Verwirrung löst sich auf, nachdem folgende Kommandos im Terminal auf die Reise geschickt wurden:

```
mkdir -p /home/pi/.config/gnokii
mv /home/pi/.gnokiirc /home/pi/.config/gnokii/config
```

Anschließend starten Sie Gnokii erneut:

```
gnokii --identify
```

Die Fehlermeldung verschwindet, und, wie könnte es anders sein, eine neue taucht auf: In diesem Fall hat nämlich der Raspberry Pi mit dem Telefon Kontakt aufgenommen, und dieses hat als Verbindungsbestätigung eine Bluetooth-Verbindungs-PIN angefordert. Die Standard-PIN in solchen Fällen lautet `0000`, doch hier wird sie abgewiesen – Gnokii liefert eine Fehlermeldung:

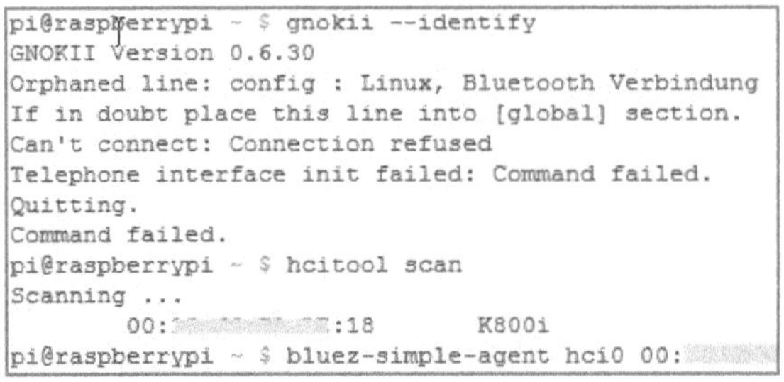

```
pi@raspberrypi ~ $ gnokii --identify
GNOKII Version 0.6.30
Orphaned line: config : Linux, Bluetooth Verbindung
If in doubt place this line into [global] section.
Can't connect: Connection refused
Telephone interface init failed: Command failed.
Quitting.
Command failed.
pi@raspberrypi ~ $ hcitool scan
Scanning ...
        00:         :18        K800i
pi@raspberrypi ~ $ bluez-simple-agent hci0 00:
```

Bild 4.5: Obwohl die Bluetooth-Sichtbarkeit aktiviert wurde, ist keine Verbindung möglich – aufgrund offensichtlicher Sicherheitsprobleme (`Connection refused`).

Hier brachte das manuelle Setzen der Bluetooth-Verbindungs-PIN mithilfe des Kommandos

```
cd /user/bin
sudo sudo bluez-simple-agent hci0 00:19:63:E1:AE:18
```

den durchschlagenden Erfolg, um den Raspberry Pi und das Telefon miteinander zu koppeln.

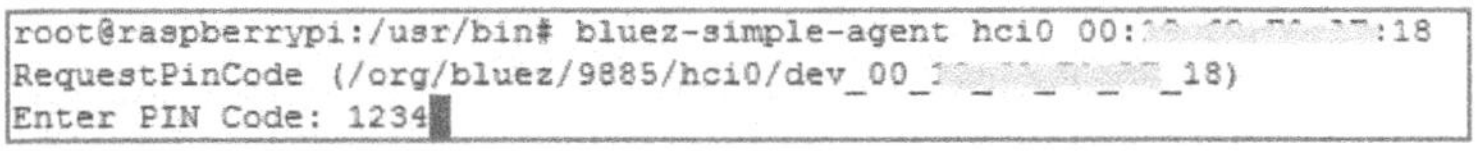

```
root@raspberrypi:/usr/bin# bluez-simple-agent hci0 00:**:**:**:**:18
RequestPinCode (/org/bluez/9885/hci0/dev_00_**_**_**_**_18)
Enter PIN Code: 1234
```

Bild 4.6: Nun lässt sich eine PIN festlegen, die Sie auf dem Telefon zum Pairing mit dem Raspberry Pi verwenden können.

Das Pairing funktionierte in diesem Fall jedoch auch nicht auf Anhieb: Aufgrund des sehr kurzen Zeitintervalls für die Bestätigung der PIN auf dem Telefon sollten Sie eine einfache PIN nutzen. Nach mehreren Anläufen mit einer schnell zu tippenden PIN war die Zwangsheirat von Raspberry Pi und Sony Ericsson über Bluetooth letztendlich erfolgreich.

SMS über die Kommandozeile senden

Sind der Raspberry Pi und das Telefon miteinander gekoppelt, prüfen Sie mit dem Gnokii-Kommando

```
gnokii --monitor
```

die Umgebungsvariablen bzw. die Konfiguration des verbundenen Telefons. Hier wird allerhand ausgegeben, es ist interessant, welche Informationen zutage treten. Falls Sie sich einmal gefragt haben, woher die Kartenapplikation auf dem Smartphone Ihren Standort so genau kennt – hier ist die Lösung:

Obwohl die Positionen der Handymasten und deren Zuordnung zur Cell-ID zu den gut gehüteten Geheimnissen der Mobilfunkbetreiber gehören und eigentlich nicht öffentlich gemacht werden, ist klar, dass Dienste wie Google, Apple und dergleichen so viele Rohdaten (Zelle und Position) wie möglich sammeln, um daraus die wahrscheinliche Position des Zellmittelpunkts (bzw. des Mastenstandorts) zu berechnen.

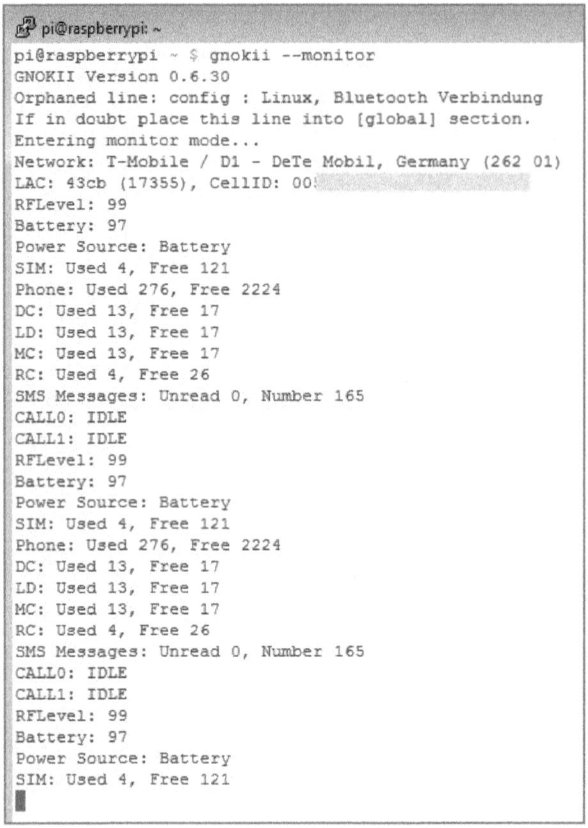

```
pi@raspberrypi ~ $ gnokii --monitor
GNOKII Version 0.6.30
Orphaned line: config : Linux, Bluetooth Verbindung
If in doubt place this line into [global] section.
Entering monitor mode...
Network: T-Mobile / D1 - DeTe Mobil, Germany (262 01)
LAC: 43cb (17355), CellID: 00:
RFLevel: 99
Battery: 97
Power Source: Battery
SIM: Used 4, Free 121
Phone: Used 276, Free 2224
DC: Used 13, Free 17
LD: Used 13, Free 17
MC: Used 13, Free 17
RC: Used 4, Free 26
SMS Messages: Unread 0, Number 165
CALL0: IDLE
CALL1: IDLE
RFLevel: 99
Battery: 97
Power Source: Battery
SIM: Used 4, Free 121
Phone: Used 276, Free 2224
DC: Used 13, Free 17
LD: Used 13, Free 17
MC: Used 13, Free 17
RC: Used 4, Free 26
SMS Messages: Unread 0, Number 165
CALL0: IDLE
CALL1: IDLE
RFLevel: 99
Battery: 97
Power Source: Battery
SIM: Used 4, Free 121
```

Bild 4.7: Jeder Mobilfunkmast verfügt über eine eindeutige Bezeichnung – die CellID. Damit ist mit einfachen Mitteln eine genaue Ortung des Geräts möglich.

Abseits der technischen Spielereien können Sie mit Gnokii nun auch bequem per Kommandozeile eine SMS versenden: Mit einem simplen echo-Befehl, der zwecks Ausgabe auf Gnokii umgeleitet wird, schicken Sie eine Nachricht auf die Handynummer, die Sie am besten mit der internationalen Vorwahl +49 einleiten:

```
echo "Das ist eine Test-SMS vom Raspberry Pi" | gnokii --sendsms
+4917977XXXXX
```

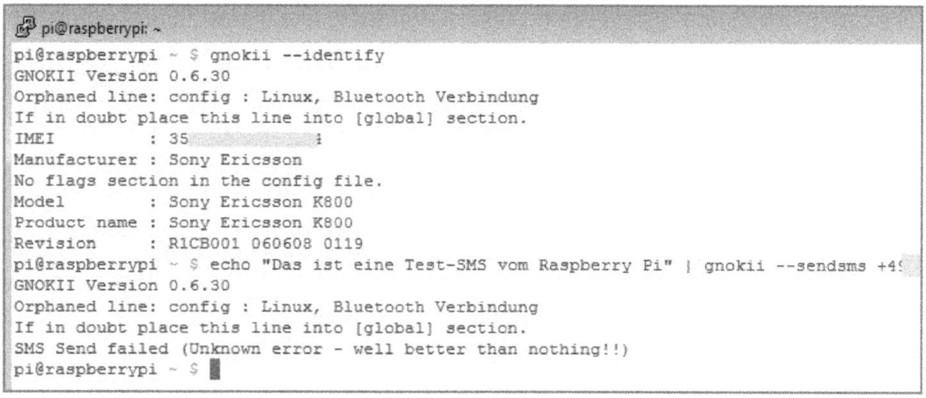

4.1 Raspberry-Pi-SMS meldet Netzwerkausfall

```
pi@raspberrypi: ~ $ gnokii --identify
GNOKII Version 0.6.30
Orphaned line: config : Linux, Bluetooth Verbindung
If in doubt place this line into [global] section.
IMEI          : 35
Manufacturer : Sony Ericsson
No flags section in the config file.
Model         : Sony Ericsson K800
Product name  : Sony Ericsson K800
Revision      : R1CB001 060608 0119
pi@raspberrypi ~ $ echo "Das ist eine Test-SMS vom Raspberry Pi" | gnokii --sendsms +49
GNOKII Version 0.6.30
Orphaned line: config : Linux, Bluetooth Verbindung
If in doubt place this line into [global] section.
SMS Send failed (Unknown error - well better than nothing!!)
pi@raspberrypi ~ $
```

Bild 4.8: `Unknown error`: Gnokii ist ratlos. Tatsächlich liegt die Ursache beim Mobilfunkbetreiber bzw. bei der eingelegten SIM-Karte, die nicht für den Empfang und Versand der Datendienste konfiguriert ist.

Im Beispiel wurde eine Multi-SIM von T-Mobile verwendet. Nutzen Sie für das betagte Handy eine zusätzliche Karte für das SMS-Gateway, funktioniert das Versenden der SMS so lange nicht, bis die eingelegte Karte über die Nummer *222# für den Empfang und Versand der Datendienste konfiguriert ist. So werden sämtliche SMS-Nachrichten auch auf das SMS-Gateway geschickt.

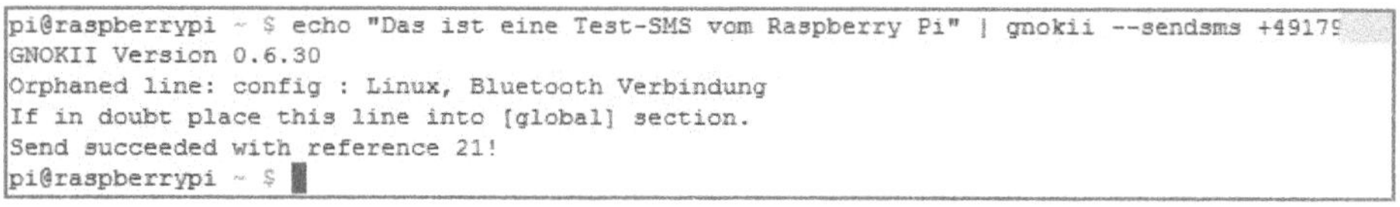

```
pi@raspberrypi ~ $ echo "Das ist eine Test-SMS vom Raspberry Pi" | gnokii --sendsms +4917
GNOKII Version 0.6.30
Orphaned line: config : Linux, Bluetooth Verbindung
If in doubt place this line into [global] section.
Send succeeded with reference 21!
pi@raspberrypi ~ $
```

Bild 4.9: Ist das Telefon bzw. die SIM-Karte für den Empfang und den Versand der Datendienste konfiguriert, klappt auch der Versand der SMS über die Kommandozeile.

Nun können Sie die Benachrichtigungsfunktion per SMS in der Smart-Home-Logik einsetzen. Dafür gibt es zahlreiche Anwendungsszenarien. Ist etwa der DSL-Internetzugang gestört, können Sie sich umgehend per SMS benachrichtigen lassen.

```
#!/bin/sh
ping -c 5 www.google.de
if [[ $? != 0 ]]; then
    date '+%Y-%m-%d %H:%M:%S WWW-Verbindung nicht verfuegbar'| gnokii --sendsms +4917977XXXXX
else
    date '+%Y-%m-%d %H:%M:%S Verbindung verfuegbar'
    echo "Web verfuegbar"
fi
```

So ein Shell-Skript, mit dem Sie eine Webseite im Netz regelmäßig darauf überprüfen, ob sie verfügbar ist oder nicht, ist recht schnell geschrieben. Im letzteren Fall bringen Sie die entsprechende Nachricht auf das Handy.

Raspberry Pi mit SMS-Nachrichten steuern

Kann der Raspberry Pi über ein gekoppeltes Handy SMS-Nachrichten versenden, dann kann er auch SMS-Nachrichten empfangen und verarbeiten. Damit lassen sich sicherheitsrelevante Dinge steuern – zum Beispiel ein Tür- oder Garagenschloss, das über die GPIO-Pins des Raspberry Pi verbunden ist. So braucht der Raspberry Pi nicht einmal über Ethernet oder WLAN mit Heimnetz oder Internet verbunden zu sein, die Bluetooth-, Kabel- oder Infrarotverbindung (IrDA) reicht aus, um Aktionen anzustoßen und für die Heimautomation zu nutzen.

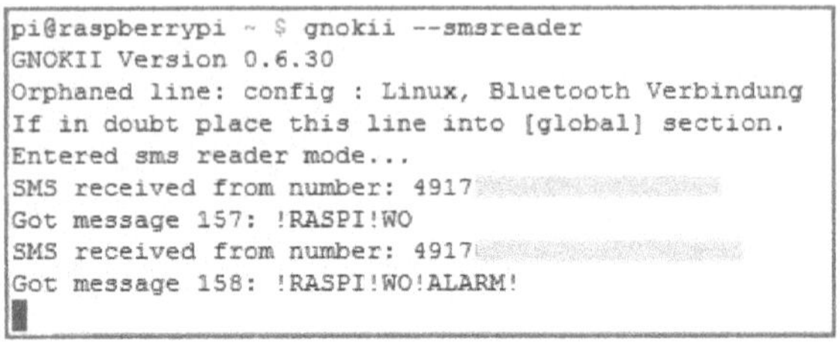

```
pi@raspberrypi ~ $ gnokii --smsreader
GNOKII Version 0.6.30
Orphaned line: config : Linux, Bluetooth Verbindung
If in doubt place this line into [global] section.
Entered sms reader mode...
SMS received from number: 4917
Got message 157: !RASPI!WO
SMS received from number: 4917
Got message 158: !RASPI!WO!ALARM!
```

Bild 4.10: Mit dem Kommando gnokii --smsreader prüft der Gnokii-Daemon, ob beim verbundenen Telefon neue SMS-Nachrichten eingegangen sind.

Ähnlich wie beim TAN-Verfahren der Banken können Sie SMS-Nachrichten anpassen und codieren. Zu diesem Zweck hinterlegen Sie auf dem Raspberry Pi entsprechende Befehle, Programme und Skripte, die beim Eingang von bestimmten Nachrichten von definierten Rufnummern aus automatisch ausgeführt werden. Haben Sie beispielsweise den Haustürschlüssel vergessen, lässt sich einfach per SMS der Türöffner bedienen, wenn die SMS einen bestimmten Befehl bzw. eine Befehlssequenz auf dem Raspberry Pi auslöst, die ihrerseits das Schalten des GPIO-Ausgangs auslöst, der mit dem elektronischen Türöffner gekoppelt ist.

Sie haben es in der Hand, selbst einen SMS-Watchdog zu bauen und die nötigen Sicherheitsabfragen oder Texterkennungspatterns festzulegen. Im nachstehenden Beispiel mit dem Erkennungspattern in Form des !RASPI!-Befehls reicht der simple grep-Befehl auf das Gnokii-Kommando aus, um den gewünschten Befehl an den Raspberry Pi zu übermitteln. Mit dem Befehl

```
gnokii --getsms ME 1 end | grep \!RASPI\! | grep -v grep | cut -d'!' -f3
```

scannt Gnokii den kompletten SMS-Nachrichteneingang und extrahiert bei einem Vorkommen des Musters !RASPI! den dort angehängten Befehl, der anschließend beispielsweise in einem case-Konstrukt abgefragt werden kann. Soll die Nachricht gelöscht werden, sorgt die Option -d beim Gnokii-Kommando dafür, dass der SMS-Nachrichteneingang nach dem Auslesen gelöscht wird. Ein Skript zum Weiterverarbeiten des SMS-Befehls kann ähnlich wie dieses Beispiel gestaltet werden - dabei können Sie sich nach Lust und Laune verwirklichen:

```bash
$ #!/bin/bash
# --------------------------------------------------------------
# E.F.Engelhardt, Franzis Verlag, 2016
# --------------------------------------------------------------
# Skript: smscheck.sh
CMD=$(gnokii --getsms ME 1 end | grep \!RASPI\! | grep -v grep | cut -d'!' -f3)
GNOKIIBIN="/usr/bin/gnokii"
# echo $CMD
case $CMD in
  WO)
    RCMD="\usr\local\bin\sendgps-sms.sh"
    echo "GPS-Koordinaten wurden an SMS-Nummer geschickt"
    echo WO -> $CMD
    ;;
  ALARM)
    RCMD="\usr\local\bin\fhem2mail ALARM"
    RCMD2="\usr\local\bin\shutdown.sh ALL"
    echo "ALARM-Meldung wurde verschickt, Router, Rechner, NAS, Drucker shutdown"
    echo ALARM -> $CMD
    ;;
  TUERAUF)
    RCMD="\usr\local\bin\opendoor.sh"
    echo "Notfall-Tueroeffner wurde von §§ ausgeloest!"
    echo TUERAUF -> $CMD
    ;;
  *)
    echo "FEHLER" #$CMD
    ;;
esac
echo $RCMD
```

Um nun über das Handy bzw. über eine SMS oder durch andere Ereignisse, wie an den Raspberry Pi angeschlossene Schalter und Sensoren, einen anderen Stromkreis über ein Relais oder einen Schalter zu steuern, nutzen Sie die dafür vorgesehenen GPIO-Pins auf dem Raspberry Pi.

4.2 Bewegungsmelder mit dem PIR-Modul

Mit den zahlreichen GPIO-Anschlüssen ist der Raspberry Pi gerade für Bastler nicht nur das ideale Spielzeug, er lässt sich auch für sinnvolle Dinge nutzen, wie etwa eine

Tür- oder Raumüberwachung. Das dazu notwendige PIR-Modul (PIR steht für *Passiver Infrarot-Bewegungsmelder*) ist für kleines Geld auf einschlägigen Auktionsseiten im Netz zu finden. Die Lieferanten solcher Billigmodule sitzen jedoch meist in Hongkong, und die Lieferung dauert manchmal bis zu drei Wochen, doch der Preis von 2 Euro für zehn PIR-Module entschädigt für die Wartezeit. Vergessen Sie dabei die Zollgebühren nicht! Die kleineren PIR-Module sind im Vergleich teurer, sie kosten pro Stück je nach Händler und Wartezeit 1 bis 2 Euro.

Bild 4.11: Groß und klein: Das linke PIR-Modul hat in etwa den Durchmesser einer 1-Euro-Münze. Das PIR-Modul rechts ist deutlich kleiner und kostet im Einkauf ca. 1 Euro.

Egal ob Sie das kleine oder das große PIR-Modul verwenden: Diese Infrarotmodule benötigen eine Versorgungsspannung von 5 V – auch die Signalleitung liefert passende 3 V –, sodass der Anschluss am Raspberry Pi direkt ohne irgendwelche Lötarbeiten möglich ist. Lediglich beim kleineren Modul sind die Kabel für den Anschluss an den Raspberry Pi zu verlöten. Nutzen Sie am besten Jumperkabel, die sich nach dem Löten einfach an die entsprechenden Pins am Raspberry Pi stecken lassen.

Bild 4.12: Sehr praktisch: Die 5-V-, Out- und GND-Anschlüsse können direkt zur Pinleiste des Raspberry Pi geführt werden.

Die drei Pins des PIR-Moduls werden folgendermaßen mit dem Raspberry Pi verbunden:

PIR-Pin	Raspberry-Pi-Pinnummer	GPIO-Bezeichnung	WiringPi-Pinnummer
5 V	2	–	–
Out	26	GPIO7	11
GND	6	–	–

4.2 Bewegungsmelder mit dem PIR-Modul

Bei den größeren Modulen sind dieselben Pins mit einem Dreifachstecker einfach zu erreichen. Nutzen Sie einfach die Jumperkabel für den Anschluss des PIR-Moduls am Raspberry Pi.

Bild 4.13: Pinbelegung von links nach rechts: GND/Out/5 V: Damit können Sie sich direkt mit dem Raspberry Pi verbinden.

So kommt der Anschluss GND an Pin 6 (Masse), 5 V kommt an den 5-V-Anschlusspin 2, und der Zustand Out wird in diesem Beispiel an GPIO7 (Pin 26) beim Raspberry Pi gesteckt. Ist die WiringPi-API installiert, checken Sie zunächst die Standard-Pinbelegungen.

```
pi@raspberryPiBread: ~
pi@raspberryPiBread ~ $ gpio readall
+----------+------+---------+------+-------+
| wiringPi | GPIO | Name    | Mode | Value |
+----------+------+---------+------+-------+
|     0    |  17  | GPIO 0  |  IN  |  Low  |
|     1    |  18  | GPIO 1  |  IN  |  Low  |
|     2    |  27  | GPIO 2  |  IN  |  Low  |
|     3    |  22  | GPIO 3  |  IN  |  Low  |
|     4    |  23  | GPIO 4  |  IN  |  Low  |
|     5    |  24  | GPIO 5  |  IN  |  Low  |
|     6    |  25  | GPIO 6  |  IN  |  Low  |
|     7    |   4  | GPIO 7  |  IN  |  Low  |
|     8    |   2  | SDA     | ALT2 |  High |
|     9    |   3  | SCL     | ALT2 |  High |
|    10    |   8  | CE0     |  IN  |  Low  |
|    11    |   7  | CE1     |  IN  |  Low  |
|    12    |  10  | MOSI    |  IN  |  Low  |
|    13    |   9  | MISO    |  IN  |  Low  |
|    14    |  11  | SCLK    |  IN  |  Low  |
|    15    |  14  | TxD     | ALT2 |  High |
|    16    |  15  | RxD     | ALT2 |  High |
|    17    |  28  | GPIO 8  |  IN  |  Low  |
|    18    |  29  | GPIO 9  |  IN  |  Low  |
|    19    |  30  | GPIO10  |  IN  |  Low  |
|    20    |  31  | GPIO11  |  IN  |  Low  |
+----------+------+---------+------+-------+
pi@raspberryPiBread ~ $
```

Bild 4.14: WiringPi-API im Einsatz: Mit dem Kommando `gpio readall` liefert der Raspberry den Status sämtlicher Pineinstellungen der GPIO-Stiftleiste zurück.

Im nächsten Schritt erstellen Sie ein einfaches Skript, das Ihnen die Zustandsänderung des GPIO-Eingangs anzeigt.

Shell-Skript für den Bewegungsmelder

Mit dem `nano`-Editor erstellen Sie ein Skript – in diesem Beispiel ist es die Datei `piri.sh` – und definieren dort zunächst den genutzten Pinanschluss auf dem Raspberry Pi. Hier ist der Out-Ausgang des Sensors auf den Eingang GPIO7 (Pin 26) des Raspberry Pi gesteckt. Dieser Pinanschluss ist gleichbedeutend mit der WiringPi-Nummer 11. Anschließend legen Sie mit dem `gpio mode`-Kommando die Richtung des GPIO-Pins fest. Dann geht es in die `while`-Schleife, in der der Zustand des Eingangs per `gpio read`-Befehl permanent abgefragt wird.

```
#!/bin/bash
# -----------------------------------------------------
# E.F.Engelhardt, Franzis Verlag, 2016
# -----------------------------------------------------
# Skript: piri.sh
#
# GPIO7 = Pin 26 = WiringPi-Pin 11
piri="11"
gpio mode $piri in
PiriBin=/usr/local/bin/piri.sh
LockFile=/var/lock/subsys/piri   ## Define Lock Datei
echo "PIRI Modul im Einsatz (Beenden mit: CTRL-C)"
while true; do
sleep 2
if [ $(gpio read $piri) -eq  0 ]; then
    echo "Ready";
   else
    echo "Bewegung"
   fi
done
exit 0
# -----------------------------------------------------
```

Das Skript starten Sie, nachdem es zuvor mit `chmod +x` auf ausführbar gesetzt wurde. Bei der Ausführung befindet sich das Skript sozusagen in der Dauerschleife (konkret der `while`-Schleife) und prüft permanent den Status des GPIO7 ab. Meldet der Bewegungsmelder eine Zustandsänderung, wird dies auf der Konsole angezeigt, ansonsten wird eine `Ready`-Meldung ausgegeben.

4.2 Bewegungsmelder mit dem PIR-Modul

Bild 4.15: Das Beispielskript bei der Ausführung: Wird eine Bewegung erkannt, wird der Output-Pin auf der PIR-Platine auf den Zustand **high** gesetzt, was wiederum beim GPIO-Eingang auf dem Raspberry Pi für eine Zustandsänderung sorgt.

Erfolgt hingegen keine Bewegung am PIR-Modul, ist der Output-Pin auf der PIR-Platine auf 0 V gesetzt, der GPIO-Eingang auf dem Raspberry Pi ist dann sozusagen im Leerlauf.

PIR-Skript als Daemon im Dauereinsatz

Ist die Schaltung gelötet und das Skript wunschgemäß programmiert, soll dieses Skript nicht nur automatisch beim Start des Raspberry Pi gestartet und ausgeführt werden, sondern auch brav im Hintergrund arbeiten und nur dann aktiv werden, wenn beispielsweise der Bewegungsmelder anschlägt. Zudem soll der Raspberry Pi parallel noch andere Dinge erledigen – das Skript soll als Hintergrundprozess arbeiten. Dafür bietet Linux die sogenannten Daemons an, mit denen Sie ein Programm oder ein Skript als Hintergrunddienst arbeiten lassen können. Geben Sie auf der Konsole beispielsweise das Kommando

```
ps ax
```

ein, werden sämtliche Prozesse, also parallel laufende Programme, übersichtlich angezeigt. Ziel ist es, das entwickelte Skript automatisch als Daemon laufen zu lassen. Dafür nutzen Sie das **daemon**-Werkzeug, das Sie mit dem Kommando

```
sudo apt-get install daemon
```

auf dem Raspberry Pi installieren. Anschließend klärt der Befehl **daemon -h** auf der Konsole über die Funktionsvielfalt des Tools auf. Grundsätzlich legen Sie das Shell-Skript (hier **piri.sh**) im lokalen Verzeichnis /usr/local/bin ab und erstellen dafür zusätzlich ein Startskript im Verzeichnis /etc/init.d – in diesem Beispiel mit der Bezeichnung **piri**. Je nachdem, welche Parameter und Konfigurationen für die Aus-

4 Alarm und Bewegungsmelder

führung des Skripts notwendig sind, sind diese in einer eigenen Datei ausgelagert (hier `piri.cfg`) und werden über das Startskript gegebenenfalls mit eingebunden.

```
sudo mkdir -p /etc/piri
sudo touch /etc/piri/piri.cfg
sudo nano /etc/init.d/piri
```

Für das Startskript `piri` im Verzeichnis `/etc/init.d` reichen auf die Schnelle zunächst folgende Zeilen aus:

```
pi@raspberryPiBread ~ $ sudo /etc/init.d/piri start
Starting Piri: daemon: debug: handle_name_option(spec = piri)
daemon: debug: config()
daemon: debug: config_load(configfile = /etc/daemon.conf)
daemon: debug: config_load(configfile = /root/.daemonrc)
daemon: debug: config_process(target = *)
daemon: debug: config_process(target = piri)
daemon: debug: handle_name_option(spec = piri)
daemon: debug: sanity_check()

pi@raspberryPiBread ~ $ ps ax | grep piri
13934 ?        S      0:00 daemon --unsafe /usr/local/bin/piri.sh -c /etc/piri/piri.cfg -d --name=piri
13935 ?        S      0:00 /bin/bash /usr/local/bin/piri.sh /etc/piri/piri.cfg
13941 pts/1    S+     0:00 grep --color=auto piri
pi@raspberryPiBread ~ $ sudo /etc/init.d/piri stop
Shutting down Piri: pi@raspberryPiBread ~ $
pi@raspberryPiBread ~ $ ps ax | grep piri
13949 pts/1    S+     0:00 grep --color=auto piri
pi@raspberryPiBread ~ $
```

Bild 4.16: Starten und beenden erfolgreich: Durch den Daemon kann das Selbstbauskript wie ein Systemdienst beim Rechnerstart automatisch gestartet und beim Herunterfahren gestoppt werden.

Damit sind die Voraussetzungen geschaffen, das selbst gebaute Skript beim Start des Raspberry Pi automatisch im Hintergrund zu starten und zu betreiben. Nun müssen Sie das Startskript in die gewünschten Runlevel-Verzeichnisse verlinken. Grundsätzlich ist jedem Runlevel ein eigenes Verzeichnis unterhalb des Verzeichnisses `/etc/` zugeordnet. Jedes Start-/Stoppskript besitzt zwei Verknüpfungen:

Die Startverknüpfung beginnt mit dem Buchstaben S (`Start`), die Stoppverknüpfung mit dem Buchstaben K (`Kill`).

Grundsätzlich werden die Runlevels beim Start nacheinander ausgeführt, zunächst diejenigen, die mit K beginnen, anschließend jene mit S. Soll das gewünschte Skript beispielsweise als Dienst in `Runlevel 2` laufen, legen Sie in `/etc/rc2.d` einen S-Link dafür an und in allen verbleibenden Runlevel-Verzeichnissen einen passenden K-Link. Die Abarbeitungsreihenfolge der Kill- und Startlinks wird durch die Nummerierung festgelegt. So wird beispielsweise `K12Skriptname` vor dem `K34Testprogramm` beendet. Darum müssen Sie sich jedoch nicht direkt kümmern und keine `ln`-Befehle im Terminal absetzen. Die Reihenfolge und das ganze Drumherum liest der Befehl update-rc.d aus dem umfangreichen Kommentarteil im obigen Skript ein, der sich zwischen ### BEGIN INIT INFO und ### END INIT INFO befindet. Idealerweise nutzen Sie dieses als Vorlage. Anschließend fügen Sie das Skript mit dem Befehl update-rc.d in die entsprechenden Runlevels ein:

```
sudo update-rc.d piri defaults
```

Um zu überprüfen, ob nun alles ordnungsgemäß in den Runlevels verlinkt ist, nutzen Sie den Befehl:

```
cd /etc
ls -l rc* | grep piri
```

Möchten Sie das Skript wieder aus den Runlevels entfernen, verwenden Sie das Kommando:

```
sudo update-rc.d piri remove
```

Haben Sie das Skript bzw. den Dienst aus den Runlevels entfernt, sollten Sie ihn vorsichtshalber abschließend beenden:

```
sudo invoke-rc.d piri stop
```

Damit ist gewährleistet, dass beim nächsten Herunterfahren des Raspberry Pi die Dienste auch sauber beendet sind und diesbezüglich keine Fehlermeldungen erscheinen.

WiringPi-API mit Python bekannt machen

Um nun auch die WiringPi-API mit der Skriptsprache Python nutzen zu können, installieren Sie die beiden Pakete python-dev python-setuptools mit dem Kommando

```
sudo -i
apt-get install python-dev python-setuptools
```

auf den Raspberry Pi. Anschließend klonen Sie das GIT-Paket WiringPi-Python.git lokal auf die Speicherkarte, initialisieren das Repo-Paket und installieren die Python-Quellen mit dem auf *www.buch.cd* zur Verfügung stehenden setup.py-Skript.

```
git clone https://github.com/WiringPi/WiringPi-Python.git
cd WiringPi-Python
git submodule update --init
sudo python setup.py install
```

Die Dokumentation zu WiringPi finden Sie auf der Seite des Entwicklers von WiringPi (*https://projects.drogon.net/raspberry-pi/wiringpi/*). Grundsätzlich werden WiringPi und die Zugriffsmethode (Zählung der Pins) auf die GPIO-Pins per import wiringpi im Python-Code definiert und zwar bevor die zur Verfügung stehenden Funktionen genutzt werden können,. Diese legen Sie über den Schalter

```
wiringpi.wiringPiSetupSys // -> /sys/class/gpio Definition mit GPIO-Zählung
wiringpi.wiringPiSetup // sequenzielle Pin Zählung
wiringpi.wiringPiSetupGpio // GPIO-Pinzählung
```

fest. Beachten Sie, dass Sie beim Einsatz der /sys/class/gpio-Methode zunächst die entsprechenden GPIO-Pins per export-Funktion zur Verfügung stellen müssen. In der Praxis sollten Sie sich auf eine systemweite einheitliche Nutzung festlegen. Hier hat sich die GPIO-Pinzählung bewährt, die sich auch einfach mit der Raspberry-Pi-GPIO-Bibliothek nutzen lässt. Diese steht in der aktuellsten Version kostenlos auf *http://pypi.python.org/pypi/RPi.GPIO* zum Download bereit.

4.3 Briefkastenalarm mit Benachrichtigung

Egal ob Bewegungssensor oder Schalter oder beides zusammen: Haben Sie einmal das Zusammenspiel der GPIO-Pins mit der Schaltung auf dem Steckboard und dem anschließenden Ansteuern per Shell-Skript, Perl oder Python verstanden, lässt sich nahezu jedes beliebige Gadget zu Hause realisieren, wie zum Beispiel ein Briefkastenalarm. So brauchen Sie nicht mehrmals am Tag zum Briefkasten zu rennen, sondern lassen sich bequem per Signal, Mail oder SMS benachrichtigen, wenn die Briefkastenklappe betätigt wurde. Auf den ersten Blick ist das für manche eine »geekige« Spielerei, doch gerade für behinderte Menschen kann so etwas eine sinnvolle Bereicherung und Hilfe im Alltag darstellen, auch wenn die vorgestellte Lösung keinen Schutz vor ungebetenen Rechnungen oder Werbesendungen im Briefkasten bietet.

Der Einbau in einen Briefkasten ist nicht immer problemlos möglich und hängt natürlich auch mit den Gegebenheiten vor Ort zusammen. So ein kleiner Reed-Schalter oder Druckschalter kann jedoch mit etwas Klebstoff und Kabelbindern so an einen Briefkasten montiert werden, dass dieser weiter wie gewohnt benutzbar bleibt. Prinzipiell ist die Anwendung natürlich nicht auf einen Briefkasten beschränkt, Sie können auch einen Reed-/Magnetkontakt an der Eingangstür oder am Fenster anbringen und diese Zustandsänderung am Raspberry Pi weiterverarbeiten.

Dieses Projekt ist also variabel und kann nach Wunsch angepasst werden. Für die Verkabelung der Anschlüsse der Sensoren oder Schalter zum Raspberry Pi reicht prinzipiell dünner, isolierter Telefondraht aus, sodass der Raspberry Pi bequem und sicher innerhalb der eigenen vier Wände betrieben werden kann. Ist der Raspberry Pi mit einem WLAN-USB-Nano-Adapter versehen, sind Sie in Sachen Aufstellungsort noch flexibler und benötigen nur noch einen Stromanschluss.

Reed-Schalter und Sensoren im Einsatz

Reed-Schalter sind nichts anderes als Schalter, die sich über einen Magneten schalten lassen. Mit dieser Technologie sind in der Regel die Tür- bzw. Fensterkontakte und Signalgeber versehen. Sie lassen sich jedoch auch mit relativ wenig Aufwand in einer eigenen Schaltung, wie etwa in einem Briefkasten als Postzustellungsbenachrichtigung, einsetzen. Auch die Bauform des Schalters müssen Sie bei der Entwicklung einer Schaltung berücksichtigen.

Einen Schalter gibt es in der Bauform »Öffner« oder »Schließer«. Ein Schließer sorgt beim Betätigen für das Schließen des Stromkreises, während der Öffner den Stromkreis unterbricht. Zusätzlich gibt es Wechselschalter. Diejenigen, die eine neue Verbindung herstellen, bevor die alte getrennt wird, werden »brückend« genannt. Schalter, die den alten Stromkreis hingegen zuerst trennen, werden auch als nicht brückende Schalter bezeichnet.

Das Vorhandensein eines Schalters lässt sich gut auf dem Steckboard demonstrieren. Hier reicht in der Regel ein einfacher Stromkreis mit einer LED. Ist der Schalter geschlossen, ist es auch der Stromkreis, und die verbundene LED leuchtet. Bei geöffnetem Stromkreis leuchtet die LED nicht. In der vorgestellten Schaltung wird das Ausschalten anhand einer zweiten LED demonstriert.

In diesem Beispiel ist der Stromkreis geschlossen, und die grüne LED leuchtet. Wird der Schalter betätigt, wird der zweite Stromkreis geschlossen, die rote LED zum Leuchten gebracht und gleichzeitig die grüne LED abgeschaltet.

Um auf Nummer sicher zu gehen, lässt sich der Schalter zusätzlich mit einem Licht- oder Bewegungssensormodul (in obiger Abbildung links unten, angeschlossen an GND, 5 V und GPIO7) kombinieren, damit ausschließlich Alarm oder eine Benachrichtigungsfunktion ausgelöst wird, wenn die Briefkastenklappe betätigt wird.

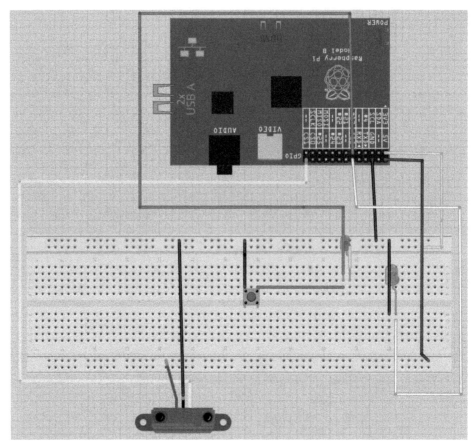

Bild 4.17: Diese LEDs mit 3,3 V benötigen beim Raspberry Pi keinen vorgeschalteten Widerstand.

Shell-Skript für den Schaltereinsatz

Mit den GPIO-Ein- und Ausgängen des Raspberry Pi können Sie nahezu alle Schaltkreise und Schalter überwachen und beispielsweise ein Relais bzw. einen Optokoppler schalten. In diesem Fall müssen Sie auch in der Steuerlogik (siehe Beispielskript unten) nicht nur die GPIO-Pins mit den betreffenden Anschlüssen der Schaltung verbinden, sondern auch im Skript eindeutig referenzieren und nutzen.

Aus Gründen der Übersichtlichkeit wurde in diesem Beispiel als Variable die Farbe der in der Schaltung genutzten LEDs verwendet. GPIO 17 ist für die rote LED und GPIO 18 für die grüne LED zuständig, GPIO 07 wird in diesem Fall für den Bewegungssensor genutzt und anfangs über eine init()-Funktion auf ihre Startparameter initialisiert.

```bash
#!/bin/bash
# ---------------------------------------------------
# E.F.Engelhardt, Franzis Verlag, 2016
# ---------------------------------------------------
# Skript: piriblink.sh
#
red=0 # ist GPIO 17 - Pin 11
green=1 # ist GPIO 18 - Pin 12
piri=11 # ist GPIO 07 - Pin 26
# --------------------------------------------------------------------
#  funktion init
#  GPIO einstellen und LEDs initialisieren fuer Reed-Schalter
# --------------------------------------------------------------------
init ()
{
  echo initialisieren...
  gpio mode $piri in
  gpio mode $piri up
  gpio mode $red in
  gpio mode $red up
  gpio mode $green out
  gpio write green 1
}
# --------------------------------------------------------------------
# Schaltung initialisieren und ab in Schleife
# --------------------------------------------------------------------
init
# schleife bis ctrl-c Abbruch
echo "PIRI-Modul im Einsatz (Beenden mit: CTRL-C)"
while true; do
if [ $(gpio read $piri) -eq  0 ]; then
# keine Bewegung
# -> ist Schalter geschlossen
  if [ `gpio read $red` = 1 ]; then
     gpio write $green 1
   else
# -> ist Schalter nicht geschlossen
     gpio write $green 0;
  fi
else
# kein Schalter betaetigt
   gpio write $green 0;
   echo "Bewegung"
fi
```

```
sleep 0.1
done

exit 0
# ------------------------------------------------------------
```

Nach dem Initialisieren geht das Skript umgehend in die (Dauer-)`while`-Schleife, die im laufenden Betrieb mit der Tastenkombination [Strg]+[C] abgebrochen werden kann, und prüft am GPIO-Eingang des Bewegungssensors, ob eine Zustandsänderung eingetreten ist oder nicht. Wird eine Bewegung gemeldet, erlischt die leuchtende grüne LED, und die Meldung Bewegung erscheint auf der Konsole.

Falls keine Bewegung erfolgt, kann die grüne LED trotzdem per manuellen Druck auf den Schalter ausgeschaltet werden, hier wird der Status des GPIO-Eingangs GPIO17 geprüft. Liegt dort ein Signal an, leuchtet die rote LED. Die vorgestellte Briefkastenschaltung kann für viele weitere Zwecke eingesetzt werden. Mit einer angeschlossenen Kamera können Sie die Schaltung, in diesem Fall ohne Schalter, als Kameraauslösesteuerung für eine im Vogelhaus montierte Kamera einsetzen.

4.4 Paparazzi Pi zeigt Neues aus dem Vogelhaus

Paparazzi Pi im Eigenbau: Wie ein Schalter oder ein Sensor, beispielsweise ein PIR-Bewegungsmelder, erfolgreich mit dem Raspberry Pi gekoppelt werden kann, ist nach dem obigen Reed-Schalter-Experiment kein großes Geheimnis mehr. Im nächsten Schritt schließen Sie einfach eine Webcam über den USB-Anschluss an.

Dabei ist grundsätzlich nur darauf zu achten, dass die angeschlossene Kamera auch als `/dev/video`-Device erkannt wird. Prüfen Sie zunächst mit dem `dmesg`-Befehl auf der Konsole, ob die Kamera vom System überhaupt erkannt wurde.

Wenn ja, prüfen Sie, ob die Kamera auch als sogenannter Gerätelink im Raspberry Pi zur Verfügung steht:

```
ls /dev/video*
```

Ausgabe:

```
/dev/video0
```

Anschließend nutzen Sie obiges Shell-Skript (Datei: `piriblink.sh`) und integrieren dort die Steuerung der Kamera. Nimmt der PIR-Sensor eine Bewegung wahr, soll umgehend ein Befehl an die angeschlossene Kamera weitergeleitet werden, um eine Aufnahme zu erstellen. Wer statt einer USB-Webcam ein Raspberry-Pi-Kameramodul (NoIR oder IR-Modell) am CSI-Anschluss im Einsatz hat, benötigt das Fotografiewerkzeug `fswebcam` nicht und nutzt stattdessen für Bildaufnahmen das eigens für die Raspberry-Pi-Kamera vorhandene `raspistill`-Kommando.

Funktionsweise der USB-Webcam prüfen

Stecken Sie die USB-Webcam in den USB-Anschluss und prüfen Sie per `dmesg`- bzw. `lsusb`-Kommando, ob das Gerät ordnungsgemäß vom System erkannt worden ist. In der Regel ist die Kamera als Videodevice `/dev/video0` im System eingehängt. Für die Nutzung der Kamera auf der Kommandozeile ist das Werkzeug `fswebcam` vorgesehen, das Sie mit dem Kommando

```
sudo apt-get install fswebcam
```

auf den Raspberry Pi installieren. Per `man fswebcam` erfahren Sie mehr über den Funktionsumfang des Werkzeugs.

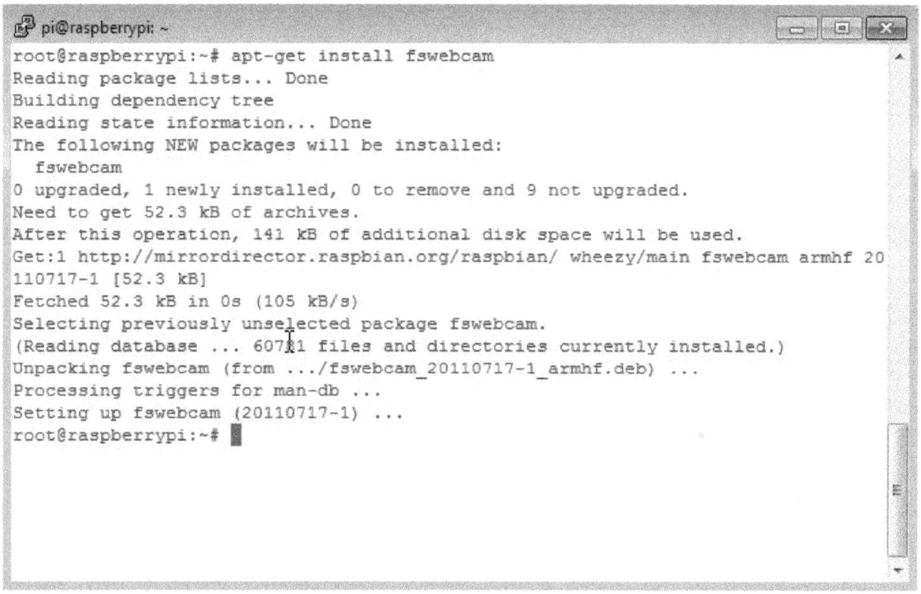

```
root@raspberrypi:~# apt-get install fswebcam
Reading package lists... Done
Building dependency tree
Reading state information... Done
The following NEW packages will be installed:
  fswebcam
0 upgraded, 1 newly installed, 0 to remove and 9 not upgraded.
Need to get 52.3 kB of archives.
After this operation, 141 kB of additional disk space will be used.
Get:1 http://mirrordirector.raspbian.org/raspbian/ wheezy/main fswebcam armhf 20
110717-1 [52.3 kB]
Fetched 52.3 kB in 0s (105 kB/s)
Selecting previously unselected package fswebcam.
(Reading database ... 60741 files and directories currently installed.)
Unpacking fswebcam (from .../fswebcam_20110717-1_armhf.deb) ...
Processing triggers for man-db ...
Setting up fswebcam (20110717-1) ...
root@raspberrypi:~#
```

Bild 4.18: Wie gewohnt: Per `apt-get install`-Kommando ziehen Sie das fehlende Paket **fswebcam** auf den Raspberry Pi nach.

In diesem Fall starten Sie mit dem Kommando

```
/usr/bin/fswebcam -r 320x240 -i 0 -d /dev/video0 --jpeg 95 --shadow --title
"Raspi im Vogelhaus" --subtitle "Yummi-Front" --info "Monitor: Active" -v
/var/tmp/mailpic.jpg
```

eine Aufnahme und legen diese zunächst im Verzeichnis `/var/tmp` mit der Bezeichnung `mailpic.jpg` ab. Prüfen Sie per `ls /var/tmp`-Kommando, ob `fswebcam` hier erfolgreich eine Aufnahme abgelegt hat oder nicht. Für den regelmäßigen, wiederkehrenden Einsatz nutzen Sie den `fswebcam`-Befehl in einer Schleife oder koppeln das

4 Alarm und Bewegungsmelder

Kommando im Skript mit dem Bewegungsmelder: Nur wenn der Sensor eine Bewegung feststellt, wird über `fswebcam` eine Aufnahme erstellt.

Piri-Skript als Vorlage nutzen und aufbohren

Im Folgenden wird das obige Skript (Datei: `piriblink.sh`) als Vorlage genutzt und das beschriebene `fswebcam`-Kommando mit dem angeschlossenen Sensor gekoppelt. Daneben sind noch LEDs integriert, die zwar nicht zwingend vorhanden sein müssen, jedoch einen zusätzlichen optischen Nutzen auf dem Steckboard bringen.

Bei der endgültigen Lösung auf der Platine können Sie sie jedoch einsparen und auf die entsprechenden Codezeilen verzichten (Variablen `red` und `green`, `GPIO 17` [Pin 11] bzw. `GPIO 18` [Pin 12]).

In diesem Skript wird nach Erkennung einer Bewegung in dem Konstrukt `if [ "$(ls /dev/video0)" ]; then` zunächst geprüft, ob das Gerät `/dev/video0` zur Verfügung steht. Wer statt einer USB-Webcam das Raspberry-Pi-Kameramodul im Einsatz hat, für den ist das obige Konstrukt nutzlos, da die Kamera in der Regel nicht über `/dev/video` eingebunden ist.

Wenn ja, wird eine Aufnahme erstellt und gespeichert. Ist keine Kamera angeschlossen, erfolgt nur eine Bildschirmmeldung (`KEIN Videodevice an Raspberry Pi angeschlossen`).

```bash
#!/bin/bash
# ------------------------------------------------------
# E.F.Engelhardt, Franzis Verlag, 2016
# ------------------------------------------------------
# Skript: piriblinkcam.sh
#
red=0 # ist GPIO 17 - Pin 11
green=1 # ist GPIO 18 - Pin 12
piri=11 # ist GPIO 07
FILENAME=$(date +"%m-%d-%y|||%H%M%S")
MAILFILE="/var/tmp/mailpic.jpg"
# ------------------------------------------------------
# Funktion init
# GPIO einstellen und LEDs initialisieren fuer Reed-Schalter
# ------------------------------------------------------
init ()
{
  echo initialisieren...
  gpio mode $piri in
  gpio mode $piri up
  gpio mode $foto out
  gpio mode $red in
  gpio mode $red up
```

```
  gpio mode $green out
  gpio write green 1
}
# ----------------------------------------------------------------
# Schaltkreis einschalten
# ----------------------------------------------------------------
init
# Schleife bis ctrl+c
while true; do
if [ $(gpio read $piri) -eq  0 ]; then
  if [ `gpio read $red` = 1 ]; then
     gpio write $green 1
  else
     gpio write $green 0;
  fi
else
   gpio write $green 0;
   echo "Bewegung"
   echo "-> erstelle Aufnahme"
    if [ "$(ls /dev/video0)" ]; then
        echo "Videodevice an Raspberry Pi angeschlossen"
        /usr/bin/fswebcam -r 320x240 -i 0 -d /dev/video0 --jpeg 95 --shadow
--title "Raspi im Vogelhaus" --subtitle "Yummi-Front" --info "Monitor:
Active" -v $MAILFILE
        cp ${MAILFILE} /var/tmp/${FILENAME}.jpg
     else
        echo "KEIN Videodevice an Raspberry Pi angeschlossen"
     fi
fi
sleep 0.1
done
exit 0
# ----------------------------------------------------------------
```

Der hell hinterlegte Bereich wurde in diesem Skript ergänzt, um die Zusammenarbeit einer am Raspberry Pi angeschlossenen USB-Kamera mit dem Bewegungsmelder zu ermöglichen.

Im Fall des Raspberry-Pi-Kameramoduls ersetzen Sie den hinterlegten Bereich mit dem nachstehenden Codeblock:

```
   echo "-> erstelle Aufnahme"
    if [ "`vcgencmd get_camera`" = "supported=1 detected=1" ]; then
        echo "Raspberry-Pi-Kameramodul an Raspberry Pi angeschlossen"
        raspistill -o $MAILFILE
```

```
        cp ${MAILFILE} /var/tmp/${FILENAME}.jpg
    else
        echo "KEIN Raspberry-Pi-Kameramodul an Raspberry Pi angeschlossen"
    fi
```

```
pi@raspberryPiBread ~ $ ./piriblinkcam.sh
initialisieren...
Bewegung
-> erstelle Aufnahme
ls: cannot access /dev/video0: No such file or directory
KEIN Videodevice an Raspberry Pi angeschlossen
Bewegung
-> erstelle Aufnahme
ls: cannot access /dev/video0: No such file or directory
KEIN Videodevice an Raspberry Pi angeschlossen
Bewegung
-> erstelle Aufnahme
ls: cannot access /dev/video0: No such file or directory
KEIN Videodevice an Raspberry Pi angeschlossen
Bewegung
-> erstelle Aufnahme
ls: cannot access /dev/video0: No such file or directory
KEIN Videodevice an Raspberry Pi angeschlossen
Bewegung
-> erstelle Aufnahme
ls: cannot access /dev/video0: No such file or directory
KEIN Videodevice an Raspberry Pi angeschlossen
Bewegung
-> erstelle Aufnahme
ls: cannot access /dev/video0: No such file or directory
KEIN Videodevice an Raspberry Pi angeschlossen
Bewegung
-> erstelle Aufnahme
```

Bild 4.19: Bewegung erkannt: Nun prüft das Skript, ob eine USB-Webcam angeschlossen ist. Hier ist das nicht der Fall. Die Bewegung wird zwar registriert, löst jedoch keine Aufnahme aus.

Das war es zunächst. Sie können die Fotos nach Wunsch über WLAN auf ein externes Speichermedium, etwa über eine NFS- oder Samba-Freigabe in Ihrem Heimnetz, auslagern. Alternativ richten Sie einen automatisierten E-Mail-Versand ein, mit dem die gemachten Aufnahmen aus dem Vogelhaus automatisch in das E-Mail-Postfach gelangen.

Ohne Strom nix los: Akkupack auswählen

Hängt das Vogelhaus im Garten an einem Baum und ist keine Steckdose in Sicht, können Sie sich im Handyzubehörmarkt bedienen und den Raspberry Pi sozusagen als mobile Lösung nutzen. Wichtig ist eine Ausgangsspannung von 5 V. Damit der Raspberry Pi auch entsprechend Power bekommt und wenigstens eine Zeit lang betrieben werden kann, empfehle ich einen Akku mit mindestens 700 mAh, besser mehr. Mit einer Kapazität von 9.000 mAh laden Sie ein Smartphone wie das betagte iPhone 4S oder das Samsung Galaxy S3 vier- bis fünfmal vollständig auf. Vom Preis-Leistungs-Verhältnis und vom Gewicht her stellt das Raikko USB AccuPack 5200 von

Niebauer in Sachen Akkueinsatz für den Raspberry Pi den besten Kompromiss dar. Das Kraftpaket eignet sich vor allem wegen der Bauform und des geringen Gewichts ideal für den Einsatz im Vogelhaus-Projekt.

Vogelhausmontage: kleben und knipsen

Je nach verwendetem Raspberry-Pi-Gehäuse und Größe des genutzten Vogelhauses kommt es darauf an, wo bzw. wie Sie den Raspberry Pi unterbringen. Bei größeren Modellen wie beispielsweise dem Modell Eigenbau lässt sich der Raspberry schön unter dem Dach des Vogelhauses unterbringen, für die Kabel der Kamera müssen jedoch passende Öffnungen geschaffen werden. Diese Arbeiten kommen aber erst zum Schluss.

Zunächst passen Sie die Komponenten genau ein. Dabei lautet die Empfehlung, den Platz für die Elektronik etwas großzügiger zu bemessen und somit auch ein größeres Vogelhaus zu bauen oder anzuschaffen. Bei diesem Prototyp musste die Elektronik aufgrund der beengten Verhältnisse außerhalb des Vogelhauses Platz finden, lediglich der Bewegungssensor und das Kameramodul hatten im Vogelhaus noch Platz. Das war wohl auch der Grund dafür, dass sich in den zwei Wochen, in denen das Vogelhaus in Betrieb war, kein Vogel blicken ließ.

Bild 4.20:
Vogelhaus-Erlkönig mit Bewegungsmelder: Der Platzbedarf für Kamera und Verkabelung ist nicht zu unterschätzen. In diesem Fall mussten der Raspberry Pi und der Akkublock außerhalb des Vogelhauses provisorisch mit Klebeband und Kabelbinder befestigt werden.

Nutzen Sie hingegen ein großzügig bemessenes Vogelhaus und locken die Piepmätze mit einem Meisenknödel, stehen die Chancen gut, dass im Vogelhaus viele Fotos geschossen werden. Bei einer zu klein geratenen Speicherkarte im Raspberry Pi ist auch aus Speicherplatzgründen der sofortige Versand der Bilder per WLAN eine gute Sache.

4.5 Smarte Rauchmelder – Smartphone als Feuerwehr

Ein oder mehrere Rauchmelder in Haus und Wohnung sind abgesehen von den gesetzlichen Vorschriften für jedermann Pflicht, der Haushaltsgeräte verschiedenster Art im Einsatz hat, die wiederum rund um die Uhr im Einsatz sind. In vielen Bundesländern in Deutschland sind Rauchmelder seit einigen Jahren vorgeschrieben und müssen in sämtlichen Schlaf- und Kinderzimmern sowie in Fluren installiert sein. Der Eigentümer bzw. Vermieter ist für den Einbau verantwortlich, der Mieter für die Wartung.

Was nützt ein Rauchmelderalarm, wenn Sie nicht zu Hause sind? In den allermeisten Fällen ist man zu Hause, wenn der installierte Rauchmelder anschlägt, und meist sind glücklicherweise nur kleinere Vorkommnisse wie beispielsweise ein Kochtopf mit angebrannter Milch auf dem Herd die Ursache. Doch bei echten Bränden geht es meist nicht um angebrannte Milch im Kochtopf und um Fahrlässigkeit, in der Regel lösen technische Defekte an elektrischen Hausgeräten einen Brand aus.

Schenkt man den einschlägigen Statistiken Glauben, passieren die meisten Brandunfälle vor allem nachts in den eigenen vier Wänden. Gerade nachts im Schlaf schläft auch der menschliche Geruchssinn, und innerhalb weniger Minuten kann es zu einer tödlichen Rauchvergiftung kommen. Egal wie günstig oder teuer – ein Rauchmelder kann Leben retten, indem er bei Brandgefahr mit lautem Alarm reagiert. So bleibt auch im Fall eines Feuers meist genügend Zeit, die betroffenen Menschen in Sicherheit zu bringen. Andererseits können technische Defekte mit Glück auch vorher bemerkt werden. So kann beispielsweise ein langsam dahinschmorender elektrischer Kontakt in der Mehrfachsteckdose genau wie ein Kurzschluss unvorhergesehen für entsprechende Dämpfe im Haushalt sorgen, die den Rauchmelderalarm auslösen können. Im Idealfall kann man noch reagieren und größere Schäden verhindern, wenn der Zeitraum dafür ausreichend ist – und unabhängig davon, wo Sie sich gerade befinden. Je früher Sie darüber informiert werden, desto besser.

In Europa lange Zeit nur in Großbritannien erhältlich und seit Herbst 2015 bei diversen Onlinehändlern in der Version 2 in Deutschland verfügbar: Der Rauchmelder Nest Protect von Google kommt mit eingebauter WLAN-Schnittstelle und informiert den Benutzer über Ereignisse, wenn der CO-Sensor des Rauchmelders anschlägt. Die aktuelle Version kommt im Gegensatz zur Erstauflage ohne die sogenannte Wave-Funktion aus, mit der ein Alarm einfach per Wisch-/Winkbewegung deaktiviert werden konnte. Dies funktionierte nicht zuverlässig und sorgte wohl auch im täglichen Gebrauch offensichtlich für Probleme, sodass diese Funktion kurzerhand wieder entfernt wurde. Der Rauchmelder ist in zwei unterschiedlichen Bauformen verfügbar: ein Modell mit Akku-/Batteriebetrieb und eines für den Netzbetrieb an der Steckdose. Bei Letzterem kann es vorkommen, dass entweder kein Netzkabel oder das falsche (UK-Netzadapter) mit im Karton ist – im Rahmen des Projekts wurde kurzerhand ein eigenes Kabel samt Stecker aus der Bastelkiste geholt und vom Elektriker ordnungsgemäß angeschlossen. Sind die Batterien/Akkus in der kabellosen Variante eingelegt oder der

Netzadapter in der Netzbetriebsversion eingesteckt, sind die Funktionen und Möglichkeiten der Geräte identisch – die Einrichtung sowie Praxisbeispiele in diesem Buch werden exemplarisch anhand des Nest Protect im Netzbetrieb durchgeführt.

Nest-Rauchmelder einrichten per App

Egal ob das Smartphone Googles Android oder iOS aus dem Hause Apple verwendet – hinsichtlich der Funktionen und Möglichkeiten sind beide Apps nahezu identisch. Beide stehen in den jeweiligen App-Stores (Google Play Store, Apple App Store) kostenlos zur Verfügung und sind innerhalb weniger Minuten heruntergeladen und installiert. Um den Rauchmelder erstmalig in Betrieb zu nehmen, benötigt Nest ein entsprechendes Onlinekonto, mit dem die App kommuniziert – der Rauchmelder selbst liefert die Daten an den Nest-Server, der sie entsprechend aufbereitet und zur Darstellung an die App weiterreicht. Dieses Client/Server-Prinzip via App wurde bereits von anderen Herstellern wie Withings, Netatmo und weiteren im App-Markt ebenfalls eingeführt und erfordert natürlich eine gesunde Portion Vertrauen und Risikobereitschaft, aber auch ein genaues Nachdenken darüber, wem man welche Daten wann zur Verfügung stellt. Natürlich droht hier die Gefahr, dass das Gerät nicht mehr genutzt werden kann – höchstens als Briefbeschwerer – falls der Anbieter eines Tages den versprochenen Service in Form des Webspace und des Service irgendwann abschaltet oder ein wichtiges Zubehörteil nicht mehr wie vorgesehen funktioniert. Für den Google-Rauchmelder Nest Protect ist im Gerät selbst eine Art »Ablaufdatum« angegeben, das in den *Einstellungen* (Zahnradsymbol beim Rauchmelder) im Bereich *Technical info* beim Eintrag *Replace by* zu finden ist – doch dazu später mehr.

Rauchmelderüberwachung mit dem Smartphone

Ist die App auf dem Smartphone installiert und dieses wiederum per WLAN mit dem heimischen Netz verbunden, kann der Rauchmelder mithilfe der App konfiguriert und mit den gewünschten Einstellungen in Betrieb genommen werden. Neben dem für einen Rauchmelder nötigen CO_2-Sensor bringt der Nest Protect ein verbautes LED-Licht und eine Lautsprechereinheit mit, die als Alarm- und Hinweisgeber fungiert.

Grundsätzlich überwacht der smarte Rauchmelder seine Umgebung wie ein gewöhnlicher Rauchmelder, auch dann, wenn keine WLAN-Verbindung eingerichtet ist. Der zusätzliche Nutzen offenbart sich für viele technikaffine Anwender im Funktionsumfang. So dient der Rauchmelder auf Wunsch in der Dunkelheit als Nachtlicht, das auf Bewegungen reagiert und die Umgebung ausleuchtet. Zusätzlich teilt er mithilfe des LED-Rings mit, ob Probleme jedwelcher Art vorliegen, etwa schwache Batterien, die Steam-Check-Funktion versucht, die Anzahl möglicher Fehlalarme zu verringern, während die Heads-up-Funktion den Verlauf der Rauch- bzw. Monoxidmesswerte überwacht.

4 Alarm und Bewegungsmelder

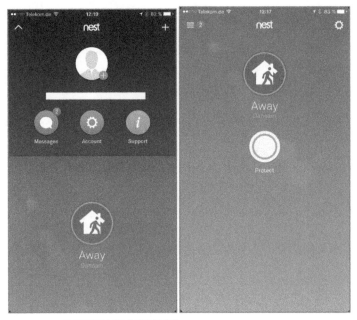

Bild 4.21: Nach dem Start der App erhalten Sie im Bereich *Messages* die aktuellen Meldungen des Nest-Protect-Rauchmelders.

4.5 Smarte Rauchmelder – Smartphone als Feuerwehr

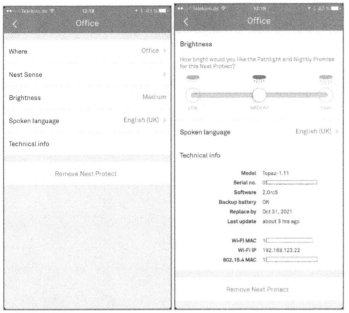

Bild 4.22: Der Rauchmelder Nest Protect kommt mit Lautsprecher samt Sprachmodul – bei den dafür angebotenen Sprachpaketen im Bereich *Spoken Language* fehlt in diesem Test jedoch die deutsche Lokalisisierung.

Der Rauchmelder besitzt eine Art Ablaufdatum, das sich in den Einstellungen (Zahnradsymbol beim Rauchmelder) im Bereich *Technical info* beim Eintrag *Replace by* anzeigen lässt. Die Konfiguration lässt sich bequem per App festlegen – beispielsweise kann die Helligkeit der im Nest Protect verbauten LED als Nachtlicht eingestellt werden.

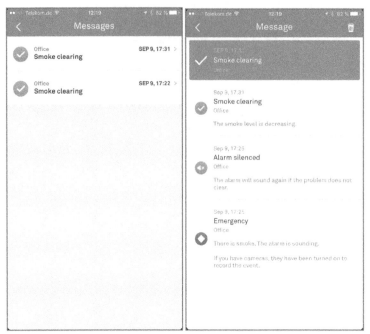

Bild 4.23: Alarmmeldung: Die akustische Fehlermeldung ist nicht zu überhören, den Hinweis der App muss man hingegen fast suchen – unter *Messages* werden nicht nur einfache Hinweise angezeigt, es wird auch Alarm gegeben.

Mit dem Lautsprecher schlägt der Rauchmelder erst mal »leisen« Alarm in Form einer Nachricht, bevor er mit voller Lautstärke loslegt – das ist besonders dann praktisch, wenn beispielsweise in der Küche etwas angebrannt ist und ein Fehlalarm die Folge wäre. Die Benachrichtigung bzw. der direkte Alarm auf dem gekoppelten Smartphone erfolgt leider unzuverlässig – dennoch wäre er vor allem nachts durchaus sinnvoll, falls der Benutzer das Smartphone beispielsweise als Wecker im Schlafzimmer benutzt.

4.6 Rauch- und CO-Alarmbenachrichtigung mit PHP

Der Nest-Rauchmelder hat neben den klassischen Rauchmeldersensoren auch eine drahtlose Netzwerkschnittstelle, über die er sich im Heimnetz mit der Google-Cloud verbindet. Die Google-Cloud koppeln Sie wiederum über die Nest-App mit dem Smartphone, um dort immer über den Zustand des Rauchmelders informiert zu sein. Wer jenseits der Google-Dienste auf »seine« Rauchmelderinfrastruktur zu Hause zugreifen möchte, kann die kostenlos zur Verfügung stehende Google-Nest-API nutzen, um eine zusätzliche und vor allem maßgeschneiderte Alarmbenachrichtigung für das persönliche Smart Home zu programmieren.

Zugriff auf den Rauchmelder mit der Google-Nest-API

Alle Wege führen bekanntlich nach Rom: So oder so ähnlich liest sich in Sachen Vielfalt und Möglichkeiten die API von Google/Nest, um auf die hauseigenen Geräte über eine einheitliche REST-Schnittstelle zuzugreifen. Bekanntlich hat Nest nicht nur die in diesem Projekt vorgestellten Rauchmelder mit der Bezeichnung Protect (und diese in der zweiten Generation) im Sortiment, sondern auch das Thermostat sowie seit Ende 2015 die relativ teure Kameralösung »Nest Cam« für die Rund-um-die-Uhr-Überwachung des Innenraums. Für den Zugriff auf weitere Informationen ist naturgemäß ein Google-Benutzerkonto nötig. Damit erhalten Sie Zugriff auf die kostenlose API und die Dokumentation, die beispielsweise für den Rauchmelder Protect online zur Verfügung steht.

```
https://developer.nest.com/documentation/cloud/how-to-smoke-co-alarms-object/
```

Für ungeübte Augen ist die Dokumentation zwar teils sehr verständlich, aber dann doch wieder endlos kompliziert. Dennoch brauchen Sie für ein kleines Projekt nicht gleich das Rad neu zu erfinden. Stattdessen nutzen Sie einfach die in diesem Projekt verwendete Klasse `smoke.class.php`. Sie basiert im Wesentlichen auf der auf GitHub.com verfügbaren Nest-Thermostatlösung `nest.class.php` (*https://github.com/gboudreau/nest-api*) des Kanadiers Guillaume Boudreau. Die vorgestellte Lösung ist im Gegensatz zum Original vornehmlich auf Rauchmelderfunktionen sowie deren Werte reduziert und auf die Darstellung der Rückgabewerte des CO- und Rauchsensors angepasst.

PHP-Curl nachrüsten

Die in diesem Projekt verwendete PHP-Lösung benötigt für die Webzugriffe auf die Google-Cloud die PHP-Erweiterung `curl`, mit der sich Webserverrückgaben und Werte bequem zerlegen und übersichtlich darstellen lassen. Das nötige `php5-curl`-Paket ist nicht im Standard-PHP-Paket enthalten und muss über die Kommandozeile nachinstalliert werden.

```
sudo apt-get install php5-curl
sudo service apache2 restart
```

Zusätzlich schadet die Installation weitere `curl`-Pakete auf dem Raspberry Pi nicht, die auch den Einsatz in der Shell und in der Programmierung bequem möglich machen.

```
sudo apt-get install curl libcurl3 libcurl3-dev
```

Nach der Installation ist der Apache-Webserver neu zu starten, damit die PHP5-Installation initialisiert und in Betrieb genommen werden kann.

```
pi@rpi-proxy ~/smoke $ sudo apt-get install php5-curl
Paketlisten werden gelesen... Fertig
Abhängigkeitsbaum wird aufgebaut.
Statusinformationen werden eingelesen.... Fertig
Die folgenden NEUEN Pakete werden installiert:
  php5-curl
0 aktualisiert, 1 neu installiert, 0 zu entfernen und 1 nicht aktualisiert.
Es müssen 24,6 kB an Archiven heruntergeladen werden.
Nach dieser Operation werden 79,9 kB Plattenplatz zusätzlich benutzt.
Holen: 1 http://mirrordirector.raspbian.org/raspbian/ jessie/main php5-curl armhf 5.6.17+dfsg-0+deb8u1 [24,6 kB]
Es wurden 24,6 kB in 0 s geholt (35,5 kB/s).
Vormals nicht ausgewähltes Paket php5-curl wird gewählt.
(Lese Datenbank ... 100910 Dateien und Verzeichnisse sind derzeit installiert.)
Vorbereitung zum Entpacken von .../php5-curl_5.6.17+dfsg-0+deb8u1_armhf.deb ...
Entpacken von php5-curl (5.6.17+dfsg-0+deb8u1) ...
Trigger für libapache2-mod-php5 (5.6.17+dfsg-0+deb8u1) werden verarbeitet ...
php5-curl (5.6.17+dfsg-0+deb8u1) wird eingerichtet ...

Creating config file /etc/php5/mods-available/curl.ini with new version
php5_invoke: Enable module curl for cli SAPI
php5_invoke: Enable module curl for cgi SAPI
php5_invoke: Enable module curl for apache2 SAPI
Trigger für libapache2-mod-php5 (5.6.17+dfsg-0+deb8u1) werden verarbeitet ...
pi@rpi-proxy ~/smoke $ sudo service apache2 restart
pi@rpi-proxy ~/smoke $
```

Bild 4.24: Erst nach dem Neustart des Apache-Webservers steht Curl über die PHP5-Funktionen zur Verfügung.

Nach der Installation des `php5-curl`-Pakets erstellen Sie eine passende PHP-Datei auf dem Raspberry Pi, mit der sich die Google-Datenwolke anzapfen und die aktuellen Sensorwerte des Rauschmelders abfragen lassen.

Google-Cloud-Rauchmelderdaten mit PHP auslesen

In diesem Projekt legen Sie auf dem Raspberry Pi im Home-Verzeichnis des Benutzers `pi` dafür ein eigenes Verzeichnis – hier mit der Bezeichnung `smoke` – an und erstellen dort die Datei `smoke.php`, die die Brücke zur Google-Cloud und zum lokalen Rauchmelder darstellt.

```
cd ~
mkdir -p smoke
nano smoke.php
```

Der Inhalt der Datei `smoke.php` ist übersichtlich. Zunächst wird über die `require_once('smoke.class.php')`-Zeile die angepasste `smoke.class.php`-Klasse eingebunden, damit der Zugriff auf die Basisfunktionen der Nest-Klassen möglich wird. Für den Zugriff auf die persönlichen Geräte in der Nest-Cloud ist aus Sicherheitsgründen die Eingabe über die Benutzerkennung samt Passwort nötig, die hier in die Platzhalter der jeweiligen Variablen eingetragen werden.

```
<!DOCTYPE html>
```

4.6 Rauch- und CO-Alarmbenachrichtigung mit PHP

```php
<html>
    <head>
        <meta charset="utf-8" />
        <title>NEST PROTECT @ DAHOAM</title>
    </head>
    <body style="background-color: white;">
<?php
// error_reporting(E_ALL);
require_once('smoke.class.php');
// Nest username / password
$username = 'username-bei-nest.com';
$password = 'password-bei-nest.com';

date_default_timezone_set('Europe/Berlin');
$nest = new Nest($username, $password);
// FULLDUMP  EIGENSCHAFTEN
// echo "Device information:\n";
$nestInfo = $nest->getDeviceInfo();
echo "-------------------------------------------------\n[NEST RAUCHMELDER] Check ob CO OK\n-------------------------------------------------\n\n";
// -------------------------------------------
$isCoAlarm = $nestInfo->co_status;
if ($isCoAlarm = "OK"){
    echo "CO-Werte sind OK\n\n";
} else {
    echo "CO-Werte sind NICHT OK\n\n A L A R M\n\n";
}
// -------------------------------------------
// smoke_alarm_state
echo "-------------------------------------------------\n[NEST RAUCHMELDER] Check ob SMOKE-SENSOR OK\n-------------------------------------------------\n\n";

$isSmokeAlarm = $nestInfo->smoke_status;
if ($isSmokeAlarmm = "OK"){
    echo "Kein Rauch/Smoke im EG - Smoke-Sensor meldet OK\n\n";
} else {
    echo " Rauch/Smoke im EG - Smoke-Sensor meldet NICHT OK\n\n A L A R M\n\n";
}
echo "\n";
?>
    </body>
</html>
```

Schließlich generieren Sie ein neues Objekt und holen in die Variable `$nestInfo` die aktuellen Geräteinformationen, die im nächsten Schritt für den CO- und den Rauchsensor als jeweilige Statusangaben in den Variablen `isCoAlarm` und `isSmokeAlarm` gespeichert werden. Die anschließende `if`-Abfrage dient schließlich der Überprüfung und Darstellung der Statuswerte auf der Konsole.

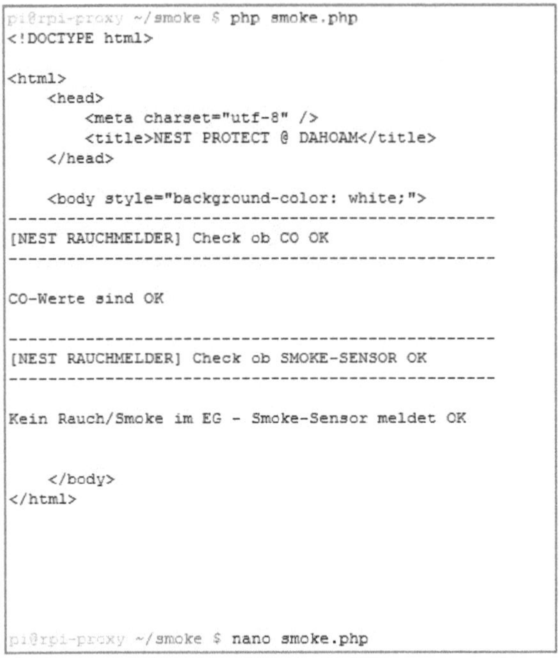

```
pi@rpi-proxy ~/smoke $ php smoke.php
<!DOCTYPE html>

<html>
    <head>
        <meta charset="utf-8" />
        <title>NEST PROTECT @ DAHOAM</title>
    </head>

    <body style="background-color: white;">
------------------------------------------------
[NEST RAUCHMELDER] Check ob CO OK
------------------------------------------------

CO-Werte sind OK

------------------------------------------------
[NEST RAUCHMELDER] Check ob SMOKE-SENSOR OK
------------------------------------------------

Kein Rauch/Smoke im EG - Smoke-Sensor meldet OK


    </body>
</html>

pi@rpi-proxy ~/smoke $ nano smoke.php
```

Bild 4.25: PHP-Dateien müssen nicht zwingend im Webbrowser gestartet werden, sondern lassen sich auf der Konsole mit dem vorangestellten **php**-Kommando ausführen.

Funktioniert das Auslesen der Statusmeldungen, kann darauf aufbauend die Benachrichtigung per E-Mail eingerichtet werden.

Rauchmelder – Alarm mit E-Mail-Benachrichtigung

Mit PHP lässt sich bequem eine E-Mail-Benachrichtigung umsetzen – dafür können Sie die eingebaute `mail`-Funktion verwenden.

```
// mehrere Empfänger
$to  = 'name@domain-name.com' . ', '; // Komma bei mehreren Empfaengern
$to .= 'name2@domain-name2.com' . ', ';
$to .= 'name3@domain-name3.com';

// subject
$subject = 'NEST-Rauchmelder-Alarm';

// message
```

4.6 Rauch- und CO-Alarmbenachrichtigung mit PHP

```
$message = 'ALARM aus dem EG';
$headers  = 'MIME-Version: 1.0' . "\r\n";
$headers .= 'Content-type: text/plain; charset=iso-8859-1' . "\r\n";

// zusätzliche Headerinformationen und/oder CC- + BCC-Empfänger
$headers .= 'To: Erich <erich@franzis.de>, name4 <name@domain-name4.com>' .
"\r\n";
$headers .= 'From: NEST Smoker EG <nestsmoker.dahoam@gmx.de>' . "\r\n";
$headers .= 'Cc: name5@domain-name5.com' . "\r\n";
$headers .= 'Bcc: name6@domain-name6.com' . "\r\n";
// versende Mail
mail($to, $subject, $message, $headers);
```

In diesem Buch kommen neben dem Nest-Rauchmelder noch viele andere Sensoren sowie IoT-Gerätschaften zum Einsatz, die miteinander verzahnt sind. Deshalb wird im Weiteren die E-Mail-Benachrichtigung zentral über eine Python-Funktion der Beispieldatei `pretzelmail.py` aus dem Projekt »Low-Cost-Bewegungsmelder im Eigenbau« (ab Seite 161) im nächsten Kapitel erledigt. Um diese bequem zu nutzen, erfolgt der Versand der E-Mail Nachricht über die `shell_exec`-Funktion. Der darin liegende Aufruf der Python-Datei erhält drei Argumente – die eigene Geräte-ID des Rauchmelders/Sensors, den Status und optional den Text, der als `Subject` in der E-Mail-Nachricht verwendet werden soll. Die Geräte-ID des Nest-Rauchmelders sollte achtstellig sein – Sie legen sie in der neuen PHP-Datei `nestprotect.php` in der Variablen `$dev` fest. Der Wert der Variablen `$status` ist in diesem Fall für vier Zustände (0 = OK, 1 = CO, 2 = SMOKE, 3 = CO und SMOKE) definiert und wird später abhängig von der Rückmeldung des Nest-Rauchmelders gesetzt. Den aktuellen Status des CO- und des Rauchsensors holen Sie per PHP in ihre eigene Variablen:

```
$isCoAlarm = $nestInfo->co_status;
$isSmokeAlarm = $nestInfo->smoke_status;
```

Im zweiten Schritt fragen Sie die Werte in beiden Variablen über eine `if`-Abfrage ab und senden davon abhängig die E-Mail-Benachrichtigung per Aufruf der `pretzelmail.py` samt nötigen Parametern.

```
<?php
...

/*
nestprotect.php

$dev = "NEST1234";
$status = "0";
// 0 = OK
// 1 = CO
// 2 = SMOKE
// 3 = CO und SMOKE
```

4 Alarm und Bewegungsmelder

```php
echo shell_exec('sudo /home/pi/pir/pretzelmail.py '.$dev.' '.$status.'');
*/
// -------------------------------------------------------------
$dev = "NEST1234";
$status = 0;
echo "--------------------------------------------------\n[NEST RAUCHMELDER]
Check ob CO/SMOKE - Sensor OK\n----------------------------------------\n\n";
$isCoAlarm = $nestInfo->co_status;
$isSmokeAlarm = $nestInfo->smoke_status;
$timestamp = time();
$datum = date("d.m.Y",$timestamp);
$uhrzeit = date("H:i",$timestamp);
if ($isCoAlarm = "OK"){
   if ($isSmokeAlarm = "OK"){
      echo $datum, "-",$uhrzeit, ";";
      echo "CO-Werte sind OK. Kein Rauch/Smoke im EG -> Smoke-Sensor meldet
OK\n\n";
   } else  {
      echo $datum, "-",$uhrzeit, ";";
      echo "CO-Werte sind OK\n\n";
      echo "Rauch/Smoke im EG - Smoke-Sensor meldet NICHT OK\n\n A L A R
M\n\n";
      $status = 2;
      echo shell_exec('sudo /home/pi/pir/pretzelmail.py '.$dev.' '.$status.'
\'[NEST PROTECT] RAUCHMELDER-ALARM\''); // RAUCHMELDER-ALARM'');
   }
} else {
   if ($isSmokeAlarm = "OK"){
      $status = 2;
      echo $datum, "-",$uhrzeit, ";";
      echo "CO-Werte sind NICHT OK\n\n A L A R M\n\n";
      echo "Kein Rauch/Smoke im EG - Smoke-Sensor meldet OK\n\n";
   } else  {
      $status = 3;
      echo $datum, "-",$uhrzeit, ";";
      echo "CO-Werte sind NICHT OK\n\n A L A R M\n\n";
      echo " Rauch/Smoke im EG - Smoke-Sensor meldet NICHT OK\n\n A L A R
M\n\n";
   }
   echo shell_exec('sudo /home/pi/pir/pretzelmail.py '.$dev.' '.$status.'
\'[NEST PROTECT] RAUCHMELDER-ALARM\'');
} ... ?>
```

Damit die E-Mail-Benachrichtigung aus dem Buchprojekt »Low-Cost-Bewegungsmelder im Eigenbau« auch mit dem Nest-Rauchmelder verwendet werden kann, wurde dort die Steuerdatei pretzelmail.py mit wenigen Zeilen Python-Code ergänzt, um eine spezielle

`Subject`-Information im Python-Aufruf als Übergabeparameter verwenden zu können. In diesem Fall wird über die `if`-Funktion (`len(sys.argv) == 4`) die Anzahl der Übergabeparameter geprüft. Hat diese (inklusive Dateibezeichnung) den Wert 4, wird der letzte Übergabeparameter über die Zuweisung `MSGSUBJECT = str(sys.argv[3])` für die E-Mail-Nachricht als `Subject` verwendet.

```
def main():
    global MSGSUBJECT
    global status
    if (len(sys.argv) < 3):
        # Wird ausgeführt, wenn das Programm nicht korrekt aufgerufen wurde
        print """pretzelmail.py

        Überträgt für Sensor mit der ID <dev> den Statuswert <status> per E-Mail an Empfänger.
            Optional <subject>

        Funktionsweise:
            python pretzelmail.py <devid> <status> [<subject>]
        Beispiel:
            python pretzelmail.py 12345678 1
            Überträgt für Sensor mit der ID 12345678 den Statuswert 1 per E-Mail.

            python pretzelmail.py NEST5678 1 'FEUERALARM IN DER KÜCHE'
            Überträgt für Rauchmelder mit der ID NEST5678 den Alarm per E-Mail.

        """
        sys.exit()

    # Programm ausführen
    dev = sys.argv[1]
    status = sys.argv[2]
    if (len(sys.argv) == 4):
        MSGSUBJECT = str(sys.argv[3])
    else:
        print "Kein Rauchmelder"
        MSGSUBJECT = '[Pretzelboard] Bewegungssensor hat Alarm geschlagen...' # Betreffzeile-Inhalt
```

Einen Testlauf der erstellten PHP-Datei lässt sich über die Kommandozeile initiieren. Dafür setzen Sie hier das Kommando:

```
php nestprotect.php
```

ab. In wenigen Minuten sollte eine E-Mail-Nachricht eintreffen – das funktioniert naturgemäß nur dann, wenn der Rauchmelder auch den dafür nötigen Status liefert. Deshalb lässt sich der Versand der E-Mail so simulieren, dass die `if`-Anfrage für den Test negiert wird. Dafür ändern Sie beispielsweise die Zeile:

```
if  ($isCoAlarm = "OK"){
```

temporär in:

```
if  ($isCoAlarm <> "OK"){
```

und speichern die Datei.

Bild 4.26: Maßgeschneiderte E-Mail-Benachrichtigung vom Rauchmelder.

Nach dem erfolgreichen Test nehmen Sie die Änderung zurück und speichern die Datei erneut. Soll die Überprüfung des Status der Sensoren des Rauchmelders regelmäßig erfolgen, ist dies eine typische Aufgabe, die ein Taskplaner auf dem Computer selbstständig erledigen kann. Diese Funktion übernimmt auf dem Raspberry Pi systemweit das `cron`-Programm, das als Bestandteil auf jeder Linux-Distribution zu finden ist.

Regelmäßige Überprüfung per Cronjob

Die ständige Überprüfung des Rauchmelderstatus läuft über eine regelmäßige, zeitlich gesteuerte Abfrage ab, die auf dem Raspberry Pi per Cronjob gestartet wird. In der dazugehörigen `crontab`-Datei (`cron`-Tabelle) werden sämtliche Skripte und Programme, die zu vorgegebenen Zeiten gestartet werden sollen, tabellarisch in einem bestimmten Format eingetragen.

```
sudo nano /etc/crontab
```

Grundsätzlich existieren dafür eine benutzerdefinierte und eine systemweite Datei – in diesem Beispiel wird die systemweite `/etc/crontab`-Datei verwendet, die nur mit administrativen `root`-Rechten bearbeitet werden kann.

4.6 Rauch- und CO-Alarmbenachrichtigung mit PHP

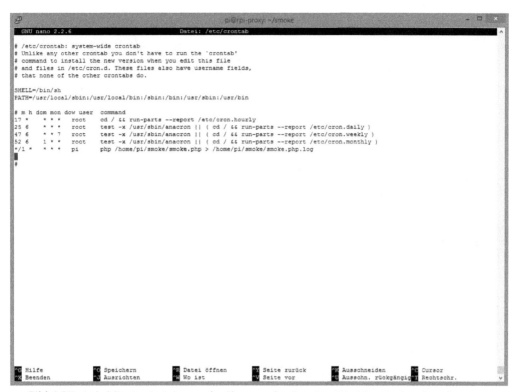

Bild 4.27: Jede Minute startet cron das Kommando php /home/pi/smoke/smoke.php > /home/pi/smoke/smoke.php.log.

Die sieben Spalten der systemweiten /etc/crontab-Datei haben jeweils eine fest definierte Bedeutung. Die ersten fünf Spalten dienen der Zeitangabe für den Cronjob, danach folgt der Benutzername, unter dem der Cronjob ausgeführt werden soll, und zu guter Letzt kommt der auszuführende Befehl, der mit dem vollen Pfad anzugeben ist. Die Spalten sind durch Leerzeichen und Tabs getrennt – bei der benutzerdefinierten crontab-Datei entfällt die Spalte mit dem Benutzernamen, da die cron-Kommandos darin selbstredend unter dem Benutzer erfolgen, für den die benutzerdefinierte Datei angelegt wurde. Um beispielsweise die PHP-Datei smoke.php regelmäßig auszuführen, geben Sie wie im nachstehenden Beispiel zunächst das php-Kommando und dann den Pfad zur PHP-Datei an. Die anschließende Umleitung der Bildschirmausgabe per > (Überschreiben) oder >> (Anfügen) in die Logdatei ist optional und kann auch weggelassen werden. Die Kommandozeile

```
php /home/pi/smoke/smoke.php > /home/pi/smoke/smoke.php.log
```

sorgt dafür, dass die Ausgabe des php-Kommandos in die Datei /home/pi/smoke/smoke.php.log geschrieben wird. In diesem Fall wird die Datei mit der Angabe von */1 am Zeilenanfang jede Minute neu angelegt – soll die Datei beibehalten und jede

Minute der neue Status dokumentiert werden, fügen Sie ein weiteres >-Zeichen in den Befehl ein:

```
php /home/pi/smoke/smoke.php >> /home/pi/smoke/smoke.php.log
```

Für die eigene Lösung für das angepasste Smart Home stehen nun mit dem Rauchmelder weitere interessante Optionen zur Verfügung. Die finale Datei in diesem Projekt wird als `nestprotect2log.php` gesichert und vereint sämtliche Informationen.

```php
<?php
require_once('smoke.class.php');

// Nest username/password
// $username = 'username-bei-nest.com';
$username = 'username-bei-nest.com';
$password = 'password-bei-nest.com';

date_default_timezone_set('Europe/Berlin');
$nest = new Nest($username, $password);

$nestInfo = $nest->getDeviceInfo();
/*
$dev = "NEST1234";
$status = "1";
// 0 = OK
// 1 = CO
// 2 = SMOKE
// 3 = CO und SMOKE
echo shell_exec('sudo /home/pi/pir/pretzelmail.py '.$dev.' '.$status.'');
*/
// ----------------------------------------------------------------
$dev = "NEST1234";
$status = 0;
$isCoAlarm = $nestInfo->co_status;
$isSmokeAlarm = $nestInfo->smoke_status;
$timestamp = time();
$datum = date("d.m.Y",$timestamp);
$uhrzeit = date("H:i",$timestamp);
if ($isCoAlarm = "OK"){
   if ($isSmokeAlarm = "OK"){
      echo $datum,"-",$uhrzeit,";CO OK;Smoke OK\n";
   } else   {
      echo $datum,"-",$uhrzeit,";";
      echo "CO-Werte sind OK\n\n";
      echo "Rauch/Smoke im EG - Smoke-Sensor meldet NICHT OK\n\n A L A R M\n\n";
```

```
        $status = 2;
        echo shell_exec('sudo /home/pi/pir/pretzelmail.py '.$dev.' '.$status.'
\'[NEST PROTECT] RAUCHMELDER-ALARM\''); // RAUCHMELDER-ALARM'');
    }
} else {
    if ($isSmokeAlarm = "OK"){
        $status = 2;
        echo $datum,"-",$uhrzeit,";";
        echo "CO-Werte sind NICHT OK\n\n A L A R M\n\n";
        echo "Kein Rauch/Smoke im EG - Smoke-Sensor meldet OK\n\n";
    }   else   {
        $status = 3;
        echo $datum,"-",$uhrzeit,";";
        echo "CO-Werte sind NICHT OK\n\n A L A R M\n\n";
        echo " Rauch/Smoke im EG - Smoke-Sensor meldet NICHT OK\n\n A L A R M\n\n";
    }
    echo shell_exec('sudo /home/pi/pir/pretzelmail.py '.$dev.' '.$status.'
\'[NEST PROTECT] RAUCHMELDER-ALARM\'');
}
?>
```

Die dargestellte Rauchmelder-Benachrichtigungsoption per E-Mail im Eigenbau ist für einen Raspberry Pi im Heimnetz, der möglicherweise ohnehin im 24/7-Dauereinsatz ist, eine praktische Möglichkeit. Darüber hinaus lassen sich mit den bekannten Techniken mittels PHP und Python weitere Sensoren und Geräte verwenden – das bereits vorgestellte Projekt mit dem Bewegungssensor und dem Pretzelboard nutzt diese Mechanismen ebenfalls.

4.7 Low-Cost-Bewegungsmelder im Eigenbau

Egal ob FS20, HomeMatic, RWE, Conrad & Co. – die einfachsten Bewegungsmelder mit Funktechnologie benötigen immer ein eigenes Funkprotokoll auf der Frequenz 433/868,3 MHz und sind somit eingebettet in ihre »eigene« Welt. Dies bedeutet, dass Sie die jeweilige Gegenstelle anzapfen oder mit Zusatzhardware wie dem USB-CUL-Adapter emulieren müssen, um die Daten mitzulesen und entsprechend über eine Steuereinheit im Heimnetz zu verwalten. Diese Bewegungsmelder-Fertiglösungen sind verhältnismäßig teuer – HomeMatic-Geräte sind in der Bauform etwas unterschiedlich (Indoor-/Outdoor- und Aufputzlösungen) und beginnen in der Preisklasse um die 50 Euro. Die betagten FS20-Module sowie die China-Lösungen mit der Frequenz 433 MHz sind relativ günstig in den Onlinekaufhäusern erhältlich, doch in Sachen Verbindungsqualität und Stabilität nicht immer das Gelbe vom Ei. Auch hier wird ein »Gesprächspartner« für das Sensormodul benötigt und macht eine Steuereinheit erforderlich.

Bild 4.28: Löten unnötig: Auf der Pretzelboard-Platine ist neben dem Arduino Nano auch das WLAN-ESP8266-Modul untergebracht.

Gerade beim Einsatz von Funktechnik im Haus kann es sinnvoll sein, nicht zu viele unterschiedliche Funktechnologien parallel einzusetzen. Mal ganz abgesehen vom berüchtigten Funksmog und den möglichen Interferenzen sowie Übertragungsstörungen – eine Eigenbaulösung mit dem Arduino Nano, dem RFDuino oder dem Pretzelboard ist in jedem Fall mehr als eine Alternative.

Bild 4.29: Mit drei Anschlusskabeln verbinden Sie den Low-Cost-Bewegungsmelder mit dem Arduino Nano/Pretzelboard.

Da im Heimnetz in der Regel sowieso ein oder mehrere WLAN-Netze zur Verfügung stehen, liegt es nahe, auch dieses WLAN für die IoT-Lösungen zu verwenden. Damit reduzieren Sie nicht nur den Funksmog in der Umgebung, sondern haben auch die Möglichkeit, den Bewegungsmelder mit anderen Geräten im Heimnetz über Standardprotokolle zu verbinden und zugeschnittene Lösungen für jeden Zweck zu entwickeln. Die Bandbreite für den Einsatz eines Selbstbaubewegungsmelders ist enorm – aufgrund der geringen Maße und dem WLAN-Modul lässt er sich auch an Standorten montieren, die bisher für Smart-Home-Geräte eher uninteressant waren. Ist der Bewegungsmelder Marke Eigenbau mit einer Akku-/Batterielösung versehen, lässt er sich beispielsweise in einem Vogelhaus, einer Katzenklappe an der Tür, im Briefkasten vor der Haustür und Ähnlichem verwenden. Auch die klassischen Einsatzgebiete eines Bewegungsmelders lassen sich abbilden und mit sinnvollen Funktionen wie Benachrichtigung per SMS/E-Mail etc., Daten-Logging, Archivierung und Antriggern anderer Aktionen ergänzen. So schaltet ein Bewegungsmelder im Flur beispielsweise das Licht, gibt eine Benachrichtigung per E-Mail aus und dokumentiert in der Datenbank, dass

4.7 Low-Cost-Bewegungsmelder im Eigenbau

das Licht zum Zeitpunkt X eingeschaltet wurde. Oder Sie setzen den Bewegungsmelder oder einen Lichtsensor im Briefkasten ein, der eine Benachrichtigung übermittelt, wenn die Briefkastenklappe geöffnet wurde. In diesem Projekt erhalten Sie das dafür nötige Rüstzeug – neben dem Arduino Nano mit dem ESP8266-WLAN-Modul oder dem Pretzelboard benötigen Sie einen passenden Sensor, dessen Datenanschluss mit dem analogen Anschlusspin des Arduino verbunden wird. Generell lassen sich hier Eigenbauschaltungen ebenso verwenden wie Fertiglösungen – etwa der genutzte PIR-Bewegungssensor, der als Komplettmodul für kleines Geld erhältlich ist.

Arduino Nano mit ESP8266-WLAN-Modul

Bevor Sie einen Sensor mit dem Arduino Nano verbinden, kümmern Sie sich zunächst um die Verbindung des Arduino Nano mit dem kostengünstigen WLAN-Modul ESP8266, das in den Internetkaufhäusern oft im Zehnerpack oder, etwas teurer, auch einzeln erhältlich ist.

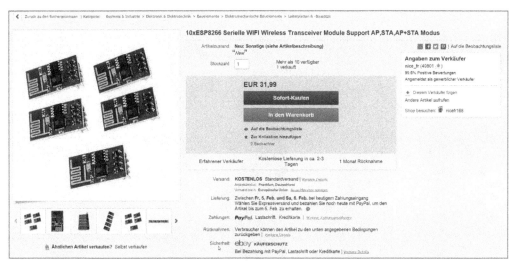

Bild 4.30: Tendenziell sollten Sie für ein WLAN-Modul nicht mehr als 5 Euro bezahlen, zumal sie im 10er-Pack pro Stück etwas mehr als 3 Euro inklusive längerer Warte-/Lieferzeiten kosten.

Ein Anschlussplan oder Datenblatt liegt in der Regel nicht bei – doch mithilfe der nachstehenden Tabelle verbinden Sie das WLAN-Modul mit den Anschlüssen des Arduino Nano.

ESP8266	Arduino (Nano oder kompatibel)
ESP8266_TX	RX(D3)
ESP8266_RX	TX(D2)
ESP8266_CH_PD	3,3 V
ESP8266_VCC	3,3 V
ESP8266_GND	GND

Die Verbindung kann zunächst über ein Steckboard realisiert werden. Soll der Arduino samt WLAN-Modul dauerhaft als Einheit fungieren, können die Anschlüsse auch mit passenden Anschlussdrähten verbunden und sauber verlötet werden, um etwaigen Wacklern in der Drahtverbindung vorzubeugen.

Pretzelboard: Arduino Nano und ESP8266

Das Pretzelboard ist kein »echtes« Arduino-Nano-Original, doch unter der Haube ist es mehr als das: Mit dem verbauten Atmel ATmega328p und dem direkt verbundenen ESP8266 entspricht es dem Original samt WLAN-Schnittstelle. Die Anschlusspins entsprechen denen des Arduino-Originals und der im Internet zahlreich verfügbaren Klone – das Pin-out ist in der nachstehenden Tabelle übersichtlich zusammengefasst. In dieser Ansicht befindet sich der USB-Anschluss unten, die Pinstecker zeigen von Ihnen weg, falls Sie das Pretzelboard entsprechend vor sich platzieren.

1	TX/D0		VIN	30
2	RX/D1		GND	29
3	RST		RST	28
4	GND		5V	27
5	D2		A7	26
6	D3		A6	25
7	D4		A5	24
8	D5		A4	23
9	D6		A3	22
10	D7		A2	21
11	D8		A1	20
12	D9		A0	19
13	D10		AREF	18
14	D11		3V	17
15	D12		D13	16

Zur Inbetriebnahme des Pretzelboards benötigen Sie ein USB-Kabel mit Micro-USB-Anschluss, damit Sie das Pretzelboard mit dem Computer verbinden können. Über die USB-Buchse werden dann die Daten und die Spannungsversorgung des Pretzelboards geliefert. Ist der Sketch auf das Pretzelboard übertragen und lauffähig, wird das USB-Kabel nicht mehr benötigt, sofern die Spannungsversorgung über den VIN-Pin (maximal 7 bis 12 V) erledigt wird. In diesem Fall kann beispielsweise ein 9-V-Block für den Betrieb des Pretzelboards verwendet werden, falls am Aufstellungsort keine Steckdose für die USB-Spannungsversorgung vorhanden ist.

Grundinstallation und Arduino-Inbetriebnahme

Der Anschluss und die Inbetriebnahme des Pretzelboards am Computer ist schnell erledigt. In den meisten Fällen benötigt der Computer für das Pretzelboard einen passenden Treiber, und im Fall von Windows erfolgt die Treiberinstallation meist automatisch. Schlägt sie fehl, verwenden Sie statt der eingebauten Windows-Treiber die Treiber der Pretzelboard-Projektseite (*http://iot.fkainka.de/driver*) oder jene, die direkt beim Hersteller auf der chinesischen Webseite (*http://wch.cn/download/CH341SER_ZIP.html*) zur Verfügung stehen.

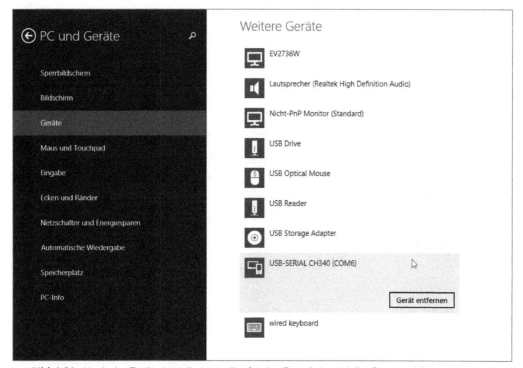

Bild 4.31: Nach der Treiberinstallation sollte für das Board ein serieller Portanschluss zur Verfügung stehen, der im nächsten Schritt für die Einrichtung der Arduino-IDE benötigt wird.

Die Arduino-Software zur Konfiguration und Programmierung des Arduino Nano/Pretzelboards ist – falls noch nicht vorhanden – auf *arduino.cc* kostenlos erhältlich und steht für die gängigsten Betriebssysteme kostenlos bereit. Unmittelbar nach dem Start der Arduino-IDE konfigurieren Sie den seriellen Anschluss als Port und im Bereich *Board* das Modell Arduino Nano, wobei die Grundeinstellung – der ATmega328-Prozessor – beizubehalten ist.

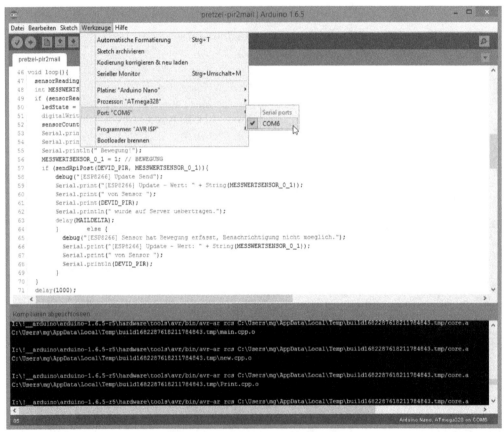

Bild 4.32: Bevor ein Sketch auf das Pretzelboard übertragen werden kann, müssen über die Menüleiste die Platineneinstellungen und der serielle Port konfiguriert werden.

Im Gegensatz zum Arduino-Nano-Original besitzt der Pretzelboard-Arduino-Klon ab Werk ein verbautes WLAN-Modul mit dem Chip ESP8266 auf der Platine. Generell ist es damit ohne Anpassungen möglich, umgehend über den seriellen Monitor des Arduino das WLAN-Modul per AT-Kommandos anzusprechen und es zu nutzen, sofern im Statusfenster die korrekte Baudrate 19200 und beim Zeilenumbruch CR und NL für die Übertragung ausgewählt wurden.

Bemerkung	Kommando
AT-Test	AT
Reset des WLAN-Moduls	AT+RST
Firmwareinformationen ausgeben	AT+GMR

Das Eintippen von AT-Kommandos ist jedoch nur am Anfang lustig, auf Dauer macht es keinen Spaß, die nötigen Kommandos manuell über die Konsole einzutippen. Um diese Vorgänge zu automatisieren, nutzen Sie die Arduino-IDE. Für den passenden Sketch, der die beiden Module – den Arduino und den WLAN-Chip – verbindet, stehen verschiedene Bibliotheken zur Verfügung. Eine der wichtigsten Bibliotheken beim Einsatz des ESP8266 ist die sogenannte Serial-Library, die über die Arduino-Pins 11 und 12 die Brücke zum WLAN-Modul herstellt. Dafür konfigurieren Sie eine Baudrate von 19200 für die Übertragung.

Bewegungssensor und Pretzelboard koppeln

Der Anschluss eines Sensors – in diesem Fall ein Bewegungsmeldersensor (PIR) von eBay, zu Spottpreisen aus Hongkong und China über die Verkaufsplattformen zuhauf angeboten – ist in wenigen Augenblicken erledigt. Dafür benötigen Sie drei Jumperkabel, mit denen Sie die drei Verbindungen herstellen: Spannung, Masse und Datensignal, falls der Sensor anschlägt.

PIR-Pin	PIR-Pinnummer	Pretzelboard-Pin	Pretzelboard-Pinnummer
5 V	1	5 V	27
OUT	2	A5	24
GND	3	GND	29

Bild 4.33: Von links nach rechts: Masse (GND), 5 V und A5 werden mit dem PIR-Sensor verbunden.

Manchmal kann es vorkommen, dass die ESP8266-Datenmengen den kleinen Arduino-Klon überfordern und die Daten nicht oder nur unzureichend übertragen und verarbeitet werden. Das liegt meist nicht am Board, sondern an der konfigurierten

Puffergröße der seriellen Schnittstelle in der Datei `\arduino\hardware\arduino\avr\cores\arduino\HardwareSerial.h`. Meist hilft hier die Änderung des Werts von 64 auf beispielsweise 256 oder 512, um auftretende Pufferprobleme zu lösen.

```
#define SERIAL_BUFFER_SIZE 64
```

Der in diesem Projekt verwendete Sketch ist von der Pufferproblematik nicht betroffen, da hier nur ein Seitenaufruf auf einem Webserver initiiert wird und die ID sowie der Status des Sensors übertragen werden.

Bewegungsmelder über WLAN – Arduino-Sketch im Detail

Egal ob Arduino Nano oder Pretzelboard: Viele Codeschnipsel, Beispiele und Projekte finden Sie zuhauf im Internet – empfehlenswert für den Einstieg sind die Pretzelboard-Projekte, die im Rahmen eines Elektronik-Adventskalenders im Jahr 2015 entstanden und bei Franzis kostenlos verfügbar sind. In diesem Bewegungsmelder-Sketch sind die grundlegenden Aktionen jeweils in eigene Funktionen ausgelagert. Das hat nicht nur den Vorteil, dass sich diese Funktionen somit bequem auch mehrmals nutzen, sondern auch für andere Projekte wiederverwenden lassen. Im ersten Codeblock des Sketches werden die Basisvariablen und deren Werte festgelegt und initialisiert, die für den Betrieb im WLAN nötig sind. Anschließend werden die obligatorischen `setup`- und `loop`-Funktionen des Sketches befüllt, die ihrerseits das Grundgerüst eines Arduino-/Pretzelboard-Sketches darstellen. Die erste Basisfunktion ist die WLAN-Verbindung in das Heimnetz, dann folgt die Initialisierung des Sensors und die dauerhafte Prüfung, ob ein Ereignis (eine Bewegung) eingetreten ist oder nicht. Löst der Sensor aus, wird der definierte Webserver per HTTP-Aufruf kontaktiert, und die Geräte-ID sowie der Status des Sensor werden übermittelt. Anschließend kehrt der Sketch wieder in die überwachende `loop`-Schleife zurück.

WLAN-Verbindung in das Heimnetz

Für den Zugriff in das Heimnetz nutzen Sie natürlich die verbaute WLAN-Schnittstelle ESP8266. Dafür benötigen Sie zunächst die SSID des Heimnetzes sowie das dazugehörige WPA2-Kennwort für die sichere Verbindung dorthin. Dafür befüllen Sie die beiden Variablen `SSID` und `PASSWORD`. Im zweiten Schritt können Sie für den angeschlossenen Sensor über die Variable `DEVID_PIR` eine eigene, eindeutige ID zuordnen, die später bei der Benachrichtigung mit übergeben und angezeigt wird. Diese muss insgesamt acht Stellen haben, damit sie als gültig akzeptiert wird. Für den Webserver, der die Anfragen des Pretzelboards entgegennimmt, legen Sie über die Variable `RPI_IP` die entsprechende IP-Adresse im Sketch fest.

```
#define SSID "WLANDAHOAM"
#define PASSWORD "WPAPWLANDAHOAM"
#define DEVID_PIR "12345678"
#define RPI_IP "192.168.123.49"
```

4.7 Low-Cost-Bewegungsmelder im Eigenbau

```
#define LED_WLAN 13
#define PIRSENSOR 5
#define LEDPIN 3
#define DEBUG true

const int threshold = 100;    // Empfindlichkeit des Sensors korrigieren
int sensorReading = 0;
int ledState = LOW;
int sensorCounter = 0;

#include <SoftwareSerial.h>
SoftwareSerial esp8266(11, 12); // RX, TX
```

Sind die Grundeinstellungen im oberen Bereich des Sketches festgelegt, kümmern Sie sich um die speziellen, zusätzlichen Dinge – beispielsweise um die optionale Authentifizierung für den Webserver, die, falls aktiviert, natürlich auch im Arduino-Sketch abgebildet sein muss, damit der automatisierte Zugriff vom Arduino auf den Raspberry Pi problemlos funktioniert.

Authentifizierung für den Webserver

Ist die Funkverbindung in das Heimnetz aufgebaut, ist auch der Zugriff über die IP-Adresse auf den heimischen Webserver möglich. Je nachdem, ob der Zugriff auf den Webserver mit dem htaccess-Verfahren abgesichert ist oder nicht, geben Sie im String für den Webserveraufruf den nötigen nAuthorization: Basic-Parameter samt base64-codiertem Log-in-/Kennwortwert an oder nicht.

```
// OHNE AUTH
// const char rpiPost[] PROGMEM = { "POST *URL* HTTP/1.1\nHost:
192.168.123.49\nConnection: close\nContent-Type: application/x-www-form-
urlencoded\nContent-Length: *LEN*\n\n\n\0"};
// MIT AUTH
  /*
   - username = admin
   - password = admin
   ...> Terminal: echo -n admin:pwadmin | base64
   = YWRtaW46cHdhZG1pbg==
  */
const char rpiPost[] PROGMEM = { "GET *URL* HTTP/1.1\nHost:
192.168.123.49\nAuthorization: Basic YWRtaW46cHdhZG1pbg==\nConnection:
close\nContent-Type: application/x-www-form-urlencoded\nContent-Length:
*LEN*\n\n\n\0"};
```

Sind die nötigen Parameter für den WLAN-Verbindungsaufbau sowie für den Webserveraufruf festgelegt, widmen Sie sich im Sketch zunächst der setup()-Funktion, in der die vorhandenen Variablen und Schnittstellen initialisiert werden.

WLAN-ESP8266-Chip in Betrieb nehmen

Die Inbetriebnahme des WLAN findet zunächst statt im Sketch in der `setup()`-Funktion - anschließend folgt die Ping-Prüfung der URL *www.franzis.de*. Verläuft diese erfolgreich, ist sichergestellt, dass die drahtlose Verbindung in das Heimnetz sowie in das Internet funktioniert. In einer »Dauerschleife« - also in der `loop()`-Funktion - wird permanent geprüft, ob der angeschlossene Sensor eine Bewegungsaktion wahrgenommen hat oder nicht, über die `if`-Abfrage wird der Sensorwert mit der Empfindlichkeitsvariablen `threshold` verglichen (`sensorReading >= threshold`), und schließlich wird die Benachrichtigungsfunktion `sendRpiPost` mit der ID des Sensors sowie des aktuellen Statuswerts gestartet.

```
//-----------------------------------------------------------------
void setup(){
  Serial.begin(19200);
  esp8266.begin(19200);
  pinMode(LEDPIN, OUTPUT);
  if (!espConfig()) serialDebug();
  else debug("[ESP8266] Config OK");

  if (sendCom("AT+PING=\"www.franzis.de\"", "OK"))
  {
    Serial.println("[ESP8266] Ping OK");
    digitalWrite(13, HIGH);
  }
  else
  {
    Serial.println("[ESP8266] Ping-Fehler");
  }
}
//-----------------------------------------------------------------
void loop(){
  sensorReading = analogRead(PIRSENSOR);
  int MESSWERTSENSOR_0_1 = 0;
  if (sensorReading >= threshold) {
    ledState = !ledState;
    digitalWrite(LEDPIN, ledState);
    sensorCounter++;
    Serial.print("\n");
    Serial.print(sensorCounter);
    Serial.println(" Bewegung!");
    MESSWERTSENSOR_0_1 = 1; // BEWEGUNG
    if (sendRpiPost(DEVID_PIR, MESSWERTSENSOR_0_1)){
        debug("[ESP8266] Update Send");
        Serial.print("[ESP8266] Update - Wert: " +
String(MESSWERTSENSOR_0_1));
```

```
        Serial.print(" von Sensor ");
        Serial.print(DEVID_PIR);
        Serial.println(" wurde auf Server uebertragen.");
      }
      else {
        debug("[ESP8266] Sensor hat Bewegung erfasst, Benachrichtigung
nicht moeglich.");
        Serial.print("[ESP8266] Update - Wert: " +
String(MESSWERTSENSOR_0_1));
        Serial.print(" von Sensor ");
        Serial.println(DEVID_PIR);
      }
  }
  delay(1000);
}
```

Im Produktiveinsatz können Sie die Serial.print-Aufrufe mit dem vorangestellten doppelten Schrägstrich (Slash) auskommentieren und die Debug-Variable DEBUG auf den Wert false setzen.

Raspberry Pi benachrichtigen

Die eigentliche Benachrichtigung über ein Ereignis auf dem Arduino erfolgt über die Funktion sendRpiPost an den Webserver im Heimnetz. Als Parameter erwartet die Funktion die Geräte-ID sowie den Statuswert des Sensors. Einleitend wird hier die HTTP-Verbindung mittels AT-Kommandos aufgebaut, und die fixe HTTP-Konstante wird mit der replaceURL-Funktion angepasst, damit über den PHP-Aufruf die aktuelle Sensor-ID (dev_id) sowie der dazugehörige Status (value) bequem übergeben werden können. Ist der Request zusammengestellt, kann er über das print-Kommando an die esp8266-Schnittstelle geschickt werden. Nach Eintreffen der OK-Bestätigung erfolgt die true-Rückgabe an die aufrufende Funktion.

```
//-----------------------------------------RPI-Server --------------------
boolean sendRpiPost(String dev_id, int value){
  boolean success = true;
  String Host = RPI_IP;
  String Subpage = "/pretzelpir.php?dev="+dev_id+"&status="+value;
  success &= sendCom("AT+CIPSTART=\"TCP\",\"" + Host + "\",80", "OK");
  if (success){
  String urlBuffer;
  for (int i = 0; i <= sizeof(rpiPost); i++)   {
    char myChar = pgm_read_byte_near(rpiPost + i);
    urlBuffer += myChar;
  }
  urlBuffer.replace("*URL*", Subpage);
  urlBuffer.replace("*APPEND*", String("dev="+dev_id+"&status="+value));
  urlBuffer.replace("*LEN*", String(urlBuffer.length()));
```

```
    if (sendCom("AT+CIPSEND=" + String(urlBuffer.length() + 2), ">"))
    {
      esp8266.println(urlBuffer);
      // Serial.println(urlBuffer);
      esp8266.find("SEND OK");
      if (!esp8266.find("CLOSED")) success &= sendCom("AT+CIPCLOSE", "OK");
    } else {
      // Serial.print("FHELER!!!");
      success = false;
    }
  }
  return success;
}
//------------------------------------------Config ESP8266--------------------
boolean espConfig(){
  boolean success = true;
  esp8266.setTimeout(5000);
  success &= sendCom("AT+RST", "ready");
  esp8266.setTimeout(1000);
  if (configStation(SSID, PASSWORD)) {
    success &= true;
    debug("[ESP8266] WLAN Connected");
    debug("[ESP8266] IP :");
    debug(sendCom("AT+CIFSR"));
  } else {
    success &= false;
  }
  success &= sendCom("AT+CIPMUX=0", "OK");
  success &= sendCom("AT+CIPMODE=0", "OK");
  return success;
}
//------------------------------------------
boolean configStation(String vSSID, String vPASSWORT){
  boolean success = true;
  success &= (sendCom("AT+CWMODE=1", "OK"));
  esp8266.setTimeout(20000);
  success &= (sendCom("AT+CWJAP=\"" + String(vSSID) + "\",\"" +
String(vPASSWORT) + "\"", "OK"));
  esp8266.setTimeout(1000);
  return success;
}
//------------------------------------------Control ESP-----------------
boolean sendCom(String command, char respond[]){
  esp8266.println(command);
  if (esp8266.findUntil(respond, "ERROR"))  {
    return true;
```

```
  } else {
    debug("[ESP8266] ESP SEND ERROR: " + command);
    return false;
  }
}
//----------------------------------------
String sendCom(String command){
  esp8266.println(command);
  return esp8266.readString();
}
//-----------------------Debug Functions----------------------------
void serialDebug() {
  while (true)  {
    if (esp8266.available())
      Serial.write(esp8266.read());
    if (Serial.available())
      esp8266.write(Serial.read());
  }
}
//----------------------------------------
void debug(String Msg){
  if (DEBUG)  {
    Serial.println(Msg);
  }
}
```

Der »zusammengebaute« PHP-Aufruf der Form

```
<IP-ADRESSE-RPI>/pretzelpir.php?dev=12345678&status=1
```

wird zum Webserver übertragen. Über das `tail`-Kommando prüfen Sie, ob eine Anfrage vom Arduino am Raspberry Pi angekommen ist oder nicht. Um die Zugriffe live zu überwachen, verwenden Sie im Linux-Terminal das Kommando:

```
tail -f /var/log/apache2/access.log
```

Analog gehen Sie bei eventuellen Fehlern vor:

```
tail -f /var/log/apache2/error.log
```

Über die `access.log` kommen Sie etwaigen HTTP-Fehlern schnell auf die Schliche (Authentifizierung etc.). Stimmt hingegen schon der HTTP-Aufruf nicht und kann keine Seite an den aufrufenden Client zurückgegeben werden, ist die `error.log`-Datei die erste Anlaufstelle für die Fehlersuche.

Raspberry Pi als Webserverschnittstelle

Aufgrund seiner Flexibilität, seiner Schnittstellen und seiner umfangreichen Möglichkeiten sowie nicht zuletzt wegen des geringen Energiebedarfs ist der Raspberry Pi für den Betrieb rund um die Uhr bestens geeignet. Damit haben Sie für am Arduino/Pretzelboard angeschlossene Sensoren eine zentrale Anlaufstelle zum Sammeln der Daten und/oder Ereignisse. Dafür stellt ein installierter Webserver – in der Regel der Webindianer Apache – die nötigen Schnittstellen bereit. Für die Steuerung und Verarbeitung der Webanfragen auf dem Apache verwenden Sie PHP, mit der die Brücke zu den Python-Skripten auf dem Raspberry Pi gebaut wird. Damit nicht jedermann im Heimnetz nach Belieben oder versehentlich diese PHP-Datei(en) ausführen kann, sollte der Zugriff auf die Dateien über die Basisfunktionen des Webservers abgesichert werden. Recht einfach und trotzdem sicher gelingt der Zugriffsschutz des Webserververzeichnisses, in dem die nötigen PHP-Dateien liegen, über das bekannte .htaccess-Verfahren.

Zugriffsschutz über .htaccess-Datei

Der Zugriffsschutz des entsprechenden Wurzelverzeichnisses erfolgt über eine Benutzername/Kennwort-Abfrage. Wie Sie diese im Detail einrichten und was dafür zusätzlich noch in der Apache-Konfiguration in der Konfigurationsdatei `/etc/apache2/sites-available/default` anzupassen ist, lesen Sie im Abschnitt »Apache und PHP installieren und aktualisieren« auf Seite 328.

```
root@rpi-proxy:/home/pi/pir# tail -f /var/log/apache2/access.log
192.168.123.51 - "" [28/Jan/2016:21:19:35 +0100] "POST /pretzelpir.php HTTP/1.1" 401 649 "-" "-"
192.168.123.51 - "" [28/Jan/2016:21:19:39 +0100] "POST /pretzelpir.php HTTP/1.1" 401 649 "-" "-"
192.168.123.51 - "" [28/Jan/2016:21:19:41 +0100] "POST /pretzelpir.php HTTP/1.1" 401 649 "-" "-"
192.168.123.51 - "" [28/Jan/2016:21:19:42 +0100] "POST /pretzelpir.php HTTP/1.1" 401 649 "-" "-"
192.168.123.51 - "" [28/Jan/2016:21:19:44 +0100] "POST /pretzelpir.php HTTP/1.1" 401 649 "-" "-"
192.168.123.51 - admin [28/Jan/2016:21:20:54 +0100] "POST /pretzelpir.php HTTP/1.1" 401 649 "-" "-"
192.168.123.51 - admin [28/Jan/2016:21:20:55 +0100] "POST /pretzelpir.php HTTP/1.1" 401 649 "-" "-"
192.168.123.51 - admin [28/Jan/2016:21:20:57 +0100] "POST /pretzelpir.php HTTP/1.1" 401 649 "-" "-"
192.168.123.51 - pi [28/Jan/2016:21:22:40 +0100] "POST /pretzelpir.php HTTP/1.1" 200 200 "-" "-"
192.168.123.51 - pi [28/Jan/2016:21:22:42 +0100] "POST /pretzelpir.php HTTP/1.1" 200 200 "-" "-"
```

Bild 4.34: Erfolgreiche Zugriffe werden in der Logdatei `/var/log/apache2/access.log` mit dem Status `200` dokumentiert. Fehlerhafte oder fehlgeschlagene Anmeldungen erhalten den Rückgabewert `401`, was `HTTP-Fehler 401 Unauthorized (Nicht autorisiert)` bedeutet.

In der Logdatei `/var/log/apache2/access.log` werden sämtliche Seitenzugriffe auf den Apache-Webserver dokumentiert. Ist der Zugriffsschutz per `.htaccess` aktiviert, ist der erfolgreiche Zugriff auf die PHP-Seite nur mit der korrekten User/Passwort-Konfiguration möglich. Somit kann die Anfrage auf die PHP-Datei nicht ohne gültige Authentifizierung durchgeführt werden, für die Sie eigens einen Benutzer und ein Passwort generieren und im Arduino-Code in der Variablen `const char rpiPost[]` `PROGMEM` für den Zugriff auf den Webserver hinterlegen.

Benutzer/Passwort-Codierung mit base64

Ist beim Apache-Webserver der Raspberry Pi über die Konfigurationsdatei eingerichtet und der .htaccess-Kennwortschutz eingeschaltet, benötigt der Systembenutzer des Arduino einen zu verwendenden Benutzernamen und das Kennwort in der sogenannten base64-Codierung. Dafür nutzen Sie auf der Konsole den Befehl:

```
echo -n pi:raspberry | base64
```

Für den Benutzer pi und das dazugehörige Kennwort raspberry ist das Ergebnis cGk6cmFzcGJlcnJ5 nun in dem Sketch in der Variablen const char rpiPost[] PROGMEM einzutragen. Nutzen Sie keinen Zugriffsschutz, verwenden Sie die auskommentierte Alternative ohne den \nAuthorization: Basic-Eintrag.

```
// OHNE AUTH
// const char rpiPost[] PROGMEM = { "POST *URL* HTTP/1.1\nHost:
192.168.123.49\nConnection: close\nContent-Type: application/x-www-form-
urlencoded\nContent-Length: *LEN*\n\n\n\0"};
// MIT AUTH
  /*
   - username = admin
   - password = admin
   ...> Terminal: echo -n admin:pwadmin | base64
   = YWRtaW46cHdhZG1pbg==
  */
const char rpiPost[] PROGMEM = { "GET *URL* HTTP/1.1\nHost:
192.168.123.49\nAuthorization: Basic YWRtaW46cHdhZG1pbg==\nConnection:
close\nContent-Type: application/x-www-form-urlencoded\nContent-Length:
*LEN*\n\n\n\0"};
```

Im obigen Codeschnipsel ist für die Authentifizierung bei Authorization: Basic der Eintrag YWRtaW46cHdhZG1pbg== für den Benutzernamen und das Kennwort admin/pwadmin dargestellt. Hier generieren Sie auf der Kommandozeile des Raspberry Pi zuvor mit dem echo -n <user>:<password> | base64-Befehl die persönliche base64-codierte Authentifizierung für das Webserververzeichnis auf dem Raspberry Pi.

PHP-Skript steuert Python

Werden der Apache-Webserver und PHP wie gewohnt über apt-get über die Kommandozeile aus dem Basis-Repository auf dem Raspberry Pi installiert, befindet sich das Webserver-Basisverzeichnis für die PHP-Dateien im Pfad /var/www. Dort legen Sie für den ersten Test eine PHP-Datei an, um im ersten Schritt die Basisfunktionen der Schnittstelle von PHP zum Python-Skript zu testen. Die Python-Datei erledigt letztlich die E-Mail-Benachrichtigung und wird von der PHP-Datei über das shell_exec-Kommando in der PHP-Datei aufgerufen.

```
sudo su
nano pretzelpir.php
```

Da im /var/www-Verzeichnis administrative Rechte nötig sind, wechseln Sie zunächst mit sudo su in die administrative Konsole, damit Sie das lästige sudo nicht immer voranstellen müssen. Wie gewohnt erfolgt die Dateianlage der Beispieldatei – hier pretzelpir.php – mit dem nano-Editor. Die PHP-Datei prüft zunächst, ob die beiden Parameter (dev und status) gesetzt sind oder nicht, und gibt eine entsprechende Meldung über das echo-Kommando aus. Sind beide gesetzt, kommt die Zuweisung in die lokale dev- und die status-Variable, mit denen anschließend der shell_exec-Aufruf der Python-Datei erfolgt.

```
<?php
if (isset($_GET["dev"]) && !empty($_GET["dev"])) {
    echo "Yes, dev is set";
        if (isset($_GET["status"]) && !empty($_GET["status"])) {
            echo "Yes, dev & status is set";
            $dev=$_GET["dev"];
            $status=$_GET["status"];
            echo shell_exec('sudo /home/pi/pir/pretzelmail.py '.$dev.' '.$status.'');
    }else{
    echo "N0, status is not set";
    }
}else{
    echo "N0, dev is not set";
}
?>
```

Diese übersichtliche if/else-Abfrage ist prinzipiell nicht nötig, denn es geht auch kürzer: Stattdessen sind die nachstehenden Zeilen ausreichend:

```
<?php
$dev=$_GET["dev"];
$status=$_GET["status"];
echo shell_exec('sudo /home/pi/pir/pretzelmail.py '.$dev.' '.$status.'');
?>
```

Wem das immer noch zu viel Code ist, der kann es auch ohne vorherige Parameterzuweisung in der Form:

```
<?php
echo shell_exec('sudo /home/pi/pir/pretzelmail.py '.$_GET["dev"].' '.$_GET["status"].'');
?>
```

schreiben. Wie auch immer – aufmerksame Leser stellen fest, dass für den Aufruf der Python-Datei ein vorangestelltes sudo angegeben ist. Wird die PHP-Datei (später) über den Webserver abgearbeitet, erfolgt dies auch mit den Berechtigungen des www-data-Benutzers bzw. der Gruppe. Da für die Ausführung von Python-Code jedoch

4.7 Low-Cost-Bewegungsmelder im Eigenbau

standardmäßig administrative Rechte nötig sind, werden diese darüber zugewiesen. Lassen Sie beim Aufruf das `python`-Kommando weg, muss in der Python-Datei der einleitende sogenannte Shebang `#!/usr/bin/env python` eingetragen sein. Um die Funktionen des Webservers zu testen, verwenden Sie das Firefox-Plug-in bzw. die Erweiterung `HttpRequester`, um Request-Aufrufe zu simulieren und somit die korrekte Verarbeitung der PHP-Datei auf dem Webserver zu testen. Wie in der nachstehenden Abbildung zu sehen, lässt sich dort allerhand eintragen.

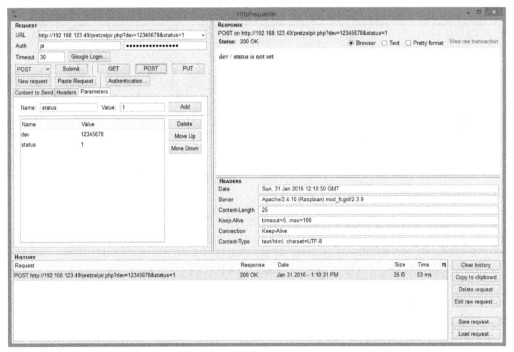

Bild 4.35: Für die eventuell aktivierte Authentifizierung verwenden Sie das *Auth*-Feld samt Kennwort – in das Optionsfeld *URL* tragen Sie den Pfad sowie den Namen der PHP-Datei ein – in diesem Beispiel die Adresse `http://192.168.123.49/pretzelpir.php`.

Um die nötigen Parameter testen zu können, kann man sie im Register *Parameters* jeweils mit Namen und Wert eintragen und über die *Add*-Schaltfläche anlegen. Über die Schaltflächen *POST*, *GET*, *Submit* und *PUT* können die entsprechenden Zugriffe simuliert und die Parameterübergabe zum Python-Skript getestet werden.

Parameterübergabe zum Python-Skript

Im nächsten Schritt legen Sie das Verzeichnis und das Python-Skript – hier mit der Bezeichnung `parameter.py` – mit frisch angelegtem Verzeichnis an.

```
mkdir -p /home/pi/pir/
cd /home/pi/pir/
nano parameter.py
```

Die Testdatei `parameter.py` benötigt zwei Übergabeparameter und prüft diese über die `check_input`-Funktion. In diesem Beispiel wird die Länge der Geräte-ID (`dev_id`) geprüft, ist sie genau acht Stellen lang, wirft die `if`-Abfrage in der `check_input`-Funktion die Meldung DEV-ID ok, andernfalls DEV-ID nicht ok aus.

```python
#!/usr/bin/env python
# -*- coding: utf-8 -*-
import sys
# Datei parameter.py
# ----------------------------------------------------------
# bool
def check_input(dev, status):
    print 'Übergeben wurde: ', dev, status
    if (len (dev) == 8):
        print 'DEV-ID ok'
        #return true
    else:
        print 'DEV-ID nicht ok'
        #return false
# ----------------------------------------------------------
def main():
    if (len(sys.argv) < 3):
        # Wird ausgeführt, wenn das Programm nicht korrekt aufgerufen wurde
        print """pretzelpir.py

        Überträgt für Sensor mit der ID <dev> den Statuswert <status> zum Python-Skript.

        Funktionsweise:
            python pretzelpir.py <devid> <status>
        Beispiel:
            python pretzelpir.py 12345678 1
            Überträgt für Sensor mit der ID 12345678 den Statuswert 1 zum Python-Skript.
        """
        sys.exit()

    # Programm ausführen
    dev = sys.argv[1]
    status = sys.argv[2]
    check_input(dev, status)
# ----------------------------------------------------------
```

```
if __name__ == '__main__':
    main()
```

Damit sich diese Datei im /home/pi-Verzeichnis später auch vom Webserver aufrufen lässt, setzen Sie zunächst mit dem chown-Kommando die nötigen Berechtigungen auf das Verzeichnis:

```
sudo chown -R pi:www-data /home/pi/pir/
```

Im nächsten Schritt wird die erzeugte Python-Datei mit dem chmod-Befehl als ausführbar gesetzt:

```
sudo chmod a+x pretzelpir.py
```

Damit sind die Voraussetzungen geschaffen, um auf der Konsole testweise einen achtstelligen Wert samt Status für den Sensor mit der ID 87654321 und dem Statuswert 1 an die Python-Datei als Argumente beim Aufruf zu übergeben.

```
cd /home/pi/pir
sudo python parameter.py 87654321 1
```

Starten Sie die Datei auf der Konsole, prüft sie über len(sys.argv) zunächst die Anzahl der Argumente und schließlich über die Funktion check_input den Inhalt der Geräte-ID.

```
root@rpi-proxy:/home/pi/pir# sudo python parameter.py
parameter.py

        Überträgt für Sensor mit der ID <dev> den Statuswert <status> zum Pythonskript.

        Funktionsweise:
            python pretzelpir.py <devid> <status>
        Beispiel:
            python pretzelpir.py 12345678 1
            Überträgt für Sensor mit der ID 12345678 den Statuswert 1 zum Pythonskript.

root@rpi-proxy:/home/pi/pir#
```

Bild 4.36: Übersichtlich: Für die Nutzung auf der Kommandozeile gibt das Beispielprogramm einen Hinweis auf die nötigen Argumente beim Aufruf aus.

Sind Aufruflogik und Funktion der Python-Datei sichergestellt, lässt sich diese nach Belieben ausbauen. Ihnen stehen sämtliche Möglichkeiten zur Verfügung, die auch der Raspberry Pi bietet. Ist beispielsweise ein Mobilfunkmodem oder ein Smartphone mit dem Raspberry Pi gekoppelt, versenden Sie eine SMS-/MMS-Nachricht. Außerdem kommt die gewohnte LAN/WLAN-Schnittstelle des Raspberry Pi für den automatischen Versand einer E-Mail-Nachricht zum Einsatz, wie im nächsten Abschnitt demonstriert. In diesem Fall wird bei einer Übergabe einer korrekten Geräte-ID umgehend die E-Mail-Benachrichtigung gestartet.

Alarmfunktionen und E-Mail-Benachrichtigung

Weniger ist mehr: Generell sollten Sie bei Benachrichtigungsfunktionen nicht nur aus Datenschutzgründen immer darauf achten, dass Sie nur so viel Informationen wie nötig übermitteln. Das spart manchmal nicht nur Entwicklungsaufwand, sondern macht auch den Sketch sowie die dahinterliegende Logik auf dem Webserver und das Python-Skript schlank und übersichtlich. Dies hilft nicht zuletzt in der Codeentwicklung bei der Optimierung und der Fehlersuche, auch wenn ein kleineres Datenvolumen natürlich schneller durch die Leitung wandert und somit nahezu für eine Echtzeitbenachrichtigung sorgt.

Python-Skript mit E-Mail-Funktionen

Die vom Webserver ausgelöste Aktion startet im obigen Beispiel den Aufruf der dortigen Python-Datei `pretzelpir.py`. Diese Datei wird nun mit eigenen E-Mail-Funktionen ergänzt und mit einer neuen Dateibezeichnung, in diesem Beispiel `pretzelmail.py`, gespeichert. Die eigentliche Funktion des Mailversands (`cmd_sendmail`) benötigt nur die Geräte-ID, die sowohl im Betreff (`Subject`) als auch im E-Mail-Text verwendet wird. Auf Anhänge wie Bilder, Videos etc. wird in diesem Beispiel verzichtet – es ist jedoch auch problemlos möglich, optional über den Raspberry Pi eine aktuelle Aufnahme über das nötige Raspberry-Pi-Kameramodul zu erstellen und sie dieser E-Mail-Nachricht anzuhängen.

```
# ----------------------------------------------------
def cmd_sendmail(dev):
    msg = MIMEMultipart()
    msg['Subject'] = MSGSUBJECT+ " Sensor-ID: ["+dev+"]"
    msg['From'] = SMTPMAILFROM
    msg['To'] = SMTPRCPTTO
    msg.preamble = 'Pretzelboard - Haustuer'
    text = "Sensor "  +dev+"\n\n"
    text += "Status: "+status
    msg.attach(MIMEText(text,'plain'))
    s = smtplib.SMTP('mail.gmx.net', 587)
    s.ehlo()
    s.starttls()
    s.ehlo()
    s.login(SMTPMAILFROM,SMTPPASS)
    s.sendmail( msg['From'], msg['To'], msg.as_string())
    s.quit
    print '[Pretzelboard] | [MAIL]: Verschickt!'
```

Funktioniert die Parameterübergabe, lässt sich das Skript für mehrere Sensoren im Haus verwenden. Dafür ändern Sie einfach im Arduino-Sketch die jeweilige ID, die anschließend über das PHP-Skript zur Python-Steuerung gelangt.

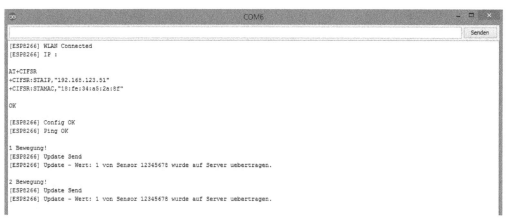

Bild 4.37: Debug-Meldungen auf der Arduino-IDE-Konsole: Löst der Sensor aus, wird der Webserver über die festgelegte PHP-Seite kontaktiert, und von dort aus wird die E-Mail-Benachrichtigung angeschoben.

Diese vom PHP-Mechanismus gesendete Geräte-ID wird im Python-Skript per `if`-Konstrukt über die Funktion `check_input(dev, status)` geprüft. Ist die ID korrekt (in diesem Fall muss sie achtstellig sein), erfolgt der Versand der Nachricht an die festgelegten Empfänger.

Bild 4.38: Ohne viele Worte: In diesem Beispiel benötigt die E-Mail-Benachrichtigung keine besonderen Hinweise mehr, solange Sie wissen, was sich hinter *Sensor 12345678* verbirgt.

Dieses vorgestellte Projektgrundgerüst »Sensor -> Arduino/Pretzelboard -> Webserveraufruf -> Raspberry Pi -> Benachrichtigung« ist nun vollständig und für die ersten Zwecke praxistauglich. Doch je nach Einsatzzweck und Nutzen sind hier und da Nachbesserungen und Optimierungen nötig, deren Ursache erst in der Praxis zutage tritt. Dazu gehört beispielsweise der Umstand, dass allzu häufige Benachrichtigungen wegen einer einzigen auslösenden Aktion schnell den Spam-Alarm im Ziel-E-Mail-Postfach auslöst, da innerhalb weniger Minuten dieselben E-Mails eintreffen könnten.

Optimierungen beim E-Mail-Versand

Manche Sensoren liefern nicht nur eine, sondern mehrere Statusnachrichten. Dies bedeutet jedoch, dass für ein und dieselbe Aktion mehrere HTTP-Nachrichten generiert und an den Webserver geschickt werden. Damit für einen Vorgang nicht mehrere

E-Mail-Benachrichtigungen im Postfach landen, lässt sich eine zeitliche Beschränkung im Python-Skript einbauen, die dafür sorgt, dass eine E-Mail-Nachricht erst nach Ablauf einer definierten Zeit – hier über die Variable `mailWaitMinutes` auf sieben Minuten festgelegt – verschickt wird:

```python
# -*- coding: utf-8 -*-
// /pir/datechk.py
import os
from datetime import datetime, timedelta
fmt = '%Y-%m-%d %H:%M:%S'
mailWaitMinutes = 7
pathname = "/home/pi/pir"
sensorclock=pathname+"/sensorclock.txt"
# --------------------------------------------------
def cmd_write_file(tstamp):
    f = open(sensorclock,'w')
    f.write(str(tstamp))
    f.close
# --------------------------------------------------
def cmd_read_file():
    f = open(sensorclock,'r')
    mailtime = f.readline()
    f.close
    return mailtime
# --------------------------------------------------
def main():
    now = datetime.strptime(datetime.now().strftime(fmt), fmt)
    print "now: ", now
    if not os.path.exists(sensorclock):
        open(sensorclock, 'w').close()
        cmd_write_file(now)
        print "E-Mail-Benachrichtigung wird gesendet."
        # versende E-Mail-Benachrichtigung
    time_in_file = datetime.strptime(cmd_read_file(), fmt)
    print "time in file: ", time_in_file
    print "----------------------------------"
    if (int(format((now-time_in_file).seconds/60)) > mailWaitMinutes):
        print "E-Mail-Benachrichtigung wird gesendet."
        # aktuelle Zeit in time_in_file setzen
        cmd_write_file(now)
        # versende E-Mail-Benachrichtigung
    else:
        print "E-Mail wurde bereits verschickt. Die E-Mail-Benachrichtigung steht in {} Minuten wieder zur Verfügung.".format(mailWaitMinutes-int(format((now-time_in_file).seconds/60)))
```

```
# ---------------------------------------------------
if __name__ == '__main__':
    main()
    exit()
# -------------- EOF ----------------------------
```

Dieses Python-Beispiel legt – falls noch nicht vorhanden – einen Zeitstempel mit dem aktuellen Datum/der aktuellen Uhrzeit in der Datei sensorclock.txt an. Falls diese Datei noch nicht existiert, wird umgehend die E-Mail-Benachrichtigung gestartet, andernfalls wird zunächst der Zeitstempel in der Datei mit dem aktuellen Zeitstempel verglichen (now-time_in_file) und schließlich geprüft, ob die Differenz größer als die festgelegten Wartezeit von sieben Minuten ist. In diesem Fall wird der neue Zeitstempel in der Datei gesetzt und die E-Mail-Benachrichtigung in Gang gesetzt.

```
pi@rpi-proxy ~/pir $ sudo python datechk.py
now:  2016-02-20 17:56:36
time in file:  2016-02-20 17:37:45
--------------------------------
E-Mail-Benachrichtigung wird gesendet.
pi@rpi-proxy ~/pir $ sudo python datechk.py
now:  2016-02-20 17:56:54
time in file:  2016-02-20 17:56:36
--------------------------------
E-Mail wurde bereits verschickt. Die E-Mail-Benachrichtigung steht in 7 Minuten wieder zur Verfügung.
pi@rpi-proxy ~/pir $
```

Bild 4.39: Erfolgreich auf der Kommandozeile: Dieser Prototyp stellt die Basisfunktion zur Verfügung, die Sie später in der Python-Steuerdatei des Projekts – pretzelmail.py – für die Zeitstempelfunktionen verwenden können.

Andererseits muss sichergestellt sein, dass, wenn mehr als ein Sensor zum Einsatz kommt, jeder einzelne Sensor seine Statusnachrichten über den Raspberry Pi zeitgerecht versenden kann, ohne auf andere Sensoren oder deren Nachrichten zu warten.

Mehrere Sensoren – mehrere Zeitstempel

Um den Raspberry-Pi-Mail- und Wartefenstermechanismus (Anti-Prellen-Funktion) für mehrere Sensoren im Heimnetz einzusetzen, nehmen Sie für die Zeitstempeldatei die ID des Sensors (Variable dev) mit in den Dateinamen auf. Löst der jeweilige Sensor aus, wird zunächst geprüft, ob die dazugehörige Zeitstempeldatei mit der Bezeichnung <SENSOR-ID>_sensorclock.txt existiert oder nicht.

```
# ---------------------------------------------------
def cmd_write_file(tstamp,dev):
    f = open(pathname+dev+sensorclock,'w')
    f.write(str(tstamp))
    f.close
# ---------------------------------------------------
def cmd_read_file(dev):
    f = open(pathname+dev+sensorclock,'r')
```

```
    mailtime = f.readline()
    f.close
    return mailtime
# ----------------------------------------------------
```

Durch diesen Trick lässt sich je nach Sensor die Benachrichtigungshäufigkeit festlegen. Setzen Sie zusätzlich noch ein Mobilfunkmodul am Raspberry Pi ein, können Sie sich zusätzlich oder alternativ per SMS benachrichtigen lassen, falls der gewählte Sensor aktiviert wurde bzw. die Alarmfunktion eingeschaltet ist.

Arduino und Raspberry Pi als Türwächter

Egal ob ein Arduino oder ein kompatibler China-Klon, ein Raspberry Pi oder ein Klein(st)-PC à la Intel NUC etc. zum Einsatz kommt, sämtliche Lösungen lassen sich je nach Anwendungszweck für den Einsatz an der Haus- oder Wohnungstür einsetzen oder kombinieren. In diesem Kapitel finden Sie einige Ideen, Möglichkeiten und Projekte, die sich im Zusammenhang mit dem Thema Haus- und Wohnungstür in den eigenen vier Wänden und darüber hinaus umsetzen lassen – das dafür notwendige Rüstzeug finden Sie in diesem Buch.

- Raspberry-Pi-Kamera oder USB-Webcam als Türspion
- »Extraschalter« zum Steuern des Motorschlosses von innen
- zusätzliche Klingel
- Klingelanlage im Eigenbau
- Briefkastenüberwachung
- Lampen-/Lichtsteuerung
- Alarmfunktionen
- SMS- und E-Mail-Benachrichtigungen

- Auswertung/Logging der Zutritte, Zeiterfassungssystem
- Einschalten des Motorschlosses mit Notfall-SMS
- Zusammenspiel mit IP-Kameramodul
- Einbindung und Kopplung von weiteren Sensoren (Licht, Temperatur, Bewegung etc.)

Der einfachste Möglichkeit, eine Anwesenheitserkennung zu Hause umzusetzen, führt über die altbewährte `ping`-Methode. Das `ping`-Kommando steht auf nahezu jedem Computerbetriebssystem zur Verfügung und ist geradezu ideal, falls Sie einen Computer im Heimnetz betreiben, der rund um die Uhr verfügbar ist. Aufgrund der Kosten und der Wartbarkeit empfiehlt es sich, auf die sparsamen Einplatinencomputer wie den Raspberry Pi zurückzugreifen – als Alternative zur `ping`-Überwachung des Smartphones zu Hause lässt sich je nach Smartphone-Modell die Bluetooth-Schnittstelle für die Anwesenheitserkennung verwenden.

5.1 An- und Abwesenheitserkennung mit dem Smartphone

Die Bluetooth-Schnittstelle hat allerdings bauartbedingt keine allzu große Reichweite, und so ist bei dickeren Wänden oder mehreren Räumen im Haus schnell die Verbindung zur Steuerzentrale abgebrochen. Zuverlässiger ist in diesem Fall die Verwendung einer sogenannten Geofencing-App auf dem Smartphone, die den eingebauten GPS-Sensor verwendet, um den Standort festzustellen. Mithilfe der App legen Sie einen Radius für bestimmte Standorte fest und definieren dafür bestimmte Aktionen, die entweder beim Betreten oder beim Verlassen des definierten Bereichs losgetriggert werden. Diese Aktionen sind im Endeffekt nichts anderes als schlichte Seitenaufrufe auf einem Webserver, die wiederum das Starten einer Anwendung auf dem Webserver auslösen kann. Hier ist also etwas Eigeninitiative nötig, um anhand des Standorts des Smartphones bestimmte Aktionen in der Hausautomation durchzuführen – die Anwendungsmöglichkeiten dafür sind jedoch enorm.

Bluetooth und WLAN – Erkennung mit Tücken

Nahezu jeder technikaffine Anwender trägt heutzutage ein Smartphone in der Hosentasche, was liegt also näher, als das Gerät als vollautomatische elektronische Eintrittskarte zu Hause zu verwenden? Schnittstellen wie WLAN, Bluetooth oder gar Bluetooth 4.0 bringt jedes halbwegs ausgestattete Smartphone mit, und genau jene lassen sich bequem im Heimnetz von anderen Geräten abfragen und identifizieren. Damit eine Anwesenheitserkennung zu Hause zuverlässig funktioniert, beispielsweise wenn sich ein Smartphone innerhalb der eigenen vier Wände befindet, kommt es zunächst darauf an, welches Smartphone bzw. welches Betriebssystem zum Einsatz kommt: Hier sind einige Testläufe notwendig, um eine zuverlässige Erkennung hinzubekommen – und auf manche Fehler oder Gegebenheiten muss man erst mal kommen. So ist es bei den modernen Smartphones mittlerweile die Regel, dass aus Energiespar- und somit Akkulaufzeitgründen die WLAN-Verbindung gekappt wird, wenn sich das Smartphone bzw. der Bildschirm des Smartphones im Stand-by-Modus befindet. Die Bluetooth-Schnittstelle ist normalerweise in diesem Schlafmodus nicht stillgelegt und kann theoretisch genutzt werden – bei iOS-Geräten funktioniert das jedoch nur dann, wenn das Gerät bereits mit einem anderen Bluetooth-Device gepairt worden ist, damit die Bluetooth-Funktionalität auch eingeschaltet bleibt. Ob beispielsweise das iPhone bereits mit einem x-beliebigen Bluetooth-Gerät gekoppelt wurde, stellen Sie über *Einstellungen/Bluetooth/Geräte* fest. Dieses Phänomen kann auch bei Android-Geräten beim Wechsel von Kitkat auf Lollipop auftreten – auch hier ist der erste Weg zur Fehlerbehebung der *Einstellungen*-Dialog, um die bereits verbundenen Bluetooth-Geräte gegebenenfalls zu entkoppeln und neu zu pairen. Nun kommt es zum ersten Test: Nehmen Sie Ihr Smartphone oder ein anderes Bluetooth-Gerät und aktivieren Sie dort die Bluetooth-Funktion bzw. schalten Sie die Bluetooth-Sichtbarkeit ein. Das ist bei jedem Gerät etwas anders gelöst. In der Regel wird die Sichtbarkeit mit dem Einschalten der Bluetooth-Funktion aktiviert. Bei einem Linux-System – beispielsweise dem kostengünstigen Raspberry Pi – nutzen Sie das Kommando

```
hcitool scan
```

um die nähere Umgebung auf verfügbare und offene Bluetooth-Geräte zu prüfen.

```
pi@fhemraspian ~ $ hcitool scan
Scanning ...
    F0:        :F3        Bubblephone4
pi@fhemraspian ~ $
```

Bild 5.1: Ist die Sichtbarkeit aktiviert, meldet sich das Bluetooth-Gerät
umgehend mit seiner eindeutigen Bluetooth-ID sowie dem Gerätenamen zurück.

Wer etwas genauer hinter die Bluetooth-Technik schauen möchte, kann auch das `l2ping`-Kommando nutzen, um die Erreichbarkeit des Geräts zu prüfen. Hier verwenden Sie die per `hcitool scan` gefundene eindeutige Bluetooth-ID:

```
sudo l2ping -c 1 <BLUETOOTH-MAC-ID>

Ping: F0:12:34:56:78:F3 from 00:34:83:59:12:EB (data size 44) ...
44 bytes from F0:12:34:56:78:F3 id 0 time 10.92ms
1 sent, 1 received, 0% loss
```

Anschließend ist ein Ping-ähnlicher Befehl auf der Konsole samt Rückmeldung zu sehen – oder auch nicht, sofern das Gerät die Sichtbarkeit automatisch deaktiviert hat. Tatsächlich ist es so, dass sich hier die Geräte unterschiedlich verhalten, manche haben eine längere Sichtbarkeitsdauer. In der Regel ist sie aus Akkulaufzeitgründen jedoch etwas reduziert.

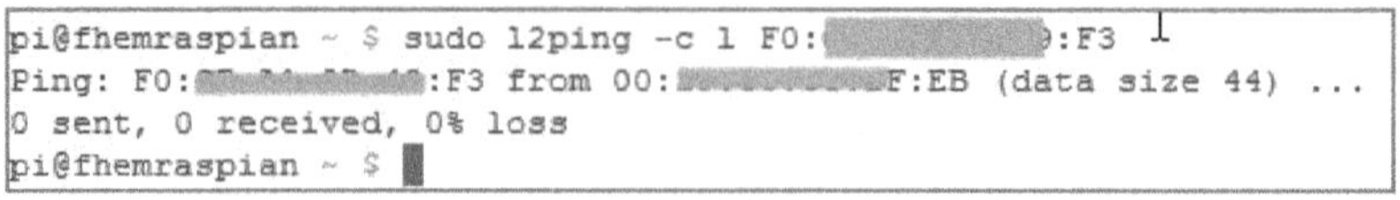

```
pi@fhemraspian ~ $ sudo l2ping -c 1 F0:        :F3
Ping: F0:        :F3 from 00:        F:EB (data size 44) ...
0 sent, 0 received, 0% loss
pi@fhemraspian ~ $
```

Bild 5.2: Ähnlich wie der normale `ping`-Befehl arbeitet das Bluetooth-Gegenstück `l2ping`. Beachten Sie, dass es sich im Parameter hier nicht um die Zahl **1**, sondern um ein kleingeschriebenes **l** handelt.

Das muss aus Sicherheitsgründen wahrlich kein Nachteil sein, denn wenn Sie mit dem gekoppelten Smartphone mit dem Raspberry Pi Schaltvorgänge vornehmen wollen, benötigen Sie sowieso nur wenige Augenblicke, um sich zu authentifizieren. Damit haben Sie schon mal eine einfache Möglichkeit, per Skript regelmäßig zu prüfen und zu dokumentieren, ob sich das gewünschte Gerät in der näheren Umgebung befindet oder nicht. Wem solche Selbstbauexperimente und das Schreiben von Code in Skripte zu suspekt sind, für den gibt es mit der Geofencing-Lösung eine weitere Alternative – und dafür ist eine passende App auf dem Smartphone Grundvoraussetzung.

5.2 Wo bin ich? – Geofencing in der Hausautomation

Grundsätzlich ist es mithilfe einer Geofencing-App möglich, einen Radius festzulegen und einen bestimmten Bereich digital abzugrenzen. Wird dieser Bereich betreten oder verlassen, registriert das die App und löst auf Wunsch bestimmte Aktionen aus – in einem Kaufhaus kann das ein automatisches Einblenden von Werbung sein, eine persönliche Begrüßung in einer Lokalität und vieles mehr. Die Verarbeitung der Informationen erfolgt direkt auf dem Smartphone. Die Geofencing-App teilt zwar mit, dass sich das Smartphone innerhalb des festgelegten Radius befindet, doch die genaue Geräteposition bleibt verborgen.

Geofency/Geofancy im Einsatz

Allgemein bringen aktuelle Smartphones die nötige Technik mit, um mit einer passenden App die Lokalisierung des Standorts permanent zu dokumentieren. Diese Technik ist bereits von Google und Apple mit Apps wie *Find your friends* oder *Wo sind meine Freunde?* auf den Smartphones millionenfach im Einsatz – mit einer Geofencing-App und individueller Konfiguration lässt sie sich auch dazu verwenden, das eigene Zuhause zu überwachen, beispielsweise um zu dokumentieren, welches Familienmitglied wann nach Hause kommt.

5.2 Wo bin ich? – Geofencing in der Hausautomation

Bild 5.3: *Geofency* und/oder *Geofancy*: Beide Apps erfüllen unter iOS ihren Zweck. Für Smartphones mit Google Android stehen Apps mit ähnlichen Funktionen bereit, beispielsweise *EgiGeoZone Geofence*.

Einrichtung und Konfiguration der Geofencing-App sind in wenigen Augenblicken erledigt. Nach Download und Installation lassen sich unterschiedliche Standorte bzw. Positionen definieren. Diese Positionen können im nächsten Schritt mit Aktionen hinterlegt werden, und das wird mittels HTTP-Push-Kommandos realisiert, die wahlweise bei der Ankunft im oder beim Verlassen des definierten Positionsradius anschlagen. Ist bei der entsprechenden URL ein passendes Skript mit einer gewünschten Aktion hinterlegt, ist die automatische Heimautomation keine Utopie mehr – Voraussetzung ist ein funktionierender Netzzugang. Lässt sich beispielsweise der Lichtschalter im Treppenhaus mit einem einfachen HTTP-Aufruf im Heimnetz bedienen, tragen Sie dort als POST-Kommando den entsprechenden HTTP-Aufruf zum Einschalten ein, der bei der Ankunft am Zielort ausgelöst werden soll.

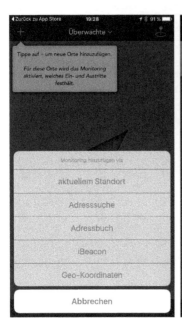

Bild 5.4: *Geofency*: Mit dem Plussymbol fügen Sie einen zu überwachenden Bereich ein, der sich über den aktuellen Standort, eine bestimmte Adresse oder die Geokoordinaten festlegen lässt. Der Radius lässt sich je nach App mit dem Schieberegler genau anpassen.

Die Push-Meldungen lassen sich im GET/POST-Format zur Weiterverarbeitung an den gewünschten Webservice übermitteln. Dadurch ist es möglich, zeitgenau mit Eintreffen des Events bestimmte Dinge anzutriggern – beispielsweise einen Bildschirmhinweis auf dem TV-Bildschirm (»Papa kommt gleich nach Hause«) – oder einfach etwa über eine HomeMatic-/FS20-Funkschalterlösung das Einfahrts- oder Garagenlicht einzuschalten. Damit nicht jedermann solche URLs einfach so abrufen und Aktionen starten kann, lassen sich diese Webadressen über den Webserver per einfacher HTTP-Authentifizierung absichern. Wer bereits von unterwegs eine Aktion automatisiert und abhängig vom Standort des Smartphones starten möchte, benötigt für die URL eine Adresse, die die dynamische IP-Adresse des Heimnetzes ordnungsgemäß auflöst, wie eingangs im Abschnitt »Dynamische DNS-Lösung für Internetzugriffe konfigurieren« (ab Seite 22) beschrieben.

5.2 Wo bin ich? – Geofencing in der Hausautomation

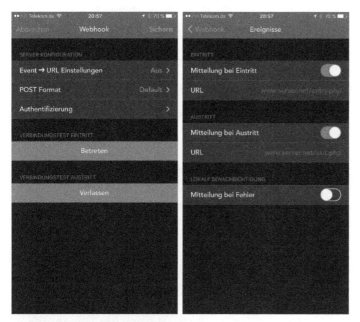

Bild 5.5: Ist der Zugriff auf diese Adressen beispielsweise nur über eine IP-Adresse im Heimnetz möglich, muss das Smartphone auch über WLAN im Heimnetz eingeloggt sein.

Grundsätzlich müssen Sie wissen, dass die permanente Überwachung des Standorts Marke Eigenbau mittels Geofence-Technik auf die Akkuleistung des Smartphones Einfluss hat. Je nachdem, wie die Position ermittelt wird, kann sie mal mehr und mal weniger Saft aus dem Akku ziehen. Allgemein gilt, dass die GPS-Positionsermittlung im Gegensatz zum Cell-ID- oder WLAN/IP-Adressverfahren deutlich ressourcenhungriger ist. Damit unterwegs die Geofencing-App bzw. die Standortbestimmung des Betriebssystems nicht dauernd (die gleichbleibenden) Koordinaten übermittelt und somit die Akkuleistung verringert, kann die Standortbestimmung in Kombination mit einem Bewegungs- oder Beschleunigungssensor erfolgen. In diesem Fall wird der Standort nur ermittelt, wenn das Smartphone in Bewegung ist.

Geofences Option/Attribut	Bemerkung
ID	Hier legen Sie die ID fest, die an die weiterzuverarbeitende Webanwendung weitergereicht wird. Damit ist eine Unterscheidung mehrerer Devices – also Smartphones und somit Benutzer – möglich. Hat jedes Familienmitglied ein Smartphone, können je nach Benutzer gezielt Geräte in der Hausautomation geschaltet werden.
Auslösen bei Ankunft	Ein WebHook wird ausgelöst, wenn das Smartphone innerhalb des festgelegten Bereichs/Radius ist.
URL-Ankunft	Die in diesem Feld eingestellte URL (gegebenenfalls Portangabe nötig) wird beim Eintritt des festgelegten Bereichs automatisch aufgerufen.
Auslösen bei Verlassen	Ein WebHook wird ausgelöst, wenn das Smartphone den festgelegten Bereich verlässt.
URL verlassen	Die in diesem Feld eingestellte URL (gegebenenfalls Portangabe nötig) wird beim Verlassen des festgelegten Bereichs automatisch aufgerufen.
Mitteilung bei Statusänderung	Eine Push-Nachricht wird auf das Smartphone geschickt, falls eine Aktion wie Ankunft oder Verlassen der festgelegten Region eintritt.
Mitteilung bei Erfolg	Die hier eingestellte Push-Nachricht wird auf das Smartphone geschickt, falls die konfigurierte URL erfolgreich aufgerufen wurde.
Mitteilung bei Fehler	Die hier eingestellte Push-Nachricht wird auf das Smartphone geschickt, falls die konfigurierte URL ohne Erfolg aufgerufen wurde.
Username	Optional: Benutzername für den Zugriff auf die URL-Adresse.
Passwort	Optional: Passwort für den Benutzernamen.

In der Praxis und generell ideal für eine möglichst genaue Standortbestimmung ist eine gemeinsame Betrachtung der Mobilfunk-Cell-ID (der Handymast, bei dem sich die SIM-Karte eingebucht hat), die WLAN-Koordination und zu guter Letzt die GPS-Position des GPS-Sensors. Die genannten Funktionen bringt jedes moderne Smartphone auf Android- und iOS-Basis mit. Bei iOS beispielsweise wird auch optisch über die Darstellung der Kompassnadel in der Statusleiste, die die Verwendung der Ortungsdienste darstellt, informiert. Bei aktivierter Funktion ist die Kompassnadel als fein umrandete Kontur dargestellt – ist eine App aktiv und greift darauf zu, ist die Kompassnadel als vollständig gefülltes Symbol zu sehen.

5.3   Türklingelbenachrichtigung mit Foto

E-Mail-Benachrichtigungen sind Fluch und Segen zugleich: Während die meisten Anwender im Onlinealltag, beispielsweise im Umgang mit den sozialen Netzen Facebook, Twitter & Co., die dazugehörigen E-Mail-Benachrichtigungen im eigenen Postfach als störend empfinden dürften, sind manche solcher Nachrichten äußerst begehrt. So können Sie sich über Vorgänge im Haushalt automatisch informieren lassen, etwa wenn die Waschmaschine fertig ist oder bestimmte Türen oder Fenster geöffnet wurden oder gar jemand vor der Haustür steht und klingelt.

Einsatzgebiete gibt es viele, gerade wenn es um Sicherheits- und Überwachungsaspekte zu Hause geht. In diesem Abschnitt des Buchs lesen Sie, wie Sie mit dem Raspberry Pi und dem passenden Zubehör mit relativ wenig Aufwand eine funktionierende Klingelbenachrichtigung per E-Mail samt Fotofunktion realisieren.

FS20-KSE-Funkmodul in die Türklingel einbauen

Für den Einbau des FS20-KSE-Klingelmoduls benötigen Sie keinen Elektriker, sondern lediglich ein wenig handwerkliches Geschick, einen Schraubenzieher sowie je nach örtlicher Gegebenheit eine kleine Leiter, um zur verbauten Türklingel zu gelangen. Der unschätzbare Vorteil des FS20-KSE-Klingelmoduls ist, dass es keine eigene Stromversorgung benötigt und für den Versand des Funksignals bei Betätigung der Klingel vom Klingelstromkreis mitversorgt wird. Dieser kurze Augenblick lädt den entsprechenden Kondensator ausreichend auf.

Bild 5.6: Nach dem Anschluss an die Türklingel kann das KSE-Klingelmodul aufgrund seiner flachen Bauweise oftmals mit im Klingelgehäuse untergebracht werden.

Für den Anschluss des FS20-KSE-Klingelmoduls an die Wechselstrom-Klingelanlage benötigen Sie zwei Drähte sowie eine Zweifach-Lüsterklemme, um mit den beiden vorhandenen Kabeln, die zur Klingel führen, eine Parallelschaltung aufzubauen. In diesem Fall löst der Klingelschalter vor der Tür nicht nur die Klingel aus, sondern sendet auch dasselbe Signal an das Funkmodul. Beim Betätigen der Klingel leuchtet auf der Funkmodulplatine eine kleine LED.

Die Funkmodulkonfiguration ist schnell erledigt

Wer möchte, kann mithilfe der vier kleinen Schalter auf der FS20-KSE-Klingelmodul-platine gemäß Bedienungsanleitung den Hauscode setzen. Pflicht ist das für den FHEM-Gebrauch jedoch nicht, sodass wir uns diese Fummelei erspart und FHEM in den **autocreate**-Mode versetzt haben. Beim Anliegen der Wechselspannung an der Klingel ertönt somit nicht nur die Klingel, sondern es wird auch ein Schaltsignal vom KSE-Klingelmodul übertragen.

```
2012.12.01 10:04:55 2: FHT set arb_Heizung desired-temp 5.5
2012.12.01 10:49:23 2: FS20 set arb_LampeTisch on
2012.12.01 12:45:24 3: FS20 Unknown device c080 (41113111), Button 00 (1111) Code 00 (off), please define it
2012.12.01 12:45:24 2: autocreate: define FS20_c08000 FS20 c080 00
2012.12.01 12:45:24 2: autocreate: define FileLog_FS20_c08000 FileLog /var/log/fhem/FS20_c08000-%Y.log FS20_c08000
2012.12.01 12:45:25 3: FS20 Unknown device c080 (41113111), Button 01 (1112) Code 00 (off), please define it
2012.12.01 12:45:25 2: autocreate: define FS20_c08001 FS20 c080 01
2012.12.01 12:45:25 2: autocreate: define FileLog_FS20_c08001 FileLog /var/log/fhem/FS20_c08001-%Y.log FS20_c08001
2012.12.01 12:45:25 2: FS20 FS20_c08000 off
2012.12.01 12:45:25 2: FS20 FS20_c08001 off
2012.12.01 12:45:28 2: FS20 FS20_c08000 on
2012.12.01 12:45:28 2: FS20 FS20_c08001 on
```

Bild 5.7: Für die beiden Kanäle auf dem FS20-KSE-Klingelmodul hat FHEM zwei Buttons sowie das Klingelmodul selbst automatisch erstellt.

Hat FHEM das Klingelmodul automatisch in die Geräteübersicht einsortiert, passen Sie die Beschriftung mit dem `rename`-Kommando sowie den Standort des Geräts über das `room`-Attribut an.

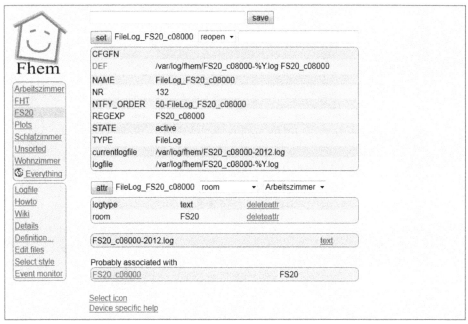

Bild 5.8: Um den Standort anzupassen, müssen Sie zunächst das alte Attribut bei `room` über den Link `deleteattr` löschen.

Nach der Initialisierung in FHEM prüfen Sie nun die ordnungsgemäße Funktion bzw. das Übertragen des Klingelsignals als Schaltbefehl in FHEM. Dafür nutzen Sie am besten die Logdatei, die per Klick auf den Link `logfile` erreichbar ist. In der Kommandozeile können Sie auch das `tail`-Kommando `tail -f /var/log/fhemfhem-JAHR-MONAT.log` einsetzen. Ersetzen Sie den Platzhalter JAHR beispielsweise durch 2016 und MONAT durch den aktuellen Monat.

In diesem Fall werden bei der Betätigung des Klingeltasters beide Kanäle auf dem FS20-KSE geschaltet und übertragen. Das ist nicht weiter schlimm und kann in einem späteren Skript dazu auch als Sicherheitsnetz dienen. Doch zunächst geht es darum, das Klingelsignal innerhalb von FHEM weiterzuverarbeiten, damit Sie beim Auslösen der Klingel wie gewünscht umgehend eine Benachrichtigung erhalten.

```
pi@fhemraspian ~ $ tail -f /var/log/fhem/fhem-2012-12.log
2012.12.01 13:42:28 2: FS20 FS20_c08000 off
2012.12.01 13:42:29 2: FS20 FS20_c08001 off
2012.12.01 13:42:29 2: FS20 FS20_c08000 on
2012.12.01 13:42:29 2: FS20 FS20_c08001 on
2012.12.01 13:42:30 2: FS20 FS20_c08000 off
2012.12.01 13:42:30 2: FS20 FS20_c08001 off
2012.12.01 13:42:33 2: FS20 FS20_c08000 on
2012.12.01 13:42:33 2: FS20 FS20_c08001 on
2012.12.01 13:42:34 2: FS20 FS20_c08000 off
2012.12.01 13:42:34 2: FS20 FS20_c08001 off
2012.12.01 14:33:09 2: FS20 FS20_c08000 on
2012.12.01 14:33:10 2: FS20 FS20_c08001 on
2012.12.01 14:33:10 2: FS20 FS20_c08000 off
2012.12.01 14:33:10 2: FS20 FS20_c08001 off
2012.12.01 14:33:11 2: FS20 FS20_c08000 off
2012.12.01 14:33:11 2: FS20 FS20_c08001 off
2012.12.01 14:33:11 2: FS20 FS20_c08000 off
2012.12.01 14:33:12 2: FS20 FS20_c08001 off
2012.12.01 14:33:12 2: FS20 FS20_c08000 on
2012.12.01 14:33:13 2: FS20 FS20_c08001 off
```

Bild 5.9: Die Logdatei klärt auf: Eine On/Off-Beziehung ist die Kopplung des KSE-Klingelmoduls der FS20-Reihe mit FHEM.

Neuer E-Mail-Account nur für die Klingel

Wer als Absenderadresse für die Klingelbenachrichtigung nicht seine persönliche E-Mail-Adresse nutzen möchte, legt kurzerhand bei einem der zahlreichen Freemail-Anbieter einen Account an. Allein aus Sicherheitsgründen ist das eine gute Wahl, denn da das zum Versand notwendige Kennwort auf dem Raspberry Pi gespeichert sein muss, entsteht hier natürlich auch eine Sicherheitslücke.

Jeder, der unbefugt Zugriff auf den Raspberry Pi hat, kann durch das gespeicherte Passwort auch Zugriff auf die E-Mails haben. In diesem Beispiel nutzen wir ein vorhandenes Freemail-Konto bei GMX, das ausschließlich für die Benachrichtigung genutzt wird und mithilfe des Raspberry Pi umgehend eine Mail mit dem Ereignis verschickt.

Hier sind Sie selbstverständlich nicht auf GMX beschränkt, wichtig ist nur, dass Ihnen die notwendigen Parameter wie E-Mail-Adresse, Kennwort, Zugangsdaten für den Mailserver und verschiedene weitere Einstellungen bekannt sind. Wer über die Kommandozeile oder per Skript E-Mails versenden möchte, tut das bei einem vollwertigen Linux-Computer mithilfe eines Mailservers wie Sendmail. Doch so eine Lösung ist für den Raspberry Pi völlig überdimensioniert, und auch der Betrieb stellt einen nicht unerheblichen Aufwand dar.

Besser ist es, auf dem Raspberry Pi stattdessen die kostenlose Lösung `sendEmail` zu nutzen, mit der Sie auch Dateianhänge verschicken können, falls Sie beispielsweise bei dem Klingelereignis eine Fotoaufnahme erstellen. So sind Sie nicht nur darüber informiert, dass es geklingelt hat, sondern auch, wer geklingelt hat.

5.3 Türklingelbenachrichtigung mit Foto

```
root@fhemraspian:/home/pi# chmod a+x /usr/local/bin/fhem2mail
root@fhemraspian:/home/pi# apt-get install sendEmail
Paketlisten werden gelesen... Fertig
Abhängigkeitsbaum wird aufgebaut.
Statusinformationen werden eingelesen.... Fertig
Die folgenden zusätzlichen Pakete werden installiert:
  libio-socket-inet6-perl libsocket6-perl
Vorgeschlagene Pakete:
  libio-socket-ssl-perl libnet-ssleay-perl
Die folgenden NEUEN Pakete werden installiert:
  libio-socket-inet6-perl libsocket6-perl sendemail
0 aktualisiert, 3 neu installiert, 0 zu entfernen und 3 nicht aktualisiert.
Es müssen 76,9 kB an Archiven heruntergeladen werden.
Nach dieser Operation werden 315 kB Plattenplatz zusätzlich benutzt.
Möchten Sie fortfahren [J/n]?
```

```
root@fhemraspian:/home/pi# sendemail -v -f             @gmx.de -s smtp.gmx.net:25 -xu            @gmx.de
tls=yes -u "Betreff: Test" -m "Hallo, dies ist ein Test"
Dec 06 21:30:07 fhemraspian sendemail[5123]: ERROR => No TLS support! SendEmail can't load required libraries.
et::SSL)
root@fhemraspian:/home/pi# apt-get install sendEmail libio-socket-ssl-perl libnet-ssleay-perl perl
Paketlisten werden gelesen... Fertig
Abhängigkeitsbaum wird aufgebaut.
Statusinformationen werden eingelesen.... Fertig
perl ist schon die neueste Version.
sendemail ist schon die neueste Version.
Die folgenden zusätzlichen Pakete werden installiert:
  libnet-libidn-perl
Die folgenden NEUEN Pakete werden installiert:
  libio-socket-ssl-perl libnet-libidn-perl libnet-ssleay-perl
0 aktualisiert, 3 neu installiert, 0 zu entfernen und 3 nicht aktualisiert.
Es müssen 406 kB an Archiven heruntergeladen werden.
Nach dieser Operation werden 1.284 kB Plattenplatz zusätzlich benutzt.
Möchten Sie fortfahren [J/n]?
```

Bild 5.10: Zunächst installieren Sie `sendEmail` per `apt-get` nach. Gegebenenfalls sind weitere Pakete (automatisch) zu installieren.

Voraussetzung dafür ist natürlich, dass die USB-Webcam des Raspberry auch an einem passenden Ort platziert werden kann – oftmals tut es schon ein kleiner handwerklicher Umbau in der Bohrung des Türspions.

```
sudo apt-get install sendEmail libio-socket-ssl-perl libnet-ssleay-perl perl
```

Die Installation ist in wenigen Minuten erledigt, der Mailversand läuft zunächst testweise über die Konsole ab.

Benötigte Variablen	Beispiel
Absender-E-Mail-Adresse	MAIL.ADRESSE.DE@gmx.de
Passwort für den E-Mail-Versand	geheimesPasswort
Empfänger-E-Mail-Adresse	ERSTEMAIL@ADRESSE.DE
SMTP-Server:Port	smtp.gmx.net:25
TLS	no

Anschließend bauen Sie den Kommandozeilenbefehl wie folgt aus den verfügbaren Optionen zusammen:

Optionen für sendEmail	Beschreibung
v	Verbose: ausführliche Ausgabe
f	From: Absenderadresse hier: MAIL.ADRESSE.DE@gmx.de
s	Server: Server mit Portangabe hier: smtp.gmx.net:25
xu	User-Mailserver: Benutzer auf dem Mailserver hier: MAIL.ADRESSE.DE@gmx.de
xp	Passendes Kennwort: Passwort zu dem unter xu angegebenen User hier: geheimesPasswort
t	To: Empfängeradresse hier: MAIL.EMPFÄNGERADRESSE.DE@gmx.de
o	Verschlüsselung: je nach Anbieter unterschiedlich hier: tls=no
u	Betreff, hier: Betreff: Foto
m	Message: Textinhalt der Mail
a	Anhang: Pfad zur Datei, die mit übertragen werden soll hier: /var/tmp/mailpic.jpg

Am Ende müsste bei Ihnen ein ähnliches Kommando herauskommen. Beachten Sie, dass der Befehl in einer einzigen Zeile ohne Zeilenumbruch in die Konsole zu schreiben ist.

```
sendemail -v -f MAIL.ADRESSE.DE@gmx.de -s smtp.gmx.net:25 -xu
MAIL.ADRESSE.DE@gmx.de -xp geheimesPasswort -t
MAIL.EMPFÄNGERADRESSE.DE@gmx.de -o tls=no -u "Betreff: Foto" -a
"/var/tmp/mailpic.jpg"
```

Zum Testen und mal zwischendurch ist so ein langer Kommandozeilenbefehl zwar ganz nett, aber in der Praxis und für den angestrebten Zweck einer automatisierten Verarbeitung in Verbindung mit der Türklingel parametrisieren wir das Kommando und lagern die Funktion in ein Skript aus. Zuvor benötigen wir für die Erstellung der Aufnahmen neben dem Versand der E-Mail auf der Konsole zusätzlich noch ein Programm, das ebenfalls über die Konsole und skriptbasiert arbeiten kann. Wir nutzen an dieser Stelle das Programm `fswebcam` und passen die Parameter für das Projekt entsprechend an.

fswebcam: Shell-Fotografie mit der Klingel

Für die Nutzung einer geeigneten Kamera am Raspberry Pi unter Raspbian dürfen Sie keine Wunder in Sachen Bildqualität erwarten. So steht und fällt die Bildqualität mit der Optik und der Lichtstärke der eingesetzten Kamera sowie deren Grafik-Engine. Der Raspberry Pi ist bei einfacheren Kameras wie beispielsweise der alten PS3-Webcam in Sachen Bildqualität etwas schwach auf der Brust. Das tut dem Bastelvergnügen jedoch keinen Abbruch, wir begnügen uns einfach mit 320 × 240 Pixeln und stellen somit eine flotte Bearbeitung innerhalb des Raspberry Pi sicher. Willkommener Nebeneffekt ist auch die schnelle Übertragung der Benachrichtigung auf das Smartphone. Für die Nutzung der Kamera über die Kommandozeile ist in diesem Klingelprojekt das Werkzeug `fswebcam` vorgesehen, das Sie per

```
sudo apt-get install fswebcam
```

auf den Raspberry Pi bringen. Per `man fswebcam` erfahren Sie mehr über den Funktionsumfang des Werkzeugs.

```
pi@fhemraspian ~ $ sudo apt-get install fswebcam
Paketlisten werden gelesen... Fertig
Abhängigkeitsbaum wird aufgebaut.
Statusinformationen werden eingelesen.... Fertig
Die folgenden NEUEN Pakete werden installiert:
  fswebcam
0 aktualisiert, 1 neu installiert, 0 zu entfernen und 3 nicht aktualisiert.
Es müssen 52,3 kB an Archiven heruntergeladen werden.
Nach dieser Operation werden 141 kB Plattenplatz zusätzlich benutzt.
Holen: 1 http://mirrordirector.raspbian.org/raspbian/ wheezy/main fswebcam armhf 20110717-1 [52,3 kB]
Es wurden 52,3 kB in 0 s geholt (106 kB/s).
Vormals nicht ausgewähltes Paket fswebcam wird gewählt.
(Lese Datenbank ... 69058 Dateien und Verzeichnisse sind derzeit installiert.)
Entpacken von fswebcam (aus .../fswebcam_20110717-1_armhf.deb) ...
Trigger für man-db werden verarbeitet ...
fswebcam (20110717-1) wird eingerichtet ...
pi@fhemraspian ~ $
```

Bild 5.11: Per `apt-get install`-Kommando ziehen Sie das fehlende Paket `fswebcam` auf den Raspberry Pi nach.

Stecken Sie die USB-Webcam in den USB-Anschluss und prüfen Sie per `dmesg` bzw. `lsusb`, ob das Gerät vom System ordnungsgemäß erkannt worden ist. In der Regel wird die Kamera als Videodevice in `/dev/video0` eingebunden. In diesem Fall starten Sie mit dem Kommando

```
/usr/bin/fswebcam -r 320x240 -i 0 -d /dev/video0 --jpeg 95 --shadow --title
"Haustuer" --subtitle "Spion" --info "Monitor: Active" -v
/var/tmp/mailpic.jpg
```

eine Aufnahme und legen diese zunächst unter der Bezeichnung `mailpic.jpg` im Verzeichnis `/var/tmp/` ab. Prüfen Sie per `ls /var/tmp`-Kommando, ob `fswebcam` eine Aufnahme erfolgreich abgelegt hat. Für den weiteren Anwendungszweck bzw. die spätere Nutzung mit FHEM ist es wichtig, dass Sie für den Gebrauch der angeschlossenen Webcam an `/dev/video0` die entsprechenden Berechtigungen setzen. Das erledigen Sie, indem Sie den System-User **fhem** der Gruppe `video` hinzufügen:

```
sudo adduser fhem video
```

Haben Sie das nicht getan, wird Sie später eine Fehlermeldung ähnlich wie

```
--- Capturing frame...
Captured frame in 0.00 seconds.
--- Processing captured image...
Error opening file for output: /var/tmp/mailpic.jpg
fopen: Permission denied
```

daran erinnern.

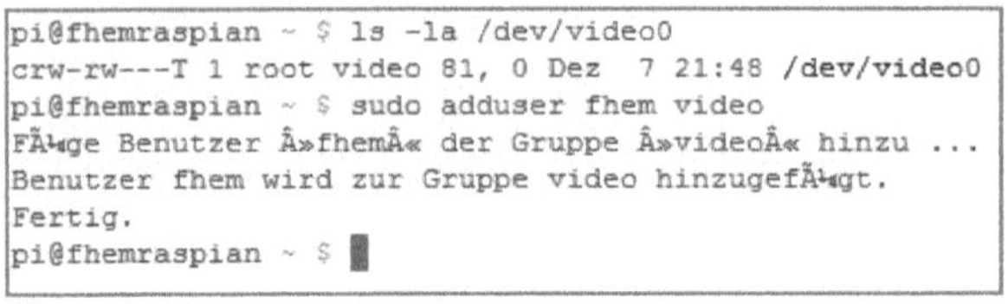

```
pi@fhemraspian ~ $ ls -la /dev/video0
crw-rw---T 1 root video 81, 0 Dez  7 21:48 /dev/video0
pi@fhemraspian ~ $ sudo adduser fhem video
Füge Benutzer »fhem« der Gruppe »video« hinzu ...
Benutzer fhem wird zur Gruppe video hinzugefügt.
Fertig.
pi@fhemraspian ~ $
```

Bild 5.12: Erst wenn der System-User **fhem** der `video`-Gruppe hinzugefügt wurde, kann er auch auf das Device unter Raspbian zugreifen.

Nun sind die Voraussetzungen geschaffen, um das für den Mailversand notwendige Skript zusammenzustellen und es später mit der Türklingel via FHEM zu koppeln.

Skript für den E-Mail-Versand über FHEM

Für den Versand von E-Mails über FHEM stehen zig Möglichkeiten zur Verfügung, die im FHEM-Wiki (*www.fhemwiki.de/wiki/E-Mail_senden*) ausführlich dargestellt werden. Die Lösung von Martin Fischer (*www.fischer-net.de*) ist deutlich flexibler als die Wiki-Lösungen, sie bietet jedoch unter anderem keine direkte Unterstützung für den parametrisierten Versand eines E-Mail-Anhangs. Wir haben diese Funktion kurzerhand nachgerüstet. Im folgenden Skript `fhem2mail` müssen die E-Mail-Adressen sowie die Parameter für den Mailanbieter angepasst werden. Das Skript selbst wird im Verzeichnis `/usr/local/bin/` auf dem Raspberry Pi gesichert. In diesem Beispiel nimmt das Skript einen Aufruf in der Form `/usr/local/bin/fhem2mail MAIL DOORBELL "Haustuer"` entgegen und befüllt im `case`-Block entsprechend die Variablen `SUBJ` und `TXT`. Anschließend wird im `if`-DOORBELL-Block geprüft, ob sich ein Videodevice an `/dev/video0` befindet. Falls ja, wird die geschossene Aufnahme unter der per `FILENAME` festgelegten Bezeichnung (`FILENAME=$(date +"%m-%d-%y|||%H%M%S")`) archiviert.

In der zweiten `IF`-MAILFILE-Abfrage wird geprüft, ob die Datei `MAILFILE="/var/tmp/mailpic.jpg"` überhaupt existiert. Ist sie vorhanden, wird der `sendemail`-Aufruf entsprechend mit dem Dateianhang befüllt, umgehend verschickt und anschließend gelöscht. Andernfalls erfolgt die Mailbenachrichtigung ohne Dateianhang.

FHEM und Raspberry Pi verheiraten

Für das Zusammenspiel mit FHEM und eine weitere spätere Nutzung der Kamera an der Haustür wurde der rpiPhoto-Aufruf in ein eigenes Perl-Modul mit der Bezeichnung 99_klingelrpi.pm im Verzeichnis /usr/share/fhem/FHEM/ untergebracht.

```
sudo -i
nano /usr/share/fhem/FHEM/99_klingelrpi.pm
cd /usr/share/fhem/FHEM/
chown fhem:root 99_klingelrpi.pm
```

Die selbst gestrickten Perl-Module werden im FHEM-Benutzerordner abgelegt, der beim Raspberry Pi in der Regel im Verzeichnis /usr/share/fhem/FHEM/ zu finden ist. Wer sich nicht sicher ist, öffnet über nano /etc/fhem.cfg die Konfigurationsdatei und prüft beim Eintrag modpath die entsprechende Pfadangabe von FHEM.

```
# --------------------------------------------------------------
# E.F.Engelhardt, Franzis Verlag, 2016
# --------------------------------------------------------------
# Datei 99_klingelrpi.pm
#   Verzeichnis /usr/share/fhem/FHEM
package main;

use strict;
use warnings;
use POSIX;

sub
klingelrpi_Initialize($$)
{
  my ($hash) = @_;
}

sub
rpiPhoto($)
{
  my $text = "Raspi-Webcam gestartet";
  my $ret = "";
  system("/bin/echo \"$text\" > /var/tmp/foto_nachricht.txt");
  system("/usr/bin/fswebcam -r 320x240 -i 0 -d /dev/video0 -v /var/tmp/mailpic.jpg");
   Log 3, "rpiPhoto (fswebcam): $ret";
}

1;
# --------------------------------------------------------------
```

Die Funktion von `99_klingelrpi.pm` bzw. von `rpiPhoto($)` prüfen Sie einfach per Aufruf im Befehlsfeld von FHEM. Geben Sie dort folgende Anweisung ein:

```
{rpiPhoto ("@")}
```

Jetzt wird mit `fswebcam` eine Aufnahme erstellt und im `/var/tmp`-Verzeichnis abgelegt. In der `fhem.cfg` fügen Sie für die Klingeltaste einen entsprechenden Notify hinzu:

```
# ----------------------------------------------------------------
# FS20 Klingel notify
define KlingelEnable dummy
# ----------------------------------------------------------------
define Klingel_Notify notify au_KlingelTaste {\
   if ( Value ("KlingelEnable") eq "1" ){\
      fhem("set KlingelEnable 0");;\
      fhem("delete KlingelTimer");;\
      rpiPhoto("@");;\
      fhem("define KlingelTimer at +00:00:40 set KlingelEnable 1");;\
      `/usr/local/bin/fhem2mail MAIL DOORBELL "Haustuer"`;;\
      Log 3, "Klingel-Status %, sende Nachricht via E-Mail/SMS";;\
      fhem("set au_KlingelTaste off");;\
      fhem("set au_KlingelTaste1 off");;\
   }\
}
# ----------------------------------------------------------------
```

Um diese `notify`-Funktion zu prüfen, geben Sie in der Befehlszeile von FHEM den folgenden Trigger-Aufruf ein:

```
trigger au_KlingelTaste on
```

Zunächst wird die Dummy-Variable `KlingelEnable` definiert. Wird die Klingeltaste gedrückt (`au_KlingelTaste`), setzt das Skript die Dummy-Variable und löscht einen eventuell vorhandenen Timer. Per Aufruf des Perl-Skripts `rpiPhoto("@")` wird umgehend die angeschlossene Kamera ausgelöst, was einerseits in einem Logeintrag vermerkt wird und andererseits die Aufnahme im Verzeichnis `/var/tmp/mailpic.jpg` sichert.

Um den Prellen-Effekt zu verhindern, falls jemand Sturm klingelt, reicht der Versand einer E-Mail. Der `KlingelTimer` wurde auf `40` Sekunden gesetzt, das eigentliche Mailversandskript startet mit dem Aufruf `/usr/local/bin/fhem2mail MAIL DOORBELL "Haustuer"`. Zu guter Letzt wird der Logeintrag in FHEM geschrieben, und die beiden Flags der Klingelsignalerkennung werden auf den Wert `off` gesetzt.

Das Skript für den Mailversand prüft seinerseits, ob sich im Verzeichnis `/var/tmp/` die Datei `mailpic.jpg` befindet. Ist das der Fall, wird das Kommando `/usr/bin/sendemail` mit dem Anhangparameter gesetzt. Falls nicht, erfolgt die Benachrichtigung eben ohne angehängtes Bild.

DoorBird in der Hausautomation

Die WLAN-fähige Smartphone-Türklingel DoorBird[2] bietet im Vergleich zu herkömmlichen Klingeln eine smarte Kopplung mit dem mobilen Device auf Android- oder iOS-Basis und macht damit eine Benachrichtigungsfunktion möglich, auch wenn Sie sich nicht am Aufstellungsort der smarten Klingel aufhalten. Ist die Smartphone-App ordnungsgemäß installiert, erhalten Sie eine Push-Nachricht auf dem Smartphone, wenn ein Besucher an der Wohnungs- oder Haustür klingelt. Mithilfe der hochwertigen HD-Kamera mit Nachtsichtfunktion, eines Mikrofons und eines Lautsprechers lässt sich je nach Bandbreite der Verbindung live ein Videogespräch führen.

---

[2] Das Unternehmen Bird Home Automation GmbH aus Berlin ist ein Ableger des Berliner Unternehmens myintercom, und dieses wiederum ist ein Gemeinschaftsprodukt der Telecom Behnke GmbH und der 1000eyes GmbH.

Bild 6.1: Undokumentiert: Das Werkzeug **iputility** der Mutterfirma myintercom lässt sich auch mit dem DoorBird auf einem Windows-PC verwenden.

Ist der DoorBird ordnungsgemäß eingerichtet, ist er nach der Installation im heimischen LAN/WLAN-Netz mit einer eigenen IP-Adresse erreichbar. Das bekannteste Werkzeug zum Testen ist das `ping`-Kommando zur Ziel-IP-Adresse über die Kommandozeile, der DoorBird selbst bietet aber auch eine Webschnittstelle über Port 80 an, die sich mit jedem beliebigen Webbrowser testen lässt.

Bild 6.2: Über die IP-Adresse ist der DoorBird im heimischen Netz über den Webbrowser erreichbar.

Das stabile Gehäuse ist aus Polycarbonat und mit der Dichtigkeitsklasse IP54 angegeben. Das bedeutet, dass es gegen Staub und Spritzwasser geschützt ist, es ist also sinnvoll, es im Außeneinsatz unter dem Dach des Eingangsbereichs zu platzieren. Je nach Bauweise des Eingangsbereichs kann die Montage des DoorBird oftmals eine Herausforderung darstellen – vor allem unter dem Aspekt, eine gute WLAN-Qualität zu erreichen. Hier spielen Dinge wie WLAN-Qualität, Anschlüsse und Abschirmung, Wärmedämmung, Gehäuse und Baumaterialien vor Ort eine Rolle – am Ende des Tages kann sogar der Verzicht auf die WLAN-Schnittstelle und die Nutzung des kabelgebundenen Anschlusses die bessere Wahl sein. Die im DoorBird verbaute HD-Kamera schlägt an, sobald der verbaute Bewegungsmelder aktiviert ist, und sichert chronologisch Bildaufnahmen. Das kann für zusätzlichen Schutz an der Haustür sorgen. Der Klingelknopf aus Stahl ist mit einer blauen LED hinterlegt, die permanent leuchtet, was zur Orientierung im Dunkeln sehr praktisch ist, wenn der Besuch die Klingeltaste sucht. Nachts sorgen auch die IR-LEDs in der Dunkelheit für ein vergleichsweise gutes Bild – eine permanente Videoaufzeichnung findet aus Datenschutzgründen nicht statt.

Bild 6.3: Bei den Anschaffungskosten ist der DoorBird nicht mit einer einfachen No-Name-Türsprechanlage aus Fernost vergleichbar, die jedoch kein Rundumpaket mitbringt – angefangen bei der Installation bis hin zur Bedienung der App und der Alarmierung auf das Smartphone.

Die IP-Video-Türsprechanlage DoorBird ist beim Hersteller oder im Fachhandel für rund 300 Euro erhältlich. Die Hardware selbst ist »made in Germany« und wird von Türtelefonhersteller TC Behnke montiert. Darin finden sich hochwertige Hardwarekomponenten wie beispielsweise ein HDTV-Bildsensor für Audio- und Video-over-IP, was in der Praxis im Heimnetz für ein gutes Livebild sorgt.

6.1 Klingelpreller ade! – Einbau, Montage und Anschluss

In diesem Projekt kam DoorBird aus baulichen Gründen als WLAN-Gerät zum Einsatz – mit allen Vor- und Nachteilen. Bei einer WLAN-Nutzung ist die Hardwareinstallation des DoorBird in wenigen Minuten erledigt: Sie brauchen nur die beiden Drähte (rot und schwarz) jeweils mit den gleichfarbigen Drähten des beigelegten Netzteils zu verbinden und können anschließend mit der Einrichtung des Geräts mithilfe der kostenlosen App beginnen. Ist der Aufstellungsort in Sachen WLAN-Qualität und somit Bandbreite nicht ideal, lässt sich der DoorBird mit dem beigelegten Ethernet-Adapter an das heimische LAN-Netzwerk anschließen, mithilfe eines PoE-fähigen Switchs oder PoE-Injectors lässt sich auch die nötige Betriebsspannung bereitstellen – hier ist lediglich das Anschlusskabel etwas kurz geraten und muss gegebenenfalls verlängert werden. Die Bedienungs- und Installationsunterlagen leisten dabei gute Unterstützung. Auch ein bereits vorhandener elektrischer Türöffner lässt sich am DoorBird anschließen, nach der Einrichtung können Sie die App nutzen, um per Fingertipp auf das entsprechende Symbol die Wohnungs- oder Haustür zu öffnen.

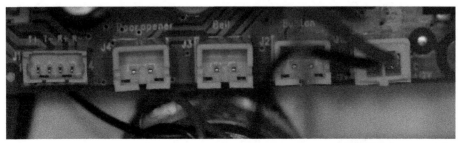

Bild 6.4: Bei dem mit J1 beschrifteten Anschluss nutzen Sie die vier Adern (T+, T-, R+, R-) für die Datenübertragung. Der Anschluss J4 ist der Kontakt für das potenzialfreie Türöffnerrelais – daneben befindet sich der Anschluss J3, an dem sich optional ein vorhandener Türgong an die potenzialfreien Ausgänge C1 und C2 anschließen lässt. Ganz rechts befinden sich die für die Spannungsversorgung nötigen Anschlüsse V+/V-.

Haben Sie die Möglichkeit, am Montageort ein Datenkabel (CAT5 und besser) zu nutzen, umso besser. Nach Anschließen der Kabel montieren Sie die Videotürklingel an der Montageplatte. Die Videotürklingel rastet an den vorgesehenen Einrastpunkten ein und lässt sich mit der Sicherheitsschraube an der Unterseite der Montageplatte befestigen.

6.1 Klingelpreller ade! – Einbau, Montage und Anschluss

Bild 6.5: Montagehöhe: Naturgemäß muss die Kamera passend montiert sein, damit die Besucher später innerhalb des Darstellungsbereichs erscheinen. Der Hersteller empfiehlt bei der Montage eine Höhe der Kameralinse von mindestens 125 cm.

Idealerweise wird das Zweidrahtkabel einer etwaig vorhandenen Klingelleitung für die Spannungsversorgung des DoorBird verwendet, und das mitgelieferte Steckernetzteil wird im Innenbereich der Wohnung oder Hauses – also dort, wo die zwei Drähte der alten Türklingel aus der Wand kommen – mit der Außenleitung (rot/schwarz) mittels der mitgelieferten Quetschverbinder verbunden. Das Steckernetzteil wird schließlich in eine gewöhnliche Steckdose im Innenbereich gesteckt.

DoorBird-App besorgen und installieren

Sind die hardwareseitigen Vorbereitungen und die Montage am Aufstellungsort abgeschlossen, installieren Sie auf dem Smartphone die kostenlose *DoorBird*-App. Zwar steht diese auch für Android-Smartphones zur Verfügung, der Hersteller bevorzugt jedoch aus Kompatibilitätsgründen sowie aufgrund der besseren Audioqualität iOS-Geräte aus dem Hause Apple. Tatsächlich scheint es wohl eher an der verwendeten Android-Version sowie an der Aktualität des Smartphones zu liegen – hier sind bei älteren Geräten Audioübertragungs- sowie auch Darstellungsprobleme tatsächlich möglich. Bei dem verwendeten Android-Smartphone One Plus One mit Cyanogen OS 12.1, das auf Android 5.1 basiert, war die Audioqualität im Test so weit in Ordnung.

6 DoorBird in der Hausautomation

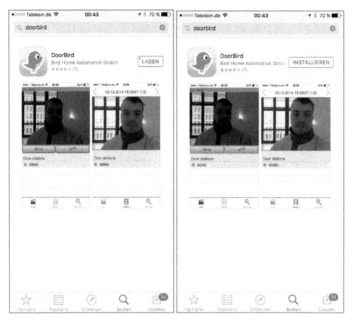

Bild 6.6: Ist die App im App-Store gefunden und auf dem Smartphone installiert, starten Sie sie über die *Öffnen*-Schaltfläche.

Im nächsten Schritt erledigen Sie die Grundkonfiguration der App: Nehmen Sie zunächst Verbindung zum LAN/WLAN-Router auf und legen Sie den Administrator sowie die Benutzer für den Zugriff auf den DoorBird an.

Grundkonfiguration per DoorBird-App

Grundsätzlich kommuniziert der DoorBird über den LAN/WLAN-Router vor Ort über den DoorBird-Server mit dem Smartphone. Die Klingel muss also zwingend eine aktive Verbindung zum LAN/WLAN-Router und somit ins Internet haben, damit unmittelbar nach dem Drücken des Klingelknopfs eine entsprechende Push-Benachrichtigung auf dem Smartphone erscheint und nach dem Start der App der Videostream übertragen und dargestellt werden kann. Für die Administration allgemein sowie die Einrichtung für den Zugriff benötigen Sie das Administratorkonto, und für den »normalen«, täglichen Betrieb ist ein Benutzerkonto notwendig. Beide Konten lassen sich nur mithilfe des im Karton beigelegten Zettels mit der Bezeichnung »Digital Passport« verwenden. Nach Einrichtung und Registrierung steht später immerhin noch die Hintertür über die E-Mail-Adresse des Benutzers offen. Als sehr praktisch erweist sich beim Einrichten der App der mitgelieferte QR-Code (*Quick Response*), der das mühselige Eintippen des Benutzernamens und des Kennworts erspart.

Für den Einsatz als Videosprechanlage benötigt die App naturgemäß Zugriff auf das Mikrofon des Smartphones, nach Eingabe des Benutzers samt dem passenden Kennwort vom »Digital Passport«-Zettel lassen sich Einstellungen wie beispielsweise der Anzeigename der Türklingel in der App, die Lautstärke des Lautsprechers der Klingelanlage sowie des Smartphones und die Empfindlichkeit des Mikrofons anpassen. Wichtig ist, im Ersteinrichtungsdialog die direkte Eins-zu-eins-WLAN-Verbindung zum DoorBird anzutriggern – nach dem Einschalten des DoorBird drücken Sie zehn Sekunden lang den Klingelknopf, damit der DoorBird einen eigenen WLAN-Access-Point zur Verfügung stellt.

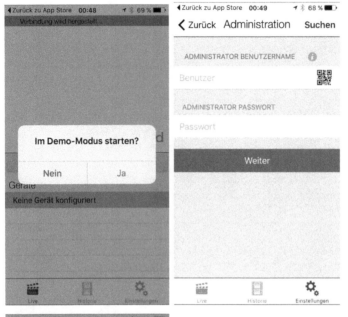

Bild 6.7: Nach der Installation richten Sie die App ein. Zunächst starten Sie sie im Betriebsmodus, indem Sie den vorgeschlagenen *Demo-Modus* abwählen, und scannen dann den QR-Code für die Administration des DoorBird mithilfe der Kamera des Smartphones ein. Damit ersparen Sie sich das mühselige Abtippen der Benutzer-Passwort-Kombination.

6.1 Klingelpreller ade! – Einbau, Montage und Anschluss

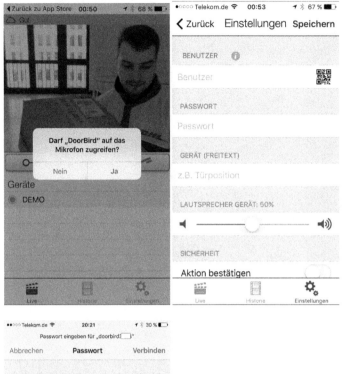

Bild 6.8: Die für den Ad-hoc-Mode generierte SSID hat in diesem Fall die Bezeichnung **doorbird**, gefolgt von einer individuellen Hexadezimalzahlkombination. Für die Verbindung ist schließlich das Kennwort **doorbird** zu verwenden.

Nach Eingabe des Kennworts bauen Sie die Verbindung zum DoorBird auf und legen schließlich die Verbindungsart fest.

App und Klingel über WLAN-Verbindung koppeln

Im nächsten Schritt scannt der DoorBird die nähere Umgebung nach verfügbaren WLAN-Stationen ab. Wählen Sie das heimische WLAN – also die entsprechende SSID – aus und geben Sie das für den Aufbau einer Verbindung nötige WPA2-Kennwort ein. Damit ist die WLAN-Konfiguration auch schon abgeschlossen – der DoorBird hat nun die WLAN-Verbindung gespeichert.

Bild 6.9: Nach der Auswahl des gewünschten WLAN tragen Sie das konfigurierte WLAN-Kennwort ein – per Fingertipp auf die OK-Schaltfläche wird die Konfiguration in den DoorBird übertragen.

6.1 Klingelpreller ade! – Einbau, Montage und Anschluss

Im nächsten Schritt legen Sie für den Zugriff der App noch einen Benutzer fest, und hier benötigen Sie erneut den im Karton enthaltenen Zettel mit der Bezeichnung »Digital Passport«. Nach Eingabe des Benutzernamens und Kennworts wählen Sie die *Weiter*-Schaltfläche und speichern die Einstellungen im DoorBird.

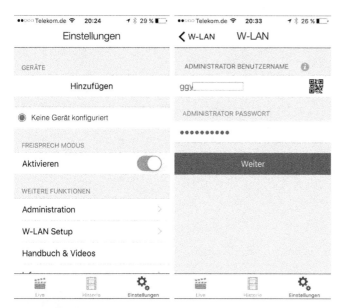

Bild 6.10: Nach Festlegung der WLAN-Einstellungen trennen Sie die Ad-hoc-Verbindung am Smartphone und nehmen dann über das heimische WLAN Verbindung zur DoorBird-Kamera auf, um mit der Administration fortzufahren.

Im nächsten Schritt sollte, falls noch nicht geschehen, das DoorBird-Gerät in der App erscheinen – wechseln Sie zunächst mithilfe des Administratorkontos abermals in den Administrationsbereich und aktivieren Sie nach Wunsch beispielsweise die *Besucherhistorie* und/oder den *Bewegungssensor* per Schieberegler in der App. Nach der Einrichtung wird das Klingelsignal der Türstation mittels Standard-Push-Meldungen über das Internet direkt auf den Bildschirm übermittelt. Da das Smartphone keine dauerhafte Netzwerkverbindung zum heimischen Server bzw. DoorBird hält bzw. nicht halten kann, erfolgt die Mitteilung etwaiger Aktionen per Push-Nachricht auf das Dashboard.

Lässt sich die Videotürklingel der App nicht hinzufügen, prüfen Sie zunächst über die Webseite *www.doorbird.com/de/checkonline*, ob der DoorBird online ist. Sollte der DoorBird hier nicht als online gemeldet sein, starten Sie erneut und richten die WLAN- bzw. LAN-Netzwerkkabelverbindung der Videotürklingel ein weiteres Mal ein. Das Feintuning stellt die Änderung der Bezeichnung im *Freitext*-Feld dar. Hier lässt sich eine persönliche Bezeichnung eintragen – beispielsweise **Haustür**.

6.1 Klingelpreller ade! – Einbau, Montage und Anschluss

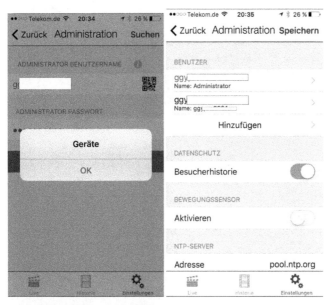

Bild 6.11: *Besucherhistorie* und/oder *Bewegungssensor*: Ist die Besucherhistorie aktiviert, werden bis zu 20 Besucher mit Bild, Datum und Uhrzeit in der Videotürklingel gespeichert. Für die Dokumentation des Zeitstempels ist die Einrichtung eines NTP-Zeitservers nötig.

6 DoorBird in der Hausautomation

Bild 6.12: Konfiguration erfolgreich: Nach dem Hinzufügen der Videotürklingel zur App ist die Gesamtinstallation abgeschlossen.

Am entsprechenden Anschluss des DoorBird lässt sich ein bereits vorhandener elektrischer Türöffner anschließen – nach Einrichtung der App können Sie diesen prinzipiell nutzen, um per Tippen auf das entsprechende Schlüsselsymbol in der Mitte links die

Wohnungs- oder Haustür zu öffnen. Die Nutzung ist jedoch aus Sicherheitsgründen nur empfehlenswert, wenn die Videotürklingel manipulationssicher verbaut wurde. Da der DoorBird ein potenzialfreies Relais zum Schalten eines Türöffners/Motorschlosses zur Verfügung stellt, könnte ein gewiefter Einbrecher einfach die beiden Drähte für das Türöffnerrelais kurzschließen, da das unbefugte Öffnen des Gehäuses mangels Gehäusekontaktschalter vom DoorBird selbst nicht bemerkt wird. Werden die Kontakte des Türrelais kurzgeschlossen, wird der elektrische Türöffner oder das Motorschloss mit Spannung versorgt, was wiederum zur Öffnung der Tür führt. Wer über den potenzialfreien Kontakt lieber ein weniger sicherheitsrelevantes Gerät per DoorBird-App steuern möchte, kann kreativ werden und den Anschluss zweckentfremden. Voraussetzung ist, dass das entsprechende Gerät mit einer eigenen Spannungsversorgung ausgestattet ist.

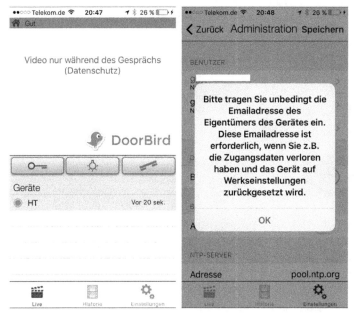

Bild 6.13: Nach Abschluss der Konfiguration bittet die App um die E-Mail-Adresse des Anwenders – aus Sicherheitsgründen. Wird der nötige Digital Passport zum DoorBird nicht gefunden, haben Sie immerhin die Möglichkeit, das Gerät nach Zurücksetzen auf die Werkeinstellungen wieder in Betrieb zu nehmen.

Der mittige Button mit dem Lampensymbol schaltet die IR-LEDs der Kamera. Das Hörersymbol rechts wird für den Verbindungsaufbau oder -abbruch benötigt und funktioniert nur dann, wenn jemand an der Haustür geklingelt hat.

LAN/WLAN & LTE – DoorBird im Praxiseinsatz

Im Betriebsalltag benötigen Sie das angelegte DoorBird-Administratorkonto nur noch in den seltensten Fällen, im eigentlichen Betrieb reicht das eigens für jedes Smartphone eingerichtete Benutzerkonto aus. Abhängig vom Standort der Videotürklingel und der WLAN-Antenne des LAN/WLAN-Routers, der Dicke der Wände und der Dämmung, dem Einbau in ein Metallgehäuse oder Briefkasten etc., kann die WLAN-Bandbreite drastisch reduziert werden, sodass eine flüssige Übertragung eines Videotelefonats kaum oder nicht möglich ist. Naturgemäß steht bei kabelgebundenen Verbindungen mehr Bandbreite zur Verfügung

Bild 6.14:
WLAN- oder LTE-Verbindung für ruckelfreie Videowiedergabe nötig: Im oberen Bereich informiert die App über farbige Balken (Rot/Gelb/Grün) über die derzeitige Verbindungsqualität bzw. Bandbreite vom Smartphone zur Videotürklingel.

Steht jemand an der Tür und klingelt, erhalten Sie umgehend eine Push-Nachricht mit Ton/Vibration auf dem Smartphone. Wer sein Smartphone nicht immer in der Hosentasche hat, wird schnell seine »alte« Klingel bzw. den gewohnten Türgong vermissen. In diesem Fall nutzen Sie eine Zweidrahtverbindung von der Klingel zur Videotürklingel und schließen die Klingel an die beiden Anschlüsse (beschriftet mit Bell/J3) des DoorBird an. Voraussetzung ist, dass der Türgong im Spannungsbereich 8 bis 24 V arbeitet. Anschließend erfolgt parallel zur Alarmierung auf dem Smartphone auch die Ausgabe des Signals an der traditionellen Türklingel.

6.2   HTTP-Zugriff auf die DoorBird-Funktionen

Seit November 2015 steht für den DoorBird eine brauchbare API zur Verfügung, deren Funktionen in einem PDF-Dokument im Internet (*www.doorbird.com/de/api*) zusammengefasst sind. Damit lassen sich die wesentlichen Basisfunktionen der DoorBird-Türstation in eigene Lösungen und Smart-Home-Produkte einbauen und koppeln.

6.2 HTTP-Zugriff auf die DoorBird-Funktionen

Voraussetzung dafür ist eine aktualisierte Firmware (mindestens Version v000089) auf dem DoorBird, die seit der 48. Kalenderwoche des Jahres 2015 verfügbar ist.

Bild 6.15: Der Versionsstand der installierten Firmwareversion lässt sich in der Smartphone-App über den *Einstellungen*-Dialog der DoorBird-Türstation herausfinden.

Stimmt die Firmwareversion und ist die DoorBird-Türstation ordnungsgemäß eingerichtet, prüfen Sie zunächst die Türstation mithilfe des Webbrowsers auf dem Computer. Damit lassen sich dieselben Funktionen nutzen wie mit der Smartphone-App. Die Übersichtsseite erreichen Sie über die URL *http://192.168.123.62/bha-api/view.html* – in diesem Fall ersetzen Sie natürlich die IP-Adresse 192.168.123.62 durch die IP-Adresse des Geräts in Ihrem Heimnetz. Die aufgerufene Webseite stellt die Basisfunktionen der DoorBird-API zur Verfügung – beispielsweise können Sie bequem in der Besucher-History per Drop-down-Menü herumblättern und sich das gewünschte Bild zum Ereignis anzeigen lassen.

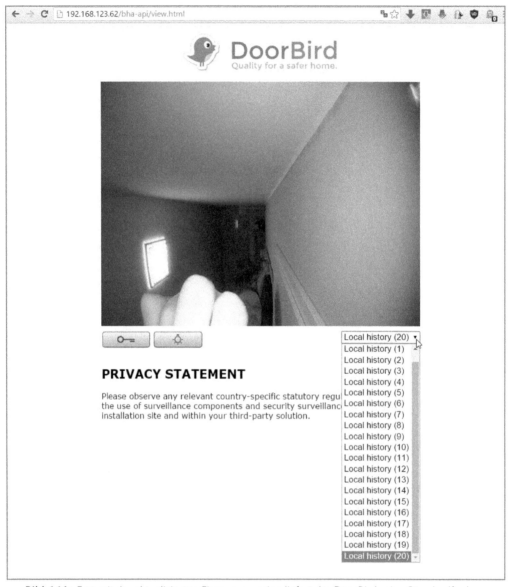

Bild 6.16: Erst mit der aktualisierten Firmwareversion liefert der DoorBird seine Standardfunktionen per HTTP aus. In diesem Beispiel sehen Sie die *view*-Ansicht (*http://192.168.123.62/bha-api/view.html*) – hier ersetzen Sie die `192.168.123.62` durch die IP-Adresse des DoorBird in Ihrem Heimnetz.

Neben der eigentlichen DoorBird-Übersichtsseite lassen sich einzelne Aktionen, Bilder und Videos von der DoorBird-Türstation per HTTP übertragen.

Livestream der DoorBird-Türstation

Die Videofunktion der DoorBird-Türstation liefert einen sogenannten Multipart-JPEG-Livestream, der kontinuierlich einzelne JPEG-Bilder überträgt. Dieser Motion-JPG-Stream – auch MJPG-Video genannt – wird per HTTP über den Content-Type `multipart/x-mixed-replace` per `GET`-Methode übertragen. Ersetzen Sie in der Syntax

```
http://<DOORBIRD-IP-ADRESSE>/bha-api/video.cgi
```

den Platzhalter `<DOORBIRD-IP-ADRESSE>` durch die IP-Adresse der DoorBird-Türstation in Ihrem Heimnetz, sollte nach Eingabe der korrekten Benutzer-Kennwort-Kombination im Webbrowser das Livebild der Türstation erscheinen.

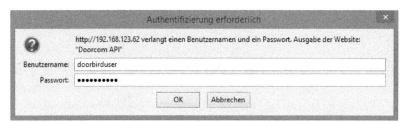

Bild 6.17: Nach Eingabe der HTTP-Adresse ist die Authentifizierung an der DoorBird-Türstation über den Webbrowser nötig.

Alternativ ist das Abgreifen des Livestreams über die undokumentierte Axis-HTTP-Adresse möglich – auch hier benötigen Sie einen gültigen Benutzernamen samt Kennwort für den Zugriff auf die DoorBird-Türstation.

```
http://<APPUsername>:<AppPasswort>@<DOORBIRD-IP-ADRESSE>/axis-cgi/mjpg/video.cgi?resolution=320x240
```

Die Darstellung ist nicht nur auf den Webbrowser beschränkt – Sie können alternativ auch Multimedia-Player, Streaming-Tools oder Mediacenter-Lösungen nutzen, um den Livestream auf den Bildschirm zu bringen.

6 DoorBird in der Hausautomation

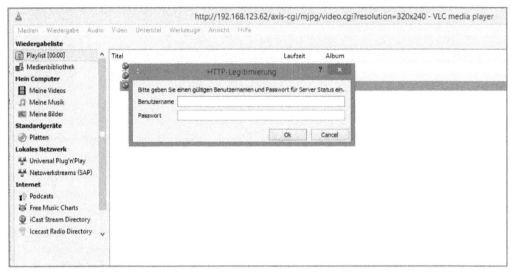

Bild 6.18: Für die Darstellung des Livevideos im VLC-VideoLAN-Client ist für den Zugriff ebenfalls ein gültiger Benutzername samt Kennwort erforderlich.

Das »bessere« Protokoll für die Video- und Audioübertragung ist RTSP, das die beiden Standards H.264 (MPEG-4-AVC/10, Video) und G.711 (Audio) verwenden. Dieses speicher- und übertragungsfreundliche Format ist bei der DoorBird-Türstation auf die Größe von 320 × 240 Pixeln beschränkt – jedoch mit der Firmware 0092 noch nicht verfügbar. Laut Hersteller wird diese Funktion in 2016 nachgereicht.

Bildarchiv des DoorBird anzapfen

Sehr praktisch ist die HTTP-Funktion, mit der man über einen einfachen HTTP-Aufruf auf die gespeicherten Aufnahmen der DoorBird-Türstation zugreifen kann. Mit dem `index`-Parameter wählen Sie per HTTP-Aufruf die Aufnahme aus, die anschließend vom DoorBird-Webserver an den aufrufenden Client zurückgegeben wird. Um die aktuellste – sprich die zuletzt gespeicherte – Aufnahme abzurufen, reicht der nachstehende HTTP-Aufruf aus:

```
http://<APPUsername>:<AppPasswort>@<DOORBIRD-IP-ADRESSE>/bha-
api/history.cgi?index=1
```

Auch für das Abrufen und Herunterladen der Bildaufnahmen fordert die DoorBird-Türstation einen gültigen Benutzernamen samt Kennwort für den Zugriff an. Beachten Sie, dass jedes Mal, wenn der DoorBird eine neue Bildaufnahme anlegt, der Index der vorhandenen Aufnahmen um eins erhöht wird – dies bedeutet, dass das (ehemals) aktuelle Bild um eine Position in der Queue nach hinten rutscht. Damit erhalten Sie mit dem Aufruf des Index mit der Nummer 1 immer die zuletzt gespeicherte Aufnahme.

Türöffner- und Lichtschalterfunktion mit Relais

Die DoorBird-Türstation bietet ein potenzialfreies Relais für den Anschluss eines elektrischen Türöffners oder eines Motorschlosses an. Aus Sicherheitsgründen ist dies jedoch nur dann sinnvoll, wenn der DoorBird baulich so im Außenbereich montiert ist, dass eine Manipulation der Anschlüsse oder ein unbefugtes Überbrücken der Relaisanschlüsse verhindert werden kann. Geschaltet werden kann das Relais sowohl über die App als auch über die HTTP-Schnittstelle.

```
http://<APPUsername>:<AppPasswort>@<DOORBIRD-IP-ADRESSE>/bha-api/open-door.cgi
```

Mit dem passenden Benutzernamen samt Kennwort ist es möglich, die Türöffnerfunktion über die CGI-Schnittstelle anzusprechen.

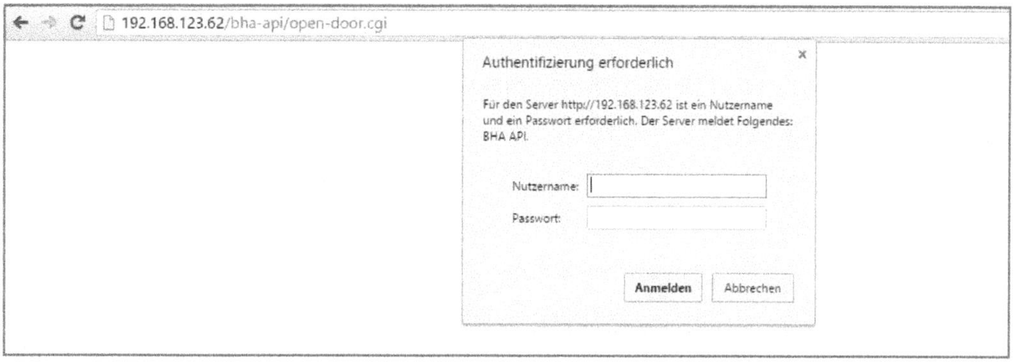

Bild 6.19: Zum Schalten des (Türöffner-)Relais wird für den HTTP-Zugriff ein gültiger Benutzername samt Kennwort benötigt.

Nach Eingabe von Nutzername und Passwort wird das Signal zum Relais gesendet, als Rückmeldung erscheint der JSON-Returncode.

```
{
"BHA": {
"RETURNCODE": "1"
}
}
```

Bild 6.20: Die JSON-Rückgabe kann mit einer eigenen Lösung bequem ausgewertet werden.

Analog zur beschriebenen Relaisfunktion für den Türöffnerbetrieb ist zusätzlich noch ein weiteres potenzialfreies Relais über die DoorBird-Lösung steuerbar – das sogenannte Light-on-Relais, das neben der App auch mit einem eigenen HTTP-Kommando geschaltet werden kann.

```
http://<APPUsername>:<AppPasswort>@<DOORBIRD-IP-ADRESSE>/bha-api/light-
on.cgi
```

Wie beim Türöffner liefert der DoorBird auch bei dem Lichtschalterrelais als Antwort auf den HTTP-Aufruf einen JSON-Returncode – der beispielsweise automatisiert im Rahmen einer Eigenbau-Hausautomationslösung weiterverarbeitet werden kann.

Automatische Benachrichtigung einschalten

Steht jemand vor der Haustür und klingelt, fertigt der DoorBird nicht nur eine Aufnahme an und reiht diese in den eigenen Bilderspeicher ein, sondern informiert auf Wunsch aktiv noch den Webservice darüber, dass ein Ereignis stattgefunden hat. Nach der vorliegenden API kann ein Ereignis entweder der gedrückte Klingelknopf (`doorbell`) oder der Bewegungsmelder (`motionsensor`) des DoorBird sein. Der dazugehörige HTTP-Aufruf ist selbsterklärend:

```
http://<APPUsername>:<AppPasswort>@<DOORBIRD-IP-ADRESSE>/bha-
api/notification.cgi?url=<RASPBERRYPI-IP-ADRESSE>&user=<RPI-WWW-
USER>&password=<RPI-WWW-USERPASSWORD>&event=doorbell&subscribe=1
```

Auch hier liefert der Webserver des DoorBird eine JSON-Antwort zurück. Recht praktisch ist es, mit dem `subscribe`-Parameter die Klingelbenachrichtigung einfach per HTTP-Aufruf ein- bzw. auszuschalten. Ist per HTTP-Aufruf der DoorBird eingerichtet und die Klingelbenachrichtigung zur IP-Adresse des Raspberry Pi konfiguriert, löst das Drücken des Klingelknopfs am DoorBird eine Mailbenachrichtigung aus. Wie sich in der Praxis die DoorBird-Klingelbenachrichtigung bequem mit Python koppeln lässt, lesen Sie im nächsten Abschnitt.

6.3 DoorBird-Modding mit dem Raspberry Pi

Die DoorBird-Türstation liefert mit der Benachrichtigungsfunktion sowie mit der eingebauten Livevideobild-Wiedergabe beim Klingeln äußerst praktische Funktionen – vor allem wenn man mit Smartphone und Tablet unterwegs ist. Doch ist man erst einmal auf den Geschmack gekommen und findet heraus, was so eine smarte Türstation bietet und möglicherweise bieten kann, juckt es in den Fingern, den Funktionsumfang des DoorBird, mit einem kleinen, sparsamen Raspberry Pi an der Seite, zu erhöhen. Befreien Sie sich von den (wahrscheinlich nötigen) Speicherbegrenzungen hinsichtlich der Anzahl der Bildaufnahmen, bauen Sie die Benachrichtigungsfunktion aus, indem Sie die aktuelle Aufnahme der DoorBird-Kamera umgehend per E-Mail-Nachricht (oder bei angeschlossenem Mobilfunkmodul per MMS) auf das Smartphone senden und vieles mehr.

Netzwerk für den Dauerbetrieb einrichten

Grundsätzlich taucht ein Gast an der Haustür immer zu den unmöglichsten Zeiten auf – und genau zu diesen Zeitpunkten muss neben dem DoorBird auch der kleine, energiesparende Raspberry Pi im Einsatz ein. Deshalb sollte eine solche 24/7-Maschine immer nur mit den nötigsten Diensten und Programmen für den vorgesehenen Zweck im Einsatz sein, um die Verfügbarkeit möglichst sicherzustellen. Neben dem Raspberry-Pi-Lite-Minimal-Image und der Webserversoftware sind die Netzwerkeinstellungen das A und O für die ordnungsgemäße Funktion. Deshalb sollte der Webserver auch eine statische IP-Adresse im Netzwerk haben und diese nicht automatisch per DHCP (*Dynamic Host Configuration Protocol*), beispielsweise vom heimischen DSL-WLAN-Router, zugewiesen bekommen. Bezieht der Raspberry Pi die IP-Adresse aktuell über einen DHCP-Server, finden Sie diese auf dem Terminal über das Kommando `ip` oder `ifconfig` heraus. Merken Sie sich den Netzwerkbereich der IP-Adresse – bekommt der Raspberry Pi beispielsweise die IP-Adresse `192.168.123.77` zugewiesen, haben alle Computer und Geräte im Heimnetz Adressen aus dem Bereich `192.168.123.X`. Für den stabilen und vom DHCP-Server unabhängigen Netzwerkbetrieb richten Sie für den sensiblen Raspberry Pi für die DoorBird-Kopplung eine statische IP-Adresse ein. Damit ist sichergestellt, dass der DoorBird den Raspberry Pi auch ohne DHCP-Server im Heimnetz findet und dessen Dienste nutzen kann.

Statische Netzwerkadresse vergeben

Für die Konfiguration der statischen IP-Adresse des Raspberry Pi benötigen Sie zunächst administrative **root**-Rechte.

```
sudo su
```

Anschließend öffnen Sie die Datei `/etc/network/interfaces`, die in der Regel aus zwei oder mehr Einträgen besteht mit, dem **nano**-Editor. Neben der Loopback-Schnittstelle (**localhost**) ist meist die kabelgebundene Ethernet-Schnittstelle **eth0** konfiguriert. Ist zusätzlich ein WLAN-Adapter angeschlossen, ist er mit einem Eintrag der Form **auto wlan0** in der Datei zu finden.

```
auto lo
iface lo inet loopback
# WLAN-Adapter
auto wlan0
iface wlan0 inet dhcp
# LAN-Adapter
auto eth0
iface eth0 inet dhcp
```

Soll der Ethernet-Adapter mit einer statischen Adresse versorgt werden, ändern Sie die Datei nur für die `eth0`-relevanten Bereiche wie folgt:

```
auto lo
iface lo inet loopback
# WLAN-Adapter
auto wlan0
iface wlan0 inet dhcp
# LAN-Adapter
# mit statischer, eigener IP
auto eth0
iface eth0 inet static
address 192.168.123.99
netmask 255.255.255.0
broadcast 192.168.123.255
# eigenes Heimnetz
network 192.168.123.0
gateway 192.168.123.199
```

In diesem Beispiel erhält der Raspberry Pi die neue IP-Adresse `192.168.123.99`, und das dazugehörige Heimnetz wird über den `network`-Eintrag definiert. Für die `gateway`-Adresse tragen Sie die IP-Adresse des Routers ein, meist ist das die interne IP-Adresse des DSL-WLAN-Routers oder der Kabelbox des Internetanbieters im Heimnetz.

Bild 6.21: In der Datei `/etc/resolv.conf` können Sie beliebig viele Adressen von DNS-Servern eintragen.

Ist die Datei geändert und gespeichert, können die Netzwerkeinstellungen mit dem Befehl

```
/etc/init.d/networking restart
```

in Betrieb genommen werden. Beachten Sie, dass eine aktive Netzwerkverbindung umgehend beendet wird, und dies ist der Fall, wenn Sie sich beispielsweise über eine SSH-Konsole mit dem Raspberry Pi verbunden haben.

Mehr Übersicht im Heimnetz: Hostnamen anpassen

Kommen mehrere Raspberry Pis in einem Netzwerk zum Einsatz, ist es manchmal schwierig, sie auf IP-Ebene voneinander zu unterscheiden, da alle den identischen Hostnamen vonseiten des Raspbian-Images vorkonfiguriert haben. Bearbeiten Sie mit administrativen Berechtigungen die Datei /etc/hostname und tragen einen aussagekräftigen Namen für den Raspberry Pi ein. Perfekt wird die Umbenennung, wenn Sie bei der Gelegenheit auch gleich die Datei /etc/hosts anpassen.

```
127.0.0.1         localhost
127.0.0.1         rpi-proxy.fritz.box
127.0.0.1         door
127.0.0.1         rpi-proxy
127.0.0.1         door.fritz.box

192.168.123.99    rpi-proxy       rpi-proxy.fritz.box
192.168.123.99    door     door.fritz.box
192.168.123.199   fritzbox        fritzbox.fritz.box


::1               localhost ip6-localhost ip6-loopback
fe00::0           ip6-localnet
ff00::0           ip6-mcastprefix
ff02::1           ip6-allnodes
ff02::2           ip6-allrouters
```

Dort ersetzen Sie den Namen `raspberrypi` durch die gewünschte Bezeichnung des Raspberry Pi. Es lassen sich hier auch eine oder mehrere Domains hinzufügen und weitere Computer/Netzwerkgeräte mit ihrer IP-Adresse eintragen. Haben Sie mehrere Systeme mit der identischen `hosts`-Datei, sind sie nicht nur über ihre IP-Adresse, sondern auch mit ihrem Namen im Heimnetz erreichbar.

Raspberry Pi: Webserver einrichten

In diesem Projekt wird der weitverbreitete Webindianer – der Apache – als Webserver installiert, konfiguriert und verwendet. Er stellt für die DoorBird-API eine oder mehrere Schnittstellen bereit, die vom DoorBird beim Auftreten eines Ereignisses (Klingel wird betätigt, Bewegungsmelder springt an) automatisch informiert werden. Ziel ist es, diese DoorBird-Ereignisse nicht nur zu erkennen, sondern auch weiterzuverarbeiten, damit sie nicht nur in der Heimautomation, sondern auch für einfachere Dinge wie beispielsweise eine E-Mail-Benachrichtigung genutzt werden können. So ist es möglich, mit wenig Aufwand die Funktionalität des DoorBird zu erweitern und auf eigene Bedürfnisse zurechtzuschneiden. Bevor Sie diese Webschnittstelle mithilfe von Apache und PHP5 umsetzen, stellen Sie die ordnungsgemäße Konfiguration im Heimnetzwerk sicher. Die Installation und die sichere Konfiguration von Apache und PHP5 sind im Abschnitt »Apache und PHP installieren und aktualisieren« auf Seite 328 exemplarisch dargestellt. Bei der Gelegenheit aktualisieren Sie die Datenbasis auf dem Raspberry Pi – zunächst wechseln Sie in den `root`-Kontext, damit für die nachfolgenden Kommandos nicht immer das führende `sudo` eingetippt werden muss:

```
sudo su
apt-get update
apt-get upgrade
```

Sind Apache und PHP5 installiert, prüfen Sie im ersten Schritt die Apache 2-Konfigurationsdatei `/etc/apache2/sites-available/000-default.conf`.

```
nano /etc/apache2/sites-available/000-default.conf
```

Anschließend soll die Verbindung zur DoorBird-Türstation über die Datei `doorbird.py` im Verzeichnis `/home/pi/doorbird/` hergestellt werden. Dafür prüfen Sie zunächst die Berechtigungen.

Nötige Rechte und Python-Datei prüfen

Falls noch nicht vorhanden, erstellen Sie das entsprechende Verzeichnis `/home/pi/doorbird/` und legen dort die Datei `doorbird.py` an.

```
sudo su
sudo -u pi mkdir -p /home/pi/doorbird
nano /home/pi/doorbird/doorbird.py
```

Auf die Einzelheiten der Datei wird später eingegangen – tragen Sie dort zunächst nur den bekannten Python-Shebang `#!/usr/bin/env python` ein, speichern Sie die Datei und bearbeiten Sie anschließend die Zugriffsrechte mit dem `chmod`-Kommando.

```
chmod 0755  /home/pi/doorbird/doorbird.py
```

Damit machen Sie die Datei auf Dateisystemebene ausführbar – für den Zugriff über den Webserver sind im nächsten Schritt noch kleinere Anpassungen nötig, da der `www-data`-Webbenutzer für den Apache bisher weder Zugriffsberechtigungen auf das `doorbird`-Verzeichnis (`/home/pi/doorbird/`) noch eine »Steuerdatei« für den Aufruf der Python-Datei besitzt. Dies hat im Gegensatz zum direkten Zugriff den Vorteil, dass dieser über die PHP-Schnittstelle des Webservers maskiert ist.

DoorBird-Schnittstelle mit PHP

Der nötige Aufruf des Python-Skripts `doorbird.py` im `/home/pi/doorbird/`-Home-Verzeichnis über den Webserver erfolgt mit einer PHP-Datei, in diesem Fall wurde er über die `shell_exec`-Funktion umgesetzt. Die PHP-Datei ist wie üblich im Verzeichnis /var/www (oder alternativ unter /var/www/html) zu finden. Mit der Befehlsfolge

```
sudo su
nano /var/www/doorbell.php
```

erzeugen Sie die Datei mit diesem Inhalt:

```
<?php
echo shell_exec('sudo /home/pi/doorbird/doorbird.py');
?>
```

Der Aufruf der Datei erfolgt naturgemäß mit den Berechtigungen des Apache-Webbenutzers, und dafür ist im nächsten Schritt noch der Zugriff anzupassen.

Zugriffe für Apache/Webbenutzer konfigurieren

Um den Zugriff des Benutzers bzw. in diesem Fall der Gruppe www-data anzupassen, verwenden Sie das visudo-Werkzeug. Auch dafür benötigen Sie zunächst administrative root-Rechte:

```
sudo su
visudo
```

In dem Editorfenster tragen Sie am Dateiende die nachstehende Zeile ein und speichern anschließend die Datei.

```
%www-data ALL=(ALL) NOPASSWD: /home/pi/doorbird/doorbird.py
```

Natürlich passen Sie den Dateinamen auf Ihre persönliche Umgebung an.

Bild 6.22: Das führende % (Prozentzeichen) erlaubt den Zugriff für alle Benutzer, die in der Gruppe **www-data** sind. Soll nur der Benutzer **www-data** Zugriff haben, lassen Sie das führende %-Zeichen weg.

Im nächsten Schritt nehmen Sie das Skript mit dem Apache-Webserver in Betrieb. Starten Sie den Webserver sicherheitshalber neu:

```
service apache2 restart
```

Alternativ nutzen Sie

```
/etc/init.d/apache2 restart
```

um genauere Informationen beim Neustart des Apache zu erhalten.

DoorBird-Benachrichtigung konfigurieren

Damit das Python-Skript auch mit der DoorBird-Türstation zusammenarbeitet, muss auf dem DoorBird die Zieladresse des Raspberry-Pi-Webservers – also der URL-Aufruf – bekannt gemacht werden. Tritt das konfigurierte Ereignis ein, ruft der DoorBird in diesem Fall automatisch die definierte PHP-Webseite auf und startet somit das Python-Skript auf dem Raspberry Pi. Für die DoorBird-Konfiguration öffnen Sie am Computer mit einem Webbrowser die URL-Adresse

```
http://<IP-ADRESSE-DOORBIRD>/bha-api/notification.cgi
```

und melden sich dort mit einem eigens angelegten Benutzer samt dazugehörigem Passwort an. Damit liefert der DoorBird die aktuellen Einstellungen für die Benachrichtigungen im JSON-Format zurück.

Platzhalter/Variablen	Werte/Beispiel	Bemerkung
IP-ADRESSE-DOORBIRD	192.168.123.62	Die IP-Adresse des DoorBird wird über den LAN/WLAN-Router bereitgestellt.
IP-ADRESSE-RASPBERRY-PI	192.168.123.99	Der Raspberry Pi befindet sich im selben Netzwerksegment wie der DoorBird.
RPI-URL-ADRESSE	doorbell.php	Die PHP-Datei ruft das Python-Skript im Home-Verzeichnis des Benutzers pi auf.
event	doorbell	Aktion ist für die Türklingel.
subscribe	1	Die Benachrichtigung wird aktiviert.
user	pi	Benutzer für den Zugriff auf den Raspberry Pi, falls das /var/www-Verzeichnis mit .htaccess abgesichert.
password	htaccesspassword	Kennwort des definierten Benutzers für den .htaccess-Zugriff auf den Raspberry Pi.

Um die Benachrichtigungsfunktion beispielsweise für die Türklingel einzuschalten, ist der URL-Aufruf

```
http://<IP-ADRESSE-DOORBIRD>/bha-api/notification.cgi?url=<IP-ADRESSE-
RASPBERRY-PI>/<RPI-URL-
ADRESSE>&event=doorbell&subscribe=1&user=pi&password=htaccesspassword
```

zu verwenden – die entsprechenden Platzhalter für die IP-Adressen befüllen Sie mit Ihren eigenen Parametern. Ist die DoorBird-Türstation über die Funktionen der `notification.cgi` konfiguriert, liefert sie im Fall des definierten Ereignisses die Meldung an den Raspberry Pi.

Klingelbenachrichtigung per E-Mail-Nachricht

Die PHP-Datei des Webservers nimmt die Meldung entgegen und startet ihrerseits umgehend die Weiterverarbeitung durch den Aufruf der Python-Datei im Verzeichnis /home/pi/doorbird/doorbird.py. Die vorgestellte Lösung soll nicht nur über das eigentliche Klingelereignis informieren, sondern zusätzlich die dazugehörige Bildaufnahme per E-Mail-Anhang mitliefern. Dafür muss das Python-Skript zunächst die aktuellste Aufnahme aus der DoorBird-Warteschlange holen, dann die E-Mail-Nachricht zusammenbauen und sie an den oder die definierten Empfänger versenden.

Bild 6.23: Damit die Benachrichtigung auf dem Smartphone per Push-Nachricht funktioniert, muss diese Funktion über die App auf dem DoorBird eingeschaltet sein. Wer später nur noch per E-Mail benachrichtigt werden möchte, kann die Push-Funktion hier deaktivieren.

Beim erstmaligen Start werden zunächst über die init-Funktionen die nötigen Verzeichnisse geprüft und im Home-Verzeichnis des Benutzers pi im Verzeichnis /home/pi gegebenenfalls angelegt, falls noch nicht vorhanden. Im eigentlichen main-»Hauptprogramm« wird das Programms grundsätzlich gesteuert.

```
PICFILE=picFilePath+picFileName
print "[DOORBIRD] Check ob ", PICFILE ," vorhanden...\n"
if cmd_exists(PICFILE):
    cmd_holeLastPic()
    # cmd_sendmailPic()
    cmd_archivePic()
else:
    print "[DOORBIRD] Keine Datei ", PICFILE ," vorhanden...\n"
```

```
    cmd_holeLastPic()
  print "[DOORBIRD] Checksumme ", PICFILE ," : ", md5(PICFILE),"\n"
# ---------------------------------------------------------------------
```

Dort wird mithilfe der Funktion `cmd_holeLastPic()` die aktuellste DoorBird-Aufnahme aus der Bilderwarteschlange geladen und mit den nötigen Rechten in das Home-Verzeichnis geschoben. Anschließend erfolgt die Prüfung, ob bereits ein Bild der Türklingel geladen wurde. Existiert die Datei, startet die Funktion `cmd_archivePic`, über die die Ablage der Datei(en) gesteuert wird.

Aktuelles Bild von DoorBird holen und archivieren

Mit der Funktion `cmd_holeLastPic()` nutzt das Programm den in der Variablen `urlDoorBird` festgelegten HTTP-Aufruf, der aus der verbauten DoorBird-Warteschlange das aktuellste Bild übermittelt. Diese geladene Bilddatei erhält den in der globalen Variablen `picFileName` festgelegten Dateinamen und wird anschließend mithilfe des `mv_cmd`-Aufrufs in das »Arbeitsverzeichnis« verschoben – in diesem Fall das Verzeichnis `doorbird`, das sich im Home-Verzeichnis des Standardbenutzers `pi` (`/home/pi`) befindet.

```
def cmd_holeLastPic(urlDoorBird=lastPicPathHost):
    print "\n[DOORBIRD] Hole aktuelle Aufnahme von DoorBird ..."
    req = urllib2.Request(urlDoorBird) #, None, headers)
    req.add_header("Authorization", "Basic %s" % token)
    pic = urllib2.urlopen(req).read()
    f = open(picFileName,'w')
    f.write(pic)
    f.close()
    mv_cmd = 'mv '+picFileName+' '+picFilePath
    os.system(mv_cmd)
```

Anschließend wird die Funktion `cmd_archivePic()` für die Dateiablage der Bilddatei genutzt – im eigenen Archiv auf dem Raspberry Pi halten Sie mit der Zeit nicht nur sämtliche Haustürbesucher per Bild fest, sondern benötigen die letzte Aufnahme auch, um Fehlfunktionen zu vermeiden. Damit eine Nachricht nicht mehrfach versendet und das E-Mail-Postfach nicht unnötig strapaziert wird, wird die aktuelle Datei in der `if`-Abfrage `if md5(lastarchived_name[0]) == md5(PICFILE)` mit der zuletzt archivierten Bilddatei im `archive`-Verzeichnis verglichen. Dies erfolgt anhand des MD5-Hashwerts, der mittels der Hilfsfunktion `md5` für beide Dateien generiert wird.

```
def cmd_archivePic():
    chown_cmd ='chown pi:www-data '+PICFILE
    os.system(chown_cmd)
    chmod_cmd = 'chmod 0755 '+PICFILE
    os.system(chmod_cmd)
    # print  "[DOORBIRD] Datei wird gesichert"
    # Check, ob Hash von aktueller 'doorbird_last_pic.jpg' bereits gesichert
```

```
wurde
   archivemessage = '\n Zeitstempel: '+ time.strftime('%Y%m%e_%H%M%S')
   lastarchived_cmd = "ls -t /home/pi/doorbird/archive/chk*.jpg|head -n1"
   archivepath_cmd = picFilePath+"/archive"
   if os.listdir(archivepath_cmd) != []:
      lastarchived_name = os.popen(lastarchived_cmd).read().split("\n")
      # print "Name= "+lastarchived_name[0]
      # print "Hash ="+md5(lastarchived_name[0])
      if md5(lastarchived_name[0]) == md5(PICFILE):
         print "[DOORBIRD] Datei wurde bereits gesichert - keine
Benachrichtigung!"
         rm_cmd = "rm "+PICFILE
         os.system(rm_cmd)
      else:
         print "[DOORBIRD] Datei "+PICFILE+" wird gesichert"
         # alte chk-Datei loeschen
         rmchk_cmd = "rm /home/pi/doorbird/archive/chk*.jpg"
         os.system(rmchk_cmd)
         newPICFILE=time.strftime('%Y%m%e_%H%M%S')+"_"+picFileName
         backup_cmd = "cp "+PICFILE+" "+archivepath_cmd+"/"+newPICFILE
         # print  "[DOORBIRD] " +backup_cmd
         os.system(backup_cmd)
         # neue chk anlegen
         backup_cmd = "cp "+PICFILE+" "+archivepath_cmd+"/chk_"+newPICFILE
         print "BACKUP CHK: "+backup_cmd
         os.system(backup_cmd)
         # Datum in Aufnahme hinzufuegen
         cmd_addDate(archivepath_cmd+"/"+newPICFILE)
         # Mailversand
         cmd_sendmailPic(archivepath_cmd+"/"+newPICFILE,newPICFILE)
   else:
      print "[DOORBIRD] Datei "+PICFILE+" wird gesichert"
      newPICFILE=time.strftime('%Y%m%e_%H%M%S')+"_"+picFileName
      #backup_cmd = "cp "+PICFILE+"
"+archivepath_cmd+"/"+time.strftime('%Y%m%e_%H%M%S')+"_"+picFileName
      backup_cmd = "cp "+PICFILE+" "+archivepath_cmd+"/"+newPICFILE
      # print  "[DOORBIRD] " +backup_cmd
      os.system(backup_cmd)
      # neue chk anlegen
      backup_cmd = "cp "+PICFILE+" "+archivepath_cmd+"/chk_"+newPICFILE
      print "BACKUP CHK: "+backup_cmd
      os.system(backup_cmd)
      # Datum in Bild labeln
      cmd_addDate(archivepath_cmd+"/"+newPICFILE)
      # Mailversand
      cmd_sendmailPic(archivepath_cmd+"/"+newPICFILE,newPICFILE)
```

Unterscheidet sich der von der md5-Funktion ermittelte Hashwert, sind es auch unterschiedliche Dateien. Damit kann die aktuell vorliegende Bilddatei umgehend an die festgelegten E-Mail-Empfänger verschickt werden. Dafür nutzen Sie die Funktion cmd_sendmailPic(), die sich der Standard-MIME-Funktionen von Python bedient.

Chronologische Bildarchivierung

Generell sollten Sie die hiesigen Datenschutzbestimmungen einhalten. Ein Speichern der Aufnahmen über einen langen Zeitraum hinweg ergibt auch nicht immer Sinn, sondern kann für Aufwand und unnötig verwendeten Speicherplatz sorgen. Doch neben dem obigen E-Mail-Versand lädt auch der Raspberry Pi zu weiteren praktischen Ideen ein, wie beispielsweise der Möglichkeit, die jeweiligen Aufnahmen nach bestimmten Kriterien (Datum/Uhrzeit etc.) zu archivieren. Damit hebeln Sie nicht nur den DoorBird-Mechanismus aus, der »lediglich« die letzten 20 Aktionen in seiner Queue speichert, sondern haben im Fall einer längeren – beispielsweise urlaubsbedingten – Abwesenheit auch den Überblick darüber, wer wann an der Türklingel geklingelt hat. Dafür wird die obige E-Mail-Lösung mit einem Zeitstempel versehen, der mithilfe der Kommandozeile auch in die Bildaufnahme (in diesem Projekt oben links) eingefügt wird. Das dafür eingesetzte convert-Programm ist Bestandteil der Linux-Bildverarbeitung imagemagick. Falls noch nicht vorhanden, lässt sich diese bequem über die Kommandozeile (sudo apt-get install imagemagick) nachinstallieren. Das finale Python-Skript prüft jedoch auch das Vorhandensein von convert und installiert die imagemagick-Suite gegebenenfalls nach. Der eigentliche convert-Aufruf im Python-Skript verwendet einige Optionen:

```
cmd_convert="convert -sharpen 0x1.5 -gravity NorthWest -pointsize 52 -
fill white -stroke black -strokewidth 1 -annotate +10+10 \"Haustür:
"+datePICFILE+"\"' "+tPICFILE+" "+tPICFILE
```

Grundsätzlich erfolgt die Positionsangabe bei dem convert-Befehl, ausgehend von der linken oberen Ecke mit den Koordinaten (0,0), in Pixeln. Die Anwendung von convert ist anfangs etwas tricky, es empfiehlt sich, ein Testbild zu verwenden und damit etwas zu experimentieren, um die Syntax zu verstehen. Soll beispielsweise ein Text "Hallo Raspberry Pi" an der Pixelposition 100,200 erscheinen, wird alles in Apostrophe eingeschlossen und mit der draw-Option gezeichnet: beispielsweise -draw "text 100,200 'Hallo Raspberry Pi'". Für das Einblenden von Text kann eine bestimmte Schriftart ausgewählt werden, und dafür steht die Option -font gefolgt vom Pfad der Datei zur Verfügung, was zum Argument -font @/usr/share/fonts/truetype/Arial.ttf führt. Welche Schriftarten auf dem Raspberry Pi zur Verfügung stehen, finden Sie mit dem Kommando find / -name '*.ttf' auf der Konsole heraus. Ist keine Schriftart angegeben, wird die Standardschriftart verwendet – die Schriftgröße passen Sie mit der Option -pointsize an.

Option	Funktion
-font	Als Argument wird die gewünschte Schriftart übergeben, z. B. -font arial, -font helvetica oder -font @/usr/share/fonts/truetype/Arial.ttf.
-pointsize	Definition der Schriftgröße in Punkt – hier pointsize 52. Je nach Bildgröße sollten Sie die Schriftgröße verändern.
-fill	Angabe der Schriftfarbe, in diesem Beispiel Weiß, mit -fill white.
-stroke black	Damit geben Sie die Farbe der Umrandung, hier black (Schwarz), an.
-strokewidth	Diese Option legt legt die Strichstärke (1) der Umrandung fest.
-gravity	Die Option gibt den Bezugspunkt an, z. B. -gravity NorthWest. NorthWest beschreibt die Ecke links oben. Analog lassen sich North, East, South, West, NorthEast, NorthWest, SouthEast und SouthWest verwenden. -draw nutzt dies als Bezugspunkt.
-sharpen	Mit dem aktivierten Schärfefilter lässt sich optional die Schärfentiefe der Aufnahme anpassen.
-annotate +10+10	Mit dieser Option geben Sie die Position +10, +10 – ausgehend von oben links – und den anzuzeigenden Text – hier Haustür: mit dem aktuellen Datum – aus.

In der Tabelle sind die im Skript verwendeten Optionen mit ihren Argumenten zusammengefasst. In diesem Beispiel wird einfach der Text Haustür: zusätzlich mit dem aktuellen Datum einschließlich Uhrzeit versehen. Das erfolgt mit der date -r-Abfrage, die den Zeitpunkt der Aufnahme formatiert in die Variable datePICFILE schreibt – der gesamte String dient anschließend als Argument für die -annotate-Option.

```
def cmd_addDate(tPICFILE=PICFILE):
  USRBINCONVERT="/usr/bin/convert"
  print "[DOORBIRD] Check ob ", USRBINCONVERT ," vorhanden..."
  if cmd_exists(USRBINCONVERT):
    # print "convert vorhanden "
    cmd_date='date -r '+tPICFILE+' +"%d.%m.%Y_%H:%M:%S"'
    datePICFILE = os.popen(cmd_date).read()
    # wird in eigene Datei "überschrieben"
    cmd_convert="convert -sharpen 0x1.5 -gravity NorthWest -pointsize 52 -quality 85 -fill white -stroke black -strokewidth 1 -annotate +10+10 \"Haustür:    "+datePICFILE+"\"' "+tPICFILE+" "+tPICFILE
```

```
    # print cmd_convert
    os.system(cmd_convert)
    print ("[DOORBIRD] Aufnahme wurde in Archiv verschoben...")
  else:
    print ("[DOORBIRD] convert ist Bestandteil von imagemagick... ->
automat. Installation notwendig.")
    # convert ist Bestandteil von imagemagick -> sudo apt-get install
imagemagick
    os.system('sudo apt-get install imagemagick -y')
    print "[DOORBIRD] ",USRBINCONVERT , "wurde nachinstalliert... Bitte
Programm neu starten..."
```

Die Funktion selbst prüft zunächst, ob das nötige convert-Programm auf dem Raspberry Pi vorhanden ist oder nicht. Falls nicht, wird imagemagick selbstständig nachinstalliert, andernfalls wird die Aufnahme, die über den Funktionsaufruf in der Variablen tPICFILE gespeichert ist, mit dem Inhalt der Variablen datePICFILE beschriftet und vom convert-Kommando in dieselbe Datei gespeichert, da im Kommando die Quell- und Zieldatei mit der Variablen tPICFILE identisch ist.

Mailversand über Python-Funktion einrichten

In der Funktion cmd_sendmailPic() laden Sie zunächst die für eine E-Mail-Nachricht nötigen Parameter wie Sender und Empfänger in die jeweiligen Variablen und greifen im nächsten Schritt auf die in der Variablen PICFILE definierte Bilddatei zu. Diese wird über das img-Objekt schließlich an das msg-Objekt der E-Mail per attach-Aufruf angehängt. Als E-Mail-Provider wird in diesem Projekt der E-Mail-Dienstleister GMX verwendet – dafür tragen Sie den SMTP-Server samt verwendetem Port ein.

```
def cmd_sendmailPic():
    msg = MIMEMultipart()
    msg['Subject'] = MSGSUBJECT
    msg['From'] = SMTPMAILFROM
    msg['To'] = SMTPRCPTTO
    msg.preamble = 'DoorBird - Haustuer'
    f = open(PICFILE, 'rb')
    img = MIMEImage(f.read(),name=os.path.basename(picFileName))
    f.close()
    msg.attach(img)
    s = smtplib.SMTP('mail.gmx.net', 587)
    s.ehlo()
    s.starttls()
    s.ehlo()
    s.login(SMTPMAILFROM,SMTPPASS)
    s.sendmail( msg['From'], msg['To'], msg.as_string())
    s.quit
    print '[DOORBIRD] | [MAIL]: Verschickt!'
```

Schließlich erfolgt der Versand der E-Mail-Nachricht nach dem Log-in über die `sendmail`-Funktion der `smtplib`-Bibliothek, für Debug-Zwecke können Sie sich optional auf dem Terminal per `print`-Kommando eine »E-Mail erfolgreich verschickt«-Erfolgsmeldung ausgeben lassen.

Inbetriebnahme: Funktionen in Python zusammenführen

Wichtig ist bei der Verwendung von deutschen Umlauten bei der Ausgabe bzw. Verarbeitung solcher Zeichen, dass dafür im Python-Skript einleitend die UTF-8-Codierung eingeschaltet ist. Anschließend passen Sie die Parameter in den Bereichen

```
# DoorBird-Konfiguration
```

und

```
# Accountinformationen zum Senden der E-Mail
```

auf Ihre persönlichen Einstellungen und Mail-Provider-Funktionen an.

```python
#!/usr/bin/env python
# -*- coding: utf-8 -*-
import os
import socket, base64
import subprocess
import time
import hashlib
import datetime

import urllib2
import smtplib
from email.mime.text import MIMEText
from email.mime.image import MIMEImage
from email.mime.multipart import MIMEMultipart
# ----------------------------------------------------
# DoorBird-Konfiguration
DOORBIRDHOST= 'http://192.168.123.62'
lastPicPath= '/bha-api/history.cgi?index=1'
lastPicPathHost= DOORBIRDHOST+lastPicPath
username= 'doorbird_user5'
password= 'doorbird_password_for_user5'
token= base64.encodestring('%s:%s' % (username, password)).strip()
headers = { 'User-Agent' : 'Mozilla/5.0 (Windows NT 5.1; rv:32.0)
Gecko/20100101 Firefox/32.0' }
# ----------------------------------------------------
# Accountinformationen zum Senden der E-Mail
SMTPRCPTTO = 'name.empfaenger1@franzis.de, name.empfaenger2@franzis.de' #
Empfaenger
```

```python
SMTPMAILFROM = 'name.doorbirdsender@gmx.de' # Absender-
Mailadresse/Kontoinformationen
SMTPPASS = 'passwort_doorbirdsender' # Passwort beim Anbieter fuer Absender-
Mailadresse
MSGDATA = '' # Leere Nachricht
MSGSUBJECT = '[DoorBird] Es hat geklingelt...' # Betreffzeile-Inhalt
#
picFileName='doorbird_last_pic.jpg'
picFilePath='/home/pi/doorbird/'
PICFILE=picFilePath+picFileName
# ----------------------------------------------------
def cmd_exists(cmd):
    return subprocess.call("type " + cmd, shell=True,
stdout=subprocess.PIPE, stderr=subprocess.PIPE) == 0
# ----------------------------------------------------
def cmd_sendmailPic():
    msg = MIMEMultipart()
    msg['Subject'] = MSGSUBJECT
    msg['From'] = SMTPMAILFROM
    msg['To'] = SMTPRCPTTO
    msg.preamble = 'DoorBird - Haustuer'
    f = open(PICFILE, 'rb')
    img = MIMEImage(f.read(),name=os.path.basename(picFileName))
    f.close()
    msg.attach(img)
    s = smtplib.SMTP('mail.gmx.net', 587)
    s.ehlo()
    s.starttls()
    s.ehlo()
    s.login(SMTPMAILFROM,SMTPPASS)
    s.sendmail( msg['From'], msg['To'], msg.as_string())
    s.quit
    print '[DOORBIRD] | [MAIL]: Verschickt!'
# ----------------------------------------------------------------
def cmd_holeLastPic(urlDoorBird=lastPicPathHost):
    print "\n[DOORBIRD] Hole aktuelle Aufnahme von DoorBird ..."
    req = urllib2.Request(urlDoorBird) #, None, headers)
    req.add_header("Authorization", "Basic %s" % token)
    pic = urllib2.urlopen(req).read()
    f = open(picFileName,'w')
    f.write(pic)
    f.close()
    mv_cmd = 'mv '+picFileName+' '+picFilePath
    os.system(mv_cmd)
# ----------------------------------------------------------------
def cmd_archivePic():
```

```python
    chown_cmd ='chown pi:www-data '+PICFILE
    os.system(chown_cmd)
    chmod_cmd = 'chmod 0755 '+PICFILE
    os.system(chmod_cmd)
    print "[DOORBIRD] Datei wird gesichert"
    # Check, ob Hash von aktueller 'doorbird_last_pic.jpg' bereits gesichert wurde
    archivemessage = '\n Zeitstempel: '+ time.strftime('%Y%m%e_%H%M%S')
    lastarchived_cmd = "ls -t /home/pi/doorbird/archive/*.jpg|head -n1"
    archivepath_cmd = picFilePath+"/archive"
    if os.listdir(archivepath_cmd) != []:
        lastarchived_name = os.popen(lastarchived_cmd).read().split("\n")
        # print "Name= "+lastarchived_name[0]
        # print "Hash ="+md5(lastarchived_name[0])
        if md5(lastarchived_name[0]) == md5(PICFILE):
            print "[DOORBIRD] Datei wurde bereits gesichert - keine Benachrichtigung!"
        else:
            cmd_sendmailPic()
            print "[DOORBIRD] Datei "+PICFILE+" wird gesichert"
            backup_cmd = "cp "+PICFILE+" "+archivepath_cmd+"/"+time.strftime('%Y%m%e_%H%M%S')+"_"+picFileName
            # print   "[DOORBIRD] " +backup_cmd
            os.system(backup_cmd)
    else:
        cmd_sendmailPic()
        print "[DOORBIRD] Datei "+PICFILE+" wird gesichert"
        backup_cmd = "cp "+PICFILE+" "+archivepath_cmd+"/"+time.strftime('%Y%m%e_%H%M%S')+"_"+picFileName
        # print   "[DOORBIRD] " +backup_cmd
        os.system(backup_cmd)
# -------------------------------------------------------------------------
def md5(fname):
    hash = hashlib.md5()
    with open(fname, "rb") as f:
        for chunk in iter(lambda: f.read(4096), b""):
            hash.update(chunk)
    f.close()
    return hash.hexdigest()
# -------------------------------------------------------------------------
def main():
    PICFILE=picFilePath+picFileName
    print "[DOORBIRD] Check ob ", PICFILE ," vorhanden...\n"
    if cmd_exists(PICFILE):
        cmd_holeLastPic()
        # cmd_sendmailPic()
```

6.3 DoorBird-Modding mit dem Raspberry Pi

```
        cmd_archivePic()
    else:
        print "[DOORBIRD] Keine Datei ", PICFILE ," vorhanden...\n"
        cmd_holeLastPic()
    print "[DOORBIRD] Checksumme ", PICFILE ," : ", md5(PICFILE),"\n"
# ---------------------------------------------------------------------
def init():
#   os.system('clear')
    if not cmd_exists(picFilePath):
        os.system('sudo -u pi mkdir -p ' +picFilePath)
    if not cmd_exists(picFilePath+'\archive'):
        os.system('sudo -u pi mkdir -p '+picFilePath+'archive')
        os.system('sudo chown -R pi:www-data '+picFilePath)
# ---------------------------------------------------------------------
if __name__ == '__main__':
    init()
    main()
    exit()
# ------------------------------------ EOF ----------------------------
```

Nach den Anpassungen speichern Sie die Datei. Liegt das Skript im Verzeichnis /home/pi/doorbird mit der Dateibezeichnung `doorbird.py` vor, prüfen und setzen Sie gegebenenfalls die Dateiberechtigungen für den Zugriff:

```
chmod 0755 /home/pi/doorbird/doorbird.py
```

Das Starten erfolgt auf der Kommandozeile mit dem vorangestellten **sudo**-Kommando:

```
sudo python /home/pi/doorbird/doorbird.py
```

Beim erstmaligen Start installiert das Skript die Grafiktools und legt die nötigen Verzeichnisse im **doorbird**-Verzeichnis an.

```
pi@rpi-doorzero:~ $ nano /home/pi/doorbird/doorbird.py
pi@rpi-doorzero:~ $ sudo python /home/pi/doorbird/doorbird.py
[DOORBIRD] Check ob  /home/pi/doorbird/doorbird_last_pic.jpg  vorhanden...

[DOORBIRD] Hole aktuelle Aufnahme von Doorbird...
[DOORBIRD] Datei /home/pi/doorbird/doorbird_last_pic.jpg wird gesichert
BACKUP CHK: cp /home/pi/doorbird/doorbird_last_pic.jpg /home/pi/doorbird//archive/chk_20160120_001144_doorbird_last_pic.jpg
[DOORBIRD] Check ob  /usr/bin/convert  vorhanden...
[DOORBIRD] Bild wurde archiviert...
[DOORBIRD] | [MAIL]: Verschickt!
pi@rpi-doorzero:~ $
```

Bild 6.24: Testlauf auf der Kommandozeile: Damit Sie nicht immer zur Haustür gehen und die Klingel betätigen müssen, starten Sie bei der Entwicklung und Inbetriebnahme das Python-Skript noch händisch, um sämtliche Funktionen zu testen.

Funktioniert der Start bzw. arbeiten die Funktionen des Python-Skripts auf der Kommandozeile ohne Fehler, ist die grundsätzliche Funktion gegeben. Im nächsten Schritt sollte die Verbindung vom Apache zum Python-Skript geprüft werden: Dafür öffnen Sie auf dem Computer den gewohnten Webbrowser und tragen dort die IP-Adresse des Raspberry Pi gefolgt von der PHP-Datei ein, die für den Aufruf des Python-Skripts zuständig ist. Gegebenenfalls erfolgt eine Benutzer/Kennwort-Abfrage vonseiten des Apache-Webservers, sofern dort eine .htaccess-Absicherung aktiv ist. Anschließend sollten die vorhandenen `print`-Ausgaben des Python-Skripts im Webbrowser erscheinen.

Bild-/Videoüberwachung zu Hause

1984, Big Brother und Rundumüberwachung: Für Datenschutzfetischisten sind das die ersten Gedanken, wenn sie den Funktionsumfang und die Produktbeschreibung lesen. Abhilfe schaffen bzw. für Sicherheit sorgen soll eine starke Verschlüsselung, die eigentlichen Daten sollen auf dem Speicherstick der Kamera bleiben, und nur die Informationen zu den Gesichtern sollen im Idealfall übertragen werden. Selbstverständlich sollte heutzutage bei der Übertragung der Daten zwischen Kamera und Smartphone eine sichere Verbindung bestehen, die ein Mitlesen der Informationen zwar nicht hundertprozentig verhindert, doch zumindest deutlich erschwert, damit nicht jedermann einfach die Bilder- und Videodaten der Kamera mitlesen und sichern kann. Einsatzmöglichkeiten und Aufstellungsorte für eine Kamera gibt es genügend in einem Haus oder einer Wohnung: Die bequeme Überwachung der Haustür oder des Briefkastens, des Treppenhauses oder des Innenbereichs, die Klingelanlage, die Garage mit Garagenzufahrt – alles sind mögliche Alternativen, um eine Kamera in Betrieb zu nehmen. Nicht alles, was möglich ist, ist auch jedem angenehm – selbstredend, dass Räume wie Schlaf- und Kinderzimmer, Essbereich, Toiletten und Bäder mit einem größeren Bedarf an Privatsphäre sensibler zu handhaben und deshalb für eine klassische Überwachung in der Regel ungeeignet sind. Die in diesem Buch dargestellte Überwachung zielt ausschließlich auf den Zweck ab, fremde Personen zu erkennen und den Eigentümer zu benachrichtigen.

7.1 Netatmo – Welcome to the Cam-Jungle

Die Idee, eine aufgemotzte Webcam für die Heimautomation oder einfach für die Überwachung zu Hause mit einer App zu verwenden, ist nicht neu. So haben sich schon in grauer Vorzeit Firmen wie Creative und Logitech, aber auch aktuell der Smart-Waagen-Hersteller Withings mit einem kostenpflichtigen Abomodell damit beschäftigt. Auch Google präsentiert sich mit der Nest Cam, die jedoch für den praxisnahen Betrieb nach dem Kauf der rund 200 Euro teuren Kamera weiter Geld kosten kann.

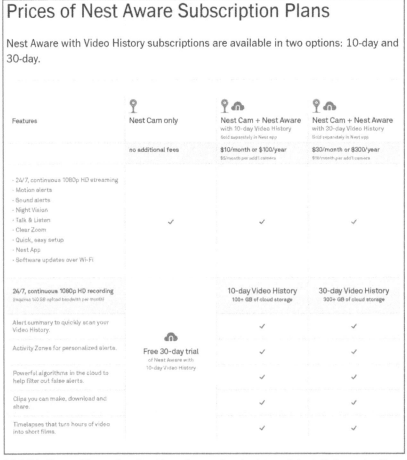

Bild 7.1: Teure Alternative: Der Nest-Aware-Service ist nach Installation zehn Tage kostenlos, danach ist ein Abo nötig: Für 100 Dollar jährlich lassen sich die Aufnahmen in der Cloud bis zu zehn Tage speichern, abrufen und teilen – 30 Tage schlagen mit 300 Dollar extra zu Buche.

Die Netatmo-Welcome-Kamera bietet, von der Sprachsteuerung abgesehen, etwa den gleichen Funktionsumfang – und das zu einem günstigeren Preis.

7.2 Willkommen – Inbetriebnahme mit dem Smartphone

Wie die Wetterstation aus dem Hause Netatmo (siehe »Sonne, Regen, Wind – Netatmo-Wetterstation«, Seite 526) wird das Produkt Welcome zunächst mit der für iOS und Android verfügbaren App gekoppelt, um später mithilfe der WLAN-Verbindungsdaten selbstständig die Parameter und Funktionen mit dem Netatmo-Server auszutauschen. Es landen je nach Abrufen nur einzelne Aufnahmen der Gesichter in der kostenfreien Netatmo-Cloud, sodass Sie nach Bedarf von unterwegs sehen können, welche Personen sich im Haus oder in der Wohnung befinden, aber auch zu dem Zeitpunkt betreten haben, an dem die Speicherkarte entfernt oder die Welcome-Kamera vom Netz getrennt wurde. Die Informationen lassen sich von unterwegs über den persönlichen Bereich auf der übersichtlichen Netatmo-Seite abrufen, parallel lässt sich die App für iOS und Android verwenden. Doch bevor es so weit ist, benötigen Sie die installierte App für die Grundinstallation der Kamera. Beim erstmaligen Start hilft ein Installationsassistent, der durch die notwendigen Schritte führt. Wer bereits ein Netatmo-Konto eingerichtet hat, kann es auch für die Welcome-Kamera verwenden.

7 Bild-/Videoüberwachung zu Hause

Bild 7.2:
Grundinstallation: Zunächst laden Sie die kostenfreie App auf das Smartphone. Voraussetzung für die Installation und den Betrieb der Kamera ist ein sogenanntes Netatmo-Konto, das sich auch über die App einrichten lässt.

Nach Anmeldung an den Netatmo-Onlinedienst geht es an die Einrichtung der Welcome-Parameter der App. Angefangen bei den Benachrichtigungsfunktionen für Ereignisse bis hin zur Darstellung der Mitteilungen auf dem Smartphone ist alles dabei. Sie können die Einstellungen Ihren persönlichen Vorlieben und Ihrem Informationsbedürfnis entsprechend anpassen. Lassen Sie sich immer benachrichtigen, sobald die Kamera beispielsweise ein unbekanntes Gesicht einfängt, sind das anfangs eine Menge Nachrichten, und Sie werden diese Funktion schnell wieder deaktivieren.

7.2 Willkommen – Inbetriebnahme mit dem Smartphone

Bild 7.3: Nach der Grundinstallation erscheinen verschiedene Hinweise. Bei der Einrichtung der App lassen sich beispielsweise die Mitteilungen dahin gehend festlegen, ob und an welcher Stelle sie angezeigt werden sollen. Änderungen an der Darstellung, den Tönen und den Symbolen der Mitteilungen können nachträglich auch über den *Einstellungen*-Dialog vorgenommen werden.

Die eigentliche Kopplung der Kamera mit der App sowie mit dem Netatmo-Konto ist simpel, aber effektiv gelöst: Folgen Sie den Anweisungen des Installationsassistenten auf dem Smartphone. Schließen Sie zunächst die Kamera am Micro-USB-Kabel an und drehen Sie die Kamera auf den Kopf. Der verbaute Sensor sorgt dafür, dass die Kamera den Betriebsmodus wechselt und für den Bluetooth-Zugriff bereit ist. Das bedeutet auch, dass beim Smartphone Bluetooth nicht nur eingeschaltet, sondern auch auf »sichtbar« gestellt sein muss, damit das Smartphone und die Netatmo-Kamera zueinanderfinden.

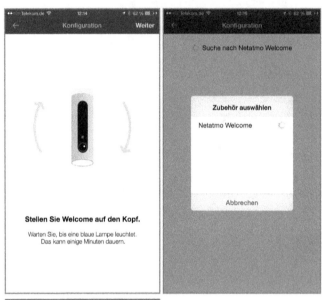

Bild 7.4: Ist die App installiert, nehmen Sie die Netatmo-Welcome-Kamera in Betrieb. Dafür verbinden Sie diese mit dem Netzteil an der Steckdose und starten die Einrichtung. Der Assistent auf dem Smartphone führt Sie Schritt für Schritt durch die Installation der Kamera.

Grundsätzlich lässt sich die Welcome-Kamera über WLAN betreiben, doch beim Abspielen der Videosequenzen auf dem Smartphone geht die Bandbreite stark in die Knie. Ist in der Nähe des Aufstellungsorts eine Möglichkeit vorhanden, ein Ethernet-Kabel zu verwenden, sollte es genutzt werden.

Bild 7.5: Gewohntes Vorgehen: Für das »eigenständige« Arbeiten benötigt die Kamera den Netzzugang. Bei einer WLAN-Verbindung holt sich die Kamera die notwendigen Parameter aus der Smartphone-Konfiguration.

Beachten Sie, dass Geräte wie Kameras, IP-Telefone, Web- oder Dateiserver und Ähnliches aus Sicherheitsgründen mit einer eigenen, festen IP-Adresse konfiguriert werden sollten. Ist beispielsweise der LAN/WLAN-Router im Heimnetz mal nicht erreichbar oder speichert er die Zuordnung von MAC-Adresse zu IP-Adresse nicht dauerhaft, kommt es vor, dass das Gerät am nächsten Tag unter einer anderen IP-Adresse erreichbar ist als am Vortag. Im schlechtesten Fall muss dann das Gerät neu konfiguriert und initialisiert werden – bei Dateiservern müssen die Freigaben neu eingerichtet werden, bei Webservern müssen Konfigurationsdateien, DNS-Einträge etc. angepasst werden und vieles mehr. Aus diesem Grund richten Sie auch bei der Welcome-Kamera eine statische IP-Adresse im Adressbereich in Ihrem Heimnetz ein, damit ist der Zugriff auf und von der Kamera immer sichergestellt.

Bild 7.6: Sicher ist sicher: Gerade bei Videocams mit Netzwerkanschluss ist eine stabile Netzverbindung und eine korrekte IP-Konfiguration essenziell.

Wird eine bekannte Person von der Kamera erfasst und erkannt, erhalten Sie auf dem Smartphone eine Benachrichtigung. Dies ist auch bei unbekannten Gesichtern der Fall, die mit bekannten Gesichtern in einem Zeitstrahl dargestellt werden. Unbekannte Gesichter lassen sich hier per Fingertipp identifizieren und mit einem Namen versehen. Da anfangs die Kamera die Gesichter erst mal lernen und zuordnen muss, dauert es etwas, bis sämtliche Personen im Haushalt relativ zuverlässig erkannt werden. Zudem sorgt das für eine erhöhte Temperatur am Gehäuse der Kamera, bei rechenintensiven Vorgängen gibt die Steuereinheit eine Menge Hitze ab. Je nach Kaufdatum steht für das Temperaturproblem ein Update der Kamerafirmware bereit – die App informiert selbst darüber, dass eine neue Version zur Verfügung steht. Die Installation folgt unmittelbar und ist innerhalb weniger Minuten abgeschlossen. In der Regel startet die Kamera automatisch neu, im Test musste jedoch der Stecker kurz gezogen werden, um die Kamera wieder zum Normalbetrieb zu überreden.

7.3 Wenig Speicherplatz? – Speicherkarte tauschen

Das Netatmo-Welcome-Modell der ersten Stunde kommt mit 8 GByte Speicherplatz auf der Mini-SD-Karte, ist sie voll, überschreiben die neuen Einträge die alten nach dem First-In/First-Out-Prinzip. Wer eine längere Speicherdauer und somit eine größere Kapazität benötigt, kann die SD-Karte mit einer Karte mit der maximal möglichen Kapazität von 32 GByte tauschen.

7.3 Wenig Speicherplatz? – Speicherkarte tauschen

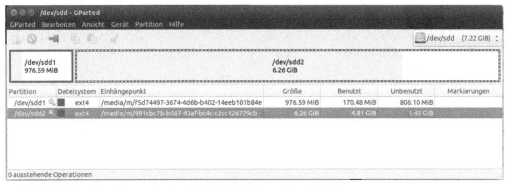

Bild 7.7: Zwei Partitionen sind auf der Speicherkarte eingerichtet.

Entfernen Sie die Speicherkarte aus der Welcome-Kamera und mounten sie auf einem Linux-Betriebssystem, lassen sich die Inhalte der Netatmo-Kamera anzeigen. Navigieren Sie in die unterschiedlichen Verzeichnisse, tauchen darin mit kryptischen UID-Bezeichnungen am Ende des Tages Dateien im ts-Containerformat auf, die sich mit Werkzeugen wie VLC (*Video LAN Client*) öffnen und abspielen lassen.

Bild 7.8: Die Daten auf der Speicherkarte können zunächst nur von der Kamera gelesen werden, doch unter Linux lassen sich die Videoschnipsel im ts-Streamformat auch am Computer abspielen.

Der Austausch mit einer größeren Karte sollte kein größeres Problem darstellen: Trennen Sie die Kamera von der Spannungsversorgung, entnehmen Sie die originale Speicherkarte und setzen Sie die neue, größere Karte ein. Wird die Kamera wieder mit der Spannungsversorgung verbunden, sollte sie die nötige Verzeichnisstruktur automatisch anlegen, nachdem sie mit dem ext4-Dateiformat initialisiert wurde.

7.4 Willkommen zu Hause – Gesichtserkennung mit der Welcome-Kamera

Ist die Netatmo-Welcome-Kamera konfiguriert und ordnungsgemäß in Betrieb, sendet sie an die App eine Nachricht, sobald sie ein bekanntes oder auch unbekanntes Gesicht ausgemacht hat. Gerade anfangs ist diese Prozedur etwas zäh, denn bis die Kamera ein Gesicht »gelernt« hat, dauert es etwas, und somit reduziert sich erst im Laufe der Zeit die Anzahl unbekannter Gesichter. Die Zuordnung der Gesichter zu den jeweiligen Namen oder Spitznamen etc. erfolgt über die App – einfach im Zeitstrahl navigieren, das unbekannte Gesicht per Fingertipp identifizieren und es anschließend mit einem Namen versehen.

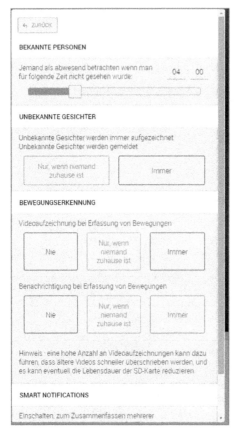

Bild 7.9: Konfigurationssache: Zeichnet die Kamera ein Video auf, werden unbekannte Gesichter festgehalten. In diesem Dialog lässt sich einstellen, wann Sie darüber benachrichtigt werden.

Es ist sinnvoll, eine Benachrichtigung nur dann zu erhalten, wenn niemand zu Hause ist. Bei einem Kindergeburtstag mit vielen (unbekannten) Gästen beispielsweise wäre sonst eine Flut an Mitteilungen auf dem Smartphone die Folge. Mit der Zeit erkennt die Kamera auch ihren Eigentümer – in diesem Fall kann die Logik der Hausautomation dafür sorgen, dass dieser beispielsweise begrüßt wird, sobald er nach längerer Abwesenheit nach Hause kommt. Steht die Kamera im Eingangsbereich, ist auch ein automatisches Einschalten der Beleuchtung etc. denkbar. Für detailliertere Zuordnungen reicht jedoch die App nicht mehr aus, Netatmo bietet für Entwickler dafür beispielsweise eine passende PHP-API (*https://github.com/Netatmo/Netatmo-API-PHP*) an, mit der sich solche Dinge auf einem Linux-basierten System umsetzen lassen.

7.5 Welcome Python – Indoor-Kamera mit dem Raspberry Pi auswerten

Die nachstehende Python-Lösung für die Welcome-Kamera basiert auf dem gleichen Lösungsansatz wie jene der Netatmo-Wetterstation, die im Abschnitt »Python-API besorgen und einrichten« auf Seite 540 auf Basis der Python-API `lnetatmo.py` zum Einsatz kommt. Da die dort genutzte API jedoch keine passenden Klassen und Methoden für die Welcome-Kamera mitbringt, wurde auf Basis der Grundfunktionen der `lnetatmo.py`-Python-API eine passende Python-API mit den nötigsten Grundfunktionen mit der Bezeichnung `lwelcome.py` gebaut, die im nächsten Abschnitt vorgestellt wird.

```
mkdir -p ~/netwelcome
cd netwelcome
```

Zunächst richten Sie für dieses Projekt die passende Umgebung für die Dateiablage und API ein. Dafür reicht ein eigenes Arbeitsverzeichnis mit der Bezeichnung `netwelcome`. Die Python-API-Datei `lwelcome.py` ist wie die `welcome.py` im Verzeichnis `\netatmo` zu finden, in dem auch die Dateien für die Netatmo-Wetterstation abgelegt sind, die aber für die Welcome-Kamera nicht notwendig sind.

Python-Klasse für Welcome-Kamera

Für die Python-Kopplung der Netatmo-Welcome-Kamera mit Python auf dem Raspberry Pi gehen Sie wie folgt vor: Im ersten Schritt richten Sie die lokale Umgebung ein, laden die Python-API `lwelcome.py` in das obige `netwelcome`-Verzeichnis und tragen die Authentifizierungsparameter wie die API-`Client_ID`, die `Client_Secret`-Zeichenkette sowie die Netatmo-Benutzerdaten samt Kennwort in die vorgesehenen Platzhalter der jeweiligen Variablen in der Datei `lwelcome.py` ein.

```
nano lwelcome.py
```

Dort sorgt die `Welcome`-Klasse für die nötigen Funktionen und Methoden, die nach der Initialisierung zur Verfügung stehen. Jede implementierte Methode lässt sich innerhalb der Klasse nutzen und benötigt naturgemäß eine vorherige Authentifizierung am Cloud-Service von Netatmo.

```
class Welcome:
    def __init__(self, authData):
        self.getAuthToken = authData.accessToken
        postParams = {
                "access_token" : authData.accessToken
                }
        resp = postRequest(_GETHOMEDATA_REQ, postParams)
        self.rawData = resp['body']
        self.homes = { h['name'] : h for h in self.rawData['homes'] }
        print "... Welcome-Init... done..."
        print "---------------------------"

    def getlasteventofPseudo(self,pseudo):
        self.person_id = self.IDpseudo(pseudo)
        self.home_id = self.getHomeid()
        self.lasteventof = self.getlasteventof(self.home_id,self.person_id)
        return self.lasteventof

    def getHomeid(self):
        self.homeid = list(self.homes.values())[0]['id']
        return self.homeid

    def showEventsListID(self):
        self.events = list(self.homes.values())[0]['events']
        j = 0
        for i in self.events:
#            print "Ereignis: %s \tid=%s\tPerson-ID: %s" %(j,
list(self.events)[j]['id'], list(self.events)[j]['person_id'])
            print "Ereignis: %s \tid=%s" %(j, list(self.events)[j]['id'])
            j +=1
        return j

    def getLastSeenpseudo(self,pseudo=None):
        # print "Suche von %s" %pseudo
        self.persons = list(self.homes.values())[0]['persons']
        j = 0
        found = False
        for i in self.persons:
            try:
                if list(self.persons)[j]['pseudo'] == pseudo:
                    self.personlastseen =
datetime.datetime.fromtimestamp(int(list(self.persons)[j]['last_seen'])).str
```

```
ftime('%d-%m-%Y %H:%M:%S')
                found = True
            except KeyError:
                self.personlastseen = 0
                pass
            j += 1
            if found:
                break
        return self.personlastseen

    def IDpseudo(self,pseudo=None):
        # print "Suche von %s" %pseudo
        self.persons = list(self.homes.values())[0]['persons']
        j = 0
        found = False
        for i in self.persons:
            try:
                if list(self.persons)[j]['pseudo'] == pseudo:
                    self.personid = list(self.persons)[j]['id']
                    found = True
            except KeyError:
                self.personid = 0
                pass
            j += 1
            if found:
                break
        return self.personid

    def showPersonsListLastseenPseudo(self):
        self.persons = list(self.homes.values())[0]['persons']
        j = 0
        for i in self.persons:
            print "\nid: %s\tlast seen: %s" %(list(self.persons)[j]['id'],
datetime.datetime.fromtimestamp(int(list(self.persons)[j]['last_seen']))).str
ftime('%d-%m-%Y %H:%M:%S'))
            try:
                print " Pseudoname: %s" %(list(self.persons)[j]['pseudo']) #
in self.persons:
            except KeyError:
                pass
            j +=1
        return 1

    def showPersonsListID(self):
        self.persons = list(self.homes.values())[0]['persons']
        j = 0
```

```python
        for i in self.persons:
            print "Person\t %s \tid=%s " %(j, list(self.persons)[j]['id'])
            j +=1
        return j

    def getHomename(self):
        self.homename = list(self.homes.values())[0]['name']
        return self.homename

    def getCamname(self):
        self.camname =
list(list(self.homes.values())[0]['cameras'])[0]['name']
        return self.camname

    def getHomedata(self):
        postParams = { "access_token" : self.getAuthToken }
        return postRequest(_GETHOMEDATA_REQ, postParams)

    def getNextevents(self,home_id,event_id, size=None):
        postParams = { "access_token" : self.getAuthToken }
        postParams['home_id']  = home_id
        postParams['event_id']  = event_id
        if size : postParams['size'] = size
        return postRequest(_GETNEXTEVENTS_REQ, postParams)

    def getlasteventof(self,home_id,person_id, offset=None):
        print"home-ID= %s\n" %home_id
        print"person-ID= %s\n" %person_id
        postParams = { "access_token" : self.getAuthToken }
        postParams['home_id']  = home_id
        postParams['person_id']  = person_id
        if offset : postParams['offset'] = offset
        return postRequest(_GETLASTEVENTOF_REQ, postParams)

    def geteventsuntil(self,home_id,event_id):
        postParams = { "access_token" : self.getAuthToken }
        postParams['home_id']  = home_id
        postParams['event_id']  = event_id
        return postRequest(_GETEVENTSUNTIL_REQ, postParams)

    def getcamerapicture(self,image_id,key):
        postParams = { "access_token" : self.getAuthToken }
        postParams['image_id']  = image_id
        postParams['key']  = key
        return postRequest(_GETCAMERAPICTURE_REQ, postParams)
```

Im init-Bereich der Klasse wird über den postRequest(_GETHOMEDATA_REQ, postParams)-Aufruf der Datenbestand der entsprechenden Welcome-Kamera geholt und schließlich – je nach Methodenaufruf – in einzelne Parameter zur Ausgabe der gewünschten Werte zerlegt.

Methodenaufruf über welcome.py

Über die Datei welcome.py können nun obige Methoden der Klassendatei lnetwelcome.py verwendet werden. Voraussetzung dafür ist, dass dort zunächst die lwelcome-Klasse mit der import-Anweisung eingebunden und die Klasseninstanz welcome über das Authentifizierungsmodul instanziiert wird.

```
#!/usr/bin/python3
# encoding=utf-8
import lwelcome
# Datei: welcome.py
authorization = lwelcome.ClientAuth()
welcome = lwelcome.Welcome(authorization)

# print ("Aktuelle Welcome-Kameradaten: %s " % welcome.getHomedata() )
# print ("Aktuelle Umgebung: %s"   % welcome.getHomename() )
# print ("Aktuelle Kamera: %s"     % welcome.getCamname() )
# print ("Aktuelle Personenliste / ID - Anzahl: %s"         %
welcome.showPersonsListID() )
print ("Aktuelle Personenliste mit Pseudonamen/ ID: %s" %
welcome.showPersonsListLastseenPseudo() )
# print ("Aktuelle ID zu Pseudoname: %s" % welcome.getIDpseudo("Antonio") )
# print ("Pseudoname %s zuletzt gesehen am: %s" %("Antonio",
welcome.getLastSeenpseudo("Antonio") ))
# print ("Aktuelle Ereignisliste / ID - Anzahl: %s" %
welcome.showEventsListID() )
# print ("Pseudoname %s letztes Ereignis ID: %s" %("Antonio",
welcome.getlasteventofPseudo("Antonio") ))
```

Die Beispielaufrufe der verschiedenen Methoden starten Sie, indem Sie jeweils das vorangestellte Hashtag-Symbol entfernen, die Datei welcome.py speichern und sie mit dem Kommando sudo python welcome.py ausführen.

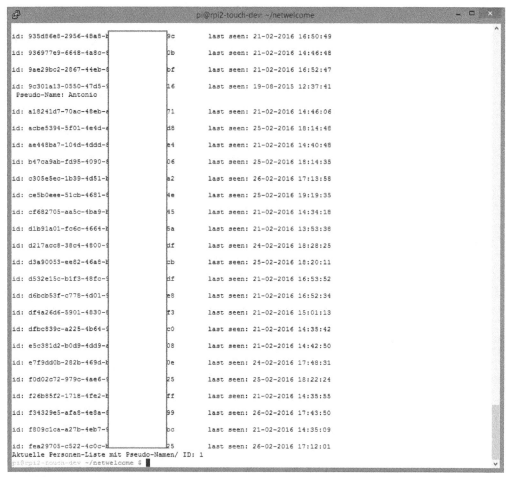

Bild 7.10: Alle Personen und Pseudonamen werden mit der Methode welcome.showPersonsListLastseenPseudo() übersichtlich dargestellt.

Mit den vorliegenden Basisfunktionen lassen Sie sich die Daten ausgeben. Mithilfe der jeweiligen IDs lassen sich bequem weitere Methoden bauen – in der Onlinehilfe der API sind bei den jeweiligen Methoden die entsprechenden Angaben darüber zu finden, welche Parameter für die jeweiligen Post-Requests zwingend nötig sind und welche optional verwendet werden können.

Haustür öffnen ohne Schlüssel

Egal ob Haus- oder Wohnungstür, generell sollte vor dem Einbau eines Motorschlosses oder einer anderen Smart-Home-tauglichen Lösung eine passende Tür vorhanden sein, die im Idealfall nach der Richtlinie DIN EN 1627 geprüft ist und mindestens eine Widerstandsklasse (RC = *Resistance Class*) 2 bietet.

Bei der Einteilung in Widerstandsklassen werden solche Modelle einer praxisgerechten Einbruchprüfung unterzogen – je höher die Widerstandsklasse, umso sicherer ist die Gesamtkonstruktion (Türblatt, Zarge, Schloss und Beschlag), aber naturgemäß auch umso teurer. Für den Privathaushalt gelten Türen mit der Widerstandsklasse 2 oder 3 üblicherweise als ausreichend geschützt. Mit dem Einbau einer Mehrfachverriegelung, wie in diesem Projekt dargestellt, pimpen Sie die Haus- oder Wohnungstür schon in die Widerstandsklasse 3 (RC 3), die laut Definition beim Einbruch den Einsatz eines zweiten Schraubenziehers und eines Brecheisens nötig macht, um die verschlossene und verriegelte Tür aufzubrechen. Diese bietet zusätzliche Verriegelungselemente im oberen und unteren Türbereich, die zusätzlich zum eigentlichen Türriegel selbstverriegelnd beim Schließen der Tür zuschnappen. Das Öffnen der Haus- oder Wohnungstür ohne Schlüssel erfolgt dann schließlich im Idealfall über ein in der Tür verbautes Motorschloss, das nach Anforderung für das Öffnen der drei Türriegel der Mehrfachverriegelung zuständig ist. Für die Steuerung des Motorschlosses im Türblatt haben Sie verschiedene Möglichkeiten – ebenso bei den Alternativen. In diesem Kapitel finden Sie alles Wichtige dazu, vom Einbau einer Mehrfachverriegelung bis zur

Inbetriebnahme der passenden Steuerung und ihrer Kopplung mit der persönlichen Eigenbau-Hausautomation oder mit industriellen Lösungen, beispielsweise einem biometrischen Fingerscannermodul.

8.1 Elektronisches Schloss: Lösungen für die Haus- oder Wohnungstür

Eine praktikable Smart-Home-Lösung an der Haus- oder Wohnungstür zeichnet sich einerseits durch ihre Sicherheitsmerkmale, aber andererseits auch durch ihren Benutzerkomfort aus. So zeigt die Praxis, dass an den Terminalgeräten mit PIN-Eingabe bei den Billiglösungen an den häufig benutzten Tasten oftmals Abnutzungsspuren zu finden sind, andererseits hat man nicht immer sein Smartphone samt App dabei, um die Haustür zu öffnen.

Motorschloss im Türblatt

Dass für Eigenheimbesitzer mit eigener Haustür für die Türumbaumaßnahmen andere Spielregeln gelten als für jene, die in einer Mietwohnung mit Wohnungstür sitzen, scheint klar. Denn je nach Türtyp sowie Verriegelungssystem kann die notwendige Ausstattung für das elektronische Öffnen deutlich abweichen: In diesem Beispiel wurde die vorhandene Mehrfachverriegelung mit dem Produkt *GU Mehrfachverriegelung SECURY Automatic 92 mm Entf., 65 mm Dorn, 20 mm Stulp (Breite)* ersetzt, das seinerseits mit einer elektronischen Verriegelung nachgerüstet werden kann. Damit ist es möglich, die in einer modernen Tür verbauten Zusatzriegel und die Schlossfalle (Türschnapper) beispielsweise mit der Türsprechanlage oder einer Zutrittskontrolle mit dem Arduino/Raspberry Pi oder einem ekey-Relais auf Kommando elektrisch zu entriegeln. Für die saubere und fachmännische Montage wird für die Stromversorgung an bzw. in der Haustür ein sogenannter Kabelübergang benötigt, der extra zu Buche schlägt. Je nach Bauform der Haustür und Lage der Strom- und Steuerleitungen kann dieses Geld gegebenenfalls eingespart werden, wenn die Leitung innerhalb der Tür in einem Kanal oder Hohlraum verlegt werden kann.

Produkt	Bemerkung	Preis[3]
GU-SECURY Automatic-Mehrfachverriegelung	alternative Mehrfachverriegelung, die sich mit einem Motorschloss nachrüsten lässt	143,95 Euro

---

[3] Die angegeben Preise wurde im Juni 2016 ermittelt.

Produkt	Bemerkung	Preis[4]
GU-SECURITY Automatic, Anbauset A-Öffner	elektronisches Anbauset für die Mehrfachverriegelung	149,95 Euro
Kabelübergang	Kabelübergang	10 Euro
ekey home SE REG 1/2/4	Relaissteuerung für die Verriegelung	200 bis 450 Euro (je nach Modell)
ekey home-Fingerscanner AP 2.0	Fingerabdruckscanner	200 Euro
ekey-Netzteil 2A	Netzteil-Hutschienenmontage	72 Euro
Alternativ: ekey-Netzteil 1A	Netzteil-Hutschienenmontage	36 Euro
Kabel und Kleinteile		10 Euro
Summe		**rd. 550-780 Euro**

Natürlich lässt sich statt eines Motorschlosses auch der elektrische Türöffner – der oftmals in der Türzarge verbaut ist – anschließen und von einem Arduino, einem Raspberry Pi oder einer anderen Steuereinheit ansteuern. Rein mechanisch gesehen sind Türöffner und Motorschloss jedoch zwei Paar Stiefel: Der Türöffner hält zwar die Tür im Schloss, bietet aber keinen vernünftigen Schutz gegen Aufhebelversuche und unsachgemäße Öffnungen. Daher besteht beispielsweise bei Einbruch bei vielen Versicherungsunternehmen kein Versicherungsschutz. Ein vernünftiges Motorschloss verriegelt selbstständig (mechanisch oder motorisch) das Türschloss und gegebenenfalls weitere Schlossfallen und öffnet sie wiederum elektrisch (motorisch). Bessere Lösungen lassen sich wie in gewohnter mechanischer Manier manuell weiterverwenden. Je nach Aufwand beträgt das Nachrüsten einer Tür mit einem passenden Motorschloss rund 160 Euro (hier GU-Zubehör A-Öffner), passt die Verriegelung nicht, kann sie gegebenenfalls mit einer zum A-Öffner passenden Mehrfachverriegelung verbunden werden.

Elektronischer Schließzylinder

Außerdem verfügbar am Markt sind Motorschlosslösungen wie Mozy Keso Eco und Ähnliche, die auf die vorhandene Schließmechanik aufsetzen und auf der Innenseite der Wohnungs-/Haustür im weiteren Sinne nicht anderes als einen kleinen, steuerbaren Drehmotor haben, der den Schließen- und Öffnen-Vorgang wie mit einem gewöhnlichen Schlüssel durchführt.

---

[4] Die angegeben Preise wurde im Juni 2016 ermittelt.

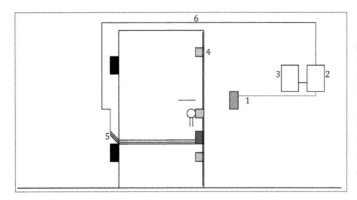

Bild 8.1: Schematische Darstellung mit Fingerscanner (1), Steuereinheit (2), Netzteil (3), Mehrfachverriegelung (4), Kabelübergang (5) und Verbindungskabel von Steuereinheit zu Motorschloss (6).

Der Vollständigkeit halber seien in diesem Zusammenhang auch Lösungen von ABUS oder Burg Wächter etc. erwähnt, die für gleiches Geld wie die genannte Motorschlosslösung oder sogar günstiger in Baumärkten und Internetkaufhäusern erhältlich sind. Hierbei handelt es sich in der Regel um Lösungen, die den bestehenden Schließzylinder der Wohnungs-/Haustür mit einem Schließzylinder ersetzen, in dem sich die gesamte Elektronik und Spannungsversorgung per Batterie befindet. Das elektronische Türschloss *TSE Business Set 5012* von Burg Wächter beispielsweise macht einen robusten Eindruck und bringt eine Notschlossfunktion mit – sollte die im Zylinder verbaute Batterie leer sein. Der Nachteil solcher Lösungen ist jedoch, dass sie sich nicht oder nur mit großem Aufwand in eine Hausautomationslösung mit Logging, SMS- und E-Mail-Benachrichtigung etc. einsetzen lässt.

Bild 8.2: Die TSE-Business-Lösung ist eine Funklösung, deren Komponenten jeweils per Batterie mit Spannung versorgt werden. Durch das abgeschottete System lässt sich TSE Business nicht bzw. sehr begrenzt in eine Hausautomationslösung einbinden.

8.1 Elektronisches Schloss: Lösungen für die Haus- oder Wohnungstür

Legen Sie Wert auf eine ausgereifte biometrische Zugangslösung, die auch im industriellen Umfeld im Einsatz ist, existiert nach oben praktisch keine Preisgrenze. In Zusammenarbeit mit der ekey-Fingerprintlösung könnte ein mögliches Szenario für Wohnungstüren – beispielsweise mit einem Mozy-Schließzylinder – wie folgt ausgestattet sein:

Produkt	Bemerkung	Preis
Keso Mozy Eco	elektronischer Schließzylinder	700 Euro
Kabelübergang	gegebenenfalls Kabelübergang für Schließzylinder	zwischen 10 und 60 Euro
Schließzylinder inklusive 3 Schlüsseln	angepasster Schließzylinder nötig	120 Euro
ekey home SE REG 1/2/4	Relaissteuerung für die Verriegelung	200 bis 450 Euro (je nach Modell)
ekey home-Fingerscanner AP 2.0	Fingerabdruckscanner	200 Euro
ekey-Netzteil 2A	Netzteil-Hutschienenmontage	72 Euro
Alternativ: ekey-Netzteil 1A	Netzteil-Hutschienenmontage	36 Euro
Kabel und Kleinteile		10 Euro
Summe		**1.256 Euro**

In den Internetkaufhäusern stechen immer wieder Eingabekombigeräte aus dem chinesischen Markt hervor, die teilweise mit gutem Funktions- und Lieferumfang zu einem günstigen Preis kommen. Hier haben Sie jeweils die Wahl zwischen RFID-/PIN-Eingabe- sowie Fingerscannergeräten und einem Kombigerät, das verschiedene Authentifizierungsmethoden unterstützt. Grundsätzlich gilt hier jedoch: Der Einsatz einer solchen Lösung ist aus Sicherheitsgründen nur mit einer sogenannten Wiegand-Schnittstelle an einer Außentür empfehlenswert. Das Wiegand-Modul innerhalb der vier Wände nimmt anschließend die Steuersignale entgegen, decodiert sie und leitet das Signal entweder an die Relaissteuerung für die Verriegelung oder direkt zum Motorschloss weiter. Wählt man hier sinnvolle Lösungen aus dem unteren/mittleren Preissegment aus, landet man dennoch bei einer Summe von über 1.100 Euro, bei der allein der Keso Mozy Eco 700 Euro beansprucht.

Produkt	Bemerkung	Preis
Keso Mozy Eco	elektronischer Schließzylinder	700 Euro
Kabelübergang	gegebenenfalls Kabelübergang für Schließzylinder	zwischen 10 und 60 Euro
Schließzylinder inklusive 3 Schlüsseln	angepasster Schließzylinder nötig	120 Euro
ekey home SE REG 1/2/4	Relaissteuerung für die Verriegelung	200 bis 450 Euro (je nach Modell)
PIN-Modul/ Fingerscanner	Kombigerät China-Ware	50 Euro
Wiegand-Modul	nimmt Signale des PIN-Moduls/Fingerabdruckscanners entgegen	10 Euro
ekey-Netzteil 2A	Netzteil-Hutschienenmontage	72 Euro
Alternativ: ekey-Netzteil 1A	Netzteil-Hutschienenmontage	36 Euro
Kabel und Kleinteile		10 Euro
Summe		**1.136 Euro**

Zu guter Letzt – exemplarisch für viele revolutionäre Smart-Home-Lösungen, die sich mit einer eigenen App via Apple iOS und/oder Android steuern lassen – die Nuki-Lösung, die im Mai 2015 über die Crowdfunding-Plattform *kickstarter.de* gelauncht wurde. Diese Lösung verspricht eine Installation am Türschloss binnen fünf Minuten, bei der nur drei Schrauben festzuziehen sind. Anschließend lässt sich über die Nuki-App (iOS und Android) das Schloss steuern, sofern der Schließzylinder eine sogenannte Panik-/Notausgangsfunktion hat. Die ist erforderlich, da Nuki einen gesteckten Schlüssel auf der Innenseite der Tür benötigt – nur mit der Panikfunktion des Schließzylinders lässt sich das Schloss dennoch von außen wie gehabt mit dem (Zweit-)Schlüssel öffnen, falls die verbaute Batterie des Nuki leer ist oder das notwendige Smartphone vergessen wurde. Ein passender Schließzylinder kostet je nach Tür und Aufwand nochmals Geld.

Produkt	Bemerkung	Preis
Nuki	elektronischer Schließzylinder	279 Euro
Schließzylinder inklusive 3 Schlüsseln	angepasster Schließzylinder nötig	120 Euro
Kleinteile		10 Euro
Summe		**409 Euro**

Insgesamt ist die Nuki-Lösung zwar eine interessante Idee, jedoch noch nicht sehr verbreitet und in der Praxis unerprobt. Darüber hinaus wirkt sie wegen ihrer Abmessungen etwas klobig. Laut Montagebeschreibung wird die Nuki-Lösung mit drei Schrauben am bestehenden Schließzylinder festgespannt – dieser muss also etwas am Beschlag an der Innenseite der Tür überstehen, damit eine Montage des Nuki-Schließzylinders möglich ist. Die unklaren Voraussetzungen sowie die begrenzten Möglichkeiten bei der Ansteuerung und Kopplung mit der Klingelanlage sowie bei der Integration in die Heimautomation sind ähnlich einzustufen wie die der abgeschotteten »Baumarktspeziallösungen« von ABUS, Burg Wächter etc.

Alte und neue Welt verbinden

Ideal ist es, wenn sich die Haus- oder Wohnungstür wie gewohnt mit dem traditionellen Schlüssel, aber zusätzlich mit einem sicheren biometrischen Verfahren wie beispielsweise dem Fingerscanner und darüber hinaus mit einer eigenen App oder Webseite öffnen lässt. Mit einer eigenen App bzw. Webseite ist konkret eine Eigenbaulösung gemeint, die aus Sicherheitsgründen im Idealfall auch nur im eigenen Heimnetz/WLAN zur Verfügung steht. Durch eine Kombination von Szenarien – eigenes WLAN für Haustür/IoT, Aktivieren des WLAN nur auf Knopfdruck und Ähnliches – kann die Sicherheit für eine solche Lösung weiter gesteigert und ausgebaut werden.

8.2 Smart Schreiner: Mehrfachverriegelung montieren

Tür-Modding für das Smart Home: Passt die Türbreite, lässt sich nahezu jede Wohnungs- oder Haustür mit einer elektrischen Mehrfachverriegelung nachrüsten. Generell sollten Sie auf ein elektrisches Schließblech oder einen einfachen elektrischen Türöffner verzichten, falls die Tür nur mit einer Verriegelung ausgestattet ist – und dies ist bei der Mehrzahl der Wohnungs- und Haustüren der Fall. Eine Mehrfachverriegelung hat – wie der Name schon andeutet – mehrere Riegel, die nach dem Zudrücken der Tür diese in der Türzarge halten. In der Regel ist neben dem mittigen Schlossriegel noch oben und unten jeweils ein Riegel ausgeführt, sodass insgesamt drei Verriegelungen für Sicherheit sorgen. Auch wenn der mittige Schließzylinder dann nicht abgeschlossen wird, zählt diese Tür aufgrund der beiden zusätzlichen Riegel für die Hausratversicherung als verschlossen. Passt die Stulp-Breite, lässt sich nahezu jede Wohnungs- oder Haustür mit einer elektrischen Mehrfachverriegelung nachrüsten. Der Stulp bezeichnet das Abschlussblech des Einsteckschlosses, das bei modernen Türen über die Ausfräsung für den Schlosskasten hinaus von der Unter- bis zur Oberkante der Tür reicht. Darin sind sind die Aussparungen für Schlossfalle und Riegel des Türschlosses sowie die beiden zusätzlichen Verriegelungen eingearbeitet. Nach dem Einstecken in die Tür wird die gesamte Konstruktion mit mehreren Schrauben am Türblatt befestigt. In diesem Beispiel wurde die vorhandene Mehrfachverriegelung des Herstellers GU/BKS durch eine für das GU-Anbauset A-Öffner (*K-18153-01-0-0 für GU-SECURY Automatic*) kompatible Mehrfachverriegelung ausgetauscht. Bei einer Mehrfachverriegelung wird die Tür beim Schließen automatisch durch zwei Fallenriegel verriegelt, die gegen das Zurückdrücken gesichert sind. Somit hilft hier weder eine Kreditkarte noch ein Kleiderbügeldraht oder Ähnliches, um von außen bei geschlossener Tür die Riegel zurückzuschieben. Im Fall der SECURY Automatic-Mehrfachverriegelung erfolgt die Auslösung der Verriegelung über den im Fallenriegel integrierten Auslösehebel. Die über den Fallenriegel verriegelte Tür kann von innen immer über den Türdrücker geöffnet werden. Ist die Tür zusätzlich mit dem Hauptriegel am Schloss abgeschlossen, kann sie über den mechanischen Profilzylinder im Schloss geöffnet werden – etwaige elektrische Fehlfunktionen sperren Sie also nicht aus. Grundsätzlich kann das Schloss in beide Richtungen elektrisch gesteuert werden, und ein gemeinsamer Einsatz mit Türöffnertastern, Wechselsprechanlagen, Zeitschaltuhren oder Zutrittskontrollsystemen wie Fingerabdruckscannern, RFID-Zugangssystemen etc. ist möglich. Bei Neubauten können Sie mithilfe des Architekten oder der Baufirma in Sachen Haus-/Wohnungstür noch auf das Vorhandensein eines motorisierten Schlosses in der Tür bzw. auf Nachrüstmöglichkeiten achten, falls die Tür später automatisiert geöffnet werden soll.

Mehrfachverriegelung und Motorschloss einbauen

Nicht immer ist die Wohnungs- oder die Haustür für die Verwendung einer Mehrfachverriegelung geeignet. Fehlen vor allem am Türstück/an der Zarge die entsprechenden notwendigen Öffnungen für die Mehrfachverriegelung, lohnt sich der beschriebene Weg mit dem A-Öffner nicht, und ein Motorschloss für den Türzylinder wäre die bessere Wahl. Ist die Tür hingegen bereits mit einer Mehrfachverriegelung ausgestattet, sind die Chancen relativ groß, dass die Haustür den A-Öffner aufnehmen kann.

8.2 Smart Schreiner: Mehrfachverriegelung montieren

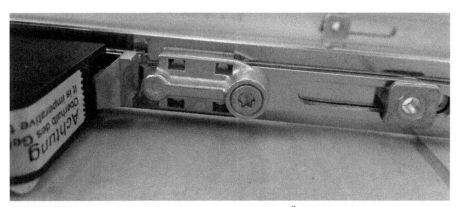

Bild 8.3: Vorbereitung: Nach dem Auspacken wird die A-Öffner-Erweiterung mit zwei Schrauben an der SECURY Automatic-Mehrfachverriegelung befestigt.

Voraussetzung dafür ist eine vorhandene Öffnung mit einer Tiefe von ca. 4,5 bis 5 cm. Auch das Verschieben der Schließung an der Mehrfachverriegelung erfordert etwas Spiel, sodass die Bedienungsanleitung eine weitere 5-cm-Bohrfräsung oberhalb des Einbaus des Geräts in der Tür verlangt. In diesem Beispiel wurde die vorhandene GU-SECURY Automatic-Mehrfachverriegelung durch die GU-SECURY Automatic-Mehrfachverriegelung ersetzt, die für die A-Steuerung eine passende Bohrung für die Schließung sowie zwei Löcher für die Befestigung des A-Öffners an der Mehrfachverriegelung mitbringt. Anschließend platzieren Sie die neue Mehrfachverriegelung bündig an der Tür und markieren mit einem Filzstift die zukünftige Einbauposition des A-Öffners. In diesem Schritt erfolgt gegebenenfalls auch das Kürzen der Länge der Mehrfachverriegelung, damit sich diese nahtlos in die Tür einsetzen lässt. Ist der Hersteller der alten und neuen Mehrfachverriegelung derselbe, ist die Wahrscheinlichkeit groß, dass Sie nur für den A-Öffner die Haustür/Wohnungstür nachbearbeiten müssen, und mit einer kräftigen Bohrmaschine samt Bohrer und Fräsaufsatz ist diese Arbeit in weniger als einer halben Stunde erledigt. Hier brauchen Sie keinen Schönheitspreis zu gewinnen, da die Öffnung ja von der Mehrfachverriegelung und dem A-Öffner verdeckt wird. Dennoch sollten Sie versuchen, so sauber und vor allem so genau wie möglich zu arbeiten.

Bild 8.4: Fleißarbeit: Im Fall einer Eingangstür aus Holz lässt sich mit einem 8 bis 10 mm dicken Holzbohrer sowie optional einem Fräsaufsatz der notwendige Platz für den A-Öffner hinter dem Stulp schaffen.

Nach der mechanischen Arbeit an der Tür passen Sie die Mehrfachverriegelung samt A-Öffner in die Tür ein – beachten Sie, dass der A-Öffner später noch mit einem Anschlusskabel (eine sechs Meter lange Leitung gehört zum Lieferumfang) versehen werden muss – in diesem Beispiel wurde auf der Innenseite der Tür auf Höhe des Kabelausgangs des A-Öffners ein Loch gebohrt, das Kabel wurde durchgezurrt und gemäß der Bedienungsanleitung angeschlossen.

Laut Dokumentation muss die Einbaulage des Steckers, der den A-Öffner per Kabel über den Kabelübergang mit der Steuerung verbindet, natürlich korrekt sein. Dank der verpolungssicheren Konstruktion ist es normalerweise gewährleistet, dass dort die Leitungen auf dem jeweils korrekten Anschluss liegen – werden eigene Anschlussleitungen ohne Buchse verwendet, ist unbedingt darauf zu achten. Im nächsten Schritt verschließen Sie die Anschlusskappe des A-Öffners und montieren die Mehrfachverriegelung in die Tür.

8.2 Smart Schreiner: Mehrfachverriegelung montieren

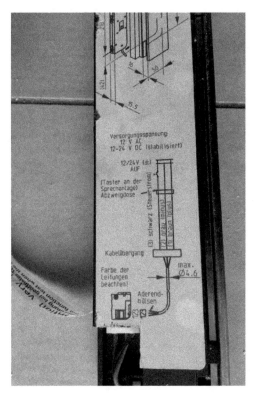

Bild 8.5: Übersichtlich und vorbildlich dokumentiert: Der A-Öffner weist auch auf dem Geräteaufkleber nochmals auf die Notwendigkeit der richtigen Polung der Anschlüsse hin.

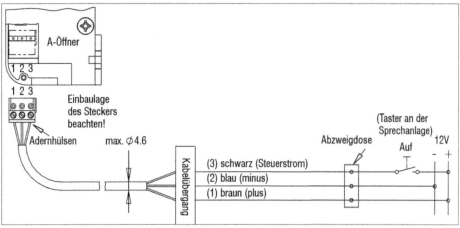

Bild 8.6: Anschlussschema aus dem Datenblatt des GU-A-Öffners. Dank der verpolungssicheren Ausführung des Steckers ist ein fehlerhaftes Anschließen nahezu ausgeschlossen. Die 12-V-Spannungsversorgung des A-Öffners darf nie direkt an 230 V angeschlossen werden! (Abbildung: Datenblatt GU-A-Öffner)

Wie in der nachstehenden Abbildung zu sehen, ist der Stecker verpolungssicher ausgeführt. Ist er gesteckt, verschließen Sie die Verschlusskappe des A-Öffners und setzen die gesamte Mehrfachverriegelung samt A-Öffner in die Tür ein. Wurde die Öffnung für den A-Öffner in Eigenregie in die Tür gefräst, kann es natürlich vorkommen, dass es hier und da noch etwas zwickt. Achten Sie zwingend darauf, dass sich die Konstruktion relativ leicht einführen lässt – die rund 5 cm Spiel für den Schließmechanismus müssen ebenfalls vorhanden sein. Darauf wird in der Einbauanleitung des Herstellers auch mehrmals hingewiesen. Setzen Sie alles richtig um, damit es bei der elektrischen Inbetriebnahme des Motorschlosses keine mechanischen Probleme gibt und die Schließbolzen bei geschlossener Tür nicht mehr elektrisch zurückgefahren werden können.

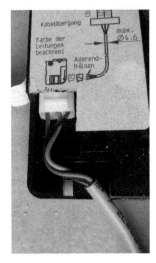

Bild 8.7: Das Anschlusskabel wird entweder in einem vorhandenen Kabelkanal der Tür seitlich nach unten oder in Richtung Innenseite der Tür über ein Bohrloch vom A-Öffner weggeführt.

Trotz des Einbaus der Motorsteuerung ist die Mehrfachverriegelung einfach aufgebaut und kann unabhängig von der Motorsteuerung jederzeit mechanisch mit Schlüssel bedient werden. Die Spannungsversorgung des A-Öffners übernimmt später ein 12-V-Hutschienennetzteil, das mit Plus (braun) und Minus (blau) verbunden wird. Die schwarze Kabelader des A-Öffners schaltet die Versorgung mit der Spannung als kurzen Impuls (in der Regel drei Sekunden) oder dauerhaft, falls die Tür ständig geöffnet sein soll (beispielsweise Tagesentriegelung). Das bedeutet, dass das schwarze Kabel für einen potenzialfreien Aktor reserviert ist, und auf Wunsch kann auch zusätzlich der Türöffnermechanismus der Klingelanlage angeschlossen werden.

Bild 8.8: Das auf der Innenseite der Haustür herausgeführte Kabel des A-Öffners kann mit einem farblich passenden Kabelkanal auch auf der Innenseite befestigt werden, der Übergang von Tür zu Türzarge erfolgt mit dem Kabelübergang, damit das Kabel keiner mechanischen Beanspruchung unterliegt, wenn die Tür geöffnet wird.

Der erstmalige Test des A-Öffners bzw. des SECURY Automatic-Schlosses – sprich das Öffnen und Schließen des Schlosses über den Schließzylinder – erfolgt nach dem Einbau zunächst immer bei geöffneter Tür. Probieren Sie zunächst die herkömmliche Schließung über Schließzylinder und Schlüssel – dies sollte wie gewohnt funktionieren.

8.3 Das Hirn der Haustür: Steuereinheit anschließen

Egal ob Sie die Wohnungs- oder Haustür mit einem in der Tür verbauten Motorschloss, einem elektrischen Türschließmechanismus in der Türzarge oder einem elektronischen Zylinderschloss öffnen möchten – die Logik sowie die Steuerung gehören neben der Speicherung der Benutzer- bzw. Zugangsdaten in eine eigene Steuereinheit. Dafür stehen natürlich verschiedene Lösungen im Markt zur Verfügung – in diesem Buch spielen neben dem Thema (Ausfall-)Sicherheit auch die Themen Komfort und Integration in die Hausautomation eine primäre Rolle. Aus diesem Grund dient der eingesetzte Raspberry Pi oder Arduino jeweils als zusätzliche Steuereinheit neben der in diesem Fall ausgewählten ekey-Steuereinheit, die für die Kopplung des an der Außenwand befestigten eky-Fingerscanners notwendig ist. Egal ob Sie ein ekey-System, eine Eigenbauzugangslösung oder eine Lösung von der Stange wählen – grundsätzlich sollten Sie immer eine sabotagesichere Kombination präferieren, bei der sich Zugangsdaten und Zugangstechnik innerhalb der eigenen vier Wände in Sicherheit befinden. Denn auch die sicherste Verschlüsselung des Fingerabdrucks auf dem Fingerscanner ist wertlos, wenn das Motorschloss einfach mit zwei Drähten kurzgeschlossen und somit die Tür geöffnet werden kann. Je nach Bauform und Installation ist eine kabelgebundene einer drahtlosen Lösung vorzuziehen, doch auch hier ist die Übertragung der Signale im besten Fall durch eine Verschlüsselung der Auswerteeinheit – Fingerscanner, NFC/RFID-Leser, PIN-Modul – zur Steuereinheit sicherzustellen.

> **Achtung – Sicherheitshinweis!**
> Egal ob Hutschiene, Steckdose oder Anschlusskabel für die Motorsteuerung: Bei allen Arbeiten mit Strom steht die Sicherheit im Vordergrund. Damit es beim Anschließen und der Inbetriebnahme der Geräte zu keinen gesundheitlichen Beeinträchtigungen kommen kann, müssen die Leitungen in den Räumen, in denen Sie die Anschlussarbeiten vornehmen, allpolig abgeschaltet werden. Grundsätzlich reicht es aus, wenn Sie die entsprechende Sicherung abschalten – auf der sicheren Seite sind Sie, wenn Sie allpolig – also mit dem FI-Schutzschalter (Fehlerstrom-Schutzschalter) – sämtliche Leiter (Phase, Nullleiter) abschalten. Dennoch prüfen Sie mit einem Phasenprüfer oder einem Messgerät besser immer die entsprechenden Leiter auf Stromfreiheit.

Für die Verbindung mit der Außenwelt benötigen Sie bei einem nachrüstbaren Motorschließzylinder oder einer in der Tür verbauten elektronischen Mehrfachverriegelung eine passende Steuereinheit. In diesem Projekt wurde die bewährte Relaissteuerung home SE REG der Firma ekey verwendet, die je nach Anzahl der steuerbaren potenzialfreien Relais (1/2/4) und der digitalen Eingänge in unterschiedlichen Modellen auf dem Markt zu finden sind. Möchten Sie beispielsweise neben einem Fingerabdruckscanner auch ein PIN-Eingabegerät für die Authentifizierung verwenden, sind schon zwei Eingänge belegt. Soll zusätzlich noch über die Hausautomation in Form des Raspberry Pi ein *Öffnen*-Signal verarbeitet werden können, ist auch dafür wieder ein Relaiseingang belegt. Je nach »Ausbaustufe« der Techniken und Prüfung der Zutrittsberechtigung und Steuerung über die Hausautomation oder das Smartphone kann das Projekt natürlich mehr Funktionen bieten, wird in der Regel dann aber auch teurer, als ursprünglich geplant. Deshalb ist es wichtig, die Pflicht und die Kür sauber voneinander zu trennen.

8.3 Das Hirn der Haustür: Steuereinheit anschließen

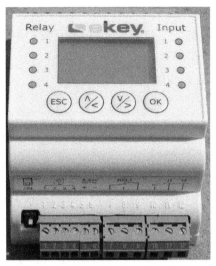

Bild 8.9: Die ekey-Steuereinheiten der ekey home-Gerätegeneration lässt sich im Schaltkasten auf der Hutschiene montieren. Zusätzlich wird für die Spannungsversorgung der Steuereinheit immer ein passendes Netzteil benötigt, das ebenfalls auf der Hutschiene befestigt werden kann.

Am übersichtlichsten ist es, die für die Tür notwendige Elektronik – Türöffner, Klingel, Motorschloss, Steuerung, Beleuchtung etc. – in einem eigenen Kleinverteiler unterzubringen. Dafür stehen kleinere Modelle im Elektrohandel, im Baumarkt, aber auch in den einschlägigen Internetkaufhäusern zur Verfügung. Die Verkabelung zwischen Komponenten wie Steuereinheit und Fingerscanner erfolgt in diesem Fall über ein gut abgeschirmtes Twisted-Pair-Kabel, alternativ nutzen Sie die vom Hersteller angegebenen Kabeltypen J-Y(ST)Y 4 × 2 × 0,8 mit vier geschirmten Leitungen, die jeweils zwei ineinander verdrillte Kabel haben.

Beschreibung	Kabelnummer	Farbe	Bemerkung	Anschluss Steuereinheit
RS485-Bus	1	Grün	Klemme 1	1
RS485-Bus	2	Weiß	Klemme 2	2
RS485-Bus, Reserve	3	Gelb	–	–
RS485-Bus, Reserve	4	Weiß	–	–
Spannungsversorgung	5	Rot	Fingerscanner 3	3
Spannungsversorgung	6	Blau	Fingerscanner 4	4
Spannungsversorgung, Reserve	7	Braun	–	–
Spannungsversorgung, Reserve	8	Weiß	–	–

Die 12-V-Spannung für die Steuereinheit Motorschloss und Fingerscanner wird entweder von einem passenden Hutschienennetzteil (12 V Gleichstrom) oder einem gewöhnlichen Kabelnetzteil zur Verfügung gestellt. Beim Anschluss im Schaltkasten über ein oder mehrere Hutschienennetzteile sind die Vorschriften und die allgemein einschlägigen Hinweise zu beachten. Wer hier unsicher ist – angefangen bei den zu verwendenden Kabelfarben bis hin zum sachgemäßen Einbau –, dem sei nochmals der Hinweis gegeben: Aus Sicherheitsgründen lassen Sie bitte den Einbau im Schaltkasten von einem Fachmann/Elektriker erledigen.

> **Verkabelung im Schaltkasten**
>
> Grundsätzlich sieht man einem Stromkabel von außen nicht an, welche und wie viele Adern sich darin befinden. Zwar lässt sich je nach Farbe des Stromkabels (Schwarz, Grau, Weiß) der Einsatzzweck erahnen, doch viel wichtiger ist es, genau zu wissen, welche Farben im Inneren des Kabels vorhanden sind und wie diese angeschlossen sind. Jeder einzelne Draht, auch Ader oder Leiter genannt, in einem Kabel erfüllt einen bestimmten Zweck, und entsprechend der Leiterfarbe wird die jeweilige Ader angeschlossen. Gerade bei Altbauten und fliegender Verkabelung kann es jedoch vorkommen, dass die Anschlüsse genau nicht so verlegt sind, wie es die Norm vorschreibt – daher sollten Sie mindestens einen Phasenprüfer oder besser ein Messgerät zur Hand haben, um die vorhandenen Leiter prüfen zu können.
>
> | Farbe | Kurzzeichen | Bezeichnung | Bemerkung |
> | --- | --- | --- | --- |
> | Schwarz oder Braun | L | Phase/Phasenleiter/ Außenleiter (stromführender Leiter) | ungeschaltet oder geschaltet |
> | Blau | N | Neutralleiter/Nullleiter | im Normalfall keine Spannung |
> | Grün-Gelb | PE/PEN | Schutzleiter/Erdleiter | – |
>
> Halbwegs aktuelle Stromkabel bestehen meist aus drei Leitern in den Farben Schwarz, Blau und Grün-Gelb. Der schwarze Leiter ist die Phase und führt den Strom aus dem Netz (beispielsweise über eine Steckdose) zum angeschlossenen Verbraucher, während der blaue Leiter die Aufgabe hat, den Strom vom Verbraucher zurück in die Steckdose/ins Netz zu führen. Das grün-gelbe Kabel ist der sogenannte Schutzleiter, der eventuell auftretende Ströme zur Erde ableitet. Beim Anschluss an Steckdosen, Lampen etc. sind sicher schon die kleinen Symbole und Kurzbezeichnungen aufgefallen. Jeder dieser Leiter hat eine Kurzbezeichnung, achten Sie entsprechend bei der Verkabelung der Leiterfarben auf die Markierungen der Verbraucher bzw. der Steckdosen. Für den korrekten Umgang mit den Kabelfarben der Phase beachten Sie zudem Folgendes: Je nachdem, ob sich an der Phase ein Schalter befindet oder nicht, muss heutzutage immer das passende Leiterkabel (Schwarz oder Braun) verwendet werden. Ist die Phase – also der spannungsführende Leiter – beim Strom vom Verteiler-/Sicherungskasten zur Steckdose ungeschaltet, muss zwingend die Farbe Schwarz verwendet werden. Beachten Sie, dass »normale« Steckdosen in der Regel ungeschaltet sind, deshalb finden Sie darin immer einen schwarzen Leiter.

Im Gegensatz dazu finden sich bei der geschalteten Phase die Leiterfarben Braun (Violett, Weiß oder Grau [seit 2006]). In alten Gebäuden wurden bei der Elektroinstallation bis in die 70er-Jahre hinein noch graue Leiter als Nullleiter verwendet. Diese und andere bunte Farben sind nicht nur an Schaltern, sondern auch an Lampen, Maschinen und sonstigen Geräten zu finden – oft direkt an der Stromeingangsbuchse des Geräts. Beim Anschluss gewöhnlicher Lampen finden Sie üblicherweise also neben einem blauen und einem schwarzen Draht auch immer eine andersfarbige Leitung vor, um den Strom geschaltet zum Verbraucher zu transportieren. Der Vollständigkeit halber seien die Leiter in den Farben Orange und Rosa erwähnt. Während die Stromkabelfarbe Orange für die Verbindung zwischen Wechselschaltern und Kreuzschaltern genutzt wird, werden Kabel der Farbe Rosa für Taster und Steuerleitungen aller Art verwendet. Beachten Sie jedoch auch, dass an all diesen andersfarbigen Adern je nach Schalterstellung natürlich Strom anliegen kann – prüfen Sie mit dem Multimeter und dem Phasenprüfer vorher die Leitungen.

Für den Anschluss der Relaissteuerung home SE REG – im Allgemeinen oftmals schlicht Steuereinheit genannt –, benötigen Sie normalerweise keinen Elektriker, es sei denn, die Steuereinheit wird in Verbindung mit einem Hutschienennetzteil im Schaltschrank Ihrer Hauselektrik untergebracht. In diesem Fall sollte das Hutschienennetzteil (oder mehrere, sollte das Motorschloss ebenfalls über ein eigenes Hutschienennetzteil versorgt werden) von einem Fachmann montiert und angeschlossen werden. Hier wird die ekey-Relaissteuerung home SE REG mit der 12-V-Leitung des Netzteils mit Spannung versorgt. Während die Steuerleitung des in der Tür verbauten Motorschlosses – alternativ das Aufsatzmotorschloss Mozy Eco oder ein vorhandener elektrischer Türöffner – über den Relaisausgang versorgt wird, nutzt das ekey home SE REG für die Kommunikation zu einem oder mehreren Fingerscannern den Feldbus RS485.

RS485-Bussysteme

RS485 ist eine Datenverbindung, die speziell für die Übertragung von relativ hohen Datenmengen (bis 2 MBit/s) über große Entfernungen (einige Hundert Meter) geeignet ist. Damit die Datenkommunikation zuverlässig funktioniert bzw. funktionieren kann, muss bei Beachtung der RS485-Topologie das Bussystem richtig verkabelt werden. Ähnlich wie bei dem seriellen Hochgeschwindigkeitsbus SCSI müssen die Leitungsenden terminiert werden – beim Anschluss eines Fingerscanners an die ekey-Steuereinheit werden für die Daten immer Anschlusspin 1 und 2 für die Daten sowie Anschlusspin 3 und 4 für die Spannungsversorgung verwendet. Die RS485-Daten werden wie bei seriellen RS422-Schnittstellen einfach ohne Massebezug als Spannungsdifferenz zwischen zwei korrespondierenden Leitungen übertragen, von denen eine die invertierte (Index »A« oder »–«), die andere eine nicht invertierte (Index »B« oder »+«) Signalleitung ist. Die Auswertung der Daten erfolgt schließlich über die Differenz der beiden Leitungen – je nach Art und Qualität der verwendeten Kabel lassen sich sehr zuverlässige Datenverbindungen über eine Distanz von bis zu 500 Metern bei gleichzeitig hohen Übertragungsraten umsetzen. Die Übertragungsrate von 125 kBit/s des ekey-Systems ist für den Anwendungszweck völlig ausreichend – in diesem Anwendungsfall beträgt die Leitungslänge rund 10 Meter von Schaltschrank zum Fingerscanner, die mit einem gewöhnlichen Twisted-Pair-Kabel realisiert wurde. Damit ist dank der guten Abschirmung des Kabels der Bus gegen etwaige Störsignale ausreichend geschützt.

Schlüssel immer dabei: Fingerscanner anschließen

Beim Einsatz einer ekey-Steuereinheit ist natürlich der dazu passende Fingerscanner zu verwenden. Es stehen mehrere Varianten des ekey home-Fingerscanners zur Verfügung, die sich vorwiegend bezüglich der Montageart und der Möglichkeiten unterscheiden. Während für Nachrüstzwecke die Aufputzlösung sehr praktisch ist, stehen für die integrierte Variante (Einbau in der Tür) mit dem ekey home FS IN 2.0 auch Lösungen bereit, die vollständig im Türgriff versteckt sind. Für den Einbau in das Schalterprogramm von Gira, Siedle & Co. stehen ebenfalls passende Abdeckungen zur Verfügung, falls die Variante des Fingerscanners für die Unterputzmontage des ekey home gewählt wird. Egal ob Unterputz- oder Aufputzmontage, ob in oder auf der Tür – grundsätzlich muss der ekey home-Fingerscanner natürlich im Außenbereich montierbar sein und ist zusagen auch in diesem Fall für jedermann zugänglich. Der Aufputzfingerscanner FS AP 2.0[5] lässt sich optional bei Außentüren, die beispielsweise ungeschützt ohne Vordach oder Eingangsbereich ausgeführt sind, mit einem Wetterschutz aus Edelstahl[6] ergänzen.

Bild 8.10: Schmalhans im Vergleich zur Euro-Münze: Der ekey home FS AP 2.0-Fingerscanner lässt sich auf wenig Platz im Eingangsbereich unterbringen – bei ausreichend Platz sogar auf dem Türstock.

Damit nicht jeder von außen an dem Fingerscanner herumfuhrwerken und den Fingerscanner zum Öffnen der Haustür überlisten kann –, ist das ekey-Fingerscannersystem mit verschiedenen Sicherheitsfunktionen ausgerüstet, die Sie ruhiger schlafen lassen. Grundsätzlich findet die Kommunikation zwischen Fingerscanner und Steuereinheit verschlüsselt statt, ein Anzapfen und »Mitlesen« kann nur mit höchstem Aufwand betrieben werden, da sich die Steuereinheit im gesicherten Innenbereich (Sicherungskasten) befindet und zusätzlich mit einem Sicherheitscode vor unbefugten Benutzern

---

[5] Artikelnummer 101 405
[6] Artikelnummer 101 406

geschützt ist. Beide Geräte sind miteinander »verheiratet« – der Fingerscanner ist über seine eindeutige Seriennummer mit der Steuereinheit gekoppelt. Würde ein weiterer oder neuer Fingerscanner installiert, müsste dies zunächst über manuelle Eingaben an der Steuereinheit geschehen.

Bild 8.11: Die Kabelenden werden abisoliert und mithilfe eines Schlitzschraubenziehers mit dem Schraubklemmenaufsatz des Aufputzfingerscanners verbunden. Anschließend kann der Schraubklemmenblock in das Gehäuse des Fingerscanners gesteckt werden. Das Gehäuse wird schließlich auf die Wandhalterung gesetzt und verschraubt.

Die kabelgebundene ekey-Lösung macht ein vorhandenes vieradriges Kabel zum Aufstellungsort des Fingerscanners notwendig. In diesem Fall wurde ein bereits vorhandenes CAT6-Kabel genutzt, das an den vier notwendigen Leitungen an die Schraubklemmen des ekey-Fingerscanners AP 2.0 montiert wurde. Die Kommunikation zwischen dem Fingerabdruckscanner und der ekey-Steuerung erfolgt verschlüsselt über die zweiadrige Datenleitung. Bei der Erstinstallation des Fingerscanners sind die beiden Datenleitungen (Leitung 1, 2) wie auch Spannungsversorgung und Masse (Leitung 3, 4) direkt mit der Steuereinheit zu verbinden. Die Zuordnung zur Steuereinheit erfolgt eins zu eins, das heißt, Anschluss 1 des Fingerscanners kommt zu Pin 1 der Steuereinheit, Anschluss 2 zu Pin 2 etc.

Fingerscanneranschluss	Beschreibung	Kabelfarbe
1	RS485 (Ausgang 1)	Grün
2	RS485 (Ausgang 2)	Weiß
3	Spannung	Rot (Orange)
4	Masse	Blau

Damit bei längeren Wegstrecken keine Zuordnungsprobleme der Leitungen entstehen, sollten Sie sich die verwendeten Kabelfarben für die jeweiligen Pinanschlüsse merken und sicherheitshalber notieren. Neben dem Anschluss der vier Kabel achten Sie beim Einsatz mehrerer Geräte auf dem Datenbus auf die Terminierung. Grundsätzlich ist bei einer Inbetriebnahme von Geräten am RS485-Bus darauf zu achten, dass das erste und letzte Gerät am Strang »terminiert« ist, d. h., dort ist jeweils die Terminierung einzuschalten.

Bild 8.12: Stimmt die Terminierung nicht, werden angeschlossene Geräte am Bus nicht von der Steuereinheit erkannt.

Bei zwei Geräten (in diesem Beispiel eine Steuereinheit und ein Fingerscanner) werden beide Geräte terminiert (Schalter auf ON/EIN), kommen weitere Fingerscanner zum Einsatz, werden nur das erste und das letzte Gerät am RS485-Bus terminiert. Ein sternförmiges Anschlussschema ist hier nicht zulässig – auch der optionale Anschluss eines LAN-UDP-Konverters darf nur über eine Stichleitung mit einer maximal zulässigen Länge von 5 m erfolgen. Wird ein LAN-UDP-Konverter zusammen mit der Steuereinheit im Verteilerschrank montiert, reicht eine Kabellänge von weniger als 10 cm völlig aus, um die vier Leitungen an der Steuereinheit anzuschließen.

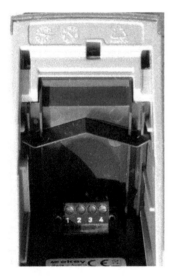

Bild 8.13: Die Verkabelung der Relaissteuerung mit dem Fingerscanner wird mithilfe von Schraubklemmen vorgenommen: Hier sind Pin 1 bis 4 eins zu eins mit Pin 1 bis 4 der Steuereinheit zu verbinden: Pin 1 -> Pin 1, Pin 2 ->Pin 2 etc.

In diesem Beispiel ist der Fingerscanner FS1 (HT[7]) an der Hauseingangstür montiert, und Relais 1 (HT) ist mit dem Motorschloss der Haustür elektrisch verbunden. Daher führt die Aktivierung des Fingerscanners mit dem linken Zeigefinger (S1[8]) zum Öffnen

---

[7] Haustür
[8] Schlüssel S1

der Haustür. Die Haustür selbst wird in diesem Beispiel über das in der Haustür verbaute A-Öffner-Motorschloss mit der Steuereinheit verbunden. Wer nicht nur auf ein Pferd – in diesem Fall die ekey-Steuereinheit – setzen möchte, kann das Motorschloss auch parallel mit anderen Steuereinheiten, beispielsweise einer Eigenbausteuereinheit, betreiben. Oder Sie nutzen den Arduino oder Raspberry Pi als Mastermind, der sämtliches Öffnen und Schließen der Haustür überwacht und Sie gegebenenfalls per E-Mail- oder SMS-Nachricht über den Status benachrichtigt. Voraussetzung dafür ist allerdings, dass diese Lösung wie auch die ekey-Steuereinheit dauerhaft eingeschaltet sind, damit sie an sieben Tagen 24 Stunden im Einsatz sein kann.

Motorschloss mit Steuereinheit verbinden

In diesem Schritt verbinden Sie die Steuereinheit mit dem Motorschloss, sodass sie das für die Türöffnung nötige Signal an das Motorschloss übermitteln kann. Voraussetzung dafür ist, dass das A-Öffner-Motorschloss in der Tür verbaut ist und die Schreinerarbeiten sozusagen erledigt sind. Des Weiteren sollte die Steuereinheit an der Hutschiene angeschlossen oder mit einer alternativen Stromversorgung verbunden sein. Auch das Motorschloss selbst benötigt eine Spannungsversorgung – hier wird ebenfalls davon ausgegangen, dass es angeschlossen ist. Die Verkabelung selbst ist relativ einfach gelöst – je nach Datenblatt bzw. Motorschloss wird meist nur ein Steuersignal zum Öffnen der Tür benötigt. Im Fall des GU-SECURY Automatic mit A-Öffner ist ein Dreisekundenimpuls ausreichend. Auch darf ein Dauersignal anliegen, falls eine Tagesöffnungsfunktion umgesetzt werden soll. Damit ist eine Timer-gesteuerte automatisierte Türöffnung relativ leicht umsetzbar – das ist vor allem für Eingangstüren von Praxen, Kanzleien, Büros etc. interessant. Für den Heimanwender zu Hause ist es eher zweitrangig – in diesem Projekt wird der Schaltimpuls auf einen Zeitraum von drei Sekunden gesetzt, in der das Motorschloss die Eingangstür entriegelt.

Motorschloss-anschluss	Beschreibung	Kabelfarbe	Bemerkung
1	Spannung	Braun	Spannung von Netzteil (Eingang)
2	Masse	Grau (Blau)	Masse von Netzteil (Eingang)
3	Signal/ Steuerstrom	Schwarz	Steuereinheitausgang (Klemme 8, potenzialfreier Pin, Relais NO [Schließer])

Während, wie nachfolgend skizziert, der Anschluss des Motorschlosses an den Ausgang der Steuereinheit mithilfe des 12-V-Netzteils des Motorschlosses umgesetzt ist, lässt sich die Steuerleitung parallel auch von einem Mikrocontroller/Mikrocomputer

8 Haustür öffnen ohne Schlüssel

wie Arduino/Raspberry Pi anzapfen und nutzen. Alternativ können Sie statt der Parallelschaltung auch die Steuereinheit selbst mit dem Arduino/Raspberry Pi koppeln, sofern die Steuereinheit einen weiteren Relaiseingang dafür zur Verfügung stellt. Der Vorteil dieser Lösung ist, dass dann die Schließvorgänge, die über den Relaiseingang des Arduino/Raspberry Pi in der Steuereinheit eintreffen, dort auch geloggt und später wie gehabt ausgewertet werden können.

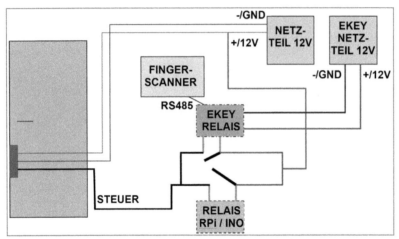

Bild 8.14: Anschlussbeispiel: Das Motorschloss kann sowohl vom ekey-Relais als auch parallel von einem Mikrocontroller/Mikrocomputer wie Arduino/Raspberry Pi angesteuert werden. Somit lässt sich eine elegante Fingerprintlösung mit der Bastellösung Marke Eigenbau koppeln.

Ob und vor allem wie Sie den Arduino/Raspberry Pi zum Schalten des Motorschlosses nutzen oder nicht, müssen Sie nicht umgehend entscheiden, zunächst nehmen Sie den Fingerscanner mit der ekey-Steuereinheit sowie dem Motorschloss in Betrieb. Wird der Arduino/Raspberry Pi später in einem zusätzlichen Relaiseingang verwendet, dann sind die Einrichtungsschritte über die Steuereinheit schon bekannt.

Inbetriebnahme der ekey-Steuereinheit

Ist die ekey multi SE-Steuereinheit im Sicherungskasten eingebaut, steht zunächst der Anschluss der Spannungsversorgung an. Hier verwenden Sie entweder ein Netzteil, das ebenfalls auf der Hutschiene montiert wird – ansonsten reicht auch ein gewöhnliches Netzteil mit 12-V-Spannung, etwa von einem ausgemusterten Notebook, DSL-WLAN-Router etc. Beim Anschluss beachten Sie natürlich die Polung – auf Pin 5 der Steuereinheit kommen 12 V, Pin 6 wird mit der Masse (-VCC) bestückt. Ist das Netzteil ausreichend dimensioniert, kann damit zusätzlich die Spannungsversorgung des Motorschlosses sichergestellt werden, falls dieses ebenfalls mit 12-V-Spannung zurechtkommt. Damit ist in diesem Beispiel die GU-SECURY Automatic-A-Öffner-Motorschlossverriegelung dauerhaft mit Spannung versorgt.

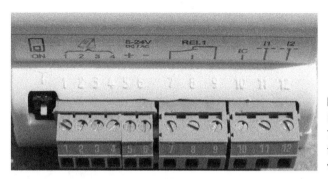

Bild 8.15: Auf der unteren Reihe sind von Klemme 1 bis 12 die wichtigsten Anschlüsse für die initiale Inbetriebnahme verbaut.

Die Steuerleitung des Türöffners, Motorschlosses oder Schließmotors etc. wird für den Einsatz an Relais 1 der Steuereinheit an Pin 8 (Schließer) angeschlossen. Damit auch Schaltspannung am Türöffner, Motorschloss oder Schließmotor ankommt, brauchen Sie schließlich nur noch eine Brücke von Klemme 5 (+12 V) auf Klemme 7 (Relais 1 C [Common]) zu setzen. Ist später der Fingerscanner an der Steuereinheit aktiv und wird ein »gültiger« Finger über den Scanner gezogen, schaltet das Relais für drei Sekunden einen Kontakt von Klemme 7 (+12 V) auf Klemme 8 (Steuerleitung), und das Motorschloss öffnet die Haustür.

Spannungsversorgung über das Hutschienennetzteil

Grundsätzlich kann die Steuereinheit auch mit einem gewöhnlichen Anschlusskabel und passender Spannungsversorgung über eine gewöhnliche Steckdose an das Stromnetz angeschlossen werden, sollte die Steuereinheit keinen Platz mehr im Verteilerkasten auf der Hutschiene finden – empfehlenswert ist die Montage auf der Hutschiene allemal. In diesem Fall muss auch die Spannungsversorgung (hier 12 V/AC 2,5A) über die »internen« 220 V des Verteilerkasten auf der Hutschiene erfolgen.

Netzteil 12 V/AC 2,5-A-Anschluss	Beschreibung	Kabelfarbe	Anschluss-Pinnummer ekey multi SE REG 4
1	Spannung 12 V	Braun	5
2	Masse	Blau	6

Je nach Leistung des Hutschienennetzteils kann die Spannung/Masse sowohl an das Motorschloss als auch an die ekey-multi-SE-REG-4-Steuereinheit geführt werden. Der maximale Schaltstrom für das Relais gibt der Hersteller mit 2 A an, der in diesem Montagebeispiel genutzte GU-SECURY Automatic mit A-Öffner benötigt einen Nennstrom von 1 A. Somit ist das verwendete Hutschienennetzteil mit 12 V/AC 2,5 A ausreichend dimensioniert, um sowohl die Steuereinheit als auch das Motorschloss zuverlässig zu betreiben.

Bild 8.16: L (Leiter) und N (Nichtleiter) der 220-V-Leitung sowie jeweils zwei Anschlüsse für Masse und 12-V-Spannung.

Benötigt das verwendete Motorschloss ebenfalls eine 12-V-Spannung, greifen Sie diese am ekey-Netzteil ab – dieses bringt je zwei Plus- und Minusanschlüsse mit. In dem obigen Beispiel lässt sich auch die Spannung für das Motorschloss direkt von Pin 5 und Pin 6 anzapfen, falls Sie ein anderes Netzteil für die Spannungsversorgung verwenden. In der Regel benötigt das Relais der Steuereinheit einen Schaltstrom, der in diesem Fall von Pin 5 geholt wird, um Pin 7 mit der Schaltspannung der Motorsteuerung (+12 V) zu versorgen. An Pin 8 wird schließlich die Steuerleitung von/zum Haustürrelais angeschlossen – löst die Steuereinheit aus, wird der Stromkreis an Pin 7 und Pin 8 geschlossen – das Motorschloss wird drei Sekunden (Standardeinstellung) mit Spannung versorgt.

> **ekey-Steuereinheit-Pinbelegung**
>
> Je nach Modell der Steuereinheit und damit abhängig von der verbauten Relaisanzahl reduzieren sich die vorhandenen Pins der Steuereinheit. Die Pinbelegung der Steuereinheit ekey multi SE REG 4 mit vier Relais (Artikelnummer 101 163) fasst die digitalen Eingänge für potenzialfreie Taster zusammen. Diese Schalteingänge wirken als sogenannte Taster. Wird also durch den Tastendruck beispielsweise Pineingang 1 aktiviert, schaltet die Steuereinheit Relais Nummer 1, bei Pineingang 2 wird Relais 2 geschaltet etc. – bis hin zu Pin 4.

8.3 Das Hirn der Haustür: Steuereinheit anschließen

Pin-nummer	Beschreibung	Bemerkung	Kabel-farbe
1	RS485	Ausgang 1	Grün
2	RS485	Ausgang 2	Weiß
3	FS-Spannung	Spannung für Fingerscanner (Ausgang)	Rot
4	FS-Masse	Masse für Fingerscanner (Ausgang)	Blau
5	+VCC (8-24 V AC/8-24 V DC)	Spannung von Hutschienen-netzteil (Eingang)	
6	-VCC	Masse von Hutschienennetz-teil (Eingang)	
7	Relais 1 C (Common)	Schaltspannung für Motor-steuerung (+12 V) abgezapft von Pinnummer 5	
8	Relais 1 NO	Steuerleitung von/zu Haus-türrelais, Standardstellung offen	
9	Relais 1 NC	Relais, Standardstellung geschlossen	
10	Eingang 1/2 (Common)	gemeinsam	
11	Eingang 1	potenzialfrei	
12	Eingang 2	potenzialfrei	
13	Relais 2 C (Common)	gemeinsam	
14	Relais 2 NO	Standardstellung offen	
15	Relais 2 NC	Standardstellung geschlossen	
16	Relais 3 C (Common)	gemeinsam	
17	Relais 3 NO	Standardstellung offen	
18	Relais 3 NC	Standardstellung geschlossen	
19	Relais 4 C	gemeinsam	
20	Relais 4 NO	Standardstellung offen	
21	Relais 4 NC	Standardstellung geschlossen	
22	Eingang 3/4 C	gemeinsam	
23	Eingang 3		
24	Eingang 4		

Nach Einbau und Verkabelung kann die Eigenbaulösung endlich in Betrieb gehen. Zunächst sind Grundparameter wie Datum, Uhrzeit etc. einzustellen, bevor Sie erstmals den Fingerscanner mit der Steuereinheit am Motorschloss der Haustür einsetzen.

8.4 Inbetriebnahme der Steuereinheit

Grundsätzlich hat sich die Steuereinheit innerhalb der eigenen vier Wände zu befinden – in diesem Fall im Schaltschrank. Damit ist sie in der Regel vor unautorisiertem Zugriff geschützt. Zusätzlich bietet die ekey-Steuereinheit einen sogenannten Sicherheitscode, der die Installation auf der Steuereinheit absichert und Unbefugten den schnellen Zugriff verweigert. Diese zusätzliche Hürde bei der Steuereinheit ist standardmäßig aktiviert – werkseitig lautet der Sicherheitscode 99. Spätestens nach der Ersteinrichtung ändern Sie diesen Sicherheitscode auf einen persönlichen Pinwert, der bis zu acht Zeichen lang sein darf. Dieser ist dann zukünftig für die Änderung der Einstellungen auf der Steuereinheit zu verwenden. Wird der Sicherheitscode dreimal nacheinander falsch eingegeben, wird die Eingabe für 30 Minuten Betriebszeit gesperrt, wird die Steuereinheit von der Spannungsversorgung getrennt, wirkt die Sperre von einer halben Stunde nach dem Einschaltvorgang erneut, sofern sich das System im Onlinestatus befindet, bei dem Fingerscanner und Steuereinheit ordnungsgemäß miteinander verbunden sind.

Ersteinrichtung der ekey-Steuereinheit

Nach dem Einschalten prüft die Steuereinheit den Bus nach angeschlossenen Geräten –stellen Sie nach der gewünschten Menüsprache der Steuereinheit Uhrzeit und Datum ein, damit die Aufzeichnung der Ereignisse und Schaltvorgänge zeitlich ordentlich funktioniert. Zur Inbetriebnahme der Geräte gehört die logische Kopplung der Steuereinheit mit dem angeschlossenen Fingerscanner. Die wesentlichen Einstellungen sind später nicht mehr änderbar, es sei denn, Sie setzen die Steuereinheit auf die Werkeinstellung zurück. In diesem Fall müssen sämtliche gespeicherten Finger bzw. Personen neu eingelernt werden. Doch bevor Sie Finger- und die dazugehörigen Personenprofile auf der Steuereinheit anlegen, stellen Sie sicher, dass die Grundeinrichtung der Steuereinheit – Benutzername, Zeitzone, Datum und Uhrzeit – erledigt ist.

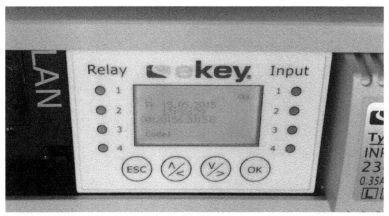

Bild 8.17: Mit den Tasten ESC, ^/< und v/> navigieren Sie im Menü, und mit OK wird die Eingabe gestartet: Nach Eingabe des Sicherheitscodes und der Bestätigung mit OK gelangen Sie zum Hauptmenü der ekey-Steuereinheit.

Sind Sicherheitscode, Datum und Uhrzeit eingerichtet, folgt das Anlernen der Finger über den Fingerscanner. Grundsätzlich lässt sich für jeden Benutzer über die Zeitzonenfunktion ein Zeitraum festlegen, in dem sich das Fingerschloss betätigen lässt – bei der Einstellung *Immer* hat die Person zeitlich uneingeschränkten Zutritt, bei der Einstellung *Zeitzone A* darf die Person nur zu bestimmten Zeiten, die in *Zeitzone A* definiert sind, die Tür öffnen. Zu guter Letzt kann bei Festlegung auf *Zeitzone B* die Haustür nur zu bestimmten Zeiten, die in *Zeitzone B* definiert sind, geöffnet werden. In diesem Beispiel wird auf die zeitliche Einschränkung verzichtet – alle Familienmitglieder haben zeitlich unbeschränkten Zutritt.

Fingerscanner in Betrieb nehmen

Das Grundprinzip des ekey-Systems ist so einfach wie genial: Jeder Finger stellt sozusagen einen Schlüssel dar – und jedes angeschlossene Motorschloss lässt sich mit einem Schlüssel öffnen. Haben Sie beispielsweise eine zweite Tür mit Motorschloss oder einen Schalter für Alarmanlage, Heizungsschalter oder Ähnliches, die ebenfalls über das Relais der Steuereinheit geschaltet werden sollen, haben diese jeweils auch ihren eigenen (virtuellen) Schlüssel. So lässt sich ein Finger dem Schalten der Alarmanlage zuordnen, während ein anderer Finger für das Öffnen der Haustür zuständig ist. Wie bei einer normalen Schließanlage lässt sich zudem auch ein sogenannter Generalschlüssel festlegen, mit dem sich definierte (meist sämtliche) Schlösser in der Anlage schalten lassen. Fürs Erste reicht es in diesem Projekt aus, einen Schließplan zu erstellen und anschließend die verfügbaren Schlüssel einem Finger einer Person zuzuweisen.

Grundsätzlich wird empfohlen, von jedem anzulegenden Benutzer auf der ekey-Steuereinheit mindestens zwei, besser drei Finger pro Benutzer und Schlüssel einzulesen – am besten von jeder Hand. Das mag auf den ersten Blick seltsam erscheinen, doch es ist überaus sinnvoll, denn nicht immer hat man den nötigen Finger zur Verfügung – man trägt ein Kind auf dem Arm, hat genau am Schlüsselfinger eine Verletzung etc., oder der Finger ist schlicht zu feucht oder zu verschmutzt, um vom Fingerscanner erkannt zu werden.

Bei einer Neuinstallation des ekey-Systems mit gekoppeltem Fingerscanner legen Sie zunächst eine neue Person an – bei einem ekey home-/ekey multi-System lassen sich bis zu 99 Finger speichern, die wiederum 99 Benutzerplätzen zugewiesen werden können. Damit lassen sich 9 Finger von 11 Personen verwenden, oder es kann je 1 Finger von 99 Personen oder jede andere Kombination eingerichtet werden, sofern das Produkt daraus nicht den Wert 99 übersteigt.

Um die Verwaltung der Schließanlage zu vereinfachen, weisen Sie der Anlage über das ekey-System jeder Person eine aussagekräftige Bezeichnung zu – etwa Mutter, Vater, Name des Kindes etc. Dafür stehen bis zu acht Buchstaben pro Benutzer zur Verfügung. Folgende Schritte auf der Steuereinheit sind dafür notwendig:

- Sicherheitscode
- Nutzer aufnehmen/OK
- Benutzernummer auswählen/OK

Die angelegten Benutzer werden über die Benutzernummer (vom Wert 0000 an aufwärts) indiziert. Im Menü rechts neben der Benutzernummer ist zu sehen, ob zur jeweiligen Person bereits Finger im System gespeichert sind oder nicht. Ist dort eine Schlüsselnummer (1, 2, 3, 4) eingetragen, ist für diesen Benutzer der dort stehende Schlüssel einem Finger zugewiesen. Die Zählung der Finger im ekey-System ist einfach: Legen Sie die Hände mit der Innenseite nach unten flach auf den Tisch – die Zählung beginnt an der linken Hand mit dem kleinen Finger (Wert 1), der linke Daumen hat den Wert 5, der rechte Ringfinger entsprechend den Wert 9, und der Wert 0 entspricht dem rechten kleinen Finger. Liegt der Finger auf dem Fingerscanner auf, erfasst dieser das Fingerbild durch einen Zeilensensor und wertet es aus. Damit ist es notwendig, den Finger nicht starr auf dem Sensor liegen zu lassen, sondern ihn sanft über den Zeilensensor zu ziehen. Sind bereits Finger auf der Steuereinheit abgelegt, vergleicht er das Ergebnis mit dem abgespeicherten Fingerbild. Beachten Sie beim Einscannen der Finger, dass der Fingerscanner nur korrekt und zuverlässig mit den Papillarrillen des vorderen Fingerglieds arbeitet. Beim Einlernen ziehen Sie den Finger ruhig und in gleichmäßig gemächlicher Geschwindigkeit in der richtigen Position über den Sensor. Da jeder Benutzer bei jedem Scan eine etwas andere Fingerposition verwendet, lernt der Fingerscanner automatisch mit und erkennt damit Veränderungen der »Auflegegewohnheiten«.

- Wählen Sie den gewünschten Finger aus, navigieren Sie mit den Tasten ^/< und v/> im Menü und bestätigen Sie mit der OK-Taste die Eingabe.
- Wählen Sie die Schlüsselnummer aus – hier entweder S1 oder G1 – und bestätigen Sie mit OK.
- Wählen Sie den Finger aus und ziehen Sie am Fingerscanner den gewünschten Finger über den Sensor.

Beim Einlernen bzw. Einlesen des Fingers weist der Fingerscanner mit Blinksignalen der LEDs auf den Fortschritt sowie die Qualität der Fingerscans hin. Ist der Fingerscanner im »Lernmodus« und blinken die LEDs, kann es sein, dass die drei notwendigen Finger noch nicht eingelesen wurden oder das Fingerbild des eingelesenen Fingers qualitativ sehr schlecht ist – womöglich wurde der Finger nicht korrekt über den Scanner gezogen. Leuchten hingegen alle drei LEDs grün, wurde der Finger akzeptiert – es kann mit dem nächsten Finger fortgefahren werden.

> **Beispiel: Schließplan**
> Dieses Schließplanbeispiel geht davon aus, dass der Fingerscanner FS1 (HT) neben der Hauseingangstür korrekt montiert und angeschlossen ist und Relais 1 (HT) mit dem Motorschloss der Haustür elektrisch verbunden ist. Ziel ist nach Definition und Festlegung des linken Zeigefingers (soll Schlüssel S1 schließen) das Öffnen der Haustür über das Motorschloss. Eine am zweiten Relais angeschlossene Alarmanlage soll ausschließlich mit dem Fingerscanner an der Haustür bedient werden können und gleichzeitig Öffnen der Tür unscharf geschaltet werden. Neben dem »normalen« Schlüssel wird in diesem Beispiel ein Generalschlüssel definiert, mit dem Personen überall mit dem gleichen Finger Zutritt erhalten können – beispielsweise Öffnen der Tür und Alarmschaltung. Im ekey-Schließplan lässt sich ein Generalschlüssel mit der Einstellung G1, G2, G3 oder G4 definieren. Damit kann etwa neben dem G-Generalschlüssel auch der zugeordnete Schlüssel S mit der gleichlautenden Nummer das an Relais 1 befindliche Schloss HT schließen – konkret sind das beispielsweise der G1-Generalsschlüssel und der Schlüssel S1.
>
> | Fingerscanner Haustür | Relais 1/Haustür | Relais 2/ Alarmanlage | Benutzer | Schlüssel |
> |---|---|---|---|---|
> | HT | Zeigefinger links | – | Vater | G1 |
> | HT | Zeigefinger rechts | – | Mutter | S1 |
> | HT | Zeigefinger links | – | Kind 1 | S1 |
> | HT | Zeigefinger rechts | – | Kind 2 | S1 |

8 Haustür öffnen ohne Schlüssel

Fingerscanner Haustür	Relais 1/Haustür	Relais 2/Alarmanlage	Benutzer	Schlüssel
HT	–	Zeigefinger links	Vater	G1
HT	–	Mittelfinger rechts	Mutter	S2
HT	–	Mittelfinger rechts	Kind 1	S2
HT	–	Mittelfinger rechts	Kind 2	S2
HT	Zeigefinger links	–	Haushaltshilfe	S1

Bei der Verkabelung der ekey home-Steuereinheit kümmert sich Relais 1 um das Motorschloss der Haustür – wer möchte, kann den Relais-1-Ausgang im Menü der Steuereinheit vorher in HT umbenennen. Relais 2 schaltet die Alarmanlage. Für die zwei Funktionen benötigen Sie zwei unterschiedliche Schlüssel: zunächst für das Öffnen der Haustür (Motorschloss HT) mit Schlüssel S1 sowie für das Öffnen der Haustür (Motorschloss HT) mit Schlüssel G. Der Fingerscanner FS an der Haustür unterscheidet die Schlüssel G und S1. Wird ein passender Finger erkannt, der für das Schließen als Schlüssel S1 oder G zugeordnet ist, wird Relais 1 geschlossen. Dies sorgt dafür, dass an die Steuerleitung des Motorschlosses für drei Sekunden Spannung anliegt und für das Öffnen der Haustür sorgt. Im gleichen Schritt wird auch Relais 2 aktiviert und trennt die Alarmanlage von der Spannungsversorgung. Nach der Definition des Schließplans legen Sie Schritt für Schritt die gewünschten Benutzer in der Steuereinheit an – dafür sind die Finger der Benutzer einzulernen und der Schlüsselfunktion zuzuweisen. Dies erledigen Sie über das Hauptmenü *Nutzer aufnehmen*. Halten Sie sich an den in der Tabelle gezeigten Beispielschließplan, bekommen Mutter, Kind 1 und Kind 2 Schlüssel S1 zugeordnet, um die Haustür zu jeder Tageszeit zu öffnen und gleichzeitig mit Mittelfinger rechts (Schlüssel S2) die an Relais 2 angeschlossene Alarmanlage zu deaktivieren. Für den Vater ist der linke Zeigefinger dem Generalschlüssel G1 zugeteilt, der damit nur einen Finger benötigt, um sowohl die Haustür zu öffnen als auch die Alarmanlage auszuschalten. Die Haushaltshilfe kann demgegenüber nur mit Schlüssel S1 die Haustür öffnen – nicht aber die Alarmanlage mit Schlüssel S2 ausschalten – und kann demzufolge nur eintreten, wenn ein Familienmitglied die Alarmanlage ausgeschaltet hat.

Eingebautes Logging der Vorgänge nutzen

Vonseiten des Herstellers zeichnet das ekey-System standardmäßig die letzten 50 Vorgänge, die das System ausgeführt hat, auf. Diese lassen sich anschließend über die Steuereinheit nach Eingabe des Sicherheitscodes über das Menü *Aufzeichnung* abrufen. Damit lässt sich direkt an der Steuereinheit überprüfen, wann welche Person über welchen Fingerscanner das Relais für das Motorschloss betätigt hat oder wann der Zutritt verweigert wurde. Das reicht für die allermeisten Anwendungsfälle zu Hause aus, wer über einen längeren Zeitraum die Aktionen der Steuereinheit speichern und auswerten möchte – beispielsweise eine Art Zeiterfassung der Türöffnungen umsetzen möchte –, kann dies am besten mit dem eigens erhältlichen UDP-Konverter (ekey-Artikelnummer 100 460) in Zusammenarbeit mit einem Arduino samt Netzwerk-Shield oder einem Raspberry Pi tun.

8.5 Gut informiert: Logging und Fingerscannerüberwachung mit dem UDP-Konverter

Wie immer im Leben: Die praktischen und in der Praxis nützlichen Dinge kommen als Zubehör und Extras – so auch der UDP-Konverter, der Dinge und Aktionen der Steuereinheit im heimischen Netzwerk als UDP-Datagramme zur Verfügung stellen kann. Mit einem im Heimnetz genutzten Raspberry Pi oder einem Arduino mit Netzwerk-Shield horchen Sie das heimische Netzwerk nach den Signalen ab, werten die abgefangenen UDP-Datagramme aus und sichern die jeweiligen Aktionen in einer übersichtlichen TXT-/CSV-Datei. Hier haben Sie sämtliche Möglichkeiten: Alternativ speichern Sie die Aktionen in eine Datenbank, triggern weitere Aktionen mit der GPIO-Schnittstelle des Raspberry Pi an – beispielsweise das Einschalten der Treppenhausbeleuchtung – oder geben automatisiert per SMS Alarm auf ein Smartphone, falls mehrmals unautorisierte Zugriffe erfolgen. Egal welcher konkrete Anwendungszweck für die Auswertung der UDP-Pakete am Ende des Tages zum Einsatz kommt: Grundsätzlich muss der UDP-Konverter nicht nur als Stichleitung der Pins 1, 2, 3, 4 an der ekey-Steuereinheit eins zu eins wie der Fingerscanner angeschlossen werden, montiert wird der ekey-UDP-Konverter auf der 35-mm-Hutschiene neben der Steuereinheit. Damit ist die Länge der Zuleitungen begrenzt.

Pinnummer	Beschreibung	Bemerkung	Kabelfarbe
1	RS485	Ausgang 1	Grün
2	RS485	Ausgang 2	Weiß
3	FS-Spannung	Spannung für UDP-Konverter (Ausgang)	Rot
4	FS-Masse	Masse für UDP-Konverter (Ausgang)	Blau

Die Netzwerkschnittstelle des UDP-Konverters wird mit einem RJ45-Ethernet-Kabel mit dem LAN-Router/-Switch verbunden, um die Verbindung zum heimischen Netzwerk herzustellen. Über welche IP-Adresse dieser dann im Heimnetz von den angeschlossenen Computern erreichbar ist, erfahren Sie spätestens mithilfe der ekey-Konfigurationssoftware, die dem Produkt beiliegt, oder der Konfigurationsseite des DSL-

WLAN-Routers oder -Switches, die die MAC-Adressen und zugeteilten IP-Adressen der angeschlossenen Geräte im Heimnetz übersichtlich darstellt.

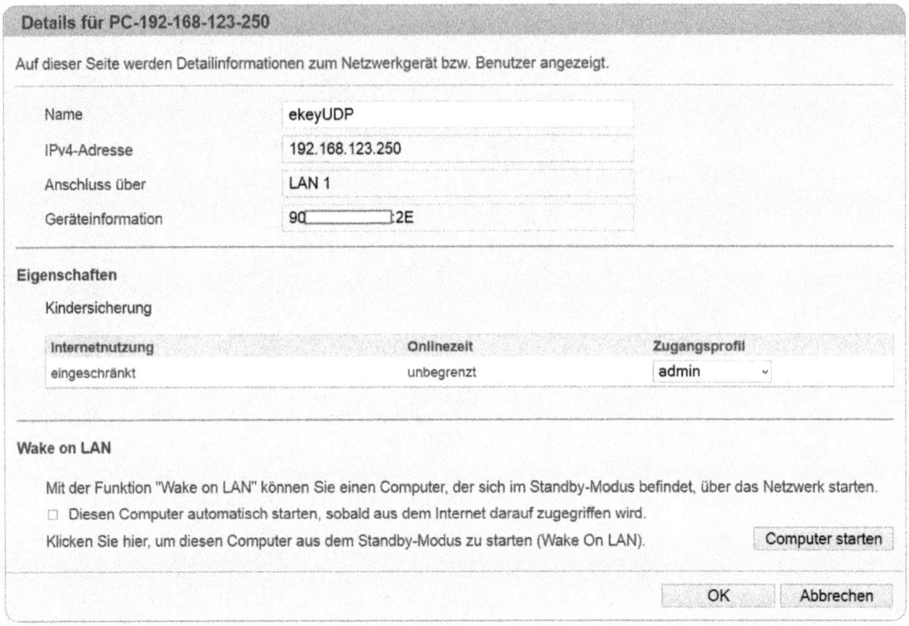

Bild 8.18: Kommt es im Heimnetz zu Verbindungsproblemen beim Zugriff auf den UDP-Konverter, klemmt es meist in der Firewall(-Konfiguration). Im Fall einer FRITZ!Box mit eingeschalteter Kindersicherung lässt sich für den UDP-Konverter ein passendes Profil erstellen, um dem Gerät eine Netzwerkverbindung zu gewähren.

Ist der UDP-Konverter ordnungsgemäß per Patch-Kabel mit der ekey-Steuereinheit sowie mit dem heimischen Netzwerk verbunden, stellen Sie mit dem Computer einen Zugriff auf das Gerät her. Die dem UDP-Konverter beigelegte Konfigurationssoftware taugt nur für Windows-Computer – in diesem Beispiel traten mit dem eingesetzten Windows 8.1 64 Bit keine Probleme auf. Mit der Konfigurationssoftware lässt sich der UDP-Konverter auf die Netzwerkparameter vor Ort einstellen, damit das Gerät die Datensätze der Zutrittsinformationen an eine definierbare IP-Adresse über das UDP-Protokoll mit IPv4-Adressierung versenden kann. Der LAN-RS-485-Konverter wird ab Werk mit folgenden Einstellungen ausgeliefert (die in diesem Projekt verwendeten Einstellungen für den Raspberry Pi bzw. für den Arduino sind in den beiden Spalten rechts aufgeführt und unterscheiden sich nur hinsichtlich der Empfänger IP-Adresse):

8.5 Gut informiert: Logging und Fingerscannerüberwachung mit dem UDP-Konverter

ekey-Konverter LAN RS-485	Konfiguration ab Werk	Raspberry-Pi-Einsatz	Arduino-Einsatz
IP-Adresse	192.168.1.250	192.168.123.250	192.168.123.250
Netzwerkmaske	255.255.255.0	255.255.255.0	255.255.255.0
Netzwerkgateway	0.0.0.0	192.168.123.199	192.168.123.199
Empfängerport	56000	56000	56000
Empfänger-IP-Adresse	0.0.0.0	192.168.123.43	192.168.123.35
Abstandhalter	-	#	#
Protokolltyp	rare	home	home
Kommunikationstyp	nur Datenversand	nur Datenversand	nur Datenversand

Wird der UDP-Konverter im Heimnetz über das Konfigurationswerkzeug nicht gefunden, hilft das temporäre Umkonfigurieren der Netzwerkschnittstelle des Computers, der für die Konfiguration des UDP-Konverters eingesetzt wird. In diesem Fall bringen Sie die IP-Adresse des Computers in den `192.168.1.X`-Adressbereich – dafür weisen Sie ihm beispielsweise die statische IP-Adresse `192.168.1.100` zu, die Netzwerkmaske setzen Sie auf `255.255.255.0`. Sind die neuen Netzwerkeinstellungen aktiv, sollte nach einem Neustart des Konfigurationswerkzeugs der UDP-Konverter gefunden werden und im linken Fensterbereich des Tools auftauchen.

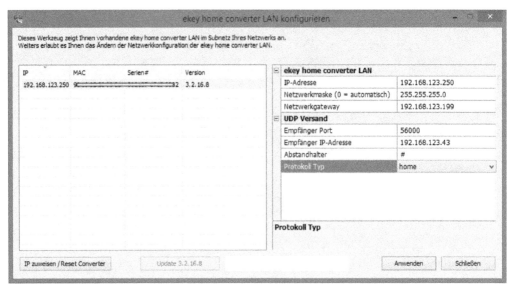

Bild 8.19: Der ekey-UDP-Konverter unterstützt drei Protokolltypen zum Versenden von Datenpaketen über das Ethernet-Netzwerk: Für die Steuereinheit ekey multi SE REG 4 ist das home-Protokoll die richtige Einstellung. In diesem Fall werden die Informationen als String mit dem gewünschten Abstandhalter (Trenner) verschickt.

Eine der wichtigsten Einstellungen neben der IP-Adresse des UDP-Konverters ist die Adresse des Empfängers. Soll nur ein Gerät im Heimnetzwerk die Informationen des UDP-Konverters empfangen, ändern Sie die IP-Adresse `0.0.0.0` auf die IP-Adresse des Zielsystems (hier für den Raspberry Pi `192.168.123.43`), um die Unicast-Übertragung zu verwenden. In diesem Fall werden die Daten von einem Endpunkt über einen Knoten zu genau einem Endpunkt transportiert (one to one) – bei der Einstellung `0.0.0.0` für die Empfänger-IP-Adresse (Standardeinstellung) erfolgt der Versand als Broadcast (one to many), bei dem die Daten von einem Endpunkt über einen Knoten in einem Netz bzw. Netzsegment (Broadcast-Domain) zu allen Endpunkten übertragen werden.

home-Protokoll: Aufbau des UDP-Datenpakets

Das über den Konfigurator ausgewählte home-Protokoll ist entsprechend nur in ekey-home-Systemen nutzbar. Der Versand eines UDP-Datenpakets läuft immer dann, wenn am Fingerscanner eine Aktion erfolgt – beispielsweise ein Finger wird erkannt, das Relais wird geschaltet –, oder bei jeder Ablehnung am Fingerscanner, wenn keine Aktion stattfindet. Das String-Datenpaket ist ASCII codiert – die 22 Stellen des Protokolls sind wie folgt zusammengesetzt:

8.5 Gut informiert: Logging und Fingerscannerüberwachung mit dem UDP-Konverter

Datenfeld-name	Anzahl Stellen	Datentyp	Wertebereich	Bedeutung
PAKETTYP	1	String	1	Pakettyp »Nutzdaten«
USER ID	4	String (dezimal)	0000–9999	Benutzernummer (Default 0000, dann aufsteigend)
FINGER ID	1	String (dezimal)	0–9	1 = linker kleiner Finger 2 = linker Ringfinger 3 = linker Mittelfinger 4 = linker Zeigefinger 5 = linker Daumen 6 = rechter Daumen 7 = rechter Zeigefinger 8 = rechter Mittelfinger 9 = rechter Ringfinger 0 = rechter kleiner Finger R = RFID - = kein Finger
SERIENNR FS	14	String	123456 78 90 1234	1-6 = ekey-Artikelnummer 7-8 = Produktionswoche 9-10 = Produktionsjahr 11-14 = fortlaufende Nummer
AKTION	1	String	1, 2	1 = Öffnen akzeptiert 2 = Ablehnung unbekannter Finger
RELAIS	1	String	1-4 und »-«	1 = Schalten von Relais 1 2 = Schalten von Relais 2 3 = Schalten von Relais 3 4 = Schalten von Relais 4 d[9] = Schalten von Doppelrelais - = kein Relais wird geschaltet

Rechnen Sie zu den 22 Stellen der Daten noch 5 Stellen für die eingesetzten Trenner (hier das #-Zeichen) hinzu, erfolgt der Versand eines Datensatzes (ingesamt 27

---

[9] Dieser Wert wird nicht verwendet, deswegen ist er nicht im Wertebereich aufgeführt.

Stellen lang). Wird nun der Fingerscanner des Benutzers mit der Nummer 0001 aktiviert, der seinen linken Zeigefinger verwendet, um die Alarmfunktion über Relais 2 zu schalten, wird folgender Datensatz wird über UDP-Port 56000 gesendet:

```
1#0001#4#80123457890025#1#2
```

Wird beispielsweise ein Finger verwendet, der dem Fingerscanner bzw. der Steuereinheit nicht bekannt ist, wird das Datenpaket

```
1#0000#-#80123457890025#2#-
```

über die Leitung geschickt. In welcher Kombination auch immer: Die Länge und der Aufbau der Datenpakete sind immer gleich – ideal, um die Netzwerkschnittstelle samt Port permanent über Raspberry Pi oder Arduino (mit Netzwerk-Shield) zu überwachen und abhängig vom Inhalt die gewünschten Folgeaktionen ausführen zu lassen.

8.6 Fingerscannerüberwachung mit dem Raspberry Pi

Ist der Fingerscanner ordnungsgemäß installiert und an der Steuereinheit konfiguriert, ist zunächst die Pflicht geschafft, die Kür ist die Überwachung und das Logging der Vorgänge des Öffnen per Motorschloss, die per Fingerscanner initiiert worden sind – auf Wunsch je nach Person und weiteren Parametern sogar per E-Mail oder SMS-Nachricht zum Smartphone.

Portscanner mit nmap

Um überhaupt erst einmal zu prüfen, ob und welche Datenpakete im heimischen Netz von A nach B übertragen werden, ist ein passendes Portscanwerkzeug wie nmap (*Network Mapper*) auf dem Raspberry Pi nötig, das sich per apt-get install wie gewohnt installieren lässt.

```
sudo apt-get install nmap
```

Innerhalb kurzer Zeit steht nmap auf dem Terminal bereit. Um nun beispielsweise sämtliche offenen TCP-Ports vom Gerät mit der IP-Adresse 192.168.123.250 anzuzeigen, verwenden Sie das Kommando:

```
nmap -sT 192.168.123.250 # für TCP
```

Analog wenden Sie das nmap-Kommando für das UDP-Protokoll an:

```
nmap -sU 192.168.123.250 # für UDP
```

Im konkreten Anwendungsfall mit dem ekey-Fingerscanner verwenden Sie die IP-Adresse (hier 192.168.123.250) des UDP-Konverters, die im obigen Dialogfenster über das Windows-Konfigurationswerkzeug festgelegt wurde.

8.6 Fingerscannerüberwachung mit dem Raspberry Pi

```
pi@raspi2devel43 ~/udpekey $ sudo nmap -sU 192.168.123.250

Starting Nmap 6.00 ( http://nmap.org ) at 2015-05-15 12:08 UTC
Nmap scan report for 192.168.123.250
Host is up (0.039s latency).
Not shown: 998 closed ports
PORT       STATE         SERVICE
123/udp    open|filtered ntp
58002/udp  open|filtered unknown
MAC Address: 90:[          ]E (Unknown)

Nmap done: 1 IP address (1 host up) scanned in 50.83 seconds
pi@raspi2devel43 ~/udpekey $
```

Bild 8.20: Portscan-Volltreffer: Das **nmap**-Kommando zeigt sämtliche offenen UDP-Ports der angegebenen IP-Adresse an.

Bei der Entwicklung einer Programmlösung auf Raspberry Pi oder Arduino wollen Sie natürlich nicht immer an die Wohnungstür laufen und den Finger ziehen, um die ordnungsgemäße Funktion des Programmcodes zu prüfen, die bessere Lösung ist, den UDP-Datensatz mit einem zweiten Computer zu simulieren, bis der fertige Code steht.

Datentransport mit netcat

Von jedem beliebigen Unix-Computer aus lässt sich ein simulierter Datensatz auch händisch per UDP im Heimnetz verschicken und an eine bestimmte IP-Adresse adressieren:

```
echo -n "test" | nc -u -w1 192.168.123.43 56000
```

In diesem Beispiel wird einfach der String `test` an die IP-Adresse `192.168.123.43` an Port `56000` geschickt. Auf dem Empfänger – hier der Raspberry Pi mit der IP-Adresse `192.168.123.43` – ist zum Lauschen auf Port `56000` das folgende Kommando ausreichend:

```
netcat -ul 56000
```

Das nachstehende `netcat`-Kommando lauscht auf Port `56000` des UDP-Protokolls:

```
pi@raspi2devel43 ~/udpekey $ netcat -ul 56000
1#0000#0#801[          ]#1#21#0000#0#801[          ]#1#2
```

Bild 8.21: Zwei Datensätze im Datenstrom: Zunächst wird der Datensatz `1#0000#0#80123456789012#1#2` und anschließend nochmals der Datensatz `1#0000#0#80123456789012#1#2` übertragen.

Damit haben Sie das Rüstzeug beieinander – im nächsten Schritt erstellen Sie mit Python ein Programm, das auf dem UDP-Port lauscht und das UDP-Datenpaket nach dem definierten Protokoll auswertet.

UDP-Datenpaket mit Python lesen

Die einfachste Lösung zu Beginn ist es, wie mit dem `netcat`-Kommando auf den Port einer bestimmten IP-Adresse zu lauschen. Damit machen Sie mit dem nachstehenden Python-Programm im Endeffekt nichts anderes, als auf Port `56000` an der IP-Adresse `192.168.123.250` zu horchen – trifft ein passendes Paket ein, wird es in der `while`-Schleife über das `print`-Kommando ausgegeben.

```python
#!/bin/python
import socket
localHost = ''
localPort = 56000
# Definierte IP-Adresse des UDP-Konverters
ekey = '192.168.123.250'
# Portnummer fuer UDP-Paket
ekeyPort = 56000
# Delimiter des ekey-UDP-Konverters
ekeyDelimiter='\#'
# Mode kann auf RARE, MULTI, HOME gesetzt werden
ekeyMode='HOME'
#
s = socket.socket(socket.AF_INET, socket.SOCK_DGRAM)
s.setsockopt(socket.SOL_SOCKET, socket.SO_BROADCAST, 1)
s.bind((localHost, localPort))
s.connect((ekey, ekeyPort))
#
try:
# Dauerschleife
   while True:
      print('Lauschen auf {0}:{1} nach Daten von {2}:{3}'.format(localHost, localPort, ekey, ekeyPort))
      data = s.recv(1024)
      print('Empfangen: {0}'.format(data))
      print('Laenge UDP-Paket: {0}'.format(len(data)))
      print('-------------------\n')

except KeyboardInterrupt:
   s.close()
   # CTRL-C gedrueckt
   print "[ EKEY UDP ] Lauschen auf UDP-Port wurde abgebrochen."
   print '=' * 100
# ---------------------- EOF ----------------------------
```

Starten Sie das Programm über das Kommando

```
sudo python readekeyudp.py
```

auf der Konsole, verhält sich die Eigenbaulösung zunächst wie der obige `netcat -ul 56000`-Befehl. In diesem Fall wird neben dem eigentlichen Datensatz per `len`-Befehl auch die Länge des Strings bestimmt und ausgegeben.

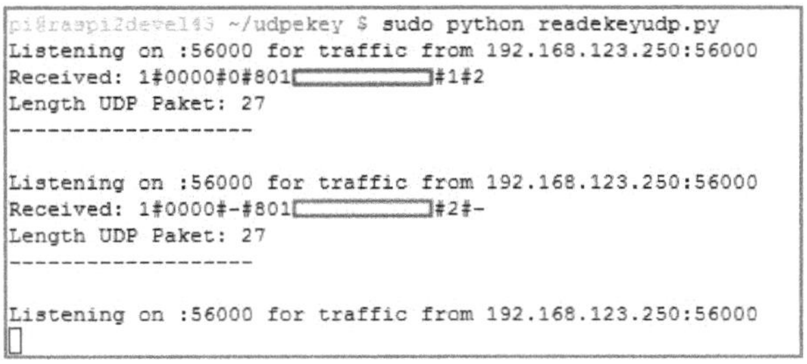

```
pi@raspi2devel43 ~/udpekey $ sudo python readekeyudp.py
Listening on :56000 for traffic from 192.168.123.250:56000
Received: 1#0000#0#801[          ]#1#2
Length UDP Paket: 27
-----------------

Listening on :56000 for traffic from 192.168.123.250:56000
Received: 1#0000#-#801[          ]#2#-
Length UDP Paket: 27
-----------------

Listening on :56000 for traffic from 192.168.123.250:56000
```

Bild 8.22: Dauerschleife im Einsatz: Zwei Datenpakete wurden abgefangen und auf der Konsole ausgegeben.

Im nächsten Schritt nehmen Sie sich das UDP-Datenpaket vor und teilen es logisch nach den hinterlegten Funktionen auf.

UDP-Datenpaket mit Python auswerten und speichern

In diesem Schritt loggen Sie die Anmeldeversuche an dem ekey-Fingerscanner und speichern erfolgreiches Öffnen und Fehlversuche in eine eigene TXT- oder CSV-Datei, die sich bequem auf dem Computer öffnen und weiterverarbeiten lässt. Der nachstehende Beispielcode verarbeitet das bereits dargestellte UDP-Protokoll des ekey-UDP-Konverters und stellt die entsprechenden Werte in einer besser les- und erklärbaren Form dar. Hier können Sie den jeweiligen Personen, die im ekey-System mit einer aufsteigend nummerierten Zahl identifizierbar sind, einen sprechenden Namen zuordnen und diesen in der Eigenbau-Logdatei verwenden. Grundsätzlich arbeitet die nachstehende Lösung ähnlich wie die bereits vorgestellte `readekeyudp.py`-Datei, jedoch mit dem Unterschied, dass das Datenpaket aus der Variablen `data` weiter ausgewertet und dank des in der Variablen `ekeyDelimiter` festgelegten Abstandhalters # mithilfe der `split`-Funktion in seine Bestandteile zerlegt wird. Der Rest der Darstellung ist Kosmetik, jedem Wert wird anschließend seine Beschreibung/sein Funktionstext zugewiesen, der über das `print`-Kommando auf dem Bildschirm ausgegeben werden kann – in dem nachstehenden Beispiel darüber hinaus noch in eine TXT-/CSV-Datei, die sich später im Arbeitsverzeichnis der Python-Datei befindet.

```
# -*- coding: utf-8 -*-
#!/usr/bin/python
# ----------------------------------------------------------------
# E.F.Engelhardt, Franzis Verlag, 2016
# ----------------------------------------------------------------
# readekeyudp-step3.py
# Verzeichnis: /ekeyudp
```

```python
#
import socket
import struct
from time import *
# ------------------------------------------------
localHost = ''
localPort = 56000
# ip address ekey udp converter
ekey = '192.168.123.250'
# Portnummer UDP-Paket
ekeyPort = 56000
# delimiter ekey-UDP-Konverter
ekeyDelimiter='#'
# Mode RARE, MULTI, HOME
ekeyMode='HOME'
# in CSV-Datei exportieren
fcsv = open("udpresults.csv", 'w')
fcsv.write("Benutzer, Finger, Aktion, Relais, Datum, Uhrzeit\n")
# --------------------------------------------------------
s = socket.socket(socket.AF_INET, socket.SOCK_DGRAM)
s.setsockopt(socket.SOL_SOCKET, socket.SO_BROADCAST, 1)
s.bind((localHost, localPort))
s.connect((ekey, ekeyPort))
#
try:
# Dauerschleife
   while True:
      print('Lauschen an {0}:{1} nach Daten von {2}:{3}'.format(localHost,
localPort, ekey, ekeyPort))
      data = s.recv(1024)
      print('Empfangen: {0}'.format(data))
      print('Laenge UDP-Paket: {0}'.format(len(data)))
      print('--------------------\n')
      if (len(data)==27):
         # 0 - PAKETTYP
         # 1 - ekeyDelimiter
         # 2-6 - Benutzernummer
         # 7 - ekeyDelimiter
         # 8 - FingerID
         # 9 - ekeyDelimiter
         # 10 - 23 SERIENNR
         # 24 - ekeyDelimiter
         # 25 - AKTION
         # 26 - ekeyDelimiter
         # 27 - RELAIS
         lt = localtime()
```

8.6 Fingerscannerüberwachung mit dem Raspberry Pi

```
            jahr, monat, tag = lt[0:3]
            paket = data.split(ekeyDelimiter)
            print '=' * 100
            datum = "%02i.%02i.%04i"  % (tag,monat,jahr)
            zeit =   strftime("%H:%M:%S", lt)
            print (">> Benutzer {0} mit Finger: {1} mit Aktion {2} an
Relais:{3} am {4} um {5}".format(paket[1], paket[2], paket[4], paket[5],
datum, zeit))
            fcsv.write("{0},{1},{2},{3}, {4},{5}\n".format(paket[1], paket[2],
paket[4], paket[5], datum, zeit))
            print "Pakettyp (1-Daten): ", paket[0] # , "mit Finger: ",
userFinger, "\n"
            print "Benutzernummer: ", paket[1] #
            print "Finger: ", paket[2] #
            print "Seriennummer: ", paket[3] #
            print "Aktion: ", paket[4] #
            print "an Relais Nr. ", paket[5] #
            print '=' * 100
            # in datei
        else:
            fcsv.close()
            s.close()
            print "[ EKEY UDP ] Fehler im Datenstrom / UDP-Port. -> Abbruch"
            exit()
except KeyboardInterrupt:
   fcsv.close()
   s.close()
   # CTRL-C gedrueckt
   print "[ EKEY UDP ] Lauschen auf UDP-Port wurde abgebrochen."
   print '=' * 100
# ---------------------- EOF ---------------------------
```

Die Ausgabe der Daten erfolgt sowohl auf dem Bildschirm als auch über das Dateiobjekt fcsv, das mit dem open-Kommando die festgelegte Datei udpresults.csv schreibend öffnet. Diese wird zunächst mit Spaltenüberschriften (Benutzer, Finger, Aktion, Relais, Datum, Uhrzeit) versehen, anschließend werden die Spalten mit den Daten analog zur Darstellung auf dem Bildschirm befüllt.

8 Haustür öffnen ohne Schlüssel

```
pi@raspi2devel43 ~/udpkey $ sudo python readekeyudp-step3.py
Listening on :56000 for traffic from 192.168.123.250:56000
Received: 1#0000#-#801[         ]#2#-
Length UDP Paket: 27
-------------------
===================================================================
>> Benutzer 0000 mit Finger: - mit Aktion 2 an Relais:- am 15.05.2015 um 19:39:18
Pakettyp (1-Daten):  1
Benutzernummer:  0000
Finger:  -
Seriennummer:   801[         ]
Aktion:  2
an Relais Nr.  -
===================================================================
Listening on :56000 for traffic from 192.168.123.250:56000
Received: 1#0000#0#801[         ]#1#2
Length UDP Paket: 27
-------------------
===================================================================
>> Benutzer 0000 mit Finger: 0 mit Aktion 1 an Relais:2 am 15.05.2015 um 19:39:24
Pakettyp (1-Daten):  1
Benutzernummer:  0000
Finger:  0
Seriennummer:   801[         ]
Aktion:  1
an Relais Nr.  2
===================================================================
Listening on :56000 for traffic from 192.168.123.250:56000
Received: 1#0000#-#801[         ]#2#-
Length UDP Paket: 27
-------------------
===================================================================
>> Benutzer 0000 mit Finger: - mit Aktion 2 an Relais:- am 15.05.2015 um 19:39:33
Pakettyp (1-Daten):  1
Benutzernummer:  0000
Finger:  -
Seriennummer:   801[         ]
Aktion:  2
an Relais Nr.  -
===================================================================
Listening on :56000 for traffic from 192.168.123.250:56000
```

Bild 8.23: Übersichtlich: Jeder einzelne Vorgang wird als UDP-Datenpaket gesendet, empfangen, dem jeweiligen Datenfeld zugeordnet und auf dem Terminal dargestellt.

Liegt die Datei auf dem lokalen Computer, reicht zum Öffnen ein Tabellenkalkulationsprogramm wie Calc oder Excel aus, aber auch ein gewöhnlicher Editor wie `notepad`, `gedit` oder `textedit` ist völlig ausreichend.

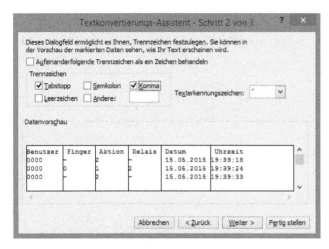

Bild 8.24: Die erzeugte CSV-Datei kann beispielsweise bei Excel einfach über den Textkonvertierungsassistenten importiert werden.

Bei der Weiterverarbeitung der vom Raspberry Pi erzeugten TXT-/CSV-Datei auf dem Computer stehen Ihnen sämtliche Möglichkeiten offen. Wem ein Raspberry Pi im 24/7-Betrieb zu instabil ist oder wer bereits einen Arduino für einen ähnlichen Zweck im Einsatz hat, der kann das vorgestellte Projekt natürlich auch auf einem Arduino (Mega-Klasse und besser) in ähnlicher Form umsetzen.

8.7 Fingerscannerüberwachung mit dem Arduino

Bevor sich analog zum Raspberry Pi der UDP-Port mithilfe eines Arduino überwachen lässt und die Nutzdaten weiterverarbeitet werden können, muss der Arduino mit einer passenden Netzwerkschnittstelle nachgerüstet werden. Bekanntlich stehen für den Netzwerkzugriff unterschiedliche Lösungen und Techniken zur Verfügung – hier ist es grundsätzlich unerheblich, ob Sie eine drahtlose WLAN-Lösung oder die kabelgebundene Ethernet-Lösung verwenden. In diesem Projekt kam das Arduino-Ethernet-Shield zum Einsatz, das neben der RJ45-Buchse auch einen Micro-SD-Kartensteckplatz mitbringt. Damit lässt sich das Arduino-Ethernet-Shield zunächst entweder als Netzwerkschnittstelle oder als zusätzlicher lokaler Speicher für den Arduino nutzen. Durch einen Programmierkniff können Sie den Arduino jedoch auch überreden, beide Geräte in einem Sketch im Wechsel zu verwenden. Damit ist beispielsweise ein Arduino-Webserver denkbar, der seine Daten auf der eingelegten Micro-SD-Karte sichert oder sie davon bezieht. Ähnlich wie ein klassischer Webserver auf Arduino-Basis ist die Beispiel-Logging-Lösung für den ekey-UDP-Konverter mehrschichtig aufgebaut: Zunächst bleibt nach dem Start des Sketches der Micro-SD-Slot abgeschaltet, und die Netzwerkschnittstelle kümmert sich darum, auf UDP-Pakete zu lauschen und die an die IP-Adresse samt Port des Arduino zugestellten Datenpakete abzuholen. Nach Syntaxprüfung und Datenaufbereitung wird die Netzwerkverbindung kurzzeitig unterbrochen, damit der Micro-SD-Slot aktiviert wird, vorliegende Daten in das erzeugte Dateiobjekt kopiert werden und dieses in die Datei, die sich auf der Micro-SD-Karte befindet, geschrieben werden kann. Nach dem kurzen Schreibintervall wird das Dateiobjekt geschlossen, die Verbindung zum Micro-SD-Slot wird wieder deaktiviert, und die Ethernet-Netzwerkschnittstelle wird scharf geschaltet.

Ethernet-Shield in Betrieb nehmen

Damit das vorliegende Ethernet-Shield R3 mit Micro-SD-Kartenslot im Sketch die nötigen Netzwerkverbindungen und Dienste zur Verfügung stellen kann, sind zunächst folgende Headerdateien im Sketch einzubinden:

```
// fuer Ethernet-Shield
#include <SPI.h>
#include <Ethernet.h>
#include <EthernetUdp.h>
#include <string.h>

EthernetUDP Udp; // UDP-Instanz fuer Tuer-Logging
unsigned int ekeyPort = 56000;
#define UDP_TX_PACKET_MAX_SIZE 27 // statt standardmaessigen 24 Bytes
```

Für den UDP-Port wurde der ekey-Standardport 56000 verwendet. Wichtig für den UDP-Zugriff ist, dass Sie nach dem Einbinden der EthernetUdp.h-Headerdatei eine UDP-Instanz erzeugen, über die im Weiteren auf das Udp-Datenobjekt zugegriffen werden kann. Die UDP-Instanz wird im setup()-Bereich im Sketch mit der begin-Methode gestartet:

```
Udp.begin(ekeyPort);
```

Nach den nötigen Definitionen setzen Sie das eigentliche Lauschen und Verarbeiten des UDP-Datenpakets im loop-Bereich des Sketches um.

UDP-Pakete mit dem Arduino parsen

Viel Funktionalität – viel Programmcode: Damit im Sketch der loop()-Block übersichtlich bleibt, wird das Lauschen auf den UDP-Port 56000 und das Verarbeiten des UDP-Datenpakets in eine eigene Funktion mit der Bezeichnung checkUdpEkey() ausgelagert. Diese Funktion schlägt im Fall der Erkennung eines UDP-Pakets an, das im zweiten Schritt auf seine Länge – die Anzahl der Stellen (27) – geprüft wird. Ist die Paketgröße gültig, folgt die Zerlegung des Datenpakets in der while-Schleife anhand des vorab definierten Trennzeichens #. Dort wird das Datenpaket vom ersten switch-Konstrukt verarbeitet, in dem die jeweilige Bezeichnung der Datenfelder für eine übersichtliche Ausgabe der Daten auf dem Bildschirm hinzugefügt wird.

```
// ----------------------------------------------------------------
void checkUdpEkey()
{
// Serial.print("[checkUdpEkey] Warte auf UDP-Paket\n");
  char *p = packetUDPBuffer;
  char *str;
  char data[27];
  int packetSize = Udp.parsePacket();
  if(packetSize)
  {
    Serial.print("[ekey-Fingerscanner] Paketgroesse: ");
    Serial.println(packetSize);
    Serial.print("Von: ");
    IPAddress remote = Udp.remoteIP();
    for (int i =0; i < 4; i++)
    {
      Serial.print(remote[i], DEC);
      if (i < 3)
      {
        Serial.print(".");
      }
    }
    Serial.print(", port ");
    Serial.println(Udp.remotePort());
    Udp.read(packetUDPBuffer,UDP_TX_PACKET_MAX_SIZE);
    Serial.print("Inhalt: ");
    Serial.println(packetUDPBuffer);
    // zerlegen
    if(packetSize == 27)
    {
      int n = 0;
      while ((str = strtok_r(p, "#", &p)) != NULL) // Trenner ist #
      {
          switch(n){
            case 0:
                Serial.print("Datenprotokoll: ");
                break;
            case 1:
                Serial.print("Benutzer: ");
                switch(atoi(str)){
                  case 0:
                      Serial.print("Vater: ");
                      break;
                  case 1:
                      Serial.print("Mutter: ");
                      break;
```

```
            case 2:
                Serial.print("Sohn: ");
                break;
        }
        break;
    case 2:
        Serial.print("Finger: ");
        switch(atoi(str)){
            case 0:
                Serial.print("rechter kleiner Finger: ");
                break;
            case 1:
                Serial.print("linker kleiner Finger: ");
                break;
            case 2:
                Serial.print("linker Ringfinger: ");
                break;
            case 3:
                Serial.print("linker Mittelfinger: ");
                break;
            case 4:
                Serial.print("linker Zeigefinger: ");
                break;
            case 5:
                Serial.print("linker Daumen: ");
                break;
            case 6:
                Serial.print("rechter Daumen: ");
                break;
            case 7:
                Serial.print("rechter Zeigefinger: ");
                break;
            case 8:
                Serial.print("rechter Mittelfinger: ");
                break;
            case 9:
                Serial.print("rechter Ringfinger: ");
                break;
            default:
                Serial.print("Kein Finger: ");
        }
        break;
    case 3:
        Serial.print("Seriennummer: ");
        break;
    case 4:
```

```
                Serial.print("Aktion: ");
                switch(atoi(str)){
                  case 1:
                    Serial.print("Oeffnen akzeptiert: ");
                    break;
                  case 2:
                    Serial.print("Ablehnung unbekannter Finger: ");
                    break;
                }
              break;
            case 5:
              Serial.print("Relais: ");
              switch(atoi(str)){
                case 1:
                  Serial.print("Schalten von Relais 1: ");
                  break;
                case 2:
                  Serial.print("Schalten von Relais 2: ");
                  break;
                case 3:
                  Serial.print("Schalten von Relais 3: ");
                  break;
                case 4:
                  Serial.print("Schalten von Relais 4:");
                  break;
                default:
                  Serial.print("Kein Schaltvorgang:");
              }
              break;
          }
          Serial.println(str);
          n++;
        }
      }
    }
  }
}
// -----------------------------------------------------------------------
```

Zwecks einer besseren Übersichtlichkeit wird in diesem Beispiel jeweils ein zusätzliches `switch/case`-Konstrukt verwendet, um den kryptischen Werten des abgefangenen UDP-Datenpakets eine aussagekräftige Bezeichnung auf dem Bildschirm zuzuweisen.

```
[eKey Fingerscanner] Received packet of size 27
Von: 192.168.123.250, port 56000
Inhalt: 1#0000#0#801[        ]#1#20

Datenprotokoll: 1
Benutzer: Vater: 0000
Finger: rechter kleiner Finger: 0
Seriennummer: 801[        ]
Aktion: Oeffnen akzeptiert: 1
Relais: Schalten von Relais 2: 20

[eKey Fingerscanner] Received packet of size 27
Von: 192.168.123.250, port 56000
Inhalt: 1#0000#-#801[        ]#2#-0

Datenprotokoll: 1
Benutzer: Vater: 0000
Finger: rechter kleiner Finger: -
Seriennummer: 801[        ]
Aktion: Ablehnung unbekannter Finger: 2
Relais: Kein Schaltvorgang:-0

[eKey Fingerscanner] Received packet of size 27
Von: 192.168.123.250, port 56000
Inhalt: 1#0000#0#801[        ]#1#20

Datenprotokoll: 1
Benutzer: Vater: 0000
Finger: rechter kleiner Finger: 0
Seriennummer: 801[        ]
Aktion: Oeffnen akzeptiert: 1
Relais: Schalten von Relais 2: 20

[eKey Fingerscanner] Received packet of size 27
Von: 192.168.123.250, port 56000
Inhalt: 1#0001#7#801[        ]#1#20

Datenprotokoll: 1
Benutzer: Mutter: 0001
Finger: rechter Zeigefinger: 7
Seriennummer: 801[        ]
Aktion: Oeffnen akzeptiert: 1
Relais: Schalten von Relais 2: 20
```

Bild 8.25: Übersichtliche Darstellung auf dem Bildschirm: Jede Aktion des Fingerscanners hat eine Auswertung der Daten und eine Zuordnung gemäß den festgelegten UDP-Paketen zur Folge.

Damit sind nun die Voraussetzungen geschaffen, um den ekey-Fingerscanner tiefer mit der vorhandenen Hausautomation zu koppeln, die Benachrichtigungsfunktion auf dem Arduino aufzubauen und viele weitere Dinge, die den Rahmen dieses Abschnitts sprengen würden. Im nächsten Schritt reichern Sie die vom UDP-Konverter gelieferten Daten noch mit den Zeitfunktionen an und legen sie, wie eingangs erwähnt, in einer eigenen Datei auf der Micro-SD-Karte des Netzwerk-Shields ab.

Logging und Auswertungen – Logdatei im Eigenbau

Kommt die Tochter wie versprochen pünktlich nach Hause? Geht die Schwiegermutter nachts heimlich zum Rauchen aus dem Haus? Auf diese und viele weitere Fragen erhalten Sie mit einer automatischen Logdatei immer eine Antwort. Dafür nutzen Sie die Funktion checkUdpEkey(), um die Daten des Fingerscanners abzugreifen. In Zusammenarbeit mit einer I²C-RTC-Echtzeituhr oder der zusätzlichen Konfiguration des Ethernet-Shields als NTP-Client haben Sie zusätzlich immer die aktuellen Zeitangaben für die Vervollständigung einer Logdatei parat. Damit lässt sich der Arduino als kleines Zeiterfassungs- und Zutrittssystem ausbauen, der dann ein dauerhaftes Logging jenseits der begrenzten Anzahl von 50 Aktionen der ekey-Steuereinheit bietet. Die vorgestellten Funktionen lassen sich natürlich statt mit dem Arduino auch mit einem Raspberry Pi umsetzen – Voraussetzung ist bei dem Arduino-Einsatz das Arduino-Ethernet-Shield R3 mit Micro-SD-Kartenslot samt gesteckter Micro-SD-Karte, um die Logdatei auch lokal speichern zu können. Sofern die eingesetzte Micro-SD-Karte bereits am Computer mit dem FAT32-Dateisystem formatiert wurde, lässt sie sich anschließend bequem am Arduino verwenden.

Wenn die Micro-SD-Karte im Slot des Arduino-Netzwerk-Shields steckt, dieses auf dem Arduino gesetzt und über ein Ethernet-Kabel der Anschluss zum heimischen Heimnetzwerk hergestellt ist, kümmern Sie sich im Sketch zunächst um die Voraussetzungen, damit von den Aktionen des Fingerscanners eine Logdatei erzeugt, geschrieben und gespeichert werden kann. Im nächsten Schritt wird die gespeicherte Datei – falls eine Webanfrage an Port 80 diese Datei anfordert – per Webserver der konfigurierten IP-Adresse zur Verfügung gestellt. Damit ist es möglich, die Logdatei von jedem beliebigen Gerät im Heimnetz aus abzurufen und einzusehen. Die Einstellungen für das Arduino-Ethernet-Shield sind wie nachstehend im Sketch definiert. Statt der »Standard«-SD-Library wird in diesem Projekt die SdFat-Library (*https://github.com/greiman/SdFat*) für den Arduino verwendet, die im Umgang mit wechselnden Schreib-/Lesevorgängen etwas flexibler ist.

8 Haustür öffnen ohne Schlüssel

Bild 8.26: Gerade bei der Codeentwicklung helfen die Ausgaben über die serielle Konsole. Dabei lassen Sie sich zur Laufzeit über den Variableninhalt sowie den derzeitigen Zustand des Sketches informieren.

```
// fuer Ethernet-Shield
#include <SPI.h>
#include <Ethernet.h>
#include <EthernetUdp.h>
#include <string.h>
#include <EthernetServer.h>
// SdFat-Library -> https://github.com/greiman/SdFat
#include <SdFat.h>

SdFat SD;
SdFile ekeyFile;
// ---------------------------------------------
byte mac[] = { 0xDE, 0xAD, 0xBE, 0xEF, 0xFE, 0xED};
IPAddress dnServer(192, 168, 123, 199);
IPAddress gateway(192, 168, 123, 199);
IPAddress subnet(255, 255, 255, 0);
IPAddress ip(192, 168, 123, 35);
// ---------------------------------------------------------------------
```

Im Block bei den Definitionen passen Sie die IP-Adresse für das Arduino-Ethernet-Shield, die Gateway-Adresse sowie gegebenenfalls den DNS-Server an die örtlichen Einstellungen im Heimnetz an. Auch die MAC-Adresse kann innerhalb des Hexadezimalsystems frei gewählt werden und wird für eine eindeutige Zuordnung im Heimnetz der Geräte sowie bei aktiviertem DHCP für die Zuweisung einer IP-Adresse vom heimischen DHCP-Server benötigt.

```
// Webserverport, hier 80
const int HTTP_PORT = 80;
// Webserver-Instanz
EthernetServer webServer(HTTP_PORT);
// Die Daten werden alle X ms eingesammelt
const unsigned long SENSE_DELAY = 60000L;
// Alle x ms pruefen, ob Webanfrage hereingekommen ist
const int HTTP_SERVE_DELAY = 500;
// Letzter Zeitpunkt von Daten gelesen und Check, ob Webanfrage
unsigned long lastDataReadTime, lastWebCheckTime = millis();
// ---------------------------------------------
// SD-Karten-Slot auf Ethernet-Shield
// PIN zur Kommunikation mit SD-Karte.
const int SD_PIN = 4;
// PIN zur Kommunikation mit ETHERNET
const int ETH_PIN = 10;
// ---------------------------------------------
File myFile;
#define EKEYFILE "ekeyfinger.csv"
```

Für den unterschiedlichen Nutzen und Zugriff auf die Logdatei stehen im Sketch verschiedene Funktionen zur Verfügung. Durch den gleichzeitigen Einsatz der Netzwerkschnittstelle und der Micro-SD-Kartenspeichereinheit ist jeweils der exklusive Zugriff des SPI-Kanals sicherzustellen. Das erfolgt in diesem Fall durch das jeweilige Setzen von ETH-PIN oder SD_PIN per digitalWrite-Aufruf. Beim Zugriff auf die Micro-SD-Karte wird außerdem unterschieden, ob ein lesender oder auch ein schreibender Zugriff auf die definierte Logdatei nötig ist oder nicht. So wird beispielsweise für die Bereitstellung über den Webserver auf Port 80 der lesende Zugriff benötigt, während nach dem Parsen des UDP-Pakets des Fingerscanners das Ergebnis natürlich schreibend in die Logdatei gelangt. In beiden Fällen muss für einen kleinen Moment die Netzwerkverbindung deaktiviert werden, damit der Zugriff auf den Micro-SD-Steckplatz möglich wird.

```
// ------------------------------------------------------------------------
void setupSDread(){
  digitalWrite(ETH_PIN, HIGH);   // ETH abschalten
  digitalWrite(SD_PIN, LOW);     // SD-Karte einschalten
  if (!SD.begin(SD_PIN, SPI_HALF_SPEED)) {
    SD.initErrorHalt();
  }
  // open the file for write at end like the Native SD library
  if (!ekeyFile.open(EKEYFILE, O_READ)) {
    SD.errorHalt("[setupSDread] Fehler beim Oeffnen...");
  }
// Serial.println("\n[setupSDread] Oeffne Datei <ekeyfinger.csv> fuer
Webtransfer...");
// Serial.println("\n[setupSDread] ETH AUS");
// Serial.println("\n[setupSDread] SD EIN");
  return;
}
// ------------------------------------------------------------------------
void setupSDwrite(){
  digitalWrite(ETH_PIN, HIGH);   // ETH abschalten
  digitalWrite(SD_PIN, LOW);     // SD-Karte einschalten
  if (!SD.begin(SD_PIN, SPI_HALF_SPEED)) {
    SD.initErrorHalt();
  }
  // oeffne Datei und setze Zeiger auf Dateiende
  if (!ekeyFile.open(EKEYFILE, O_RDWR | O_CREAT | O_AT_END)) {
    SD.errorHalt("\n[setupSDwrite] Fehler beim Oeffnen...");
  }
// Serial.println("\n[setupSDwrite] Open ekeyfinger.csv zum Schreiben...");
// Serial.println("\n[setupSDwrite] ETH AUS");
// Serial.println("\n[setupSDwrite] SD EIN");
}
```

```
// ------------------------------------------------------------
void setSDonReadETHoff(){
  setSDonETHoff();
// Serial.println("\n[setSDonReadETHoff] SD READ");
  setupSDread();
  return;
}
// ------------------------------------------------------------
void setSDonWriteETHoff(){
  setSDonETHoff();
// Serial.println("\n[setSDonWriteETHoff] SD WRITE");
  setupSDwrite();
  return;
}
// ------------------------------------------------------------
void setSDonETHoff(){
  digitalWrite(ETH_PIN, HIGH);   // ETH abschalten
  digitalWrite(SD_PIN, LOW);     // SD-Karte einschalten
// Serial.println("\n[setSDonETHoff] ETH AUS");
// Serial.println("\n[setSDonETHoff] SD EIN");
  return;
}
// ------------------------------------------------------------
void setSDoffETHon (){
  digitalWrite(ETH_PIN, LOW);    // ETH einschalten
  digitalWrite(SD_PIN, HIGH);    // SD-Karte ausschalten
// Serial.println("\n[setSDoffETHon] ETH EIN");
// Serial.println("\n[setSDoffETHon] SD AUS");
  return;
}
// ------------------------------------------------------------
void setupWeb(){
  webServer.begin();
  return;
}
// ------------------------------------------------------------
```

Die unterschiedlichen Funktionen sollten weitestgehend selbsterklärend sein und lassen sich durch den Funktionsnamen – beispielsweise setSDoffETHon – auch in der aufrufenden Funktion eindeutig identifizieren und zuordnen. Die Daten werden über eine eigene Funktion serveCSV für den Webservice an Port 80 vom Arduino im Heimnetz zur Verfügung gestellt.

```
/* Schickt die CSV-Datei zu dem HTTP-Client an Port 80 */
boolean serveCSV(EthernetClient client){
  // Offene Verbindung auf SD-Karte schliessen
```

```
  ekeyFile.close();
  delay(500);
  client.println("HTTP/1.0 200 OK");
  client.println("Content-Type: text/csv");
  client.println("Connection: close");
  client.println("Content-disposition: attachment;filename=ekey-
fingerdoor.csv");
  client.println();
  // SD einschalten
  setSDonReadETHoff();
   int data;
  while ((data = ekeyFile.read()) >= 0) {
    client.write(data);
  }
  // Datei schliessen
  ekeyFile.close();
  // wieder Pipe fuer Schreibzugriff herstellen
  setSDonWriteETHoff();
  // ETH einschalten
  setSDoffETHon();
 return true;
}
```

Auch in der Funktion `serveCSV` ist es notwendig, abhängig voneinander zwischen der Micro-SD-Karte und der Netzwerkschnittstelle hin- und herzuschalten – das wird von den Funktionen `setSDonReadETHoff` und `setSDonWriteETHoff` erledigt.

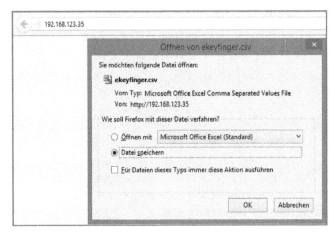

Bild 8.27: Dateiexport über HTTP erfolgreich. Die vom Arduino erzeugte CSV-/TXT-Datei lässt sich außer mit dem klassischen Tabellenkalkulationsprogramm auch mit einem Editor – beispielsweise Notepad – auf einem Windows-Computer öffnen.

Wird der Sketch auf den verkabelten Arduino hochgeladen, überwacht dieser das heimische Netzwerk auf der festgelegten IP-Adresse/dem festgelegten Port nach den passenden UDP-Datagrammen des LAN-Konverters. Schlägt der »UDP-Wachhund«

an, wird die Aktion in der Logdatei gespeichert, und diese wird umgehend wieder geschlossen. Wer hier neben dem Logging der Aktionen auch weitere Tätigkeiten wie beispielsweise das Schalten der Beleuchtung oder gar eine E-Mail- oder eine SMS-Benachrichtigung benötigt, kommt mit wenigen Schritten ebenfalls zum Ziel – für Letzteres wird lediglich ein angeschlossenes UMTS/GSM-Modem samt eingelegter SIM-Karte benötigt.

8.8 Raspberry Pi im Verteilerkasten

Im Rahmen dieses Projekts kam für den Einbau der Türelektronik ein Kleinverteiler des Herstellers Spelsberg zum Einsatz. Darin wurde neben den verschiedenen Hutschienennetzteilen für das Motorschloss, der ekey-Steuereinheit sowie dem Arduino Mega 2560 für das Logging der Zutritte zusätzlich auch ein Raspberry Pi 2 mit einem passenden Hutschienengehäuse *RasPiBox Open* verbaut. Die für den Betrieb des Raspberry Pi notwendige Spannung liefert ebenfalls ein passendes Hutschienennetzteil. Der Anschluss an das heimische Netzwerk erfolgt wahlweise drahtlos oder kabelgebunden.

Zubehör	Bemerkung	Preis	Informationen/Bezugsquelle
Kleinverteiler	Spelsberg 73542401 AK 24 Kleinverteiler IP 65	70 Euro	www.spelsberg.de
Hutschienennetzteil	Mean Well Hutschienennetzteil DR-15-5, 5 V	12 Euro	www.conrad.de
Raspberry Pi (1, 2, 3) - Gehäuse für Hutschiene	Gehäuse für Hutschiene beinhaltet Platine und Halterung dafür	25 Euro	www.hwhardsoft.de
Raspberry Pi (2)	Raspberry Pi 2, 3	38 Euro	www.raspberrypi.org
Kleinteile	USB-Kabel, Kabel	2 Euro	-

Alternativ zu dem Hutschienennetzteil lässt sich in einem Kleinverteiler auch eine Hutschienensteckdose verbauen, an der sich der Raspberry Pi wie gewohnt mit einem Steckernetzteil betreiben lässt. Der Raspberry Pi selbst kann entweder in einem »normalen« Raspberry-Pi-Gehäuse oder in einem passenden Hutschienengehäuse für den Raspberry Pi (1, 2) von *www.hwhardsoft.de* untergebracht werden.

Bild 8.28:
www.hwhardsoft.de: Dort finden Sie Hutschienengehäuse für den Raspberry Pi 1, 2, die neben dem Raspberry Pi auch eine passende Leiterplatte aufnehmen. Darauf lassen sich kleinere Schaltungen mit Widerständen, Transistoren etc. umsetzen.

Alternativ verwenden Sie ein »normales« Gehäuse für den Raspberry Pi – wichtig beim Einbau in den Verteilerkasten ist insgesamt, dass keine Kabel lose herumhängen und irgendwelche stromführenden Kontakte »offen« erreichbar sind. Sind der Raspberry Pi sicher verbaut, die Kontakte und Anschlüsse sicher konfektioniert und eine Netzwerkverbindung möglich, kann – sofern noch nicht geschehen – mit der Grundinstallation des Raspberry-Pi-Betriebssystems begonnen werden.

Grundinstallation und Konfiguration

Der Raspberry Pi ist ein preisgünstiges Board für den Einstieg in die Welt des immer weiter verbreiteten Embedded Linux – demzufolge ist auch das eingesetzte Betriebssystem aus der Linux-Welt. Linux selbst wurde bekanntlich von Linus Torvalds, der für den PC den ersten Linux/Unix-Kernel entwickelte, ins Leben gerufen. Je nach eingesetzter Hardware und Einsatzzweck sind am Markt diverse Unix/Linux-Varianten verbreitet, und auch für den Raspberry Pi samt dem kleinen Zero existiert eine speziell angepasste Version. Die Macher hinter dem Raspberry Pi veröffentlichen laufend aktuelle Versionen des Raspbian-Linux, dessen Bezeichnung sich aus den Begriffen Raspberry Pi und Debian-Linux zusammensetzt. Debian kommt auch bei den größeren

Distributionen wie der Ubuntu-Familie zum Einsatz – bei dem Raspberry Pi gibt es neben dem »originalen« Raspbian weitere speziell angepasste Lösungen, die genau auf den jeweiligen Einsatzzweck zugeschnitten sind.

Linux	Einsatzzweck
Raspbian	Büro/Office Suite
Raspbian Lite	Einsatz mit Serverdiensten und Services
Openelec / Kodi	Multimedia-Linux / Streaming Gerät
Retropie	Linux-Raspbain mit speziellen Arcade/ Konsolen-Spiele-Anpassungen und Oberfläche

Egal welches Raspberry-Pi-Linux zum Einsatz kommt, allen gemein ist, dass der Raspberry Pi selbst kein BIOS besitzt. Die nötigen Hardwareparameter und Einstellungen finden Sie in der Datei /boot/config.txt. Diese Textdatei kann im laufenden Betrieb mit einem gewöhnlichen Linux-Editor (vi oder nano auf der Konsole, gedit in der GUI) geöffnet werden. Die Bearbeitung ist mit den administrativen root-Rechten möglich, dafür benötigen Sie ein vorangestellte sudo-Kommando. Alternativ kommen Sie auch über die Micro-SD-Karte auf einem Windows- oder Mac-Computer über die /boot-Partition an diese Datei heran und können sie mit einem passenden Editor wie textpad, notepad++ oder notepad anpassen. Andere Editoren oder gar Textverarbeitungen sind zu meiden, da sie den Zeilenumbruch der Unix-Datei zerstören können – die Datei ist unter Linux dann nicht mehr wie vorgesehen verarbeitbar.

Image auswählen und auf Micro-SD-Karte installieren

Für die Auswahl und Installation des passenden Betriebssystems für den Raspberry Pi stellt die stetig wachsende Netzgemeinde passende Images zur Verfügung, die kostenlos und unverbindlich zur Verfügung stehen. Die Download-Adressen der verschiedenen Betriebssystem-Images für den Raspberry Pi sind auf *www.raspberrypi.org/downloads* verlinkt.

8 Haustür öffnen ohne Schlüssel

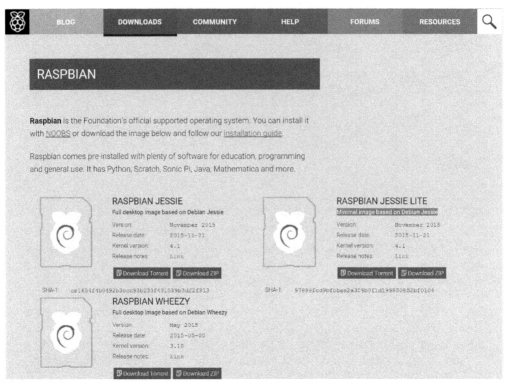

Bild 8.29: Für das Hintergrund-Linux im Schaltkasten reicht das Lite-Basissystem auf dem Raspberry Pi aus. Die Image-Datei der verschlankten Jessie-Version benötigt 374,76 MByte auf der Festplatte.

Alle paar Wochen werden auf den einschlägigen Raspberry-Pi-Seiten wie *www.raspberrypi.org/download* neue Versionen der Image-Dateien veröffentlicht – in diesem Beispiel kommt das Jessie-Raspbian-Paket vom 21.11.2015 zum Einsatz. Dieses lässt sich später im laufenden Betrieb in wenigen Augenblicken auf den neuesten Stand bringen – demnach ist das Herunterladen und Installieren der Image-Datei auf die Micro-SD-Speicherkarte eine einmalige Sache.

8.8 Raspberry Pi im Verteilerkasten

Bild 8.30: Egal ob Windows, Mac OS oder Linux – das Karten-Image für den Raspberry Pi landet zunächst in komprimierter Form auf dem Computer, wird entpackt und schließlich mit einem Image-Transferbefehl oder -Programm Bit für Bit auf die verwendete Micro-SD-Karte übertragen.

Im Fall eines Windows-Computers sollten Sie darauf achten, nach der erfolgreichen Übertragung des Raspberry-Pi-Images die Speicherkarte ordnungsgemäß mit Windows-Bordmitteln mittels Auswerfen-Kommando des Kontextmenüs aus der Systemumgebung zu entfernen, um etwaigen Schreibabbrüchen und somit Dateisystemfehlern vorzubeugen.

Spätere Inbetriebnahme: root oder pi?

Falls das Betriebssystem frisch installiert ist und noch keine Tastatur- und Sprachanpassungen vorgenommen wurden, geschieht die Erstanmeldung mit dem Standardbenutzer und dem Standardkennwort, die je nach verwendetem Betriebssystem unterschiedlich sind.

Betriebssystem/Image	Standardbenutzer	Standardkennwort
Debian Jessie / Wheezy/Squeeze	pi	raspberry
Raspbian	root	raspbian
OpenELEC	root	openelec
Raspbmc	pi	raspberry
Arch Linux	root	root

Ist beispielsweise der SSH-Server auf dem Raspberry Pi abgeschaltet, ist eine Steuerung des Raspberry Pi möglich, sofern eine Tastatur und ein Bildschirm angeschlossen sind. Wegen der voreingestellten EN/US-Tastatur liegt der Buchstabe »y« des Passworts `raspberry` auf der angeschlossenen deutschen Tastatur noch auf dem Buchstaben »z«. In diesem Fall nutzen Sie das Kennwort `raspberrz`. Egal welches Image bzw. Betriebssystem Sie einsetzen, nach dem erstmaligen Anmelden am Raspberry Pi ändern Sie das Kennwort des Benutzers mit dem `passwd`-Kommando, was für größere Sicherheit im Alltag sorgt.

Drahtlos kommunizieren via WLAN-Bluetooth-Dongle

Mit den beiden Drahtlostechniken WLAN und Bluetooth verhindern Sie praktischerweise im Treppenhaus oder der Umgebung der Haustür Kabelsalat und haben dennoch eine sichere Kommunikation über eine kurze Distanz – beispielsweise vor der Tür. Je nach Einsatzzweck des Raspberry Pi an der Haustür und je nach Nutzung der Hausautomationskomponenten, wie Tür-/Fensterkontakt, Magnetschließer, RFID-Lesegerät, Klingelüberwachung, Bluetooth-Glühbirne etc., sind die entsprechenden Schnittstellen vorab zu konfigurieren. Aber auch wenn »normales« Zubehör wie beispielsweise ein Mini-Bluetooth-Keyboard, ein Mobiltelefon mit Bluetooth-Funktion oder ein iPad, iPhone oder Android-Smartphone mit der Haustür interagieren soll, muss das passende Gegenstück in Form eines WLAN- oder Bluetooth-Adapters im Vorfeld eingerichtet sein.

USB-WLAN-Dongle im Einsatz

Möchten Sie beispielsweise an der USB-Buchse einen WLAN-Adapter betreiben, ist es im Vorgriff darauf sinnvoll, die passende WLAN-Konfiguration für das Drahtlosnetzwerk zu hinterlegen. Dafür passen Sie die Datei `/etc/network/interfaces` an:

```
sudo nano /etc/network/interfaces
```

Anschließend tragen Sie folgende Zeilen dort ein – passen Sie die Werte für den Kanal, die SSID (`wpa-ssid`) sowie das WLAN-Kennwort (`wpa-psk`) auf die vorhandene WLAN-Netzwerkumgebung an.

```
auto lo
iface lo inet loopback
iface eth0 inet dhcp

auto wlan0
allow-hotplug wlan0
iface wlan0 inet dhcp
wpa-ap-scan 1
wpa-scan-ssid 1
wpa-ssid "WLAN-SSIDNAME"
wpa-psk "WLAN-WPAWPA2-KEY"
```

8.8 Raspberry Pi im Verteilerkasten

Im Gegensatz zu älteren Raspbian-Versionen sollte die WLAN-Unterstützung der gebräuchlichsten WLAN-Nano-/Mikro-Adapter im Kernel eingebaut sein, sodass in der Regel keine weiteren Vorarbeiten für eine spätere erfolgreiche WLAN-Verbindung notwendig sind.

Bild 8.31: Der GNU-**nano**-Editor ist standardmäßig bei Raspbian mit an Bord. Damit bearbeiten Sie die notwendige Konfigurationsdatei /etc/network/interfaces.

In diesem Projekt funktionierte der eingesetzte EDIMAX EW-7811UN Wireless USB Adapter, 150 MBit/s, IEEE802.11b/g/n, auf Anhieb. Auch für denjenigen, der sich an der Haustür nicht per Mobilfunkgerät mit dem Raspberry Pi verbinden möchte, kann die Einrichtung eines mobilen WLAN-Netzwerks praktisch und für einen späteren Zugriff auf den Raspberry Pi zwecks Wartungsarbeiten etc. sinnvoll sein, um beispielsweise einen bequemen Zugriff vom Computer aus auf den Raspberry Pi zuzugreifen. Die Grundvoraussetzung dafür ist, dass sich beide Geräte in einem gemeinsamen Netz und im selben Netzwerksegment befinden.

Kein DHCP-Server: statischer Zugriff nötig

Ist die Reichweite des WLAN-Routers eingeschränkt bzw. der DHCP-Server für den Raspberry Pi an der Tür unzuverlässig erreichbar, ist die Einrichtung einer statischen IP-Adresse sinnvoll. Die Änderung der Netzwerkkonfiguration nehmen Sie in der Datei /etc/network/interfaces vor. In den Werkeinstellungen ist der Raspberry Pi standardmäßig auf DHCP konfiguriert. Möchten Sie beispielsweise zukünftig die IP-Adresse 192.168.123.19 für den Zugriff auf den Raspberry Pi verwenden, ändern Sie in der Konfigurationsdatei den folgenden DHCP-Eintrag:

```
iface wlan0 inet dhcp
```

Es reicht, obigen Eintrag mit einem führenden Hashtag-Symbol auszukommentieren und stattdessen nachstehende Zeilen einzufügen.

```
iface wlan0 inet static
    address 192.168.123.19
    network 192.168.123.0
    netmask 255.255.255.0
    broadcast 192.168.123.255
    gateway 192.168.123.199
```

Natürlich müssen Sie nicht die IP-Adresse 192.168.123.19 des Beispiels verwenden, passen Sie obige Parameter auf den IP-Adressbereich Ihres Netzwerks an. Die unter gateway angegebene Adresse ist die IP-Adresse des WLAN-/DSL-/Kabel-Routers, der für die Internetverbindung sorgt.

Bild 8.32: In der Datei /etc/network/interfaces legen Sie sämtliche Einstellungen aller Netzwerkschnittstellen des Raspberry Pi fest.

Damit die Änderungen wirksam werden, starten Sie den Raspberry Pi nach dem Speichern der Datei /etc/network/interfaces neu. Alternativ reicht es natürlich aus, einfach den networking-Dienst neu zu starten. Dafür nutzen Sie dieses Kommando:

```
sudo /etc/init.d/networking restart
```

Sind bzw. waren Sie über den lokalen Computer via SSH mit dem Raspberry Pi verbunden, wird die Verbindung abgebrochen, da sie gegebenenfalls über neue Verbindungsparameter verfügt. Eine erneute Anmeldung mit der (neuen) IP-Adresse des Raspberry Pi ist notwendig. Steckt das Ethernet-Kabel, entfernen Sie es und versuchen dann, drahtlos Verbindung mit dem Raspberry Pi aufzunehmen. Nach der erfolgreichen Verbindung prüfen Sie mit dem Kommando

```
sudo ifconfig
```

die aktive Netzwerkkonfiguration des Raspberry Pi. Manchmal kommt es – gerade im Dauerbetrieb des Raspberry Pi – vor, dass die Netzwerkverbindung nach einer gewissen Zeit nicht mehr funktioniert, auch ein ping-Aufruf auf die IP-Adresse führt in diesem Fall ins Nichts. Der Grund für dieses Verhalten ist meist im Power-Saving-Modus des verwendeten WLAN-USB-Adapters zu finden, wer den Raspberry Pi im 24/7-Modus mit aktiver WLAN-Verbindung betreiben möchte, der sollte auf die Abschaltung der WLAN-Energiesparoptionen achten.

Gegen das Vergessen – WLAN-Adapter-Schlafmodus abschalten

Bei dem verwendeten WLAN-Adapter von Edimax lautet die Empfehlung, den Power Saving Mode (Schlafmodus) über den installierten Treiber abzuschalten. Andernfalls wird die WLAN-Verbindung bei Inaktivität unterbrochen, und ein erneuter WLAN-Verbindungsaufbau kann nur noch über einen Neustart des Raspberry Pi erfolgen. Dafür legen Sie eine Konfigurationsdatei mit der Bezeichnung: 8192cu.conf für den Treiber im Verzeichnis /etc/modprobe.d/ mit administrativen root-Berechtigungen an:

```
sudo nano /etc/modprobe.d/8192cu.conf
```

In diese Datei wird folgender Inhalt eingetragen:

```
options 8192cu rtw_power_mgnt=0 rtw_enusbss=0
```

Um regelmäßig zu prüfen, ob die WLAN-Verbindung noch aktiv ist oder nicht, erstellen Sie im Verzeichnis /usr/local/bin ein Shell-Skript – in diesem Fall mit der Bezeichnung checkwlan.sh –, das Sie später mithilfe von crontab regelmäßig starten. Dafür erzeugen Sie mit dem nano-Editor die Datei:

```
sudo nano /usr/local/bin/checkwlan.sh
```

Schließlich tragen Sie nachstehende Zeilen dort ein:

```
#!/bin/bash
ping -c4 192.168.123.199 > /dev/null
if [ $? != 0 ]
then
   sudo /sbin/shutdown -r now
fi
```

Nach dem Einfügen der Zeilen speichern Sie die Datei und setzen anschließend mit dem chmod-Kommando die Berechtigung, damit das Skript überhaupt ausgeführt werden darf.

```
sudo chmod a+x /usr/local/bin/checkwlan.sh
```

Im nächsten Schritt passen Sie crontab an:

```
sudo crontab -e
```

Falls noch kein Eintrag existiert, wird eine neue, jungfräuliche crontab-Datei für den Benutzer root erzeugt.

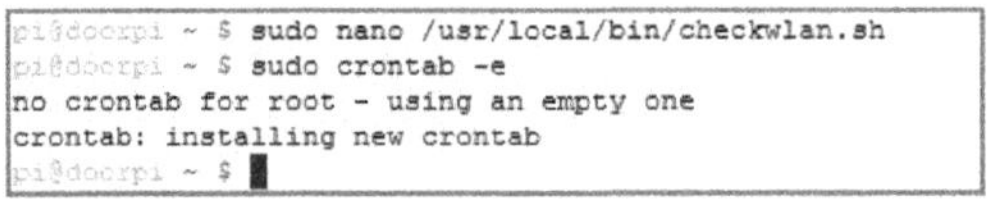

```
pi@docrpi ~ $ sudo nano /usr/local/bin/checkwlan.sh
pi@docrpi ~ $ sudo crontab -e
no crontab for root - using an empty one
crontab: installing new crontab
pi@docrpi ~ $
```

Bild 8.33: Neue crontab für Benutzer root anlegen.

Fügen Sie dort nachstehende Zeile für die Festlegung der crontab-Parameter der Skriptdatei checkwlan.sh ein:

```
*/5 * * * * /usr/bin/sudo -H /usr/local/bin/checkwlan.sh >> /dev/null 2>&1
```

Alternativ können Sie auch in der crontab-Datei das ping-Kommando direkt unterbringen – in diesem Fall sparen Sie sich den Umweg über das Shell-Skript checkwlan.sh im Verzeichnis /usr/local/bin/:

```
* * * * * ping -c 1 192.168.123.199
```

Obige Beispieldateien müssen Sie nicht abtippen – sie sind in der Datei checkwlan.sh sowie in crontab-fuer-checkwlan.sh.txt im Verzeichnis \checkwlan-shellskript zu finden.

Windows-Zugriff auf den Raspberry Pi mit Samba

Wer in seinem Heimnetz neben dem einen oder anderen Raspberry Pi auch einen Mac oder einen Windows-Rechner im Einsatz hat, wird irgendwann auch mal Daten von A nach B und zurück transportieren wollen. Dies ist gerade dann recht praktisch, wenn sich der Raspberry Pi im Sicherungskasten im Keller befindet und dort fest verbaut ist. Damit bequem von allen Computern und Räumen aus auf das Raspberry-Pi-Dateisystem im Heimnetz zugegriffen werden kann, ist für die schnelle Dateiablage und Bearbeitung in der Windows-Welt die Installation und Konfiguration des Samba-Pakets nötig. Samba ist bei fast jeder Linux-Distribution bereits mit an Bord, oder Sie installieren es im Fall eines Raspberry Pi händisch nach:

```
sudo apt-get install samba samba-common-bin
```

Ist Samba installiert und konfiguriert, verhält sich der Raspberry Pi wie ein Windows-Server für die im Netz befindlichen Computer. Grundsätzlich können Sie den Inhalt der abgedruckten Datei übernehmen. Lediglich die globalen Einträge für `netbios name`, `server string` sowie `workgroup` sollten Sie anpassen.

```
192.168.123.28 - PuTTY
Loaded services file OK.
Server role: ROLE_STANDALONE
Press enter to see a dump of your service definitions

[global]
        workgroup = 
        netbios name = RASPIAIRPRINT
        server string = RaspiAirPrint (%i)
        security = SHARE
        passdb backend = smbpasswd
        guest account = pi
        syslog = 2
        syslog only = Yes
        enable core files = No
        smb ports = 445
        max protocol = SMB2
        name resolve order = lmhosts wins bcast host
        deadtime = 30
        socket options = TCP_NODELAY IPTOS_LOWDELAY SO_RCVBUF=65536 SO_SNDBUF=65536
        load printers = No
        printcap name = /dev/null
        os level = 100
        local master = No
        read only = No
        smb encrypt = No
        use sendfile = Yes
        mangled names = No

[pi-home]
        path = /home/pi
        guest ok = Yes
        root preexec = mkdir -p /home/pi
pi@raspi-airprint:/etc/security/limits.d$ cd /home/
pi@raspi-airprint:/home$ ls
pi  printer
pi@raspi-airprint:/home$ sudo service samba restart
Stopping Samba daemons: nmbd smbd.
Starting Samba daemons: nmbd smbd.
pi@raspi-airprint:/home$
```

Bild 8.34: Unterschiedliche Wege mit einem Ziel: Die `smb.conf` erstellen Sie zunächst auf dem Computer und laden sie dann mit `scp` auf den Raspberry Pi, oder Sie bearbeiten die Datei direkt auf dem Raspberry Pi mit einem Editor wie **nano**.

Erstellen Sie zunächst die `smb.conf`-Datei, über die die Samba-Konfiguration gesteuert wird. Sie gehört beim Raspberry Pi mit Debian in das Verzeichnis `/etc/samba` und besitzt mehrere Blöcke, in denen jeweils Variablen zur Konfiguration gesetzt werden. Jeder Block stellt prinzipiell eine Freigabe dar, wobei zwei Bereichen besondere Bedeutung zukommt. Der wichtigste ist der `[global]`-Abschnitt, in dem die allgemeinen Samba-Einstellungen festgelegt sind.

Umgebungsvariablen für die Samba-Konfiguration	Beschreibung
S	Der aktuelle Service, falls vorhanden.
P	root-Verzeichnis des aktuellen Service.
u	Benutzername des aktuellen Service.
g	Gruppenname zu %u.
U	Benutzername der aktuellen Session.
G	Der primäre Gruppenname zu %U.
H	Heimatverzeichnis des Users von %u.
v	Version von Samba.
h	Hostname des Rechners.
m	NetBIOS-Name des Clients.
L	NetBIOS-Name des Servers.
M	Internetname des Clients.
p	Pfad des Home-Verzeichnisses.
I	IP-Nummer des Clients.
T	Aktuelle Zeit und aktuelles Datum.

Im `[homes]`-Abschnitt wird einem Benutzer, der von einem anderen Computer auf den Raspberry/Debian-Server zugreift, auf Wunsch das Home-Verzeichnis zur Verfügung gestellt. Voraussetzung dafür ist ein Eintrag in der `smbpasswd`-Datei. Per `smbpasswd -a NAME` legen Sie einen Samba-Benutzer in der Datei `/etc/smbpasswd` an:

```
sudo smbpasswd -a pi
```

Geben Sie das Kennwort des Benutzers `pi` ein und bestätigen es. Anschließend kann dieser Benutzer unter Samba verwendet werden. Diesen zugegebenermaßen etwas unfreundlichen doppelten Administrationsaufwand für die Benutzerpasswörter können Sie mit einem kleinen Eingriff in die `smb.conf` abstellen:

```
unix password sync = yes
```

Die wichtigsten Einträge sind in der abgedruckten `smb.conf` jedoch bereits vorhanden.

```
root@raspi-airprint:/home# smbpasswd -a pi
New SMB password:
Retype new SMB password:
Added user pi.
root@raspi-airprint:/home#
```

Bild 8.35: Auch bei der Passwortvergabe für Samba-Benutzer müssen Sie das Passwort zweimal eintippen.

Mit dem Befehl `ps fax | grep smbd` überprüfen Sie, ob der Samba Server auch wirklich läuft. Falls nicht, ist wahrscheinlich ein Tipp- oder Syntaxfehler in der Datei `smb.conf` zu finden. Mit dem Samba-Testprogramm `testparm` können Sie die Samba-Konfiguration einfach und sicher mögliche Fehler überprüfen:

```
pi@raspi-airprint:~$ testparm
Load smb config files from /etc/samba/smb.conf
rlimit_max: rlimit_max (1024) below minimum Windows limit (16384)
Processing section "[pi-home]"
Loaded services file OK.
Server role: ROLE_STANDALONE
Press enter to see a dump of your service definitions
^C
pi@raspi-airprint:~$ ulimit -n 16384
```

Bild 8.36: Kein Fehler, nur ein Hinweis: Die Meldung, dass Samba einen zu geringen rlimit_max-Wert (1024) festgestellt hat, kann ohne Folgen ignoriert werden.

Gibt das `testparm`-Programm Fehlermeldungen aus, zeigt es glücklicherweise auch die Zeilennummer an, in der der Fehler aller Wahrscheinlichkeit nach aufgetreten ist. Bessern Sie in diesem Fall die entsprechenden Zeilen in der `smb.conf`-Datei nach. Läuft die Konfiguration durch, haben Sie den ersten Teil geschafft, herzlichen Glückwunsch! Sicherheitshalber starten Sie den Samba-Daemon neu:

```
sudo service samba restart
```

Haben Sie schon einen Computer im Heimnetz in Betrieb, können Sie nach einem Neustart des Samba-Diensts den Raspberry Pi in der Netzwerkumgebung sehen. Überprüfen Sie dann die Samba-Benutzerkonfiguration auf dem Computer.

8 Haustür öffnen ohne Schlüssel

Bild 8.37: Ist der Parameter `security=user` gesetzt, wird beim Zugriff über das Netzwerk der Benutzer samt Kennung abgefragt, der zuvor über das `smbpasswd -a`-Kommando angelegt wurde.

Anschließend sind die entsprechenden Freigaben im Explorer sichtbar. Unter Windows kann auf Wunsch per Befehl *Netzlaufwerk verbinden* einem Netzlaufwerk ein eigener Laufwerkbuchstabe zugeordnet werden.

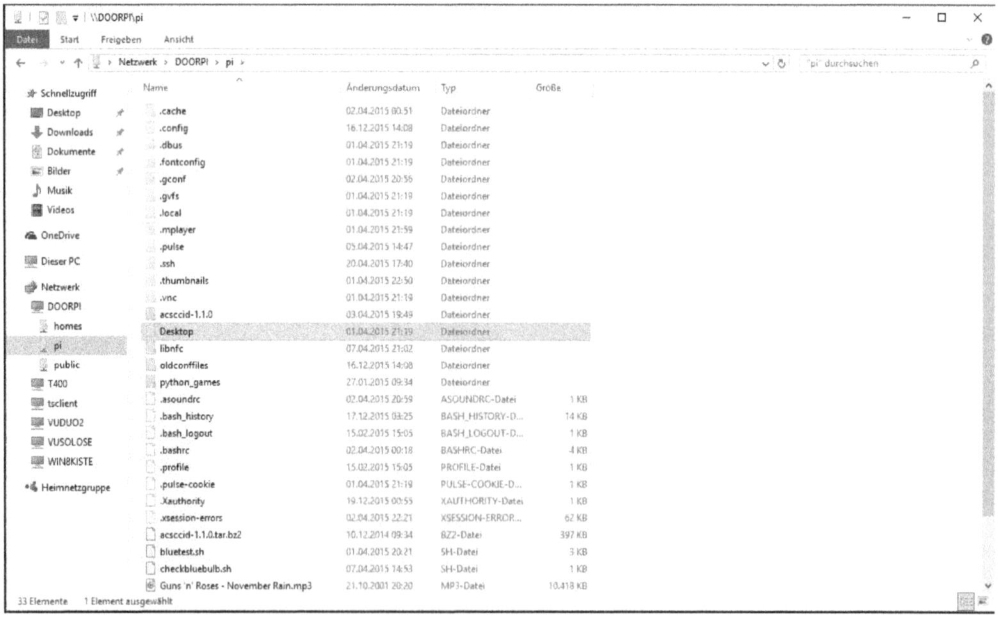

Bild 8.38: Einfache Explorer-Ordnerstruktur in Windows 10 über Samba: Die einzelnen Ordner des Raspberry Pi liegen bequem zum Bearbeiten bereit.

Nun greifen Sie von sämtlichen Computern im Heimnetz auf den Raspberry Pi zu. Umgekehrt ist das natürlich auch möglich – egal ob Mac OS, Windows oder Linux –, hier müssen Sie jedoch bei jedem einzelnen Computer den Zugriff erlauben und konfigurieren.

8.9 Tür-Motorschlosssteuerung mit dem Raspberry Pi

Die in diesem Projekt vorgestellte Lösung für die Steuerung des Tür- oder Motorschlosses ist prinzipiell für den Raspberry Pi keine große Sache – dennoch sollten Sie den alternativen Zugang jenseits des traditionellen Schlüssels mit Augenmaß und Verstand einsetzen. Das umgesetzte Projekt dient für die Haus-/Wohnungstür als Fingerscanner-Alternative sowie als alternativer Zugang, falls der traditionelle Schließzylinder beispielsweise aufgrund von Vandalismus oder Schlüsselverlust ausfällt. In diesem Fall lässt sich das verbaute Tür-/Motorschloss mit einem passwortgeschützten Zugang im Heimnetz über eine eigens eingerichtete Webseite mittels PHP bedienen. Der Zugriff in bzw. auf das Heimnetz ist über das bekannte WPA2-Verfahren abgesichert – wer es ganz sicher mag, der kann dafür ein eigenes WLAN nur für diesen Zweck einrichten, was jedoch auch einen passenden WLAN-Access-Point in das Heimnetz nötig macht. Alternativ lässt sich der Raspberry Pi mit einem WLAN-USB-Controller ausrüsten, um eine sichere Ad-hoc-Verbindung außerhalb des heimischen Netzwerks aufzubauen. Wie auch immer der Zugriff mit einem Smartphone, Tablet etc. im Endeffekt erfolgt, Grundvoraussetzung ist die Kopplung des Raspberry Pi mit dem elektrischen Türöffner, dem Motorschloss oder der Türverriegelung. Hierbei ist die Technik des Schließmechanismus zunächst zweitrangig, denn der wird in der Regel mit einem eigenen Stromkreis mit 12-V-Gleichspannung betrieben. Wird beispielsweise auf den Schalter des Türöffners gedrückt, sorgt das Drücken des Schalters dafür, dass der Stromkreis für die Ansteuerung des Türöffners geschlossen wird und der verbaute Motor den Türschnapper zurückzieht, damit der Besucher die Tür öffnen kann. Nach dem Loslassen des Schalters wird der Motor abgeschaltet, und der Türschnapper hält die Tür wieder in der Verriegelung fest. Ähnlich funktionieren die in den Türen verbauten Motorschlösser: Diese benötigen in der Regel ähnlich wie Magnetschlösser nur einen kurzen Impuls über die Steuerleitung, damit der verbaute Motor die Verriegelung öffnet. Welche Verriegelung zum Einsatz kommt, ist im nachfolgenden Projekt zunächst zweitrangig – erst einmal reicht es aus, zu wissen, dass für die Steuerung über den Raspberry Pi lediglich ein GPIO-Pin als Ausgang nötig ist, mit dem über ein Relais bzw. einer Relaisschaltung der Öffnen-Mechanismus bequem gesteuert werden kann. Neben der technischen Umsetzung und der optisch passenden Darstellung ist auch das Thema Sicherheit sehr wichtig – vor allem dann, wenn mit dieser Lösung die Haustür des Eigenheims gesteuert werden soll. Das wird in diesem Projekt mit einer einfachen Webseite in Form eines Buttons umgesetzt, der als Ein- und Ausschalter fungiert. Hat sich der Benutzer per Kennung/Passwort auf der Webseite authentifiziert, kann per Klick auf die eingebettete Grafik der Impuls für das Motorschloss gesendet und schließlich die Tür geöffnet werden.

Apache und PHP installieren und aktualisieren

Bevor es an die Bau- und Bastelarbeiten geht, schaffen Sie auf dem Raspberry Pi die Voraussetzungen, um die spätere Relaisschaltung bequem über eine eigens geschaffene Webseite per Schalter bedienen zu können. Dafür installieren Sie den Apache samt der aktuellen Version von PHP. PHP ist eine einfach zu erlernende Skriptsprache, die vor allem im Web zum Einsatz kommt. Damit der Apache-Webserver PHP-Code interpretieren und ausführen kann, muss PHP inklusive des Apache-PHP-Moduls installiert werden.

```
sudo apt-get install apache2 php5
sudo apt-get update
```

Das `apt-get`-Kommando installiert neben Apache automatisch das PHP5-Modul für Apache 2 mit allen verbundenen Abhängigkeiten und aktiviert sie. Damit die Änderungen in Kraft treten, muss der Apache gegebenenfalls neu gestartet werden. Bei einer frischen Installation sind verschiedene Einstellungen des Apache-Webservers noch anzupassen, doch zunächst prüfen Sie, ob die PHP-Installation wie gewünscht zur Verfügung steht.

PHP-Installation prüfen und Apache in Betrieb nehmen

Sind der Apache-Webserver und PHP bereits installiert, reicht für die Überprüfung der PHP-Funktionalität eine einfache, selbst gestrickte PHP-Datei aus, um den Webserver nach Dingen wie Version, PHP-Parametern etc. abzufragen. Dafür erstellen Sie im Wurzelverzeichnis des Webservers – in diesem Beispiel ist das der Pfad /var/www – die Datei `index.php` anstelle der `index.html` oder alternativ eine Datei mit der Bezeichnung `info.php`, die Sie mit folgendem Inhalt befüllen:

```
<?php
phpinfo();
// Zeigt nur Modulinformationen.
phpinfo(INFO_MODULES);
?>
```

Nach dem Eintragen und Speichern setzen Sie die nötigen Berechtigungen für den späteren Zugriff, der über den www-Benutzer erfolgt:

```
sudo chown pi.www-data /var/www/info.php
```

Im nächsten Schritt starten Sie auf dem Computer einen Webbrowser und rufen die angelegte PHP-Datei über die IP-Adresse und die Dateibezeichnung `info.php` auf.

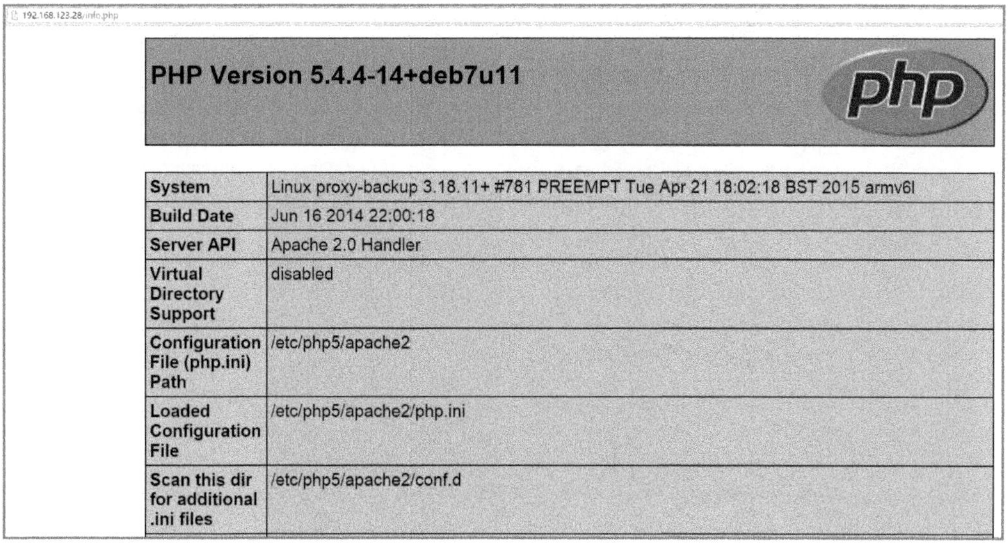

8.9 Tür-Motorschlosssteuerung mit dem Raspberry Pi

PHP Version 5.4.4-14+deb7u11

System	Linux proxy-backup 3.18.11+ #781 PREEMPT Tue Apr 21 18:02:18 BST 2015 armv6l
Build Date	Jun 16 2014 22:00:18
Server API	Apache 2.0 Handler
Virtual Directory Support	disabled
Configuration File (php.ini) Path	/etc/php5/apache2
Loaded Configuration File	/etc/php5/apache2/php.ini
Scan this dir for additional .ini files	/etc/php5/apache2/conf.d

Bild 8.39: Erfolgreich installiert: Ähnlich wie in der Abbildung sollten Sie nun die aktuellen PHP-Einstellungen angezeigt bekommen. Wird nur der PHP-Code angezeigt, spricht Apache noch nicht PHP – in diesem Fall hilft ein Neustart des Webservers per `sudo service apache2 restart`.

Manchmal kommt es vor, dass der Webserver Fehlermeldungen wie `Kein Schreibzugriff` oder gar nur eine leere Seite anzeigt. Das rührt meist daher, dass der Webserver keinen Schreibzugriff auf Ordner hat, die über den Benutzer `pi` oder `root` erstellt wurden. Dafür ist es wichtig, dass die PHP-Dateien im Verzeichnis `/var/www` die passenden Rechte haben, die sie für die korrekte Darstellung benötigen. Sind alle nötigen Dateien im Wurzelverzeichnis angelegt, setzen Sie die Rechte mit dem chown-Kommando für den Benutzer `pi` sowie die Gruppe `www-data` neu.

```
chown -R www-data:www-data /var/www
```

Erscheint nach dem Start des Apache-Daemons auf der Konsole die Meldung `Could not reliably determine the server's fully qualified domain name, using 127.0.1.1 for ServerName`, hilft ein kleiner Eingriff in die Konfigurationsdatei `apache2.conf`.

```
sudo bash
nano /etc/apache2/apache2.conf
```

Fügen Sie am Ende der Datei den Eintrag

```
ServerName localhost
```

hinzu. Nach einem erneuten Start von Apache sollte der Fehlerhinweis auf der Konsole der Vergangenheit angehören.

Sicherer Zugriff: .htaccess und .htpasswd erzeugen

Damit nicht jeder im Heimnetz auf die Webseite zum Öffnen der Haustür zugreifen und gewollt oder versehentlich den Öffnen-Mechanismus in Gang setzen kann, richten Sie zum Schutz des Verzeichnisses, in dem die Dateien der Webseite liegen, eine Benutzername-Kennwort-Abfrage ein, und zwar über die bewährte Methode mithilfe der .htaccess-Datei, die im entsprechenden Wurzelverzeichnis angelegt wird. Bevor Sie diese mit dem nano-Editor erzeugen, stellen Sie sicher, dass in der Konfigurationsdatei /etc/apache2/sites-available/default der Wert des Apache-Parameters AllowOverride von None auf All gesetzt wird.

```
nano /etc/apache2/sites-available/default
```

In dieser Datei ist der Parameter AllowOverride möglicherweise mehrfach vorhanden. Für Sie ist der Bereich, in dem die Zeile DocumentRoot /var/www vorhanden ist, relevant – und in den jeweiligen <Directory>-Abschnitten finden Sie jeweils einen AllowOverride-Parameter.

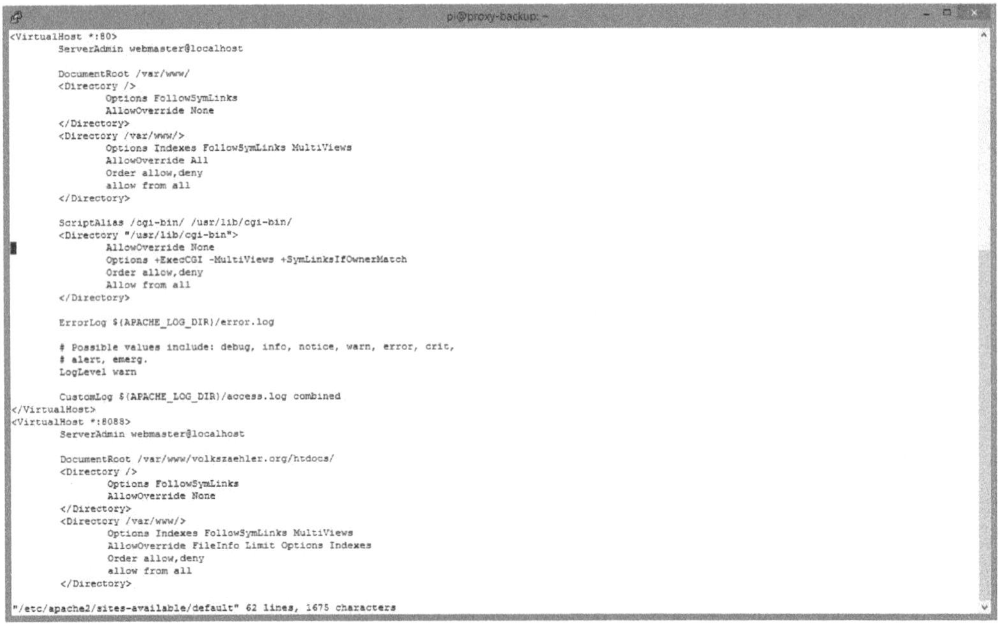

Bild 8.40: Im Bereich <VirtualHost *:80> passen Sie in jedem <Directory>-Abschnitt jeweils den Parameter AllowOverride an.

Im nächsten Schritt können Sie im Wurzelverzeichnis /var/www mit dem nano-Editor die leere Datei .htaccess anlegen. Vorsorglich fügen Sie wie in den nachstehenden Zeilen schon den relevanten Code zur Authentifizierung hinzu:

```
AuthType Basic
AuthName "Door-Lock: Bitte User / Passwort!"
AuthUserFile /var/www/.htusers

Options -Indexes
Require valid-user

Order deny,allow
Deny from all
Allow from 192.168.123
```

Um etwaige Verzeichnisse im Wurzelverzeichnis unsichtbar zu machen, tragen Sie die Zeile `Options -Indexes` ein. Das Prinzip des `.htaccess`-Verzeichnisschutzes liegt in der dazugehörigen `passwd`-Datei, in der Benutzer und gehashte Passwörter gespeichert sind. Wie diese Datei im Endeffekt heißt, ist unerheblich, wichtig ist, dass sie in der `.htaccess`-Datei über die Option `AuthUserFile` mit vollem Pfad angegeben wird.

```
htpasswd -c .htusers pi
```

In diesem Beispiel heißt die korrespondierende Datei `.htusers`, die automatisch per Kommandozeile über das `htpasswd`-Kommando angelegt wird.

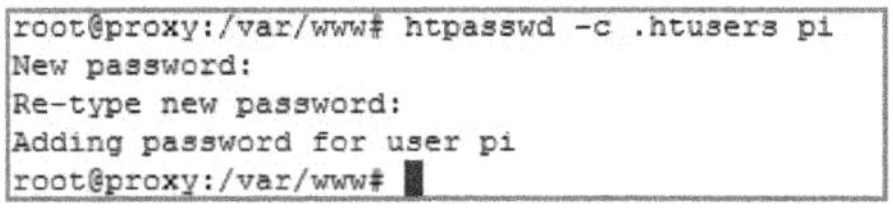

```
root@proxy:/var/www# htpasswd -c .htusers pi
New password:
Re-type new password:
Adding password for user pi
root@proxy:/var/www#
```

Bild 8.41: Bei der Anlage des Benutzerkontos für den `.htaccess`-Zugriff wird auf der Konsole das dazugehörige Passwort abgefragt und in der neu erstellten `/var/www/.htusers` gespeichert.

Ist die obige `.htaccess`-Datei gespeichert und sind die Benutzer angelegt, starten Sie mit dem `sudo service apache2 restart`-Kommando den Apache-Webserver neu. Beginnen Sie nun mit einem beliebigen Browser und greifen Sie auf die IP-Adresse des Raspberry Pi zu – folgende Meldung sollte erscheinen:

Bild 8.42: Benutzername und Kennwort notwendig: Mit der `.htaccess`-Technik sichern Sie den Zugriff auf den virtuellen Schalter gegen Unbefugte ab.

Im nächsten Schritt lässt sich der Webserver mit den beiden nötigen PHP-Dateien füttern – eine Datei ist notwendig für die Darstellung des Schalters, die andere für die eigentliche Steuerung des GPIO-Pins des Raspberry Pi. Das Zusammenspiel der beiden Dateien wird über ein kleines JavaScript erledigt. Bevor Sie die PHP-Datei für die Steuerung des GPIO-Pins auf dem Raspberry Pi erzeugen, tauchen Sie kurz in die Hardwareumgebung des Projekts ein und erledigen den Anschluss des Relais bzw. der Relaisschaltung an den Raspberry Pi sowie an das Motorschloss, den Türöffner oder den Magnetschalter der Haustür.

Türrelais über GPIO-Pin schalten

Wie bei einem Raspberry Pi üblich können die mit dem Computer verbundenen Geräte und angeschlossenen Gadgets über die Kommandozeile mit den Standardwerkzeugen des Betriebssystems angesprochen und genutzt werden. Um beispielsweise ein Motorschloss oder einen Türöffner, der mit einem Steuerstrom von 12 V kommt, mit einem GPIO-Anschluss des Raspberry Pi zu steuern, werden folgende Dinge benötigt:

- Relais(-Schaltung), selbst gelötet oder Fertiglösung, beispielsweise die Conrad-Schaltung: Relaisplatine REL-PCB3 mit Relais 5 V/DC-Spule Conrad REL-PCB3 1 5 V/DC 2-Wechsler 30 W/50 VA
- gegebenenfalls Lötkolben und Kabel

Wer möchte, kann auch auf dem Steckboard oder der Lochrasterplatine eine Relaisschaltung realisieren. Doch in diesem Fall ist die »Fertiglösung« bereits wunschgemäß konfektioniert und vor allem günstiger zu bekommen, als wenn Sie die Einzelteile zum Zusammenbau bestellen würden.

8.9 Tür-Motorschlosssteuerung mit dem Raspberry Pi

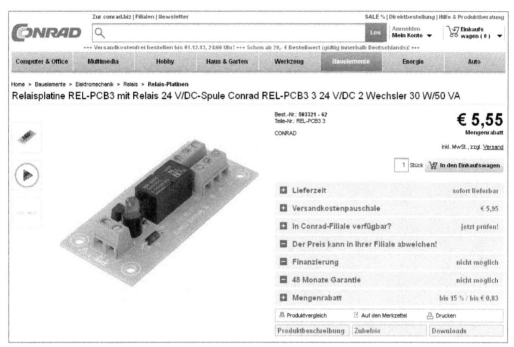

Bild 8.43: Günstiger als der Kauf der Einzelteile – kein Lötkolben notwendig: Mit dieser Relaisplatine für kleines Geld erstellen Sie in wenigen Schritten eine GPIO-Schaltung für die Ansteuerung des Tür- oder Motorschlosses.

Der Anschluss des Raspberry Pi an die beiden Relaiskontakte ist in wenigen Minuten erledigt: Wie in der nachstehenden symbolischen Abbildung zu sehen, sind die Pins 1 und 16 für den Steuerstromkreis zuständig. Verbinden Sie einfach das Massekabel (Pin 6) und das Kabel des GPIO-Anschlusses GPIO15 (Pin 10) mit dem Relais.

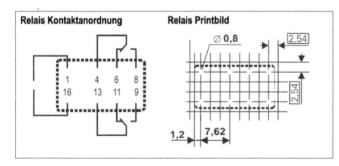

Bild 8.44: Je nach verwendetem Relais kann die Anordnung der Anschlusspins unterschiedlich sein. Am eigentlichen Relaisprinzip ändert das jedoch nichts. Durch die Auswahl der Kombination Pin 4/6 oder 4/8 bzw. 13/11 oder 13/9 legen Sie fest, ob der zu schaltende Stromkreis geöffnet oder geschlossen werden soll.

Wird nämlich der GPIO15 als Ausgang definiert und anschließend geschaltet (geschlossen), wird auch der Stromkreis für das Motorschloss der Haustür geschlossen. In diesem Fall wird das Steuerkabel mit der Spannung 12 V getrennt, und die Kabel werden mit Pin 9 und Pin 13 des Relais verbunden. Damit werden beide Kabel parallel zur ekey-Steuereinheit (Anschlusspin 7 und Pin 8) verlegt, das als Schalter-Backup fungiert.

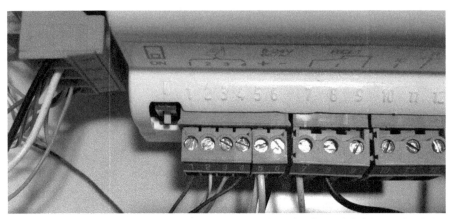

Bild 8.45: Bei einem parallelen Einsatz unter Verwendung des Conrad-Relais werden Relaispin 7 der ekey-Steuereinheit mit Anschlusspin 13 auf dem Conrad-Relais und Relaispin 8 der ekey-Steuereinheit mit Pin 9 des Conrad-Relais verbunden. Damit zapfen Sie die Steuerleitung für das Motorschloss an, das parallel wie gewohnt per ekey-Steuereinheit über den Fingerscanner gesteuert werden kann.

Damit sind die Baumaßnahmen abgeschlossen. Ist die Schaltung auf dem Steckboard umgesetzt oder gleich fix und fertig mit dem Motorschloss verbunden und am Raspberry Pi einsatzbereit, lässt sich der eigentliche Schaltvorgang über die Kommandozeile mit dem `gpio`-Befehlssatz der WiringPi-API testen. Doch am besten ist es, Sie nutzen für die Codeentwicklung zunächst eine einfach LED samt Widerstand, um das Relais des Motorschlosses zu simulieren. Der dafür nötige Aufwand lässt sich mit dem Einsatz der WiringPi-API reduzieren. Im ersten Schritt des Motorschloss-Projekts legen Sie fest, dass Pin Nummer 10 – also WiringPi-Pin 16 (= GPIO15) – als Ausgang genutzt wird. Der eigentliche Schaltvorgang erfolgt per `write`-Parameter:

```
gpio mode 16 out
gpio write 16 1
gpio write 16 0
```

Zunächst wird der Ausgangs-Mode aktiviert, dann wird der Stromkreis mit der entsprechenden GPIO-Pin geschlossen und schließlich mit dem Setzen des Werts 0 wieder geöffnet. Mit dieser Technik steht eine relativ einfache Möglichkeit zur Verfügung, angeschlossene Geräte am Raspberry Pi nach Wunsch automatisiert per Skript ein- oder auszuschalten. Setzen Sie sie mit einem Türschloss oder einem Motorschloss ein, achten Sie darauf, das Schloss nach einem bestimmten Zeitpunkt wieder auszuschalten, da sonst die Tür dauerhaft geöffnet wäre. In der Regel reicht für den Schaltimpuls eine Zeitdauer von drei Sekunden aus – je nach Motorschlosshersteller oder Türöffner kann dieser Wert jedoch variieren.

GPIO-Steuerung über PHP und JavaScript

Der eigentliche Schaltvorgang über die Webseite erfolgt über die WiringPi-API, die in diesem Beispiel über das `system`-Kommando im PHP-Code der abgedruckten Datei `switchdoor.php` eingebunden ist. Da für die saubere Steuerung über den GPIO-Pin sichergestellt sein muss, dass der Pin auch als Ausgang definiert ist, geschieht dies bei jedem Aufruf über die `system ( "gpio mode 16 out" );`-Zeile. Anschließend wird der eigentliche Schaltvorgang vorgenommen, in dem der Schalterpin auf den Wert 1 gesetzt wird. Nach der Wartezeit von drei Sekunden, die in der Regel als Sendeimpuls für das Motorschloss ausreichen, wird der Wert des Schalterpins mittels `system ( "gpio write 16 0" );` wieder auf den Ausgangswert 0 gesetzt.

```php
<?php
$status = array ( 0 );
// set pin mode to output
system ( "gpio mode 16 out" );
// turns on the switch
system ( "gpio write 16 1" );
//reads and prints the switch status
exec ( "gpio read 16".$status );
echo ( $status[0] );
// wait 3 seconds
sleep ( 3 );
// turns off door switch
system ( "gpio write 16 0" );
?>
```

Das Zusammenspiel zwischen der obigen GPIO-Steuerung und der Startseite `index.php` übernimmt eine JavaScript-Datei mit der Bezeichnung `switchdoor.js`, die in diesem Fall nichts nichts anderes macht, als zwei JPEG-Bilder (Rot/Grün-Button) als Schaltfläche zur Verfügung zu stellen und deren Zustand (ein/aus) an die Steuerung der `switchdoor.php` zu übermitteln.

```javascript
// globals
var SwitchButton = [document.getElementById("button_0")];
function change_pin ( index ) {
    var data = 0;
    var request = new XMLHttpRequest();
    // Klick auf grafik  -> gruener Button
```

```
    SwitchButton[index].src = "img/green.jpg";
    request.open( "GET" , "switchdoor.php?index=" + index, true);
    request.send(null);
    request.onreadystatechange = function () {
        if (request.readyState == 4 && request.status == 200) {
            data = request.responseText;
            if ( !(data.localeCompare("0")) ){
                SwitchButton[index].src = "img/red.jpg";
            }
            else if ( !(data.localeCompare("1")) ) {
                SwitchButton[index].src = "img/green.jpg";
            }
            else if ( !(data.localeCompare("Fehler!"))) {
                alert ("Fehler!" );
                return ("Fehler!");
            }
            else {
                alert ("Fehler!" );
                return ("Fehler!");
            }
        }
        else if (request.readyState == 4 && request.status == 404) {
            alert ("404 Server Fehler!");
            return ("Fehler!");
        }
        else if (request.readyState == 4 && request.status == 500) {
            alert ("500 Server Fehler!");
            return ("Fehler!");
        }
        else if (request.readyState == 4 && request.status != 200 &&
request.status != 404 && request.status != 500 ) {
            alert ("Fehler!");
            return ("Fehler!"); }
    }
return 0;
}
```

In dem Container der `index.php` befindet sich ein Button mit der `id`-Bezeichnung `button_0`, der im `IMG`-Objekt hinterlegt ist. Er ruft beim `onclick`-Event die JavaScript-Funktion `change_pin()` auf. In der JavaScript-Funktion `change_pin()` wird zunächst das `XMLHttpRequest`-Objekt erzeugt. Damit wird ein `GET`-Request an die lokale URL `switchdoor.php` geschickt. Ist der Request abgeschlossen, wird schließlich die Response-Rückmeldung ausgewertet, die entsprechende Image-Datei als Button definiert und im Browser dargestellt.

```
<!DOCTYPE html>
<html>
    <head>
        <meta charset="utf-8" />
        <title>Raspberry Pi DOOR-Switch</title>
    </head>
    <body style="background-color: black;">
        <?php
        $val_array = array(16);
        system("gpio mode 16 out");
        exec ("gpio read 16" );
        //if off
        if ($val_array[0][0] == 0 ) {
        echo ("<img id='button_0' src='img/red.jpg' onclick='change_pin(0);'/>");
        }
        //if on
        if ($val_array[0][0] == 1 ) {
        echo ("<img id='button_0' src='img/green.jpg' onclick='change_pin(0);'/>");
        }
        ?>
        <!-- javascript -->
        <script src="switchdoor.js"></script>
    </body>
</html>
```

Im nächsten Schritt prüfen Sie das Zusammenspiel der Dateien auf dem Computer, indem Sie einfach den Webbrowser öffnen, die IP-Adresse des Raspberry Pi in die Adresszeile eintragen, sich gegebenenfalls an dem Log-in-Mechanismus anmelden und schließlich schauen, ob sich die am Raspberry-Pi-GPIO angeschlossene LED nun einschalten lässt. Nach drei Sekunden sollte sie automatisch ausgeschaltet werden.

Nicht lange suchen – Türschalter im Telefonbuch speichern

Der Zugriff auf die Raspberry-Pi-Webseite ist in diesem Fall über das Heimnetz bei einer aktiven (und hoffentlich sicheren) WLAN-Verbindung möglich. Doch stehen Sie irgendwann mal mit dem Smartphone vor der Haustür und wissen den Namen oder die IP-Adresse der »Schalter-Webseite« nicht mehr, ist im dümmsten Fall das manuelle Ausprobieren irgendwelcher IP-Adressen im Heimnetzsegment nötig. Um sich das lästige Ausprobieren und Suchen der verfügbaren IP-Adressen zu ersparen, speichern Sie für den schnellen und sicheren Zugriff einfach die URL-Adresse in Ihrem Telefonbuch – dafür vorhandene Platzhalter wie Webseite/Homepage eignen sich hier vorzüglich.

8 Haustür öffnen ohne Schlüssel

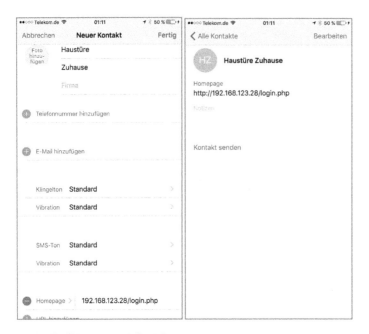

Bild 8.46: iOS 9: Neuen Kontakt anlegen, Name/Bezeichnung angeben und im Bereich *Homepage* die individuelle URL für den Zugriff eintragen. Im nächsten Schritt lässt sich die Adresse auswählen und per Webbrowser automatisch öffnen. Die Authentifizierungsdaten müssen schließlich eingetragen werden, um Zugriff auf die PHP-Dateien zu erhalten.

Der große Vorteil dieser Lösung ist, dass sich die Webadresse bequem direkt vom Adressbuch/Telefonbuch aufrufen lässt – lediglich die Benutzer-Kennwort-Kombination sollte Ihnen bekannt sein, damit der Zugriff auf den Schalter-Button möglich wird.

Bild 8.47: Notöffnung der Haustür mit dem Smartphone: Nach dem Klick auf die rote Schaltfläche wechselt diese auf die Farbe Grün, danach wird der GPIO-Anschluss aktiviert und dann für drei Sekunden das Relais ein- und anschließend wieder ausgeschaltet.

Damit haben Sie mithilfe des Raspberry Pi im Schaltschrank einen Notfallschlüssel über das heimische WLAN umgesetzt. Das ist vor allem dann praktisch, wenn der Zugriff über die herkömmlichen Wege (Schlüssel, RFID-Karte vergessen/verloren, Fingerprinter defekt etc.) aus welchem Grund auch immer nicht möglich ist. Notwendig ist dafür lediglich ein Computer, ein Smartphone, ein Tablet oder Ähnliches mit WLAN-Schnittstelle, um Zugriff auf das heimische WLAN zu erhalten.

8.10 Mobilfunkanschluss für die Haustür

Mit einem SIM900-GPRS/GSM-Modul oder alternativ einem alten Mobilfunktelefon und dem Raspberry Pi oder dem Arduino richten Sie kurzerhand für die Notfallöffnung der Haustür ein automatisches SMS-Gateway ein. Damit lassen sich über den Raspberry Pi oder den Arduino bequem SMS-Nachrichten versenden und empfangen. Doch bevor Sie das Mobilfunkmodul in Betrieb nehmen, prüfen Sie, ob das SIM900X-Modem auch eine halbwegs aktuelle Firmware besitzt – und installieren gegebenenfalls gleich eine neue Version.

Neue Firmware: gefahrlos und schnell

Mit einer neuen Firmware für das SIM900-Modem kommen neue Funktionen hinzu, beispielsweise das MFV (*Mehrfrequenzwahlverfahren*), international auch DTMF-Verfahren (*Dual-tone multi-frequency/Doppelton-Mehrfrequenz*) genannt, oder die Unterstützung des gleichzeitigen Versands von MMS sowie die Erkennung von Störsendern (Jamming). Beim Einspielen der neuen Firmware darf nichts schiefgehen, da hier grundlegende Informationen gelöscht und überschrieben werden, die das SIM900-Modem nach dem Einschalten benötigt. Fehlen diese Startinformationen, fährt die Karte nicht mehr hoch und lässt sich gegebenenfalls nur noch als Briefbeschwerer verwenden.

SIM900-Modem richtig verkabeln

Für den Anschluss an einen Windows-PC benötigen Sie einen Adapter mit RS232-IC. Am bequemsten ist ein FTDI-USB-nach-RS232-TTL-Konverter, der auf den Internetmärkten unter der englischsprachigen Bezeichnung »FTDI USB To RS232 TTL Converter FT232 FT232RL – 5V« zu finden ist. Damit lässt sich nicht nur ein Mobilfunkmodem wie das SIM900-Modell verbinden, sondern über die vier Leitungen Rx, Tx, GND und VCC auch andere Geräte wie DSL-WLAN-Router, Switches und viele mehr. Das installierte Betriebssystem bzw. die Firmware kann ebenfalls aktualisiert werden, auch wenn der Hersteller das nicht offiziell vorgesehen hat.

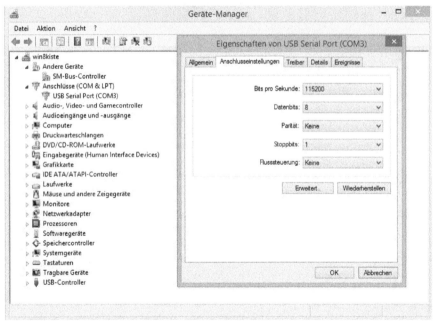

Bild 8.48: Der RS232-USB-Adapter selbst wird von Windows 7 und Windows 8/8.1 anstandslos erkannt, der Treiber wird automatisch im Hintergrund installiert. Anschließend wird der Adapter im Geräte-Manager im Register *Anschlusseinstellungen* geführt.

So lassen sich beispielsweise mit obigem RS232-Konverter auch die günstigen DLINK-Router mit der beliebten OpenWRT-Firmwarealternative ausrüsten – in diesem Buch verwenden Sie den Adapter, um dem SIM900-Mobilfunkmodem neue Funktionen in Form von neuen unterstützten AT-Kommandos einzuhauchen. Das SIM900-Modem wird mit den Anschlüssen 5-V-Spannung und Masse sowie den Signalleitungen Rx und Tx (über Kreuz) mit dem RS232-USB-Adapter verbunden.

Firmwareaktualisierung unter Windows

Grundsätzlich bestehen die notwendigen Pakete zum Flashen der Firmware aus zwei Teilen: einem Flashprogramm zum Beschreiben des Flashbausteins und der eigentlichen Firmwaredatei, die in diesem Beispiel mit der Dateiendung `.cla` kommt. Für die Aktualisierung des SIM900-Modems liefert der Hersteller eine Archivdatei, in der sich das passende Werkzeug für die Aktualisierung der Firmware unter Windows versteckt. Nach dem Auspacken der Archivdatei prüfen Sie sicherheitshalber nochmals die genaue Modellbezeichnung des SIM900-Mobilfunkmodems, da für die unterschiedlichen Modelle und Revisionen wie SIM900, SIM900A, SIM900B etc. unterschiedliche Firmwareversionen zur Verfügung stehen.

SIM900-FIRMWARE-UPDATE-TUTORIALS-APPNOTES
by dmsherazi on April 24, 2014

SIMCOM- Firmwares

Here I am trying to make a collection of firmwares and release notes for Simcom Sim900 and other Simcom GSM/GPRS modules

SIM900

- 1137B01SIM900M64_ST_DTMF_JD_MMS_FOTA.rar (6.42 MB)
- 1137B01SIM900M64_ST_ENHANCE.rar (6.57 MB)
- 1137B02SIM900M64_ST_ENHANCE.rar (6.75 MB)
- 1137B01SIM900R64-ST-ENHANCE-EAT.rar (19.85 MB)
- 1137B02SIM900M64_ST_DTMF_JD_EAT.rar (19.31 MB)
- 1137B04SIM900M64_ST_MMS.rar (6.16 MB)
- 1137B04SIM900R64_ST.rar (6.03 MB)
- 1137B08SIM900M64_ST_DTMF_JD_MMS.zip (7.48 MB)
- 1137B08SIM900M64_ST.rar 5.98 MB
- 1137B09SIM900M64_ST.rar 5.98 MB
- 1137B10SIM900M64_ST.rar 5.99 MB
- 1137B11SIM900M64_ST.rar 6.03 MB
- 1137B12SIM900M64_ST.rar 6.04 MB
- 1137B13SIM900M64_ST.rar 6.03 MB

Release Notes

- NDA_SIM900M64_ST Firmware Release Note.pdf
- NDA_SIM900M64_ST_ENHANCE Firmware Release Note.pdf

SIM900A

- 1137B07SIM900A32_ST.rar (5.98 MB)
- 1137B08SIM900A32_ST.rar (5.98 MB)
- 1137B10SIM900A32_ST.rar 6.02 MB
- 1137B12SIM900A64_ST.rar 6.02 MB
- 1137B13SIM900A64_ST_DL.rar 6.03 MB
- 1137B03SIM900A64_ST_ENHANCE.cla 2.83 MB (LATEST)

Release Notes

- NDA_SIM900A32_ST Firmware Release Note.pdf
- NDA_SIM900A32_ST_DL Firmware Release Note.pdf
- NDA_SIM900A64_ST Firmware Release Note.pdf

Bild 8.49: Über das Blog http://dostmuhammad.com/blog/sim900-firmware-update-tutorials-appnotes/ sind die meisten verfügbaren Firmwareversionen für diverse SIM900X-Varianten zu finden.

8.10 Mobilfunkanschluss für die Haustür

Die Herstellerinformationen sowie die installierte Firmwarerevision lassen sich zuvor über die AT-Kommandos AT+GMR und AT+GSV herausfinden:

```
AT+GMR
Revision:1137B13SIM900M64_ST

OK

AT+GSV
SIMCOM_Ltd
SIMCOM_SIM900
Revision:1137B13SIM900M64_ST

OK
```

Auf Nummer sicher gehen Sie, wenn neben dem Aufkleber auf dem IC auch die Ergebnisse der AT-Befehle übereinstimmen – anschließend besorgen Sie sich die passende bzw. aktuelle Version der Firmware aus dem Internet. Die eigentliche Installation der Firmware erledigen Sie mit Administratorberechtigungen: Navigieren Sie zunächst zur ausführbaren EXE-Datei des Firmwareloaders (Simcom – sim900 Customer flash loader V1.01.exe) und wählen Sie im Kontextmenü der rechten Maustaste den Eintrag *Als Administrator ausführen* aus. Ist das SIM900-Modem ordnungsgemäß mit dem RS232-USB-Adapter verbunden, wählen Sie sicherheitshalber für die Übertragungsparameter im Bereich *Communication settings* über die Drop-down-Felder die gleichen Werte aus, die im Geräte-Manager von Windows beim seriellen Anschluss eingestellt sind.

Bild 8.50: Nach dem Start des Programms legen Sie sowohl den Pfad als auch die Datei der einzuspielenden Firmwaredatei fest.

Nach Abschluss der Vorbereitungen klicken Sie auf die *Start*-Schaltfläche, um die ausgewählte Firmwaredatei in den temporären Speicher des Programms zu laden, zu prüfen und zu initialisieren. Befolgen Sie die Anweisungen im unteren Statusfenster. Nach dem Laden der Datei wartet das Flashprogramm darauf, dass das SIM900-Modem eingeschaltet wird – drücken Sie die [POWER]-Taste auf der Platine so lange, bis dies im Statusfenster mit der Meldung *Target responding* bemerkt wird, und lassen die Taste dann los.

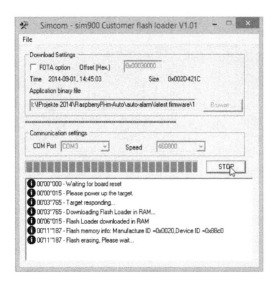

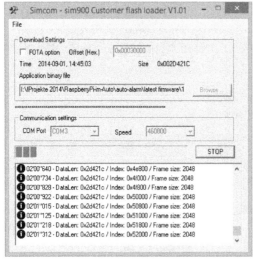

Bild 8.51: Das eigentliche Flashen der Firmware besteht aus mehreren Vorgängen: Zunächst wird der vorhandene Inhalt des Flashspeichers gelöscht, um anschließend die neuen Daten blockweise zu übertragen.

8.10 Mobilfunkanschluss für die Haustür

Nach Abschluss der Übertragung wird der Bootcode des SIM900-Adapters angepasst – insgesamt können Sie rund fünf Minuten Wartezeit für die notwendigen Dinge veranschlagen. In dieser Zeit lassen Sie das Gerät am besten in Ruhe – werden Sie erst wieder aktiv, wenn im Statusfenster die Meldung *Download done* angezeigt wird.

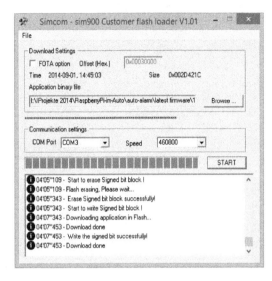

Bild 8.52: Die erfolgreiche Übertragung der neuen Firmware zeigt das Flashprogramm mit der Meldung *Download done* an.

Nach dem Firmware-Update können Sie das neue Betriebssystem umgehend testen. Haben Sie auf dem Windows-PC eine Terminalsoftware wie PuTTy, KiTTy oder Tera Term als Hyperterminalersatz installiert, nehmen Sie über die in der Systemsteuerung konfigurierte serielle Schnittstelle (hier COM3, 19200 Baud, DataBit 8, StopBit 1, Verify None, FlowControl None) mit dem SIM900-Adapter Verbindung auf und prüfen mit den bekannten AT-Kommandos zunächst die Hersteller- und Revisionsinformationen ab.

Bild 8.53: Erfolgreich geflasht: Das AT+GSV-Kommando zeigt die installierte Revision auf dem SIM900-Modem an.

Damit stehen nun neue AT-Kommandos auf dem SIM900-Modem zur Verfügung, die Sie umgehend einsetzen können – beispielsweise lässt sich der aktuelle Standort des Modems ohne GPS-Stick direkt über ein AT-Kommando bestimmen.

8.11 GPRS/GSM-Modul am Raspberry Pi

Der Anschluss des SIM900-GPRS/GSM-Moduls an der GPIO-Pfostenleiste des Raspberry Pi erscheint zunächst etwas trickreich. Anhand der aufgedruckten Pinbezeichnungen auf dem SIM900-GPRS/GSM-Modul, kombiniert mit den vorliegenden Informationen aus dem Datenblatt des Herstellers (*ftp://imall.iteadstudio.com/Modules/IM120525010_SIM900_module/DS_IM120525010_GPRS_Module.pdf*), lässt sich der Raspberry Pi mit dem SIM900-GPRS/GSM-Modul verbinden. Nachstehende Pinbelegung wurde in diesem Projekt verwendet und bezieht sich auf Raspberry Pi 2 Modell B, sie kann aber analog für die älteren Raspberry-Pi-Platinen oder den Pi 3 mit WLAN-Schnittstelle verwendet werden.

SIM900-Pin	SIM900-Pinbezeichnung	Wiring Pi-Pin	Raspberry-Pi-Pin	Raspberry-Pi-Pinbezeichnung	Raspberry-Pi-Bezeichnung
1	RST (RESET)	1	12	GPIO18	GPIO1
2	PERKEY (POWER)	0	11	GPIO17	GPIO0
3	TX (Ausgang)	16	10	GPIO15	RXD
4	RX (Eingang)	15	8	GPIO14	TXD
5	DT (Ausgang für SIM900-Debug-Port)	–	–	–	–
6	DR (Eingang für SIM900-Debug-Port)	–	–	–	–
7	GND (–)	–	6	GND	Masse
8	VCC (+)	–	2	+5 V	Spannungsversorgung

Zwar klappt das Ein- und Ausschalten des SIM900-GPRS/GSM-Moduls auch mit manuellem Drücken des Einschaltbuttons auf der SIM900-Platine, doch für spätere Automatisierungen und dergleichen ist das Schalten per Skript bzw. über Python-Code die bessere Lösung. Experimentieren Sie ein wenig mit dem Ein- und Ausschalten des

Powerpins auf der Kommandozeile, wird Ihnen schnell klar, dass das Ein-/Ausschalten des Modems nur bei einem Flankenwechsel des Signals von LOW auf HIGH funktioniert. In diesem Fall ist der Einschaltpin des Modems auf Pin 11 (WiringPi-Pin 0) des Raspberry Pi gelegt. Auf der Kommandozeile lässt sich dieser Flankenwechsel bei installierter WiringPi-Bibliothek mit wenigen Zeilen auf der Konsole umsetzen:

```
gpio mode 0 out # Ausgang konfigurieren
gpio write 0 1 # Schritt 1 - GPIO einschalten - HIGH
gpio write 0 0 # Schritt 2 - GPIO ausschalten - LOW
gpio write 0 1 # Schritt 3 - GPIO einschalten - HIGH
gpio write 0 0 # Schritt 4 - GPIO ausschalten - LOW
```

Nach der Prüfung des Ein-/Ausschaltvorgangs nehmen Sie sich die eigentlichen Modemfunktionen des SIM900-Adapters vor. Damit das Modem ordnungsgemäß funktionieren kann, muss – falls noch nicht geschehen – der serielle Anschluss des Raspberry Pi freigeräumt werden. Dafür ist mit root-Berechtigung die Datei /boot/cmdline.txt anzupassen. Dort muss der Eintrag console=ttyAMA0,115200 kgdboc=ttyAMA0,115200 entfernt werden. In diesem Fall wurde in der Datei /boot/cmdline.txt die Zeile von

```
dwc_otg.lpm_enable=0 console=ttyAMA0,115200 kgdboc=ttyAMA0,115200
console=tty1 root=/dev/mmcblk0p2 rootfstype=ext4 elevator=deadline rootwait
```

in

```
dwc_otg.lpm_enable=0 console=tty1 root=/dev/mmcblk0p2 rootfstype=ext4
elevator=deadline rootwait
```

geändert. Nach dem Entfernen des Eintrags ist auch die Systemdatei /etc/inittab zu prüfen. Dort ist die Zeile # T0: 23: respawn :/ sbin / getty-L ttyAMA0 115200 vt100 zu löschen oder zumindest mit einem Doppelkreuzsymbol # auszukommentieren.

```
# T0: 23: respawn :/ sbin / getty-L ttyAMA0 115200 vt100
```

Anschließend ist nach Änderung der beiden Systemdateien ein Systemneustart per sudo reboot-Kommando notwendig, damit die Änderungen aktiv werden können.

Steuerung des Mobilfunkmodems mit Python

Im nächsten Schritt erstellen Sie ein Python-Skript, um den angeschlossenen SIM900-Adapter bequem per Python ein- und auszuschalten. Die dazugehörigen Projektdateien sind im Verzeichnis /sim900 gespeichert.

```
cd ~
mkdir sim900
cd sim900
nano sim900-step1.py
```

Voraussetzung für die spätere Nutzung der Projektdatei `sim900-step1.py` aus dem Verzeichnis `\sim900` sind die installierten Bibliotheken `pyserial` und `RPi.GPIO`. Die Installation der beiden Bibliotheken ist im Abschnitt »Basisausstattung für den Python-Einsatz« (ab Seite 785) beschrieben. Grundsätzlich ist die Nutzung der `serial`-Bibliothek auf dem Raspberry Pi keine große Sache: Grundvoraussetzung ist, dass das Gerät – Modem, Mikrocontroller oder was auch immer mit dem Raspberry Pi gesteuert oder abgefragt werden soll – ordnungsgemäß mit dem Raspberry Pi verbunden ist. Für den seriellen Anschluss am Raspberry Pi existieren verschiedene Möglichkeiten – von der drahtlosen Bluetooth- über die USB-Buchse bis hin zur RS232-Schnittstelle ist alles dabei. Ist im Python-Code über die Zeile

```
import serial
```

die `serial`-Bibliothek definiert, reicht für den Zugriff auf die Schnittstelle die Angabe des zu nutzenden Anschlusses wie folgt aus:

```
ser = serial.Serial('/dev/ttyAMA0',115200, rtscts=True, timeout=1)
```

Anschließend kann der serielle Anschluss umgehend verwendet werden:

```
ser.write('AT\r')
```

Beachten Sie, dass bei jedem Kommando eine Bestätigung der Eingabe in Form eines CR-Zeichens (Carriage Return, `chr(13)`) oder analog des Zeichens `'\r'` erfolgen muss. Das Ergebnis des Kommandos nehmen Sie mit dem `read`-Kommando auf – wenn in diesem Beispiel das AT-Kommando ordnungsgemäß ausgeführt wird, sollte als Antwort OK zurückgeliefert werden.

```
print ser.read(64)
ser.close() # serial port schliessen
```

Beachten Sie, dass jedes Modem oder Telefon neben dem Standard-AT-Befehlssatz auch oft einen erweiterten AT-Befehlssatz mitbringt – die Angaben darüber stehen meistens im Internet auf den entsprechenden Seiten des Herstellers zur Verfügung. Nach dem obigen einfachen Python-Beispiel finden Sie in der Projektdatei `sim900-step1.py` ein ausführlicheres Praxisbeispiel, was sich aufgrund der Kapselung der wichtigsten Funktionen auch für eigene Projekte verwenden lässt.

```
#!/usr/bin/env python
# -*- coding: utf-8 -*-
#
# Pfad \sim900
# Datei: sim900-step1.py
# E.F.Engelhardt, Franzis Verlag, 2016
#-------------------------------------------------------------------
import time
import serial
```

8.11 GPRS/GSM-Modul am Raspberry Pi

```python
import os
import RPi.GPIO as GPIO
# -----------------------------------------------------------------
GPIO.setmode(GPIO.BCM) # GPIO Mode
# -----------------------------------------------------------------
GPIO_RST = 18 # GPIO18 (Ausgang) / Pin 12 / wiring Pi: 1
GPIO_PWR = 17 # GPIO17 (Ausgang) / Pin 11 / wiring Pi: 0
# -------------------------------------------------
# Start Python-Skript
# -------------------------------------------------
delay = 5
# Dauerschleife
os.system('clear')
# -------------------------------------------------
def init_SIM900():
   GPIO.setup(GPIO_RST, GPIO.OUT)
   time.sleep(1)
   GPIO.setup(GPIO_PWR, GPIO.OUT)
   time.sleep(1)
   print "| [SIM900] GPIO_RST initialisiert ..."
   print "| [SIM900] GPIO_PWR initialisiert ..."
   return;
# -------------------------------------------------
def PowerON_SIM900():
   GPIO.output(GPIO_PWR,GPIO.HIGH)
   time.sleep(1)
   GPIO.output(GPIO_PWR,GPIO.LOW)
   print "| [SIM900] wurde eingeschaltet"
   print "| [SIM900] Registering SIM ...";
   time.sleep(15); # Warten auf Registrierung SIM
   return;
# -------------------------------------------------
def PowerOFF_SIM900():
   GPIO.output(GPIO_PWR,GPIO.HIGH)
   time.sleep(1)
   if str(Check_SIM900())== '1':
      print "| [SIM900] GPIO.output(GPIO_PWR,GPIO.HIGH) setzen, da Modem noch an!"
      GPIO.output(GPIO_PWR,GPIO.LOW)
      time.sleep(1)
      GPIO.output(GPIO_PWR,GPIO.HIGH)
   print "| [SIM900] wurde ausgeschaltet"
   GPIO.output(GPIO_PWR,GPIO.LOW)
   return;
# -------------------------------------------------
def Reset_SIM900():
```

```python
    GPIO.output(GPIO_RST,GPIO.LOW)
    print "| [SIM900] Reset ..."
    time.sleep(1)
    GPIO.output(GPIO_RST,GPIO.HIGH)
    time.sleep(1)
    GPIO.output(GPIO_RST,GPIO.LOW)
    return;
# -------------------------------------------------
def Check_SIM900():
    print "| [SIM900] Check for Modem ...";
    ser=serial.Serial('/dev/ttyAMA0',9600,timeout=1);
    ser.open()
    ser.write("at\r")
    time.sleep(3)
    line=ser.read(size=64)
    # Modem-init-String schicken
    ser.write('AT S7=45 S0=0 L1 V1 X4 &c1 E1 Q0\r')
    time.sleep(3)
    # Rueckmeldung auf AT-Befehl auswerten, wenn OK enthalten, dann Modem
noch an!
    response=ser.read(size=200)
    if(response.find("OK")<>-1):
        print "| [SIM900] Modem online ...";
        return 1
    elif str((response.find("OK"))=='-1'):
        print "| [SIM900] Modem offline ...";
        return 0
    ser.close()
# -------------------------------------------------
init_SIM900() # GPIO konfigurieren
PowerON_SIM900() # SIM900-Modem einschalten
time.sleep(delay) # etwas warten
#print "warte noch weitere 30 Sekunden bis zum Ausschalten"
#time.sleep(30)
PowerOFF_SIM900() # Ausschaltvorgang anwerfen
#Reset_SIM900()
GPIO.cleanup() # GPIO aufraeumen
# ---------------------- EOF ----------------------
```

Nach dem Speichern lassen Sie die Datei vom Stapel und führen sie mit **sudo**-Berechtigungen aus:

```
sudo python sim900-step1.py
```

Die grundsätzliche Inbetriebnahme des Modems erfolgt durch das einmalige Zurücksetzen des Modems mit anschließendem Einschalten der Mobilfunkschnittstelle über den `GPIO_PWR`-Anschluss. Ist das Einschalten erfolgreich, prüft der Code das Vorhandensein der Schnittstelle und schaltet das Modem nach einem kurzen Zeitraum wieder ab.

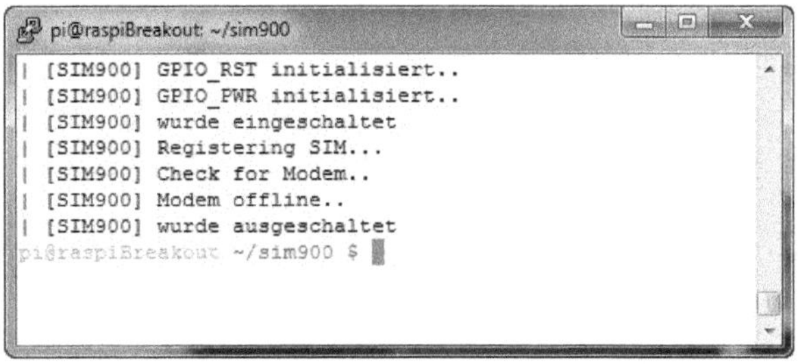

Bild 8.54: Einschalten, ausschalten und Modemprüfung erfolgreich: Das Beispielskript für das Ein- und Ausschalten des SIM900-GPRS/GSM-Moduls bildet die Basis für die Kommunikation des Raspberry Pi zur Außenwelt.

Funktioniert das Ein- und Ausschalten des SIM900-GPRS/GSM-Moduls per Skript bzw. über Python-Code reibungslos, kommen Sie im nächsten Schritt zur eigentlichen Steuerung des Mobilfunkmodems, die Sie ebenfalls später automatisieren. Grundsätzlich gilt: Die Modemfunktionen nutzen Sie in der Regel immer mit dem vorangestellten `sudo`-Kommando:

```
sudo usermod -a -G dialout pi
```

Um auch den Standardbenutzer `pi` auf dem Raspberry Pi in die Gruppe `dialout` aufzunehmen, verwenden Sie obiges `usermod`-Kommando. Im nächsten Abschnitt lernen Sie die dafür notwendigen AT-Kommandos auf dem `minicom`-Terminal kennen, die für die Kommunikation zur Außenwelt notwendig sind.

Mobilfunkmodem mit minicom-Konsole steuern

Sie benötigen lediglich ein passendes Programm, das eine Konsole emuliert, damit Sie die gewünschten Kommandos an das Betriebssystem des SIM900-Modems schicken können. Zunächst ist dafür auf dem Raspberry Pi die Terminalemulation `minicom` notwendig, die Sie mit dem Kommando

```
sudo apt-get install minicom
```

auf dem Raspberry Pi installieren. Nach wenigen Minuten sollte die Installation erledigt sein, im nächsten Schritt richten Sie `minicom` nach Ihren Wünschen ein. Hängen Sie dafür den `-s`-Parameter an den Aufruf, um direkt in die Setup-Konfiguration von `minicom` zu gelangen:

```
sudo minicom -s
```

Anschließend öffnet sich im Textmodus eine Art Menü, in dem Sie mit den Pfeiltasten navigieren und mit der [Enter]-Taste bestätigen können. Mit der [↓]-Taste wählen Sie den dritten Eintrag von oben – **Einstellungen zum seriellen Anschluss** – und drücken die [Enter]-Taste.

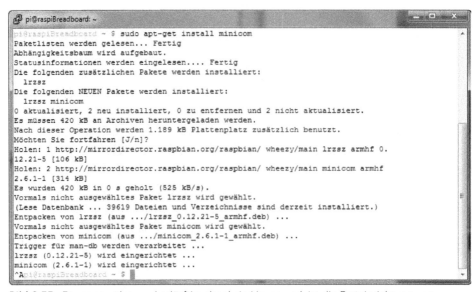

Bild 8.55: Etwas gewöhnungsbedürftig, aber kein Hexenwerk ist die Ersteinrichtung von minicom. Richten Sie vor dem Verbindungsaufbau zunächst die Parameter ein.

Anschließend befinden Sie sich im »Untermenü« und haben Zugriff auf die Parameter der seriellen Schnittstelle. Mit der Taste [A] ist das Bearbeiten des ersten Eintrags einzuschalten, damit dort für den seriellen Anschluss der Wert /dev/ttyACM0 eingetragen werden kann. Ist das Gerät über einen FTDI-USB-Adapter angeschlossen, ist meist der Anschluss /dev/ttyUSB0 der richtige.

8.11 GPRS/GSM-Modul am Raspberry Pi

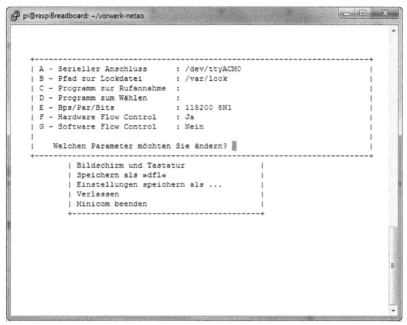

Bild 8.56: Nach der Grundkonfiguration `Bps/Par/Bits` auf 115200 8N1, `Hardware Flow Control` auf Ja und `Software Flow Control` auf Nein und dem Speichern der Einstellungen bauen Sie im nächsten Schritt die Verbindung zum angeschlossenen Mobilfunkmodem bzw. in einem späteren Projekt in diesem Buch zum Diagnoseadapter des Autos auf.

Im Zweifelsfall kontrollieren Sie per `dmesg/lsusb`-Kommando die angeschlossene Schnittstelle, wenn der Raspberry Pi mit dem GSM-Modem verbunden und dieses eingeschaltet ist. Für Verbindungsgeschwindigkeit und Parität verwenden Sie für die Baudrate `115200` mit `8N1` (8 Datenbits, kein N(one) Paritätsbit und 1 Stoppbit). Die Flusskontrolle (`Hardware Flow Control` und `Software Flow Control`) kann testweise auch komplett deaktiviert werden. Anschließend drücken Sie die [Esc]-Taste und speichern die Einstellungen über den Eintrag `speichern als dfl`. Nach der Konfiguration von `minicom` nehmen Sie mit dem Befehl

```
sudo minicom
```

Verbindung mit dem Modem auf. Beachten Sie, dass das Modem ordnungsgemäß mit dem Raspberry Pi verbunden und eingeschaltet sein muss, damit überhaupt eine Verbindung zustande kommen kann. Andernfalls erkennt `minicom` die eingestellten Verbindungsparameter nicht und nimmt stattdessen Default-Einstellungen vor, die sich im dümmsten Fall nicht verwenden lassen. Ist die Verbindung erfolgreich aufgebaut, können Sie sofort loslegen – eine Authentifizierung oder Kennworteingabe ist nicht notwendig.

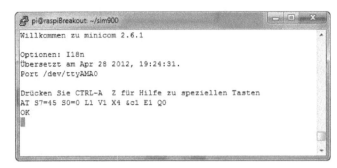

Bild 8.57: Beim Verbindungsaufbau übermittelt `minicom` 2.6.1 automatisch den Modem-Init-String – erst danach ist die Eingabe eigener AT-Befehle möglich.

Gleichwohl bietet das Modem den AT-Befehlssatz an, der im Internet ausreichend dokumentiert ist. Für das in diesem Projekt genutzte SIM900-Modem verwendet das Modem den AT S7=45 S0=0 L1 V1 X4 &c1 E1 Q0-Init-String, der beim Verbindungsaufbau von `minicom` automatisch ausgegeben wird. Im nächsten Schritt prüfen Sie die Mobilfunkverbindung und die SIM-Karte, indem Sie über das `minicom`-Terminal eine SMS-Textnachricht versenden und empfangen.

SMS-Empfang und Versand mit minicom-Konsole

SMS (*Short Message Service*) sind bekanntlich nichts anderes als Kurzmitteilungen. Da jeder Provider und jeder Netzanbieter sein eigenes Süppchen kocht, sollten Sie auch beim Einsatz einer Mobilfunkkarte mit dem Computer, dem Arduino oder dem Raspberry Pi die grundsätzlichen Einstellungen setzen oder zumindest prüfen, damit die gewünschten Funktionen wie SMS-Versand und -Empfang auch funktionieren. Soll das Mobilfunkmodem automatisiert und versteckt arbeiten, ist das vorherige Ausschalten der PIN-Abfrage manchmal sinnvoll, wenn das Steuerskript nicht so funktioniert, wie es soll. Auch das Setzen der korrekten Kurzmitteilungszentrale sollte nach Einlegen der SIM-Karte im Skript automatisch hinterlegt werden. Funktioniert der SMS-Versand nicht, muss gegebenenfalls die Nummer der Kurzmitteilungszentrale angepasst werden – gerade bei exotischen Anbietern kann es unterschiedliche SMS-Zentralen für einen Handyvertrag und für Prepaid-Karten geben.

Netzbetreiber/Anbieter	Mobilfunknetz	Kurzmitteilungszentrale
Telekom (D1)	Telekom	+491710760000
Vodafone (D2)	Vodafone	+491722270333
Vodafone (D2)	Vodafone	+491722270000
o2	o2	+491760000443
BASE (E-Plus)	E-Plus	+491770610000
mobilcom-debitel	Telekom	+491710760315

Netzbetreiber/Anbieter	Mobilfunknetz	Kurzmitteilungszentrale
mobilcom-debitel	Vodafone	+491722270880
mobilcom-debitel	o2	+491760000462
mobilcom-debitel	E-Plus	+491770602300
1&1	Vodafone	+491722270333
1&1	Vodafone	+491722270000
blau.de	E-Plus	+491770610000
callmobile	Telekom	+491710760000
callmobile	Vodafone	+491722270333
congstar	Telekom	+491710760000
FONIC	o2	+491760000443
klarmobil	Telekom	+491710760000
klarmobil	Vodafone	+491722270333
klarmobil	o2	+491760000466
McSIM	Vodafone	+491722270333
McSIM	Vodafone	+491722270000
PHONEX	o2	+491760000443
simyo	E-Plus	+491770610000
T-Mobile Austria	T-Mobile Austria	+43676021
A1 Österreich	A1	+436640501
WOWWW Österreich	A1	+436990008999
YouTalk Österreich	T-Mobile Austria	+43676021
Telering Österreich	Telering	+4365009000000
One Österreich	One	+436990001999
swisscom Schweiz	swisscom	+41794999000
orange Schweiz	orange	+41787777070
sunrise Schweiz	sunrise	+41765980000
tele2 Schweiz	tele2	+41794999000

Nach den organisatorischen Dingen wenden Sie sich der eigentlichen Modemtechnik zu – ist die SIM-Karte am Mobilfunkmodem eingesteckt, das Modem verkabelt, der Computer/Raspberry Pi hochgefahren sowie `minicom` installiert und konfiguriert, prüfen Sie nach der (automatischen) Übertragung der Modeminitialisierung mittels AT-Befehl, ob eine Verbindung zum Modem vorhanden ist oder nicht. Dieser einfache AT-Befehl macht nichts anderes, als darauf zu warten, dass er per OK-Rückmeldung bestätigt wird. Kommt hingegen eine ERROR-Meldung zurück, stimmen höchstwahrscheinlich die Verbindungsdaten nicht. In diesem Fall prüfen Sie mit dem Kommando `minicom -s` nochmals die Parameter.

Bild 8.58: Nach dem Start von `minicom` geben Sie zunächst das Kommando **AT** ein, um die Verbindung zu prüfen.

Bleibt die Verbindung stumm, liegt die Ursache in der Verkabelung, und eine beliebte Fehlerquelle ist das Vertauschen der Rx- und Tx-Verbindungen. Beachten Sie die kreuzweise Verkabelung RX-Modem zu TxD-Raspberry Pi und TX-Modem zu RxD-Anschluss des Computers.

At-Befehl	Bemerkung
AT	Chipkommunikation prüfen.
AT+CPIN="1234"	PIN für SIM-Karte übertragen.
AT+CSQ	GSM-Verbindungsstatus ausgeben.
AT+CREG?	Test, ob Verbindung zum Mobilfunknetz vorhanden.
AT+CMGF=1	SMS-Text-Modus einschalten.
AT+CSCA="+491710760000"	SMS-Center-Nummer setzen. (Hier Telekom)
AT+CMGS="+49170XXXXX"	SMS-Empfängernummer.
AT+CNMI?	Abfrage, ob SMS-Nachrichten empfangen wurden.
AT+CNMI=1,2,0,0,0	Falls SMS-Empfang aktiv, gibt das Modem die definierte Rückmeldung aus.
AT+FCLASS=1	Kanalkonfiguration für Sprach- oder Datenpakete.
AT+CBST=71,0,1	Standardkonfiguration für Anruf innerhalb des Mobilfunknetzes.

At-Befehl	Bemerkung
ATD+49000000000;	Anruf zu beliebiger Telefonnummer.
ATH	Verbindungsabbruch bzw. Auflegen.
ATS0=000	Automatische Antwort abschalten.
ATA	Anruf/Verbindungswunsch annehmen.
AT+CSCS?	Fragt das aktuell konfigurierte SMS-Encoding ab.
AT+CSCS="GSM"	Setzt SMS-Encoding auf GSM.
AT+CMGR=n	SMS aus Speicherplatz Nummer n auslesen und anzeigen.
AT+CMGD=n	SMS in Speicherplatz Nummer n löschen.
AT+CNUM	Eigentümerinformation sowie Telefonnummer der eingelegten SIM-Karte ausgeben.
AT+GMI	Herstellerbezeichnung/-name des Telefons/Modems ausgeben.
AT+GMR	Revision des Telefons/Modems ausgeben.
AT+GMM	Modellbezeichnung des Telefons/Modems ausgeben.
AT+GSN	IMEI des Telefons/Modems ausgeben.
AT+CPOWD=1	SIM900X-Modul »normal« herunterfahren/abschalten.
AT+CPOWD=0	SIM900X-Modul umgehend herunterfahren/abschalten (Reset).

Nach dem erfolgreichen Verbindungsaufbau lassen sich verschiedene AT-Befehle auf der Konsole eingeben, und damit können die Modemfunktionen des SIM900-Moduls getestet werden. Jede erfolgreiche Durchführung eines Befehls wird mit OK quittiert, während im Fehlerfall eine ERROR-Meldung auf dem Terminal erscheint. Um beispielsweise über das Terminal des SIM900-Modems eine gewöhnliche SMS über das Mobilfunknetz zu versenden, sind kleinere Vorarbeiten notwendig, die Sie über AT-Befehle erledigen:

AT

Liefert das AT-Kommando eine OK-Bestätigung zurück, schalten Sie zunächst die eingelegte SIM-Karte gegebenenfalls mit der PIN frei, sofern die PIN-Abfrage der SIM-Karte vorher nicht am Handy/Smartphone abgeschaltet wurde.

AT+CPIN="1234"

Nach dem Freischalten der SIM-Karte prüfen Sie die Qualität der aufgebauten Verbindung.

```
AT+CSQ
```

Im nächsten Schritt prüfen Sie mit dem Befehl AT+CSCS? das konfigurierte Encoding des GPRS/GSM-Modems. Als Antwort darauf sollte GSM erscheinen, falls nicht, konfigurieren Sie den AT+CSCS-Parameter mit dem Befehl AT+CSCS="GSM".

```
AT+CSCS?
AT+CSCS="GSM"
```

Wichtig ist ferner, sicherzustellen, dass beim angeschlossenen GPRS/GSM-Modem der Textmodus eingeschaltet ist.

```
AT+CMGF?
```

Grundsätzlich unterstützen Mobilfunkmodems und Telefone zwei unterschiedliche Arten von SMS: den reinen Textversand und PDU (*Protocol Data Unit*). Während der Textversand die klassische SMS abliefert, bietet das PDU-Format mehr Möglichkeiten, den SMS-Inhalt zu manipulieren. Hier lassen sich Dinge wie beispielsweise Nachrichtenverfallsdatum, Zeichenauswahl, aber auch Inhaltsspezifisches wie Fax, Sprache, Binärdateien und dergleichen festlegen. Bekanntlich können bei den MMS neben Textnachrichten auch Bilder etc. im Binärformat versendet werden – in diesem Fall beschränken wir uns auf »reine« Textnachrichten für die SMS-Ein- und Ausgabe. Mit dem Kommando AT+CMGF=1 schalten Sie den SMS-7-Bit-Klartextmodus ein:

```
AT+CMGF=1
```

Wenn der SMS-Versand nicht funktioniert, liegt die Ursache meist in der fehlenden oder falschen Nummer der Kurzmitteilungszentrale. Die Kurzmitteilungszentrale (*Short Message Service Center*, SMSC) ist auf Providerseite für die Speicherung, Weiterleitung, Umwandlung und den Versand von Kurznachrichten aller Art zuständig. Ob beim SIM900-Modem eine Nummer der Kurzmitteilungszentrale konfiguriert ist oder nicht, finden Sie über den AT+CSCA?-Befehl heraus.

```
AT+CSCA?
AT+CSCA="+491710760000"
```

In diesem Beispiel wird die Telefonnummer der Kurzmitteilungszentrale für das Telekom-(D1-)Netz eingetragen. Grundsätzlich würde die Rufnummer auch ohne die führende +49-Länderkennung mit einer zusätzlichen Null – 01710760000 – funktionieren, doch im Sinne einer einheitlichen Schreibweise sollten Sie die internationale Kennung verwenden. Falls Sie mit dem Gerät mal ins Ausland gehen, sind Mehrdeutigkeiten dann ausgeschlossen. Die Empfängerrufnummer geben Sie ebenfalls mit der +49-Länderkennung an:

```
AT+CMGS="+4917XXXXXXX"
```

8.11 GPRS/GSM-Modul am Raspberry Pi

Nach dem Absetzen des AT+CMGS-Befehls mit der Rufnummer können Sie umgehend mit der Eingabe der Nachricht für die Kurzmitteilung beginnen. In diesem Fall sorgt die Enter-Taste für einen Zeilenumbruch in der SMS – zum Beenden des Texteingabemodus nutzen Sie die Tastenkombination Strg+Z. Das Versenden der SMS erfolgt umgehend und wird mit OK bestätigt, andernfalls wird eine ERROR-Meldung zurückgegeben. Im Fehlerfall macht der AT+CMEE=1-Befehl die Suche nach der Ursache einfacher.

```
AT+CMEE=1
AT+CMGS="+4917XXXXXXX"
```

Anschließend setzen Sie den SMS-Versandbefehl nochmals ab und notieren sich den zurückgelieferten CMS-Fehler. Auf die Vielzahl der möglichen Fehler bei der Datenübertragung wird an dieser Stelle nicht eingegangen, hier bietet das Internet umfangreiche Hilfestellung, beispielsweise die smssolutions-Seite (*www.smssolutions.net/tutorials/gsm/gsmerrorcodes*).

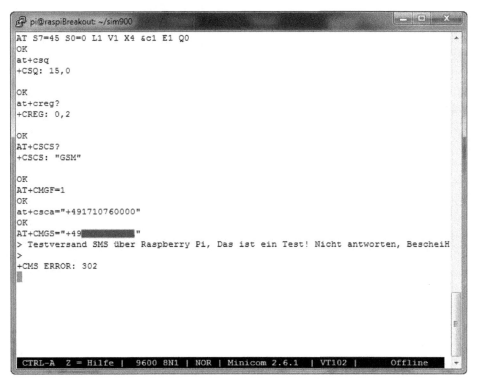

Bild 8.59: Fehler 302: Tatsächlich liegt die Ursache beim Mobilfunkbetreiber bzw. bei der eingelegten SIM-Karte, die noch nicht für den Empfang und Versand der Datendienste konfiguriert ist.

8 Haustür öffnen ohne Schlüssel

Im aktuellen Beispiel wurde eine Multi-SIM von T-Mobile verwendet – nutzen Sie für den SIM900-GSM-Adapter für den Raspberry Pi eine zusätzliche Karte für das SMS-Gateway, funktioniert das Versenden der SMS so lange nicht, bis die eingelegte Karte auf der minicom-Konsole mit dem Kommando

```
ATD*222#
```

oder auf einem Telefon per Anruf auf die Nummer *222# für den Empfang und Versand der Datendienste konfiguriert ist. So werden sämtliche SMS-Nachrichten auch auf das SMS-Gateway für den Raspberry Pi geschickt.

Bild 8.60: Ist das Telefon bzw. die SIM-Karte für Empfang und Versand der Datendienste konfiguriert, funktionieren auch der Versand und der Empfang der SMS-Nachrichten über die Kommandozeile.

Anders als bei Unix spielt bei der Modem-Terminal-Emulation bei den AT-Kommandos die Groß-/Kleinschreibung keine Rolle. Dennoch sollten Sie sich eine einheitliche Form dafür angewöhnen, um die Lesbarkeit solcher Kommandos zu erhöhen – gerade bei einem längeren Quellcode und der Einbettung in eine höhere Programmiersprache ist das schon die halbe Miete.

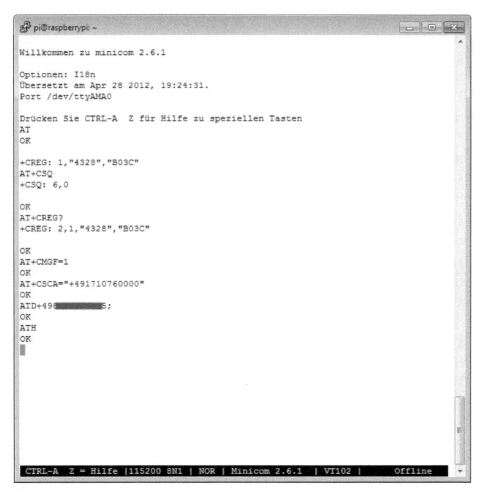

Bild 8.61: Mit den ATD- und ATH-Kommandos ist es möglich, mit dem Raspberry Pi über das Mobilfunknetz zu telefonieren.

Im nächsten Schritt können Sie beispielsweise eine Benachrichtigungsfunktion per SMS in der Python-Logik einsetzen. Dafür gibt es zahlreiche mögliche Anwendungsfälle.

- Es klingelt an der Haustür.

- Die Haustür wird geöffnet (Reed-Kontakt).
- Die Haustür wird geöffnet (mit Fingerscanner, RFI-Karte, PIN etc.).
- Der Briefkasten wird geöffnet.
- Der am Raspberry Pi angeschlossene Temperatursensor schlägt Alarm.

Die besprochenen AT-Kommandos lassen sich selbstverständlich statt über das minicom-Terminal auch über Python absetzen. Beachten Sie dabei jedoch, dass verschiedene Sonder- und Steuerzeichen entsprechend maskiert und verwendet werden müssen, damit die ursprüngliche Funktionalität der AT-Befehle erhalten bleibt. Im nächsten Abschnitt steigen Sie in diese Materie ein.

AT-Kommandos mit Python einsetzen

Je nach angeschlossenem Gerät bzw. Modem und der Konfiguration der seriellen Schnittstelle kann es beim Einsatz der AT-Kommandos manchmal zu Schwierigkeiten kommen. Funktionieren die Befehle auf der Konsole oder der minicom-Umgebung anstandslos und liefern saubere und auch interpretierbare Ergebnisse zurück, werden manchmal beim Einsatz der serial-Bibliothek keine oder unlesbare Ergebnisse ausgegeben. Das trifft oft oder gerade dann zu, wenn ein Mikrocontroller aus der ATmega-Familie wie beispielsweise ein Arduino zum Einsatz kommt.

```python
#!/usr/bin/env python
# -*- coding: utf-8 -*-
#
# Pfad \sim900
# Datei: sim900-atcommand.py
# E.F.Engelhardt, Franzis Verlag, 2016
#-------------------------------------------------------------
import serial
import time
import sys
#-------------------------------------------------------------
def close():
    ser.close()
    sys.exit()
#-------------------------------------------------------------
def atcommand(msg, timeout=2, ok='OK', end=13, length=100):
  print "| [SIM900] Kommando : "+msg
  t0 = time.time()
  while True:
    ser.write(msg+chr(end))
    ret = ser.read(length)
    if ok in ret:
```

```
       return ret
    if time.time()-t0 >= timeout:
      print "| [SIM900] Fehler beim Ausfuehren von: "+msg
      close()
#-----------------------------------------------------------
# Init
ser = serial.Serial('/dev/ttyAMA0', 115200, rtscts=True, timeout=1)
ser.open()
# sende AT Kommando
print atcommand('AT+CREG?')
#-------------------- EOF ----------------------------------
```

Abhängig vom am Raspberry Pi eingesetzten Mobilfunkmodem kann das vorherige Encodieren des abzusetzenden Kommandos bei der Übertragung mithilfe der serial-Bibliothek für die saubere Übermittlung des AT-Kommandos sowie den Empfang der Antwort notwendig werden. Eine passende Funktion kann etwa mit dem nachstehenden Codeschnipsel implementiert werden, und dort reicht es aus, den Schnittstellenparameter beim Funktionsaufruf anzupassen.

```
def sendCmdEncode(cmd='AT',com='/dev/ttyAMA0'):
   ser = serial.Serial(com, 115200, timeout=5)
   cmd = cmd +'\r'
   ser.write(cmd.encode())
   time.sleep(1)
   response = ser.read(64)
#  ser.close # ?
   return response
```

Neben dem Abfragen von Verbindungsqualität, Anbieter- und Standortinformationen und vielem mehr können Sie natürlich mit einem Mobilfunkmodem am Raspberry Pi auch banale Dinge wie mit jedem »normalen« Mobilfunktelefon erledigen. Der Unterschied zu einem herkömmlichen Telefon ist, dass die Nutzung des Telefonmoduls sowie der Versand und Empfang von Textnachrichten von Ereignissen an einem GPIO-Pin sowie von Sensormesswerten und vielem mehr abhängig gemacht werden kann.

SMS-Versand mit Python

Die Grundvoraussetzung für die Nutzung der Mobilfunkfunktionen des SIM900-GSM-Adapters unter Python ist der Einsatz der bequemen pyserial-Bibliothek. Die Beispieldatei sim900-sende-sms.py aus dem Verzeichnis \sim900 ist möglicherweise für manche Leser zu ausführlich – manche Anweisungen und Bestätigungen dienen jedoch der Übersichtlichkeit und dem Glauben, dass hier auch alles mit rechten Dingen zugeht. Um das Python-Skript einzusetzen, sind bei den Variablen

- SIM900_PIN='1234' # PIN Format xxxx

- SIM900_CENTER='+491710760000' # SMS-Message-Center
- SIM900_NUMBER='+491701234567' # Ziel-Telefonnummer
- MSGDATA='' # SMS-Inhalt-Textnachricht

eigene Inhalte einzutragen. Das meiste im Code ist selbsterklärend: Zunächst werden zum Ein-/Ausschalten der Mobilfunkkarte über die Funktion `init_SIM900()`: die beiden GPIO-Ports konfiguriert und initialisiert. Die Inbetriebnahme der GPIO-Ports und das eigentliche Einschalten erfolgen anschließend über die Funktion `PowerOn_SIM900():`. Das Ausschalten des Mobilfunkmoduls lässt sich entweder ähnlich wie das Einschalten über die Funktion `_PowerOff_SIM900()` oder besser über die Alternative `PowerOff_SIM900()` erledigen, die mit einem einfachen AT-Kommando (`'AT+CPOWD=1'`) dies per Software erledigt.

```python
# -*- coding: iso-8859-15 -*-
#!/usr/bin/python
#
# Pfad \sim900
# Datei sim900-sende-sms.py
#
# -------------------------------------------------------------
import serial
import time
import RPi.GPIO as GPIO
# -------------------------------------------------------------
GPIO.setmode(GPIO.BCM) # GPIO Mode
# -------------------------------------------------------------
GPIO_RST = 18 # GPIO18 (Ausgang) / Pin 12 / wiring Pi: 1
GPIO_PWR = 17 # GPIO17 (Ausgang) / Pin 11 / wiring Pi: 0
# -------------------------------------------------------------
SIM900_PIN='1234' # Format xxxx
SIM900_CENTER='+491710760000' # SMS-Message-Center
SIM900_NUMBER='+4917012345678' # Ziel-Telefonnummer
MSGDATA = '' # Leere Nachricht
# -------------------------------------------------------------
def init_SIM900():
    GPIO.setup(GPIO_RST, GPIO.OUT)
    time.sleep(1)
    GPIO.setup(GPIO_PWR, GPIO.OUT)
    time.sleep(1)
    print "| [SIM900] GPIO_RST initialisiert ..."
    print "| [SIM900] GPIO_PWR initialisiert ..."
    return
# -------------------------------------------------------------
def PowerOn_SIM900():
    GPIO.output(GPIO_PWR,GPIO.HIGH)
```

8.11 GPRS/GSM-Modul am Raspberry Pi

```python
    time.sleep(1)
    GPIO.output(GPIO_PWR,GPIO.LOW)
    print "| [SIM900] wurde eingeschaltet"
    print "| [SIM900] Registering SIM ...";
    time.sleep(15) # Warten auf Registrierung SIM
    return 1
# -----------------------------------------------------------------
def sendCmdEncode(cmd='AT',com='/dev/ttyAMA0',ok='OK'):
    timeout=1
    if cmd=='AT+CPOWD=1':
        ok = 'NORMAL POWER DOWN'
        timeout=5
    cmd = cmd +'\r'
    ser.write(cmd.encode())
    time.sleep(timeout)
    ret = ser.read(64)
    print ret # fuer DEBUG
    return ret
# -----------------------------------------------------------------
def _PowerOff_SIM900(): # falls 'AT+CPOWD=1' nicht funktioniert
    GPIO.output(GPIO_PWR,GPIO.LOW)
    time.sleep(1)
    GPIO.output(GPIO_PWR,GPIO.HIGH)
    time.sleep(2)
    GPIO.output(GPIO_PWR,GPIO.LOW)
    time.sleep(3)
    print "| [SIM900] wurde ausgeschaltet"
    return
# -----------------------------------------------------------------
def PowerOff_SIM900():
    pow = sendCmdEncode('AT+CPOWD=1')
    print "| [SIM900] wurde ausgeschaltet", pow
    return 1
# -----------------------------------------------------------------
def Reset_SIM900():
    GPIO.output(GPIO_RST,GPIO.LOW)
    print "| [SIM900] Reset ..."
    time.sleep(1)
    GPIO.output(GPIO_RST,GPIO.HIGH)
    time.sleep(1)
    GPIO.output(GPIO_RST,GPIO.LOW)
    return
# -----------------------------------------------------------------
def cmd_sendSMS(smsNumber=SIM900_NUMBER,msgData=MSGDATA,
smsCenter=SIM900_CENTER, smsPin=SIM900_PIN):
    if smsNumber is None:
```

```python
            print "| [SIM900] Fehler: Keine Ziel-Telefonnummer angegeben."
            sys.exit(-1)
        if msgData is None:
            print "| [SIM900] Fehler: Kein Inhalt in SMS-Nachricht vorhanden."
            sys.exit(-1)
        # Check, ob Modemverbindung ok
        if(sendCmdEncode('AT').find("OK")<>-1):
            print "| SIM900 Modem online..";
            if not 'READY' in sendCmdEncode('AT+CPIN?'): # PIN benoetigt?
                sendCmdEncode('AT+CPIN="'+smsPin+'"') # PIN eingeben
            if(sendCmdEncode('AT+CREG?').find("+CREG: 2,1")<>-1) or
(sendCmdEncode('AT+CREG?').find("+CREG: 0,1")<>-1):
                print '| SIM900 SIM im Mobilfunknetz eingebucht..'
                sendCmdEncode('AT+CMGF=1') # Textmodus einschalten
# bei MultiSIM-Karte als SMS-Karte fuer Versand und Empfang festlegen
                sendCmdEncode('ATD*222#')
                sendCmdEncode('AT+CSCA="'+smsCenter+'"')
# SMS-Message-Center einstellen
                sendCmdEncode('AT+CMGS="'+smsNumber+'"') # Versand starten
                sendCmdEncode(msgData+'\x1A\r\n') # Versand beenden
                print "| [SIM900] Nachricht erfolgreich verschickt!"
# Bestaetigung
                return 1
            elif sendCmdEncode('AT+CREG?'):
                print '| SIM900 SIM nicht im Mobilfunknetz eingebucht ...'
                return 0
        return 0
# ----------------------------------------------------------------------
if __name__ == '__main__':
    print "-"*60
    com='/dev/ttyAMA0'
    ser = serial.Serial(com, 115200, timeout=5)
    # Einschalten
    init_SIM900()
    PowerOn_SIM900()
    cmd_sendSMS()
    print "-"*60
    # Ausschalten ueber AT-Kommando
    PowerOff_SIM900()
    ser.close
    GPIO.cleanup() # GPIO aufraeumen
    print "-"*60
# ----------------------------- EOF ------------------------------------
```

Der eigentliche Vorgang des SMS-Nachrichtenversands ist an das minicom-SMS-Beispiel aus dem vorherigen Abschnitt angelehnt und besteht somit aus mehreren AT-

Kommandos, die Schritt für Schritt abgearbeitet werden. Neben den üblichen Sicherheitsabfragen (Nachricht vorhanden, Empfängerrufnummer angegeben ...) erfolgt die Netzwerkprüfung und die Konfiguration des SMS-Centers, bis zu guter Letzt die eigentliche SMS-Nachricht verschickt wird.

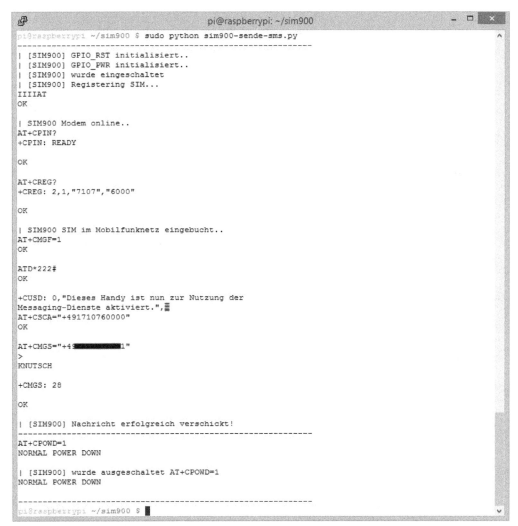

Bild 8.62: Python-Skript für den SMS-Versand im Einsatz: Schritt für Schritt werden die notwendigen AT-Kommandos angewandt und ihre Rückmeldung ausgegeben.

Möchten Sie die Bildschirmausgaben auf das Wesentliche reduzieren und die Rückmeldungen des Mobilfunkmodems nicht anzeigen, kommentieren Sie in der Funktion sendCmdEncode die Zeile

```
print ret # fuer DEBUG
```

mit einem vorangestellten #-Symbol aus. Über die gleiche Technik der wiederverwendbaren Funktion `sendCmdEncode` können Sie die gesamte Palette der verfügbaren AT-Kommandos mit dem SIM900X-Modul und dem Raspberry Pi nutzen.

Nach dem erfolgreichen Versand der SMS-Nachricht wird das Mobilfunkmodem in diesem Beispiel wieder ausgeschaltet – das Herunterfahren geschieht bei diesem Modell bequem über die eigene Funktion `PowerOff_SIM900()`.

8.12 Türöffnung per SMS am Raspberry Pi

Der Raspberry Pi ist eine Eier legende Wollmilchsau: Mit dieser günstigen Lösung lassen sich recht einfach unterschiedliche Komponenten und Technologien unter einem Dach zusammenzuführen und mit Python in einer gemeinsamen Logik steuern. Mit einem an der GPIO-Leiste angeschlossenen SIM900X-Mobilfunkmodul lässt sich beispielsweise eine selbst gestrickte Alarm- und Benachrichtigungsfunktion bauen. Es ist zum Beispiel denkbar, sich darüber informieren zu lassen, wann der Bewegungsmelder anschlägt, die Haustür per Fingerscanner geöffnet wird oder – einfacher – mit einem Reed-Kontakt nur geöffnet wird. Auch lässt sich zusätzlich ein RFID-Lesegerät für Notfälle anschließen. Erhält beispielsweise eine Person keinen Zutritt über den Fingerscanner und hat sie keinen mechanischen Schlüssel, lässt sich die Wohnungstür/Haustür über eine passende RFID-Karte, die für das Öffnen der Tür präpariert ist, öffnen. Aber auch der regelmäßige SMS-Empfang ist möglich, ohne dass dauerhaft eine Mobilfunkverbindung zum Anbieter bestehen muss. Dank des Raspberry Pi schalten Sie die Geräte nur dann an, wenn Sie sie wirklich benötigen: So startet der Raspberry Pi regelmäßig zu einem bestimmten Zeitpunkt über einen Cronjob ein Python-Skript, das kurz eine Mobilfunkverbindung aufbaut, die gegebenenfalls verfügbare SMS-Nachrichten abholt und diese – falls vorhanden –nach einem bestimmten Suchmuster bezüglich des weitern Vorgehens prüft, beispielsweise Alarm- und Benachrichtigungsfunktionen. Wird ein definiertes Suchmuster gefunden, wird an die Absendertelefonnummer beispielsweise eine Bestätigung gesendet, falls die Tür geöffnet wurde, und das Mobilfunkmodem wird anschließend wieder heruntergefahren.

Haustür öffnen per SMS

Mehr Komfort an der Haustür erreichen Sie mit einer Notöffnungsfunktion, die sich remote mit dem Smartphone aus der Ferne steuern lässt. Das ist für vor allem dann praktisch, wenn jemand unmittelbar in die Wohnung oder ins Haus muss, keinen Schlüssel und keine Berechtigung für die Nutzung des Fingerprintscanners oder einer RFID/NFC-Karte hat und Sie in dringenden Fällen den Zutritt gewähren wollen. In diesem Fall lässt sich an die SIM-Karte des an den Raspberry Pi angeschlossenen Mobilfunkmodems eine präparierte SMS-Nachricht senden, die nach der Auswertung des Raspberry Pi dafür sorgt, dass das Motorschloss der Haustür wie von Geisterhand betätigt wird. In diesem Projekt geschieht das mit dem festgelegten Kennwort PIOPENDOOR, das in der Python-Quelldatei in der Variablen ALARMSMS festgelegt wurde.

SMS-Empfang und Textanalyse

Für den verbesserten SMS-Empfang bzw. eine optimierte Darstellung und Auswertung der SMS-Nachrichten wurde die Logik der obigen Funktion cmd_chkSMS um einen Suchmechanismus ergänzt. Nach dem bereits beschriebenen Setzen der obligatorischen SMS-Center-Rufnummer wird zunächst der Empfang der SMS-Nachrichten über das Kommando AT+CNMI=2,1,0,0,1 eingerichtet.

```
AT+CNMI= <mode>,<mt>,<bm>,<ds>,<bfr>
```

In diesem Fall gibt die Option <mode> an, wie die eintreffende Benachrichtigung über Ereignisse behandelt werden soll. Mit dem Wert 1 für die Option <mt> sorgt das Modem dafür, dass die Nachricht gespeichert und nach dem erfolgreichen Speichern ein Empfangshinweis ausgegeben wird. Die folgenden beiden 0-Werte für die Optionen <bm> und <ds> sorgen dafür, dass bei eintreffenden Nachrichten weder Empfangshinweise noch Statushinweise erzeugt und verschickt werden.

Die letzte Option <bfr> sorgt mit dem Wert 1 dafür, dass in Verbindung mit dem gesetzten <mode>-Wert die gepufferten Nachrichten nach dem Empfang/Versand gelöscht werden. Dank des AT+CNMI-Kommandos informiert das GPRS/GSM-Modem selbstständig über das Eintreffen einer neuen Nachricht. Ist beispielsweise das minicom-Terminal währenddessen aktiv, lautet die entsprechende Meldung wie folgt, wobei die Zahl den lokalen Speicherort der Nachricht anzeigt:

```
+CMTI: "SM",1
```

Möchten Sie auf dem minicom-Terminal die entsprechende Nachricht anzeigen, reicht dieses Kommando aus:

```
AT+CMGR=1
```

Das Kommando

```
'AT+CMGL=\"REC UNREAD\"'
```

sorgt dafür, dass bei der Darstellung der SMS-Nachrichten nur jene angezeigt werden, die noch »neu« sind, also den Status »ungelesen« haben, und im nächsten Schritt mit dem Befehl

```
'AT+CMGL=\"ALL\"'
```

angezeigt werden. In diesem Beispiel werden die Auswahl und die Darstellung für sämtliche Nachrichten im Nachrichtenspeicher definiert. Beachten Sie, dass für die

Verarbeitung unter Python Sonderzeichen wie Hochkommata und dergleichen mit einem vorangestellten Backslash-Symbol maskiert werden.

```python
# -------------------------------------------------------------------
def cmd_chkSMS(chkData=ALARMSMS, smsCenter=SIM900_CENTER,
smsPin=SIM900_PIN):
   if chkData is None:
      print "| [SIM900] Fehler: Keine Daten angegeben."
      sys.exit(-1)
   # Check, ob Modemverbindung ok
   if(sendCmdEncode('AT').find("OK")<>-1):
      print "| [SIM900] Modem online ...";
      if not 'READY' in sendCmdEncode('AT+CPIN?'): # PIN benoetigt?
         sendCmdEncode('AT+CPIN="'+smsPin+'"') # PIN eingeben
      if(sendCmdEncode('AT+CREG?').find("+CREG: 2,1")<>-1) or (sendCmdEncode('AT+CREG?').find("+CREG: 0,1")<>-1):
         print '| [SIM900] SIM im Mobilfunknetz eingebucht ...'
         sendCmdEncode('AT+CMGF=1') # Textmodus einschalten
         # bei Multi-SIM-Karte fuer Versand und Empfang festlegen
         sendCmdEncode('ATD*222#')
         sendCmdEncode('AT+CSCA="'+smsCenter+'"')
         # SMS-Message-Center einstellen
         # gegebenenfalls etwas warten, um Zeit fuer SMS-Empfang zu haben
         # Modem konfigurieren fuer SMS-Empfang und Umgang
         sendCmdEncode('AT+CNMI=2,1,0,0,1')
         sendCmdEncode('AT+CMGL=\"REC UNREAD\"') # UNREAD Nachrichten
         print "| SMS werden empfangen ..."
         chkMSG= sendCmdEncode('AT+CMGL=\"ALL\"')
         # print 'chkMSG', chkMSG
         chkCMGL=chkMSG
         tmp = shlex.split(chkCMGL)
         # print "temp: ", tmp
         # print "Anzahl Elemente:", len(tmp)
         i=0
         sms = 0
         global SIM900_NUMBER
         while i < (len(tmp)-2):
         # print 'Element i', i, 'mit Inhalt: ', tmp[i]
            if tmp[i] == 'AT+CMGL=ALL': # erste Zeile ueberspringen
               i = i + 1
            if tmp[i] == '+CMGL:': # SMS
               i = i + 1
               sms = sms + 1
               sms_absender = tmp[i]
               sms_store, sms_status, sms_sender, sms_leer, sms_datum,
```

8.12 Türöffnung per SMS am Raspberry Pi

```
sms_uhrzeit =sms_absender.split(",",5)
            i = i + 1
            sms_inhalt = tmp[i]
            print "| \n| SMS Nr.: ", sms, "\n| Absender: ", sms_sender,
"\n| Inhalt: ", sms_inhalt, '\n| Speicherort Nr.:', sms_store, '\n| Status:
',sms_status,'\n|'
            #
            if chkData in sms_inhalt:
                print "| [SIM900] ALARM-Tuer-Oeffnung wurden angefordert!"
                SIM900_NUMBER=sms_sender # passe Antwort an Ziel-
Telefonnummer an
                # Loesche SMS aus Speicher mit AT+CMGD= -> sms_store
                if sendCmdEncode('AT+CMGD='+sms_store+',2'):
                    print "| [SIM900] Alarm-SMS an Speicherplatz: ",
sms_store, " wurde entfernt."
                    return 1
                print "| [SIM900] Alarm-Aufruf nicht gefunden.."
                #
            if i < len(tmp):
                i = i + 1
            else:
                break
    return 0
# ----------------------------------------------------------------
```

Das Ergebnis des Befehls gelangt anschließend in die Variable `chkCMGL`, die dann über `shlex` per lexikalische Analyse in ihre Bestandteile zerlegt wird. Damit lässt sich herausfinden, wie viele Elemente insgesamt im Nachrichtenpuffer vorhanden sind. Anschließend sortieren Sie in dem `while`-Konstrukt die vorhandenen Nachrichten abhängig von ihrem Inhalt und stellen sie übersichtlich dar.

Jede SMS-Nachricht wird mit einer führenden `<+CMGL:->`-Zeichenkette eingeleitet – wird diese gefunden, werden die beiden folgenden Elemente im Nachrichtenpuffer der entsprechenden Nachricht zugeordnet. Der erste Wert gibt den Absenderblock und der zweite Wert den Inhaltsblock der SMS-Nachricht an. Um den Absenderblock aus der Variablen `sms_absender` korrekt darzustellen, muss er ebenfalls in seine Bestandteile zerlegt werden. Das gelingt mit dem `split`-Kommando in der Zeile:

```
sms_store, sms_status, sms_sender, sms_leer, sms_datum, sms_uhrzeit
=sms_absender.split(",",5)
```

Anschließend wird der Index weiter hochgezählt, bis das Ende des `while`-Konstrukts erreicht ist und sämtliche vorhandenen Nachrichten durchlaufen und dargestellt wurden. Wird in den Nachrichten der Alarmsuchbegriff aus der Variablen `chkData` gefunden, schlägt die Benachrichtigungsfunktion zu. Hier wird im ersten Schritt die dazugehörige SMS-Nachricht mit dem `AT`-Kommando

```
'AT+CMGD='+sms_store+',2'
```

gelöscht. Option 2 am Ende des Kommandos sorgt dafür, dass neben den empfangenen gelesenen Nachrichten auch die versandten gespeicherten Nachrichten auf der SIM-Karte gelöscht werden, um Speicherplatz freizuräumen.

Mit dem Rückgabewert 1 bei

```
return 1
```

wird der aufrufenden Funktion anschließend mitgeteilt, dass der Alarmsuchbegriff gefunden wurde. Dies wird im main-Block der Beispieldatei weiter ausgewertet:

```
# ----------------------------------------------------------------
if __name__ == '__main__':
    print "-"*60
    com='/dev/ttyAMA0'
    ser = serial.Serial(com, 115200, timeout=5)
    # Einschalten
    init_SIM900()
    PowerOn_SIM900()
    msgData=get_Date()
    msgData='ALARM:\rTuer wurde geoeffnet um:\r'+msgData
    if cmd_chkSMS()==1:
        print "|\n| ALARM ALRAM ALARM\n|"
        cmd_sendSMS(SIM900_NUMBER,msgData)
    print "-"*60
    # Ausschalten ueber AT-Kommando
    PowerOff_SIM900()
    ser.close
    GPIO.cleanup() # GPIO aufraeumen
    print "-"*60
# ---------------------------- EOF ----------------------------
```

Der eigentliche Versand der Position läuft schließlich über die cmd_sendSMS(SIM900_NUMBER,msgData)-Funktion ab. In diesem Fall ist es notwendig, die Variable SIM900_NUMBER in der Funktion cmd_chkSMS mit global als globale Variable zu definieren, damit der entsprechende cmd_sendSMS-Aufruf mit der korrekten Zielrufnummer funktioniert. Mit diesem Know-how und Codebeispielen ausgerüstet, lässt sich bequem eine passende Alarm- und Steuerlösung für den persönlichen Einsatz zusammenbauen. Zusätzlich nutzen Sie eine automatische Alarmbenachrichtigung per SMS auf Ihr persönliches Smartphone, wenn eine Auslösung der Alarm- bzw. Türöffnerfunktion per SMS initiiert wurde.

Automatische Türöffnung per SMS-Nachricht

Die vorliegende Beispieldatei sim900-sms-opendoor-step1.py basiert im Wesentlichen auf der Datei sim900-sende-sms.py, die beide im Verzeichnis \sim900 abgelegt sind. Sie wurde im ersten Schritt unter anderem um die einfache Türöffnerfunktion openDoor ergänzt, um das in der Tür verbaute Motorschloss über ein Relais anzusteuern, das später per SMS über einen »geheimen« Code aktiviert werden soll. Dafür ist der erste Entwurf der Funktion cmd_sendSMS zuständig, die über die Variablen SIM900_NUMBER, MSGDATA, SIM900_CENTER und SIM900_PIN mit den notwendigen Angaben für die Modemkonfiguration für den SMS-Versand versorgt wird. Beachten Sie, dass in diesem Beispiel die Zustellung der SMS-Nachricht ausschließlich an die in der Variablen SIM900_NUMBER festgelegte Rufnummer möglich ist – die flexible Wahl der Rufnummer (Rückantwort an die Sender-SMS-Rufnummer) ist in der Beispieldatei sim900-sms-opendoor-step1.py umgesetzt, die sich ebenfalls im Projektverzeichnis \sim900 befindet.

```python
# -*- coding: iso-8859-15 -*-
#!/usr/bin/python
# E.F.Engelhardt, Franzis Verlag, 2016
#
# Pfad \sim900
# Datei sim900-sms-opendoor-step1.py
#
# --------------------------------------------------------------
import serial
import time
import RPi.GPIO as GPIO
import subprocess
import os
import shlex
# --------------------------------------------------------------
GPIO.setmode(GPIO.BCM) # GPIO Mode
# --------------------------------------------------------------
GPIO_RST = 18 # GPIO18 (Ausgang) / Pin 12 / wiring Pi: 1
GPIO_PWR = 17 # GPIO17 (Ausgang) / Pin 11 / wiring Pi: 0
GPIO_DOOR = 7 # GPIO7 (Ausgang) / Pin 26 / wiring Pi: 11
# --------------------------------------------------------------
SIM900_PIN='1234' # Format xxxx
SIM900_CENTER='+491710760000'
SIM900_NUMBER='+49170123467' # Ziel-Telefonnummer
MSGDATA = '' # Leere Nachricht
ALARMSMS = 'PIOPENDOOR' # Suchbegriff zum Parsen in SMS
# --------------------------------------------------------------
def cmd_exists(cmd):
    return subprocess.call("type " + cmd, shell=True,
```

```python
          stdout=subprocess.PIPE, stderr=subprocess.PIPE) == 0
# -----------------------------------------------------------------
def init_SIM900():
   GPIO.setup(GPIO_RST, GPIO.OUT)
   time.sleep(1)
   GPIO.setup(GPIO_PWR, GPIO.OUT)
   time.sleep(1)
   print "| [SIM900] GPIO_RST initialisiert ..."
   print "| [SIM900] GPIO_PWR initialisiert ..."
   return
# -----------------------------------------------------------------
def PowerOn_SIM900():
   GPIO.output(GPIO_PWR,GPIO.HIGH)
   time.sleep(1)
   GPIO.output(GPIO_PWR,GPIO.LOW)
   print "| [SIM900] wurde eingeschaltet"
   print "| [SIM900] Registering SIM ...";
   time.sleep(15) # Warten auf Registrierungs-SIM
   return 1
# -----------------------------------------------------------------
def sendCmdEncode(cmd='AT',com='/dev/ttyAMA0',ok='OK'):
   timeout=1
   if cmd=='AT+CPOWD=1':
      ok = 'NORMAL POWER DOWN'
      timeout=5
   cmd = cmd +'\r'
   ser.write(cmd.encode())
   time.sleep(timeout)
   ret = ser.read(2048)#64)
#   print ret # fuer DEBUG
   return ret
# -----------------------------------------------------------------
def _PowerOff_SIM900(): # falls 'AT+CPOWD=1' nicht funktioniert
   GPIO.output(GPIO_PWR,GPIO.LOW)
   time.sleep(1)
   GPIO.output(GPIO_PWR,GPIO.HIGH)
   time.sleep(2)
   GPIO.output(GPIO_PWR,GPIO.LOW)
   time.sleep(3)
   print "| [SIM900] wurde ausgeschaltet"
   return
# -----------------------------------------------------------------
def PowerOff_SIM900():
   pow = sendCmdEncode('AT+CPOWD=1')
   print "| [SIM900] wurde ausgeschaltet", pow
   return 1
```

```python
# -----------------------------------------------------------------
def Reset_SIM900():
    GPIO.output(GPIO_RST,GPIO.LOW)
    print "| [SIM900] Reset.."
    time.sleep(1)
    GPIO.output(GPIO_RST,GPIO.HIGH)
    time.sleep(1)
    GPIO.output(GPIO_RST,GPIO.LOW)
    return
# -----------------------------------------------------------------
def cmd_chkSMS(chkData=ALARMSMS, smsCenter=SIM900_CENTER,
smsPin=SIM900_PIN):
    if chkData is None:
        print "| [SIM900] Fehler: Kein Suchbegriff gefunden."
        sys.exit(-1)
    if(sendCmdEncode('AT').find("OK")<>-1):     # Check, ob Modemverbindung ok
        print "| [SIM900] Modem online..";
        if not 'READY' in sendCmdEncode('AT+CPIN?'): # PIN benoetigt?
            sendCmdEncode('AT+CPIN="'+smsPin+'"') # PIN eingeben
        if(sendCmdEncode('AT+CREG?').find("+CREG: 2,1")<>-1) or
(sendCmdEncode('AT+CREG?').find("+CREG: 0,1")<>-1):
            print '| [SIM900] SIM im Mobilfunknetz eingebucht ...'
            sendCmdEncode('AT+CMGF=1') # Text-Modus einschalten
            # bei Multi-SIM die aktuelle Karte als SMS-Karte fuer Versand und
Empfang festlegen
            sendCmdEncode('ATD*222#')
            sendCmdEncode('AT+CSCA="'+smsCenter+'"') # SMS-Message-Center
einstellen
            # gegebenenfalls etwas warten, um Zeit fuer SMS-Empfang zu haben
            # Modem konfigurieren fuer SMS-Empfang und Umgang
            sendCmdEncode('AT+CNMI=2,1,0,0,1')
            sendCmdEncode('AT+CMGL=\"REC UNREAD\"') # UNREAD Nachrichten
            print "| SMS werden empfangen ..."
            #       time.sleep(60) # Wartezeit
            # in allen vorhandenen Nachrichten suchen -> AT+CMGL="ALL"
            # AT+CMGL=0 alle ungelesenen
            # AT+CMGL=1 alle gelesenen
            # AT+CMGL=2 - alle gespeicherten Entwuerfe
            # AT+CMGL=3 - alle gespeicherte verschickten SMS
            # AT+CMGL=4 - alle vorhandenen SMS
            chkMSG= sendCmdEncode('AT+CMGL=\"ALL\"')
            # print 'chkMSG', chkMSG
            chkCMGL=chkMSG
            tmp = shlex.split(chkCMGL)
            #   print "temp: ", tmp
            #   print "Anzahl Elemente:", len(tmp)
```

```
        i=0
        sms = 0
        global SIM900_NUMBER
        while i < (len(tmp)-2):
        # print 'Element i', i, 'mit Inhalt: ', tmp[i]
            if tmp[i] == 'AT+CMGL=ALL': # erste Zeile ueberspringen
                i = i + 1
            if tmp[i] == '+CMGL:': # SMS
                i = i + 1
                sms = sms + 1
                sms_absender = tmp[i]
                sms_store, sms_status, sms_sender, sms_leer, sms_datum,
sms_uhrzeit =sms_absender.split(",",5)
                i = i + 1
                sms_inhalt = tmp[i]
                print "| \n| SMS Nr.: ", sms, "\n| Absender: ", sms_sender,
"\n| Inhalt: ", sms_inhalt, '\n| Speicherort Nr.:', sms_store, '\n| Status:
',sms_status,'\n|'
                #
                if chkData in sms_inhalt:
                    print "| [SIM900] SMS-Steuerung wurde angefordert!"
                    SIM900_NUMBER=sms_sender # passe Antwort an Ziel-
Telefonnummer an
                    # Loesche SMS aus Speicher mit AT+CMGD= -> sms_store
#                    if sendCmdEncode('AT+CMGD='+sms_store): # normal loeschen
                    if sendCmdEncode('AT+CMGD='+sms_store+',2'):
                    # Option 4 = alle gespeicherten Nachrichten loeschen
                    # Option 3 = "received read", "stored unsent" oder "stored
sent"
                    # Option 2 = "received read" oder "stored sent"
                        print "| [SIM900] Door-Steuerungs-SMS an Speicherplatz:
", sms_store, " wurde entfernt."
                        return 1
                    print "| [SIM900] Door-Steuerungs-SMS nicht gefunden ..."
                    #
            if i < len(tmp):
                i = i + 1
            else:
                break
    return 0
# -----------------------------------------------------------------
def openDoor():
    GPIO.output(GPIO_DOOR,GPIO.HIGH)
    time.sleep(3)
    GPIO.output(GPIO_DOOR,GPIO.LOW)
    print "| [DOOR] Tuer wurde geoeffnet"
```

```python
    return
# ----------------------------------------------------------------
def cmd_sendSMS(smsNumber=SIM900_NUMBER, msgData=MSGDATA,
smsCenter=SIM900_CENTER, smsPin=SIM900_PIN):
    if smsNumber is None:
        print "| [SIM900] Fehler: Keine Ziel-Telefonnummer angegeben."
        sys.exit(-1)
    if msgData is None:
        print "| [SIM900] Fehler: Kein Inhalt in SMS-Nachricht vorhanden."
        sys.exit(-1)
    # Check, ob Modemverbindung ok
    if(sendCmdEncode('AT').find("OK")<>-1):
        print "| [SIM900] Modem online..";
        if not 'READY' in sendCmdEncode('AT+CPIN?'): # PIN benoetigt?
            sendCmdEncode('AT+CPIN="'+smsPin+'"') # PIN eingeben
        if(sendCmdEncode('AT+CREG?').find("+CREG: 2,1")<>-1) or
(sendCmdEncode('AT+CREG?').find("+CREG: 0,1")<>-1):
            print '| [SIM900] SIM im Mobilfunknetz eingebucht..'
            sendCmdEncode('AT+CMGF=1') # Text-Modus einschalten
            # bei Multi-SIM die aktuelle Karte als SMS-Karte fuer Versand und
Empfang festlegen
            sendCmdEncode('ATD*222#')
            sendCmdEncode('AT+CSCA="'+smsCenter+'"') # SMS-Message-Center
einstellen
            sendCmdEncode('AT+CMGS="'+smsNumber+'"') # Versand starten
            sendCmdEncode(msgData+'\x1A\r\n') # Versand beenden
            print "| [SIM900] Nachricht erfolgreich verschickt!" # Bestaetigung
            return 1
        elif sendCmdEncode('AT+CREG?'):
            print '| [SIM900] SIM nicht im Mobilfunknetz eingebucht..'
            return 0
    return 0
# ----------------------------------------------------------------
if __name__ == '__main__':
    print "-"*60
    com='/dev/ttyAMA0'
    ser = serial.Serial(com, 115200, timeout=5)
    init_SIM900()      # Einschalten
    PowerOn_SIM900()
    if cmd_chkSMS()==1:
        print "|\n| TUER - SMS-Steuerung\n|"
        openDoor()
        # Aufforderung zur Tueroeffnung eingetroffen!
        msgData="HINWEIS: Aufforderung zur Tueroeffnung eingetroffen!"
        cmd_sendSMS(SIM900_NUMBER,msgData)
    print "-"*60
```

```
    # Ausschalten ueber AT-Kommando
    PowerOff_SIM900()
    ser.close
    GPIO.cleanup() # GPIO aufraeumen
    print "-"*60
# ----------------------------- EOF ----------------------------------
```

In diesem Beispiel informiert der Raspberry Pi darüber, wenn eine Türöffnung durchgeführt wurde: Der SMS-Nachrichtenversand muss mit wenigen AT-Kommandos vorbereitet werden, bevor die eigentliche Nachricht über das Mobilfunknetz verschickt werden kann. Nach dem Einschalten des Mobilfunkmodems über den GPIO-Port wird erst einmal mit dem AT-Kommando geprüft, ob das Modem überhaupt verfügbar ist oder nicht. Ist es der Fall, erfolgt umgehend die obligatorische PIN-Prüfung – ist dieser Schutz aktiviert, wird die in der Variablen SIM900_PIN gespeicherte PIN für die Authentifizierung verwendet, und das verfügbare Netzwerk wird mit dem AT+CREG?-Kommando gescannt. Ist die Mobilfunkkarte bzw. die SIM im Mobilfunknetz eingebucht, wird der Textmodus für die SMS-Übertragung mit dem Kommando 'AT+CMGF=1' eingeschaltet – in diesem Beispiel wird anschließend noch die eingesteckte SIM-Karte als aktive Karte für den SMS-Empfang und -Versand mit dem Kommando 'ATD*222#' konfiguriert.

Im nächsten Schritt wird mit dem Befehl 'AT+CSCA="'+smsCenter+'"' das bei jedem Mobilfunkprovider andere SMS-Center eingerichtet, das die SMS-Nachrichten entgegennimmt und an die jeweiligen Empfänger weiterleitet. Die entsprechende Variable für das SMS-Center ist je nach Provider ebenso wie die Angabe der Empfängerrufnummer in der Variablen SIM900_NUMBER und der Nachrichteninhalt in der Variablen MSGDATA vorab im Skript festzulegen. Der Versand der Nachricht erfolgt schließlich über das 'AT+CMGS="'+smsNumber+'"'-Kommando und liefert anschließend eine Rückmeldung über den Status zurück.

```
| [SIM900] GPIO_RST initialisiert..
| [SIM900] GPIO_PWR initialisiert..
| [SIM900] GPIO_DOOR initialisiert..
| [SIM900] wurde eingeschaltet
| [SIM900] Registering SIM...
|-------------------------------------------------------------
| [SIM900] Modem online..
| [SIM900] SIM im Mobilfunknetz eingebucht..
| SMS werden empfangen....
|
| SMS Nr.: 1
| Absender: +491██████████
| Inhalt: PIOPENDOOR
| Speicherort Nr.: 1
| Status: REC READ
|
| [SIM900] SMS-Steuerung wurde angefordert!
| [SIM900] Door-Steuerung SMS an Speicherplatz: 1  wurde entfernt.
|
| TUERE - SMS-Steuerung
|
| [DOOR] Tuere wurde geoeffnet
| [SIM900] Modem online..
```

Bild 8.63: Einschalten, einbuchen, SMS checken und bei Vorliegen einer Türöffnungs-SMS eine Benachrichtigung an die festgelegte Zielrufnummer übermitteln, um anschließend weiter auf eine SMS zu warten.

Nach dem Versand der Nachricht lässt sich die Mobilfunkeinheit über ein eingebautes AT-Kommando wieder beenden. Alternativ steht im Quellcode eine zusätzliche Funktion _PowerOff_SIM900() zur Verfügung, falls der 'AT+CPOWD=1'-Befehl an der Mobilfunkplatine nicht unterstützt wird. Trifft hingegen eine SMS-Nachricht ein, wird sie über die if-Abfrage (if cmd_chkSMS()==1:) abgefangen und daraufhin überprüft, ob die Variable chkData das Zauberwort für das Öffnen der Tür enthält. Ist das der Fall, wird über den openDoor()-Aufruf die Funktion def openDoor(): angetriggert, die dafür sorgt, dass das am Pin angeschlossene potenzialfreie Relais für genau drei Sekunden geschlossen wird. Dadurch wird wiederum der Stromkreis für die Steuerung des Motorschlosses an der Haustür geschlossen, die Tür lässt sich nun öffnen.

8.13 Haus-/Wohnungstür mit dem Arduino steuern

Ein Mikrocontroller auf Atmel-Basis wie ein Arduino hat im Vergleich zum Raspberry Pi allerhand Vor- und auch Nachteile. Geht es darum, im laufenden Betrieb irgendwelche Systemänderungen durchzuführen und/oder parallel andere Programme und Threads zu starten, die mit dem ursprünglichen Zweck oder Projekt nichts zu tun haben, ist ein Raspberry Pi deutlich flexibler. Auch das Thema Firmware und Aktualisierung spielt beim Raspberry Pi eine größere Rolle – bei einer Atmel-Platine wie dem Arduino steht und fällt das Thema Sicherheit mit dem hochgeladenen Sketch. Einmal erfolgreich kompiliert und mithilfe der Arduino-Software »hochgeladen«, bleibt der

Sketch Bestandteil des Gesamtsystems – wird der Arduino versehentlich oder absichtlich kurz vom Strom getrennt, wird der alte Zustand mit dem letztmalig hochgeladenen Sketch wiederhergestellt.

Bild 8.64: Je nachdem, welche Funktionen der im Heimnetz aktive Arduino Mega 2560 erfüllen soll, ist zusätzliches Zubehör wie beispielsweise ein SIM900-Mobilfunkmodul, ein LCD-Display und ein Ethernet-Netzwerk-Shield notwendig. Sollen zusätzlich Schalter/Relais mit den digitalen Pins des Arduino bedient werden, ist die eine oder andere Pull-up-Schaltung im Eigenbau nötig.

Damit ist der Arduino prädestiniert für den sicheren Dauereinsatz rund um die Uhr – in diesem Fall soll der verwendete Arduino Mega 2560 folgende Funktionen und Aufgaben erfüllen, die in diesem Buch in unterschiedlichen Projekten beschrieben sind.

- Ansteuerung eines oder mehrerer Relais (Motorschloss, Lichtschalter etc.).
- Experimente mit den NTP-Funktionen und Zeitstempel.
- SMS-Versand mit dem Arduino: Benachrichtigung per SMS-Nachricht über das angeschlossene SIM900-Mobilfunkmodul auf eine beliebige Mobilfunknummer, falls ein Öffnen der Tür angetriggert worden ist.
- SMS-Empfang mit dem Arduino: Die empfangene SMS wird ausgewertet, und davon abhängig werden weitere Aktionen angetriggert, wie beispielsweise:
  - Versand der CSV-Logdatei auf ein definiertes Mailpostfach, falls das angeschlossene SIM900-Mobilfunkmodul eine SMS-Nachricht mit dem Inhalt `csv2mail` empfangen hat.

8.13 Haus-/Wohnungstür mit dem Arduino steuern

- (Not-)Öffnung der Haus-/Wohnungstür, falls das angeschlossene SIM900-Mobilfunkmodul eine SMS-Nachricht mit einem definierten Inhalt/Schlüsselwort empfangen hat.
- SD-Kartenanschluss des Ethernet-Shields nutzen: Logging der Zutritte in eine CSV-Logdatei, die auf der Micro-SD-Karte in den Slot des angeschlossenen Netzwerk-Shields gelegt ist. Diese Daten bezieht der Arduino über das UDP-Protokoll, sie werden im Fall eines ekey home-Fingerscanners vom ekey-UDP-Adapter automatisch im Heimnetz versendet.
- E-Mail-Versand mit dem Arduino.
- SMS-Nachricht als E-Mail weiterleiten.
- Haustürstatusmeldungen und Ereignisse (»Tür auf«/»Mutter kommt nach Hause ...« als Hinweis auf dem TV-Bildschirm einblenden.

Zusätzlich zu dem der Haus-/Wohnungstürfunktionen wurde eine TV-Pop-up-Benachrichtigung umgesetzt, die darauf hinweist, dass beispielsweise der Waschvorgang abgeschlossen oder die Haustür von Benutzer X gerade geöffnet worden ist. Wie auch immer – die Liste der Möglichkeiten ist lang und kann beliebig durch weitere Ideen und Projekte ergänzt werden.

Bauteile für die Arduino-Mobilfunksteuerung der Haustür

In diesem Projekt stellt der Arduino mithilfe des angeschlossenen Arduino-Netzwerk-Shields, der SIM900-Mobilfunkplatine und dem LCD-Bildschirm eine in sich abgeschlossene Lösung für die Steuerung und Überwachung der Haus-/Wohnungstür bereit. Damit ist es beispielsweise möglich, das Motorschloss der Haustür mit einer speziellen, natürlich »geheimen« SMS-Nachricht zu öffnen, das Öffnen der Tür in einer eigenen Logdatei zu erfassen, dabei automatisiert die Innen- oder Außenbeleuchtung im Treppenhaus zu schalten und vieles mehr. In diesem Projekt kommt neben dem Arduino Mega 2560 weiteres Zubehör zum Einsatz, das in der nachstehenden Tabelle zusammengefasst wurde.

Modell	Bemerkung
Arduino Mega	Ausreichend Schnittstellen für Mobilfunkmodem, serielle Schnittstellen.
Arduino-Ethernet-Shield V3	Uhrzeitsynchronisation via NTP, Webserver für Logdatei, Mitlesen der UDP-Nachrichten.

Modell	Bemerkung
LCD-Bildschirm (I²C-Schnittstelle)	Anzeige von Status oder Aktionen.
SIM900-Mobilfunkmodem	Empfang und Versand von SMS-Statusnachrichten.
Kleinteile, Micro-SD-Karte, Widerstandssortiment, Schalter	Schalter zum Ein-/Ausschalten, Hintergrundbeleuchtung des LCD und manuelles Türöffnen per Schalter.
Gehäuse für Steuereinheit	Optional, für den Einbau in einen Sicherungskasten oder Ähnliches zwingend erforderlich, damit keine Kabel und Anschlüsse lose herumhängen.

Die in der Tabelle genannten Schalter, aber auch der LCD-Bildschirm sind für Betrieb und Einsatz des Arduino Mega mit dem Mobilfunkmodul nicht zwingend nötig, in der Praxis aber recht praktisch. Die Schalter können beispielsweise dafür dienen, die Helligkeit des LCD-Displays abzuschalten oder den Schaltvorgang des Motorschlosses in der Haustür manuell auszulösen.

Arduino mit LCD-Bildschirm an I²C-Schnittstelle

Sollen viele Schalter und Funktionen mit dem Arduino zum Einsatz kommen, werden die freien Pins schnell knapp. Deshalb ist auch beim Arduino die Nutzung der I²C-Schnittstelle empfehlenswert, da damit mehrere Geräte an die zwei I²C-Anschlüsse des Arduino angeschlossen werden können, die sich auch dank der `Wire.h`-Library relativ unkompliziert in einem Sketch verwenden lassen.

Modell	I²C-Anschluss SDA (Daten)	I²C-Anschluss SCL (Takt/Clock)
UNO, NANO, ETHERNET	A4	A5
MICRO, LEONARDO	D2	D3
MEGA, DUE	20	21

Für den Anschluss eines kleinen LCD-Bildschirms am Arduino im Rahmen dieses Projekts reicht ein Hitachi-Original oder ein kompatibles 1602-Modul (16 Zeichen/2 Zeilen) völlig aus – diese sind für kleines Geld auch etwas größer, im Format 20 Zeichen/4 Zeilen, erhältlich. Gerade in den Elektronikeinkaufsmärkten im Internet tummeln sich hin und wieder Schnäppchen, die ohne Datenblatt und Ähnliches für wenige Euro erhältlich sind. Hier handelt es sich häufig um OEM-Modelle, Kopien oder ähnliche Nachbauten von bestehenden Modellen, die meist in Sachen Funktionalität nahezu baugleich sind. Im I²C-Betrieb achten Sie beim Anschluss eines LCD darauf, dass ein LCD-Bildschirm etwas mehr Spannung benötigt als die meisten anderen I²C-Geräte – nutzen Sie den 3,3-V-Pin, leuchtet der Bildschirm deutlich weniger, was die Lesbarkeit der dargestellten Zeichen beeinträchtigt. Neben den beiden I²C-Anschlusspins (siehe obige Tabelle) benötigt der Bildschirm einen GND/Masse- und einen 5-V-Anschluss am Arduino.

```
// fuer LCD-Display 16x2
#include <Wire.h>
#include <LiquidCrystal_I2C.h>
LiquidCrystal_I2C lcd(0x27, 16, 2); // Setzt die I2C-Adresse auf 0x27
//
//20x4
// LiquidCrystal_I2C lcd(0x27, 20, 4); // Setzt die I2C-Adresse auf 0x27
/*
Falls LCD von "YwRobot Arduino LCM1602 IIC V1" dann:
LiquidCrystal_I2C lcd(0x27, 2, 1, 0, 4, 5, 6, 7, 3, POSITIVE); // Setzt die
I2C-Adresse auf 0x27
*/
```

Nach der Festlegung der I²C-LCD-Parameter können diese im `setup()`-Block im Sketch initialisiert werden.

```
void setup(){
// LCD
  lcd.begin();
  lcd.clear();
/*
  weiterer Code
*/
// LCD einschalten und Begruessung ausgeben
  lcd.clear();
  lcd.setCursor(5,0);
  lcd.print("Hallo");
  lcd.setCursor(1,1);
  lcd.print("  Haustuer    ");
  delay(5000);
  lcd.clear();
/*
  weiterer Code
*/
```

Nach der Definition und Initialisierung lässt sich das `lcd`-Objekt im gesamten Sketch verwenden. Beachten Sie, dass die darzustellenden Hinweise möglichst kurz und prägnant sowie vor allem frei von Sonderzeichen und außergewöhnlichen Symbolen sind, die nur über Umwege korrekt auf dem LCD dargestellt werden können.

```
lcd.clear();
lcd.setCursor(5,0);
lcd.print("Hallo");
```

Ist das `lcd`-Objekt definiert und über die `begin`-Funktion im `setup`-Block initialisiert, reichen in der Regel drei Funktionsaufrufe aus, um auf dem LCD-Display ein oder mehrere Zeichen auszugeben. Zunächst wird der aktuell dargestellte Inhalt mit der `clear`-Funktion gelöscht, anschließend wird mit der `setCursor`-Funktion der Cursor an der Stelle positioniert, an der mithilfe der `print`-Funktion das gewünschte Zeichen bzw. der Zeichenstring ausgegeben werden soll.

SIM900-Mobilfunkmodem mit dem Arduino verbinden

Gerade wenn das SIM900-Mobilfunkgerät stationär und vor Unbefugten sicher abgeschirmt in einem Gehäuse verbaut ist, ist es empfehlenswert, die oftmals leidige PIN-Abfrage der SIM-Karte zu entfernen, bevor das GSM-Mobilfunkmodul mit dem Arduino zum Einsatz kommt. Das erledigen Sie am besten vorab über das Menü *Einstellungen/Sicherheitseinstellungen* eines herkömmlichen Mobiltelefons, mit dem Sie die SIM-Karte für den Einsatz gegebenenfalls vorkonfigurieren. Das erspart bei einem Neustart nicht nur die erneute Eingabe der notwendigen PIN-Nummer der SIM-Karte, sondern macht auch das erneute »Rebooten« und das Verfügbarmachen der notwendigen Dienste gegebenenfalls etwas schneller. Doch manchmal lässt sich die SIM-Karten-PIN-Abfrage nicht abschalten. Daher wird in diesem Beispielprojekt die nötige PIN im Sketch hinterlegt und beim Kompilieren mit auf den Arduino hochgeladen. Mit dieser Kopplung von SIM-Karte und PIN ist der Sketch nur mit der konfigurierten SIM-Karte im SIM900-Mobilfunkmodem ordnungsgemäß lauffähig – wechseln Sie die Mobilfunkkarte, muss gegebenenfalls neben der PIN auch die Nummer des SMS-Centers angepasst werden – doch dazu später mehr. Für den Zugang in das Mobilfunknetz lassen sich neben der vorgestellten SIM900-Mobilfunklösung auch andere Alternativen verwenden – am unkompliziertesten ist das SIM900-Mobilfunk-Shield oder eine Mobilfunklösung über USB-Anschluss, die sich mithilfe eines FTDI-USB-Adapters ebenfalls mit einen Arduino verbinden lässt. Auch ein klassisches Handy/Smartphone mit Bluetooth-Schnittstelle oder USB-Datenkabel lässt sich prinzipiell nutzen, sofern der Bluetooth-Zugriff seinerseits über den Arduino ebenfalls per FTDI-USB-Adapter oder Bluetooth-Shield erfolgt.

8.13 Haus-/Wohnungstür mit dem Arduino steuern

Bild 8.65:
Das ITEAD-SIM900-Mobilfunkmodul wird direkt mit dem Arduino Mega 2560 verbunden.

Egal welche Lösung Sie für den Zugriff auf oder in das Mobilfunknetz verwenden – sämtliche Techniken nutzen im Grunde den AT-Modembefehlssatz, auf dem auch die nachstehend skizzierten Lösungen für die Konfiguration, den Aufbau und die Steuerung der Mobilfunkverbindung basieren. Je nach verwendetem Arduino und GSM-Mobilfunklösung (Shield, Platine, Smartphone etc.) beachten Sie auch die Spannungsversorgung. Es kann sein, dass beim Versand einer SMS-Nachricht und dem Datentransport der verfügbare Strom nicht mehr ausreicht, um sämtliche Geräte stabil zu betreiben. Bootet der Arduino beispielsweise neu, falls das über die Stromversorgung des Arduino angeschlossene Mobilfunkmodem etwa Daten versendet, sorgt die separate Spannungsversorgung des Mobilfunkmodems für Abhilfe.

SIM900-Pinanschluss	Arduino Mega 2560	Bemerkung
RX	51	(entspricht TX-Eingang im Arduino)
TX	50	(entspricht RX-Eingang im Arduino)
GND	GND	
5 V	5 V	
P/PWR	D3	Einschaltpin für Mobilfunkmodem

In diesem Projekt ist die SIM900-Mobilfunkkarte mit insgesamt fünf Anschlusskabeln mit dem Arduino verbunden. Beachten Sie, dass im Beispielsketch sowie in der Anschlussschema-Übersicht in der Tabelle die Pinanschlüsse für den Arduino Mega angegeben sind – setzen Sie beispielsweise einen Arduino Uno ein, stimmen obige Pinangaben für den RX-/TX-Anschluss nicht und sind im Sketch für den jeweiligen Arduino anzupassen. Ist das SIM900-Modul mit dem Arduino verbunden, der mit Spannung versorgt ist, signalisiert eine leuchtende LED auf der SIM900-Platine, dass es ebenfalls mit Spannung versorgt wird. Zusätzlich bietet die Platine einen Anschluss, mit dem sich die Mobilfunkeinheit ein- und ausschalten lässt – bei dem verwendeten Modell ist ein Reset-Pin vorhanden, der jedoch in der nachstehenden Lösung nicht beachtet wird. Sowohl der Power- als auch der Reset-Pin des SIM900-Moduls haben einen kleinen Taster, mit dem sich das Mobilfunkmodul händisch ein- und ausschalten bzw. zurücksetzen lässt. Wird die Mobilfunkeinheit beispielsweise händisch eingeschaltet, fängt eine zweite LED auf der Platine zu blinken an – in diesem Fall sucht die Mobilfunkeinheit nach einem für die eingelegte SIM-Karte gültigen Mobilfunknetz. Sobald die SIM-Karte im Mobilfunknetz eingebucht ist, reduziert sich die Blinkgeschwindigkeit der LED auf wenige Sekunden.

Mobilfunklogik im Arduino-Sketch

Die Mobilfunkkommunikation in diesem Projekt wird nicht über die klassische RX-/TX-Schnittstelle des Arduino, sondern über die `SoftwareSerial`-Schnittstelle abgewickelt, die am Anfang des Quellcode über die nachstehende Zeile eingebunden wird.

```
#include <SoftwareSerial.h>
```

Die Steuerung der beiden notwendigen Pins für die Datenübertragung erfolgt über Interrupts, und hier ist zu beachten, dass beim eingesetzten Arduino für diese Lösung nicht alle verfügbaren Pins auch automatisch als Pin für die serielle `SoftwareSerial`-Schnittstelle zur Verfügung stehen. Bei einem Arduino Mega/Mega 2560 lassen sich beispielsweise nur die Pins 10, 11, 12, 13, 50, 51, 52, 53, 62, 63, 64, 65, 66, 67, 68, 69 für die RX-Verbindung nutzen. In diesem Projekt wurde Pin 50 für den RX-Pin, Pin 51 für den TX-Pin des Arduino Mega ausgewählt, die ihrerseits kreuzweise (RX auf TX und TX auf RX) mit dem SIM900-Mobilfunkmodem verbunden sind. Im Sketch selbst sind die Anschlüsse analog zum nachstehenden Codeschnipsel definiert.

```
#include <SoftwareSerial.h>
SoftwareSerial SIM900(50, 51);
//                    RX / TX
const int sim900pwrpin = 2;    // Einschaltknopf SIM900
```

Anschließend nehmen Sie die Mobilfunkplatine mit dem Arduino in Betrieb: Hier ist zunächst das Modem per Sketch einzuschalten, dann folgt das Log-in beim Mobilfunkbetreiber, die Registrierung der SIM-Karte sowie im nächsten Schritt die Authentifizierung der SIM-Karte per Übermittlung des PIN-Codes.

```
void SIM900init()
{
   uint8_t answer=0, versuch=0;
   answer = sendATcommand("AT", "OK", 100);
   Serial.print("\n[SIM900init] Response: "+String(answer)+"\n\n");
   Serial.print("[SIM900init] Check mit AT-Befehl\n");
   if (answer == 0)
   {
      Serial.print("[SIM900] Modem aus");
      lcd.clear();
      lcd.setCursor(0,0);
      lcd.print("Modem offline ... ");
      lcd.setCursor(0,1);
      lcd.print("..einschalten. ");
      delay(2000);
      SIM900power(1);
   }
   else
   {
      Serial.print("[SIM900] Modem ist an");
      lcd.clear();
      lcd.setCursor(0,0);
      lcd.print("Modem online ... ");
      delay(2000);
   }
}
```

Zu guter Letzt beenden Sie die Mobilfunkverbindung und schalten die Mobilfunkeinheit der SIM900-Platine per AT-Kommando wieder aus. In diesem Beispiel wird der Verbindungsaufbau der Mobilfunkverbindung in eine eigene Funktion SIM900init() ausgelagert. Diese und andere Funktionen im Sketch nutzen die Funktion sendATcommand, die im ersten Parameter (ATcommand) das auszuführende AT-Kommando, im zweiten Parameter (expected_answer) die auf das auszuführende AT-Kommando zu erwartende Antwort und im dritten Parameter (timeout) die Timeout-Zeit für die Ausführung des AT-Kommandos erwartet. Der Rückgabewert landet in diesem Beispiel in der lokalen Variablen answer, die entweder den Wert 0 (die erwartete Rückantwort traf nicht ein) oder den Wert 1 (Rückantwort ist korrekt) erhält. Wird die Rückantwort wie in diesem Beispiel ausgewertet, lassen sich davon abhängig weitere Aktionen ansteuern: In diesem Beispiel informiert der LCD-Bildschirm über den Zustand des Modems und stellt den jeweiligen Zustand Modem ein oder Modem aus dar.

```
int8_t sendATcommand(char* ATcommand, char* expected_answer, unsigned int
timeout){
    uint8_t x=0, answer=0;
    char response[100];
    unsigned long previous;
    memset(response, '\0', 100);    // Init für 100
    delay(100);

    while( SIM900.available() > 0) SIM900.read();    // Input-Puffer leeren
    SIM900.println(ATcommand);                        // AT schreiben
    x = 0;
    previous = millis();
    do{
        if(SIM900.available() != 0){
            response[x] = SIM900.read();
            x++;
            // Pruefung, ob gewuenschte Antwort in Rueckgabe des Moduls
enthalten ...
            if (strstr(response, expected_answer) != NULL)
            {
                answer = 1;
            }
        }
    // Warten mit Timeout-Technik
    } while((answer == 0) && ((millis() - previous) < timeout));
    return answer;
}
```

Die `sendATcommand`-Funktion selbst erwartet als Übergabeparameter neben dem AT-Befehl die auf den auszuführenden AT-Befehl erwartete Antwort zum Vergleich sowie die Timeout-Dauer und liefert in der Variablen `answer` entweder den Wert 0 oder 1 zurück. Die Funktion geht weiter davon aus, dass das `SIM900`-Objekt existiert und verfügbar ist – ist das der Fall, wird über die `println`-Ausgabe der Befehlsstring an das SIM900-Mobilfunkmodul gesendet, und ab diesem Moment beginnt auch die Messung per `millis`-Kommando, die in der Variablen `previous` geschrieben wird. Die Rückmeldung des Geräts erfolgt zeichenweise über das `read`-Kommando und wird in das `char`-Array `response` geschrieben – und zwar so lange, bis das Ende des Strings erreicht ist. Anschließend wird der in `response` gespeicherte Inhalt nach dem Wert der übergebenen Variablen `expected_answer` durchsucht.

SoftwareSerial kontra Buffer-Overflow

Werden die Mobilfunkfunktionen über die SoftwareSerial-Schnittstelle bereitgestellt, können bei den Rückmeldungen der gesendeten AT-Befehle Probleme auftreten. Meist wird die Rückmeldung nur unvollständig ausgegeben bzw. an einer bestimmten Stelle abgeschnitten. Dieses Kürzen der Rückmeldung passiert auch, da der standardmäßig dafür reservierte Puffer mit 64 Bytes zu klein ist, falls die Nachricht (die zusätzlich Protokoll-/Headerinformationen beinhaltet) dort nicht mehr Platz findet. Diese Puffer-Größe ist mit der Bezeichnung _SS_MAX_RX_BUF nicht dynamisch, sondern hartcodiert mit dem Wert 64 (in Bytes) in der Headerdatei der SoftwareSerial-Schnittstelle eingetragen. Die Datei befindet sich im Programmverzeichnis \hardware\arduino\avr\libraries\SoftwareSerial auf dem Computer. Beachten Sie, dass dieses Verzeichnis und damit auch die SoftwareSerial-Library beim Aktualisieren des Arduino-Clients verändert werden kann, sodass diese Anpassung zumindest nach dem Update kontrolliert und gegebenenfalls wieder angepasst werden muss. In der Praxis reicht einer SMS-Nachricht mit 160 Zeichen der in diesem Beispiel konfigurierte Wert von 256 Zeichen aus – die System-SMS-Nachrichten des Providers halten in der Regel diese Größe ein. In diesem Fall wechseln Sie auf dem Computer mit der Arduino-IDE in das Arduino-Programmverzeichnis und navigieren zu \hardware\arduino\avr\libraries\SoftwareSerial. Mit einem gewöhnlichen Editor ändern Sie in der Datei SoftwareSerial.h die vorhandene Zeile von

`#define _SS_MAX_RX_BUFF 64 // RX buffer size`

in

`#define _SS_MAX_RX_BUFF 256 // RX buffer size fuer SMS-SIM900-Modem`

Damit die Änderungen aktiv werden, muss der Arduino-Code, der die Datei SoftwareSerial.h eingebunden hat, neu kompiliert und auf den Arduino hochgeladen werden.

SMS-Versand mit dem Arduino

Damit der Versand einer SMS von einem Arduino gelingen kann, muss dieser mit wenigen AT-Kommandos vorbereitet werden. Naturgemäß muss das Mobilfunkmodem eingeschaltet werden – idealerweise per Software über den Einschaltpin. Anschließend reicht ein einfaches AT-Kommando aus, um zu prüfen, ob das Modem grundsätzlich zur Verfügung steht oder nicht. Ist das der Fall, erfolgt umgehend die obligatorische Pinprüfung – ist dieser SIM-Schutz aktiviert, wird die in der Variablen pin_string gespeicherte PIN für die Authentifizierung verwendet und das verfügbare Netzwerk mit dem AT+CREG?-Kommando gescannt. Ist die Mobilfunkkarte bzw. die SIM im Mobilfunknetz eingebucht, wird der Textmodus für die SMS-Übertragung mit dem Kommando 'AT+CMGF=1' eingeschaltet. Anschließend wird in diesem Beispiel die eingesteckte SIM-Karte als aktive Karte für den SMS-Empfang und -Versand mit dem Kommando 'ATD*222#' konfiguriert.

```
void SIM900smsinit(char *pin_string, char *sim900_center){
  uint8_t answer=0, versuch=0;
  if (pin_string == "")
```

```
  {
    Serial.println("[SIM900] Verbindung zum Mobilfunknetz ohne PIN ...\n");
    lcd.clear();
    lcd.setCursor(0,0);
    lcd.print("Keine PIN.. ");
    lcd.setCursor(0,1);
    lcd.print("..OK. ");
    delay(2000);
  }
  else
  {
    Serial.print("[SIM900] PIN-Eingabe");
    char atpin_cmd[25];
    sprintf(atpin_cmd,"%s%s","AT+CPIN=",pin_string);
    sendATcommand(atpin_cmd, "OK", 2000);
    delay(3000);
    Serial.println("[SIM900] Verbindung zum Mobilfunknetz ...\n");
  }
  answer = sendATcommand("AT+CPIN?", "OK", 100);
//  Serial.print("\n[SIM900smsinit] Response: "+String(answer)+"\n\n");
  Serial.print("[SIM900smsinit] Check mit AT+CPIN?-Befehl\n");
  if (answer == 0)
  {
        lcd.clear();
        lcd.setCursor(0,0);
        lcd.print("PIN-Eingabe ... ");
        lcd.setCursor(0,1);
        lcd.print("..answer 0 OK. ");
//        Serial.print("\n[SIM900smsinit] Answer 0");
        delay(2000);
  }
  else
  {
        lcd.clear();
        lcd.setCursor(0,0);
        lcd.print("PIN-Eingabe.. ");
        lcd.setCursor(0,1);
        lcd.print("..answer 1 OK. ");
//        Serial.print("\n[SIM900smsinit] Answer 1");
        delay(2000);
  }
  // Setzt SMS-Encoding auf GSM
  answer = sendATcommand("AT+CSCS=\"GSM\"", "OK", 100);
  delay(2000);
  Serial.print("\n[SIM900smsinit] AT+CSCS-Response: "+String(answer)+"\n\n");
```

8.13 Haus-/Wohnungstür mit dem Arduino steuern

```
  // GSM-Netzverbindung checken
  answer = sendATcommand("AT+CREG?", "OK", 100);
  delay(2000);
  Serial.print("\n[SIM900smsinit] AT+CREG-Response:
"+String(answer)+"\n\n");
  Serial.print("[SIM900smsinit] Check mit AT+CREG?-Befehl; ob GSM-Netz
da?\n");
  if (answer == 0)
  {
   // GSM-Netz NICHT da - NICHT eingeloggt
    Serial.print("\n[SIM900smsinit] AT+CREG? Answer 0");
  }
  else
  {
    // GSM-Netz da - eingeloggt
    Serial.print("\n[SIM900smsinit] AT+CREG? erfolgreich.");
    // SMS-Textmodus einschalten
    answer = sendATcommand("AT+CMGF=1", "OK", 100);
    delay(2000);
    if (answer == 0)
    {
      Serial.print("\n[SIM900smsinit] AT+CMGF Answer 0");
    }
    else
    {
      Serial.print("\n[SIM900smsinit] AT+CMGF=1 Textmode gesetzt");
    }
    // SMS-Message-Center einstellen
    char atcsca_cmd[25];
    answer = sendATcommand(atcsca_cmd, "OK", 100);
    delay(100);
    if (answer == 0)
    {
      Serial.print("\n[SIM900smsinit] AT+CSCA - SMS-Message -enter gesetzt:
\n");
      SIM900.print("AT+CSCA?\r");
      delay(1000);
// # bei TELEKOM-MultiSIM-Karte als SMS-Karte fuer Versand und Empfang
festlegen
//      SIM900.print("ATD*222#\r");
//      delay(1000);
    }
    else
    {
      Serial.print("\n[SIM900smsinit] AT+CSCA=1 Kein SMS-Message-Center");
      SIM900.print("AT+CSCA?\r");
```

```
    }
    // Bereit fuer den SMS-Versand
  }
  return;
}
```

Im nächsten Schritt werden mit dem Befehl `'AT+CSCA='` das bei jedem Mobilfunkprovider andere sogenannte SMS-Center, das die SMS-Nachrichten entgegennimmt und an die jeweiligen Empfänger weiterleitet, sowie die dazugehörige `sim900_center`-Nummer eingerichtet. Die entsprechende Variable für das SMS-Center ist je nach Provider ebenso wie die Angabe der Empfängerrufnummer in der Variablen `tel_nr` und der Nachrichteninhalt in der Variablen **message** vorab von Ihnen zu befüllen. Der Versand der Nachricht erfolgt schließlich über das `'AT+CMGS'`-Kommando und liefert anschließend eine Bestätigung über den erfolgreichen Versand zurück. Erst nach den initialen Vorbereitungen über die Funktion `SIM900smsinit` kann die eigentliche **sendSMS**-Funktion verwendet werden. Diese ist vergleichsweise knapp gehalten:

```
void sendSMS(char *message, char *number){
  uint8_t answer=0;
  int i = 0;
  Serial.print("AT+CMKGS= - Nachrichtenversand...");
  SIM900.print("AT+CMGS=");
  SIM900.println(number);
  delay(100);
  // hier einfach mal den freien Speicher und Uhrzeit schicken
  SIM900.println(freeRam()); // Freier Speicher per SMS
  SIM900.print(" - ");
  delay(500);
  SIM900.println("\n[A-Opener Dahoam] ");
  clock2SMS();
  delay(500);
  SIM900.print(message);     // Nachricht
  delay(100);
  SIM900.println((char)0x1A); // CTRL+Z
  // SIM900.println((char)26); // ="=
  delay(500);
  SIM900.println();
  delay(5000);                //
  Serial.print("[SIM900sendSNS] SMS verschickt. -EOF");
}
```

In diesem Entwicklungsstadium ist es ausreichend, nach dem Aufruf der **sendSMS**-Funktion einfach den Wert der auf dem Arduino zur Verfügung stehenden Speichermenge sowie die aktuelle Uhrzeit und das Datum per SMS mitzuteilen.

```
int freeRam(){
  extern int __heap_start, *__brkval;
  int v;
  return (int) &v - (__brkval == 0 ? (int) &__heap_start : (int) __brkval);
}
```

Das aktuelle Datum samt Uhrzeit wird in diesem Beispiel über das NTP-Protokoll bezogen und von der Funktion `clock2SMS` bereitgestellt.

```
void clock2SMS(){
  printSMSDigits(day());
  SIM900.print(".");
  printSMSDigits(month());
  SIM900.print(".");
  SIM900.print(year()-2000);
  SIM900.print("--");
  printSMSDigits(hour());
  SIM900.print(":");
  printSMSDigits(minute());
  SIM900.print(":");
  printSMSDigits(second());
}
// ---------------------------------------------------------------
// 0 vorsetzen, wenn uebergebener Wert < 10
void printSMSDigits(int digits){
  if(int(digits) < 10) SIM900.print('0'); // vorher 0 wenn einstellig
  SIM900.print(digits);
}
```

Die in der Funktion `clock2SMS` verwendete Hilfsfunktion `printSMSDigits` macht in diesem Beispiel nichts anderes als der Wert 0 einzufügen, falls der aktuelle Wert der Zeitangabe einstellig ist. So wird beispielsweise aus 2:3:5 ein besser lesbarer Uhrzeitwert in der zweistelligen Form Stunden:Minuten:Sekunden: 02:03:05.

> **Zeitfunktionen mit AT+CCLK**
>
> Je nach verwendetem Mobilfunkmodem bzw. dessen AT-Befehlssatz sparen Sie sich den beschriebenen Umweg über das NTP-Protokoll und fragen stattdessen die Uhrzeit mittels des AT-Befehlsatzes direkt über das Mobilfunknetz ab. Das erledigen Sie mit dem AT+CCLK?-Kommando, das jedoch zuvor einmalig initialisiert werden muss, um die CLTS-Einstellung dauerhaft zu speichern. Nachstehende Befehle wenden Sie für die Zeitfunktionen auf dem Arduino an:
> `SIM900.print("AT+CLTS=1\r");`
> `SIM900.print("AT+CENG=3\r");`
> Anschließend folgt schließlich die eigentliche Zeitabfrage über das Kommando:
> `SIM900.print("AT+CCLK?\r");`

Der eigentliche SMS-Versand geschieht über das SIM900-Objekt an die bei `AT+CMGS=` festgelegte Mobilfunknummer. Der Nachrichteninhalt wird über die `message`-Variable bereitgestellt, bis die Nachricht mit dem Kommando `SIM900.println((char)0x1A);` abgeschlossen wird. Dieser Befehl sorgt für die Übermittlung des `CTRL+Z`-Zeichens, das dem Modem signalisiert, dass das Ende Nachricht erreicht ist.

SMS-Empfang mit dem Arduino

Was nützt ein am Arduino angeschlossenes Handy, eine Mobilfunklösung wie die SIM90X-Platine oder ein GSM-Shield, wenn die verschickten Nachrichten nicht unmittelbar als SMS empfangen und ausgewertet werden können? Wie Sie sicher erahnen, hält sich der Nutzen stark in Grenzen. Deshalb ist im Arduino-Sketch ein Mechanismus nötig, der regelmäßig prüft, ob eine neue SMS-Nachricht vorliegt, und sie bei Vorhandensein gemäß der gewünschten Logik weiterverarbeitet. Diese notwendige, wiederkehrende Prüfung ist in der `loop()`-Funktion des Arduino-Sketches grundsätzlich vorhanden, durch eine geschickte Verschachtelung der unterschiedlichen Funktionen in dem `if`-Konstrukt stellen Sie sicher, dass neben der Prüfung nach neuen SMS-Nachrichten auch die vom Inhalt der SMS-Nachricht abhängige Weiterverarbeitung erfolgt. In der nachstehenden `loop()`-Funktion wird zunächst das über den I²C-Anschluss verbundene LCD-Display mit seinen Daten versorgt und die lokale Variable `command` initialisiert, die als Platzhalter für den späteren Suchbegriff dient. Ist die Mobilfunkverbindung aufgebaut und das dazugehörige Objekt vorhanden, lauscht die loop-Schleife nach den passenden Nachrichten, die im Inhalt den passenden Schlüsselbegriff mitbringen und dann ggf. die passende Funktion starten.

```
void loop(){
   delay(3000);
   char command[255] = {0};
   while (SIM900.available() > 0)
   {
      char ch = SIM900.read();
      sprintf(command, "%s%c", command, ch);
   }
  if(strstr(command,"jhwaussen1"))
/* ist in der SMS das Wort "jhwaussen1", dann wird die Aussenbeleuchtung
eingeschaltet. */
   {
      exterior_light_on();
   }
  if(strstr(command,"jhwaussen0"))
/* ist in der SMS das Wort "jhwaussen1", dann wird die Aussenbeleuchtung
ausgeschaltet. */
   {
```

8.13 Haus-/Wohnungstür mit dem Arduino steuern

```
    exterior_light_off();
  }
  if(strstr(command,"jhwgang1"))
/* ist in der SMS das Wort "jhwgang1", dann wird die Innenbeleuchtung
eingeschaltet. */
  {
    interior_light_on();
  }
  if(strstr(command,"jhwgang0"))
/* ist in der SMS das Wort "jhwgang1", dann wird die Innenbeleuchtung
ausgeschaltet. */
  {
    interior_light_off();
  }
  if(strstr(command,"jhwall1")) // Alle LAMPEN einschalten
/* ist in der SMS das Wort "jhwall1", dann werden Aussen- und
Innenbeleuchtung eingeschaltet. */

  {
    digitalWrite(exterior_light,HIGH);
    delay(100);
    digitalWrite(interior_light,HIGH);
  }
  if(strstr(command,"jhwall0")) // Alle LAMPEN ausschalten
/* ist in der SMS das Wort "jhwall0", dann werden Aussen- und
Innenbeleuchtung ausgeschaltet. */
  {
    digitalWrite(exterior_light,LOW);
    delay(100);
    digitalWrite(interior_light,LOW);
  }
  if(strstr(command,"aopener"))
/* ist in der SMS das Wort "aopener", dann wird:
  // Oeffnen Motorschloss
  // Licht an aussen
  // Licht an innen
  // SMS an tel_nr
*/
  {
    aopener(); // SMS-Benachrichtigung in der aopener-Funktion
  }
/* wird der Schalter "opendoor_button" gedrueckt...*/
 while(digitalRead(opendoor_button)==HIGH){
  // Benachrichtigung per Mail nicht noetig, wenn von "innen" geoeffnet wird
  manual_opening();
```

```
    }
/* wird der Schalter "ledscreen_button" gedrueckt...
   dann wird die Hintergrundbeleuchtung des LCD-Bildschirms ein-
/ausgeschaltet */
 while(digitalRead(ledscreen_button)==HIGH){
   if (backlightState == LOW) // AUSSCHALTEN
     {
        backlightState = HIGH;
        lcd.setBacklight(0);
     }
   else // EINSCHALTEN
     {
        backlightState = LOW;
        lcd.setBacklight(255);
     }
   }
/* Pruefung auf UDP-Paket im Heimnetz */
 checkUdpEkey();
/* Bereitstellung csv-Datei fuer Webserver */
 csv2web();
 return;
}
```

Die abgedruckte `loop()`-Funktion prüft in diesem Fall die SMS-Nachricht nicht nur nach dem Wort **aopener** ab, sondern lässt beispielsweise mit den Begriffen **jhwgang0**, **jhwgang1**, **jhwaussen0**, **jhwaussen1**, **jhwall0**, **jhwall1** auch das Ein- und Ausschalten der Innen- sowie Außenbeleuchtung über jeweils ein angeschlossenes Relais zu.

```
IP = 192.168.123.35
UDP [OK]

[SIM900init] Check mit AT-Befehl
[SIM900] Modem ist an
[SIM900] PIN-Eingabe[SIM900] Verbindung zum Mobilfunknetz...

[SIM900smsinit] Check mit AT+CPIN?-Befehl

[SIM900smsinit] AT+CSCS-Response: 1


[SIM900smsinit] AT+CREG-Response: 1

[SIM900smsinit] Check mit AT+CREG?-Befehl; ob GSM-Netz da?

[SIM900smsinit] AT+CREG? erfolgreich.
[SIM900smsinit] AT+CMGF=1 Textmode gesetzt
[SIM900smsinit] AT+CSCA - SMS Message Center gesetzt:

OK
AT+CSCA?
+CSCA: "+491760000443",145

OK
+CMT: "+491▢▢▢▢▢▢▢","","15/06/13,13:55:39+08"
aopener
NOTOEFFNUNG VIA SMS erfolgt!
NOTOEFFNUNG VIA SMS erfolgt!
NOTOEFFNUNG VIA SMS erfolgt!
NOTOEFFNUNG VIA SMS erfolgt!
NOTOEFFNUNG VIA SMS erfolgt!
NOTOEFFNUNG VIA SMS erfolgt!
NOTOEFFNUNG VIA SMS erfolgt!
NOTOEFFNUNG VIA SMS erfolgt!
NOTOEFFNUNG VIA SMS erfolgt!
AT+CMKGS= - Nachrichtenversand...[SIM900sendSNS] SMS verschickt. -EOFAT+CMGS="+491▢▢▢▢▢▢"
>
```

Bild 8.66: Empfang, Verarbeitung und Versand einer SMS: Erkennt der Arduino eine neu vorliegende SMS-Nachricht, wird sie verarbeitet. Tritt im Text der Nachricht das »geheime« Passwort für das Öffnen der Tür auf, wird das Motorschloss über das angeschlossene Relais angesteuert. Nach dem Öffnen der Tür wird automatisiert die Bestätigungs-SMS verschickt.

Der »geheime« Zugangscode für das Öffnen der Tür – hier **aopener** – kann in diesem Beispiel von jedem Gerät per SMS-Nachricht an die persönliche Mobilfunknummer geschickt werden, deren SIM-Karte über das Mobilfunkmodul mit dem Arduino verbunden ist.

Bild 8.67: In diesem Beispiel wird einfach das definierte Kommando **aopener** per SMS an die Mobilfunknummer des Arduino geschickt. Nach einem kurzen Moment wird das Motorschloss betätigt, und anschließend wird die Hinweis-/Bestätigungs-SMS an die definierte Mobilfunknummer versendet.

Natürlich kann das dahin gehend eingeschränkt werden, dass eine Verarbeitung der Nachricht nur dann erfolgt, wenn die SMS-Nachricht genau von einer oder mehreren zuvor definierten Telefonnummern gesendet wurde – in diesem Beispiel wurde darauf verzichtet. Das gewählte Kennwort für das Öffnen der Tür sollte einerseits sicher, andererseits auch bequem über die Tastatur des Smartphones einzugeben sein. Am besten eignen sich beispielsweise Wörter in Kombination mit Zahlen – damit sind sie auf der sicheren Seite.

8.14 Netzwerk-Shield für UDP, Mail, NTP und Logging

Ob Original-Shields mit oder ohne PoE-Spannungsversorgung, China-Nachbauten, Klone und Nachrüstplatinen wie die von Adafruit, Sparkfun & Co.: Jede der genannten Lösungen arbeitet mit der SPI-Schnittstelle des Arduino, doch die Konfiguration des Select-Pins ist oftmals unterschiedlich. Wer die mitgelieferten Sketchbeispiele der Arduino-IDE oder die Sketche aus dem Internet verwenden und in sein persönliches Arduino-Projekt einbauen möchte, sollte deshalb auf die Verwendung des »richtigen« Select-Pins achten. Zudem ist bei dem Original-Shield neben der RJ45-Netzwerkschnittstelle zusätzlich ein Micro-SD-Kartenanschluss verbaut, der mit eingelegter Micro-SD-Karte als Datenspeicher für den Arduino(-Sketch) dient. Da sich der SD-Anschluss die SPI-Schnittstelle mit der Ethernet-Schnittstelle des Arduino teilt, muss bei einem Sketch, bei dem sowohl die SD- als auch die Netzwerkfunktionen verwendet werden, zuvor jeweils per `Cable Select` der entsprechende Pin gesetzt werden.

Grundkonfiguration des Netzwerk-Shields

Auf den Zusammenbau bzw. das Aufsetzen des Netzwerk-Shields auf den Arduino wird an dieser Stelle nicht eingegangen. Für die nachstehende Konfiguration des Netzwerk-Shields sind je nach eingesetzter Hardware und Arduino-Modell zuvor gegebenenfalls noch die Pinbelegungen für LCD und SoftwareSerial-Anschlüsse (Mobilfunkmodem) anzupassen, da das Netzwerk-Shield beispielsweise die Pins 50, 51, 52, 53 bei einem Arduino Mega 2560 benötigt.

```
// fuer Ethernet-Shield
#include <SPI.h>
#include <Ethernet.h>
byte mac[] = {0xDE, 0xAD, 0xBE, 0xEF, 0xFE, 0xED};
IPAddress dnServer(192, 168, 123, 199);
IPAddress gateway(192, 168, 123, 199);
IPAddress subnet(255, 255, 255, 0);
IPAddress ip(192, 168, 123, 35);
```

Für die Grundkonfiguration passen Sie die statischen Variablen dnServer, gateway, subnet (hier 255, 255, 255, 0) und ip an die persönliche Heimnetzumgebung an. Auch die MAC-Adresse sollten Sie so wählen, dass sie nicht mit einer anderen im Heimnetz kollidiert.

Genaue Datums- und Uhrzeitinformationen: NTP einrichten

Die nachstehenden Variablen sind für den sogenannten NTP-Dienst auf dem Arduino nötig. Dieser bezieht in diesem Fall die Informationen vom Zeitserver mit der Adresse time.nist.gov.

```
#include <EthernetUdp.h>
unsigned int localPort = 8888; // Lokaler Port fuer ekey/UDP-Pakete
char timeServer[] = "time.nist.gov"; // time.nist.gov -> NTP server
const int NTP_PACKET_SIZE = 48; // NTP-Zeitstempel 48 Bytes am Anfang der Nachricht
byte packetBuffer[ NTP_PACKET_SIZE]; // Puffer fuer ein- und ausgehende Pakete
time_t prevDisplay = 0; // NTP-Klasse - Zeit wurde noch nicht geändert
const int ntpsync = 7200; // NTP-Synchronisation alle 2 Stunden (7200 Sekunden)
EthernetUDP Udp; // UDP-Instanz fuer ein- und ausgehende Pakete
int timeZone = 2; // Central European Time
```

In der setup()-Funktion des Sketches wird zunächst die Netzwerkschnittstelle initialisiert und mit den festgelegten IP-Einstellungen in Betrieb genommen. Nach dem Einschalten des UDP-Protokolls werden die Datums- und Uhrzeitinformationen zunächst mit den beiden NTP-Hilfsfunktionen setSyncProvider(getNtpTime) und setSyncInterval (ntpsync) vorbereitet und schließlich über die Funktion setTime(hour(),minute(), second(),day(),month(),year()) auf dem Arduino gesetzt. Da der Arduino keine Batterie oder Ähnliches, wie beispielsweise ein Computer besitzt, werden diese Datums- und Uhrzeitinformationen nicht gespeichert. Damit stehen sie nur für die Laufzeit des Arduino zur Verfügung, bei einem Neustart wird die gleiche Prozedur erneut durchlaufen.

```
// Ethernet-Shield
  if (Ethernet.begin(mac) == 0) {
    Serial.println("DHCP nicht moeglich!");
    for (;;)
      ;
  }
  Serial.print("IP = ");
  Serial.println(Ethernet.localIP());
  Udp.begin(localPort); // fuer ekey UDP
  setSyncProvider(getNtpTime); // NTP-Provider starten/erstmalig abfragen
  setSyncInterval(ntpsync); // NTP-Synchronisation alle 2 Stunden
  setTime(hour(),minute(),second(),day(),month(),year()); // Zeit auf
Arduino setzen
```

Die beiden Hilfsfunktionen `getNtpTime()` und `sendNTPpacket(char* address)` werden zwingend benötigt – letztlich ist das weitere Vorgehen in dem ausführlichen Tutorial der Arduino-Community (*https://www.arduino.cc/en/Tutorial/UdpNtpClient*) detailliert erklärt. In diesem Beispiel interessiert uns nur der Zeitstempel für die Ausgabe der aktuellen Datums- und Uhrzeitinformationen auf dem angeschlossenen LCD-Display am Arduino Mega 2560.

```
// NTP-Provider - prueft, ob NTP läuft, und holt die Daten
time_t getNtpTime()
{
  while (Udp.parsePacket() > 0) ; // vorhergehende Pakete verwerfen
  sendNTPpacket(timeServer);
  uint32_t beginWait = millis();
  // 1500 Millisekunden Wartezeit für NTP-Antwort
  while (millis() - beginWait < 1500) {
    int size = Udp.parsePacket();
    if (size >= NTP_PACKET_SIZE) {
      Udp.read(packetBuffer, NTP_PACKET_SIZE); // Paket in Puffer einlesen
      unsigned long secsSince1900;
      // Byte 40,41,42,43 zusammen in long umwandeln
      secsSince1900 =  (unsigned long)packetBuffer[40] << 24;
      secsSince1900 |= (unsigned long)packetBuffer[41] << 16;
      secsSince1900 |= (unsigned long)packetBuffer[42] << 8;
      secsSince1900 |= (unsigned long)packetBuffer[43];
      return secsSince1900 - 2208988800UL + 2 * SECS_PER_HOUR;
    }
  }
}
```

```
  return 0;
}
// NTP-Request senden
void sendNTPpacket(char* address){
  memset(packetBuffer, 0, NTP_PACKET_SIZE); // Puffer auf 0 setzen
  // notwendige Werte für NTP-Request
  packetBuffer[0] = 0b11100011;   // LI, Version, Mode
  packetBuffer[1] = 0;     // Stratum oder Uhrentyp
  packetBuffer[2] = 6;     // Pollingintervall
  packetBuffer[3] = 0xEC;  // Peer Clock Präzision
  packetBuffer[12]  = 49;
  packetBuffer[13]  = 0x4E;
  packetBuffer[14]  = 49;
  packetBuffer[15]  = 52;
  // Werte für Request gesetzt, Request senden auf Port 123
  Udp.beginPacket(address, 123);
  Udp.write(packetBuffer, NTP_PACKET_SIZE);
  Udp.endPacket();
}
```

In der void loop()-Funktion regeln Sie zu guter Letzt die Ausgabe der Werte, die von der Zeit- und Datumsfunktion zur Verfügung gestellt werden. Dies geschieht wiederum in einer eigenen Routine – hier erledigt das die Funktion Clock2LCD, um die Uhrzeit auf dem angeschlossenen I²C-LCD auszugeben. Sie können natürlich auch die Datums- und Uhrzeitdaten per SMS, Mail oder serieller Schnittstelle übertragen – die Herangehensweise ist immer die gleiche bzw. sehr ähnlich.

Datum und Uhrzeit auf LCD ausgeben

Funktioniert die Synchronisation mit dem eingerichteten NTP-Server, reicht für die Darstellung auf dem LCD-Display eine bzw. zwei Hilfsfunktionen, wobei Letztere nur dafür sorgt, dass eine einstellige Zahl mit einer vorangestellten Null zu einer zweistelligen Anzeige wird – wie man es von Digitaluhren gewohnt ist.

```
// Anzeige Zeit/Datum auf LCD 16x2
void Clock2LCD(){
  printLCDDigits(day());
  lcd.print(".");
  printLCDDigits(month());
  lcd.print(".");
//  lcd.print(year()-2000);
  lcd.print("| ");
  printLCDDigits(hour());
  lcd.print(":");
  printLCDDigits(minute());
```

```
  lcd.print(":");
  printLCDDigits(second());
}

// 0 vorsetzen, wenn übergebener Wert < 10
void printLCDDigits(int digits)
{
  if(int(digits) < 10) lcd.print('0'); // vorher 0, wenn einstellig
  lcd.print(digits);
}
```

Sind die Datums- und Zeitinformationen auf dem Arduino verfügbar, sind sie vorwiegend für statistische und technische Zwecke wie beispielsweise für die Anlage und Verwaltung einer Logdatei prädestiniert. Da das Original-Arduino-Netzwerk-Shield einen eigenen Micro-SD-Kartenslot besitzt, benötigen Sie nur noch eine passende Micro-SD-Karte, um dort im Bedarfsfall eine angepasste Logdatei abzulegen.

Micro-SD-Kartenanschluss des Ethernet-Shields nutzen

Bevor Sie den Micro-SD-Kartenanschluss des Ethernet-Shields mit einer eingelegten Micro-SD-Karten nutzen können, sollte diese zuvor auf dem Computer vorbereitet werden. Idealerweise sollte sie leer und mit dem passenden Dateisystem (hier FAT32) formatiert sein. Das Löschen und Formatieren der Micro-SD-Karte erledigen Sie am Computer.

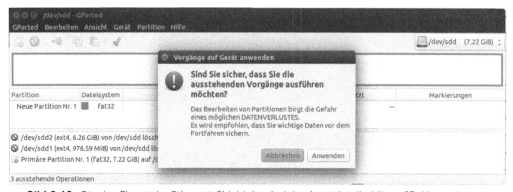

Bild 8.68: Für den Einsatz im Ethernet-Shield des Arduino benötigt die Micro-SD-Karte ein FAT32-Dateisystem.

Nach dem Formatieren und dem anschließenden sachgemäßen Auswerfen der Speicherkarte aus dem Computer können Sie die Speicherkarte in den Kartenslot des Netzwerk-Shields legen. Für die Verwendung im Sketch benötigt die Micro-SD-Karte

8.14 Netzwerk-Shield für UDP, Mail, NTP und Logging

weitere Definitionen und in diesem Beispiel auch eine passende **SdFat**-Library, die Sie über GitHub (*https://github.com/greiman/SdFat*) kostenlos beziehen können.

```
// fuer Ethernet-Shield
#include <SPI.h>
#include <Ethernet.h>
#include <EthernetUdp.h>
#include <string.h>
#include <EthernetServer.h>
// ----------------------------------------------
// SdFat-Library -> https://github.com/greiman/SdFat
// // Herunterladen und nachinstallieren ueber -> Sketch -> Include Library
#include <SdFat.h>
SdFat SD;
SdFile ekeyFile;
// ----------------------------------------------
byte mac[] = { 0xDE, 0xAD, 0xBE, 0xEF, 0xFE, 0xED};
IPAddress dnServer(192, 168, 123, 199);
IPAddress gateway(192, 168, 123, 199);
IPAddress subnet(255, 255, 255, 0);
IPAddress ip(192, 168, 123, 35);
// ----------------------------------------------
// Timeserver
char timeServer[] = "time.nist.gov"; // time.nist.gov-NTP-server
const int NTP_PACKET_SIZE = 48; // NTP-Zeitstempel ist in den ersten 48 Bytes
byte packetBuffer[ NTP_PACKET_SIZE]; // Paketpuffer fuer Ein- und Ausgang
time_t prevDisplay = 0; // NTP-Klasse - Zeit wurde noch nicht geaendert
const int ntpsync = 7200; // fuer NTP-Synchronisation alle 2 Stunden
// ----------------------------------------------
//
EthernetUDP Udp; // UDP-Instanz fuer Tuer-Logging
unsigned int ekeyPort = 56000;
#define UDP_TX_PACKET_MAX_SIZE 27 // statt standardmaessigen 24 Bytes
char packetUDPBuffer[UDP_TX_PACKET_MAX_SIZE];
char csvUDPBuffer;
//
int timeZone = 2;    // Zentraleuropaeische Zeit
// ----------------------------------------------
// Webserver
const int HTTP_PORT = 80;
// Webserverinstanz
EthernetServer webServer(HTTP_PORT);
// Zeitintervall fuer die Sammlung der Daten
const unsigned long SENSE_DELAY = 60000L;
```

```
// Check, ob Webanfragen vorliegen - alle X ms.
const int HTTP_SERVE_DELAY = 500;
// Zeit, wann zum letzten Mal Daten gelesen wurden
// Zeit, wann zum letzten Mal Check ausgefuehrt wurde, ob Webanfragen
vorliegen
unsigned long lastDataReadTime, lastWebCheckTime = millis();
// ---------------------------------------------
// SD-Kartenslot auf Ethernet-Shield
// PIN zur Kommunikation mit der SD-Karte.
const int SD_PIN = 4;
// PIN zur Kommunikation mit ETHERNET
const int ETH_PIN = 10;
```

Für die Nutzung in der Praxis und das Zusammenspiel von Ethernet-Netzwerkschnittstelle und Micro-SD-Karte kommt es immer darauf an, dass im benötigten Moment die entsprechende Ressource zur Verfügung steht. Aus Gründen der besseren Übersicht wurde dafür nicht nur zwischen Ethernet und SD-Kartenfunktionen unterschieden, sondern auch, ob der Zugriff auf die Micro-SD-Karte lesend oder schreibend erfolgen soll.

```
// ---------------------------------------------------------------------
void setupSDread() {
  digitalWrite(ETH_PIN, HIGH);   // ETH abschalten
  digitalWrite(SD_PIN, LOW);     // SD-Karte einschalten
  if (!SD.begin(SD_PIN, SPI_HALF_SPEED)) {
    SD.initErrorHalt();
  }
  if (!ekeyFile.open(EKEYFILE, O_READ)) {
    SD.errorHalt("[setupSDread] Fehler beim Oeffnen...");
  }
#ifdef AOPENER_DEBUG
  Serial.println("\n[setupSDread] Oeffne Datei <ekeyfinger.csv> fuer
Webtransfer...");
  Serial.println("\n[setupSDread] ETH AUS");
  Serial.println("\n[setupSDread] SD EIN");
#endif
}
// ---------------------------------------------------------------------
void setupSDwrite() {
  digitalWrite(ETH_PIN, HIGH);   // ETH abschalten
  digitalWrite(SD_PIN, LOW);     // SD-Karte einschalten
  if (!SD.begin(SD_PIN, SPI_HALF_SPEED)) {
    SD.initErrorHalt();
  }
  if (!ekeyFile.open(EKEYFILE, O_RDWR | O_CREAT | O_AT_END)) {
    SD.errorHalt("\n[setupSDwrite] Fehler beim Oeffnen...");
  }
```

```
#ifdef AOPENER_DEBUG
  Serial.println(F("\n[setupSDwrite] Oeffne ekeyfinger.csv zum
Schreiben..."));
  Serial.println(F("\n[setupSDwrite] ETH AUS /  SD EIN"));
#endif
}
// ------------------------------------------------------------
void setSDonReadETHoff() {
  setSDonETHoff();
  setupSDread();
}
// ------------------------------------------------------------
void setSDonWriteETHoff() {
  setSDonETHoff();
  setupSDwrite();
}
// ------------------------------------------------------------
void setSDonETHoff() {
  digitalWrite(ETH_PIN, HIGH);   // ETH abschalten
  digitalWrite(SD_PIN, LOW);    // SD-Karte einschalten
#ifdef AOPENER_DEBUG
  Serial.println(F("\n[setSDonETHoff] ETH AUS / SD EIN"));
#endif
}
// ------------------------------------------------------------
void setSDoffETHon() {
  digitalWrite(ETH_PIN, LOW);    // ETH einschalten
  digitalWrite(SD_PIN, HIGH);   // SD-Karte ausschalten
#ifdef AOPENER_DEBUG
  Serial.println(F("\n[setSDoffETHon] ETH EIN / SD AUS"));
#endif
}
// ------------------------------------------------------------
```

Über die jeweiligen Hilfsfunktionen haben Sie im gesamten Sketch nun immer Zugriff auf die gewünschten Einstellungen. Damit ersparen Sie sich nicht nur Tipparbeit, sondern sorgen auch für mehr Übersicht beim Lesen des Quellcodes, falls Sie zu einem späteren Zeitpunkt noch Anpassungen und Verbesserungen vornehmen möchten.

E-Mail-Benachrichtigung mit dem Arduino

Damit der Arduino eine E-Mail-Nachricht versenden kann, benötigt er natürlich eine TCP/IP-Verbindung in das Internet, die entweder über eine Mobilfunkverbindung oder per LAN/WLAN-Shield-Verbindung hergestellt werden kann. Ist der Arduino beispielsweise mit einem passenden Netzwerk-Shield bestückt und ist dieses per Ethernet-Kabel im Heimnetz angeschlossen, sind die grundsätzlichen Voraussetzungen geschaffen. Somit lässt sich der Versand von Textnachrichten bequem über eine eigene Funktion (hier sendGMXMail(char *message, char *mail_adr, char *frommail_adr) organisieren, die drei Parameter erwartet: den Nachrichtentext, die E-Mail-Adresse des Empfängers sowie die E-Mail-Adresse des Senders. Da der Versand über ein »statisches« E-Mail-Konto erfolgt, müssen die dafür nötigen Parameter wie Benutzername und Kennwort für die Anmeldung am Mailserver des Anbieters mit im Sketch eingegeben werden. Damit sie im Sketch und beim Log-in nicht im Klartext übermittelt werden, erwartet der Mailserver diese Angaben in der base64-Codierung.

```
echo -n emailuser | base64
echo -n passwort_fuer_emailuser | base64
```

In Vorbereitung des Sketches verwenden Sie auf einer Unix-Maschine wie dem Raspberry Pi im Terminal einfach das echo-Kommando und leiten es über das Pipe-Symbol auf die base64-codierte Ausgabe um.

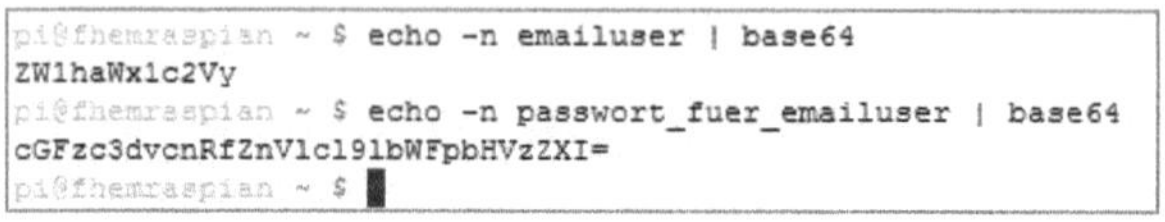

```
pi@fhemraspian ~ $ echo -n emailuser | base64
ZW1haWx1c2Vy
pi@fhemraspian ~ $ echo -n passwort_fuer_emailuser | base64
cGFzc3dvcnRfZnVlcl91bWFpbHVzZXI=
pi@fhemraspian ~ $
```

Bild 8.69: Vorbereitung mit dem Raspberry Pi: Am einfachsten wenden Sie die base64-Codierung im Terminal an – das Ergebnis für Benutzer und Kennwort können Sie per Copy-and-paste vom SSH-Fenster des Raspberry Pi in das Programmfenster der Arduino-Software übertragen.

Die beiden Parameter verwenden Sie schließlich im Arduino-Sketch für die automatisierte Anmeldung am Mailserver, damit der Versand der Nachrichten über die IP-Adresse des Mailservers des Anbieters funktioniert. In der Regel stehen die Adressen der Mailserver nur mit ihrem DNS-Namen zur Verfügung.

```
#include <Ethernet.h>
#include <SPI.h>
// Datei: sendGMXMail.ino
// Verzeichnis \smtpmailbyte mac[] = { 0xDE, 0xAD, 0xBE, 0xEF, 0xFE, 0xED};
byte ip[] = { 192, 168, 123, 35 }; // IP Arduino
byte server[] = {212, 227, 17, 168}; // IP Mailserver - hier GMX
mail.gmx.net

char *mail_adr = "ihre.mailadresse@gmx.de";        // Empfaenger der E-Mail-
Nachricht
char *frommail_adr = "sender.mailadresse@gmx.de";  // Sender E-Mail-
Nachricht

EthernetClient client;
void setup()
{
```

8.14 Netzwerk-Shield für UDP, Mail, NTP und Logging

```
  Serial.begin(9600);
  Serial.println("Verbindungsaufbau...");
  delay(1000);

  if (Ethernet.begin(mac))
    Serial.println("IP ist OK");
  else
  {
    Serial.println("Fehler aufgetreten!");
    while (1);
    // Endlosschleife bis zum Reset
  }
  char message[160];
  sprintf(message, "Nachricht vom Arduino");
  sendGMXMail(message, mail_adr, frommail_adr);
}

// boolean sendGMXMail(char *message, char *mail_adr, char *frommail_adr)
void sendGMXMail(char *message, char *mail_adr, char *frommail_adr)
{
  char mailfrom[160];
  char mailto[160];
  if (client.connect(server, 25)) // SMTP-Port 25
  {
    Serial.println("Befehle werden gesendet...");
    client.println("ehlo homeSweetHome");
    delay(500);
    while (client.available()) Serial.write(client.read());
    client.println("auth login");
    delay(500);
    while (client.available()) Serial.write(client.read());
    client.println("ZW1haWx1c2Vy");         // E-Mail-Adresse oder Konto (base64-codieren!)
    delay(500);
    while (client.available()) Serial.write(client.read());
    client.println("cGFzc3dvcnRfZnVlcl9lbWFpbHVzZXI=");      // Passwort (base64-codieren!)
    delay(500);
    while (client.available()) Serial.write(client.read());
    Serial.print("MAIL FROM:<");
    Serial.print(frommail_adr);
    Serial.println(">");
    client.print("MAIL FROM:<");
    client.print(frommail_adr);
    client.println(">");
    delay(500);
```

```
    while (client.available()) Serial.write(client.read());
    Serial.print("RCPT TO:<");
    Serial.print(mail_adr);
    Serial.println(">");
    client.print("RCPT TO:<");
    client.print(mail_adr);
    client.println(">");
    delay(500);
    client.println("DATA");
    while (client.available()) Serial.write(client.read());
    Serial.print("FROM: ");
    Serial.println(frommail_adr);
    client.print("FROM: ");
    client.println(frommail_adr);
    delay(500);
    while (client.available()) Serial.write(client.read());
    Serial.print("TO: ");
    Serial.println(mail_adr);
    client.print("TO: ");
    client.println(mail_adr);
    delay(500);
    client.println("SUBJECT: DoorController Email");
    client.println();
    delay(500);
    while (client.available()) Serial.write(client.read());
    client.println(message);
    client.println(".");
    delay(500);
    while (client.available()) Serial.write(client.read());
    client.println("QUIT");
    delay(500);
    while (client.available()) Serial.write(client.read());
    client.stop();
//    return true;
  }
  else
  {
    Serial.println("Verbindung nicht moeglich!");
//    return false;
  }


}
void loop()
{
// nur einmaliger Mailversand -via setup
}
```

8.14 Netzwerk-Shield für UDP, Mail, NTP und Logging

Um beispielsweise die IP-Adresse hinter der Anbieterangabe mail.gmx.net herauszufinden, verwenden Sie das nslookup-Kommando:

```
nslookup mail.gmx.net
```

Das liefert die IP-Adresse zurück, die Sie schließlich in die vier Adressbestandteile auflösen, mit Kommata separieren und in geschweiften Klammern der Variablen byte server[] im Sketch zuweisen. Den Beispielsketch mit der Dateibezeichnung sendGMXMail.ino finden Sie im Verzeichnis \smtpmail, er demonstriert die Anwendung der E-Mail-Benachrichtigung mit dem Arduino mit der sendGMXMail-Funktion.

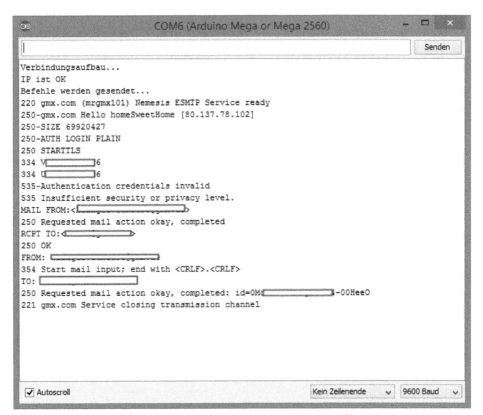

Bild 8.70: Gerade bei der Entwicklung und Anpassung des Arduino-Sketches ist eine ausführliche Ausgabe der Informationen auf der seriellen Konsole das A und O, um dort etwaige Fehler und Bugs zu finden.

Funktioniert der E-Mail-Versand der Nachrichten mit dem Arduino zuverlässig, können Sie diese praktische Funktion für die Benachrichtigung beim Eintritt diverser Ereignisse und Aktionen verwenden.

Bild 8.71: In diesem Beispiel informiert die vom Arduino initiierte E-Mail-Nachricht darüber, dass ein am Arduino angeschlossener Schalter betätigt wurde.

Auch als einfaches Gateway für die Weiterleitung von SMS-Nachrichten kann der E-Mail-Versand sehr praktisch sein, etwa wenn die verwendete SIM-Karte ausschließlich mit dem Arduino zum Einsatz kommt und trotzdem Nachrichten vom Provider etc. gelesen werden müssen – beispielsweise wenn es sich um eine SMS-Benachrichtigung darüber handelt, dass die Prepaid-Karte aufgeladen werden muss. In diesem Fall bleiben Sie immer informiert und können entsprechend handeln.

Arduino als Gateway: SMS-Nachricht als E-Mail weiterleiten

Funktioniert der E-Mail-Versand – in diesem Projekt beispielsweise mit der Funktion `sendGMXMail` realisiert –, können die über die Mobilfunkeinheit empfangenen SMS-Nachrichten direkt in das festgelegte E-Mail-Postfach weitergeleitet werden. Hier lassen sich natürlich wie gewohnt Filter setzen, Sie können nach bestimmten Zeichenketten in der Nachricht suchen, es lassen sich nur Nachrichten weiterleiten, die von einer bestimmten Mobilfunknummer kommen, und vieles mehr. Die Funktion `sendGMXMail` erwartet bekanntlich neben der eigentlichen Nachricht mehrere Parameter wie beispielsweise die Mailadressen des Absenders und des Empfänger, die Timeout-Dauer (wie lange der Versand maximal dauern darf) sowie die boolesche Variable, ob das Fingerscannerprotokoll als Anhang der E-Mail beigelegt werden soll. Das ist nützlich, wenn in der Nachricht das dafür definierte Schlüsselwort `csv2mail` enthalten ist, ansonsten ist die Variable auf den Wert `0` zu setzen. In diesem Fall wird die E-Mail als »reine« Textnachricht verschickt und bekommt als Nachrichteninhalt den kompletten SMS-Nachrichtentext (der in der `loop`-Funktion über der Variablen `command` bereitgestellt wird) inklusive der SMS-Headerinformationen wie Telefonnummer und Zeit in der Variablen `message` zugewiesen. Aus Platzgründen wurde nachstehend auf den Abdruck des kompletten `if/else if`-Konstrukts der `loop`-Funktion verzichtet – der Versand einer SMS erfolgt in diesem Fall nur dann, wenn eine neue SMS-Nachricht vorliegt und diese im Nachrichtentext mindestens ein Leerzeichen beinhaltet.

```
// die restlichen SMS-Nachrichten werden einfach an E-Mail-Adresse
weitergeleitet
  else if (strstr(command, " ")) {
```

```
  // SMS als Mail verschicken
  answer = sendGMXMail(command, mail_adr, frommail_adr, 100, 0);
  #ifdef AOPENER_DEBUG
    Serial.print("\n[sendGMXMail] Mail-Versand\n");
  #endif
  if (answer == 0)     {
    #ifdef AOPENER_DEBUG
      Serial.print("[sendGMXMail] E-Mail-Fehler");
    #endif
    #if ( defined(LCD_16_2) || defined(LCD_20_4))
      lcd.clear();
      lcd.setCursor(0, 0);
      lcd.print("E-Mail ... ");
      lcd.setCursor(0, 1);
      lcd.print("..Fehler! ");
      delay(2000);
    #endif
  }   else   {
    #ifdef AOPENER_DEBUG
      Serial.print("[sendGMXMail] E-Mail verschickt!");
    #endif
    #if ( defined(LCD_16_2) || defined(LCD_20_4))
      lcd.clear();
      lcd.setCursor(0, 0);
      lcd.print("E-Mail ... ");
      lcd.setCursor(0, 1);
      lcd.print("..verschickt! ");
      delay(2000);
    #endif
  }
  // SMS loeschen
  deleteSMS();
```

Voraussetzung für die korrekte Übermittlung längerer Nachrichten ist die Anpassung der SoftwareSerial.h-Headerdatei, wie im Abschnitt »Mobilfunklogik im Arduino-Sketch« auf Seite 386 beschrieben.

Das beschriebene Verfahren ist, abgesehen von der praktischen Gateway-Funktion, auch sehr praktisch, wenn im Arduino-Projekt eine Prepaid-Mobilfunkkarte zum Einsatz kommt, bei der der Mobilfunkprovider beispielsweise rechtzeitig auf das schwindende Guthaben auf der Karte hinweist. Damit sparen Sie sich den Aufwand des regelmäßigen Ausbaus der Karte und ihrer Prüfung auf einem Smartphone und werden vollautomatisch rechtzeitig darüber informiert, dass bei der SIM-Mobilfunkkarte Handlungsbedarf besteht, damit es später zu keinen Verbindungsproblemen kommt. Außerdem synchronisiert die SIM-Karte täglich die Zeitinformationen im Hintergrund mit der verbundenen Mobilfunkstation – trudelt in der Mailbox beispielsweise eine E-Mail-Nachricht mit der Zeichenkette *PSUTTZ oder +CREG ein, haben Sie die Gewissheit, dass die Mobilfunkverbindung ordnungsgemäß aufgebaut ist.

Logdatei per E-Mail-Anhang versenden

Etwas aufwendiger als eine »rein« textbasierte E-Mail ist der Versand einer E-Mail-Nachricht mit einem oder mehreren Anhängen (Attachments). Ein solche E-Mail erhält neben den Sender- und Empfängerinformationen und sowie der Mail-Nachricht zusätzlich die Daten des Anhangs. Damit der Empfänger die von Ihnen gesendete Nachricht korrekt auf seinem E-Mail-Client lesen und weiterverarbeiten kann, müssen die jeweiligen Daten beim Zusammenbauen der E-Mail-Nachricht mit den passenden Attributen versehen werden. Egal ob Sie für den Abruf Ihrer E-Mail-Nachrichten ein eigenes E-Mail-Programm wie Thunderbird, Outlook, Mail etc. oder eine webbasierte Lösung in Form eines Webmailers (GMX, GMAIL etc.) verwenden – die E-Mail-Nachrichten mit und ohne Anhang sind auf den ersten Blick erkennbar und unterscheidbar.

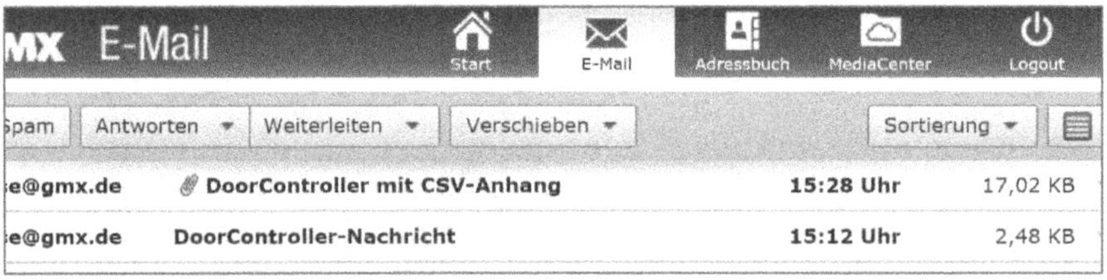

Bild 8.72: E-Mail-Nachrichten mit (oben) und ohne Anhang: Beide Nachrichten wurden vom Arduino auf das festgelegte E-Mail-Konto versandt und über den Webmailer in Empfang genommen.

Damit der E-Mail-Client den Anhang auch als solchen erkennt und nicht als Datensalat in der E-Mail-Nachricht darstellt, muss die E-Mail gemäß den E-Mail-Standards definiert sein. Dafür wurde in diesem Beispiel zunächst die für den Versand der E-Mail zuständige Funktion sendGMXMail mit der booleschen Variablen csv_mail um einen weiteren Aufrufparameter ergänzt.

```
int8_t sendGMXMail(char *message, char *mail_adr, char *frommail_adr,
unsigned int timeout, boolean csv_mail)
```

Ist die boolesche Variable auf den Wert 1 gesetzt, erfolgt die weitere Verarbeitung mit Dateianhang, beim Wert 0 schickt der Arduino hingegen, wie im vorigen Abschnitt beschrieben, eine gewöhnliche Textnachricht. Ausgewertet wird die csv_mail-Variable in der Funktion sendGMXMail mit einer einfachen if-Abfrage, die bei gesetztem Wert die attachCSV-Funktion aufruft.

```
    if (csv_mail == 1) {
      client.write("Subject: DoorController mit CSV-Anhang");
```

```
      client.write("\r\n");
      while (client.available()) Serial.write(client.read());
      delay(500);
      attachCSV(client);          // CSV-Anhang anfuegen
    }
    else {
      client.write("Subject: DoorController-Nachricht");
      client.write("\r\n");
      delay(500);
      client.write(message);
      client.write("\r\n");
      while (client.available()) Serial.write(client.read());
    }
```

In diesem Projekt wird nach dem Empfang der präparierten SMS-Nachricht das aktuelle Logprotokoll des Fingerscanners per E-Mail-Nachricht an die festgelegte E-Mail-Adresse geschickt. Die mit der Variablen EKEYFILE definierte Logdatei ekeyfinger.csv ist auf der Micro-SD-Karte des Arduino-Netzwerk-Shields gespeichert und wird zuvor über eine eigene logThis-Funktion befüllt, falls eine entsprechende Aktion über die UDP-Paketüberwachung der ekey-Steuereinheit festgestellt wird.

```
/*
   Haengt CSV-Datei an Mail
*/
// ------------------------------------------------------------------------
boolean attachCSV(EthernetClient client) {
  int i;
  char *boundary="___csvopnr___"; // fuer boundary
  // Offene Verbindung auf SD-Karte schliessen
  ekeyFile.close();
  delay(500);
  setSDonReadETHoff();    // SD einschalten
  client.write("MIME-Version: 1.0\n");    // Los mit Header
  client.write("Content-type: multipart/mixed;boundary=\"");
  client.write(boundary);
  client.write("\"\n");
  client.write("\n--");
  client.write(boundary);
  client.write("\n");
  client.write("Content-type: text/plain\n");
  client.write("Inhalt der E-Mail :\n");
  client.write("In der CSV-Datei finden sich die geloggten Aktionen des ekey-UDP-Moduls.\n\n");
  client.write("--");
  client.write(boundary);
```

```
client.write("\n");
client.write("Content-Type: application/text; name=\"");
client.write(EKEYFILE);
client.write("\"\n");
client.write("Content-Disposition: attachment; filename=\"");
client.write(EKEYFILE);
client.write("\"\n");
client.write("\n");
while ((i = ekeyFile.read()) >= 0) {
  client.write(i);
}
ekeyFile.close();   // Datei schliessen
client.write("--");
client.write(boundary);
client.write("--\r\n");
setSDonWriteETHoff(); // wieder Pipe fuer Schreibzugriff herstellen
setSDoffETHon();   // ETH einschalten
return true;
}
// -------------------------------------------------------------------------
```

Über verschiedene Funktionen, `setSDonReadETHoff`, `setSDoffETHon` etc., im Sketch wird nicht nur der Schreib-/Lesezugriff auf die Micro-SD-Karte gesteuert, sondern mit dem Case Select des jeweiligen Pins auch die grundsätzliche Funktion des SD-Kartenslots bzw. der RJ45-Netzwerkbuchse, die für den Netzwerkverkehr zuständig ist.

Bild 8.73: Die empfangene E-Mail-Nachricht bzw. der Anhang lässt sich wie gewohnt mit dem E-Mail-Client auf den Computer herunterladen, öffnen und weiterverarbeiten. Dafür ist kein spezielles Tabellenkalkulationsprogramm wie Calc, Excel etc. nötig, da sich die CSV-Datei auch mit einem gewöhnlichen Editor auf dem Computer öffnen lässt.

Das perfekte Zusammenspiel der beiden Schnittstellen auf dem Arduino-Netzwerk-Shield ist für die gewünschten Funktionen Voraussetzung, damit – angefangen beim Empfang einer SMS über die `SoftwareSerial`-Schnittstelle über den Versand der E-Mail-Nachricht bis zum Netzwerkanschluss mit vorherigem Zugriff auf die Micro-SD-Karte – alles in geordneten Bahnen abläuft.

Energiekosten fest im Griff

Smart Home im Eigenbau hat nur dann richtig Sinn, wenn Sie einen Überblick darüber haben, wie viel Strom das Haus oder die Wohnung bzw. die einzelnen Verbraucher darin komplett benötigen. Zu den späteren Optimierungen und Neuanschaffungen von Stromverbrauchern gehören passende Messmöglichkeiten. Dafür stehen zig unterschiedliche Möglichkeiten zur Verfügung; für manche spielt auch das Thema Energie- und Stromgewinnung etwa durch Solarmodule auf dem Dach eine wichtige Rolle. Mit den passenden Sensoren, Modulen und Zubehör ausgestattet, reicht sogar ein Raspberry Pi im Dauerbetrieb aus, um die heimische Energiebilanz zu dokumentieren und zu messen, zumal der geringe Stromverbrauch des Raspberry Pi im 24/7-Betrieb natürlich der Energiebilanz zugutekommt. Weniger Strom für Messeinrichtungen bedeutet weniger Kosten und Mess-Overhead insgesamt. In diesem Kapitel finden Sie einige Ideen und Projekte zu diesem Thema.

9.1 Unter Strom: Smart Home im Eigenbau

Ideal bei der Suche nach vermeintlichen Stromfressern ist eine Live-Verbrauchsanzeige, geteilt nach Stromkreis. Manche Lösungen bieten gar die Möglichkeit, Grenzwerte festzulegen und je nach Verbrauch eine automatische Benachrichtigung und/oder einen Schaltvorgang auszulösen.

9 Energiekosten fest im Griff

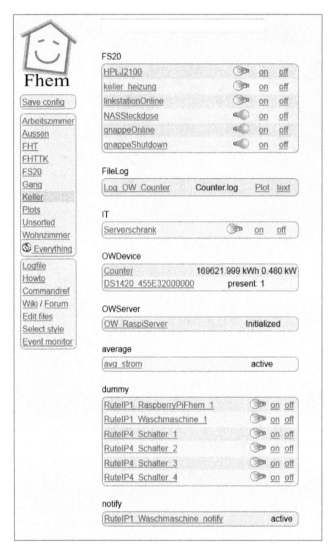

Bild 9.1: Im Blick: Mit einem Raspberry Pi und etwas Zubehör lässt sich unter anderem der Stromverbrauch übersichtlich darstellen.

Lief früher jährlich ein zweibeiniger Ableser durch die Straßen und nahm den Zählerstand für den Energieversorger auf, ist diese Arbeit heutzutage so gut wie verschwunden. Entweder beruht der Verbrauch auf Schätzwerten, oder der Zählerstand wird von den Eigentümern bzw. Mietern selbst mitgeteilt. Der Trend geht heutzutage zu einer selbstständigen Übermittlung der Verbrauchswerte an den Versorger. Wer den Überblick über seinen Stromverbrauch behalten möchte, kann diesen heute selbst mit einem klassischen Stromzähler mit Drehscheibe elektronisch und automatisiert erfassen. Die Bastelgemeinde und kleinere Elektronikanbieter im Internet bieten entsprechende Lösungen, um an die Zählerdaten zu gelangen, damit sie über den Computer oder besser über ein 1-Wire-Netzwerk weiterverarbeitet werden können.

Moderner als die betagte Drehscheibe ist beispielsweise der elektronische Haushaltszähler (abgekürzt eHZ), der meist mehrere unterschiedliche Tarife (beispielsweise Tages- und Nachtstrom) verwalten kann. Gerade mit der Anschaffung bzw. dem Einbau einer Fotovoltaikanlage wird ein neuer Stromzähler notwendig, der auch den Strom mitzählen kann, der in das Stromnetz des Anbieters eingespeist wird. Dieser Zweirichtungszähler hat neben der Digitalanzeige an der Vorderseite eine Infrarotdiode (IR-Diode), die die aktuellen Zählerstände ausgibt. Somit fällt die klassische Zählscheibe weg, die Digitalanzeige lässt sich auch nicht anzapfen, doch die Zählerdaten eines eHZ lassen sich über eine IR-Diode auslesen und auf das Netzwerk übertragen, was die zusätzliche Anschaffung eines IR-Lesekopfs notwendig macht.

Wie bei der Zählscheibenlösung ist auch hier der Selbstbau der Hardware für Bastelbegeisterte mit einem überschaubaren Aufwand möglich. Wer auf eine fertige Lösung zurückgreifen möchte, wird am Markt fündig. Eine gute Fundgrube ist die Webseite *www.volkszaehler.org* – dort gibt es auch gut dokumentierte Anleitungen für den Selbstbau eines Zählscheibenzählers oder des IR-Lesekopfs (*http://wiki.volkszaehler.org/hardware/controllers/ir-schreib-lesekopf-usb-ausgang*).

Die klassischen eHZ-Haushaltszähler kommen mit dem Datenprotokoll SML (*Smart Message Language*) und bieten alle ein bis vier Sekunden eine lastabhängige SML-Sendung im Push-Betrieb, die anschließend entgegengenommen und decodiert werden muss. Wer sich für den Aufbau, das Format sowie die Decodierung der SML-Frames interessiert, der erhält im PDF-Dokument der Firma iTrona GmbH (*http://www.itrona.ch/stuff/F2-2_PJM_5_Beschreibung SML Datenprotokoll V1.2_26.04.2011.pdf*) weitere Hinweise und Informationen.

Wesentlich moderner als die Drehzählscheibe und die erste Generation der eHZ-Stromzähler sind vollelektronische Drehstromzähler, die neben einer digitalen Anzeige des Verbrauchs auf dem Mini-Display auch eine sogenannte S0-Schnittstelle für die Verbrauchsdaten mitbringen. Diese lassen sich mithilfe eines Daten-Loggers mitprotokollieren und auf dem Raspberry Pi weiterverarbeiten. Anhand des Drehstromzählers Eltako DSZ12D-3x65A mit Display, der über die S0-Schnittstelle mit einem 1-Wire-Dual-S0-Zählermodul verbunden ist, wird diese Lösung nachfolgend dargestellt. Sie können aber auch andere Drehstromzähler verwenden, die eine S0-Schnittstelle mitbringen.

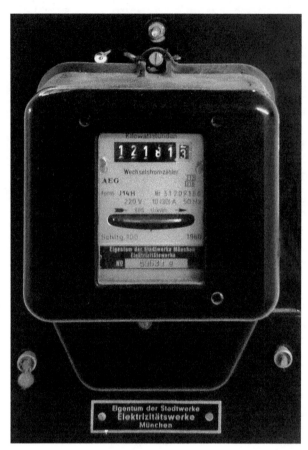

Bild 9.2: Drehstromzähler mit Drehscheibe: So oder ähnlich sind seit Jahrzehnten die Stromzähler der Energieversorger aufgebaut.

Drehstromzähler einbauen und anschließen

Es gibt Dinge, die man besser selbst macht und dabei viel Geld spart. Es gibt jedoch andere Dinge, die man aus Sicherheitsgründen lieber von Fachpersonal erledigen lassen sollte: Arbeiten wie Einbau und Anschluss eines (zusätzlichen) Drehstromzählers und das Verkabeln der Hutschienenkomponenten im Sicherungs- bzw. Schaltkasten gehören definitiv dazu.

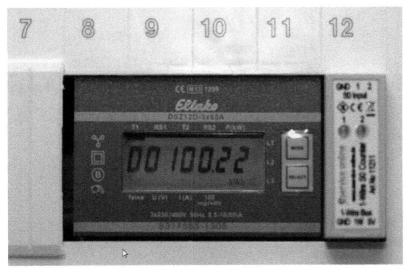

Bild 9.3: Das Anschließen des Eltako DSZ12D-3x65A ist vom Fachmann relativ schnell erledigt, vorausgesetzt, auf der Hutschiene ist noch genügend Platz.

Der Stromzähler wird anschließend mit einem zweiadrigen Kabel mit dem Zählmodul über den S0-Bus verbunden. Der Minus-Anschluss des Stromzählers wird hier zur Masse (GND), der Plus-Anschluss wird zu Eingang 1 (1) des S0-Anschlusses geführt. Vom Zählmodul wird anschließend das 1-Wire-Kabel (dreiadrig, mit GND, Daten, 5-V-Leitung) zum 1-Wire-USB-Adapter geführt, der wiederum mit dem Raspberry Pi über die USB-Schnittstelle verbunden wird.

1-Wire-Geräte am Raspberry Pi anschließen

Für den Anschluss von 1-Wire-Geräten am Raspberry Pi haben Sie mehrere Möglichkeiten. Neben der GPIO-Selbstbaulösung ist für die bequeme 1-Wire-Fraktion ein passender USB-Adapter wie der DS9490R die einfachste Lösung.

Bild 9.4: Links der blaue DS9490R (DS1490F), rechts der schwarze DS9097U-COM-to-1-Wire-USB-Adapter.

Hier werden 1-Wire-Geräte wie beispielsweise Temperaturfühler oder das Counter-Modul für den Smart-Home-Zähler einfach mithilfe des RJ11-Steckers verbunden. Am besten nutzen Sie dafür ein sechsadriges Telefonkabel – von sechs Adern werden im Fall des DS1490F nur die ersten drei (Pin 1-3) benötigt. Alternativ besorgen Sie sich einen RJ11/RJ12-zu-RJ45-Adapter, um normale Patch-Kabel für den 1-Wire Bus zu nutzen. In unserem Beispielfall wurden die 1-Wire-Pins wie folgt auf das RJ45-Kabel geführt:

Pin-RJ12 (Buchse)	Signal	Beschreibung	Kabel RJ45	Pin-RJ45
Pin 1	VDD	5-V-Ausgang	Weiß/Braun	7
Pin 2	GND	Masse	Grün	6
Pin 3	OW	1-Wire-Daten	Weiß/Blau	5
Pin 4	OW_OW	1-Wire-Daten-GND-Return	–	4
Pin 5	SUSO	USB Suspend Out	–	3
Pin 6	NC	Keine Verbindung	–	2

Das unterscheidet RJ11 von RJ12

Beachten Sie den Unterschied zwischen dem RJ11- und dem RJ12-Standard. Üblicherweise nutzen Sie für 1-Wire auf dem Raspberry Pi und die USB-Adapter RJ12-Stecker und -Kabel. Zwar hat RJ11 ebenfalls sechs Pins, es sind bei einem RJ11-Kabel jedoch nur vier bestückt, da die beiden äußeren Leitungen (1 und 6) fehlen. Beachten Sie, dass in der Tabelle die Pinzählung der RJ12-Buchse absteigend, weil spiegelverkehrt, erfolgt.

Bild 9.5: Rückwärts zählen: Bei der RJ11-/RJ12-Buchse ist die Zählrichtung der Pins absteigend, weil spiegelverkehrt.

Das entspricht der Pinbelegung, wenn Sie in die Steckerbuchse des USB-Adapters blicken. Sobald das 1-Wire-Kabel angeschlossen ist, testen Sie zunächst den Bus – werden alle Geräte ordnungsgemäß erkannt, und funktionieren sie einwandfrei?

Für 1-Wire nutzen Sie die drei Kabelanschlüsse GND (Ground), Daten (DATA) und 5 V (VDD). Grundsätzlich darf der 1-Wire-Bus bis zu 100 m lang werden und kann auch Abzweigungen und Verästelungen (Sterntopologie) haben. Die angeschlossenen Geräte werden anhand ihrer eindeutigen 64-Bit-ID unterschieden. Beachten Sie, dass es je nach USB-Adapter und verwendetem Chip bezüglich der Pinbelegung zu erheblichen Unterschieden kommen kann. Beispielsweise ist der obige DS9097U-USB-COM-Adapter laut Datenblatt mit nachstehender Pinbelegung bestückt.

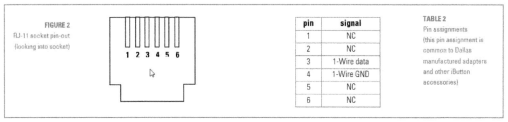

Bild 9.6: Pinbelegung des DS9097U: Daten auf Pin 3, Masse auf Pin 4. Der 5-V-Strom muss extern bezogen werden.

Der schwarze DS9097U-COM-to-1-Wire-USB-Adapter nutzt nur zwei der sechs Anschlüsse. Die jeweils äußeren beiden Kabelverbindungen (1, 2 und 5, 6) sind nicht bestückt. Pin 3 führt 1-Wire-Daten, Pin 4 ist für die Masse (GND) vorgesehen. Gerade beim Einsatz mit dem Raspberry Pi ist es jedoch sinnvoll, sich auf eine einheitliche 1-Wire-Strategie zu einigen. Hier wird die dreiadrige Technik mit Masse (GND), Daten und 5-V-Stromversorgung präferiert, um für zukünftige Anwendungszwecke gewappnet zu sein. Im Folgenden wird der DS9490R für den Anschluss der 1-Wire-Komponenten genutzt und anschließend mittels `owfs` mit dem Dateisystem des Raspberry Pi gekoppelt.

1-Wire-Bus und 1-Wire-USB-Connector prüfen

Gerade beim Einsatz eines 1-Wire-USB-Connectors wie des DS9490R mit RJ11-/12-Buchse ist es zu Testzwecken sinnvoll, die eingesetzten 1-Wire-Geräte sowie die Verdrahtung vor dem praktischen Einsatz auf ihre ordnungsgemäße Funktion zu testen. Mit dem DS9490 koppeln Sie einen kompletten 1-Wire-Bus an den USB-Port. Dieser wird über die `libusb`-Bibliothek angesteuert, die von `owfs` unterstützt wird. Die einfachste Möglichkeit ist die eigens dafür vorhandene Software OneWireViewer, die kostenlos auf den Webseiten von Maxim Integrated (*www.maximintegrated.com/products/ibutton/software/1wire/OneWireViewer.cfm*) zur Verfügung steht.

Nach dem Download starten Sie die Installation und klicken sie bis zum Ende durch. Hierbei werden der passende USB-Treiber sowie die Software zum Auslesen des 1-

Wire-Bus installiert. Wichtig ist, dass der 1-Wire-USB-Adapter noch nicht am Windows-PC eingesteckt ist, das sollten Sie erst nach Abschluss der Installation erledigen.

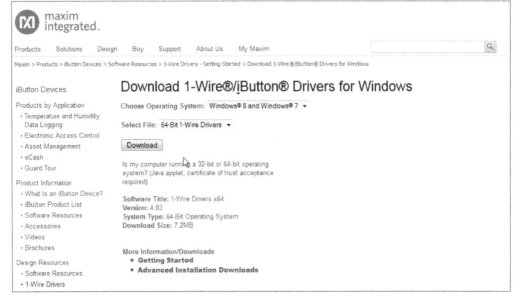

Bild 9.7: *www.maximintegrated.com/products/ibutton/software/tmex/*: Hier laden Sie sich die Treiber für den 1-Wire-USB-Adapter herunter, der sich neben dem Raspberry Pi auch auf einem Windows-PC einsetzen lässt.

Bild 9.8: Da der 1-Wire-Treiber im Rahmen der Softwareinstallation mit auf den Windows-PC installiert wird, sollte der USB-Adapter erst nach Abschluss der Installation am USB-Anschluss eingesteckt werden.

Nach Abschluss der Installation kann der USB-Adapter in den USB-Anschluss gesteckt werden. Nach einem Augenblick werden die passenden Treiber initialisiert und in Betrieb genommen. Anschließend wird der 1-Wire-Adapter im Windows-Geräte-Manager im Bereich *1-Wire* geführt.

Ist der USB-Adapter gesteckt und wurde am 1-Wire-Kabel das eine oder andere 1-Wire-Gerät angeschlossen, werden die erkannten Devices in der Übersicht des gestarteten OneWireViewer, den Sie in der Programmgruppe von Windows finden, mit ihrer Geräte-ID gelistet.

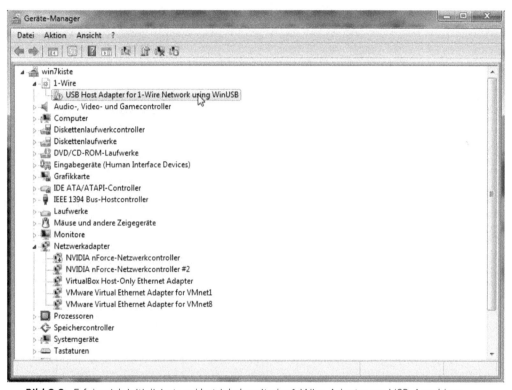

Bild 9.9: Erfolgreich initialisiert und betriebsbereit: der 1-Wire-Adapter am USB-Anschluss.

Bild 9.10: Ordnungsgemäß bestückt: In diesem Beispiel werden zwei Temperaturfühler (hier DS1920) mit dem USB-Adapter gekoppelt.

Anschließend können Sie über das Register *Real-Time Temperature* die aktuelle Temperatur des Sensors abfragen und in einem Diagramm darstellen lassen. Funktioniert die 1-Wire-Schaltung, ziehen Sie den USB-Adapter vom Windows-PC ab. Nun kann der USB-Adapter auf dem Raspberry Pi samt den angeschlossenen Komponenten zum Einsatz kommen.

OWFS kompilieren und installieren

Das Wichtigste vorweg: Für den Zugriff auf die Daten des 1-Wire-Bus gibt es unter Linux bzw. dem Raspberry Pi verschiedene Möglichkeiten. Neben dem betagteren Verfahren »DigiTemp« und »w1retap« ist das OWFS (1-Wire-Filesystem) sehr verbreitet. Auch in diesem Abschnitt kommt es zum Einsatz. Zunächst bringen Sie den Raspberry Pi per `apt-get update && apt-get upgrade` auf den aktuellsten Stand und installieren dann `fuse` und `libusb` samt abhängigen Paketen auf den Raspberry Pi. Je nachdem, wie viele Pakete fehlen, kann sich die Installation etwas ziehen. Anschließend holen Sie sich die aktuellste Version des OWFS-Dateisystems (*http://sourceforge.*

net/projects/owfs/files/), die Sie am besten per vorangestelltem `wget` auf den Raspberry Pi laden und danach per `tar`-Kommando entpacken.

```
sudo -i
apt-get update && apt-get upgrade
apt-get install fuse-utils libfuse-dev libfuse2 automake autoconf autotools-dev  gcc g++ libtool libusb-dev fuse-utils libfuse-dev swig  tcl8.4-dev php5-dev
wget http://downloads.sourceforge.net/project/owfs/owfs/3.1p1/owfs-3.1p1.tar.gz
tar -xzf owfs-3.1p1.tar.gz
cd owfs-3.1p1/
./configure -enable-usb -enable-owfs -enable-w1
```

Wechseln Sie in das Verzeichnis und bereiten Sie mit `./configure` das Kompilieren von OWFS vor: Schalten Sie die USB-Unterstützung sowie den 1-Wire- und OWFS-Support mit den angegebenen Optionen ein. Nach einem kurzen Moment sollte eine Rückmeldung in Form einer etwas längeren Bildschirmmeldung erscheinen, die Sie auf `DISABLED`-Einträge prüfen.

```
config.status: creating src/include/owfs_config.h
config.status: creating src/include/config.h
config.status: executing depfiles commands
config.status: executing libtool commands
/bin/rm: cannot remove `libtoolT': No such file or directory

Current configuration:

    Deployment location: /opt/owfs

Compile-time options:
                        USB is enabled
                        I2C is enabled
                         W1 is enabled
     Parallel port DS1410E is enabled
          Zeroconf/Bonjour is enabled
              Debug-output is enabled
                  Profiling is DISABLED
Tracing memory allocation is DISABLED
1wire bus traffic reports is DISABLED

Module configuration:
                      owlib is enabled
                    owshell is enabled
                       owfs is enabled
                    owhttpd is enabled
                     owftpd is enabled
                   owserver is enabled
                 owexternal is enabled
                      ownet is enabled
                   ownetlib is enabled
                      owtap is enabled
                      owmon is enabled
                     owcapi is enabled
                       swig is enabled
                    owperl is enabled
                       owphp is DISABLED
                   owpython is enabled
                      owtcl is enabled

root@raspberryPiBread:~/owfs-2.9p0#
```

Bild 9.11: Falls hier eine Meldung `owfs is DISABLED` erscheint, sollten Sie prüfen, ob in Sachen **fuse**-Installation noch abhängige Pakete fehlen.

Erscheint die obige Bildschirmausgabe, fahren Sie mit folgendem Kommando fort, um OWFS auf dem Raspberry Pi zu kompilieren:

```
make && make install
```

Dafür können Sie rund 30 Minuten auf dem Raspberry Pi einplanen. Die restlichen Arbeiten für OWFS sind schnell erledigt. Legen Sie anschließend im Filesystem für den Mountpoint ein Verzeichnis an. Hier wird das Verzeichnis /owfs genutzt, im nächsten Schritt wird die Berechtigung per `chmod` gesetzt.

```
mkdir -p /owfs
chmod 777 /owfs
```

Nun lässt sich das OWFS-Filesystem auf das angelegte Verzeichnis mounten (hier mit USB-Option), nachdem Sie mit modprobe den fuse-Treiber initialisiert haben. Damit es nach einem Neustart des Rechners auch funktioniert, sollten Sie in die Datei /etc/modules das Modul fuse eintragen.

```
modprobe fuse
ls -la /owfs
/opt/owfs/bin/owfs --Celsius --usb /owfs
```

Je nachdem, wie viele 1-Wire-Geräte sich auf dem Bus tummeln, kann unter Umständen ein mehrmaliges Mounten des Verzeichnisses nötig werden. Für den späteren Einsatz in einer Nicht-root-Umgebung sollten Sie schon einmal die Nutzung von fuse in der Datei /etc/fuse.conf konfigurieren.

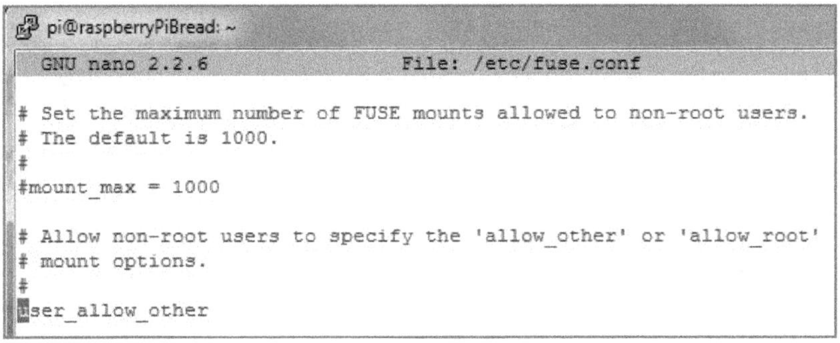

```
  pi@raspberryPiBread: ~
  GNU nano 2.2.6                    File: /etc/fuse.conf

# Set the maximum number of FUSE mounts allowed to non-root users.
# The default is 1000.
#
#mount_max = 1000

# Allow non-root users to specify the 'allow_other' or 'allow_root'
# mount options.
#
user_allow_other
```

Bild 9.12: Entfernen Sie vor dem Eintrag user_allow_other einfach das vorangestellte Rautensymbol #, um den Eintrag zu aktivieren.

Das Unmounten des Filesystems erfolgt, falls nötig, mit dem Kommando:

```
fusermount -u /owfs
```

Beachten Sie, dass für den OWFS-Betrieb immer das Kernelmodul und die Bibliothek von fuse benötigt werden. In der Regel sollten Sie fuse über /etc/modules automatisch starten lassen, damit auch OWFS grundsätzlich betriebsbereit ist. Durch die Abbildung über virtuell bereitgestellte Dateien in das Dateisystem sind nun sämtliche Standarddateioperationen wie Lesen, Schreiben oder Anzeigen einer Verzeichnisliste auf dem 1-Wire-Bus möglich. Manche Funktionen wie das Erstellen, Löschen oder Umbenennen von Dateien innerhalb des 1-Wire-Filesystems sind nicht möglich – es steht nur der Umweg über einen symbolischen Link zur Verfügung. Nach dem Aktivieren des fuse-Treibers sollte anschließend der ls-Befehl die angeschlossenen 1-Wire-Komponenten zeigen.

```
ls -la /owfs
cat /owfs/10.B2A893020800/temperature
```

Mit dem `cat`-Kommando lassen sich nun die Attribute der angeschlossenen 1-Wire-Geräte auslesen.

```
pi@raspberryPiBread ~ $ sudo -i
root@raspberryPiBread:~# modprobe fuse
root@raspberryPiBread:~# sudo ls -la /owfs
total 8
drwxrwxrwx  2 root root 4096 Apr 26 21:18 .
drwxr-xr-x 23 root root 4096 Apr 26 21:18 ..
root@raspberryPiBread:~# /opt/owfs/bin/owfs --Celsius --usb /owfs
DEFAULT: ow_usb_msg.c:(295) Opened USB DS9490 bus master at 1:4.
DEFAULT: ow_usb_cycle.c:(191) Set DS9490 1:4 unique id to 81 45 5E 32 00 00 00 4C
root@raspberryPiBread:~# sudo ls -la /owfs
total 4
drwxr-xr-x  1 root root    8 Apr 28 16:03 .
drwxr-xr-x 23 root root 4096 Apr 26 21:18 ..
drwxrwxrwx  1 root root    8 Apr 28 16:03 10.B2A893020800
drwxrwxrwx  1 root root    8 Apr 28 16:03 10.FC9793020800
drwxrwxrwx  1 root root    8 Apr 28 16:03 81.455E32000000
drwxr-xr-x  1 root root    8 Apr 28 16:03 alarm
drwxr-xr-x  1 root root    8 Apr 28 16:03 bus.0
drwxr-xr-x  1 root root    8 Apr 28 16:03 settings
drwxrwxrwx  1 root root    8 Apr 28 16:03 simultaneous
drwxr-xr-x  1 root root    8 Apr 28 16:03 statistics
drwxr-xr-x  1 root root   32 Apr 28 16:03 structure
drwxr-xr-x  1 root root    8 Apr 28 16:03 system
drwxr-xr-x  1 root root    8 Apr 28 16:03 uncached
root@raspberryPiBread:~# cat /owfs/10.B2A893020800/temperature
        23.5root@raspberryPiBread:~#
```

Bild 9.13: Über den `cat`-Befehl lesen Sie die Temperaturen der angeschlossenen Sensoren aus. In diesem Beispiel werden 23,5 °C gemessen.

Nun sind der USB-Adapter sowie der 1-Wire-Bus auf dem Raspberry Pi betriebsbereit. Im nächsten Schritt schließen Sie den 1-Wire-Zähler für den Drehstromzähler an, um den gemessenen Stromverbrauch auf dem Raspberry Pi darzustellen, damit er zwecks Darstellung und Weiterverarbeitung an weitere Frontends übermittelt werden kann. Besser ist es, für weitere Zwecke die OWFS-Konfiguration in einer eigenen Datei, `/etc/owfs.conf`, unterzubringen und diese beim Start des jeweiligen Daemons anzugeben.

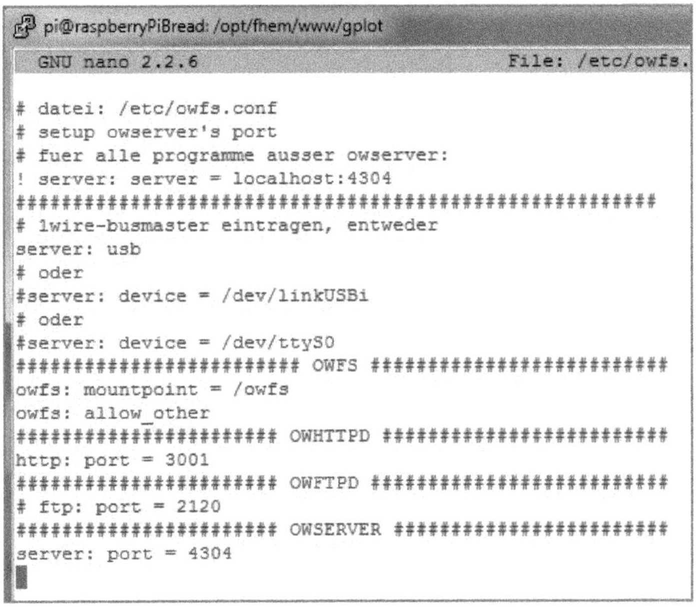

```
# datei: /etc/owfs.conf
# setup owserver's port
# fuer alle programme ausser owserver:
! server: server = localhost:4304
############################################################
# 1wire-busmaster eintragen, entweder
server: usb
# oder
#server: device = /dev/linkUSBi
# oder
#server: device = /dev/ttyS0
######################### OWFS ##########################
owfs: mountpoint = /owfs
owfs: allow_other
######################### OWHTTPD #######################
http: port = 3001
######################### OWFTPD ########################
# ftp: port = 2120
######################### OWSERVER ######################
server: port = 4304
```

Bild 9.14:
In der owfs-Konfigurationsdatei legen Sie den genutzten Port (4304), den http-Port (hier 3001) sowie den Mountpoint (hier /owfs) und die Zugriffsberechtigungen (allow_other) fest.

Sind die owfs-Parameter in der Konfigurationsdatei festgelegt worden, können Sie die gewünschten owfs-Dienste starten. Neben dem klassischen owserver-Dienst stehen ein HTTP- und ein FTP-Dienst zur Verfügung, die mittels der festgelegten conf-Datei automatisch konfiguriert werden. Die entsprechenden Dienste würden Sie in diesem Fall wie folgt starten:

```
/opt/owfs/bin/owfs --Celsius -c /etc/owfs.conf
/opt/owfs/bin/owhttpd -c /etc/owfs.conf
/opt/owfs/bin/owserver -c /etc/owfs.conf
```

Ohne Konfigurationsdatei müssten Sie die einzelnen Parameter im Aufruf händisch angeben. Beim Start des HTTPD-Servers für OWFS beispielsweise würde der Aufruf

```
/opt/owfs/bin/owhttpd -p 3001 --usb
```

lauten, um den HTTP-Server auf Port 3001 zu konfigurieren. Nach dem Start lassen sich die Dienste wie gewohnt über kill oder killall beenden. In diesem Beispiel reicht das folgende Kommando, um den laufenden HTTP-Server zu beenden:

```
killall owhttpd
```

Damit Sie beim Neustart des Raspberry Pi die Dienste nicht mehr manuell starten müssen, ist im Verzeichnis /etc/init.d für jeden Dienst, hier owserver und owfs, ein passendes Startskript zu erstellen. Sie können sich an den vorhandenen Dateien orientieren, eine Datei kopieren, umbenennen und die entsprechenden Pfade anpassen. In diesem Startskript passen Sie die Variable DAEMON an – das ist das Verzeichnis, in dem sich die owfs-Installation bzw. die Binaries befinden. In der CONFFILE legen Sie den Pfad zur besprochenen conf-Datei fest:

```
sudo nano /etc/init.d/owfs
```

Diese hat folgenden Inhalt:

```
#!/bin/sh
### BEGIN INIT INFO
# Provides: owfs
# Required-Start: $remote_fs $syslog $network $named
# Required-Stop: $remote_fs $syslog $network $named
# Should-Start: owfs
# Should-Stop: owfs
# Default-Start: 2 3 4 5
# Default-Stop: 0 1 6
# Short-Description: 1-wire file system mount & update daemon
# Description: Start and stop 1-wire file system mount & update daemon.
### END INIT INFO
CONFFILE=/etc/owfs.conf
DESC="1-Wire file system mount"
NAME="owfs"
DAEMON=/opt/owfs/bin/$NAME
case "$1" in
start)
echo "Starting $NAME"
$DAEMON -c $CONFFILE
# --Celsius --usb /owfs
;;
stop)
echo "Stopping $NAME"
killall $NAME
;;
*)
echo "Usage: $N {start|stop}" >&2
exit 1
;;
esac
exit 0
```

Je nachdem, welche OWFS-Dienste Sie einsetzen möchten, legen Sie für jeden weiteren (hier owhttpd und owserver) jeweils noch ein passendes Startskript an. Zu guter Letzt sorgen Sie dafür, dass die Skripte für jedermann ausführbar sind:

```
sudo chmod +x /etc/init.d/ow*
```

und starten anschließend die gewünschten Dienste. Mit dem Kommando

```
sudo netstat -tulpn | grep ow
```

können Sie bequem prüfen, ob der entsprechende OWFS-Dienst an seinem konfigurierten Port erreichbar ist. Anschließend fügen Sie das Skript bzw. die Skripte mit dem Befehl `update-rc.d` in die entsprechenden Runlevels ein:

```
sudo update-rc.d owfs defaults
sudo update-rc.d owserver defaults
```

Um zu überprüfen, ob alles ordnungsgemäß in den Runlevels verlinkt ist, nutzen Sie den Befehl:

```
cd /etc
ls -l rc* | grep owfs
```

bzw.:

```
ls -l rc* | grep owserver
```

Um beispielsweise das Skript `owfs` wieder aus den Runlevels zu entfernen, dient das Kommando:

```
sudo update-rc.d owfs remove
```

Haben Sie das Skript bzw. den Dienst aus den Runlevels entfernt, sollten Sie es bzw. ihn vorsichtshalber abschließend beenden:

```
sudo invoke-rc.d owfs stop
```

Damit ist gewährleistet, dass beim nächsten Herunterfahren des Raspberry Pi die Dienste sauber beendet sind und diesbezüglich keine Fehlermeldungen erscheinen. Grundsätzlich ist der Daemon `owserver` für die Zusammenarbeit mit dem Raspberry Pi und FHEM ausreichend. Wer stattdessen oder zusätzlich mit selbst gebauten Programmen und Skripten auf die 1-Wire-Daten zugreifen möchte, nutzt den OWFS-Daemon.

Zählermodul am Raspberry Pi in Betrieb nehmen

Über das 1-Wire-Netzwerk kann das Zählermodul jetzt mit dem Raspberry Pi, aber auch mit jedem anderen Computer gekoppelt werden, sofern dort eine passende 1-Wire-Schnittstelle zur Verfügung steht. Mit der 1-Wire-Schnittstelle fragen Sie das Zählermodul des montierten Stromzählers ab und ermitteln damit ständig den aktuellen Verbrauch. Das Zählermodul lässt sich mit wenigen Bausteinen selbst zusammenbauen, oder aber Sie kaufen sich eine Fix-und-fertig-Lösung.

Dazu geben Sie einfach in eine Suchmaschine die Suchbegriffe `s0 zähler 1-wire DS2423` ein und wählen aus den verfügbaren Angeboten das günstigste aus. Im Rahmen dieses Projekts kam das 1-Wire-Dual-S0-Zählermodul (Artikelnummer 11211) der Firma eService Online zum Einsatz.

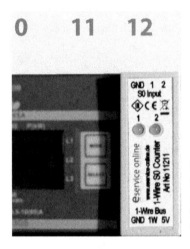

Bild 9.15: Das Zählermodul wird auf der Hutschiene im Sicherungskasten neben dem Stromzähler montiert. Auf der Oberseite wird der zweiadrige S0-Anschluss mit dem Stromzähler verbunden, auf der Unterseite wird der 1-Wire-Bus (dreiadrig) GND 1W 5V angeschlossen.

In diesem Beispiel ist die Pinbelegung aus dem Temperaturprojekt noch bekannt. Legen Sie einfach die entsprechenden Kabel auf die dazugehörigen Anschlüsse, die wie folgt beschaltet sind:

1-Wire-USB-Adapter Pin-RJ11 (Buchse)	Signal	Beschreibung	Kabel RJ45/Pin-RJ45	Anschluss 1-Wire-Dual-S0-Zählermodul
Pin 1	VDD	5-V-Ausgang	Weiß/Braun/7	5 V (Pin 3)
Pin 2	GND	Masse	Grün/6	GND (Pin 1)
Pin 3	OW	1-Wire-Daten	Weiß/Blau/5	1 W (Pin 2)

Im nächsten Schritt prüfen Sie, ob der 1-Wire-Zähler vom Raspberry Pi ordnungsgemäß erkannt wurde und entsprechende Werte darstellt. In diesem Fall bietet das 1-Wire-Dual-S0-Zählermodul zwei Anschlüsse an, von denen in diesem Beispiel Anschluss 1 für den Stromzähler eingesetzt wird. Wer beispielsweise auch den Zählerstand des Gaszählers, der Solaranlage und dergleichen verfolgen möchte, hat schon ein zweites Zählmodul in petto. Mit dem Kommando

```
sudo ls -la /owfs
```

halten Sie auf dem 1-Wire-Bus Ausschau nach einem neuen Gerät. In diesem Fall ist neben dem USB-Adapter ausschließlich das 1-Wire-Dual-S0-Zählermodul aktiv, das sich mit der eindeutigen ID `1D.00C90F000000` im System eingenistet hat. Dank des

OWFS-Dateisystems können Sie nun in das `/owfs/1D.00C90F000000`-Verzeichnis navigieren und die Zählwerte auslesen.

```
mc [root@raspberryPiBread]:/etc
root@raspberryPiBread:/opt# sudo ls -la /owfs
total 4
drwxr-xr-x  1 root root    8 Apr 29 15:55 .
drwxr-xr-x 23 root root 4096 Apr 26 21:18 ..
drwxrwxrwx  1 root root    8 Apr 29 16:27 1D.00C90F000000
drwxrwxrwx  1 root root    8 Apr 29 16:27 81.455E32000000
drwxr-xr-x  1 root root    8 Apr 29 15:55 bus.0
drwxr-xr-x  1 root root    8 Apr 29 15:55 settings
drwxr-xr-x  1 root root    8 Apr 29 15:55 statistics
drwxr-xr-x  1 root root   32 Apr 29 15:55 structure
drwxr-xr-x  1 root root    8 Apr 29 15:55 system
drwxr-xr-x  1 root root    8 Apr 29 15:55 uncached
root@raspberryPiBread:/opt# sudo ls -la /owfs/1D.00C90F000000/
total 0
drwxrwxrwx 1 root root   8 Apr 29 16:27 .
drwxr-xr-x 1 root root   8 Apr 29 15:55 ..
-r--r--r-- 1 root root  16 Apr 29 15:55 address
-rw-rw-rw- 1 root root 256 Apr 29 15:55 alias
-r--r--r-- 1 root root  12 Apr 29 16:27 counters.A
-r--r--r-- 1 root root  25 Apr 29 16:27 counters.ALL
-r--r--r-- 1 root root  12 Apr 29 16:27 counters.B
-r--r--r-- 1 root root   2 Apr 29 15:55 crc8
-r--r--r-- 1 root root   2 Apr 29 15:55 family
-r--r--r-- 1 root root  12 Apr 29 15:55 id
-r--r--r-- 1 root root  16 Apr 29 15:55 locator
-rw-rw-rw- 1 root root 512 Apr 29 15:55 memory
-rw-rw-rw- 1 root root  12 Apr 29 16:27 mincount
drwxrwxrwx 1 root root   8 Apr 29 16:27 pages
-r--r--r-- 1 root root  16 Apr 29 15:55 r_address
-r--r--r-- 1 root root  12 Apr 29 15:55 r_id
-r--r--r-- 1 root root  16 Apr 29 15:55 r_locator
-r--r--r-- 1 root root  32 Apr 29 15:55 type
root@raspberryPiBread:/opt#
```

Bild 9.16: Der Stand der angeschlossenen Zähler wird fortlaufend jeweils in eine eigene Datei (`counters.A` und `counters.B`) sowie in eine gemeinsame Datei (`counters.ALL`) geschrieben und ist nicht zurücksetzbar.

Die genutzten Zählerdateien lassen sich nun mit den dafür vorgesehenen Werkzeugen auslesen. Wer einmal einen Blick auf die Kommandozeile werfen möchte, nutzt entweder das `tail -f`- oder das `less`-Kommando, um den Zählerstand der jeweiligen Datei anzuzeigen.

FHEM-Konfiguration für den Stromzähler

Bevor Sie den S0-Zähler in FHEM integrieren, sollten Sie zunächst sicherstellen, dass der Zugriff auf die 1-Wire-Daten per OWFS in der Kommandozeile funktioniert, der notwendige `owserver`-Daemon aktiv ist und, wie in diesem Beispiel, auf den richtigen Port läuft (hier `4304`). Dies prüfen Sie zunächst auf der Konsole mit dem `sudo netstat -tulpn`-Kommando.

Steht der konfigurierte Port im Heimnetz zur Verfügung, kann FHEM auf dem Raspberry Pi konfiguriert werden. Definieren Sie den Portanschluss auf demselben Raspberry Pi, auf dem FHEM ausgeführt wird, würde stattdessen auch der `localhost`-Eintrag funktionieren. Das FHEM-Modul `OWServer` benötigt zwingend ein installiertes und funktionierendes OWFS und bildet für FHEM den 1-Wire-Serverdienst ab. Das dazugehörige `OWDevice`-Modul ergänzt diesen um eine Gerätekomponente, über die die angeschlossenen Module definiert werden.

```
root@raspberryPiBread:~# sudo netstat -tulpn
Active Internet connections (only servers)
Proto Recv-Q Send-Q Local Address      Foreign Address   State    PID/Program name
tcp        0      0 0.0.0.0:4304       0.0.0.0:*         LISTEN   10246/owserver
tcp        0      0 0.0.0.0:8083       0.0.0.0:*         LISTEN   16457/perl
tcp        0      0 0.0.0.0:8084       0.0.0.0:*         LISTEN   16457/perl
tcp        0      0 0.0.0.0:8085       0.0.0.0:*         LISTEN   16457/perl
tcp        0      0 0.0.0.0:3001       0.0.0.0:*         LISTEN   9888/owhttpd
tcp        0      0 127.0.0.1:2947     0.0.0.0:*         LISTEN   2178/gpsd
udp        0      0 0.0.0.0:7880       0.0.0.0:*                  1818/dhclient
udp        0      0 0.0.0.0:5353       0.0.0.0:*                  2097/avahi-daemon:
udp        0      0 0.0.0.0:60731      0.0.0.0:*                  2097/avahi-daemon:
udp        0      0 0.0.0.0:68         0.0.0.0:*                  1818/dhclient
udp        0      0 192.168.123.23:123 0.0.0.0:*                  2193/ntpd
udp        0      0 127.0.0.1:123      0.0.0.0:*                  2193/ntpd
udp        0      0 0.0.0.0:123        0.0.0.0:*                  2193/ntpd
root@raspberryPiBread:~#
```

Bild 9.17: Für das ordnungsgemäße Zusammenspiel mit FHEM muss `netstat` auf dem konfigurierten Port (`4304`) lauschen. Der HTTP-Server (`owhttpd`) ist hingegen für den FHEM-Betrieb nicht notwendig, in diesem Beispiel aber zur Kontrolle aktiviert.

Bei aktivierter `autocreate`-Funktion von FHEM in der `fhem.cfg` geschieht dies nach einem Neustart über `shutdown restart` automatisch, und Sie brauchen nur die gewünschten Attribute nachzufeuern. In diesem Beispiel wurde der Stromzähler wie folgt in der `fhem-cfg` definiert:

```
# ------------------------------------------------------------
define OW_RaspiServer OWServer 192.168.123.23:4304 # IP-Adresse des Pi mit
1- Wire
attr OW_RaspiServer room Keller
# ------------------------------------------------------------
define Counter OWDevice 1D.00C90F000000 60
attr Counter model DS2423
attr Counter polls counters.A
attr Counter room Keller
```

```
attr Counter stateFormat { sprintf("%.3f kWh   %.3f kW",
ReadingsVal("Counter","consumption","?"),
ReadingsVal("Counter","power","?"));; }
attr global userattr offset
attr Counter offset 169526.15 # Offset zw.Stromverbrauch 1-Wire-Counter und
tats.Wert Stromzaehler
attr Counter userReadings consumption {
ReadingsVal("Counter","counters.A",0)/1000.0+AttrVal("Counter","offset",0);;
}, power differential { 3.6*ReadingsVal("Counter","counters.A",0);; } #
# ----------------------------------------------------------
define avg_strom average Counter:(power|consumption).*
attr avg_strom room Keller
# ----------------------------------------------------------
```

Die 120 bei `define OW_DualCounter OWDevice` stehen für das Abfrageintervall in Sekunden, in dem der Zustand des definierten 1-Wire-Device abgefragt werden soll. Der 1-Wire-Busmaster wird ebenfalls erkannt und von FHEM angezeigt.

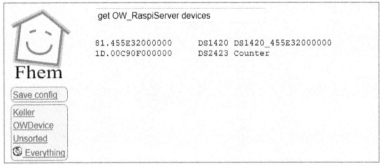

Bild 9.18: Angeschlossene Geräte auslesen: Mit dem Kommando `get OW_RaspiServer devices` fragen Sie den 1-Wire-Bus nach verfügbaren Geräten ab und listen diese mit ihrer eindeutigen ID auf.

Für die Darstellung der Verbrauchskurve können Sie eigens eine Grafik nutzen. Grundsätzlich wird beim Einsatz der `autocreate`-Funktion auch automatisch ein Weblink (Plot) erstellt. Mit der Angabe der `FileLog`-Datei geben Sie zunächst die Datenquelle für die Darstellung an und definieren die Filterkriterien (hier `Counter:counters.A.*|Counter:counters.All.*`).

```
# alternativer Pfad - je nach fhem-Installation:
# define Log_Counter FileLog /opt/fhem/log/Counter.log Counter: usw...
define Log_OW_Counter FileLog /var/log/fhem/Counter.log
Counter:counters.A.*|Counter:counters.All.*
attr Log_OW_Counter logtype power4:Plot,text
attr Log_OW_Counter room Keller
```

Zu guter Letzt konfigurieren Sie das `logtype`-Attribut des `FileLog` (hier `power4`). Damit wird festgelegt, welche Plotvorlagedatei (`.gplot`) zum Einsatz kommen soll. Welche bei FHEM hier zur Verfügung stehen, finden Sie im linken Menü bei *Edit files* heraus – auch mit passenden Beispieldateien. Die `gnuplot`-Dateien enthalten die zugehörigen `FileLog`-Beispiele.

9.2 Kampf der Stand-by-Verschwendung

Das leidige Thema Stand-by-Verschwendung zu Hause verschärft sich mit jeder Neuanschaffung eines Haushaltsgeräts. Nahezu jeder Fernseher und jede Hi-Fi-Anlage, die Computer samt Zubehör, der Blu-Ray-/DVD-Spieler und die Spielkonsolen im Wohnzimmer sind rund um die Uhr in Bereitschaft und warten auf den Tastendruck der Fernbedienung oder der Tastatur. Das Tückische: Die meisten Geräte hängen in der Regel an einer Steckdosenleiste hinter dem Wohnzimmerschrank oder unter dem Schreibtisch und sind somit auch noch schlecht erreichbar oder haben keinen vernünftigen Ein-/Ausschalter.

Doch wer nur ein klein wenig seine Gewohnheiten umstellt und dem Raspberry Pi sozusagen die Aufsicht über seine Steckdosen gewährt, kann schnell einige Hundert Euro im Jahr sparen. Gerade wenn Sie netzwerkfähige Steckdosen oder steckbare Funkschalterlösungen einsetzen, haben sich die Anschaffungskosten schnell amortisiert.

Vorteile von steuerbaren Steckdosen

Mit einer steuerbaren Steckdose haben Sie allerhand Vorteile: Sie können die Geräte wie gewohnt nutzen, sie aber dank der heimischen Steuerzentrale wie beispielsweise einem Raspberry Pi automatisch ausschalten lassen. Die Funksteckdose selbst benötigt natürlich auch etwas Strom, doch je nach Hersteller und Modell ist dieser Verbrauch verglichen mit dem Stand-by-Verbrauch sehr moderat. So liegt der Markenhersteller Rutenbeck mit seinen Steckdosen bei ca. 0,2 bis 0,5 W, die Billigsteckdosen aus dem Baumarkt liegen im Schnitt bei rund 2 W Verbrauch, bei älteren China-Funksteckdosen sind bis zu 8 W Stand-by-Verbrauch keine Seltenheit. Folglich lohnt sich eine Funksteckdose nur dann, wenn Sie den Stromverbrauch damit auch merklich senken. Es empfiehlt sich also, den Taschenrechner hervorzuholen und die Anschaffung der Funksteckdosen der zu erwartenden Stromersparnis und dem Komfort gegenüberzustellen.

Markenprodukt oder China-Ware?

Vergleicht man die verfügbaren und bezahlbaren Steckdosenlösungen auf dem Markt, haben Sie die Wahl zwischen Funksteckdosen und IP-Steckdosen. Beide haben beim Einsatz in der Hausautomation mit dem Raspberry Pi ihre Daseinsberechtigung und ihre Vor- und Nachteile. Vor dem Kauf sollten Sie sich im Internet die Datenblätter der Produkte besorgen und vor allem den Stand-by-Verbrauch der Geräte gegenüberstellen.

Modell	Vorteil	Nachteil
China-Funksteckdosenmodelle (Internet, Baumarkt)	Sehr günstiger Preis.	Höherer Stand-by-Verbrauch, Funksmog.
FS20-/HomeMatic-Steckdosen (Elektronikhändler, Internet)	Moderater Preis.	Funksmog.
TC-IP-Steckdosen	Kein Funksmog (bei deaktivierter WLAN-Funktion). Je nach Modell eingebaute Zeitschaltfunktionen. Steuerung über Webseite möglich.	Höherer Preis.

Natürlich kommt einem zuerst das Thema Funksmog in den Sinn – und das zu Recht. Denn neben dem »normalen« Handynetz ist auch noch das WLAN-Netz zu Hause aktiv – oder zumindest in der Nachbarschaft. Und angefangen beim Außenthermometer der Wetterstation über die Funksteckdosen bis hin zur Wärme- und Heizungssteuerung sind viele Haushaltsgeräte bereits mit Funktechnik vollgepackt.

9 Energiekosten fest im Griff

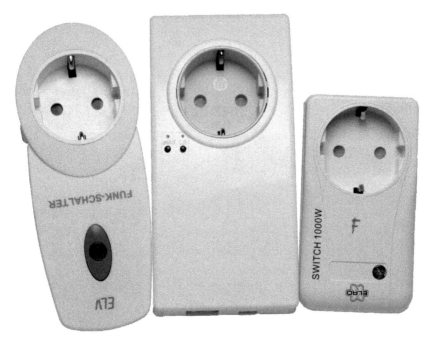

Bild 9.19: Von links nach rechts: Die ELV-FS20-Funksteckdose ist seit Jahren ein Klassiker, in der Mitte sehen Sie die edle Rutenbeck-Steckdose TC IP 1 in Reinweiß und rechts eine China-Funksteckdose, die unter verschiedenen Herstellerbezeichnungen auf dem Markt zu finden ist.

Viele funkende Geräte im Haushalt sorgen nicht nur für einen höheren Elektrosmog, sondern senken auch die Schaltzuverlässigkeit, was bei manchen Geräten etwas lästig wird, wenn man nicht sicher davon ausgehen kann, dass sie wirklich ausgeschaltet sind. Je nach eingesetzter Funktechnologie erfolgt eine Bestätigung des angeforderten Schaltvorgangs, bei Billiglösungen hingegen herrscht Funkstille, und es gibt keine Bestätigung.

Zusätzlich besteht bei den etwas besseren TCP/IP-Modellen die Möglichkeit, die Steckdose ohne Umwege direkt über Smartphone, Tablet oder Computer anzusprechen. Somit können Sie unabhängig von anderen Rahmenbedingungen agieren und beispielsweise Beleuchtung, Webcams, Computer und Lüftungen bzw. Heizungen bedarfsgerecht per Weboberfläche schalten.

9.3   IP-Steckdosen made in Germany

Das Wesentliche zuerst: Die Steckdosen- und Schaltlösungen von Rutenbeck gehören mit zum Besten, was der Markt in diesem Segment hergibt. Das hat allerdings seinen Preis – »made in Germany« fordert seinen Tribut.

Für Profis: Rutenbeck TCR IP 4

Wer sich jedoch zum Beispiel für die Anschaffung eines TCR IP 4 für den Einsatz im Sicherungskasten entscheidet, bekommt im Gegenzug Qualität und die Gewissheit, dass das verbaute Gerät zuverlässig arbeitet. Andererseits spielt das Investment hier eine nachgelagerte Rolle, da zum Beispiel der Einbau des TCR IP 4 unbedingt von versiertem Fachpersonal, sprich einem Elektriker Ihres Vertrauens, vorzunehmen ist und zusätzlich etwas Geld kostet.

Ist der Rutenbeck TCR IP 4 einmal montiert, können Sie gleich vier voneinander unabhängige Schaltkreise wie beispielsweise Steckdosen in Ihrem Haushalt zentral von Ihrem Stromkasten aus schalten. Einer der Vorteile dabei ist, dass Sie sich die Aufsteck-Steckdosen sparen, die je nach Modell nicht gerade eine optische Bereicherung im Wohnbereich darstellen.

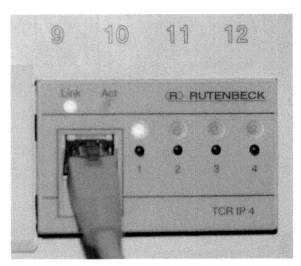

Bild 9.20: Vier Einheiten auf der Hutschiene beansprucht der TCR IP 4 von Rutenbeck. Die vier Schaltkreise lassen sich auch manuell über die kleinen schwarzen Taster schalten.

Mit dem TCR IP 4 von Rutenbeck schalten Sie elektrische Geräte wie Lampen, Netzwerkdrucker, Espressomaschinen, IP-Kameras oder was auch immer ganz bequem über einen Webbrowser im Heimnetzwerk. Ist der heimische LAN/WLAN-Router entsprechend konfiguriert, können Sie die Webseite des TCR IP 4 auch über das Internet erreichen. Da solche Steckdosenlösungen jedoch nur das klassische HTTP-Protokoll, nicht aber das sicherere HTTPS-Protokoll unterstützen, sollten Sie wissen, dass sämtliche Kennwörter unverschlüsselt über den Äther gehen.

TCR IP 4 in Betrieb nehmen

Ist der TCR IP 4 erst einmal vom Elektriker auf der Hutschiene montiert und sind die entsprechenden Stromkreise oder Steckdosen mit den jeweiligen Schaltkreisen des

TCR IP 4 gekoppelt, brauchen Sie nur noch das Netzwerkkabel mit dem TCR IP 4 zu verbinden. Beachten Sie, dass der TCR IP 4 bereits vorkonfiguriert mit einer festen, statischen IP-Adresse (`192.168.0.3`) ausgeliefert wird.

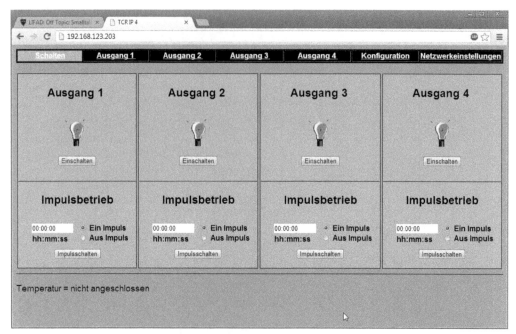

Bild 9.21: Einfach, übersichtlich und praktisch: Rutenbeck gewinnt zwar keinen Webdesignpreis mit dem Schaltfrontend, dennoch ist das Wesentliche übersichtlich und vor allem einfach per Klick erreichbar.

Um die Netzwerkeinstellung an Ihre Belange anzupassen, müssen Sie zunächst Ihren Computer in dasselbe Netz bringen, in dem Sie ihn auch mit einer statischen IP-Adresse konfigurieren. Anschließend haben Sie Zugriff auf das Konfigurationsmenü, in dem Sie die Netzwerkeinstellungen des TCR IP 4 an die Gegebenheiten des lokalen Netzwerks anpassen können.

9.3 IP-Steckdosen made in Germany

Bild 9.22: Netzwerkeinstellungen: In diesem Fall wurde trotz vorhandenen DHCP-Servers eine statische IP-Adresse aus dem Heimnetz verwendet. So ist die Nutzung des TCR IP 4 auch dann möglich, sollte der DHCP-Server aus irgendeinem Grund einmal ausgeschaltet sein.

Der TCR IP 4 wird über einen gewöhnlichen Hub/Switch bzw. Router per CAT-Kabel mit dem Heimnetz verbunden. Wie viele Netzwerkdrucker kommt der TCR IP 4 mit der langsameren Übertragungsgeschwindigkeit von 10 MBit/s, was manchmal für Probleme sorgen kann.

Beachten Sie, dass in diesem Fall der Hub/Router vollständig abwärtskompatibel sein muss. Topmoderne Geräte vernachlässigen im Gigabit-Geschwindigkeitsrausch oftmals den Support der langsameren Geräte mit Übertragungsraten von 10 oder 100 MBit/s oder drosseln die Geschwindigkeit auf den kleinsten gemeinsamen Nenner. Damit das nicht passiert, prüfen Sie die Konfigurationseinstellungen des Routers im Heimnetz, vielleicht findet sich ja dort die Lösung.

Ist das manuelle Anpassen des Routers nicht von Erfolg gekrönt, bleibt der Umweg über einen separaten Hub/Switch, der besser mit den unterschiedlichen Geschwindigkeitsklassen im Heimnetz umgehen kann. Im Gegensatz zu den Billigmodellen aus dem Baumarkt bieten die Rutenbeck-Steckdosen auch eine Zeitschaltfunktion, die Sie übersichtlich per Webbrowser einrichten können.

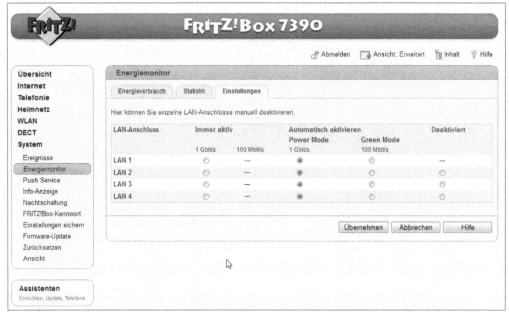

Bild 9.23: FRITZ!Box 7390: Sind sämtliche Anschlüsse fest auf 1 GBit konfiguriert, legen Sie am entsprechenden Anschluss selbst Hand an und setzen ihn auf die Einstellung *Green Mode*.

Sie können bequem für jeden Schaltkreis die gewünschten Schaltzeiten zuordnen und auch abhängig von den Wochentagen schalten. So sind das nächtliche automatische Ausschalten und das Einschalten des LAN/WLAN-Routers ohne Einschränkungen einfach umsetzbar. Sie schlafen ohne WLAN-Funksmog, sparen Strom, und am nächsten Morgen steht der LAN/WLAN-Router wie gewohnt zur Verfügung.

Mit Trick 17 durch die HTTP-Hintertür

In der Regel besitzen IP-Steckdosen einen eingebauten Webserver, mit dem Sie banale Dinge wie das Einschalten und Ausschalten diverser Geräte steuern können. Eigentlich ist vorgesehen, dass Sie sich am Webserver anmelden und per Klick den entsprechenden Anschluss schalten. Das ist zwar bequem, aber in Sachen Automatisierung etwas umständlich. Gerade wenn Sie Schalter bei bestimmten Aktionen und Situationen automatisch schalten möchten – etwa wenn der angeschlossene Bewegungsmelder den Deckenfluter im Hausgang einschalten soll –, ist es bequemer, diese Aktionen in Form eines Skripts oder über ein passendes Frontend wie FHEM steuern zu können.

Eine kleine Analyse der Implementierung der Schaltungslogik auf der Webseite der Rutenbeck-Serie bringt hier die HTTP-Hintertür zutage, sodass Sie nicht zwingend darauf angewiesen sind, den Schaltvorgang über die Weboberfläche vorzunehmen.

Bild 9.24: Trick 17: Mit der Eingabe des kompletten Schaltlinks wird die Steckdose erfolgreich geschaltet und gibt in diesem Fall eine *Success!*-Meldung zurück.

Gerade Tools wie Firebug (für Firefox – *https://addons.mozilla.org/de/firefox/addon/firebug/*) sind in Sachen Webseitenanalyse sehr hilfreich und fördern in diesem Fall Interessantes zutage: Im Button für das Ein-/Ausschalten ist ein Ajax-/CGI-Parameter abgelegt – `'leds.cgi?led=1'`. Dieser setzt hier den Wert `value="Einschalten"`. Zusammengestrickt mit der HTTP-Adresse, ergibt das den Schaltlink `http://192.168.123.203/leds.cgi?led=1&value=Einschalten`.

Wenn Sie diesen Link in die Adresszeile des Webbrowsers eingeben, erfolgt der Schaltvorgang. In diesem Fall wird Port 1 (`led`) geschaltet – bei dem Modell TCR IP 4 stehen davon vier zur Verfügung. Mit diesen Informationen lassen sich nun Skripte entsprechend nutzen, und FHEM bietet für die URL-Verarbeitung die äußerst praktische `GetHttpFile`-Funktion an, mit der Sie Schaltvorgänge automatisieren können. Aber auch in einem Shell-Skript können Sie die HTTP-Adresse zur Steuerung der IP-Steckdose nutzen – im nächsten Abschnitt lesen Sie, wie Sie das elegant lösen können.

Rutenbeck-Steckdose per Shell-Skript steuern

Um die Rutenbeck-Steckdose oder eine andere beliebige per HTTP-Adresse steuerbare IP-Steckdose einfach per Shell-Skript schalten zu können, ist *cURL* das Mittel der Wahl. Damit lassen sich diverse Dinge, etwa Dateien zu einem Server zu übertragen oder einfach Webseiten aufzurufen, automatisieren. Ein Vorteil ist ebenfalls, dass cURL neben HTTP noch zahlreiche weitere Netzwerkprotokolle wie FTP, FTPS, HTTPS, Telnet etc. unterstützt. Grundsätzlich erfolgt die Steuerung von cURL über Kommandozeilenparameter, die Sie im Skript in einer eigenen Variablen (**CURLARGS**) angeben. Beim Aufruf von cURL werden diese beim Programmaufruf mit angehängt.

```bash
#!/bin/bash
# ----------------------------------------------------
# E.F.Engelhardt, Franzis Verlag, 2016
# ----------------------------------------------------
# Skript: curute.sh
#   Hier erfolgt der Einschaltbefehl fuer die Rutenbeck-Steckdose
#   oder einer anderen per IP/HTTP ansteuerbaren IP-Steckdose
#
CURL='/usr/bin/curl'
#CURLARGS="-f -s -S -k -v"
CURLARGS="--silent"
```

```
HTTPON="http://192.168.123.204/leds.cgi?led=1\&value=Einschalten"
# HTTPOFF="http://192.168.123.204/leds.cgi?led=1\&value=Ausschalten"
# Ereignis in Variable
raw="$($CURL $CURLARGS $HTTPON)"
# oder Ergebnis in Datei
$CURL $CURLARGS $HTTPON > /tmp/rutenbeck-dose
echo $raw
# ----------------------------------------------------
```

Grundvoraussetzung für den Einsatz dieses Skriptbeispiels ist natürlich ein cURL-Paket auf dem Raspberry Pi. Dieses installieren Sie gegebenenfalls per

```
sudo apt-get install curl
```

nach. Es befindet sich nach der Installation im Programmverzeichnis /usr/bin/curl. Außerdem passen Sie hier die Variablen HTTPON und HTTPOFF mit dem entsprechenden Einschalt-/Ausschaltlink an. In diesem Fall findet nur HTTPON Verwendung, da der Schaltvorgang über HTTP bei den Rutenbeck-Steckdosen im sogenannten Toggle-Modus erfolgt.

Hacking Rutenbeck: Schalten via HTTP-Adresse

Um Geräte aus dem Hause Rutenbeck wie den TCR IP 1 WLAN oder den TC IP 4 LAN bequem per FHEM zu schalten und mit dem restlichen Equipment im Haushalt zu verheiraten, legen Sie für die Geräte in FHEM zunächst ein sogenanntes Dummy-Device an.

Anschließend definieren Sie für das Dummy-Device mit notify jeweils ein Einschalt- und ein Ausschalt-Event, die die Zustandsänderung des Dummy-Device überwachen.

```
# ----------------------------------------------------------------
define RuteIP1_Waschmaschine_1 dummy
    attr RuteIP1_Waschmaschine_1 eventMap on:on off:off
    attr RuteIP1_Waschmaschine_1 room Keller
    attr RuteIP1_Waschmaschine_1 state off
# ----------------------------------------------------------------
define RuteIP1_On notify RuteIP1_Waschmaschine_1 {\
  if (ReadingsVal("RuteIP1_Waschmaschine_1","state","off") eq "off") {\
  fhem("set RuteIP1_Waschmaschine_1 on");;\
  fhem("define at_RuteIP1_Waschmaschine_1_off at +00:35:00 set
RuteIP1_Waschmaschine_1 off");;\
  `/usr/local/bin/fhem2mail MAIL LIGHT "Keller"`;;\
  GetHttpFile("192.168.123.204:80", "/leds.cgi?led=1&value=Einschalten");;\
  Log 3, "Rutenbeck TC IP 1-Schalter an Waschmaschine wurde eingeschaltet,
sende Benachrichtigung per E-Mail";;\
```

```
    }\
    if (ReadingsVal("RuteIP1_Waschmaschine_1","state","on") eq "on") {\
    fhem("set RuteIP1_Waschmaschine_1 off");;\
    GetHttpFile("192.168.123.204:80", "/leds.cgi?led=1&value=Ausschalten");;\
    Log 3, "Rutenbeck TC IP 1 an Waschmaschine wurde ausgeschaltet!";;\
    }\
}
# ---------------------------------------------------------------------
```

Tritt das Event `RuteIP1_Waschmaschine_1` ein, wird der Status des Dummy-Device `RuteIP1_Waschmaschine_1` auf on gesetzt, aber nur wenn der aktuelle Status auf off steht. Wer eine Zeitschaltuhr nach dem Schaltvorgang benötigt, kann im nächsten Schritt mit dem Job `at_RuteIP1_Waschmaschine_1_off` einen at-Job definieren, der nach 35 Minuten das Dummy-Device auf off setzt und damit den Ausschaltvorgang anstößt.

Parallel dazu kann über das Mailversandskript eine Benachrichtigung über das `fhem2mail`-Skript versendet, der eigentliche Schaltvorgang vorgenommen und abschließend ein Eintrag in der FHEM-Logdatei (Level 3) gesetzt werden. Möchten Sie die angelegten `Notify`-Definitionen testen, können Sie sie im FHEM-Befehlsfenster per Eingabe von

```
trigger RuteIP1_Waschmaschine_1 on
```

bzw.

```
trigger RuteIP1_Waschmaschine_1 off
```

antriggern. Im Fall des Rutenbeck TC IP 4 wurden folgende Definition für die vier Schaltkreise gesetzt:

```
# ---------------------------------------------------------------------
# Rutenbeck TC IP 4 als HTTP-Link
#
define RuteIP4_Schalter_1 dummy
    attr RuteIP4_Schalter_1 eventMap on:on off:off
    attr RuteIP4_Schalter_1 room Keller
define RuteIP4S1On notify RuteIP4_Schalter_1:on {
GetHttpFile("192.168.123.203:80", "/leds.cgi?led=1&value=Einschalten") }
define RuteIP4S1Off notify RuteIP4_Schalter_1:off {
GetHttpFile("192.168.123.203:80", "/leds.cgi?led=1&value=Ausschalten")") }
# ---------------------------------------------------------------------
define RuteIP4_Schalter_2 dummy
    attr RuteIP4_Schalter_2 eventMap on:on off:off
    attr RuteIP4_Schalter_2 room Keller
define RuteIP4S2_On notify RuteIP4_Schalter_2:on {
GetHttpFile("192.168.123.203:80", "/leds.cgi?led=2&value=Einschalten") }
define RuteIP4S2_Off notify RuteIP4_Schalter_2:off {
```

```
GetHttpFile("192.168.123.203:80", "/leds.cgi?led=2&value=Ausschalten"") }
# -----------------------------------------------------------------
define RuteIP4_Schalter_3 dummy
    attr RuteIP4_Schalter_3 eventMap on:on off:off
    attr RuteIP4_Schalter_3 room Keller
define RuteIP4S3_On notify RuteIP4_Schalter_3:on {
GetHttpFile("192.168.123.203:80", "/leds.cgi?led=3&value=Einschalten") }
define RuteIP4S3_Off notify RuteIP4_Schalter_3:off {
GetHttpFile("192.168.123.203:80", "/leds.cgi?led=3&value=Ausschalten"") }
# -----------------------------------------------------------------
define RuteIP4_Schalter_4 dummy
    attr RuteIP4_Schalter_4 eventMap on:on off:off
    attr RuteIP4_Schalter_4 room Keller
define RuteIP4S4_On notify RuteIP4_Schalter_4:on {
GetHttpFile("192.168.123.203:80", "/leds.cgi?led=4&value=Einschalten") }
define RuteIP4S4_Off notify RuteIP4_Schalter_4:off {
GetHttpFile("192.168.123.203:80", "/leds.cgi?led=4&value=Ausschalten"") }
# -----------------------------------------------------------------
```

Wie bereits angesprochen, lassen sich die Events per `trigger`-Kommando manuell auslösen: Mit dem Befehl

```
trigger RuteIP4_Schalter_3 on
```

nehmen Sie an Schalter 3 den Einschaltvorgang vor. Anschließend prüfen Sie bei FHEM die Logdatei:

```
17:53:48 2: IT set arb_ELRO_00110_A on
17:53:50 2: IT set arb_ELRO_00110_A off
17:55:50 3: RuteIP4S3_On return value: 401 Unauthorized: Password required

17:57:31 3: RuteIP4S3_On return value: Success!
```

Bild 9.25: Gerade bei der Fehlersuche ist die Logdatei von FHEM das A und O. In diesem Fall fehlt zunächst die Autorisierung für den beabsichtigten Schaltvorgang.

In diesem konkreten Beispiel ist der Zugriff über HTTP auf die Rutenbeck-Steckdose eigens mit einem Benutzernamen plus Kennwort abgesichert. Ist der Zugriff auf die http-Seite über Benutzername/Passwort abgeschaltet, kann FHEM die Steckdose erfolgreich per Klick oder automatisch per `notify` schalten, wie der zweite Eintrag in der FHEM-Logdatei mitteilt.

9.4 Billigsteckdosen mit dem Pi koppeln

Grundsätzlich gibt es Steckdosen-Schaltlösungen, die sich entweder über ein TCP/IP-Netz oder über Funk schalten lassen. Setzen Sie die Billigsteckdosen aus dem Baumarkt ein, sind Sie zunächst auf das Schalten über die mitgelieferte Fernbedienung angewiesen. Dumm nur, wenn Sie diese verlegt haben, denn die Billiglösungen aus Fernost bieten keine manuellen Schalter auf der Steckdose.

Abgesehen davon ist das Koppeln mit dem Raspberry Pi eine recht praktische Sache. Für den perfekten Einsatz in Sachen Heimautomation nutzen Sie die GPIO-Pinsteckleiste des Raspberry Pi zum Schalten der Funksteckdosen. Damit ist der bequeme Zugriff über das Heimnetz oder das Internet sichergestellt – daran angeschlossene Geräte können aus der Ferne ein- und ausgeschaltet werden.

Taugliche Funksteckdosen mit Fernbedienung

Mit einem drahtlosen Funksteckdosenset lassen sich mit der mitgelieferten Funkfernbedienung elektrische Geräte wie beispielsweise Lampen, Haushaltsgeräte, Lüfter etc. bequem vom Wohnzimmersofa aus ein- und ausschalten. Dank des eingebauten Funksenders funktioniert das je nach Dicke der Decke und der Wände in einer Entfernung von bis zu 25 m. Nach dem Auspacken müssen die Funksteckdosen zunächst miteinander gekoppelt werden, damit die mitgelieferte Fernbedienung die Steckdosen (in der Regel drei) unterscheiden und schalten kann. Grundsätzlich kann die Fernbedienung maximal vier Verbraucher schalten – wer das ausreizen möchte, braucht also noch eine zusätzliche vierte Steckdose.

> **Achtung – Brandgefahr!**
> Vorsicht und Augen auf beim Kauf: Die genannten Funksteckdosen (433-MHZ-Code-Sendemodul) sind in einigen Varianten unter verschiedensten Handelsbezeichnungen auf dem Markt erhältlich. Gerade bei den Billigprodukten können Sie nicht immer sicher sein, was in der Verpackung steckt. So ist es bei Funksteckdosen aus der Billigfraktion schon vorgekommen, dass die Maximalbelastung pro Steckdose mit 3.680 W angegeben wurde, während die tatsächliche Belastungsgrenze bei 1.000 W lag. Werden diese zulässigen 1.000 W überschritten, besteht aufgrund der Bauweise der eingebauten Sicherung die Gefahr der Überhitzung der Platine, und somit herrscht akute Brandgefahr. Auch bei der Bauweise der Kontakte in der Steckdose selbst, insbesondere beim Anschluss des Schutzleiters, gab und gibt es möglicherweise Probleme: Durch das Auslösen der Schmelzsicherung kann ein Schmoren bis hin zum Brennen der Leiterplatte verursacht werden.
> Aus diesem Grund stellen Sie sicher, dass der Verbraucher pro Funksteckdose die 1.000-W-Grenze nicht überschreitet. Dazu zählt auch, dass an einer solchen Funksteckdose die Nutzung einer Steckdosenleiste mit mehreren Verbrauchern in der Regel tabu sein sollte – hier addieren Sie einfach die Maximalwerte der Wattzahlen der angeschlossenen Geräte. In unserem Fall schalten wir aus genannten Sicherheitsgründen ausschließlich Kleingeräte wie beispielsweise Handyladegeräte oder das Radio in der Garage. Für die Schaltung größerer Verbraucher achten Sie bitte auf die zulässige Maximalbelastung pro Steckdose.

Nach dem Auspacken stellen Sie an der Fernbedienung zunächst einen Systemcode (Pin 1–5) ein, der an allen Funksteckdosen gleich sein muss (hier ebenfalls Pin 1–5).

Mit einem der Schalter 6 bis 10 wird eine der Steckdosen A bis D ausgewählt. Weisen Sie den einzelnen Steckdosen eine Taste der Fernbedienung zu, indem Sie jeweils den DIP-Schalter einer Steckdose (DIP-Schalter 6 = A, DIP-Schalter 7 = B, DIP-Schalter 8 = C oder DIP-Schalter 9 = D) auf die Position ON setzen, während die verbleibenden DIP-Schalter auf Position OFF bleiben.

Funksteckdosen via GPIO mit Raspberry Pi koppeln

Die GPIO-Pinsteckleiste des Raspberry Pi kann mithilfe eines Relais zum Schalten anderer Stromkreise, aber auch zum Manipulieren anderer Schaltungen genutzt werden. Gerade bei einfachen Schaltungen, die nur den Zustand Ein/Aus, sprich Strom/Kein Strom, kennen, lässt sich der Raspberry Pi mithilfe der GPIO-Pins sowie einer kleinen Logikschaltung parallel einhängen. Damit erweitern Sie den ursprünglichen Einsatzzweck enorm: Aus einem nicht einmal 10 Euro teuren autarken Funksteckdosenset aus der Ramschkiste im Elektronikmarkt bauen Sie eine Steckdosenlösung, die sich über das Heimnetz oder das Internet bequem per Shell-Kommando oder passende Programmiersprache steuern lässt.

Besitzen die Fernbedienung und die Steckdosen denselben Hauscode, sprechen sie sozusagen auf einer Wellenlänge. Durch das Setzen des jeweiligen Gerätecodes sind die Steckdosen per A/B/C/D-Tastendruck unterscheidbar. Drücken Sie beispielsweise die linke Taste bei der Fernbedienung (ON), um die entsprechend gepaarte Funksteckdose einzuschalten. Durch Drücken der rechten Taste (OFF) schalten Sie die Funksteckdose aus. Ob die Steckdose eingeschaltet ist oder nicht, zeigt eine LED an der jeweiligen Steckdose an (LED leuchtet = Steckdose ist eingeschaltet, LED leuchtet nicht = Steckdose ist ausgeschaltet).

Funktioniert die Steuerung per Funkfernbedienung einwandfrei, können Sie die Fernbedienung »pimpen«, indem Sie die entsprechenden Schaltzustände vom Raspberry Pi aus anstoßen. Dafür zapfen Sie die Steuereinheit der Fernbedienung an, die für das Schalten der entsprechenden Funkkanäle zuständig ist. Um überhaupt erst einmal zu prüfen, ob sich die Idee auch bei der vorhandenen Steckdose realisieren lässt, nehmen Sie die Fernbedienung, entfernen die Batterie und öffnen auf der Rückseite mit einem Kreuzschlitzschraubenzieher das Gehäuse, um einen Blick auf die Platine zu erhalten.

China-Chip: Schaltung entschlüsselt

Je nach Funkfernbedienung benötigen Sie zum Öffnen des Gehäuses eventuell ein Spezialwerkzeug, doch in der Regel kommen Sie mit einem normalen Schlitz- oder Kreuzschlitzschraubenzieher ans Ziel. Drehen Sie die Fernbedienung auf den Rücken und arbeiten Sie sich weiter vor, bis die Platine zu sehen ist – in diesem Beispiel waren es drei Kreuzschlitzschrauben. Heben Sie die Platine vorsichtig aus dem Gehäuse, eventuell sind ein paar kleine Schrauben zu lösen, um sie problemlos herauszunehmen zu können. Nun lässt sich die Platine vom Gehäuse lösen und genauer inspizieren. Sie bzw. die Schaltung der Funkfernbedienung ist verhältnismäßig einfach aufgebaut.

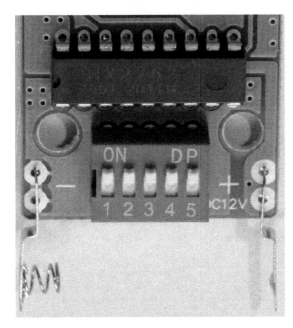

Bild 9.26: Augen scharf stellen: Ein bisschen schlecht zu lesen, aber nach genauem Hinsehen wird klar, dass es sich um den HX2262-IC handelt.

Der genutzte IC für die Schaltung ist in der Regel oberhalb der DIP-Schalterleiste untergebracht und trägt in diesem Fall die Bezeichnung HX2262. Nach etwas Recherchearbeit im Internet stellt sich heraus, dass sich dahinter der Baustein Remote Control Encoder PT2262 versteckt. Dank des gut dokumentierten Datenblatts ist die Schaltung auf dem IC schnell verstanden.

Im nächsten Schritt nehmen Sie also den Lötkolben zur Hand, um die Schalteingänge mit Kabelverbindern zu verlöten, die Sie auf das Steckboard führen, und die entsprechenden Schaltkontakte mit den GPIO-Ausgängen des Raspberry Pi zu verheiraten.

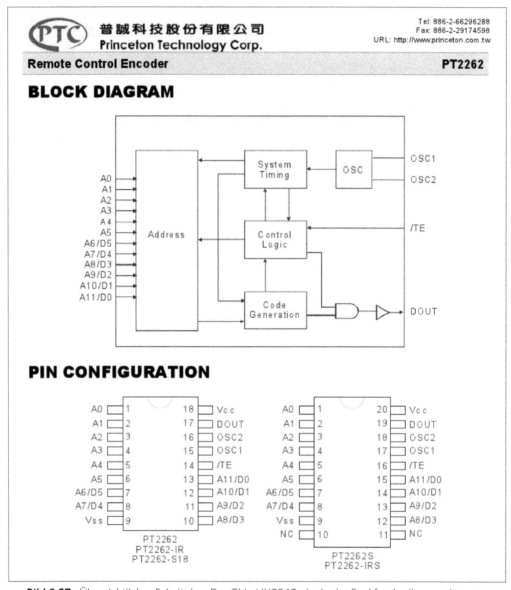

Bild 9.27: Übersichtlicher Schaltplan: Der Chip HX2262, der in der Funkfernbedienung der China-Steckdosen verbaut ist, lässt sich gut für eigene Zwecke anzapfen.

Mit dem Lötkolben ran an den IC-Baustein

Ob Sie nun eine oder mehrere Steckdosen per Funkfernbedienung schalten, ist egal, mit dem Lötkolben müssen Sie so oder so an den IC-Baustein heran. In diesem Fall verlöten Sie am besten sämtliche Kanäle, um später einfach eine zusätzliche Steckdose nutzen zu können, ohne erneut den Lötkolben ansetzen zu müssen. Grundsätzlich sollte nachfolgende Stückliste eine erste Basis für das Steckdosenprojekt bilden:

- Schaltung für die Fernbedienung, IC ULN2803A
- Werkzeuge: Schraubenzieherset, Lötkolben (dünne Spitze, nicht mehr als 250 W) oder besser Lötstation
- Kleinteile: Klebeband, (Flachband-)Kabel, Steckverbindung
- Steckboard
- handwerkliches Geschick

> **IC ULN2803A**
> Der eingesetzte Allround-IC ULN2803A verfügt über acht TTL-kompatible Eingänge sowie acht dazugehörige Ausgänge, die jeweils bis zu 500 mA liefern. Der Chip ist sehr flexibel, ist es völlig egal, ob Sie damit induktive oder ohmsche Lasten schalten. Mehr Informationen zum IC ULN2803A finden Sie im Internet unter der URL *www.skilltronics.de/versuch/elektronik_pc/uln2803.pdf*.

Der Raspberry Pi und der IC ULN2803A werden mithilfe des Steckboards miteinander verbunden. Zunächst setzen Sie den IC mittig auf das Steckboard, sodass die gegenüberliegenden Pins des IC keinen Kontakt miteinander haben. Jeder IC besitzt auf einer schmalen Seite eine Einkerbung, mit der Sie die Zählrichtung der Pins zuordnen können. Liegt die Kerbe oben, hat der linke obere Pin die Nummer 1 – zählen Sie einfach entgegen dem Uhrzeigersinn weiter.

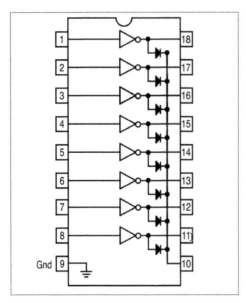

Bild 9.28: Immer gegen den Uhrzeigersinn hochzählen: Ausgehend von der Lage der Einkerbung ist die Zählweise der Pins stets identisch.

Anhand der vorliegenden Informationen können Sie den Raspberry Pi schon mit dem Steckboard bzw. dem IC verbinden. Nachstehende GPIO-Anschlüsse wurden in diesem Beispiel genutzt:

Raspberry-Pi-Pin	Raspberry-Pi-GPIO	ULN2803A-Pinnummer	ULN2803A-Pinbezeichnung
6	–	9	GND
8	GPIO14	1	I1
10	GPIO15	2	I2
12	GPIO18	3	I3
16	GPIO23	4	I4
18	GPIO24	5	I5
22	GPIO25	6	I6

Im nächsten Schritt inspizieren Sie die Platine der Funkfernbedienung und nehmen die Pinanschlüsse, an denen jeweils ein Kabel angelötet werden soll, in Augenschein. Insgesamt müssen sieben Kabel angelötet werden, die jeweils an ihren passenden Pin gehören. Liegt die Platine auf dem Bauch, ist die Zählrichtung des eingesetzten HX2262-IC auf der Platine von rechts unten nach links (Pin 1–9) und anschließend von Pin 10 ausgehend wieder nach rechts zu Pin 18.

9.4 Billigsteckdosen mit dem Pi koppeln

Bild 9.29: Die Rückseite der Funkfernbedienungsplatine: Hier wurde die Anordnung der Pins beschriftet, damit die Suche bzw. die Zählrichtung des IC leichterfällt.

In diesem Beispiel wurde an Pin 6, 7, 8, 13, 12 und 10 jeweils ein Kabel mit einer Länge von etwa 8 cm angelötet und am Kabelende mit einem Klebestreifen versehen, auf dem sich die Nummer des Pins befindet. Ist das Gehäuse später geschlossen, erleichtert dies nämlich die Zuordnung des Kabels zu dem entsprechenden Pin auf der Funkfernbedienung. Die sieben Kabel der Funkfernbedienung sind nach folgendem Schema mit der Steckplatine bzw. dem darauf befindlichen IC ULN2803A und dem Raspberry Pi verbunden:

Verbindung von Raspberry Pi zum Handsender

Raspberry-Pi-Pin	HX2262-Pinnummer	HX2262-Pinbezeichnung
6	9	Vss

Verbindung von IC-Schaltung zum Handsender

ULN2803A-Pinnummer	ULN2803A-Pinbezeichnung	HX2262-Pinnummer	HX2262-Pinbezeichnung
18	O1	6	A5
17	O2	7	A6/D5
16	O2	8	A7/D4
15	O3	13	A11/D0
14	O4	12	A10/D1
13	O5	10	A8/D3

Beim Einsatz des Lötkolbens wurde in diesem Beispiel die Platine in einem Schraubstock fixiert, um ein erschütterungsfreies Arbeiten zu ermöglichen. Die nicht benötigten Bereiche der Platine wurden mit Kreppband vor eventuellen Schäden (tropfendes Lötzinn vom Lötkolben etc.) gesichert.

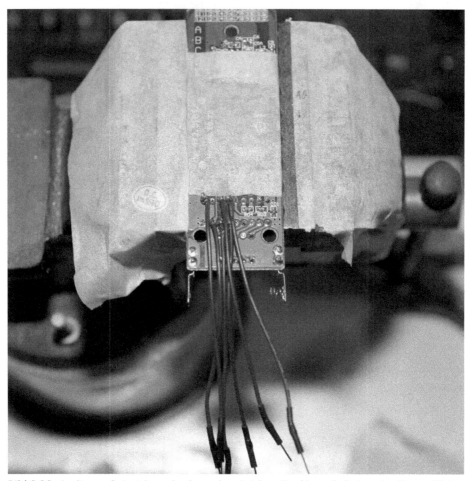

Bild 9.30: In diesem Beispiel wurden kurzerhand sieben Steckboardkabel an den Steuer-IC der Funkfernbedienung gelötet, um den schnellen und sicheren Einsatz auf dem Steckboard zu gewährleisten.

Wer sich den Weg über das Steckboard sparen möchte, der lötet den IC sowie die Kabel direkt auf eine kleine passende Platine auf und nutzt einen 26-poligen Pfostenbuchsenstecker für den Anschluss an den Raspberry Pi.

9.4 Billigsteckdosen mit dem Pi koppeln

Bild 9.31: Nach dem Verlöten bauen Sie die Platine wieder in das Gehäuse der Fernbedienung ein. Hier ist ein Herausschneiden oder vorsichtiges Herausbrechen kleiner Plastikteile nötig, damit die dünnen Kabel sicher und zugfest herausgeführt werden können und dennoch die Batterie eingesetzt werden kann.

> **Funkfernbedienung und Stromversorgung**
> Die Batterie der Funkfernbedienung dient in unserem Fall für den Parallelbetrieb. Auch wenn der Raspberry Pi einmal nicht eingeschaltet ist, können die Steckdosen manuell per Funkfernbedienung bedient werden. Grundsätzlich ließe sich die Stromversorgung der Platine jedoch auch am 5-V-Anschluss des Raspberry Pi betreiben.

Nach dem Zusammenbau der Funkfernbedienung verbinden Sie die beschrifteten Kabel mit den Anschlüssen auf dem Steckboard. Neben den sechs Steuerleitungen (GPIO-Leitungen) muss auch eine Leitung (Pin 9, Vss) mit dem Masse-(GND-) Anschluss des Raspberry Pi verbunden sein.

Steckdosen schalten mit der Shell

Sind die Kabel der Funkfernbedienung mit dem Steckboard bzw. den GND- und GPIO-Anschlüssen des Raspberry Pi verbunden, können Sie diesen anschalten. Anschließend folgen zunächst das Aktivieren, die Bestimmung der Flussrichtung und das Setzen der Berechtigungen für die Nutzung der GPIO-Anschlüsse.

```
#!/bin/sh
for i in 0 14 15 18 23 24 25; do echo "$i" > /sys/class/gpio/export; done
for i in 0 14 15 18 23 24 25; do echo "out" > /sys/class/gpio/gpio$i/
```

```
direction; done
for i in 0 14 15 18 23 24 25; do chmod 666 /sys/class/gpio/gpio$i/value;
done
for i in 0 14 15 18 23 24 25; do chmod 666 /sys/class/gpio/gpio$i/direction;
done
```

Mit der WiringPi-API wird es etwas übersichtlicher. Für die weitere Schaltung nutzen wir daher die WiringPi-API, deren Installation für dieses Beispiel vorausgesetzt wird.

```
#!/bin/sh
for i in 0 15 16 1 4 5 6; do gpio mode $i out; done
```

Die angegebenen GPIO-Anschlüsse wurden auf den Modus OUT geschaltet. Für das Schalten der Anschlüsse sind mehrere Befehle notwendig, da ein Schaltvorgang zwei GPIO-Pins betrifft. Hier ist es praktischer, zunächst für jeden Schaltvorgang je Steckdose ein Shell-Skript zu erstellen. Auf der Shell schalten Sie die Steckdosen nun nach folgender Syntax – hier mit der WiringPi-API:

```
# --------------------------------------------------------------
#!/bin/sh
#Taste A einschalten
gpio write 15 1
gpio write 5 1
sleep 1
gpio write 15 0
gpio write 5 0
# --------------------------------------------------------------
#Taste B einschalten
gpio write 16 1
gpio write 5 1
sleep 1
gpio write 16 0
gpio write 5 0
# --------------------------------------------------------------
#Taste D ausschalten
gpio write 6 1
gpio write 4 1
sleep 1
gpio write 6 0
gpio write 4 0
```

Ausgehend von obiger Verkabelung und Nutzung der entsprechenden Pins des Raspberry Pi, ist die Schaltung nun wie folgt gekoppelt:

Raspberry-Pi-Pin	GPIO	WiringPi	Funktion Fernbedienung
6	-	-	
8	GPIO14	15	Taste A
10	GPIO15	16	Taste B
12	GPIO18	1	Taste C
16	GPIO23	4	Aus
18	GPIO24	5	Ein
22	GPIO25	6	Taste D

Den aktuellen Zustand der GPIO-Pins erhalten Sie mit dem Kommando:

```
gpio readall
```

Wer die Funkfernbedienung bzw. die Steckdosen stattdessen mit Python ansteuern möchte, kann das natürlich auch tun.

Steckdosen schalten mit Python

Hier benötigen Sie nur noch die Raspberry-Pi-GPIO-Bibliothek, die in der aktuellsten Version kostenlos auf *http://pypi.python.org/pypi/RPi.GPIO* zum Download bereitsteht. Achten Sie in diesem Fall auch beim Python-Einsatz per `setmode` immer auf eine durchgängige Definition der Zählung bzw. der Zuordnung der Pins – egal ob diese über die Pinzählung (`GPIO.setmode(GPIO.BOARD)`) oder wie in diesem Beispiel über die GPIO-Nummer (`GPIO.setmode(GPIO.BCM)`) erfolgt.

```
# -----------------------------------------------------------
GPIO.setmode(GPIO.BCM)
#Python: Taste A einschalten
GPIO.output(14, True)
GPIO.output(24, True)
time.sleep(1.0)
GPIO.output(14, False)
GPIO.output(24, False)
# -----------------------------------------------------------
#Python: Taste D ausschalten
GPIO.output(25, True)
GPIO.output(23, True)
time.sleep(1.0)
GPIO.output(25, False)
GPIO.output(23, False)
# -----------------------------------------------------------
```

Auch hier gilt: Das Auslagern in entsprechende Funktionen in Python oder das Aufteilen in einzelne Skripte ist nicht nur sinnvoll, sondern auch deutlich bequemer. Bei der Nutzung des Skripts schalten Sie die gewünschte Funksteckdose ein. Nun müsste sich der Schaltzustand der Steckdose ändern. Sollte ein Empfänger nicht auf die Fernbedienung reagieren, kann das unterschiedliche Gründe haben. Wenn es nicht an einer schwachbrüstigen Batterie des Senders liegt und auch die Entfernung zwischen Sender und Empfänger nicht zu groß ist, prüfen Sie die Codierung der Steckdose bzw. der Funkfernbedienung erneut.

Billigsteckdosen und FHEM koppeln

Die Billigsteckdosen aus dem Baumarkt sind in Sachen Heimautomation sehr flexibel einsetzbar: Neben dem normalen, autarken Betrieb über die Fernbedienung lassen sie sich nicht nur mithilfe der GPIO-Pfostenleiste des Raspberry Pi, sondern beim Einsatz eines passenden Funkmoduls für den Raspberry Pi auch per Funk steuern. Der Vorteil ist, dass dies nicht über die bei einem 3er-Steckdosenset mitgelieferte Funkfernbedienung erfolgt, sondern über das mit dem Raspberry Pi verbundene CUL- oder COC-Modul. In diesem Fall lassen sich per Funkfrequenz deutlich mehr Steckdosen ansteuern, als dies mit der mitgelieferten Steckdosenfernbedienung der Fall ist.

DIP-Schalter-Codierung entschlüsselt

Grundsätzlich ist nach dem Auspacken der Funksteckdosen ein gemeinsamer Hauscode sowie für jede einzelne Steckdose ein individueller Code festzulegen. Stellen Sie zunächst an der Fernbedienung einen Systemcode (Pin 1–5) ein, der an allen Funksteckdosen gleich sein muss (dort ebenfalls Pin 1–5). Durch Umlegen der DIP-Schalter 6 bis 10 lässt sich die Zuordnung zu den Steckdosen A bis D auswählen. Bei einer Nutzung der Steckdosen über das CUL-/COC-Funkmodul mit FHEM lassen sich weitere Buchstaben (insgesamt theoretisch 32 Codierungsmöglichkeiten) codieren, die allerdings ab Buchstabe E nicht mehr auf der Funkfernbedienung zum Schalten zur Verfügung stehen.

Bild 9.32: Klappe auf: Auf der Rückseite der ELRO-Funksteckdosen ist die DIP-Schalterleiste versteckt, bei der Sie den Hauscode sowie die Schalter-ID per DIP-Schalter konfigurieren.

Weisen Sie den einzelnen Steckdosen eine Taste der Fernbedienung bzw. einen Buchstaben zu, indem Sie jeweils den DIP-Schalter in der betreffenden Steckdose (DIP-Schalter 6 = A, DIP-Schalter 7 = B, DIP-Schalter 8 = C, DIP-Schalter 9 = D, DIP-Schalter 10 = E) auf die Position ON schalten, während die verbleibenden DIP-Schalter auf Position OFF gesetzt bleiben. Benötigen Sie mehr Funksteckdosen mit demselben Hauscode, zählen Sie einfach schrittweise binär hoch. Mit diesen zwölf angegebenen Codevarianten können Sie mit FHEM vier Steckdosensets mit jeweils drei Funksteckdosen schalten. Insgesamt ist das Binärsystem auf 2^5 = 32 Steckdosen beschränkt, dann ist die Anzahl der freien DIP-Codes für den gemeinsamen Hauscode erschöpft.

Steckdose	Hauscode-DIP-Schalter					Funksteckdosencode-DIP-Schalter					InterTek-Code für FHEM
	1	2	3	4	5	6	7	8	9	10	
A	OFF	OFF	ON	ON	OFF	ON	OFF	OFF	OFF	OFF	FF00F0FFFF
B	OFF	OFF	ON	ON	OFF	OFF	ON	OFF	OFF	OFF	FF00FF0FFF
C	OFF	OFF	ON	ON	OFF	OFF	OFF	ON	OFF	OFF	FF00FFF0FF
D	OFF	OFF	ON	ON	OFF	OFF	OFF	OFF	ON	OFF	FF00FFFF0F
E	OFF	OFF	ON	ON	OFF	OFF	OFF	OFF	OFF	ON	FF00FFFFF0
F	OFF	OFF	ON	ON	OFF	ON	ON	OFF	OFF	OFF	FF00F00FFF
G	OFF	OFF	ON	ON	OFF	ON	OFF	ON	OFF	OFF	FF00F0F0FF
H	OFF	OFF	ON	ON	OFF	ON	OFF	OFF	ON	OFF	FF00F0FF0F
I	OFF	OFF	ON	ON	OFF	ON	OFF	OFF	OFF	ON	FF00F0FFF0
J	OFF	OFF	ON	ON	OFF	OFF	ON	OFF	ON	OFF	FF00F0F0FF
K	OFF	OFF	ON	ON	OFF	OFF	ON	OFF	OFF	ON	FF00F0FFF0
L	OFF	OFF	ON	ON	OFF	ON	OFF	OFF	OFF	ON	FF00F0FFF0

Für den in FHEM zu konfigurierenden Code gehen Sie wie folgt vor: Von links nach rechts definieren Sie für die DIP-Schalterstellung OFF die Hexzahl F, für die DIP-Schalterstellung ON eine Hex-0. Dies ergibt beispielsweise für Funksteckdose E folgenden FHEM/InterTek-Code: FF00FFFFF0. Mit der Originalfernbedienung ist sie so nicht erreichbar, über FHEM bzw. den Raspberry Pi schon.

DIP-Schalter und FHEM verknüpfen

Ergänzen Sie nun die FHEM-Konfiguration mit den beiden Codes für Einschalten (= FF) und Ausschalten (= F0) und definieren Sie in der /etc/fhem.cfg jede eingesetzte Funksteckdose nach folgendem Schema:

```
NAME_HAUSCODEBINÄR_STECKDOSE
```

Im nachstehenden Beispiel wurde der Hauscode in der Bezeichnung der ELRO-Steckdosen mit untergebracht, damit die Steckdosen auf den ersten Blick unterscheidbar sind:

```
ELRO_00110_A IT FF00F0FFFF FF F0
ELRO_00110_B IT FF00FF0FFF FF F0
ELRO_00110_C IT FF00FFF0FF FF F0
ELRO_00110_D IT FF00FFFF0F FF F0
ELRO_00110_E IT FF00FFFFF0 FF F0
ELRO_00110_F IT FF00F00FFF FF F0
etc.
```

Hier können Sie jedoch im define-Block eine Bezeichnung nach Wunsch verwenden, in unserem Beispiel wurde das Raumkürzel (arb = Arbeitszimmer, wz = Wohnzimmer, sz = Schlafzimmer) der Steckdosenbezeichnung vorangestellt.

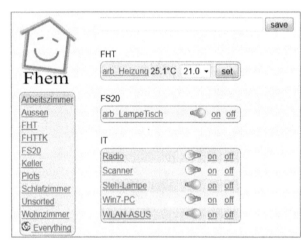

Bild 9.33: Günstige Funklösung: Nach der define-Definition sind die angelegten Baumarktsteckdosen in FHEM schaltbar.

Für Steckdose A ergibt sich somit folgende Beispieldefinition:

```
define arb_ELRO_00110_A IT FF00F0FFFF FF F0
  attr arb_ELRO_00110_A IODev COC
  attr arb_ELRO_00110_A alias MACMINI
  attr arb_ELRO_00110_A room Arbeitszimmer
```

Für die Steckdosen B, C, D, E:

```
define arb_ELRO_00110_B IT FF00FF0FFF FF F0
  attr arb_ELRO_00110_B IODev COC
  attr arb_ELRO_00110_B alias Scanner
  attr arb_ELRO_00110_B room Arbeitszimmer
define arb_ELRO_00110_C IT FF00FFF0FF FF F0
```

```
  attr arb_ELRO_00110_C IODev COC
  attr arb_ELRO_00110_C alias Radio
  attr arb_ELRO_00110_C room Arbeitszimmer
define arb_ELRO_00110_D IT FF00FFFF0F FF F0
  attr arb_ELRO_00110_D IODev COC
  attr arb_ELRO_00110_D alias Win7PC
  attr arb_ELRO_00110_D room Arbeitszimmer
define arb_ELRO_00110_E IT FF00FFFFF0 FF F0
  attr arb_ELRO_00110_E IODev COC
  attr arb_ELRO_00110_E alias WLAN-ASUS
  attr arb_ELRO_00110_E room Arbeitszimmer
```

Bis zu Steckdose F:

```
define sz_ELRO_00110_F IT FF00F00FFF FF F0
  attr sz_ELRO_00110_F IODev COC
  attr sz_ELRO_00110_F alias Wasserbett
  attr sz_ELRO_00110_F room Schlafzimmer
```

Ganz wichtig ist hier das `IODev`-Attribut, das besagt, welches CUL (hier Raspberry Pi: `COC`) die Steckdosen steuern soll. In diesem Fall wird das über die Zeile `attr arb_ELRO_00110_A IODev COC` geregelt. Die Umschaltung in den 433-MHz-Modus nimmt das COC automatisch vor. Falls es zu einem Schaltvorgang kommt, sendet es das gewünschte Ein/Aus-Signal und wechselt daraufhin in den 868-MHz-Modus zurück. Wirft die FHEM-Logdatei einen Fehler in der Form

```
No I/O device found for arb_ELRO_00110_A
```

aus, sorgt das Setzen des `rfmode`-Attributs mit dem Wert `SlowRF` für das angeschlossene CUL (hier COC) für Abhilfe. Dafür setzen Sie diesen Eintrag unter der `define`-Definition des CUL. In diesem Beispiel wird die Zeile

```
attr COC rfmode SlowRF
```

in der `fhem.cfg` (Verzeichnis `/etc`) eingefügt.

9.5 Praktische Gimmicks der TC-IP-1-Dosen

In der Regel besitzen TCP/IP-Steckdosen einen eingebauten Webserver, mit dem Sie banale Dinge wie das Ein- und Ausschalten steuern können. Begibt man sich auf die Suche nach dem passenden Modell, ist man zunächst mehr als überrascht, dass es neben der China-Baumarktware und den Billigsteckdosen beim Elektronikhändler auch deutsche Hersteller gibt, die sich in diesem Marktsegment bewegen. Sieht man von »made in Germany« einmal ab, muss es gute Gründe geben, ein Steckdosenmodell auszuwählen, das mit 100 Euro und mehr so teuer ist, dass Sie für das gleiche Geld 30 Funksteckdosen (zum Beispiel das ELRO 440) erhalten würden.

Bild 9.34: Während die Standard-IP-Steckdose TC IP 1 zu einem Straßenpreis von 75 bis 100 Euro erhältlich ist, zahlen Sie für das Modell TC IP 1 WLAN Energy Manager das Doppelte. Beide kommen im gleichen stylish geformten Gehäuse und bringen einen Ein-/Ausschalter sowie eine Netz/Konfig-Taste mit. (Bild: rutenbeck.de)

Jeder, der bereits Erfahrungen mit den Billig-Baumarktsteckdosen und den Funksteckdosen FS20/HomeMatic etc. gemacht hat, kennt jedoch das Problem: Die einen Steckdosenmodelle sind nur für eine begrenzte Last ausgelegt, die anderen haben keinen manuellen Ein-/Ausschalter auf der Steckdose, bei wieder anderen Modellen ist die eingebaute Sicherung zu schwach. Trotz dieser Unzulänglichkeiten und Mängel können diese Steckdosenlösungen für bestimmte Einsatzzwecke vor allem aus Kostengründen dennoch die richtige Anschaffung sein.

Wer hingegen in Sachen Heimautomation auf Nummer sicher gehen möchte, eine gewisse (Verarbeitungs-)Qualität erwartet und darüber hinaus die nötigen Zertifizierungen und Prüfsiegel und somit auch eine Funktionsgarantie bekommen möchte, greift auf die Rutenbeck-Modelle zurück. Diese bieten je nach Modell neben dem eigentlichen An/Aus-Schaltvorgang weitere Funktionen wie Temperaturmessung, Zeitschaltuhr oder gar eine Stromverbrauchsmessung samt dazugehöriger Kostenberechnung.

Das Rutenbeck-Modell Energy Manager TC IP 1 WLAN ist vollgepackt mit solchen praktischen Gimmicks und Möglichkeiten. So bietet es einen sogenannten Impulsbetrieb, um beispielsweise ein abgestürztes Gerät zurückzusetzen. Praktisch ist das manuelle Schalten per Taster, zudem protokolliert die Steckdose die Leistung des angeschlossenen Verbrauchers und bietet auch eine Schaltung je nach Last- oder Temperaturwerten an.

Mit den eingebauten Funktionen lassen sich ebenfalls Konfigurationen erstellen, die einen wirksamen Einbruchschutz darstellen können. So kann beispielsweise in einer Wohnung die Beleuchtung jeden Abend sporadisch geschaltet werden, sodass Anwesenheit simuliert wird. Diese vielen Möglichkeiten der Rutenbeck-Steckdose bedeuten natürlich in Sachen Heimautomation auch deutlich mehr praktische Möglichkeiten, mit denen Sie Ihrem Partner die Anschaffung eines solchen Modells schmackhaft machen können.

Waschmaschine und Trockner überwachen

Die zusätzlichen Features des TC IP 1 WLAN lassen sich bequem in verschiedene Anwendungsszenarien zu Hause integrieren: Möchten Sie beispielsweise sicherstellen, dass eine Lampe eingeschaltet ist – etwa in einem Gewächshaus, Terrarium oder dergleichen –, können Sie mit der Messung des Laststroms an der angeschlossenen Lampe über das Netzwerk feststellen, ob das Gerät tatsächlich eingeschaltet ist oder nicht. Diesen Zustand kann der TC IP 1 WLAN selbstständig per E-Mail melden. Oder Sie möchten beispielsweise darüber informiert werden, ob der Waschgang im Keller beendet ist oder nicht, damit die Wäsche zeitnah entnommen und getrocknet werden kann.

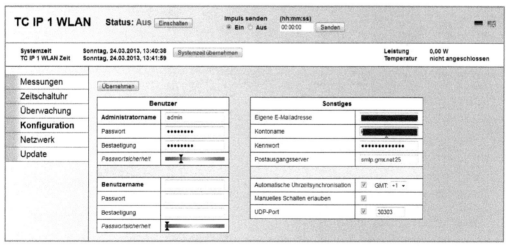

Bild 9.35: Vorbereitung: Soll die Steckdose bei Beendigung des Waschgangs oder des Trockenvorgangs eine Benachrichtigung verschicken, ist in diesem Dialog zunächst die Konfiguration der E-Mail-Parameter notwendig.

Der TC IP 1 WLAN Energy Manager lässt sich so einstellen, dass er die Leistungsaufnahme der Waschmaschine überwacht. Nach dem Waschgang sinkt die Leistungsaufnahme der Waschmaschine dauerhaft und sie geht in den Ruhezustand. Hier kommt der TC IP 1 WLAN Energy Manager ins Spiel und sendet darüber eine Benachrichtigung per E-Mail.

Um beispielsweise den Leerlauf-Leistungswert der Waschmaschine zu bestimmen, schalten Sie einfach die Waschmaschine ein und prüfen die Leistung. Runden Sie diesen Wert leicht auf, tragen Sie ihn im Feld *Min-Wert* ein und setzen Sie anschließend das Häkchen bei *aktiviert*.

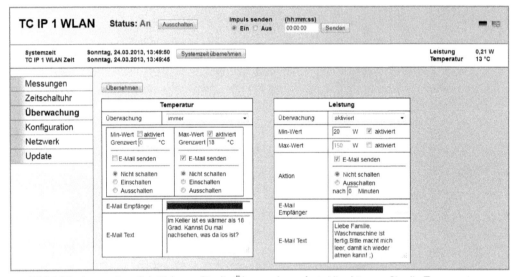

Bild 9.36: Im zweiten Schritt legen Sie die Überwachung fest: Hier können Sie die Temperatur und die Leistungsparameter nach Ihren Wünschen konfigurieren.

9.6 Energiemonitor mit JeeLink-Arduino

Neben den kostengünstigen FS20- und HomeMatic-Funksteckdosen sind bei den großen Elektronikversendern wie Conrad und ELV auch andere Modelle zu finden, die zunächst FHEM-inkompatibel scheinen. Doch mit der breiten Fangemeinde von FHEM und durch die Beharrlichkeit einzelner Tüftler ist es hier ebenfalls gelungen, diese kostengünstigen Funksteckdosen, beispielsweise das Modell PCA 301, in FHEM zu integrieren. Dieses hat im Gegensatz zu der FS20-Funksteckdose den Vorteil, dass sich der Einschaltstatus der Funksteckdose (Ein/Aus) über ein Attribut abfragen lässt – ein wunderbarer Vorteil beim Einsatz unter FHEM samt den passenden Auto-matisierungsskripten.

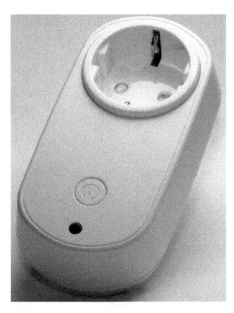

Bild 9.37: Für den Einsatz unter FHEM benötigen Sie nur die einzelnen Funksteckdosen und können auf die Anschaffung der Steuerzentrale verzichten. Einzeln ist die PCA-301-Funksteckdose für ca. 15 bis 20 Euro erhältlich.

Grundsätzlich bewerben die Händler die PCA 301 als kleine Haustechnikzentrale, die für bis zu acht Geräte im Haus eine Übersicht über den Energieverbrauch liefert und sie auch von einer »Zentrale« aus über die Funksteckdosen fernschaltbar macht.

Bild 9.38: Bei *http://jeelabs.com/products/jeelink* ist der Arduino-Uno-kompatible JeeLink (v3) mit 868 MHz erhältlich.

Der Clou beim Einsatz mit FHEM ist hierbei, dass Sie die sogenannte Zentrale überflüssig machen und die einzelnen Steckdosen selbstständig per FHEM mithilfe eines Arduino-kompatiblen USB-Sticks mit dem Raspberry Pi verbinden. Das gesparte Geld für die Steuereinheit investieren Sie in den notwendigen JeeLink-Adapter, den Sie über *http://jeelabs.com* beziehen können. In Sachen Erweiterbarkeit sind Ihnen dann keine

Grenzen mehr gesetzt – im Gegensatz zur ursprünglichen Lösung mit acht unterstützten, schaltbaren Geräten haben Sie mit FHEM nahezu unbegrenzte Möglichkeiten.

Raspberry Pi für Arduino-IDE vorbereiten

Ist der JeeLink-USB-Adapter korrekt in die USB-Buchse des Raspberry Pi gesteckt und somit betriebsbereit, nehmen Sie zunächst den ATmega-Atmel-AVR-Mikrocontroller in Betrieb. Nutzen Sie dafür die vom Arduino-Projekt bekannte Entwicklungsumgebung – die Arduino-IDE – auch für das Aufspielen des Sketches auf den JeeLink-USB-Adapter. Sie können die Arduino-IDE (*http://arduino.cc/en/main/software*) auf Ihrem Windows-/Linux-/Mac-Computer installieren und den notwendigen Arduino-Sketch auf den JeeLink-USB-Stick übertragen – in diesem Beispiel kommt einfach ein zweiter Raspberry Pi zum Einsatz. Bevor Sie damit starten, sollten Sie die notwendigen Vorbereitungen wie die Installation sowie die Aktualisierung notwendiger Pakete auf dem Raspberry Pi erledigen:

```
sudo -i
apt-get update
apt-get upgrade
reboot
```

Nach dem Neustart geben Sie dies ein:

```
sudo -i
apt-get install arduino
```

Anschließend installieren Sie die Arduino-IDE auf dem Raspberry Pi, die die notwendigen C-Compiler, Headerdateien, Librarys, das Java-SDK und dergleichen installiert.

Im nächsten Schritt laden Sie den benötigten Sketch für den JeeLink-USB-Stick herunter und installieren ihn über die Arduino-Software. Diese Lösung aus dem FHEM-Forum (*http://forum.fhem.de/index.php?t=msg&th=11648*) wurde von verschiedenen eifrigen Bastlern erdacht und weiterentwickelt. Das FHEM-Forum bzw. den Download-Link für die aktuellste Version des notwendigen Arduino-Sketches finden Sie am schnellsten, wenn Sie die Zeichenfolge »pcaSerial10fp.zip« in das Formular einer Suchmaschine eingeben. Anschließend finden Sie die angepasste »Firmware« für den Arduino in Form eines gewöhnlichen Sketches, der kompiliert und anschließend auf den Arduino/JeeLink hochgeladen werden muss.

JeeLink-Adapter über Arduino-IDE flashen

Sind die obigen Softwarevoraussetzungen geschaffen und die benötigten Dateien auf der Speicherkarte, nehmen Sie die Arduino-Software in Betrieb. Der notwendige Sketch (hier die Datei `pcaSerial10fp.zip`) befindet sich in diesem Beispiel im Home-

Verzeichnis des Users `pi` (`/home/pi`) und wurde in das Verzeichnis `/home/pi/pcaSerial10fp` entpackt.

```
[    4.373871] Registered led device: led0
[    4.510484] usbcore: registered new interface driver usbserial
[    4.514774] usbcore: registered new interface driver usbserial_generic
[    4.676222] USB Serial support registered for generic
[    4.717904] usbserial: USB Serial Driver core
[    4.918291] usbcore: registered new interface driver ftdi_sio
[    4.920553] USB Serial support registered for FTDI USB Serial Device
[    4.922919] ftdi_sio 1-1.2:1.0: FTDI USB Serial Device converter detected
[    4.925217] usb 1-1.2: Detected FT232RL
[    5.112981] usb 1-1.2: Number of endpoints 2
[    5.122768] usb 1-1.2: Endpoint 1 MaxPacketSize 64
[    5.220611] usb 1-1.2: Endpoint 2 MaxPacketSize 64
[    5.222728] usb 1-1.2: Setting MaxPacketSize 64
[    5.302327] usb 1-1.2: FTDI USB Serial Device converter now attached to ttyUSB0
[    5.360495] ftdi_sio: v1.6.0:USB FTDI Serial Converters Driver
[    8.283393] EXT4-fs (mmcblk0p2): re-mounted. Opts: (null)
[    8.724195] EXT4-fs (mmcblk0p2): re-mounted. Opts: (null)
[   18.415912] smsc95xx 1-1.1:1.0: eth0: link up, 100Mbps, full-duplex, lpa 0xCDE1
[   28.987144] Bluetooth: Core ver 2.16
[   28.989363] NET: Registered protocol family 31
[   28.989391] Bluetooth: HCI device and connection manager initialized
[   28.989405] Bluetooth: HCI socket layer initialized
```

Bild 9.39: Der Befehl `dmesg` informiert über die vorhandene bzw. angeschlossene Hardware sowie über die verwendeten Kernelmodule.

Im ersten Schritt prüfen Sie auf der Konsole über `dmesg` bzw. `lsusb`, ob der JeeLink-USB-Adapter auch ordnungsgemäß erkannt und in das System eingehängt wurde. Im Fall eines Windows-Computers erfolgt die Initialisierung über den Windows-Geräte-Manager bzw. die Systemsteuerung, und spätestens mit der Installation der Arduino-Software wird nach einem Neustart das Gerät auch dort ordnungsgemäß erkannt.

```
pi@fhemraspian ~ $ lsusb
Bus 001 Device 002: ID 0424:9512 Standard Microsystems Corp.
Bus 001 Device 001: ID 1d6b:0002 Linux Foundation 2.0 root hub
Bus 001 Device 003: ID 0424:ec00 Standard Microsystems Corp.
Bus 001 Device 004: ID 0403:6001 Future Technology Devices International, Ltd FT232 USB-Serial (UART) IC
Bus 001 Device 005: ID 1941:8021 Dream Link WH1080 Weather Station / USB Missile Launcher
pi@fhemraspian ~ $
```

Bild 9.40: Mit dem `lsusb`-Kommando prüfen Sie, ob der eingesteckte JeeLink-USB-Stick vom USB-Subsystem ordnungsgemäß erkannt und im System eingebunden wurde.

Egal ob Mac, Windows oder Linux – starten Sie nun die Arduino-IDE. In diesem Beispiel wurde die Raspberry-Pi-Benutzeroberfläche per Remote Desktop auf den Computer übertragen, und die Arduino-Software wurde gestartet. Sind die Spracheinstellungen der Arduino-Software auf *Deutsch* gesetzt, konfigurieren Sie zunächst in der

Arduino-Menüleiste über *Tools/Board* als Gerät den *Arduino Uno*, da der JeeLink-USB-Adapter dazu als voll kompatibel angegeben ist.

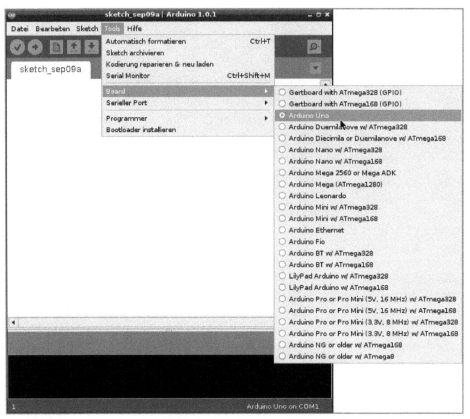

Bild 9.41: Da es viele unterschiedliche Arduinos und Klone dazu gibt, ist die Auswahl des angeschlossenen Geräts wichtig.

Im nächsten Schritt wählen Sie über *Tools/Serieller Port* die genutzte COM-Schnittstelle aus. In diesem Beispiel wurde der JeeLink-Adapter in `/dev/ttyUSB0` eingehängt.

9.6 Energiemonitor mit JeeLink-Arduino

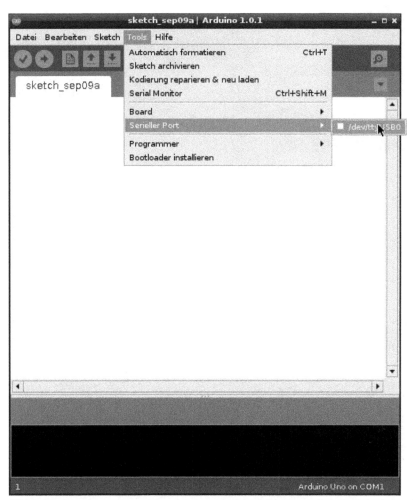

Bild 9.42: Nach dem Auswählen des genutzten seriellen Ports sind die Grundeinstellungen erledigt, nun können Sie den benötigten Sketch laden.

Über den bekannten *Datei öffnen*-Dialog wählen Sie nun die ino-Datei aus, die sich in der heruntergeladenen Archivdatei pcaSerial10fp befindet. Beachten Sie, dass sich auch die im Archiv beigefügten Dateien pca301.cpp und pca301.h im selben Verzeichnis befinden.

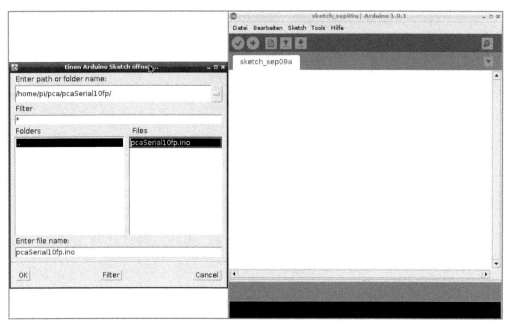

Bild 9.43: Navigieren Sie in das /home/pi-Verzeichnis und wählen Sie die aus dem Archiv extrahierte ino-Datei aus.

Nach dem Laden in die Arduino-Entwicklungsumgebung wird die Sketchdatei im Programmfenster angezeigt. Drücken Sie dort oben links auf den Haken, wird der vorhandene Sketch kompiliert. Im Idealfall sollte jetzt kein Fehler auftreten, stattdessen sollte, wie in den nachstehenden Abbildungen zu sehen, nur die binäre Sketchgröße nach Abschluss der Kompilierung angegeben sein.

9.6 Energiemonitor mit JeeLink-Arduino

Bild 9.44: Testlauf erfolgreich: Das Laden und Kompilieren des Sketches wurde erfolgreich abgeschlossen, nun können Sie den Sketch auf den angeschlossenen JeeLink-Adapter übertragen.

Neben dem Haken oben links im Arduino-Programmfenster befindet sich ein Pfeil nach rechts, über den Sie den Sketch bzw. das Kompilat auf den angeschlossenen Arduino hochladen können. Der vorhandene Sketch wird nochmals kompiliert und umgehend per Upload auf den Atmel-Chip übertragen. In diesem Beispiel meckert die Arduino-Software den falsch konfigurierten seriellen Port an und bietet per Pop-up-Bildschirm eine Korrekturmöglichkeit an – der serielle Port ist im Fall des verwendeten Raspberry Pi hier /dev/ttyUSB0, was per Klick auf die OK-Schaltfläche bestätigt wird.

Bild 9.45: COM-Port nicht gefunden: In dem Fall fragt die Arduino-Entwicklungsumgebung nach und erwartet in diesem Dialog die korrekte Pfadangabe des eingesteckten JeeLink-Adapters. Hier kam die Arduino-Entwicklungsumgebung auf dem Raspberry Pi zum Einsatz – der JeeLink-USB-Adapter ist als **/dev/ttyUSB0** eingebunden.

Erst wenn die Arduino-Software den richtigen seriellen Anschluss für den eingesteckten JeeLink-USB-Adapter zur Verfügung hat, ist das Kompilieren samt Übertragung auf den Atmel-Chip möglich. Erscheint die Statusmeldung **Upload abgeschlossen** im Statusfenster, wurde der Sketch ordnungsgemäß übersetzt und korrekt auf den JeeLink-USB-Adapter übertragen.

Haben Sie den Arduino-Sketch am Computer auf den USB-Adapter übertragen, beenden Sie die Arduino-Software und melden das USB-Gerät ordnungsgemäß vom Betriebssystem ab. Im nächsten Schritt nehmen Sie den JeeLink-USB-Adapter am Raspberry Pi, der für die Hausautomation zuständig ist, unter FHEM in Betrieb.

9.6 Energiemonitor mit JeeLink-Arduino

Bild 9.46: Erfolgreich geflasht: Nun können Sie die Arduino-Software beenden und den USB-Stick für die Hausautomation verwenden.

Arduino-JeeLink-Adapter und FHEM updaten

Grundsätzlich ist es bei der Integration bzw. Installation von neuen Komponenten unter FHEM eine gute Idee, in der Konfigurationsdatei `fhem.cfg` auch den `autocreate`-Modus zu aktivieren, damit neue Geräte automatisch erkannt und eingebunden werden können. Im Fall der JeeLink-Komponenten ist es aber noch wichtiger, dass eine möglichst aktuelle Version von FHEM zur Verfügung steht, da die JeeLink-Komponenten erst seit Mitte des Jahres 2013 Bestandteil des FHEM-Pakets sind und nahezu wöchentlich neue Bugfixes und Verbesserungen erscheinen. Deswegen bringen Sie FHEM über das Kommando `updatefhem` auf den aktuellen Stand. Mit einem nachfolgenden `shutdown restart` sorgen Sie dafür, dass die Änderungen übernommen und aktiviert werden.

9 Energiekosten fest im Griff

Anschließend stecken Sie den JeeLink-USB-Adapter in den USB-Anschluss des Raspberry Pi und öffnen die Logdatei von FHEM – so oder so ähnlich wie in der nachfolgenden Abbildung sollte nun das angeschlossene Gerät erkannt werden.

```
2013.09.09 19:58:06 1: usb create starting
2013.09.09 19:58:10 3: Opening TCM310 device /dev/ttyUSB0
2013.09.09 19:58:10 3: Setting TCM310 baudrate to 57600
2013.09.09 19:58:10 3: TCM310 device opened
2013.09.09 19:58:10 3: Opening TCM120 device /dev/ttyUSB0
2013.09.09 19:58:10 3: Setting TCM120 baudrate to 9600
2013.09.09 19:58:10 3: TCM120 device opened
2013.09.09 19:58:10 3: Opening FHZ device /dev/ttyUSB0
2013.09.09 19:58:10 3: Setting FHZ baudrate to 9600
2013.09.09 19:58:10 3: FHZ device opened
2013.09.09 19:58:11 3: Opening TRX device /dev/ttyUSB0
2013.09.09 19:58:11 3: Setting TRX baudrate to 38400
2013.09.09 19:58:11 3: TRX device opened
2013.09.09 19:58:12 3: Opening ZWDongle device /dev/ttyUSB0
2013.09.09 19:58:12 3: Setting ZWDongle baudrate to 115200
2013.09.09 19:58:12 3: ZWDongle device opened
2013.09.09 19:58:13 1: usb create end
```

Bild 9.47: USB-Gerät erkannt, im nächsten Schritt definieren Sie den angeschlossenen Adapter für die Verwendung in FHEM.

Jetzt definieren Sie über das `define`-Kommando den angeschlossenen USB-Adapter. In diesem Fall bekommt der JeeLink-USB-Adapter die Bezeichnung `jeelinkUSB` verpasst. Der Befehl

```
define jeelinkUSB JeeLink /dev/ttyUSB0@57600
```

sorgt nun dafür, dass der JeeLink-USB-Adapter als eigenes Gerät in FHEM eingebunden wird.

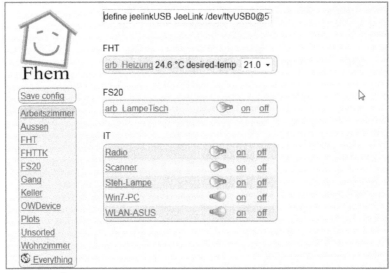

Bild 9.48: Über die Befehlszeile definieren Sie den USB-Adapter als neue FHEM-Geräteklasse.

9.6 Energiemonitor mit JeeLink-Arduino

Anschließend steht der USB-Adapter im Bereich *Unsorted* unter FHEM zur Verfügung. Wird das Gerät ordnungsgemäß erkannt und eingebunden, ist das unter *STATE* mit den Eintrag *Initialized* vermerkt.

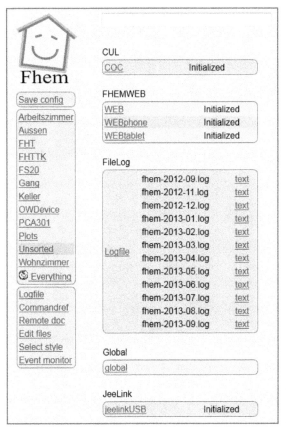

Bild 9.49: Per Status *Initialized* zeigt FHEM an, dass der eingesteckte JeeLink-USB-Adapter ordnungsgemäß in Betrieb genommen wurde.

Bei aktiviertem `autocreate`-Modus in der Konfigurationsdatei `fhem.cfg` werden neue verfügbare Geräte automatisch erkannt und in FHEM eingebunden. Im Fall der JeeLink-kompatiblen PCA-301-Funkschaltsteckdosen von ELV/Conrad reicht ein einfacher Schaltvorgang per Knopfdruck an der Funksteckdose, damit sie von FHEM erkannt werden. Sie werden automatisch im FHEM-Menü unter *PCA301* einsortiert.

Bild 9.50: Gesucht und gefunden: Ein einfaches Aus- und Einschalten der Funksteckdose reicht aus, um diese nach dem Initialisieren per FHEM zugänglich zu machen.

Im nächsten Schritt passen Sie das Aussehen von FHEM an. Per `rename`-Kommando lassen sich die Bezeichnungen der verknüpften Geräte in aussagekräftige Namen ändern. Möchten Sie beispielsweise einer Schaltsteckdose mit der automatisch angelegten Bezeichnung `PCA301_07FAD7` den Namen `ku_kuehlschrank` zuweisen, nutzen Sie diesen Befehl:

```
rename PCA301_07FAD7 ku_kuehlschrank
```

Auch die Auswertung der Logdatei lässt sich übersichtlicher gestalten. Für die Anzeige des aktuellen Verbrauchs und des Gesamtverbrauchs sowie der verwendeten Leistung nutzen Sie die `gplot`-Funktionen von FHEM.

```
define ku_kuehlschrank PCA301 07FAD7 03
  attr ku_kuehlschrank devStateIcon on:on:toggle off:off:toggle
set.*:light_question:off
  attr ku_kuehlschrank room Küche
  attr ku_kuehlschrank userReadings consumptionTotal:consumption monotonic
{ReadingsVal($name,'consumption',0)}
  attr ku_kuehlschrank webCmd on:off:toggle:statusRequest
define FileLog_ku_kuehlschrank FileLog /var/log/fhem/ku_kuehlschrank-%Y.log
ku_kuehlschrank:power.*
  attr FileLog_ku_kuehlschrank logtype jeepower:Plot,text
  attr FileLog_ku_kuehlschrank room PCA301
```

9.6 Energiemonitor mit JeeLink-Arduino

Die Messwerte der Schaltsteckdose werden zusätzlich zur Logdatei nun auch grafisch durch die Plotergänzung bei `logtype` dargestellt. Die Datei `jeepower.gplot`, die sich im www/gplot-Verzeichnis von FHEM (hier /usr/share/fhem/www/gplot) befindet, wurde von einer vorhandenen `power8.gplot`-Datei kopiert und angepasst.

```
#############################
# Display the power reported by the PCA301
# Corresponding FileLog definition:
# define FileLog_Device-PCA301 FileLog /var/log/fhem/Device-PCA301-%Y.log
Device-PCA301:power.*
# jeepower.gplot
set terminal png transparent size <SIZE> crop
set output '<OUT>.png'
set xdata time
set timefmt "%Y-%m-%d_%H:%M:%S"
set xlabel " "

set title '<TL>'
set ylabel "Leistung (W)"
set y2label "Verbrauch(kW)"
set grid
set ytics
set y2tics
set format y "%.1f"
set format y2 "%.1f"
plot "<IN>" using 1:4 notitle with lines
```

Das erste Ergebnis sieht wie folgt aus:

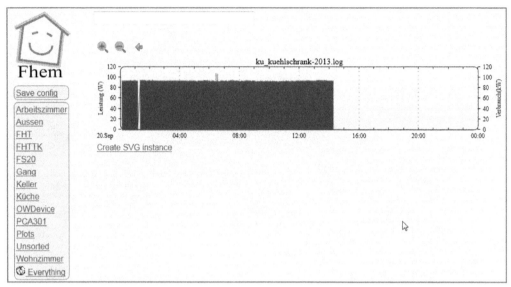

Bild 9.51: Grafische Leistungsanzeige: In diesem Fall wird der Messwert der Schaltsteckdose aus der Logdatei automatisch in die Grafik überführt.

Hier können Sie natürlich noch weitere grafische Übersichten definieren oder in einer gemeinsamen Übersicht zusammenfassen. Das ist Geschmackssache – die entsprechenden Werkzeuge und Möglichkeiten dazu bietet FHEM an.

Temperatur, Klima und Heizung

Die Temperaturen steigen, der Energiebedarf sinkt – diese Regel gilt auch umgekehrt: Wer richtig heizt und lüftet, kann seinen Energieverbrauch zu Hause maßgeblich beeinflussen und somit bares Geld sparen. Denn wenn Sie die Raumtemperatur um nur 1 °C senken, sparen Sie bis zu 5 % Energie ein. Gerade im Herbst und Winter werden rund 85 % der in einem Durchschnittshaushalt benötigten Energie für die Wärmeerzeugung verbraucht, davon über 70 % allein für die Raumheizung in der Wohnung. Wer seinen Heizbedarf jedoch klug einschätzt und die Temperaturen im Wohnbereich umsichtig steuert, kann sich nach Ende der Heizperiode eine horrende Heizkostennachzahlung ersparen oder sich gar auf eine Rückzahlung eines Teils der Vorauszahlung freuen.

10.1 Heizkosten senken mit dem Raspberry Pi

Heizkosten senken ist für viele ein Buch mit sieben Siegeln, doch tatsächlich ist es einfacher als gedacht: Mit wenigen Regeln können der Energieverbrauch und damit auch die Kosten erheblich gesenkt werden, indem die vorhandene Technik mit dem geeigneten Zubehör und einem Raspberry Pi sinnvoll ergänzt und eingesetzt wird. Grundsätzlich hängen die Raumtemperatur und somit auch der Verbrauch und die

Kosten davon ab, wie beispielsweise die Wohnung eingerichtet ist. Ist der Heizkörper hinter dicken, langen Gardinen oder Möbelstücken wie Sofas versteckt und findet somit so gut wie keine Zirkulation der erwärmten Luft statt, kann man sich das Hochdrehen der Heizung sparen.

Auch beim regelmäßigen Lüften gilt: lieber kurz und effektiv als lang und nur ein bisschen – also alle Fenster weit öffnen und nicht über Stunden in der Kippstellung belassen, da dann zu wenig Luftaustausch im Raum stattfindet. Die Thermostate der Heizung sollten während der Lüftungsphase heruntergeregelt werden, um nicht unnötig Wärme und somit Geld aus dem Fenster zu heizen. Hier hilft beispielsweise ein Tür-/Fensterkontakt, der automatisch beim Öffnen des Fensters bzw. der Tür die Ventilsteuerung des Heizkörpers reguliert. Wie das funktioniert und wie Sie den Raspberry Pi zum Geldsparen nutzen können, erfahren Sie jetzt.

Temperaturmessung Marke Eigenbau

Jeder möchte trotz steigender Energiekosten Geld sparen und gleichzeitig die Behaglichkeit in den eigenen vier Wänden nicht verlieren. Um den Energieverbrauch besser unter Kontrolle zu haben, ist eine Temperaturüberwachung bzw. eine automatisierte Temperaturmessung in einem oder in mehreren Räumen unerlässlich. So wird Ihnen selbst vor Augen geführt, wie das Nutzungsverhalten in Sachen Raumtemperatur zu den unterschiedlichen Tageszeiten ist. Befinden Sie sich nicht in einem Raum oder sind Sie nicht zu Hause, braucht dieser Raum auch nicht beheizt zu werden. Wird der Raum beispielsweise nur in den Abendstunden genutzt, hat es aber auch keinen Sinn, die Temperatur komplett herunterzuregeln und dann für ein paar Stunden zu heizen: Bis der Raum die gewünschte Wohlfühltemperatur erreicht hat, ist es schon wieder zu spät.

Mit dem Raspberry Pi können Sie mithilfe sogenannter 1-Wire-Sensoren für die Raumtemperaturen in Ihrem Zuhause ein umfangreiches Sensornetzwerk aufbauen. Alles, was Sie dazu brauchen, sind die Temperatursensoren Dallas DS18B20 zum Stückpreis von ca. 2,20 Euro, einen Widerstand sowie ein entsprechend langes dreiadriges Kabel, das den Strom und das Datensignal überträgt. Der Temperatursensor DS18B20 von Dallas eignet sich für Messungen im Bereich -55 °C bis +125 °C und reicht somit für den normalen Hausgebrauch im Rahmen dieses Projekts aus.

10.1 Heizkosten senken mit dem Raspberry Pi

Bild 10.1: Hier sollten Masse (links) und Spannung (rechts) nicht verwechselt werden. In der Mitte ist der Datenanschluss (DQ).

Der Begriff 1-Wire-Bus ist etwas irritierend, da mindestens zwei Drähte benötigt werden – je nach Betriebsverfahren können es auch drei sein. Im sogenannten parasitären Modus wird der Masseanschluss (Ground) großzügigerweise nicht mitgezählt, die Spannungsversorgung erfolgt über die Datenleitung. In diesem Beispiel legen Sie die beiden äußeren Anschlüsse auf Masse und nutzen den mittleren Anschluss für die Spannungsversorgung sowie den Datenaustausch.

Bild 10.2: Selbstbauprojekt auf dem Steckboard: Für den Test und die Entwicklung passender Skripte lassen sich die benötigten Komponenten auf dem Steckboard verwenden.

In diesem Schaltungsbeispiel wurden die Sensoren jedoch über ein drittes Kabel separat mit Spannung versorgt, um etwaige Schwankungen auszuschließen. Jeder an den 1-Wire-Bus angeschlossene Temperatursensor hat eine 16-Bit-Adresse und ist dadurch weltweit eindeutig identifizierbar. Somit ist der Betrieb mehrerer Sensoren an einem Strang kein Problem, in unserem Testaufbau hatten wir 22 Sensoren erfolgreich an einem Bus im Betrieb.

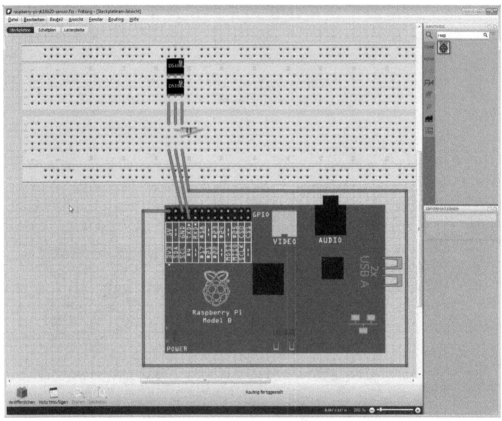

Bild 10.3: Die Schaltung selbst ist sehr simpel: Neben den Sensoren benötigen Sie ein dreiadriges Kabel sowie einen 4,7-kΩ-Widerstand (kΩ = Kiloohm) zwischen Daten- und Spannungsversorgungsdraht.

Wenn Sie das Datenblatt (*http://datasheets.maximintegrated.com/en/ds/DS18B20.pdf*) studieren, sehen Sie, dass bei Ansicht von unten (Beinchen deuten zu Ihnen) die Anordnung »Masse links – Datenpin – Spannungsversorgung« die richtige ist.

10.1 Heizkosten senken mit dem Raspberry Pi

Raspberry-Pi-Pin	Raspberry-Pi-Pinbezeichnung	DS18B20-Pin	DS18B20-Pinbezeichnung
2	5 V	3	Vdd
6	GND	1	GND
7	GPIO4	2	DQ

Auf dem Steckboard stellt sich die Schaltung wie folgt dar:

Bild 10.4: Steckboard-Schaltung im Detail: Drei Reihen im Einsatz – hier wird der GPIO4 mit der 5-V-Spannung über den Pull-up-Widerstand verbunden. Die Masse wird direkt zum Sensor geführt.

Nach dem erfolgreichen Schaltungsaufbau nehmen Sie den Raspberry Pi in Betrieb und sprechen die angeschlossenen Sensoren über ihre individuelle Seriennummer an.

Temperatursensor in Betrieb nehmen

Mithilfe der Dallas-1-Wire-Bausteine der DS18B20-Familie lässt sich ein umfangreiches Sensornetzwerk am Raspberry Pi betreiben. An einem langen Kabel, das von Raum zu Raum geht, zweigen einfach die gewünschten Drähte zu den entsprechenden Sensoren ab. Bevor Sie die Sensoren jedoch in Betrieb nehmen können, müssen die passenden Kernelmodule geladen werden.

```
sudo modprobe w1_gpio
sudo modprobe w1_therm
```

Diese Kommandos laden das zusätzliche `wire`-Modul noch mit, vorsichtshalber prüfen Sie mit dem `lsmod`-Kommando, ob die Kernelmodule auch erfolgreich geladen wurden.

```
pi@raspberrypi ~ $ sudo modprobe wire
pi@raspberrypi ~ $ sudo modprobe w1_gpio
pi@raspberrypi ~ $ sudo modprobe w1_therm
pi@raspberrypi ~ $ lsmod
Module                  Size  Used by
w1_therm                2705  0
w1_gpio                 1283  0
wire                   23530  2 w1_gpio,w1_therm
cn                      4649  1 wire
rfcomm                 33663  0
bnep                   10514  2
bluetooth             157711  10 bnep,rfcomm
i2c_dev                 5587  0
snd_bcm2835            12808  0
snd_pcm                74834  1 snd_bcm2835
snd_seq                52536  0
snd_timer              19698  2 snd_seq,snd_pcm
snd_seq_device          6300  1 snd_seq
snd                    52489  5 snd_seq_device,snd_timer,snd_seq,snd_pcm,snd_bcm2835
snd_page_alloc          4951  1 snd_pcm
pl2303                 11771  0
usbserial              34545  1 pl2303
i2c_bcm2708             3681  0
pi@raspberrypi ~ $
```

Bild 10.5: Wer auf Nummer sicher gehen möchte, lädt das notwendige wire-Modul zunächst von Hand, um anschließend die Kernelmodule w1_gpio und w1_therm zu starten.

Am besten prüfen Sie nun die Anzahl der verbauten Sensoren: Sind die Kernelmodule erfolgreich geladen, erfahren Sie über die Datei /sys/devices/w1_bus_master1/w1_master_slave_count, wie viele Sensoren am Raspberry Pi angeschlossen sind. Das ist vor allem bei mehreren angeschlossenen Sensoren sinnvoll.

```
cat /sys/devices/w1_bus_master1/w1_master_slave_count
```

Die eindeutigen Seriennummern (IDs) der erkannten Sensoren sind in der Datei /sys/devices/w1_bus_master1/w1_master_slaves geführt.

```
cat /sys/devices/w1_bus_master1/w1_master_slaves
```

Zusätzlich ist im Verzeichnis /sys/devices/w1_bus_master1/ für jeden erkannten Sensor ein Unterverzeichnis vorhanden. Nach dem ersten Check möchten wir auf der Konsole herausfinden, ob der Temperaturfühler überhaupt funktioniert und wie viel Grad Celsius derzeit gemessen werden.

Funktionsprüfung des Temperatursensors

Um einen oder mehrere Messwerte aus dem angeschlossenen Sensor auszulesen, lassen Sie sich auf der Konsole einfach die Datei w1_slave im entsprechenden Unterverzeichnis von /sys/devices/w1_bus_master1/ anzeigen, um den aktuellen Messwert des Sensors anzuzeigen.

10.1 Heizkosten senken mit dem Raspberry Pi

```
cat /sys/devices/w1_bus_master1/10-0008028a8706/w1_slave
aa 00 4b 46 ff ff 0c 10 ed : crc=ed YES
aa 00 4b 46 ff ff 0c 10 ed t=85000
```

Neben dem Messwert liefert das `cat`-Kommando noch andere Werte aus der Datei. Es fällt unschwer auf, dass die Temperatur von 85 °C doch schon etwas zu hoch ist – das ist nämlich der Initialwert beim Sensorstart nach dem Einschalten des Raspberry Pi. Ändert sich der Wert nicht, deutet dies auf einen falsch bestückten Widerstand hin, denn für das Funktionieren der Schaltung muss hier ein 4,7-kΩ-Widerstand verwendet werden.

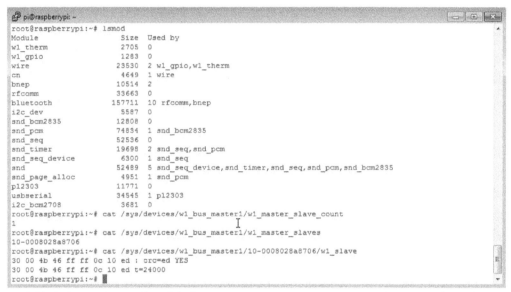

Bild 10.6: Um die Ansicht auf die Temperaturwerte einzugrenzen, nutzen Sie `grep`, gekoppelt mit `awk`.

Mit dem gemeinsamen Einsatz von `grep` und `awk` schneiden Sie die überflüssigen Zeichen weg und geben den Wert neben dem String `'t='` auf der Konsole aus:

```
grep 't=' /sys/bus/w1/devices/w1_bus_master1/10-0008028a8706/w1_slave | awk -F 't=' '{print $2}'
```

Nun wird der Temperaturwert allein ausgeworfen, jedoch in einem schlecht lesbaren Format – Grad Celsius in Tausendstelwerten interessieren vielleicht User mit Forschungsambitionen, sind aber hier etwas »zu gut« gemeint. Um nun den Messwert durch 1.000 teilen zu können, wird es etwas trickreich: Verwenden Sie entweder ein Skript, um den Wert entsprechend umzuwandeln und für die Bildschirmanzeige aufzubereiten, oder installieren Sie den Kommandozeilenrechner `bc` nach, mit dem Sie die

Ausgabe numerisch verwenden können. Mit dem Kommando `sudo apt-get install bc` installieren Sie den Rechner nach.

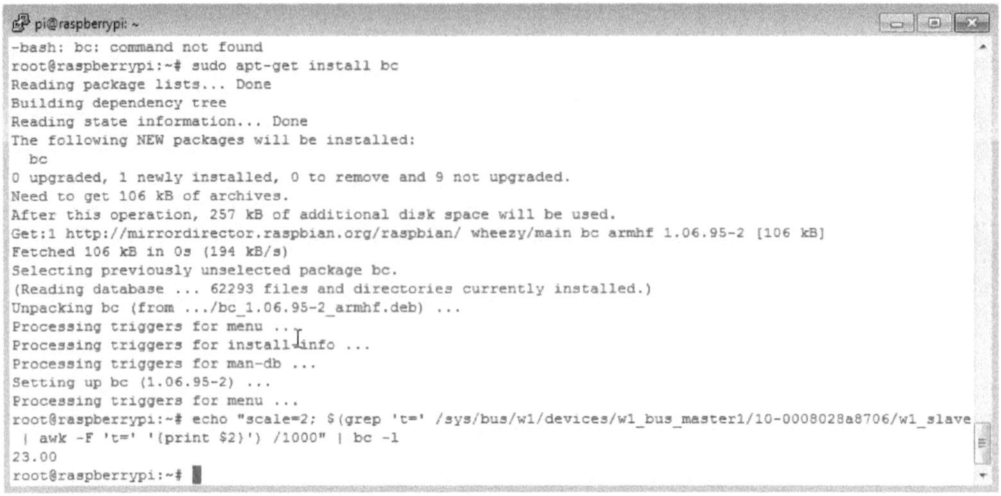

```
pi@raspberrypi: ~
-bash: bc: command not found
root@raspberrypi:~# sudo apt-get install bc
Reading package lists... Done
Building dependency tree
Reading state information... Done
The following NEW packages will be installed:
  bc
0 upgraded, 1 newly installed, 0 to remove and 9 not upgraded.
Need to get 106 kB of archives.
After this operation, 257 kB of additional disk space will be used.
Get:1 http://mirrordirector.raspbian.org/raspbian/ wheezy/main bc armhf 1.06.95-2 [106 kB]
Fetched 106 kB in 0s (194 kB/s)
Selecting previously unselected package bc.
(Reading database ... 62293 files and directories currently installed.)
Unpacking bc (from .../bc_1.06.95-2_armhf.deb) ...
Processing triggers for menu ...
Processing triggers for install-info ...
Processing triggers for man-db ...
Setting up bc (1.06.95-2) ...
Processing triggers for menu ...
root@raspberrypi:~# echo "scale=2; $(grep 't=' /sys/bus/w1/devices/w1_bus_master1/10-0008028a8706/w1_slave
| awk -F 't=' '{print $2}') /1000" | bc -l
23.00
root@raspberrypi:~#
```

Bild 10.7: Temperaturausgabe auf der Konsole: Hier wird eine Temperatur von genau `23.00` °C gemessen.

Nach der Installation von **bc** kann durch folgenden Befehl der Messwert ausgelesen, umgerechnet und angezeigt werden:

```
echo "scale=2; $( grep 't=' /sys/bus/w1/devices/w1_bus_master1/10-
0008028a8706/w1_slave | awk -F 't=' '{print $2}') / 1000" | bc -l
```

Auch wenn sich grundsätzlich das meiste in einen Einzeiler zusammenpacken lässt, ist in Sachen Konvertierung, Rechenoperationen und Weiterverarbeitung der Messergebnisse die Nutzung eines Skripts bzw. Programms sicherlich sinnvoller. Auf den nächsten Seiten finden Sie dazu Perl- und Python-Beispiele. Doch zunächst konfigurieren Sie den Raspberry Pi so, dass die notwendigen Kernelmodule automatisch beim Start geladen werden.

Kernelmodule automatisch laden

Für den automatischen Start der Kernelmodule nach einem Neustart des Raspberry Pi sorgen die in der Konfigurationsdatei `/etc/modules` eingetragenen Module. Sie brauchen diese nur mit administrativen Berechtigungen und dem Kommando

```
sudo nano /etc/modules
```

zu öffnen und am Dateiende folgende Zeilen einzufügen:

```
w1_gpio
w1_therm
```

Anschließend sichern Sie die Konfigurationsdatei. Nach einem Neustart des Raspberry Pi werden die beiden Module automatisch geladen, das Abfragen der Temperaturwerte kann nun wie beschrieben ohne Umwege direkt per Shell oder Programm vonstattengehen.

Heizungsverbrauch messen und dokumentieren

Im Fall der Verbrauchsmessung an einem Heizungsrohr wird zunächst die Temperatur direkt an der Zuleitung in die Wohnung bzw. ins Haus gemessen. Der zweite Temperaturfühler ist am Ende des Heizungskreislaufs beim Rücklauf angebracht. Die Differenz zwischen gemessener Ein- und Ausgangstemperatur stellt demnach die genutzte Verlustwärme und somit den Verbrauch dar. Dieses Differenzmessverfahren benötigt somit insgesamt zwei Sensoren – einen für den Zulauf und einen für den Rücklauf des Heizungsstrangs.

Temperaturmessung mit Perl

Mit wenigen Zeilen Skriptcode (hier `tempsensor.pl`) kommen Sie auch ans Ziel, hier haben Sie zudem die Möglichkeit, mehrere Sensoren auf einmal abzufragen und anschließend deren Werte anzeigen zu lassen:

```perl
#!/bin/perl
# ----------------------------------------------------------------
# E.F.Engelhardt, Franzis Verlag, 2016
# ----------------------------------------------------------------
# Funktion tempsensor.pl
#
@tempsensor = `cat /sys/bus/w1/devices/w1_bus_master1/w1_master_slaves`;
chomp(@tempsensor);
foreach $line(@tempsensor) {
 $tempausgabe = `cat /sys/bus/w1/devices/$line/w1_slave`;
 # Temperatur herausparsen
 $tempausgabe =~ /t=(?<temp>\d+)/;
 # und durch 1000 teilen
 $calc = $+{temp} / 1000;
 print "Sensor ID: $line, Temperatur: $calc ° Celsius\n";
}
# ----------------------------------------------------------------
```

Zunächst werden die Temperatursensoren in das Array `tempsensor` geladen, und per `chomp()` wird der Zeilenvorschub (\n) am Ende des Strings entfernt. Anschließend werden die Sensoren zeilenweise abgefragt, die Temperatur wird ausgelesen und per `foreach`-Schleife ausgegeben.

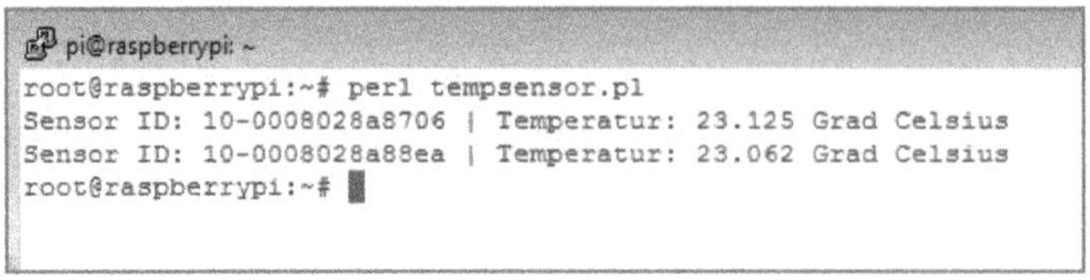

```
root@raspberrypi:~# perl tempsensor.pl
Sensor ID: 10-0008028a8706 | Temperatur: 23.125 Grad Celsius
Sensor ID: 10-0008028a88ea | Temperatur: 23.062 Grad Celsius
root@raspberrypi:~#
```

Bild 10.8: Schnellübersicht per Perl: Mit dem kleinen Skript geben Sie die Namen samt gemessener Temperatur der Sensoren aus.

Alternativ nutzen Sie statt eines Perl-Skripts die auf dem Raspberry Pi beliebte Skriptsprache Python. Gerade auf dem Raspberry Pi zeichnet sich Python durch die breite Unterstützung der Usergemeinde als Standardwerkzeug aus.

Temperaturmessung mit Python

Das nachstehende Beispielskript können Sie nach Belieben ändern und erweitern. Grundsätzlich ist wichtig, dass die Treiber `w1_gpio` und `w1_therm` geladen sind, damit das Skript funktioniert. Mit Python gehen Sie ähnlich wie mit Perl vor. In diesem Beispiel wurden die IDs der eingesetzten Sensoren durch sprechende Bezeichnungen wie `Wohnzimmerfenster` ersetzt. Anschließend wird die Datei `/sys/devices/w1_bus_master1/w1_master_slaves` geöffnet, zeilenweise ausgelesen, in die Variable `zeile` geschrieben und anschließend auseinandergeparst. Der nächste Schritt ist optischer Natur – es wird eine übersichtliche, tabellenähnliche Ausgabe auf der Konsole demonstriert.

```python
# -*- coding: utf-8 -*-
#!/usr/bin/python
# ----------------------------------------------------------------
# E.F.Engelhardt, Franzis Verlag, 2016
# ----------------------------------------------------------------
# Funktion tempsensor.py
#
# Import sys module
import sys
import os
from time import *
# Voraussetzung hier:
# -> sudo modprobe w1_gpio
# -> sudo modprobe w1_therm

def main():
# 1-Wire-Geraeteliste:
# oeffnen, einlesen und schliessen
```

```python
datei = open('/sys/devices/w1_bus_master1/w1_master_slaves')
w1_slaves = datei.readlines()
datei.close()
# Tabellenausgabe formatieren
os.system("clear")
print(' Datum-Uhrzeit          | Celsius  | Sensor (ID) ')
print('-----------------------------------------------------------')
# Fuer jedes gefundene Geraet ...
for zeile in w1_slaves:
  # Auseinanderparsen ...
  w1_slave = zeile.split("\n")[0]
  # entsprechende w1_slave-Datei des jeweiligen Device oeffnen
  datei = open('/sys/bus/w1/devices/' + str(w1_slave) + '/w1_slave')
  # und lesen
  dateiinhalt = datei.read()
  # dann schliessen
  datei.close()
  # Temp auslesen in der zweiten Zeile, 9te Element
  tempwert = dateiinhalt.split("\n")[1].split(" ")[9]
  # Typumwandlung, den Tausender entfernen
  tempsensor = float(tempwert[2:]) / 1000
  # Temperatur ausgeben
  # 10-0008028a8706 = Wohnzimmerfenster
  print(strftime("%d.%m.%Y") + ' um '+ strftime("%H:%M:%S") + ' | %4.2f
ï¿½C' %tempsensor  + ' | ' + sensorname(w1_slave)  )


#
# Sensorbeschriftung, falls mehrere im Einsatz
def sensorname(str):
 if str == '10-0008028a8706':
  retstr='WZ-Sensor'
 elif str == '10-0008028a8707':
  retstr='WZ-Sensorfenster'
 elif str == '10-0008028a88ea':
  retstr='Kellerwand'
 elif str <> '':
  retstr=str
return retstr

if __name__ == '__main__':
        main()
sys.exit(0)
# -----------------------------------------------------------------
```

Neben dem Datum und der Uhrzeit zeigt das Skript die gemessene Temperatur sowie die Bezeichnung des Temperatursensors an.

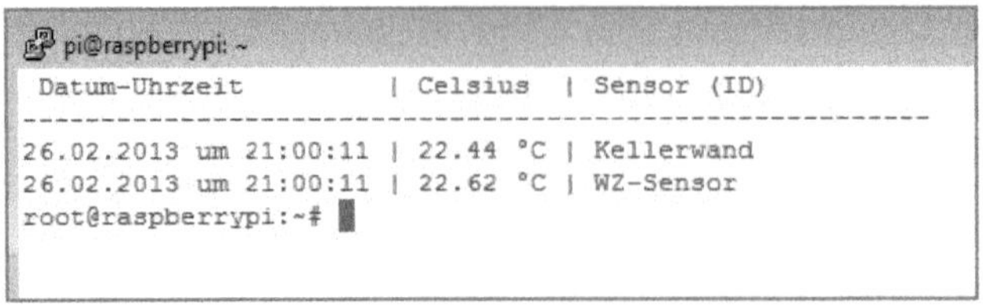

```
pi@raspberrypi: ~
Datum-Uhrzeit        | Celsius | Sensor (ID)
---------------------------------------------------
26.02.2013 um 21:00:11 | 22.44 °C | Kellerwand
26.02.2013 um 21:00:11 | 22.62 °C | WZ-Sensor
root@raspberrypi:~#
```

Bild 10.9: Übersichtlich: Mit einem kleinen Skript erhalten Sie eine Kurzübersicht über die aktuelle Temperatur. Je nachdem, wie häufig Sie das Skript starten (lassen), können Sie den Temperaturverlauf auch über ein gewisses Zeitfenster hinweg dokumentieren.

Wer das Skript regelmäßig ausführen lassen möchte, nutzt einfach die eingebaute crontab-Funktion von Linux. Dafür legen Sie das Skript im Verzeichnis /usr/local/bin/ ab und definieren im nächsten Schritt einen automatischen Start in einer Konfigurationsdatei, die Shell-Befehle regelmäßig nach einem bestimmten Zeitplan startet. Die crontab-Datei finden Sie im /etc-Verzeichnis. Durch das Hinzufügen von

```
*/5 * * * * /usr/bin/python /usr/local/bin/tempsensor.py
```

in die crontab-Datei sorgen Sie beispielsweise dafür, dass das Skript tempsensor.py alle fünf Minuten automatisch ausgeführt wird. Um hingegen das Skript zehn Minuten nach jeder vollen Stunde zu starten, dient dieser Eintrag

```
10 * * * * /usr/bin/python /usr/local/bin/tempsensor.py
```

in die crontab-Datei. Liegen Ihnen genaue Informationen darüber vor, in welchem Raum welche Temperaturwerte herrschen, können Sie der Sache gezielt auf den Grund gehen bzw. gegensteuern. Dafür bieten sich vor allem elektronische Heizungsventile an.

10.2 Heizkörperthermostate kontra Schimmelbefall

Gerade in Neubauwohnungen oder nach einem Austausch in neuere Modelle sind Fenster in der Regel zu dicht. Das heißt: Ist das Fenster geschlossen, bleibt die Feuchtigkeit im Raum. In Räumen wie Küche oder Bad sollten Sie daher auf das richtige Heiz- und Lüftungsverhalten achten. Sind die Scheiben angelaufen und entdecken Sie innen an den Fenstern Feuchtigkeit oder gar Schimmelflecken, sollten Sie schnellstens handeln.

Dazu benötigen Sie eine gesunde Mischung aus Hoch- und Herunterdrehen der Heizung sowie Lüften des Wohnraums. Grundsätzlich sollten auch die Zimmertüren nicht immer alle geschlossen sein, damit die Luft innerhalb der Wohnung zirkulieren kann. Aus Kostengründen können Sie jedoch nicht jeden Raum auf Anschlag rund um die Uhr beheizen – vor allem dann nicht, wenn Sie tagsüber gar nicht zu Hause sind.

Des Rätsels Lösung liegt in der Anschaffung elektronischer Heizkörperthermostate. Diese sind vom prinzipiellen Aufbau her nahezu identisch, egal ob es sich um FS20, HomeMatic oder eine andere Funktechnologie handelt. Der Vorteil solcher Sets ist es, dass sie sich einerseits in die heimische Steuerzentrale, den Raspberry Pi, leicht integrieren lassen, andererseits aber auch ohne Zentrale für sich allein funktionieren. Die Thermostate können Sie ohne Heizungsmonteur und großen Aufwand selbst anschrauben, die gewünschten Temperaturen vorab einstellen und die Heizung automatisch regulieren lassen.

Gerade in Kombination mit einem Tür-/Fensterkontakt haben Sie hier weniger Aufwand und sparen somit doppelt: Meldet etwa der Tür- oder der Drehkontakt ein offenes Fenster, reguliert das elektronische Thermostat die Soll-Temperatur für den Raum automatisch. So ist gewährleistet, dass Sie beim Lüften kein Geld zum Fenster hinausheizen, falls Sie einmal vergessen haben, das Fenster wieder zu schließen. Andererseits erreichen Sie damit mehr Wohnkomfort.

Durch den geschickten Einsatz eines Zeitplans für jedes Funkthermostat lassen sich die Heizkörper automatisch auf Wohlfühltemperatur bringen und wieder auf eine Basis-Soll-Temperatur herunterdrosseln. Gerade in den Wintermonaten ist es bei hermetisch geschlossenen Fenstern immer empfehlenswert, den Raum bzw. die Wohnung nicht ganz auskühlen zu lassen und zusätzlich regelmäßig zu lüften. Es ist besser, ein Fenster für zehn Minuten ganz öffnen, als es eine Stunde lang gekippt zu halten, besonders wenn die Luft draußen trocken und kalt ist.

Bild 10.10: Vorher und nachher: Die alte Reglereinheit (linke Abbildung) wird durch eine elektronische Funklösung (rechte Abbildung) ersetzt.

In der nachstehend beschriebenen Lösung nutzen wir das von ELV und anderen Händlern vertriebene Heizungsset, bestehend aus der Regeleinheit FHT 80B, dem Thermostat FHT 8V und dem Tür-/Fensterkontakt FHT 80TF. Der Vorteil ist, dass diese Kombination auch autark funktioniert, falls der Raspberry Pi einmal ausgeschaltet ist. Ist er in Betrieb, können Sie die beiden Techniken per Funk koppeln und die Steuerung des Heizkörpers ergänzend parallel über den Raspberry Pi erledigen.

Grundsätzlich wird der Raspberry Pi mit der Regeleinheit FHT 80B gekoppelt, die ihrerseits die Befehle vom Raspberry innerhalb von etwa zwei Minuten an das Thermostat weiterreicht. Die passende Gegenstelle am Ventilantrieb reguliert dann entsprechend das Heizventil am Heizkörper. Außerdem meldet die Regeleinheit FHT 80B die derzeitige Raumtemperatur und andere Dinge an den Raspberry Pi zurück.

Neue Funkheizkörpermodule montieren

Um eine solche Funklösung mit dem Thermostat FHT 8V zu montieren, entfernen Sie zunächst den alten Drehregler am Heizkörper. Für den Anschluss des neuen Thermostats FHT 8V sind Adapter im Lieferumfang. Bei fest sitzenden Schrauben nutzen Sie eine Wasserpumpenzange, um das alte Drehthermostat zu demontieren.

Bild 10.11: Das alte Drehthermostat wird entgegen dem Uhrzeigersinn vom Ventil heruntergeschraubt. Anschließend wird der Anschlussadapter für das Funkthermostat aufgezogen.

Beim Aufsetzen des Adapters achten Sie darauf, dass er auch richtig auf dem Ventil sitzt und per Mutter und Schraube befestigt werden kann. Grundsätzlich gibt es verschiedene Ventiltypen, wie RAVL, RA und RAV, für die ELV die passenden Adapter beilegt. In diesem Beispiel wird der RA-Adapter montiert – anders als in der Abbildung muss er richtig fest am Ventil fixiert sein. Anschließend lässt sich das Funkthermostat auf den Adapter setzen. Durch Drehen der Überwurfmutter per Hand schrauben Sie den Funkventilantrieb fest auf das Ventil des Heizkörpers.

10.2 Heizkörperthermostate kontra Schimmelbefall

Bild 10.12: Erst wenn der Adapter korrekt montiert ist, lässt sich das neue Funkthermostat mit der Hand befestigen.

Nach dem Montieren entfernen Sie den Batteriefachdeckel des Funkthermostats und setzen die mitgelieferten Batterien in das Batteriefach ein. Beachten Sie unbedingt die im Fach markierte Polarität und legen die Batterien richtig herum ein, um eventuelle Einflüsse auf die Funkelektronik zu verhindern. Anschließend zeigt ein nicht einmal zwei Cent großes Display des Funkthermostats die Ausgabe C1, gefolgt von einer zweistelligen Zahl, dann C2 und nochmals eine zweistellige Zahl. Beide geben den aktuell gespeicherten zweiteiligen Sicherheitscode des FS20-Systems des Funkthermostats an. Notieren Sie sich diesen Sicherheitscode. Danach folgt ein Signalton, dann ist im Display die Anzeige A1 und nach einem kurzen Augenblick A2 zu sehen.

Bild 10.13: Erfolgreich am Heizkörper installiert: Im nächsten Schritt koppeln Sie das Funkthermostat mit der Steuereinheit FHT 80B.

Drücken Sie kurz die Taste zwischen den Batterien, bis im Display der Eintrag A3 zu sehen ist. Dabei wird das Ventil komplett geschlossen und die Funkverbindung aktiviert. Nun sollte auf dem Display ein Funkantennensymbol sowie der Eintrag 0% zu sehen sein.

Steuereinheit mit den Thermostaten verheiraten

Um in einem Haushalt mehrere Funksysteme und auch Heizkörperthermostate unabhängig voneinander einsetzen zu können, hat jedes Funkthermostat einen eigenen zweiteiligen Sicherheitscode, den Sie nun mit der Steuereinheit FHT 80B verheiraten. Dazu nutzen Sie den notierten Steuercode des Funkthermostats FHT 8V auch in der Steuereinheit. Grundsätzlich muss bei allen Geräten, die mit einer Steuereinheit von Typ FHT 80B geschaltet werden sollen, derselbe Sicherheitscode eingestellt sein.

Haben Sie mehrere Ventilantriebe mit der Steuereinheit im Einsatz, muss der Sicherheitscode verändert bzw. neu übertragen werden. Dazu drücken Sie auf der Steuereinheit FHT 80B so lange die PROG-Taste, bis in der Anzeige Sond erscheint. Anschließend wählen Sie mit dem Drehrad rechts oben die Sonderfunktion CodE aus. Nach dem Bestätigen per PROG-Taste lässt sich der erste Teil des neuen Codes einstellen. Nach dem erneuten Drücken der PROG-Taste legen Sie wieder per Drehrad den zweiten Teil des Sicherheitscodes fest und drücken die PROG-Taste erneut, um die Einstellungen zu sichern.

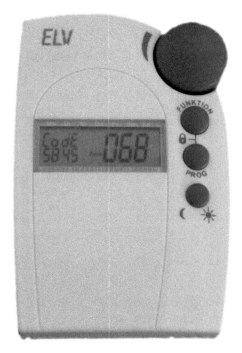

Bild 10.14: Synchronisation: Das Funkthermostat muss in den Programmiermodus geschaltet werden, um mit dem FHT-ID-Code der Steuereinheit gekoppelt zu werden.

Nach dem Neusetzen des Codes erfolgt das Synchronisieren des (ersten) Funkthermostats (001 im Display) auf den neu eingestellten Gerätecode. Entfernen Sie den Batteriefachdeckel und betätigen Sie die Taste des Ventilantriebs für etwa drei Sekunden, bis drei Signaltöne zu hören sind. Nun ist der Ventilantrieb empfangsbereit

(Display AC). Durch Drücken der PROG-Taste wird dann der Sicherheitscode von der Steuereinheit zum Funkventil übertragen. Nach einem kurzen Moment bestätigt das Funkthermostat den neuen Code.

Kopplung mit Fenstern und Türen

Neben dem Raspberry Pi ist der FHT-80B-Sender auch in Verbindung mit bis zu vier Tür-/Fensterkontakten des Typs FHT 80TF. Diese melden sich alle paar Minuten mit ihrem Status beim FHT-80B-Sender. Ist beispielsweise eine Tür oder ein Fenster geöffnet, regelt die Steuereinheit automatisch die Temperatur auf den festgelegten Wert herunter.

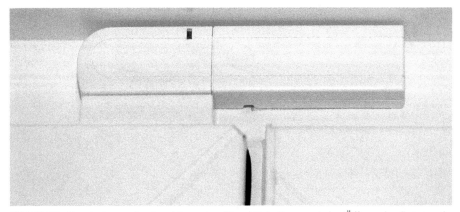

Bild 10.15: Durch den verbauten Magneten/Reed-Schalter sorgt das Öffnen des Fensters bzw. der Tür für einen Funkimpuls zum Steuermodul FHT 80B.

Diese Tür-/Fensterkontakte lassen sich prinzipiell auch für den spartanischen Aufbau einer einfachen Alarmanlage nutzen, in der Praxis ist diese Lösung jedoch zu fehleranfällig und meist zu unzuverlässig. Wird der Tür-/Fensterkontakt ausschließlich zur Temperaturüberwachung und Steuerung genutzt, misst die Regeleinheit zunächst die aktuelle Temperatur und vergleicht sie entweder mit der von Hand oder per Raspberry Pi vorgegebenen Soll-Temperatur. Aus der Differenz errechnet die Regeleinheit, wie weit das Ventil geöffnet oder geschlossen werden muss, um die gewünschte Soll-Temperatur zu erreichen.

Heizungsreglereinheit mit Raspberry Pi koppeln

Egal ob Sie das beschriebene FS20-Funkset-Thermostat FHT 80B, FHT 8V, FHT 80TF aus dem Hause ELV, ein baugleiches von Conrad, Aldi/Medion etc. oder eine HomeMatic-Lösung nutzen – um die Steuereinheit mit dem Raspberry Pi zu koppeln, benötigen Sie entsprechendes Zubehör in Form eines Funkmoduls, das die Kommunikation mit den entsprechenden Komponenten im Haushalt, Heizung, Tür-/Fensterkontakten, Steckdosen etc., erledigt.

Dafür gibt es, wie könnte es anders sein, verschiedene Standards von unterschiedlichen Herstellern. Mit einem CUL- oder COC-Modul für den Raspberry Pi decken Sie die wichtigsten Standards im 433-/868-MHz-Bereich ab. Über den integrierten Funkempfänger der FHT-80B-Sendereinheit wird eine bidirektionale Funkverbindung zum COC- oder CUL-Modul des Raspberry Pi aufgebaut. Damit können Sie die Änderungen der Temperatureinstellungen auch über den Computer, das Smartphone oder automatisch nach Zeitplan über FHEM vornehmen.

Damit das funktioniert, muss der FHT-80B-Sender mit FHEM gekoppelt werden. Hierzu stellen Sie beim FHT-80B-Sender per PROG-Taste und Stellrad bei den Sonderfunktionen den cENT-Eintrag auf n/a um und senden beispielsweise eine Temperaturänderung zum FHT-80B-Sender. Nach kurzer Zeit sollte der cENT-Eintrag auf den Wert ON gewechselt haben, in diesem Fall ist der Raspberry Pi über FHEM mit dem FHT-80B-Sender verbunden. In der Regel dauert die Verarbeitung immer etwas: Der FHT 80B nimmt nur alle 115+X Sekunden einen Schaltbefehl entgegen.

Die Variable X steht hier für den halbierten, letzten Bytewert des definierten FHT-Haus-/Sicherheitscodes. Besitzt der FHT 80B zum Beispiel den Sicherheitscode 3456, errechnet sich so die Wartezeit: 115 + 0,5 * 6 = 115 + 3 = 118 Sekunden = knapp zwei Minuten.

Werden also über FHEM bzw. den Raspberry Pi beispielsweise zwei Heizkörper über den FHT 80B gesteuert, dauert es mindestens fünf Minuten, bis die Temperaturänderung angetriggert wird. In FHEM selbst, also in der Konfigurationsdatei /etc/fhem.cfg auf dem Raspberry Pi, wird das Funkthermostat bzw. der dazugehörige Regler grundsätzlich wie in folgendem Beispiel definiert:

```
# --------------------------------------------------------------
define arb_Heizung FHT 3456
attr arb_Heizung retrycount 3
attr arb_Heizung room Arbeitszimmer
# -----------
define FileLog_arb_Heizung FileLog /var/log/fhem/arb_Heizung-%Y.log
arb_Heizung
attr FileLog_arb_Heizung logtype fht:Temp/Act,text
attr FileLog_arb_Heizung room FHT
# -----------
define weblink_arb_Heizung weblink fileplot FileLog_arb_Heizung:fht:CURRENT
attr weblink_arb_Heizung label "arb_Heizung Min $data{min1}, Max
$data{max1}, Last $data{currval1}"
attr weblink_arb_Heizung room Plots
# --------------------------------------------------------------
```

10.2 Heizkörperthermostate kontra Schimmelbefall

Zunächst wird das Heizkörperthermostat FHT mit der eindeutigen Kennung 3456 samt dem gewünschten Namen (hier Arbeitszimmer) definiert und eine Logdatei zugeordnet. Optional, jedoch empfehlenswert ist die Definition, und optional ist auch die Anzahl der Wiederholversuche für das Schreiben der Logdatei sowie die optische Aufbereitung der Verbrauchskurve über die weblink-Definition.

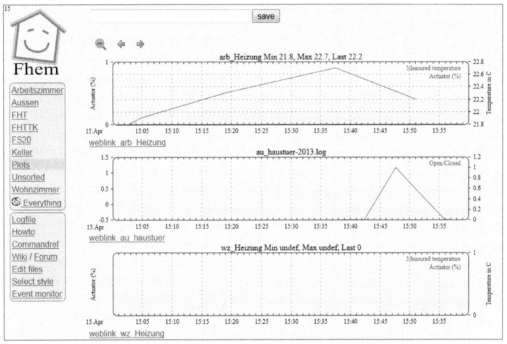

Bild 10.16: Durch die weblink-Definition in FHEM wird der Temperaturverlauf optisch ansprechend dargestellt.

Nach der Grundinstallation der Heizungsreglereinheiten und der Darstellung der Verbrauchswerte in FHEM kommen Sie zum nächsten Meilenstein der Heimautomation – der automatischen Steuerung der Heizungsreglereinheiten.

Temperatursteuerung in Haus und Wohnung

Die automatische Steuerung der Heizungsreglereinheiten über FHEM erfolgt in diesem Beispiel umgehend über die gekoppelten FHT-Thermostate und somit nur indirekt über die Ventilantriebe (FHT 8V). Diese werden autark und direkt von den FHT-Thermostaten gesteuert. Sie brauchen sich nach der Grundeinrichtung nicht mehr darum zu kümmern. Im nächsten Schritt definieren Sie einen Dummy-Schalter

10 Temperatur, Klima und Heizung

für alle angeschlossenen Heizungsthermostate, mit dem Sie beispielsweise alle Heizungsreglereinheiten mit einem Kommando ein- und ausschalten können.

Hierzu gibt es im Wiki von FHEM (*www.fhemwiki.de*) und in den Google-Newsgroups zig Beispiele und Konfigurationsvorschläge, anhand deren Sie umgehend loslegen können. Das nachfolgende Beispiel nutzt als Grundgerüst eine einfache Heizungssteuerung, die sich mit wenigen Handgriffen und Perl-Kenntnissen auf die persönliche Umgebung zuschneiden lässt.

```
# -------------------------------------------------------------------------
define keller_heizung dummy
attr keller_heizung room Keller
# -------------------------------------------------------------------------
define keller_heizung_notify notify keller_heizung {\
my $brauche_waerme=0;;\
my $ventile_im_leerlauf=0;;\
# Buchstaben nach binaer wandeln
my
$keller_heizung_status=$fs20_c2b{ReadingsVal("keller_heizung","state","off")
};;\
my @@fhts=devspec2array("TYPE=FHT");;\
foreach(@@fhts) {\
    my $ventil=ReadingsVal($_, "actuator", "101%");;\
    $ventil=(substr($ventil, 0, (length($ventil)-1)));;\
    if ($ventil > 50) {\
      $brauche_waerme=1\
    }\
    if ($ventil < 20) {\
      $ventile_im_leerlauf++\
    }\
  }\
if ($brauche_waerme != 0) {\
    Log(3,"Wärme benoetigt. Vorheriger Heizungsstatus: " .
$keller_heizung_status);;\
    fhem("set keller_heizung on") if ($heizung_status == 00)\
  }
  else {\
    if ($ventile_im_leerlauf == @@fhts) {\
      Log(3,"Keine Wärme (mehr) benoetigt. Vorheriger Heizungsstatus: " .
$keller_heizung_status);;\
      fhem("set keller_heizung off") if ($keller_heizung_status == 11)\
    }
     else {\
      Log(3,"Heizbedarf: " . $ventile_im_leerlauf . " von " . @@fhts . "
Heizkörper im Leerlauf.")\
    }\
```

```
    }\
  }
  # -------------------------------------------------------------------
```

Wenn Sie statt des beschriebenen FHT-Funkthermostats zu Hause das HomeMatic-Funkwandthermostat und das Funkstellantriebset HM-CC-TC einsetzen, ersetzen Sie im dargestellten Code die Variable @@fhts durch @HMCCTC und nutzen statt der Zeile

```
my @@fhts=devspec2array("TYPE=FHT");;\
```

die Array-Definition

```
my @HMCCTC=devspec2array("model=HM-CC-TC");;\
```

Um nun die oben aufgeführte Ergänzung in FHEM zu aktivieren, starten Sie FHEM per shutdown restart im Befehlsfenster neu und testen anschließend das erstellte notify-Konstrukt. Mit der folgenden Eingabe in der FHEM-Befehlszeile triggern Sie das erstellte Makro an:

```
define at_keller_heizung at +*00:20:00 trigger keller_heizung_notify
```

In diesem Beispiel wird das Kommando alle 20 Minuten ausgeführt. Das Pluszeichen sorgt dafür, dass der Befehl in 20 Minuten ausgeführt wird, der Stern sorgt für die regelmäßige Wiederholung des Befehls. Sie sollten diesen Wert in der Praxis sogar noch etwas höher setzen, um die Häufigkeit des Ein- und Ausschaltens der Heizung zu reduzieren.

10.3 Körperwaage als Thermometer für die Heizung

Vernetztes Heim, Glück allein – doch der Blick auf die Waage ist manchmal alles andere als Glück, sondern häufig ein Schrecken, falls das Wunschgewicht noch in weiter Ferne liegt. Doch mit Disziplin und der nötigen Technik fällt es etwas leichter – mit dem *Smart Body Analyzer* von Withings überwachen Sie Ihr Gewicht und das Wohlbefinden in Zusammenarbeit mit einem Smartphone, Tablet oder Computer. Grundsätzlich ist die Waage über WLAN mit dem Internet verbunden und stellt die Messwerte auf der Webseite des Herstellers in einem privaten Bereich (*my.withings.com*) zur Verfügung.

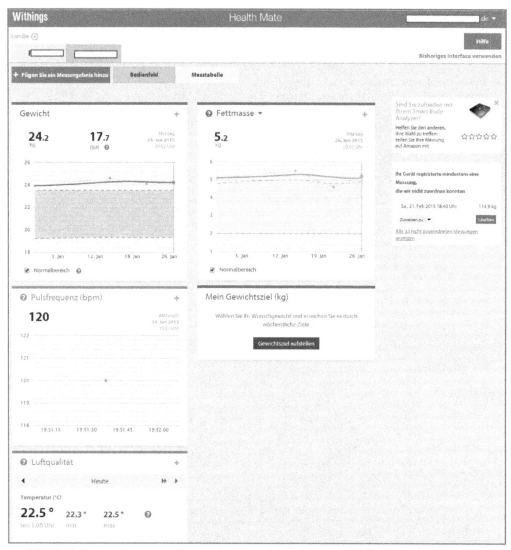

Bild 10.17: Das große Messen: Das maximal zulässige Beladungsgewicht der Waage liegt bei 200 Kilogramm – die Werte werden in 100-Gramm-Abständen ausgegeben. Zusätzlich wird der Anteil des Körperfetts mithilfe einer bioelektrischen Impedanzanalyse (BIA) ermittelt. Zu guter Letzt werden noch die Herzfrequenz sowie die Ergebnisse der CO_2- und der Raumtemperaturmessung im persönlichen Bereich dargestellt.

Ist das Smartphone per Bluetooth mit der Waage gekoppelt, werden die Daten auch an die noch zu installierende Smartphone-App (iPhone/Android) gesendet. Neben dem Körpergewicht ermittelt das Gerät den Körperfettanteil, die Herzfrequenz und die Luftqualität (CO_2-Anteil). Nutzen mehrere Personen die Waage, erkennt diese die

Person anhand der Fußsohle und ordnet die ermittelten Daten dem passenden Benutzer zu. In der Smartphone-App sind noch einige Daten anzugeben, beispielsweise das Alter, das Geschlecht und die Körpergröße, die im eigenen Profil gespeichert werden. Bis zu acht Personen lassen sich mit der Körperwaage schließlich unterscheiden.

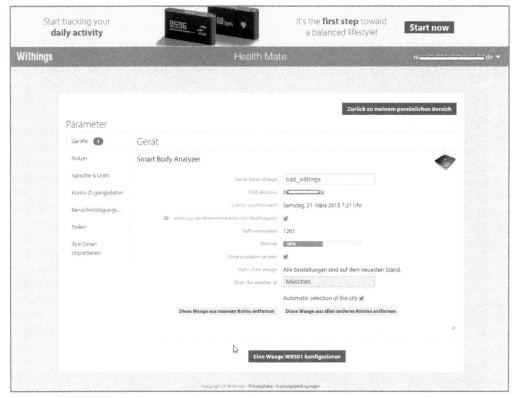

Bild 10.18: Zusätzlich zur Darstellung im privaten Bereich auf der Withings-Seite kann der Smart Body Analyzer auf Wunsch im Teilen-Bereich die Messwerte twittern oder auf Facebook veröffentlichen. Glücklicherweise ist diese Option standardmäßig deaktiviert.

Darüber hinaus lässt sich die Waage mit einer Eigenbau-Hausautomation auf FHEM-Basis verwenden, mit der Sie die Daten und Messwerte bequem auf Ihrem eigenen Computer speichern und weiterverarbeiten können. Während das Gewicht einer oder mehrerer Personen für die »klassische« Hausautomation natürlich weniger von Belang ist, sind Messwerte wie Temperatur und CO_2-Gehalt im Bad schon deutlich sinnvoller. So ist es denkbar, die Heizung anhand der gemessenen Temperatur einzustellen bzw. über die Steuereinheit einstellen zu lassen – für das Lüften und frischen Sauerstoff kann eine SMS- oder E-Mail-Benachrichtigung auf das Smartphone sorgen.

App für Smart Body Analyzer installieren

Bei einem iOS-Gerät suchen Sie im Apple App Store bzw. bei einem Android-Modell im Google Play Store nach dem Begriff »Withings«. Anschließend sollte die App *Withings Health Mate* gefunden sein – die rund 26 MByte große App ist innerhalb weniger Minuten heruntergeladen und auf dem Smartphone installiert. Bei der Installation der App bis hin zur Bedienung und Kopplung der App mit der Waage samt Synchronisation der Daten sind zwischen der iOS- und der Android-Version wenige bis keine Unterschiede festzustellen, sodass die nachfolgenden Seiten auch für beide Smartphone-Welten gültig sind.

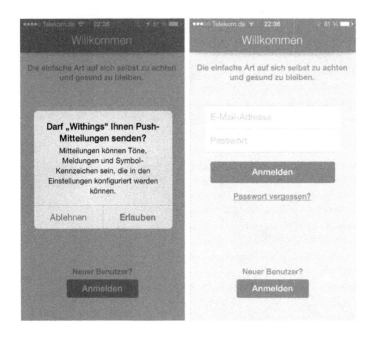

10.3 Körperwaage als Thermometer für die Heizung

Bild 10.19: Erstinstallation: Nach der Installation auf dem Smartphone benötigt die App ein Benutzerkonto samt Kennwort, das über eine persönliche E-Mail-Adresse eingerichtet wird.

Ist die App auf dem Smartphone installiert, starten Sie sie und bereiten sie sozusagen für die Kopplung mit der Waage vor. Geschmackssache sind Push-Benachrichtigungen immer, und nervig werden sie erst recht, wenn jede App meint, irgendwelche Hinweise als Nachricht auf den Bildschirm zu bringen – besonders ärgerlich mit Klingel- oder Vibrationsalarm. Die App benötigt weiterhin einen eigenen Benutzer in Form einer E-Mail-Adresse samt Kennwort, zukünftig auch als Authentifizierung auf der Withings-Webseite zu nutzen. Hier werden wie bei vergleichbaren Anwendungen wie Netatmo, Google, Apple & Co. die Daten vom Device via WLAN über das Internet auf den Herstellerserver übertragen, dort aufbereitet und anschließend in der Weboberfläche oder in der App passend dargestellt.

10 Temperatur, Klima und Heizung

Bild 10.20: Innerhalb der App lassen sich diverse Parameter wie Maßeinheiten, Sprache etc. bequem anpassen.

Die Erstinstallation erfolgt per Bluetooth-Kopplung über das Smartphone. Deshalb sorgen Sie dafür, dass die Bluetooth-Funktionalität des Smartphones eingeschaltet und auf sichtbar konfiguriert ist.

10.3 Körperwaage als Thermometer für die Heizung

Bild 10.21: Schritt für Schritt: Sind die Grundeinstellungen vorgenommen, starten Sie mit dem Pairing der Waage. Dafür drehen Sie die Waage um und drücken auf den linken Schalter, um das Bluetooth-Pairing des Geräts anzustoßen.

Nach einem Augenblick sollte die Bezeichnung der Waage in den Bluetooth-Einstellungen auftauchen. Sie brauchen nichts weiter zu tun, als sie auszuwählen und die Erlaubnis zur Verbindung zu erteilen. Im nächsten Schritt holt sich die App die WLAN-

Verbindungsdaten des Smartphones, um damit im Praxisbetrieb eigenständig ohne Zutun des Smartphones eine Verbindung aufbauen zu können.

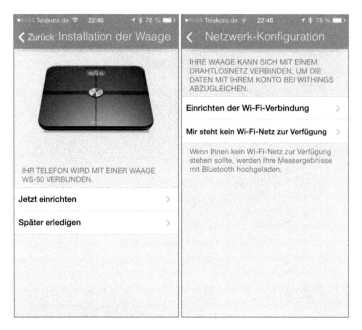

Bild 10.22: Nach dem Koppeln per Bluetooth greift die Waage die WLAN-Verbindungseinstellungen des Smartphones ab und sichert sie in der Waage, damit diese die aktuellen Daten ohne das Smartphone selbstständig per HTTP in den persönlichen Bereich auf dem Withings-Server übertragen kann.

10.3 Körperwaage als Thermometer für die Heizung

Hier fordert der Einrichtungsdialog eine explizite Bestätigung ein, damit diese Daten auch von der gekoppelten Waage verwendet werden dürfen. Sind die WLAN-Parameter in die Waage übertragen, dient die App zukünftig nur noch als »Monitor« und zur Dokumentation – die Daten selbst, sprich Gewichtsangaben, Fettanteil, Temperatur und Luftqualität, bezieht die App dann über den Withings-Server.

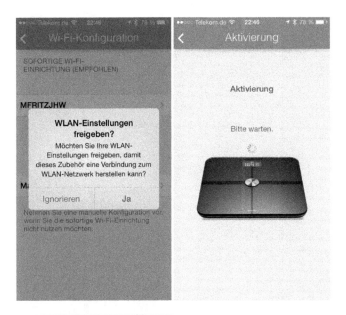

Bild 10.23: Immerhin: Der Konfigurationsassistent fragt nach, ob die App die WLAN-Parameter und somit auch das WLAN-Kennwort des Smartphones verwenden darf. Anschließend wird die Netzwerkkonfiguration in den Speicher der Waage geschrieben.

Je nach Entfernung klappt die Übertragung der Daten zum Smartphone mehr oder weniger zuverlässig – steht die Waage im Bad, hat man nicht immer das Smartphone dabei. Die Aufbereitung der Daten geschieht auf dem Withings-Server, die Messwerte lassen sich bequem über die Withings-App anzeigen. Jenseits der Gewichtsfunktionen bietet die Waage nun weiteren praktischen Nutzen, der Ihnen für den automatisierten Einsatz zu Hause dienen kann.

Withings Smart Body Analyzer steuert die Heizung

Eine Körperwaage in der Hausautomation? Auf den ersten Blick eine absurde Vorstellung: Doch dafür spielt weniger das Gewicht einzelner Personen eine Rolle, stattdessen lässt sich beispielsweise der in der Körperwaage verbaute Temperatursensor nutzen, um die Zimmertemperatur im Badezimmer zu dokumentieren. Oder Sie zapfen den Luftqualitätssensor der Withings-Waage an, um beispielsweise einen Hinweis zu bekommen, dass mal wieder gelüftet werden sollte. Generell ist das Auslesen der Daten der Körperwaage sowie der Sensordaten über die passende Withings-App oder über die Cloud-Webseite nach vorherigem Log-in in das Benutzerkonto auf der Webseite des Herstellers (*my.withings.com*) möglich. Dieser Umweg über die Cloud lässt sich auch für andere, eigene Selbstbaulösungen verwenden. Voraussetzung dafür ist natürlich eine funktionierende Internetverbindung und eine passende Schnittstelle in Form eines SDK bzw. einer API-Bibliothek, um die Daten in der Withings-Cloud abzurufen.

Withings-Waage mit FHEM koppeln

Ist der Smart Body Analyzer eingerichtet und in Betrieb, kann die kostenlose FHEM-Hausautomation mit der Waage verheiratet werden. Generell sollten Sie darauf achten, dass sowohl das Unix-System per `apt-get update`/`apt-get upgrade` als auch FHEM selbst per `update`-Kommando auf dem aktuellsten Stand sind.

10.3 Körperwaage als Thermometer für die Heizung

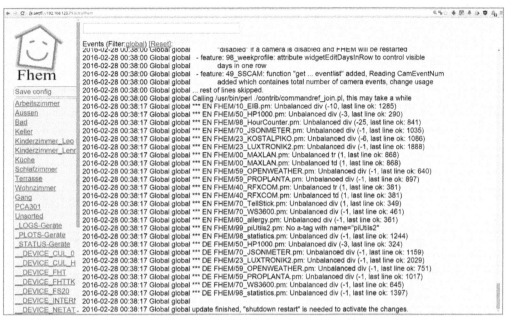

Bild 10.24: Nach einem Aktualisieren von FHEM über das **update**-Kommando ist der Neustart über den Befehl **shutdown restart** notwendig.

Auch sind gegebenenfalls nachfolgende Perl-Pakete nachzuziehen, die für die Auswertung der Serverdaten benötigt werden.

```
sudo apt-get install libjson-perl libdigest-md5-file-perl liblwp-protocol-
https-perl liblwp-protocol-http-socketunix-perl
```

In diesem Beispiel wird der Smart Body Analyzer von Withings schlicht mit der Bezeichnung `bad_withings` in FHEM eingebunden und konfiguriert. Die eigentliche Installation unter FHEM läuft wie gewohnt über zwei **define**-Aufrufe, bei der Sie die notwendigen Konfigurationsdaten an FHEM übergeben. Anschließend sorgt das in FHEM zur Verfügung stehende Perl-Modul `32_withings.pm` dafür, dass das Gerät als FHEM-Device in der Weboberfläche zur Verfügung steht.

Konfigurationsdaten	Beispiel
Gerätebezeichnung	bad_withings
Logdatei für Gerät	FileLog_bad_withings
Benutzername (für Log-in auf der Weboberfläche von Withings nötig)	WITHINGSBENUTZER@ MAILADRESSE.DE

Konfigurationsdaten	Beispiel
Passwort für obigen Benutzernamen (für das Log-in auf Weboberfläche von Withings nötig)	WITHINGSPASSWORD

Bild 10.25: Notwendige Daten für das Withings-Objekt in FHEM.

Nach der Installation der Perl-Module reicht im Befehlsfenster von FHEM die nachstehende Zeile aus, in der Sie die Platzhalter, die in der obigen Tabelle als Beispieleintrag genannt sind, mit Ihren individuellen Werten und Parametern befüllen. Bei der Anlage des Withings-Device ist darauf zu achten, dass die nötige Logdatei vor dem eigentlichen Device angelegt wird. Beide nachstehenden define-Anweisungen kommen dafür zum Einsatz:

```
define FileLog_bad_withings FileLog ./log/<name>-%Y.log bad_withings
define bad_withings withings WITHINGSBENUTZER@MAILADRESSE.DE
WITHINGSPASSWORD
```

Damit steht die Waage mit all ihren Messwerten nun in FHEM zur Verfügung und kann beispielsweise über das room-Attribut in einen virtuellen Raum geschoben werden. Sinnvoll und praktisch ist die notify-Funktion von FHEM, die automatisch beim Auftreten bestimmter Zustände oder beim Erreichen definierter Werte festgelegte Aktionen ausführt – so auch für den Heizkörper im Bad, sofern dort ein Heizregler mit FHEM-Unterstützung verbaut ist.

10.4 Pi als elektronischer Wetterfrosch

Eine mit dem Raspberry Pi kompatible Wetterstation muss nicht teuer sein. Geeignet sind grundsätzlich alle USB-Wetterstationen, die auch für den Linux-Betrieb eingesetzt werden können. Vor allem gehört eine Wetterstation nicht mehr zu den unerschwinglichen Gadgets. Bereits in der Preisklasse von 100 bis 150 Euro bekommen Sie Geräte, die sich für die Heimautomation prima eignen. Gerade wenn es um die Steuerung von Rollläden oder Bewässerungsanlagen im Garten oder um das Schalten von Temperaturen etc. geht, liefern die Messwerte einer Wetterstation hilfreiche Informationen. Bessere Wetterstationen bieten sogar eine Wettervorhersage, auf die Sie sich in etwa so gut verlassen können wie auf die professionellen Wettervorhersagen im Fernsehen. In diesem Projekt kommt ein Raspberry Pi 2 mit installiertem Raspbian-Jessie-Lite-Image (2016-02-26-raspbian-jessie-lite.img) zum Einsatz, das über die Kommandos

```
sudo apt-get install rpi-update && sudo rpi-update && sudo reboot
```

auf den aktuellen Stand gebracht wurde.

Wetterstationen für den Pi-Teameinsatz

So können Sie beispielsweise abschätzen, ob im Sommer der Garten in den nächsten Tagen intensiver bewässert oder ob im Winter der Heizungszulauf aufgedreht werden muss. Auch die automatische Dokumentation des Wetterverlaufs oder tägliche Daten bezüglich Luftdruck, Temperatur, Luftfeuchtigkeit, Windstärke, -richtung und -wahrscheinlichkeit oder gar für Allergiker nützliche Angaben über den Pollenflug sind je nach Modell der Wetterstation möglich.

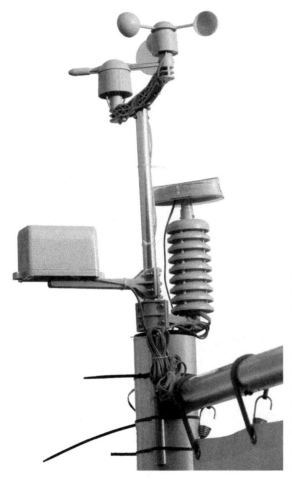

Bild 10.26: Viele Kabelbinder: Um die Wetterstation stabil zu befestigen, nutzen Sie am besten solide Kabelbinder oder Schraubschellen aus Metall, damit der Mast der Wetterstation Wind und Wetter standhält. Prüfen Sie die Kabelbinder spätestens alle sechs Monate auf ihre Stabilität, da sie durch den Einfluss von Wind und Wetter mit der Zeit spröde werden und dann leicht brechen können.

Für den gemeinsamen Einsatz mit dem Raspberry Pi eignet sich vorzugsweise eine Wetterstation – beispielsweise Elecsa AstroTouch 6975, Watson W-8681, WH-1080PC oder WH1080, WH1081, WH3080 etc. –, die mit einer USB-Schnittstelle zur

Datenübertragung ausgestattet ist und in der Regel auch für den Windows-Einsatz eine passende *EasyWeather für Windows*-Software (siehe *www.foshk.com*) im Lieferumfang hat. Diese wird auf dem Raspberry Pi nicht benötigt, stellt aber indirekt sicher, dass die Wetterstation auch eine Weiterverarbeitung der Messwerte über USB unterstützt. Auch ist dann die notwendige softwareseitige Unterstützung des kostenlosen `pywss`-Projekts (*http://jim-easterbrook.github.io/pywws/doc/en/html/index.html*) sichergestellt, mit dem Sie das Auslesen der Daten der Wetterstation und die Übertragung auf den Raspberry Pi realisieren. Die Darstellung und Aufbereitung der Daten erfolgt anschließend mit einem passenden Webfrontend in Form eines `pywss`-kompatiblen Templates, das ebenfalls im Internet zum Nulltarif zur Verfügung steht.

Inbetriebnahme einer USB-Wetterstation

Das A und O ist die Kopplung der Wetterstation mit dem Raspberry Pi, was in der Regel über die USB-Schnittstelle vonstattengeht. Die Wetterstation wird wie jedes andere USB-Gerät in den `/dev`-Knoten des Dateisystems eingehängt, und die entsprechenden Treiber werden automatisch geladen. Möchten Sie auf Nummer sicher gehen, prüfen Sie mit dem `lsusb`-Kommando zusätzlich das Vorhandensein der Wetterstation. In diesem Beispiel wirft `lsusb` den Eintrag `Dream Link WH1080 Weather Station / USB Missile Launcher` aus. Falls noch nicht vorhanden, müssen die verschiedenen Pakete wie beispielsweise `git` und `python-dev` installiert werden.

```
mkdir -p ~/weather
sudo su
apt-get install git
apt-get install install python-dev libudev-dev python-pkg-resources python-pip
pip install pytz
pip install tzlocal
pip install python-daemon
pip install pywws
```

Kopieren Sie die Beispieldateien in das Home-Verzeichnis des Benutzers `pi`.

```
cp -R /usr/local/lib/python2.7/dist-packages/pywws/examples/* ~/weather
```

Nun starten Sie das im `pywss`-Paket enthaltene Testskript `TestWeatherStation.py` von der Kommandozeile:

```
pywws-testweatherstation
```

Anschließend sollte die Bildschirmausgabe ähnlich wie die folgende aussehen: Zahlreiche Werte im Hexadezimalsystem werden ausgeworfen.

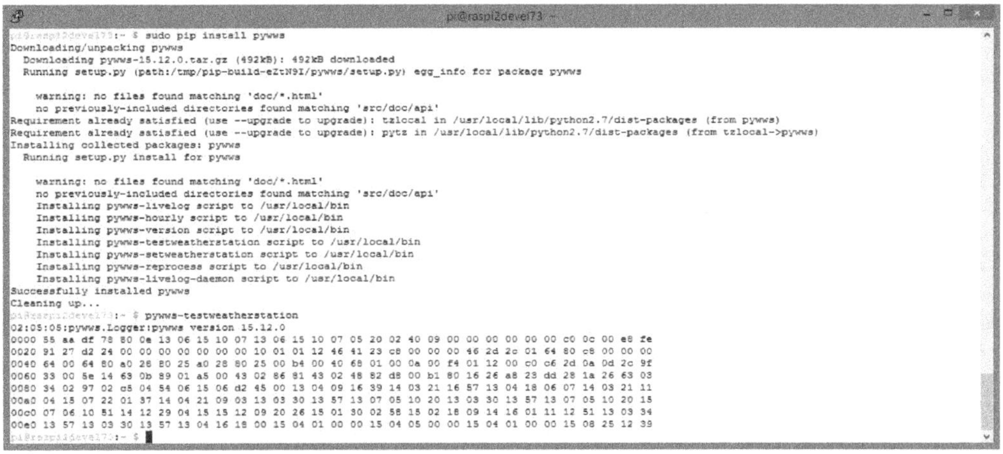

Bild 10.27: Testlauf erfolgreich: `pywss` funktioniert prinzipiell, daher können Sie nun das Python-Werkzeug auf Ihre Anforderungen zuschneiden.

Naturgemäß muss das `sudo`-Kommando für den Aufruf des Python-Skripts vorangestellt werden. Damit das in der späteren Verwendung in den Skripten nicht mehr benötigt wird, gehen Sie wie folgt vor: Zunächst geben Sie dem Standardbenutzer `pi` die Rechte, die Daten von der Wetterstation über USB auf den Raspberry Pi zu übertragen. Legen Sie dafür zunächst eine Systemgruppe mit der Bezeichnung `weather` an und fügen den Benutzer `pi` dieser Gruppe hinzu.

```
sudo addgroup --system weather
sudo adduser pi weather
```

Anschließend prüfen Sie über den `dmesg`-Befehl die Vendor- und die Product-ID für die genutzte Wetterstation.

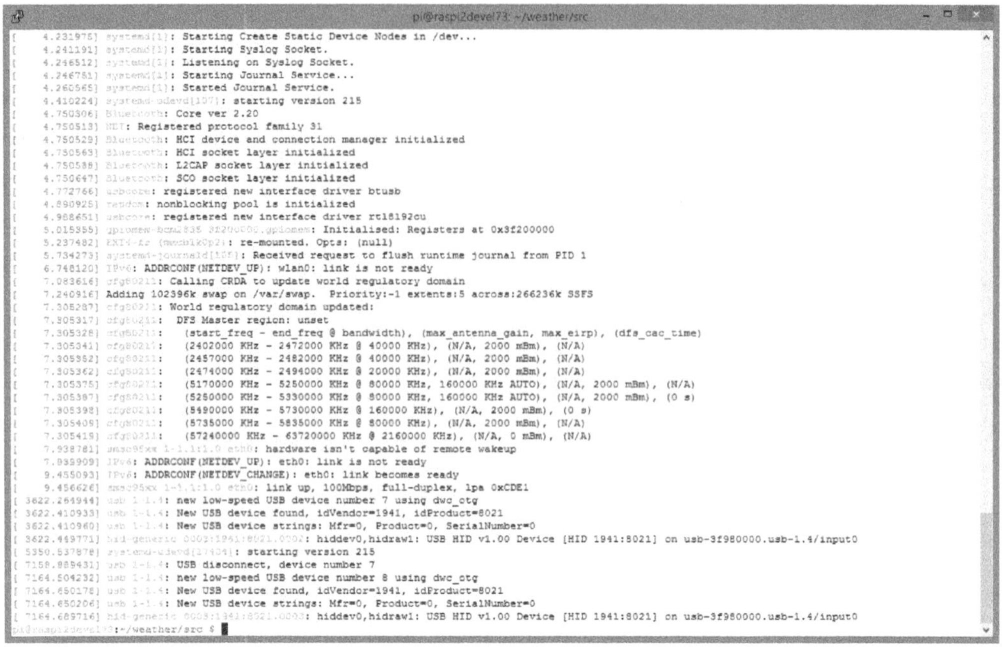

![dmesg output screenshot]

Bild 10.28: Nach dem Einstecken des USB-Kabels der Wetterstation klärt dmesg auf: auf der Suche nach Vendor- und Product-ID.

Suchen Sie dort nach dem String `hid-generic` – in diesem Beispiel wird die gewünschte Zahlenreihe bei [HID 1941:8021] angezeigt.

```
hid-generic 0003:1941:8021.0001: hiddev0,hidraw0: USB HID v1.00 Device [HID 1941:8021]
```

Je nach eingesetzter Wetterstation kann die Vendor- und Product-ID unterschiedlich sein, nutzen Sie also die Nummern, die `dmesg | grep HID` auswirft. In diesem Beispiel ist die Vendor-ID 1941 und die Product-ID 8021. Im nächsten Schritt legen Sie mit nano eine neue Regel für die Wetterstation an:

```
sudo nano /etc/udev/rules.d/39-weather-station.rules
```

und tragen dort Folgendes ein:

```
ACTION!="add|change", GOTO="rpi_end"
SUBSYSTEM=="usb", ATTRS{idVendor}=="1941", ATTRS{idProduct}=="8021",
GROUP="weather"
LABEL="rpi_end"
```

Beachten Sie die entsprechenden Werte für die Vendor- und die Product-ID, die Sie natürlich an die anpassen, die der vorherige `dmesg | grep HID`-Aufruf ermittelt hat.

Speichern Sie anschließend die Datei und starten Sie den Raspberry Pi mit dem `reboot`-Befehl neu.

```
mkdir -p ~/weather/templates
mkdir -p ~/weather/graph_templates
mkdir -p ~/weather/data
mkdir -p ~/weather/data/templates
mkdir -p ~/weather/temp
```

Diese Pfade müssen natürlich später mit den Einträgen in der Konfigurationsdatei `weather.ini` im Verzeichnis `~/weather/data/` übereinstimmen, damit beim Datentransport keine Fehler auftreten.

Logging-Intervall einrichten

Grundsätzlich ist die Wetterstation ab Werk in der Regel in einem halbstündigen Logging-Intervall konfiguriert, das heißt, alle 30 Minuten werden die aktuellen Daten wie Temperatur, Windgeschwindigkeit etc. in den Speicher geschrieben, was je nach Wetterstation eine dreimonatige Datenhistorie möglich macht. Im Rahmen der sofortigen Veröffentlichung im Heimnetz oder im Internet sind 30 Minuten manchmal etwas zu träge, bei der Weiterverarbeitung über den Raspberry Pi sorgt ein Abfrageintervall von fünf Minuten für eine relativ zeitnahe Aktualisierung der Daten. Das erledigen Sie mit dem Befehl:

```
pywws-setweatherstation -r 5
```

Im nächsten Schritt schaffen Sie die Voraussetzungen, damit die Daten von der Zentraleinheit der Wetterstation in das passende Verzeichnis auf dem Raspberry Pi gelangen.

Datentransport zum Raspberry Pi

Laden Sie die vorhandenen Daten der Wetterstation auf den Pi – dafür wechseln Sie zunächst in das `data`-Verzeichnis und setzen vorsichtshalber die Berechtigungen rekursiv zurück, falls Sie dort bereits Daten aus früheren `pywws`-Installation vorfinden.

```
cd ~/weather/data/
sudo chown pi:pi /home/pi/weather/data/* -R
```

Wird `pywss` erstmalig in Betrieb genommen, erstellen Sie mit dem nachstehenden Aufruf die Konfigurationsdatei `weather.ini`, die im Datenverzeichnis (hier `~/weather/data`) abgelegt wird.

```
python -m pywws.LogData -vvv ~/weather/data
```

Die neue `weather.ini` ist im ersten Schritt recht leer, und es ist nicht einmal die angeschlossene Wetterstation bzw. der Typ der Wetterstation eingetragen. Dies müssen Sie manuell per Editor nachholen. Dafür ist die Zeile

```
ws type = Unknown
```

nach

```
ws type = 1080
```

oder alternativ

```
ws type = 3080
```

zu ändern. In diesem Beispiel kommt die Billigwetterstation vom Typ WH3080 zum Einsatz. Dementsprechend lautet der Eintrag im Bereich [config] ws type 3080 statt 1080. Auch die Pfadangaben im [paths]-Block wurden wie folgt angepasst:

```
[paths]
work = /home/$USER/weather/temp/
templates = /home/$USER/weather/templates/
graph_templates = /home/$USER/weather/graph_templates/
```

Die durch das Attribut `fixec block` markierten Einträge werden automatisch befüllt. Im Bereich [live] lässt sich auch eine automatische Twitter-Veröffentlichung einstellen. Doch bis es so weit ist, sollten Sie zunächst das Datenintervall der Wetterstation für Ihren Einsatzzweck einrichten. Wer gleich mit einer vollständigen Konfigurationsdatei starten möchte, findet die Beispieldatei aus diesem Projekt im Verzeichnis \wetterstation-pywws. Ist der ws type-Parameter angepasst, starten Sie das Kommando

```
python -m pywws.LogData -vvv ~/weather/data
```

erneut, damit pywss die restlichen Optionen in der Konfigurationsdatei automatisch nachziehen kann.

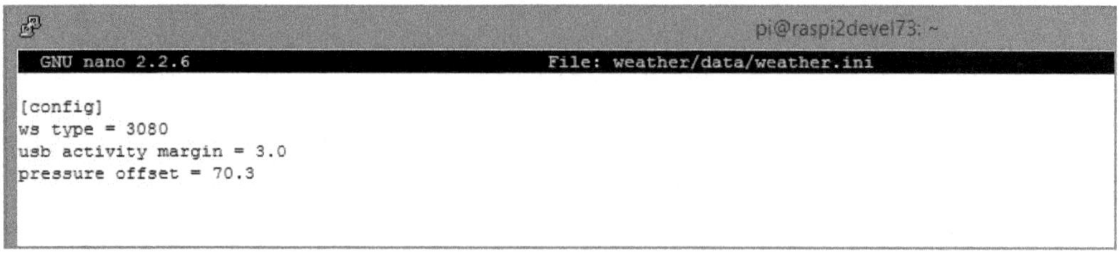

```
[config]
ws type = 3080
usb activity margin = 3.0
pressure offset = 70.3
```

Bild 10.29: Die Datei `weather.ini` befindet sich im Datenverzeichnis von pywss (in diesem Beispiel in ~/weather/data). Dort passen Sie die Datenablage der Wetterstation an die pywss-Konfiguration an.

10.4 Pi als elektronischer Wetterfrosch

Dieser Vorgang kann einige Minuten dauern, da sämtliche Daten und Parameter aus der Wetterstation ausgelesen und in der Konfigurationsdatei abgelegt werden.

Rohdaten ins pywws-Format konvertieren

Liegen die Daten von der Wetterstation im Datenverzeichnis, sind sie entsprechend anzupassen, damit sie später auch adäquat verarbeitet und dargestellt werden können. Dafür bringt pywws ein eigenes Werkzeug mit.

```
pi@raspi2devel73:~ $ python -m pywws.LogData -vvv ~/weather/data
13:40:14:pywws.Logger:pywws version 15.12.0
13:40:14:pywws.Logger:Python version 2.7.9 (default, Mar  8 2015, 00:52:26)
[GCC 4.9.2]
13:40:14:pywws.WeatherStation.CUSBDrive:using pywws.device_cython_hidapi
13:40:16:pywws.DataLogger:Synchronising to weather station
13:40:16:pywws.weather_station:read period 5
13:40:16:pywws.weather_station:delay 1, pause 17.6969
13:40:34:pywws.weather_station:delay 1, pause 0.5
13:40:35:pywws.weather_station:avoid 5.78815102577
13:40:41:pywws.weather_station:delay 1, pause 0.5
13:40:41:pywws.weather_station:delay 1, pause 0.5
13:40:42:pywws.weather_station:delay 1, pause 0.5
13:40:43:pywws.weather_station:delay 1, pause 0.5
13:40:43:pywws.weather_station:delay 1, pause 0.5
13:40:44:pywws.weather_station:live_data missed
13:40:44:pywws.weather_station:delay 1, pause 37.8602
13:41:22:pywws.weather_station:avoid 0.701059103012
13:41:23:pywws.weather_station:avoid 5.75745606422
13:41:29:pywws.weather_station:live_data new data
13:41:29:pywws.DataLogger:Reading time 13:41:26
13:41:29:pywws.DataLogger:log time 13:39:21
13:41:29:pywws.DataLogger:Fetching data
13:41:30:pywws.DataLogger:1 minutes gap in data detected
13:41:30:pywws.DataLogger:2 catchup records
pi@raspi2devel73:~ $ python -m pywws.Process ~/weather/data
13:42:11:pywws.Logger:pywws version 15.12.0
pi@raspi2devel73:~ $
```

Bild 10.30: Rohdaten der Wetterstation werden zum Raspberry Pi übertragen.

Mit dem Kommando:

```
python -m pywws.Process ~/weather/data
```

verarbeiten Sie die im Datenverzeichnis liegenden Rohdaten, wo sie schließlich in die jeweiligen Unterverzeichnisse `hourly`, `daily`, `monthly` und `calib` einsortiert werden. Für Altdaten aus einer früheren Installation verwenden Sie den Befehl:

```
python -m pywws.Reprocess ~/weather/data
```

Wie auch immer: Ob Daten eingelesen und verarbeitet worden sind, prüfen Sie mit dem `less` oder `more`-Kommando:

```
more ~/weather/data/daily/2016/2016-02-01.txt
```

Bild 10.31: Daten erfolgreich importiert: Die Daten wurden von der Wetterstation auf den Raspberry Pi übertragen und in das passende **pywws**-Format gebracht.

Im nächsten Schritt bereiten Sie die Übertragung der Daten zum Webserver vor, der ebenfalls auf dem Raspberry Pi installiert ist. Er sorgt schließlich für die grafische und übersichtliche Aufbereitung der Messdaten der Wetterstation. Für die grafische Darstellung der Temperaturverläufe etc. wird auf dem Raspberry Pi noch das Paket **gnuplot** benötigt. Der FTPD-Daemon wird für den FTP-Zugriff installiert.

```
sudo apt-get install gnuplot
sudo apt-get install ftpd
```

Wer hingegen die Daten nicht lokal auf dem Raspberry Pi, sondern optional auf einem entfernten Webserver präsentieren möchte, überträgt sie vom Raspberry Pi aus dorthin. Für den (sicheren) Transfer der Daten über FTP benötigen Sie noch den entsprechenden Client, den Sie mit diesen beiden Kommandos nachinstallieren:

```
sudo apt-get install python-paramiko
sudo apt-get install python-pycryptopp
```

Im nächsten Schritt richten Sie dafür einen sogenannten Cronjob ein, um die Daten automatisiert in das Datenverzeichnis des Webservers hochladen zu können. Dafür erstellen Sie im Verzeichnis **/usr/local/bin/** mit dem **nano**-Editor einfach ein neues Skript – hier mit der Bezeichnung **weatherupload** – mit dem Befehl:

```
sudo nano /usr/local/bin/weatherupload
```

und tragen dort folgende Zeilen ein:

```
#!/bin/bash
cd /home/pi/weather/code
python -m pywws.Hourly -vvv /var/www/wetter/html/data
```

Unter Linux braucht das Skript zunächst die nötigen Ausführen-Rechte, anschließend fügen Sie dieses Skript in die crontab-Datei ein:

```
sudo chmod a+x /usr/local/bin/weatherupload
sudo nano /etc/crontab
```

```
pi@raspi2devel73:~ $ python -m pywws.Hourly -vvv /var/www/wetter/html/data
20:08:13:pywws.Logger:pywws version 15.12.0
20:08:13:pywws.Logger:Python version 2.7.9 (default, Mar  8 2015, 00:52:26)
[GCC 4.9.2]
20:08:13:pywws.WeatherStation.CUSBDrive:using pywws.device_cython_hidapi
20:08:14:pywws.DataLogger:Synchronising to weather station
20:08:15:pywws.weather_station:read period 5
20:08:15:pywws.weather_station:delay 4, pause 0.5
20:08:16:pywws.weather_station:live_data log extended
20:08:16:pywws.weather_station:delay 4, pause 18.3022
20:08:34:pywws.weather_station:delay 4, pause 0.5
20:08:35:pywws.weather_station:avoid 5.69035005569
20:08:41:pywws.weather_station:delay 4, pause 0.5
20:08:42:pywws.weather_station:delay 4, pause 0.5
20:08:42:pywws.weather_station:delay 4, pause 0.5
20:08:43:pywws.weather_station:delay 4, pause 0.5
20:08:44:pywws.weather_station:live_data missed
20:08:44:pywws.weather_station:delay 4, pause 12.5173
20:08:57:pywws.weather_station:live_data new ptr: 0010c8
20:08:57:pywws.weather_station:live_data lost log sync -3.39306
20:08:57:pywws.weather_station:delay 0, pause 25.2458
20:09:22:pywws.weather_station:delay 0, pause 0.5
20:09:23:pywws.weather_station:avoid 5.77989006042
20:09:29:pywws.weather_station:delay 0, pause 0.5
20:09:29:pywws.weather_station:delay 0, pause 0.5
20:09:30:pywws.weather_station:delay 0, pause 0.5
20:09:31:pywws.weather_station:delay 0, pause 0.5
20:09:31:pywws.weather_station:delay 0, pause 0.5
20:09:32:pywws.weather_station:live_data missed
20:09:32:pywws.weather_station:delay 0, pause 37.8595
20:10:10:pywws.weather_station:delay 1, pause 0.5
20:10:11:pywws.weather_station:avoid 5.76495599747
20:10:17:pywws.weather_station:delay 1, pause 0.5
20:10:17:pywws.weather_station:delay 1, pause 0.5
20:10:18:pywws.weather_station:delay 1, pause 0.5
20:10:19:pywws.weather_station:delay 1, pause 0.5
20:10:19:pywws.weather_station:delay 1, pause 0.5
20:10:20:pywws.weather_station:live_data missed
20:10:20:pywws.weather_station:delay 1, pause 37.862
20:10:58:pywws.weather_station:delay 1, pause 0.5
20:10:59:pywws.weather_station:avoid 5.76706504822
20:11:05:pywws.weather_station:live_data new data
20:11:05:pywws.DataLogger:Reading time 20:11:02
20:11:05:pywws.weather_station:delay 2, pause 41.3012
20:11:46:pywws.weather_station:delay 2, pause 0.5
20:11:47:pywws.weather_station:avoid 5.76864790916
20:11:53:pywws.weather_station:live_data new data
20:11:53:pywws.DataLogger:Reading time 20:11:50
20:11:53:pywws.weather_station:delay 3, pause 41.3028
```

Bild 10.32: Bevor das crontab-Skript aktiv wird, sollten Sie es einmal per manuellen Aufruf über die Kommandozeile testen.

10 Temperatur, Klima und Heizung

Anschließend sollten die Messwerte in das definierte Datenverzeichnis geschrieben werden.

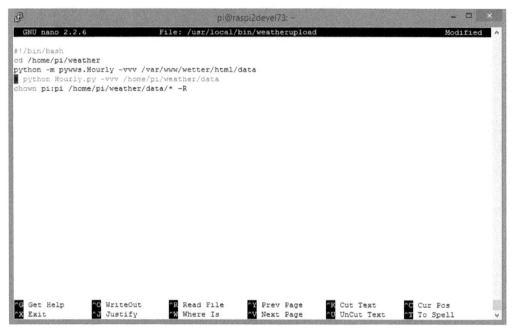

Bild 10.33: Der vorherige Verzeichniswechsel per cd-Befehl ist zwingend notwendig, damit das Skript den Python-Aufruf auch erfolgreich starten kann.

Nun sind die ersten Voraussetzungen für die automatische Wetterfee geschaffen. Liegen die Daten in den TXT-Dateien im definierten Datenverzeichnis von pywss vor, ist der Königsweg natürlich die Anzeige der Messwerte auf einer optisch ansprechenden Oberfläche, die Sie in Ihrem Heimnetz (oder auch über das Internet) zur Verfügung stellen können.

Template für die aktuelle Wettervorhersage

Für die ansprechende Oberfläche nutzen Sie einfach einen Webserver, gepaart mit dem passenden Template, um die aktuellen Daten darzustellen. Damit sich der Aufwand in Grenzen hält, nehmen Sie einfach ein kostenlos verfügbares Template, das Sie an Ihre persönlichen Zwecke anpassen können. In diesem Fall nutzen wir das nach Registrierung auf *http://weatherbyyou.com* kostenlos verfügbare Template für pywss mit der Bezeichnung pywws_Weather_Nature_Template.zip. Nach dem Download in das Home-Verzeichnis /home/pi wird die Datei in das root-Verzeichnis des Webservers entpackt. Da der Raspberry Pi beispielsweise mehrere Server- und Webserverdienste wie AirPrint, Cacti, CUPS, FHEM etc. auf Apache-Basis bereitstellen kann, erhält auch die Wetter-Webseite ein »eigenes« Verzeichnis auf dem Webserver. Dafür legen Sie im Verzeichnis `/var/www` ein neues Verzeichnis an und entpacken die Datei `pywws_Weather_Nature_Template.zip` in dieses Verzeichnis.

```
sudo su
mkdir -p /var/www/wetter/html
cd /var/www/wetter/html
cp /home/pi/pywws_Weather_Nature_Template.zip /var/www/wetter/html
unzip pywws_Weather_Nature_Template.zip
```

Wer keinen Apache-Webserver auf seinem Raspberry Pi installiert hat, holt das mit den folgenden Kommandos nach:

```
apt-get update
apt-get install apache2 php5
```

Für das eigene Wetter-Verzeichnis in der `/var/www`-Struktur kopieren Sie von der `default`-Schablone einen neuen Eintrag – in diesem Beispiel schlicht `wetter.conf`.

```
sudo cp /etc/apache2/sites-available/000-default.conf /etc/apache2/sites-available/wetter.conf
```

Bearbeiten Sie die »neue« Datei und tragen Sie dort das Unterverzeichnis als Datenquelle für den Webserver ein:

```
nano /etc/apache2/sites-available/wetter.conf
```

Dort prüfen Sie, ob nachstehende Angaben

```
        DocumentRoot /var/www/wetter
        <Directory />
                Options FollowSymLinks
                AllowOverride all
        </Directory>
```

vorhanden sind. Anschließend kann die neue Wetterseite aktiviert werden.

```
sudo a2ensite wetter.conf
```

Sicherheitshalber starten Sie den Apache 2-Webserver ebenfalls neu. Jetzt ist der Apache-Webserver prinzipiell startklar und das Template über die Webadresse

```
http://<IP-Adresse-Raspberry-Pi>/wetter/
```

im Heimnetz erreichbar. Um die Daten an Ihre persönliche Umgebung anzupassen, können Sie die im `root`-Verzeichnis liegende `index.php` nach Ihrem Geschmack ändern. Für das Design der Webseite inklusive Grafiken, Buttons und Abbildungen sind neben `index.php` und `styles.css` die beiden Verzeichnisse `/var/www/wetter/html/data` und `/var/www/wetter/html/images` relevant. Starten Sie anschließend die (unkonfigurierte) Wetter-Webseite, sollte sich die »nackte« Seite in einer ähnlichen Form wie in nachstehender Abbildung präsentieren.

Bild 10.34: Grundinstallation erfolgreich: Nun befüllen Sie das Template mit den eigenen Messwerten. Das gelingt jedoch nur dann, wenn in der *index.php* die Zeile `require_once ('data/forecast_icon_9am.txt')` auch erfolgreich verarbeitet werden kann - im Verzeichnis `data` muss also die Datei `forecast_icon_9am.txt` vorhanden sein.

Aus dem `/var/www/wetter/html`-Verzeichnis kopieren/verschieben Sie noch die beiden Verzeichnisse `plot` und `text` in das Verzeichnis der `pywws`-Installation. Das erledigen Sie in diesem Beispiel mit den beiden Kommandos:

```
mv /var/www/wetter/html/plot /home/pi/weather/
mv /var/www/wetter/html/text /home/pi/weather/
```

Zu guter Letzt konfigurieren Sie die im Datenverzeichnis von `pywws` (hier `/home/pi/weather/data`) liegende `weather.ini`-Konfigurationsdatei. Ändern Sie den Eintrag:

```
graph_templates = /home/$USER/weather/graph_templates/
```

in:

```
graph_templates = /home/$USER/weather/plot/
```

und passen Sie gemäß der im Template beigefügten `Readme`-Datei die nachstehend genannten Einträge an:

```
[hourly]
last update =
plot = ['24hrs_full_features.png.xml', '24hrs.png.xml',
'rose_24hrs.png.xml']
text = ['feed_hourly.xml', '24hrs.txt']
twitter = []
services = []
```

```
[logged]
last update =
plot = ['rose_1hr.png.xml', 'rose_12hrs.png.xml']
text = ['1hrs.txt', '6hrs.txt', '6hrs_html_cp.txt', 'forecast_icon.txt']
twitter = []
services = []

[daily]
last update =
plot = ['7days.png.xml', '2012.png.xml', '28days.png.xml',
'rose_7days_nights.png.xml']
text = ['feed_daily.xml', 'forecast_week.txt', '7days.txt', 'allmonths.txt']
twitter = []
services = []

[ftp]
secure = False
site = localhost
local site = True
user = pi
directory = /var/www/wetter/html/data/
password = raspberryPasswordFuerUserPi
```

Der Bereich [ftp] ist für den Datentransport vom eigentlichen Datenverzeichnis (/home/pi/weather) in das Webserververzeichnis für die Bereitstellung der Daten zuständig. Hier wurde kurzerhand der User pi genutzt. Sie können jedoch auch mit dem adduser-Kommando eigens dafür einen Benutzer anlegen und im /var/www/wetter-Verzeichnis die entsprechenden Rechte setzen. Das muss auch mit dem User pi geschehen – wenn nicht, erscheint folgende Fehlermeldung:

10 Temperatur, Klima und Heizung

```
pi@raspi2devel73: /var/www/wetter/html/data
pi@raspi2devel73:/var/www/wetter/html/data $ sudo tail -f /var/log/apache2/error.log
[Sun Feb 28 16:51:31.879404 2016] [:error] [pid 3510] [client 192.168.123.27:57824] PHP Warning:  require_once(data/forecast_icon_9am.tx
4
[Sun Feb 28 16:51:31.879719 2016] [:error] [pid 3510] [client 192.168.123.27:57824] PHP Fatal error:  require_once(): Failed opening req
/html/wetter/index.php on line 64
[Sun Feb 28 16:51:35.446385 2016] [:error] [pid 3511] [client 192.168.123.27:57825] PHP Warning:  require_once(data/forecast_icon_9am.tx
4
[Sun Feb 28 16:51:35.446769 2016] [:error] [pid 3511] [client 192.168.123.27:57825] PHP Fatal error:  require_once(): Failed opening req
/html/wetter/index.php on line 64
[Sun Feb 28 16:51:41.467679 2016] [:error] [pid 3512] [client 192.168.123.27:57828] PHP Warning:  require_once(data/forecast_icon_9am.tx
4, referer: http://192.168.123.73/wetter/
[Sun Feb 28 16:51:41.468472 2016] [:error] [pid 3512] [client 192.168.123.27:57828] PHP Fatal error:  require_once(): Failed opening req
/html/wetter/index.php on line 64, referer: http://192.168.123.73/wetter/
[Sun Feb 28 16:51:43.219774 2016] [:error] [pid 3513] [client 192.168.123.27:57829] PHP Warning:  require_once(data/forecast_icon_9am.tx
4, referer: http://192.168.123.73/wetter/index.php?page=1hour
[Sun Feb 28 16:51:43.220087 2016] [:error] [pid 3513] [client 192.168.123.27:57829] PHP Fatal error:  require_once(): Failed opening req
/html/wetter/index.php on line 64, referer: http://192.168.123.73/wetter/index.php?page=1hour
[Sun Feb 29 16:51:44.735535 2016] [:error] [pid 3509] [client 192.168.123.27:57830] PHP Warning:  require_once(data/forecast_icon_9am.tx
4, referer: http://192.168.123.73/wetter/index.php?page=6hours
[Sun Feb 28 16:51:44.735779 2016] [:error] [pid 3509] [client 192.168.123.27:57830] PHP Fatal error:  require_once(): Failed opening req
/html/wetter/index.php on line 64, referer: http://192.168.123.73/wetter/index.php?page=6hours
```

Bild 10.35: Erscheint eine Fehlermeldung in der Form »Keine Berechtigung«, setzen Sie die Rechte für den entsprechenden Benutzer im Verzeichnis (hier /var/www/wetter/html/data/) zurück.

Oft kommt es bei der Installation oder beim Kopieren von Dateien und Verzeichnissen vor, dass manche Dateien und Verzeichnisse im Benutzerkontext, andere im root-Kontext erstellt werden – was anschließend in einem Verzeichnis zu unterschiedlichen Berechtigungsstrukturen führen kann. In diesem Fall lässt sich das einfach mit dem chown-Kommando zurücksetzen:

```
sudo chown -R pi:weather /home/pi/weather/*
sudo chown -R www-user:weather /var/www/wetter/html/data/*
```

Starten Sie nun nochmals im Benutzerkontext pi das Übertragen der Messwerte in das www-Verzeichnis, um das Zusammenspiel der Konfiguration des Webservers und der Wetterstation zu testen:

```
python -m pywws.Hourly -vvv /home/pi/weather/data/
```

Erscheint hier keine Fehlermeldung in Form einer Permission denied- oder Error / Erno-Meldung mehr, wurde das Datenverzeichnis des Webservers ordnungsgemäß befüllt. Anschließend rufen Sie die Wetter-Webseite in Ihrem lokalen Heimnetz nochmals auf.

10.4 Pi als elektronischer Wetterfrosch

```
pi@raspi2devel73:~/weather/templates $ python -m pywws.Hourly -vvv /home/pi/weather/data/
16:34:45:pywws.Logger:pywws version 15.12.0
16:34:45:pywws.Logger:Python version 2.7.9 (default, Mar  8 2015, 00:52:26)
[GCC 4.9.2]
16:34:45:pywws.WeatherStation.CUSBDrive:using pywws.device_cython_hidapi
16:34:47:pywws.DataLogger:Synchronising to weather station
16:34:47:pywws.weather_station:read period 5
16:34:47:pywws.weather_station:delay 2, pause 10.9331
16:34:58:pywws.weather_station:avoid 5.04935482343
16:35:03:pywws.weather_station:avoid 1.43103003502
16:35:05:pywws.weather_station:delay 3, pause 0.5
16:35:05:pywws.weather_station:delay 3, pause 0.5
16:35:06:pywws.weather_station:delay 3, pause 0.5
16:35:07:pywws.weather_station:delay 3, pause 0.5
16:35:07:pywws.weather_station:delay 3, pause 0.5
16:35:08:pywws.weather_station:live_data missed
16:35:08:pywws.weather_station:delay 3, pause 37.8646
16:35:46:pywws.weather_station:delay 3, pause 0.5
16:35:47:pywws.weather_station:avoid 5.78629493713
16:35:53:pywws.weather_station:live_data new data
16:35:53:pywws.DataLogger:Reading time 16:35:50
16:35:53:pywws.DataLogger:log time 16:32:01
16:35:53:pywws.DataLogger:Fetching data
16:35:54:pywws.DataLogger:2 catchup records
16:35:54:pywws.Process:Generating summary data
16:35:54:pywws.Calib:Using default calibration
16:35:54:pywws.Process:daily: 2016-02-28 09:00:00
16:35:54:pywws.Process:monthly: 2016-02-01 09:00:00
16:35:54:pywws.Tasks.RegularTasks:Templating 1hrs.txt
16:35:54:pywws.Tasks.RegularTasks:Graphing 6hrs.png.xml
16:35:54:pywws.Tasks.RegularTasks:Templating 24hrs.txt
16:35:54:pywws.Tasks.RegularTasks:Templating 6hrs.txt
16:35:54:pywws.Tasks.RegularTasks:Templating 7days.txt
16:35:54:pywws.Tasks.RegularTasks:Templating feed_hourly.xml
16:35:54:pywws.Template:Unknown processing directive: # <td>#
16:35:54:pywws.Tasks.RegularTasks:Templating allmonths.txt
16:35:54:pywws.Tasks.RegularTasks:Templating forecast_icon_9am.txt
16:35:54:pywws.Tasks.RegularTasks:Graphing 7days.png.xml
16:35:55:pywws.Tasks.RegularTasks:Graphing 24hrs.png.xml
16:35:55:pywws.Tasks.RegularTasks:Graphing rose_12hrs.png.xml
16:35:55:pywws.Tasks.RegularTasks:Graphing 24hrs_full_features.png.xml
"/home/pi/weather/temp/plot.cmd", line 45: warning: Skipping data file with no valid points
16:35:56:pywws.Tasks.RegularTasks:Graphing 2012.png.xml
16:35:56:pywws.Tasks.RegularTasks:Graphing 28days.png.xml
16:35:56:pywws.Tasks.RegularTasks:Graphing 12months.png.xml
16:35:56:pywws.Upload:Copying to local directory
pi@raspi2devel73:~/weather/templates $
```

Bild 10.36: Die Daten wurden erfolgreich übertragen – keine Fehlermeldung mehr! Damit hat das Template nun einen Datenbestand, der sich (hoffentlich) darstellen lässt.

Beim Umstieg von einer älteren `pywws`-Version funktioniert der obige Aufruf nicht auf Anhieb – dann ist die Variable `wind_dir_text` mit der Bezeichnung `winddir_text` in sämtlichen TXT- und XML-Dateien zu ersetzen. Um die möglichen Dateien zu finden, setzen Sie beispielsweise bei XML-Dateien nachfolgendes Kommando auf der Befehlszeile ein:

```
for i in *.xml; do (cat $i | grep wind_dir_text) && echo "Found:   " $i; done
```

Ist das `python -m pywws.Hourly -vvv /home/pi/weather/data/`-Kommando fehlerfrei durchgelaufen, starten Sie den Webbrowser und prüfen, ob die Daten auch ordnungsgemäß im Template dargestellt werden. In diesem Fall tragen Sie einfach die IP-Adresse des Raspberry Pi – alternativ je nach Apache-Konfiguration gefolgt vom Unterverzeichnis (hier `192.168.123.73/wetter/...`) – in die Adresszeile des Browsers ein.

10 Temperatur, Klima und Heizung

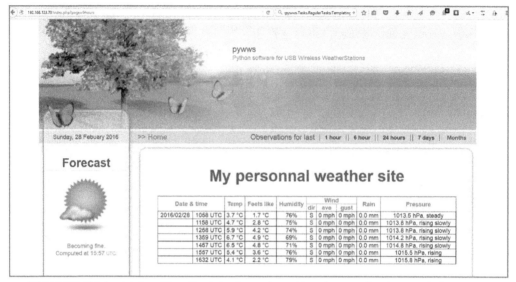

Bild 10.37: Erfolgreich installiert: Dank des kostenlosen Templates stellen Sie nun die Daten der Wetterstation über den Raspberry Pi im Heimnetz oder später über das Internet für Interessierte zur Verfügung.

Sind die Daten automatisch über das Template geladen, testen Sie die Darstellung der Grafiken und Graphen etc. Anschließend passen Sie die Steuerdatei `index.php` nach Belieben an. Auf diese Weise übersetzen Sie beispielsweise die englischen Begriffe und stellen die Datums- und Zeitangaben nach Wunsch um.

10.5 Sonne, Regen, Wind – Netatmo-Wetterstation

Inspizieren Sie die Verkaufslisten für Smartphone-Zubehör, finden Sie Produkte der Firma Netatmo mit auf den vorderen Plätzen. Das liegt unter anderem sicherlich an dem eleganten Design, aber auch an der kleinen, kompakten Form der Sensoren. Das Einsteigerpaket, bestehend aus einer Innen- sowie einer Außeneinheit, war im Jahr 2015 für ca. 160 Euro erhältlich – der Verkauf im Rahmen der Cyber-Monday-Woche Ende November scheint darauf hinzuweisen, dass bereits ein Nachfolger in Planung ist, der im Jahr 2016 erscheinen wird.

10.5 Sonne, Regen, Wind – Netatmo-Wetterstation

Bild 10.38: Die Wetterstation von Netatmo ist in den Internetkaufhäusern recht beliebt und wird stetig mit weiterem Zubehör versorgt. Im November 2015 wurde zu den Innen- und Außeneinheiten sowie dem Regensensor auch ein Windmesser in das Repertoire aufgenommen.

Beim Öffnen des Kartons und beim Auspacken fallen die beiden formschönen, aus Aluminium gefertigten Türmchen sofort auf. Die große Inneneinheit wird mithilfe eines USB-Kabels und eines Netzadapters mit Spannung versorgt, die kleinere Außeneinheit der Netatmo-Wetterstation verfügt über ein Batteriefach für vier Batterien des Typs AAA. Nach Abschluss der Konfiguration übermitteln die gekoppelten Module (Außeneinheit, weitere Inneneinheiten, Regensensor, Windmesser) ihre Messwerte drahtlos an die Zentraleinheit – das große Innenmodul mit der Spannungsversorgung. Dieses sendet seine Messungen sowie die der gekoppelten Module per WLAN-Verbindung über den LAN/WLAN-Router zum Netatmo-Server – dort, wo Sie Ihr persönliches Netatmo-Konto angelegt haben. Damit ist sichergestellt, dass diese Messungen auch von Ihrem persönlichen Aufstellungsort stammen und sich jederzeit von Ihnen abfragen lassen, wenn Sie die Netatmo-App auf dem Smartphone verwenden.

Netatmo-Wetterstation am Computer vorbereiten

Schließen Sie zunächst das beigefügte USB-Kabel am Computer (Windows oder Mac OS) an und starten Sie den Webbrowser mit der URL *http://start.netatmo.com*. Dafür ist zunächst die Accountanlage auf dem Netatmo-Server durchzuführen, um anschließend die Netatmo-Wetterstation mit dem eigenen WLAN zu Hause zu verbinden.

10 Temperatur, Klima und Heizung

Bild 10.39: Die Inneneinheit der Wetterstation wird zunächst mit dem mitgelieferten USB-Kabel am Computer angeschlossen, um die Netzwerkparameter einzustellen.

Navigieren Sie zuerst zur Einrichtungsseite *http://start.netatmo.com* und legen Sie dort ein persönliches Benutzerkonto an. Dieses dient später der Authentifizierung auf der persönlichen Netatmo-Webseite sowie auch der Nutzung der App auf dem Smartphone.

10.5 Sonne, Regen, Wind – Netatmo-Wetterstation

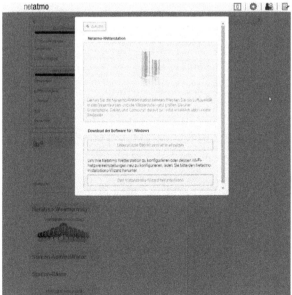

Bild 10.40: In wenigen Minuten haben Sie ein persönliches Benutzerkonto auf dem Netatmo-Webserver angelegt.

Anschließend laden Sie sich die Einrichtungssoftware für den Computer auf die Festplatte und lassen sich mithilfe des Einrichtungsassistenten durch die Konfigurationsschritte der Netatmo-Zentraleinheit führen.

Alternativ lässt sich die Konfiguration mit einem iPhone oder iPad erledigen – dafür ist die Inneneinheit mit dem vorhandenen USB-Kabel am Micro-USB-Anschluss und das iPhone über das iPhone-Kabel (Lightning- oder 30-Pin-Anschluss) mit der Wetterstation zu verbinden. Wenn Sie die Wetterstation von Netatmo wie in diesem Beispiel mit einem Computer konfigurieren, braucht die Inneneinheit der Wetterstation nicht mit dem Netzadapter angeschlossen zu sein, da die nötige Spannung vom Computer bereitgestellt wird.

Gerade bei der erstmaligen Inbetriebnahme kann es vorkommen, dass für die Wetterstation ein umfangreiches Update in Form einer neuen Firmware zur Verfügung steht. Das ist in diesem Projekt auch der Grund dafür, dass die Ersteinrichtung nicht mit dem Smartphone, sondern mit dem Computer durchgeführt wird.

Im nächsten Schritt scannt der Installationsassistent die nähere Umgebung nach verfügbaren WLAN-Netzwerken ab. Hier wählen Sie Ihr persönliches WLAN-Heimnetzwerk aus und tragen das für den Verbindungsaufbau nötige Kennwort in das Feld *WLAN-Schlüssel* ein. Per Klick auf die *Verbinden*-Schaltfläche testen Sie den Verbindungsaufbau.

10.5 Sonne, Regen, Wind – Netatmo-Wetterstation

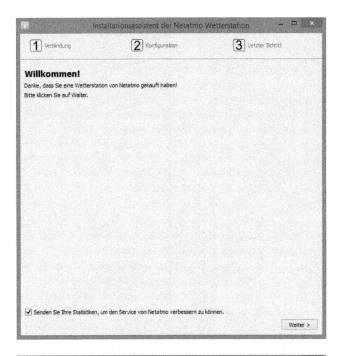

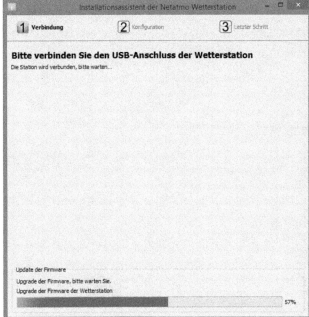

Bild 10.41: Der Einrichtungsassistent führt Schritt für Schritt durch die Installation und prüft gleich die Aktualität der vorhandenen Firmware.

10 Temperatur, Klima und Heizung

Bild 10.42: Die neue Firmware der Wetterstation ist in wenigen Minuten heruntergeladen, installiert und in Betrieb genommen.

10.5 Sonne, Regen, Wind – Netatmo-Wetterstation

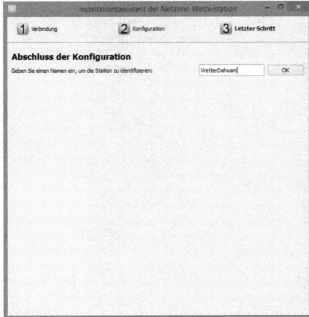

Bild 10.43: Nach erfolgreichem Verbindungsaufbau schließen Sie die Konfiguration der Wetterstation ab – optional ist der persönliche Name der installierten Wetterstation.

10 Temperatur, Klima und Heizung

Nach Klick auf die *OK*-Schaltfläche schließen Sie einen weiteren Dialog, um den Konfigurationsassistenten zu beenden. Das melden die LED-Lämpchen der Innenheit mit einem blauen Licht. Dies ist auch der Zeitpunkt, an dem Sie die Wetterstation vom Computer trennen und mithilfe des mitgelieferten Netzteils am vorgesehenen Einsatzort in Betrieb nehmen können. Beachten Sie, dass die Wetterstation eine WLAN-Verbindung benötigt, aus diesem Grund sollte sie nicht im hintersten Winkel der Wohnung mit einer dürftigen WLAN-Qualität aufgestellt werden.

iPhone- und Android-App im Einsatz

Die Installation der Netatmo-Wetter-App stellt keine besonders große Herausforderung dar, nach dem Start der App tragen Sie dort den erstellten und bestätigten Accountnamen samt Passwort ein. Nach wenigen Augenblicken sollten Dinge wie Temperatur, Luftdruck, Luftfeuchte, Luftqualität und der Wetterbericht des Aufstellungsorts erscheinen. Nach dem erstmaligen Start meldet sich auch hier zunächst ein Assistent, der die entsprechenden Bereiche der App-Oberfläche erklärt. Damit haben Sie auf Anhieb die relevanten Messwerte im Blick.

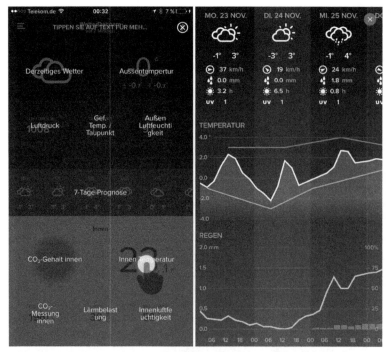

Bild 10.44: Egal ob Webseite oder App: Die Messwerte werden übersichtlich dargestellt. Neben aktuellen Werten werden Verläufe je nach Sensor/Raum nach Wunsch wöchentlich oder monatlich dargestellt.

10.5 Sonne, Regen, Wind – Netatmo-Wetterstation

Die im Einsteigerpaket mitgelieferte Außeneinheit kann das ganze Jahr draußen bleiben, sie sollte jedoch nicht direkter Sonneneinstrahlung oder Schnee bzw. Regen ausgesetzt sein. Ideal ist ein kleiner Dachüberstand oder eine Pergola, es darf aber weder ein Kälte- noch ein Wärmestau entstehen. Weitere Sensoren wie Regensensor oder Windmesser werden wie zusätzliche Innensensoren per App eingerichtet. Dafür ist die Wetterstation zunächst mit einem etwas längeren Drücken auf die Oberseite der Innenstation in den Wartungsmodus zu bringen. Anschließend können weitere Module bequem per Assistent der App Schritt für Schritt hinzugefügt werden. Dieser lässt sich über *Einstellungen/Ein Modul hinzufügen/entfernen* über die App starten. Sämtliche gekoppelten Sensoren und Einheiten werden schließlich in der Netatmo-App zusammengeführt. Wer möchte, kann auch nach alternativen Wetter-Apps im jeweiligen App-Store Ausschau halten, die sich mit den Netatmo-Daten befüllen lassen. Als zuverlässige und sinnvolle Ergänzung hat sich in der Praxis die *WeatherPro*-App herausgestellt.

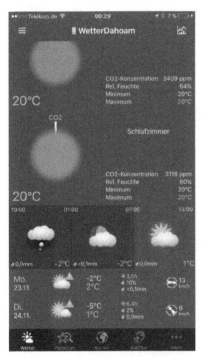

Bild 10.45: Die Netatmo-Wetterstation lässt sich auch mit Drittanbieter-Apps koppeln und verwenden.

Haben Sie die eine oder andere Drittanbieter-App mit der Wetterstation gekoppelt, lässt sich der Zugriff auf die persönlichen Wetterdaten später bei Nichtgefallen auch wieder bequem entfernen. Dies erledigen Sie abermals über den *Einstellungen*-Dialog – am Ende der Konfigurationsseite werden sämtliche mit der Wetterstation gekoppelten Drittanbieter-Apps aufgelistet.

Heizungssteuerung, Lüftung & Co.: Python-Schnittstelle im Eigenbau

Standardmäßig ist das Auslesen der Wetter- und Sensordaten verschiedener Geräte – Innen- und Außensensoren, Wind- und Regenmesser – über eine Smartphone-App oder über die Gerätewebseite nach vorherigem Log-in in das Benutzerkonto auf der Netatmo-Cloud bequem möglich. Das bedeutet vonseiten Netatmo auch, dass per definitionem die Abfrage der Sensorwerte und der Ergebnisse der Messungen der unterschiedlichen Geräte nur über die Cloud-Abfrage möglich ist und das »direkte« Abfragen der einzelnen Netatmo-Geräte vor Ort auf direktem Weg ohne den Cloud-Umweg nicht bzw. nur mit großem Aufwand zu bewerkstelligen ist. Um jenseits der vorliegenden Apps auf dem Smartphone oder der persönlichen Statuswebseite auf die Daten zuzugreifen, benötigen Sie also generell eine Internetverbindung, um die Netatmo-Cloud zu erreichen. Zusätzlich ist je nach eingesetzter Programmiersprache die passende Schnittstelle in Form einer API-Bibliothek nötig, um auf definierte Werte und Sensoren regelmäßig zuzugreifen und deren Ergebnis entsprechend auf Wunsch auszuwerten.

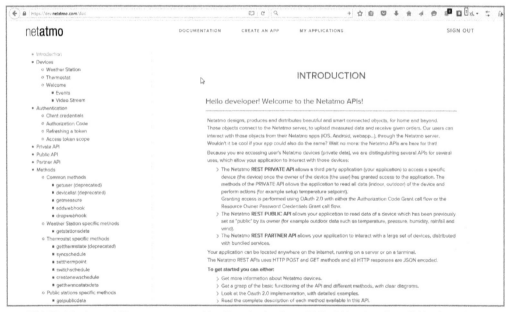

Bild 10.46: *https://dev.netatmo.com/doc*: Dort ist für Java, PHP, Objective-C und Windows je ein passendes SDK verfügbar, mit dem der Zugriff auf die persönlichen Daten in der Cloud vereinfacht werden kann.

Unter Linux, beispielsweise bei Raspbian mit dem Raspberry Pi, ist hingegen eher eine Sprache wie PHP oder Python die erste Wahl, und auch hier stehen von fleißigen Entwicklern kostenfreie Lösungen zur Verfügung. In diesem Abschnitt ist die Python-API mit der Bezeichnung `netatmo-api-python` nötig, die kostenlos auf GitHub (*https://github.com/philippelt/netatmo-api-python*) erhältlich ist. Um diese Lösung auf der Kommandozeile unter Linux in Betrieb zu nehmen, benötigen Sie nicht nur den Netatmo-Cloud-Zugang samt Kennwort, sondern auch einen eigens angelegten `OAUth`-Key, der zuvor im Entwicklerbereich im Netatmo-Benutzerkonto kostenlos bezogen werden kann. Beachten Sie generell, dass Netatmo die Anzahl und die Häufigkeit der Onlineabfragen aus sicherheitstechnischen Erwägungen (beispielsweise Vermeidung von Denial-of-Service-Attacken) beschränkt hat – für den Privatanwender und -entwickler sind die Zyklen dafür ausreichend.

Anzahl (möglicher) Benutzer	Application Limit	User Limit
Weniger als 100	200 Anfragen alle 10 Sekunden, max. 2.000 Anfragen in der Stunde	50 Anfragen alle 10 Sekunden, max. 500 Anfragen in der Stunde
Mehr als 100	(2 * Anzahl der Gesamtbenutzer) Anfragen alle 10 Sekunden (20 * Anzahl der Gesamtbenutzer) Anfragen in der Stunde	50 Anfragen alle 10 Sekunden, max. 500 Anfragen in der Stunde

Auch wenn jede App auf jedem Smartphone bzw. Gerät ebenfalls auf die Cloud-Daten zugreift und somit den Zählerstand beeinflusst, ist das Limit für den Normalanwender nicht oder kaum zu bemerken, sofern Sie nicht sekündlich die Daten auf der Cloud abfragen. Je nach Anwendungszweck reicht eine stündliche Aktualisierung der Daten aus, für Spezialfälle können Sie die jeweiligen Zyklen entsprechend verkürzen.

Bild 10.47: Für Thermostat, Wetterstation, Welcome-Kamera sowie für die Außenkamera Presence nutzen Sie ein- und dieselbe API. Für den Zugriff auf den Entwicklerbereich benötigen Sie das Benutzerkonto samt Kennwort, das Sie bei der Einrichtung des Netatmo-Geräts verwendet haben.

Um an die nötigen Parameter für die Authentifizierung zu gelangen, melden Sie sich mit den Netatmo-Accountdaten im Entwicklerbereich *https://dev.netatmo.com/* an und erstellen über den Onlineassistenten eine »eigene App«. Der Assistent fordert ein paar Informationen an, die nicht zwingend eingetragen werden müssen – die nötigen Felder wie App-Titel lassen sich individuell festlegen.

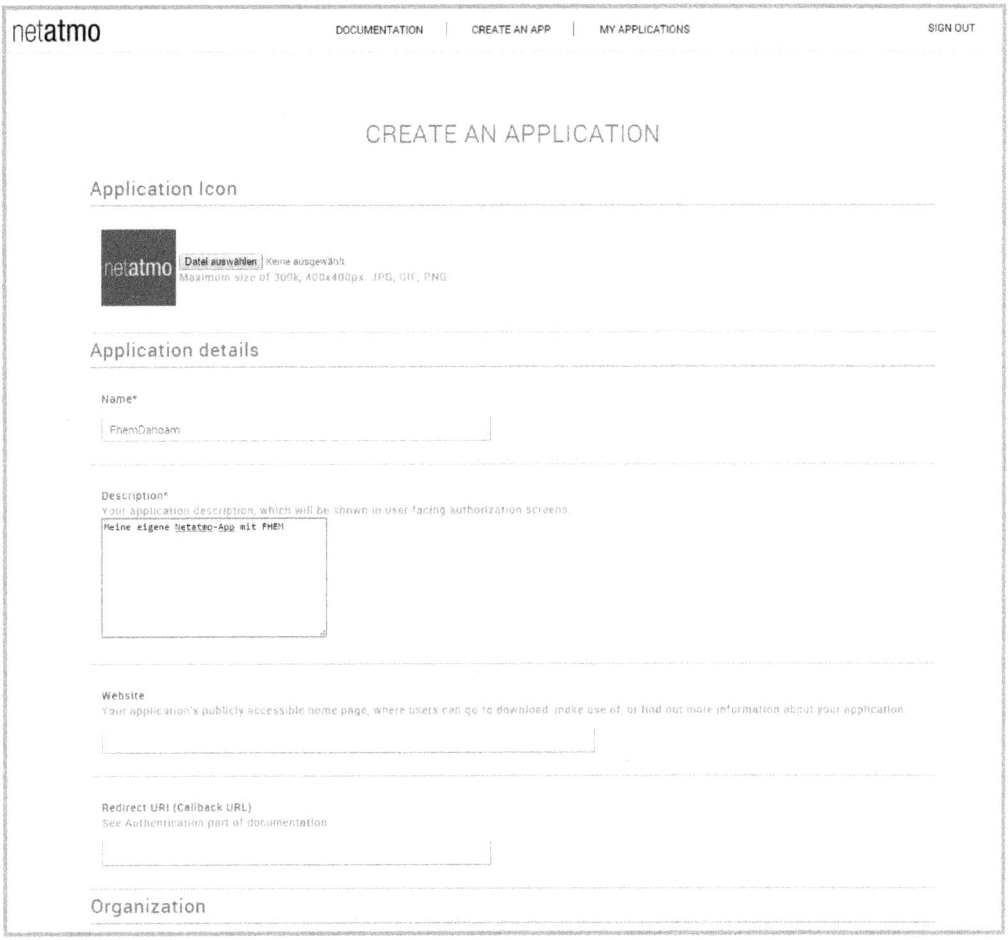

10.5 Sonne, Regen, Wind – Netatmo-Wetterstation

Bild 10.48: *https://dev.netatmo.com/*: Legen Sie eine Pseudo-App an, um die nötigen, individuellen **OAuth**-Parameter für die zukünftige Authentifizierung generieren zu lassen.

Danach generiert die Webseite für diese App bzw. Anwendung eine eigene, individuelle Kennung, die sich aus der sogenannten `Client_ID` und der dazugehörigen `Client_Secret` zusammensetzt. Beide Angaben werden für die Einrichtung der eigenen Programmierschnittstelle, aber auch beispielsweise bei der Integration der Netatmo-Geräte in die FHEM-Landschaft benötigt.

```
Netatmo OAUTH SETTINGS
Client id            54321e012345678a4e1a1878
Client secret        De2rhHvlhqMArUsCJuhAmEiSe3VI
```

Netatmo OAUTH SETTINGS	
Request token URL	https://api.netatmo.net/oauth2/token
Authorize URL	https://api.netatmo.net/oauth2/authorize
Callback URL	None

Bild 10.49: Die in der Tabelle zusammengefassten Parameter werden von der Netatmo-Seite automatisiert bereitgestellt.

Die `Client_ID`- bzw. die `Client_Secret`-Zeichenkette erhalten Sie nach Einrichtung in der App-Einstellung auf `dev.netatmo.com`. Zusätzlich benötigen Sie die Mailadresse und das dazugehörige Kennwort für das Netatmo-Log-in auf der Netatmo-Seite.

Python-API besorgen und einrichten

Standardmäßig ist das Netatmo-SDK für Programmiersprachen wie Java, PHP, Objective-C und Windows verfügbar. Soll der Zugriff auf die persönlichen Daten in der Cloud hingegen mit einer anderen Programmiersprache erfolgen, können Sie sich an die API halten und die grundsätzlichen Funktionen verstehen lernen – eine API müssen Sie jedoch selbst erstellen. In diesem Projekt kommt eine passende Python-Implementierung für die Wetterstation zum Einsatz, die jedoch nicht mehr ganz zeitgemäß ist. So werden einige der dort verwendeten Methoden und Funktionen von Netatmo in zukünftigen Versionen nicht mehr unterstützt. Neuere Geräte wie beispielsweise die Welcome-Kamera finden keine Berücksichtigung mehr. Aus diesem Grund wurde, basierend auf der »alten«, verfügbaren Lösung von 2013, für das Welcome-Python-Projekt im Rahmen dieses Buchs eine passende Welcome-API mit den wichtigsten Basisfunktionen erstellt, auf die im Abschnitt »Netatmo – Welcome to the Cam-Jungle« (ab Seite 244) im Detail eingegangen wird.

```
mkdir -p ~/netwetter
cd ~/netwetter
git clone https://github.com/philippelt/netatmo-api-python.git
cd netatmo-api-python
nano lnetatmo.py
```

Für die Python-Kopplung einer Netatmo-Wetterstation mit Python auf dem Raspberry Pi gehen Sie wie folgt vor: Im ersten Schritt richten Sie die lokale Umgebung ein, besorgen die Python-API und tragen Authentifizierungsparameter wie die `Client_ID`, die `Client_Secret`-Zeichenkette sowie die Netatmo-Benutzerdaten samt Kennwort in die vorgesehenen Platzhalter der jeweiligen Variablen in der Datei `lnetatmo.py` ein.

10.5 Sonne, Regen, Wind – Netatmo-Wetterstation

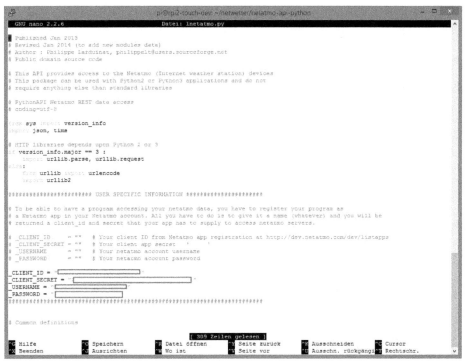

Bild 10.50: Für den Zugriff auf die persönliche Cloud auf dem Netatmo-Server passen Sie die `Client_ID`, die `Client_Secret`-Zeichenkette, den Benutzernamen sowie das dazugehörige Kennwort in der Python-API an.

Anschließend steht die Python-API zur Verfügung, die mit dem gewohnten `import`-Statement in einer Python-Datei eingebunden werden kann. Die Beispieldateien finden Sie im Verzeichnis \netatmo.

```
cp lnetatmo.py ../.
nano wetterstation.py
```

Legen Sie zum Test der API nun die Beispieldatei `wetterstation.py` an. Für den direkten Cloud-Zugriff ist lediglich das `authorization`-Objekt nötig, das schließlich für die Abfrage der Daten der Geräteliste verwendet wird.

```
#!/usr/bin/python3
# encoding=utf-8
import lnetatmo
# Verzeichnis: \netatmo
authorization = lnetatmo.ClientAuth()
devList = lnetatmo.DeviceList(authorization)

print ("Aktuelle Daten der Wetterstation: %s " % devList.getStationsdata()        )
```

10 Temperatur, Klima und Heizung

Mit der Funktion `getStationsdata()` gibt das Beispiel nun sämtliche Objekte und Attribute samt Daten der Netatmo-Cloud auf der Kommandozeile aus.

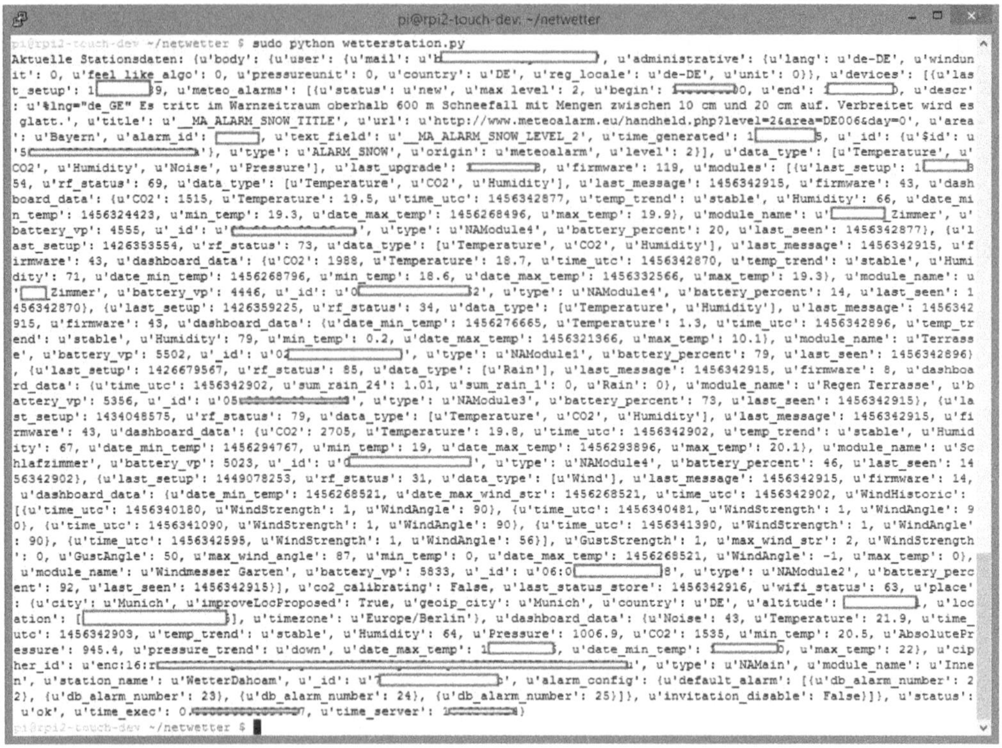

Bild 10.51: Datensalat im JSON-Format: Über Python lässt sich jedes Datenfeld heraussparsen.

Um die gewünschten Daten »herauszufiltern« - beispielsweise die Temperatur eines Außenmoduls und die eines Innenmoduls -, benötigen Sie den genauen Namen der Geräte. In diesem Beispiel besitzt das Netatmo-Außenmodul die Gerätebezeichnung `Terrasse`, das Innenmodul die schlichte Bezeichnung `Innen`. Um die beiden aktuellen Temperaturwerte auszugeben, reicht dank der praktischen Python-API die nachstehende Zeile aus:

```
print ("Aktuelle Temperatur (Innen/Terrasse): %s °C/ %s °C" % (
devList.lastData()['Innen']['Temperature'],
devList.lastData()['Terrasse']['Temperature']) )
```

Beachten Sie, dass für die fehlerfreie Datenausgabe über die Kommandozeile die korrekte Schreibweise der Sensoren sowie des gewünschten Datenfelds (`['Temperature']`) nötig ist.

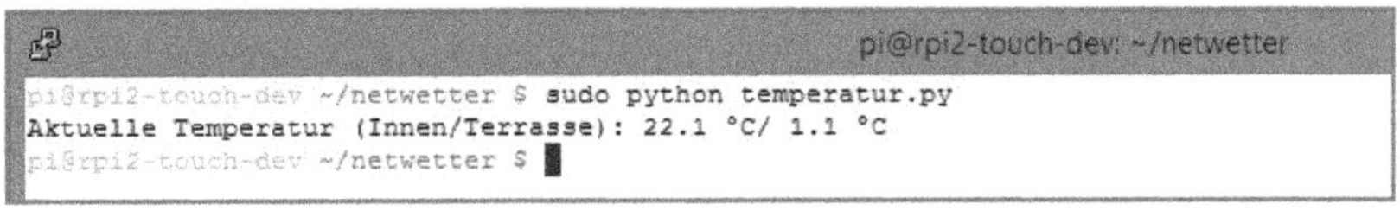

```
pi@rpi2-touch-dev ~/netwetter $ sudo python temperatur.py
Aktuelle Temperatur (Innen/Terrasse): 22.1 °C/ 1.1 °C
pi@rpi2-touch-dev ~/netwetter $
```

Bild 10.52: Erfolgreicher Zugriff auf einzelne Werte in der Cloud samt Darstellung auf der Kommandozeile mit Python.

Dank dieser einfachen Herangehensweise können Sie mit Python und dem Raspberry Pi recht einfach auf die Daten der Wetterstation sowie der gekoppelten Sensoren zugreifen. Wer für jeden einzelnen Sensor/Wert jeweils ein passendes Python-Skript schreiben möchte, kann auch auf die in FHEM eingebettete Lösung zugreifen.

Netatmo-Wetterstation im Zusammenspiel mit FHEM

Ist die Netatmo-Wetterstation über die Netatmo-Konfigurationswebseite eingerichtet und liegen die nötige `Client_ID` und die `Client_Secret`-Zeichenkette sowie die Mailadresse mit dazugehörigem Kennwort für das Netatmo-Log-in vor, ist die kostenlose FHEM-Lösung in wenigen Augenblicken auch mit der Netatmo-Cloud automatisiert im Gespräch. Zuvor bringen Sie den Raspberry Pi oder die Unix-Maschine auf den aktuellen Stand, darüber hinaus sollten nachstehende Perl-Pakete installiert sein, damit das Netatmo-Package reibungslos installiert und betrieben werden kann.

```
sudo apt-get install libjson-perl libdigest-md5-file-perl liblwp-protocol-https-perl liblwp-protocol-http-socketunix-perl
```

Nach der Installation der Perl-Module reicht im Befehlsfenster von FHEM die nachstehende Zeile aus, bei der Sie die Platzhalter in den spitzen Klammern mit den individuellen Werten und Parametern befüllen:

```
define <WetterDahoam> netatmo ACCOUNT <Email> <Passwort> <Client_ID> <Client_Secret>
```

Anschließend erscheint das Gerät auf der FHEM-Übersichtsseite. Für mehr Übersicht sorgt die Alias-Anlage bzw. das zusätzliche `room`-Attribut, bei dem das Gerät in diesem Beispiel in den Raum `Aussen` und `__DEVICE_NETATMO` abgelegt wird.

Sind die einzelnen Netatmo-Module in der heimischen FHEM-Umgebung angelegt und ebenfalls über das `room`-Attribut zugeordnet, können sie wie in FHEM gewohnt einfach mithilfe von Notifys mit anderen angeschlossenen Komponenten und Geräten logisch gekoppelt werden, Benachrichtigungen können angetriggert und Logging-Funktionen optimiert werden.

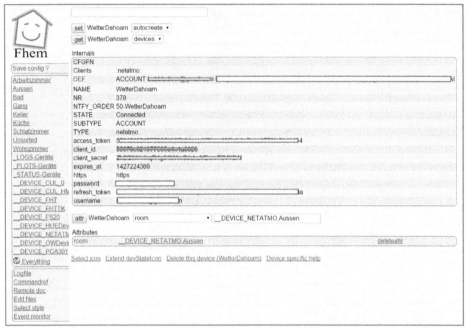

Bild 10.53: Per Klick auf die `set autocreate`-/`get devices`-Schaltflächen werden die gekoppelten Geräte der Netatmo-Basisstation in FHEM als eigene Devices angelegt.

10.6 Grüner Daumen mit dem Smartphone

Die Lösungen der Anbieter machen im Rahmen von Smart Home, Heimautomation, vernetzten Devices und Internet of Things (IoT) auch vor den einfachsten Dingen zu Hause nicht halt, sondern versuchen, sie vorwiegend mit eigenen Apps anzusteuern und zu überwachen. Diese Idee, gepaart mit einem Stück Elektronik mit Bluetooth-Verbindung via Bluetooth 4.0 LE sowie einem verbauten Feuchtigkeits-, Helligkeits- und Temperatursensor, macht die Überwachung des heimischen Blumentopfs möglich. Natürlich ist dies nicht auf einen Blumentopf im Innenbereich beschränkt, auch die Pflanzen auf dem Balkon, im heimischen Garten oder im Gartenhaus können per Smartphone überwacht werden.

Einstecken, installieren, gießen: Flower-Power im Smart Home

Das astförmige Plastikgehäuse des Parrot Flower Power enthält an der Unterseite Sensoren, die unter anderem die Bodenfeuchte des Blumentopfs messen. Nach dem Auspacken werden die Batterien eingelegt, und das Gerät wird in den Blumentopf oder ins Beet gesteckt. Die Kopplung selbst ist nur in den ersten Sekunden nach dem Einschalten mit dem Smartphone via Bluetooth 4.0 an einem iOS- oder Android-Gerät

10.6 Grüner Daumen mit dem Smartphone

möglich – doch zunächst installieren Sie die App, die Sie nicht nur für den Betrieb, sondern auch für die Einrichtung des Parrot Flower Power benötigen.

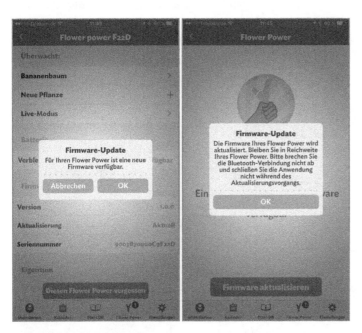

Bild 10.54: Flower sucht Firmware-Power: Nach dem Start prüft die App den Flower-Power-Sensor auf die vorgesehene Firmwareversion. In diesem Fall wird nach Inbetriebnahme des Sensors umgehend ein Firmware-Update von Version 1.0.0 auf Version 1.1.0 vorgenommen.

10 Temperatur, Klima und Heizung

Nach Download und Installation der kostenfreien *Flower Power*-App starten Sie sie und legen zunächst ein Onlinekonto für die Datenpflege und den Zugriff auf die Pflanzendatenbank an. Anschließend ist die App mit dem Parrot-Adapter im Pflanzenkübel zu koppeln. Dies ist nun die Gelegenheit, die mitgelieferte Batterie in den Adapter zu legen – beim Hochfahren des Sensors wird die nähere Umgebung nach einem Bluetooth-Partner gescannt, und nur in diesem Moment lässt sich das Smartphone mit dem Sensor verheiraten.

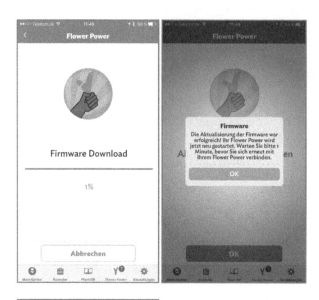

Bild 10.55: Nach dem Koppeln mit dem Flower-Power-Adapter prüft die App umgehend, ob für den Sensoradapter eine neue Firmware zur Verfügung steht. Wenn ja, lädt sie diese umgehend auf das Smartphone und installiert sie auf dem Flower-Power-Adapter.

Sind der Flower-Power-Adapter und die Smartphone-App miteinander verbandelt, richten Sie im Bereich *Einstellungen* zunächst die persönlichen Parameter ein – in diesem Fall ist die Datenweitergabe standardmäßig aktiviert: Datenschutzfetischisten stellen den Schieberegler bei den persönlichen Daten bei *GPS, Foto* von *Öffentlich* auf den Wert *Privat* und schalten die anonyme Datenerhebung per Schieberegler von *On* auf *Off*.

Bild 10.56: Nach Ersteinrichtung und Sensorinitialisierung misst der Flower-Power-Sensor die Bodenfeuchte sowie die Temperatur und Sonneneinstrahlung am aktuellen Standort der Pflanze.

Im nächsten Schritt richten Sie die zu überwachende Pflanze/Pflanzenart ein. Für das schönere Erlebnis und die Darstellung innerhalb der App können Sie mit der Kamera des Smartphones ein Bild der Pflanze anfertigen und es entsprechend benennen.

Nach der Konfiguration lässt sich die Pflanze per App überwachen – braucht sie Wasser, mehr oder weniger UV-/Sonnenlicht, stimmen die Umgebungstemperaturen, oder herrscht nachts gar Frost? Nach ein paar Tagen spielt sich der Sensor auf die Umgebung ein und meldet täglich über einen Hinweis im Bereich *Kalender* den Status bzw. eine Empfehlung, um das Wohlbefinden der Pflanze zu verbessern.

Bild 10.57: Grüner Daumen per App: Im Bereich *Kalender* gibt die App regelmäßig Hinweise und Empfehlungen, angepasst an die konfigurierte Pflanze, aus.

Laut Parrot-Pressemitteilung arbeiteten die Entwickler mit renommierten Universitäten im Bereich Gartenbau und Landwirtschaft zusammen, was vor allem dem in der App integrierten Pflanzenkatalog zugutekam: Dieser ist vor allem bei der Auswahl des richtigen Pflanzentyps behilflich und liefert weitere Hintergrundinformationen zur Pflege der Pflanze. Kommen mehrere Flower-Power-Geräte zum Einsatz, können sie mit ein und derselben App überwacht werden – was eine entsprechende Benennung der Pflanzen notwendig macht.

Pflanzenüberwachung mit dem Raspberry Pi

Wer beispielsweise die Statusmeldungen der Flower-Power-Geräte nicht innerhalb der App auf dem Smartphone oder Tablet, sondern auch im Rahmen der Hausautomation in eigene Lösungen einbinden und darstellen möchte, für den bietet Parrot eine Python- und Node JS-Schnittstelle für den schnellen, bequemen Onlinezugriff auf die Konfiguration sowie auf die aktuellen Daten des Pflanzensensors an. Voraussetzung dafür ist jedoch ein Benutzerkonto samt Kennwort, das Sie bereits bei der Initialisierung und Erstinstallation des Pflanzensensors mit der App erstellt haben, und zusätzlich ein API-Key mit Secret-Key, der als Eintrittskarte in die individuelle Datenstruktur des Sensors dient.

Bild 10.58: Erste Anlaufstelle für Eigenbaulösungen mit dem Flower-Power-Sensor: *http://developer.parrot.com/docs/flowerpower/*.

Um nun an den nötigen individuellen API-Key zu kommen, ist zunächst die Registrierung über die oben verlinkte Entwicklerseite – *https://apiflowerpower.parrot.com/api_access/signup* – nötig. Anschließend sendet der Registrierungsmechanismus automatisch eine E-Mail mit der `Access ID` samt `Access secret`. Diese Kombination ist zukünftig die Eintrittskarte, um automatisiert auf die hinterlegten Daten zuzugreifen.

JSON- und Requests-Bibliothek nachrüsten

Um mit Python die Livedaten des Parrot-Sensors auszulesen, nutzen Sie die JSON- sowie die Requests-Bibliothek, die sich wie gewohnt mit dem `import`-Kommando im Quellcode einbinden lassen. Die Installation ist unter Debian relativ schnell erledigt:

```
sudo apt-get install python-requests
```

Alternativ, und falls noch nicht vorhanden, lassen sich beide händisch über die Kommandozeile per `git` in das aktuelle Verzeichnis klonen und anschließend installieren. Weitere Informationen zu den benötigen Paketen finden Sie auf *python.org*, wo auch die aktuellen `git`-Verknüpfungen verlinkt sind. So sind das Requests-Paket sowie weitere Informationen dazu unter *https://pypi.python.org/pypi/requests* zu finden, das

(Simple-)JSON-Paket unter der Adresse *https://pypi.python.org/pypi/simplejson*. Die Installation selbst stellt dann kein Problem dar.

```
git clone git://github.com/kennethreitz/requests.git
cd requests
sudo python setup.py install
wget https://pypi.python.org/packages/source/s/simplejson/simplejson-
3.8.0.tar.gz
tar -xzvf simplejson-3.8.0.tar.gz
cd simplejson-3.8.0.tar.gz
sudo python setup.py install
```

Wer hingegen lieber mit der PIP-Paketverwaltung für Python-Module die Python-Installation auf dem Computer kontrolliert, nutzt nachstehende Kommandos, um die beiden nötigen Module gebrauchsfertig serviert zu bekommen.

```
sudo apt-get install python-pip
sudo pip install simplejson
sudo pip install requests -U
```

Im nächsten Schritt können Sie die installierten Bibliotheken wie gewohnt mit dem `import`-Statement unter Python nutzen und die Funktionen für den Zugriff auf den Parrot-Sensor verwenden. Dafür legen Sie das nachfolgende Testprogramm `test-parrot-connect.py` an, um erstmalig eine Verbindung zum Server des Parrot-Sensors aufzubauen.

Mehr Sicherheit mit SSL

Grundaufbau und Funktionsaufruf kommen aus der Parrot-API, und für die fehlerfreie, sichere HTTPS-Verbindung benötigen Sie wahrscheinlich noch die Pakete `build-essential`, `python-dev`, `libffi-dev` und `libssl-dev`, doch darum kümmern Sie sich später.

```
#!/usr/bin/python
# -*- coding: utf-8 -*-
import requests
from requests.auth import HTTPBasicAuth
from pprint import pformat
import time
# -------------------------------------------------------------
# client daten: https://apiflowerpower.parrot.com/api_access/signup
# First we set our credentials
username = 'YOUR_USERNAME'
password = 'YOUR_PASSWORD'

#from the developer portal
client_id = 'YOUR_CLIENT_ID'
```

```python
client_secret = 'YOUR_SECRET'
# ----------------------------------------------------
Home_Plant='NAME_YOUR_PLANT'
# ----------------------------------------------------
# Debug
# 1- On, 0 = off
debug=1
# ----------------------------------------------------
tag=time.strftime('%d.%m.%Y',time.localtime())
stunde=time.strftime('%H:%M:%S',time.localtime())
# ----------------------------------------------------
Home_Plant=Home_Plant+':'
req = requests.get('https://apiflowerpower.parrot.com/user/v1/authenticate',
                   data={'grant_type': 'password',
                         'username': username,
                         'password': password,
                         'client_id': client_id,
                         'client_secret': client_secret,
                         })
response = req.json()
print "Encoding : ",  req.encoding
print tag
print stunde
# ----------------------------------------------------
if debug!=0:
    print ('---------------- Authentification -----------------')
    print('Server response: {0}'.format(pformat(response)))
# ----------------------------------------------------
# Get auth token from response
access_token = response['access_token']
auth_header = {'Authorization': 'Bearer {token}'.format(token=access_token)}
# ----------------------------------------------------
# sync data
req = requests.get('https://apiflowerpower.parrot.com/sensor_data/v3/sync',
headers=auth_header)
response = req.json()
# ----------------------------------------------------
if debug!=0:
    print ('---------------- Sensor datas Sync ----------------')
    print ('Sync sensor data')
    print('Server response: {0}'.format(pformat(response)))
# ----------------------------------------------------
# Get locations status
req = requests.get('https://apiflowerpower.parrot.com/sensor_data/v3/' +
'garden_locations_status', headers=auth_header)
response = req.json()
```

```
if debug!=0:
    print ('---------------- Garden location Status ------------------')
    print (response)
status_locations = response['locations']
# --------------------------------------------------
```

Haben Sie für die Variablen `username` und `password` die persönlichen Zugangsparameter gesetzt und von der Parrot-Entwicklerseite eine E-Mail mit Access ID samt Access secret erhalten, ordnen Sie im Code Access ID der Variablen `client_id` und Access secret der Variablen `client_secret` zu. Zu guter Letzt können Sie der Pflanze über die Variable `Home_Plant` noch einen persönlichen Anstrich verpassen. Starten Sie das Testprogramm `test-parrot-connect.py` über die Konsole:

```
sudo python test-parrot-connect.py
```

Der Code wird wahrscheinlich anstandslos funktionieren, doch es kann sein, dass anfangs eine oder mehrere (Sicherheits-)Warnungen bezüglich einer unsicheren SSL-Verbindung auftauchen. Für den kurzen Test ist das auch nicht tragisch, wer hingegen eine dauerhafte Python-Lösung mit dem Pflanzensensor anstrebt, sollte diese Warnung nicht ignorieren. Praktischerweise gibt der Warnhinweis bereits eine Lösung vor, die verfolgt werden sollte.

```
/usr/local/lib/python2.7/dist-
packages/requests/packages/urllib3/util/ssl_.py:90: InsecurePlatformWarning:
A true SSLContext object is not available. This prevents urllib3 from
configuring SSL appropriately and may cause certain SSL connections to fail.
For more information, see
https://urllib3.readthedocs.org/en/latest/security.html#insecureplatformwarn
ing.
```

Diese `InsecurePlatformWarning`-Warnung wird auf dem angegebenen Link *https://urllib3.readthedocs.org/en/latest/security.html#insecureplatformwarning* näher beschrieben und macht in diesem Fall eine nachträgliche Anpassung der Python-Installation nötig. Um nun Schritt für Schritt die SSL-Unterstützung für die Requests-Bibliothek `urllib3` zu aktivieren, benötigen Sie zunächst die Dev-Werkzeuge, also die Entwicklerwerkzeuge, und anschließend das `libffi-dev`-Paket, da sonst bei der späteren Installation bzw. beim Kompilieren per `gcc` Probleme auftreten können.

```
sudo apt-get install python2.7-dev
sudo apt-get install libffi-dev libssl-dev
sudo pip install pyopenssl ndg-httpsclient pyasn1
```

Mit dem letzten Kommando installieren Sie das `pyopenssl`-Paket nach – dieser Vorgang kann je nach verfügbarer Leistung des Computers wenige Minuten dauern.

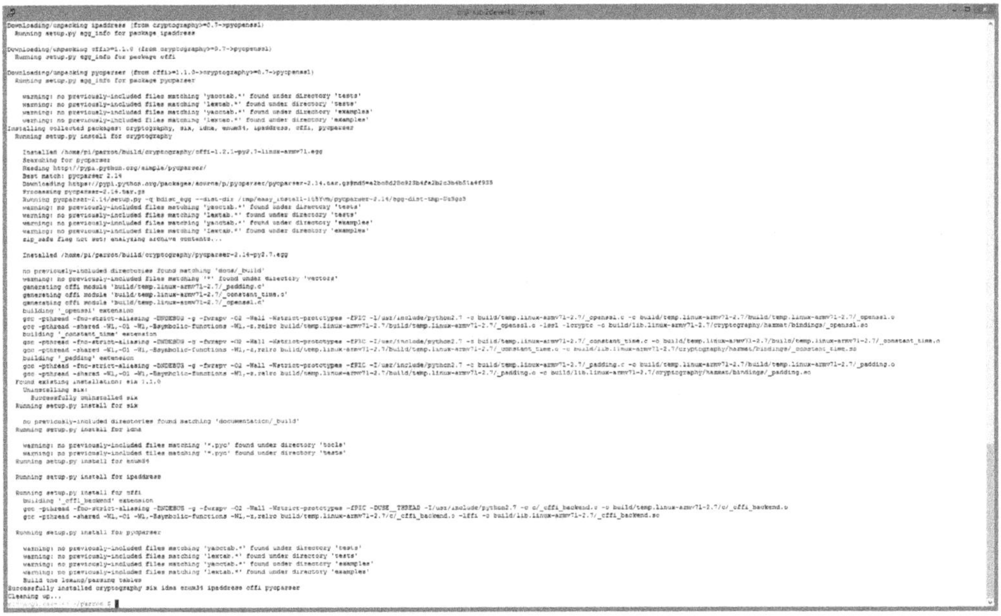

Bild 10.59: Zig Pakete und Anpassungen sind nötig, um das `pyopenssl`-Paket für den Praxiseinsatz vorzubereiten.

Anschließend starten Sie das Testprogramm `test-parrot-connect.py` erneut:

```
sudo python test-parrot-connect.py
```

Ist der Debug-Modus mit dem Setzen auf Wert 1 eingeschaltet, wird auf dem Bildschirm die komplette JSON-Struktur samt Daten ausgegeben. Das Requests-Modul decodiert automatisch den Inhalt der Antwort vom Server auf die gesendete Abfrage und stellt das Ergebnis als Unicode-Zeichensatz dar. Um nun auf bestimmte Einträge der JSON-Struktur zuzugreifen, erzeugen Sie mit Python ein Dictionary. Wollen Sie beispielsweise auf den in der Parrot-App festgelegten Namen für Ihre Pflanze zugreifen, fügen Sie in der obigen Beispieldatei den folgenden Dreizeiler hinzu:

```
sync_locations = response['locations']
loc2name = {l['location_identifier']: l['plant_nickname'] for l in sync_locations}
print loc2name
```

Durch das Setzen auf den Wert 0 wird der Debug-Modus deaktiviert, sodass in diesem Fall nur noch das gesuchte Element – in diesem Beispiel der Name der Pflanze – als Dictionary-Objekt auf der Konsole ausgegeben wird.

```
pi@raspi2devel43 ~/parrot $ sudo python test-parrot-connect.py
06.10.2006
23:16:35
{u'an0RMDZUMi35015927203541': u'Bananenbaum'}
pi@raspi2devel43 ~/parrot $
```

Bild 10.60: Onlineabfrage des Sensors über die Parrot-API. Dies setzt eine funktionierende Onlineverbindung des Raspberry Pi in das Internet voraus.

Damit haben Sie alle Voraussetzungen geschaffen, per Python automatisiert auf die aktuellen Sensordaten und Einstellungen des Parrot-Sensors zuzugreifen. Es sind natürlich noch Eigenbaulösungen per Stell-/Schrittmotor am Wasserhahn möglich, um beispielsweise eine automatische Wasserzufuhr umzusetzen. Aus Sicherheitsgründen empfiehlt es sich jedoch, hier zweigleisig zu fahren und einen weiteren lokalen Sensor – beispielsweise einen Feuchtigkeitssensor – einzusetzen, der für das automatische Schließen des Wasserhahns sorgt, um einen Wasserschaden zu verhindern, falls die Statusabfrage via HTTP aufgrund etwaiger Verbindungsprobleme mal nicht funktionieren sollte.

LED-Lampen und Lichteffekte

LED-Leuchtmittel sind angesagt wie nie zuvor. Die Technik hat sich in den letzten Jahren entwickelt und immer mehr Einzug in unseren Alltag gehalten. Kühlschrank, Spiegelschrank im Bad und vieles mehr sind bereits mit den energiesparenden LED-Lampen und -Strahlern ausgestattet – die klassische Glühbirne mit Wolframdraht hat ausgedient, die Stromrechnung soll geschont werden.

11.1 LED-Lichtspielhaus: Hue-Bridge und -Lampen

Neben den Leuchtmitteln haben auch andere Dinge im Inneren einer LED-Glühbirnenfassung Platz. In Verbindung mit einer (Funk-)Netzwerktechnologie wie WPAN (*Wireless Personal Area Network*) ist es kein großes Problem mehr, jede einzelne Glühbirne explizit zu steuern.

Der Vorteil von WPAN gegenüber WLAN (*Wireless Local Area Network*) ist die geringere Sendeleistung, die zu einer Energieersparnis und damit bei mobilen Geräten wie Fernbedienungen zu einer verlängerten Batterielaufzeit führt. Die Grundidee, WPAN in Glühbirnen und dergleichen unterzubringen, wird von den in der ZigBee Alliance zusammengeschlossenen Unternehmen nach dem ZigBee-Light-Link-Standard in einer neuen Technik gekoppelt.

11 LED-Lampen und Lichteffekte

Bild 11.1: Verschiedene Hardwarehersteller haben sich in der ZigBee Alliance zusammengeschlossen und mit dem ZigBee Light Link einen gemeinsamen Standard für die Steuerung von Kleinleuchtmitteln definiert.

Allgemeine Informationen zum Thema ZigBee Light Link liefert das englischsprachige Dokument aus der Feder der ZigBee Alliance (*www.nxp.com/documents/user_manual/JN-UG-3091.pdf*).

Philips Hue: Lampensteuerung mit Apple

Auch Philips ist auf den ZigBee-Light-Link-Zug aufgesprungen und vertreibt die Philips-Hue-Glühlampen in unterschiedlichen Komplettpaketen. Die unter der Bezeichnung Hue verkauften Lampen sind strategisch gesehen vorwiegend für die Apple-Kundschaft gedacht, lassen sich aber mittlerweile auch mit alternativen Geräten aus der Android-Ecke und anderen Desktopbetriebssystemen steuern – dem ZigBee-Standard sei Dank.

Die Hue-Startpakete von Philips waren anfangs ausschließlich über den Apple-Online-Store erhältlich und schnell ausverkauft. Das sorgte anschließend in den verschiedenen Onlineauktionshäusern für noch höhere »Early-Adopter-Preise«, die mittlerweile wieder in der Realität angekommen sind. Egal wo Sie das Philips-Hue-Startpaket beziehen – einen günstigen Preis hat es, gemessen an der dahinterliegenden Technik, nicht.

Bild 11.2: Harmonische Farben und abgestimmte Lichtkonzepte stellen mit der Philips Hue zu Hause keine Wissenschaft mehr dar. (Abbildung: Philips)

Fasst man alle Versprechungen und Produktbeschreibungen zum Hue-Startpaket zusammen, lassen sich bis zu 50 Hue-Glühlampen in einem einzigen System miteinander verbinden, die auch noch bis zu 80 % weniger Strom als herkömmliche Lampen – gemeint sind wohl Glühbirnen mit Wolframdraht – verbrauchen. Auch wird die Ausbaufähigkeit des Hue-Systems locker flockig mit einem »einfachen Hinzufügen einzelner Lampen« beschrieben, als Grundvoraussetzung wird lediglich die mitgelieferte notwendige Brücke angegeben, die im Startpaket enthalten ist.

Die Praxis sieht jedoch schnell anders aus: Die Lampen passen in eine handelsübliche E27-Fassung und lassen sich somit »normal« einsetzen. Sie sind ab Werk mit dem beigelegten Brückenadapter gepaart. Andere Hue-Modelle, wie der Bloom-Strahler oder die LED-Klebestreifen (Friends of Hue LightStrips), müssen der Bridge manuell hinzugefügt werden, was sich in der Praxis als Hürdenlauf entpuppt. Auch lassen sich neue Lampen aus einem anderen Startpaket laut Herstellermeinung nicht mit einer bestehenden Bridge »pairen«, hier sollen wohl die teuren Einzellampen verkauft werden.

Der fehlende Schalter bei den Bloom- und Friends-of-Hue-LightStrips-Modellen macht in der Praxis ebenfalls nur bedingt Freude. Jeder, der nach einem anstrengenden Tag nach Hause kommt, möchte nicht vorher umständlich mit dem Smartphone die Lichter schalten müssen. Doch sämtliche genannten Hürden und Probleme lassen sich bei der Einrichtung und später mit dem Raspberry Pi technisch umschiffen und lösen. Am Ende des Tages haben Sie ein vollautomatisches, perfektes Lichtsystem in Ihren eigenen vier Wänden, was dann auch den relativ hohen Anschaffungspreis vergessen macht.

Unterschiedliche Hue-Lampen zusammenschalten

Im Hue-Startpaket befinden sich neben Netzteil und Netzwerkkabel der »Basisstation«, also der Bridge, bereits drei gekoppelte Philips-LED-Glühbirnen – auch Bulbs genannt. Haben Sie neben den drei Standardlampen weitere Hue-Glühbirnen, LED-Streifen (Friends of Hue LightStrips), einzelne LED-Strahler (LivingColors Bloom) oder gar ein weiteres Startpaket im Einsatz, herrscht schnell Ernüchterung: Das Zusammenschalten der unterschiedlichen Lampen will nicht auf Anhieb oder gar nicht klappen. Die Anschaffung wird schnell zum Ärgernis und zur Umtausch- oder gar zur Rückgabereklamation.

Was der Hersteller nicht leistet (oder eher nicht leisten will), sind Lösungen für ein wirklich einfaches Koppeln unterschiedlicher Lampen, um diese einheitlich oder getrennt in Gruppen etc. schalten zu können. Nun haben sich, wie so oft in solchen Fällen, Internettüftler der Sache angenommen und verschiedene Lösungswege entwickelt. Die meisten dieser Vorschläge entpuppen sich aber als heiße Luft, nicht mehr. Die zuverlässigste Methode ist die nachstehend beschriebene Lampstealer-/Telnet-Maßnahme, um die unterschiedlichen Hue-Lampen zusammenzuführen.

Lampstealer im Einsatz

Das Freewarewerkzeug Lampstealer ist zunächst prinzipiell nichts anderes als ein ausführbares Java-Archiv – es steht unter *www.everyhue.com/?page_id=167* zum Download zur Verfügung.

1. Für das Starten und Ausführen der Datei `Lampstealer.jar` ist eine installierte Java-OpenJDK-Runtime notwendig. Sicherheitshalber versehen Sie die Datei noch mit den entsprechenden Berechtigungen zum Ausführen. Das Kommando `chmod a+x Lampstealer.jar` sorgt dafür, dass sich die Datei ausführen lässt.

2. Das Programm Lampstealer selbst ist nach dem Start einfach zu bedienen: Klicken Sie zunächst auf die Schaltfläche *Find bridge*, um im Heimnetz nach der angeschlossenen Hue-Bridge zu suchen. Es wird natürlich davon ausgegangen, dass diese ordnungsgemäß mit der Stromversorgung sowie über die RJ45-Buchse mit dem heimischen Switch/Router verbunden ist und automatisch über den DHCP-Server im Heimnetz eine IP-Adresse zugeordnet bekommen hat.

11.1 LED-Lichtspielhaus: Hue-Bridge und -Lampen

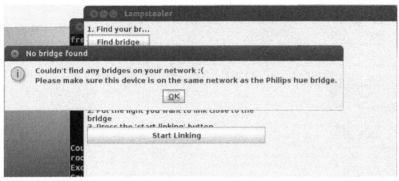

Bild 11.3: Nach dem Start von Lampstealer stellen Sie sicher, dass sich der genutzte Computer im selben Netzwerksegment wie die angeschlossene Hue-Basisstation befindet.

❸ Erst wenn sich der Computer sowie die Hue-Basisstation in einem gemeinsamen Netz befinden, schlägt Lampstealer an und präsentiert die IP-Adresse der gefundenen Hue-Bridge im Programmfenster. Klicken Sie das Hinweisfenster *Found bridge* weg und markieren Sie im Programmfenster den gefundenen Eintrag.

Bild 11.4: Wurde die Philips-Bridge gefunden, markieren Sie die IP-Adresse und klicken anschließend auf die Schaltfläche *Start Linking*, um den Pairing-Vorgang vonseiten der Basisstation mit den vorhandenen Lampen anzustoßen.

❹ Nach Klick auf die Schaltfläche *Start Linking* dauert es einen Moment – Lampstealer scannt über die Bridge-Basisstation die nähere Umgebung nach neuen, unbekannten Lampen ab. Dieser Vorgang muss für jede einzelne Lampe durchgeführt werden.

❺ Sie schrauben beispielsweise Lampe 1 in die Fassung, bedienen den Schalter und drücken auf *Start Linking*. Nach wenigen Augenblicken fängt die Lampe zu blinken an, nach dreimaligem Blinken ist der Pairing-Vorgang abgeschlossen.

❻ Anschließend schalten Sie die Lampe aus, schrauben die nächste Lampe in die Fassung, schalten diese ein und klicken erneut auf die *Start Linking*-Schaltfläche. Wiederholen Sie Schritt für Schritt diesen Vorgang, bis Sie alle »fremden« bzw. neuen Lampen der Bridge hinzugefügt haben.

11 LED-Lampen und Lichteffekte

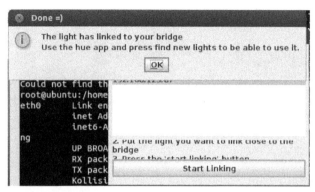

Bild 11.5: Erfolgreich »gepairt«: Nun wurde die neue LED-Glühbirne mit der Basisstation verheiratet, im nächsten Schritt können Sie die neue Lampe über die unterschiedlichen Apps auf dem Smartphone suchen und in Betrieb nehmen.

Manchmal ist es sinnvoll, unter die Haube zu schauen, sich dem Quelltext der Dateien zu widmen und nachzuschauen, was das Programm eigentlich tut. Das JAR-Format macht es einem leicht, denn es ist wie das ZIP-Archivformat aufgebaut. Öffnen Sie die Datei mit einem Archivmanager, anstatt sie auszuführen, liegen die Quellen der Java-Archivdatei offen. Jetzt können Sie in das ausgepackte Verzeichnis navigieren und die einzelnen Bestandteile unter die Lupe nehmen.

Zugriff auf die Lampen über Telnet

Die Hue-Bridge bzw. jedes ZigBee-Netzwerk stellt seine Eindeutigkeit mittels einer PAN-ID (*Personal Area Network Identifier*) sicher. Hier tut sich auch schon ein Sicherheitsloch des ZigBee-Standards auf: Belauscht jemand den Netzwerkverkehr und findet die PAN-ID heraus, könnte der Angreifer auf derselben Frequenz Befehle, also Pakete, mit derselben PAN-ID wie das anzugreifende Netzwerk versenden und somit auch die Lampen steuern.

1. Für Abhilfe sorgt nur eine Änderung der netzwerkweiten PAN-ID. Um in der Kommandozeile über den Raspberry Pi Kontakt mit der Hue-Bridge aufzunehmen, benötigen Sie das Programm `telnet`, das in der Regel erst noch installiert werden muss:

```
sudo apt-get install telnet
```

2. Auf eine Begrüßungsmeldung ähnlich wie bei SSH müssen Sie bei der Telnet-Verbindung mit der Hue-Bridge verzichten. Dort geben Sie nach dem Verbindungsaufbau einfach das folgende Kommando ein und drücken die Enter-Taste:

```
[Link,Touchlink]
```

3. Anschließend horcht die Hue-Bridge die nähere Umgebung nach neuen Geräten ab. Wird eins gefunden, wird das mit einer `success`-Meldung quittiert. Hier wird erstmalig auch die PAN-ID mitgeteilt.

11.1 LED-Lichtspielhaus: Hue-Bridge und -Lampen

Um der lokalen Hue-Bridge weitere Lampen zuzuordnen, drücken Sie den mittigen runden Schalter auf der Basisstation, schalten die Lampe an und geben den Befehl erneut ein:

```
[Link,Touchlink]
```

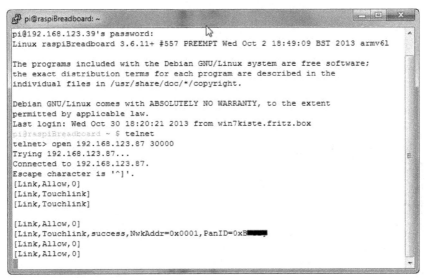

Bild 11.6: Warten auf die `success`-Meldung: Das Drücken des runden, mittig platzierten Schalters auf der Bridge initiiert `[Link,Allow,0]` und nach einer Weile den Aufruf `[Link,Disallow,0]` auf Port `30000`.

❹ Beim Start der Telnet-Verbindung ist Ihnen sicher eine Bildschirmmeldung aufgefallen – der Hinweis auf den zum Beenden der Verbindung notwendigen Escape Character ^]:

```
^]
telnet> quit
Connection closed.
```

Diesen erhalten Sie bei geöffneter Verbindung mit der Tastenkombination [Strg]+[+] (englisches Layout), bei einem deutschen Telnet-Tastaturlayout sind die Tasten [Strg]+[AltGr]+[9] die richtigen. Angekommen auf der Telnet-Konsole, reicht dann der `quit`-Befehl aus, um wieder in die Kommandozeile zu gelangen.

Hue-Lampen und iPhone: Zwangshochzeit per App

Wer nur die im Startpaket mitgelieferten Lampen mit der Hue-Bridge einsetzt, braucht die beschriebenen Pairing-Maßnahmen natürlich nicht vorzunehmen, da die Lampen bereits ab Werk mit der Basisstation gekoppelt sind. Dann müssen Sie nur die drei LED-Lampen in die jeweiligen E27-Lampenfassungen schrauben und über den Lampenschalter einschalten. Anschließend verbinden Sie die Hue-Bridge über das mitgelieferte Netzwerkkabel mit dem Router im Heimnetzwerk und stecken die Versorgungsspannung ein.

❶ Durch das Scannen des auf der Packung aufgedruckten QR-Codes gelangen Sie zur Philips-Hue-App im Apple App Store (*https://itunes.apple.com/de/app/philips-hue/id557206189*), die für die Steuerung, Ersteinrichtung sowie die Nutzung von Profilen und Gruppen vorgesehen ist. An Kosten haben Sie nur die für die Verbindung zu tragen, die App an sich wird kostenlos vertrieben. Nach Download und Installation wird zunächst die Bridge gesucht und ausgelesen, falls bereits Lampen mit der Basisstation gekoppelt sind.

Bild 11.7: Suchen und Verbinden: In diesem Schritt scannt die App das heimische Netzsegment ab, mit dem das iPhone über die WLAN-Verbindung verbunden ist. Je nach Verbindungsgeschwindigkeit dauert das ein paar Minuten.

❷ Im nächsten Schritt drücken Sie den runden Verbinden-/Connect-Knopf auf der Oberseite der Bridge, damit die App die auf der Bridge verfügbaren Lampenprofile herunterladen und nutzen kann, sofern neben den drei Standardlampen zusätzliche LED-Birnen angelernt werden sollen.

11.1 LED-Lichtspielhaus: Hue-Bridge und -Lampen

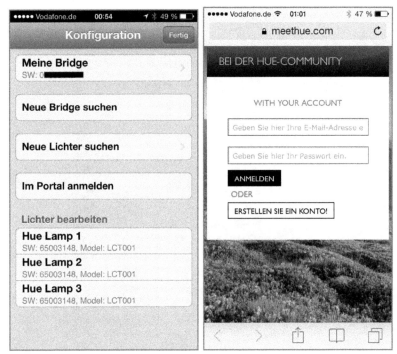

Bild 11.8: Apple und Birnen: Standardmäßig sind die im Startpaket mitgelieferten Lampen bereits vorkonfiguriert. Über die Community stehen weitere Schalt-/Leuchtprofile kostenlos zur Verfügung. Dafür müssen Sie sich jedoch registrieren und persönliche sowie technische Informationen zur Hue (Seriennummer, Verbindungsschlüssel etc.) an Philips übertragen. Auf dieses Gimmick wurde im Rahmen dieses Buchs verzichtet.

❸ Nach dem Hinzufügen über die manuelle Link-Methode per Telnet oder Lampstealer sollten die neuen Lampen nun über die Bridge zur Verfügung stehen und den entsprechenden Anwendungen auf dem Computer bzw. in diesem Fall auf dem Smartphone dienen. Philips stellt für die Einrichtung und Steuerung eine kostenlose App im Apple App Store zur Verfügung.

Grundsätzlich sind die Bewertungen im Internet mit Vorsicht zu betrachten. Die Gefahr ist einfach zu groß, auf geschmierte Bewertungen und Aussagen hereinzufallen. Oft werden auch Bewertungen abgegeben, die mit dem eigentlichen Produkt nichts zu tun haben, aber dennoch platziert werden, um dem Hersteller zu schaden. Glaubt man diesen Bewertungen, sollte die Philips-Hue-App nicht unbedingt auf dem Smartphone installiert werden, aber getreu dem alten Sprichwort »Einem geschenkten Gaul schaut man nicht in das Maul« wandert die iOS-App dennoch aufs Smartphone.

11 LED-Lampen und Lichteffekte

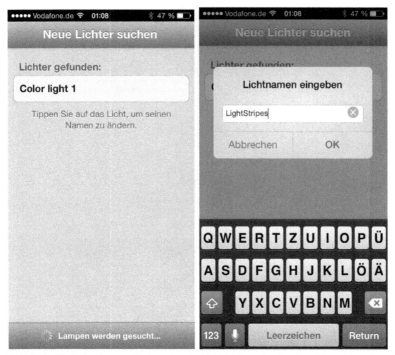

Bild 11.9: Für jede App auf jedem Apple-Gerät einmalig durchzuführen: Die Ersteinrichtung der Bridge bzw. das Einlesen der verfügbaren Lampen dauert einen kleinen Moment.

Nach dem Start der App führt ein Assistent durch die verschiedenen Schritte der Ersteinrichtung, in der die Verbindung zur Hue-Basisstation eingerichtet wird. Danach lassen sich die mit der Hue gekoppelten Lampen steuern und in Sachen Farbgebung einfach per App einrichten.

Für verschiedene Anwendungszwecke sind der Philips-Hue-App bereits einige sogenannte Szenen beigepackt, die mit vorkonfigurierten Farbgebungen gerade bei mehreren Lampen sehr gut zur Geltung kommen. Es lassen sich auch manuell eigene Farbprofile und Szenen anlegen und sichern. Für weitere Beleuchtungsmöglichkeiten wie Lichtorgel, Strobolicht und mehr benötigen Sie vom Smartphone aus andere Lösungen. Dafür stehen kostenpflichtige Spezialprogramme wie *Disco* und *Lightbow* im App-Store zur Verfügung.

Hue-Apps mit Spaß: Disco und Lightbow

Zu einem gelungenen Schlagerabend zu Hause mit Ihren Lieben gehörte in den Achtzigern die Sendung »disco« im ZDF. Schlagermusik ist zwar bekanntlich Geschmackssache, doch bunte Lampen bzw. eine passende harmonische Farbgebung, angepasst ans Mobiliar, sind noch immer etwas Besonderes.

11.1 LED-Lichtspielhaus: Hue-Bridge und -Lampen

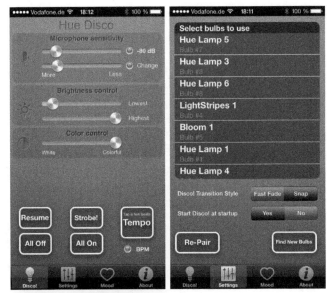

Bild 11.10: Partymodus mit Discofunktionen: Die iOS-/Android-App *Disco* überzeugt mit vielen Funktionen und Einstellungsmöglichkeiten.

Gepaart mit den gewünschten Klängen, bringen Sie nun selbst mit dem Smartphone buntes Licht in das Wohnzimmer. Mit der App *Disco* lassen Sie die gewünschten Lampen im Takt – falls das eingebaute Mikrofon aktiv ist – leuchten.

Anders als die *Disco*-App bringt die kostenpflichtige iOS-App *Lightbow* keine Multimedia-Funktionen mit, bietet aber eine große Auswahl an vordefinierten Szenen und übersichtlichere Steuermöglichkeiten der Lampen im Vergleich zur Original-Hue-App von Philips. Durch die intuitive Steuerung dank der gut gelösten Anordnung der Funktionen sollte auch diese App für Hue-Begeisterte auf dem iOS-Gerät nicht fehlen.

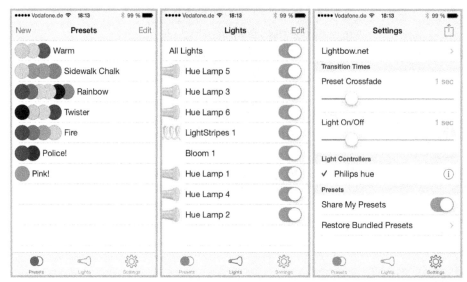

Bild 11.11: Romantik und mehr mit *Lightbow*: Die kostenpflichtige App überzeugt mit einer übersichtlichen Benutzeroberfläche.

Manchmal ist die Steuerung per App über das Smartphone etwas sperrig. Wer die Philips-Hue-App für automatische Zwecke nutzen möchte, nutzt für den Zugriff am besten die offene JSON-Schnittstelle (*JavaScript Object Notation*).

11.2 Made in Dresden: lange Leitung für Hue-Stripes

Wer nicht nur eine Lampenfassung, sondern ganze Bereiche oder eine Hintergrundbeleuchtung beispielsweise für Hängeschränke in der Küche, Wohnzimmerregale und Ähnliches mit farbigem Licht verschönern möchte, für den bieten sich sogenannte LED-Stripes an. Diese LED-Streifen sind in unterschiedlichen Längen und Techniken am Markt erhältlich. Wer etwas Geld sparen möchte, kann sich die LED-Stripes in der gewünschten Länge auch einfach selbst bauen – für die Ansteuerung über das Smartphone sorgt die Philips-App, die sowohl für iOS als auch für Android verfügbar ist.

Abisolieren und stecken: LED-Streifen anschließen

Neben den »normalen« RGB-LED-Streifen stehen auch RGBW-LED-Streifen am Markt zur Verfügung, die einen größeren Farbraum abdecken. Beide lassen sich an der eingesetzten Schalteinheit FLS PP verwenden, jedoch derzeit (noch) nicht vom Hue-System, und leuchten deshalb im Betrieb einfach in der Farbe Weiß mit. Wer hingegen auf Hue verzichten kann und über einen Zwave-Controller verfügt, hat in diesem Fall größeren Gestaltungsspielraum – Dresden Elektronik stellt auf seiner Webseite eine passende Lösung zum Schalten und Walten zur Verfügung. Zum Einsatz in diesem Hue-Modding-Projekt kommen die LEDs *RGB LightStrips Extend Color 5m* aus dem Hause Philips. Für den zum Einsatz kommenden LED-Streifen wird der beigelegte Trafo verwendet, der selbst zusätzlich noch mit einem richtigen Ein-/Ausschalter ausgestattet ist. Bei Abwesenheit oder längerem Nichtgebrauch können Sie die Stromzufuhr zum Trafo manuell unterbrechen, ohne den Stecker ziehen zu müssen.

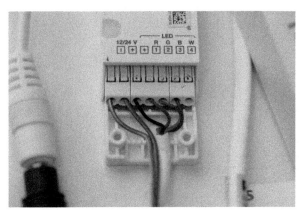

Bild 11.12: In diesem Fall wurde das Originalnetzteil mit einer Kupplung versehen. Diese wurde mit zwei Adern (Plus- und Minussignale getrennt) in die jeweiligen Steckbuchse (die ersten beiden Buchsen von links) eingesetzt.

Der Original-LED-Controller samt Fernbedienung wird in diesem Fall nicht mehr benötigt, deswegen wurde hier das Anschlusskabel des LED-Streifens verwendet. Die Farben der Adern entsprechen praktischerweise auch der Funktion – die rote Ader wird in die mit R beschriftete Buchse, die grüne Ader in die G-Buchse und die blaue Ader in die B-Buchse eingesetzt. Anschließend schließen Sie den Deckel und verschrauben die Anschlüsse.

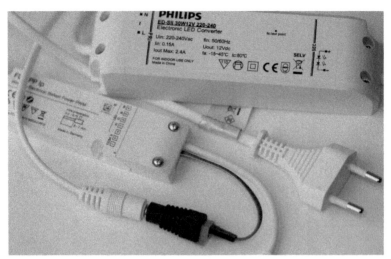

Bild 11.13: Bastelausflug beendet: Nun ist der Lichtcontroller für den langen LED-Streifen bestückt und kann an die Spannungsversorgung angeschlossen werden.

Das Pairing funktionierte im Test mit der neuen Hue 2-Basisstation nicht auf Anhieb. Deshalb ist es empfehlenswert, die Schalteinheit FLS PP sicherheitshalber auf die Werkeinstellungen zurückzusetzen, und zwar mit einer bestimmten Ein-/Ausschaltsequenz, die im FAQ-Bereich des Herstellers beschrieben ist: Trennen Sie hierfür die Schalteinheit viermal hintereinander vom Strom. Zwischen dem Aus- und Einschaltvorgang zählen Sie 23 - 24 - 25, um etwa eine Dreisekundenfrequenz zu erreichen – anschließend sollte die Lichterkette für rund zehn Sekunden blinken. Nach dem Blinken schalten Sie die Schalteinheit FLS PP erneut je zweimal aus und wieder ein, erneut jeweils mit drei Sekunden Abstand dazwischen – anschließend werden die Einstellungen der Schalteinheit zurückgesetzt.

Schalteinheit FLS PP mit Hue-System koppeln

Nach dem erstmaligen Einschalten leuchten die LED-Streifen in der Farbe Weiß. Um die Steuereinheit mit der neuen LED-Kette zu koppeln, öffnen Sie die Hue-App, wechseln dort in die *Einstellungen* und zu dem Punkt *Meine Lampen*. Wählen Sie den ersten Punkt *Neue Lichter anschließen* aus und starten Sie die automatische Suche.

11.2 Made in Dresden: lange Leitung für Hue-Stripes

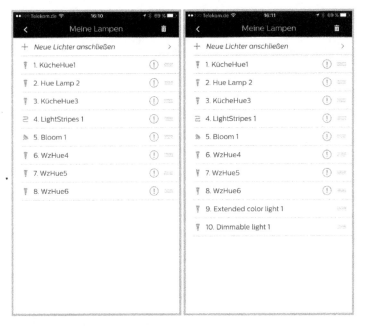

Bild 11.14: Nach dem Öffnen des *Einstellungen*-Dialogs wählen Sie *Neue Lichter anschließen/Automatische Suche*. In wenigen Augenblicken ist die Schalteinheit FLS PP mit den Bezeichnungen *Extended color light 1* und *Dimmable light 1* in die Lampenübersicht eingebunden.

Die automatische Suche dauert einen kleinen Moment, anschließend erscheinen in diesem Fall mit *Extended color light 1* und *Dimmable light 1* zwei zusätzliche Einträge in der Hue-Lampen-Übersicht. Diese lassen sich jetzt wie die anderen Philips-Originale oder die Osram-Lightify-Lampen über die Hue-App steuern.

11.3   Hue-Lampen ohne App steuern

Sind die Hue-Lampen mit der Basisstation gekoppelt, die Beleuchtungsszenen konfiguriert und mit dem Smartphone steuerbar, macht als Zubehör ein Funkschalter die Beleuchtungstechnik zu Hause nahezu perfekt. Denn manchmal kommt es vor, dass das Smartphone nicht genutzt werden kann, etwa wenn Sie mit vollen Einkaufstaschen nach Hause kommen. Oder das Smartphone ist mit Apps überladen, und Sie finden nicht auf Anhieb die passende, um die Beleuchtung zu schalten. Oder die Schwiegermutter, die ohne Smartphone die Beleuchtungstechnik zu Hause nicht steuern kann, kommt für die Kinderbetreuung zu Besuch. Es kann also viele Gründe geben, die Philips-Hue-Lampen mit einem traditionellen Schaltersystem zu beglücken, und seit Oktober 2015 sind zwei verschiedene Schaltermodelle im Philips-Sortiment enthalten.

Schalter mit Hue-System verbinden

Die Kopplung des Philips-Zubehörs erfolgt bei einem bereits eingerichteten System wie gewohnt über die Philips-App. Wechseln Sie in die *Einstellungen* und gehen Sie dort zum Punkt *Meine Geräte*. Wählen Sie den ersten Punkt *Neue Geräte verbinden* und anschließend das Schaltermodell – rund oder rechteckig – aus. Im Fall der neueren Schalterlösung mit Dimmer ziehen Sie die Schutzabdeckung der Batterie heraus und starten den Pairing-Prozess über die App per Tippen auf die Schaltfläche *Orange LED blinkt*.

Ist der Schalter als gekoppeltes Gerät in der Hue-Umgebung eingetragen, wählen Sie ihn aus und weisen ihm eine oder mehrere Lampen zu, die per manuellen Schalter über die Fernbedienung gesteuert werden sollen.

11.3 Hue-Lampen ohne App steuern

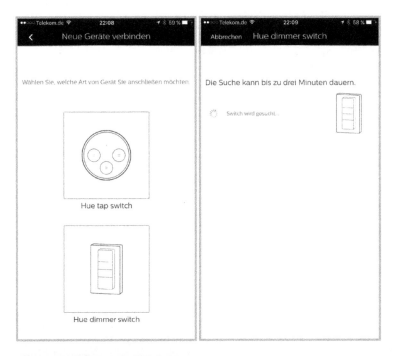

Bild 11.15: In wenigen Minuten ist der Schalter für das Hue-Beleuchtungssystem mit der Hue-Bridge gekoppelt.

Hue-Steuerung mit Python selbst gebaut

Sind die Lampen physikalisch installiert und logisch mit der Hue-Bridge gekoppelt, lassen sich die unterschiedlichen Lampentypen umfangreich konfigurieren. Zusätzliche Parameter wie Uhr- und Tageszeit sowie Wetter, Tür- und Fenstersensoren lassen sich dank Raspberry Pi über Python für die Steuerung der Hue-Lampen bequem nutzen. Voraussetzung dafür ist zunächst die Installation einer Python-API für die Hue-Lampen, die die Grundfunktionalität für den Zugriff auf die Basisstation mitbringt.

```
mkdir pyhue
cd pyhue/
wget wget https://pypi.python.org/packages/source/p/pyhue/pyhue-0.7.6.zip
unzip pyhue-0.7.6.zip
cd pyhue-0.7.6
sudo python setup.py install
```

Einfacher ist es, die Datei `pyhue.py` in das aktuelle Verzeichnis zu kopieren, in dem sich auch die Python-Quelldatei befinden wird. Für den Zugriff auf die Philips-Hue-Bridge sind dann nur noch die IP-Adresse sowie der Key der Bridge nötig.

```
#!/usr/bin/python
import pyhue
b = pyhue.Bridge('192.168.123.87','2841e6ada123456781234567812345')
```

Haben Sie ein Python-Skript erstellt, ist beim ersten Start des Skripts unmittelbar der mittige runde Schalter auf der Bridge-Basisstation zu drücken, um einen neuen Key zu generieren.

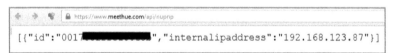

Bild 11.16: Nach dem Drücken des Schalters geben Sie im Browser die Adresse »https://www.meethue.com/api/nupnp« ein.

Anschließend wird die für die Verbindung notwendige Verbindungs-ID (der Verbindungskey) ausgegeben, die Sie im Python-Skript beim Verbindungsaufruf eintragen:

```
b = pyhue.Bridge('192.168.123.87','2841e6ada123456781234567812345')
```

Python-Aufrufe für die Lampensteuerung

Die Philips-API bietet verschiedene Funktionen und Möglichkeiten an, mit denen Sie die angeschlossenen Lampen in Gruppen zusammenfassen und steuern können. Dafür stehen die sogenannte »lights«-Ressource für die Lampen selbst, die »groups«-Ressource für das virtuelle Gruppieren von Lampen, eine »config«-Ressource, in der die Konfigurationsparameter abgelegt werden, sowie die »schedules«-Ressource, in der sämtliche wiederkehrenden automatischen Startparameter eingetragen sind, zur Verfügung. Über die Python-API `pyhue` ist der Zugriff auf die Hue selbst sowie auf die gekoppelte(n) Lampe(n) schnell erledigt:

```python
import pyhue
b = pyhue.Bridge('X.X.X.X', 'test')
# erste Lampe
light = b.get_light("1")
light.hue = 0
light.bri = 255
```

Das nachstehende Skript erledigt zunächst die grundlegenden Dinge wie Initialisierung der Hue und Einlesen der Parameter, um anschließend alle angeschlossenen Lampen an- und nach einer Wartezeit (bei `delaysec`) von `20` Sekunden wieder auszuschalten.

```python
#!/usr/bin/python
import pyhue
import time
import sys
IP_HUE='192.168.123.87'
delaysec=20
b = pyhue.Bridge(IP_HUE,'2841e6ada8f9d67319c89697009b83')

def alle_birnen_an():
# alles an
        for light in b.lights:
                light.on = True
                light.hue = 0

def alle_birnen_aus():
# alles an
        for light in b.lights:
                light.on = False

def main():
        alle_birnen_aus()
        print "Lampen wurden ausgeschaltet"
        print "Warte ", delaysec, "Sekunden..."
        time.sleep(delaysec)
        print "Lampen wurden eingeschaltet"
# Alternative zum Ein-/Ausschalten
        alle_birnen_an()
        switch_birnen('on')
        switch_birnen('off')

def switch_birnen(sw):
        id_hue_birne=0
        print "Es werden alle angeschlossenen Lampen eingeschaltet"
        for light in b.lights:
```

```python
            id_hue_birne = id_hue_birne + 1
            if sw == 'on':
                light.on = True
                light.hue = 0
                #b.set_light(anz_hue_birnen, 'on' , True)
                print "Es wird Lampe <", id_hue_birne , "> eingeschaltet"
            elif sw == 'off':
                #b.set_light(anz_hue_birnen, 'on', False)
                light.on = False
                print "Es wird Lampe <", id_hue_birne, "> ausgeschaltet"
            elif sw == '':
                light.on = False
                # b.set_light(anz_hue_birnen, 'on', False)
                print "Es wird Lampe <", id_hue_birne, "> ausgeschaltet"
        anzahl_hue_birne = id_hue_birne

if __name__ == '__main__':
        main()
sys.exit(0)
# -------------------------- EOF ----------------------------------------
```

Beachten Sie, dass das Ausschalten der Lampen über den `True/False`-Schalter gesteuert wird. In der `for`-Schleife durchläuft die Funktion sämtliche an der Hue verfügbaren Lampen.

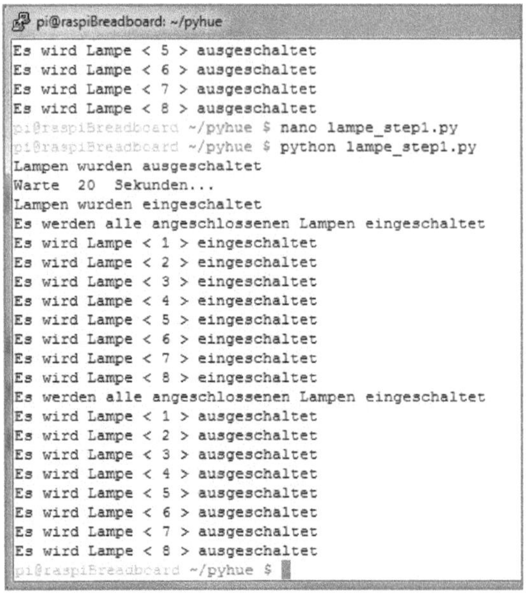

Bild 11.17: Ein- und Ausschalten aller Lampen: Der erste Test des selbst gebauten Python-Skripts ist erfolgreich.

11.3 Hue-Lampen ohne App steuern

Das Beispielskript zum Ein- und Ausschalten der Hue-Lampen finden Sie unter der Bezeichnung `lampe_step1.py`. Als Nächstes lassen Sie sich die erweiterten Attribute und Eigenschaften der Lampen ausgeben.

Parameterzugriff auf die Hue-Lampen

Im nächsten Schritt dient das oben genannte Skript `lampe_step1.py` als Basis und wird um die Funktion `def birnen_info()` ergänzt. In dieser Funktion finden sich sämtliche API-Aufrufe (*http://developers.meethue.com/1_lightsapi.html*) der Lampenressource, die nach dem Aufruf aus der Hue über Lampenparameter ausgelesen und auf dem Bildschirm ausgeben werden.

```
def birnen_info():
    anzahl_hue_birnen=0
    id_hue_birne=0
    print "Es werden alle angeschlossenen Lampen gezeigt"
    for light in b.lights:
        print '+' * 80
        print "+  LAMPE Nr. <" , light.id ,"> "
        print '+' * 80
        print "+ light.state", light.state
        print "+ light.type", light.type
        print "+ light.name", light.name
        print "+ light.modelid", light.modelid
        print "+ light.swversion", light.swversion
        print "+ light.pointsymbol", light.pointsymbol
        print "+ -"
        if hasattr(light,'ct'):
            print "+ id: ", light.id, " | Name :" , light.name, "| Eingeschaltet? : ", light.on, "| Helligkeit: ", light.bri, "| Saettigung", light.sat, "| xy: ", light.xy, "| Farbtemperatur: ", light.ct, "| Hue: ", light.hue, "| Colormode: ", light.colormode
        else:
            print "+ id: ", light.id, " | Name :" , light.name, "| Eingeschaltet? : ", light.on, "| Helligkeit: ", light.bri, "| Saettigung", light.sat, "| xy: ", light.xy, "| Farbtemperatur: Keine | Hue: ", light.hue,  "| Colormode: ", light.colormode
        print '+' * 80
        print "~"
```

Die neue Funktion ist in der Datei `lampe_step2.py` gespeichert. Bei der Ausführung des Skripts werden sämtliche angeschlossenen Lampen geprüft, anschließend werden deren (aktive) Parameter ausgegeben.

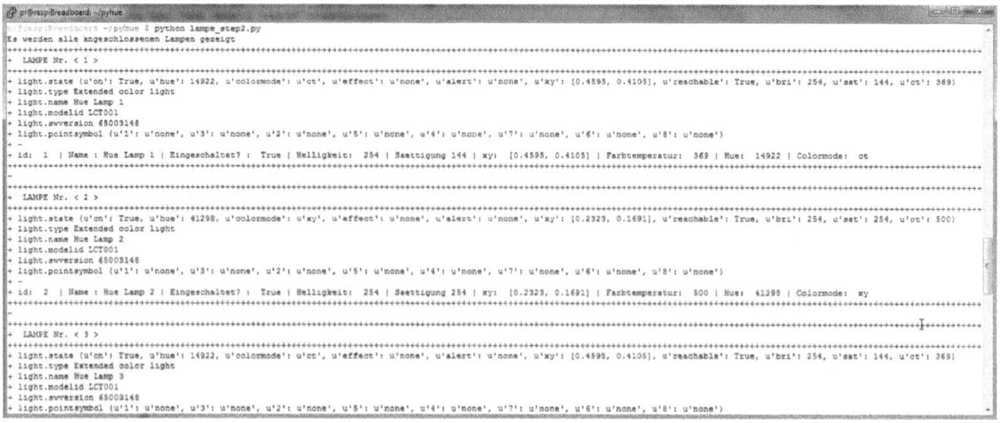

Bild 11.18: Mit dem erweiterten Skript `lampe_step2.py` lassen Sie sich mit der Funktion `def birnen_info()` zusätzlich die Parameter und Einstellungen der Lampen ausgeben.

Nun ist geklärt, wie der Zugriff auf die verfügbaren Parameter funktioniert. Im nächsten Schritt wählen Sie den umgekehrten Weg und setzen die gewünschten Werte für die jeweilige Lampe. Dies äußert sich, wie es bei einer Lampe auch sein soll, in der unterschiedlichen Leuchtkraft und Farbgebung der Birne.

Wohlfühlprogramm: Helligkeit, Sättigung und Farben ändern

Mit den Parametern Farbton (`hue`), Sättigung (`saturation`) und Helligkeit (`brightness`) wird bei den Hue-LED-Lampen die Farbgebung der Farben definiert, die sich aus dem bekannten Schema RGB (Rot, Grün, Blau) ergeben.

Philips nutzt für die Farbzuordnung der Lampen den sogenannten CIE-Farbraum, also die unten gezeigte hufeisenförmige Normfarbtafel, die nun mit zwei Parametern (x und y) arbeitet, da sich der dritte Parameter z aus der Grundbedingung x + y + z = 1 durch die rechnerische Umstellung zu z = 1 − x − y ermitteln lässt.

Dreh- und Angelpunkt ist der sogenannte theoretische Weißpunkt, dem alle drei Farben zu je einem Drittel zugeordnet sind. Hier erhalten die Variablen x, y und z jeweils den Wert 0,333.

Wie erwähnt: Durch die Grundbedingung, die mit x + y + z = 1 definiert ist, lässt sich der z-Anteil rechnerisch (z = 1 − x − y) ermitteln. Damit ist der zulässige Zahlenbereich der beiden x- und y-Werte zwischen 0 und 1 festgelegt.

Hat x beispielsweise den Wert 1, muss y (und z) den Wert 0 besitzen, damit die Gleichung stimmt.

Auf dem Computer kommt im Gegensatz zur Philips Hue das RGB-Farbschema zur Anwendung. Bei RGB werden R (Rot), G (Grün) und B (Blau) jeweils durch einen Wert von 0 bis 255 dargestellt, der zunächst in das Hexadezimalsystem umgewandelt und anschließend mit den verbleibenden Werten aneinandergereiht wird.

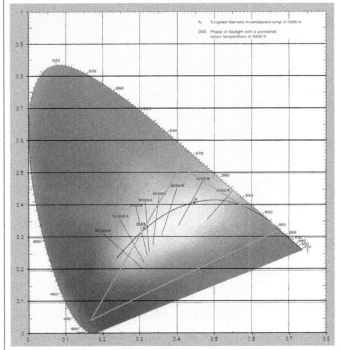

Bild 11.19: Auszug aus der Philips-API (*http://developers.meethue.com/1_lightsapi.html*): Die Farbzuordnung erfolgt nach dem CIE-Farbschema mit x-/y-Koordinaten.

So wird beispielsweise der RBG-Wert (255,0,0) zu FF0000. Die weitere Darstellung einer Farbe kann auch im sogenannten HSV-Verfahren erfolgen, bei dem die Farbe auf Basis von Farbton, Sättigung und Helligkeit bestimmt werden kann. Für die Umrechnung der Farben stehen fertige Algorithmen zur Verfügung – aber wer in Sachen Programmierung eine kleine Herausforderung sucht, kann sich hier verwirklichen.

> **Farben umrechnen**
> Grundsätzliche Informationen zur Umrechnung der Farben zwischen den Farbsystemen sowie Onlinerechner, die zumindest am Anfang gute Hilfestellung leisten, finden Sie unter *www.brucelindbloom.com/index.html?ColorCalcHelp.html* und *www.rapidtables.com/convert/color/rgb-to-hsv.htm*.

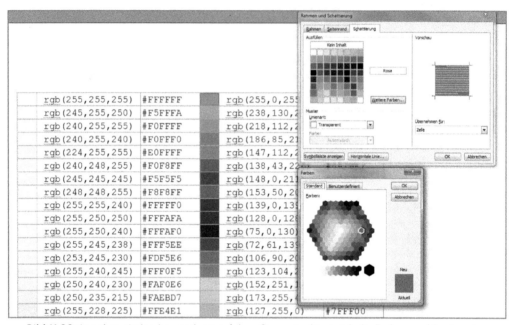

Bild 11.20: In nahezu jeder Anwendung auf dem Computer lässt sich die Farbauswahl entweder im RGB- oder im HSV-Format vornehmen. Eine große Auswahl an Farben erzeugen Sie über die RGB-Farbtabelle.

Um unter Python von dem RGB-Farbschema auf das CIE-xy-Farbschema der Hue zu wechseln, können Sie über die Python-Module **numpy** und **colorpy** etwas Aufwand treiben, um die x-/y-Werte möglichst genau zu ermitteln. Da die Farbgebung hier jedoch nur ungefähr stimmen muss, reichen Näherungswerte für die Umrechnung völlig aus.

In diesem Beispiel wurden die im Hue-Forum (*http://www.everyhue.com/vanilla/discussion/94/rgb-to-xy-or-hue-sat-values/p1*) genutzten festen Werte in Python-Code übertragen und in eine eigene Funktion gegossen.

```
def rgb2xy_short(r, g, b):
    X = 0.412453 * r + 0.357580 * g + 0.180423 * b
    Y = 0.212671 * r + 0.715160 * g + 0.072169 * b
    Z = 0.019334 * r + 0.119193 * g + 0.950227 * b
    x = X / (X+Y+Z)
```

11.3 Hue-Lampen ohne App steuern

```
    y = Y / (X+Y+Z)
    return x, y
```

Damit lässt sich nahezu jede gewünschte Farbe zumindest berechnen – ob sich die Farbe eins zu eins auf den Hue-Lampen darstellen lässt, steht natürlich wieder auf einem anderen Blatt. Doch zumindest die Farbgebung kommt in der Praxis schon etwas in die Nähe. Die Helligkeit ist natürlich bei der Hue ebenfalls variabel – der dazugehörige Wert bewegt sich im Bereich zwischen 0 und 255. Beachten Sie hier, dass per definitionem der Hue-API der Wert 0 für die Helligkeit nicht gleichbedeutend mit dem Ausschalten der Lampe ist. Dafür steht ein eigener API-Aufruf zur Verfügung.

```python
def rgb2ciexy_hue(rInt, gInt, bInt):
    MAX_BRIGHT=255
    # Farbe konvertieren zwischen 0 und 1
    red = (float(rInt) / 255)
    green = (float(gInt) / 255)
    blue = (float(bInt) / 255)
    # Gamma-Korrektur der RGB-Farben
    if (red > 0.04045):
        red = math.pow(((red + 0.055) / 1.055), 2.4)
    else:
        red = red / 12.92
    if (green > 0.04045):
        green = math.pow(((green + 0.055) / 1.055), 2.4)
    else:
        green = green / 12.92
    if (blue > 0.04045):
        blue = math.pow(((blue + 0.055) / 1.055), 2.4)
    else:
        blue = blue / 12.92
    # Alternativ auch Wide RGB D65 moeglich!
    red = red * 100
    green = green * 100
    blue = blue * 100

    X = red * 0.4124 + green * 0.3576 + blue * 0.1805
    Y = red * 0.2126 + green * 0.7152 + blue * 0.0722
    Z = red * 0.0193 + green * 0.1192 + blue * 0.9505

#CIE-Werte xyY errechnen aus o. g. Naeherung
    sum = X + Y + Z
    if (sum > 0):
        chroma_x = X / (X + Y + Z) #x
        chroma_y = Y / (X + Y + Z) #y
    else:
        chroma_x = 0
        chroma_y = 0
    brightness = int(math.floor(Y / 100 * MAX_BRIGHT)) # Y bestimmt die
Helligkeit der konvertierten Farbe
```

```
    print "xyY:" + str(chroma_x) + " , " + str(chroma_y) + " , " +
str(brightness)
    isBulbOn = True # Bool für Status
    if brightness == 0:
        isBulbOn = False # Status setzen, wenn Helligkeit auf 0
    output = {'xy':[chroma_x, chroma_y],'bri':brightness,'on':isBulbOn}
    return output
```

Das Einschalten einer einzelnen Lampe erfolgt mit diesem Kommando:

```
switch_birne(2, 'on')
```

Die dazugehörige Funktion hat einen einfachen Aufbau:

```
def switch_birne(id, sw):
    for light in b.lights:
        if int(light.id) == int(id):
            if sw == 'on':
                light.on = True
                light.hue = 0
                print "Es wird Lampe <", id , "> eingeschaltet"
            elif sw == 'off':
                light.on = False
                print "Es wird Lampe <", id, "> ausgeschaltet"
            elif sw == '':
                light.on == False
                print "Es wird Lampe <", id , "> ausgeschaltet"
            elif sw <> '':
                light.on = False
                print "Es wird Lampe <", id, "> ausgeschaltet"
```

In diesem Beispiel wird Lampe 2 (light id = 2) mit der Bezeichnung Hue Lamp 2 über den Übergabeparameter id (hier 2) angesprochen und durch den On/Off-Schalter der Funktion gesteuert. Um nun den einzelnen Lampen bestimmte Farben zuzuordnen, führen viele Wege nach Rom. Zumindest für den Einstieg ist es am einfachsten, hier die Werte für die gewünschten Farben vorab zu bestimmen und im Skript bzw. Programmcode fest in Variablen zu hinterlegen.

Variable	Bemerkung	Wertebereich
Hue (hue)	Die zulässigen Werte liegen hier zwischen 0 und 65535 (2^{16} = 65535). So wird die Farbe Rot durch den 65535 repräsentiert, 25500 ist Grün und 46920 Blau. Dividiert durch das Winkelmaß 182,0416666666667, erhalten Sie bei der Farbe Rot (65535) einen Vollkreis von 360 Grad.	0–65535

Variable	Bemerkung	Wertebereich
Brightness (bri)	Helligkeit.	0-255
Saturation (sat)	Farbsättigung der Lampe. Die Werte liegen hier zwischen 0 (keine Sättigung, weiß) und 255 (farbig).	0-255
xy	Die x- und y-Koordinate im CIE-Farbraum.	jeweils von 0-1

Als Funktion zum Setzen des Farbtons der Hue-LED-Lampen können Sie folgende Funktion verwenden, in der die wichtigsten Farben bereits vordefiniert sind:

```python
def set_birne_farbe(id, light_color):
    # Aufruf set_birne_farbe(1,"blau")
    # Farben: off, weiss, rot, gruen, violett, pink, blau, gelb
    # Farbdefinitionen unter: http://chir.ag/projects/name-that-color/
    for light in b.lights:
        if int(light.id) == int(id):
            if light_color == "off":
                light.on = False
            else:
                if light.on == False:
                    light.on = True
            if light_color == "weiss":
                light.bri = 250
                light.hue = 14923
                light.sat = 144
                light.xy = [0.4596, 0.4105]
            if light_color == "gelb":
                light.bri = 250
                light.hue = 19887
                light.sat = 254
                light.xy = [0.4304, 0.5023]
                if light_color == "rot":
                    light.bri = 250
                    light.hue = 49746
                    light.sat = 235 # 255 knallt zu arg ;)
                    light.xy = [0.6400.03299]
                if light_color == "violett":
                    light.bri = 250
                    light.hue = 46031
                    light.sat = 228
                    light.xy = [0.2336, 0.1127]
                if light_color == "pink":
                    light.bri = 250
```

```
            light.hue = 47793
            light.sat = 211
            light.xy = [0.3628, 0.1808]
    if light_color == "blau":
            light.bri = 250
            light.hue = 47108
            light.sat = 254
            light.xy = [0.166, 0.04]
    if light_color == "gruen":
            light.bri = 250
            light.hue = 23543
            light.sat = 254
            light.xy = [0.3919, 0.484]
```

Sämtliche beschriebenen sowie weitere Python-Funktionen sind in der Datei `lampe_step3.py` zusammengefasst, die Sie für Ihre persönlichen Zwecke einsetzen können. Stricken Sie sich entsprechende Szenen oder Abläufe zusammen, die beim Auftreten eines Ereignisses automatisch gestartet werden können. Damit Sie im Rahmen der Hausautomation auch einzelne Lampen gezielt steuern und mit anderen Komponenten (z. B. einer Türklingel) koppeln können, benötigen Sie das kostenlose FHEM-Tool auf dem Raspberry Pi.

11.4 FHEM mit Hue-Lampen nachrüsten

Für die einfache Integration der Hue-Bridge in die Hausautomation auf dem Raspberry Pi sorgt das Tool FHEM.

1. Sind sämtliche Lampen mit der kleinen weißen Steuerbox gekoppelt und ist die Hue-Bridge im Heimnetz mit einer eigenen IP-Adresse erreichbar, nehmen Sie die Einrichtung einfach über das Webkonfigurationsfenster von FHEM durch die Eingabe des Kommandos **define bridge HUEBridge** vor – oder **define wz_HUE HUEBridge 192.169.123.87**, falls Sie die IP-Adresse mit angeben möchten.

2. Nach der Eingabe des Kommandos wird nach dem Pairing per Klick auf die Schaltfläche *Save config* die aktuelle Konfiguration gespeichert. Sicherheitshalber prüfen Sie bei der Installation neuer Geräte die Logdatei auf etwaige Unstimmigkeiten.

11.4 FHEM mit Hue-Lampen nachrüsten

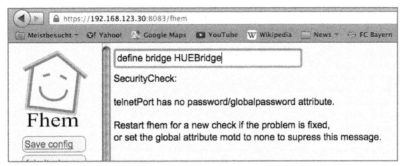

Bild 11.21: Wird der Befehl durch Betätigen der [Enter]-Taste an den FHEM-Server geschickt, drücken Sie auf den runden Knopf in der Mitte der Bridge, damit die Hue-Bridge einen Verbindungsschlüssel generiert und an den FHEM-Server übermittelt.

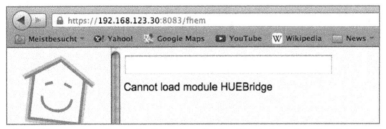

Bild 11.22: Hue-Installation läuft in einen Fehler: Die Anlage der Hue-Bridge scheitert zunächst.

Kann das Hue-Modul nicht geladen bzw. keine Verbindung aufgenommen werden, gilt das erst recht – in der Regel liefert FHEM meist unmittelbar eine Rückmeldung dazu, wo es zwickt. In diesem Fall kann das Modul nicht geladen werden.

Bild 11.23: Vorarbeit erforderlich: Erst wenn das notwendige JSON-Perl-Modul installiert ist, lassen sich die Hue-Module `30_HUEBridge.pm` und `31_HUEDevice.pm` in Betrieb nehmen.

❸ Der Blick in die Logdatei sorgt weiter für Aufklärung, vor der eigentlichen Fehlermeldung `error detecting bridge` weist FHEM mit der Meldung `Can't locate JSON.pm in @INC` darauf hin, dass das notwendige JSON-Modul (*JavaScript Object Notation*) nicht installiert ist.

Perl CPAN auf dem Raspberry Pi installieren

Für die Kommunikation von und zur Hue-Bridge benötigt FHEM ein installiertes JSON-Paket.

❶ Für die Nutzung der FHEM-eigenen Perl-Module bzw. der Hue-Module (`30_HUEBridge.pm`, `31_HUEDevice.pm` im Verzeichnis `/opt/fhem/FHEM`) ist die nachträgliche Installation auf dem Raspberry Pi nötig. Wer statt des Raspberry Pi eine FHEM-taugliche FRITZ!Box im Einsatz hat, muss ebenfalls das JSON-Paket nachinstallieren, das über die CPAN-Seite per Suche nach »JSON-2.53.tar.gz« erhältlich ist.

```
wget http://search.cpan.org/CPAN/authors/id/M/MA/MAKAMAKA/JSON-2.53.tar.gz
tar xfz JSON-2.53.tar.gz
cd JSON-2.53
sudo cpan JSON
```

❷ Jetzt bestätigen Sie per [Enter]-Taste die Verbindungsanforderung zu einem Mirror der Seite *cpan.org*, damit die Installation fortgeführt werden kann.

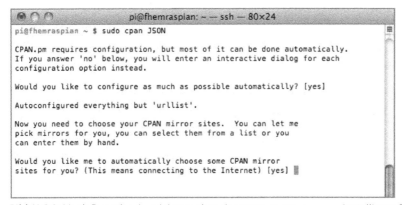

Bild 11.24: Nach Download und Auspacken der JSON-2.53.tar.gz installieren Sie das JSON-Paket mit dem Kommando sudo cpan JSON.

Nach dem Start der Installation dauert es einen kurzen Moment, bis das JSON-Paket auf dem Raspberry Pi nachgezogen und aktiviert ist.

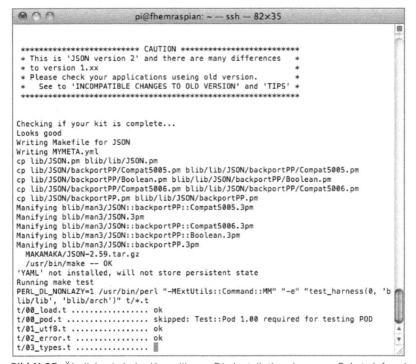

Bild 11.25: Ähnlich wie beim Kompilieren: Die Installation des cpan-Pakets informiert ausführlich über das Geschehen bei der Installation.

11 LED-Lampen und Lichteffekte

❸ Die Installation legt das notwendige Perl-Modul JSON.pm im Verzeichnis /usr/local/share/perl/5.14.2/ ab. Auf der FRITZ!Box muss dagegen der Inhalt des JSON-Pakets vom lib-Verzeichnis nach /fhem/lib/perl5/site_perl/5.12.2 kopiert werden.

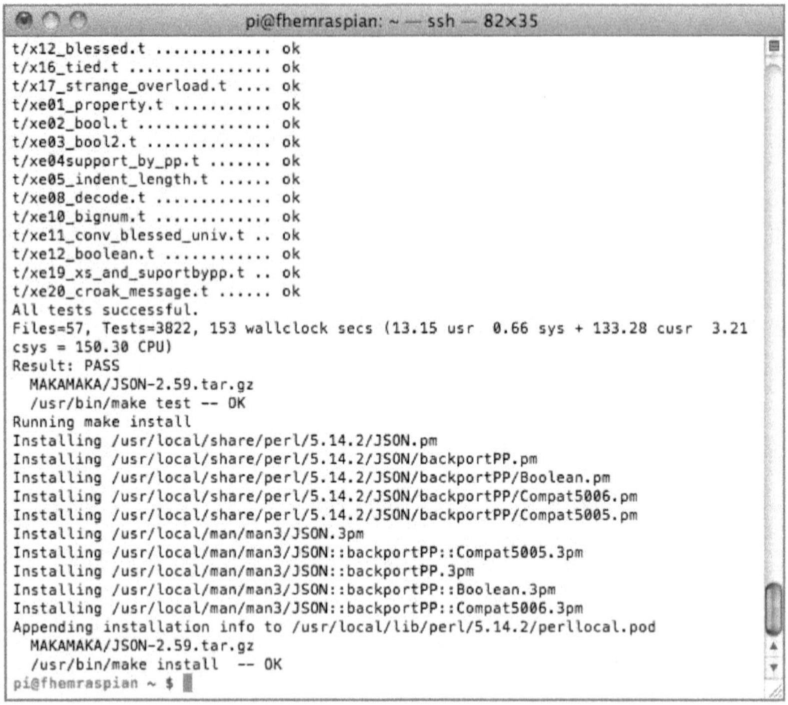

```
t/x12_blessed.t ............. ok
t/x16_tied.t ................ ok
t/x17_strange_overload.t .... ok
t/xe01_property.t ........... ok
t/xe02_bool.t ............... ok
t/xe03_bool2.t .............. ok
t/xe04support_by_pp.t ....... ok
t/xe05_indent_length.t ...... ok
t/xe08_decode.t ............. ok
t/xe10_bignum.t ............. ok
t/xe11_conv_blessed_univ.t .. ok
t/xe12_boolean.t ............ ok
t/xe19_xs_and_suportbypp.t .. ok
t/xe20_croak_message.t ...... ok
All tests successful.
Files=57, Tests=3822, 153 wallclock secs (13.15 usr  0.66 sys + 133.28 cusr  3.21 csys = 150.30 CPU)
Result: PASS
  MAKAMAKA/JSON-2.59.tar.gz
  /usr/bin/make test -- OK
Running make install
Installing /usr/local/share/perl/5.14.2/JSON.pm
Installing /usr/local/share/perl/5.14.2/JSON/backportPP.pm
Installing /usr/local/share/perl/5.14.2/JSON/backportPP/Boolean.pm
Installing /usr/local/share/perl/5.14.2/JSON/backportPP/Compat5006.pm
Installing /usr/local/share/perl/5.14.2/JSON/backportPP/Compat5005.pm
Installing /usr/local/man/man3/JSON.3pm
Installing /usr/local/man/man3/JSON::backportPP::Compat5005.3pm
Installing /usr/local/man/man3/JSON::backportPP.3pm
Installing /usr/local/man/man3/JSON::backportPP::Boolean.3pm
Installing /usr/local/man/man3/JSON::backportPP::Compat5006.3pm
Appending installation info to /usr/local/lib/perl/5.14.2/perllocal.pod
  MAKAMAKA/JSON-2.59.tar.gz
  /usr/bin/make install -- OK
pi@fhemraspian ~ $
```

Bild 11.26: Erfolgreich kompiliert und installiert: Nun ist das JSON-Paket auf dem Raspberry Pi und kann für FHEM genutzt werden.

❹ Im nächsten Schritt wiederholen Sie die Eingabe im FHEM-Befehlsfenster, um die Hue-Bridge per define in der FHEM-Konfiguration anzulegen. Nach dem Drücken des Link-Knopfs wird auch der Verbindungsschlüssel von der Hue generiert und zum Raspberry Pi zu FHEM übertragen.

11.4 FHEM mit Hue-Lampen nachrüsten

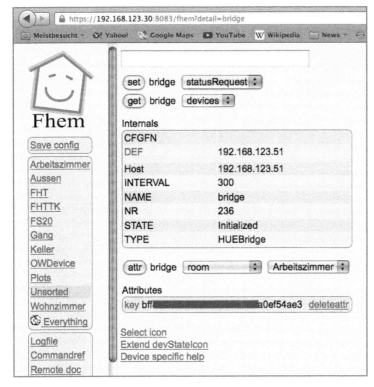

Bild 11.27:
Die Hue-Bridge wird automatisch von FHEM mit den notwendigen Settings eingetragen.

Ist die Hue in FHEM eingerichtet, können die mit der Hue-Bridge gekoppelten Lampen in Betrieb genommen werden.

Hue-Lampen in FHEM einrichten

Um die mit der Hue-Bridge gekoppelten Lampen auch in FHEM anzeigen zu können, drücken Sie zunächst auf den Link-Button auf der Oberseite der Basisstation. FHEM selbst meldet, wie in der nachstehenden Abbildung zu sehen, dass die Kopplung noch nicht vollständig abgeschlossen ist, und fordert das Drücken des Schalters auf der Hue-Bridge ausdrücklich ein.

Nach wenigen Augenblicken überträgt die Hue-Bridge die Informationen per JSON an den Raspberry Pi. FHEM sortiert diese zunächst standardmäßig numerisch aufsteigend ein und legt dafür einen eigenen Raum *HUEDevice* an, in dem sämtliche Hue-Geräte wie Bulbs, LivingColors Bloom, Friends of Hue LightStrips oder die neuen GU10-Lampen einsortiert werden.

11 LED-Lampen und Lichteffekte

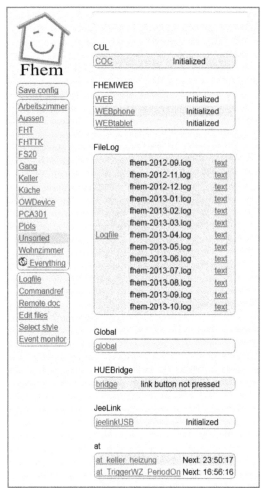

Bild 11.28: Erst wenn die Übertragung per Link-Button auf der Hue-Bridge angetriggert wurde, ändert sich der Status in der FHEM-Übersichtsseite.

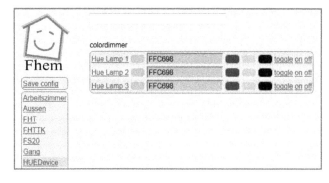

Bild 11.29: Erstinstallation abgeschlossen: Nun können Sie einfach per FHEM-Oberfläche den Zustand und die Farben der angeschlossenen Lampen ändern.

11.4 FHEM mit Hue-Lampen nachrüsten

Weitere Lampen fügen Sie FHEM analog hinzu. Für jeden Lampentyp existiert eine eigene Modell-ID, die Sie bei der Einrichtung von FHEM bzw. bei der Erstdefinition der Lampen in FHEM nutzen können. Es ist zu erwarten, dass noch zig weitere Lampentypen hinzukommen, da Philips neben besonders geformten GU10-Lampen auch Einbaustrahler sowie weitere Lampenmodelle und -designs angekündigt hat.

Hue-Modell/Lampe	Typ	Modell-ID
HUE Bulbs	Extended color light	LCT001
LivingColors G2	Color Light	LLC001
LivingWhites Bulb G2	Dimmable light	LWB001
LivingWhites Outlet G2	Dimmable plug-in unit	LWL001
LivingColors Iris	Color Light	LLC006
LivingColors Bloom	Color Light	LLC005/LLC012
LivingColors Bloom	Color Light	LLC007
Extend Color Light	Dresden Electronic	FLS-RP3
Dimmable light	Dresden Electronic	FLS-RP3 White
ZGP Switch	ZGP Switch	SWT001
Hue Dimmer switch	Hue Dimmer switch	RWL021

Um beispielsweise eine zusätzliche Lampe (hier die Wohnzimmerlampe LivingColors Bloom) in die FHEM-Konfiguration einzubauen, reichen nachstehende Zeilen in der `fhem.cfg` aus:

```
define HUEDevice4 HUEDevice 4
attr HUEDevice4 alias Hue Lamp 4
attr HUEDevice4 devStateIcon {(HUEDevice_devStateIcon($name),"toggle")}
attr HUEDevice4 model LLC007
attr HUEDevice4 room HUEDevice
attr HUEDevice4 subType colordimmer
attr HUEDevice4 webCmd rgb:rgb ff0000:rgb DEFF26:rgb 0000ff:toggle:on:off
```

Nach dem Speichern der `fhem.cfg` und dem Neustart von FHEM wird die Lampe im Raum *HUEDevice* angezeigt und kann wie die anderen Lampen bequem per Benutzeroberfläche oder automatisiert über die interne FHEM-Logik nach Wunsch geschaltet werden.

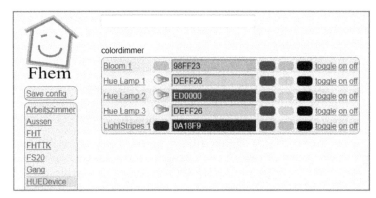

Bild 11.30: Jedes neues Hue-Device wird in der FHEM-Konfiguration automatisch einsortiert und mit den Standardparametern initialisiert.

Es spielt keine Rolle, ob Sie die normalen Bulb-Lampen, die Bloom-Modelle oder andere Lampen der Hue-Familie verwenden. Alle leuchten je nach Modell nicht nur weiß, sondern können praktisch jede Ausprägung des Farbspektrums darstellen.

Wer nicht nur eine schlichte Lampe im Wohnbereich, sondern eine stimmungsvolle Atmosphäre im Raum haben möchte, für den bietet die neue Generation der LED-Lampen einige Möglichkeiten. Nicht einmal mehr ein Dimmer ist nötig, um die Helligkeit der Lampe zu steuern. Dazu kommt die Möglichkeit, die Lampen untereinander unabhängig von den Räumlichkeiten zu koppeln und bequem über Smartphone, Tablet oder Raspberry Pi zu steuern.

Auch in Sachen Energiesparen amortisiert sich die Anschaffung im Laufe der Zeit. Je nach Typ, Modell und Hersteller verbraucht eine LED-Lampe unter Volllast laut Herstellerangaben nicht mal 8 W, leuchtet aber wie eine 45- bis 60-W-Glühlampe. Wer klein anfangen möchte und eine Investition in das Philips-Hue-System zunächst scheut, kann in Sachen WLAN-Lampen und Hausautomation mit einem 60-Euro-Modell (eine Lampe, eine Fernbedienung, Wi-Fi-Controller) starten und erste Erfahrungen sammeln.

11.5 Hue-Alternative: WLAN-Lampen aus China

Abegeshen von der Philips-Hue-Serie sind WLAN-LED-Lampen nur aus Fernost erhältlich, die wohl alle aus demselben Werk kommen, aber je nach Verkaufsort anders belabelt und zusammengestellt werden. Bemüht man die Suchmaschine, findet man dasselbe Lampenmodell unter den Bezeichnungen LimitlessLED, EasyBulb, AppLight, AppLamp, MiLight, LEDme, dekolight und iLight – lediglich unterschieden in farbige RGB- und einfarbige weiße LEDs.

Der häufig beiliegende WLAN-Controller kommt wie eine optionale Fernbedienung mit allen Lampentypen zurecht, und beide Steuereinheiten müssen zuvor mit den eingesetzten Lampen gepairt werden. Die LED-Lampen kommen im sogenannten E27-

Sockel und sind mit 15 RGB-LEDs ausgestattet, die annähernd die Leuchtkraft einer herkömmlichen 45-W-Glühbirne erzeugen können. In Sachen Verbrauch sind sie mit 7,5 W bei einer Lebensdauer bis zu 50.000 Stunden angegeben.

Bild 11.31: »Kann alles und noch mehr ...«: Vollmundiges Versprechen auf den Seiten der Zwischen- und Einzelhändler, die die China-Birnen im Sortiment haben.

Nachteil im Vergleich zum großen Hue-Original ist, dass die Lampen nicht einzeln gesteuert werden können. Für diese Funktion benötigen Sie noch einen weiteren Wi-Fi-Controller, der wiederum seine eigene IP-Adresse und Konfiguration im Heimnetz braucht. Um beispielsweise drei Lampen unabhängig voneinander schalten zu können, benötigen Sie drei Wi-Fi-Controller – rechnen Sie die Mehrkosten für die zusätzlichen Wi-Fi-Controller hinzu, sind Sie schnell wieder im Bereich des Startpakets der Philips Hue, das ab Werk mit drei LED-Lampen kommt.

Wer einzelne Lampen speziell für einen Zweck, beispielsweise mit Alarm- oder Weckfunktionen oder zum Koppeln an den Raspberry Pi für die Hausautomation, nutzen möchte, der wird sich über die breite Programmier- und Betriebssystem-unterstützung der WLAN-Lampen freuen – die Inbetriebnahme der LED-Lampen und der Wi-Fi-Bridge ist in kurzer Zeit erledigt.

WLAN-Lampen und Wi-Fi-Bridge einrichten

Bevor Sie mit der Ersteinrichtung über den Computer bzw. den Raspberry Pi beginnen, sollten Sie das WLAN-Lampenpaket in Betrieb nehmen. Abhängig davon, welche und wie viele Komponenten zusammengeschaltet werden sollen, dauert die Grundinstallation etwas. In Internetkaufhäusern und bei Einzelhändlern findet sich neben der WLAN-Bridge zum Koppeln der WLAN-Lampen auch eine Fernbedienung, die unabhängig von der WLAN-Bridge die verbundenen WLAN-Lampen schalten kann. Haben Sie mehrere WLAN-Lampen gekauft, werden Sie sich schnell wundern, dass sich mit einer Fernbedienung nur eine WLAN-Lampe bzw. eine Gruppe von WLAN-Lampen gleichzeitig schalten lässt.

Die Einzelauswahl einer Lampe ist nicht möglich. Wer beispielsweise zwei Lampen unabhängig voneinander per Fernbedienung (oder WLAN-Bridge) schalten möchte, benötigt für jede weitere Lampe eine zusätzliche Fernbedienung. Das ist erst mal ernüchternd – ein Lampenset lässt sich mit drei LED-Birnen, einer Fernbedienung und einer Wi-Fi-Bridge beispielsweise so einrichten, dass zwei LED-Lampen gleichzeitig mit der Fernbedienung und die übrige LED-Lampe per Wi-Fi-Bridge über das WLAN gesteuert werden kann.

1. Das Pairing der WLAN-Lampen mit der Fernbedienung ist innerhalb weniger Minuten erledigt: Ist die Fernbedienung mit Akkus bestückt und die LED-Birne in die E27-Lampenfassung gedreht, schalten Sie zunächst den Wandschalter aus.

2. Dann nehmen Sie die Fernbedienung zur Hand, schalten per Wandschalter die LED-Birne ein und drücken innerhalb von zwei bis drei Sekunden auf den definierten Link-Schalter der Fernbedienung. In diesem Beispiel war es die Taste »S+«, je nach Modell kann es jedoch auch eine andere sein.

3. Die Ersteinrichtung des WLAN-Moduls, der sogenannten Wi-Fi-Bridge, ist zwar etwas umständlicher, aber kein Hexenwerk, und kann prinzipiell auch mit einem Smartphone oder Tablet geschehen. Das ist gerade dann zu empfehlen, wenn Sie in Ihrem Heimnetz einen anderen IP-Nummernkreis als `192.168.1.x` verwenden, der im vorliegenden Wi-Fi-Paket als Standard-IP-Zuordnung definiert ist.

   Ist das WLAN-Modul mit dem vorhandenen USB-Kabel mit einem 5-V-Netzgerät verbunden (ein Handyladekabel mit einem Mini-USB-Stecker tut es auch), nehmen Sie mit einem WLAN-fähigen Gerät wie Notebook, Smartphone oder Tablet Kontakt auf.

4. Die Wi-Fi-Bridge hat eine eigene SSID, die je nach Hersteller auch wieder unterschiedlich sein kann – in diesem Beispiel lautet sie `wifi_socket`. Die WLAN-Verbindung ist schnell aufgebaut, ein Kennwort war für die Verbindung in diesem Fall nicht gesetzt – für die Anmeldung auf der Benutzeroberfläche ist der Benutzer `admin` mit dem Kennwort `000000` (manchmal auch `admin`) voreingestellt. Diese Angaben finden sich auch auf dem Gehäuseaufkleber der WLAN-Bridge, falls diese mal über den kleinen Reset-Schalter auf die Werkeinstellungen zurückgesetzt werden muss.

11.5 Hue-Alternative: WLAN-Lampen aus China

⑤ Nach dem Log-in auf die Konfigurationsseite ist die Umkonfiguration der WLAN-Parameter sowie der IP-Adresse notwendig, damit auch andere WLAN-Geräte im Heimnetz auf die WLAN-Bridge zugreifen können.

Dafür wird zunächst der Betriebsmodus der WLAN-Bridge auf die Einstellung `Sta` umgestellt und die *SSID* angepasst. Tragen Sie dort die SSID ein, die Sie für Ihr heimisches WLAN verwenden, und wählen Sie anschließend unter *Encryption* die zur Verfügung gestellte Verschlüsselung (meist `WPA2-PSK`) Ihres WLAN-Routers aus. Im Feld *Encryption Key* ist das für die Verbindung notwendige Kennwort einzutragen.

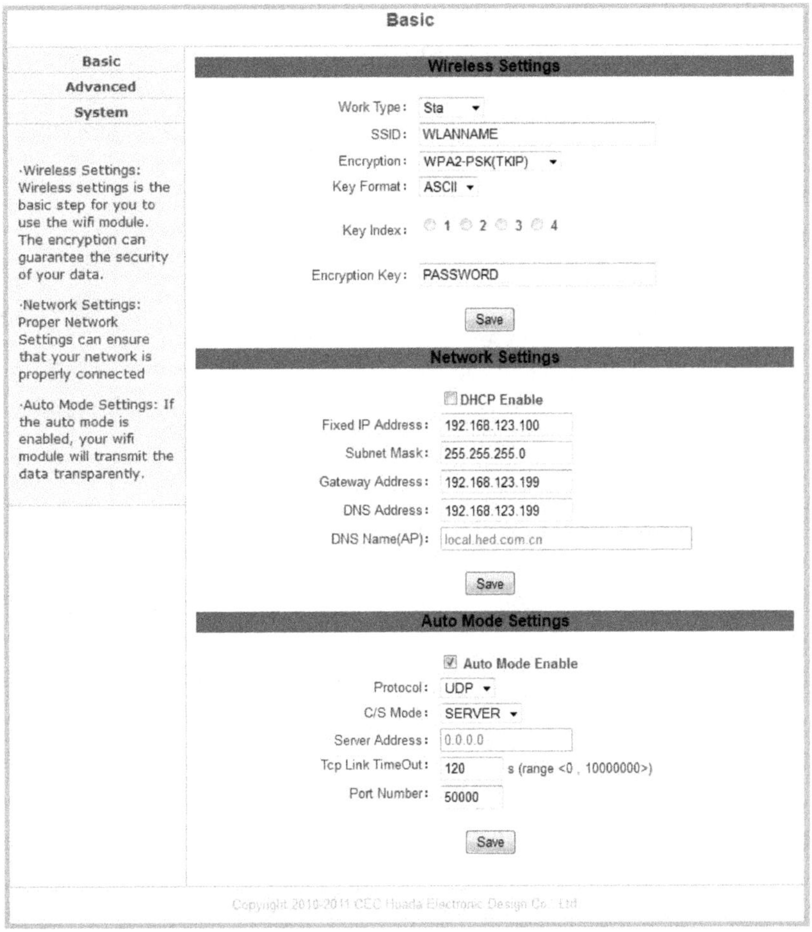

Bild 11.32: Erst nachdem das Feld *Key Format* auf `ASCII` umgestellt wurde, kann in der Box *Encryption Key* das zur Verbindung notwendige WLAN-Kennwort des heimischen WLAN-Routers eingetragen werden.

Beachten Sie, dass weder im Feld *SSID* noch im Feld *Encryption Key* Sonderzeichen akzeptiert werden. Die entsprechenden Einträge im WLAN-Router und in anderen gekoppelten Geräten müssen Sie gegebenenfalls anpassen und neu einrichten.

❻ Im nächsten Schritt passen Sie die IP-Netzwerkeinstellungen an die heimische Netzwerkumgebung an. In diesem Beispiel wurde das Häkchen bei *DHCP Enable* entfernt und die statische Adresse für das vorliegende Heimnetz (hier *Fixed IP Address*: 192.168.1.100, *Subnet Mask*: 255.255.255.0, *Gateway Address*: 192.168.1.254) in *Fixed IP Address*: 192.168.123.100, *Subnet Mask*: 255.255.255.0, *Gateway Address*: 192.168.123.199 geändert.

Hier dient der WLAN-Router nicht nur als Gateway, sondern auch als DNS-Server, sodass Sie im Feld *DNS Address* die IP-Adresse des Gateways (hier 192.168.123.199) eintragen.

Die Portnummer lautet bei den China-WLAN-Lampencontrollern meist standardmäßig 50000 – bei Modellen der Wi-Fi-Bridge ab November 2013 ist der Standardport 8899 eingetragen. Die Portnummer (50000) wurde unverändert gelassen, beachten Sie das bei den nachfolgenden Skripten und Programmen, die eine Angabe der Portnummern erforderlich machen.

❼ Nach dem Klick auf die Schaltfläche *Save* (Speichern) starten Sie die WLAN-Bridge neu, damit die gemachten Änderungen aktiv werden. Haben Sie sich »verkonfiguriert« und ist die Wi-Fi-Bridge nicht mehr erreichbar, hilft eine Nadel oder eine Büroklammer, um den kleinen Reset-Schalter neben der USB-Buchse zu erreichen, damit Sie von vorn beginnen können.

Wi-Fi-Lampen mit dem Smartphone steuern

Wie bei der Hue von Philips steht auch bei der China-Kopie eine App im iOS-Apple-Store zur Verfügung, die kostenlos erhältlich ist. Je nach Hersteller und Modell finden sich unter Umständen weitere Apps für die Steuerung der WLAN-Lampen, die sich technisch dank des einheitlichen UDP-Protokolls zwar nicht unterscheiden, jedoch in Sachen Design und Steuerung abweichen können. Die zur Verfügung stehende App *Wifi Controller 2* für das vorliegende Lampenpaket ist schnell gefunden und installiert, in den Beschreibungen fällt jedoch zunächst gar nicht auf, dass die vorliegende App (noch) keine iOS 7-Unterstützung mitbringt. Unter iOS 8 und iOS 9 funktioniert die App wie vorgesehen.

Beim Einsatz der App an iOS 8/iOS 9 lässt sich *Wifi Controller 2* installieren und konfigurieren. Nach dem Start der App erscheint das Konfigurationsfenster, in dem Sie den Namen oder Raum der zu steuernden WLAN-Lampe(n), die IP-Adresse der oben konfigurierten Wi-Fi-Bridge in Ihrem Heimnetz sowie den verwendeten Port angeben müssen. Per Fingertipp auf die *Add*-Schaltfläche fügen Sie den Wi-Fi-Controller der App hinzu.

11.5 Hue-Alternative: WLAN-Lampen aus China

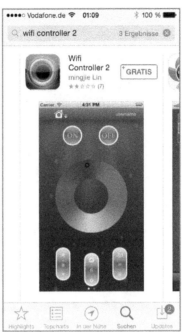

Bild 11.33: Fehlstart unter iOS 7: Die App *Wifi Controller 2* lässt sich zwar laden und installieren, aber die IP-Adresse der Wi-Fi-Bridge lässt sich nicht eintragen und speichern. Dieser Bug ist mittlerweile behoben.

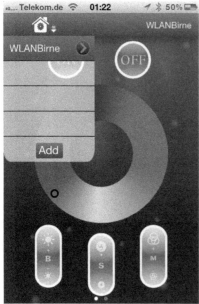

Bild 11.34: Nach der Einrichtung des Wi-Fi-Controllers muss die LED-Birne im nächsten Schritt mit dem Smartphone gekoppelt werden.

Nach Installation und Konfiguration des Wi-Fi-Controllers erfolgt nun das Koppeln mit den gewünschten LED-Lampen analog zum Pairing mit der Fernbedienung. Schalten Sie das Licht über den Schalter der Stromversorgung aus, schalten Sie es dann wieder ein und drücken Sie unmittelbar danach den Pairing-Knopf (hier »S+«) der App. Halten Sie diesen rund zwei bis drei Sekunden gedrückt, bis die WLAN-Lampe mit einem Blinken das erfolgreiche Pairing bestätigt. Bei mehreren Lampen gehen Sie Schritt für Schritt mit jeder einzelnen analog vor.

Wi-Fi-Lampen mit dem Raspberry Pi steuern

Neben dem Smartphone lässt sich die kleine Wi-Fi-Box mit dem heimischen Computer und dementsprechend auch mit dem Raspberry Pi steuern. Dank des offenen UDP-Protokolls, der vorliegenden Programmierschnittstelle und der API-Library (*www.limitlessled.com/dev/*) lässt sich der kleine Wi-Fi-Controller mit sämtlichen Programmier- und Skriptsprachen ansprechen und steuern. In Sachen Hausautomation bringt das weitere Optionen für die Nutzung mit. Beispiele für praktische Anwendungen sind optische Benachrichtigungen bei einem Einbruch oder Signale für Hörgeschädigte.

Für das Zusammenspiel der unterschiedlichen Bausteine und Sensoren benötigen Sie natürlich eine Zentrale, in der Sie diese Logiken konfigurieren. In diesem Abschnitt wird auf die grundsätzliche Nutzung und Programmierung der Lampen eingegangen, damit Sie diese nicht nur über FHEM, sondern auch manuell über die Kommandozeile oder über eine selbst gebaute Webseite steuern können.

WLAN-Lampen über die Shell steuern

Nehmen Sie die vorliegende API der WLAN-Lampen genauer unter die Lupe, fällt Ihnen schnell auf, dass die Steuerung der Lampe(n) per Übermittlung dreier Hexwerte an den festgelegten Port der IP-Adresse der Wi-Fi-Bridge erfolgt. So wird beispielsweise die Farbgebung der LED-Lampe über die Syntax `20[xx]55` gesteuert, wobei `xx` einen in das Hexadezimalsystem konvertierten Wert von 0 bis 255 darstellt. Beispielsweise sorgt die Zuordnung `\x20\xaa\x55` für die Farbe Rot. Möchten Sie nun der an den Wi-Fi-Controller gekoppelten Lampe diese Farbe über die Kommandozeile zuordnen, benötigen Sie neben IP- und Portadresse eben genau diesen Hexwert, um dann den nachstehenden Befehl erfolgreich auszuführen:

```
echo -n -e "\x20\xaa\x55" >/dev/udp/192.168.123.100/50000
```

Ist die grundsätzliche Herangehensweise geklärt, können Sie die bekannten Farben und Kommandos aus der API in einem einfachen Shell-Skript zusammenfassen:

```
mkdir -p wlanled
cd wlanled
nano wifi-led.sh
```

In der Beispieldatei `wifi-led.sh` sind einige Farben sowie die wichtigsten Kommandos untergebracht. Möchten Sie die gekoppelten Lampen rot leuchten lassen, reicht statt des obigen komplizierten `echo`-Befehls der Aufruf `wifi-led.sh rot` aus – ideal, um beispielsweise in einem anderen Skript als aufzurufende Funktion genutzt zu werden.

```bash
#!/bin/bash
#-------------------------------------------------------------
# Shell-Steuerung fuer Wi-Fi-Lampen
# Datei : wifi-led.sh
#-------------------------------------------------------------
if [ -z "$1" ] ; then
    echo "[Fehler] Parameter erforderlich..."
    echo " Beispiel: $0 alles_an"
    exit 1
fi
parameter="$1"
#-------------------------------------------------------------
# IP-Adresse und Port anpassen!
wlan_ip_address="192.168.123.100"
udp_port="50000"
#-------------------------------------------------------------
alles_an="\x22\00\x55" # alle verbundenen Lampen an
alles_aus="\x21\00\x55" # alles aus
zone1_an="\x38\00\x55" # Gruppe 1 an
zone1_aus="\x3B\00\x55" # Gruppe 1 aus
zone2_an="\x3D\00\x55" # Gruppe 2 an
zone2_aus="\x33\00\x55" # Gruppe 2 aus
zone3_an="\x37\00\x55" # Gruppe 3 an
zone3_aus="\x3A\00\x55" # Gruppe 3 aus
zone4_an="\x32\00\x55" # Gruppe 4 an
zone4_aus="\x36\00\x55" # Gruppe 4 aus
tuerkis="\x20\x55\x55" # Farbe: Tuerkis
blau="\x20\x11\x55" # Farbe: Blau
gruen="\x20\x66\x55" # Farbe: Gruen
orange="\x20\x99\x55" # Farbe: Orange
rot="\x20\xaa\x55" # Farbe: Rot
pink="\x20\xcc\x55" # Farbe: Pink
rosa="\x20\xee\x55" # Farbe: Rosa
fw="\x27\x00\x55" #nächstes Programm
bw="\x28\x00\x55" #vorheriges Programm
fast="\x25\x00\x55" #schneller
slow="\x26\x00\x55" #langsamer
#------ Neue Lampen-Modelle API 3.0 ---------------------------
rgb_led_all_off="\x41\x00\x55" # RGBW COLOR LED ALL OFF
rgb_led_all_on="\x42\x00\x55" # RGBW COLOR LED ALL ON
disco_speed_slow="\x43\x00\x55" # DISCO SPEED SLOWER
disco_speed_fast="\x44\x00\x55" # DISCO SPEED FASTER
```

```
group1_all_on="\x45\x00\x55" # GROUP 1 ALL ON (SYNC/PAIR RGB+W Bulb within 2
seconds of Wall Switch Power being turned ON)
group1_all_off="\x46\x00\x55" # GROUP 1 ALL OFF
group1_all_on="\x47\x00\x55" # GROUP 2 ALL ON (SYNC/PAIR RGB+W Bulb within 2
seconds of Wall Switch Power being turned ON)
group2_all_off="\x48\x00\x55" # GROUP 2 ALL OFF
group3_all_on="\x49\x00\x55" # GROUP 3 ALL ON (SYNC/PAIR RGB+W Bulb within 2
seconds of Wall Switch Power being turned ON)
group3_all_off="\x4A\x00\x55" # GROUP 3 ALL OFF
group4_all_on="\x4B\x00\x55" # GROUP 4 ALL ON (SYNC/PAIR RGB+W Bulb within 2
seconds of Wall Switch Power being turned ON)
group4_all_off="\x4C\x00\x55" # GROUP 4 ALL OFF
disco_mode="\x4D\x00\x55" # DISCO MODE
set_color_white_all="\x42\x00\x55" # SET COLOR TO WHITE (GROUP ALL) 100ms
followed by: 0xC2
set_color_white_group1="\x45\x00\x55" # SET COLOR TO WHITE (GROUP 1) 100ms
followed by: 0xC5
set_color_white_group2="\x47\x00\x55" # SET COLOR TO WHITE (GROUP 2) 100ms
followed by: 0xC7
set_color_white_group3="\x49\x00\x55" # SET COLOR TO WHITE (GROUP 3) 100ms
followed by: 0xC9
set_color_white_group4="\x4B\x00\x55" # SET COLOR TO WHITE (GROUP 4) 100ms
followed by: 0xCB
#-----------------------------------------------------------
eval parameter=\$$parameter
echo -n -e "$parameter" >/dev/udp/"$wlan_ip_address"/"$udp_port"
time_intervall=0.1; # 100ms
#-----------------------------------------------------------
if [[ "$parameter" = '\x42\x00\x55' ]]; then
    sleep $time_intervall;
    parameter2="\xC2\x00\x55";
    echo -n -e "$parameter2" >/dev/udp/"$wlan_ip_address"/"$udp_port"
elif [[ "$parameter" = '\x45\x00\x55' ]]; then
    sleep $time_intervall;
    parameter2="\xC5\x00\x55";
    echo -n -e "$parameter2" >/dev/udp/"$wlan_ip_address"/"$udp_port"
elif [[ "$parameter" = '\x47\x00\x55' ]]; then
    sleep $time_intervall;
    parameter2="\xC7\x00\x55";
    echo -n -e "$parameter2" >/dev/udp/"$wlan_ip_address"/"$udp_port"
elif [[ "$parameter" = '\x49\x00\x55' ]]; then
    sleep $time_intervall;
    parameter2="\xC9\x00\x55";
    echo -n -e "$parameter2" >/dev/udp/"$wlan_ip_address"/"$udp_port"
elif [[ "$parameter" = '\x4B\x00\x55' ]]; then
    sleep $time_intervall;
```

```
    parameter2="\xCB\x00\x55";
    echo -n -e "$parameter2" >/dev/udp/"$wlan_ip_address"/"$udp_port"
fi
#-------------------------------------------------------------
exit 0
```

Die Hexcodes in dem Beispiel und der API für die Schaltung der gekoppelten Lampen lassen sich natürlich auch mit anderen Programmier- und Skriptsprachen verwenden. Wer etwas mehr Logik und Intelligenz investiert, baut sich eine API selbst, um verschiedene Tätigkeiten und Abhängigkeiten in Sachen Hausautomation abzubilden.

Dank der gut dokumentierten UDP-Socket-Kommunikation und der Vielzahl der Programmierschnittstellen stehen die Chancen gut, dass Sie selbst eine maßgeschneiderte Wi-Fi-Lampenanwendung auf dem Raspberry Pi zusammenbauen können.

Python-Modul für Wi-Fi-Lampen nutzen

Warum in die Ferne schweifen, wenn die Lösung liegt so nah? Gerade in der Open-Source-Gemeinde finden Sie für alle Anwendungszwecke in nahezu jeder Programmiersprache eine passende Lösung in Form einer verfügbaren API oder einem Modul, das Sie für eigene Zwecke nutzen können, um so im Handumdrehen eigene Programmierlösungen für die gewünschte Farbgebung zu Hause zu entwickeln.

In diesem Beispiel sollen die Lampen über den Raspberry Pi mit Python gesteuert werden. Dafür kommt hier die API-Library von `python-wifi-leds` zum Einsatz, die in der aktuellsten Version bei GitHub (*https://github.com/joaquincasares/python-wifi-leds*) zur Verfügung steht.

```
mkdir -p wlanled
cd wlanled
wget https://github.com/joaquincasares/python-wifi-leds/archive/master.zip
unzip master.zip
cd python-wifi-leds-master/
sudo python setup.py install
cd ..
nano wifiled.py
```

Nach der Installation können Sie die Python-Library einsetzen. Dafür legen Sie eine neue Datei – hier `wifiled.py` – an und binden die Library mit dem Kommando `import wifileds` ein. Anschließend stehen sämtliche Funktionen zur Verfügung. Nutzen Sie die beigefügte Beispieldatei `wifiled.py`, dann passen Sie in der Zeile

```
    parser.add_option('-a', '--address', default='192.168.123.100',
help='wifi block ip address')
```

die IP-Adresse für das WLAN-Modul an. In diesem Beispiel ersetzen Sie den Eintrag `192.168.123.100` durch die IP-Adresse, die der WLAN-Box für die Lampe(n) in Ihrem Heimnetz zur Verfügung steht. Der restliche Skriptcode ist übersichtlich und modular

11.5 Hue-Alternative: WLAN-Lampen aus China

aufgebaut, sodass Sie aus der Beispieldatei nur noch die passenden Zeilen bzw. Befehle herauszukopieren und in Ihr Skript einzubauen brauchen.

```python
#!/usr/bin/python
# -*- coding: utf-8 -*-
#--------------------------------------------------------------
# Python-Steuerung fuer Wi-Fi-Lampen
# Datei : wifi-led.py
#--------------------------------------------------------------
import time
from optparse import OptionParser
import wifileds
#--------------------------------------------------------------
# IP-Adresse und Port anpassen!
wlan_ip_address='192.168.123.100'
udp_port='50000'
#--------------------------------------------------------------
if __name__=="__main__":
    parser = OptionParser()
    parser.add_option('-a', '--address', default=wlan_ip_address, help='Wi-Fi-Controller IP-Adresse')
    parser.add_option('-p', '--port', type='int', default=udp_port, help='Wi-Fi-Controller IP-Adresse')
    (options, args) = parser.parse_args()
    print '=' * 80
    print 'Verbindung zur Wi-Fi-Bridge wird aufgebaut...'
    led_connection = wifileds.limitlessled.connect(options.address, options.port)

    print 'Alle farbigen Lampen werden eingeschaltet...'
    led_connection.rgb.all_on()

    print 'Hochdimmen ...'
    led_connection.rgb.effect('fade_up')

    print 'Nochmals hochdimmen...'
    time.sleep(1)
    led_connection.rgb.effect('fade_up')

    print 'Farbwechsel auf Lila ...'
    led_connection.rgb.set_color('lilac')
    time.sleep(1)

    print 'Farbwechsel nach Gelb ...'
    led_connection.rgb.set_color('yellow')
    time.sleep(1)

    print 'Herunterdimmen ...'
```

```python
    led_connection.rgb.effect('fade_down')

    print 'Und weiter herunterdimmen ...'
    time.sleep(1)
    led_connection.rgb.effect('fade_down')

    print 'Wieder Helligkeit hochdrehen ...'
    led_connection.rgb.effect('fade_up')

    print 'Strobe-Effekt farbig ...'
    led_connection.rgb.effect('colorful_strobe')

    print 'Hoch- und runterdimmen in kurzen Abstaenden ...'
    led_connection.rgb.effect('fade_up')
    led_connection.rgb.effect('fade_down')
    led_connection.rgb.effect('fade_up')
    led_connection.rgb.effect('fade_down')

    print 'Polizeilicht ... '
    led_connection.rgb.effect('police_flashers')

    print 'Pulsamoduliertes Licht in Gelb ...'
    led_connection.rgb.effect('pulsating_swells',
effect_options={'duration': 15})

    print 'Effekt: Rainbow fade. Geschwindigkeit und Farben lassen sich
ebenfalls anpassen...'
    led_connection.rgb.effect('rainbow_fade', effect_options={'delta': 5})

    print 'Strobe-Effect abhaengig vom vorherigen Farbschema...'
    led_connection.rgb.effect('strobe', effect_options={'duration': 5})

    print 'Alle Lampen nochmals aus- und einschalten...'
    led_connection.rgb.all_off()
    time.sleep(1)
    led_connection.rgb.all_on()
    print '=' * 80
    print 'Falls einfarbige/weisse Lampen angeschlossen ...\n'

    print 'Alle einschalten...'
    led_connection.white.all_on()

    print 'Hoch- und runterdimmenen der Lampen ...'
    led_connection.white.effect('fade_up')
    led_connection.white.effect('fade_down')
    led_connection.white.effect('fade_up')
    led_connection.white.effect('fade_down')
    time.sleep(1)

    print '... und alle Lampen ausschalten ...'
    led_connection.white.all_off()
```

```
    time.sleep(1)

    print 'Gruppensteuerung ...'
    for i in range(1, 5):
        led_connection.white.zone_on(i)
        time.sleep(1)
    time.sleep(1)

    print 'Schlafmodus einschalten ...'
    led_connection.white.nightlight_all()
    time.sleep(2)

    print 'Maximale Helligkeit aktivieren...'
    led_connection.white.full_all()
    time.sleep(2)

    print 'Max cool Farbtemperatur...'
    led_connection.white.max_cool()
    time.sleep(2)

    print 'Max warm Farbtemperatur ;)...'
    led_connection.white.max_warm()
    time.sleep(2)

    print 'Strobe Effekt...'
    led_connection.white.effect('strobe')

    print 'Das war´s. Viel Spaß!'
```

Die unterschiedlichen Aufrufe zum Schalten der LED-Lampe(n) sind selbsterklärend. Starten Sie das beschriebene Testskript `wifi-led.py`, werden abhängig von den verwendeten Lampen verschiedene Effekte und Einstellungen ein- und ausgeschaltet, um das breite Anwendungsspektrum der API zu demonstrieren. Sämtliche Aufrufe in Sachen Farbgebung und Geschwindigkeit sind natürlich änderbar. Zunächst geht es darum, die Library zu verstehen und zu nutzen.

Nun haben Sie einen Überblick darüber, was Sie mit den WLAN-Lampen in Kombination mit einer Skript-/Programmiersprache und dem Raspberry Pi in der Theorie alles anstellen können. Im nächsten Schritt folgt die Praxis: Setzen Sie die unterschiedlichen Lampen und Möglichkeiten für die Hausautomation ein. Dafür bauen Sie sich zunächst eine Schaltung für den Raspberry Pi, mit der Sie die angeschlossenen Lampen einfach per Schalter steuern können, ohne dass Sie ein Smartphone oder Ähnliches benötigen. Das Besondere dabei ist, dass Sie völlig flexibel sind und die Schalter mit den Funktionen belegen können, die Sie wünschen.

```
pi@raspiBreadboard: ~/wlanled
pi@raspiBreadboard ~/wlanled $ python wifi-led.py
================================================================================
Verbindung zur Wifi-Bridge wird aufgebaut...
Alle farbige Lampen werden eingeschaltet...
Hochdimmen...
Nochmals hochdimmen.....
Farbwechsel auf lila...
Farbwechsel nach gelb...
Herunterdimmen...
Und weiter herunter dimmen...
Wieder Helligkeit hochdrehen...
Strobe-Effekt farbig...
Hoch und runterdimmen in kurzen Abstaenden...
Polizei-Licht.....
Pulsamoduliertes Licht in Gelb.. ..
Effekt: Rainbow fade. Geschwindigkeit und Farben lassen sich ebenfalls anpassen......
Strobe Effect abhaengig vom vorherigen Farbschema...
Alle Lampen nochmals aus- und einschalten...
================================================================================
Falls einfarbige/weisse Lampen angeschlossen...

Alle Einschalten...
Hoch und runterdimmenen der Lampen...
... und alle Lampen ausschalten...
Gruppensteuerung...
Schlafmodus einschalten....
Maximale Helligkeit aktivieren...
Max cool Farbtemperatur...
Max warm Farbtemperatur ;)...
Strobe Effekt...
Das war's. Viel Spaß!
pi@raspiBreadboard ~/wlanled $
```

Bild 11.35: Umfangreiche Möglichkeiten: Abhängig von den angeschlossenen Lampen am Wi-Fi-Modul sorgt das Funktionstestskript für wechselnde Effekte.

11.6 Playbulb – Licht und Gesang aus der Lampenfassung

LED-Lampen in sämtlichen Farben für den E27-Lampensockel samt Bluetooth-Kopplung sind nichts Neues mehr – doch zusätzlich ein verbauter Lautsprecher in der LED-Lampe sorgt auch an den Stellen der heimischen Umgebung für eine akustische Versorgung, die bisher nicht mit Lautsprechern ausgestattet werden konnten. Glaubt man den teilweise begeisterten Anwenderberichten im Internet, kommen solche Lampen vorwiegend im Bad oder in der Küche zum Einsatz. Je nach Einsatzzweck gibt es auch noch andere Möglichkeiten – beispielsweise als Alarmlampe im Treppenhaus oder als Außenlampe, die zusätzlich zum Blinkeffekt eine entsprechende Sounddatei in voller Lautstärke wiedergibt. Dafür benötigen Sie jedoch eine Kommandozentrale – etwa einen Raspberry Pi oder einen stromsparenden Intel NUC samt Bluetooth-Dongle – im 24/7-Betrieb. Wie auch immer der Einsatzzweck am Ende des Tages aussieht: Bereits mit dem Smartphone haben Sie mit einer LED-Lampe samt Lautsprecher eine zunächst ungewöhnliche Kombination. Das Pairing der Lampe mit dem Smartphone klappt jedoch nicht immer auf Anhieb und hat im Betrieb oftmals kleine Macken. In

11.6 Playbulb – Licht und Gesang aus der Lampenfassung

diesem Kapitel lesen Sie, wie Sie die Playbulb-Lampen mit dem Smartphone stabil in Betrieb nehmen können.

Farbe oder nicht – eine Frage des Geldbeutels

Bunt und RGB, weiße LEDs, dimmbar oder nicht? Wer sich auf den Onlineplattformen auf die Suche nach LED-Lampen mit Lautsprechern macht, hat die Qual der Wahl – und das, was teuer ist, ist bekanntlich nicht immer das Beste. Sehr häufig werden Sie wahrscheinlich auf die Mipow-Produkte stoßen, und hier stellt sich die Frage: Playbulb, Playbulb Lite oder Playbulb Color? Beachten Sie, dass im Onlinehandel zwei unterschiedliche Playbulb-Lampen mit weißen LEDs verfügbar sind. Während die Playbulb Lite gewöhnliche weiße LEDs verwendet, lassen sich die weißen LEDs der Playbulb (ohne Lite) zusätzlich dimmen. Die Playbulb Color ist ebenfalls dimmbar und bietet ein Farbspektrum von 16 Millionen Farben.

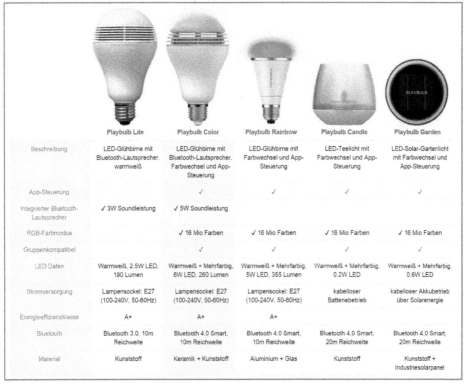

	Playbulb Lite	Playbulb Color	Playbulb Rainbow	Playbulb Candle	Playbulb Garden
Beschreibung	LED-Glühbirne mit Bluetooth-Lautsprecher, warmweiß	LED-Glühbirne mit Bluetooth-Lautsprecher, Farbwechsel und App-Steuerung	LED-Glühbirne mit Farbwechsel und App-Steuerung	LED-Teelicht mit Farbwechsel und App-Steuerung	LED-Solar-Gartenlicht mit Farbwechsel und App-Steuerung
App-Steuerung		✓	✓	✓	✓
Integrierter Bluetooth-Lautsprecher	✓ 3W Soundleistung	✓ 5W Soundleistung			
RGB-Farbmodus		✓ 16 Mio Farben	✓ 16 Mio Farben	✓ 16 Mio Farben	✓ 16 Mio Farben
Gruppenkompatibel		✓	✓	✓	✓
LED Daten	Warmweiß, 2.5W LED, 190 Lumen	Warmweiß + Mehrfarbig, 6W LED, 260 Lumen	Warmweiß + Mehrfarbig, 5W LED, 355 Lumen	Warmweiß + Mehrfarbig, 0.2W LED	Warmweiß + Mehrfarbig, 0.6W LED
Stromversorgung	Lampensockel: E27 (100-240V, 50-60Hz)	Lampensockel: E27 (100-240V, 50-60Hz)	Lampensockel: E27 (100-240V, 50-60Hz)	kabelloser Batteriebetrieb	kabelloser Akkubetrieb über Solarenergie
Energieeffizienzklasse	A+	A+	A+		
Bluetooth	Bluetooth 3.0, 10m Reichweite	Bluetooth 4.0 Smart, 10m Reichweite	Bluetooth 4.0 Smart, 10m Reichweite	Bluetooth 4.0 Smart, 20m Reichweite	Bluetooth 4.0 Smart, 20m Reichweite
Material	Kunststoff	Keramik + Kunststoff	Aluminium + Glas	Kunststoff	Kunststoff + Industriesolarpanel

Bild 11.36: Playbulb-Geräte in der Übersicht auf *amazon.de*: Die ersten beiden Lampen können Sie naturgemäß auch ohne Lautsprecher verwenden, der Lautsprecher hingegen lässt sich nur betreiben, wenn auch die Lampe eingeschaltet ist bzw. die Lampenfassung mit Spannung versorgt wird.

Mehr Möglichkeiten und mehr Farben kosten natürlich auch mehr Geld. Im Playbulb-Sortiment sticht die Playbulb Color mit einem Farbspektrum von 16 Millionen Farben hervor, sind Farben für Sie nicht so wichtig, sorgt die Playbulb Lite oder die Playbulb White für die Soundwiedergabe. Grundsätzlich erfolgt die Wiedergabe der Musik über die Bluetooth-Verbindung via Smartphone – die Steuerung der Farben und die Helligkeit der LEDs lässt sich ebenfalls mit dem Smartphone über die kostenlose App (Android und iOS) erledigen. Diese bietet auch eine sogenannte Gruppenfunktion, mit der sich mehrere Lampen in eine Gruppe von bis zu fünf Glühbirnen zusammenfassen und gleichzeitig bedienen lassen. Diese Funktion kann gerade für größere Räume recht praktisch sein, doch bevor es so weit ist, muss die Lampe mit dem Smartphone verbunden werden.

Bluetooth-Kopplung auf Umwegen

Grundsätzlich ist das Einrichten einer Bluetooth-Verbindung vom Smartphone zu den kompatiblen Geräten keine große Sache. Doch manchmal funktioniert die Bluetooth-Verbindung nicht, und oft steckt das zugrunde liegende Problem nicht unbedingt im Smartphone selbst: Die beliebteste Fehlerursache ist der Signalabstand.

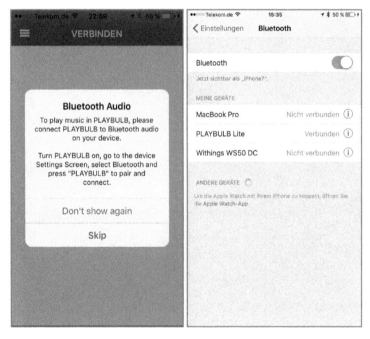

Bild 11.37: Kopplung per Dialog: Öffnen Sie die *Einstellungen* und wählen Sie die Kategorie *Bluetooth* aus.

Dieser sollte zwischen Smartphone und dem anderen Bluetooth-Gerät nicht größer als 10 m sein – es gilt: Je kürzer die Entfernung und je weniger Wände zwischen den Sendern, desto einfacher finden sich die Geräte. Ist ein Gerät in einem Metallkasten – beispielsweise in einem Briefkasten –, stört das die Übertragungsleistung enorm und reduziert die sichere Bluetooth-Verbindung. Gleiches gilt auch für Funkwellen im 2,4-GHz-Bereich, die im Haushalt in der Regel von DECT-Telefonen, LAN/WLAN-Routern oder einer Mikrowelle im Betrieb versendet werden.

Aktivieren Sie im *Einstellungen*-Dialog die Bluetooth-Sichtbarkeit – Playbulb-Lampen lassen nur in den ersten Sekunden nach dem Einschalten eine Kopplung zu. Ist die Sichtbarkeit des Smartphones aktiviert, sollte das Playbulb-Gerät im Bluetooth-Dialog angezeigt werden. Wählen Sie es aus – nun sind beide Geräte miteinander gekoppelt. Manchmal kommt es vor, dass es bei einem erneuten Verbindungsversuch mit einem erfolgreichen Aufbau nicht klappt. In diesem Fall wählen Sie bei einem iOS-Gerät im *Bluetooth*-Dialog rechts neben dem gekoppelten Playbulb-Gerät das Infosymbol aus, wählen dort die Option *Dieses Gerät ignorieren* und bestätigen die Auswahl mit *Gerät ignorieren*. Anschließend nehmen Sie die Kopplung der beiden Geräte erneut vor.

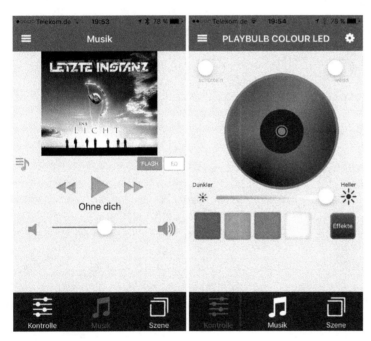

Bild 11.38: Farbsteuerung und Musikwiedergabe: Ist das Smartphone mit der Playbulb verbunden, lässt sich über die eingebauten Lautsprecher die auf dem Smartphone gespeicherte Musik abspielen.

Die eigentliche Steuerung der Lampe geht nach dem Start der App intuitiv von der Hand: Per Schieberegler lässt sich die Helligkeit dimmen, über den Farbkreis mischen Sie die Farben der LEDs. Wer auf die Lautsprecherwiedergabe verzichten kann und in der Lichtkonfiguration zu Hause mehr als fünf Lampen mit dem Smartphone steuern möchte, muss zu anderen Lösungen greifen. Die größte Auswahl an LED-Lampen und und Zubehör bietet von jeher Philips – mit dem Hue-System sind Sie am flexibelsten.

11.7 Lampensteuerung und Lichteffekte auf Knopfdruck

Mit einer kleinen Schaltung, in der wenige Schalter und LEDs zusammenwirken, im Zusammenspiel mit der GPIO-Pinsteckleiste bauen Sie in diesem Projekt eine eigene Steuerung für die WLAN-Lampen und erweitern diese mit Ihren Wunschfunktionen, etwa einer Alarmfunktion, die im Allgemeinen die Lampen selbst mitbringen, die aber manchmal nur kompliziert oder gar nicht zu schalten ist. Mit den richtigen Ideen und viel Geduld kommen Sie beim Bau der Schaltereinheit ans Ziel. In diesem Projekt wird die GPIO-Leiste für die Steuerung der WLAN-Lampen sowie für die Darstellung der Funktionen von drei LEDs genutzt. Möchten Sie dieses Projekt später in die Praxis überführen, benötigen Sie ein montagefreundliches, aber kompaktes Gehäuse, in dem Sie nicht nur die Schaltung, sondern auch den Raspberry Pi unterbringen können.

Sie nutzen hier fünf GPIO-Schalter als Eingang, die für die Steuerung von Funktionen der WLAN-Lampen verwendet werden. Die Verbindung zu den WLAN-Lampen erfolgt über den gekoppelten Wi-Fi-Controller, der sich im gleichen (Heim-)Netzsegment wie Raspberry Pi befindet. So ist ein Schalter für das Ein- und Ausschalten der Beleuchtung aller gekoppelten Lampen vorgesehen, der zweite Schalter sorgt für die Farbauswahl von Violett bis Gelb, Blau, Grün und Rot bis hin zu Lavendel. Der dritte und der vierte Schalter sind für das Dimmen der Helligkeit (heller, dunkler) vorgesehen. Der fünfte Schalter wird in diesem Beispiel als Alarmschalter definiert, der bei Knopfdruck bei allen angeschlossenen Lampen ein Polizeiblaulichtsignal ausgibt.

Bauteileliste für das WLAN-Schalterprojekt

In einem einfachen Lichtschalter steckt manchmal mehr Technik, als man auf den ersten Blick denkt, und wenn er besondere Funktionen und speziellen Nutzen bringen soll, dann umso mehr. Neben dem Raspberry Pi sind kleine wichtige Dinge wie Widerstände und Schalter notwendig, die das Budget nur geringfügig belasten.

Doch hier steht ja nicht das Finanzielle im Vordergrund, sondern der Spaß an der Elektronik und dem Programmieren. Die nachfolgende Stückliste soll als erste Basis für das anvisierte Selbstbauprojekt dienen:

- Raspberry Pi
- kleiner Schalter
- 3 LEDs (3 passende Widerstände)
- je 5 Widerstände 1 kΩ und 10 kΩ

- Werkzeuge: Schraubenzieherset, Lötkolben (dünne Spitze, nicht mehr als 250 W) oder besser Lötstation, Elektronikseitenschneider, Abisolierzange
- Kleinteile: Klebeband, Jumperkabel, Kabel oder Flachbandkabel, Steckverbindung, Lötzinn/Entlötlitze
- handwerkliches Geschick

Da sich die Schaltung als etwas anspruchsvoller als ein einfaches GPIO-LED-Projekt erweist, sollte der Umgang mit einem Lötkolben einigermaßen gut klappen. Hier wird die einfachste Lösung mithilfe mehrerer Schalter und Widerstände vorgestellt, da in diesem Fall nur die notwendigsten Anschlusskabel zu verbinden bzw. Widerstände auf der Rasterplatine zu löten sind. Spätestens nach diesem Projekt haben Sie sich mit dem Lötkolben angefreundet!

GPIO-Eingänge schalten: Risiken und Nebenwirkungen

Grundsätzlich hört sich das alles leicht an: einfach den GPIO als Eingang definieren, einen Schalter an den GPIO-Anschluss klemmen, mit dem 3,3-V-Pin verbinden und schauen, was dabei herauskommt. Das Paradoxe ist: Es kann tatsächlich funktionieren – jedoch nur dann zuverlässig, wenn der Schalter geschlossen ist. Ist der Schalter hingegen geöffnet, hat er genau genommen keinen definierten Zustand – gerade bei einer Programmierlösung, in der es überwiegend auf sauberes Design ankommt, ist dieser Umstand äußerst unschön.

Aus diesem Grund bietet sich das Einbinden eines sogenannten Pull-up-Widerstands an, mit dem die Schaltung je nach Zustand des Schalters einen passenden Rückgabewert generiert.

Der Schaltplan für einen einzelnen Schalter am Raspberry Pi stellt sich demnach wie folgt dar und ist für das spätere Hinzufügen weiterer Schalter und Widerstandspaare übersichtlicher.

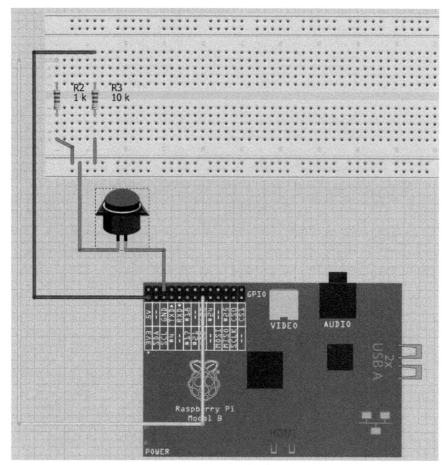

Bild 11.39: Schematische Darstellung: Der GPIO22-Eingang an Pin 15 liegt durch den Widerstand R3 mit 10 kΩ immer auf Signal 1 (High) und wechselt auf 0 (Low), wenn der angeschlossene Taster gedrückt wird.

Nach dem grundsätzlichen Aufbau auf dem Steckboard nehmen Sie diese Pull-up-Schalter-Schaltung probeweise in Betrieb. Wer etwas mehr Aufwand betreiben möchte, kann einen weiteren GPIO-Pin als Ausgang definieren, diesen mit einer LED/einem Widerstand bestücken und per Druckschalter ein-/ausschalten. Für die bestimmte Abfolge und Steuerung der Anschlüsse lagern Sie die Logik in ein Shell-Skript aus.

So haben Sie nicht nur die volle Kontrolle und Übersicht, sondern sparen sich auch Tipparbeit, gerade wenn Sie mit vielen GPIO-Anschlüssen auf dem Raspberry Pi experimentieren. Doch grundsätzlich zeigt der Umgang mit den Steuerbefehlen auf der Konsole auch, dass die Schaltung erfolgreich bestückt wurde und funktioniert.

11.7 Lampensteuerung und Lichteffekte auf Knopfdruck

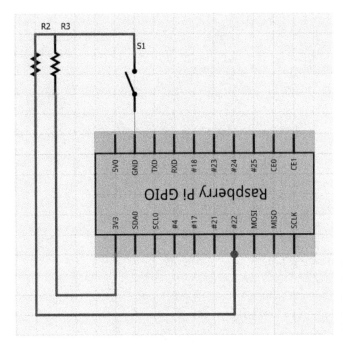

Bild 11.40: Neben Masse und 3,3-V-Leitung benötigt der Schalter (S1) einen eigenen GPIO #22, der als Eingang definiert ist.

Zum Testen der einfachen Schaltung auf dem Steckboard können Sie nachfolgenden Skriptcode verwenden:

```
#!/bin/bash
GPIO_SW1=24 # pin 18
while true; do
        if [ $(gpio -g read $GPIO_SW1) -eq 0 ]; then
        # Schaltvorgang von $GPIO_SW1
        # -> ist Schalter geschlossen
        echo "GPIO_SW1" $GPIO_SW1"gedrueckt"
        gpio -g write $GPIO_SW1 0
        else
        echo "GPIO_SW1" $GPIO_SW1" nicht gedrueckt"
        fi
sleep 0.1
done
```

War das Einstiegsexperiment erfolgreich, gehen Sie Schritt für Schritt vor, um die weiteren Schalter in den Aufbau zu integrieren.

Schalterbau: vom Steckboard auf die Rasterplatine

Einmal durchgeführt, stellt sich der Aufbau der Schaltung leicht verständlich dar: eine Leitung von Masse/Raspberry Pi zum Schaltereingang, vom Schalterausgang jeweils zu den beiden Widerständen 1 kΩ und 10 kΩ, das andere Ende des 10-kΩ-Widerstands wird mit dem 3,3-V-Anschluss des Raspberry Pi, das Ende des 1-kΩ-Widerstands mit dem gewünschten GPIO-Eingang verbunden. Nach diesem Schema schließen Sie sämtliche Schalter am Raspberry Pi an, wobei für jeden einzelnen 1-kΩ-Widerstand ein Kabel zum entsprechenden GPIO-Port führt.

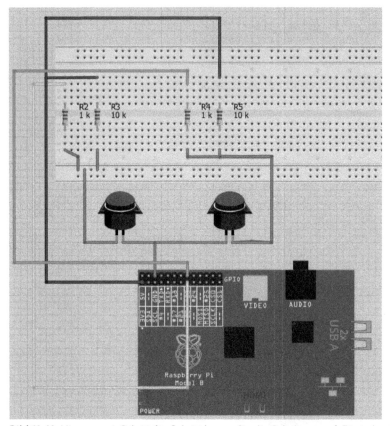

Bild 11.41: Nimm zwei: Schritt für Schritt bauen Sie die Schaltung auf. Für jeden Schalter ist ein GPIO-Eingang nötig.

Wie eingangs erwähnt, benötigen Sie in diesem Beispielprojekt für die fünf zu schaltenden »Dinge« jeweils fünf Widerstände mit 1 kΩ und mit 10 kΩ sowie fünf Druckschalter/Taster für die Steuerung. Zunächst versuchen Sie, auf der Lochrasterplatine eine gute Anordnung der Schaltung hinzubekommen, mit der Sie sich in der Handhabung wohlfühlen, die wenige Lötpunkte benötigt und die also idealerweise wenig Stress verursacht.

11.7 Lampensteuerung und Lichteffekte auf Knopfdruck

Bild 11.42: Geschickt angeordnet: Das Design bzw. die Anordnung der Widerstände sollte im Idealfall so gestaltet sein, dass möglichst wenige Lötpunkte notwendig sind. Die »Lötbomben« auf der Rückseite der Rasterplatine gewinnen keinen Schönheitspreis, sind jedoch elektrisch sicher ausgeführt, sodass kein Kurzschluss oder Ähnliches entsteht.

Die fertige Schaltung sieht in diesem Beispiel auf der Rasterplatine etwas mitgenommen aus, erfüllt jedoch ihren Zweck. Zusätzlich wurden in der Rasterplatine noch drei größere Löcher eingebracht, in denen jeweils ein Kabelbinder zum Befestigen der Drähte bzw. zur Zugentlastung der Lötanschlüsse eingezogen wurde. Nach dem Fertigstellen der Schaltung stecken Sie Schritt für Schritt die einzelnen Steckbuchsen der Kabel in die Steckpfosten des GPIO-Anschlusses ein.

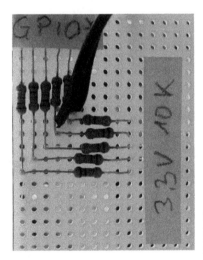

Bild 11.43: Mehr Übersicht: Hier sind zwei der fünf Kabel, die jeweils zu einem Schalter führen, auf der Platine gelötet.

Die Leitungen links oben im Bild sind die Kontakte für die Jumperkabel der GPIO-Eingänge, die nach unten mit jeweils einem 1-kΩ-Widerstand verbunden sind. Das andere Ende des 1-kΩ-Widerstands ist mit jeweils einer Schalterleitung und dem 10-kΩ-Widerstand verlötet. Alle Enden des 10-kΩ-Widerstands sind zusammengeführt und mit einem Jumperkabel, das zum 3,3-V-Pin führt, verbunden.

Nach dem Verlöten kürzen Sie auf der Rückseite der Platine die Beinchen der Widerstände und schneiden die überschüssigen Drähtchen sowie Lötkrater mit einem kleinen Elektronikseitenschneider ab, damit die Platine nicht nur optisch, sondern auch funktionell einen guten Eindruck macht.

Sind die Leitungen bzw. die Widerstände verlötet, kann nach dem ersten optischen Test die Platine mit einer kleinen Säge oder einem kräftigen Seitenschneider zurechtgeschnitten werden, damit sie später auch in das Schaltergehäuse passt.

Schaltung und GPIO-Pins verheiraten

Ist der Raspberry Pi abgeschaltet und von der Stromversorgung getrennt, kann es losgehen: Nach dem Löten der Schaltung nehmen Sie die entsprechenden Jumpersteckbrücken an der Rasterplatine zur Hand und stecken Schritt für Schritt die entsprechenden Jumperkabel in den jeweiligen Port auf dem Raspberry Pi.

Da von jedem Schalter eine Masseleitung vorliegt, wurden diese in einer gewöhnlichen Lüsterklemme verbunden und mit einem Jumperkabel an Pin 6 (Masse) des Raspberry Pi gelegt.

Das Jumperkabel für die Stromversorgung 3,3 V wurde auf der Platine befestigt und kann in Pin 1 des Raspberry Pi gesteckt werden. Die GPIO-Eingänge sind so bestückt, wie in der nachstehenden Tabelle aufgeführt.

Pin	Board, Rev. V1	Board, Rev. V2	GPIO-Konfiguration Ein-/Ausgang	Anschluss
15	GPIO22	GPIO22	Ein	GPIO_SW1
16	GPIO23	GPIO23	Ein	GPIO_SW2
18	GPIO24	GPIO24	Ein	GPIO_SW3
22	GPIO25	GPIO25	Ein	GPIO_SW4
11	GPIO17	GPIO17	Ein	GPIO_SW5
12	GPIO18	GPIO18	Aus	GPIO_LED1
12	GPIO15	GPIO15	Aus	GPIO_LED2
12	GPIO14	GPIO14	Aus	GPIO_LED3
6	GND	GND	–	ALLE GPIOs
2	3,3 V	3,3 V	–	PULL UP

Abhängig davon, wie und wo Sie die Schaltung anbringen möchten, wählen Sie dafür ein passendes Gehäuse aus. Achten Sie darauf, auch den Raspberry Pi mit seinen Abmessungen sowie die Stromversorgung mit einzuplanen. Ein Netzwerk-/WLAN-Anschluss erleichtert hier spätere Wartungsarbeiten.

Es werde Licht: Schalter und Schaltung testen

Bevor Sie zum Großen schreiten, stellen Sie sicher, dass die Hardwarevoraussetzungen stimmen und die GPIO-Eingänge ordnungsgemäß bestückt bzw. beschaltet sind und dass das installierte Raspbian sowie die WiringPi-API sich auf dem aktuellen Stand befinden. Aktualisieren Sie das System mit den Kommandos

```
sudo -i
apt-get update
apt-get upgrade
```

bzw.

```
cd /wiringPi
git pull origin
```

um WiringPi zu aktualisieren. Erscheint die Rückmeldung `Already up-to-date.`, nutzen Sie zunächst das Kommando `gpio readall`, um den aktuellen Status der GPIO-Ein- und Ausgänge auf einen Blick zu sehen.

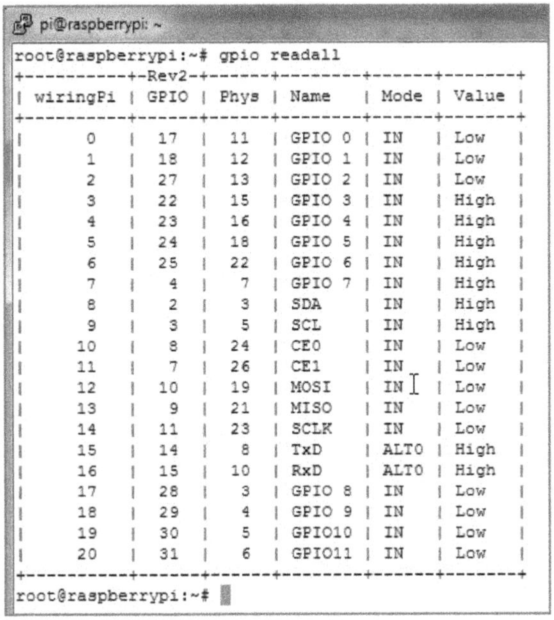

```
pi@raspberrypi: ~
root@raspberrypi:~# gpio readall
+----------+-Rev2-+------+--------+------+-------+
| wiringPi | GPIO | Phys | Name   | Mode | Value |
+----------+------+------+--------+------+-------+
|      0   |  17  |  11  | GPIO 0 | IN   | Low   |
|      1   |  18  |  12  | GPIO 1 | IN   | Low   |
|      2   |  27  |  13  | GPIO 2 | IN   | Low   |
|      3   |  22  |  15  | GPIO 3 | IN   | High  |
|      4   |  23  |  16  | GPIO 4 | IN   | High  |
|      5   |  24  |  18  | GPIO 5 | IN   | High  |
|      6   |  25  |  22  | GPIO 6 | IN   | High  |
|      7   |   4  |   7  | GPIO 7 | IN   | High  |
|      8   |   2  |   3  | SDA    | IN   | High  |
|      9   |   3  |   5  | SCL    | IN   | High  |
|     10   |   8  |  24  | CE0    | IN   | Low   |
|     11   |   7  |  26  | CE1    | IN   | Low   |
|     12   |  10  |  19  | MOSI   | IN   | Low   |
|     13   |   9  |  21  | MISO   | IN   | Low   |
|     14   |  11  |  23  | SCLK   | IN   | Low   |
|     15   |  14  |   8  | TxD    | ALT0 | High  |
|     16   |  15  |  10  | RxD    | ALT0 | High  |
|     17   |  28  |   3  | GPIO 8 | IN   | Low   |
|     18   |  29  |   4  | GPIO 9 | IN   | Low   |
|     19   |  30  |   5  | GPIO10 | IN   | Low   |
|     20   |  31  |   6  | GPIO11 | IN   | Low   |
+----------+------+------+--------+------+-------+
root@raspberrypi:~#
```

Bild 11.44: Sehr praktisch: Ist auf dem Raspberry Pi die WiringPi-API installiert, erhalten Sie mit dem Kommando `gpio readall` einen Überblick über den Status sämtlicher GPIO-Pins.

Im nächsten Schritt erweitern Sie obiges Testskript um die neuen GPIO-Pins, in diesem Fall wurde die einfache `if`-Abfrage aus Gründen der Übersichtlichkeit mit weiteren `elif`-Konstrukten genutzt.

```bash
#!/bin/bash
# WLAN-Lampe(n)-Schalten mit dem Raspberry Pi
# GPIO
GPIO_SW1=22 # pin 15 - wiring 3
GPIO_SW2=23 # pin 16 - wiring pi 4
GPIO_SW3=24 # pin 18 - wiring pi 5
GPIO_SW4=25 # pin 22 - wiring pi 6
GPIO_SW5=17 # pin 11 - wiring 0
# init
gpio -g mode $GPIO_SW1 in;
gpio -g mode $GPIO_SW2 in;
gpio -g mode $GPIO_SW3 in;
gpio -g mode $GPIO_SW4 in;
gpio -g mode $GPIO_SW5 in;
while true; do
# wird ein "Schliesser" als Schalter verwendet, dann Parameter 0
# bei einem "Oeffner als Parameter hier 1
        if [ $(gpio -g read $GPIO_SW1) -eq  0 ]; then
                echo "GPIO_SW1" $GPIO_SW1 "gedrueckt"
        elif [ $(gpio -g read $GPIO_SW2) -eq  0 ]; then
                echo "GPIO_SW2" $GPIO_SW2 "gedrueckt"
        elif [ $(gpio -g read $GPIO_SW3) -eq  0 ]; then
                echo "GPIO_SW3" $GPIO_SW3 "gedrueckt"
        elif [ $(gpio -g read $GPIO_SW4) -eq  0 ]; then
                echo "GPIO_SW4" $GPIO_SW4 "gedrueckt"
        elif [ $(gpio -g read $GPIO_SW5) -eq  0 ]; then
                echo "GPIO_SW5" $GPIO_SW5 "gedrueckt"
        fi
sleep 0.1
done
exit 0
#----------------------- EOF --------------------------------
```

Probieren Sie sämtliche Schalter aus und drücken Sie sie auch mehrmals, um das Verhalten des Prüfprogramms zu testen. Im Idealfall sollten die gewünschten Bildschirmmeldungen erscheinen, wie in der nachstehenden Abbildung zu sehen.

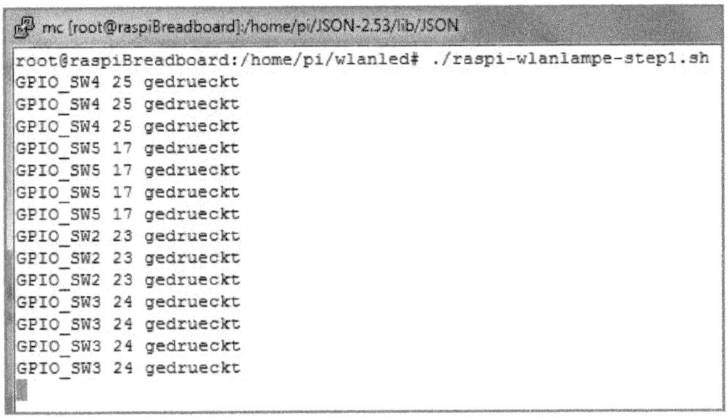

```
root@raspiBreadboard:/home/pi/wlanled# ./raspi-wlanlampe-step1.sh
GPIO_SW4 25 gedrueckt
GPIO_SW4 25 gedrueckt
GPIO_SW4 25 gedrueckt
GPIO_SW5 17 gedrueckt
GPIO_SW5 17 gedrueckt
GPIO_SW5 17 gedrueckt
GPIO_SW5 17 gedrueckt
GPIO_SW2 23 gedrueckt
GPIO_SW2 23 gedrueckt
GPIO_SW2 23 gedrueckt
GPIO_SW3 24 gedrueckt
GPIO_SW3 24 gedrueckt
GPIO_SW3 24 gedrueckt
GPIO_SW3 24 gedrueckt
```

Bild 11.45: Schaltung und Programm erfolgreich verheiratet: Jeder angeschlossene Schalter am Raspberry Pi sorgt für eine andere Bildschirmausgabe – der erste Schritt zur Selbstbauschaltung für die WLAN-Lampe(n) ist getan, Glückwunsch!

Wenn Sie sich mit der weiteren Ausgestaltung des Quellcodes bzw. der Lampensteuerung befassen, sollten Sie die Lötstation erst mal nicht wegräumen, im nächsten Schritt benötigt der Raspberry Pi bzw. der Schalter noch eine Ausgabe in Form von geschalteten LEDs. In Sachen Quellcode ist der obige erste Schritt samt kleineren Ergänzungen und Definitionen für die spätere Inbetriebnahme des Selbstbauschalters in der Datei `raspi-wlanlampe-step1.sh` festgehalten.

Mit Bash und Python: Schalterfirmware bauen

Für jede gewünschte Schalterfunktionalität muss natürlich eine dahinterliegende Logik existieren, die dafür sorgt, dass genau das Ereignis angesteuert wird, für das der Schalter definiert ist. Dafür ergänzen Sie die Datei `raspi-wlanlampe-step1.sh` und sichern sie mit einer neuen Dateibezeichnung (hier `raspi-wlanlampe-step2.sh`).

Darin wird zunächst die einfache `if`-Abfrage samt den `elif`-Konstrukten mit weiteren aussagekräftigen `echo`-Texten ergänzt, die beim Drücken der jeweiligen Schalter auf dem Bildschirm zu sehen sind und die Schalterfunktion beschreiben.

Wenn beispielsweise Schalter 1 betätigt wird, soll er die Funktion des Ein-/Ausschaltens der Lampe(n) übernehmen. Wird Schalter 1 gedrückt und sind die Lampen bereits eingeschaltet, sollen sie abgeschaltet werden. Leuchten die Lampen nicht, soll der Tastendruck, wie bei einem normalen Schalter auch, die Lampen einschalten. Dafür kommen folgende Python-Funktionen zum Einsatz:

```
mc [root@raspiBreadboard]:/home/pi/JSON-2.53/lib/JSON
================================================================================
Verbindung zur Wifi-Bridge wird aufgebaut...
Lampe wurde ausgeschhaltet...
GPIO_SW1 22 gedrueckt
Funktion: Ein/Ausschalten Beleuchtung / Alle Lampen
================================================================================
Verbindung zur Wifi-Bridge wird aufgebaut...
Alle farbige Lampen werden eingeschaltet...
Hochdimmen...
GPIO_SW1 22 gedrueckt
Funktion: Ein/Ausschalten Beleuchtung / Alle Lampen
================================================================================
Verbindung zur Wifi-Bridge wird aufgebaut...
Lampe wurde ausgeschhaltet...
GPIO_SW1 22 gedrueckt
Funktion: Ein/Ausschalten Beleuchtung / Alle Lampen
================================================================================
Verbindung zur Wifi-Bridge wird aufgebaut...
Alle farbige Lampen werden eingeschaltet...
Hochdimmen...
GPIO_SW1 22 gedrueckt
Funktion: Ein/Ausschalten Beleuchtung / Alle Lampen
================================================================================
Verbindung zur Wifi-Bridge wird aufgebaut...
Lampe wurde ausgeschhaltet...
GPIO_SW1 22 gedrueckt
Funktion: Ein/Ausschalten Beleuchtung / Alle Lampen
================================================================================
Verbindung zur Wifi-Bridge wird aufgebaut...
Alle farbige Lampen werden eingeschaltet...
Hochdimmen...
GPIO_SW1 22 gedrueckt
Funktion: Ein/Ausschalten Beleuchtung / Alle Lampen
================================================================================
Verbindung zur Wifi-Bridge wird aufgebaut...
Lampe wurde ausgeschhaltet...
```

Bild 11.46: Schalter für Schalter: Für die Schalterbeschriftung nutzen Sie am besten einen aussagekräftigen Text, der beim Drücken des Schalters am Bildschirm ausgegeben wird.

Das Skript `switch1-an.py` wird beim Einschalten, das Skript `switch1-aus.py` beim Ausschalten aufgerufen. Das Skript für das Einschalten stellt sicher, dass die Lampen eingeschaltet und dass anschließend deren Helligkeit per Kommando `led_connection.rgb.effect('fade_up')` hochgesetzt wird, damit sie leuchten.

```
# switch1-an.py
if __name__=="__main__":
    parser = OptionParser()
    parser.add_option('-a', '--address', default=wlan_ip_address, help='Wi-Fi-Controller IP-Adresse')
    parser.add_option('-p', '--port', type='int', default=udp_port,
help='Wi-Fi-Controller IP-Adresse')
    (options, args) = parser.parse_args()
    print '=' * 80
    print 'Verbindung zur Wi-Fi-Bridge wird aufgebaut...'
    led_connection = wifileds.limitlessled.connect(options.address,
options.port)
```

```
print 'Alle farbigen Lampen werden eingeschaltet...'
led_connection.rgb.all_on()

print 'Hochdimmen...'
led_connection.rgb.effect('fade_up')
```

Umgekehrt werden im Ausschaltskript `switch1-aus.py` mit dem Kommando `led_connection.rgb.all_off()` sämtliche Lampen ausgeschaltet:

```
# switch1-aus.py
    print 'Verbindung zur Wi-Fi-Bridge wird aufgebaut...'
    led_connection = wifileds.limitlessled.connect(options.address,
options.port)
    led_connection.rgb.all_off()
    print 'Lampe wurde ausgeschaltet...'
```

In dem Skript lassen sich mithilfe des Schalters 2 insgesamt 16 Farben auswählen. Standardmäßig wird für die Farbgebung die Variable `color` auf den Wert 0 gesetzt. Das entspricht in diesem Fall der Farbe Violett.

Wert für die Variable color	Hexadezimalwertzuordnung für die Variable color	Farbe
0	0x00	violet
1	0x10	royal_blue
2	0x20	baby_blue
3	0x30	aqua
4	0x40	mint
5	0x50	seafoam_green
6	0x60	green
7	0x70	lime_green
8	0x80	yellow
9	0x90	yellow_orange
10	0xA0	orange
11	0xB0	red
12	0xC0	pink
13	0xD0	fuchsia
14	0xE0	lilac
15	0xF0	lavender

Im nächsten Schritt bauen Sie sämtliche Python-Funktionen in die Steuerung in der Datei `raspi-wlanlampe-step2.sh` ein. Etwas umfangreichere Funktionen bringt Schalter 2 mit: Die Steuerung der Farben übernimmt die aufgerufene Python-Skriptdatei `switch2.py`. Diese wird per Aufruf vonseiten des Shell-Skripts mit der entsprechenden Zähler-ID aufgerufen.

Die Zähler-ID ist im Shell-Skript die Variable `$iSW2_COLOR`, die nichts anderes tut, als die Anzahl der Schaltvorgänge des Schalters 2 mitzuzählen. Ändert sich der Wert der Variablen, wird die Python-Funktion mit dem neuen `$iSW2_COLOR`-Wert aufgerufen, was die entsprechende Farbzuordnung von ID zu Farbe und anschließend das Setzen der Farbe per Python-Befehl an die Lampe erledigt:

```
python switch2.py -c 1 $iSW2_COLOR;
```

In diesem Beispiel ist die Anzahl der zulässigen Farben auf 16 festgelegt. Das Heraufzählen der Variablen `$iSW2_COLOR` beginnt mit dem Wert 0, endet bei Wert 15 und fängt bei dem nächsten Tastendruck wieder beim Wert 0 an. Damit ist sichergestellt, dass der notwendige Übergabeparameter `$iSW2_COLOR` für das Python-Skript `switch2.py` immer korrekt befüllt bleibt.

```
# switch2.py
    print 'Alle farbige Lampen werden eingeschaltet...'
    led_connection.rgb.all_on()
    if int(args[0]) >= 0 and int(args[0]) <= 15:
        color = int(args[0])
        print 'Hochdimmen mit Farbe...', color
        led_connection.rgb.effect('fade_up')
        if (color==0):
            print 'Farbwechsel auf Violett ...'
            led_connection.rgb.set_color('violet')
        if (color==1):
            print 'Farbwechsel auf Blau ...'
            led_connection.rgb.set_color('royal_blue')
            time.sleep(1)
        if (color==2):
            print 'Farbwechsel nach Babyblau ...'
            led_connection.rgb.set_color('baby_blue')
            time.sleep(1)
        if (color==3):
            print 'Farbwechsel nach Aquablau ...'
            led_connection.rgb.set_color('aqua')
            time.sleep(1)
        if (color==4):
            print 'Farbwechsel zu Minze ...'
            led_connection.rgb.set_color('mint')
            time.sleep(1)
        if (color==5):
            print 'Farbwechsel nach Seafoam Gruen...'
            led_connection.rgb.set_color('seafoam_green')
            time.sleep(1)
        if (color==6):
```

```
            print 'Farbwechsel nach Gruen ...'
            led_connection.rgb.set_color('green')
            time.sleep(1)
        if (color==7):
            print 'Farbwechsel nach Lime Gruen ...'
            led_connection.rgb.set_color('lime_green')
            time.sleep(1)
        if (color==8):
            print 'Farbwechsel nach Gelb ...'
            led_connection.rgb.set_color('yellow')
            time.sleep(1)
        if (color==9):
            print 'Farbwechsel nach Gelborange ...'
            led_connection.rgb.set_color('yellow_orange')
            time.sleep(1)
        if (color==10):
            print 'Farbwechsel nach Orange ...'
            led_connection.rgb.set_color('orange')
            time.sleep(1)
        if (color==11):
            print 'Farbwechsel nach Rot ...'
            led_connection.rgb.set_color('red')
            time.sleep(1)
        if (color==12):
            print 'Farbwechsel nach Pink ...'
            led_connection.rgb.set_color('pink')
            time.sleep(1)
        if (color==13):
            print 'Farbwechsel nach Fusia ...'
            led_connection.rgb.set_color('fuchsia')
            time.sleep(1)
        if (color==14):
            print 'Farbwechsel nach Lila ...'
            led_connection.rgb.set_color('lilac')
            time.sleep(1)
        if (color==15):
            print 'Farbwechsel nach Lavendel ...'
            led_connection.rgb.set_color('lavender')
    else:
    # color = 0
        print 'Farbwechsel auf Violet ...'
        led_connection.rgb.set_color('violet')
```

Der Übergabeparameter wird über die Zeile color = int(args[0]) ausgewertet und im if-Konstrukt für die Zuordnung der Farbe mittels der Funktion led_connection.rgb.set_color('XXX') verwendet. Diese sorgt anschließend für das Setzen des gewünschten Farbtons bei den entsprechenden LED-Lampen. Der dritte Schalter startet die Python-Funktion `switch3.py`, die das Hochsetzen der Helligkeit regelt – unabhängig davon, welcher Farbton gerade aktiv ist:

```
# switch3.py
    print 'Alle farbigen Lampen werden eingeschaltet ...'
    led_connection.rgb.all_on()

    print 'Hochdimmen...'
    led_connection.rgb.effect('fade_up')
    print 'Nochmals hochdimmen ...'
    time.sleep(1)
    led_connection.rgb.effect('fade_up')
```

Umgekehrt sorgt das Drücken des vierten Schalters mittels der Python-Funktion `switch4.py` dafür, dass die Helligkeit verringert wird:

```
# switch4.py
    print 'Alle farbigen Lampen werden eingeschaltet ...'
    led_connection.rgb.all_on()

    print 'Herunterdimmen...'
    led_connection.rgb.effect('fade_down')

    print 'Und weiter herunterdimmen ...'
    time.sleep(1)
    led_connection.rgb.effect('fade_down')
```

Der fünfte und letzte Schalter des Beispiels ist nichts anderes als ein Alarmknopf: Wird er gedrückt, wird auf den angeschlossenen LED-Lampen das Polizeialarmsignal ausgegeben – hier dreimal hintereinander:

```
# switch5-an.py
    led_connection.rgb.effect('police_flashers')
    time.sleep(2)
    led_connection.rgb.effect('police_flashers')
    time.sleep(2)
    led_connection.rgb.effect('police_flashers')
```

Ein nochmaliges Drücken des Schalters sorgt für das Zurücksetzen der Lampen auf die gewünschte Helligkeit:

```
# switch5-aus.py
    print 'Alle farbige Lampen werden eingeschaltet ...'
    led_connection.rgb.all_on()
    print 'Hochdimmen...'
    led_connection.rgb.effect('fade_up')
```

Das Shell-Skript dazu wurde nun bei den jeweiligen Switch-Funktionen um sämtliche Python-Funktionen ergänzt. Beachten Sie, dass die Anzahl der Schaltintervalle bei

Switch2 gleichzeitig die Farbe der LED-Lampe bestimmt. Die besprochenen Schritte sind exemplarisch für den Selbstbauschalter in der Datei `raspi-wlanlampe-step3.sh` festgehalten.

```
 mc [root@raspiBreadboard]:/home/pi/JSON-2.53/lib/JSON
Farbwechsel nach lila...
GPIO_SW2 23 gedrueckt
Funktion: Farb-Auswahl (Bspw. violett=0, .. 15..)
===============================================================================
Verbindung zur Wifi-Bridge wird aufgebaut...
Alle farbige Lampen werden eingeschaltet...
Hochdimmen mit Farbe... 15
Farbwechsel nach lavendel...
GPIO_SW2 23 gedrueckt
Funktion: Farb-Auswahl (Bspw. violett=0, .. 15..)
===============================================================================
Verbindung zur Wifi-Bridge wird aufgebaut...
Alle farbige Lampen werden eingeschaltet...
Hochdimmen mit Farbe... 0
Farbwechsel auf violett...
GPIO_SW2 23 gedrueckt
Funktion: Farb-Auswahl (Bspw. violett=0, .. 15..)
===============================================================================
Verbindung zur Wifi-Bridge wird aufgebaut...
Alle farbige Lampen werden eingeschaltet...
Hochdimmen mit Farbe... 1
Farbwechsel auf blau...
GPIO_SW2 23 gedrueckt
Funktion: Farb-Auswahl (Bspw. violett=0, .. 15..)
===============================================================================
Verbindung zur Wifi-Bridge wird aufgebaut...
Alle farbige Lampen werden eingeschaltet...
Hochdimmen mit Farbe... 2
Farbwechsel nach baby blau...
GPIO_SW3 24 gedrueckt
Funktion: Heller (Dimmen der Helligkeit)
===============================================================================
Verbindung zur Wifi-Bridge wird aufgebaut...
Alle farbige Lampen werden eingeschaltet...
Hochdimmen...
Nochmals hochdimmen.....
```

Bild 11.47: Schaltung mit Farbauswahl: Das Shell-Skript ist mit den Python-Funktionen, die für die eigentliche Lampensteuerung sorgen, gekoppelt.

Das Einbinden der Python-Funktionen stellt sich wie folgt dar, die Hilfsfunktion `inc_switch` dient dazu, die entsprechenden Variablen bei einem Tastendruck hochzuzählen. Damit die Funktion `inc_switch` wie gewünscht funktioniert, stellen Sie sicher, dass auf dem Raspberry Pi `bc` installiert ist. Installieren Sie ihn gegebenenfalls per `sudo apt-get install bc`-Kommando auf dem Raspberry Pi nach.

```
while true; do
# wird ein "Schliesser" als Schalter verwendet, dann Parameter 0
# bei einem "Oeffner" als Parameter hier 1
        if [ $(gpio -g read $GPIO_SW1) -eq 0 ]; then
                echo "GPIO_SW1" $GPIO_SW1 "gedrueckt";
                echo "Funktion: Ein-/Ausschalten Beleuchtung / Alle Lampen";
```

```
                inc_switch SW1_ALLONOFF $iSW1_ALLONOFF;
                if [ "$iSW1_ALLONOFF" -eq 1 ]; then # erster Druck, jetzt
einschalten
                    python switch1-an.py;
                else #ausschalten
                    python switch1-aus.py;
                    iSW1_ALLONOFF=0;
                fi;
        elif [ $(gpio -g read $GPIO_SW2) -eq  0 ]; then
                echo "GPIO_SW2" $GPIO_SW2 "gedrueckt";
                echo "Funktion: Farbauswahl (bspw. Violett=0, .. 15)";
                python switch2.py -c 1 $iSW2_COLOR;
                inc_switch SW2_COLOR  $iSW2_COLOR
                if [ "$iSW2_COLOR" -eq 16 ]; then iSW2_COLOR=0;fi;
        elif [ $(gpio -g read $GPIO_SW3) -eq  0 ]; then
                echo "GPIO_SW3" $GPIO_SW3 "gedrueckt";
                echo "Funktion: Heller (Dimmen der Helligkeit)";
                python switch3.py;
                inc_switch SW3_FADEUP  $iSW3_FADEUP
        elif [ $(gpio -g read $GPIO_SW4) -eq  0 ]; then
                echo "GPIO_SW4" $GPIO_SW4 "gedrueckt";
                echo "Funktion: Dunkler (Dimmen der Helligkeit)";
                python switch4.py;
                inc_switch SW4_FADEDOWN  $iSW4_FADEDOWN
        elif [ $(gpio -g read $GPIO_SW5) -eq  0 ]; then
                echo "GPIO_SW5" $GPIO_SW5 "gedrueckt";
                echo "Funktion: Alarmschalter";
                inc_switch SW5_ALARM  $iSW5_ALARM
                if [ "$iSW5_ALARM" -eq 1 ]; then # erster Druck, jetzt Alarm
einschalten
                    python switch5-an.py;
                else # Alarm aus.
                    python switch5-aus.py;
                fi;
        fi;
sleep 0.1
done
```

Im nächsten Schritt bauen Sie die Anzeigelogik der drei LEDs in die Steuerung der Datei `raspi-wlanlampe-step3.sh` ein. Die Schaltungen der drei LEDs sind wie folgt auf dem Steckboard/der Platine mit dem Raspberry Pi verbunden:

11.7 Lampensteuerung und Lichteffekte auf Knopfdruck

Pin	Board, Rev. V1	Board, Rev. V2	GPIO-Konfiguration Ein-/Ausgang	Anschluss
12	GPIO18	GPIO-18	Aus	GPIO_LED1
10	GPIO15	GPIO-15	Aus	GPIO_LED2
8	GPIO14	GPIO-14	Aus	GPIO_LED3

Zunächst stellen Sie sicher, dass die LEDs im Shell-Skript auch ordnungsgemäß definiert und als Ausgänge initialisiert werden. In diesem Beispiel werden dafür dem Skript folgende Zeilen hinzugefügt, um die benötigten GPIOs im Skript zuzuordnen:

```
GPIO_LED1=18 # Pin  12 - wiring pi 1
GPIO_LED2=15 # Pin 10 - wiring pi 16
GPIO_LED3=14 # Pin 8 - wiring pi   15
# init
gpio -g mode $GPIO_LED1 out;
gpio -g mode $GPIO_LED2 out;
gpio -g mode $GPIO_LED3 out;
```

Wie beim Einsatz von LEDs üblich, ist hier der passende Vorwiderstand sowie das korrekte Einsetzen der LED (Anode = längerer Draht, Kathode= kürzerer Draht) Voraussetzung. Das Ändern des Zustands der LED ist einfach gelöst:

Funktion: Einschalten von LED 1

```
gpio -g write $GPIO_LED1 1
```

Funktion: Ausschalten von LED 1

```
gpio -g write $GPIO_LED1 0
```

Die LEDs sind in dem Schalterbeispielprojekt wie folgt zugeordnet:

GPIO-Gerät	Funktion
Schalter 1	Ein-/Ausschalten Beleuchtung/Alle Lampen.
Schalter 2	Farbauswahl (beispielsweise Violett = 0, .. 15).
Schalter 3	Heller (Dimmen der Helligkeit).
Schalter 4	Dunkler (Dimmen der Helligkeit).
Schalter 5	Alarmschalter.
LED 1	Leuchtet dauerhaft, wenn Schalter 1, also alle Lampen, eingeschaltet sind.
LED 2	Blinkt n-mal bei Auswahl der Lampe Nummer n.
LED 3	Leuchtet bei Alarm.

Da Schalter 1 die sogenannte »Toggle«-Funktion implementiert hat – falls aus, schalte ein, schalte aus, falls an –, erfolgt das Einschalten der LED nur dann, wenn auch die Lampe auf »Status eingeschaltet« gesetzt ist.

Die Steuerung der Schaltung von LED 2 ist Geschmackssache: Gerade beim Einsatz vieler Farben (und somit Schaltvorgänge) muss die blinkende LED-Funktion auch geändert werden – etwa als Bestätigung nach einem gewissen Zeitraum. Die letzte LED 3 wird nur aktiv, wenn der Alarmknopf gedrückt wurde – und wird wieder ausgeschaltet, sobald der Alarm an Schalter 3 deaktiviert worden ist.

Statusanzeige über LED-Ausgänge

Zu guter Letzt bauen Sie die beschriebenen LED-Zustände in Form von Bash-Skriptcode in die Schalterfirmware ein. In diesem Beispielprojekt ist das in der Datei `raspi-wlanlampe-step4.sh` hinterlegt. Aus Gründen der besseren Übersicht ist jetzt das `while`-Konstrukt dabei, in dem sich sämtliche Steuerungen für die Lampen und die LEDs befinden.

```
while true; do
ZAEHLER=0;
# wird ein "Schliesser" als Schalter verwendet, dann Parameter 0
# bei einem "Oeffner als Parameter hier 1
        if [ $(gpio -g read $GPIO_SW1) -eq 0 ]; then
                echo "GPIO_SW1" $GPIO_SW1 "gedrueckt";
                echo "Funktion: Ein-/Ausschalten Beleuchtung / Alle Lampen";
                gpio -g write $GPIO_LED1 1;
                inc_switch SW1_ALLONOFF $iSW1_ALLONOFF;
                if [ "$iSW1_ALLONOFF" -eq 1 ]; then # erster Druck, jetzt einschalten
                        python switch1-an.py;
                else #ausschalten
                        python switch1-aus.py;
                        gpio -g write $GPIO_LED1 0;
                        iSW1_ALLONOFF=0;
                fi;
        elif [ $(gpio -g read $GPIO_SW2) -eq 0 ]; then
                echo "GPIO_SW2" $GPIO_SW2 "gedrueckt";
                echo "Funktion: Farbauswahl (bspw. Violett=0, ..Bereich [0-15])";
                python switch2.py -c 1 $iSW2_COLOR;
                inc_switch SW2_COLOR $iSW2_COLOR
                if [ "$iSW2_COLOR" -eq 16 ]; then iSW2_COLOR=0;fi;
                while [ $ZAEHLER -le "$iSW2_COLOR" ]; do
                        gpio -g write $GPIO_LED2 1;
                        ZAEHLER=`echo $ZAEHLER+1 | bc`;
                        sleep 0.2;
```

```
                        gpio -g write $GPIO_LED2 0;
                done;
        elif [ $(gpio -g read $GPIO_SW3) -eq 0 ]; then
                echo "GPIO_SW3" $GPIO_SW3 "gedrueckt";
                echo "Funktion: Heller (Dimmen der Helligkeit)";
                python switch3.py;
                inc_switch SW3_FADEUP  $iSW3_FADEUP
        elif [ $(gpio -g read $GPIO_SW4) -eq 0 ]; then
                echo "GPIO_SW4" $GPIO_SW4 "gedrueckt";
                echo "Funktion: Dunkler (Dimmen der Helligkeit)";
                python switch4.py;
                inc_switch SW4_FADEDOWN  $iSW4_FADEDOWN
        elif [ $(gpio -g read $GPIO_SW5) -eq 0 ]; then
                echo "GPIO_SW5" $GPIO_SW5 "gedrueckt";
                echo "Funktion: Alarmschalter";
                inc_switch SW5_ALARM  $iSW5_ALARM
                if [ "$iSW5_ALARM" -eq 1 ]; then # erster Druck, jetzt Alarm
einschalten
                        python switch5-an.py;
                        gpio -g write $GPIO_LED3 1;
                else # Alarm aus.
                        python switch5-aus.py;
                        gpio -g write $GPIO_LED3 0;
                fi;
        fi;
        #
sleep 0.1
done
```

Im Praxiseinsatz stellt sich das auf der Konsole wie folgt dar, nebenbei sollten nun beim Tastendruck nicht nur die entsprechenden Lampen in der gewünschten Farbe leuchten, auch die Status-LED sollte über den aktuellen Zustand informieren.

Bild 11.48: Die Datei `raspi-wlanlampe-step4.sh` kann im letzten Schritt zur Finalversion überführt werden, wenn der Funktionstest erfolgreich bestanden wurde.

Im letzten Schritt dieses Projekts nehmen Sie den aktuellen Stand der Entwicklungsversion, prüfen ihn auf etwaige Fehler und testen ihn ausgiebig. Hat dieser Code die Qualitätssicherung überstanden, überführen Sie ihn in den produktiven Einsatz. Hier ist es für viele sinnvoll, den Code gegebenenfalls nochmals zu entrümpeln und beispielsweise nur noch die notwendigsten Kommentare und `echo`-Meldungen zu verwenden, die für den Ablauf und die Steuerung des Schalterskripts `raspi-wlanlampe.sh` notwendig sind.

Hürden und Stolperfallen bei der Inbetriebnahme

Grundsätzlich ist es nach der Fertigstellung bei der Inbetriebnahme sinnvoll, zunächst keinen Remote-SSH-Zugriff mehr zu verwenden, sondern die Schaltereinheit für die WLAN-Lampen ausschließlich mit den zur Verfügung stehenden Schaltern über die GPIO-Eingänge zu steuern. Aus diesem Grund muss der Raspberry Pi automatisch nach dem Einschalten die erstellte Schalterfirmwareanwendung finden und starten können.

Die Lösung dafür ist relativ einfach: Tragen Sie das Skript in die lokale /etc/rc.local-Datei ein. Damit diese aber funktioniert, sind root-Rechte und ein Log-in – also eine Anmeldung am Raspberry Pi – notwendig. Das ist in der Praxis auch wieder nervig, deswegen richten Sie ausschließlich für den Lampeneinsatz ein Auto-Log-in sowie den Autostart des raspi-wlanlampe.sh-Skripts ein.

Automatisches Log-in: pi vom Start weg

Das vollautomatische Einloggen nach dem Start nehmen Sie über einen Eingriff in die Systemdatei /etc/inittab vor. Da diese nicht für den Standardbenutzer editierbar ist, sind dazu root-Rechte notwendig.

```
sudo -i
nano /etc/inittab
```

Bild 11.49: Zunächst kommentieren Sie den alten tty1-Eintrag aus und fügen anschließend die neue Auto-Log-in-Zeile ein.

Suchen Sie nach der Zeile

```
1:2345:respawn:/sbin/getty -noclear 38400 tty1
```

und kommentieren Sie sie mit einem vorangestellten #-Symbol aus. Fügen Sie stattdessen die nachfolgende Zeile

```
1:2345:respawn:/bin/login -f pi tty1 </dev/tty1 >/dev/tty1 2>&1
```

hinzu, die für das automatische Log-in im ersten Terminal (tty1) für den Benutzer pi sorgt. Die Änderung wird nach einem Neustart des Raspberry Pi aktiv.

Im nächsten Schritt sorgen Sie dafür, dass nach dem automatischen Log-in das gewünschte Lampenskript automatisch gestartet wird.

Autostart nach dem Einschalten

Stellen Sie sicher, dass die aktuellste Version der Schalterfirmware raspi-wlanlampe.sh (samt den Python-Skripten) im /home/pi/-Verzeichnis vorhanden ist. Sicherheitshalber setzen Sie die Eigentümereigenschaften und die Ausführungsrechte der raspi-wlanlampe.sh sowie der Python-Dateien zurück:

```
cd ~
sudo chmod a+x raspi-wlanlampe.sh switch*.py
sudo chown pi:pi raspi-wlanlampe.sh switch*.py
nano .bashrc
```

Im nächsten Schritt bearbeiten Sie mit dem nano-Editor die Datei .bashrc und fügen am Ende der Datei folgende Zeile hinzu:

```
if [ -z "$DISPLAY" ] && [ $(tty) == /dev/tty1 ]; then
    ./raspi-wlanlampe.sh &;
fi
```

Nach dem Speichern der Datei wird das Skript umgehend mit root-Berechtigungen ausgeführt, eine angeschlossene Tastatur oder ein Remote-Zugriff zum Starten der WLAN-Schalterfirmware ist nicht (mehr) nötig.

Unterhaltungs- und Haushaltselektronik steuern

Unterhaltungs- sowie Haushaltsgeräte sind mit Computern aller Art samt Zubehör sowie Steckdosen, Lampen und Beleuchtungselementen das Anwendungsspektrum der Geräte, die sich auf einem halbwegs aktuellen Smartphone zusammenführen lassen. Setzen Sie keine eigene Logik in Form einer zentralen Steuerung der Geräte, die als Mastermind in der Hausautomation fungiert, ein, werden Intelligenz und Steuerung über die jeweiligen Anwendungen auf dem Smartphone erledigt. Das bedeutet aber oftmals auch, dass eine Steuerung ausschließlich mit diesem (und nur mit diesem!) Smartphone möglich ist. Haben Sie das Gerät beispielsweise im Büro vergessen, kann es schon heikel werden. Doch so weit lassen Sie es gar nicht kommen – dank der Kopplung diverser Apps mit der vorhandenen Elektronik und dem TV-Receiver oder gar den smarten Heizkörperthermostaten oder Wetterstationen, die es mittlerweile von zig unterschiedlichen Anbietern gibt. Dies gilt ebenfalls für die unzähligen am Markt erhältlichen Smart-TVs, die teilweise gar nicht so smart sind und sich nicht einmal über das eigene Smartphone bedienen lassen. Das persönliche Smart Home erhält seinen speziellen Reiz erst dann, wenn Sie selbst Hand anlegen – und gerade der heimische Fernseher im Wohnzimmer kann zusammen mit dem Smartphone als Steuerzentrale fungieren.

Dennoch ist eine Steuerzentrale im Heimnetz eine praktische Sache: sei es zum Loggen und Dokumentieren von Vorgängen, zum Koppeln von Geräten und zum Steuern von Abläufen. Über die Steuerzentrale können Sie ähnliche Abhängigkeiten wie IFTTT (*If This Then That*) in Eigenregie erstellen – gerade mit einem Raspberry Pi. Egal ob Modell 1 oder 2 oder der Raspberry Pi 3 mit integriertem WLAN und Bluetooth – alle Geräte bieten eine hardwarenahe GPIO-Schnittstelle, auf der sich viele Wünsche und Projekte umsetzen lassen. Mit der Steuerung von Funksteckdosen mithilfe des Raspberry Pi, egal ob direkt über GPIO, via FHEM oder mit einer manipulierten URL, kann nahezu alles im Haushalt per Raspberry Pi ein- und ausgeschaltet werden, vorausgesetzt, der Raspberry Pi ist im Heimnetz und/oder im Internet erreichbar.

12.1 iOS und HomeKit – Siri macht Strom

Ist Ihnen das Drücken der Funkschalter zu spießig und sind dennoch beim Einsatz des Smartphones die vielen Apps nicht auf Anhieb greifbar, können Sie bei eingerichteter HomeKit-Unterstützung mit dem iOS-Gerät (ab iOS-Version 9) die Sprachassistentin Siri für den Schaltvorgang nutzen – bei einem iPhone 6S sparen Sie sich den doppelten Klick auf den Home-Knopf, um Siri zu aktivieren. Hier reicht die Sequenz »Hey Siri« aus, um die Spracherkennung einzuschalten. Anschließend nutzen Sie das gewünschte Kommando – beispielsweise »Wohnzimmer Licht ein«. Voraussetzung dafür ist ein iOS-Gerät mit einer Version mindestens iOS 9 sowie im Fall der Philips-Hue-Lampen eine HomeKit-kompatible Bridge, die für die Ansteuerung und Kontrolle der Lampen sorgt. Ohne HomeKit-Technik lässt sich Siri ebenfalls für die Steuerung der Haushaltselektronik und -elektrik verwenden – Voraussetzung dafür ist jedoch, dass das Gerät selbst einen eingebauten Webserver mitbringt, mit dem es im Heimnetz über eine IP-Adresse erreichbar ist.

Was bin ich? – Siri gibt Antwort

Mit der Einführung des iPhone 4S im Oktober 2011 erfolgte im Smartphone-Markt die Einführung der Sprachsteuerung, die ihren Namen verdient. Die auf den Namen Siri getaufte, von Apple ehemals eingekaufte Lösung leistet um Längen mehr als alle anderen bisher bekannten Sprachsteuerungslösungen für Mobiltelefone und Smartphones. Siri versteht nicht nur Wörter und ganze Sätze, sondern erkennt dank eingebauter Logik auch die Zusammenhänge gesprochener Worte und kombiniert sie.

12.1 iOS und HomeKit – Siri macht Strom

Bild 12.1: Siri versteht ganze Sätze und braucht keinen Telegrammstil.

Erteilen Sie Siri beispielsweise das Sprachkommando: »Rufe meine Mutter an!«, antwortet sie: »Wie heißt deine Mutter?« Antwortet man mit dem Namen des entsprechenden Kontakts im iPhone, fragt Siri nach, ob dieser Name mit »Mutter« verknüpft werden soll. Anschließend weiß Siri zukünftig, wer mit Mutter gemeint ist. Die Kopplung der Verwandtschaftsgrade ist eine vergleichsweise leichte Übung, sie funktioniert auch mit Vater, Onkel, Tanten etc. Wie Sie lokale Verbraucher daheim – Licht,

Steckdosen etc. – anhand eines Anrufs schalten und sogar per Sprachsteuerung über das Smartphone steuern können, wird zunächst anhand der skalierbaren Profisteckdosenlösung TC IP 1 aus dem Hause Rutenbeck demonstriert.

Steckdosen mit Siri schalten

Der Adressbuch-Trick – Sie speichern die zu schaltenden Geräte mit einem Namen als entsprechenden Kontakt im Adressbuch des iPhone und können ihn anschließend für Siri nutzen – ist sehr praktisch. Voraussetzung dafür ist, dass das Gerät selbst über eine HTTP-Adresse erreichbar ist und darüber hinaus die nötigen Funktionen zur Verfügung stellen kann. Überaus einfach und komfortabel ist das mit den Steckdosen aus dem Hause Rutenbeck: Bauen Sie sich den Ein- und Ausschaltlink so zusammen, dass er über das Smartphone genutzt werden kann. Doch bevor es endlich so weit ist, erhalten Sie dazu an dieser Stelle einen Sicherheitshinweis:

> **Sicherheitshinweis**
> Hängt der LAN/WLAN-Router ständig im Internet und ist der eigene lokale Anschluss somit ständig per dynamischen DNS erreichbar, sollten Sie die verfügbaren Dienste so weit wie möglich einschränken. Dazu konfigurieren Sie die Firewall-/Porteinstellungen Ihres LAN/WLAN-Routers. Egal, wie sicher dieser auch konfiguriert ist, theoretisch und somit auch praktisch ist es auch dann möglich, dass unbefugte Dritte von außen eine vom Internet steuerbare Steckdose bzw. Schaltung erreichen können. Demzufolge sollten Sie mit solchen Steckdosen ausschließlich Verbraucher verbinden, die bei missbräuchlichem Schalten auch keinen Schaden anrichten können.

Der Sicherheitshinweis zählt natürlich nicht nur für den Zugriff über einen Webbrowser, sondern auch für die Sprachsteuerung. Denn theoretisch ist es natürlich denkbar, dass Sie Ihr Smartphone verlieren und der Finder sämtliche Kontakte in Ihrem Telefonbuch anruft. Sind jeweils ein Ein- und ein Ausschaltbefehl als Adressbuchkontakt hinterlegt, könnte der Smartphone-Dieb beispielsweise das Licht per Telefonanruf ein- und ausschalten. Oder Sie verlieren in der Nähe Ihrer Wohnung das Smartphone, und das heimische WLAN liegt noch in Reichweite – jedoch ist anzunehmen, dass ein Dieb eher das Weite suchen wird und nicht im heimischen WLAN stöbert. Mehr Sicherheit haben Sie, wenn Sie den Zugriff auf das Smartphone per PIN-Code oder Fingerscanner/Touch-ID absichern. Hat Siri mit der Zeit fleißig dazugelernt, führen sogar komplizierte Sprachbefehle, wie etwa der zum Eintrag eines Kalendertermins mit diversen Kontakten aus dem Adressbuch samt telefonischer Benachrichtigung, zum Erfolg. Diesen Kniff machen Sie sich in Sachen Steuerung von Heimkomponenten zunutze, nur dass Siri eben keine Telefonnummer wählt, sondern einfach zu einer HTTP-Adresse in Ihrem Heimnetz Kontakt aufnimmt.

iPhone: Kontakt für Gerät erstellen und konfigurieren

Um eine Steckdose per Adressbuchkontakt zu schalten, benötigen Sie zu den beiden Adressbuchkontakten auch zwei Kommandos für den Ein- bzw. Ausschaltbefehl, die Sie jeweils zuordnen können. In diesem Fall ist der Wohnzimmerfluter mit der Rutenbeck-Funksteckdose TC IP 1 WLAN per Hintertür über die IP-Adresse

```
http://192.168.123.203/leds.cgi?led=1&value=Einschalten
```

erreichbar. Die Beispiel-IP-Adresse `192.168.123.203` ersetzen Sie durch die individuelle IP-Adresse in Ihrem Heimnetz. Haben Sie beispielsweise die Rutenbeck-Steckdosenlösung im Einsatz, nutzen Sie die entsprechende URL, die Sie für den Zugriff in der Webserverkonfiguration festgelegt haben. Erstellen Sie einen neuen Kontakt - in diesem Beispiel mit der Bezeichnung Wohnzimmerlicht Ein bzw. Wohnzimmerlicht Aus. Für den Kontakt Wohnzimmerlicht Ein wird obige URL verwendet, für den Kontakt Wohnzimmerlicht Aus nutzen wir dies im Heimnetz:

```
http://192.168.123.204/leds.cgi?led=1&value=Ausschalten
```

Der Vorname ist also Wohnzimmerlicht, der Nachname Ein bzw. beim zweiten Kontakt Aus. Selbstverständlich brauchen Sie den URL-Kontakt nicht über die Bildschirmtastatur einzutippen. Schicken Sie ihn sich einfach selbst per Mail zu, markieren Sie ihn auf dem iPhone, kopieren Sie ihn in die Zwischenablage und fügen Sie ihn per Touch im Kontaktfeld Homepage ein.

12 Unterhaltungs- und Haushaltselektronik steuern

Bild 12.2: Nach dem Anlegen des Kontakts testen Sie Siri. Sagen Sie bei aktiver Spracherkennung in diesem Beispiel `Wohnzimmerlicht Ein`, wird der Kontakt geöffnet. Einen Touch weiter wird die entsprechende URL geöffnet, und das Licht geht an.

Wie beschrieben, gehen Sie analog beim Ausschaltadressbuchkontakt vor. Testen Sie auch diesen Kontakt. Mit einem etwas längeren Druck auf die Hometaste des iPhones wird Siri aktiv. Sprechen Sie nun `Wohnzimmerlicht Aus` – in diesem Fall muss der Kontakt der hinterlegten Ausschalt-URL geöffnet werden. Nach Bestätigung per Touch auf den Link schaltet sich das Wohnzimmerlicht wieder aus. Um diese Schaltlösung auch über das Internet verfügbar zu machen, brauchen Sie nur die entsprechenden URLs für den Ein- und Ausschaltvorgang durch jene Adressen samt Port zu ersetzen, über die das Gerät erreichbar ist.

HomeKit – Strippenzieher im Hintergrund

Wem die Eigenbaulösung mit dem Adressbuch-Kontakt-Umweg zu kompliziert ist, der kann seit Veröffentlichung von iOS 8.1 kompatible Geräte, ähnlich wie die vorgestellte Schaltlösung der Adressbuchkontakt-Lampen, direkt mit Siri nutzen. Voraussetzung dafür ist die aktuelle HomeKit-Unterstützung, die eigene und kompatible Hardware voraussetzt.

Bild 12.3: Derzeit ist die Liste der Heimelektronik, die mit Apple HomeKit kompatibel und daher mit dem Aufdruck *Works with Apple HomeKit* gekennzeichnet ist, noch recht übersichtlich.

Zudem benötigen Sie ein oder mehrere mit HomeKit kompatible elektrische Geräte, wie beispielsweise das Hue-Beleuchtungssystem, das Elgato-Sensormodul, Thermostat oder Smart Plug. Jedes HomeKit-fähige Device verfügt über eine eindeutige ID, den HomeKit-Einrichtungscode. Meistens ist die ID auf dem Gerät bzw. auf dem Geräteaufkleber aufgebracht sowie auf der Verpackung und/oder in der Einrichtungsanleitung zu finden.

12 Unterhaltungs- und Haushaltselektronik steuern

Bild 12.4: *https://support.apple.com/de-de/HT204903*: Nicht ganz aktuell – so hat Philips beispielsweise das bewährte Hue-System einer Überarbeitung unterzogen, statt der runden Basisstation ist die HomeKit-kompatible Hue 2-Steuereinheit seit Oktober 2015 quadratisch.

Obwohl Sie das Gerät ja umgehend in Betrieb nehmen, kann es nicht schaden, den HomeKit-Code zu fotografieren und an einem sicheren Platz aufzubewahren – er wird immer gebraucht, um das Gerät einer HomeKit-Installation hinzuzufügen.

Siri in Hue-App aktivieren

Haben Sie bereits eine »alte« Hue-Basisstation in Betrieb? Hier hat Philips nicht nur einen finanziellen Anreiz in Form einer Gutschrift geschaffen, in der aktuellen Version der offiziellen Hue-App befindet sich auch ein Assistent, mit dem Sie die Einstellungen der alten Basisstation in das neue Modell exportieren können. Alternativ können Sie die Lampen wie gewohnt anlernen – steigen Sie neu in das Thema Smart Home und Beleuchtung mit Philips Hue ein, brauchen Sie sich mit dem Thema Übertragen alter Einstellungen gar nicht zu beschäftigen. Wie auch immer – im nachfolgenden Abschnitt wird davon ausgegangen, dass die HomeKit-kompatible Hue-Basisstation ordnungsgemäß installiert, im Heimnetz erreichbar und mit einer oder mehreren Lampen gekoppelt ist. Für den HomeKit-Betrieb – und somit den Einsatz der Sprachassistentin Siri – muss das iOS-Gerät zudem mit einer iOS-Betriebssystemversion iOS 8.1 oder aktueller ausgestattet sein. In diesem Projekt kommt ein iPhone 6 Plus mit iOS 9.02 zum Einsatz – die Hue-App kommt mit Version 1.10.1.

Bis sich iOS und HomeKit erfolgreich mit der Hue-Anfrage für den Siri-Einsatz auseinandersetzen, kann es etwas dauern. Der Grund ist meist, dass die in der Regel aktivierte iCloud-Konfiguration Ärger macht. In diesem Fall war es notwendig, das iPhone von der iCloud zu entkoppeln und erneut mit der Hue-App zu starten.

12 Unterhaltungs- und Haushaltselektronik steuern

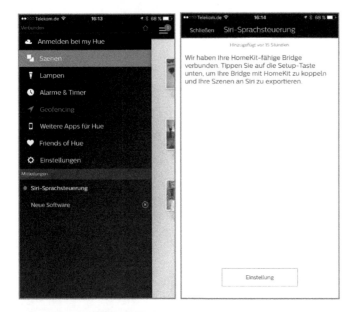

Bild 12.5: Nach dem Start der App erreichen Sie über *Einstellungen* und *Siri-Sprachsteuerung* den Einrichtungsdialog für die HomeKit-Kopplung.

iCloud für die Hue-Integration in HomeKit anpassen

In diesem konkreten Fall weist die Hue-App selbst auf die Lösung hin – sie vermisst den aktivierten Schlüsselbund in den iCloud-Einstellungen. Wer bisher die iCloud nicht im Einsatz hatte, kommt also im HomeKit-Einsatz nicht mehr daran vorbei – dies gilt auch

12.1 iOS und HomeKit – Siri macht Strom

für den Schlüsselbund, in dem neben den sensiblen Zugangsdaten zu Webseiten nun auch Authentifizierungsparameter für HomeKit untergebracht werden.

Bild 12.6: Etwas tricky ist die Einrichtung von HomeKit – Voraussetzung ist der eingerichtete und aktivierte Schlüsselbund innerhalb der iCloud-Einstellungen.

Gehen Sie zunächst auf *Abmelden*, wählen Sie dann *Vom iPhone löschen* aus und geben Sie anschließend zur Authentifizierung das iCloud-Kennwort ein, um die Konfiguration auf dem iPhone zu säubern. Ist die iCloud nun bereit für die Hue-App bzw. HomeKit, wechseln Sie von den allgemeinen Einstellungen wieder in die App zurück.

Schalten mit Siri – ein und aus, hell und dunkel

Anschließend starten Sie die Hue-App und beginnen erneut mit der Einrichtung der Siri-Sprachsteuerung. Ist die Philips-Bridge mit den Lampen »gepairt«, sind die Bezeichnungen auch später so in der HomeKit-Datenbank eingetragen und werden eins zu eins von Siri verwendet. In der Hue-App können Sie nun die gewünschten Szenen erstellen und konfigurieren, indem Sie den jeweiligen Szenen die gewünschten Lampen zuordnen.

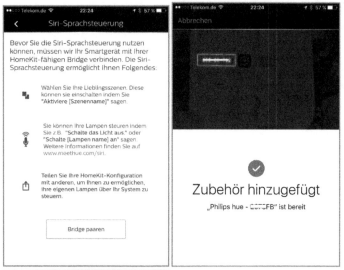

Bild 12.7: Die bereits mitgelieferten Szenen der Hue-App sind für den Start völlig ausreichend und können nachträglich auf Wunsch angepasst werden.

Die Lampenbezeichnungen können innerhalb der App auf Wunsch angepasst werden – es ist empfehlenswert, sprechende Bezeichnungen zu verwenden, falls mehrere Lampen ähnlicher Bauart zum Einsatz kommen. Dies erleichtert das Finden und Zuordnen der Lampen bei späteren Konfigurationsarbeiten und beim Erstellen der Szenen und Aktionen enorm.

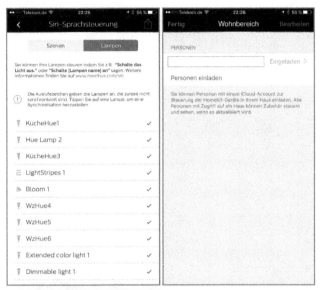

Bild 12.8: Siri zum Schalten: Sämtliche Lampen sind nun per Siri schaltbar, eine genaue Zuordnung der Lampen in Räume, Stockwerke etc. ist nicht möglich. Ein möglicher Ausweg wäre eine Zuordnung der Lampen in Szenen, die dem Aufstellungsort bzw. den Räumen entspricht.

Ein klares Manko der Hue-App sind die etwas stiefmütterlich ausgestatteten Konfigurationsmöglichkeiten von HomeKit: Geht es nach Philips, befinden sich alle Lampen in einem Raum und lassen sich mithilfe der Szenen unterscheiden – praktikabler und bequemer als der Name einer Philips-Szene zum Steuern sind aber Anweisungen wie »Schalte das Licht im Wohnzimmer aus«. Da HomeKit in gewissen Bereichen in der Apple-Welt eine offene Datenbank ist, können Sie diese Einträge auch mit anderen Apps manipulieren.

HomeKit mit Elgato Eve konfigurieren

Apple zeichnet sich zwar für HomeKit verantwortlich – doch ein Werkzeug oder Einstellungsdialog für die Konfiguration des Smart Home sucht man auf dem Smartphone vergebens. Dafür benötigen Sie eine oder mehrere Apps der Gerätehersteller – umso besser, dass sich diese Lösungen derzeit nicht nur auf die Produkte aus dem eigenen Werk beschränken. Vom Start weg war auch Elgato ganz weit vorn mit dabei, das Thema HomeKit in seiner Eve-Produktpalette zu verankern – derzeit sind Tür-/Fenstersensoren, Steckdosen sowie Klimasensoren für den Innen- und Außenbereich erhältlich. Dazu passend ist im Apple App Store die App *Elgato Eve* kostenlos erhältlich. Ist sie auf dem iOS-Device installiert, starten Sie mit dem maßgeschneiderten Einrichten der HomeKit-Umgebung für Ihr Eigenheim.

Wer beispielsweise mehrere Hue-Lampen in seinem Haushalt einsetzt, kann einzelne Lampen endlich den entsprechenden Räumen zuordnen. Auch die Bezeichnung *Zuhause* für das Eigenheim ist anpassbar. Im ersten Schritt legen Sie also die gewünschten Räume an. Wählen Sie zunächst die hübschen Icons aus – die Beschriftung lässt sich hinterher bequem ändern. Beachten Sie, dass später in der Raumüber-sicht nur Räume angezeigt werden, denen Lampen oder andere Geräte wie beispielsweise Sensoren und Temperaturfühler etc. zugeordnet sind.

Haben Sie Ihre Räume angelegt, können Sie die angeschlossenen Geräte – hier Lampen – den entsprechenden Räumen zuweisen. Zusätzlich können auch sogenannte Aktionen definiert werden: Kommen Sie beispielsweise nach einem langen Arbeitstag nach Hause, reicht beispielsweise die Siri-Anweisung »Ich bin zu Hause«, um das Wohnzimmer mit den gekoppelten Lampen zu erhellen – ist ein HomeKit-kompatibles Heizungsthermostat gekoppelt, wird automatisch die Wunschtemperatur eingestellt.

12.1 iOS und HomeKit – Siri macht Strom

Bild 12.9: Die App *Elgato Eve* ist im HomeKit-Einsatz sehr hilfreich, auch wenn Sie keine Elgato-Geräte verwenden, da Sie damit im Gegensatz zur Hue-App und anderen die HomeKit-Konfiguration auf Wunsch ändern und anzeigen können.

12 Unterhaltungs- und Haushaltselektronik steuern

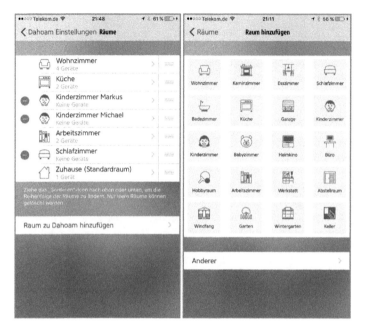

Bild 12.10: Welche bzw. wie viele Geräte einem Raum zugeordnet sind, ist im Übersichtsdialog sichtbar, neue Räume fügen Sie einfach per Dialog hinzu, um schließlich die gewünschten Lampen zuzuweisen.

12.1 iOS und HomeKit – Siri macht Strom

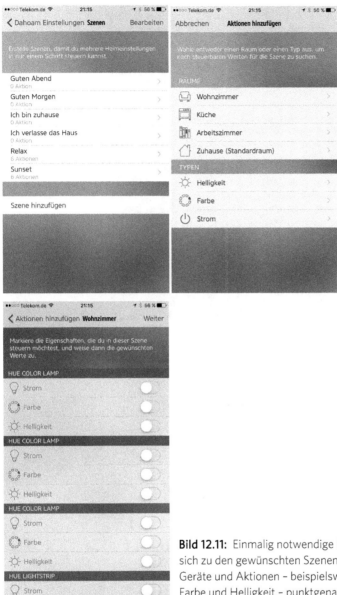

Bild 12.11: Einmalig notwendige Kleinarbeiten: Hier lassen sich zu den gewünschten Szenen die jeweiligen Räume, Geräte und Aktionen – beispielsweise bei den Lampen Farbe und Helligkeit – punktgenau festlegen.

Nach Abschluss der Konfiguration und Festlegung der jeweiligen Szenen sorgt die App für die Eintragung der Konfiguration in die HomeKit-Datenbank, sodass diese Einstellungen nun umgehend für sämtliche Apps und natürlich Siri zur Verfügung stehen. Hört Siri wie beim iPhone 6S mit (»Hey Siri«), reicht danach die detaillierte Anweisung aus – beispielsweise »Ich verlasse das Haus« oder »Wohnzimmer, Licht an«.

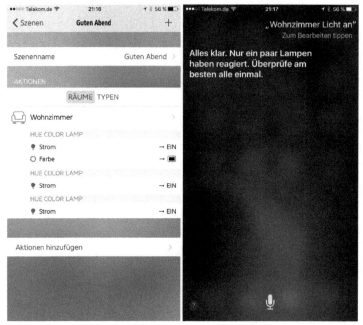

Bild 12.12: HomeKit-Konfiguration erfolgreich: Nach dem Drücken der Hometaste sprechen Sie den gewünschten Schaltbefehl oder die Bezeichnung der definierten Szene in das Mikrofon – HomeKit kümmert sich dann automatisch um den Schaltvorgang für die Hue-App.

Sind die Geräte in einem Bereich – beispielsweise mit der Bezeichnung *Zuhause* – zusammengefasst, bleibt die Steuerung der Geräte nicht nur auf das Smartphone beschränkt, mit dem die Einrichtung erfolgte, Sie können auch Familienmitglieder oder andere Personen dazu einladen, sich die Steuerung Ihrer Geräte – auch remote – mit Ihnen zu teilen. Der Remote-Zugriff auf die Geräte zu Hause lässt sich direkt am Smartphone über *Einstellungen/HomeKit/Zuhause* per Schiebeschalter auf *Entfernten Zugriff erlauben* einrichten. Um die Steuerung der Heimelektronik für andere Personen freizugeben, wählen Sie in diesem Dialog *Personen einladen* – diese benötigen dann einen eigenen iCloud-Zugang.

Derjenige, der die Einladungen versendet, ist automatisch auch der Administrator der HomeKit-Konfiguration – die eingeladenen Personen werden in HomeKit als *gemeinsame Benutzer* geführt. Bequem und spaßig ist die Steuerung mit Siri – doch nicht immer hat man das Smartphone zur Hand. Abgesehen von Datensicherheit und Big-Brother-Ängsten wäre auf Sicht diese Lösung möglicherweise für das Apple-TV im Wohnzimmer ideal, das ständig auf die entsprechenden Kommandos lauscht. Die Nachteile der HomeKit-Lösung bestehen darin, dass sich die Steuerung derzeit vorwiegend auf das iPhone sowie das iPad mit iOS 8.1 und neuer beschränkt und dass eine Anwesenheit vor Ort notwendig ist – vom Apple-TV mal abgesehen. So lassen sich beispielsweise die Elgato-Geräte über den Bluetooth-Stack steuern, die Philips-

Hue-Lösung kommuniziert über WLAN mit dem Smartphone und dieses wiederum über Zwave mit den gekoppelten Geräten. Das Drücken der Hometaste entspricht dem Drücken eines Tasters bzw. Schalters, um beispielsweise das Licht einzuschalten – die Sprachsteuerung ist also derzeit noch eher ein nettes Gimmick. Wer also bereits von unterwegs über das Internet etwaige Schaltvorgänge tätigen will oder den einen oder anderen Status vorhandener Geräte erfahren möchte, nutzt die neue Apple-TV-Box mit Siri-Unterstützung oder muss nach wie vor auf eigene Lösungen zurückgreifen – eine Eier legende Wollmilchsau ist HomeKit im Moment noch nicht.

12.2 Steckdosen mit Python über UDP steuern

Stöbert man etwas auf den Rutenbeck-Webseiten und in der Dokumentation, weckt der unscheinbare Hinweis auf eine UDP-Dokumentation die Neugier. Nach dem Herunterladen und Stöbern in dem PDF-Dokument wird klar, dass in dem TC-IP-1-WLAN-Modell von Rutenbeck noch weitere verborgene Talente schlummern, die geradezu prädestiniert für den Einsatz in Sachen Heimautomation sind. Für das Übertragen der UDP-Pakete wurde hier das Werkzeug **sendip** genutzt, grundsätzlich lassen sich auf dem Raspberry Pi auch **netcat** und **socat** für die UDP-Übertragungen verwenden.

Beachten Sie beim Einsatz von **sendip** bzw. dem Steuern der Steckdose über UDP: Das funktioniert natürlich nur mit Steckdosen, die einen UDP-Port zur Verfügung stellen. Darüber hinaus muss UDP explizit in den Netzwerkeinstellungen der Steckdose aktiviert sein, und die entsprechende Portnummer muss festgelegt werden.

Bild 12.13: Damit die Steuerung über UDP überhaupt möglich ist, muss hier im Konfigurationsdialog das Häkchen bei *UDP-Port* gesetzt werden.

Das praktische Tool `sendip` gehört nicht zum Standardumfang des Debian-Pakets auf dem Raspberry Pi und muss, falls noch nicht vorhanden, per `apt-get` nachinstalliert werden.

```
sudo apt-get install sendip
```

Nach der Installation versuchen Sie zunächst, die Syntax von `sendip` zu verstehen. Sie müssen nicht nur die Ziel-, sondern auch die Quell-IP-Adresse sowie die verwendeten UDP-Ports angeben. Außerdem benötigen Sie Informationen über den UDP-Befehlssatz der Rutenbeck-Steckdose. Im Fall des TC IP 1 WLAN Energy Manager wird dieser im UDP-Datenblatt wie folgt dargestellt (Auszug):

Adressat	Index	Zusatz	Aktion	Beschreibung
OUT	1		0	Ausgang 1 ausschalten
OUT	1		1	Ausgang 1 einschalten
OUT	1		2	Ausgang 1 umschalten
OUT	1		?	Zustand Ausgang 1 abfragen
OUT	1	IMP	00:00:01 0/1/2	Ausgang 1 impulsschalten
T			?	aktuelle Temperatur abfragen
U			?	aktuelle Spannung abfragen
I			?	aktuellen Stromverbrauch abfragen
cos			?	aktuelle Phasenverschiebung abfragen
P			?	aktuelle Wirkleistung abfragen
S			?	aktuelle Scheinleistung abfragen
Q			?	aktuelle Blindleistung abfragen
E			?	aktuelle Energie abfragen

Um also die Steckdose einzuschalten, muss die Zeichenkette "OUT1 1" an den definierten UDP-Port (hier `30303`) der Steckdose übermittelt werden. Zum Ausschalten dient die Zeichenkette "OUT1 0", für die Abfrage der aktuellen Spannung nutzen Sie "U ?". Bevor Sie nun anfangen, ein passendes Skript zu entwickeln, experimentieren Sie etwas mit den Einstellungen und Parametern des `sendip`-Aufrufs.

```
/usr/bin/sendip -p ipv4 -is 192.168.123.30 -p udp -us 30303 -ud 30303 -d
"OUT1 1" -v 192.168.123.204
```

So oder so ähnlich sollte der `sendip`-Befehl aufgebaut sein, um vom Raspberry Pi mit der IP-Adresse `192.168.123.30` die gewünschte Zeichenkette an die IP-Adresse der Steckdose `192.168.123.204` mit dem Port `30303` zu versenden.

12.2 Steckdosen mit Python über UDP steuern

Dummerweise tritt umgehend ein Fehler auf. Er kann jedoch schnell behoben werden: Die Meldung `Couldn't open RAW socket: Operation not permitted` deutet auf ein Rechteproblem hin. Mit dem vorangestellten sudo-Kommando sollte sich der Befehl erfolgreich absetzen lassen:

```
sudo /usr/bin/sendip -p ipv4 -is 192.168.123.30 -p udp -us 30303 -ud 30303
-d "OUT1 1" -v 192.168.123.204
```

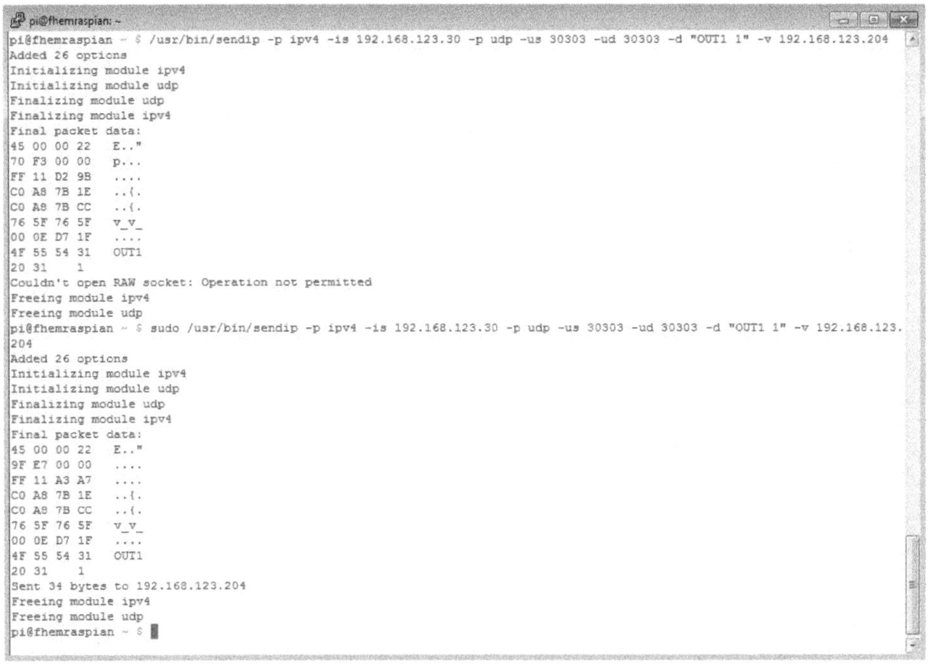

Bild 12.14: Bevor Sie anfangen, ein Skript zu entwickeln, testen Sie den relevanten Befehl zunächst im Terminal auf Herz und Nieren.

Das Ergebnis des Befehls müsste nun das Einschalten der Rutenbeck-Steckdose zur Folge haben. Da aus Übersichtlichkeitsgründen in einem Skript der Einsatz von sudo verpönt ist, behelfen Sie sich besser mit dem Befehl

```
sudo chmod u+s /usr/bin/sendip
```

um das sogenannte SUID-Bit bei der Datei sendip zu setzen. In diesem Fall können Programme, die dem Systemadministrator root gehören, auch von anderen Benutzern des Systems unter seiner Kennung ohne Nachfrage ausgeführt werden. Wollen Sie das später wieder rückgängig machen, ändern Sie das Kommando in:

```
sudo chmod u-s /usr/bin/sendip
```

Damit entziehen Sie der Datei das SUID-Bit wieder und nehmen somit den Nicht-root-Benutzern das Ausführen-Recht weg. Denken Sie aber daran, die Rutenbeck-Steckdose über ein Skript im User-Kontext zu steuern, sollten Sie die Ausführen-Rechte gesetzt lassen.

```bash
#!/bin/bash
# -------------------------------------------------------
# E.F.Engelhardt, Franzis Verlag, 2016
# -------------------------------------------------------
# Skript: udprute.sh
#   UDP-Kommandos an die Rutenbeck-Steckdose
#
SENDIP="/usr/bin/sendip"
UTPIP4PI="192.168.123.30"
UTPIP4RUTE1="192.168.123.204"
UTPPORT="30303"
#-------------------------------------------------------
SENDIPARGSPI=" -p ipv4 -is "
SENDIPARGSUDP=" -p udp -us ${UTPPORT} -ud ${UTPPORT} -d "
# fuer Debugging
# SENDIPARGSRUTE1=" -v "
SENDIPARGSRUTE1=" "
#-------------------------------------------------------
# Steckdose einschalten
UTPCMDON="OUT1 1"
# Steckdose ausschalten
UTPCMDOFF="OUT1 0"
#-------------------------------------------------------
UTPCMD=${UTPCMDON}
#-------------------------------------------------------
SENDIPCMD="${SENDIP}${SENDIPARGSPI}${UTPIP4PI}${SENDIPARGSUDP}\"${UTPCMD}\" ${SENDIPARGSRUTE1}${UTPIP4RUTE1}"
# Ereignis in Variable
raw=$(${SENDIP}${SENDIPARGSPI}${UTPIP4PI}${SENDIPARGSUDP}"${UTPCMD}"${SENDIPARGSRUTE1}${UTPIP4RUTE1})
echo -------------------------------------------------------
echo -> Aufgerufener Befehl\= $SENDIPCMD
echo -------------------------------------------------------
# oder Ergebnis in Datei
# echo $SENDIPCMD > /tmp/utp-rutenbeck-dose
echo $raw
echo -------------------------------------------------------
# -------------------------------------------------------
```

Falls gewünscht, können Sie durch das Setzen eines **Verbose**-Attributs (Variable: SENDIPARGSRUTE1) eine erweiterte Ausgabe aktivieren, was gerade beim Debugging des Skripts sehr hilfreich sein kann. Grundsätzlich baut das Skript einen langen Kommandozeilenbefehl in der Form

```
sendip -p ipv4 -is 192.168.123.30 -p udp -us 30303 -ud 30303 -d "OUT1 1" -v
192.168.123.204
```

zusammen und führt ihn aus. Für den Einsatz in FHEM empfiehlt es sich, den Aufruf des Skripts weiter zu parametrisieren, um die verschiedenen Möglichkeiten wie Einschalten, Ausschalten, Temperaturmessung und dergleichen abzudecken.

```bash
#!/bin/bash
# ----------------------------------------------------------------
# E.F.Engelhardt, Franzis Verlag, 2016
# ----------------------------------------------------------------
# Skript: udpswitch.sh
#   UDP-Kommandos fuer die Rutenbeck-Steckdosen TC IP 1CMD
#
BASENAME="$(basename $0)"
CMD=$1 # OUT, TEMP, SPANN, STROM, POWER
TYP=$2 # INDEX
ARG=$3 # ACTION
# ----------------------------------------------------------------
SENDIP="/usr/bin/sendip"
UTPIP4PI="192.168.123.30"
UTPIP4RUTE1="192.168.123.203"
UTPPORT="30303"
# ----------------------------------------------------------------
SENDIPARGSPI=" -p ipv4 -is "
SENDIPARGSUDP=" -p udp -us ${UTPPORT} -ud ${UTPPORT} -d "
# fuer Debugging
# SENDIPARGSRUTE1=" -v "
SENDIPARGSRUTE1=" "
# ----------------------------------------------------------------
# bei OUT 3 Parameter notwendig
# bei T, U, I, E keiner
# ----------------------------------------------------------------
echo $CMD
if [[ ${CMD}=="out" ]];then
CMD="OUT"
fi
echo $TYP
# TC IP4 unterstuetzt kein UDP -> TYP=1
echo $ARG
# ----------------------------------------------------------------
case $CMD in
   OUT)
     if [[ ${TYP}=="" ]];then
       TYP="1"
```

```
    elif [[ ${ARG}=="" ]];then
     ARG="0"
    fi
    UTPCMD="OUT${TYP} ${ARG}"
    echo BEFEHL:$UTPCMD
    ;;
  TEMP)
    UTPCMD="T ?"
    ;;
  SPANN)
    UTPCMD="U ?"
    ;;
  STROM)
    UTPCMD="I ?"
    ;;
  POWER)
    UTPCMD="E ?"
    ;;
  *)
    UTPCMD="OUT1 0"
        ;;
esac
# ----------------------------------------------------------------
# Steckdose einschalten
# UTPCMDON="OUT1 1"
# Steckdose ausschalten
# UTPCMDOFF="OUT1 0"
# ----------------------------------------------------------------
# UTPCMD=${UTPCMDOFF}
# ----------------------------------------------------------------
SENDIPCMD="${SENDIP}${SENDIPARGSPI}${UTPIP4PI}${SENDIPARGSUDP}\"${UTPCMD}\"
${SENDIPARGSRUTE1}${UTPIP4RUTE1}"
raw=$(${SENDIP}${SENDIPARGSPI}${UTPIP4PI}${SENDIPARGSUDP}"${UTPCMD}"${SENDI
PARGSRUTE1}${UTPIP4RUTE1})
echo ---------------------------------------------
echo "-> Aufgerufener Befehl\= $SENDIPCMD"
echo ---------------------------------------------
# oder Ergebnis in Datei
# echo $SENDIPCMD > /tmp/utp-rutenbeck-dose
echo $raw
echo ---------------------------------------------
# ----------------------------------------------------------------
```

Das Schalten der Steckdosen sollte nun mit jeweils kleinen Anpassungen im Skript kein Problem mehr darstellen. Die Übermittlung der Messwerte wie Strom, Spannung, Leistung oder Temperatur wird zwar angefordert, landet jedoch mit sendip leider nicht auf der Standardausgabe. Deshalb öffnen Sie einfach ein zweites Termi-

12.2 Steckdosen mit Python über UDP steuern

nalfenster zum Raspberry Pi und starten einen **netcat**-Server, der einfach auf dem entsprechenden UDP-Port **30303** der Steckdose lauscht:

```
netcat -u -l -p 30303
```

Setzen Sie zum Test im zweiten Konsolenfenster folgenden Befehl ab, um mithilfe des Parameters **"E ?"**[10] den Messwert für den Energieverbrauch darstellen zu lassen:

```
sendip -p ipv4 -is 192.168.123.30 -p udp -us 30303 -ud 30303 -d "E ?" -v 192.168.123.204
```

Zeit, ein wenig zu experimentieren: Testen Sie die Spannung (**U**), den Strom (**I**) oder, falls Sie einen Temperaturfühler angeschlossen haben, die Temperatur (**T**).

Bild 12.15: **sendip** und **netcat** im Paralleleinsatz: In dem einen Terminalfenster starten Sie das **sendip**-Kommando, im zweiten ist umgehend das jeweilige Ergebnis zu sehen.

Wer das zu umständlich findet und sich mit einem einzigen Terminalfenster begnügen möchte, muss hier etwas experimentieren. Mit dem Kommando

```
echo "U ?"| nc -q 2 -u 192.168.123.204 30303 | tee rutiudp.txt
```

---

[10] Die Anführungszeichen sind Teil des Parameters und müssen beim Aufruf zwingend gesetzt werden.

schicken Sie den Aufruf **"U ?"** mittels `netcat` an die Steckdose an der IP-Adresse 192.168.123.204 mit dem UDP-Port 30303. Die Option -q 2 sorgt dafür, dass die Verbindung zwei Sekunden, nachdem das Ende einer Datei (EOF) entdeckt wurde, abgebrochen wird. Die Option -u weist `netcat` darauf hin, dass das UDP-Protokoll zu nutzen ist. Ohne die -q-Option verharrt der `netcat`-Befehl, was gerade in einem Skript weniger ideal ist. Das Ergebnis des Befehls wird in die Datei `rutiudp.txt` geschrieben. Lassen Sie das letzte Pipe-Zeichen und den `tee`-Befehl weg, erfolgt die Ausgabe auf der Konsole.

Befehl	Beschreibung
echo "OUT1 1" | nc -q 2 -u 192.168.123.204 30303	Schaltet den Ausgang ein.
echo "I ?" | nc -q 2 -u 192.168.123.204 30303	Fragt den aktuellen Stromverbrauch ab.
echo "TIMER1 12:00:00 1"| nc -q 2 -u 192.168.123.204 30303	Zeitschaltuhr Kanal 1: Ausgang täglich um 12 Uhr einschalten.
echo "TIMER2 12:00:00 0" | nc -q 2 -u 192.168.123.204 30303	Zeitschaltuhr Kanal 2: Ausgang täglich um 12 Uhr ausschalten.
echo "OUT1 IMP 00:00:10 1" | nc -q 2 -u 192.168.123.204 30303	Ausgang 1 für 10 Sekunden einschalten.
echo "TEMPCON MAX 10" | nc -q 2 -u 192.168.123.204 30303	Den maximalen Wert für die Temperatur auf 10 °C einstellen.
echo "TEMPCON MAXAKTION 1" | nc -q 2 -u 192.168.123.204 30303	Wenn der maximale Schwellwert überschritten wird, wird der Ausgang eingeschaltet.

Nicht nur auf der Konsole, sondern auch mit jeder x-beliebigen Skriptsprache auf dem Raspberry Pi lassen sich UDP-Befehle in Ihrem Heimnetz versenden.

UDP-Steuerung mit Python

Wie auf der Konsole lässt sich UDP auch mit einer Skriptsprache bequem übertragen. In dem nachfolgenden Beispiel übertragen Sie den Schaltvorgang über UDP in Python:

```
# --------------------------------------------------------------
# E.F.Engelhardt, Franzis Verlag, 2016
# --------------------------------------------------------------
# Skript: udprute.py
#   UDP-Kommandos ueber Python an Rutenbeck-Steckdosen TC IP 1
#   absetzen
#
import socket
UDP_IP = "192.168.123.204"
```

```
UDP_PORT = 30303
COMMAND = "OUT1 1"
print "UDP Ziel-IP:", UDP_IP
print "UDP Ziel-Port:", UDP_PORT
print "BEFEHL:", COMMAND
rutesocket = socket.socket(socket.AF_INET, socket.SOCK_DGRAM)
rutesocket.sendto(COMMAND, (UDP_IP, UDP_PORT))
# ---------------------------------------------------------------
```

Wie gewohnt, können Sie die Zustandsänderungen der IP-Steckdose auch bequem über FHEM einsammeln und per `notify` an der gewünschten Stelle veröffentlichen oder per E-Mail verschicken.

Energiemessung und mehr: TC IP 1 WLAN und FHEM

Gerüstet mit den obigen Information rund um UDP, lässt sich ein passendes Skript zusammenbauen, das Sie später gegebenenfalls auch für den FHEM-Einsatz nutzen können. Im Beispielskript `udprute2.sh` sind bereits Aufrufparameter für UDP wie E (Energie), U (Spannung), I (Strom) und T (Temperatur) hinterlegt.

Bild 12.16: Sämtliche Werte, die über die Konfigurationsseite von Rutenbeck TC IP 1 WLAN geführt werden, lassen sich grundsätzlich auch über die Konsole anzeigen – jedoch ist unter Linux etwas Nachhilfe nötig.

Möchten Sie beispielsweise den Energieverbrauch abfragen, prüfen Sie zunächst, ob im Skript die Variable UTPIP4RUTE1 für die IP-Adresse sowie der UDP-Port in der Variablen UDPPORT (hier 30303) für Ihre Umgebung korrekt befüllt sind. Anschließend erfolgt der Aufruf per Befehl:

```
udprute2.sh E
```

Nun schreibt netcat das Ergebnis in eine temporäre Datei, was im zweiten Schritt per less/cut-Kommando über das Hilfsmittel echo $test2 am Bildschirm ausgegeben werden kann.

```bash
#!/bin/bash
# -----------------------------------------------------------------
# E.F.Engelhardt, Franzis Verlag, 2016
# -----------------------------------------------------------------
# Skript: udprute2.sh
#   Holt den Wert ueber UDP von Rutenbeck-Steckdose
#
BASENAME="$(basename $0)"
ARG=$1
UTPIP4RUTE1="192.168.123.204"
UDPPORT="30303"
# -----------------------------------------------------------------
case $ARG in
  E)
    CMD="E ?"
    ;;
  U)
    CMD="U ?"
    ;;
  T)
    CMD="T ?"
    ;;
  I)
    CMD="I ?"
    ;;
  *)
    CMD="E ?"
    ;;
esac
if test -d /var/tmp/rute.txt; then rm /var/tmp/rute.txt; fi
test=`echo $CMD | nc -q 2 -u $UTPIP4RUTE1 $UDPPORT`
echo $test > /var/tmp/rute.txt
test2=`less /var/tmp/rute.txt | cut -d "=" -f2`
echo $test2
rm /var/tmp/rute.txt
# -----------------------------------------------------------------
```

Um die Rutenbeck-Steckdose als Gerät in FHEM einzubinden und ihren Status zu überwachen und zu schalten, erstellen Sie in der fhem.cfg einfach ein sogenanntes Dummy-Device in der Form:

```
# -----------------------------------------------------------------
define RuteIP1_Schalter_1 dummy
   attr RuteIP1_Schalter_1 eventMap on:on off:off
```

```
    attr RuteIP1_Schalter_1 room Arbeitszimmer
define RuteIP1S1On notify RuteIP1_Schalter_1:on {
GetHttpFile("192.168.123.204:80", "/leds.cgi?led=1&value=Einschalten") }
define RuteIP1S1Off notify RuteIP1_Schalter_1:off {
GetHttpFile("192.168.123.204:80", "/leds.cgi?led=1&value=Ausschalten")$
# ----------------------------------------------------------------
```

Selbstverständlich passen Sie die IP-Adresse sowie gegebenenfalls den Port der TCP/IP-Steckdose (hier `192.168.123.204:80`) an. Danach lässt sich die Rutenbeck-IP-Steckdose bequem per FHEM fernsteuern. Das gewöhnliche Webfrontend von Rutenbeck können Sie parallel weiter nutzen. Die Integration in FHEM hat jedoch den Vorteil, dass Sie die Steckdose in Ihren Hausautomationsablauf einbinden und vom Zustand anderer Geräte, Sensoren und Aktoren abhängig machen können.

Losgelöst von FHEM, hat der direkte Zugriff über die HTTP-Adresse auf die Steuerung der Steckdose den Charme, dass Sie die TCP/IP-Steckdose auch über externe Werkzeuge, Programme und Apps, beispielsweise über Mobilfunkgeräte, bedienen können. Dann nutzen Sie die simple Homepage-Funktion und koppeln die Adresse im Fall eines iPhones mit der Sprachsteuerung Siri, um die Steckdose zu steuern.

12.3 Weinkühlschrank mit dem Raspberry Pi

In den meisten Fällen kann ein Wein problemlos einige Monate oder wenige Jahre gelagert werden, ohne dass der Geschmack darunter leidet. Wer allerdings nach und nach einen kleinen Weinvorrat für die nächsten Jahre aufbauen möchte, sollte in Sachen Lagerung aufpassen: Der Wein sollte vorzugsweise liegend an einem kühlen und dunklen Platz in der Wohnung oder im Keller gelagert werden. Es dürfen keine zu hohen Temperaturschwankungen auftreten, aber auch Fremdgerüche am Lagerort sollten vermieden werden. Lagerorte wie Heizungskeller, Waschkeller und dergleichen sind tabu.

Schenkt man der Fachliteratur Glauben, liegt die optimale Temperatur für die Lagerung von Wein bei ca. 13 bis 14 °C, aber auch eine konstante Lufttemperatur von 18 °C im Keller ohne große Schwankungen in Sachen Temperatur und Luftfeuchtigkeit gelten noch als akzeptabel.

Bild 12.17: Kleine Platine mit großem Nutzen: Mit dem Feuchte- und Temperatursensor lässt sich nicht nur eine Wetterstation realisieren, es kann auch ein gewöhnlicher Kühlschrank zu einem überwachbaren Weinkühlschrank umgerüstet werden.

Neben der Temperatur ist die Luftfeuchtigkeit bei der Lagerung von Wein entscheidend: Ist die Luftfeuchtigkeit zu gering, trocknen die Korken aus und werden spröde. Sie sollten jedoch für eine längere Lagerung elastisch bleiben und die Flasche sicher verschließen. Zudem sollten die Flaschen liegend gelagert werden, damit der Wein den Korken feucht hält.

Soll der Wein in einem normalen Kühlschrank gelagert werden, überzeugen Sie sich davon, dass dieser eine konstante Temperatur halten kann. Für die nötige Luftfeuchtigkeit sorgt im Kühlschrank ein Behälter mit destilliertem Wasser. Die relative Luftfeuchtigkeit ist das prozentuale Verhältnis zwischen dem momentanen Dampfdruck und dem Sättigungsdampfdruck des Wassers. Mit dem vom Sensor angegebenen Wert der relativen Feuchtigkeit erkennen Sie somit unmittelbar, in welchem Grad die Luft mit Wasserdampf gesättigt ist.

Ein Wert von 50 gibt beispielsweise eine relative Luftfeuchtigkeit von 50 % an, was bedeutet, dass die Luft nur die Hälfte der Wasserdampfmenge enthält, die bei der entsprechenden Temperatur maximal enthalten sein könnte. Je höher die Luftfeuchtigkeit, desto mehr Wasserdampf ist vorhanden, der sich als Nebel und Kondenswasser an den Oberflächen niederschlägt. In diesem Fall herrscht in geschlossenen Räumen bereits Schimmelalarm – dieses Klima ist nicht geeignet für die Lagerung Ihrer edlen Tropfen.

Wem die 1-Wire-Technik für seine Zwecke überdimensioniert erscheint, der kann für die Temperaturmessung mit dem SHT21 auch die I²C-Fertiglösung auf dem Raspberry Pi einsetzen. Mit der SHT21-Platine messen Sie mit dem Raspberry Pi nicht nur Temperaturwerte, sondern geben auch die aktuelle Luftfeuchtigkeit aus.

Im Webshop der Firma Emsystech finden Sie unter *http://shop.emsystech.de/de/Sensoren-und-Zubehoer* für 29 Euro zzgl. Versandkosten eine Sensorerweiterung, mit der Sie, kombiniert mit dem Raspberry Pi, in Sachen Feuchte- und Temperaturmessung mit wenig Aufwand zum Ziel kommen. Diese Lösung eignet sich vorwiegend für die »stille« Messung und Überwachung von Räumen und Kellern, beispielsweise einem Weinkeller oder auch einem Weinkühlschrank. Aber auch Gewächshäuser oder Terrarien, die bestimmte Temperatur- und Feuchtigkeitswerte benötigen, sind lohnende Einsatzgebiete für den Raspberry Pi und einen digitalen Feuchte- und Temperatursensor wie den SHT21.

I²C-Protokoll – neue Spielregeln

Generell kommt das I²C-Protokoll nicht nur, wie in diesem Beispiel, für pHAT-Aufsteckmodule wie Soundkarten etc. zum Einsatz, sondern wird auch für LED-Displays, Sensoren, Motor-Shields und vieles mehr verwendet. Im Jahr 2015 hat sich bei Linux im Allgemeinen und bei Raspbian im Speziellen einiges getan: Das derzeitige Raspbian nennt sich Jessie, und bringt in der aktuellen Version die standardmäßig aktivierte Device-Tree-Architektur mit, die bei vorhandenen Schaltungen und Programmen dafür sorgt, dass diese erst einmal nicht mehr funktionieren.

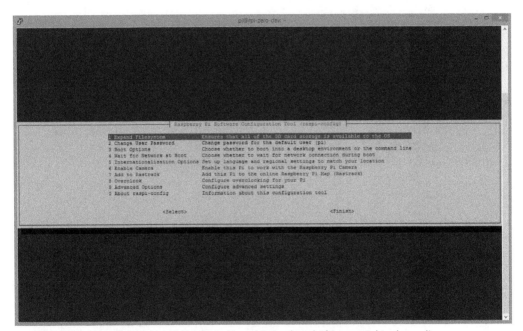

Bild 12.18: Wer sich nicht mit Konfigurationsdateien beschäftigen möchte, kann die grundlegenden Schnittstellen mit administrativen **root**-Rechten auch mit dem Werkzeug `raspi-config` erledigen.

Ist das Werkzeug `raspi-config` gestartet, navigieren Sie über den Eintrag *Advanced Options* zu den erweiterten Einstellungen. Dort schalten Sie das I²C-Interface ein und beantworten beide Nachfragen – *Would you like the ARM I2C interface to be enabled?* und *Would you like the I2C kernel module to be loaded by default?* – mit dem Eintrag

Ja/Yes. Damit werden im Hintergrund `/etc/modprobe.d/raspi-blacklist.conf` und `/etc/modules` automatisch entsprechend angepasst.

Schnittstellenanpassung ohne raspi-config

Aufgrund des flexiblen Zweidrahtdesigns SDA(*Serial Data*) und SCL (*Serial Clock*) sind nur zwei Pins auf der GPIO-Leiste des Raspberry Pi nötig – die Unterscheidung der angeschlossenen Geräte erfolgt über ihre Geräteadresse auf dem I²C-Bus. Damit das funktioniert, muss zunächst das I²C-Kernelmodul auf dem Raspberry Pi in Betrieb genommen werden. Dies erledigen Sie dadurch, dass Sie im ersten Schritt ebenjenes Kernelmodul aus der `raspi-blacklist.conf`-Datei entfernen und im zweiten Schritt das gewünschte Kernelmodul in die `/etc/modules` eintragen, damit es bei jedem Start des Raspberry Pi geladen wird.

```
sudo nano /etc/modprobe.d/raspi-blacklist.conf
```

Steht in der `raspi-blacklist.conf`-Datei also ein Eintrag, der die I²C-Schnittstelle blockiert, kommentieren Sie diesen Eintrag per #-Zeichen aus, indem Sie es am Anfang der Zeile platzieren. Somit wird aus der Zeile:

```
blacklist i2c-bcm2708
```

nun

```
# blacklist i2c-bcm2708
```

Bei einem frisch installierten Raspberry Pi ist oftmals die Datei `/etc/modprobe.d/raspi-blacklist.conf` entweder komplett leer oder im Fall eines aktuellen Kernels größer Version 3.18.3 gar nicht vorhanden – sie wird nicht mehr gebraucht. Das muss Sie jetzt nicht beunruhigen, fahren Sie einfach mit der Bearbeitung der Datei `/etc/modules` fort.

```
sudo nano /etc/modules
```

Falls noch nicht vorhanden, fügen Sie dieser Datei beide Zeilen hinzu

```
i2c-dev
i2c-bcm2708
```

und speichern die Datei. Grundsätzlich wäre die Änderung für den Raspberry Pi ausreichend, um die Module in Betrieb zu nehmen. Je nach installierter Linux-Version ist zudem der Device-Tree-Eintrag in der Systemdatei `/boot/config.txt` nötig:

```
sudo nano /boot/config.txt
```

Fügen Sie die nachstehende Zeile am Ende der Datei hinzu:

```
dtparam=i2c_arm=on
```

12.3 Weinkühlschrank mit dem Raspberry Pi

Speichern Sie die Systemdatei und laden Sie anschließend die I²C-Tools sowie das Python-Smbus-Paket auf den Raspberry Pi, um die Schnittstelle auch über Python bequem einsetzen zu können:

```
apt-get install i2c-tools libi2c-dev python-smbus
```

Bild 12.19: Ist das Raspbian auf dem aktuellsten Stand, ist die Portangabe für den I²C-Bus in der Overlay-Datei nicht mehr notwendig und kann auskommentiert werden.

Um die Kernelmodule zu laden, können Sie entweder den Raspberry Pi neu starten, oder Sie fügen sie über das **modprobe**-Kommando hinzu:

```
modprobe i2c-bcm2708
modprobe i2c_dev
```

Ob das Laden der beiden Module erfolgreich war oder nicht, lässt sich mit dem `lsmod`-Befehl überprüfen. Werden bei der Rückmeldung des Befehls beide Module ausgegeben, war das Laden erfolgreich, falls nicht, starten Sie den Raspberry Pi mit dem `reboot`-Kommando neu.

I²C-Schnittstelle testen

Die Inbetriebnahme einer Schnittstelle ergibt selbstverständlich nur dann Sinn, wenn dort ein oder mehrere Geräte angeschlossen sind. Für den I²C-Bus des Raspberry Pi stehen bei der 40-poligen GPIO-Pinleiste Pin 3 (I2C SDA), Pin 5 (I2C SCL) und Pin 6 (GND, Masse) zur Verfügung[11].

Nach dem Neustart des Raspberry Pi prüfen Sie, ob die Module nun ordnungsgemäß geladen werden. Dafür verwenden Sie das `lsmod`-Kommando erneut:

```
sudo su
lsmod
```

```
root@rpi-zero-dev:/home/pi# modprobe i2c-bcm2708
root@rpi-zero-dev:/home/pi# modprobe i2c_dev
root@rpi-zero-dev:/home/pi# lsmod
Module                  Size  Used by
i2c_bcm2708             6252  0
cfg80211              499834  0
rfkill                 22491  1 cfg80211
asix                   21522  0
libphy                 35471  1 asix
bcm2835_gpiomem         3703  0
uio_pdrv_genirq         3690  0
uio                    10002  1 uio_pdrv_genirq
snd_bcm2835            22317  3
snd_pcm                92581  1 snd_bcm2835
snd_timer              23454  1 snd_pcm
snd                    68161  9 snd_bcm2835,snd_timer,snd_pcm
i2c_dev                 6730  0
fuse                   91981  3
ipv6                  360374  30
root@rpi-zero-dev:/home/pi#
```

Bild 12.20:
Über das `lsmod`-Kommando lassen sich die geladenen Kernelmodule anzeigen.

In der Bildschirmausgabe sollten die beiden Module `i2c-dev` / `i2c-bcm2708` erscheinen, was gleichzeitig der Startschuss für das `i2cdetect`-Kommando ist. Moderne Revisionen wie der Raspberry Pi Zero verwenden hier die I²C-Busnummer 1, während die alten (A-)Platinen noch die Nummer 0 haben.

```
i2cdetect -y 1
```

---

[11] Hinweis: Auf den zusätzlichen GPIO-Anschluss P5 bei den Raspberry-Pi-B-/2B-Platinen, bei dem der I²C-Bus Nummer 0 an den Pins 3 (I2C SDA) und 4 (I2C SCL) herausgeführt ist, wird an dieser Stelle nicht eingegangen denn die aktuellen Module haben den Anschluss P5 in der GPIO-Leiste auf der Vorderseite direkt integriert.

Damit lassen Sie sich sämtliche Geräte bzw. deren Adressen an Port 1 des I²C-Bus ausgeben (beim alten Raspberry Pi Port 0: `i2cdetect -y 0`). Die Ausgabe der Geräteadressen erfolgt direkt auf dem Bildschirm:

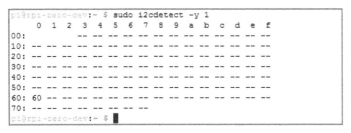

Bild 12.21: In dieser Tabelle wirft das `i2cdetect`-Kommando genau ein Gerät mit der Adresse 0x60 aus.

Seit Kernel 3.18.3 verwendet Raspbian standardmäßig das Overlay-Modell und kann somit durch einen Gerätebaum (Device Tree) effektiv ergänzt werden, ohne dass dabei der Kernel selbst angepasst werden muss.

Device-Tree-Optionen in der config.txt

Der Device Tree ist standardmäßig aktiviert und kann entweder über das Werkzeug `raspi-config` oder über die `/boot/config.txt` abgeschaltet werden. Dafür tragen Sie dort die Zeile

```
device_tree=
```

ein. In diesem Fall lassen sich anschließend mit dem »neuen« Raspbian die Kernelmodule wie bisher über das Eintragen oder Auskommentieren in der Datei `/etc/modprobe.d/raspi-blacklist.conf` steuern.

Empfehlenswerter ist es, sich beim Einsatz eines neuen Raspberry Pi und beim Bau eines neuen Projekts näher mit den Device-Tree-Optionen zu beschäftigen. Diese werden über die Systemdatei `/boot/config.txt` gesteuert.

```
sudo su
nano /boot/config.txt
```

Für verschiedene Geräte bzw. Schnittstellen sind dort im Zusammenhang mit der aktivierten `dt`-Option die Einträge aus der nachstehenden Tabelle möglich.

Treiber/Geräte-schnittstelle	Nötiger Eintrag in /boot/config.txt	Bemerkung
I²C	dtparam=i2c_arm=on	Die weitere Zuordnung wie ehemals: dtparam=i2c1=on bzw. dtparam=i2c0=on ist nicht mehr nötig.
SPI	dtparam=spi=on	
I²S	dtparam=i2s=on	Soundschnittstelle
lirc-rpi	dtoverlay=lirc-rpi	Fernbedienung
	dtoverlay=lirc-rpi,gpio_in_pin=16,gpio_in_pull=high	Fernbedienung mit Modulparameter (GPIO-Pin 16)
w1-gpio	dtoverlay=w1-gpio-pullup,gpiopin=gpio_pin_x	1-Wire/OneWire, z. B. Thermometer an GPIO x
	pullup,gpiopin=gpio_pin_x,pullup=gpio_pin_y	1-Wire/OneWire, z. B. Thermometer – hier mit externem Pull-up-Widerstand an GPIO y
pHAT – HiFi Berry oder DAC	dtoverlay=hifiberry-dac dtoverlay=hifiberry-dacplus dtoverlay=hifiberry-digi dtoverlay=iqaudio-dac dtoverlay=iqaudio-dacplus	abhängig vom jeweiligen Gerät (Gerätemodell)

Beachten Sie, dass die in der Datei /boot/config.txt vorgenommenen Änderungen erst mit dem Neustart des Systems in Kraft treten.

SHT21: nötige Vorbereitungen treffen

Der SHT21 selbst ist ein digitaler Feuchte- und Temperatursensor und überzeugt durch sein kompaktes Auftreten. Spezifiziert ist der Messbereich in Sachen Luftfeuchtigkeit von 0 bis 100 % relative Feuchte, bei der Temperatur haben Sie den Bereich von -40 bis +125 °C (-40 bis +257 °F) zur Verfügung. Installiert wird das Modul durch das Aufstecken der Pfostenbuchsen auf den GPIO-Anschluss des Raspberry Pi. Hierfür werden die Pins 2 (+5 V), 3 (I2C SDA), 5 (I2C SCL) und 6 (GND, Masse) verwendet.

Beachten Sie, dass die farbige Markierung des Flachbandkabels in Richtung Pin 1 zeigt – also von innen nach außen. Nach dem Aufstecken des Moduls starten Sie den Raspberry Pi und nehmen die Treiber- und Softwareinstallation vor.

```
sudo su
nano /boot/config.txt
```

In diesem Fall ist der Device Tree über das Werkzeug `raspi-config` abgeschaltet. Alternativ tragen Sie in der Systemdatei /boot/config.txt die nachstehende Zeile ein, speichern die Datei und starten den Raspberry Pi neu.

```
device_tree=
```

Um die I²C-Treiber zu installieren, kommen Sie mit den folgenden Befehlen ans Ziel:

```
sudo su
modprobe i2c-bcm2708
modprobe i2c-dev
```

Anschließend prüfen Sie mit `lsmod` und dem `dmesg | grep i2c`-Kommando, ob das System den `i2c-bcm2708`-Controller initialisiert und eingebunden hat.

```
pi@raspiBreakout ~ $ sudo -i
root@raspiBreakout:~# modprobe i2c-bcm2708
root@raspiBreakout:~# modprobe i2c-dev
root@raspiBreakout:~# dmesg | grep i2c
[    9.798505] i2c /dev entries driver
[90337.383251] bcm2708_i2c bcm2708_i2c.0: BSC0 Controller at 0x20205000 (irq 79) (baudrate 100k)
[90337.383975] bcm2708_i2c bcm2708_i2c.1: BSC1 Controller at 0x20804000 (irq 79) (baudrate 100k)
root@raspiBreakout:~# ls /dev/i2c*
```

Bild 12.22: I²C-Bus aktivieren: Nach dem Einbinden der Module überzeugen Sie sich per `dmesg`-Kommando davon, dass die `i2c`-Treiber ordnungsgemäß initialisiert wurden.

Soll der Temperatursensor auch nach einem etwaigen Neustart des installierten Betriebssystems wieder zur Verfügung stehen, ist der automatische Start der Treibermodule empfehlenswert. Dafür tragen Sie die benötigten Module in die entsprechende Konfigurationsdatei, die Datei /etc/modules, ein. Für deren Bearbeitung benötigen Sie eine **root**- bzw. **sudo**-Berechtigung.

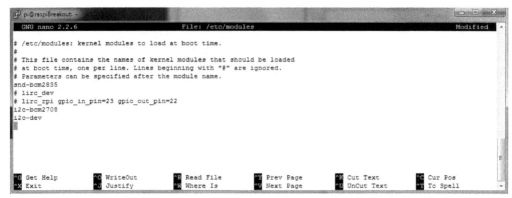

Bild 12.23: Damit die benötigten Module beim Start des Raspberry Pi geladen werden, tragen Sie sie einfach in die **modules**-Datei ein.

Über den **nano**-Editor öffnen Sie die Datei, die sich im **/etc**-Verzeichnis befindet:

```
sudo nano /etc/modules
```

Durch Hinzufügen der beiden nachstehenden Zeilen werden die Treiber natürlich noch nicht geladen, da die **/etc/modules**-Datei nur bei einem Neustart ausgelesen und abgearbeitet wird.

```
i2c-bcm2708
i2c-dev
```

Für das manuelle Hinzufügen ohne Neustart nutzen Sie, wie oben beschrieben, das **modprobe**-Kommando. Wie auch immer – nach dem Laden bzw. dem Initialisieren der Module sollten die beiden **i2c**-Anschlüsse im **/dev/**-Verzeichnis erscheinen:

```
ls /dev/i2c*
```

Nun sollte das **/dev/i2c-0** und **/dev/i2c-1**-Verzeichnis erscheinen, wer in Sachen Zugriffsrechte auf Nummer sicher gehen möchte, gibt dem aktuellen Benutzer (hier **pi**) die Erlaubnis, die Anschlüsse zu nutzen. Das erledigen Sie mit dem **chmod**-Kommando:

```
chmod o+rw /dev/i2c*
```

Falls noch nicht geschehen, ist zusätzlich in der Datei **/etc/modprobe.d/raspi-blacklist.conf** die Zeile, die das Modul **i2c-bcm2708** »blacklistet«, auszukommentieren. Öffnen Sie hierfür die Datei über

```
sudo nano /etc/modprobe.d/raspi-blacklist.conf
```

und setzen Sie hierfür in der genannten Datei ein Rautensymbol vor den entsprechenden Eintrag.

12.3 Weinkühlschrank mit dem Raspberry Pi

Bild 12.24: In der Regel sind die `spi`- und `i2c`-Module über die `raspi-blacklist.conf` deaktiviert. Damit sie bei einem Neustart geladen werden können, müssen die Einträge in der »Sperrdatei« auskommentiert werden.

I²C-Bus: Schnittstelle wecken und checken

Die Installation der `i2c-tools` ist auf der Kommandozeile in wenigen Minuten erledigt: Dafür reicht der Befehl

```
sudo apt-get install i2c-tools
```

aus. Anschließend lassen Sie sich mit dem Kommando

```
i2cdetect -l
```

die verfügbaren Anschlüsse anzeigen:

```
i2c-0    i2c      bcm2708_i2c.0                       I2C adapter
i2c-1    i2c      bcm2708_i2c.1                       I2C adapter
```

Am I²C-Bus angeschlossene Geräte lassen sich mit dem Kommando

```
i2cdetect -y 1
```

abfragen. Im Fall des Feuchte- und Temperatursensors Raspi-SHT21 zeigt die Bildschirmausgabe, dass er an Adresse 40 angeschlossen ist.

Achtung: Bei der älteren Revision A funktioniert der oben genannte `i2cdetect`-Aufruf nicht, da in diesem Fall nicht I²C-Bus 1, sondern I²C-Bus 0 aktiviert ist. Sie nutzen hier also das Kommando:

```
i2cdetect -y 0
```

Sie erhalten folgende Ausgabe:

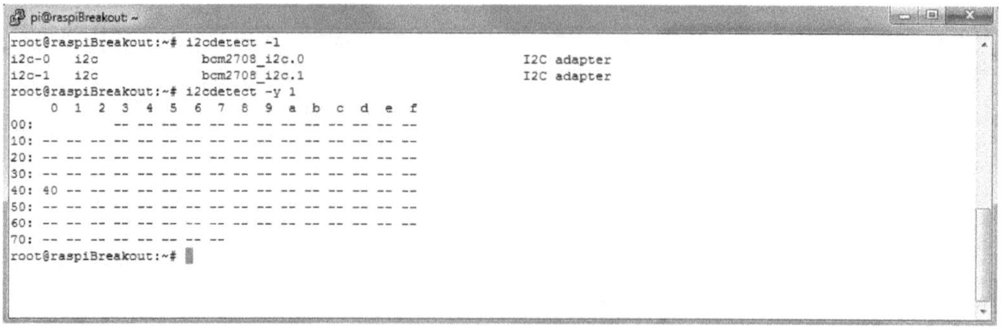

```
root@raspiBreakout:~# i2cdetect -l
i2c-0   i2c             bcm2708_i2c.0                           I2C adapter
i2c-1   i2c             bcm2708_i2c.1                           I2C adapter
root@raspiBreakout:~# i2cdetect -y 1
     0  1  2  3  4  5  6  7  8  9  a  b  c  d  e  f
00:          -- -- -- -- -- -- -- -- -- -- -- -- --
10: -- -- -- -- -- -- -- -- -- -- -- -- -- -- -- --
20: -- -- -- -- -- -- -- -- -- -- -- -- -- -- -- --
30: -- -- -- -- -- -- -- -- -- -- -- -- -- -- -- --
40: 40 -- -- -- -- -- -- -- -- -- -- -- -- -- -- --
50: -- -- -- -- -- -- -- -- -- -- -- -- -- -- -- --
60: -- -- -- -- -- -- -- -- -- -- -- -- -- -- -- --
70: -- -- -- -- -- -- -- --
root@raspiBreakout:~#
```

Bild 12.25: An der Adresse 40 ist der Feuchte- und Temperaturfühler erkannt worden, nun ist der I²C-Bus (hier Revision B) wie gewünscht ordnungsgemäß in Betrieb.

Nach der Installation der i2c-tools fügen Sie den Benutzer pi der Gruppe i2c hinzu und starten den Raspberry Pi neu:

```
sudo adduser pi i2c
sudo reboot
```

Nach dem Neustart prüfen Sie mit dem Kommando i2cdetect -l, ob das Modul i2c-dev erfolgreich geladen werden konnte, und nehmen anschließend den Feuchte- und Temperatursensor softwaremäßig in Betrieb.

Feuchte- und Temperaturmessung für optimale Lagerung

Im nächsten Schritt holen Sie sich beim Entwickler des Raspi-SHT21 den frei verfügbaren Democode, den Sie über *www.emsystech.de/raspi-sht21/* laden können. Hier finden Sie verschiedene Beispiele und Codeschnipsel sowie Binärdateien, um mit dem Raspberry Pi in Sachen Feuchte- und Temperaturmessung umgehend loslegen zu können.

In diesem Buch kam die Datei Raspi-SHT21-V3_0_0.zip zum Einsatz, sie arbeitet seither mit einem selbst gestrickten Quick-and-dirty-Skript. Zunächst legen Sie aus Gründen der besseren Übersicht im /home-Verzeichnis dafür ein passendes Unterverzeichnis – hier emsys – an und laden die Datei Raspi-SHT21-V3_0_0.zip per wget auf den Raspberry Pi:

```
mkdir emsys
cd emsys
wget http://www.emsystech.de/wp-content/uploads/2012/09/Raspi-SHT21-V3_0_0.zip
unzip Raspi-SHT21-V3_0_0.zip
```

12.3 Weinkühlschrank mit dem Raspberry Pi

Entpacken Sie die geladene Datei per unzip, wechseln Sie dann in das source-Verzeichnis und erstellen Sie die spätere ausführbare Binärdatei über den Aufruf von make:

```
cd Raspi-SHT21-V3_0_0/source/
sudo make clean & sudo make
```

Nach dem erfolgreichen Kompilieren führen Sie die ersten Tests durch. Es reicht das Starten der Binärdatei mit diesem Befehl:

```
./sht21
```

Lässt sich die Datei nicht ausführen, setzen Sie die Ausführen-Berechtigungen mit dem Kommando chmod +x sht21 neu.

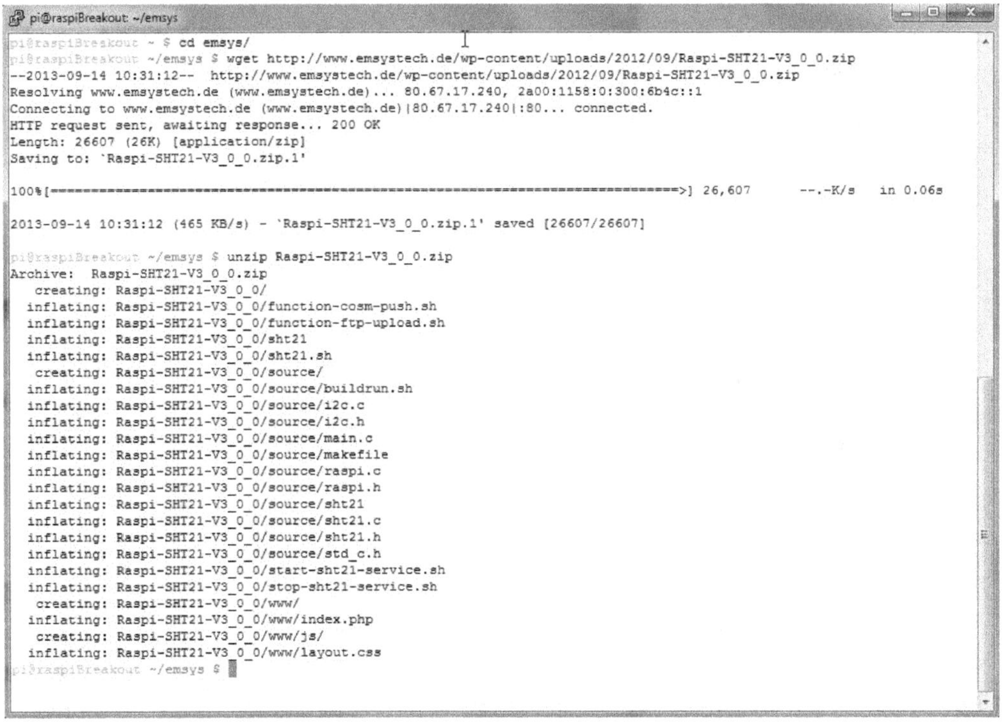

Bild 12.26: Nach dem Herunterladen der Archivdatei im ZIP-Format entpacken Sie den Inhalt per unzip-Kommando in das aktuelle Verzeichnis.

Wer möchte, kann sich die Messwerte auch in eine CSV-Datei schreiben lassen, etwa um sie später mit Calc (OpenOffice) oder Excel (Microsoft Office) weiterzuverarbeiten. Um die Messwerte in einer Selbstbauskriptlösung samt automatischer Benachrichtigung zu verwenden, sind Nacharbeiten und etwas Feinschliff notwendig.

Temperatur- und Feuchtigkeitsalarm per SMS

Bevorzugen Sie für die Lagerung von Wein am besten grundsätzlich einen Raum mit einer konstanten Raumtemperatur von unter 18 °C. Der Einsatz von Weinkühlschränken oder Klimaanlagen zieht höhere Energiekosten nach sich. Mit dem Raspberry Pi und einer passenden Erweiterung überwachen Sie die für die Weinlagerung einheitliche Temperatur, wer langfristiger denkt, überwacht außerdem die Luftfeuchtigkeit, um ideale Bedingungen für die Lagerung der verschiedenen Weine zu schaffen.

Aber auch in der Bauphysik ist die Messung bzw. Überwachung von Räumlichkeiten sinnvoll, gerade wenn die baulichen Voraussetzungen schon bei einem üblichen Raumklima von 20 °C und 50 % relativer Feuchte (beispielsweise im Badezimmer) zu Kondenswasserbildung führen. Sie können rechtzeitig gegensteuern und beispielsweise für eine Lüftung der Räume sorgen. Mit dem genannten Sensor und der abgeschlossenen Installation auf dem Raspberry Pi lassen Sie sich zunächst die Messwerte des Sensors einzeln ausgeben:

```
sudo -i
cd /home/pi/emsys/Raspi-SHT21-V3_0_0/source/
./sht21 S
```

Damit haben Sie die Möglichkeit, die Messwerte in einem Shell-Skript zu lesen und weiterzuverarbeiten und je nach Ausgangssituation sowie baulichen Gegebenheiten die entsprechenden Maximal- bzw. Alarmwerte für Temperatur und Feuchtigkeit festzulegen. Das nachfolgende Shell-Skript sollte aussagekräftig genug sein und bietet je nach Anwendungszweck breit gefächerte Ausbaumöglichkeiten.

```
# ----------------------------------------------------------------------
# E.F.Engelhardt, Franzis Verlag, 2016
# ----------------------------------------------------------------------
# Skript: temp-wein.sh
# Verzeichnis: /home/pi/emsys/Raspi-SHT21-V3_0_0/source
#!/bin/bash
tmpdata="/home/pi/emsys/Raspi-SHT21-V3_0_0/source/tmp.txt"
TimeString=$(date +"%d.%m.%Y %H:%M:%S")
echo "Zeit: $TimeString"
if test -d $tmpdata; then rm $tmpdata; fi
./sht21 S > $tmpdata
temperatur=$( less $tmpdata | cut -d"  " -f1)
feuchte=$( less $tmpdata | cut -d"    " -f2)
echo "Temperatur : " $temperatur "Grad Celsius"
echo "Feuchte : " $feuchte "Prozent"
if test $feuchte -ge 55;then
echo "Achtung Schimmelgefahr - groesser 55 %"
# sendEmail- oder Gnokii-Aufruf bzw. Skriptname hierher
else
echo "keine Schimmelgefahr"
```

```
fi
max="18"
if test ${temperatur/.*} -ge $max;then
    echo "Achtung Temperatur Weinlager - groesser " $max " Grad Celsius"
    # sendEmail- oder Gnokii-Aufruf bzw. Skriptname hierher
else
    echo "Temperatur OK"
fi
```

Beachten Sie, dass der -d-Parameter des cut-Kommandos gewöhnlich mit einem einzelnen Zeichen arbeitet. In diesem Beispiel handelt es sich nicht um Leerzeichen, sondern um ein einzelnes Tabulatorzeichen, das auf der Kommandozeile mit der Tastenkombination [Strg]+[V] und sofortigem Drücken der [Tab]-Taste erzeugt werden kann. Für den Einsatz in einem Skript nutzen Sie besser den vi-Editor, der vor allem bei der Eingabe von Sonderzeichen weniger fehleranfällig ist. Um beispielsweise eine automatisierte Benachrichtigung per SMS- oder E-Mail anzustoßen, fügen Sie an den entsprechenden Stellen den dazu passenden Befehl oder Skriptaufruf ein.

```
sendemail -v -f MAIL.ADRESSE.DE@gmx.de -s smtp.gmx.net:25 -xu
MAIL.ADRESSE.DE@gmx.de -xp geheimesPasswort -t
MAIL.EMPFÄNGERADRESSE.DE@gmx.de -o tls=no -u "Betreff: [Alarm:] Weinkeller"
-m "Achtung Temperatur Weinlager ueberschritten"
```

Beachten Sie, dass der Befehl in einer einzigen Zeile ohne Zeilenumbruch in die Konsole zu schreiben ist. Für den Test ist so ein langer Kommandozeilenbefehl mal ganz nett, in der Praxis und für den angestrebten Zweck - eine automatisierte Verarbeitung in Verbindung mit der Feuchte- und Temperaturüberwachung - sollte die Funktion jedoch besser in ein Skript ausgelagert werden, damit die Häufigkeit des Mailversands besser parametrisiert werden kann.

12.4 Garage und Türen mit dem Smartphone öffnen

Grundsätzlich lässt sich mit dem Raspberry Pi nahezu jeder Schalter und jede Schaltsteckdose per Funk, Relaisplatine oder einfach per Steckdose (Strom/Nichtstrom) über TCP/IP bzw. eine HTTP-Adresse oder auf der Konsole über ein Programm bzw. ein Perl-/Shell-/Python-Skript steuern. Ist ein direkter Zugriff auf die Steuerung bzw. die Platine - wie in diesem Beispiel der Hörmann-Garagentorantrieb - nicht möglich bzw. nicht erwünscht, lässt sich der kabelgebundene Schalter insofern erweitern, als er sich auch über ein mit dem Raspberry Pi verbundenes Relais schalten lässt. Auch elektrische Türöffner lassen sich prinzipiell mit dieser Methode anzapfen. Haben Sie keinen direkten Zugriff auf die Verkabelung, ist jedoch der Aufwand etwas hoch.

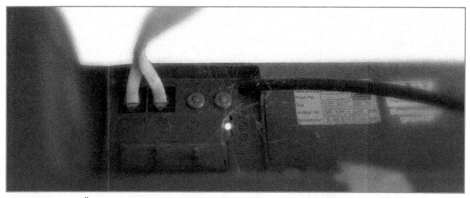

Bild 12.27: Die Öffner-Automatik herkömmlicher elektrischer Garagentorantriebe hat im Fall von Hörmann RJ11/RJ45-Buchsen, die für den GPIO-Zugriff angezapft werden können.

Ist das verbundene Relais über seinen zweiten Stromkreis mit einem GPIO-Ausgang sowie der Masse (GND) mit dem Raspberry Pi gekoppelt, lässt es sich perfekt als Steuerzentrale für das Schalten des Garagentorantriebs nutzen. Spendieren Sie beispielsweise dem Raspberry Pi ein Bluetooth-USB-Modul, lässt sich mit kleineren Tricks der GPIO-Ausgang darüber steuern. Dank der eindeutigen Bluetooth-MAC-Adresse sowie dem eingeschränkten Aktionsradius der Bluetooth-Technik lässt sich mit dem Raspberry Pi eine relativ sichere Zugangslösung im Eigenbau realisieren.

Handy, Tablet & Co.: Bluetooth als Aktor

Egal ob Sie eine Tastatur oder eine Maus am Raspberry Pi betreiben möchten, irgendwann werden Sie die schnurlose Übertragung zu schätzen wissen – und zwar spätestens wenn der Raspberry Pi im Wohnzimmer an den Fernseher angeschlossen ist und Sie ihn vom Sofa aus nutzen möchten. Doch wer seinen Raspberry Pi für Heimautomationszwecke einsetzt, benötigt in den seltensten Fällen eine angeschlossene Tastatur oder Maus. Wenn überhaupt, wird das System via SSH per Fernwartung gesteuert.

```
[39446.713003] usbcore: registered new interface driver cdc_acm
[39446.713033] cdc_acm: USB Abstract Control Model driver for USB modems and ISDN adapters
[42355.054308] usb 1-1.3: USB disconnect, device number 5
[385252.940527] usb 1-1.3: new full-speed USB device number 6 using dwc_otg
[385253.040949] usb 1-1.3: device descriptor read/all, error -32
[385253.120559] usb 1-1.3: new full-speed USB device number 7 using dwc_otg
[385253.222370] usb 1-1.3: New USB device found, idVendor=0a12, idProduct=0001
[385253.222398] usb 1-1.3: New USB device strings: Mfr=0, Product=0, SerialNumber=0
[385253.345002] Bluetooth: Core ver 2.16
[385253.348026] NET: Registered protocol family 31
[385253.348056] Bluetooth: HCI device and connection manager initialized
[385253.348077] Bluetooth: HCI socket layer initialized
[385253.348105] Bluetooth: L2CAP socket layer initialized
[385253.348166] Bluetooth: SCO socket layer initialized
[385253.358061] Bluetooth: Generic Bluetooth USB driver ver 0.6
[385253.363549] usbcore: registered new interface driver btusb
pi@fhemraspian ~ $ lsusb
Bus 001 Device 001: ID 1d6b:0002 Linux Foundation 2.0 root hub
Bus 001 Device 002: ID 0424:9512 Standard Microsystems Corp.
Bus 001 Device 003: ID 0424:ec00 Standard Microsystems Corp.
Bus 001 Device 004: ID 1415:2000 Nam Tai E&E Products Ltd. or OmniVision Technologies, Inc.
Bus 001 Device 007: ID 0a12:0001 Cambridge Silicon Radio, Ltd Bluetooth Dongle (HCI mode)
pi@fhemraspian ~ $
```

Bild 12.28: Wurde der kleine Mini-USB-Bluetooth-Dongle in den USB-Anschluss gesteckt, prüfen Sie mit dem Kommando `lsusb`, ob er vom Raspberry Pi ordnungsgemäß erkannt wurde.

Ein installierter Mini-Bluetooth-Adapter einer Tastatur oder Maus kann noch mehr als nur Tastatur- und Maussignale verarbeiten. Mit den passenden Tools und Skripten ausgestattet, kann der Raspberry Pi beispielsweise als Türöffner fungieren, vorausgesetzt, er ist mit einem bekannten Gerät gekoppelt. So sind hier automatische Schaltvorgänge, wie beispielsweise das Schalten der Garagen-/Eingangsbereichlampe, denkbar, falls etwa ein bekanntes Smartphone vom Raspberry Pi erkannt wird.

Im HomeMatic-Produktsortiment findet sich auch ein elektronischer Schließzylinder, der es wegen der Lieferzeit nicht zum Autor und somit nicht in das Buch geschafft hat – hier stehen Ihnen jedoch nahezu alle Möglichkeiten offen: Sämtliche Dinge, die sich über den Raspberry Pi über GPIO oder auch über FHEM schalten lassen, können per Bluetooth-Authentifizierung automatisch gesteuert werden. Ist der Bluetooth-USB-Adapter gesteckt, installieren Sie zunächst die notwendigen Werkzeuge und Treiber für den Bluetooth-Betrieb auf dem Raspberry Pi nach:

```
sudo apt-get install bluetooth bluez-utils blueman
```

Anschließend können Sie bei Bedarf mit dem Befehl prüfen, ob der Bluetooth-Daemon auch läuft.

```
/etc/init.d/bluetooth status
```

Wie gewohnt, installieren Sie mit `apt-get` die benötigten Programme und automatisch die abhängigen Pakete, was in diesem Fall rund 16 MByte Speicherplatz auf der SD-Karte benötigt. Nun kommt es zum ersten Test: Nehmen Sie Ihr Smartphone oder ein anderes Bluetooth-Gerät und aktivieren Sie dort die Bluetooth-Funktion bzw. schalten Sie die Bluetooth-Sichtbarkeit ein. Dies ist bei jedem Gerät etwas unterschiedlich gelöst. In der Regel wird die Sichtbarkeit mit dem Einschalten der Bluetooth-Funktion aktiviert. Nun nutzen Sie das Kommando

```
hcitool scan
```

um die nähere Umgebung auf verfügbare und offene Bluetooth-Geräte hin zu prüfen.

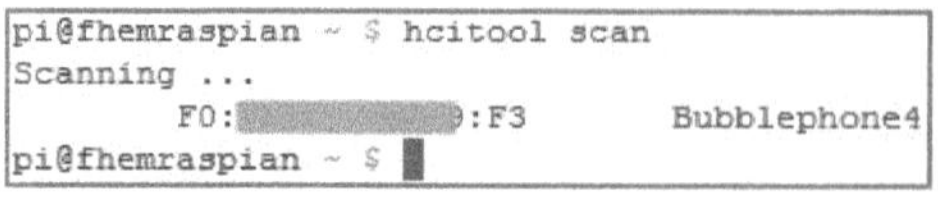

```
pi@fhemraspian ~ $ hcitool scan
Scanning ...
        F0:         :F3        Bubblephone4
pi@fhemraspian ~ $
```

Bild 12.29: Ist die Sichtbarkeit aktiviert, meldet sich das Bluetooth-Gerät umgehend mit seiner eindeutigen Bluetooth-ID sowie dem Gerätenamen zurück.

Wer etwas genauer auf die Bluetooth-Technik schauen möchte, kann auch das l2ping-Kommando nutzen, um die Erreichbarkeit des Geräts zu prüfen. Hier verwenden Sie die per `hcitool scan` gefundene eindeutige Bluetooth-ID:

```
sudo l2ping -c l <BLUETOOTH-MAC-ID>

Ping: F0:12:34:56:78:F3 from 00:34:83:59:12:EB (data size 44) ...
44 bytes from F0:12:34:56:78:F3 id 0 time 10.92ms
1 sent, 1 received, 0% loss
```

Anschließend ist ein Ping-ähnlicher Befehl in der Konsole samt Rückmeldung zu sehen – oder auch nicht, falls das Gerät die Sichtbarkeit automatisch deaktiviert hat. Tatsächlich ist es so, dass sich hier die Geräte unterschiedlich verhalten, manche haben eine längere Sichtbarkeitsdauer. In der Regel ist sie aus Akkulaufzeitgründen jedoch etwas reduziert.

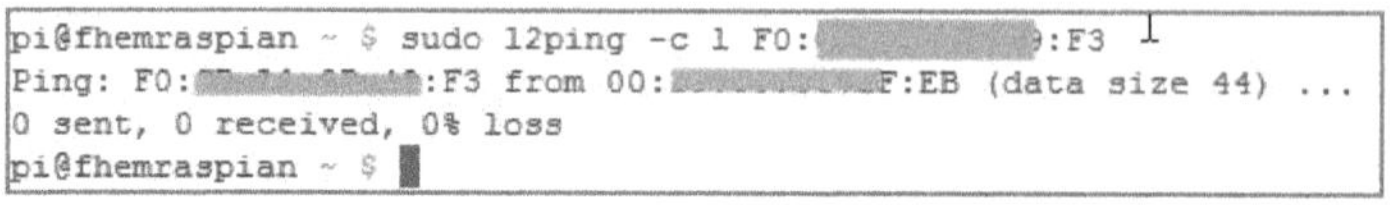

```
pi@fhemraspian ~ $ sudo l2ping -c l F0:         :F3  l
Ping: F0:         :F3 from 00:         F:EB (data size 44) ...
0 sent, 0 received, 0% loss
pi@fhemraspian ~ $
```

Bild 12.30: Ähnlich wie der normale `ping`-Befehl arbeitet das Bluetooth-Gegenstück `l2ping`. Beachten Sie, dass es sich im Parameter nicht um die Zahl 1, sondern um ein kleingeschriebenes »l« handelt.

Das muss aus Sicherheitsgründen wahrlich kein Nachteil sein, denn falls Sie mit dem Smartphone und dem Raspberry Pi Schaltvorgänge vornehmen wollen, benötigen Sie sowieso nur wenige Augenblicke, um sich zu authentifizieren. Doch dazu später mehr. Zunächst fällt beim `l2ping`-Kommando auf, dass `sudo`-Berechtigungen nötig sind, die im Betrieb aus Sicherheitsgründen nicht gern gesehen werden. Daher passen Sie zunächst die `sudoers`-Datei entsprechend an.

To be or not to be Admin: root-Werkzeuge für Benutzer

Um auf dem Raspberry Pi Programme ohne die manchmal lästige sudo-Berechtigung als Normalanwender nutzen zu können, können Sie eine Zulassungsliste mit Programmen führen, bei denen von den üblichen Restriktionen abgewichen wird. Dafür bearbeiten Sie die Datei /etc/sudoers, die sich allerdings nicht wie gewohnt über nano /etc/sudoers, sondern aus Sicherheitsgründen erst mit folgendem Kommando öffnen und bearbeiten lässt.

```
pkexec visudo
```

Nach dem Aufruf des Kommandos ist die Eingabe des Kennworts des angemeldeten Benutzers notwendig.

```
  GNU nano 2.2.6                        Datei: /etc/sudoers.tmp

#
# This file MUST be edited with the 'visudo' command as root.
#
# Please consider adding local content in /etc/sudoers.d/ instead of
# directly modifying this file.
#
# See the man page for details on how to write a sudoers file.
#
Defaults        env_reset
Defaults        mail_badpass
Defaults        secure_path="/usr/local/sbin:/usr/local/bin:/usr/sbin:/usr/bin:/sbin:/bin"

# Host alias specification

# User alias specification
# Cmnd alias specification
# pi     ALL=NOPASSWD: /usr/bin/l2ping *
pi ALL=NOPASSWD: /usr/bin/l2ping -c 1 4C\:AA\:BB\:CC\:DD\:3D; echo return\: $? *
fhem ALL=NOPASSWD: /usr/bin/l2ping *

# User privilege specification
root    ALL=(ALL:ALL) ALL

# Allow members of group sudo to execute any command
%sudo   ALL=(ALL:ALL) ALL

# See sudoers(5) for more information on "#include" directives:

#includedir /etc/sudoers.d
pi ALL=(ALL) NOPASSWD: ALL
```

Bild 12.31: Fügen Sie, wie in der Abbildung, die Benutzer hinzu, die Programme mit User-Rechten starten dürfen, und geben Sie das entsprechende Programm mit dem kompletten Pfad an. Ein größeres Sicherheitsnetz ist die Festlegung der MAC-Adresse. Es darf nur eine Rückmeldung auf das l2ping-Kommando erfolgen, wenn sie auch in der sudoers-Datei - entsprechend maskiert - geführt wird.

Die Bearbeitung erfolgt in diesem Beispiel wie gewohnt mit **nano** und wird vom **pkexec visudo**-Kommando automatisch gestartet. Nach der Bearbeitung und dem Speichern der Datei per Tastenkombination [Strg]+[X] erscheint nochmals eine Sicherheitsabfrage, die Sie mit der Taste [Q] beenden. In diesem Fall werden die Änderungen von der **visudo.tmp** in die **visudo**-Datei übernommen.

```
pi@fhemraspian ~ $ pkexec visudo
==== AUTHENTICATING FOR org.freedesktop.policykit.exec ===
Authentication is needed to run `/usr/sbin/visudo' as the super user
Authenticating as: ,,, (pi)
Password:
==== AUTHENTICATION COMPLETE ===
visudo: /etc/sudoers.tmp unchanged
What now? s
Options are:
  (e)dit sudoers file again
  e(x)it without saving changes to sudoers file
  (Q)uit and save changes to sudoers file (DANGER!)

What now? Q
pi@fhemraspian ~ $
```

Bild 12.32: Zusätzliche Sicherheit vor versehentlichen Änderungen: Wer sich hier nicht sicher ist, bricht das Überschreiben der **sudoers**-Datei mit der [X]-Taste ab.

Mit dem **NOPASSWD**-Attribut versehen, kann das Kommando

```
sudo l2ping -c l <BLUETOOTH-MAC-ID>
```

nun auch ohne vorangestelltes **sudo** gestartet werden:

```
pi@fhemraspian ~ $ l2ping -c 1 4C:B1:99:91:E8:3D; echo return: $?
Can't connect: Host is down
return: 1
pi@fhemraspian ~ $
```

Bild 12.33: **sudoers**-Anpassung erfolgreich: Nun lässt sich **l2ping** auch mit Benutzerrechten starten.

Schreiben Sie das Kommando

```
l2ping -c l <BLUETOOTH-MAC-ID>; echo return: $?
```

und setzen hier die Bluetooth-ID Ihres Geräts ein, liefert der Shell-Aufruf den Wert 0 zurück, falls das Gerät mit dem Raspberry Pi verbunden ist. Ist das nicht der Fall, weil das Gerät beispielsweise nicht bekannt ist oder ausgeschaltet wurde, liefert der **l2ping**-Befehl den Fehlercode 1 zurück. Es kommt vor, dass der **l2ping** trotzdem nicht mit Benutzerrechten funktioniert und einen **socket**-Fehler wirft.

```
Can't create socket: Operation not permitted
return: 1
```

In diesem Fall sollte entweder mit `chmod u+s` die `root`-UID bei der Datei `/usr/bin/l2ping` gesetzt werden, oder Sie fügen mit dem Kommando

```
sudo setcap cap_net_admin,cap_net_raw+eip /usr/bin/l2ping
```

die `cap_net_raw`-Fähigkeit hinzu.

Anschließend prüfen Sie mit dem Kommando

```
getcap /usr/bin/l2ping
```

die erweiterten Attribute.

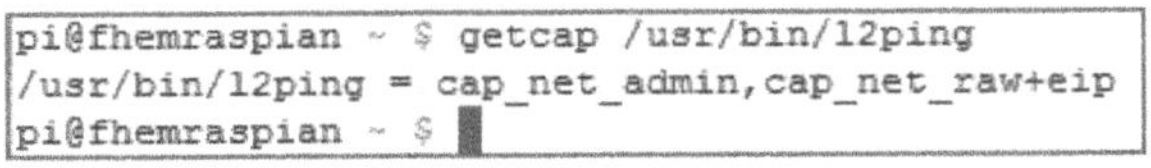

```
pi@fhemraspian ~ $ getcap /usr/bin/l2ping
/usr/bin/l2ping = cap_net_admin,cap_net_raw+eip
pi@fhemraspian ~ $
```

Bild 12.34: Änderung erfolgreich: Nun lässt sich auch der `l2ping`-Befehl problemlos auf der Kommandozeile und in Skripten mit Benutzerrechten ausführen und nutzen.

Ist der `setcap`-Befehl nicht verfügbar, installieren Sie ihn über das `libcap2-bin`-Paket nach:

```
sudo apt-get install libcap2-bin
```

Elegant wird das Ganze erst, wenn Sie für die `l2ping`-Nutzung eigens eine Gruppe erstellen und die berechtigten Benutzer hinzufügen:

```
groupadd l2ping
usermod -a -G l2ping pi
usermod -a -G l2ping fhem
newgrp l2ping
```

In diesem Beispiel sind die beiden Benutzer `pi` und `fhem` Mitglieder der Gruppe `l2ping`.

Shell-Skript für die Bluetooth-Erkennung erstellen

Passen Sie zunächst die Bluetooth-MAC-IDs im Skript mit der eindeutigen Kennung an. Sind Sie sich nicht sicher, lesen Sie sie aus dem `hcitool scan`-Kommando aus. Grundsätzlich ist es so, dass der Bluetooth-Daemon etwas unzuverlässig läuft. Deswegen wird nach dem Aufruf des Skripts Bluetooth vorsichtshalber per `killall` beendet und umgehend erneut gestartet. Anschließend prüft das Skript, ob sich in der Nähe ein sichtbares Bluetooth-Gerät befindet und ob es in der Liste der zulässigen Geräte ist.

```
#!/bin/bash
# ------------------------------------------------------------
# E.F.Engelhardt, Franzis Verlag, 2016
```

```
# ---------------------------------------------------------------
# Funktion checkblue.sh
# Verzeichnis /bluebulb
# hier die Bluetooth-MAC-Adresse fuer die Erkennung eintragen
# Format: 00:11:22:33:44:55
# kann nach Einschalten von Bluetooth beim Geraet
# initial mit dem Befehl: hcitool scan herausgefunden werden
#
bd_android1_ef="00:44:55:66:77:88"
bd_iphone2_ef="00:33:44:55:66:77"
bd_iphone3_ef="00:22:33:44:55:66"
bd_iphone4_ef="00:11:22:33:44:55"
# ---------------------------------------------------------------
# vorsichtshalber Bluetooth beenden und neu starten
echo bluetooth wird beendet...
sudo killall -9 bluetoothd
echo bitte warten, bluetooth wird neu gestartet
sleep 10
sudo /etc/init.d/bluetooth start
# check, ob Bluetooth laeuft
if (ps ax | grep  /usr/sbin/bluetoothd | grep grep -v | cut -d " " -f1-
2)&>/dev/null ;then
# ---------------------------------------------------------------
# check, ob Bluetooth-Device in Whitelist
if bd=$(hcitool scan | grep -o [bd_android1_ef,$bd_iphone2_ef,$
bd_iphone3_ef,$bd_iphone4_ef]) ; then
echo erlaubtes device da: $?;
schaltelampetreppenhaus.sh;
schaltehoermanntor.sh;
# weitere Aktionen, bspw. Foto, Antriggern Tuermechanismus, Mail, Licht
einschalten etc.
else
echo kein erlaubtes Device gefunden $?;
# Lognachricht, Mail ueber "einbruchs"versuch
echo "Bluetooth-device: kein erlaubtes Device gefunden $?";
fi
# ---------------------------------------------------------------
else
echo Bluetooth nicht aktiv;
fi
# ------------------------- eof checkblue.sh ---------------------
```

In dem `if/then/else/fi`-Konstrukt können Sie weitere Aktionen und weiteren Skriptcode einfügen, der beispielsweise ausgeführt werden soll, falls der Raspberry Pi ein gültiges Bluetooth-Gerät in der näheren Umgebung findet. So lässt sich ein weiteres Skript oder Programm antriggern oder ein GPIO-Ausgang mit einem Relais schalten, der für die elektrische Schließanlage der Haustür oder des Garagentorantriebs zuständig ist.

12.5 Computer und NAS-Festplatten steuern

Nahezu jedes Haushaltsgerät bringt einen eingebauten Netzwerkanschluss in Form einer CAT-Buchse oder einer WLAN-Funkschnittstelle mit. Die meisten Geräte, wie Computer, Drucker, Netzwerkspeicher oder TV-/Settop-Boxen, bieten Möglichkeiten, sich aus der Ferne – also remote – bedienen und administrieren zu lassen. Besitzt das Gerät einen Unterbau aus der Unix-Familie, fällt der Zugriff besonders leicht.

In der Regel bringen solche Geräte einen SSH-Zugang mit, den Sie vom Raspberry Pi aus nutzen können, um sie beispielsweise zu einem definierten Zeitpunkt oder bei einem bestimmten Ereignis herunterzufahren und anschließend auszuschalten. Gerade Netzwerkspeicher oder Settop-Boxen auf Linux-Basis sind in der Regel immer im Stand-by-Betrieb und geradezu prädestiniert, automatisiert vom Raspberry Pi gesteuert zu werden.

Sicheres Log-in ohne Passwort: SSH-Keys im Einsatz

Um nun vom Raspberry Pi ohne lästige Passwortabfrage beim SSH-Verbindungsaufbau auf das heimische NAS zugreifen zu können, müssen Sie grundsätzlich den Raspberry Pi mit dem öffentlichen Schlüssel des NAS bekannt machen. Dafür generieren Sie auf dem heimischen NAS, das hier eine OpenSSH-Implementierung besitzen muss, mit folgendem Kommando ein Schlüsselpaar:

```
ssh-keygen -t rsa -b 2048
```

Beim Generieren kann nun optional ein Passwort (**Key passphrase**) eingegeben werden, was jedoch bei der Nutzung des Skripts nicht notwendig ist.

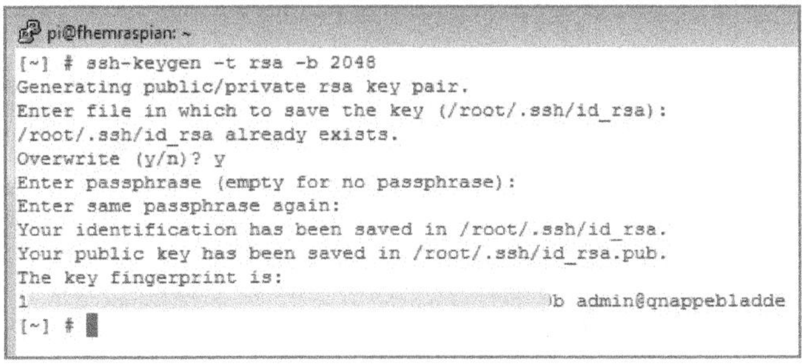

Bild 12.35: Zunächst wird das Schlüsselpaar erstellt. Anschließend muss der Public Key auf den zugreifenden Client (hier der Raspberry Pi) übertragen werden.

Die `*.pub`-Dateien können nun auf den Zielrechner kopiert und dort an `~/.ssh/authorized_keys` angehängt werden. In diesem Beispiel übertragen Sie den Public Key des NAS auf den Raspberry Pi mit dem `cat`-Kommando:

```
cat ~/.ssh/id_rsa.pub | ssh pi@192.168.123.30 "mkdir -p .ssh;cat >> .ssh/authorized_keys"
```

Für die Ausführung dieses Befehls fragt der Raspberry Pi (IP-Adresse: 192.168.123.30) nach dem administrativen Kennwort und trägt anschließend den öffentlichen Schlüssel des NAS sinngemäß in die Liste der erlaubten SSH-Verbindungen auf dem Raspberry Pi ein. Manchmal ist auch der umgekehrte Weg praktisch: Um vom NAS auf den Raspberry Pi zuzugreifen, erstellen Sie auf dem Raspberry Pi mit dem folgenden Kommando das Schlüsselpaar

```
ssh-keygen -t rsa -b 2048
```

und übertragen den Public Key mit dem Befehl

```
cat ~/.ssh/id_rsa.pub | ssh admin@192.168.123.123 "mkdir -p .ssh;cat >> .ssh/authorized_keys"
```

auf das NAS, das in diesem Beispiel die IP-Adresse 192.168.123.123 hat. Anschließend benötigen Sie auf dem umgekehrten Weg bei der Eingabe des ssh-Verbindungsbefehls kein Kennwort mehr, die Authentifizierung erfolgt über den lokal gespeicherten öffentlichen Schlüssel.

NAS-Server: Netzwerkfestplatten konfigurieren

Als zentraler Datenspeicher und Lieferant für Multimedia-Daten muss ein NAS jederzeit im lokalen Netzwerk verfügbar sein. Doch aus Energiespargründen kann es auch sinnvoll sein, das System nur dann einzuschalten, wenn es wirklich gebraucht wird, statt es 24 Stunden an sieben Tagen in der Woche zum größten Teil nutzlos in Betrieb zu halten.

Je nach Anwendungszweck kann es daher von Nutzen sein, wenn der Raspberry Pi das NAS automatisiert zu einer festen Uhrzeit per Timer herunterfährt und man es bei Bedarf einfach per Mausklick wieder startet. Welches Modell von welchem Hersteller auch immer (QNAP, Buffalo, Synology, Eigenbau etc.) Sie für das heimische NAS-System einsetzen – für den automatisierten Einsatz muss es verschiedene Eigenschaften mitbringen.

Zunächst müssen Sie sicherstellen, dass Sie einfach per HTTP-Aufruf, SSH, Telnet etc. auf die Konfiguration bzw. auf die Steuerung der System- oder Powermanagementeigenschaften zugreifen können. In der Regel bieten »bessere« NAS-Systeme von Haus aus einen SSH-Zugriff an, mit dem sich das NAS-System in die Heimautomation einbinden lässt.

Idealerweise fahren Sie das NAS-System wie gewöhnlich herunter und schalten es bei Bedarf mit WOL (*Wake on LAN*) wieder ein. Doch gerade betagte Geräte oder einfache Einplatten-Backup-Lösungen, wie beispielsweise USB-Festplatten mit LAN-Anschluss, bieten weder eine WOL-Funktion noch eine standardmäßig geöffnete Schnittstelle für Systemarbeiten.

12.5 Computer und NAS-Festplatten steuern

Liegt dem NAS-System ein Unix-System zugrunde, sind es die üblichen Kommandos wie `poweroff`, `halt`, `shutdown` und dergleichen, mit denen sich das ordnungsgemäße Herunterfahren des Systems erledigen lässt. Ordnungsgemäß auch deswegen, weil ein stupides Ausschalten des Netzschalters beispielsweise über eine Funksteckdose beim Wiedereinschalten in der Regel eine Überprüfung und/oder Reparatur des Dateisystems zur Folge hat, um die Datenkonsistenz zu gewährleisten.

Energie bzw. Strom zu sparen, ergibt also nur dann richtig Sinn, wenn gewährleistet ist, dass das geplante Abschalten des NAS-Systems keine Festplattenfehler oder gar einen Festplattenausfall zur Folge hat. Bietet das NAS-System eine WOL-Funktion an, schalten Sie sie ein. Lässt sich auch ein Shell-Zugang via SSH über die Konfigurationsseite des NAS aktivieren, sollten Sie diese Möglichkeit nutzen, um den automatisierten Zugriff per Skript abzuwickeln.

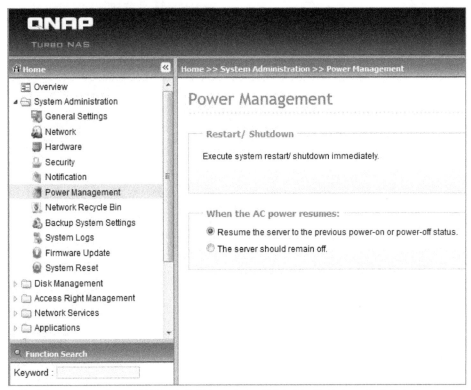

Bild 12.36: Dieses ältere QNAP-Modell bietet keine WOL-Möglichkeiten. Lediglich das Einschaltverhalten bei Stromausfall lässt sich konfigurieren.

Raspberry Pi per Windows-Desktopverknüpfung schalten

Egal ob Sie neben Ihrem Raspberry Pi in Ihrem Heimnetz noch weitere Raspberry Pis oder Windows-, Mac OS- oder Linux-Computer einsetzen: Kommt das Gerät mit einer zeitgemäßen Netzwerkschnittstelle, ist in der Regel auch eine WOL-Funktion verbaut. Wer einen Computer mit Unix-Unterbau beispielsweise von Windows aus ansteuern möchte, nutzt Werkzeuge wie PuTTY, wenn es schnell gehen soll.

Möchten Sie zum Beispiel per Klick einen Raspberry Pi herunterfahren, nutzen Sie das PuTTY-Tool `plink.exe`, das Sie auf der Download-Seite von PuTTY (*www.chiark. greenend.org.uk/~sgtatham/putty/download.html*) finden. Dieses legen Sie in das gleiche Verzeichnis, in dem das Programm `putty.exe` abgelegt ist. Im nachstehenden Beispiel liegen sowohl die Datei `putty.exe` als auch die Datei `plink.exe` im Verzeichnis `c:\` der Windows-Festplatte.

Anschließend erstellen Sie mit einem Editor eine Batchdatei mit folgendem Inhalt:

```
echo off
c:\plink.exe -ssh -pw openelec root@192.168.123.47 poweroff
exit
```

Speichern Sie die Datei anschließend mit einer aussagekräftigen Bezeichnung sowie der Dateiendung `cmd` ab. Die Datei kann im selben Verzeichnis wie die PuTTY-Tools abgelegt werden – anschließend ist eine Desktopverknüpfung auf die CMD-Batchdatei notwendig. Alternativ legen Sie die CMD-Datei direkt auf dem Windows-Desktop ab.

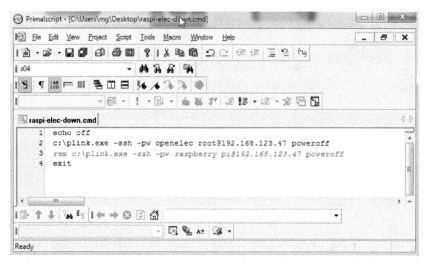

Bild 12.37: Hinweis: In diesem Beispiel werden der Benutzer `root` und das Passwort `openelec` genutzt – bei einer Standard-Raspberry-Pi-Installation lautet der Benutzer `pi`, und das Passwort ist `raspberry`.

Nun ersparen Sie sich das Einloggen und das manuelle Herunterfahren des Raspberry Pi. Von einem Linux-Computer aus geht das noch etwas einfacher: Melden Sie sich einfach über SSH am entsprechenden Computer an, zum Beispiel mit dem Kommando:

```
ssh root@192.168.123.123
```

Setzen Sie dort ein Kommando wie

```
poweroff
```

ab, um den entfernten Computer herunterzufahren. Die beschriebene Lösung ist für einen einzelnen Computer zu gebrauchen, für den Einsatz in der Heimautomation sind das Abschalten über Ereignisse wie auch eine Zeitsteuerung deutlich eleganter. Hier benötigen Sie für jedes Gerät zunächst den passenden Ausschaltbefehl, der je nach eingesetztem Unix-Derivat und SSH-Version manchmal auf Anhieb funktioniert und manchmal nicht, sodass Sie das Ausschaltskript bzw. den Ausschaltbefehl explizit nachbessern müssen.

Manchmal knifflig: SSH-Parameter finden

Für das automatische Log-in über SSH und das anschließende Übertragen des poweroff/shutdown-Befehls gibt es verschiedene Möglichkeiten. Möchten Sie beispielsweise mehrere Befehle nach dem erfolgreichen Log-in ausführen, ist es besser, sie gebündelt in einem eigenen Skript unterzubringen und es komplett entfernt auszuführen. In diesem Beispiel liegt das Skript `local_script.sh` im Verzeichnis /var/tmp/ und hat folgenden Inhalt:

```
#!/bin/bash
poweroff
exit
```

Die Variable $NAS_IP ist hier die IP-Adresse bzw. der Hostname für den Computer, die Variable $NAS_SSHUSER ist der Benutzer-Account, mit dem Sie sich an dem entfernten Computer über SSH anmelden. Um das Skript auf dem entfernten System auszuführen, gibt es je nach Unix-Derivat, SSH-Serverprodukt und/oder NAS-System unterschiedliche Herangehensweisen, die jeweils dasselbe bewirken. Probieren Sie nachstehende Möglichkeiten, die sich zwar auf den ersten Blick unterscheiden, aber prinzipiell die gleiche Funktion haben, einmal aus:

```
cat local_script.sh | ssh $NAS_SSHUSER@$NAS_IP "bash -s"
ssh root@$NAS_IP 'echo "rootpassword" | sudo -Sv && bash -s' <
local_script.sh
ssh $NAS_SSHUSER@$NAS_IP "poweroff"
ssh $NAS_SSHUSER@$NAS_IP 'bash -s' < local_script.sh
```

Haben Sie das passende und demnach funktionierende SSH-Log-in für das Unix-System herausgefunden und erfolgreich getestet, fügen Sie in dem (remote) auszuführenden Skript (hier `local_script.sh`) die Befehle ein, die für das Herunterfahren des entfernten Systems notwendig sind.

```
2013.03.30 16:37:01 3: FS20 set qnappeShutdown off
2013.03.30 16:37:01 3: NAS QNAPPEBLADDE im Keller wird heruntergefahren...
2013.03.30 16:51:20 3: qnappeShutdownNotify return value: PING 192.168.123.123 (192.168.123.123) 56(84) bytes of data.
64 bytes from 192.168.123.123: icmp_req=1 ttl=64 time=1.17 ms
64 bytes from 192.168.123.123: icmp_req=2 ttl=64 time=0.615 ms
64 bytes from 192.168.123.123: icmp_req=3 ttl=64 time=0.571 ms
64 bytes from 192.168.123.123: icmp_req=4 ttl=64 time=0.591 ms
64 bytes from 192.168.123.123: icmp_req=5 ttl=64 time=0.590 ms

--- 192.168.123.123 ping statistics ---
5 packets transmitted, 5 received, 0% packet loss, time 4005ms
rtt min/avg/max/mdev = 0.571/0.708/1.173/0.232 ms
2013-03-30 16:37:05 Verbindung verfuegbar
NAS unter der Adresse 192.168.123.123 erreichbar.
Befehl  reboot wurde uebertragen.
cat /var/tmp/local_script.sh | ssh -t -t -o StrictHostKeyChecking=no -o PasswordAuthentication=no -o ChallengeResponseAuthentication=no admin@192.168.123.123
64 bytes from 192.168.123.123: icmp_req=1 ttl=64 time=0.561 ms
64 bytes from 192.168.123.123: icmp_req=2 ttl=64 time=0.490 ms
64 bytes from 192.168.123.123: icmp_req=3 ttl=64 time=0.471 ms
64 bytes from 192.168.123.123: icmp_req=4 ttl=64 time=0.574 ms
64 bytes from 192.168.123.123: icmp_req=5 ttl=64 time=0.607 ms
```

Bild 12.38: Umweg notwendig: Mangels WOL-Funktion des Beispielrechners wird hier statt des Befehls `poweroff` das Kommando `reboot` übertragen, damit der Server später – nachdem er mittels Funksteckdose wieder mit Strom versorgt wird – erneut starten kann.

Bei der Verbindung mit dem vorliegenden NAS-Server war für eine erfolgreiche SSH-Verbindung folgender SSH-Befehl nötig:

```
ssh -t -t -o StrictHostKeyChecking=no -o PasswordAuthentication=no -o ChallengeResponseAuthentication=no admin@192.168.123.123
```

Da hier die Authentifizierung über das Public-Key-Verfahren erfolgt, wird die Kennwortauthentifizierung abgeschaltet. Bietet der Server hingegen keinen SSH-Zugang für das Herunterfahren, den Neustart oder den WOL-Modus an, soll aber unbedingt über eine Webseite gesteuert werden, können Sie versuchen, dieselbe Funktion über cURL auf dem Raspberry Pi abzubilden. Hat beispielsweise das Gerät die HTTP-Adresse als Ausschaltlink in der Adresszeile des Webbrowsers stehen

```
http://192.168.123.234/shutdown.cgi?shut=4&value=Ausschalten
```

ist cURL das Mittel der Wahl. Mit cURL rufen Sie einfach auf der Kommandozeile die entsprechende Ausschaltwebseite auf – die Steuerung von cURL läuft über Kommandozeilenparameter, die Sie beim Aufruf mit angeben. Worauf es hier ankommt, wurde bereits im Kapitel »Für Profis: Rutenbeck TCR IP 4« (ab Seite 439) über die Rutenbeck-Schalter beschrieben.

Windows-Computer per Shell-Kommando schalten

Debian auf dem Raspberry Pi, Mac OS und sämtliche Linux-Derivate bieten neben dem Telnet- und dem sichereren SSH-Zugang genügend Möglichkeiten, per Skript oder über eine Hausautomatisierungszentrale wie FHEM gesteuert und geschaltet zu werden. Bei einem Windows-Computer ist dies grundsätzlich auch möglich, hier muss der Computer bzw. die Netzwerkkarte des Computers jedoch *Wake on LAN* (WOL) unterstützen und gegebenenfalls dafür im BIOS konfiguriert werden.

Anschließend ist das Aufwecken des Computers mit Befehlen wie `ether-wake`, `wol` und anderen über Linux nur dann zuverlässig möglich, wenn der Windows-Computer sauber per Herunterfahren-Kommando ausgeschaltet wurde. WOL ist nutzlos, wenn der Computer über den Netzteilhauptschalter ausgeschaltet wurde. Um einerseits den Stand-by-Strom zu sparen, andererseits aber die WOL-Funktion nutzen zu können, kann der Umweg über eine Funk- oder IP-Steckdose das Mittel der Wahl sein. Doch zunächst testen Sie den Zugriff vom Raspberry Pi über das Samba-Protokoll auf den Windows-Computer. Mit dem Kommando

```
net rpc shutdown -f -t 120 -r -I 192.168.123.12 -U adminname%adminpasswort
```

triggern Sie beispielsweise das Herunterfahren des Computers nach 120 Sekunden Wartezeit an. Voraussetzung dafür ist jedoch ein installiertes Samba-Paket (`sudo apt-get install samba-common`), das an Ihre Netzwerkumgebung angepasst ist. Unter Windows Vista, Windows 7 und Windows 8 ist das nicht gar so einfach, folgende Fehlermeldung kann dabei auftauchen:

```
cli_pipe_validate_current_pdu: RPC fault code DCERPC_FAULT_ACCESS_DENIED received from host
Shutdown of remote machine failed!
rpc command function failed! (NT code 0x00000005)
```

In diesem Fall hilft das Abschalten des UAC (*User Account Control*) oder besser ein kleiner Registry-Eingriff. Fügen Sie im Ast

```
HKEY_LOCAL_MACHINE\SOFTWARE\Microsoft\Windows\CurrentVersion\Policies\System
```

einen neuen Schlüssel (`DWORD 32-Bit`) mit der Bezeichnung `LocalAccountToken FilterPolicy` ein und setzen Sie den Wert auf `1`. Nach dem Neustart des Windows-Computers ist die Änderung aktiv.

12 Unterhaltungs- und Haushaltselektronik steuern

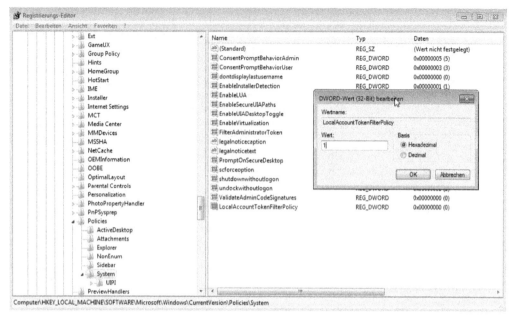

Bild 12.39: Für das entfernte Herunterfahren vom Raspberry Pi aus benötigt Windows 7 noch einen zusätzlichen Registry-Eintrag.

Mit diesem Eintrag ist es nun auch möglich, die C$-Freigabe im Heimnetz zu nutzen sowie andere administrative Tools remote auszuführen. Um die Änderung wieder rückgängig zu machen, setzen Sie einfach den Wert von `LocalAccountTokenFilter Policy` auf den Wert 0 oder löschen den Schlüssel `LocalAccountTokenFilterPolicy`.

Shutdown-Skript erstellen

In diesem Schritt legen Sie im Verzeichnis `/usr/local/bin/` eine Skriptdatei für das Herunterfahren des NAS-Servers bzw. des Linux- oder Mac OS-Computers an. Grundvoraussetzung ist, dass Sie sich über SSH mit einem administrativen Benutzer ohne Kennworteingabe anmelden können, das heißt, die nötige Authentifizierung wird automatisch über das Public-Key-Verfahren abgewickelt. Da es zig verschiedene NAS-Systeme in unterschiedlichen Konfigurationen gibt, müssen Sie das Skript selbst zusammenbauen.

Die vorgestellten Skriptfragmente müssen demnach auch an Ihre Umgebung angepasst werden und sind, soweit es geht, mit Variablen befüllt. Grundsätzlich ist es immer eine gute Idee, die benötigten Befehle und Werte in Variablen zu setzen, was sich vor allem aus Gründen der Übersichtlichkeit bewährt hat. Ändert sich beispielsweise einmal eine IP-Adresse, passen Sie sie an zentraler Stelle an und brauchen nicht das gesamte Skript nach dem alten Wert zu durchforsten und anzupassen.

```
# ------------------------------------------------------------------
ARG=$1   # ein- oder ausschalten
TYP=$2   # entweder Steckdose per UDP, HTTP oder FHEM ausschalten
SENDIP="/usr/bin/sendip"
CURL='/usr/bin/curl'
NAS_IP="192.168.123.123"
NAS_SSHUSER="admin"
NAS_SSHPW="12345678"
NAS_SHUTCMD="reboot"
UTP_IP4RUTE1="192.168.123.205"
UTP_PORT="30303"
UTP_IP4PI="192.168.123.30"
UTP_CMDOFF="OUT1 0"
# ------------------------------------------------------------------
```

Je nachdem, was für das Zustandekommen einer SSH-Verbindung und zum Herunterfahren benötigt wird, kann es zunächst in eigenen Variablen untergebracht werden. Grundsätzlich sollte zunächst geprüft werden, ob das Zielsystem überhaupt per ping im heimischen Netz erreichbar ist oder nicht. Falls nicht, könnte bereits hier der Ausschaltvorgang der Funksteckdose erfolgen, ansonsten muss das Zielsystem erst heruntergefahren werden. Das geschieht in diesem Beispiel per Übermittlung einer Befehlsfolge (reboot und exit) über SSH an den Beispiel-NAS-Server.

Aus Flexibilitätsgründen wird zunächst geprüft, ob ein lokales entsprechendes Skript (hier /var/tmp/local_script.sh) im Verzeichnis existiert oder nicht. Wenn ja, wird es zunächst gelöscht, per touch-Kommando neu erstellt und mit den beiden Kommandos $NAS_SHUTCMD und exit befüllt. Im nächsten Schritt wird die Datei local_script.sh dann mittels cat über SSH auf dem entfernten Zielserver mit dem User $NAS_SSHUSER auf der Adresse $NAS_IP ausgeführt.

```
# ------------------------------------------------------------------
ping -c 5 $NAS_IP #192.168.123.123
if [[ $? != 0 ]]; then
  date '+%Y-%m-%d %H:%M:%S Verbindung nicht verfuegbar'
  # Steckdose ausschalten
  UTP_CMD=${UTP_CMDOFF}
else
  date '+%Y-%m-%d %H:%M:%S Verbindung verfuegbar'
  # SSH zu NAS und lokales Skript auf qnappe ausfuehren
  # je nach NAS-/REMOTE-Server unterschiedliche Wege
  # cat local_script.sh | ssh $NAS_SSHUSER@$NAS_IP "bash -s"
  # ssh root@$NAS_IP 'echo "rootpassword" | sudo -Sv && bash -s' < local_script.sh
  # ssh $NAS_SSHUSER@$NAS_IP " $NAS_SHUTCMD"
  # ssh $NAS_SSHUSER@$NAS_IP 'bash -s' < local_script.sh
  # Remote-Aufruf zusammenbasteln:
```

```
  tscript="/var/tmp/local_script.sh"
  if test -d $tscript; then rm $tscript; fi
  touch $tscript
  echo $NAS_SHUTCMD >>  $tscript
  echo 'exit' >> $tscript
  cat $tscript | ssh -t -t -o StrictHostKeyChecking=no -o
PasswordAuthentication=no -o ChallengeResponseAuthentication=no
$NAS_SSHUSER"@"$NAS_IP > /var/tmp/sshq.txt
  rm  $tscript
  echo "NAS unter der Adresse "$NAS_IP" erreichbar."
  echo "Befehl " $NAS_SHUTCMD "wurde uebertragen."
  echo "cat "$tscript" | ssh -t -t -o StrictHostKeyChecking=no -o
PasswordAuthentication=no -o ChallengeResponseAuthentication=no
"$NAS_SSHUSER"@"$NAS_IP
  # wenn IP nicht mehr erreichbar, dann Steckdose abschalten
  go=0
  while [ $go -ne 1 ]; do
    ping -c 5 $NAS_IP
    if [ $? -eq 0 ]; then
      echo "ping erfolgreich";
      go=0;
    else
      echo "Fehler ping"
      go=1;
    fi
  done
# -----------------------------------------------------------------------
```

Der exit-Befehl im Skript local_script.sh sorgt für den Abmeldevorgang auf dem entfernten System, was je nach örtlichen Gegebenheiten unterschiedlich lang dauern kann. Anschließend wird mit der while-Schleife geprüft, ob die IP-Adresse des Zielsystems noch verfügbar ist. Ist der NAS-Server nicht mehr erreichbar, wird die go-Variable auf den Wert 1 gesetzt, und das Skript kann mit einem Ausschaltbefehl der Funksteckdose beendet werden.

Shell-Skript und FHEM verbinden

Um den NAS-Server oder die Computer im Heimnetz mit der FHEM-Installation auf dem Raspberry Pi zu koppeln, benötigen Sie neben einer schaltbaren Steckdose (Funksteckdose, IP-Steckdose) noch ein Dummy-Device, um den Status zu überwachen und darüber die Steuerung des Shutdown-Skripts abzuwickeln. In diesem Beispiel hängt der NAS-Server an einer Funksteckdose (hier NASSteckdose), die zunächst per notify überwacht wird.

Wird sie eingeschaltet, wird der angeschlossene NAS-Server ebenfalls eingeschaltet, und der Status des Dummy-Device qnappeOnline wird auf on gesetzt. Über dieses Dummy-Device wird mithilfe eines Notify (qnappeOnlineNotify) über das Kommando set qnappeOnline off im Notify qnappeShutdownNotify der Ausschaltvorgang der Funksteckdose (hier NASSteckdose) gesteuert.

```
define NASSteckdose FS20 c84b 01
  attr NASSteckdose room Keller

define qnappeOnline FS20 ABCD 99
  attr qnappeOnline dummy 1
  attr qnappeOnline room Keller

define qnappeShutdown FS20 CDEF 99
  attr qnappeShutdown dummy 1
  attr qnappeShutdown room Keller

define NASSteckdoseNotify notify NASSteckdose {\
    if ( Value("NASSteckdose") eq "on"){\
    fhem("set qnappeOnline on");;\
    }\
}
define qnappeOnlineNotify notify qnappeOnline {\
    if ( Value("qnappeOnline") eq "off" ){\
    Log 3, "NAS-Status %, QNAP und Linkstation NAS wurden
heruntergefahren";;\
    Log 3, "NAS-Status %, Schalte Steckdose aus.";;\
    fhem("set NASSteckdose off");;\
    }\
}
define qnappeShutdownNotify notify (qnappeShutdown:off) { \
        Log 3, "NAS QNAPPEBLADDE im Keller wird heruntergefahren...";; \
        `/usr/local/bin/qnappeshut.sh`;;\
        fhem("set qnappeOnline off");;\
}
```

Das eigentliche Herunterfahren des NAS-Servers erfolgt über das Notify qnappeShutdownNotify, das nur aktiviert wird, wenn qnappeShutdown auf den Wert off gesetzt wurde. In diesem Fall erfolgt ein Logeintrag, das Ausführen des /usr/local/bin/qnappeshut.sh-Skripts und das Setzen des Werts off bei qnappeOnline. Das Notify qnappeOnlineNotify springt umgehend an und leitet den Ausschaltvorgang der Funksteckdose (hier NASSteckdose) ein.

Beim Einschaltvorgang braucht nur NASSteckdose auf on gesetzt zu werden, das damit verbundene NASSteckdoseNotify sorgt anschließend dafür, dass der NAS-Server über qnappeOnline ebenfalls wieder eingeschaltet wird. Hier können Sie beispielsweise auch einen Wake-on-LAN-Aufruf in der Form eines `/usr/local/bin/mac-wakeup.sh`-Skripts hinterlegen.

12.6 Scanner und Drucker ganz ausschalten

Gerade bei Druckermodellen älterer Bauart ist der Stromverbrauch nicht zu unterschätzen: Im Stand-by-Betrieb mit einem Messwert von 15 W entspricht dies geschätzten Kosten von rund 13,67 Euro im Jahr. Um dieses Geld zu sparen, sind in der Regel ein paar Schritte notwendig – vom Computer bis zum Aufstellungsort des Druckers.

Wer so einen Stromfresser beispielsweise als Netzwerkdrucker im (Dauer-)Einsatz hat, kann es sich bequem machen: Mit einer per FHEM steuerbaren Steckdose schalten Sie den heimischen Netzwerkdrucker nur dann ein, wenn er gebraucht wird. Sie sparen nicht nur Stromkosten, sondern brauchen nicht einmal aufzustehen, um den Drucker einzuschalten, falls er an einem anderen Ort als der Computer steht.

Durch die einmalige Investition in eine passende Schaltlösung haben Sie zugleich einen Anreiz, weitere Stromfresser in Ihrem Haushalt aufzuspüren. Widmen Sie sich aber in Sachen Heimautomation zunächst dem Thema »Drucker ein- und ausschalten«.

Das bedeutet: Der Raspberry Pi merkt, dass Sie einen Druckauftrag losgeschickt haben, hält den Druckauftrag zurück und schaltet gleichzeitig die Steckdose ein. Ist der Drucker erreichbar, wird der Druckauftrag abgearbeitet, anschließend wird der Drucker bzw. die Steckdose wieder vom Strom getrennt.

Drucker vorbereiten: CUPS installieren

Grundvoraussetzung für die vollautomatische Lösung über einen CUPS-Netzwerkdrucker ist, dass CUPS auf dem Raspberry Pi installiert ist – in diesem Beispiel läuft auf derselben Maschine auch FHEM – und dass CUPS bereits erfolgreich mit einem oder mehreren Netzwerkdruckern gekoppelt ist. Diese Netzwerkdrucker sind für sich allein per IP-Adresse im Heimnetz erreichbar.

Die nachstehend vorgestellte Lösung ist zwar etwas aufwendiger als eine einfache `notify`-Definition in der FHEM-Konfiguration, beispielsweise:

```
define at_22_HPLJ2100 at +*00:00:22 "lpstat -p | grep -qsP "(printing|druckt)" && /usr/bin/fhem.pl 7072 "set HPLJ2100 on-for-timer 320""
```

Sie ist aber auch deutlich flexibler. Hier ruft der Job `at_22_HPLJ2100` alle 22 Sekunden den Befehl `lpstat -p | grep -qsP "(printing|druckt)` auf, um zu prüfen, ob ein Druckauftrag in der Druckerwarteschlange steckt. Ist das der Fall, wird über FHEM-

Telnet der Drucker mit dem Kommando `set HPLJ2100 on-for-timer 320` für fünf Minuten (`320` Sekunden) eingeschaltet.

Dieses Vorgehen funktioniert grundsätzlich, hat jedoch den Nachteil, dass alle 22 Sekunden der `lpstat p`-Befehl ausgeführt werden muss. Dies ist nicht nur etwas unelegant, sondern möglicherweise auch für gelegentliche Ausdrucke etwas überdimensioniert, zumal der Raspberry Pi nicht gerade üppig mit Ressourcen ausgestattet ist.

Eleganter ist es, den Drucker nur dann einzuschalten, wenn er auch gebraucht wird, und das vorherige notwendige Einschalten der Stromversorgung über das Drucken-Event zu steuern. Dafür erstellen Sie eine Pseudoverbindungsdatei, um darüber die Steuerung der Steckdose abzuwickeln sowie den Druckvorgang über die gewohnte Druckerverbindung anzutriggern.

CUPS-Backend anpassen

Unter der Voraussetzung der ordnungsgemäßen und funktionierenden CUPS-Konfiguration passen Sie zunächst mit dem Kommando

```
sudo nano /etc/cups/printers.conf
```

den zugeordneten Drucker im Attribut `DeviceURI` an. Die grundsätzliche Idee ist, dass Sie einfach den Aufruf zum Druckeranschluss (hier `socket`) mittels einer eigenen Skriptdatei umleiten, die zunächst die Steckdose samt definiertem Abschalt-Timer einschaltet und nach dem Starten und der Onlinestatusmeldung des Druckers den Druckauftrag per `exec`-Aufruf wieder an den eigentlichen Druckeranschluss übergibt.

Bild 12.40: Wer auf Nummer sicher gehen möchte, arbeitet mit IP-Adressen, sollte der installierte Netzwerkdrucker im Heimnetz nicht per DNS erreichbar sein.

Aus dem Eintrag

`DeviceURI socket://192.168.123.20`

wird nun mit der neuen Gerätedatei das Pseudogerät `HPLJ2100`

`DeviceURI HPLJ2100://192.168.123.20`

festgelegt. Je nach CUPS-Konfiguration und eingesetztem Drucker kann der Anschluss auch ein anderer sein: Grundsätzlich sind Einträge wie `cups-pdf`, `hp`, `https`, `ipps`, `serial`, `usb`, `bluetooth`, `http`, `ipp`, `lpd`, `parallel`, `smb` oder wie in diesem Beispiel `socket` möglich.

Merken Sie sich diesen »alten« Eintrag, den Sie später für die Anpassung des `exec`-Befehls (Skript: `exec -a socket /usr/lib/cups/backend/socket "$@"`) benötigen. Im nächsten Schritt füllen Sie die Pseudogerätedatei mit Leben und bringen dort die Steuerung der Steckdose unter.

Skript zum Schalten der Steckdose

Um sämtliche verfügbaren Backends von CUPS anzuzeigen, genügt das Kommando:

```
ls /usr/lib/cups/backend/
```

Jetzt legen Sie eine zusätzliche Dummy-Gerätedatei für Ihren Drucker an der zu schaltenden Steckdose an. Im obigen Beispiel wurde der socket-Eintrag durch HPLJ2100 ersetzt – demnach muss die neue Dummy-Datei die gleiche Bezeichnung besitzen.

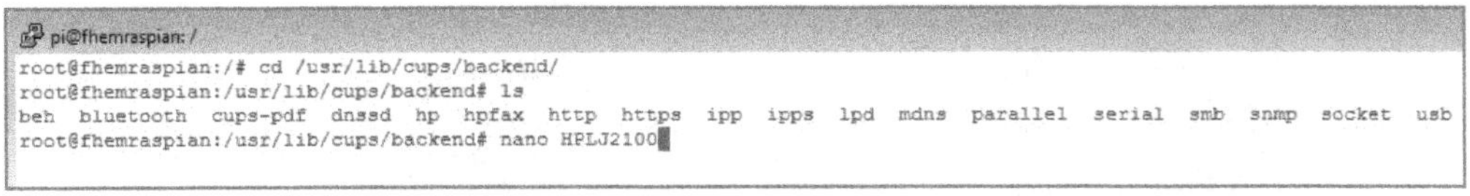

```
root@fhemraspian:/# cd /usr/lib/cups/backend/
root@fhemraspian:/usr/lib/cups/backend# ls
beh  bluetooth  cups-pdf  dnssd  hp  hpfax  http  https  ipp  ipps  lpd  mdns  parallel  serial  smb  snmp  socket  usb
root@fhemraspian:/usr/lib/cups/backend# nano HPLJ2100
```

Bild 12.41: Im Verzeichnis /usr/lib/cups/backend/ sind sämtliche Gerätedateien für den Drucker bzw. die CUPS-Konfiguration abgelegt.

Bevor Sie die Gerätedatei anlegen, prüfen Sie, ob das netcat-Paket auf dem Raspberry Pi installiert ist. Dafür geben Sie auf der Konsole einfach den Befehl

```
nc
```

ein. Erscheint hier eine Fehlermeldung wie -bash: nc: Kommando nicht gefunden., installieren Sie netcat mit sudo apt-get install nach. Wenn Sie wissen möchten, in welchem absoluten Pfad sich nc befindet, nehmen Sie den find-Befehl:

```
find / -name nc -print
```

Beachten Sie, dass auch die Groß- und Kleinschreibung wie gewohnt unter Linux-Systemen eine große Rolle spielt. Im Beispiel erzeugen Sie nun mit dem Kommando

```
sudo -i
cd /usr/lib/cups/backend/
nano HPLJ2100
```

eine neue Dummy-Gerätedatei mit dem Namen HPLJ2100. In diesem Fall steht in der Datei /usr/lib/cups/backend/HPLJ2100 nun Folgendes, um die Steckdose zu schalten:

```
#!/bin/bash
# ------------------------------------------------------------
# E.F.Engelhardt, Franzis Verlag, 2016
# ------------------------------------------------------------
# Skript: HPLJ2100
# Verzeichnis/Steckdosen
#  Hier erfolgt der Einschaltbefehl fuer die FS20-Steckdose
#  Ist der Drucker per IP-Adresse erreichbar, dann kann der
```

```
# Druckvorgang per LPD/Socket/USB angestossen werden
#
PATH=/usr/sbin:/sbin:$PATH
counter=1
retu=1
while [ "$counter" -le 3 -a "$retu" -ne 0 ]
do
        echo "set HPLJ2100 on-for-timer 320" | \
                /bin/nc 127.0.0.1 7072 > /dev/null 2>&1
        counter=`expr "$counter" + 1`
        # IP-Adresse-Netzwerkdrucker an Steckdose
        ping -t 10 -o 192.168.123.20 > /dev/null 2>&1
        retu=$?
done
# exec -a usb /usr/lib/cups/backend/usb "$@"
# exec -a lpd /usr/lib/cups/backend/lpd "$@"
exec -a socket /usr/lib/cups/backend/socket "$@"
# ---------------------------------------------------------------------
```

Dieses Beispielskript steht Ihnen unter der Bezeichnung HPLJ2100 zur freien Verfügung. Beachten Sie, dass Sie neben der Pfadangabe für nc sowohl die IP-Adresse beim ping-Befehl als auch die Bezeichnung beim set-Befehl im Skript anpassen müssen. Essenziell ist die Anpassung des Anschlusses beim exec-Befehl. Ersetzen Sie in diesem Beispiel den Eintrag socket durch den alten Anschluss aus der /etc/cups/printers.conf-Datei. Abschließend machen Sie das Skript zum Schalten der Steckdose mit folgendem Befehl ausführbar:

```
chmod +x HPLJ2100
```

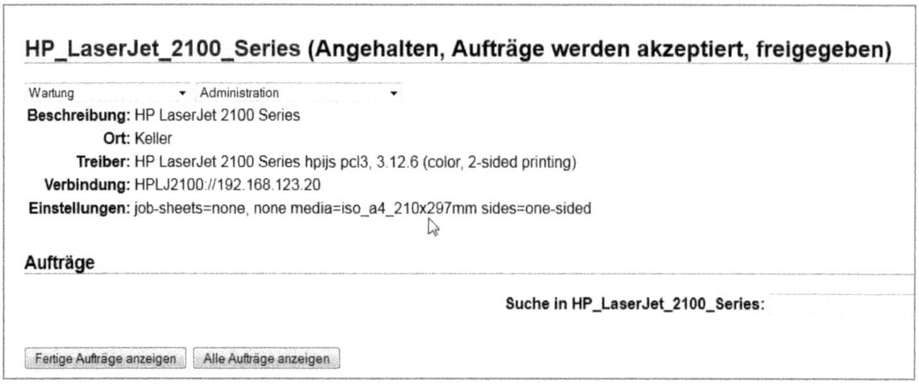

HP_LaserJet_2100_Series (Angehalten, Aufträge werden akzeptiert, freigegeben)

Wartung ▾ Administration ▾
Beschreibung: HP LaserJet 2100 Series
Ort: Keller
Treiber: HP LaserJet 2100 Series hpijs pcl3, 3.12.6 (color, 2-sided printing)
Verbindung: HPLJ2100://192.168.123.20
Einstellungen: job-sheets=none, none media=iso_a4_210x297mm sides=one-sided

Aufträge

Suche in HP_LaserJet_2100_Series:

[Fertige Aufträge anzeigen] [Alle Aufträge anzeigen]

Bild 12.42: So ähnlich sollte sich die Statusseite von CUPS bei der Anzeige der Druckereinstellungen präsentieren: Beachten Sie hier das Pseudo-Backend bei der Verbindung.

Nun sind die Vorbereitungen erledigt, sodass Sie in FHEM die gewünschte Logik bauen können. Die Überwachung bzw. das Antriggern der Steuerung der Steckdose erledigen Sie mit dem eingebauten `notify`-Befehl von FHEM.

FHEM-Konfiguration der FS20-Druckersteckdose

Im nächsten Schritt passen Sie die Konfigurationsdatei von FHEM an. Dort tragen Sie neben der eigentlichen Gerätekonfiguration für die verwendete Steckdose wie gewohnt die Parameter für die Logdatei sowie eine `notify`-Definition ein. Dank der `notify`-Funktion von FHEM steuern Sie nicht nur das Einschalten, sondern auch das Ausschalten der Steckdose.

```
pi@fhemraspian: ~
  GNU nano 2.2.6                              Datei: /etc/fhem.cfg

# attr FileLog_sz_Wasserbett room FS20
# ----------------------------------------------------------------
define HPLJ2100 FS20 c04b 02
attr HPLJ2100 model fs20st
attr HPLJ2100 room Keller

define FileLog_HPLJ2100 FileLog /var/log/fhem/HPLJ2100-%Y-%m.log HPLJ2100
attr FileLog_HPLJ2100 logtype fs20:On/Off,text
attr FileLog_HPLJ2100 room FS20

define HPLJ2100_chk notify (HPLJ2100:on-for-timer.*) { \
        my $fhem_hpcmd;; \
        my @@args= split(" ", "%");; \
        if($defs{"HPLJ2100_off"}) { \
                $fhem_hpcmd= sprintf("modify HPLJ2100_off +%%02d:%%02d:%%02d", \
                        $args[1] / 3600, ($args[1] / 60) %% 60, $args[1] %% 60);; \
        } else { \
                $fhem_hpcmd=sprintf("define HPLJ2100_off at " . \
                        "+%%02d:%%02d:%%02d set HPLJ2100 off", $args[1] / 3600, \
                        ($args[1] / 60) %% 60, $args[1] %% 60);; \
        } \
        fhem("$fhem_hpcmd");; \
}
```

Bild 12.43: Die Gerätedefinition der Steckdose (hier FS20-Typ), die dazugehörige Logdatei sowie die `notitfy`-Definition nutzen für das Gerät (hier HPLJ2100) ein und dieselbe Schreibweise.

Grundsätzlich muss in FHEM zunächst über `define` die zu schaltende Steckdose definiert werden. Das geschieht in diesem Beispiel über die Zeile:

```
define HPLJ2100 FS20 c04b 02
```

Die weiteren Attribute wie `model` und `room` sind optional und dienen grundsätzlich der Optik. Die Ergänzung für FHEM finden Sie unter der Bezeichnung `fhem_fs20steckdosen_def.txt`.

```
#-----------------------GERAET DEFINIEREN -------------------------------
--
define HPLJ2100 FS20 c04b 02
attr HPLJ2100 model fs20st
attr HPLJ2100 room Keller
#----------------------FILELOG DEFINIEREN -------------------------------
define FileLog_HPLJ2100 FileLog /var/log/fhem/HPLJ2100-%Y-%m.log HPLJ2100
attr FileLog_HPLJ2100 logtype fs20:On/Off,text
attr FileLog_HPLJ2100 room FS20
#----------------------NOTIFY DEFINIEREN --------------------------------
define HPLJ2100_check notify (HPLJ2100:on-for-timer.*) { \
        Log 3, "HP Laserdrucker im Keller wurde eingeschaltet";; \
        my $fhem_hpcmd;; \
        my @@args= split(" ", "%");; \
        if($defs{"HPLJ2100_off"}) { \
                $fhem_hpcmd= sprintf("modify HPLJ2100_off
+%%02d:%%02d:%%02d", \
                        $args[1] / 3600, ($args[1] / 60) %% 60, $args[1] %%
60);; \
        } else { \
                $fhem_hpcmd= sprintf("define HPLJ2100_off at " . \
                        "+%%02d:%%02d:%%02d set HPLJ2100 off", $args[1] /
3600, \
                        ($args[1] / 60) %% 60, $args[1] %% 60);; \
        } \
        fhem("$fhem_hpcmd");; \
}
# ----------------------------------------------------------------------
```

Passen Sie im Fall einer FS20-Steckdose den FS20-Hauscode (im Skript `c04b 02`) sowie die Verbindungsbezeichnung (hier `HPLJ2100`) an. Attribute wie `room` (Keller) etc. sind optional. Die Variable `fhem_hpcmd` wird mit einem `modify`- bzw. einem `define`-Kommando befüllt. Hier werden die entsprechenden Attribute für das Setzen des Zeitstempels über den übergebenen Sekundenwert des `notify`-Aufrufs berechnet.

Zunächst wird über `+%%02d:%%02d:%%02d` das Zeitformat definiert (`%02d` erzeugt eine ganzzahlige Nummer), anschließend wird über den Übergabeparameter die Ausschaltzeit berechnet und gesetzt. Nach Austritt aus dem `if/else`-Konstrukt wird die Variable im `fhem`-Befehl befüllt und ausgeführt. Das war's. Speichern Sie die Konfigurationsdatei und stoppen Sie FHEM mit dem Kommando:

```
sudo /etc/init.d/fhem stop
```

Anschließend starten Sie FHEM mit dem Kommando:

```
sudo /etc/init.d/fhem start
```

um beim Neustart die geänderte Konfigurationsdatei einzulesen und die installierte Funksteckdose für die Druckersteuerung zu initialisieren. Nun sollte die neue Druckersteckdose in FHEM-Frontend angezeigt werden. Um die geänderte Drucker-Engine in Betrieb zu nehmen, muss auch CUPS auf dem Raspberry Pi neu gestartet werden:

```
sudo /etc/init.d/cups restart
```

Anschließend können Sie die Funktion mit folgendem Kommando testen:

```
set HPLJ2100 on-for-timer 320
```

Damit wird der Drucker eingeschaltet und nach Ablauf der fünf Minuten (320 Sekunden) wieder abgeschaltet. Denselben Effekt hat der Befehl bei der Eingabe im Befehlsfeld der FHEM-Konfigurationsseite:

```
trigger HPLJ2100 on-for-timer 320
```

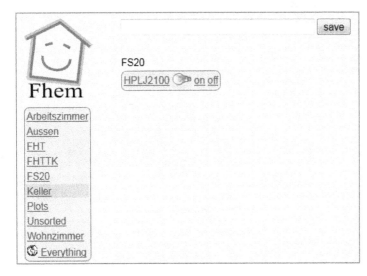

Bild 12.44: Nach der Definition in /etc/fhem.cfg steht nach dem Neustart von FHEM das neue Device zur Verfügung.

Prüfen Sie einfach per ping-Kommando, ob der Drucker über seine IP-Adresse erreichbar ist oder nicht. Während unter Linux das ping-Kommando nach dem Start ohne Unterbrechungen Statusmeldungen zurückliefert und per Tastenkombination [Strg]+[C] abgebrochen werden muss, benötigt das ping-Kommando unter Windows einen passenden Parameter, da es sonst nach vier ping-Meldungen selbstständig abbricht:

```
ping -t <IP-Adresse-des-Netzwerkdruckers>
```

Achtung, Verwechslungsgefahr: Hier ist die IP-Adresse des Netzwerkdruckers und nicht die IP-Adresse des Raspberry Pi – auf dem CUPS läuft – gemeint! In diesem

Beispiel ist der CUPS-Server unter der IP-Adresse 192.168.123.30, der Drucker selbst jedoch unter der IP-Adresse 192.168.123.20 erreichbar. Mit dem Kommando

```
ping -t 192.168.123.20
```

starten Sie nun einen Dauer-Ping und prüfen die Funktionalität der Steckdosenlösung.

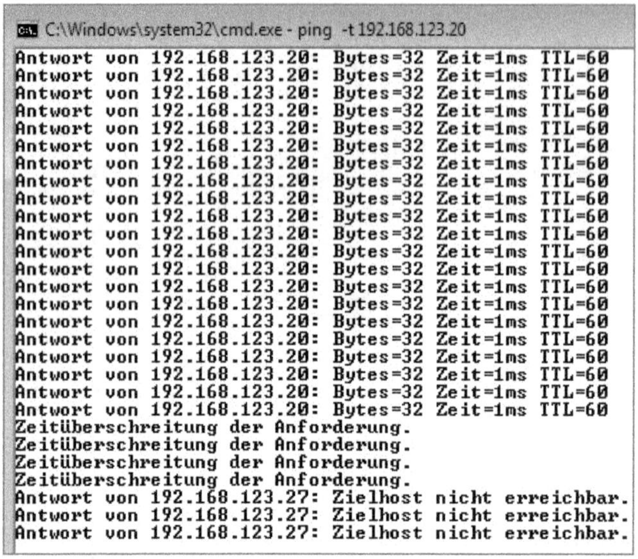

Bild 12.45: Beim Testen der Druckerlösung hilft ein Dauer-Ping auf die IP-Adresse des Netzwerkdruckers, um die Erreichbarkeit zu prüfen.

Schicken Sie nun am Computer einen Druckauftrag ab, schaltet FHEM nach wenigen Augenblicken die entsprechende Steckdose ein. Anschließend sollte sich die ping-Statusmeldung von Zielhost nicht erreichbar zu Antwort von <IP-Adresse-des-Netzwerkdruckers>: Bytes=32 Zeit=1ms TTL=60 geändert haben.

Nun ist die gewünschte Funktionalität vorhanden: Nach dem Ausdruck wird der Drucker noch fünf Minuten eingeschaltet gelassen, um sicherzugehen, dass auch sämtliche Seiten des Dokuments gedruckt werden können. Reicht der Zeitraum nicht aus, setzen Sie die Abschaltzeit von 320 Sekunden in der Dummy-Datei (hier /usr/lib/cups/backend/HPLJ2100) auf einen höheren Wert.

12.7 Funken und steuern – Smartphone als Fernbedienung

Der Markt der TV-Boxen ist schon immer sehr unübersichtlich. Zählen Sie die Kostenlos-Boxen der TV-Anbieter wie Kabel Deutschland/Vodafone, Sky, Kabel BW und viele andere hinzu, wird das Geflecht noch undurchschaubarer. Viele TV-Boxen haben eine eigene RJ45-Netzwerkbuchse und/oder einen WLAN-Anschluss, mit dem sich die TV-Box nicht nur traditionell - also zum Umschalten und Regeln der Lautstärke - steuern lässt, sondern mit dem sämtliche Funktionen über eine eigene Schnittstelle zur Verfügung gestellt werden. Die Box wird dann von einer eigenen App angezapft und gesteuert - entweder direkt oder webbasiert über den zentralen Server des TV-Anbieters bzw. TV-Serviceanbieters. Hochwertigere TV-Boxen wie die VU+ bieten eine Webschnittstelle über HTTP an bzw. lassen sich mit einer nachrüsten, sodass sich die TV-Box über das Smartphone oder das Tablet im Heimnetz bedienen lässt. Dazu gehört eine übersichtliche Darstellung der EPG-Daten des TV-Programms - wer beispielsweise in seiner TV-Box noch eine Festplatte verbaut hat, kann diese Übersicht gleich als Basis für die Programmierung der Aufnahmen - ähnlich wie bei einem Videorekorder früher - verwenden.

Bild 12.46: Das quelloffene Webinterface für Linux-Receiver: Volle Flexibilität erreichen Sie mit OpenWebif, das sich auf vielen Linux-basierten TV-Receivern befindet bzw. bequem nachrüsten lässt.

Jedoch sind der mangelnde Komfort sowie die Steuerung bei vielen Geräten oftmals ein Ärgernis. Für jedes neue Gerät liegt eine neue Fernbedienung im Wohnzimmer herum, und jede Fernbedienung hat ein anderes Erscheinungsbild, eine andere Anordnung wichtiger und häufig benötigter Tasten und dementsprechend eine

Bedienung, die sich je nach Geschmack entweder als komfortabel oder als katastrophal bezeichnen lässt. Versteckt der Sohnemann gern mal die TV-Fernbedienung oder finden Sie in dem Dickicht der unzähligen verschiedenen Fernbedienungen im Wohnzimmer nicht die passende für den TV-Receiver, sollten Sie Ihr Smartphone – unabhängig ob iOS oder Android – nutzen, um die TV-Box zu steuern. Hier finden Sie für nahezu jedes Modell im Dickicht der TV-Receiver eine Lösung – entweder nutzen Sie eine eigens verfügbare App des TV-Box-Herstellers oder ein Fremdprodukt oder Sie bauen diese mithilfe einer lernfähigen Fernbedienung bzw. einer Allroundlösung, etwa aus der Logitech-Harmony-Serie, einfach nach.

VU+ DUO^2 – die TV-Box für Tüftler

Wechseln Sie eines Tages den TV-Serviceanbieter – kündigen Sie beispielsweise den TV-Vertrag (Entertain in allen Variationen) mit der Telekom –, sind TV-Aufnahmen auf dem IPTV-Receiver von heute auf morgen Geschichte, sie lassen sich nicht mehr abspielen. Das passiert auch dann, wenn Sie einen Kabel-TV-Vertrag samt Leih-TV-Rekorder im Einsatz haben. Die Hardware ist nach Vertragskündigung ebenfalls reif für den Schrottplatz: Der TV-Receiver ist in der Regel Bestandteil des TV-Servicevertrags. Wer ein Leihgerät mit monatlicher Miete sein Eigen nennt, kann es nach Vertragsende einfach zurückschicken, bei einem Kaufgerät haben Sie einen Briefbeschwerer, da sich die Kanäle nicht mehr abrufen lassen. Die vorhandenen Aufnahmen auf der TV-Box lassen sich ebenfalls nicht mehr abspielen – DRM sei Dank. Da in Sachen Hardware jeder TV-Anbieter sein eigenes Süppchen kocht, sind die anfangs gesponserten, günstigen Geräte von jetzt auf gleich nutz- und wertlos. Die TV-Boxen von VU+ sind auf den ersten Blick Receiver wie alle anderen auch, doch bei genauerem Hinsehen steckt mehr in dem schwarzen TV-Kasten: Obwohl das leichte Gehäuse nicht wirklich viele Bauteile enthält, leistet diese Box Erstaunliches: Das liegt vor allem daran, dass die Software und auch die Alternativsoftware auf die verbauten Hardwarekomponenten zugeschnitten sind und kein langsames Betriebssystem Ressourcen verschwendet. Im Gegenteil: Mit den Modellen von VU+ (*www.vuplus.de*) können Sie mehr machen als nur fernsehen, etwa Filme auf der angeschlossenen Festplatte aufnehmen, das TV-Programm übersichtlich darstellen lassen und vieles mehr.

Wenn Sie Ihren Alleskönner für den SAT- und Kabelempfang noch verbessern möchten, ist auch das mithilfe einer angepassten Firmware für den TV-Receiver möglich. Damit rüsten Sie Funktionen wie eine bequeme Steuerung der Box über die Webschnittstelle nach, passen die Benutzeroberfläche auf Wunsch an, sortieren die Kanallisten und Bouquets bequem am Computer, starten die Aufnahme der TV-Sendungen bequem per Knopfdruck, haben eine übersichtliche TV-EPG-Zeitschrift auf dem Bildschirm, nutzen den Bedienungskomfort beim Abspielen, halten das TV-Programm kurz an, um beispielsweise ein frisches Getränk aus der Küche zu holen, und vieles mehr. Den Geschwindigkeitsvorteil der neuen Software bemerken Sie schon beim Anschalten und in der Praxis vor allem beim Umschalten – also beim Zapping durch die Kanäle.

Bild 12.47: Linux-kompatible TV-Boxen für jeden Anwendungszweck – egal ob mit oder ohne Festplatte, SAT/Kabel/DVB-T oder Streaming-Möglichkeiten. VU+ hat verschiedene Modelle im Sortiment, die das TV-Erlebnis in Sachen Smartphone-Bedienung auf ein neues Niveau heben.

Zudem lassen sich viele Funktionen, Menüs und Tasteneinstellungen anpassen. Durch den integrierten Speicher hält die VU+ je nach Programmanbieter die meisten Programminfos für mehrere Tage im Voraus zum Abruf bereit – einfach genial, wenn Sie wissen möchten, was in den nächsten Tagen im TV zu sehen ist. So sparen Sie nicht nur Zeit, sondern auch das Geld für die monatliche TV-Zeitschrift. In Verbindung mit einem Computer holen Sie noch mehr aus der TV-Box heraus: Sie können aus einem freigegebenen Verzeichnis des Computers Videodateien anschauen oder dort sogar Filme abspeichern, die gerade angeschaut werden. So lässt sich das gestreamte

Videomaterial anschließend in Nu auf eine DVD brennen oder auf das Smartphone übertragen, damit Sie es auch unterwegs genießen können.

Mehr Funktionen und Komfort: VU+ DUO flashen

Die Grundvoraussetzung für ein besseres Betriebssystem auf der TV-Box ist ein angepasstes Image – und das wird von der VU+-Community (*www.vuplus-support.org*) für jedes Modell bereitgestellt und auf dem aktuellen Stand gehalten. Gerade für jene, die bisher noch nichts mit dem Thema TV-Box und Firmware zu tun hatten, empfiehlt es sich, die vorhandene VU+-TV-Box per USB-Schnittstelle zu aktualisieren. Das VU+ Team Image ist das Schweizer Taschenmesser für Ihre VU+-TV-Box. Egal ob Sie sie mit einem neuen Betriebssystem ausstatten wollen, eine Sicherheitskopie des Betriebssystems bzw. der Einstellungen und Kanäle machen möchten etc. – für sämtliche Zwecke macht die angepasste Firmware die TV-Box komfortabler. Diese Firmware steht für alle unterschiedlichen TV-Boxen zur Verfügung – nach Anmeldung auf der VU+-Communityseite wechseln Sie in den Bereich, der Ihrer TV-Box zu Hause entspricht.

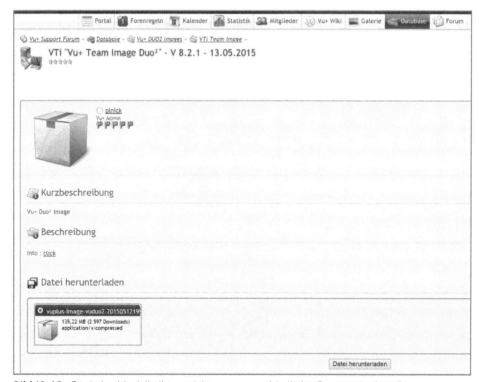

Bild 12.48: Für jedes Modell gibt es nicht nur unterschiedliche Gruppen in dem Forum, sondern auch unterschiedliche Team-Image-Versionen, die genau auf die TV-Box zugeschnitten sind.

12.7 Funken und steuern – Smartphone als Fernbedienung

Die Vorgehensweise beim Einspielen über die USB-Schnittstelle ist – unabhängig vom Modell der TV-Box – in etwa immer dieselbe:

- Alternative Firmware für die TV-Box besorgen.
- Die Download-Datei entpacken und auf einen FAT32-formatierten USB-Stick übertragen.
- Den USB-Stick in die USB-Buchse der TV-Box stecken und die TV-Box neu starten; je nach Box gegebenenfalls das Booten per Reset-Knopf antriggern.
- Auf die Rückmeldung warten, die Ihnen sagt, dass die Firmware erfolgreich übertragen wurde.

Um auf der VU+-TV-Box eine alternative Firmware zu installieren, muss sie an die Spannungsversorgung und das TV angeschlossen sein. Ein Kabel- oder SAT-Signal oder ein Ethernet-Netzwerkzugang ist nicht zwingend nötig, kann aber angeschlossen sein.

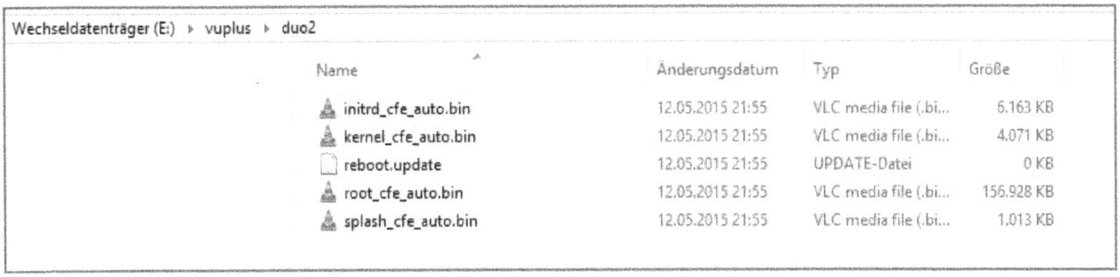

Name	Änderungsdatum	Typ	Größe
initrd_cfe_auto.bin	12.05.2015 21:55	VLC media file (.bi...	6.163 KB
kernel_cfe_auto.bin	12.05.2015 21:55	VLC media file (.bi...	4.071 KB
reboot.update	12.05.2015 21:55	UPDATE-Datei	0 KB
root_cfe_auto.bin	12.05.2015 21:55	VLC media file (.bi...	156.928 KB
splash_cfe_auto.bin	12.05.2015 21:55	VLC media file (.bi...	1.013 KB

Bild 12.49: Achten Sie beim Download der alternativen Firmware auf die USB-Version. Anschließend entpacken Sie die den Inhalt – im Speziellen den Ordner `vuplus` mit seinen Unterverzeichnissen samt den `initrd`-, `kernel`- und `root`-Dateien – auf einen mit dem Dateisystem FAT32 formatierten USB-Stick.

Entfernen Sie den präparierten USB-Stick wie gewohnt vom Computer und stecken Sie ihn an den USB-Anschluss der TV-Box. Je nach TV-Box ist der USB-Anschluss etwas versteckt – bei einer VU+ DUO^2 befindet sich der USB-Port auf der Vorderseite. Schalten Sie die TV-Box mit dem Netzschalter ein, liest der Bootloader den USB-Stick aus und überträgt das Image auf die TV-Box. Nach wenigen Minuten sollte auf dem Display der TV-Box die Meldung *Finished – Remove USB and reboot* erscheinen – entfernen Sie den USB-Stick und starten Sie die TV-Box per Netzschalter neu. Damit ist die Firmware der TV-Box aktualisiert. Wem die alternative Firmware nicht zusagt, der kann dies auf dem beschriebenen Weg rückgängig machen. Verwenden Sie hier die Originalfirmware des Herstellers, die Sie unter der Adresse *http://code.vuplus.com/* für Ihr VU+-Gerät kostenfrei beziehen können. Nach dem Neustart mit der neuen Firmware sichern Sicherheitsbewusste zunächst die Kommandozeile ab, damit der standardmäßig offene `root`-Zugang für Unberechtigte geschlossen ist.

Bringen Sie über den LAN/WLAN-Router die von der TV-Box verwendete IP-Adresse in Erfahrung und melden Sie sich mit einem Telnet- oder SSH-Client dort an.

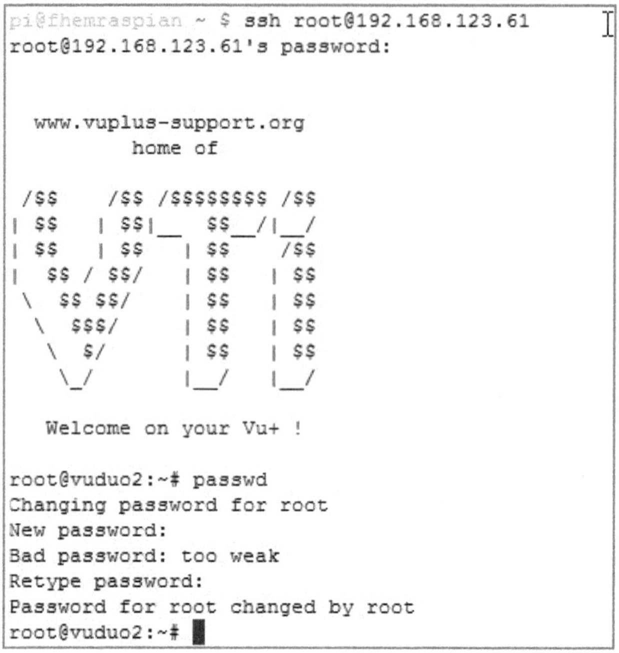

```
pi@fhemraspian ~ $ ssh root@192.168.123.61
root@192.168.123.61's password:


   www.vuplus-support.org
           home of

  /$$      /$$ /$$$$$$$$ /$$
 | $$     | $$|__  $$__/|__/
 | $$     | $$   | $$    /$$
 | $$  /$$/     | $$   | $$
  \  $$ $$/    | $$   | $$
   \  $$$/     | $$   | $$
    \  $/      | $$   | $$
     \_/       |__/   |__/

    Welcome on your Vu+ !

root@vuduo2:~# passwd
Changing password for root
New password:
Bad password: too weak
Retype password:
Password for root changed by root
root@vuduo2:~#
```

Bild 12.50: Ein Standardpasswort ist nach dem Aufspielen des frischen Images nicht gesetzt. Deshalb empfiehlt es sich, aus Sicherheitsgründen per SSH eine Verbindung zur VU+-TV-Box aufzunehmen und mit **passwd** ein neues und vor allem sicheres Passwort für den **root**-Benutzer zu setzen.

Nach dem Neustart der TV-Box startet die alternative Firmware auch die neue Benutzeroberfläche, die Sie wie gewohnt über die Fernbedienung steuern können. Doch bevor es so weit ist, durchlaufen Sie mithilfe des Setup-Assistenten die Einstellungen, die für jede Umgebung etwas anderes ausfallen können. Nach Konfiguration des Tuner-Setups bzw. des Sendersuchlaufs nehmen Sie die frische Oberfläche endgültig in Betrieb – viel Spaß bei den ersten Schritten mit einem selbst installierten Firmware-Image auf der TV-Box.

Schalten, Walten, Streamen – TV-Box per Computer und App

Die Nutzung etwaiger Streaming- und Fernbedienungs-Apps für die TV-Boxen ist ein weites Feld und hängt natürlich von den persönlichen Vorlieben des Benutzers ab. Für den Zugriff auf Enigma2-basierten TV-Boxen wie jene aus dem Hause VU+ lassen sich zig kostenfreie und kostenpflichtige Apps in den jeweiligen App-Stores finden. Sie haben die Möglichkeit, per Suche nach Schlagwörtern wie »enigma2«, »vu plus« oder ähnlichen verschiedene Apps auf dem Smartphone für Ihre TV-Box auszuprobieren.

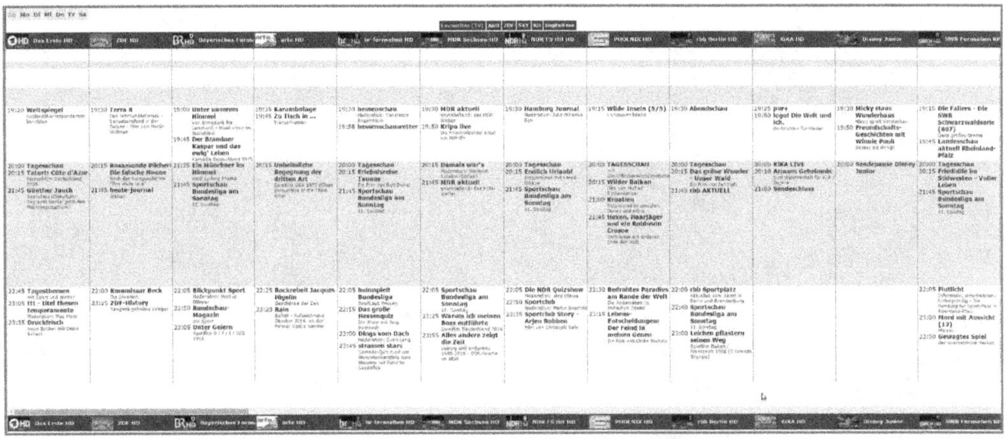

12.7 Funken und steuern – Smartphone als Fernbedienung

Bild 12.51: Zugriff auf die EPG-Daten und eine übersichtliche Darstellung: Das OpenWebif lässt sich im Heimnetz mit jedem Computer über den Webbrowser öffnen.

Im Rahmen dieses Projekts kamen die in der nachstehenden Tabelle genannten Apps zum Einsatz – je nach Zweck leisten alle perfekt ihren Dienst.

Zweck	App iOS[12]	App Android
Fernbedienung	e2RemotePro (kostenpflichtig, 6,99 Euro)	VU+ Remote Control (kostenlos)
Streaming	VideoLANClient (kostenlos) e2RemotePro (kostenpflichtig, 6,99 Euro)	VU+ PlayerHD (kostenlos) VideoLANClient (kostenlos)

Für eine praktische Anzeige auf dem Tablet oder dem Smartphone sorgt die EPG-Übersicht, die gleichzeitig auch für die Navigation und zum Umschalten des gewünschten TV-Kanals genutzt werden kann.

---

[12] Die angegebenen Preise wurden im Juni 2016 ermittelt.

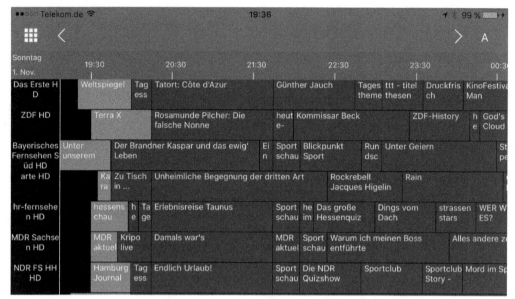

Bild 12.52: EPG-TV-Programm analog zur Webausgabe: Mit der kostenpflichtigen e2RemotePro-App stehen Ihnen auf Ihrem iOS-Gerät sämtliche Funktionen der VU+-TV-Box zur Verfügung.

Die kostenpflichtige App *e2RemotePro* lässt sich nicht nur im Heimnetz, sondern auch unterwegs über das Mobilfunknetz verwenden. Wer wo auch immer sein persönliches TV-Programm auf dem Smartphone empfangen möchte, kann die modifizierte VU+-TV-Box als Streaming-Server nutzen und auf dem Mini-Bildschirm des Smartphones die Wiedergabe des Live-TV starten.

Starten Sie das Streaming für die Wiedergabe auf dem Smartphone oder Tablet, beginnt im Heimnetz die Übertragung des aktuell gewählten TV-Programms unmittelbar.

12.7 Funken und steuern – Smartphone als Fernbedienung

Bild 12.53: Bei der Streamwiedergabe des gewünschten Inhalts lässt sich nicht nur das iOS-Gerät, sondern auch ein alternatives Streaming-Programm verwenden, das zuvor über die *Einstellungen* in der App *e2RemotePro* festgelegt werden kann.

Bild 12.54: Bei der Streamwiedergabe des heimischen TV-Programms ist eine passende WLAN-Geschwindigkeit im Heimnetz das A und O, um eine ruckelfreie Wiedergabe hinzubekommen.

Somit wird das TV-Programm in Vollbildgröße auf Smartphone oder Tablet gestreamt – das ist beispielsweise dann praktisch, wenn Ihr Kind partout nicht auf seine tägliche Serie oder TV-Sendung verzichten möchte, im Wohnzimmer jedoch wegen eines Nachbarschaftsbesuchs der vorhandene TV-Schirm ausgeschaltet bleiben soll.

TV-Box in der Hausautomation

Neben der klassischen Bedienung und Nutzung der TV-Box über das Smartphone lässt sich die TV-Box auch im engeren Sinne im Rahmen der Heimvernetzung und Heimautomation verwenden. So bietet die Enigma2-kompatible VU+-TV-Box das Nachrüsten eines FRITZ!Box-Plug-ins an, mit dem sich beispielsweise ankommende Anrufe per Hinweisschaltfläche im laufenden TV einblenden lassen.

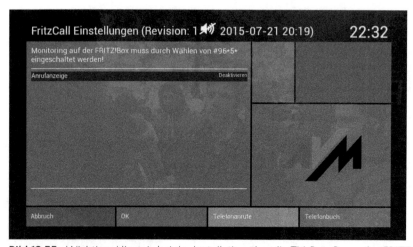

Bild 12.55: Wichtiger Hinweis bei der Installation über die TV-Box: Bevor das FRITZ!Box-Plug-in wirken kann, muss das Monitoring auf der angeschlossenen FRITZ!Box mithilfe eines an der FRITZ!Box genutzten Telefons mit der Tastenfolge #96*5* eingeschaltet werden.

Sollen das Zuhause weiter vernetzt und die vorhandenen Geräte miteinander gekoppelt werden, stehen weitere Anwendungsmöglichkeiten bereit: So lassen sich normale Haushaltsgeräte wie Spül- und Waschmaschine, Klingel- und Türstationen dazu überreden, ebenfalls eine Meldung loszuwerden. Je nach Umfang und Anspruch an die Benachrichtigung ist jedoch Aufwand nötig – in der Regel benötigen Sie so etwas wie eine Kommandozentrale, die die Steuerung der Nachrichten und die Überwachung der anliegenden Aufgaben übernimmt. Im Heimanwenderbereich kommt dabei meist die kostenfreie FHEM-Lösung zum Einsatz, die für Einsteiger mit etwas technischem Einarbeitungsaufwand verbunden ist. Am Ende des Tages haben Sie eine standardisierte, aber gleichzeitig individuell gestaltbare Kommandozentrale für Ihre Hausautomation.

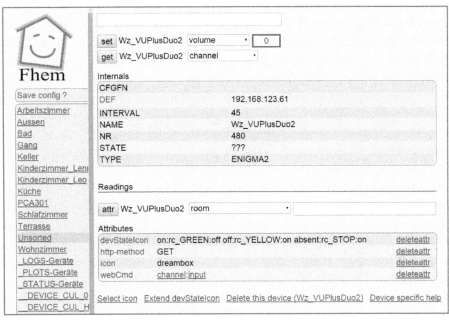

Bild 12.56: Enigma2-kompatible Geräte wie jene von VU+ lassen sich mit einem Kommando bequem in der heimischen FHEM-Installation einrichten.

Um beispielsweise eine VU+-TV-Box mit FHEM zu koppeln, benötigen Sie die IP-Adresse der TV-Box und einen aussagekräftigen Namen, damit Sie sie innerhalb der FHEM-Installation wiederfinden. Mit dem Befehl

```
define Wz_VUPlusDuo2 ENIGMA2 192.168.123.61
```

fügen Sie die TV-Box mit der Bezeichnung `Wz_VUPlusDuo2` und der individuellen IP-Adresse – hier `192.168.123.61` – der heimischen FHEM-Steuerzentrale hinzu.

12 Unterhaltungs- und Haushaltselektronik steuern

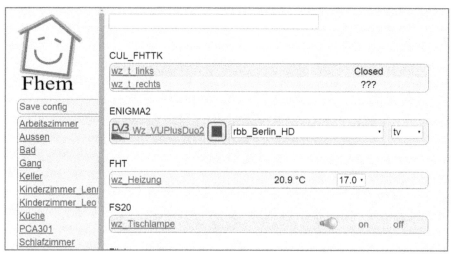

Bild 12.57: Ist die TV-Box in die FHEM-Installation eingebunden, lässt sich über FHEM sogar das TV-Programm schalten.

Damit sind die Voraussetzungen geschaffen, dass Sie sich über bestimmte oder gewünschte Ereignisse, etwa *Haustür wird geöffnet*, *Temperatur im Bad ist geringer als 15 Grad Celsius* oder Ähnliches, per Message-Box auf dem TV-Bildschirm automatisch informieren lassen können. Dies erledigen Sie innerhalb von FHEM mit einem notify-Kommando auf die in FHEM angelegte TV-Box (hier Wz_VUPlusDuo2), gepaart mit Enigma2-Kommandos wie showText oder msg.

FRITZ!Box-Festnetz mit Kabel-/SAT-TV-Box koppeln

Der Bildschirm im Wohnzimmer ist nicht nur für die TV-/DVD-/Blu-Ray-Wiedergabe, sondern auch als Anzeigegerät für die nach Wunsch konfigurierte TV-Box die erste Wahl. Sitzen Sie beispielsweise bequem auf dem Sofa, informiert die TV-Box nicht nur über das Ende des Waschgangs der Waschmaschine oder des Trockners, über das Öffnen der Haustür oder des Garagentors etc., sondern bietet auch mit einem passenden Plug-in das Zusammenspiel mit der FRITZ!Box, die in vielen Haushalten die Kommunikationszentrale für Internet und Telefon darstellt, an. Grundvoraussetzung für die beschriebene Vorgehensweise ist, dass der Festnetzanschluss über die vorhandene FRITZ!Box konfiguriert und an der FRITZ!Box mindestens ein Telefon (analog/DECT/ISDN) angeschlossen und im Einsatz ist. Des Weiteren muss sich natürlich die TV-Box mit ihrem Netzwerkanschluss im Adressbereich der FRITZ!Box befinden, damit die Meldung der Anrufe sowie der Datenaustausch von Telefonbuch und Anrufliste auch sauber funktionieren. Für die Linux-Box – hier die VU+ DUO^2 mit installiertem VTI-Image – steht für diesen Zweck das FritzCall-Plug-in zur Verfügung. Nach Installation und Einrichtung zeigt es Anrufe, die auf der FRITZ!Box ankommen bzw. geführt werden, auf dem TV-Bildschirm an.

12.7 Funken und steuern – Smartphone als Fernbedienung

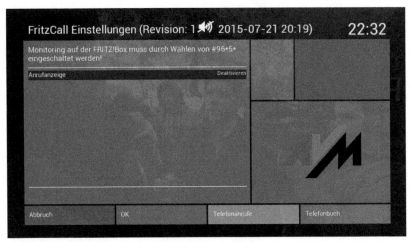

Bild 12.58: Ist das FritzCall-Plug-in installiert, schalten Sie zunächst das Monitoring auf der FRITZ!Box über ein angeschlossenes Telefon ein.

Voraussetzung für den Betrieb der TV-Box mit der FRITZ!Box ist das aktivierte Monitoring der Telefonschnittstelle, das aus Datenschutzgründen standardmäßig deaktiviert ist. Der TCP/IP-Port 1012 lässt sich über ein Telefon, das an die FRITZ!Box angeschlossen ist, per Eingabe der Ziffernfolge #96*5* öffnen. Soll das Monitoring wieder abgeschaltet werden, verwenden Sie die Ziffernfolge #96*4*. Beachten Sie, dass dieser Monitor nach etwaigen Firmware-Updates erneut eingeschaltet werden muss, falls der Internetprovider oder Sie ein Update auf der FRITZ!Box einspielen.

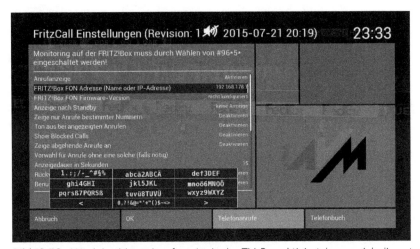

Bild 12.59: Wird das Menü *Anrufanzeige* in der TV-Box aktiviert, lassen sich die notwendigen Einstellungen für die TV-Box-FRITZ!Box-Kopplung vornehmen.

Die Freischaltung bzw. die Konfiguration über die Telefonwahltasten funktioniert meist nur über angeschlossene Telefone am analogen Eingang der FRITZ!Box – wer mit angeschlossener ISDN-Telefonanlage zum Ziel kommen möchte, stößt hier auf Widerstände. Alternativ steht zum Übermitteln der nötigen Ziffernfolge auch der Umweg über das interne Telefonbuch und die Wählhilfe zur Verfügung, um die Freischaltung des Ports durchzuführen. Wer an der FRITZ!Box kein Telefon angeschlossen oder kein kompatibles Gerät zur Verfügung hat, legt zunächst im internen Telefonbuch der FRITZ!Box einen neuen Eintrag mit der Rufnummer #96*5* an.

Bild 12.60: Ist der Telefonbucheintrag angelegt, klicken Sie im Telefonbuch auf die Rufnummer – die FRITZ!Box baut über die interne Wählhilfe umgehend die Verbindung auf.

Anschließend sollte ein Pop-up mit der Meldung *Wollen Sie die Verbindung herstellen?* erscheinen, die sich per Klick auf die *OK*-Schaltfläche schließen lässt. Damit ist der Monitoring-Port geöffnet, und da die FRITZ!Box-Konfigurationsseiten schon mal offen sind, legen Sie über *System/FRITZ!Box-Benutzer* auch einen eigenen Benutzer für die TV-Box auf der FRITZ!Box an. In diesem Beispiel erhält das Konto die schlichte Bezeichnung `fritzcall`. Setzen Sie hier noch ein persönliches Kennwort, um den Zugriff abzusichern.

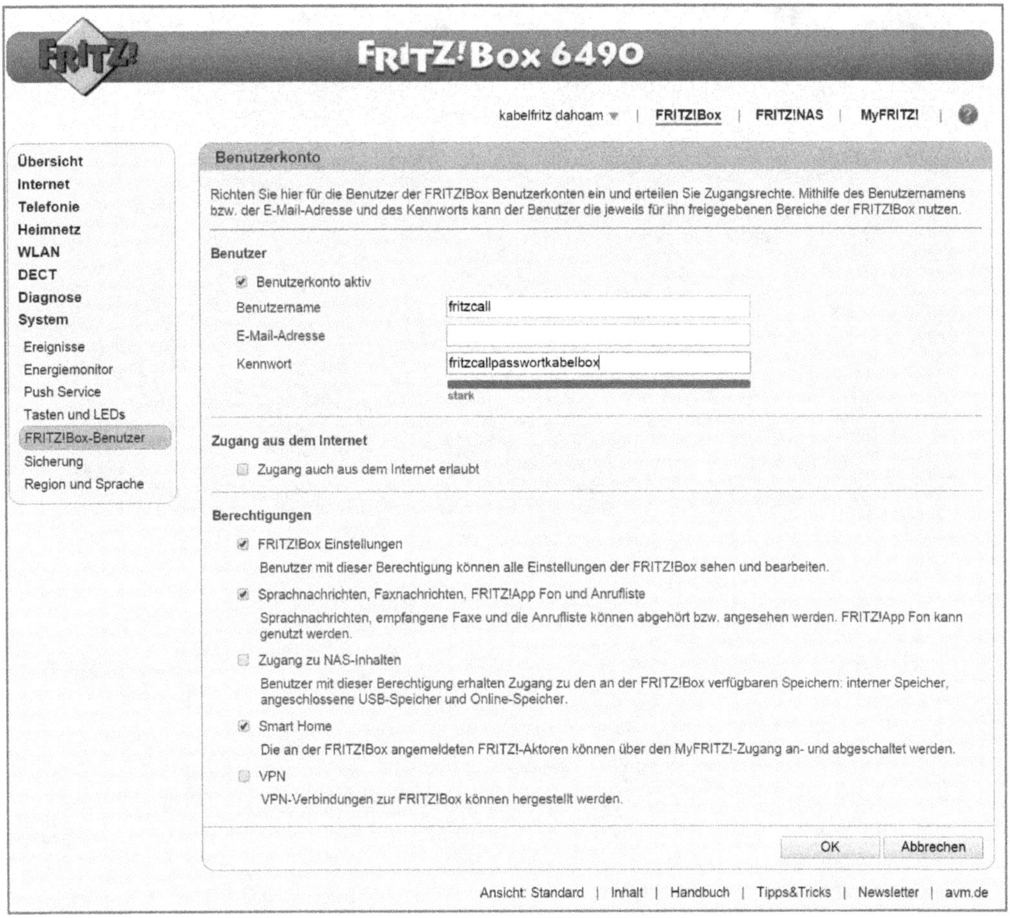

Bild 12.61: Egal ob DSL-, LTE- oder Kabel-Box: Über das Menü *System/FRITZ!Box-Benutzer* legen Sie einen eigenen Benutzer für den Zugriff vonseiten der TV-Box auf die Telefonschnittstelle an.

Ist das Monitoring eingeschaltet und der Benutzer angelegt, wechseln Sie wieder zur TV-Box zu den Einstellungen des FritzCall-Plug-ins. Im ersten Schritt schalten Sie mit der Fernbedienung die Anrufanzeige ein. Da diese der wesentliche Bestandteil des Funktionsumfangs ist, muss sie naturgemäß auf *Aktivieren* gestellt sein. Im nächsten Schritt tragen Sie die im Feld *FRITZ!Box Fon Adresse* Name oder IP-Adresse der FRITZ!Box ein. Kommt nur eine einzige FRITZ!Box im Heimnetz zum Einsatz, kann sie in der Regel auch mit dem `fritz.box`-Namen aufgelöst werden. Wichtig ist, dass sich TV-Box sowie FRITZ!Box über eine Netzwerkverbindung im selben Netz befinden.

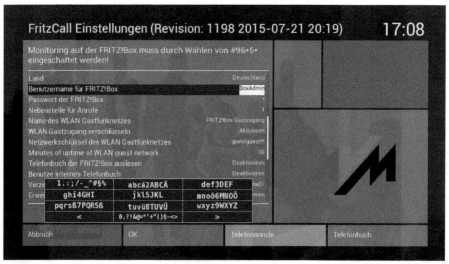

Bild 12.62: Wer möchte, kann über die Fernbedienung der TV-Box auch das in der FRITZ!Box konfigurierte WLAN für Gäste unter der Bezeichnung *FRITZ!Box Gastzugang* ein- und ausschalten. Dafür muss es in der FritzCall-Plug-in-Konfiguration hinterlegt sein.

Je nach Baujahr und Modell kann die Firmwareversion der FRITZ!Box unterschiedlich sein – haben Sie sich auf der FRITZ!Box-Konfigurationsseite angemeldet, wird die installierte Version dort angezeigt. Wählen Sie also die passende Firmware bzw. den Bereich aus. Treffen Sie hier keine Auswahl, zeigt das Plug-in nur Anrufe an, weitere Funktionen wie Adressbuch etc. werden nicht unterstützt. Über die Option *Anzeige Nach Standby* stellen Sie ein, wie Anrufe auf der TV-Box nach Rückkehr aus dem Stand-by dargestellt werden. Die anderen Optionen wie *Zeige nur Anrufe bestimmter Nummern* oder *anzuzeigende MSNs* sind selbsterklärend und für das weitere Gelingen des Projekts nebensächlich.

Unbekannte Anrufe werden bei aktivierter Rufnummernübermittlung bei entsprechender Einstellung per Rückwärtssuche aufgelöst und ebenfalls auf dem TV-Bildschirm angezeigt. Diese praktische automatische Rückwärtssuche ist derzeit für die Länder Deutschland, Schweiz, Österreich, Italien, Niederlande, Schweden und Frankreich möglich. Im Feld *Benutzername für FRITZ!Box* tragen Sie den bereits eingerichteten obigen Benutzernamen, mit dem sich das Plug-in auf der FRITZ!Box anmeldet, ein. Das dazugehörige Kennwort wird im Feld *Passwort der FRITZ!Box* eingetragen und dann für das eventuelle Auslesen des FRITZ!Box-Telefonbuchs sowie für die Anzeige der aktuellen Anrufe verwendet.

12.7 Funken und steuern – Smartphone als Fernbedienung

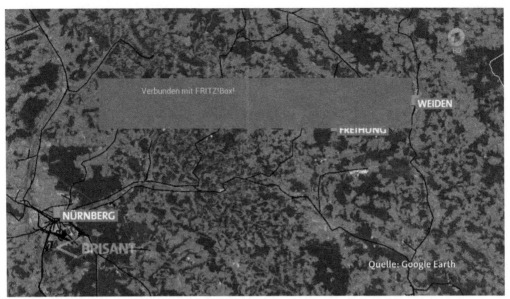

Bild 12.63: Nach dem Sichern werden die Einstellungen umgehend angewandt. Das FritzCall-Plug-in informiert per Hinweisfenster auf dem TV-Bildschirm, ob die Verbindung geklappt hat oder nicht.

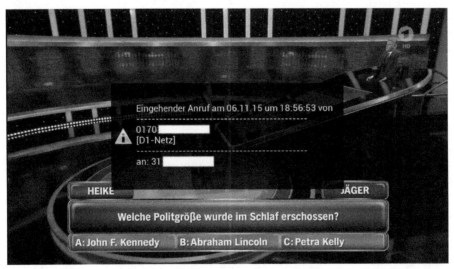

Bild 12.64: Ordnungsgemäß eingerichtet: Ist das FritzCall-Plug-in mit der FRITZ!Box gekoppelt, werden ein- und ausgehende Anrufe auf dem TV-Bildschirm angezeigt.

Die restlichen Optionen des FritzCall-Plug-ins sind mehr oder weniger optional und laden zum Experimentieren ein. Beispielsweise lassen sich Anrufer automatisch in das interne Telefonbuch der TV-Box einfügen, das Telefonbuch kann automatisch synchronisiert werden und vieles mehr.

Eine für alle: Logitech Harmony im Wohnzimmer

Eine Schnulze im Zweiten, der Tatort im Ersten oder doch Fußball auf Sky? Wer die Fernbedienung auf dem Sofa in der Hand hat, der hat die Macht. Doch mit jedem weiteren fernbedienbaren Gerät muss die Macht geteilt werden, nicht jedes Gerät lässt sich mit einem anderen koppeln, und mit der Zeit sammeln sich diverse Modelle auf, unter und neben dem Wohnzimmertisch – im Schnitt sollen es in jedem Haushalt fünf Fernbedienungen sein. Wer diese Fernbedienungsflut im Wohnzimmer beherrschen möchte, für den kommt die All-in-one-Lösung von Logitech gerade recht: Der Hersteller Logitech bietet seit Jahren die Fernbedienungen der Harmony-Serie an, die nicht auf einen Gerätehersteller oder -typ fixiert sind und sogar noch einen Schritt weitergehen: Mit einer Steuerzentrale im Wohnzimmer, die sämtliche Infrarotprotokolle sämtlicher Gerätehersteller und -modelle abdecken soll, versucht Logitech, das Audio-/Video- und TV-Equipment zu steuern und dem Anwender ein einheitliches Device zur Verfügung zu stellen. Hier sind auch Softkeys möglich, also Tasten mit mehrfacher Funktion, die das TV- und somit im weiteren Sinne auch das Smart-Home-Erlebnis deutlich steigern. Ist die Unterhaltungselektronik mit der Kommandozentrale des Smart Home gekoppelt, lassen sich bestimmte Dinge wie Fußball- und Sportübertragungen, romantische Abende, Kindersendungen etc. mit den jeweils passenden Lampen und Stimmungsbeleuchtungen im Wohnzimmer automatisch anpassen – doch das ist nur ein kleiner Ausschnitt der Möglichkeiten, die mit der Kopplung der Unterhaltungselektronik mit Haushalt, Telefon und Internet möglich sind. Bis es so weit ist, muss die Logitech-Umgebung erst mal installiert, konfiguriert und mit dem vorhandenen Equipment verheiratet werden – und hier lauern einige Hürden und Stolperfallen.

Installation und Einrichtung

Für die Ersteinrichtung der Logitech-Fernbedienung werden ausschließlich Computer mit den Betriebssystemen Windows und Mac OS unterstützt. Benutzer von Desktop-Linux-Derivaten am PC oder am Raspberry Pi, wie Debian, Raspbian & Co., schauen zunächst in die Röhre. Je nach Modell und Typ laden und installieren Sie die entsprechende Software von der Logitech-Webseite (*www.logitech.com*), die im Bereich *Kundendienst und Downloads/Software und Apps/Harmony Software* zu finden ist. Für Windows 7 müssen Sie die nachfolgende Installationsprozedur durchlaufen – hier wird im Wesentlichen ein nötiges Plug-in (Silverlight) installiert, das für die Browsersteuerung benötigt wird. Aktuellere Windows-Versionen haben dieses Plug-in bereits dabei, in diesem Fall müssen Sie dennoch ein Benutzerkonto samt Passwort festlegen. Für Windows 10 steht eine kleine App für den Computer zur Verfügung, und hier reichen im Gegensatz zu den Vorgängerversionen der Download und der Start der `MyHarmony-App.exe` aus.

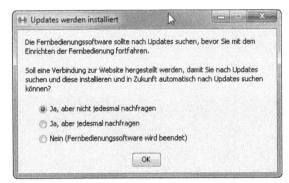

Bild 12.65: Automatische Zwangs-Updates: Fast schon Standard sind die Benachrichtigungen bei verfügbaren Aktualisierungen der installierten Software.

Für den Zugriff vom Computer aus werden zunächst die notwendigen Treiber installiert, bevor der installierte Webbrowser mit der Harmony-Erweiterung und dem Silverlight-Plug-in von Microsoft ergänzt werden muss, damit das Harmony-Einrichtungsprogramm überhaupt funktioniert und gestartet werden kann.

Bild 12.66: Die eigentliche »Software« stellt den Zugang über den Webbrowser zur Verfügung und installiert dafür notwendige Browser- bzw. Betriebssystem-Plug-ins, damit der Webzugriff funktioniert.

12 Unterhaltungs- und Haushaltselektronik steuern

Nach der Installation lässt sich die installierte Harmony-Erweiterung für die Einrichtung der Logitech-Modelle Harmony Ultimate, Harmony Touch, Harmony Smart Control und Harmony 600/650/700 verwenden. In diesem Beispiel kam das Oberklassemodell Harmony Ultimate zum Einsatz.

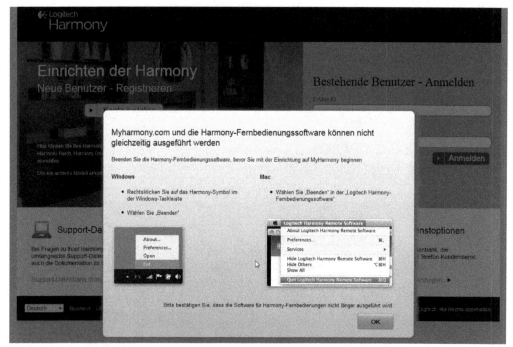

Bild 12.67: Alt oder neu: Wer bereits eine ältere Logitech-Fernbedienung besitzt, deren Einrichtungssoftware sich noch auf dem Computer befindet, muss sich entscheiden.

Damit die Fernbedienung überhaupt in Betrieb genommen und eingerichtet werden kann, ist die Eingabe einer Log-in-ID samt Kennwort notwendig. Diese dient zukünftig als Authentifizierung, falls Sie später beispielsweise die Kanalkonfiguration der Fernbedienung ändern möchten. Deshalb empfiehlt es sich, die entsprechende Benutzername-Kennwort-Kombination im Kopf zu behalten.

12.7 Funken und steuern – Smartphone als Fernbedienung

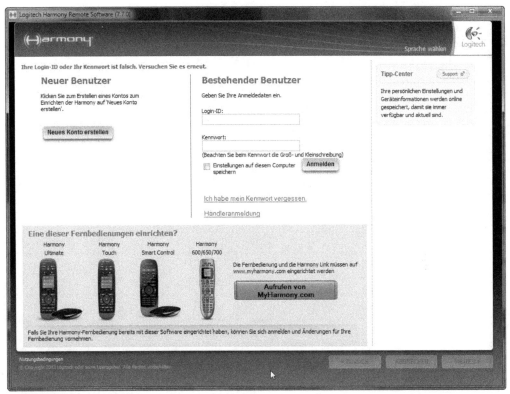

Bild 12.68: Nervig und lästig: Zum Sammeln von persönlichen Informationen erwartet Logitech die Registrierung und Bestätigung anhand eines Benutzernamens samt Kennwort.

Legen Sie also ein Benutzerkonto an. Wählen Sie zusätzlich noch eine Sicherheitsabfrage aus, die in Kraft tritt, falls Sie das passende Kennwort zum Benutzerkonto später einmal vergessen haben sollten.

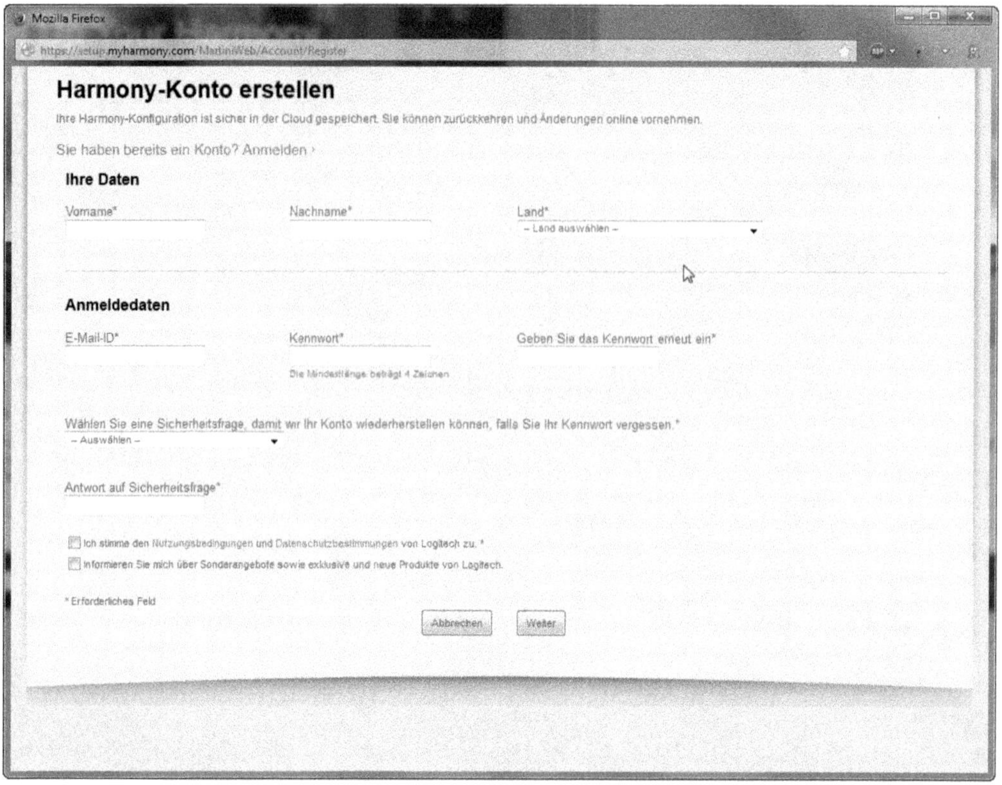

Bild 12.69: Ohne nicht möglich: Erst nach Zwangsregistrierung und Erstellung des Harmony-Kontos bei Logitech lässt sich die Fernbedienung in Betrieb nehmen.

Nach der Accountanlage und der Registrierung des Benutzerkontos bei Logitech steht unter Windows die Installation der Harmony-Erweiterung und des Microsoft-Silverlight-Plug-ins auf dem Programm. Klicken Sie zunächst auf die Schaltfläche *Microsoft Silverlight herunterladen* und installieren Sie die Erweiterung. Ab Windows 8.1 ist Silverlight Bestandteil des Betriebssystems.

12.7 Funken und steuern – Smartphone als Fernbedienung

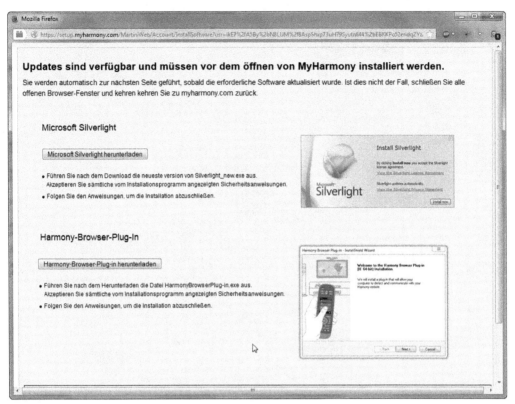

Bild 12.70: *Harmony-Browser-Plug-in* und *Silverlight*: Beide Erweiterungen sind für den Betrieb und die Installation der Fernbedienung über den Webbrowser zwingend notwendig.

Nach der Installation installieren Sie per Klick auf *Harmony-Browser-Plug-in herunterladen* die passende Harmony-Erweiterung, sofern die Silverlight-Installation problemlos durchgeführt werden konnte. Ist Silverlight bereits installiert, meckert – wie in diesem Beispiel – der Harmony-Installationsassistent so lange, bis die aktuellere Version deinstalliert wurde.

12 Unterhaltungs- und Haushaltselektronik steuern

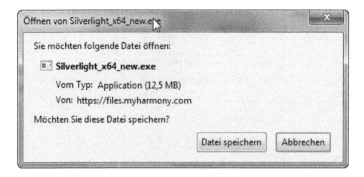

Bild 12.71: Das Installationsprogramm der Harmony-Fernbedienung möchte eine bestimmte Silverlight-Version installieren und bricht wie in diesem Beispiel in die Installation ab, falls bereits eine aktuellere Version auf dem Computer vorhanden ist.

Nach dem Malheur mit Silverlight wird zunächst versucht, das Harmony-Browser-Plug-in zu installieren in der Hoffnung, dass das Harmony-Einrichtungsprogramm später die aktuellere Silverlight-Version akzeptiert.

12.7 Funken und steuern – Smartphone als Fernbedienung

Bild 12.72: Nach Klick auf das *Harmony-Browser-Plug-in*-Symbol wählen Sie die Sprache für die Einrichtung des Plug-ins aus.

Im nächsten Schritt erscheint ein gewöhnlicher Installationsassistent, den Sie per Klick auf die *Weiter*-Schaltfläche bis zum Ende »durchklicken« und die Installation abschließen.

Bild 12.73: Nach dem Start der Installation des Harmony-Browser-Plug-ins durchlaufen Sie die wenigen Schritte bis zum Abschluss der Installation.

Die Installation des Harmony-Browser-Plug-ins war in diesem Fall zwar erfolgreich, die eigentliche Software für die Harmony-Fernbedienung macht jedoch weiter Zicken und verweist darauf, dass Silverlight nicht auf dem Computer installiert ist.

Wer nun meint, dass die Deinstallation von Silverlight unter Windows kein Problem darstelle, wird in diesem Fall eines Besseren belehrt. Hier empfiehlt Microsoft zunächst das Löschen eines bestimmten Schlüssels in der Windows-Registry.

Bild 12.74: Umständlich beschrieben und gelöst: Die Deinstallation von Silverlight ist in diesem Fall kein Wald-und-Wiesen-Eingriff mehr.

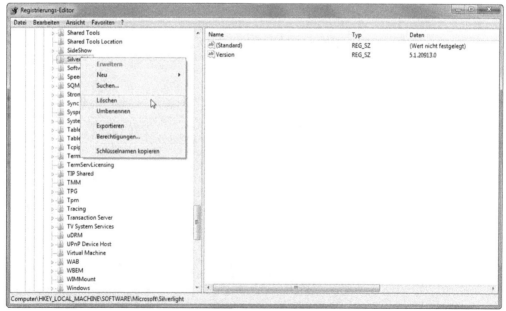

Bild 12.75: Das Entfernen des Schlüssels `HKLM\Software\Microsoft\Silverlight` wird zunächst als Lösungsweg für die spätere erfolgreiche Silverlight-Neuinstallation empfohlen.

12.7 Funken und steuern – Smartphone als Fernbedienung

Für bequemere Naturen stellt Microsoft für die Deinstallation mit anschließender Aktualisierung ein passendes Fix it zur Verfügung, das Sie über *http://support.microsoft.com/kb/2608523/de* beziehen können. Per Klick auf die Schaltfläche *Fix it* werden die dafür notwendigen Schritte automatisch durchgeführt.

Bild 12.76: Die automatische Reparatur sorgt für eine saubere Deinstallation der vorhandenen Silverlight-Installation.

Wurde Silverlight erfolgreich deinstalliert, lässt sich im nächsten Schritt die Installation der Harmony-Fernbedienungssoftware fortführen, um dort die Silverlight-Installation nun ohne lästige Fehlermeldung zu starten.

12 Unterhaltungs- und Haushaltselektronik steuern

Bild 12.77:
Erst nach der Deinstallation der vorhandenen Silverlight-Version lässt sich Silverlight vom Harmony-Installationsprogramm installieren und in Betrieb nehmen.

Im nächsten Schritt nehmen Sie Verbindung mit dem Harmony-Hub auf, stellen die vorhandenen fernbedienbaren Geräte ein und koppeln die Fernbedienung mit einem Smartphone, um die Fernbedienungsfunktionalität auch bequem auf dem Touchdisplay zu haben.

Harmony-Hub in Betrieb nehmen

Die vorhandenen Smartphone-Apps für iOS und Android stellen natürlich eine Ergänzung dar, die Fernbedienungen lassen sich aber auch ganz ohne App nutzen. Damit können Sie nicht nur Infrarotgeräte, sondern auch Bluetooth-Gerätschaften wie beispielsweise Playstation 3 oder Playstation 4 steuern. Der Harmony-Hub setzt die Befehle der Smartphone-App um und reicht die Aktionscodes über die Infrarot- und die Bluetooth-Schnittstelle weiter. Nach der Installation melden Sie sich mit Benutzername und Kennwort erstmalig am Harmony-Hub bzw. an der Fernbedienung an und richten diese nach Ihren persönlichen Wünschen ein.

12.7 Funken und steuern – Smartphone als Fernbedienung

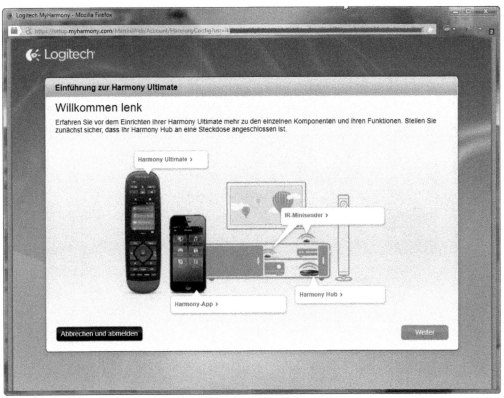

Bild 12.78: Der Start des Einrichtungsassistenten: Zunächst klärt der Assistent darüber auf, wo sich der Hub später mal befinden könnte – bei der Einrichtung sollte er zwingend in der Nähe des Computers sein, um unnötige Laufereien zu vermeiden.

Ist der Harmony-Hub mit der Stromversorgung verbunden, wird er im nächsten Schritt mit dem vorhandenen WLAN-Heimnetz gekoppelt. Das ist für die spätere Kommunikation zwischen Smartphone und Harmony-Hub zwingend notwendig und hat den Vorteil, dass Sie dann beispielsweise das TV-Gerät bedienen können, auch wenn Sie sich nicht direkt in dem Raum befinden, in dem es steht.

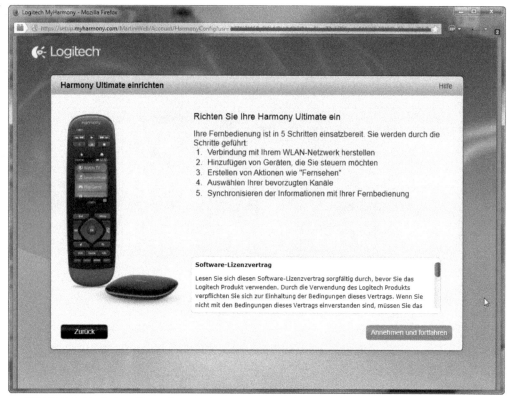

Bild 12.79: Nach dem Einstecken der Stromversorgung benötigt der Harmony-Hub bis zu 30 Sekunden, bis er vollständig betriebsbereit ist. Erst dann wird er von der Einrichtungssoftware erkannt.

Im zweiten Schritt schließen Sie die Fernbedienung über das mitgelieferte USB-Kabel am Computer an und warten darauf, dass sich beide Geräte gegenseitig finden und erkennen. Gerade bei den Infrarotsignalen sind Sie auf eine gute Sichtverbindung angewiesen – zu dicht beieinander sollten beide Geräte auf dem Schreibtisch jedoch auch nicht platziert sein.

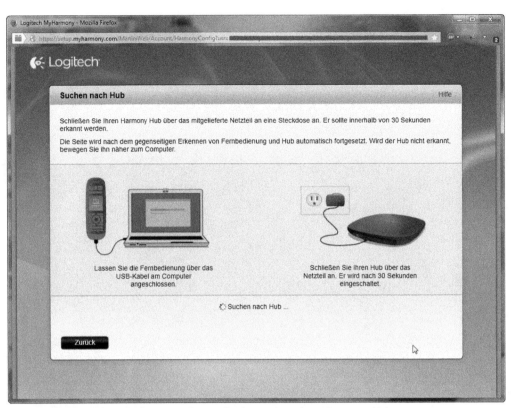

Bild 12.80: Es folgt das Koppeln der Fernbedienung mit dem Harmony-Hub.

Gibt es Verbindungsprobleme und läuft die Installationsroutine in einem sogenannten Timeout, meldet sich der Assistent. Dann trennen Sie am besten die Stromversorgung des Harmony-Hubs und versuchen es erneut, damit die Fernbedienung Kontakt zum Harmony-Hub bekommt.

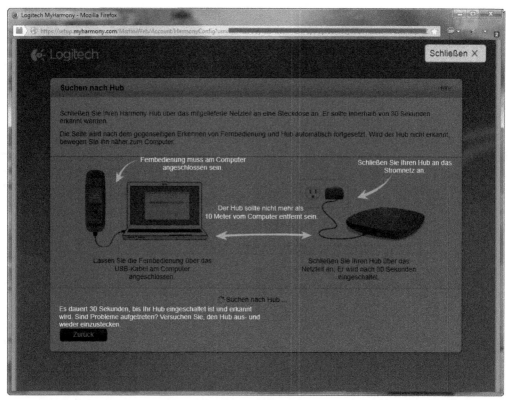

Bild 12.81: Gute gemeinte Ratschläge für die Installation: Ein erneutes Aus- und Einstecken der Stromversorgung hilft bei der Neuinitialisierung der Verbindung von Fernbedienung zum Hub.

Ist die Verbindung aufgebaut, erwartet der Installationsassistent die Eingabe einer aussagekräftigen Bezeichnung für den Harmony-Hub. In diesem Beispiel befindet er sich im Wohnzimmer – um bei mehreren Hubs in unterschiedlichen Räumen die Übersicht zu behalten, wurde hier das Kürzel *wz_* vorangestellt. Anschließend klicken Sie auf die *Weiter*-Schaltfläche.

12.7 Funken und steuern – Smartphone als Fernbedienung

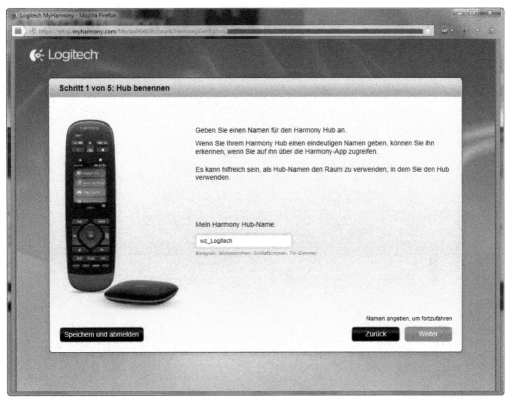

Bild 12.82: Eine aussagekräftige Bezeichnung legen Sie in diesem Konfigurationsschritt für den Logitech-Harmony-Hub fest.

Im nächsten Schritt lassen Sie den Harmony-Hub die nähere Umgebung nach bekannten WLAN-Netzwerken absuchen. Dieser Scanvorgang kann je nach Verbindungsqualität und Standort des WLAN-Routers einige Minuten dauern. Wählen Sie anschließend das gefundene WLAN-Netz aus, markieren Sie es und tragen Sie im darauffolgenden Fenster das Kennwort ein, das für den Verbindungsaufbau notwendig ist.

12 Unterhaltungs- und Haushaltselektronik steuern

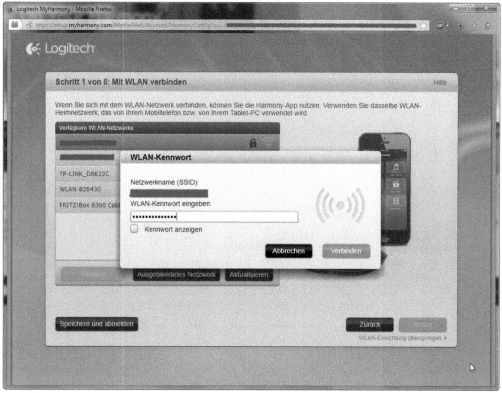

Bild 12.83: Haben Sie das vorhandene WLAN-Netzwerk ausgewählt, benötigen Sie das dazu passende Kennwort, das Sie im Konfigurationsmenü des WLAN-Routers festgelegt haben.

Nach dem erfolgreichen Verbindungsaufbau zum WLAN-Router wird die Verbindung im Konfigurationsmenü mit *Verbindung hergestellt* markiert. Anschließend gelangen Sie mit einem Klick auf die *Weiter*-Schaltfläche zum nächsten Einrichtungsschritt.

12.7 Funken und steuern – Smartphone als Fernbedienung

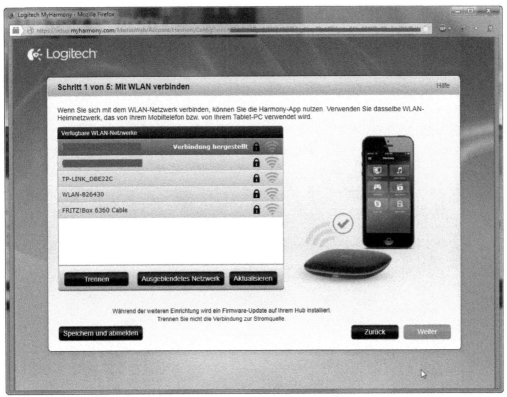

Bild 12.84: Erfolgreich hergestellt: Nach der Eingabe des Verbindungsschlüssels baut der Harmony-Hub automatisch die Verbindung zum vorhandenen WLAN-Netzwerk auf.

Im nächsten Schritt richten Sie die vorhandenen Geräte – TV-Bildschirm, IPTV-/Kabel-/SAT-/Antennenreceiver oder Abspielgeräte wie CD-/DVD-Player, Spielkonsolen, Verstärker etc. – ein. Dafür notieren Sie sich am besten bereits im Vorfeld die genauen Hersteller- und Modell- bzw. Typbezeichnungen des Geräts, das später von der Harmony-Fernbedienung bzw. dem Harmony-Hub gesteuert werden soll. Gehen Sie am besten Schritt für Schritt vor und gruppieren Sie schon mal gedanklich die Geräte, die Sie später in Aktionsgruppen gemeinsam bedienen wollen. So kann beispielsweise die Aktion *DVD/Blu-Ray* dafür sorgen, dass mit einem Knopfdruck auf die Fernbedienung das gewünschte Abspielgerät mit den entsprechenden Ausgängen aktiviert wird, der angeschlossene Verstärker die dazugehörigen Eingänge und Ausgänge samt 5.1-Lautsprecher einschaltet und der TV-Flachbildschirm mit dem dazugehörigen Eingang beschaltet wird. Dieses Beispiel zeigt, dass es möglich ist, nahezu alle Aktionen zu kombinieren und sie nach Wunsch zu verknüpfen.

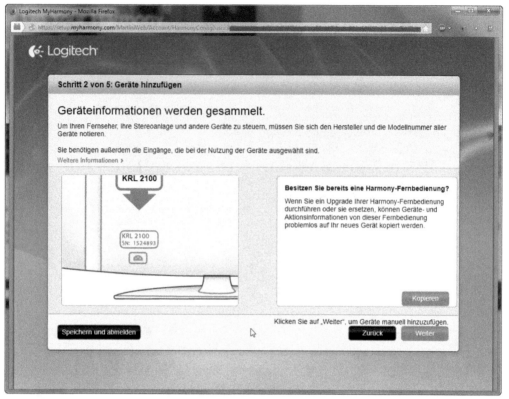

Bild 12.85: Daten sammeln: Bevor Sie fortfahren, sollten Sie sämtliche Geräte samt Hersteller-/Typ-/Modellbezeichnung notieren, damit Sie sich später die Lauferei beim Einrichten bzw. Feintuning ersparen.

Selbstredend sollen nur diejenigen Geräte per Knopfdruck eingeschaltet werden, die auch benötigt werden. Diese werden in sogenannte Aktionen zusammengefasst.

12.7 Funken und steuern – Smartphone als Fernbedienung

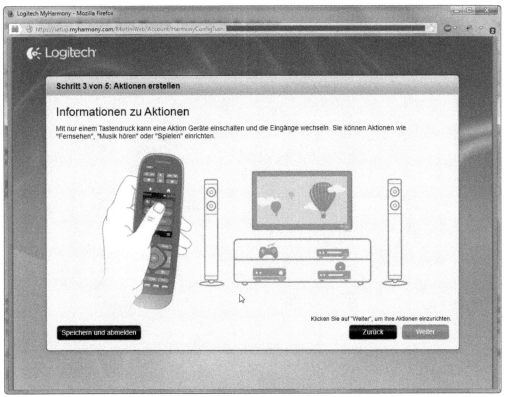

Bild 12.86: Nachdem der Assistent über die Aktionen informiert hat, klicken Sie auf die *Weiter*-Schaltfläche, um die Aktionen endlich auch einzurichten.

In dem nachfolgenden Schritt wählen Sie zunächst das Land aus, geben die Postleitzahl Ihres Wohnorts ein und klicken auf die *Suche*-Schaltfläche, um anschließend den in der Region verfügbaren TV-Anbieter auszuwählen. Je nach Anschlusstechnik, wie Kabel, DVB-T, SAT, IPTV und Ähnliches, ist die Auswahl der TV-Anbieter unterschiedlich – wählen Sie also den zum TV-Receiver passenden Anbieter aus.

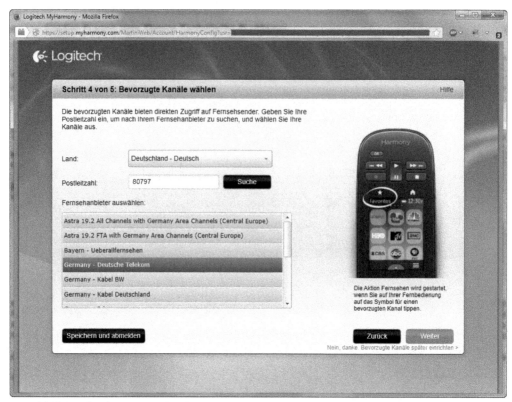

Bild 12.87: Für den entsprechenden Postleitzahlenbereich stehen diverse TV-Kanalanbieter zur Verfügung. Suchen Sie hier den infrage kommenden Anbieter aus, den Sie über den TV-Receiver empfangen und mit der Fernbedienung steuern möchten.

Nach der Auswahl des TV-Kanalanbieters werden zunächst die Kanäle, Bezeichnungen, Frequenzen etc. geladen, und es wird versucht, diese auf den Hub zu übertragen. Gerade bei der Ersteinrichtung kann es vorkommen, dass für die Gerätschaften ein Update in Form einer aktualisierten Firmware zur Verfügung steht. Dieses wird jetzt automatisch geladen und installiert.

12.7 Funken und steuern – Smartphone als Fernbedienung

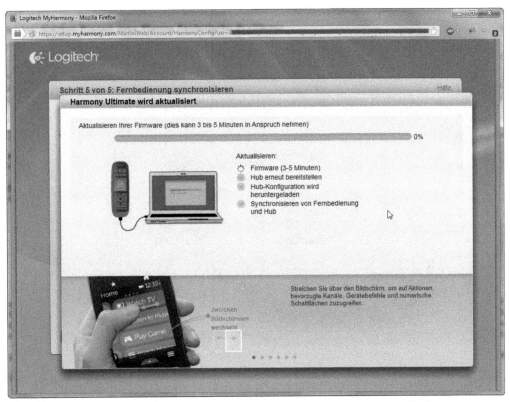

Bild 12.88: Die Installation der neuen Firmware auf dem Harmony-Hub der Logitech-Fernbedienung nimmt selbst nochmals rund zehn Minuten in Anspruch.

Nach der erneuten Aktualisierung des Hubs mit einer aktuelleren Firmware wird dieser wieder mit den Informationen der Fernbedienung bestückt. Beide Geräte werden synchronisiert und können anschließend genutzt werden.

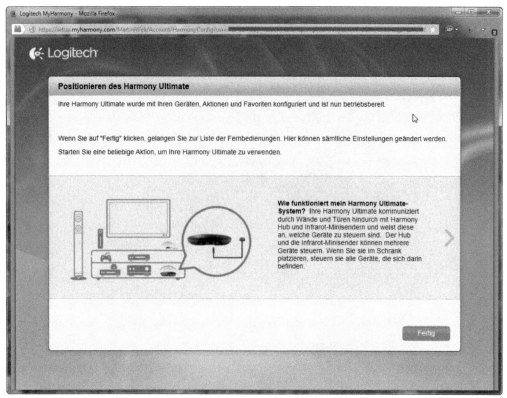

Bild 12.89: Das langwierige Einrichten hat nun endlich ein Ende: Per Klick auf die *Fertig*-Schaltfläche schließen Sie die Konfiguration des Harmony-Hubs/der Fernbedienung ab.

Jetzt ist es Zeit, beide Geräte vom Computer zu trennen, sie am Aufstellungsort zu platzieren und dort anzuschließen. Beachten Sie, dass der Hub so platziert werden muss, dass eine WLAN-Verbindung dorthin gewährleistet ist, aber auch die Unterhaltungselektronik per Infrarotsignal erreicht werden kann. Nach dem Aufstellen nehmen Sie die Fernbedienung in Betrieb und testen Standardfunktionen, wie das Umschalten oder die Lautstärke, um zu prüfen, ob die Steuerungsalternative auch wirklich wunschgemäß funktioniert. In der Praxis wird es bestimmt vorkommen, dass Sie Hub und Fernbedienung zur Feinkonfiguration und/oder Kanalbelegung sowie Sortierreihenfolge nochmals an den Computer anschließen werden. Am Ende des Tages sollten die Arbeiten aber auch abgeschlossen sein, und die neue Fernbedienung sollte wunschgemäß eingesetzt werden können.

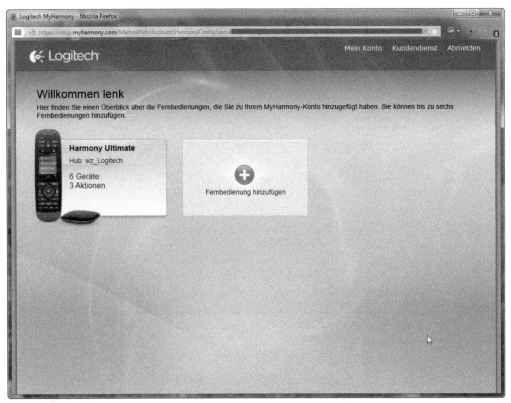

Bild 12.90: Die fertig konfigurierte Fernbedienung samt Hub in der Geräteübersicht im Harmony-Konfigurationsfenster.

Funktioniert die Fernbedienung nach Wunsch mit den gekoppelten Geräten, können Sie im nächsten Schritt das Smartphone mit dem konfigurierten Harmony-Hub verheiraten, um anschließend auch das Smartphone zur Steuerung von TV, DVD & Co. einsetzen zu können.

iOS und Android – Smartphone als Fernbedienung nutzen

Mit dem passenden Smartphone verwandeln Sie das Mobilfunktelefon in Zusammenarbeit mit der Harmony-Smartphone-App in eine leistungsstarke Fernbedienung, die den gleichen Leistungsumfang wie die gewöhnliche Fernbedienung mitbringt. Dafür muss das Smartphone entweder mit iOS aus dem Hause Apple (ab Version 6) oder mit einem Android-Betriebssystem ausgestattet sein. Beide Apps sind in den jeweiligen App-Stores kostenlos verfügbar.

Name	OS	Bezugsquelle
Harmony	Android	https://play.google.com/store/apps/details?id=com.logitech.harmonyhub
Harmony Control	iOS Apple	https://itunes.apple.com/us/app/harmony-control/id626853860

Bereits bei der Suche bzw. bei der Installation der gewünschten App werden Sie die Menge von unzufriedenen Kundenbewertungen in den App-Stores bemerken. Diese negativen Bewertungen sind zum Teil nachvollziehbar, da die Zusammenarbeit zwischen Fernbedienung, Hub und Smartphone alles andere als einsteigerfreundlich und zuverlässig funktioniert.

Harmony per Touch

Die passende App für die Harmony-Fernbedienung finden Sie über die Eingabe des Suchbegriffs »Harmony« im Suchdialog der App-Stores. Achten Sie auf das Kleingedruckte und den Beschreibungstext, denn nicht jede Logitech-App kann mit jeder Fernbedienung umgehen. Die leichte Verwirrung wird verstärkt, da hier auch die älteren Modelle unter der Harmony-Bezeichnung geführt werden und dafür ebenfalls eine angepasste App existiert. Doch zumindest laufen, abgesehen von den Verbindungskosten, keine weitere Kosten auf, falls Sie doch versehentlich die »falsche« App für die Fernbedienung bzw. den Harmony-Hub laden und installieren.

Nach dem Laden und der Installation setzt die App eine bereits konfigurierte Fernbedienung und einen gekoppelten Hub, der über das heimische WLAN erreichbar ist, voraus. Zwar kann die Grundinstallation auch per Smartphone bzw. Tablet erledigt werden, doch dieser Weg ist alles andere als stabil und zuverlässig, da unregelmäßige Verbindungsabbrüche die Geduld des Anwenders arg strapazieren. Nach dem Start der App wählen Sie die *Fortsetzen*-Schaltfläche aus und warten einige Minuten, bis die gestartete App den eingeschalteten und betriebsbereiten Logitech-Hub im Heimnetz gefunden hat. Selbstverständlich muss sich das Smartphone im selben WLAN-Netz wie der Logitech Hub befinden, damit die Verbindung erfolgreich aufgebaut werden kann. In der Praxis trüben die Verbindungsabbrüche zum eingesetzten WLAN-Router (FRITZ!Box 7490) trotz einer ausgezeichneten WLAN-Verbindungsqualität die Freude am Logitech-Produkt. Zwar funktioniert die App als solche, doch in drei von fünf Fällen wird der notwendige Hub von der App im heimischen WLAN-Netz nicht gefunden.

12.7 Funken und steuern – Smartphone als Fernbedienung

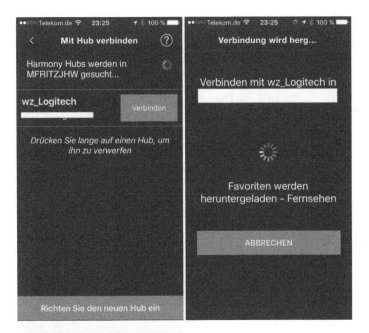

Bild 12.91: Die Harmony App ist kostenlos erhältlich und in wenigen Minuten mit dem im Heimnetz verfügbaren Logitech-Hub gekoppelt, vorausgesetzt, das Smartphone und der Hub sind in einem gemeinsamen WLAN-Netz verbunden.

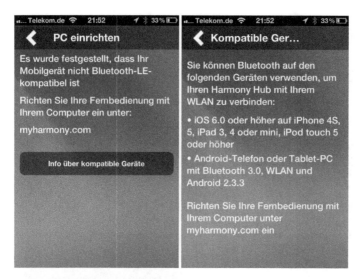

Bild 12.92: Je nachdem, welchen Bluetooth-Standard das Smartphone unterstützt, kann obige Fehlermeldung erscheinen, anschließend wird die Konfiguration des Hubs in die App des Smartphones übertragen.

Wurde der installierte und konfigurierte Harmony-Hub von der Smartphone-App gefunden, erkannt und initialisiert, wird zunächst die Geräte- und Kanalkonfiguration in die App übertragen und auf dem Display dargestellt. Ähnlich wie auf dem Smartdisplay der Logitech-Fernbedienung werden beispielsweise die Kanäle elegant mit ihrem Senderlogo angezeigt, die Geräte lassen sich per Geräteauswahl einzeln auswählen und bedienen.

12.7 Funken und steuern – Smartphone als Fernbedienung

Bild 12.93: Nach der Übertragung der Informationen werden sämtliche Aktionen und Kanäle eins zu eins auf dem Smartphone dargestellt, wie sie auch auf der »normalen« Logitech-Fernbedienung vorhanden sind.

Hat die Harmony-Smartphone-App die Konfiguration des Hubs geladen, kann diese auch über das Smartphone bearbeitet und gesichert werden. Es ist also Vorsicht geboten, da prinzipiell jedes Familienmitglied mit Zugriff auf das heimische WLAN mithilfe der Harmony-App auch auf die Einstellungen zugreifen kann. Ein passwortgeschützter Zugriff auf die Konfiguration existiert nicht – ist die App einmal eingerichtet, kann das Smartphone als persönliche Universalfernbedienung samt Aktionssteuerung mit allen Vor- und Nachteilen genutzt werden.

12 Unterhaltungs- und Haushaltselektronik steuern

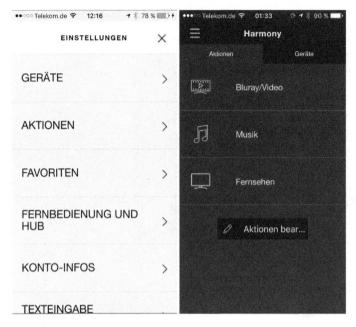

Bild 12.94: Über den *Einstellungen*-Dialog erreichen Sie sämtliche Konfigurationsmöglichkeiten des Logitech-Hubs. Bis zu 15 Geräte lassen sich maximal mit der Fernbedienung in verschiedene Schaltgruppen in Aktionen zusammenfassen und schalten.

Ab Version 3.0 unterstützt die Smartphone-Anwendung auch die Haussteuerung der Hue-Lampen von Philips. Wer also bereits die eine oder andere Hue-Lampe zu Hause im Einsatz hat, kann neben der Philips-App auch die Harmony-App der Fernbedienung für die Lampensteuerung verwenden. Das allein haut einen natürlich nicht vom Hocker, wer jedoch auf Knopfdruck neben den entsprechenden Gerätschaften auch gleich die passende Hintergrundbeleuchtung einschalten möchte, wird mit dieser Kopplung zufrieden sein.

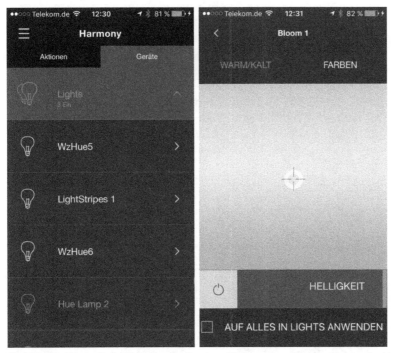

Bild 12.95: Für technikaffine Haushalte ein willkommenes Goodie: Neben der klassischen Unterhaltungs- und TV-Elektronik unterstützt die Logitech Harmony Ultimate auch den Zugriff auf den Philips-Hue-Hub, der sich natürlich ebenfalls im gemeinsamen IP-Kreis des Heimnetzes befinden muss.

Erfolg und Misserfolg bei der Steuerung über die Smartphone-App hängen vor allem davon ab, wie es um die WLAN-Verbindungsqualität von und zum Harmony-Hub bestellt ist. Dank der Vielfalt der Möglichkeiten bei der Konfiguration und im Design lassen sich die Oberfläche sowie die Position der Touch-Buttons der Smartphone-App beliebig festlegen. Abgesehen von der Fernbedienung und der Smartphone-App für iOS und Android sind die Zugriffsmöglichkeiten für eigene Steuerungen jenseits der Hue-Lampen eher limitiert, es sei denn, Sie nutzen eine selbst gebaute Alternative. Dann kommen Sie am schnellsten mit Python ans Ziel.

12.8 Hausgeräte im Smart Home mit Miele@mobile

Mit dem Smartphone in der Hand lebt es sich in vielen Bereichen vielleicht nicht besser, doch je nach Anwendungszweck jedenfalls deutlich komfortabler. Sie können sich beispielsweise vergewissern, ob Sie nach dem Verlassen der Wohnung wirklich den Herd oder die Waschmaschine ausgeschaltet haben – wer sich diesbezüglich unsicher ist und sich gerade auf dem Weg in das verlängerte Wochenende befindet, wird die Möglichkeiten lieben, die sich mit der Integration der Hausgeräte in die Smart-Home-Welt ergeben. Je nach Hersteller lässt sich von der Dunstabzugshaube und dem Herd bis hin zur Spül- und Waschmaschine jedes Gerät mit einer App überwachen und steuern. Im Fall der Miele-Hausgeräte geschieht dies über die Miele@home-Technik, die bei jedem Haushaltsgerät ein passendes Kommunikationsmodul notwendig macht. Seit dem zweiten Quartal 2015 sind bei den Miele-Topmodellen zusätzliche Funktionen und Steuermöglichkeiten verfügbar: So ist bei Waschmaschinen beispiels-weise die Programmwahl bzw. Startvorwahl über die App sichtbar, auch lassen sich die Drehzahl, die Temperatur und weitere Zustände einsehen.

Bild 12.96: Klein und leicht: Das zigarettenschachtelgroße Miele-Kommunikationsmodul lässt sich einfach in die dazugehörige Buchse im Miele-Gerät schieben.

Egal welches Gerät zum Einsatz kommt – in der Praxis ist vor allem die Abfrage der Restlaufzeit ein echter Gewinn. Grundvoraussetzung dafür ist neben dem passenden Haushaltsgerät und dazugehörigem Kommunikationsmodul das sogenannte Kommunikationsgateway mit ZigBee-USB-Stick, das sozusagen für die Brücke zwischen den Haushaltsgeräten und den weiteren Geräten in Heimnetz und Smart Home sorgt.

Miele-Gerät mit Kommunikationsmodul nachrüsten

Egal ob Dunstabzugshaube, Kühlschrank, Herd oder Waschmaschine – moderne Haushaltsgeräte von Miele bringen einen einheitlichen Anschluss für das Kommunikationsmodul mit. Für den Einbau des Moduls sowie die Inbetriebnahme und Initialisierung sollte das Gerät zunächst vom Stromnetz getrennt werden. Aufgrund seiner Bauform ist das fehlerhafte Einsetzen des Kommunikationsmoduls nahezu ausgeschlossen – mit einem sanften Druck rastet der Schließmechanismus ein und hält das Kommunikationsmodul im Einbauschacht fest.

 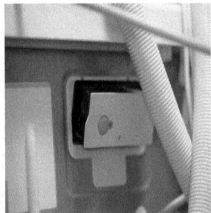

Bild 12.97: Vorher und nachher: Bei den Miele-Waschmaschinen befindet sich der Anschluss für das Kommunikationsmodul auf der Geräterückseite. Ist das Kommunikationsmodul eingeschoben und in der Halterung eingerastet, ist die Hardwareinstallation abgeschlossen.

Ist das Modul korrekt eingesetzt und das Haushaltsgerät wieder mit der Spannungsversorgung verbunden, muss das Kommunikationsmodul im Fall einer Miele-Waschmaschine noch im *Einstellungen/Settings*-Menü gesondert eingeschaltet werden, damit es später mit dem Miele-Gateway Verbindung aufnehmen kann.

Miele-Geräte mit dem Heimnetzwerk verbinden

Im Lieferumfang des Miele-Gateways befindet sich neben der eigentlichen Empfängereinheit mit Ethernet-Buchse und dem passenden Netzteil auch ein USB-ZigBee-Funkmodul.

Bild 12.98: Alles an Bord: Unabhängig von der Anzahl der Miele-Haushaltsgeräte ist immer ein Miele-Gateway notwendig, das als Brücke zum Internet und zu den eingesetzten Endgeräten wie Smartphone, Tablet und Computer dient.

Aufbau und Installation des Miele-Gateways sind in wenigen Minuten erledigt: Gerät auspacken und das Netzwerkkabel des WLAN-Routers mit der RJ45-Buchse des Miele-Gateways verbinden. Der beigefügte USB-ZigBee-Stick wird – wie in der Bedienungsanleitung beschrieben – in den zweiten USB-Port USB2 gesteckt, zu guter Letzt wird die Spannungsversorgung angeschlossen.

Bild 12.99: Neben dem Anschluss für die Stromversorgung, einem Reset-Knopf und der RJ45-Buchse für das LAN-Kabel ist eine USB-Buchse mit der Beschriftung USB1 verbaut. Auf der Rückseite des Miele-Gateways sind weitere USB-Anschlüsse (USB2/3/4) untergebracht.

Der anzuschließende USB-Stick für die ZigBee-Verbindung kommt vom Hersteller Telegesis und kann natürlich auch direkt am Computer (Mac OS-, Windows-, Linux-Treiber online erhältlich) verwendet werden – in diesem Fall ist das Miele-Gateway jedoch nutzlos. Am Miele-Gateway angeschlossen, findet es die mit dem Miele-Kommunikationsmodul ausgerüsteten Haushaltsgeräte und listet sie im Konfigurationsdialog auf.

Bild 12.100: Folgt man der Installationsanleitung von Miele, ist der beigelegte ZigBee-USB-Stick in den USB-Anschluss USB2 einzustecken.

Nach der hardwareseitigen Installation nehmen Sie die Einrichtung des Miele-Gateways über die Administrationswebseite vor, die Sie über jeden beliebigen Webbrowser per Eingabe der IP-Adresse des Miele-Gateways erreichen. Diese Administrationswebseite funktioniert nur im lokalen Netz – wenn das Gateway zum ersten Mal in Betrieb genommen wird, finden Sie die IP-Adresse über den WLAN-Router heraus.

Grundinstallation des Miele-Gateways

Die IP-Adresse erhält das Miele-Gateway in der Regel vom heimischen LAN/WLAN-Router über den dort integrierten DHCP-Server. In diesem Beispiel bekommt das Miele-Gateway die IP-Adresse 192.168.123.33 zugewiesen. Zusätzlich lässt sich oftmals auch der NetBIOS-Name (hier XGW3000) für die Namensauflösung und Zuordnung der Geräte im Heimnetz verwenden, sofern der LAN/WLAN-Router selbst als Internetgateway fungiert und die IP-Adressen sämtlicher angeschlossenen Geräte kennt.

PhilipsHUE2	192.168.123.87	00:17:88:
proxy	192.168.123.49	B8:27:EB:
qnappebladde	192.168.123.123	00:08:9B:
raspiV1devel1wire	192.168.123.28	B8:27:EB:
raspiV2FHEM	192.168.123.30	B8:27:EB:
win8kiste	192.168.123.48	74:D4:35:
WZ-TCP1	192.168.123.206	00:0D:13:
XGW3000	192.168.123.33	00:25:DC:

Bild 12.101: Tragen Sie die IP-Adresse des Miele-Gateways XGW3000 – in diesem Beispiel ist die Adresse 192.168.123.33 die richtige – in die Adresszeile des Webbrowsers ein.

Wird der Konfigurationsassistent erstmalig gestartet, legen Sie zunächst die gewünschte Landessprache sowie die sogenannte Aufstellregion fest. Anschließend können Sie sich mit dem Standardbenutzer xgw3000 und dem dazugehörigen Kennwort xgw3000 am Anmeldebildschirm im Bereich *Gateway Administration* anmelden.

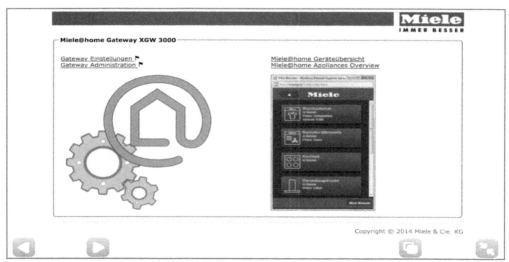

Bild 12.102: Wechseln Sie in den Bereich *Gateway Administration* und melden Sie sich dort mit den Anmeldeparametern (Benutzer xgw3000/Standardpasswort xgw3000) an.

Egal ob Sie die das aktuelle Miele-Gateway XGW3000 oder das ältere XGW2000 verwenden – der Benutzername xgw3000 bzw. xgw2000 ist dauerhaft zugeordnet und im Gegensatz zum Kennwort nicht änderbar. Haben Sie hingegen das Kennwort vergessen, lässt sich das Miele-Gateway mithilfe des Reset-Tasters auf die Werkeinstellungen zurücksetzen. In diesem Fall wird das Passwort auf den Auslieferungszustand zurückgesetzt und lautet dann je nach Miele-Gateway wieder xgw3000 oder xgw2000. Beachten Sie, dass beim Drücken auf die Reset-Taste auch alle vorgenommenen Einstellungen gelöscht werden – die bereits konfigurierten Haushaltsgeräte müssen also danach neu eingerichtet werden. Nach der erstmaligen Anmeldung lässt sich auf Wunsch vorab im Bereich *Einstellungen* prüfen, ob für das Miele-Gateway eine aktualisierte Firmwareversion zur Verfügung steht. Dafür reicht ein Klick auf die Schaltfläche *Neue Firmware suchen* aus. Das funktioniert naturgemäß nur dann, wenn das Miele-Gateway über die Ethernet-Buchse mit einem LAN/WLAN-Router verbunden ist, der seinerseits eine Internetverbindung zur Verfügung stellt. Andernfalls kann das Firmware-Update zunächst über einen Computer geladen und anschließend über die lokal vorhandene Update-Datei gestartet werden.

Nach dem Neustart erhält das Miele-Gateway wieder seine »alte« IP-Adresse. Wurden hingegen in der Zwischenzeit auch Änderungen in der Netzwerkkonfiguration vorgenommen und ist das Miele-Gateway nicht mehr über den heimischen

12.8 Hausgeräte im Smart Home mit Miele@mobile

LAN/WLAN-Router erreichbar, lässt sich das Miele-Gateway auch direkt mit dem Computer verbinden, um die Netzwerkkonfiguration anzupassen.

Bild 12.103: Drücken Sie in diesem Dialog die *OK*-Schaltfläche, um die neue Firmware für das Miele-Gateway zu installieren. Anschließend wird das Miele-Gateway neu gestartet und steht nach wenigen Minuten wieder zur Verfügung.

Dafür verbinden Sie es direkt über ein Ethernet-Kabel mit dem Computer und richten die IP-Adresse des Computers im IP-Bereich 192.168.5.X ein. Anschließend ist das Miele-Gateway über den Webbrowser über die IP-Adresse 192.168.5.5 erreichbar.

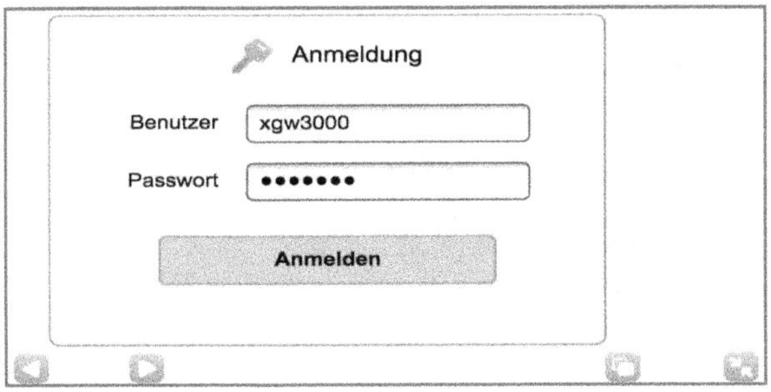

Bild 12.104: Nach dem Einspielen des Firmware-Updates wird das Miele-Gateway neu gestartet. Anschließend melden Sie sich erneut mit den bekannten Anmeldedaten an.

Kommen mehrere Miele@home-fähige Hausgeräte zum Einsatz, kommunizieren sie nicht nur mit dem Gateway (hier XGW 3000), sondern auch untereinander. Damit Sie immer den Überblick über Ihre Haushaltsgeräte behalten, müssen sämtliche Geräte am Gateway initial angemeldet werden. Um ein Gerät mit dem Miele-Gateway zu verheiraten, wechseln Sie nach der Anmeldung in den Bereich *Geräte* und gehen dort auf die Schaltfläche *Weiteres Gerät anmelden*.

Bild 12.105: Erscheint die obige Meldung vonseiten des Miele-Gateways, schalten Sie das Haushaltsgerät ein, wechseln dort in das *Einstellungen*-Menü und starten wie nachstehend beschrieben die Anmeldung am Miele@home-Gateway.

Erst nach der erfolgreichen Anmeldung des Miele-Geräts werden alle am Gateway angemeldeten Geräte in der Geräteliste angezeigt. Danach ist es möglich, sich für das Gerät weitere Informationen anzeigen zu lassen, die weitere Daten für die Kopplung mit jeweils einem Gerät liefern.

Waschmaschine mit Miele-Gateway koppeln

An jedem einzelnen Miele@home-tauglichen Haushaltsgerät – in diesem Fall exemplarisch an der Waschmaschine – ist die Kopplung zum Miele-Gateway manuell in wenigen Schritten durchzuführen. Dafür schalten Sie das Gerät ein, wechseln je nach Modell mit dem Drehregler oder einem Touchschalter in das *Einstellungen*-Menü und suchen dort nach dem *Miele@home*-Eintrag.

12.8 Hausgeräte im Smart Home mit Miele@mobile

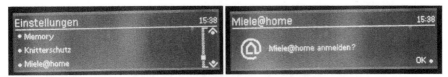

Bild 12.106: Erster Schritt: Zunächst wechseln Sie in das *Einstellungen*-Menü der Waschmaschine. Dort wechseln Sie zum Menüpunkt *Miele@home*, um die Anmeldung zum Miele-Gateway anzustoßen.

Den Pairing-Vorgang mit dem Miele-Gateway stoßen Sie im Dialog *Miele@home* an und bestätigen bei *Miele@home anmelden?* per Auswahl von *OK* die Kopplung zur Netzwerkschnittstelle.

Bild 12.107: Der Anmeldeprozess am Miele-Gateway dauert einen kurzen Moment. Ist die Anmeldung erfolgreich abgeschlossen, ist die Waschmaschine mit dem Miele-Gateway gekoppelt.

Nach Abschluss des Pairings mit dem Miele-Gateway erscheint auf dem Display der Miele-Waschmaschine noch der Hinweis, dass die dort eingestellte Tageszeit ab sofort über das Miele-Gateway synchronisiert wird.

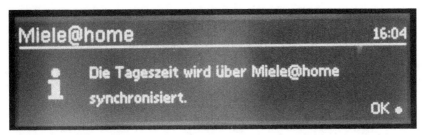

Bild 12.108: Neben den Statusinformationen tauscht die Waschmaschine auch Datums- und Uhrzeitinformationen mit dem Miele-Gateway aus.

Im nächsten Schritt sollte im Konfigurationsdialog des Miele-Gateways die neu initialisierte Waschmaschine erscheinen, während des Pairing-Vorgangs ist bzw. war hier ein Fortschrittsdialog zu sehen.

12 Unterhaltungs- und Haushaltselektronik steuern

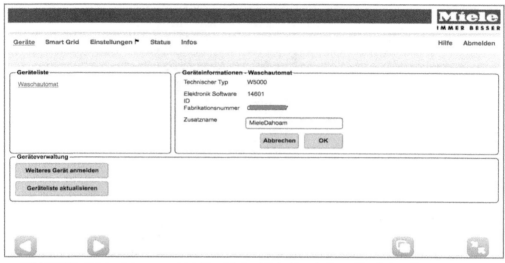

Bild 12.109: Erfolgreich angemeldet: Nun ist das Miele-Haushaltsgerät mit dem Gateway verheiratet, als zusätzliches Feature können Sie dem Gerät noch einen eigenen, persönlicheren Namen – hier `MieleDahoam` – zuweisen.

Nach der ersten Inbetriebnahme des Miele-Gateways sind die hardware- und netzwerkseitigen Voraussetzungen geschaffen, im nächsten Schritt benötigen Sie für den mobilen Zugriff selbstverständlich noch die passende App, die auch über den Status der Geräts informiert, wenn Sie nicht zu Hause sind.

Android oder Apple iOS – Miele@mobile-App im Einsatz

Miele stellt für mobile Devices aus der Android- und iOS-Ecke die passende *Miele@mobile*-App kostenlos in den jeweiligen App-Stores zur Verfügung. In dem nachfolgenden Beispiel kommt die *Miele@mobile*-App für iOS zum Einsatz, die sich sowohl auf iPhone und iPod touch als auch auf den iPad-Geräten installieren und nutzen lässt.

12.8 Hausgeräte im Smart Home mit Miele@mobile

Bild 12.110: Verwechslungsgefahr: Neben der modernen *Miele@mobile*-App befindet sich noch der Vorgänger *InfoControl+* im App-Store, der allerdings nicht mit der aktuellen Version des Miele-Gateways funktioniert.

Nach Download und Installation auf dem mobilen Device starten Sie die App und richten das im Heimnetz vorhandene Miele-Gateway darin ein. Ist das Smartphone mit dem heimischen Netz per WLAN verbunden und das Miele-Gateway wiederum im Heimnetz verfügbar, ist die Suche per *Gateways finden*-Schaltfläche in der App in wenigen Augenblicken erledigt. Damit das vorhandene Miele-Gateway in der App auch sichtbar ist, müssen das Miele-Gateway und das mobile Endgerät im selben Heimnetzwerk verbunden sein. Selektieren Sie den Fundtreffer – in nachstehender Abbildung ist dies das *Gateway mit einem Gerät (Waschmaschine)*.

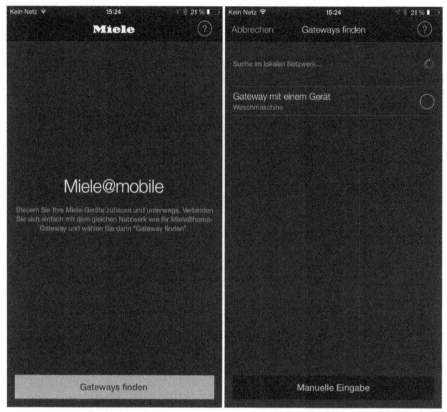

Bild 12.111: Ist das Miele-Gateway im Heimnetz gefunden, ist es in der App auszuwählen.

Nach der Auswahl wird das Miele-Gateways mit der App gekoppelt. Im nächsten Schritt lässt sich die App dahin gehend konfigurieren, ob sie auch Fernzugriffsfunktionen zur Verfügung stellen soll oder nicht. Voraussetzung dafür ist ein modernes Miele-Gerät mit Fernzugriffsmöglichkeit.

12.8 Hausgeräte im Smart Home mit Miele@mobile

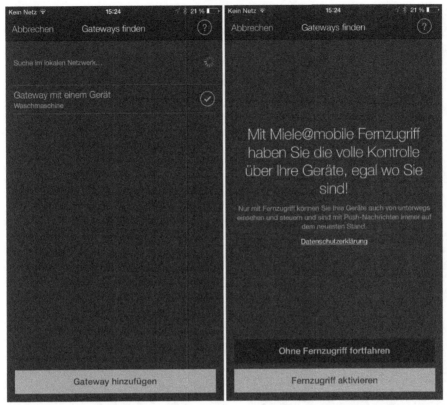

Bild 12.112: Ist die App mit dem Miele-Gateway im Heimnetz gekoppelt, entscheiden Sie sich schließlich für den Fernzugriff (aus dem Internet) oder dem lokalen Zugriff auf die Gerätefunktionen im Heimnetz.

Zu guter Letzt wird die App selbst noch konfiguriert – in nachstehendem Fall wird die iOS-eigene Benachrichtigungsfunktion genutzt, um die Statusmeldungen der App auf den Startbildschirm des Smartphones »durchzureichen«. Diese Benachrichtigungsfunktion muss natürlich erst in den Sicherheitseinstellungen von iOS konfiguriert sein.

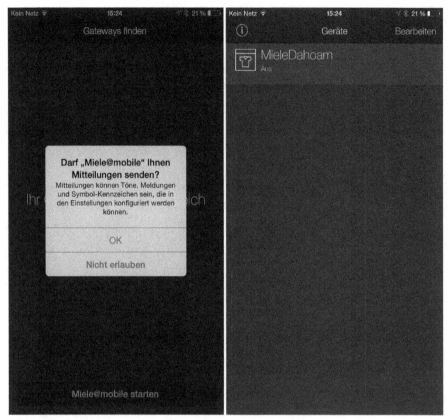

Bild 12.113: Nach der Festlegung der Sicherheitseinstellungen hinsichtlich der Benachrichtigungsfunktion steht die *Miele@mobile*-App schließlich für den Einsatz bereit.

Ab sofort informiert die *Miele@mobile*-App laufend auf dem mobilen Device mittels der Benachrichtigungsfunktion über den Zustand der mit dem Miele-Gateway gekoppelten Geräte.

Bild 12.114: Benachrichtigung per App: Jeder Zustand bzw. jede Zustandsänderung wird per Benachrichtigung auf dem Smartphone dargestellt.

Die Benachrichtigung der App erfolgt je nach Konfiguration der Benachrichtigungsfunktion des mobilen Device nicht nur im Heimnetz, sondern auch im mobilen Netz, sofern dort eine Internetverbindung zur Verfügung steht. Damit stehen auf Wunsch auch die Fernzugriffsfunktionen des Geräts zur Verfügung, mit denen sich verschiedene Parameter des Miele-Haushaltsgeräts steuern lassen.

Waschmaschinen-TV im Wohnzimmer

Ein intelligentes Haus zeichnet sich durch intelligente Haushaltsgeräte aus. Haushaltsgeräte wie Waschmaschinen, die in nahezu jedem Haushalt regelmäßig im Einsatz sind, können mehr als nur schmutzige Wäsche waschen – gerade die aktuelle Waschmaschinengeneration von Miele bietet dank der Miele@home-Technik Möglichkeiten, mithilfe des Miele-Gateways die aktuellen Statusinformationen zu lesen und zu verarbeiten. Verbinden Sie sich auf dem Computer mit der Gerätestatusseite des Miele-Gateways, werden die Statusinformationen der angeschlossenen Geräte angezeigt. Dieser für jedes Gateway individuelle Link steht allen Geräten im Heimnetz zur Verfügung. Damit haben Sie dann auch die Möglichkeit, das Miele-Gateway per Computer, Raspberry Pi oder einem Arduino anzuzapfen und die Statusinformationen mitzulesen. Diese werden im Heimnetz über eine individuelle XML-Statusseite ausgegeben, die über einen verborgenen XML-Link erreichbar ist.

Datenstruktur in der Headerdatei

Die XML-Datenquelle wird in diesem Arduino-Projekt verwendet, um den Status der mit dem Miele-Gateway verheirateten Waschmaschine zu überwachen. Da die Überwachung und somit auch die beabsichtigte Benachrichtigungsfunktion auf dem TV im Wohnzimmer oder per E-Mail-Nachricht/SMS rund um die Uhr im Einsatz sein soll, muss der Status regelmäßig abgefragt werden. Dafür wird in dem Sketchbeispiel (Datei `miele_xmldaten_mit_sd.ino`, dazugehörige Headerdatei `mieleWM.h`) regelmäßig über die `loop()`-Funktion die `chkMiele()`-Funktion angeschoben. Dort prüft wiederum die Hilfsfunktion `getWMInfo` über die Funktion `getLink` nach dem Vorhandensein des XML-Links. Diese holt mittels der `getXMLLinkEPROM`-Funktion den Link aus dem Speicher, falls vorhanden. Wenn nicht, wird über die Funktion `connectMieleXML("/homebus")` eine Verbindung zum Miele-Gateway aufgebaut, und mit der Hilfsfunktion `getMieleXMLLink` wird der aktuell aktive XML-Link vom Miele-Gateway im Heimnetz geholt. Da sich dieser individuelle Link nicht ändert, ist es ausreichend, ihn einmal vom Gateway auszulesen und ihn im EEPROM-Speicher des Arduino abzulegen. Dies erfolgt schließlich mit der Funktion `saveXMLLinkEPROM`, damit der Sketch bei einem erneuten Start nicht erneut abgefragt und aus dem XML-Request ausgelesen werden muss. Der XML-Link steht in der Funktion umgehend über den Aufruf `xmlLink = getXMLLinkEPROM();` zur Verfügung, was dafür sorgt, dass in der Funktion `getWMInfo` das Flag über `xmlLinkReady = true;` gesetzt wird. Damit lässt sich im nächsten Schritt der XML-Link nutzen, um die aktuellen Statusinformationen auszulesen

Status der Miele-Waschmaschine lesen und auswerten

Das eigentliche Auslesen der Daten erfolgt über den in der Funktion `getWMInfo` enthaltenden schnell geschriebenen String-Parser, der den Datenstrom der XML-Datei nach dem Aufruf des XML-Links Schritt für Schritt durchläuft und die jeweiligen Attribute den Variablen im `struct`-Objekt der Headerdatei `mieleWM.h` zuordnet.

```
void chkMiele(){
  miele_struct wm;
  getWMInfo(&wm);
  if (wm.bezeichnung != "" && wm.programm != "In Betrieb" )
//etc.
```

Dieser Quick-and-dirty-Code kann natürlich optimiert werden, zu guter Letzt landen die aktuellen Daten in der `miele_struct`-Variablen. Die in der Headerdatei `mieleWM.h` definierte Struktur `miele_struct` lässt sich im Sketch in den Funktionen jedoch bequem nutzen und ist wie nachfolgend definiert:

12.8 Hausgeräte im Smart Home mit Miele@mobile

```
typedef struct mieleWM {
  String bezeichnung = "";
  String wmstatus = "";
  String programm = "";
  String phase = "";
  String startzeit = "";
  String dauer = "";
  String endzeit = "";
} miele_struct;
```

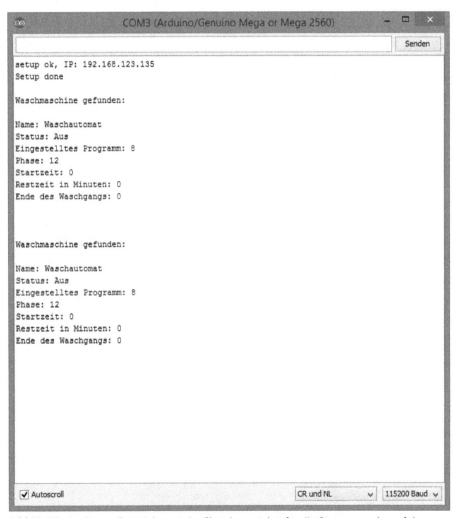

Bild 12.115: In diesem Beispiel sorgt der Sketch zunächst für die Statusausgabe auf der seriellen Konsole – diese Überwachung ist Basis für die automatisierte Lösung der Statusnachrichten.

Was auch immer »überwacht« werden soll, Sie können sich über jeden Zustand des Haushaltsgeräts benachrichtigen lassen.

Statusbenachrichtigung für die E-Mail-Nachricht aufbereiten

Um das obige Beispiel zu erweitern, wurde die Funktion void chkMiele mit entsprechenden Funktionen ergänzt. Zur besseren Übersicht wurde der Funktionsname von chkMiele in handleMIELE umbenannt. In dieser Funktion wird lediglich an geeigneter Stelle der sendTVMsg-Aufruf für die Statusanzeige auf dem TV-Schirm sowie der Aufruf der sendGMXMail-Funktion für den Versand der E-Mail-Nachricht angetriggert.

```
#if ( defined(WMMIELE))
void handleMIELE() {
  uint8_t answer = 0;
  char msgtv[255] = {0};
  miele_struct wm;
  /*
  0 - leer
  1 bezeichnung
  2 wmstatus - Bereit, In Betrieb, Programm gewählt, Ende!, Aus
  3 programm
  4 phase - , Waschen, Spülen, Schleudern, 11
  5 startzeit
  6 dauer
  7 endzeit
  */
  getWMInfo(&wm);

  if (wm.bezeichnung != "" && wm.wmstatus != "Aus" ) {
    if (wm.wmstatus == "Fehler!") {
      Serial.print("Aktuelle Zeit: ");
      Serial.println(getActTime());
      Serial.print("\nWaschmaschine meldet Fehler! \n\n");
#ifdef TVBOX
      sendWMMsgTV = true;
      sprintf(msgtv, "%s%s", msgtv,
"%20nWaschmaschine%20meldet%20einen%20Fehler!!");
      if ( sendWMMsgTV == true) {
        // send Message zu TV
        // auf TV ausgeben
        answer = sendTVMsg(msgtv, tvVUPLUSDUO2, 1, 20);
        if (answer == 0)  {
          sendWMMsgTV = true;
#ifdef AOPENER_DEVEL
          Serial.println(F("[handleMIELE / sendTVMsg] sendTVMsg-Fehler"));
#endif
```

12.8 Hausgeräte im Smart Home mit Miele@mobile

```
}else {
#ifdef AOPENER_DEVEL
        Serial.println(F("[handleMIELE / sendTVMsg] Nachricht
verschickt!"));
#endif
        sendWMMsgTV = false;         // Falls gesendet, dann Flag
wieder auf false
}
#endif
    }
  }
  else    {
#ifdef AOPENER_DEVEL
    Serial.print("Aktuelle Zeit: ");
    Serial.println(getActTime());
    Serial.print("\nWaschmaschine gefunden: \n\n");
    Serial.print("Name: ");
    Serial.println( wm.bezeichnung);
    Serial.print("Status: ");
    Serial.println( wm.wmstatus);
    Serial.print("Eingestelltes Programm: ");
    Serial.println( wm.programm);
    Serial.print("Phase: ");
    Serial.println( wm.phase);
    Serial.print("Startzeit: ");
    Serial.println( wm.startzeit);
    Serial.print("Restzeit: ");
    Serial.println( wm.dauer);
    Serial.print("Ende des Waschgangs in Minuten: ");
    Serial.println( wm.endzeit);
#endif
    if (((wm.endzeit).toInt() == 5) && (stateWMTVSent == false)) {
#ifdef AOPENER_DEVEL
        Serial.print("\nBenachrichtigung auf TV - in 5 Minuten ist die
Waesche abholbereit.\n\n");
#endif
#ifdef TVBOX
        sendWMMsgTV = true;
        sprintf(msgtv, "%s%s", msgtv,
"%20In%205%20Minuten%20ist%20die%20Waesche%20abholbereit!");
#endif
        sendWMMsgSMS = true;
        sendWMMsgMail = true;
     }
#ifdef AOPENER_DEVEL
    Serial.print("\n\n");
```

```
#endif
      if ( sendWMMsgTV == true) {
        // send Message zu TV
        sendWMMsgTV = false;            // Falls gesendet, dann Flag wieder auf false
        // auf TV ausgeben
#ifdef TVBOX
        answer = sendTVMsg(msgtv, tvVUPLUSDUO2, 1, 20);
        if (answer == 0)  {
#ifdef AOPENER_DEVEL
          Serial.println(F("[handleMIELE / sendTVMsg] sendTVMsg-Fehler"));
#endif
#if ( defined(LCD_16_2) || defined(LCD_20_4))
          lcd.clear();
          lcd.setCursor(0, 0);
          lcd.print("sendTVMsg ... ");
          lcd.setCursor(0, 1);
          lcd.print("... Fehler! ");
          delay(2000);
#endif
        }
        else  {
#ifdef AOPENER_DEVEL
          Serial.println(F("[handleMIELE / sendTVMsg] Nachricht auf TV verschickt!"));
#endif
#if ( defined(LCD_16_2) || defined(LCD_20_4))
          lcd.clear();
          lcd.setCursor(0, 0);
          lcd.print("MSG2TV.. ");
          lcd.setCursor(0, 1);
          lcd.print("... verschickt! ");
          delay(2000);
#endif
        }
#endif
      }
      if ( sendWMMsgSMS == true) {
        // send Message per SMS
        sendWMMsgSMS = false;            // Falls gesendet dann Flag wieder auf false
      }
      if ( sendWMMsgMail == true) {
        // send Message per Mail
        sendWMMsgMail = false;           // Falls gesendet, dann Flag wieder auf false
```

```
       char msg[] = " Waschvorgang bald abgeschlossen. In 5 Minuten ist
die Waesche abholbereit.!";
       answer = sendGMXMail(msg, mail_adr, frommail_adr, 100, 0);
#ifdef AOPENER_DEVEL
       Serial.print("\n[handleMIELE / sendGMXMail] Mail-Versand\n");
#endif
       if (answer == 0)  {
#ifdef AOPENER_DEVEL
         Serial.println(F("[handleMIELE / sendGMXMail] E-Mail-Fehler"));
#endif
       }
     } // if ( sendWMMsgMail == true)
   } // if (wm.bezeichnung != "" && wm.wmstatus == "In Betrieb"
 } // Fehler!
  else {
    Serial.print("\n----------------------\nAktuelle Zeit: ");
    Serial.println(getActTime());
    Serial.print("\nWaschmaschine ist ausgeschaltet. \n\n");
  }
  //  delay(requestInterval);
}
#endif
```

Generell ist es nun ein Leichtes, die Angaben der Waschmaschine auszuwerten – in diesem Fall wird schlicht der Wert der Variablen `wm.endzeit` geprüft, der die restliche Zeit des Waschvorgangs angibt. In diesem Beispiel wird der Inhalt noch in das ganzzahlige Integer-Format überführt, und schließlich wird geprüft, ob er den Wert 5 erreicht hat. Dieser Schwellwert sorgt dafür, dass schließlich auf dem TV die Nachricht «In 5 Minuten ist die Waesche abholbereit!« erscheint. Über den Aufruf

```
       sprintf(msgtv, "%s%s", msgtv,
"%20In%205%20Minuten%20ist%20die%20Waesche%20abholbereit!");
```

wird der Hinweistext in die Variable `msgtv` geschrieben der schließlich über die `sendTVMsg`-Funktion – die im nächsten Abschnitt beleuchtet wird – versendet wird. Der Versand als E-Mail-Nachricht erfolgt in diesem Beispiel über die Funktion `sendGMXMail`.

Informationen per HTTP-Nachricht versenden

Im globalen Bereich am Anfang des Sketches legen Sie diverse Einstellungen vorab fest – die IP-Adresse des TV-Receivers beispielsweise wird in diesem Fall in der Variablen `tvVUPLUSDUO2` hinterlegt. Der Versand der Textnachricht erfolgt über den einfachen HTTP-Aufruf, der über die Funktion `sendTVMsg` erfolgt.

```
// ------------------------------------------------------------------
int8_t sendTVMsg(char *message, char *tvVUPLUSDUO2, unsigned int msgType,
unsigned int timeout) {
  uint8_t answer = 0;
  String httpmessage = "";
  int lastStringLength = httpmessage.length();
  if (timeout < 0 || timeout > 100 ) {
    timeout = 10;
  }
  /*
  msgType = Nummer von 0 bis 3,
  0= Yes/No,
  1= Info,
  2= Message,
  3= Attention
  */
  if (msgType < 0 || msgType > 3) {
    msgType = 2;
  }
  httpmessage += "GET /web/message?text=";
  httpmessage += message;
  httpmessage += "&type=";
  httpmessage += msgType;
  httpmessage += "&timeout=";
  httpmessage += timeout;
  httpmessage += " HTTP/1.1";
  // HTTP-Port 80
  if (client.connect(tvVUPLUSDUO2, HTTP_PORT) > 0) {
#ifdef AOPENER_DEVEL
    /*
        Serial.print("timeout: ");
        Serial.println(timeout);
        Serial.print("msgType: ");
        Serial.println(msgType);
    */
    Serial.println(F("Befehle werden gesendet..."));
    Serial.print(F("\nNachricht :" ));
    Serial.println(httpmessage);
    Serial.print(F(" Gesendet an Adresse: "));
    Serial.println(tvVUPLUSDUO2);
#endif
    client.println(httpmessage);
    client.print("Host: ");
    client.println(tvVUPLUSDUO2);
    client.println("");
    client.stop();
```

```
    delay(wait);
    answer = 1;
  } else   {
#ifdef AOPENER_DEVEL
    Serial.println(F("Verbindung nicht moeglich!"));
    //statusETH();
#endif
    answer = 0;
  }
  return answer;
}
```

Hier wird Schritt für Schritt die httpmessage-Variable befüllt, bis am Ende ein vollständiger GET-Request zur Verfügung steht, der über den Standardport des TV-Receivers in Empfang genommen und dort schließlich dargestellt wird.

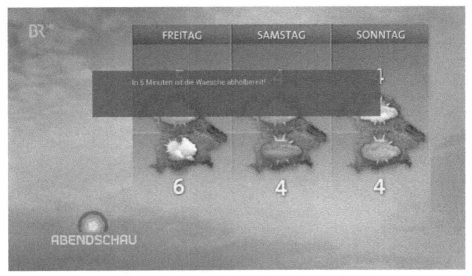

Bild 12.116: Erfolgreich übertragen: Hat der laufende Waschgang die Restzeit von fünf Minuten erreicht, wird auf dem TV über den Linux-TV-Receiver für einen kurzen Moment der entsprechende Hinweis angezeigt.

Wer keine Miele-Waschmaschine oder sonstige Miele-Haushaltsgeräte im Haushalt sein Eigen nennt, hat jetzt in Sachen Hausautomation einige Argumente auf seiner Seite, seinem Partner die Anschaffung eines Haushaltsgeräts made in Germany schmackhaft zu machen. Alternativ nutzen Sie für eine Überwachung ebenfalls eine Arduino-Lösung in Form eines kleinen Arduino Nano oder eines Pretzelboards, das Sie mit einem passenden Sensor verheiraten.

12.9 Einfache Haushaltsgeräteüberwachung mit dem Arduino

Inspiriert vom obigen Miele-Projekt, lässt sich eine Waschmaschinenüberwachung mit günstigen Bauteilen recht einfach und genial nachrüsten. Angelehnt an das Pretzelboard-Projekt mit dem angeschlossenen PIR-Bewegungsmelder, lässt sich das Pretzelboard oder ein Arduino Nano samt ESP8266 auch alternativ mit einem Gyrosensor verbinden, der ähnlich wie die Bewegungsmelderlösung beim Auftreten eines Ereignisses über den Aufruf einer PHP-Seite den gekoppelten Webserver auf dem Raspberry Pi benachrichtigt.

Gyrosensoren – Begriffe und Unterschiede

Die Kombination aus Gyro- und Beschleunigungssensor wird oft Inertialeinheit oder IMU (*Inertial Measurement Unit*) genannt und kommt ursprünglich aus dem Luftfahrtbereich. Solche Sensoren kommen auch in den meisten modernen Smartphones vorwiegend als Bewegungssensor zum Einsatz und liefern über eine App verschiedene Informationen basierend auf den Messwerten.

Grundsätzlich wird die Anzahl der sogenannten Freiheitsgrade in den Datenblättern und Beschreibungen meist mit DOF (*Degrees of Freedom*) angegeben. Bringt die Platine beispielsweise ein 3-Achsen-Gyroskop sowie einen 3-Achsen-Beschleunigungssensor mit, entspricht dies mit 3 + 3 insgesamt 6 Achsen, also einem 6-DOF-IMU. Neben den genannten Sensoren bringen die kleinen Platinen noch zusätzlich ein Magnetometer mit, das für die Messung von Magnetfeldern, ihrer Stärke und auch ihrer Richtung zuständig ist. Damit lässt sich eine Kompassfunktion realisieren, und in Kombination mit den anderen Sensoren können die Ausrichtung und die Bewegung des Moduls genauer gemessen werden, was neun Freiheitsgraden entspricht.

Sensoren	GY-80 IMU Module 10DOF	GY-521 MPU-6050 6DOF	AltIMU-10	MinIMU-9 v2
Barometer	BMP085	–	LPS331AP	–
Gyroskop	L3G4200D	MEMS Gyroscope	L3GD20	L3GD20
Beschleunigungssensor (Accelerometer)	ADXL345	MEMS Beschleunigungssensor	LSM303DLHC	LSM303DLHC
Temperatursensor	–	MEMS	–	–
Kompass/Magnetometer	HMC5883L	MEMS	LSM303DLHC	LSM303DLHC

12.9 Einfache Haushaltsgeräteüberwachung mit dem Arduino

Die nachstehend beschriebenen und genutzten Gyrosensoren sind abgesehen vom zusätzlichen Barometersensor sehr ähnlich oder gar baugleich. Die Pololu-IMUs beispielsweise verwenden als Höhenmesser den Gyrosensor sowie den LSM303DLHC-Beschleunigungssensor, mit dem sich die Lage sowie die Bewegung des Sensors im Raum darstellen lassen. Mithilfe der I²C-Schnittstelle lassen sich alle Sensoren auf der kleinen Platine problemlos mit dem Arduino oder einem Raspberry Pi verbinden.

Bezeichnung	Sensor	Datenblätter und Informationen
AltIMU-10/ MinIMU-9 v2	LSM303DLHC-3-Achsen-Beschleunigungssensor und Magnetometer	www.pololu.com/file/download/LSM303DLHC.pdf?file_id=0J564
AltIMU-10/ MinIMU-9 v2	L3GD20-3-Achsen-Gyroskop	www.pololu.com/file/download/L3GD20.pdf?file_id=0J563
AltIMU-10	LPS331AP -Barometer	www.pololu.com/file/download/LPS331AP.pdf?file_id=0J622
Invensense MPU-6050 6DOF	MEMS-3-Achsen-Gyroskop	www.invensense.com/mems/gyro/mpu6050.html
GY80 IMU module 10DOF	L3G4200D-3-Achsen-Gyroskop	www.pololu.com/file/download/L3G4200D.pdf?file_id=0J491
GY80 IMU module 10DOF	ADXL345-Beschleunigungssensor	www.analog.com/static/imported-files/data_sheets/ADXL345.pdf
GY80 IMU module 10DOF	HMC5883L-Kompass	http://www51.honeywell.com/aero/common/documents/myaerospacecatalog-documents/Defense_Brochures-documents/HMC5883L_3-Axis_Digital_Compass_IC.pdf

Für das Modell MPU-6050 gibt der Hersteller Invensense für die Sensorenbezeichnung des Gyroskops bzw. des Beschleunigungssensors schlicht MEMS an, was mit *Micro Electro Mechanical System* übersetzt werden kann. Das ist im Weiteren unbedeutsam, da mit der technischen Dokumentation »MPU-6000 and MPU-6050

Register Map and Descriptions Revision 4.2« (erhältlich unter *www.invensense.com/mems/gyro/documents/RM-MPU-6000A-00v4.2.pdf*) die offenen Fragen beantwortet werden.

Inbetriebnahme des MPU-6050

Für das weitere Vorgehen rufen Sie sich zunächst die Pinbelegung des Pretzelboards oder Arduino Nano in Erinnerung. Der Gyrosensor wird mit insgesamt fünf Leitungen mit den Pins von Pretzelboard/Arduino Nano verbunden.

1	TX/D0	VIN	30
2	RX/D1	GND	29
3	RST	RST	28
4	GND	5V	27
5	D2	A7	26
6	D3	A6	25
7	D4	A5	24
8	D5	A4	23
9	D6	A3	22
10	D7	A2	21
11	D8	A1	20
12	D9	A0	19
13	D10	AREF	18
14	D11	3V	17
15	D12	D13	16

Nach Studium des Datenblatts ist klar, dass für den I²C-Betrieb vier Pinanschlüsse des Arduino bzw. in diesem Beispiel des Nano-Klons Pretzelboard benötigt werden. Der 5V-Pin des Arduino Nano 3.0 wird am VCC-Pin, GND-Massepin an Massepin des Pretzelboards, Pin 4 und Pin 5 an SDA- und SCL-Pin des Pretzelboards und zu guter Letzt der INT (Interrupt) an den Digitalport D2 des Arduino. Die restlichen Pins sind für dieses Projekt nicht relevant. Nach dem Anschluss der Kabel am Sensor sowie am Arduino schalten Sie den Arduino oder seinen Klon ein. Um zu testen, ob die Kabel richtig gesteckt und die Anschlüsse richtig konfektioniert sind, lässt sich der eine oder andere Gyro-Testsketch aus dem Internet verwenden, der schließlich die Registerwerte auf die serielle Konsole bringt.

MPU-6050-Pin	Pretzelboard/Arduino-Nano-Pinbezeichnung	Pretzelboard-Pinnummer
VCC	VIN/5 V	30
GND	GND/GND	29
SCL	A5/5	24
SDA	A4/4	23
INT	D2/D2	5

Wie auch immer – auf Seite 45 im Datenblatt des MPU-6000/MPU-6050 ist beschrieben, dass die fest codierte 6-Bit-I^2C-Adresse des MPU-60X0 im Register 117 (dezimal) abgelegt ist. Diese Registeradresse wird im eigenen Arduino-Sketch benötigt und im Sketch in einer eigenen define-Zeile, `#define MPU6050 0x68`, hinterlegt, damit der Arduino über den I^2C-Bus über die Variable `MPU6050` mit dem Gyro kommunizieren kann. Im nächsten Schritt ziehen Sie das Handbuch des MPU-6050 zurate und lesen Schritt für Schritt die unterschiedlichen Register des Sensors aus, um die verschiedenen Dimensionen und Messwerte auf dem Bildschirm darzustellen – im vorgestellten Projekt wird dies auf die einfache Position bzw. Veränderung der x-Achse reduziert, um eine leichte Bewegung/Vibration feststellen und messen zu können.

Experimente mit dem MPU-6050-Gyrosensor

Meist sind Datenblätter entweder völlig unübersichtlich und mit Informationen überladen, oder sie schneiden Schnittstellen und wichtige Dinge nur unzureichend an, sodass man auf weitere Informationen angewiesen ist. Das technische Datenblatt zum Gyroskopmodul MPU-6050, das unter *http://invensense.com/mems/gyro/documents/RM-MPU-6000A-00v4.2.pdf* zu finden ist, liefert eine sehr nützliche Dokumentation zu den verwendeten Schnittstellen und Registern, mit der Sie schon mal starten können. Doch grundsätzlich ist zu klären, wie die Richtung bzw. die Drehrichtung der unterschiedlichen x,y,z-Freiheitsgrade bei dem verwendeten Sensormodell festgelegt ist, und diese Information ist in der Regel fest auf der Sensorplatine aufgedruckt, damit die Platine beim Einbau in ein Gehäuse, in ein RC-Fahrzeug, Flugobjekt oder Ähnliches, ordnungsgemäß – sprich »richtig herum« – befestigt werden kann. In diesem Projekt wird der Sensor einfach per Panzerklebeband an die Waschmaschine geklebt, um damit die Erschütterungen und somit den Betriebszustand feststellen und überwachen zu können.

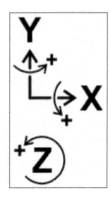

Bild 12.117: Herstellerunabhängig: Die Drehrichtung der x,y,z-Koordinaten für das Gyroskop ist auf der Platine aufgedruckt, damit die Montage des Sensors entsprechend vorgenommen werden kann.

Für die Bestimmung der Lage sind die x,y,z-Koordinaten für das Gyroskop interessant. Zunächst bestimmen Sie im Datenblatt die Register, die dafür benötigt werden. Beachten Sie, dass die Registerbezeichnung im Datenblatt sowohl mit _H als auch mit _L (Darstellung der internen Registerwerte mit high- und low-Bytes) erfolgt. Für die weitere Nutzung verwenden Sie ausnahmslos die Register, die im Datenblatt mit _H enden. Für die Koordinaten im Code sollten Sie aus Gründen der Lesbarkeit und Übersichtlichkeit stattdessen verständlichere Bezeichnungen wie beispielsweise gyro_xout, gyro_yout und gyro_zout verwenden. In diesem Fall steht auf Seite 7 im Datenblatt für den MPU-60X0-Sensor die richtige Lösung, um die dazugehörigen Register zu bestimmen.

```
gyro_xout = read_word_2c(0x43) # Siehe Doku, Seite 7 bei gyro_xout
gyro_yout = read_word_2c(0x45) # Siehe Doku, Seite 7 bei gyro_yout
gyro_zout = read_word_2c(0x47) # Siehe Doku, Seite 7 bei gyro_zout
```

Die jeweiligen Registerwerte sind Rohwerte und wären eigentlich stimmig, doch sie müssen für ihren Einsatzzweck nochmals bereinigt werden. Wie und in welcher Reihenfolge das geschehen soll, ist ebenfalls im Datenblatt (Seite 31) hinterlegt. Eine Fundgrube an Informationen bietet die Projektseite der Arduino-Gemeinschaft, und speziell zum Gyrosensor MPU 6050 stehen für den Einsatz sämtliche nötige Informationen (http://playground.arduino.cc/Main/MPU-6050) mit Codebeispielen bereit, sodass das Datenblatt des Sensors nicht mehr zwingend nötig wäre. Darüber hinaus ist in diesem Projekt jedoch nicht der absolute Wert bzw. der bereinigte, tatsächliche Wert von Belang, die Änderung des Rohwerts (Bewegung durch Vibration) reicht völlig aus, um daraus weitere Aktionen wie die Benachrichtigungsfunktion abzuleiten. Mit dem vorliegenden Sketch wird der Gyrosensor zunächst aufgeweckt und mit den Standardwerten initialisiert, sodass die Empfindlichkeit des Gyroskops bei 250°/s und der Beschleunigungssensor bei 2 g liegt. Wer mit dem Sketch und dem Gyrosensor etwas experimentiert, stellt schnell Abhängigkeiten fest, die sich abhängig von der Lage des Sensors in einer passenden Logik im Sketch abbilden lassen: Steht der Sensor still auf dem Tisch, sollten die Werte für das Gyroskop und den Beschleunigungssensor für die x- und y-Achse nahe bei 65.536 oder 0 liegen, während sich die Beschleunigung auf der z-Achse bei einem Wert von ca. 16.000 einpendeln sollte.

ESP8266 und Gyroskop im Zusammenspiel

Das Grundprinzip des dargestellten `pretzelgyrowasher.ino`-Sketches (Verzeichnis `pretzelgyrowasher`) ist relativ simpel: Zunächst wird der ESP8266-Wi-Fi-Chip initialisiert und in Betrieb genommen. Im nächsten Schritt wird das Gyroskop geweckt, initialisiert, und bei einer möglichen Bewegung des Sensors wird der Messwert mit dem festgelegten Schwellwert verglichen. Wird der Ruhezustand verlassen, wechselt der Status von 0 auf 1 in den Betrieb – wechselt der Sensor aus dem laufenden Betrieb in den Ruhezustand, erhält er zunächst den Wert 2, damit die entsprechende E-Mail-Benachrichtigung versendet werden kann, um im nächsten Schritt in den Status 0 bzw. 3 (Aus) zu wechseln.

```
// Datei: pretzelgyrowasher.ino
#define SSID "WLANDAHOAM"
#define PASSWORD "WPAPWLANDAHOAM"
#define DEVID_PIR "WM000001"
#define RPI_IP "192.168.123.49"
#define MAILDELTA 3000
#define CHECKDELTA 180000 // 3 Minuten
// ------------------------------------------------------------------
#define MPU6050 0x68
#define MPU6050_xout 0x3B
#define MPU6050_yout 0x3D
#define MPU6050_zout 0x3F
#define MPU6050_pwr_mgmt_1 0x6B
#define MPU6050_pwr_mgmt_2 0x6C
#define MPU6050_config 0x1A
#define DEBUG true
// ------------------------------------------------------------------
#include <Wire.h>
const int threshold = 78;  // Empfindlichkeit des Gyrosensors korrigieren
const char rpiPost[] PROGMEM = { "GET *URL* HTTP/1.1\nHost:
192.168.123.49\nAuthorization: Basic YWRtaW46cHdhdG1pbg==\nConnection:
close\nContent-Type: application/x-www-form-urlencoded\nContent-Length:
*LEN*\n\n\n\0"};
#include <SoftwareSerial.h>
SoftwareSerial esp8266(11, 12); // RX, TX

int WM_SENSOR_0_1_2 = 3; // Standardmaessig AUS
// ------------------------------------------------------------------
void setup(){
  Serial.begin(115000);
```

```
  Wire.begin();
  delay(1000);
  // Powermanagement aufrufen
  // Sensor schlafen und Reset, Clock wird zunächst von Gyroskopachse Z
verwendet
  // Serial.println("Powermanagement aufrufen - Reset");
  SetMPU6050(MPU6050_pwr_mgmt_1, 0x80);
  // Kurz warten
  delay(500);
  // Powermanagement aufrufen
  // Wecken und Clock von Gyroskopachse X verwenden
  // Serial.println("Powermanagement aufrufen - Clock festlegen");
  SetMPU6050(MPU6050_pwr_mgmt_1, 0x03);

  delay(500);
  // Default => Acc=260Hz, Delay=0ms, Gyro=256Hz, Delay=0.98ms, Fs=8kHz
  // Serial.println("Konfiguration aufrufen - Default Acc = 260Hz, Delay =
0ms");
  SetMPU6050(MPU6050_config, 0x00);
  // Leerzeichen
  Serial.println("");
  Serial.println ("[MPU6050] Konfiguration abgeschlossen.");
  // Wi-Fi
  esp8266.begin(19200);
  if (!espConfig()) serialDebug();
  else debug("[ESP8266] Config OK");
  if (sendCom("AT+PING=\"www.franzis.de\"", "OK")) {
    // Serial.println("[ESP8266] Ping OK");
    digitalWrite(13, HIGH);
  } else {
    Serial.println("[ESP8266] Ping Fehler");
  }
}
// -----------------------------------------------------------------
```

Kann das Pretzelboard oder ein Arduino Nano samt ESP8266 keine Verbindung in das heimische WLAN aufnehmen, bleibt der Atmel-Mikrocontroller beim Starten »stehen«, und der Gyrosensor wird nicht in Betrieb genommen. Deshalb ist in diesem Sketchbeispiel die nötige SSID des Heimnetzes samt dazugehörigem Kennwort über die beiden Variablen **SSID** und **PASSWORD** in der **define**-Deklaration anzugeben. Der Gerätename für das Projekt lautet WM000001 und wird in der Variablen **DEVID_PIR** festgelegt. Dieser Name erscheint später in der E-Mail-Benachrichtigung, was im Fall mehrerer Sensoren die Unterscheidung leichter macht. Angelehnt an das Pretzel-board-Projekt mit dem angeschlossenen PIR-Bewegungsmelder, lässt sich das Pretzelboard oder ein Arduino Nano samt ESP8266 auch alternativ mit einem Gyrosensor verbinden, der ähnlich wie die Bewegungsmelderlösung beim Auftreten eines

Ereignisses über den Aufruf einer PHP-Seite den gekoppelten Webserver auf dem Raspberry Pi benachrichtigt. Die IP-Adresse des heimischen Webservers, der die Anfragen des Arduino entgegennimmt, wird in der Variablen `RPI_IP` festgelegt. In diesem Beispiel wird die Adresse `192.168.123.49` verwendet und kommt zusätzlich in der `char`-Konstanten (`const char rpiPost[] PROGMEM`) zum Einsatz, die für den HTTP-Aufruf benötigt wird. Zudem wird dort die HTTP-Benutzerauthentifizierung mit Benutzer/Kennwort verwendet – dafür passen Sie die Zeile bei `Authorization: Basic` entsprechend an. Kommt keine HTTP-Benutzerauthentifizierung zum Einsatz, ist in der Beispieldatei `pretzelgyrowasher.ino` der Block `\nAuthorization: Basic YWRtaW46cHdhZG1pbg==` ersatzlos zu löschen.

```
void loop(){
  byte result[14];
  // Anfangs Adresse von Beschleunigungssensor-Achse X
  result[0] = MPU6050_xout; // 0x3B
   // Aufruf des MPU6050-Sensors
  Wire.beginTransmission(MPU6050);
  // Anfangsadresse verwenden.
  Wire.write(result[0]);
  Wire.endTransmission();
  // 14 Bytes kommen als Antwort
  Wire.requestFrom(MPU6050, 14);
  // Bytes im Array ablegen
  for(int i = 0; i < 14; i++)
  {
    result[i] = Wire.read();
  }
  // Zwei Bytes sind ein Achsenwert -> werden per Bit-Shifting verbunden.
  // Beschleunigungssensor X, Y, Z
  int acc_X = (((int)result[0]) << 8) | result[1]; // 0x3B (ACCEL_XOUT_H) & 0x3C (ACCEL_XOUT_L)
  int acc_Y = (((int)result[2]) << 8) | result[3]; // 0x3D (ACCEL_YOUT_H) & 0x3E (ACCEL_YOUT_L)
  int acc_Z = (((int)result[4]) << 8) | result[5]; // 0x3F (ACCEL_ZOUT_H) & 0x40 (ACCEL_ZOUT_L)
  // Temperatur-Sensor
  int temp = (((int)result[6]) << 8) | result[7]; // 0x41 (TEMP_OUT_H) & 0x42 (TEMP_OUT_L)
  // Gyroskopsensor
  int gyr_X = (((int)result[8]) << 8) | result[9]; // 0x43 (GYRO_XOUT_H) & 0x44 (GYRO_XOUT_L)
  int gyr_Y = (((int)result[10]) << 8) | result[11]; // 0x45 (GYRO_YOUT_H) & 0x46 (GYRO_YOUT_L)
  int gyr_Z = (((int)result[12]) << 8) | result[13]; // 0x47 (GYRO_ZOUT_H) & 0x48 (GYRO_ZOUT_L)
```

```
// Ausgabe
Serial.print("Temperatur : ");
Serial.print(temp/340.00+36.53); // Temperatur in Celsius
Serial.println(" °C");
// X-Gyroachse wackelt
if (gyr_X > threshold){
  Serial.print("Gyrosensor ausgeloest X:\t");
  Serial.print(gyr_X); Serial.print("\t");
  Serial.println("\t");
// ---------------------------------------------------------
// WM -CHECK
//
    if (WM_SENSOR_0_1_2 == 0){
      // wurde schon gestartet
      WM_SENSOR_0_1_2 = 1;
      };
/*
  WM_SENSOR_0_1_2
  Status-Wert
  0 - WM-Start (wechseln von Ruhe in lfd. Betrieb)
  1 - WM-im Einsatz (lfd. Betrieb)
  2 - WM-Ende (wechseln von lfd. in Ruhe)
  3 - AUS
*/

    } // Sensor nicht ausgelöst oder schon fertig
    else {
      if (WM_SENSOR_0_1_2 == 1){
        // im lfd. Betrieb und nun wechseln in Ruhezustand
        WM_SENSOR_0_1_2 = 2;
        // Wäsche ist nun fertig
        // -> Benachrichtigung?
      }
    else if (WM_SENSOR_0_1_2 == 2){
      // WM ist in Ruhezustand -> in Ursprungszustand zurück
      //
      WM_SENSOR_0_1_2 = 0;
      i = 0;
      }
      else {
        WM_SENSOR_0_1_2 = 0;
        i = 0;
      }
    }
    // Status an PHP-Seite
    if (sendRpiPost(DEVID_PIR, WM_SENSOR_0_1_2)){
```

12.9 Einfache Haushaltsgeräteüberwachung mit dem Arduino

```
        debug("[ESP8266] Update Send");
        Serial.print("[ESP8266] Update - Wert: " +
String(WM_SENSOR_0_1_2));
        Serial.print(" von Sensor ");
        Serial.print(DEVID_PIR);
        Serial.println(" wurde auf Server uebertragen.");
        delay(MAILDELTA);
      }     else {
        debug("[ESP8266] Sensor hat Bewegung erfasst, Benachrichtigung
nicht moeglich.");
        Serial.print("[ESP8266] Update - Wert: " +
String(WM_SENSOR_0_1_2));
        Serial.print(" von Sensor ");
        Serial.println(DEVID_PIR);
      }
    // nächste Prüfung wieder in CHECKDELTA (MILLISEKUNDEN)
    delay(CHECKDELTA);
}
```

In der **loop**-Schleife wird der Gyrosensor zurückgesetzt, initialisiert. und der Wert wird aus dem x-Register geholt. Der ausgegebene Messwert wird mit dem festgelegten Schwellwert von 78 verglichen. Wird dieser nicht erreicht, geht der Sketch davon aus, dass an der Waschmaschine keine Bewegung anliegt. Wird hingegen der Sensor aktiviert und der Schwellwert überschritten, wechselt der Status von 3 bzw. 0 auf den Statuswert 1, was per definitionem nichts anderes bedeutet, als dass die Waschmaschine in Betrieb ist.

```
//-------------------------------RPI-Server --------------------
boolean sendRpiPost(String dev_id, int value){
  boolean success = true;
  String Host = RPI_IP;
  String  Subpage = "/pretzelgyrowasher.php?dev="+dev_id+"&status="+value;
  success &= sendCom("AT+CIPSTART=\"TCP\",\"" + Host + "\",80", "OK");
  if (success){
  String urlBuffer;
  for (int i = 0; i <= sizeof(rpiPost); i++)    {
    char myChar = pgm_read_byte_near(rpiPost + i);
    urlBuffer += myChar;
  }
  urlBuffer.replace("*URL*", Subpage);
  urlBuffer.replace("*APPEND*", String("dev="+dev_id+"&status="+value));
  urlBuffer.replace("*LEN*", String(urlBuffer.length()));
  if (sendCom("AT+CIPSEND=" + String(urlBuffer.length() + 2), ">")) {
      esp8266.println(urlBuffer);
      // Serial.println(urlBuffer);
      esp8266.find("SEND OK");
```

```
      if (!esp8266.find("CLOSED")) success &= sendCom("AT+CIPCLOSE", "OK");
    } else {
     // Serial.print("FHELER!!!");
     success = false;
    }
   }
  }
  return success;
}
// -------------------------------------------------------------------
```

Über den Aufruf der Funktion `sendRpiPost(String dev_id, int value)` erfolgt die Befüllung des URL-Strings `"/pretzelgyrowasher.php?dev="+dev_id+"&status="+value;` mit den jeweiligen aktuellen Variablenwerten, um schließlich mithilfe der `replace`-Funktion den konstanten String im Speicher mit den aktuellen Werten auszustatten. Damit erfolgt letztendlich der Aufruf der festgelegten PHP-Seite auf dem heimischen Webserver, der die weitere Verarbeitung und Steuerung übernimmt.

PHP-Schnittstelle für Waschmaschinen-Logging und mehr

In diesem Projekt nimmt stellvertretend für den Webserver die PHP-Datei `pretzelgyrowasher.php` die Anfragen des Pretzelboards mit angeschlossenem Gyrosensor entgegen. Diese Datei liegt im Webserververzeichnis `\var\www`, in dem auch die PHP-Dateien für die anderen Pretzel-Devices liegen. Die PHP-Datei `pretzelgyrowasher.php` nimmt die beiden Übergabewerte entgegen und prüft den Statuswert. Abhängig vom Inhalt wird ein passender Eintrag für die E-Mail-Benachrichtigung der Variablen `$subject` zugeordnet, der in diesem Fall nur dann in dem Aufruf über die `shell_exec`-Funktion mündet, wenn der Status den Wert 2 hat. Dieser Status bedeutet, dass der Sensor keine Vibrationen mehr wahrnimmt, was hier das Ende des Waschvorgangs sein kann und somit vom laufenden in den ruhenden Zustand gewechselt wird. Die E-Mail-Benachrichtigung erfolgt schließlich mit dem Aufruf des Python-Programms `/home/pi/pir/pretzelgyrowasher.py`, das drei Übergabeparameter von der PHP-Schnittstelle erhält.

```php
<?php
if (isset($_GET["dev"]) && !empty($_GET["dev"])) {
   echo "Yes, dev is set";
      if (isset($_GET["status"]) && !empty($_GET["status"])) {
            $subject='';
            echo "Yes, dev & status is set";
            $dev=$_GET["dev"];
            $status=$_GET["status"];
            if ($status == 1){
               $subject='\'washing machine start\'';;
            }
            elseif ($status == 2){
```

12.9 Einfache Haushaltsgeräteüberwachung mit dem Arduino

```
                $subject='\'washing in progress\'';;
                }
            elseif ($status == 3){
                $subject='\'washing machine stop\'';
                }
            else{
                $subject= '\'washing machine off\'';
            }
            if ($status == 2){
                echo shell_exec('sudo /home/pi/pir/pretzelgyrowasher.py
'.$dev.' '.$status.' '.$subject.'');
            }
            echo "<br><b>>Python-Aufruf:</b><br>";
            echo ('sudo /home/pi/pir/pretzelgyrowasher.py '.$dev.'
'.$status.' '.$subject.'');
            }else{
    echo "N0, status is not set";
    }
}else{
    echo "N0, dev is not set";
}
?>
```

Wurde über das visudo-Kommando für das aufzurufende Python-Programm (hier /home/pi/pir/pretzelgyrowasher.py) die sudo-Berechtigung zugewiesen, darf der www-Benutzer des Apache es auch mit sudo-Berechtigungen ausführen.

```
  GNU nano 2.2.6                                              Datei: /etc/sudoers.tmp

# This file MUST be edited with the 'visudo' command as root.
#
# Please consider adding local content in /etc/sudoers.d/ instead of
# directly modifying this file.
#
# See the man page for details on how to write a sudoers file.
#
Defaults        env_reset
Defaults        mail_badpass
Defaults        secure_path="/usr/local/sbin:/usr/local/bin:/usr/sbin:/usr/bin:/sbin:/bin"

# Host alias specification

# User alias specification

# Cmnd alias specification

# User privilege specification
root    ALL=(ALL:ALL) ALL

# Allow members of group sudo to execute any command
%sudo   ALL=(ALL:ALL) ALL

# See sudoers(5) for more information on "#include" directives:

#includedir /etc/sudoers.d
pi ALL=(ALL) NOPASSWD: ALL

%www-data ALL=(ALL) NOPASSWD: /home/pi/doorbird/doorbird.py
%www-data ALL=(ALL) NOPASSWD: /home/pi/doorbird/doormotion.py
%www-data ALL=(ALL) NOPASSWD: /home/pi/pir/pretzelpir.py
%www-data ALL=(ALL) NOPASSWD: /home/pi/pir/pretzelgyrowasher.py
%www-data ALL=(ALL) NOPASSWD: /home/pi/pir/pretzelmail.py
# www-data ALL=(ALL) NOPASSWD: /usr/lib/cgi-bin/doorbird.py
# www-data ALL=(ALL) NOPASSWD:/usr/lib/cgi-bin/doorbird.sh
```

Bild 12.118: Ist das aufzurufende Python-Skript über die sudoers-Datei mittels visudo eingetragen, lässt es sich auch vom nicht administrativen Apache-Benutzer mit root-Rechten starten.

Die exemplarische PHP-Datei stellt natürlich nur ein funktionales Grundgerüst dar, für die individuelle Steuerung der Benachrichtigung haben Sie hier alle Möglichkeiten. Oder Sie bringen die funktionale Logik komplett im Python-Skript unter und nutzen die dargestellte Möglichkeit über die PHP-Seite ausschließlich als Trigger und Aktor, um den aktuellen Status des Waschmaschinen-Gyroskops zu übermitteln.

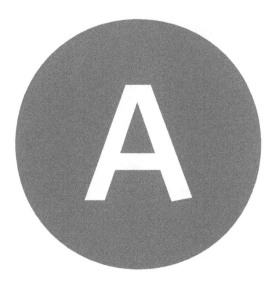

Anhang

A.1 Konsolen-Basics: Wichtige Befehle im Überblick

Die Konsole kommt standardmäßig im Textmodus daher und lässt sich auch vom Window-Manager aus starten. Damit sich auch Linux-Neulinge auf Anhieb mit der Kommandozeile wohlfühlen, gibt es hier die wichtigsten Befehle im Überblick:

Beschreibung	Befehl
Beendet einen laufenden Prozess.	kill
Befehl als Superuser ausführen.	sudo [BEFEHL]
Benutzer ändern.	usermod [BENUTZER]
Benutzer hinzufügen.	useradd [BENUTZER]
Benutzer löschen.	userdel [BENUTZER]
Datei kopieren.	cp [dateiname.erweiterung] [ZIEL]/
Datei löschen.	mv [dateiname.erweiterung]

Beschreibung	Befehl
Datei suchen.	find -name [dateiname.erweiterung]
Dateiinhalt anzeigen.	less [dateiname.erweiterung]
Dienste auf dem Raspberry Pi beenden.	service [dienstname] stop
Dienste auf dem Raspberry Pi starten.	service [dienstname] start
Dienste auf dem Raspberry Pi neu starten.	service [dienstname] restart
DNS-Informationen herausfinden.	host
GZ-Archiv auspacken.	gunzip [dateiname.gz]
Laufende Prozesse beenden und System herunterfahren.	halt
Liste der bisher eingegebenen Kommandos anzeigen.	history
MAC-Adresse herausfinden.	arp -a
Netzwerkkonfiguration anzeigen.	ifconfig
Ordner löschen.	rmdir [ORDNERNAME]
Ordner wechseln.	cd /[ORDNERNAME]
Ordnerinhalt anzeigen.	ls oder ls -al
Passwort ändern.	passwd
SSH-Verbindung zu entferntem Computer aufnehmen.	ssh [IP-Adresse] oder: ssh [DNS-Adresse]
TGZ-Archiv entpacken.	tar xzvf [dateiname.tgz]
Zeigt den aktuellen Standort im Ordner.	lwd

A.1.1 Zugriff auf Dateien und Verzeichnisse regeln

Eine Spezialität unter Unix im Allgemeinen ist der Befehl chmod, mit dem Sie den Zugriff auf Dateien und Verzeichnisse regeln können. Das Unix-Rechtesystem hat drei verschiedene Bereiche:

- Benutzer (user)
- Gruppe (group)
- Andere (other)

Für jeden Bereich können folgende Eigenschaften zugewiesen werden:

- r = lesbar (*readable*), Wert: 4
- w = beschreibbar (*writeable*), Wert: 2
- x = ausführbar (*executable*), Wert: 1

Beim Linux des Raspberry Pi, also wenn Sie beispielsweise ls ausführen, werden diese Eigenschaften im folgenden Format angezeigt:

```
rwxrwxrwx
```

Die ersten drei Buchstaben gelten für den Bereich **user**, weitere drei gelten für **group**, und die letzten drei stehen für **other**. Der Ausdruck rwxr--r-- bedeutet: Der Besitzer darf die Datei lesen, schreiben und ausführen, alle andere Personen haben nur Lesezugriff. Um eine Darstellung in Form einer oktalen Zahl zu erhalten, muss man alle Werte für jeden Bereich addieren. In diesem Fall gilt: (4 + 2 + 1) (4) (4) = 744. So können Sie mit folgender Anweisung die entsprechenden Rechte setzen.

```
chmod 744 [DATEINAME.DATEIERWEITERUNG]
```

> **Hilfe zu einem Befehl**
> Um weitere Informationen zu einem Befehl zu erhalten, nutzen Sie am besten den man-Mechanismus. Mit dem man-Befehl (von Manual, Handbuch) wirft die Konsole für nahezu jeden Konsolenbefehl die passende Syntax mit Parametern aus.

A.2 Basisausstattung für den Python-Einsatz

Für den schnellen und unkomplizierten Einsatz auf dem Raspberry Pi ist neben der Shell und der Programmiersprache C die Skriptsprache Python (Name von Monty Python's Flying Circus) mehr als nur eine Alternative. Python ist in C geschrieben, stammt aus der Modula-Familie und pickt Rosinen aus anderen Programmiersprachen wie Lisp, Smalltalk, C und der UNIX-Shell heraus. Das ist zwar nicht wirklich Neues, aber unheimlich interessant und praktisch. Python ist zwar standardmäßig bei jedem Raspberry-Pi-Image sozusagen mit an Bord und es fehlen nur noch die Entwicklerwerkzeuge sowie die Raspberry-Pi-serial- und RPi.GPIO-Bibliothek. Die Raspberry-Pi-RPi.GPIO-Bibliothek steht in der aktuellsten Version kostenlos auf *http://pypi.python.org/pypi/RPi.GPIO* zum Download bereit.

Voraussetzung für die spätere Installation ist ein installierter gcc-Kompiler sowie die Python-Tools, die Sie vorab mit dem Kommando

```
sudo apt-get update
sudo apt-get install python-dev
```

```
sudo apt-get install python-dev gcc -y
```

auf den Raspberry Pi bringen.

A.2.1 Python-Bibliothek RPi.GPIO für GPIO-Zugriff installieren

Damit sich GPIO-Ports über Python-Programme nutzen lassen, muss die Python-GPIO-Bibliothek installiert sein.

Installieren der Python-GPIO-Bibliothek

Sind Sie sich nicht sicher, ob alle notwendigen Module installiert sind, installieren Sie erst mal die aktuellen Versionen:

```
sudo apt-get update
sudo apt-get install python-rpi.gpio
```

Die GPIO-Ports sind – wie unter Linux für alle Geräte üblich – wie Dateien in die Verzeichnisstruktur eingebunden. Zum Zugriff auf diese Dateien braucht man `root`-Rechte. Starten Sie also die Python-Shell mit `root`-Rechten über ein LXTerminal:

```
sudo idle
```

Das nächste Programm, `led.py`, schaltet die LED für fünf Sekunden ein und danach wieder aus:

```python
import RPi.GPIO as GPIO
import time
```

```python
GPIO.setmode(GPIO.BCM)
GPIO.setup(25, GPIO.OUT)
GPIO.output(25, 1)
time.sleep(5)
GPIO.output(25, 0)
GPIO.cleanup()
```

Grundlegende Funktionen der RPi.GPIO-Bibliothek

Die Bibliothek `RPi.GPIO` muss in jedem Python-Programm importiert werden, in dem sie genutzt werden soll. Für die Beschreibung der folgenden Funktionen wurden für die Schaltung von Lichteffekten LEDs an die GPIO-Ports angeschlossen.

```
import RPi.GPIO as GPIO
```

Die Bibliothek `time` enthält Funktionen zur Zeit- und Datumsberechnung, unter anderem auch eine Funktion `time.sleep`, mit der sich auf einfache Weise Wartezeiten in einem Programm realisieren lassen.

```
import time
```

Die Funktion `GPIO.setup` initialisiert einen GPIO-Port als Ausgang oder Eingang. Der erste Parameter bezeichnet den Port je nach vorgegebenem Modus BCM oder BOARD mit seiner GPIO- oder Pinnummer. Der zweite Parameter kann entweder `GPIO.OUT` für einen Ausgang oder `GPIO.IN` für einen Eingang sein.

```
GPIO.setup(25, GPIO.OUT)
```

Auf dem soeben initialisierten Port wird eine 1 ausgegeben. Die dort angeschlossene LED leuchtet. Statt der 1 können auch die vordefinierten Werte `True` oder `GPIO.HIGH` ausgegeben werden.

```
GPIO.output(25, 1)
```

Diese Funktion aus der am Anfang des Programms importierten `time`-Bibliothek bewirkt eine Wartezeit von 5 Sekunden, bevor das Programm weiterläuft:

```
time.sleep(5)
```

Zum Ausschalten der LED gibt man den Wert 0 bzw. `False` oder `GPIO.LOW` auf dem GPIO-Port aus.

```
GPIO.output(25, 0)
```

Am Ende eines Programms müssen alle GPIO-Ports wieder zurückgesetzt werden. Die folgende Zeile erledigt das für alle vom Programm initialisierten GPIO-Ports auf einmal. Ports, die von anderen Programmen initialisiert wurden, bleiben unberührt. So wird der Ablauf dieser anderen, möglicherweise parallel laufenden Programme nicht gestört.

```
GPIO.cleanup()
```

GPIO-Warnungen abfangen

Soll ein GPIO-Port konfiguriert werden, der nicht sauber zurückgesetzt wurde, sondern möglicherweise noch von einem anderen oder einem abgebrochenen Programm geöffnet ist, kommt es zu Warnmeldungen, die jedoch den Programmfluss nicht unterbrechen. Während der Programmentwicklung können diese Warnungen sehr nützlich sein, um Fehler zu entdecken. In einem fertigen Programm können sie einen unbedarften Anwender aber verwirren. Deshalb bietet die GPIO-Bibliothek mit `GPIO.setwarnings(False)` die Möglichkeit, diese Warnungen zu unterdrücken.

C Abkürzungen

eHZ	Elektronischer Haushaltszähler
DHCP	Dynamic Host Configuration Protocol
EOF	End of File (Dateiende)
GND	Ground, Masse
HT	Haustür
HTTP	Hypertext Transfer Protocol
IoT	Internet of Things
I^2C	Inter-Integrated Circuit
I2C	siehe I^2C
L	Phase/Phasenleiter/Außenleiter (stromführender Leiter)
LAN	Local Area Network
MQTT	Message Queue Telemetry Transport
N	Neutralleiter/Nullleiter
NAT	Networt Address Translation
NTP	Network Time Protocol
PE	Schutzleiter/Erdleiter
PEN	siehe PE
Pi	Raspberry Pi
RPI	Raspberry Pi
S1	Schlüssel S1
SSL	Secure Sockets Layer
SPI	Serial Peripheral Interface
TLS	Transport Layer Security
VCC	Voltage at the common collector
VDD	Positive Versorgungsspannung
WLAN	Wireless Local Area Network
WZ	Wohnzimmer

Stichwortverzeichnis

Symbole
.htaccess erzeugen 330
.htaccess-Datei, Zugriffsschutz 174
.htpasswd erzeugen 330
/dev/ttyACM0 352
/dev/ttyUSBsu0 352
/dev/video 140
/etc/crontab-Datei 159

1
1-Wire 423
   OWFS 424
1-Wire-Sensoren 480
1-Wire-Technik 660

8
868 MHz 72, 74

A
Aktive Inhalte 54
Alarmfunktionen 180
Anwesenheitserkennung 186
Apache 95, 114
   installieren 328
   mod_webdav 113
Apple 556
apt-get 112, 650
Arduino 466
   DallasTemperature Library 36
   ESP8266 770
   Fingerscannerüberwachung 301
   Haus-/Wohnungstür 379
   Haushaltsgeräteüberwachung 770
   LCD-Bildschirm 382
   Mobilfunksteuerung der Haustür 381
   MQTT 34
   OneWire Library 36
   SIM900-Mobilfunkmodem 384
   UDP 301
   UDP-Pakete parsen 302
   Waschmaschinenüberwachung 770
Arduino Nano, mit WLAN-Modul 163
Arduino-IDE 466
Arduino-Sketch
   Authentifizierung 169
   Raspberry Pi benachrichtigen 171
   Verbindung ins Heimnetz 168
   WLAN 168
ARP-Cache 62
ARP-Rundsendung 62
AT+CMGS 359
AT-Kommandos 167, 362
ATmega 466
authorized_keys 681
autocreate 104

B
BACnet 72
Baumarktsteckdosen 458
Benachrichtigung mit PHP 150
Beschleunigungssensor 770
Betriebssystem auffrischen 80
Betriebssystem-Images 315
Bewegungsmelder 132, 142
   im Eigenbau 161
   low-cost 161

Shell-Skript 132
über WLAN 168
Bild- und Videoüberwachung 243
   Kamera 244
Bildarchivierung, chronologisch 235
BLE 52
Bluetooth 186, 318, 675
   Erkennung über Shell-Skript 679
   Raspberry Pi 3 632
Bluetooth als Aktor 674
Bluetooth Low Energy Siehe BLE
Bluetooth-Authentifizierung 675
Bluetooth-Daemon 675
Bluetooth-Mini-USB-Adapter 120
bluez-utils 675
Brandgefahr 447

C
CC1101 72
ChallengeResponseAuthentication 686
Class-C-Netzwerk 19
COC 75
Computer steuern 681
config.txt 83
Couldn't open RAW socket 651
Cronjob, regelmäßige Überprüfung 158
crontab 518
CSI-Anschluss 79
CUL 72, 76
CUL-Modul 75
CUPS 95, 692
curl 113
cURL 686

D
Daemon 133
Datentransport, netcat 295
Dauerbetrieb, Netzwerk 225
define 697
Degrees of Freedom Siehe DOF

DHCP 20, 788
DHCP-Server 20
dmesg 77
DNS 22
DNS-Adresse 117
DNS-Server 21
DOF 770
DoorBird 203
   API 218
   App besorgen 207
   App und Klingel koppeln 212
   automatische Benachrichtigung 224
   Bildarchiv 222
   Eigenschaften 204
   HD-Kamera 205
   per App konfigurieren 209
   Praxis 217
   Relais 223
   WLAN-Gerät 205
DoorBird-Modding 224
DoorBird-Türstation
   Livestream 221
Drahtlos kommunizieren 318
Drehstromzähler 417, 418
Dropbox 108
Drucker 692
DS1920 424
DS9097U 419
DS9490R 419
DSL-WLAN-Router 27
Dummy 690
DynDNS 22

E
E27-Lampenfassung 562, 592
E27-Sockel 591
eHZ 417, 788
ekey-Steuereinheit 280
   Ersteinrichtung 284
   Fingerscanner 285

Inbetriebnahme 284
ekey-System, Logging 288
Elektronischer Schließzylinder 261
Elektronisches Schloss 260
Elgato Eve 644
E-Mail
    Datenschutz 55
    Spam verhindern 55
E-Mail-Benachrichtigung 180
    Python-Skript 180
E-Mail-Versand optimieren 181
Enable Camera 81
Energiemessung 464
Energy Manager 462
EnOcean 72
EOF 788
EQ3 74
ESP8266 52, 770
exec 694
ext3 111

F

Farben umrechnen 578
FAT32 111
fdisk 111
Fernbedienungen der Harmony-Serie 718
Feuchtigkeitsmessung 670
FHEM 78, 201, 444, 459, 464, 473, 657
    aktualisieren 100
    DIP-Schalter 459
    FS20-Druckersteckdose 697
    Hue-Lampen 582
    Logfile 78
    Plot 435
    Start 98
    Startskript 94
    Zugriffskennwort 102
fhem2mail 445
FHT 74, 103
FHZ1000 72

Fingerscannerüberwachung, Arduino 301
Firmware
    auffrischen 80
    SIM900-Modem 339
FQDN 113
FS20 72, 74, 495
FS20-KSE 193
FS20-Notation 104
fstab 112
fswebcam 141, 199
Funkheizkörpermodule 492
Funksmog 437
Funksteckdose 105, 464
Funksteckdosenset 447
Funkthermostat 494
Funktion
    checkblue.sh 680
    tempsensor.pl 487
    tempsensor.py 488
fuse 424
fusermount 427

G

Gaszähler 432
Gateway 20
General Purpose Input/Output 86
Geofencing 188
    Geofancy 188
    Geofency 188
Geofencing-App 186
Gerätecode 104
Gerätenamen 20
Gertboard 86
getcap 679
GitHub 84
GND 788
Gnokii 120
    SMS-Versand 125
Gnokii-Wiki 122
Google Drive 108

Google-Nest-API 151
GPIO 75, 86, 447, 448
    Pinbelegung 87
GPIO-API 91
GPIO-Bibliothek 786
GPIO-Steuerung, über PHP und JavaScript 335
gplot 436
GPU 82
groupadd 679
Gyrosensor 770
Gyroskopsensor
    MPU-6050 Siehe MPU-6050

H
H.264 82
Harmony-Hub
    Inbetriebnahme 728
Haus- und Wohnungstür 185
Hausautomation 71
    Sicherheit 49
Hausautomation, Fertigprodukte 51
Haushaltselektronik steuern 681
Haushaltsgeräteüberwachung, mit dem Arduino 770
Haustür 259
    Arduino 185, 379
    Arduino-Mobilfunksteuerung 381
    elektronischer Schließzylinder 261
    elektronisches Schloss 260
    Fingerscanner anschließen 276
    Mehrfachverriegelung 265
    Mobilfunkanschluss 339
    Motorschloss 260
    öffnen per SMS 368
    ohne Schlüssel 259
    Raspberry Pi 185
    Steuereinheit anschließen 271
    und GSM kombinieren 368
hcitool 120

Heimnetzwerk 17
Heizkörperthermostate 490
Heizungsreglereinheit
    FHEM 497
    mit Raspberry Pi 495
Heizungsverbrauch messen 487
HomeKit
    Elgato Eve 644
HomeMatic 72, 495
    Komponenten 97
    Protokoll 74
home-Protokoll 292
HT 788
HTTP 788
HTTP-Protokoll 100
https 101
HTTPS-Protokoll 100
HTTP-Zugriff, DoorBird 218
Hue 556
Hue-Alternative 590
Hue-App 562
Hue-Bridge 561
Hue-Lampen, ohne App 570
Hue-Starterpack 558
Hue-Steuerung 572
Hutschiene 439

I
I2C 788
I2C-Fertiglösung 660
i2c-tools 669
IANA 19
id_rsa.pub 681
IFTTT 632
IMU 770
    DOF 770
    Freiheitsgrad 770
Inbetriebnahme
    root oder pi 317
    Welcome-Kamera 245

Inertial Measurement Unit Siehe IMU
Inertialeinheit Siehe IMU
Infrarot 128
init.d 698
inittab 76
Internet
   Sicherheit 52
Internet der Dinge Siehe IoT
Internet of Things Siehe IoT
IoT 29, 49, 788
   Benachrichtigungsprotokoll 29
   Gefahren 49
   Sensor 29
   Sicherheit 49
IoT-Geräte
   Sicherheit bei der Hausautomation 59
IoT-Geräte
   Benutzerkonten absichern 69
   Datenschutz im Smartphone-Umfeld 56
   eigenes WLAN-Netzwerk 63
   E-Mail-Wegwerfadresse 57
   im Netz schützen 60
   IP-Adresse/MAC-Adresse finden 64
   sichere WLAN-Routerkonfiguration 64
IP-Adresse 20, 22
iPhone 632
IrDA 128
IR-Infrarotfilter 85

J
Java 558
JavaScript Object Notation 584
JeeLink-Adapter 466
JeeLink-Arduino 464
JSON 584
JSON- und Requests-Bibliothek 549

K
Kameramodul 79
Kamerasensor 79

Klingelbenachrichtigung, per E-Mail-Nachricht 232
KNX 72
Kommandozeile 82
Kondensator 193
Konsole 132
Konsolen-Basics 783
Körperwaage 499
   als Thermometer 499
   Heizungssteuerung 508
   mit Withings-App 502

L
L 788
l2ping 187, 676
Lampstealer 558
LAN 788
LAN/WLAN-Router 18, 117
LAN-Adapter 72
LAN-Router 18
LED abschalten 83
LED-Klebestreifen 557
LED-Lampen 592
LED-Lampen, Playbulb 604
LED-Leuchtmittel 555
   Hue-Bridge und -Lampen 555
LED-Stripes 566
libusb 421
Lichteffekte 608
Lichtsteuerung 608
localhost 113
Logdatei, im Eigenbau 307
Logitech-Fernbedienungen 718
LON 72
Lötkolben 454
Lötzinn 454
lsusb 77
Luftdruck 511
Luftfeuchtigkeit 511, 660

M

MAC-Adresse 61
  ermitteln 61
Mailversand, über Python-Funktion 237
Maxim Integrated 421
Mediacenter 108
Mehrfachverriegelung, mit Motorschloss 266
Message Queue Telemetry Transport Siehe MQTT
Messen 119
Microsoft SkyDrive 108
Miele@mobile 748, 756, 757, 760
Miele@mobile-App 756
Miele-Gateway, Grundinstallation 751
Miele-Geräte
  mit dem Heimnetzwerk 749
  mit Kommunikationsmodul 749
minicom 351
Mobilfunkanschluss 339
Mobilfunkschnittstelle 350
modprobe 427
Mosquitto 29
  Inbetriebnahme 32
  Installation 30
Motorschloss, mit Steuereinheit verbinden 279
Mountpoint 110
MPU-6050 772
  Inbetriebnahme 772
MPU-6050-Gyrosensor, Experimente 773
MQTT 29, 788
  Arduino 29, 34
  Arduino-Bibliothek 38
  Broker 29
  Client 29
  Publisher 30
  Raspberry Pi 29, 43
  Subscriber 30

N

N 788
NAS 681, 682
NAS-Server 682, 690
  Shutdown-Skript 688
NAT 20, 788
nestprotect2log.php 160
netcat 649
netstat 434
Netzwerkdrucker 692
Netzwerkspeicher Siehe NAS
newgrp 679
NFS 144
Notify 445
NTP 381, 788
Nummernkreis 21

O

OneWire 119
OpenJDK 558
openssl 101
owfs 429
OWFS 424
OWFS-Dateisystem 424
owhttpd 429
ownCloud 108, 109
  Administratorkonto 116
  Android 116
  Browser 116
  Installation 115
  iOS 116
  Konfiguration 115
owserver 429

P

PasswordAuthentication 686
Patch-Kabel 420
PCA 301 465
PE 788

PEN 788
Perl CPAN 584
Pflanzenüberwachung 544
   App Parrot Flower Power 544
   JSON- und Requests-Bibliothek 549
   Raspberry Pi 548
   SSL 550
Phasenprüfer 274
Philips 556
Philips Hue 557
Philips-Hue-App 562
PHP installieren 328
php.ini 114
PHP5 113
PHP-Curl 151
Physical Web 52
Pi 788
Pi NoIR 85
PiFace 86
PIR 129
PIR-Modul 130
Portfreigabe
   FRITZ!Box 27
   Konfiguration 27
Portscanner 294
post_max_size 114
poweroff 685
Prellen 183
Pretzelboard 164, 770
   Inbetriebnahme 165
printers.conf 696
Public Key 681
Python, GPIO-Bibliothek 786
pywss 518

R

Raspberry Pi
   Akku 144
   ARM-Prozessor 119
   Briefkastenalarm 136

Fingerscannerüberwachung 294
Funksteckdosen 448
Garage öffnen 673
Heimnetz 684
Heizungssteuerung 479
IC ULN2803A 451
im Verteilerkasten 313
im Vogelhaus 140
Modell B 88
MQTT 43
ownCloud 108
per SMS steuern 128
Portscanner mit nmap 294
root-Werkzeuge 677
Shell-Fotografie 199
SMS-Gateway 120
Stromrechnung senken 436
Stromverbrauch 415
Temperatursteuerung 479
Tür-Motorschlosssteuerung 327
Webserver einrichten 227
Webserverschnittstelle 174
Wetterstation 510
Wettervorhersage 520
Raspberry Pi 3
   Bluetooth 632
   WLAN 632
Raspberry-Pi-Basisschutz 69
Raspberry-Pi-Kamera 79
   Pi NoIR 85
   Programmierung 83
Raspbian 314
raspi-config 81
raspistill 82, 84
raspivid 82, 84
Rauchmelder 146
   Ablaufdatum 149
   mit E-Mail-Benachrichtigung 154
   Nest Protect 146
   per App 147

Rauchmelderdaten, mit PHP auslesen 152
Rauchmelderüberwachung per Smartphone 147
Rauchmelderzugriff, per Google-Nest-API 151
Redundanz, Sicherheit 50
Reed-Schalter 137
Regeln 119
Repository-Verwaltung 84
RJ11 420
RJ11-Standard 420
RJ12 420
RJ12-Standard 420
RJ45 420
Router 21
rpc 687
RPI 788
RS485 277
Runlevel 134
Rutenbeck 438
 Energy Manager 462
 Schaltlösungen 438
 Steckdosen 438
 TCR IP 4 438
Rx-Verbindungen 356

S

S0 419
S0-Zählermodul 432
S1 788
Samba 144, 687
Samba-Konfiguration 324
Samba-Testprogramm 325
SAT-TV-Box, FRITZ!Box 712
Schaltschrank
 Verkabelung 274
Schließmethoden, mehrere 50
Schlüssel ersetzen 259
Schutz vor manipulierten Webseiten 53
sendEmail 197

sendip 650
Sensor
 Accelerometer 770
 Barometer 770
 Beschleunigungssensor 770
 Bewegungssensor 770
 Gyrosensor 770
 IMU 770
 Kompass 770
 Magnetometer 770
 PIR 770
 Temperatursensor 770
serial-Bibliothek 363
setcap 679
SHT21 666
Sicherheitseinstellungen 55
SIM900
 Firmware-Update 341
 GPRS/GSM-Modul 346
SIM900-Mobilfunkmodem, mit dem Arduino verbinden 384
SIM900-Modem 347
 richtig verkabeln 340
sim900-sende-sms.py 364
SIM-Karte 120
Siri 632, 633
 Heizung 632
 Hue 632
 Hue 2 632
 Licht 632
 Steckdosen 632
Skript
 curute.sh 443
 HPLJ2100 695
 piri.sh 132
 piriblink.sh 139
 piriblinkcam.sh 142
 sim900-sende-sms.py 364
 smscheck.sh 129
 udprute.py 656

udprute.sh 652
udprute2.sh 658
udpswitch.sh 653
Smart Home 71, 415
Smartphone
  als Fernbedienung 700
  Hausgeräte im Smart Home 748
smbpasswd-Datei 324
SML 417
SML-Frames 417
SMS 373
  PDU 358
  Textversand 358
SMS-Gateway 120
SMS-Nachrichtenversand 378, 389
SMS-Versand 354, 358
  mit Python 363
socat 649
Social-Media-Plattformen, Datenschutz 57
socket 696
SoftwareSerial 389
  Buffer-Overflow 389
  Empfangspuffer anpassen 389
  SoftwareSerial.h 389
Solaranlage 432
SourceForge 84
SPI 788
sqlite 113
SSH 682
SSID 318, 592
SSL 788
Standortbestimmung 188
Steckdosen 437, 458
  mit Python schalten 457
Steckdosen-Modding 446
Steuern 119
StrictHostKeyChecking 686
Stromrechnung senken 436
Stromverbrauch 416
Stromzähler 416, 419, 432

FHEM-Konfiguration 433
sudo 70, 118
SUID-Bit 652
Surfen, sicheres 52

T

TAN 128
TC IP 1 462
TC IP 1 WLAN 657
TC IP 4 LAN 444
TCP/IP 18
  Netzwerk 61
TCP/IP-Protokoll 18
TCR IP 4 439
Temperatur 511, 660
Temperaturfühler 424
Temperaturmessung 670
Temperatursensor 483
testparm 325
TLS 788
tracert 62
trigger 699
Trockner 463
ttyAMA0 76
Tür-/Fensterkontakt 495
Türklingel 193
Türklingel DoorBird 203
Türklingelbenachrichtigung 193
Türrelais, über GPIO-Pin 332
Türspion 83
TV-Boxen 700
  Hausautomation 710
  Linux-kompatibel 703
  per Computer und App 706
  VU+ DUO2 702
Tx-Verbindungen 356

U

UDP 649
UDP-Datenpaket, mit Python 296

UDP-Konverter 289
  Überwachung 289
  UDP-Datenpaket 292
UDP-Steuerung, mit Python 656
uname 81
upload_max_filesize 114
USB-Festplatte 111
USB-Webcam 141
USB-Wetterstation 512
usermod 679
UUID 112

V
VCC 788
VDD 788
Verbrauchsanzeige 415
Versionsstand 81
visudo 677
Vogelhaus-Projekt
  Akku 144
  Einbaukomponenten 145

W
Waschmaschine 463
Waschmaschinenüberwachung 770
Watchdog 128
Webbrowserlücken finden 53
Weinkühlschrank 659
Welcome-Kamera
  Gesichtserkennung 252
  Python 253
  Speicherkarte tauschen 250
Wetterstation 510
  mit FHEM 543

Netatmo 526
Netatmo-Wetter-App 534
Python-API einrichten 540
Python-Schnittstelle im Eigenbau 536
Vorbereitung 527
Wettervorhersage, Template 520
wget 112
Wi-Fi-Bridge 592
Wi-Fi-Lampen
  mit Raspberry Pi 597
  mit Smartphone 594
  Python-Modul 600
Windstärke 511
WiringPi 88
WiringPi, Pinbelegung 90
WiringPi-API 456
  Python 135
Withings-Waage, mit FHEM koppeln 508
WLAN 128, 318, 788
  Schnelleinrichtung 318
  SSID 318
WLAN-Lampen 592
WLAN-Lampen, Inbetriebnahme 628
WLAN-LED-Lampen 590
WLAN-Schalter 608
  Schaltung und GPIO-Pins 614
Wohnungstür
  Arduino 185
  Raspberry Pi 185
WZ 788

Z
Zählermodul 431
ZigBee Light Link 556